油田油气集输与处理技术手册

（下册）

《油田油气集输与处理技术手册》编委会　编

石油工业出版社

内 容 提 要

本手册是在总结我国油田油气集输技术成果的基础上,根据各油田设计院技术特点,组织部分具有技术特长和丰富经验的专家编写而成。

手册共有23章及两个附录,分上、中、下三册。本册为下册,主要内容包括管道材料及管道附属件,管线与站库启动投产,油气田地面建设标准化设计,油气田管道完整性管理,油气集输和水处理化学剂,安全、环境保护、职业卫生与节能,工程投资及经济评价,油气技术与处理常用软件,常用基础资料和油田地面工程常用规范等。

本手册是一部数据资料丰富、功能齐全、方便实用的工具书,可供从事油田油气集输工程的技术和管理人员以及石油院校相关专业师生参考使用。

图书在版编目(CIP)数据

油田油气集输与处理技术手册. 下册 /《油田油气集输与处理技术手册》编委会编. —北京:石油工业出版社,2023.4

ISBN 978-7-5183-5572-3

Ⅰ.①油… Ⅱ.①油… Ⅲ.①油气集输-技术手册 Ⅳ.①TE86-62

中国版本图书馆 CIP 数据核字(2022)第 161978 号

出版发行:石油工业出版社

(北京安定门外安华里2区1号 100011)

网　　址:www.petropub.com

编辑部:(010)64523757　图书营销中心:(010)64523633

经　　销:全国新华书店

印　　刷:北京中石油彩色印刷有限责任公司

2023年4月第1版　2023年4月第1次印刷

787×1092毫米　开本:1/16　印张:48.5

字数:1100千字

定价:290.00元

(如出现印装质量问题,我社图书营销中心负责调换)

版权所有,翻印必究

《油田油气集输与处理技术手册》
编委会

主　　编：汤　林　徐英俊
名誉主编：苗承武
执行主编：白晓东　赵雪峰　张志贵　王铁军　梁　平
副 主 编：班兴安　吴　浩　章卫兵　张维智
编 写 人：（按姓氏笔画排序）

卜明哲	于红侠	于　涛	于　博	万　丽	么金红	马天怡
马绪军	王大庆	王　石	王兴刚	王　坤	王　郁	王宗科
王春刚	王胜利	王　洋	王晓东	王　超	王辉文	王　惜
牛春庆	邓　煜	卢　浩	田　晶	付　玥	付金辉	付　勇
付跃有	白晓东	兰后东	曲　虎	乔攀尧	刘子健	刘发安
刘兴煜	刘贤明	刘洪锋	刘雪梅	刘清华	齐德珍	许艳春
孙春芬	孙洪升	孙　森	杜廷召	杜明俊	杨学军	杨　健
李玉春	李　庆	李　岩	李　彦	李　雪	李　楠	李慧静
李　蕾	连洪江	吴晓磊	何玉辉	何国栋	沈　杨	宋广通
宋尊剑	张东波	张京龙	张春刚	张维智	张　琳	张新平
张燕霞	陈长青	陈　宁	陈宏健	陈　辉	邵艳波	邵颖丽
苗永保	苑井玉	范　欣	林　森	尚增辉	周　磊	庞鑫峰
宗大庆	赵永军	赵　超	袁海涛	贾　庆	贾雪松	夏　蓉
徐　东	徐　峰	栾　庆	郭东红	郭南南	郭胜利	唐德志
黄燕飞	曹毅渊	戚　涛	崔慧娟	章　瑶	梁　平	梁　明
董荟思	敬辉阳	蒋　新	焦文龙	谭为群	樊梦芳	戴　滨
魏　哲						

审 稿 人：（按姓氏笔画排序）

卫　晓	王金国	王瑞泉	孙铁民	杨清民	李玉春	李延春
李勇浩	吴　玮	吴　迪	何　莉	张汉沛	张春刚	张德发
苗承武	曹广仁					

前　言

油田地面工程是控制投资、降低成本的重要源头,是安全生产、提质增效的关键环节,是实现油田高效开发、体现开发效果和水平的重要途径。油气集输与处理是油田地面工程中的一个重要系统,是生产合格原油和伴生气产品最为关键的工艺过程。为适应目前油田多种开发方式并存,指导不同类型油田油气集输与处理系统设计、生产管理与决策咨询,中国石油油气和新能源分公司、中国石油规划总院、大庆油田工程建设有限公司、中国石油工程建设有限公司华北分公司、中国石油工程项目管理公司天津设计院、重庆科技学院、石油工业出版社等单位在充分借鉴《油田油气集输设计技术手册》(上下册)(石油工业出版社,1994年,1995年)编写经验及技术成果的基础上,共同编写了《油田油气集输与处理技术手册》(上中下册),以适应新形势下地面工程建设以及提质增效、精益生产、提高设计质量和人员技术水平的需要。

本手册的编写充分贯彻了继承性、科学性、先进性和实用性的指导思想,全面总结了中国油田地面工程60多年技术发展脉络,广泛吸取了地面工程近十年来技术创新和发展成果,充分展现了中国石油油田地面工程优化简化、标准化设计、完整性管理、数字化油田建设、化学复合驱油田开发等特色技术体系,努力做到规范化、系统化和图表化,力图为广大工程技术和管理人员提供一部功能齐全、数据可靠、方便实用的工具书。

本手册共分为23章和两个附录。第一章至第八章为上册,第九章至第十五章为中册,第十六章至附录为下册。第一章由白晓东、陈辉和张维智编写;第二章由魏哲、杨学军、付玥、马天怡和谭为群编写;第三章由田晶、夏蓉、王超、李慧静和栾庆编写;第四章由马绪军、董荟思、李慧静、王石和刘兴煜编写;第五章由连洪江、赵超、沈杨、曹毅渊、庞鑫峰、于涛、苗永保、于博、王超、付金辉、孙淼和苑井玉编写;第六章由李彦、梁平、齐德珍、刘贤明和王大庆编写;第七章由何国栋、崔慧娟、贾雪松和袁海涛编写;第八章由邵艳波和曲虎编写;第九章由何玉辉、宋尊剑、王憘、赵永军、王辉文、李岩、乔攀尧和吴晓磊编写;第十章由蒋新、刘洪锋、宗大庆、郭胜利、王洋、章瑶、李蕾、邓煜、王宗科、张新平、么金红、王晓东、焦文龙、牛春庆和王胜利编写；第十一章由王春刚编写；第十二章由万丽、张东波、王兴刚、戴滨和范欣编写；第十三章由李雪、敬辉阳、徐峰、郭东红和兰后东编写；第十四章由刘雪梅、黄燕飞、于红侠、王郁、付跃有、樊梦芳、张京龙和张琳编写；第十五章由邵艳波、刘清华、杜廷召、杨建和卢浩编写；第十六章由杜明俊和卜明哲编写；第十七章由梁明编写；第十八章由王坤和李庆编写；第十九章由付勇和陈宏健编写；第二十章由贾庆、林森和郭南南编写；第二十一章由尚增辉编写；第二十二章由孙春芬和徐东编写；第二十三章由张燕霞、崔慧娟、周磊、陈宁、陈长青和刘子健编写；附录一由许艳春、邵颖丽、孙洪升、宋广通和李楠编写；附录二由白晓东和陈辉编写。全书由白晓东、何禹、戚涛和刘发安统稿，由汤林、徐英俊进行全面技术审定把关。

本手册编写过程中，得到苗承武、王瑞泉、曹广仁、王怀孝、孟宪杰、孙铁民、赵玉华、卫晓、张箭啸、何莉等专家的大力支持和悉心指导，在此表示衷心的感谢。同时，本书还利用了部分油气田公司相关技术总结材料，在此表示诚挚的谢意。

本手册内容丰富、技术性强，但限于编者经验及水平，错误和疏漏在所难免，恳请读者批评指正。

总 目 录

上 册

第一章　常用术语
第二章　油田采出物组成、性质及质量标准
第三章　油气集输
第四章　原油处理
第五章　原油储运
第六章　伴生气处理及轻烃回收
第七章　天然气凝液储运
第八章　油气集输管道

中 册

第九章　采出水处理
第十章　配注系统
第十一章　油田含油污泥处理
第十二章　数字化油田与油气计量
第十三章　防腐与绝热
第十四章　辅助及公用工程
第十五章　设备与容器

下 册

第十六章　管道材料及管道附属件
第十七章　管线与站库启动投产
第十八章　油气田地面建设标准化设计
第十九章　油气田管道完整性管理
第二十章　油气集输和水处理化学剂
第二十一章　安全、环境保护、职业卫生与节能
第二十二章　工程投资及经济评价
第二十三章　油气集输与处理常用软件
附录 A　常用基础资料
附录 B　油田地面工程常用规范

目 录

第十六章 管道材料及管道附属件 (1)

第一节 管子 (1)
一、管子的分类 (1)
二、钢管 (2)
三、非金属管和衬里管 (9)
四、钢管材料及选择 (18)

第二节 管件 (28)
一、管件的分类 (28)
二、管件的选择 (28)
三、带有分支和异径管的管道 (29)
四、常用国产管件系列 (31)
五、非金属材料管件 (33)

第三节 法兰、法兰盖、法兰紧固件及垫片 (37)
一、法兰和法兰盖 (37)
二、法兰紧固件——螺栓、螺母 (37)
三、垫片 (38)
四、盲板、"8"字盲板、限流孔板和混合孔板 (40)

第四节 阀门 (41)
一、阀门的分类和选择 (41)
二、特殊阀门 (42)
三、阀门的密封性能 (44)

第五节 管道附件 (45)
一、波纹管膨胀节 (45)
二、过滤器 (46)
三、阻火器 (47)
四、视镜 (47)
五、软管 (48)

第六节 管道常用材料 … （49）
一、管道用金属材料 … （49）
二、管道用非金属材料 … （66）

第七节 集输管道钢管、油气处理站场管件及容器材质选择 … （71）
一、对材料的要求 … （71）
二、材料的选择和制造工艺控制 … （75）
三、抗H_2S并具一定抗CO_2腐蚀的无缝钢管 … （80）
四、双相不锈钢集输管、管件、设备的应用 … （85）

参考文献 … （88）

第十七章 管线与站库启动投产 … （89）

第一节 站场和油库的试运投产 … （89）
一、站内试运 … （89）
二、系统联合试运 … （92）

第二节 加热输油管线的启动投产 … （93）
一、投产准备和投产方案 … （93）
二、热油管线冷管启动的过程和条件 … （94）
三、热油管线预热启动投产 … （97）

第三节 热油管线的停输及再启动 … （103）
一、埋地热油管线的停输时间计算 … （103）
二、热油管线停输后再启动压力计算 … （105）
三、集输油管线电热解堵 … （107）

第四节 投产方案的编制及注意事项 … （109）
一、概述 … （110）
二、投产组织机构及职责 … （110）
三、现状 … （110）
四、工程概况 … （110）
五、投产条件 … （110）
六、原油物性等基础参数 … （111）
七、投产方案 … （111）
八、应急预案 … （112）
九、注意事项 … （112）

参考文献 (112)

第十八章 油气田地面建设标准化设计 (113)

第一节 标准化工程设计 (113)

一、总体要求 (113)

二、标准化设计内涵 (113)

三、站场标准化设计 (114)

四、标准化工程造价 (120)

五、标准化定型图 (121)

第二节 一体化集成装置 (126)

一、总体要求 (126)

二、研发及设计 (128)

三、一体化集成关键技术 (129)

四、一体化集成装置运行与维护 (133)

五、典型一体化集成装置 (136)

六、典型工程实践案例长庆油田联合站一体化集成装置建造模式实践 (140)

第三节 模块化建设 (149)

一、总体要求 (149)

二、模块化设计 (150)

三、工厂化建造 (159)

四、包装和运输 (162)

五、建设现场安装 (167)

六、安全评估技术 (169)

七、典型工程实践案例磨溪龙王庙组气藏地面工程模块化建站建厂实践 (170)

参考文献 (175)

第十九章 油气田管道完整性管理 (176)

第一节 概述 (176)

一、工作原则 (176)

二、分类分级方法 (177)

三、管理策略 (178)

四、工作流程 (184)

第二节　数据采集管理 …………………………………………………………………… (184)
第三节　高后果区识别和风险评价管理 ………………………………………………… (185)
　一、高后果区识别 ………………………………………………………………………… (185)
　二、风险评价 ……………………………………………………………………………… (187)
第四节　检测评价管理 …………………………………………………………………… (190)
　一、管道检测 ……………………………………………………………………………… (192)
　二、缺陷合于使用评价(适用性评价) …………………………………………………… (206)
第五节　维修维护管理 …………………………………………………………………… (207)
　一、防腐(保温)层修复 …………………………………………………………………… (207)
　二、本体缺陷永久性修复 ………………………………………………………………… (208)
　三、本体缺陷临时性修复 ………………………………………………………………… (209)
第六节　效能评价管理 …………………………………………………………………… (209)
　一、明确评价目标 ………………………………………………………………………… (209)
　二、选择评价指标 ………………………………………………………………………… (210)
　三、数据收集与处理 ……………………………………………………………………… (210)
　四、开展评价 ……………………………………………………………………………… (210)
　五、结论分析 ……………………………………………………………………………… (212)
　六、改进建议 ……………………………………………………………………………… (212)
　七、效能评价报告 ………………………………………………………………………… (212)
参考文献 ……………………………………………………………………………………… (212)

第二十章　油气集输和水处理化学剂 ……………………………………………… (214)

第一节　相分离化学剂 …………………………………………………………………… (214)
　一、破乳剂 ………………………………………………………………………………… (214)
　二、消泡剂 ………………………………………………………………………………… (218)
　三、清水剂 ………………………………………………………………………………… (219)
第二节　流动保障化学剂 ………………………………………………………………… (221)
　一、防蜡剂和降凝剂 ……………………………………………………………………… (221)
　二、清蜡剂 ………………………………………………………………………………… (225)
　三、降黏剂 ………………………………………………………………………………… (226)
　四、防垢剂 ………………………………………………………………………………… (227)
　五、清垢剂 ………………………………………………………………………………… (230)

  六、沥青质沉积抑制剂 ………………………………………………………………… (231)
  七、减阻剂 ………………………………………………………………………………… (233)
 第三节　资产完整性保护化学剂 ……………………………………………………… (236)
  一、缓蚀剂 ………………………………………………………………………………… (236)
  二、杀菌剂 ………………………………………………………………………………… (240)
  三、除氧剂 ………………………………………………………………………………… (243)
  四、硫化物去除剂 ………………………………………………………………………… (245)
参考文献 ………………………………………………………………………………………… (246)

第二十一章　安全、环境保护、职业卫生与节能 ……………………………… (247)

 第一节　安全 ……………………………………………………………………………… (247)
  一、危险有害因素辨识 …………………………………………………………………… (247)
  二、危险有害介质特性 …………………………………………………………………… (248)
  三、安全防护对策措施 …………………………………………………………………… (253)
  四、重大危险源安全管理措施 …………………………………………………………… (254)
 第二节　环境保护 ………………………………………………………………………… (255)
  一、主要污染源 …………………………………………………………………………… (255)
  二、环保治理措施 ………………………………………………………………………… (256)
  三、噪声污染防治措施 …………………………………………………………………… (256)
  四、固体废物处理措施 …………………………………………………………………… (257)
  五、事故防范措施 ………………………………………………………………………… (257)
  六、环境管理及监测 ……………………………………………………………………… (258)
 第三节　职业卫生 ………………………………………………………………………… (262)
  一、生产中职业危害因素分析 …………………………………………………………… (262)
  二、职业卫生防护措施及控制性能和预期效果 ………………………………………… (263)
  三、职业病防治工作的组织管理 ………………………………………………………… (265)
 第四节　应急预案要求 …………………………………………………………………… (266)
  一、应急预案体系构成 …………………………………………………………………… (266)
  二、应急预案类型 ………………………………………………………………………… (267)
  三、应急预案编制内容 …………………………………………………………………… (267)
  四、应急预案编制方法 …………………………………………………………………… (268)
 第五节　风险评估 ………………………………………………………………………… (269)

  一、风险评估主要任务 ……………………………………………………………………（270）
  二、风险评估方法 …………………………………………………………………………（270）
  三、开展工作时间要求 ……………………………………………………………………（271）
 第六节 节能 …………………………………………………………………………………（271）
  一、能源消耗种类 …………………………………………………………………………（272）
  二、节能措施、效果分析 …………………………………………………………………（272）
 参考文献 ………………………………………………………………………………………（275）

第二十二章 工程投资及经济评价 ……………………………………………………（276）

 第一节 工程投资 ……………………………………………………………………………（276）
  一、工程总投资的组成 ……………………………………………………………………（276）
  二、工程投资估价方法 ……………………………………………………………………（278）
 第二节 经济评价 ……………………………………………………………………………（282）
  一、基本概念 ………………………………………………………………………………（282）
  二、经济评价的基本内容 …………………………………………………………………（287）
  三、经济评价方法 …………………………………………………………………………（287）
  四、经济效果评价的指标体系 ……………………………………………………………（289）
  五、现金流量表的编制 ……………………………………………………………………（294）
  六、现金流量表的构成要素 ………………………………………………………………（298）
  七、不确定性分析 …………………………………………………………………………（304）
 第三节 方案经济比选 ………………………………………………………………………（308）
  一、经济比选的基本方法 …………………………………………………………………（308）
  二、经济比选案例分析 ……………………………………………………………………（312）
 第四节 改扩建项目经济评价 ………………………………………………………………（318）
  一、改扩建项目定义和特点 ………………………………………………………………（318）
  二、改扩建项目效益和费用范围的界定 …………………………………………………（319）
  三、改扩建项目的五套数据 ………………………………………………………………（319）
  四、改扩建项目盈利能力分析 ……………………………………………………………（320）
  五、改扩建项目财务分析 …………………………………………………………………（320）
  六、改扩建项目经济评价应注意的几个问题 ……………………………………………（321）
  七、老油气田地面改扩建项目案例 ………………………………………………………（321）
 参考文献 ………………………………………………………………………………………（322）

第二十三章 油气集输与处理常用软件 (323)

第一节 油气集输工艺模拟软件 (323)
一、管道网络模拟分析软件 (323)
二、多相流模拟计算软件 (324)
三、油气集输综合设计软件 (327)

第二节 原油及天然气处理软件 (329)
一、软件介绍 (329)
二、主要功能 (329)
三、应用案例 (330)

第三节 油气输送工艺计算软件 (332)
一、SPS 软件 (332)
二、TGNET 软件 (335)

第四节 管道应力分析及三维布置设计软件 (338)
一、管道应力分析软件 (338)
二、工厂三维布置设计管理系统 (340)

第五节 其他软件 (343)
一、电力系统分析软件 (343)
二、压力容器设计软件 (347)
三、结构设计软件 (350)
四、火炬模拟分析软件 (351)
五、消防系统设计计算软件 (352)

附录 A 常用基础资料 (353)

附录 A-1 原油物性 (353)
一、我国原油的一般性质 (353)
二、原油受热后的性质变化 (386)
三、两种油品掺和后混合油品的性质 (389)
四、油田油气产品标准 (392)

附录 A-2 油田气的物理和热力性质 (394)
一、混合气体组成表示方法 (395)
二、分子量、密度和相对密度 (398)

- 三、压缩系数 ……………………………………………………………………（399）
- 四、黏度 …………………………………………………………………………（409）
- 五、天然气的含水汽量 …………………………………………………………（412）
- 六、比热容、绝热指数 …………………………………………………………（414）
- 七、导热系数 ……………………………………………………………………（416）
- 八、焓和熵 ………………………………………………………………………（417）
- 九、热值 …………………………………………………………………………（437）
- 十、爆炸范围 ……………………………………………………………………（439）

附录A-3 单体烃的物理及热力学性质 ……………………………………（440）
- 一、烃类的物理热力性质 ………………………………………………………（440）
- 二、密度、比容和相对密度 ……………………………………………………（441）
- 三、压缩系数 ……………………………………………………………………（459）
- 四、体积膨胀系数 ………………………………………………………………（468）
- 五、黏度 …………………………………………………………………………（469）
- 六、溶解度 ………………………………………………………………………（474）
- 七、蒸汽压力 ……………………………………………………………………（475）
- 八、表面张力 ……………………………………………………………………（478）
- 九、比热容、绝热指数 …………………………………………………………（480）
- 十、导热系数 ……………………………………………………………………（488）
- 十一、气化潜热 …………………………………………………………………（491）
- 十二、焓和熵 ……………………………………………………………………（493）

附录A-4 空气及其质量标准 ………………………………………………（501）
- 一、空气的组成 …………………………………………………………………（501）
- 二、空气的物理性质 ……………………………………………………………（502）
- 三、空气环境质量标准 …………………………………………………………（506）

附录A-5 水及其质量标准 …………………………………………………（509）
- 一、水的分布 ……………………………………………………………………（509）
- 二、水与饱和水蒸气的物理性质 ………………………………………………（510）
- 三、水体的自净化作用及水体污染 ……………………………………………（513）
- 四、水体中主要污染物的来源及影响 …………………………………………（513）
- 五、污水处理方法简介 …………………………………………………………（514）
- 六、我国现行若干水质标准 ……………………………………………………（515）

附录 A-6　金属材料与非金属材料数据 ·· (516)
　一、黑色金属的分类 ·· (516)
　二、黑色金属材料的表示方法 ·· (517)
　三、钢铁材料的技术条件 ·· (521)
　四、钢管 ··· (555)
　五、特种金属制品 ·· (591)
　六、管道元件 ·· (601)
　七、非金属管 ·· (677)
　八、分子筛 ··· (687)
　九、导热油 ··· (692)
　十、三甘醇 ··· (694)
　十一、乙二醇 ·· (700)

附录 A-7　常用气象资料 ··· (701)
　一、关于严寒、炎热等气温概念的划分标准 ·· (701)
　二、关于干燥、湿润的划分标准 ··· (702)
　三、关于季节性冰冻地区和采暖地区的划分标准 ······································ (703)
　四、关于主导风向和最小频率风向 ··· (703)
　五、风力等级与风速 ··· (704)
　六、全国主要城市气象资料 ·· (704)
　七、各油田在用气象资料 ··· (733)

附录 A-8　油田工程常见参数 ·· (734)
　一、油田地质开发参数 ·· (734)
　二、原油和天然气物性参数 ·· (736)
　三、工程设计参数 ·· (738)

参考文献 ··· (742)

附录 B　油田地面工程常用规范 ·· (743)

　附录 B-1　油气集输与处理常用规范 ·· (743)
　附录 B-2　注入系统常用规范 ·· (746)
　附录 B-3　采出水处理系统常用规范 ·· (747)
　附录 B-4　辅助及配套系统常用规范 ·· (748)
　附录 B-5　安全环保、职业卫生、节能常用规范 ······································ (752)

第十六章 管道材料及管道附属件

本章主要对油气田工程所用管子、管件、法兰、阀门等附属件进行介绍,对其分类和选择做出了说明,同时介绍了特种工况下的注意事项,通过对油气田工程所用管子、管件、法兰、阀门等附属件的设计实例来指导设计工作中的管道材料及管道附属件的选择和设计。

第一节 管　子

一、管子的分类

管道按用途分类,可分为流体输送用、传热用、结构用和特殊用等;按材质分类,可分为金属管、非金属管、各种衬里管;按形状分类,可分为套管、翅片管等。

1. 按用途分类

输送用和传热用:在中国可分为流体输送用、长输(输油、气)管道用、石油裂化用、化肥用、换热器用等;在日本可分为普通配管用、压力配管用、高压用、高温用、高温耐热用、低温用、耐腐蚀用等。

结构用:通常分为普通结构用、高强度结构用、机械结构用等。

特殊用:通常分为钻井用、试锥用、高压气体容器用等。

2. 按材质分类

按管道的材质分类,见表16-1-1。

表16-1-1 管子按材质分类

大分类	中分类	小分类	管子名称举例
金属管	铁管	铸铁管	承压铸铁管(砂型离心铸铁管、连续铸铁管)
	钢管	碳素钢管	B3F 焊接钢管,10#、20#无缝钢管,优质碳素钢无缝钢管
		低合金钢管	16Mn 无缝钢管,低温钢无缝钢管
		合金钢管	奥氏体不锈钢管,耐热钢无缝钢管
		双金属复合管	钢—高铬铸铁双金属复合管
	其他	铜及铜合金管	拉制及挤制黄铜管、紫铜管、铜镍合金管(蒙乃尔等)
		铅管	铅管,铅锑合金管
		铝管	冷拉铝及铝合金圆管,热挤压铝及铝合金圆管
		钛管	钛管及钛合金管(Ti-2Al-1.5Mn,Ti-6Al-4V-2Sn-0.5Cu-0.5Fe)

续表

大分类	中分类	小分类	管子名称举例
非金属管		橡胶管	输气胶管,输水、吸水胶管,输油、吸油胶管,蒸气胶管
		塑料管	酚醛塑料管,耐酸酚醛塑料管,硬聚氯乙烯管,高、低密度聚乙烯管,聚丙烯管,聚四氟乙烯管,ABS 管,PVC/FRP 复合管,高压聚乙烯管
		石棉水泥管	
		石墨管	不透性石墨管
		玻璃管陶瓷管	化工陶瓷管(耐酸陶、耐酸耐温陶、工业瓷管)
		玻璃钢管	聚酯玻璃钢管,环氧玻璃钢管,酚醛玻璃钢管,呋喃玻璃钢管
衬里管			橡胶衬里管,钢塑复合管,涂塑钢管

二、钢管

1. 钢管的种类

适用于配管用钢管的种类、规格尺寸和适用范围,各国均有国家或协会(学会)标准、行业标准以及生产厂家的标准。

在我国与钢管相关的标准有国家标准(GB 及 GB/T)和冶金行业标准(YB 及 YB/T)以及石油天然气行业标准(SY)。常用配管用钢管如表 16-1-2 所示。

表 16-1-2 中国常用配管用钢管

钢管名称 (标准号)	规格尺寸范围	钢号	制造方法或/和交货状态	适用范围	备注
低压流体输送管道用螺旋缝埋弧焊管 (SY/T 5037)	φ273×5~ φ2540×20	GB/T 700 中: Q195,Q215,Q235	采用热轧钢带做管坯,经常温螺旋成型,螺旋缝采用双面自动埋弧焊法焊接	水、污水、空气、采暖蒸汽等普通流体、可燃性流体	
普通流体输送管道用螺旋缝高频焊管 (SY/T 5038)	φ168.3×4~ φ508×10	GB/T 700 中: Q195,Q215,Q235	采用热轧钢带做管坯,经常温螺旋成型,用高频搭接焊法或对接焊法焊接	水、煤气、空气、采暖蒸汽等普通流体	
石油天然气工业管线输送系统用钢管 (GB/T 9711)	无缝管焊接管	L175,L175P,L210	轧制、正火轧制、正火或正火成型	无缝管 焊接管 不适用于铸铁管	
		L245	轧制、正火轧制、热机械轧制、热机械成型、正火成型、正火、正火加回火;或如协议,仅适用于 SMLS 管的淬火加回火		

续表

钢管名称（标准号）	规格尺寸范围	钢号	制造方法或/和交货状态	适用范围	备注
石油天然气工业管线输送系统用钢管（GB/T 9711）	无缝管焊接管	L290, L320, L360, L390, L415, L450, L485	轧制、正火轧制、热机械轧制、热机械成型、正火成型、正火、正火加回火或淬火加回火	无缝管焊接管不适用于铸铁管	
		L245R, L290R	轧制		
		L245N, L290N, L320N, L360N, L390N, L415N	正火轧制、正火成型、正火或正火加回火		
		L245Q, L290Q, L320Q, L360Q, L390Q, L415Q, L450Q, L485Q, L555Q, L625Q, L690Q	淬火加回火		
		L245M, L290M, L320M, L360M, L390M, L415M, L450M, L485M, L555M	热机械轧制或热机械成型		
		L625M, L690M, L830M	热机械轧制		
低压流体输送用焊接钢管（GB/T 3091）	DN17.7~DN150普通管加强管公称外径：177.8~1626mm	GB/T 700 中：Q215A, Q215B, Q235A, Q235B；GB/T 1591 中：Q295A, Q295B, Q345A, Q345B	电阻焊或埋弧焊未经镀锌和管端加工的钢管按原制造状态交货公称外径不大于323.9mm 的钢管可镀锌交货	DN≤150 0~100℃；DN>150 0~200℃ ≤1.0MPa，水、污水、空气、采暖蒸气	
直缝电焊钢管（GB/T 13793）	DN17.7~DN1500	GB 699 中：08F, 08, 10F, 10, 15F, 15, 20 钢；GB 700 中：Q195, Q215, Q235A, Q235B	不热处理	≤200℃	
输送流体用无缝钢管（GB/T 8163）	热轧外径：φ32~φ630；冷拔外径：φ6~φ200	10 优质碳素钢 20 优质碳素钢 Q295 Q345 16Mn	热轧（挤压、扩）管以热轧状态或热处理状态，冷拔（轧）管以热处理状态	-20~425℃ -70~100℃ -40~425℃	
石油裂化用无缝钢管（GB 9948）	外径 φ10~φ273	10 优质碳素钢 20 优质碳素钢	热轧管终轧，冷拔管正火	炉管，换热器管和配管用	
		12CrMo、1Cr5Mo 合金钢	热轧管终轧+回火 冷拔管正火+回火	-40~525℃ -40~550℃	
		1Cr2Mo、1Cr5Mo 耐热钢 1Cr19Ni9、1Cr19Ni11Nb 不锈钢	热轧管终轧+回火 冷拔管正火+回火 退火 固溶处理	-40~600℃ -196~700℃	

续表

钢管名称（标准号）	规格尺寸范围	钢号	制造方法或/和交货状态	适用范围	备注
低中压锅炉用无缝钢管（GB 3087）	外径 φ10~φ426	10 20	热轧管以热轧状态，冷拔（轧）钢管以热处理状态交货	各种结构锅炉用和机车锅炉用	精度分普通级和高级两种，其外径和壁厚的允许偏差不同
高压锅炉用无缝钢管（GB 5310）	外径热轧（挤、扩）φ22~φ530 冷拔（轧）φ10~φ108	20MnG,20G,25MnG,15MoG,20MoG	正火	适于高压及其以上压力的水管锅炉受热面用的优质碳素钢,合金钢和不锈耐热钢无缝钢管	
		12CrMoG,15CrMoG,12Cr2MoG	正火+回火		
		12Cr1MoVG	正火+回火 壁厚≥40mm 调质处理		
		12Cr2MoWVTiB,12Cr3MoVSiTiB,10Cr9Mo1VNb	正火+回火		
		1Cr18Ni9,1Cr19Ni1Nb	固溶处理		
流体输送用不锈钢焊接钢管（GB/T 12771）	外径 φ8~φ630	1Cr18Ni9,0Cr19Ni9,00Cr19Ni10,0Cr25Ni20,0Cr17Ni12Mo2,00Cr17Ni14Mo2,0Cr18Ni10Ti(1Cr18Ni9Ti),0Cr18Ni11Nb,00Cr17,00Cr18Mo2,0Cr13,0Cr13Al	冷轧,以热处理状态交货,也可按其状态交货固溶处理,退火处理；采用自动电弧焊或电阻焊的焊接方法制造		
流体输送用不锈钢无缝钢管（GB/T 14976）	热轧（挤、扩）外径 65~426mm；冷拔（扎）外径 17.7~159mm	0Cr18Ni9,00Cr19Ni10,0Cr23Ni13,0Cr25Ni20,0Cr18Ni10Ti,0Cr18Ni11Nb,0Cr17Ni12Mo2,00Cr17Ni14Mo2,0Cr19Ni13Mo3,00Cr19Ni13Mo3,0Cr18Ni12Mo2Ti,1Cr18Ni12Mo2Ti,0Cr18Ni12Mo2Ti,1Cr18Ni12Mo2Ti,0Cr18Ni12Mo3Ti,1Cr18Ni12Mo3Ti,0Cr18Ni12Mo2Cu2,00Cr18Ni14Mo2Cu2,1Cr18Ni9Ti,0Cr13,0Cr26Ni5Mo2	热处理并酸洗	奥氏体不锈钢 −196~700℃	根据需方要求,并经双方协议,可生产规定之外的钢种
化肥设备用高压无缝钢管（GB 6479）	φ14×4~φ273×40（外径×厚）	10,20G,Q345,15MnV,10MnWVNb	热轧(挤压)或冷拔(轧)正火（当热轧管终轧温度符合正火温度时,允许用终轧代替正火）	−40~400℃ 10~32MPa 的化工设备和管道用	
		12CrMo,15CrMo,12SiMoVNb	正火+回火		
		1Cr5Mo	退火		

注：当热轧 15MoG、20MoG、12CrMoG、15CrMoG、12Cr2MoG、12Cr1MoVG、12Cr1MoVG 钢管的终轧温度符合规定的正火温度时,可热轧代替正火。

2. 钢管的尺寸系列

1) 钢管的公称直径(DN)系列

公称直径(DN)是用以表示管道系统中除以用外径表示的组成件以外的所有组成件通用的一个尺寸数值。在一般情况下,是一个完整的数值,与组成件的真实尺寸接近,但不相等。

钢管的公称尺寸,在国际上都称为公称直径,而不称公称口径,主要因为对于直径≥350mm(14in)的管子,其公称直径是指其外径而不是内径。但对于螺纹连接的管子及其管件,因其内径往往与公称直径接近,故亦可称为公称口径。

公称直径有国际单位制(SI)和英制两种。在两种制度中的钢管具体尺寸和相应的螺纹尺寸是一致的,国际单位制和英制的管子公称直径对照如表16-1-3所示。

表 16-1-3　国际单位制和英制管子公称直径(DN)对照表

国际单位制,mm	英制,in	国际单位制,mm	英制,in	国际单位制,mm	英制,in
6	1/8	(125)	5	800	32
8	1/4	150	6	900	36
10	3/8	(175)	7	1000	40
15	1/2	200	8	1100	44
20	3/4	(225)	9	1200	48
25	1	250	10	1400	56
(32)	1¼	300	12	1500	60
40	1½	350	14	1600	64
50	2	400	16	1800	72
(65)	2½	450	18	2000	80
80	3	500	20	2200	88
(90)	3½	600	24		
100	4	700	28		

2) 钢管的外径系列

根据钢管生产工艺的特点,钢管产品是按外径和壁厚系列组织生产的。目前世界各国的钢管尺寸系列尚不统一,各国都有各自的钢管尺寸系列标准。在国际上比较广泛应用的钢管标准有美国的 ANSI B36.10、德国的 DIN2448、英国的 BS 3600 和国际标准化组织的 ISO 4200 等标准。

在世界各国的钢管外径尺寸系列中,中国、日本、德国和国际标准化组织等用 mm 表示外径尺寸,美国则有国际单位制和英制两种表示方法,分别用 mm 和 in 表示外径尺寸。例如,按 JIS 标准 DN1B(25A)外径为 34mm、DN4B(100A)外径为 114.3mm,而美国 DN1in、DN4in,其外径分别为 33.4mm(或 1.315in)和 114.3mm(4.5in)。

国外钢管外径尺寸虽不完全相同,但当 DN<4in 时,除少数几个外径差别较大外,其余公称直径钢管的外径尺寸差别很小,不影响互换性。从 DN14in 开始,钢管外径均等于公称直

径。例如DN14in,其外径为14in或355.6mm(14×25.4mm)。

我国焊接钢管的外径从 ϕ323.9~ϕ2220mm 是按 YB/T 5036《磷铁》标准规定的,其外径尺寸与 ISO 标准一致;从 ϕ10~ϕ165mm 焊接钢管的外径是按 GB/T 3091《低压流体输送用焊接钢管》标准规定的。

目前在我国现行标准中,对于同一公称直径的钢管外径尺寸还不统一。中国石油化工集团有限公司标准 SH/T 3405,规定的钢管外径与 ISO 4200 系列标准基本一致。

国际标准化机构(ISO)统一制订了世界通用的钢管标准外径。表 16-1-4 是 ISO 配管用钢管标准尺寸的规格概要。其中 ISO 65(ISO 65 标准外径见表 16-1-5)及 ISO 559 分别以英国的 BS 1387、BS 534 为基础制订的。ISO 3183 是长输管线,参考了世界上普遍采用的美国 API 5L 标准的外径。DIN 4200 经过 ISO 成员国投票通过被采用到 ISO 标准中作为 ISO 4200 的基础,ISO 4200 标准的外径见表 16-1-6。

表 16-1-4　ISO 配管用钢管标准尺寸的规格概要

标准	标准名称	外径范围	尺寸数量	备注
ISO 65（1975）	钢管螺纹与国际标准 ISO R7 一致	普通的公称直径为 17.7~150mm	14	外径由最大—最小的范围确定壁厚有重的、普通的、轻Ⅰ、轻Ⅱ四种
		轻Ⅰ、轻Ⅱ为 6~10mm	12	
ISO 200（1980）	焊接和无缝平头钢管尺寸和单位长度重量的一览表	外径为 10.2~2220mm	68	外径分为三个系列,系列Ⅰ是配管用
ISO 559（1975）	水、蒸气和气体用焊接和无缝钢管	公称直径为 40~2220mm;外径为 48.3~2220mm	26	外径 26 种
ISO 3183（1980）	石油和天然气工业用钢管	外径为 60.3~1420mm	33	以 API 5L 标准为基础

注:ISO 3183 的外径系列(mm):60.3、73、76.1、88.9、101.6、114.3、141.3、159、168.3、193.7、219.1、273、323.9、355.6、368、406.4、419、457、508、559、610、711、762、813、864、914、1016、1067、1118、1168、1220、1420。

表 16-1-5　ISO 65 标准规定的管道外径　　　　　　　　　　　　　单位:mm

基准内径	厚壁系列			普通系列			薄壁系列		
	外径		壁厚	外径		壁厚	外径		壁厚
	最大	最小		最大	最小		最大	最小	
6	10.6	9.8	2.65	10.6	9.8	2.0	10.4	9.7	1.8
8	14.0	13.2	2.9	14.0	13.2	2.35	13.9	13.2	2.0
10	17.5	16.7	2.9	17.5	16.7	2.35	17.4	16.7	2.0
15	21.8	21.0	3.25	21.8	21.0	2.65	21.7	21.0	2.35
20	27.3	26.5	3.25	27.3	26.5	2.65	27.1	26.4	2.35
25	34.2	33.3	4.05	34.2	33.3	3.25	34.0	33.2	2.9
32	42.9	42.0	4.05	42.9	42.0	3.25	42.7	41.9	2.9

续表

基准内径	厚壁系列			普通系列			薄壁系列		
	外径		壁厚	外径		壁厚	外径		壁厚
	最大	最小		最大	最小		最大	最小	
40	48.8	47.9	4.05	48.8	47.9	3.25	48.6	47.8	2.9
50	60.8	59.7	4.5	60.8	59.7	3.65	60.7	59.6	3.25
65	76.6	75.3	4.5	76.5	75.3	3.65	76.3	75.2	3.25
80	89.5	88.0	4.85	89.5	88.0	4.05	89.4	87.9	3.65
100	111.5	113.1	5.4	115.0	113.1	4.5	114.9	113.0	4.05
125	140.0	138.5	5.4	140.8	138.5	4.85			
150	166.5	163.9	5.4	166.5	163.9	4.85			

表 16-1-6 ISO 4200 标准规定的管道外径 单位:mm

系列 1	系列 2	系列 3	系列 1	系列 2	系列 3
10.2	12		168.3		152.4、159
13.5	16	14			177.8
17.2		18	219.1		193.7
		19			244.5
		20	273		
21.3		22			
		25	323.9		
26.9		25.4			
		31.8	355.6		
		30			
		32	406.4		
33.7		35			
		38	457		
		40	508		559
42.4					
		44.5	610		660
48.3					
		51	711		
		57	54		762
			813		
					864
60.3	63.5		914		

续表

系列 1	系列 2	系列 3	系列 1	系列 2	系列 3
	70				
76.1		73	1016		
88.9	101.6	82.5	1220		
		108	1420		
114.3			1620		
	127		1820		
	133		2020		
	139.7		2220		

注：系列 1 指管道系统构造所需的所有附件均已标准化的系列；系列 2 指并非所有配件都标准化的系列；系列 3 指用于特殊应用的系列，标准化附件很少。

3) 钢管的壁厚系列

钢管壁厚的分级，在不同标准中所表示的方法也各不相同，但主要有三种表示方法。

(1) 以管子标号(Sch.)表示壁厚系列。

这是 1938 年美国国家标准协会 ANSI B36.10《焊接和无缝钢管》标准所规定的。管子标号(Sch.)是设计压力与设计温度下材料的许用应力的比值乘以 1000，并经圆整后的数值。即：

$$\text{Sch.} = \frac{p}{[\sigma]_t} \times 1000 \qquad (16-1-1)$$

式中 p——设计压力，MPa；

$[\sigma]_t$——设计温度下材料的许用应力，MPa。

ANSI B36.10 和 JIS 标准中的管子标号为：Sch10、20、30、40、60、80、100、120、140、160。

ANSI B36.19 中的不锈钢管管道标号为：5S、10S、40S、80S。

(2) 以管子重量表示管壁厚度的壁厚系列。

美国 MSS 和 ANSI 规定的以管子重量表示壁厚方法，将管子壁厚分为三种：标准重量管以 STD 表示；加厚管以 XS 表示；特厚管以 XXS 表示。

例如不大于 DN250mm 的管子，Sch40 相当于 STD 管；不大于 DN200mm 的管子，Sch80 相当于 XS 管。

(3) 以钢管壁厚尺寸表示壁厚系列。

中国、日本和国际标准化组织(ISO)部分钢管标准采用壁厚尺寸表示钢管壁厚系列。例如：我国的低压流体输送用焊接钢管(GB/T 3091—2015)DN≤150mm 的壁厚分为普通管和加强管；对于流体输送用焊接钢管的日本工业标准(JIS)的 SGP 和 STPY 焊接钢管系列等只规定实际厚度系列。对这类钢管规格的表示方法为管外径×壁厚，例如，D60.5mm×3.8mm。

表 16-1-7 是中国焊接钢管的外径和壁厚。

表 16-1-7 焊接钢管壁厚　　　　　　　　　　　　　　　　单位：mm

DN	DH	Sch10	Sch16	Sch20	Sch30	DN	DH	Sch10	Sch16	Sch20	Sch30
300	323.9		6	7	8	700	711	7	9	11	
350	355.6		6	7	9	700	(720)	7	9	11	
350	(377)		6	7	9	(750)	762	7	10	12	
400	406.4	6	7	8	10	800	813	8	10	12	
400	(426)	6	7	8	10	800	(820)	8	10	12	
450	457	6	7	8	11	900	914	8	11	13	
500	508	6	8	9	12	900	(920)	8	11	13	
500	(529)	6	8	9		1000	1016	9	12		
550	559	6	8	9		1000	(1020)	9	12		
600	610	6	9	10		1200	1220	10	14		
600	(630)	6	9	10		1400	1420	11			
(650)	660	7	9	10							

注：括号中的数值不推荐使用。

三、非金属管和衬里管

1. 聚氯乙烯管（PVC 管）

聚氯乙烯管具有优异的耐腐蚀性、机械加工和力学性能，广泛应用于石油化工、污水、造船、矿山等领域。

按 GB 4219《化工用硬聚氯乙烯（PVC-U）管道系统》规定，PVC 管主要用于化学工业输送某些腐蚀性流体。

PVC 管材按使用压力等级分为 0.5、0.6、1.0、1.6MPa，一般分为轻型管、重型管。

硬聚氯烯管适用于温度 -15~60℃，低于下限温度时易开裂，高于上限温度时软化。硬聚氯乙烯的热变形温度为 73.8℃，硬聚氯乙烯线胀系数较大，约为钢的 7 倍，而弹性模量较小。

硬聚氯乙烯管在常温下使用压力轻型管≤0.6MPa；重型管≤1.0MPa。也可用于真空度小于 740mmHg 的管道。

一般挤压成型的硬聚氯乙烯管，采用承插粘接连接方式的使用压力较高。

硬聚氯乙烯管的氯乙烯单体含量及稳定剂中的铅等有毒物质超过标准时，对环境和人身健康有害。PVC 管不宜于输送可燃、剧毒和含有固体的流体。

聚氯乙烯的耐腐蚀性如表 16-1-8 所示，PVC 管规格及尺寸公差如表 16-1-9 所示，硬聚氯乙烯管材规格如表 16-1-10 所示，热塑性塑料管材壁厚如表 16-1-11 所示。

表 16-1-8　聚氯乙烯的耐腐蚀性

类别	介质名称	浓度,%	温度,℃ 20	40	60
酸类	硝酸	50	耐	耐	尚耐
	硝酸	95	不耐	不耐	不耐
	硫酸	10	不耐		
	硫酸	60	耐	耐	耐
	硫酸	98	耐	尚耐	不耐
	硫酸/硝酸	50~10/20~40	耐	耐	耐
	硫酸/硝酸	501	耐	不耐	不耐
	盐酸	35	耐	耐	耐
	氯水		耐	尚耐	
	氯气(干)	100	耐	耐	尚耐
	氯气(湿)	5	耐	耐	尚耐
	次氯酸	10	耐	耐	耐
	氯乙酸		耐	耐	耐
	氢氟酸	10	耐	耐	耐
	铅酸		耐	耐	
	氧化锆/硫酸	25/20	耐	耐	耐
	蚁酸	50	耐	耐	耐
	蚁酸	100	耐	耐	不耐
	醋酸	<90	耐	耐	耐
	醋酸	>90	耐	不耐	不耐
	草酸	50	耐	耐	耐
	乳酸		耐	耐	耐
	油酸		耐	耐	耐
	脂肪酸		耐	耐	耐
醇类	甲醇		耐	耐	尚耐
	乙醇		耐	耐	耐
	发酵乙醇		耐	耐	
	甘油		耐	耐	耐
	丁醇		耐	耐	耐
	葡萄酒		耐	耐	耐
醛类	甲醛		耐	耐	耐
	乙醛		耐		

续表

类别	介质名称	浓度,%	温度,℃ 20	温度,℃ 40	温度,℃ 60
酮类	酮类		不耐		
	丙酮		不耐	不耐	不耐
醚类	乙醚		不耐		
苯类	苯酚		不耐	不耐	
	甲苯		不耐		
	甲酚水溶液	5	耐	尚耐	不耐
其他	甲基吡啶		不耐	不耐	不耐
	淀粉糖溶液				
	醋酸乙酯				

表16-1-9 PVC管规格及尺寸公差

外径 mm	外径公差 mm	5MPa 壁厚及公差 mm	5MPa 线质量 kg/m	6MPa 壁厚及公差 mm	6MPa 线质量 kg/m	10MPa 壁厚及公差 mm	10MPa 线质量 kg/m	16MPa 壁厚及公差 mm	16MPa 线质量 kg/m
10	±0.2							$2.0_0^{+0.4}$	0.05
12	±0.2							$2.0_0^{+0.4}$	0.10
16	±0.2							$2.0_0^{+0.4}$	0.14
20	±0.3					$2.0_0^{+0.4}$	0.17	$2.3_0^{+0.5}$	0.21
25	±0.3					$2.0_0^{+0.4}$	0.18	$2.8_0^{+0.5}$	0.32
32	±0.3					$2.4_0^{+0.5}$	0.36	$3.6_0^{+0.6}$	0.52
40	±0.4			$2.0_0^{+0.4}$	0.36	$3.0_0^{+0.6}$	0.57	$4.5_0^{+0.9}$	0.91
50	±0.4			$2.4_0^{+0.5}$	0.60	$3.7_0^{+0.7}$	0.88	$5.6_0^{+1.1}$	1.27

表16-1-10 硬聚氯乙烯管材规格

外径,mm	外径公差,mm	轻型管 壁厚及公差,mm	轻型管 线质量,kg/mm	重型管 壁厚及公差,mm	重型管 线质量,kg/mm
10	±0.2	—		$1.5_{+0.4}$	0.06
12	±0.2	—		$1.5_{+0.4}$	0.07
16	±0.2	—		$2.0_{+0.4}$	0.13
20	±0.3	—		$2.0_{+0.4}$	0.17
25	±0.3	$1.5_{-0.0}^{+0.4}$	0.17	$2.5_{+0.5}$	0.27
32	±0.3	$1.5_{-0.0}^{+0.4}$	0.22	$2.5_{+0.5}$	0.35
40	±0.4	$2.0_{-0.0}^{+0.4}$	0.36	$3.0_{+0.6}$	0.52

续表

外径,mm	外径公差,mm	轻型管		重型管	
		壁厚及公差,mm	线质量,kg/mm	壁厚及公差,mm	线质量,kg/mm
56	±0.4	$2.0^{+0.4}_{-0.0}$	0.45	$3.5_{+0.6}$	0.77
63	±0.5	$2.5^{+0.5}_{-0.0}$	0.71	$4.0^{+0.8}_{-0.0}$	1.11
75	±0.5	$2.5^{+0.5}_{-0.0}$	0.85	$4.0^{+0.8}_{-0.0}$	1.34
90	±0.7	$3.0^{+0.6}_{-0.0}$	1.23	$4.5^{+0.9}_{-0.0}$	1.81
110	±0.8	$3.5^{+0.7}_{-0.0}$	1.75	$5.5^{+1.1}_{-0.0}$	2.71

表 16-1-11 热塑性塑料管材壁厚表   单位:mm

公称外径(DN)	管系列 S													
	2.5	3.2	4	5	6.3	8	10	12.5	16	20	25	32	40	50	63
2.5	0.5														
3	0.5	0.5													
4	0.7	0.6	0.5												
5	0.9	0.7	0.6	0.5											
6	1.0	0.9	0.7	0.6	0.5										
8	1.4	1.1	0.9	0.8	0.6	0.5									
10	1.7	1.4	1.2	1.0	0.8	0.6	0.5								
12	2.0	1.7	1.4	1.1	0.9	0.8	0.6	0.5							
16	2.7	2.2	1.8	1.5	1.2	1.0	0.8	0.7	0.5						
20	3.4	2.8	2.3	1.9	1.5	1.2	1.0	0.8	0.7	0.5					
25	4.2	3.5	2.8	2.3	1.9	1.5	1.2	1.0	0.8	0.7	0.5				
32	5.4	4.4	3.6	2.9	2.4	1.9	1.6	1.3	1.0	0.8	0.7	0.5			
40	6.7	5.5	4.5	3.7	3.0	2.4	1.9	1.6	1.3	1.0	0.8	0.7	0.5		
50	8.3	6.9	5.6	4.6	3.7	3.0	2.4	2.0	1.6	1.3	1.0	0.8	0.7	0.5	
63	10.5	8.6	7.1	5.8	4.7	3.8	3.0	2.4	2.0	1.0	1.3	1.0	0.8	0.7	0.5
75	12.5	10.3	8.4	6.8	5.5	4.5	3.5	2.9	2.3	1.9	I.5	1.2	1.0	0.8	0.6
90	15.0	12.3	10.1	8.2	6.6	5.4	4.3	3.5	2.8	2.2	1.8	1.4	1.2	0.9	0.8
110	18.3	15.1	12.3	10.0	8.1	6.6	5.3	4.2	3.4	2.7	2.2	1.8	1.4	1.1	0.9

注:$S=\sigma/p$;S—系列;σ—许用应力,MPa;p—滚体压力,MPa。

2. 聚乙烯管(PE 管)

1)聚乙烯的耐腐蚀性能

聚乙烯的耐腐蚀性能如表 16-1-12 所示。

表 16-1-12 聚乙烯的耐腐蚀性能表

介质	浓度,%	耐腐蚀性能		介质	浓度,%	耐腐蚀性能	
		20℃	60℃			20℃	60℃
硫酸	0~50	耐	耐	氢氧化钠	>20	尚耐	尚耐
	50~57	耐	尚耐	铵盐		耐	耐
硝酸	0~30	耐	耐	多数无机盐类		耐	耐
	30~50	尚耐	尚耐	氨气	干或湿	耐	耐
	50~70	差	不耐	氯气	干或湿	差	差
磷酸	<85	耐	耐	醋		耐	耐
盐酸	<38	耐	耐	啤酒		耐	耐
	>38	尚耐	尚耐	软饮料		耐	耐
氢氧化钠	0~20	耐	耐	盐水		耐	耐

2）聚乙烯管的规格

低密度聚乙烯管材规格如表 16-1-13 所示。

表 16-1-13 低密度聚乙烯管材规格

外径,mm	外径公差,mm	壁厚及公差,mm	线质量,kg/m
5	±0.1	$0.58^{+0.2}_{-0.0}$	0.007
6	±0.1	$0.58^{+0.2}_{-0.0}$	0.008
8	±0.2	$1.0^{+0.3}_{-0.0}$	0.020
10	±0.2	$1.0^{+0.3}_{-0.0}$	0.026
12	±0.3	$1.5^{+0.3}_{-0.0}$	0.046
16	±0.3	$2.0^{+0.4}_{-0.0}$	0.081
20	±0.4	$2.0^{+0.4}_{-0.0}$	0.104
25	±0.4	$2.0^{+0.5}_{-0.0}$	0.133
32	±0.5	$2.5^{+0.5}_{-0.0}$	0.213
40	±0.5	$3.0^{+0.6}_{-0.0}$	0.321
50	±0.5	$4.0^{+0.8}_{-0.0}$	0.532
63	±0.8	$5.0^{+0.8}_{-0.0}$	0.838

3. 聚丙烯管（PP 管）

聚丙烯管材规格如表 16-1-14 所示。

表 16-1-14 聚丙烯管材规格

外径,mm	外径公差,mm	标准型管 壁厚及公差,mm	标准型管 线质量,kg/m	重型管 壁厚及公差,mm	重型管 线质量,kg/m
10	±0.2	$2.0^{+0.4}_{-0.0}$	0.05	$2.0^{+0.4}_{-0.0}$	0.05
12	±0.2	$2.0^{+0.4}_{-0.0}$	0.06	$2.0^{+0.4}_{-0.0}$	0.06
16	±0.2	$2.0^{+0.4}_{-0.0}$	0.08	$2.5^{+0.5}_{-0.0}$	0.10
20	±0.3	$2.0^{+0.4}_{-0.0}$	0.10	$3.0^{+0.6}_{-0.0}$	0.14
25	±0.3	$2.5^{+0.5}_{-0.0}$	0.16	$3.5^{+0.5}_{-0.0}$	0.19
32	±0.3	$2.5^{+0.5}_{-0.0}$	0.21	$4.0^{+0.8}_{-0.0}$	0.28
40	±0.4	$2.5^{+0.5}_{-0.0}$	0.27	$4.5^{+0.9}_{-0.0}$	0.41
50	±0.4	$3.0^{+0.6}_{-0.0}$	0.37	$5.5^{+1.0}_{-0.0}$	0.58
63	±0.5	$3.5^{+0.7}_{-0.0}$	0.60	$6.5^{+1.1}_{-0.0}$	0.90
75	±0.5	$4.0^{+0.8}_{-0.0}$	0.94	$7.5^{+1.3}_{-0.0}$	1.27
90	±0.7	$5.0^{+1.0}_{-0.0}$	1.21	$9.5^{+1.6}_{-0.0}$	1.77
110	±0.8	$6.0^{+1.1}_{-0.0}$	1.78	$10.5^{+1.8}_{-0.0}$	2.73
125	±1.0	$6.5^{+1.1}_{-0.0}$	2.20	$12.5^{+1.9}_{-0.0}$	3.87
140	±1.0	$7.5^{+1.3}_{-0.0}$	2.84	$7.5^{+1.3}_{-0.0}$	4.39
160	±1.2	$8.5^{+1.5}_{-0.0}$	3.68	$13.5^{+2.1}_{-0.0}$	5.66
180	±1.4	$9.5^{+1.6}_{-0.0}$	4.63	[15.5]	7.29
200	±1.5	$10.5^{+1.8}_{-0.0}$	5.70	[19.0]	8.90
225	±1.8	$12.5^{+1.9}_{-0.0}$	7.31	[19.0]	11.20
250	±1.8	$13.0^{+2.0}_{-0.0}$	8.81	[21.0]	13.80

注:"[ ]"表示取小于此数值的整数。

4. 玻璃钢管(FRP 管)

玻璃钢管是将浸有树脂基体的纤维增强材料,按照特定的工艺条件逐层缠到芯模上并进行固化而制成的。管壁是一种层状结构。

一般通过改变树脂或不同的增强材料,调整玻璃钢的各项物理、化学性能,以适应不同介质和工况的要求,通过改变结构层厚度和缠绕角,以调整管体的承载能力。

1) 玻璃钢管的种类

(1) FRP-W 型。

采用双酚 A 型不饱和聚酯树脂为基材,内衬表面毡,以无碱玻璃纤维织物为骨料。专用于输水(包括海水、淡水、污水、循环冷却水)管道。

(2) FRP-R 型。

以不饱和聚酯为基材,以无碱玻璃纤维织物为骨料,专用于通风管道。

(3) FRP-F 型。

一般以环氧树脂为基材,内衬有机表面毡形成富树脂的抗渗层、以无碱玻璃纤维织物为骨料。用于石油化工生产中有腐蚀性介质的管道。

2) 玻璃钢的特点、使用温度

玻璃钢的特点、使用温度如表 16-1-15 所示。

表 16-1-15 玻璃钢特点、使用温度

项目	环氧玻璃钢	酚醛玻璃钢	呋喃玻璃钢	不饱和聚酯玻璃钢
特点	(1) 机械强度高; (2) 收缩率小; (3) 良好的耐腐蚀性、耐水性; (4) 黏结力强; (5) 成本高; (6) 耐温性较差	(1) 良好的耐酸性; (2) 成本较低; (3) 机械强度高; (4) 不耐碱和氧化性酸(硝酸、铬酸等)的腐蚀,对某些有机溶剂抗蚀差; (5) 脆,成型困难,龟裂寿命低	(1) 良好的耐酸、耐碱性; (2) 耐湿性较高; (3) 成本较低,来源广泛; (4) 机械强度较差,很难锯,密度大; (5) 性脆,与钢黏结力较差。	(1) 耐候性良好; (2) 韧性好; (3) 施工方便(冷固化温度<50℃); (4) 耐稀酸性、耐油性良好; (5) 耐温性差; (6) 收缩率大
使用温度,℃	<100(一般型) <150(耐热型)	<120	<180	一般<150 耐热型 177
使用情况	使用广泛	使用一般	大部分使用改性呋喃玻璃钢	使用最广

注:使用温度与玻璃钢配方、施工方法、固化条件、介质使用条件(浓度、压力)等因素有关。本表使用温度仅供参考。

3) 玻璃钢管规格及参考质量

玻璃钢管规格及参考质量如表 16-1-16 所示。

表 16-1-16 玻璃钢管规格及线质量

公称直径 DN,mm	内径,mm	高压				低压			
		壁厚,mm	线质量,kg/m			壁厚,mm	线质量,kg/m		
			1MPa	3MPa	6MPa		1MPa	3MPa	6MPa
25	25	3.0	0.45	1.35					
40	38	3.0	0.66	1.98					
50	50	3.0	0.85	2.55	5.1				
65	65	3.0	1.09	3.27	6.54				
75	75	4.0	1.69	5.07	10.14				
100	100	4.0	2.22	6.66	13.32				
125	125	5.0	3.47	10.41	20.82	4.0	2.76	8.28	16.56
150	150	5.0	4.14	12.42	24.84	4.0	3.29	9.87	19.74
200	200	6.5	8.83	26.5	53	4.0	5.43	16.3	32.6

续表

公称直径 DN, mm	内径, mm	高压				低压			
		壁厚, mm	线质量, kg/m			壁厚, mm	线质量, kg/m		
			1MPa	3MPa	6MPa		1MPa	3MPa	6MPa
250	250	7.5	12.3	37	74	4.0	6.6	19.8	39.5
300	300	9.0	17.5	52.5	105	5.5	10.7	32.1	64.2
350	350	9.5	21.5	64.5	129	6.0	13.6	40.8	81.5
400	400	11.0	27.8	83.5	167	7.0	17.7	53.15	106.3
450	450	12.0	34	102	204	7.0	19.8	59.5	119
500	500	12.0	38	114	228	7.0	22.16	66.6	133

注:壁厚 3~5mm,密度 1.7g/cm³;壁厚 5.5~8mm,密度 1.8g/cm³;壁厚 8.5mm 以上,密度 1.85g/cm³。

5. 聚丙烯/玻璃钢复合管(PP/FRP 复合管)

聚丙烯管表面经特殊处理后与热固性玻璃钢牢固地结合成整体,形成独特的聚丙烯/玻璃钢复合结构,兼有聚丙烯轻质、耐腐蚀、耐热、无毒无污染的特点,又发挥玻璃钢高强度的优点,大大提高聚丙烯管抗热、耐压、耐腐蚀等级,普遍适用于化工、石油化纤、农药、化肥、染料、制药、电子、机械、冶炼、轻工食品等工业,取代不锈钢管和其他有色金属管材和制品,PP/FRP 复合管密度为金属的 16.7%。

聚丙烯/玻璃钢复合管(PP/FRP 复合管)规格如表 16-1-17 所示。

表 16-1-17 聚丙烯/玻璃钢复合管规格

公称直径 mm	管外径及公差 mm	PP 管壁厚及公差 mm	FRP 复合管壁厚及公差, mm	定尺长度及公差, m	线质量 kg/m
15	23.4±0.7	$3.0^{+0.5}_{0}$	1.2±0.2	4±0.1	0.41
20	28.8±0.8	$3.2^{+0.6}_{0}$	1.2±0.2	4±0.1	0.62
25	35.2±0.8	$3.6^{+0.6}_{0}$	1.5±0.2	4±0.1	0.95
40	52.0±0.9	$3.9^{+0.6}_{0}$	2.0±0.3	4±0.1	1.36
50	63.0±1.0	$4.5^{+0.7}_{0}$	2.0±0.3	4±0.1	1.68
65	80.0±1.0	$5.0^{+0.7}_{0}$	2.5±0.3	4±0.1	2.34
80	97.0±1.2	$6.0^{+0.8}_{0}$	2.5±0.3	4±0.1	2.8
100	118.0±1.2	$6.0^{+0.8}_{0}$	3.0±0.4	4±0.1	3.66
150	171.0±1.6	$7.5^{+1.0}_{0}$	3.5±0.6	4±0.1	7.1
200	226.0±2.0	$9.0^{+1.2}_{0}$	4.0±0.8	4±0.1	9.8

6. 衬里管

衬里的主要目的是防腐蚀,电绝缘和减少流体阻力。此外尚有以防止金属离子的混入和铁污染等为目的而采用衬里。

所谓衬里是在光管里面或外面粘敷不同的材料。与此类似的涂塑,通常是将比衬里材料还薄的膜状物附着于光管的表面,还有外管为钢管、内管为塑料管的钢塑复合管,通过冷拔铜管或粘接在一起可统称衬里管。

在我国石油化工企业常用的衬里管有表16-1-18所示几种。

表16-1-18　衬里管的种类

衬里管	基体金属材料	内衬材料或内外壁涂层
橡胶衬里管	碳素钢管	天然橡胶或合成橡胶
钢塑复合管	碳素钢管	聚氯乙烯、聚乙烯、聚丙烯、聚四氟乙烯
涂塑钢管(内外涂塑)	碳素钢管	环氧树脂、聚乙烯、聚氯乙烯
双金属复合管	镀锌钢管或焊管、无缝钢管	不锈钢

在国外还有表16-1-19所示几种衬里管。

表16-1-19　国外几种衬里管的材料

基体金属材料	衬里材料	基体金属材料	衬里材料
锌及锌合金	聚乙烯	不锈钢	氯化聚醚
铝及铝合金	聚酯树脂	蒙乃尔	天然或合成橡胶
铅及铅合金	氧化乙烯	铁	二甲苯树脂
铜及铜合金	环氧树脂	钽	聚丙烯
锡及锡合金	聚四氟乙烯	镍铬铁合金	聚氨酯树脂
镍及镍合金	酚醛树脂		

此外,尚有搪瓷、玻璃、陶瓷衬里等。

(1)橡胶衬里管。

橡胶大致分为天然橡胶与合成橡胶两大类。天然橡胶有软质和硬质之分,而合成橡胶有氯丁橡胶、丁基橡胶、氟橡胶、睛橡胶、苯乙烯橡胶等。

用于衬里的橡胶是天然橡胶经硫化处理而成。由于硫黄加入量的不同,硫化后橡胶的物理机械性能有很大的区别。当胶料中硫黄含量为1%~3%时,制得的产品具有良好的弹性,故称软质橡胶;当硫黄含量在30%左右时,橡胶制品叫半硬质胶;当硫黄含量大于40%时,其制品硬度很高则称为硬质胶。

① 橡胶衬里厚度和底层、面层的确定:

a. 强腐蚀介质、温度变化不大、无机械振动的管道、管件宜用1~2层硬橡胶、总厚度为3~6mm。

b. 为避免腐蚀性气体的扩散渗透作用,宜用两层硬橡胶衬,总厚度4~6mm。

c. 含有固体悬浮物介质,应同时考虑耐磨,宜采用厚2mm硬橡胶作底层,再衬贴所需厚度软橡胶作面层。

d. 外表面可能经受撞击时,宜采用软橡胶作底层,半硬橡胶作面层。

e. 室外的橡胶衬里管道,考虑到冬季温度低,硬橡胶有冻裂的可能,宜采用硬橡胶作底层,软橡胶作面层。在寒冷地区,应采用两层半硬橡胶衬里。

f. 腐蚀性较弱的介质,温度低的管道可采用软橡胶衬里。

g. 真空系列,不宜采用软橡胶作底层。

h. 有剧烈振动的管道不能使用橡胶衬里。

② 橡胶衬里管对基体的要求:

a. 一般为无缝碳素钢管。

b. 焊接钢管,在焊缝处不得有气孔、焊瘤、焊渣等以免刺破橡胶。

c. 一般等于或大于 DN40 的钢管可以橡胶衬里。

(2) 钢塑复合管。

由于钢塑复合管的外管为钢管内衬塑料。因此,它既有钢管的机械性能,又有塑料的耐腐蚀等性能,是输送腐蚀性流体和浆液物料的良好管材。

国内生产的复合管有 St/PVC(钢/聚氯乙烯)、St/PE(钢/聚乙烯)、St/PP(钢/聚丙烯)和 St/F4(钢/聚四氟乙烯)。

St/PP 复合管约为不锈钢管价格的 1/6~1/4;St/F4 复合管与不锈钢管的价格大致相同。

钢塑复合管的制造方法,因管径不同,加工方法也不同。一般 DN≤50mm 的用冷拔钢管方法、DN>50mm 的则用环氧树脂等黏结剂真空注塑成型。

涂塑钢管是以有缝钢管或无缝钢管为基体以聚氯乙烯、聚乙烯、环氧树脂等三种树脂为涂料,可对钢管内外壁涂塑,也可对外表面涂塑。

钢管的流动浸渍法涂塑范围:外径 21~319.1mm、长度 3~7.5m。

近年来,开发的热喷塑钢管已用于石油化工企业。涂环氧树脂厚 750μm,涂聚乙烯厚 1~3mm,比钢塑复合管的价格低 8%~10%。涂塑管径由 DN30~DN800mm,管长 4m,最长 6m。

四、钢管材料及选择

1. 碳素钢

钢是含碳量小于 2.11%(2%)的铁碳合金;含碳量大于 2.11%的铁碳合金称为生铁;含碳量低于 2.11%并含有少量硅、锰、硫和磷、铜、铬、镍等杂质的铁碳合金称为碳素钢。碳素钢的强度等性能,主要取决于其中碳存在的形式和碳化物的形状、大小以及分布状态等,即主要取决于钢的金相组织。钢中的杂质不能作为合金元素看待。它们的存在虽然有时也起到一些有益作用,但大多数产生不利影响。例如,少量的元素镍、铬、铜等的存在,对钢的焊接性、冷变形和加工性等产生不良的影响。所以优质碳素钢中,都规定出它们的最高含量。例如 GB/T 699—2015《优质碳素结构钢》规定,允许含 S、P 量不大于 0.035%;含 Ni、Cr、Cu 量不大于 0.25%。

2. 合金钢

碳素钢的性能,对于不锈、耐酸、耐热、耐磨、耐腐蚀、耐低温、耐高温等有时已不能满足要求。因此,为提高钢的某些性能,必须向钢中加入某一种或某几种其他元素,这种钢称为合金钢。加入的元素称为合金元素。

合金元素在合金钢中,不一定直接改善钢的性能,而大部分是由于它们的存在影响到相变的过程,从而间接发生作用。

根据各种合金元素在钢中形成碳化物的倾向不同,可把它们分为以下几类:

(1) 不形成碳化物元素,只与铁形成固溶体,如硅、镍、铜、铝、钴等。

(2) 强碳化物形成元素。这类元素由于和碳的亲和力极强,在适当条件下,就形成各自的特殊碳化物。但在缺少碳时,则以原子状态进入固溶体中,如钒、锆、钛、钼等。

在工业用钢中尚存在少量非有意加入的其他元素,例如一般含量的 Si、Mn、P、S 等,这些元素称为常存元素或残余元素。

合金元素是指为改善或获得钢的某些性能,在冶炼过程中有意加入的元素,钢中的残余元素不能称为合金元素。合金元素在钢中的含量各有不同,有的可高达百分之几十,有的则低至十万分之几。

除了形成碳化物或溶解于固溶体之外,大部分合金元素都能与钢中的 O、N、P 等形成简单的或复合的非金属夹杂,如 Al_2O_3、V_xN_y、MnS、FeO·TiO_2、MnO·SiO_2、$SiO_2·M_xO_y$ 等。钢中合金元素含量较高时,某些元素彼此作用而形成金属间化合物,如 FeSi、Fe_2W、Ni_3Al、Ni_3Ti 等。有的元素如铜、铅,当含量超过它在钢中的溶解度时,常以游离状态或较纯的金属相存在。

3. 高温用钢管的材料

温度超过 350℃ 称为高温。高温用钢是指在高温下具有较高强度的钢材。

在石油化工装置里,高温并伴有腐蚀的管道必须使用耐腐蚀材料;高温、不伴有腐蚀的管道则应使用高温、高压钢管。

碳素钢的上限使用温度为 425℃ 左右,超过该温度时用沸腾钢和 Al 镇静钢比 Si 镇静钢更为优越。但是,碳素钢在 425℃ 左右会引起石墨化现象,致使强度下降,所以必须添加合金元素以改善碳素钢的高温强度。

Mo 在 Fe 中固溶成为稳定的碳化物,可提高蠕变强度。

从经济的理由考虑,在高温强度允许的情况下有使用低合金钢的倾向。例如,在英国拟以减少 Cr 含量并加 V 的 Cr-Mo-V 钢代替 2.25Cr-1Mo 钢;在美国拟以 0.5Cr-0.5Mo 代替 1.25Cr-0.5Mo 钢等。

不锈钢(18Cr-8Ni-25Cr-20Ni)的高温强度高,特别是 18-12MoL、18-8-Ti、18-8-Nb 等合金元素的影响更为优越。

一般在没有耐腐蚀性问题的场合,在规定的范围内,含碳量高的不锈钢,其高温强度也高。一般面心立方晶体结构的奥氏体不锈钢即使在 600℃ 以上也比体心立方晶体结构的铁素体钢的蠕变强度高。

在 Fe 内单独添 Ni 至 28% 以上时,在常温下也不会形成奥氏体。可是,同时添加 Ni、Cr 至 Cr18%、Ni8% 时,便可形成奥氏体组织。而且 Cr 远比 Ni 价廉,所以 18-8 钢是最经济的奥氏体钢。

若在 18-8 钢内添加 Mo、Nb、Ti,Mo 可强化基质,Nb、Ti 则形成碳化物,从而可改善高温强度。

比 18-8 不锈钢的高温强度更高的材料有复合添加多种元素的 19-9DL、HS-88、17-14CuMo 等，其他为稳定不锈钢基体而添加 Co 的 Fe-Cr-Ni-Co 系合金，其代表的钢种有 G-18B、N-155 等。

近年来开发了添加 Mn 的合金钢，在英国有 Esshete1250（添加 6%Mn、10%Ni、15%Cr、1%Mo、1%Nb、0.25VB），在美国有 Kromarc58（添加 10%Mn、22%Ni、15%Cr、2.25%Mo、0.25%V、0.23%NBZr），比 18-8 系合金钢的高温强度更高，是火力发电锅炉用铜管的最佳材料。

4. 耐热用钢管的材料

1）耐热用钢应具有的性能

所谓耐热用材料，是指具有耐氧化性、耐气体腐蚀性、高温强度、不发生高温脆化、热冲击强度高等性能的材料。

（1）耐氧化性。

高温用钢管多暴露于高温气体或特殊的气体、液体中，要求钢管必须具有良好的耐氧化性能。可是碳素钢钢管表面产生的氧化薄膜几乎不能保护其基体金属。为了使钢管有良好的耐氧化性能，必须加入适当的 Cr、Al、Si 等金属元素，这些元素能使钢的表面产生难以剥离的氧化薄膜。

由于 Cr 比铁能优先氧化，在表面生成致密的氧化薄膜可阻止氧向内部扩散。为此，适当添加 Cr、Mo 元素形成 Cr-Mo 系合金，作为耐热钢使用。含 Cr 量 5% 和 9% 时钢的耐氧化性能显著提高，故多用于石油化工工业。若 Cr 添加量至 12% 时，耐氧化性急剧改善。在 12%Cr 钢中添加 Mo、V、Nb 的 H46 及添加 Mo、V、Nb、B、N 的 TAF 钢等铁素体系耐热钢，其高温强度最高。这些 12%Cr 钢具有比奥氏体系耐热钢价格便宜，热胀率小，导热率大，屈服点高，作为 600~650℃ 以下高温材料是有利的。

更高的含 Cr 量 17%、21%、25% 的 Cr 钢，其蠕变强度虽低，但耐氧化性优越，可用于高温下不受应力的场所。

还有 13CrSiAl 的耐氧化使用温度界限 950~1000℃；20Cr15Ni、25CrNi 为 1050~1100℃；SUS42 为 1100~1200℃。

（2）耐腐蚀性气体。

9Cr-1Mo 钢和各种不锈钢对 SO_2 或 H_2S 气体，都具有良好的耐腐蚀性能。添加 Si 或 Al 的铝铬硅耐热钢，对硫也有良好的耐腐蚀性能。

还有对氢气，考虑 N 的影响（NH_3 在 400℃ 以上分解氮原子被钢管表面吸收而形成硬化层），要使用含 Ni 量多的钢种如 18-8 系或 25-20 的奥氏体不锈钢；在腐蚀性弱的地方使用 Cr-Mo 钢、Cr-V 钢等。

（3）耐氢腐蚀。

当氢气在温度、压力不高的场所，可以使用碳素钢。但是在高温、高压下，氢与钢中的碳元素反应生成甲烷致使含碳量降低发生脆化。因此，必须向碳素钢中添加合金元素（1%~9%C-Mo）方可防止氢蚀。

（4）耐渗碳性。

渗碳性气体（CO、CH_4 等）、烃类及有机酸等在高温时分解生成活性炭原子，活性炭原子被钢表面吸收并向内部扩散，形成一定深度的渗碳层，使钢材表面硬度提高而心部仍保持一定的强度和较高的韧性。

Cr、Ni、Si 等合金元素可耐渗碳作用。

奥氏体系 25-20 或因康乃尔镍铬合金（lncoloy）铁素体系的 25Cr 或 28Cr 等不锈钢有良好的耐渗碳性。

(5) 高温脆化。

在铁素体不锈钢中含 Cr15% 以上的材料，如在 500℃ 附近长时间加热，冷却后在常温时有韧性变劣的性质，这种现象即为 475℃ 脆性。还有高含 Cr 钢在 600~820℃ 长时间加热则脆化。

奥氏体不锈钢如在 450~850℃ 长期使用，在结晶间产生 Cr 的碳化物，产生脆化。

(6) 石墨化现象。

石墨化现象是钢中稳定的碳化物、在高温时分解形成碳原子聚集的现象。防止石墨化的允许温度界限是依钢的脱氧方法、Cr 等碳化物的形成元素含量的不同而变。

2) 常用耐热钢

常用耐热钢，一般有 1Cr5Mo、12Cr2Mo、Cr13SiAl、Cr17Al4Si、Cr22Ni4N、Cr22Ni20、Cr20Mn9Ni2Si2N(101)、ZGCr15Ni35、4Cr14Ni14W2Mo 等。其化学成分及机械性能，可参照有关标准。

5. 低温用钢管的材料

一般低温系指却 -196~-20℃ 范围内。温度再低是深低温、超低温，在石化企业中应用较少。对于钢管材料的选择，在 -196~-20℃ 范围内又可作如下划分：

-40~-20℃，不宜用碳素钢管；

-70~-40℃，不宜用低合金钢管；

-196~-70℃，不宜用一般合金钢管；

-196℃ 以下，不宜用低碳普通不锈钢管；

一般碳素钢，低合金钢等铁素体钢，在冰点以下会表现出韧性急剧下降，脆性上升的现象。这种现象称为材料的冷脆现象。

为了保证材料的使用性能，不仅要求材料在常温时有足够的强度、韧性和加工性能以及焊接性，而且要求材料在低温时也具有抗脆化的能力。

1) 影响材料低温脆化的因素

影响材料低温脆化的因素有：化学成分、冶炼方法、结晶粒度、热处理、后续加工条件等。

(1) 化学成分对钢的低温特性的影响，例如：

C，含碳量增多，转化温度（T_{tr}）上升。所谓转化温度，是在低温冲击试验中，铁素体钢达到某一温度时冲击值急剧下降，该温度叫作转化温度。如在此温度下发生破坏就称为脆性断裂。

Mn，使转化温度下降（T_{tr}），Mn/C 的值越高越好。

Si，普通含量就有效，如稍稍高些，铁素体脆化。

P，使钢材脆化的敏感性增加，使 T_{tr} 上升。

S，并不比 P 敏感，可是有毒。

Ni,使转化温度(T_{tr})下降,防止脆化最为有效。但是,作为碳素钢中的不纯物(含量很少)则没有效果。

Cu,作为碳素钢中的少量不纯物,则无影响。如加入量为 0.6%~1.5%,与 Ni 在一起,对防脆化有效。

Cr、Mo、V 作为碳素钢中的不纯物,则无效,少量 V 也有毒。但作为特殊钢的成分则有效。

Al、Ti、Zn,使用适量,会使转化温度(T_{tr})下降。

As、Sn、N,都是使转化温度(T_{tr})上升的有害成分。

(2)冶炼方法对钢的低温性能的影响,例如在冶炼时在钢中存在适量的 Al,可充分脱氧也能使转化温度(T_{tr})下降,使脆化的敏感性降低。施行正火的 M 镇静钢,可用于-40℃左右。

冶炼后得到的镇静钢和沸腾钢的低温性能不同。例如用 Si 脱氧的镇静钢和含同量 Si 的沸腾钢、前者比后者的低温性能优越。

(3)结晶粒度对低温性能的影响,晶粒的微细化与转化温度(T_{tr})的下降成正比。所以使晶粒微细化是铁素体钢关键的点。其方法有冶炼法、热处理法或加入其他元素等方法。

碳素钢的结晶构造是体心立方格子,奥氏体不锈钢是面心立方格子。此结晶构造随着温度下降而引起晶格内的原子不等收缩,面心立方格子的晶格滑移面多,易滑动即容易黏性变形,所以不显脆性。体心立方格子的晶格滑移面少,所以显出脆化。

在冶炼时加入规定量的 Al 脱氧、镇静,使结晶粒度微细化;添加 Ni 可使脆性减小。要使加入 Ni 的钢耐 40℃以下的低温,则应成为 2.5Ni、3.5Ni、5Ni 的钢。要耐-100℃以下的低温,铁素体钢保持韧性就很困难,则希望用 9Ni 钢,面心立方晶体的奥氏体不锈钢和铝。

2)低温管道材料选择的一般要求

由于低温管道材料有低温冷脆,造成管系断裂的危险,所以在介质温度低于或等于-20℃的管道,其组成件均应按冲击性能要求选用。一般应符合下列要求:

(1)有压力的低温管道所采用的钢材应为镇静钢。

(2)碳素钢和低合金钢管,当使用温度低于或等于20℃时,其使用状态及最低冲击试验温度应符合表 16-1-20 的规定。

表 16-1-20 碳素钢和低合金钢的使用状态及冲击试验温度

钢号	使用状态	壁厚,mm	最低冲击试验温度,℃
10	热轧或退火	≤20	-20
	正火	≤40	-30
20	热轧或退火	≤10	-20
	正火	≤16	-20
20G	正火	≤40	-20
16Mn	正火	≤40	-40
09Mn2V	正火	≤16	-70

(3)材质为碳素钢、低合金钢的锻铜管件,使用温度低于或等于20℃时,其热处理状态及最低冲击试验温度应符合表 16-1-21 的规定。

(4) 由钢板制作的管道组成件,钢板使用状态和最低冲击试验温度应符合表 16-1-22 规定。

(5) 根据 ASMEI ANSI B31.5 的规定,下列材料可不做冲击试验:

① 铝、304 或 CF8、304L 或 CF3、316 或 CF8M 和 321 奥氏体钢、铜、紫铜、铜镍合金和镍铜合金;

② 用于温度高于-45℃的 Al93、B7 级螺栓材料;

③ 用于温度高于 101℃的 A320L7、LIO 级、温度高于 143℃的 A320L9 的螺栓材料;

④ 用于管系的铁素体材料,其金属温度在-101~-28.8℃之间,由于内压、温度收缩、支架间的弯矩而产生的环向和纵向应力之和不大于规定的许用应力的 40%时,可不进行冲击试验。

表 16-1-21 锻件的热处理与冲击试验

序号	钢号	标准号	截面尺寸,mm	热处理状态	最低试验温度,℃
1	20	JB755 HGJ15 附录	≤100	N 或 N+T	-20
2	16Mn		<150	N 或 N+T	-30
			150~300		-20
			≥300	Q+T	-30
3	16MnD		<150	N 或 N+T	-30
			150~300		-20
			—	Q+T	-40
4	20MnMo		<150	Q+T	-40
5	20MnMoNb				-20
6	09Mn2VD		—	N 或 N+T	-45
			<150	Q+T	-70
			150~300		-50
7	CF-62	GB 150 附录 A	≤300	Q+T	-40
8	12Ni3MoV	HGJ19 附录 8	≤200	Q+T 或临界区热处理	-45

注:(1) 截面尺寸是指锻件热处理时的截面尺寸。
(2) 热处理状态的符号意义:N 表示正火;N+T 表示正火加回火;Q+T 表示调质(淬火加回火)。
(3) 表中的低温冲击试验,于订货时双方协议确定。

表 16-1-22 钢板的使用状态与冲击试验

序号	钢号	标准号	使用状态	板厚,mm	最低试验温度,℃
1	20R	GB 713	热轧	6~16	-20
			正火	6~23	
2	Q345R		热轧	6~25	
			正火	26~50	

续表

序号	钢号	标准号	使用状态	板厚,mm	最低试验温度,℃
3	Q345R	GB 3531	正火	6~32	-40
			正火	34~50	-30
4	09Mn2VDR		正火	6~32	-70
5	06MnNbDR		正火	6~16	-70
			调质	6~16	-90
6	CF-62	GB 150 附录 A	调质	20~50	-40

(6) -100℃以下低温用材料的比较。9Ni 钢,奥氏体不锈钢和铝合金等适用-100℃以下低温管道。选择时应视装置的性质、设计条件、施工条件及所需费用,经综合比较后确定。

6. 耐腐蚀材料

腐蚀是材料在环境的作用下引起的破坏或变质。金属和合金的腐蚀主要是化学或电化学作用引起的破坏。

金属腐蚀现象或所谓的耐腐蚀性是根据腐蚀性介质的种类、浓度、温度、压力、流速等环境条件,以及金属本身的性质,即含有成分、加工性、热处理等诸因素的差异而分别有不同的腐蚀状态和腐蚀速度。例如不锈钢具有优良的耐腐蚀性能,可是因为使用条件或腐蚀环境的不同,也可能发生意想不到的腐蚀事故。因此,应充分地了解腐蚀介质和耐腐蚀材料,才能选择合适的耐腐蚀用材料。

对于非金属来说,一般是由化学、物理的作用(如氧化、溶解、溶胀等)引起的腐蚀。金属腐蚀的形态可划分为两大类,但各种形态互相关联,往往实际的腐蚀可能同时包括几种形态,如表 16-1-23 所示。

腐蚀在金属全部或大部分面积上进行,而且生成腐蚀产物膜,称为全面成膜腐蚀,具有保护性;无膜的全面腐蚀是很危险的,因为它保持一定速度全面进行。一般对均匀腐蚀的程度用腐蚀率表示,但如何评价则有不同的规定。

表 16-1-23 金属腐蚀的形态

均匀(全面)		局部											
成膜腐蚀	无膜腐蚀	孔蚀	缝隙腐蚀	脱层腐蚀	晶间腐蚀	应力腐蚀	疲劳腐蚀	选择性腐蚀	磨损腐蚀	空泡腐蚀	磨振腐蚀	氢脆	氢鼓泡	氢蚀

按 SH/T 3059—2012《石油化工管道设计器材选用规范》规定,介质对金属材料的腐蚀速率,管道金属材料的耐腐蚀能力可分为下列四类:

年腐蚀速率不超过 0.05mm 的材料为充分耐腐蚀材料;年腐蚀速率在 0.05~0.1mm 的材料为耐腐蚀性材料;年腐蚀速率 0.1~0.5mm 的材料为尚耐腐蚀性材料;年腐蚀速率超过 0.5mm 的材料为不耐腐蚀材料。

一般应选择耐腐蚀性和尚耐腐蚀性的材料。当介质对某种金属材料的年腐蚀速率大于

0.5mm时应经技术、经济比较,确定更换材料或增加腐蚀裕量;当介质对某种金属的年腐蚀速率不超过0.05mm时,应采用常规材料和低限腐蚀裕量。

1) 全面腐蚀

《腐蚀数据手册》(左景伊、左禹,1995)对均匀(全面)腐蚀的耐蚀性用均匀腐蚀率来评价,如表16-1-24所示。

表16-1-24 耐蚀性能的评价

腐蚀率,mm/a	评价
<0.05	优良
0.5~1.5	可用,但腐蚀较重
0.05~0.5	良好
>1.5	不适用,腐蚀严重

据《金属防腐蚀手册》(中国腐蚀与防护学会,1989)中对金属材料耐腐蚀性分类等级规定如表16-1-25所示。

表16-1-25 金属材料耐腐蚀性的10级标准

耐蚀等级	1	2	3	4	5	6	7	8	9	10
腐蚀率 mm/a	<0.001	0.001~0.005	0.005~0.01	0.01~0.05	0.05~0.1	0.1~0.5	0.5~1.0	1.0~5.0	5.0~10.0	>10
耐蚀性类别	完全耐蚀	很耐蚀		耐蚀		尚耐蚀		欠耐蚀		不耐蚀

(1) 对于硝酸,18-8系钢有良好的耐蚀性,可是含Mo的18-8Mo系,对氧化性酸的耐腐性较为低劣。

(2) 对于盐酸,不锈钢仅能用于稀盐酸。但是根据使用条件可能产生孔腐蚀和应力腐蚀,所以也不宜使用。

由于Cr是敏感的耐盐酸性的有害合金元素,所以Cr系合金钢的耐盐酸性非常恶劣。但是,加入改善耐盐酸性的合金元素Ni、Cu、Mo、W、Co等的耐盐酸材料如蒙乃尔(Monel)、哈斯特洛伊(Hastelloy)等则有良好的耐盐酸性。

(3) 对于硫酸,不锈钢只限于在很窄的浓度范围和温度范围内具有耐腐蚀性。镍含量增加或添加Si、Mo、Cu等元素可改善不锈钢的耐硫酸性能。

(4) 对于醋酸,Cr-Ni系不锈钢,在室温下可耐所有浓度的醋酸。可是在高温且浓度高的时候呈活性。Cr系不锈钢仅耐特别稀的醋酸,没有利用价值。Ni-Cr系的18Cr-8Ni、18Cr-8Ni-Ti、18Cr-8Ni-Nb可耐50℃以下的99%纯醋酸,可是对50℃以上沸腾纯醋酸则有显著的侵蚀。

添加Mo、Si对耐醋酸性的改善是有效的。

如在醋酸中有不纯物存在时,腐蚀情况将会改变,即适量的氧化性离子及空气的存在,可抑制对不锈钢的腐蚀。可是，当有卤族元素时能促进腐蚀，在使用时应予注意。

（5）对于稀碱液，一般具有良好的耐腐蚀性。

由于增加 Ni 的添加量，对碱的耐蚀性提高。可是奥氏体不锈钢的优越的耐蚀性界限是温度 100℃，浓度 50%。铁素体系不锈钢比奥氏体不锈钢的耐蚀性低劣。

上述是全面腐蚀的概述。此外，也有因溶液的流速、涡流、温度、压力、振动等附加条件而引起局部腐蚀的情况，详见局部腐蚀的叙述。

2）局部腐蚀

据调查，在化工装置中，局部腐蚀约占 70%，而且一些局部腐蚀常常是突发性和灾难性的，可能引起各类事故。因此，在选材或结构设计时，对局部腐蚀应格外注意。

（1）晶间腐蚀。

腐蚀从表面沿晶界深入内部，外表看不出腐蚀迹象。晶间腐蚀是由于晶界沉积了杂质，或某一元素增多或减少而引起的。以奥氏体不锈钢为例，它在焊接时焊缝两侧 2～3mm 处可被加热至 400～910℃，这时晶界的铬和碳化合为 $Cr_{23}C_6$，从固溶体中析出，由于铬的流动很慢，不易从晶内扩散到晶界，因此形成贫铬区，在适合的腐蚀溶液中，就形成"碳化铬（阴极）—贫铬区（阳极）"电池，使晶界贫铬区产生腐蚀。

奥氏体不锈钢晶间腐蚀，有三种常用的控制方法：

① 热处理，将材料加热至 1100℃，随即水淬，即固溶淬火处理。因在 1100℃ 时碳化铬被溶解，可得到均一的合金；

② 加入与碳素的亲和力比锚更强的元素，如 Ti 和 Nb；

③ 将碳含量降低到 0.03% 以下，产生的碳化锚量少，就不致引起晶间腐蚀。因此，当使用低碳奥氏体系不锈钢管即稳定化的奥氏体系不锈钢管以外的奥氏体不锈钢管时，由于加工或焊接要加热至碳化物析出的温度，应在最终温度 1000～1100℃ 时急冷，使析出的碳化物固溶，是非常必要的。

当稳定化奥氏体不锈钢管用于浓硝酸等严重的产生晶间腐蚀的环境，焊接后原封不动将会引起晶间腐蚀的特殊形态的腐蚀（Knife Line Attack）。为此，应在 840～900℃ 进行 2～4h 稳定化处理，使 Ti 或 NbC 充分的析出。

当使用铁素体不锈钢时，在 925℃ 以上温度急冷，在腐蚀环境会产生晶间腐蚀，应予注意。

（2）应力腐蚀。

金属和合金在腐蚀与应力的同时作用下产生的腐蚀。它只发生于一些特定"材料—环境"体系，例如"奥氏体不锈钢 Cl^-"，"碳钢 NO_3^-"等，当然还必须存在应力（外力或焊接、冷加工等产生的残余应力）。

在"奥氏体不锈钢 Cl^-"体系中，溶液中氧的存在是促进全面钝化，而 Cl^- 破坏局部钝化，同时进入裂缝尖端，构成盐酸，使腐蚀加速。

一般应力腐蚀的裂纹形态有两种，一种是沿晶界发展，称为晶间破裂；另一种是穿过晶粒，称为穿晶破裂；也有混合型，如主缝为晶间型，支缝为穿晶型。

防止应力腐蚀方法，一般通过热处理消除或减少应力；设计中取低于临界应力腐蚀破裂强度值；改进设计结构，避免应力集中；表面施加压应力；采用电化学保护、涂料或缓蚀剂等。

对于奥氏体系不锈钢,腐蚀介质浓度高则易产生裂纹,可是尽管在很稀薄的场所,由于吸收或在高温、高压下局部浓缩,致使局部浓度增高,所以必须规定腐蚀介质浓度的下限值;腐蚀性介质的温度影响极大,尽管其他条件不变,温度高时易于产生裂纹。在沸腾或蒸发温度条件下是易于产生裂纹的苛刻条件。一般在 50~60℃ 时是没有问题的;产生裂纹敏感性大的元素 Ni,在 8% 左右最易产生裂纹,45% 以上则不产生裂纹。

(3) 缝隙腐蚀。

这类腐蚀发生在缝隙内,如焊、铆缝、垫片或沉积物下面,由于滞留的液体构成氧素"浓淡电池"、金属离子"浓淡电池"而产生腐蚀。对于不锈钢这种存在耐蚀性钝态的金属,对缝隙腐蚀则较敏感。

缝隙腐蚀的破坏形态为沟缝状,严重的可穿透,是孔蚀的一种特殊形态。缝隙腐蚀和孔蚀一样,在含 Cl^- 的溶液中最易发生,而且发生之前通常有一个较长的孕育期,且发生就迅速进展。防止缝隙腐蚀的最有效的办法是消除缝隙。

(4) 孔蚀。

孔蚀是一种高度局部的腐蚀形态,孔有大有小,孔径或宽度约为深度的 4~10 倍,小而深的孔可能使金属板穿透,引起物料流尖、火灾、爆炸等事故,它是破坏性和隐患最大的腐蚀形态之一。

孔蚀通常发生在表面钝化膜或有保护膜的金属,如不锈钢、铁、铝合金等。由于金属表面缺陷或有非金属夹杂物等和溶液内存在能破坏钝化膜的活性离子如 Cl^-、Br^- 等,钝化膜在局部微小的膜破口处的金属成为阳极,其电流高度集中,破口周围大面积膜成为阴极,因此腐蚀迅速向内发展,形成蚀孔。

影响孔蚀的因素有环境因素和金属因素之分。

环境因素:Cl^-、Br^- 等卤族元素离子或硫氧盐离子与氧或氧化性金属离子等在适当的氧化剂存在时会产生孔蚀。当潜液的 pH 值在 3 以上附近时最易产生孔蚀,pH 值增大的碱性环境则不易发生。通常,当温度上升时孔蚀增加,液体流动则孔蚀减少。由于介质的流动将除去固形物的沉积,对保持钝化膜是有利的。所以流速 ≥1.5m/s、管系没有死角是防止管系产生孔蚀的必要条件。

金属因素,不锈钢中的 Cr、Ni、Mo、Si、Cu、N 等元素含量的增加,将减少孔蚀。但含 C 量多则易发生孔蚀。

(5) 腐蚀疲劳。

腐蚀疲劳是由交变应力和腐蚀的共同作用引起的破裂。当铁基合金所承受的交变应力低于一定数值时,可经过无限周期而不产生疲劳破裂,这个临界应力值称为疲劳极限,对于其他合金,疲劳极限为在一定周期下不破裂的最大交变应力。在腐蚀环境中疲劳极限值大大下降,因而在交变应力不高的情况下就很容易发生腐蚀疲劳。

腐蚀疲劳的特征是有许多溶蚀孔,裂缝通过蚀孔,可有若干条,方向与应力垂直是典型的穿晶型(在低频率周期应力下,也有晶间型),没有分支裂缝,缝边呈现锯齿形。振动部件,以及由于温度变化产生周期热应力的换热器管和锅炉管等都易产生腐蚀疲劳。

第二节 管 件

一、管件的分类

管件按用途分类如表16-2-1所示。

表16-2-1 按用途分类表

用途	管件名称
直管与直管连接	活接头、管箍弯头、弯管
改变走向	弯头、弯管
分支	三通、四通、平头螺纹管接头、加强管嘴、高压管嘴
变径	异径管(大小头)、异径短节、异径管箍、内外螺纹(Bushing)
封闭管端	管帽、堵头(丝堵)、封头
其他	螺纹短节、翻边管接头

二、管件的选择

1. 选择的依据

管件的选择，主要是根据操作介质的性质、操作条件以及用途来确定管件的种类。一般以公称压力表示其等级，并按照其所在的管道的设计压力、温度来确定其压力温度等级。

DN50mm及以上的管道一般多采用对焊连接管件，DN40mm及以下多采用锥管螺纹或承插焊接连接。

2. 分支管连接方法及其管件的选择

分支管的连接方法与管件标准的完善程度有关，主要根据管件的种类和规格尺寸系列。由于各国的管件标准不同，所以分支管的连接方法及其管件的选择也不尽相同，表16-2-2是我国常用的分支管与主管的连接方法及管件的种类。

表16-2-2 分支管与主管的连接

主管 mm(in) 分支管 mm(in)	15 (1/2)	20 (3/4)	25 (1)	40 (11/2)	50 (2)	80 (3)	100 (4)	150 (6)	200 (8)	250 (10)	300 (12)	350 (14)	400 (16)
15 (1/2)	T	T	T	B	B	B	B	B	B	B	B	B	B
20 (3/4)		T	T	B	B	B	B	B	B	B	B	B	B

续表

主管 mm(in) 分支管 mm(in)	15 (1/2)	20 (3/4)	25 (1)	40 (1 1/2)	50 (2)	80 (3)	100 (4)	150 (6)	200 (8)	250 (10)	300 (12)	350 (14)	400 (16)
25 (1)			T	T	B	B	B	B	B	B	B	B	B
40 (1 1/2)				T	T/M	M	B	B	B	B	B	B	B
50 (2)					M	M	M	N	N	N	N	N	N
80 (3)						M	M	M	N	N	N	N	N
100 (4)							M	M	M	N	N	N	N
150 (6)								M	M	M	M	N	N
200 (8)									M	M	M	M	N
250 (10)										M	M	M	M
300 (12)											M	M	M
350 (14)												M	M
400 (16)													M

注：B 为承插焊或螺纹加强管嘴；T 为承插焊或螺纹三通；M 为对焊三通；N 为焊接管嘴(低压配管用)。

三、带有分支和异径管的管道

1. 分支的方法

支管的分支方法基本为两种，对于低压大直径管则直接把分支管焊于主管上，其他多数是利用分支管件进行分支的方法。

2. 分支的方向

1）工艺管道

（1）如果 PID 图上指示分支方向，则应按该图指示的方向。

（2）如果 PID 图上无明确分支方向，则应根据管道布置情况，管道的走向确定。

2）火炬线及放空线

支管管径 DN≥50mm 时,应由主管上方斜接,支管 DN≤40mm 时可由主管上方 90°直接。

3）公用工程管道

（1）下列分支管,原则上是由水平主管的上方引出：

① 蒸汽管道；

② 净化压缩空气,非净化压缩空气管道；

③ 蒸汽凝结水管道（一般宜在主管上方 45°斜接,以减少压降）；

④ N_2 等惰性气体管道；

⑤ 小于 DN40mm 的水管道；

⑥ 燃料气管道等。

（2）下列的分支管,可按管道布置的方便方向,即可由水平主管的上方或下方引出：

① 大于 DN50mm 的水管道；

② 大于 DN50mm 的燃料油管道。

3. 分支的位置

（1）如果 PID 图上标明了分支的位置,应按标明的位置设计；不标明时可按管道走向或方便的方向确定。应注意不得使管道走向往返,以免浪费材料。

（2）避开从弯头、三通及大小头上引出支管。

4. 变径方法

变径方法,除特殊要求外,变径方法一般宜采用大小头、异径短节、异径管箍或内外丝等。

1）大小头

（1）并排敷设的水平管道,为保持同一标高,应使用偏心大小头,底部取平。

（2）如没有特殊要求,原则上立管用同心大小头,水平管上使用偏心大小头。偏心大小头的取向,是以偏心大小头所在管段不出现气袋、液囊为原则。

2）异径短节

异径短节用于小于 DN50 的管道上,原则上只采用同心异径短节。这是由于异径短节极少产生液囊和气袋等问题。即使支架上敷设的管道,管底保持同一标高也会由于小直径管的挠度而消除液囊和气袋。

异径短节在管道上设置的位置,宜在其两端直接与管件（管箍除外）或阀门连接。

3）异径管箍

（1）异径管箍通常用在小于 DN40mm 的小直径管道上。

（2）不能使用异径短节的地方,可使用异径管箍。

4）内外螺纹接头

所谓内外螺纹接头,即大端为外螺纹（锥管螺纹）,小端为内螺纹的变径管件。一般大端旋入内螺纹管件或阀门,而小端被旋入外螺纹的短节、堵头等。

用于工艺管道的内外螺纹接头,一般应为碳钢锻制,国内现在还没有产品。美国的锻钢六角内外螺纹接头,其规格为 3000#、6000#,DN1/2in×3/8in、3/4in×1/4in、3/4in×3/8in、3/4in×1/2in。

四、常用国产管件系列

1. 弯头

（1）钢板焊制弯头系列见表16-2-3。

表16-2-3 45°弯头、90°弯头尺寸系列　　　　　单位：mm

公称直径DN	端部外径D	中心至端部尺寸		
		45°弯头	90°弯头	
		长半径	长半径	短半径
150	168	95	229	152
200	219	127	305	203
250	273	159	381	254
300	325	190	457	305
350	356	222	533	356
400	406	254	610	406
450	457	286	686	457
500	508	318	762	508
550	559	343	838	559
600	610	381	914	610
(650)	660	406	991	660
700	711	438	1067	711
(750)	762	470	1143	762
800	813	502	1219	813
(850)	864	533	1295	864
900	914	565	1372	914
(950)	965	600	1448	965
1000	1016	632	1524	1016
(1100)	1118	695	1676	1118
1200	1220	759	1829	1220
(1300)	1321	821	1981	1321
1400	1420	883	2134	1420
(1500)	1524	947	2286	1524
1600	1620	1010	2438	1620
(1700)	1727	1073	2591	1727
1800	1820	1137	2743	1829
(1900)	1930	1199	2896	1930
2000	2020	1263	3048	2032

（2）钢板焊制管封头系列见表16-2-4。

表16-2-4 管帽尺寸系列　　　　　　　　　　　　　　　单位：mm

公称直径 DN	端部外径 D	管帽长度 E	管帽高度 E_1
150	168	89	
200	219	102	
250	273	127	152
300	325	152	178
350	356	165	191
400	406	178	203
450	457	203	229
500	508	229	254
550	559	254	254
600	610	267	305
(650)	660	267	
700	711	267	
(750)	762	267	
800	813	267	
(850)	864	267	
900	914	267	
(950)	965	305	
1000	1016	305	
(1100)	1118	343	
1200	1220	343	
(1300)	1321	355	
1400	1420	380	
(1500)	1524	405	

2. 三通

不锈钢/碳素钢、合金钢无缝三通系列如图16-2-1和表16-2-5所示。

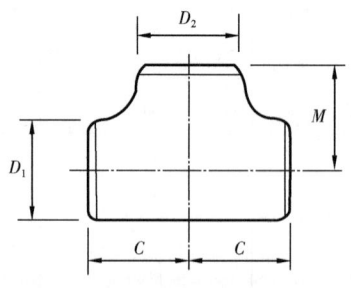

图16-2-1 等径三通尺寸图

表 16-2-5　等径三通尺寸系列　　　　　　　　　　　　　　　　　单位：mm

公称直径 DN	端部外径 D_1、D_2	中心至端面尺寸 C	中心至端面尺寸 M	公称直径 DN	端部外径 D_1、D_2	中心至端面尺寸 C	中心至端面尺寸 M
150	168	143	143	(750)	762	559	559
200	219	178	178	800	813	597	597
250	273	216	216	(850)	864	635	635
300	325	254	254	900	914	673	673
350	356	279	279	950	965	711	711
400	406	305	305	1000	1016	749	749
450	457	343	343	(1100)	1118	813	762
500	508	381	381	1200	1220	889	838
550	559	419	419	(1300)	1321	965	914
600	610	432	432	1400	1420	1042	965
(650)	660	495	495	(1500)	1524	1118	1016
700	711	521	521				

五、非金属材料管件

1. 硬聚氯乙烯管件

QB/T 3802—1999《化工用硬聚氯乙烯管件》的管件标准与化工用硬聚氯乙烯管材配套使用。主要用于输送某些 0~40℃ 的酸碱等腐蚀性液体。外径 D 为 10~90mm 时，工作压力为 1.6MPa；D 为 110~140mm 时，工作压力为 1.0MPa；D 大于 160mm 时，工作压力为 0.6MPa。硬聚氯乙烯管道连接件、硬聚氯乙烯管承插连接安装要求见表 16-2-6。

表 16-2-6　硬聚氯乙烯管安装

	一次插入焊接法或黏合焊接法		一次插入法或承插黏合法	
承插口加工	承口管端里口用木锐、刮刀等工具加工成如 35°角的内拨口，插口管端外部坡口附角，用破布揩清管端，如用二氯乙烯、苯等溶剂揩拭；承口端插入加热至 135℃±5℃ 的液体石蜡或甘汩浴中，或直接在电炉上加热使之软化，加热时间如下所示，加热长度为管径的 1.2~1.5 倍			
管端加热时间	管径，mm	20	25~40	50~100	125~200
管端加热时间	加热时间，min	3~4	4~8	8~12	10~15
连接方法及注意事项	承口加热好之后，把甘油擦干净，将插管直接插入承口中，即为次插入法连接。为增加强度在承管外面交界处进行焊接，就是一次插入焊接法连接，这种方法应用广泛。承口加热好之后用事先准备好的钢模或木模插入，并用水冷却，制成承口，再将承口内壁、插管端外壁用砂皮打毛，涂上黏合剂，迅速插入，即为承插黏合法连接。在其接合处进行焊接，就是黏合焊接法连接。管口黏结时，其间隙一般不得大于 0.15~0.3mm，若过大时，可用均匀涂刷几遍黏合剂来调整，待符合要求后再黏合，承口不得有微裂缝，不得歪斜及厚度不匀等现象。管道承插接头必须插足				

2. 聚乙烯管件

聚乙烯管件系列见表16-2-7。

表 16-2-7　聚乙烯管件系列

公称直径 DN，mm	同径管件			公称直径 DN，mm×mm	异径管件		
	丁字管	管箍	90°弯头		丁字管	管箍	90°弯头
15	√	√	√	15×20	√	√	√
20	√	√	√	15×25	√	√	
25	√	√	√	20×25	√	√	√
32				20×40	√		
40	√	√	√	25×40	√	√	
50	√	√	√	40×50		√	

3. PVC/FRP 复合弯头

PVC/FRP 复合弯头规格如图 16-2-2 和表 16-2-8 所示。

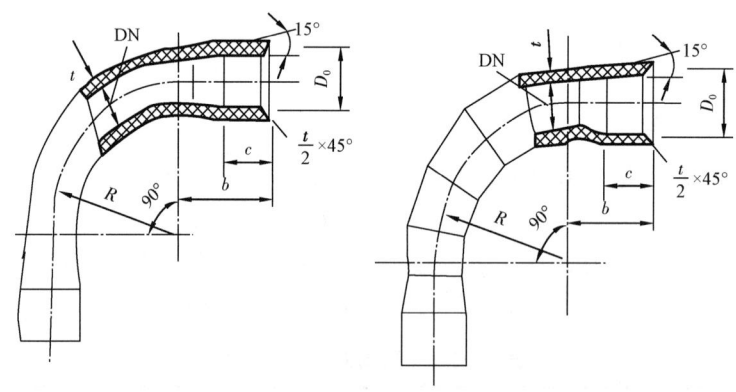

图 16-2-2　PVC/FRP 复合弯头简图

表 16-2-8　PVC/FRP 复合弯头规格系列

公称管内径 DN，mm	尺寸，mm				质量，kg
	D_0	c	b	R	
15	20	20	40	45	0.1
20	25	23	47	60	0.17
25	32	25	53	65	0.27
32	40	30	60	80	0.32
40	50	40	74	100	0.67
50	65	50	84	150	1.11

续表

公称管内径 DN,mm	尺寸,mm				质量,kg
	D_0	c	b	R	
65	76	50	90	180	1.75
80	90	50	95	200	1.85
100	114	56	102	300	3.56
125	140	69	127	350	5.52
150	160	89	160	400	8.07
200	218	106	190	600	17.41
250	264	131	217	800	27.55

4. 玻璃钢管件管接头

玻璃钢管件管接头规格如图 16-2-3 和表 16-2-9 所示。

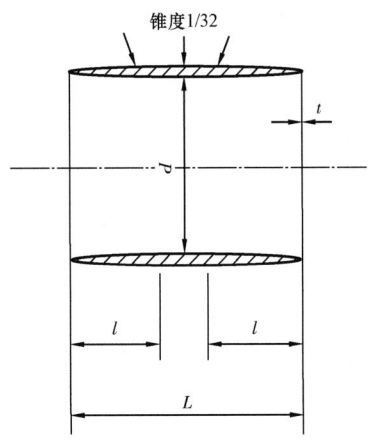

图 16-2-3 玻璃钢管件管接头简图

表 16-2-9 玻璃钢管件管接头规格系列　　　　　　　　　　　　单位:mm

公称直径	d	t		l		L	
		高压	低压	高压	低压	高压	低压
25	25	3.0		30		85	
40	38	3.0		35		95	
50	50	3.0		35		95	
65	65	3.0		40		105	
75	75	4.0		50		125	
100	100	4.0		50		125	
125	125	5.0	4.0	60	60	145	145

续表

公称直径	d	t		l		L	
		高压	低压	高压	低压	高压	低压
150	150	5.0	4.0	70	60	185	145
200	200	6.5	4.0	95	70	235	185
250	300	7.5	4.0	120	70	275	185
300	300	9.0	5.5	145	90	335	225
350	350	9.5	6.0	170	100	385	245
400	400	11.0	7.0	195	115	435	275
450	450	12.0	7.0	220	120	485	285
500	500	12.0	7.0	245	150	535	345
600	600	14.0	9.0	295	150	635	345
700	700	16.0	10.0	345	160	735	365

5. ABS 弯头

ABS 弯头规格系列如图 16-2-4 和表 16-2-10 所示。

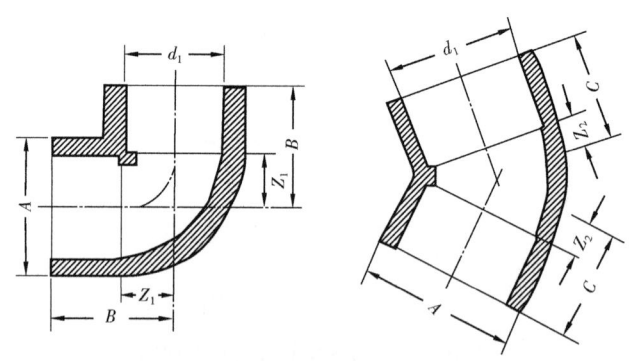

图 16-2-4　ABS 弯头简图

表 16-2-10　ABS 弯头规格系列　　　　　　　　　　　　　　　　　　单位：mm

公称直径	d_1	Z_1	Z_2	A	B	C	近似质量,g	
							90°弯头	45°弯头
20	25	14.5	6.5	31	35	27	19	15
25	32	17.5	8.5	40	40	31	35	28
32	40	22.5	10.5	48	48	36	58	46
40	50	27.5	14.5	58	58	45	92	81
50	63	34.5	16.5	70	70	52	168	149

第三节 法兰、法兰盖、法兰紧固件及垫片

一、法兰和法兰盖

法兰的种类很多,不同形式的法兰,其密封性能不同,应用场合也不同。

1. 结构形式选用

就结构形式的选用来说,一般情况下,平焊法兰多用于介质条件比较缓和的情况下,如低压非净化压缩空气、低压循环水等。它的优点是价格比较便宜;对焊法兰则是最常用的一种,它与管子为对焊连接,焊接接头质量比较好,而且法兰的颈部利用锥度过渡,可以承受较苛刻的条件;承插焊法兰则常用于 PN≤10.0MPa、DN≤40mm 的管道中;松套法兰常用于介质温度和压力都不高而介质腐蚀性较强的情况。当介质腐蚀性较强时,法兰接触介质的部分(翻边短节)为耐腐蚀的高等级材料,如不锈钢等材料,而外部则利用低等级材料,如碳钢材料的法兰环夹紧它以实现密封;整体法兰则常常是将法兰与设备、管子、管件、阀门等做成一体,这种形式在设备和阀门上常用,管子及管件中不常用。

2. 密封面形式选用

就密封面形式的选用来说,一般情况下,全平面密封面常与平焊形式配合以适用于操作条件比较缓和的(PN10MPa)工况下。它通常用于铸铁法兰或与铸铁连接的钢法兰;凸台面密封面是应用最广的一种形式,它常与对焊和承插焊形式配合使用,在"美式法兰"中,常用在 PN20MPa、PN50MPa 和部分 PN100MPa 压力等级中,在"欧式法兰"中则常用在 PN16MPa、PN25MPa 压力等级中;凹凸面密封面常与对焊和承插形式配合使用,在"美式法兰"中不常采用,在"欧式法兰"中常用在 PN40MPa、PN64MPa 压力等级中。但它不便于垫片的更换;榫槽面密封面使用情况同凹凸面法兰;环槽面密封面常与对焊连接形式配合(不与承插焊配合)使用,主要用在高温、高压或二者均较高的工况。在"美式法兰"中,常用在 PN100MPa(部分)、PN150MPa、PN250MPa、PN420MPa 压力等级中。在"欧式法兰"中常用在 PN100MPa、PN160MPa、PN250MPa、PN320MPa、PN420MPa 压力等级中。

二、法兰紧固件——螺栓、螺母

1. 强度选用

选择法兰连接用紧固件材料时,应同时考虑管道操作压力、操作温度、介质种类和垫片类型等因素。垫片类型和操作压力、操作温度一样,都直接对紧固件材料强度有相应要求。例如,对于采用缠绕式垫片密封的低压剧毒介质管道的法兰连接,尽管管道的操作压力和温度都不高,但是,因为使缠绕式垫片形成初始密封时所需要的比压力较大,从而要求紧固件的承受载荷也较大,因此,在这种情况下就要求紧固件采用高强度合金钢材料。常用的螺栓材料及使用条件在 SH/T 3059 标准中已有明确的规定,在此不再赘述。值得一提的是合金钢螺柱均应

采用高级优质钢,即材料牌号后均应加字母 A,如 35CrMoA、25Cr2MoVA 等。SH/T 3059 标准在规定螺栓的使用条件时,借鉴了 ANSI B16.5 标准的规定,即将螺栓简化为低强度螺栓(一般为碳钢材料)、中强度螺栓(一般为铬钢材料)、高强度螺栓(一般为铬钼钢或铬钼钒钢材料)三类,而我国的压力容器以及 JB 标准、HG 标准则将螺栓的使用条件和使用材料分得比较细。

2. 结构形式选用

根据结构形式的不同,螺栓可分为六角头螺栓和双头螺栓(又称为螺柱)两类,而双头螺栓又分为通丝和非通丝两种。其中,六角头螺栓常与平焊法兰和非金属垫片配合用于操作条件比较缓和的工况下。六角头螺栓常用材料是 BL3 或者是 Q235B;双头螺栓常与对焊法兰配合使用,用在操作条件比较苛刻的工况下。其中,因为通丝型双头螺栓上没有截面形状的变化,故其承载能力强。而非通丝型双头螺栓则相对承载能力较弱。

SH/T 3404《石油化工钢制管法兰用紧固件》标准中同时给出了 I 型和 II 型两种螺母形式。其中,I 型螺母厚度为 0.8 倍的螺母公称直径,常用在操作条件比较缓和的工况条件下。而 II 型螺母厚度为 1.0 倍的螺母公称直径,常与双头螺柱配合用在操作条件比较苛刻情况下。螺母的材料常根据与其配合的螺栓材料确定,这些组合在一般的标准中如 SH/T 3059 中都有规定。一般情况下,螺母材料应稍低于螺栓材料,并保证螺母硬度比螺栓硬度低 HB30 左右。

三、垫片

石油化工管道中常用的垫片可以分为三大类,即非金属垫片、半金属垫片和金属垫片。

1. 非金属垫片

非金属垫片是由以下几种材料组合而成,并以石棉为主体:石棉(白石棉、青石棉);合成树脂(聚四氟乙烯树脂、聚乙烯、尼龙等);橡胶类(天然橡胶、丁腈橡胶、氯丁橡胶、丁基橡胶、苯乙烯橡胶、氟橡胶、硅橡胶等);动植物纤维类(棉、麻、黄麻、皮革、软木)或尼龙等合成纤维。

目前,最常用的非金属垫片是石棉橡胶垫片,它是通过向石棉中加入不同的添加剂压制而成,分别用于水、空气、氮气、酸、碱、油品等介质工况下。在美国,很多标准中都将石棉制品列为致癌物质而禁用。但在世界范围内,石棉仍以其弹性好、强度高、耐油性好、耐高温、易获得等优点而得到广泛应用,目前尚无可替代产品。但国内生产的石棉橡胶垫片的质量参差不齐,一些生产厂生产的石棉橡胶垫片可用在 540℃ 及高压力等级的法兰上,而有些生产厂生产的石棉橡胶垫片仅能用在较低的条件下。因此,SH/T 3059 及 SH/T 3401《石油化工钢制管法兰用非金属垫片》标准将石棉橡胶垫片限制使用在 $T \leqslant 260℃$、$PN \leqslant 2.0MPa$ 的条件下,而国家标准则限制使用在 $T \leqslant 400℃$、$PN \leqslant 4.0MPa$ 的条件下。

另外一种可能会用到的非金属垫片为聚四氟乙烯(PTFE)包覆垫片,它常用于低温或者要求干净的场合下,如净化压缩空气、润滑油等介质的管道上。聚四氟乙烯包覆垫片一般使用在温度为 $-180 \sim 200℃$、压力不大于 PN20 条件下。

2. 半金属垫片

半金属垫片是由金属材料和非金属材料共同组合而成。它比非金属垫片所承受温度、压力的范围广些。如以弹性作为垫片的特征,金属材料不如非金属材料。可是若将二者组合在一起,会有较好的弹性,半金属垫片一般有:夹金属丝(网)的石棉垫片、缠绕式垫片、各种金属包(夹套)垫片。

缠绕式垫片是半金属垫片中最理想、也是应用最普遍的垫片。其特点是压缩回弹性好、强度高,有利于适应压力和温度的变化,能在高温、低温、冲击、振动及交变载荷下保持良好的密封性能。鉴于国内缠绕式垫片的生产质量状况,缠绕式垫片常用在PN20~PN100MPa压力条件下。一般情况下,凸台面法兰配缠绕式垫片时须带外环或内外环(视操作条件而定,一般压力在PN50MPa及以上、温度在350℃及以上时应带内外环)。用于凹凸面法兰时应带内环。用于榫槽面法兰时,应采用基本型。常用的缠绕钢带有 20、1Cr13、0Cr19Ni9、0Cr18Ni10Ti、0Cr17Ni12Mo2 等材料,但20材料目前已不多用,而1Cr13的抗腐蚀性能也不甚理想,反而容易使法兰表面生锈,故也不多用。目前应用较多的是奥氏体不锈钢钢带。常用的非金属缠绕带有特制石棉带、柔性石墨带和聚四氟乙烯带,特制石棉带常常容易粘连在法兰密封面上,故应用不如柔性石墨带广泛,聚四氟乙烯带常用于低温或要求干净的环境。常用缠绕式垫片的使用条件见表16-3-1。

表16-3-1　常用缠绕式垫片的使用条件

垫片材料	法兰公称压力,MPa	温度范围,℃
奥氏体不锈钢/特制石棉	≤25.0	-50~500
奥氏体不锈钢/柔性石墨	≤25.0	-196~600(非氧化介质可到800)
奥氏体不锈钢/聚四氟乙烯	≤10.0	-196~200

金属包(夹套)垫片的密封性能不如缠绕式垫片,故压力管道中应用的不多,它常用在换热器封头等大直径的法兰连接密封面上。

3. 金属垫片

金属垫片常用在高压力等级法兰上,以承受比较高的密封比压。就其形式来分,常用的金属垫片有平垫、八角形垫和椭圆形垫三种。其中金属平垫片常与凸台面、凹凸面、榫槽面法兰配合使用。而八角形金属垫片和椭圆形金属垫片常与环槽面法兰配合使用。与椭圆形金属垫片相比,八角形金属垫片容易加工,精度容易保证,故其应用比较多。

一般情况下,金属垫片的材料应配合法兰材料选用,且要求垫片硬度比法兰密封面硬度低(不少于HB30)。常用的金属垫片及其硬度和最高使用温度见表16-3-2。

表16-3-2　常用金属垫片材料的硬度和最高使用温度

	材料名称	最高硬度		材料标准	最高使用温度 ℃
		布氏硬度,HB	洛氏硬度,HC		
ASTM 材料	软铁	90	52	软铁	530
	5Cr-0.5Mo	130	74	ASTM A182 F5a AISI 502	700
	13Cr	170	84	ASTM A182 F6 AISI 410	-196~700

续表

材料名称		最高硬度		材料标准	最高使用温度 ℃
		布氏硬度,HB	洛氏硬度,HC		
ASTM 材料	18Cr-8Ni	160	84	ASTM A182 F304 AISI 304	-196~750
	18Cr-8Ni 超低碳	150	81	AISI 304L	-196~800
	18Cr-12Ni-Mo	160	84	ASTM A182 F316 AISI 316	-196~800
	18Cr-12Ni-Mo 超低碳	150	81	AISI 316L	-196~800
GB 材料	软铁	90			450
	08、10	120		GB 699	450
	0Cr13	140		JB 4728	540
	0Cr18Ni9	160		JB 4728	-196~700
	00Cr19Ni10、00Cr17Ni14Mo2	150		JB 4728	-196~450
	铜				-70~316
	铝				-70~428

四、盲板、"8"字盲板、限流孔板和混合孔板

它们常被夹在两片法兰之间以实现不同用途。

1. 盲板及"8"字盲板

它们常用作长期隔断管道。当一条操作条件比较缓和的管道接入条件比较苛刻的管道中时，或者该管道在正常条件下常被关断时，就要用到盲板或"8"字盲板。盲板或"8"字盲板与阀门相比，其关断作用更可靠而且更经济。"8"字盲板与盲板相比，在切换操作时（即管道开通或关闭时），不需要拿下来，只需调换端面即可，此时若用盲板，则管道将出现空隙。因此，实际应用中，盲板已不多用，而大量采用的是"8"字盲板。盲板和"8"字盲板都应有两个和匹配法兰同样的密封面。

2. 限流孔板

限流孔板是在板面上开一个小锥孔（该小锥孔的尺寸由工艺专业提出），以实现节流降压的作用。它也应有两个和匹配法兰同样的密封面。

3. 混合孔板

混合孔板是在板面上开设一个或若干个小孔，以便于两种介质在经过混合孔板时能充分混合而达到工艺操作的目的。它也应有两个和匹配法兰同样的密封面。

第四节 阀 门

一、阀门的分类和选择

阀门是压力管道中的重要组成部件之一,用于启闭、节流和保障管道及设备的安全运行等。阀门是管道元件中相对较复杂的一个元件,它一般是由多个零部件装配而成的组合件,因此它的技术含量较高。工程上应用的阀门种类很多,常用的阀门有闸阀、截止阀、止回阀、球阀、蝶阀、疏水阀、安全阀、调节阀等。

闸阀、截止阀、止回阀这三种阀在石油化工生产装置中是应用最多的阀门,约占整个阀门总量的80%,而其中的闸阀又占这三种阀门的90%左右。所以选好这三种阀,尤其是选好闸阀至关重要。

1. 闸阀

闸阀的闸板由阀杆带动,沿阀座密封面作升降运动,可接通或截断流体的通路,它主要用于管道的关断。闸阀与截止阀相比,流阻小、启闭力小,密封可靠,是最常用的一种阀门。但当闸阀部分开启时,介质会在闸板背面产生涡流,易引起闸板的冲蚀和振动,阀座的密封面也易损坏,故一般不作为节流用。常用的阀门标准有 API 600 和 ANSI B16.34,前者专用于石油化工装置,后者则使用面比较广。我国的闸阀标准为 GB 12232《通用阀门法兰连接铁制闸阀》,它与管道的连接可以是螺纹、承插焊、法兰或对焊连接。一般情况下,DN≤40mm 时,多采用承插焊连接,特殊情况下(如需要焊后热处理或要求可拆卸时),才用法兰连接或螺纹连接。而 PN≥CL900 时,多用对焊连接。其他情况则采用法兰连接。

2. 截止阀

截止阀是向下闭合式阀门,阀瓣由阀杆带动,沿阀座中心线做升降运动。与闸阀相比,截止阀具有一定的调节作用,故常用于调节阀组的旁路。截止阀在关闭时需要克服介质的阻力,因此,它最大直径仅用到 DN200mm。

3. 止回阀

止回阀又称单向阀,它只允许介质向一个方向流动,当介质顺流时阀瓣会自动开启,当介质反向流动时能自动关闭。安装止回阀时,应注意介质的流动方向应与止回阀上的箭头方向一致。

根据结构形式不同,止回阀有升降式止回阀(DN≤40mm)和旋启式止回阀(DN≥50mm)两种。升降式止回阀靠介质压力将阀门打开,当介质逆向流动时,靠自重关闭(有时是借助于弹簧关闭),因此升降式止回阀只能安装在水平管道上。旋启式止回阀是靠介质压力将阀门打开,靠介质压力和重力将阀门关闭,因此它既可以用在水平管道上,又可用在垂直管道上(此时介质必须是自下而上)。

二、特殊阀门

1. 蝶阀

1）蝶阀的特点

它具有 90°旋转快速开启关闭的特点,而且重量轻,结构尺寸小(尤其是对夹式蝶阀)等优点。但它密封性能不如闸阀可靠,故在石化生产装置上应用的并不多。但随着石化生产装置的大型化,用蝶阀代替闸阀是必然趋势。目前,许多生产厂都在开发生产双偏心或三偏心高性能金属硬密封蝶阀,它们较好地解决了热胀补偿和磨损补偿的问题,因此,它们也开始逐渐用于油品、油气管道上。但由于双偏心或三偏心蝶板在介质压力的作用下会产生逆密封方向的扭矩而导致蝶阀关闭不严,因此它仍受介质压力和管子直径的限制。可能在不久的将来,蝶阀会在一定范围内代替闸阀。

2）蝶阀的分类

就蝶阀本身来说,根据其结构不同,又分许多不同的类型。不同的类型,具有不同的特点,适用工况条件也有所不同。

根据阀体的制造形式不同,蝶阀分为铸造、锻焊、板焊蝶阀等形式。特点及应用同闸阀。

根据阀板的结构形式不同,蝶阀可分为中轴式蝶阀、双偏心蝶阀、三偏心蝶阀等形式,因中轴式蝶阀存在密封死角,且不能补偿热膨胀和摩擦磨损,因此常与软密封结构配合用于大直径且介质为 D 类流体的场合;与中轴式蝶阀相反,三偏心蝶阀通过结构上的处理,消除了结构上的密封死角,且能补偿热膨胀和摩擦磨损,因此常用于重要场合。但该阀门加工难度大,一旦加工精度不能保证,反而会造成密封不好的情况;双偏心蝶阀的特点和性能正好介于中轴式蝶阀和三偏心蝶阀之间。

根据阀杆形式不同,蝶阀分为常规阀杆式、延伸阀杆式和轨道阀杆式等形式。特点及应用同闸阀部分。其中闸阀中不包括轨道阀杆式。轨道阀杆式是配合一些制造商的专利蝶阀而特制的。

根据阀座材料的不同,蝶阀分为软密封蝶阀和硬密封蝶阀两种形式。一般情况,软密封蝶阀价格便宜,密封效果好,但不能用于高温的情况下(取决于所采用的非金属阀座材料的耐温性),也不宜用于可燃有毒介质,同时要求具有防静电结构。否则,就应采用金属硬密封蝶阀。

根据与管道的连接方式不同,蝶阀分为双法兰连接、对焊连接、支耳型连接、对夹式连接等形式。双法兰连接和对夹式连接相比,后者结构尺寸小、重量轻,但承受外力的能力较低,装配难度大,精度低,故不宜用于要求较高或温度和压力较高的场合;穿孔式支耳型连接的特点和应用则介于双法兰连接和对夹式连接之间。

2. 球阀

1）球阀的特点

球阀的最大特点是在众多的阀门类型中其流体阻力最小,流动特性最好,同时它也具有 90°旋转而快速启闭的特点。与蝶阀相比,它的重量较大,结构尺寸也比较大,故不宜用于直径太大的管道。但球阀不存在因介质压力作用而产生逆向扭矩导致关闭不严的问题,故其密封性能较可靠。

与蝶阀一样,长期影响它不能在石化生产装置上应用的问题是热胀或磨损后会造成密封不严的问题。软密封球阀虽有较好的密封性能,但当用于易燃、易爆介质管道上时,尚须经受火灾安全试验和防静电试验。因此,石化生产装置上球阀应用的也不多。近年来,许多球阀生产厂开发出了一些新型结构的球阀,如轨道球阀、偏心球阀等,一些球阀将阀座设置成金属弹性阀座,使其在热胀和磨损的情况下仍有良好的密封。因此,这些球阀也逐渐在石化生产装置上开始应用。

2) 球阀的分类

就球阀本身来说,根据其结构不同,又分许多不同的类型。不同的类型,具有不同的特点,适用工况条件也有所不同。

根据阀体的制造形式不同,球阀分为锻制、铸造、锻焊等球阀形式。特点及应用同闸阀。

根据球阀阀体结构形式的不同,分为顶装式、两块式(也叫对分式)和三块式三种,其中顶装式是将球体从顶部装入阀体,而阀体为一整体,它一般适用于小直径球阀。两块式球阀是将阀体分成两块以夹持球体,它适用于中挡尺寸的球阀。三块式是将阀体分为三块,它适用于大尺寸球阀。

根据球体的固定情况不同,球阀又分为固定球球阀和浮动球球阀两种。前者适用于大口径($DN \geqslant 100mm$)情况下,后者适用于小口径情况下。

根据流道通径不同球阀又分为全通径型、常规型和缩径型三种。以常规型应用较多。

3. 疏水阀

蒸汽流过管道时,因传热作用会出现凝结水。凝结水留在管道的低点时,会产生水击,严重时会导致管子的破坏。蒸汽凝结水流入机械设备时(如蒸汽轮机),会影响其工作效率或导致机械故障,留在伴热道内时,还会降低伴热效果,等等。疏水阀就是用于排除这些凝结水的管道设备。

疏水阀的种类很多,常用的有热动力式(如圆盘式)、热静力式(如双金属式)、机械式(如杠杆浮球式、自由浮球式、倒吊桶式)等形式。

热动力式(圆盘式)疏水阀主要是利用蒸汽和凝结水的温度不同,使变压室内的压力发生变化,从而达到启闭疏水阀的目的。此种疏水阀具有结构简单、体积小、维修简单等优点。但它同时具有空气流入后不能动作、动作噪声大、背压允许度低、不能在低压(0.03MPa以下)使用、有蒸汽泄漏现象、不适用于大排量情况等缺点。圆盘式疏水阀仅适用于水平安装。

热静力式(双金属式)疏水阀的感温体是双金属板,根据凝结水的温度变化使金属板呈凸形或凹形弯曲,并以此启闭疏水阀。此种疏水阀排量大、体积小、动作噪声小、可靠性高、蒸汽损失少、允许背压高、有止回作用、可以在水平管道也可以在垂直管道上安装等优点。因此,它成为石化生产装置中应用最多的一种疏水阀。

机械式(杠杆浮球式、自由浮球式、倒吊桶式)疏水阀主要是利用蒸汽和凝结水的密度不同而进行阀门启闭的。由于蒸汽和凝结水的密度相差很大,它们对浮子会产生不同的浮力,使浮子随凝结水位的高低而升降,从而达到启闭阀门的目的。此类疏水阀具有排除空气能力强、排液能力大等特点,适用于蒸汽用量大的加热设备的疏水。它适用于安装在水平管道上。

4. 仪表调节阀

仪表调节阀常用于管道的节流、降压、自动调节介质流量等，而且经常与液位计、温度计等配合使用以实现自动控制设备的液位和介质的温度。在设计分工上，它属于自动控制专业，因此在这里不再进行过多的论述。

5. 安全阀

安全阀是一种保护性设备。当装置操作出现不稳定、误操作、超温等问题而造成设备或管道超压时，它能自动开启而泄压，从而达到保护设备和管道的目的。它是石油化工生产装置中常用的一种安全管道设备。安全阀的种类也很多，一般介质的管道上多用弹簧式安全阀，而蒸汽气泡上多用重锤平衡式安全阀。在设计分工上它属于工艺系统专业，因此在这里也不再过多论述。

三、阀门的密封性能

阀门的密封性能是指阀门各密封部位阻止介质泄漏的能力，是阀门最重要的技术性能指标。阀门的密封部位有三处，启闭件与阀座两密封面的接触处；填料与阀杆和填料函的配合处；阀体与阀盖的连接处。其中启闭件与阀座两密封面间的泄漏叫内漏，即平常所说阀门关不严，它将影响阀门截断介质的能力。对于截断功能的阀门来说，是不允许内漏的。另两种泄漏端属于外漏，外漏会造成物料损失，环境污染，严重时会造成事故。对于易燃易爆或极毒性介质．外漏更是不能允许的，因而阀门必须具有可靠的密封性能。

阀门内密封面是指阀座与启闭件阀板互相接触进行关闭的部分，由于密封面在进行密封过程中要受到磨损，因此其密封性能随着使用而降低。机械加工过的密封表面上有非常小的不平整度构成的粗糙度。如果相配合的密封面的材料有足够高的屈服应变，则表面的不平整度形成的泄漏通道就可以借助密封面弹性材料的弹性变形而闭合。橡胶的弹性变形约为低碳钢的1000倍，它可在不超出弹性极限的情况下变形，填补密封表面的不平整，对介质密封。但大部分制作阀门密封面的材料其弹性应变相当低，不易使其变形，所以要使介质在硬密封面时不泄漏相当不容易。

1. 阀门阀座的密封面

1）软密封面

在使用软密封面中，接触的两密封面可以单独，也可以全部使用软质材料，如塑料和橡胶。由于软质材料容易变形，填补密封表面的不平整，故软密封能达到极高程度的介质密封性能，而且这种极高程度的介质密封性能可以重复达到。缺点是软密封材料的使用受到密封材料所能承受的压力和温度的影响。

2）硬密封面

硬密封面一般由金属制成，故也称金属密封面。金属密封面易受介质和夹入的颗粒影响而变形；它还进一步受腐蚀、冲刷和磨损的损害。相反，如果磨损颗粒比表面的不平整度小，则在密封面磨合时，其相对较粗糙表面的精度会得到改善。这样磨损颗粒的大小不仅取决于材料及其工况，也取决于介质的润滑性和对密封面沾染腐蚀与介质杂质的情况，这两方面都可减小磨损颗粒的尺寸。因此密封面必须选择能抗腐蚀,耐冲刷和抗磨蚀的材料。如果不能满足其中的一个要求,那么这种材料就不适于作密封面。另外,把性能较好的材料用于阀门,又会导致阀门价位太高,故必须兼顾。对于缺少润滑性的蒸汽和其他介质常以 410 不锈钢与铜镍合金组合使用;司太立合金,钴-镍-铬合金被证明在高温时对抗冲刷和抗擦伤以及抗较广范围的腐蚀是最有效的材料。钢阀常用的阀瓣和阀座组合可查阅 API 600 标准。

3) 用密封剂密封

金属密封面间的泄漏通道,可通过在阀门关闭后向密封面间的空隙中注射密封剂来密封。油润滑剂就是用这种密封方法的一种金属密封面用密封剂。其他一些阀门在原来的阀座密封失效后,为了进行紧急密封也采用注射密封剂的方法进行密封。

2. 阀门间阀座封面的泄漏标准

如果没有发现泄漏,或者发现的泄漏是在允许值之内,则该阀门被认为对介质达到密封。各个国家都有自己的阀门泄漏标准,常用的有中国标准 GB 10869《电站调节阀》,美国国家标准 ANSI B16.104 和美国石油学会标准 API-6D。我国的 GB 10869 和美国国家标准 ANSI B16.104 基本相同。

ANSI B16.104 是石油化工中最常用的标准,ANSI B16.104 是调节阀的泄漏标准,共分六级。一般应用场合四级密封就足够;但目前有一种趋向,采用过高的阀门等级。对密封有特殊要求的阀门在工艺的带控制点流程图 PID 上会有标记 TSV(Tight Shutoff Valve),此时要考虑采用密封性能特别好的阀。

第五节 管 道 附 件

一、波纹管膨胀节

波纹管膨胀节常用于大直径高温管道上,用来吸收管道热胀而产生的长度伸长。在石化生产装置中,有一些高温大直径管道很难用自然补偿方法来吸收其热胀位移,或者用自然补偿法不经济,或者即使能够吸收其热胀位移,但管系反力已超出相连设备的允许值。在这种情况下就应考虑用膨胀节。常用的膨胀节基本上可以分为两大类,即非约束型和约束型。

1. 非约束型

非约束型金属波纹管膨胀节的特点是管道的内压推力(俗称盲板力)由固定点或限位点承受,因此它不适宜用在与敏感机械设备相连的管道上。非约束型波纹管膨胀节主要用于吸收轴向位移和少量的角向位移,常用的非约束型波纹管膨胀节一般为自由型波纹管膨胀节。

2. 约束型

约束型波纹管膨胀节的特点是管道的内压推力没有作用于固定点或限位点处,而是由约束波纹膨胀节用的金属部件(拉杆)承受。它主要用于吸收角向位移和拉杆范围内的轴向位移。常用的约束型波纹管膨胀节有单式铰链型、单式万向铰链型、复式拉杆型、复式铰链型、复式万向铰链型、弯管压力平衡型、直管压力平衡型等形式。

（1）单式铰链型膨胀节。由一个波纹管及销轴和铰链板组成,用于吸收单平面角位移。

（2）单式万向铰链型膨胀节。由一个波纹管及万向环、销轴和铰链组成,能吸收空间角位移。

（3）复式拉杆型膨胀节。由用中间管连接的两个波纹管及拉杆组成,能吸收空间横向位移和拉杆间包括膨胀节本身在内的轴向位移。

（4）复式铰链型膨胀节。由用中间管连接的两个波纹管及销轴和铰链板组成,只能吸收单平面横向位移和包括膨胀节本身在内的轴向位移。

（5）复式万向铰链型膨胀节。由用中间管连接的两个波纹管及销轴和铰链板组成,能吸收互相垂直的两个平面横向位移和包括膨胀节本身在内的轴向位移。

（6）弯管压力平衡型膨胀节。由一个工作波纹管或用中间管连接的两个工作波纹管及一个平衡波纹管构成,工作波纹管与平衡波纹管间装有弯头或三通,平衡波纹管一端有封头并承受管道内压,工作波纹管和平衡波纹管外端装有拉杆。此种膨胀节吸收轴向位移和/或横向位移。拉杆能约束波纹管的压力推力,常用于管道方向改变处。

（7）直管压力平衡型膨胀节。一般由位于两端的两个工作波纹管及有效面积等于二倍工作波纹管有效面积、位于中间的一个平衡波纹管组成,两套拉杆分别将每一个工作波纹管与平衡波纹管相互连接起来。此种膨胀节能吸收轴向位移,拉杆能约束波纹管的内力推力。

二、过滤器

过滤器是用于滤去管道中的固体颗粒,以达到保护机械设备或其他管道设备目的的管道设备。一般设置在润滑油进入设备之前、燃料油进入喷嘴之前、原料油或封油进入泵之前、蒸汽凝结水进入疏水间之前的各类管道上。

过滤器的种类很多,按使用要求一般情况下有临时过滤器和永久性过滤器之分,临时过滤器仅在开工试运时使用,永久性过滤器则作为一个工艺设备投入正常运转,连续生产过程中使用的永久性过滤器一般需采用两台并联安装,以便切换清晰。

从形状上过滤器分有 Y 形、三通直流、三通侧流、加长型等形式。一般情况下,当管道 DN≤80mm 时,应选用 Y 形过滤器。当 DN≥100mm 时,应根据管道布置情况选用直流式或侧流式三通型过滤器。当需要较大的过滤面积时,可选用加长型三通过滤器或篮式过滤器。常用的过滤器过滤等级为 30 目,当与之相连的机械对过滤器的滤网有更高的要求时,应根据要求选择相应的滤网目数。

过滤器壳体材料有碳钢、合金钢和不锈钢等,应根据工艺条件选定。过滤器内件滤筒和滤网一般用不锈钢材料制作,如果工艺过程有特殊要求时,应专门注明过滤器内件材质。

1. 立式过滤器(永久性)

1) 网状过滤器

网状过滤器设计压力为 1~4MPa,设计温度为 200℃,滤网由两层组成:内层为 ϕ2.2mmNo.5 钢丝网,外层为 16 目/in 的铜丝网。

2) 篮式过滤器

篮式过滤器分为直通式、高低接管式和重叠式三种,过滤器的接管法兰的标准以国家标准

(GB)为基础,也可以采用化工行业、机械行业或其他国内外标准制造。

篮式过滤器有三种类型:

(1) 直通篮式:SRBA 平板结构,SRBA1 封头结构。

(2) 高低接管篮式:SRBB 平板结构,SRBB1 封头结构。

(3) 高低接管重叠篮式:SRBC。

2. 管道用三通过滤器

管道用国标三通过滤器分 Y 形和 T 形两类,其管径范围为 DN15~400mm,公称压力 PN≤5MPa。

管道用国际三通过滤器数据表中的有效过滤面积都是以 30 目/in(大体相当于网孔基本尺寸为 0.63mm;金属丝直径为 0.224mm;筛分面积为 54%)丝网计算的,如果工艺过程对允许通过固体颗粒度有特殊要求时,可另选其他规格的滤网,此时应根据所选滤网规格重新计算过滤面积。

1) Y 形过滤器

(1) 螺纹连接和承插焊连接 Y 形过滤器。

(2) 法兰连接 Y 形过滤器。

2) T 形过滤器

(1) 基本形侧流式过滤器。

(2) 加长形侧流式过滤器。

(3) 直流式 T 形过滤器。

三、阻火器

阻火器常在低压可燃气体管道上,而管道的末端为明火端或者有可能产生明火的设施。当管道中的介质压力降低时,可能会因介质的倒流而将明火引向介质源头而引起着火或爆炸。在这些管道的靠终端处,安装一台阻火器能防止或阻止火焰随介质的倒流而窜入介质的源头管道或设备。由于阻火器是一个安全保护元件,因此阻火器生产厂必须通过消防部门的认证。

四、视镜

视镜则通常用于冷却水管道和润滑油管道等,通过其透明的视窗可以观察到管道内循环冷却水或润滑油是否在流动。

1. 带颈视镜

可直接焊于设备上或管道上,用以观察设备或管道内介质的流动情况。该视镜系列使用于介质温度不大于 200℃,操作压力不大于 0.6MPa 选用标记按以下规定:

(1) 如选用公称直径 DN50mm 的碳钢制带颈视镜时,则标记为:带颈视镜 Ⅰ PN0.6MPa,DN50mm。

(2) 如选用公称直径 DN150mm 的不锈钢制带颈视镜时,则标记为:带颈视镜 Ⅱ PN0.6MPa,DN150mm。

2. 玻璃管视镜

玻璃管视镜的外形尺寸如图 16-5-1 和表 16-5-1 所示。

表 16-5-1 玻璃管视镜外形尺寸

公称直径 DN,mm	连接法兰 PN,MPa	H,mm	H_1,mm	H_2,mm	玻璃管 直径	玻璃管 厚度	质量,kg
20	1.0	260	80	100	37	4	4.0
25	1.0	288	94	100	50	4	4.7
40	1.0	336	118	100	62	4	10.2
50	1.0	336	118	100	75	4	12.5
80	1.0	400	140	120	100	7	18.6

3. 螺纹连接双面窥视镜

该视镜适用于温度≤200℃的蒸汽管网疏水阀后,以观察疏水阀的漏气情况。这种视镜可安装在垂直管道或水平管道上。

4. 其他视镜

法兰连接的视镜,法兰标准可采用 HG、JB、JIS 和 ANSI B16.5 等国内外标准和压力等级进行制造。

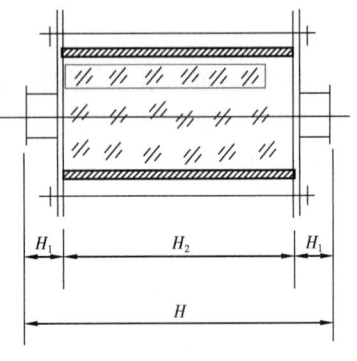

图 16-5-1 玻璃管视镜

五、软管

1. 软管划分

(1) 软管按其管坯和波纹分为以下四类:
① 由无缝管坯制造的环形波纹软管;
② 由无缝管坯制造的螺旋波纹软管;
③ 由纵缝焊管坯制造的环形波纹软管;
④ 由纵缝焊管坯制造的螺旋波纹软管。
(2) 软管接头有球面型、管螺纹型、法兰型、焊接型及平形活接头等多种形式。

2. 软管组成

软管由波纹管、网套和接头的组合或波纹管和接头的组合。

3. 技术要求

软管应符合 GB/T 14525—2010《波纹金属软管通用技术条件》一切的要求,并按规定程序批准的图样和技术文件制造。

软管主要零件的材料及其适应的工作温度范围见表 16-5-2,根据供需双方协议,亦可采用其他材料。

表 16-5-2　软管主要零件的材料及其适应的工作温度范围

零件名称	材料牌号	标准号	标准名称	工作温度,℃
无缝波纹管	0Cr19Ni9	GB 3089—2020	不锈钢极薄壁无缝钢管	−196~450
纵缝焊波纹管	00Cr17Ni14Mo2	GB 4238—2015	耐热钢钢板和钢带	
钢丝网套	0Cr18Ni11Ti	GB 3280—2015	不锈钢冷轧钢板和钢带	
钢带网套	1Cr18Ni9Ti	GB 4240—2019	不锈钢丝	
接头	0Cr19Ni9	GB 1220—2007	不锈钢棒	
	00Cr17Ni14Mo2 0Cr18Ni11Ti 1Cr18Ni9Ti	GB 4226—2009	不锈钢冷加工钢棒	
	2Cr13			
	Q235-A	GB 700—2006	碳素结构钢	−20~450
	20	GB 699—2015	优质碳素钢技术条件	−20~300

第六节　管道常用材料

管道常用材料包括金属材料和非金属材料,金属材料应用比较广。了解管道常用材料的特性,掌握工程选材的原则,从而选择合适的材料,对石油化工生产装置建设的经济性和运行的可靠性是十分重要的,也是材料工程师的主要任务。实际上,材料在工程上的应用是一个很复杂的问题。在选用工程材料时,首先要考虑材料对操作条件的适应性,然后再综合考虑材料的加工性能、经济性能和实际可得到的货源等因素。本章就试图在简单介绍材料的有关基本知识之后,着重结合使用条件来论述材料的工程应用原则及限制条件。

一、管道用金属材料

1. 金属材料的基本知识

1) 金属材料的基本性能

金属材料的基本性能一般包括以下五个方面:机械性能、耐腐蚀性能、物理性能、制造工艺性能和经济性。

(1) 机械性能。

材料的机械性能是指在外力的作用下,材料抵抗破裂和过度变形的能力。它包括材料的强度指标、弹性指标、塑性指标、韧性指标、疲劳强度、断裂韧度和硬度等。

(2) 耐腐蚀性能(化学性能)。

金属材料在特定的介质环境中会遭受腐蚀。腐蚀不仅会造成金属的损失,更重要的是会导致金属的破坏,从而威胁到压力管道的安全。事实已证明,许多压力管道的破坏都与材料的腐蚀有关。

油田油气集输过程中所处理的物料大多数是对金属材料有腐蚀的物质,因此材料对介质的抗腐蚀性就成了选择材料的重要依据。例如,材料的选择应避免应力腐蚀的发生,因为它会带来压力管道在不可预知的情况下突然断裂,从而导致重大事故的发生;选用的材料应有足够的抗介质均匀腐蚀的能力,以便材料不会在短时间内因腐蚀造成的管道壁厚急剧减薄而失效。

（3）物理性能。

材料的物理性能主要是指其密度ρ（kg/m³）、导热系数λ[kcal/(m·℃·h)]、比热C[kcal/(kg·℃)]、熔点T_m（℃）、线膨胀系数α（1/℃）、弹性模量E和比重q等。不同的使用条件,对其物理性能有不同的要求。

（4）制造工艺性能。

材料的制造工艺性能主要是指其切削加工性、可铸性、可锻性、可焊性和热处理性能等。它也是影响材料选择的一个重要因素,例如,渗铝材料是一种抗硫腐蚀比较好而又相对廉价的材料,但因其焊接问题尚未解决好,使用范围便受到了限制,以至到目前尚不能用在压力管道上。

（5）材料的经济性。

材料的选择是不能脱离经济性这个杠杆作用的,这就是工程材料研究与一般材料研究区别的显著标志。设计选材既要可靠,又要经济,能用低等级材料时就不要选用高等级材料。对材料的制造要求也应适当,要结合使用条件来规定各项检查试验要求。例如,对于加工性能良好的材料,或者制造商制造水平较高时,或者应用条件比较缓和时,就不必再提出许多超出制造标准要求的附加检验项目,较多的附加检查试验要求是不经济的。

对于每一种金属材料来说,以上各类性能不可能都是优秀的,选用材料时,只能扬长避短,充分发挥其优点,避开其缺点,使之物尽其用。通过了解这些基本性能,对正确选用材料,提出适宜的制造技术要求,做到既经济又可靠的设计是非常有必要的。

2）温度对金属材料性能的影响

金属材料处于不同的温度环境时,其性能将发生一系列的变化。了解这些变化,对于确定材料应用条件和正确选用材料是必须的。实际的工程实践也证明,温度条件是影响设计选材的一个重要条件,甚至在许多情况下,温度条件是确定选材的决定条件。然而,温度对材料性能的影响是多方面的。以腐蚀为例,许多腐蚀的发生都与温度条件有关,而且,不同的温度条件,腐蚀发生的机理、形态、速度等都不一样。

（1）金属材料在高温下的性能变化。

在高温作用下,金属原子间的自由电子获得了外界的能量,其活动范围扩大,使原子间的"黏结力"减小,晶格错位容易进行,从而使金属材料的强度下降,而塑性和韧性升高。高温下材料许用应力降低的原因就源于此。

（2）金属材料在低温下的性能变化。

在低温情况下,材料因其原子周围的自由电子活动能力和"黏结力"减弱而使金属呈现脆性。一般情况下,对于每种材料,都有这样一个临界温度,当环境温度低于该临界温度时,材料的冲击韧性会急剧降低。通常将这一临界温度称为材料的脆性转变温度。为了衡量材料在低温下的韧性,常用低温冲击韧性(冲击功)来衡量,许多工程设计标准上都给出了材料低温冲击韧性(冲击功)的限制。

3) 常见元素对金属材料性能的影响

应该说,在影响材料性能的诸多因素中,化学成分是起主要作用的。不同的元素以及它在材料中的含量、与哪些元素配合等都决定了材料的最基本性能。因此,了解元素在钢中起的作用,可以帮助材料工程师了解材料的性质。工程上黑色金属材料应用的最多,故在此仅介绍黑色金属材料。由于黑色金属材料的基体元素是铁(Fe),所以对材料性能的影响主要是指铁以外的其他元素。

(1) 常用碳素钢中各元素对其性能的影响。

压力管道中除螺栓材料外,常用的碳素钢为含碳量小于0.25%的亚共析钢,而螺栓材料则常用含碳量为0.25%~0.45%的亚共析钢。碳素钢中,其主要影响元素是碳(C)。除此之外,尚有硅(Si)、硫(S)、氧(O)、磷(P)、砷(As)、锑(Sb)等杂质元素。

① 碳(C)在碳素钢中的作用。从铁碳合金相图中可以看出,碳素钢随含碳量的增加,其组织中的铁素体量在减少,而渗碳体的量则在增加,从而使得碳素钢的强度和硬度增加,而塑性、韧性和焊接性能下降。一般情况下,当含碳量大于0.25%时,碳钢的可焊性开始变差,故压力管道中一般采用含碳量小于0.25%的碳钢。含碳量的增加,其球化和石墨化的倾向增加。

② 硅(Si)在碳素钢中的作用。硅是碳素钢中的常见元素之一,但它一般不是主加元素,而是用于炼钢时的脱氧。硅和氧的亲和力仅次于铝和钛,而强于锰、铬和钒,所以在炼钢过程为常用的还原剂和脱氧剂。为了保证碳素钢的质量,除沸腾钢和半镇静钢外,硅在钢中的含量不应少于0.1%,因此,有时也根据碳素钢中是否含硅或含硅的多少来判断其脱氧程度。

硅在碳素钢中不形成碳化物,而是以固溶体的形态存在于铁素体或奥氏体中。硅固溶于铁素体和奥氏体中可起到提高它们的硬度和强度的作用。但硅含量若超过3%时,将显著地降低钢的塑性、韧性、延展性和可焊性,并易导致冷脆,对中、高碳钢回火时易产生石墨化。

③ 硫(S)、氧(O)在碳素钢中的作用。硫和氧作为杂质元素常以非金属化合物(如FeS、FeO)形式存在于碳素钢中,形成非金属夹杂,从而导致材料性能的劣化,尤其是硫的存在常引起材料的热脆性。硫和磷常是钢中要控制的元素,并以其含量的多少来评定碳素钢的优劣。

④ 磷(P)、砷(As)、锑(Sb)在碳素钢中的作用。磷砷和锑是属于元素周期表中的同一族元素,因此三个元素在钢中有一些类似的作用。作为杂质元素,它们对提高碳素钢的抗拉强度有一定的作用,但同时又都增加钢的脆性,尤其低温脆性。磷和砷又都是造成碳素钢严重偏析的有害元素。磷对钢的焊接性不利,它能增加焊裂的敏感性。

(2) 常用低合金钢中各元素对其性能的影响。

压力管道中除螺栓材料外,常用的低合金钢为含碳量小于0.20%的碳锰钢、硅钢、铬钼钢、铬钼钒钢和铬钼钒铝钢,而螺栓材料则常用含碳量为0.25%~0.45%的铬钢和铬钼钢。

低合金钢中,其主要影响元素有碳(C)、锰(Mn)、铬(Cr)、钼(Mo)、钒(V)、硅(Si)、铝(Al)等。除此之外,尚有硫(S)、氧(O)、磷(P)、砷(As)、锑(Sb)等杂质元素。

① 碳(C)在低合金钢中的作用同碳素钢部分。

② 锰(Mn)在低合金钢中的作用。锰与铁形成固溶体,可提高钢中铁素体和奥氏体的硬度和强度。锰又是碳化物形成元素,它进入渗碳体中将取代一部分铁原子。锰还可起到细化珠光体的作用,因此,在碳锰钢中常利用锰来提高钢的强度,但它使材料的延展性有所降低,而且增加了应力腐蚀开裂的敏感性。在一般碳锰钢和低合金钢中,其含量应在1%~2%。

锰是良好的脱氧剂和脱硫剂。锰与硫形成MnS,可防止因硫而导致的热脆现象,从而改善钢的热加工性能。因此,在工业用钢中一般都含有一定数量的锰。

锰在钢中由于能降低临界转变温度,故碳锰钢的低温冲击韧性比碳素钢好。

锰能强烈增加碳锰钢的淬透性。锰含量较高时,有使钢晶粒粗化并增加钢的回火脆性的不利倾向。

锰对钢的焊接性有不利的影响。为改善钢的焊接性,应在许可的范围内,适当降低钢的碳含量。焊接时也需采用优质低氢焊条和相应的焊接工艺。

③ 铬(Cr)在低合金钢中的作用。铬是缩小γ相区和形成γ相圈的元素,在α-Fe中无限固溶,在γ-Fe中的最大溶解度为12.5%。

铬属于中等碳化物形成元素。随铬含量的增加,可形成$(Fe,Cr)_3C$、$(Cr,Fe)_7C_3$、$(Cr,Fe)_{23}C_6$等碳化物,使铬钼钢和铬钼钒钢有良好的抗高温氧化性和耐氧化介质腐蚀作用,并增加钢的热强性。

铬增加钢的淬透性并有二次硬化作用。铬是显著提高钢的脆性转变温度的元素,随着铬含量增加,钢的脆性转变温度也逐步提高,冲击值随铬含量增加而下降。在含钼的锅炉钢中,加入少量的铬,能防止钢在长期使用过程中的石墨化。

④ 钼(Mo)在低合金钢中的作用。钼属于强碳化物形成元素,当其含量较低时,与铁及碳形成复杂的渗碳体;当含量较高时,则形成特殊碳化物。在较高回火温度下,由于钼的弥散分布,可使材料出现二次硬化。

钼对铁素体有固溶强化作用,同时也提高碳化物的稳定性,因此对钢的强度产生有利作用。钼是提高钢热强性最有效的合金元素,主要在于它能强烈提高钢中铁素体对蠕变的抗力。此外,钼还可有效地抑制渗碳体在450~650℃工作温度下的聚集,促进弥散的特殊碳化物的析出,从而进一步起到了强化作用。自含钼0.5%的低合金钢用于锅炉管后,一系列二元和多元的含钼珠光体钢被广泛地用于动力、石油和化学工业中,如15CrMo、12Cr1MoV、1Cr5Mo等。钼同样也能提高马氏体钢和奥氏体钢的热强性。钼在钢中,由于形成特殊碳化物,可以改善在高温高压下抗氢侵蚀的作用。钼常与其他元素如锰、铬等配合使用,可显著提高钢的淬透性;钼含量约0.5%时,能抑制或降低其他合金元素导致的回火脆性。

⑤ 钒(V)在低合金钢中的作用。钒是缩小γ相区、形成γ相圈的元素,在α-Fe中无限固溶,在γ-Fe中的最大溶解度约1.35%。钒与碳、氧、氮都有较强的亲合力,为强碳化物及氮化物形成元素。在低合金钢中,钒能有效地固定钢中的碳和氮,并形成高度弥散分布的碳化物和氮化物微粒,即使在高温下,聚合长大也极缓慢,因而可以增加钢的热强性和对蠕变的抗力。一系列的铬钼钒钢已成为制造锅炉、汽轮机的主要钢种,如12CrMoV及12Cr1MoV常用于过热器钢管、导管及相应的锻件等。

含钒钢在热处理中,能提高晶粒粗化的温度,从而降低钢的过热敏感性,并提高钢的强度和韧性等,尤其是它能提高钢正火后的强度和屈服比及低温韧性,因此它已成为普通低合金钢的一种比较理想的合金元素。

由于钒对碳的固定作用,在高温下,对抗氢腐蚀(脱碳和脆化)是有益的。在抗氢钢中钒和碳含量之比应在5.7左右,过低时不足以有效地起抗氢腐蚀作用,过高时,将有部分的钒溶入铁素体中降低其塑性和焊接性能。

⑥ 硅(Si)在低合金钢中的作用。硅作为杂质元素时,它在低合金钢中的作用与在碳素钢中的作用相同,作为合金元素时,一般应不低于0.4%。

硅在钢中不形成碳化物,而是以固溶体的形态存在于铁素体或奥氏体中。硅固溶于铁素体和奥氏体中可起到提高它们的硬度和强度的作用,在常见元素中仅次于磷,而较锰、镍、铬、钨、钼、钒等为强。但硅含量若超过3%时,将显著地降低钢的塑性、韧性和延展性。

低硅含量对钢的抗腐蚀性能影响不大,只有当硅含量达到一定值时,它对钢的抗腐蚀性能才有显著的增强作用。硅含量为15%~20%的硅铸铁是很好的耐酸材料,对不同温度和浓度的硫酸、硝酸都很稳定,但在盐酸和王水的作用下稳定性很小,在氢氟酸中则不稳定。高硅铸铁之所以抗腐蚀,是由于当开始腐蚀时,在其表面形成致密的 SiO_2 薄层,阻碍着酸的进一步向内侵蚀。

含硅的钢在氧化气氛中加热时,表面也将形成 SiO_2 薄层,从而提高钢在高温时的抗氧化性。

⑦ 铝(Al)在低合金钢中的作用。铝与氮及氧的亲和力很强,因此它也用作炼钢时的脱氧定氮剂,并起到细化晶粒、阻抑碳钢的时效、提高钢在低温下韧性的作用。

铝作为合金元素加入钢中时能提高钢的抗氧化性,改善钢的电磁性能,提高渗氮钢的耐磨性和疲劳强度等。因此,铝在不起皮钢、电热合金、磁钢和渗氮钢中,得到了广泛的应用。铝在铁素体及珠光体钢中,当它的含量较高时,材料的高温强度和韧性较低。铝和碳虽然可以化合生成碳化物 Al_4C_3 和 Al_3C,但它和碳的亲和力小于铁和碳的亲和力,因此在钢中一般不存在铝的碳化物。当铝含量达到一定量时,可使钢产生钝化现象,使钢在氧化性酸中具有抗蚀性,但使钢的焊接性变坏。铝还能提高钢对硫化氢的抗蚀作用。铝含量在4%左右的钢,在温度不超过600℃时有较好的抗硫化氢腐蚀作用。铝对钢在水蒸气、氯气,特别是在氯气及其化合物气氛中的抗蚀作用是不利的。在钢铁材料表面镀铝和渗铝,可以提高其抗氧化性和在工业和海洋性气氛中的抗蚀性。含铝的钢渗氮后,在钢的表面形成一层牢固的薄而硬的弥散分布的氮化铝层,从而提高其硬度和疲劳强度,并改善其耐磨性。铝是高锰低温钢的主要合金元素。一定量的铝,有提高铁锰奥氏体的稳定度、抑制β-Mn相变的作用,从而使铝在低温钢中得到了应用。

⑧ 硫(S)、氧(O)、磷(P)、砷(As)、锑(Sb)等杂质元素在低合金钢中的作用同在碳素钢中的作用。但由于低合金钢熔点较高,磷、砷、锑等杂质元素容易在高温下迁移聚集,从而导致低合金钢的高温回火脆化。一般情况下,低合金钢均采用较高级的冶炼方法(如电炉冶炼),故其硫、磷等杂质元素含量较低。

由于这些元素的熔点一般比合金元素低,它将"割裂"材料基体而导致合金钢在高温下呈现脆性。因为合金钢的这种脆性发生在红热的温度下,故常称为红脆。

(3) 常用高合金钢中各元素对其性能的影响。

压力管道中常用的高合金钢为含碳量小于0.10%的铬钼、铬镍、铬镍钼耐热钢和不锈钢。

高合金钢中其主要影响元素有碳(C)、铬(Cr)、钼(Mo)、镍(Ni)、钛(Ti)、硅(Si)等。除此之外,尚有硫(S)、磷(P)、砷(As)、锑(Sb)等杂质元素。

① 碳(C)在高合金钢中的作用。碳也是高合金钢中的强化元素,但不是主要强化元素,此时的强化元素主要是合金元素。为了满足高合金钢的塑性、韧性、耐蚀性和焊接性能的要求,它的含碳量一般不大于0.1%。

对于铬镍或铬镍钼奥氏体不锈钢,它的含碳量一般不大于0.08%。当其含碳量不大于0.03%时,由于含碳量较低,高温强度也较低,故不宜用于525℃及以上的温度环境中。作为高温下耐热用的高合金钢,其含碳量应不小于0.04%,但此时奥氏体不锈钢的抗晶间腐蚀性能下降。

② 铬(Cr)在高合金钢中的作用。铬在铬钼高合金钢中的作用与在低合金钢中的作用相似。铬在不锈耐热钢中,当其含量超过12%时,使钢具有良好的高温抗氧化性和耐氧化介质腐蚀作用,并增加钢的热强性。但铬含量太高时或者处理不当,易发生σ相和475℃回火脆化。在单一的铬钢中,材料的焊接性能随铬含量的增加而恶化。

③ 钼(Mo)在高合金钢中的作用。钼在铬钼高合金钢中的作用与在低合金钢中的作用相似。钼在不锈耐热钢中,也能使钢表面钝化,但作用不如铬显著。钼与铬相反,它既能在还原性酸(HCl、H_2SO_4、H_2SO_3)中,又能在强氧化性盐溶液(特别是含有氯离子时)中,使钢材表面钝化。因此,钼可以普遍提高钢的抗蚀性能。钼加入奥氏体耐酸钢中,能显著地提高材料对醋酸、环烷酸的抗蚀性。在含有氯化物的溶液中,常会引起奥氏体耐酸钢的点腐蚀和晶间腐蚀。材料中加入钼后,这种倾向在很大程度上会被减缓或抑止。

④ 镍(Ni)在高合金钢中的作用。镍是扩大γ相区,形成无限固溶体的元素,它是奥氏体不锈钢中的主加元素。镍和碳不形成碳化物,它是形成和稳定奥氏体的主要合金元素。镍与铁以互溶的形式存在于钢中的α相和γ相中,使之强化。镍能细化铁素体晶粒,改善钢的低温性能。含镍量超过一定值的碳钢,其低温脆化转变温度显著降低,而低温冲击韧性显著提高,因此镍钢常用于低温度材料。一般情况下,含镍达到3.5%的镍钢可以在-100℃低温下使用,含镍达到9%的镍钢可在-196℃超低温下使用。含镍的低合金钢还有较高的抗腐蚀疲劳的性能。镍钢不宜在含硫或一氧化碳的气氛中加热,因为镍易与硫化合,在晶界上形成低熔点的NiS网状组织而产生热脆。在高温时镍将与一氧化碳化合形成$Ni(CO)_4$气体而由合金中逸出,从而在材料中留下孔洞。

在不锈耐热钢中,镍与铬、钼等元素适当配合使材料在常温下为奥氏体组织,即得到所谓的奥氏体不锈钢或耐热钢。然而,目前镍在全世界范围内都是一种比较稀缺的元素,故作为一种合金元素,应该只有在用其他元素不能获得所需要的性能时,才考虑使用它。由于镍可降低临界转变温度和降低钢中各元素的扩散速度,因而它可提高钢的淬透性。镍不增加钢对蠕变的抗力,因此一般不作为热强钢中的强化元素。在奥氏体热强钢中,镍的作用只是使钢奥氏体化,钢的强度必须靠其他元素如钼、钨、钒、钛、铝来提高。镍是有一定抗腐蚀能力的元素,对酸、碱、盐以及大气均具有一定的抗蚀能力。

⑤ 钛（Ti）在高合金钢中的作用。钛是缩小γ相区，形成γ相圈的元素。钛是最强的碳化物形成元素，与氮、氧的亲和力也极强，是良好的脱气剂和固定氮、碳的有效元素，正因为这样，含钛的高合金钢不宜用作铸件。

在奥氏体不锈钢中，由于钛能固定碳，有防止和减轻材料晶间腐蚀和应力腐蚀的作用。如果奥氏体不锈钢中的钛、碳含量之比超过4.5时，由于此时材料中的氧、氮和碳可以全部被固定住，故使得材料对晶间腐蚀、应力腐蚀和碱脆有很好的抗力。当钛以碳化钛微粒存在时，由于它能细化钢的晶粒并成为奥氏体分解时的有效晶核，可使钢的淬透性降低，但也使材料的高温固溶强化效果降低。钛能提高耐热钢的抗氧化性和热强性。在高镍含铝合金中能形成γ′相[$Ni_3(Al,Ti)$]，并弥散析出，从而提高材料的热强性。目前，钛越来越多地被用作航空、宇航工业材料。钛作为强碳化物形成元素，可以提高钢在高温、高压、氢气中的稳定性。当钢中的钛含量达到碳含量的4倍时，可使钢在高压下对氢的稳定性几乎高达600℃以上。

⑥ 硅（Si）在高合金钢中的作用。硅在高合金钢中常用于奥氏体-铁素体或铁素体-奥氏体双相不锈钢中，起固溶强化作用。各种奥氏体不锈钢中加入约2%的硅，可以增强它们的高温不起皮性。在铬、铬铝、铬镍、铬钨等钢中加入硅，都将提高它们的高温抗氧化性能。但硅含量太高时，材料的表面脱碳倾向增加。

⑦ 硫（S）、磷（P）、砷（As）、锑（Sb）等杂质元素在高合金钢中的作用同低合金钢部分。

2. 常用金属材料

压力管道中最常用的材料是金属材料，而且不同元素组成的金属材料其性能差别很大，即使是相同的材料，在不同的环境下，其性能也不同。然而，不同的元素或相同的元素以不同比例组成可以得到无数种金属材料，要罗列出这些材料是不现实的，也是没有必要的。在这里仅对压力管道中常用的金属材料，就其分类、特点、用途和表示方法进行介绍。

在所用的众多金属材料中，大致可以分为两大类：黑色金属和有色金属。黑色金属通常指铁和铁的合金，有色金属是指铁及铁合金以外的金属及其合金。

1）常用黑色金属材料

根据元素组成和性能特点，黑色金属可以分为三大类，即铸铁、碳素钢及合金钢。

（1）铸铁。

铸铁的主要成分除铁之外，含碳和硅量也比较高。由于铸铁中的含碳量较高，使得其中的大部分碳元素已不再以 Fe_3C 化合物存在，而是以游离的石墨存在，故铸铁的性能特点是可焊性、塑性、韧性和强度均比较差，一般不能锻造，但它却具有优良的铸造性、减摩性、切削加工性能，价格便宜，因此常用作泵机座、低压阀体等材料，有时地下低压管网也用铸铁做成的管子和管件。根据铸铁中石墨的形状不同可将铸铁分为灰口铸铁、可锻铸铁和球墨铸铁三类。

石墨以片状形式存在于组织中的铸铁称之为灰口铸铁。灰口铸铁浇铸后缓冷得到的组织为铁素体和游离石墨共存，断口呈灰色，灰口铸铁也因此而得名。灰口铸铁各项机械性能均较差，工程上很少用。

经过长时间石墨化退火，使石墨以团絮状存在于铸铁组织中，此类铸铁称之为可锻铸铁。在可锻铸铁中，由于团絮状石墨对金属基体的割裂和引起应力集中的作用比片状石墨小，故可锻铸铁的强度、塑性、韧性均优于灰口铸铁,其延伸率可达12%,但可锻铸铁制造工艺复杂,价格比较高。由于可锻铸铁具有一定的塑性,故"可锻"的名称也由此而出,其实它仍为不可锻。可锻铸铁在工程上常用作阀门手轮以及低压阀门阀体等。根据断面颜色或组织的不同,可锻铸铁又分为黑心可锻铸铁、白心可锻铸铁和珠光体可锻铸铁三种。常用的是黑心可锻铸铁,牌号有 KTH330-8、KTH350-10(GB/T 9440《可锻铸铁件》)等。

球墨铸铁是通过在浇注前向铁水中加入一定量的球化剂进行球化处理,并加入少量的孕育剂以促进石墨化,在浇注后直接获得具有球状石墨结晶的铸铁。由于球状石墨比团絮状石墨对金属基体的割裂和引起应力集中的作用更小,故球墨铸铁的各项机械性能指标均优于可锻铸铁,故可代替可锻铸铁用在较苛刻的条件下。球墨铸铁比可锻铸铁价格便宜,故它的应用更广泛。球墨铸铁牌号的表示方法为 QTXXX-XX,后面的数字意义同可锻铸铁,QT 为"球铁"两字的汉语拼音第一个字母。常用的球墨铸铁有 QT400-15、QT450-10 等牌号,见 GB 12227《通用阀门球墨铸铁件技术条件》。

(2) 碳素钢。

碳素钢的分类方法有很多种,如按化学成分分类常分为低碳钢(C<0.25%)、中碳钢(C=0.25%~0.6%)和高碳钢(C>0.6%)三种;按质量分类常分为普通钢(S≤0.05%,P≤0.05%)、优质钢(S≤0.04%,P≤0.04%)和高级优质钢(S≤0.02%,P≤0.03%)三类;按用途分类常分为结构钢、承压用钢(压力容器用钢、锅炉用钢)、工具钢等。由于中碳钢和高碳钢可焊性较差,在工程设计中除螺栓材料之外,常用的压力管道材料都是低碳钢。

普通碳素钢与优质碳素钢相比,由于它的有害杂质元素 S、P 含量相对较高,综合机械性能和耐蚀性较差,故不宜用在较重要的场合,但普通碳素钢价格便宜,故工程上常用于各种钢构架、支吊架等,而流体输送管道上使用时常给予一定的限制。

普通碳素钢根据其冶炼过程的脱氧程度不同可分为沸腾钢、镇静钢和半镇静钢三种。在浇铸前不用硅和铝脱氧,浇铸时在钢锭模内产生沸腾现象,这类钢叫沸腾钢。而脱氧较完全,浇铸时钢水在钢锭模内不产生 CO 气体,这类钢叫镇静钢。进行中等程度脱氧,介于沸腾钢和镇静钢之间的钢叫半镇静钢。沸腾钢常在其材料牌号后面加字母 F 进行表示,半镇静钢则是在其材料牌号后面加字母 b 进行表示,镇静钢省略不加。

沸腾钢由于脱氧不完全,钢液中含氧量多,浇注及凝固时会产生大量 CO 气泡,造成剧烈的沸腾现象。沸腾钢冷凝后没有集中缩孔,因而成材率高,成本低,表面质量及深冲性能好。但因含氧量高,成分偏析大,内部杂质多,抗腐蚀性和机械性能差,且容易发生时效硬化和钢板的分层,故不宜作重要用途。

镇静钢由于脱氧完全,浇注时钢液平静,没有沸腾现象,冷凝后有集中缩孔,所以成材率低,成本高。但镇静钢中气体含量低,时效倾向小,钢锭中气泡、疏松较少,质量较好。

压力管道中常用的普通碳素结构钢牌号为 Q235A(F、b)、Q235B(F、b)、Q235C、Q235D 四种,这些牌号的质量要求是顺次提高的。材料标准为 GB 700。

① 优质碳素钢。

优质碳素钢中的有害杂质元素 S、P 比普通碳素钢低,不仅如此,二者的冶炼方法也多有不同,普通碳素钢多用成本最低的转炉冶炼,而优质碳钢则采用平炉或纯氧顶吹转炉冶炼,脱氧较好,杂质含量较低,故其综合机械性能、耐蚀性等均优于普通碳素钢。优质碳素钢与高级优质碳素钢相比,价格不高,故这类钢是工程上应用最广泛的碳素钢。

GB 699 标准给出了优质碳素钢的化学成分和机械性能要求。该标准共列出了 08F、10F、15F、08Mn、10Mn、15Mn、20Mn、25Mn、…、70Mn 等 31 种材料牌号,而压力管道中常用的牌号为 08Mn、10Mn、20Mn 三种。08Mn 和 10Mn 钢因含碳量低、硬度低、塑性好,常用作金属垫片。20Mn 钢则常用于管子和管件。

GB 8163、GB 9948、GB 6479、GB 3087、GB 5310 等标准给出了优质碳素钢钢管的材料制造要求,它们都是压力管道常用的钢管标准。

GB 710、GB 711、GB 713、GB 5681、GB 6654 等标准给出了优质碳素钢钢板的材料制造要求,它们都是压力管道常用的钢板标准。选用时,应根据其应用范围确定。

GB 12225、GB 12228 等标准给出了压力管道常用的优质碳素钢的铸件材料制造要求。

② 高级优质碳素钢。

高级优质碳素钢各方面性能略优于优质碳素钢,但价格较高,工程上应用的并不多。一般情况下,如果采用优质碳素钢不能满足使用条件要求时,将考虑选用相应的合金钢而不用高级优质碳素钢。高级优质碳素钢的表示方法是在优质碳素钢的牌号后面加字母"A"。

(3) 合金钢。

为了提高钢的机械性能、工艺性能或物理化学性能,通常有意识地向钢中加入一些合金元素,由此得到的钢就叫合金钢。

材料中加入合金元素后,其性能将发生一系列的变化。

常用钢材都是由铁素体、奥氏体、碳化物、金属间化合物、金属和非金属夹杂物以及基本上不溶解于钢中的少量的游离元素等组成的混合体,但不同的钢具有不同的晶格结构和微观组织,也表现出不同的性能。钢的性能取决于铁的固溶体和碳化物的各自性能以及彼此相对的分布状态,合金元素正是通过改变上述的因素而发生作用的。

合金元素因溶于铁素体中起固溶强化作用,从而提高了材料的硬度和强度,但同时却使其韧性和塑性相对降低。在珠光体低合金钢中,合金元素主要是通过对铁素体的固溶强化和使珠光体变细而得到强化的。

一般情况下,除了碳元素对合金钢的淬火和回火性能有影响外,合金元素的影响则更大,其影响主要表现在:提高钢的淬透性,使截面积较大的零部件也能获得全部的马氏体组织;提高钢的回火稳定性,使材料在较高温度下回火也能获得较好的综合机械性能。

一般情况下,蠕变的产生常由于晶界强度的降低所致,而合金元素如钼、铬等能显著提高材料的晶界强度,从而使材料有较高的抗蠕变性能。

材料在低温下强度一般略有提高,但塑性和韧性则下降很多,通过添加一些合金元素可提高材料在低温下的塑性和韧性。例如,从组织上来讲,奥氏体组织有较好的塑性和韧性,超细晶粒组织其塑性和韧性也较好,故通过加入足够的合金元素使材料在常温下为奥氏体组织,或加入能使奥氏体晶粒变细的铝(Al)、镍(Ni)等元素而获得的材料,用于低温甚至超低温下仍具有良好的塑性和韧性。

奥氏体不锈钢由于有较多的合金元素,又具有单一的奥氏体组织,故它具有较好的抗氧化腐蚀性能和高温使用性能。工程上,奥氏体不锈钢常用于多种腐蚀工况和高温工况。

综上所述,合金钢与碳素钢相比,它具有较高的强度、较好的耐热性、较好的耐低温性能、较好的耐腐蚀性能等优点,甚至有些生产环境采用碳素钢是满足不了要求的。故合金钢是压力管道中常用的也是很重要的材料。压力管道中常用的合金钢有低合金钢、调质钢、不锈钢、耐热钢和低温钢。

① 低合金钢。

工程上常用的低合金钢有碳锰系、碳锰钒系、铬钼系和铬钼钒系等系列。

GB/T 1591《低合金高强度结构钢》标准给出了碳锰系和碳锰钒系低合金钢的化学成分和机械性能要求。该标准列出了Q295A(B)、Q345A~E、Q390A~E、Q420A~E、Q460C~E共20种材料牌号。其表示方法及代号含义同普通碳素钢部分。当用于常温及以上温度时,可用A、B或C级;当用于-40~-20℃时,可用D或E级。值得一提的是,该标准修订前与修订后的表示方法差别很大,而当该标准修订后,其他相应的配套标准(例如GB 8163、GB 9948、GB 6479、JB 4726、GB 6654等)尚未随之变动,故近期应用时应注意这个问题。

常用的铬钼系和铬钼钒系低合金钢材料牌号有12CrMo、15CrMo、12Cr1MoV等,常用作抗氢腐蚀、抗高温硫或硫化氢腐蚀和耐热(次高温)等材料。例如,12CrMo和15CrMo常用于550℃以下的高温工况,或用于320℃以下的临氢工况;12Cr1MoV常用于575℃以下的高温高压蒸汽介质。

② 调质合金钢。

调质合金钢属于低合金结构钢的一种,合金元素总量一般不大于3%,但由于它的含碳量较高,故强度高,可焊性差,常用于螺栓、螺母材料。

GB 3077《合金结构钢》标准给出了调质合金钢的化学成分和机械性能要求,其表示方法同低合金钢中的铬钼系和铬钼钒系。常用材料牌号有40Cr、45Cr、30CrMo、30CrMoA、35CrMo、35CrMoA、25Cr2MoVA等。用作螺栓材料时常为高级优质调质合金钢。

③ 不锈钢。

不锈钢的最大特点就是其合金元素含量比较高,均超过10%,有的高达50%甚至更多。由于它含有大量的合金元素,故其耐热、耐蚀等性能大大优于碳素钢和低合金钢,但随之而来的是其价格也远远高于碳素钢和低合金钢。

不锈钢根据其常温的组织不同可分为奥氏体型、奥氏体—铁素体双相型、铁素体型、马氏体型和沉淀硬化型五类。对于奥氏体型又可根据其含碳量的不同分为高碳型(C=0.04%~0.12%)、低碳型(C≤0.08%)和超低碳型(C≤0.03%)三种。

a. 奥氏体不锈钢。

奥氏体不锈钢常温组织为单一奥氏体组织,它消除了组织之间的电位差,故有利于抗电化学腐蚀。又由于它含有大量耐蚀合金元素,故也抗高温化学腐蚀。奥氏体不锈钢具有良好的综合机械性能,也具有良好的可焊性,故工程上应用很广泛。但其价格较高,约是碳钢材料的10倍,是普通合金钢的近4倍,故不是必须使用时就不要轻易选用。

高碳奥氏体不锈钢由于其含碳量较高,高温强度较高,故常用作耐热钢。

超低碳型奥氏体不锈钢由于其含碳量较低,不易产生晶间腐蚀倾向,故常用作耐腐蚀钢。

但它的强度较低,尤其是高温强度较低,故不应在高温下使用。

低碳型奥氏体不锈钢的性能介于高碳和超低碳之间,既可作防腐蚀用,又可作为耐热用。但其防腐性能不如超低碳型,而高温强度不如高碳型。

有时为了使奥氏体不锈钢既具有较高的强度和耐热性,又具有抗晶间腐蚀性能,常在低碳型奥氏体不锈钢中加入稳定化元素(Ti、Nb),得到稳定型的奥氏体不锈钢。这种材料对耐温和耐蚀兼而有之,故工程上应用较广。

不锈钢(包括奥氏体型、奥氏体—铁素体双相型、铁素体型、马氏体型和沉淀硬化型)的表示方法按 GB 221《钢铁产品牌号表示方法》标准规定如下:除含碳量的表示方法不同外,其他均与低合金钢相同。此时的含碳量以一位数字来表示,该数字为平均含碳量的千分之几。当平均含碳量小于千分之一时,用"0"表示;当平均含碳量小于 0.03% 时,用"00"表示。

GB 1220《不锈钢棒》标准共给出了 33 种奥氏体不锈钢的材料牌号,而常用的材料牌号有 0Cr18Ni9(304)、00Cr19Ni10(304L)、0Cr17Ni12Mo2(316)、00Cr17Ni14Mo2(316L)、0Cr18Ni10Ti(321)、0Cr18Ni11Nb(347)、0Cr25Ni20(310)、0Cr23Ni13 等。

b. 奥氏体—铁素体型不锈钢。

奥氏体—铁素体型不锈钢常温组织为奥氏体+铁素体组织。由于此类材料中含有硅、铝等合金元素,加之它具有双相组织,故它抗氯化物引起的晶间腐蚀和应力腐蚀性能明显优于奥氏体型不锈钢。它与奥氏体型不锈钢一样,具有良好的综合机械性能,也具有良好的可焊性,故常代替奥氏体型不锈钢用于容易发生晶间腐蚀的工作环境。但该种材料制造工艺复杂,成本较高,价格约是奥氏体型不锈钢的 3~4 倍,故这种材料在工程上应用的并不普遍。

GB 1220 标准给出了 0Cr26Ni5Mo2、1Cr18Ni11Si4AlTi、00Cr18Ni5Mo3Si2 共 3 种奥氏体—铁素体型不锈钢的材料牌号。

c. 铁素体型不锈钢。

铁素体型不锈钢常温组织为铁素体组织。由于它的平均含铬量大于 11.7%,可在材料表面形成一层致密的铬氧化物薄膜,从而能有效地保护材料免遭腐蚀。但其防腐性能不如奥氏体型不锈钢,焊接性能也比较差,还容易出现 475℃ 回火脆性和 σ 相析出引起的脆性,故常用在腐蚀性较弱的环境。铁素体型不锈钢在压力管道中应用的不多,而在压力容器中常用作复合材料的复层。

GB 1220 标准给出了 7 种铁素体型不锈钢的材料牌号,而常用的材料牌号有 00Cr12 和 0Cr13Al。

d. 马氏体型不锈钢。

马氏体型不锈钢的合金元素含量与铁素体型不锈钢类似,但其含碳量较高,淬透性较好,容易得到硬而脆的马氏体组织。因此,它具有较高的硬度和耐磨性,耐蚀性较弱,常用于医疗中的手术刀,而压力管道中则常用作碳素钢和铬钼钢阀门的阀杆和阀芯。

GB 1220 标准共给出了 18 种马氏体型不锈钢的材料牌号,而常用的材料牌号有 1Cr13、2Cr13、3Cr13 等。

e. 沉淀硬化型不锈钢。

沉淀硬化型不锈钢是指可以进行沉淀硬化处理的奥氏体或马氏体型不锈钢。经过沉淀硬化处理后,此类不锈钢有很高的强度和硬度,其耐蚀性则接近于奥氏体不锈钢,在压力管道中常用作螺栓和螺母材料。

GB 1220 标准给出了 0Cr17Ni4Cu4Nb、0Cr17Ni7Al、0Cr15Ni7Mo2Al 共 3 种沉淀硬化型不锈钢的材料牌号。关于这些材料牌号的应用可参照有关的手册或专著。

④ 耐热钢。

GB 1221 标准共给出了 40 种耐热钢的材料牌号。对比 GB 1220 和 GB 1221《耐热钢棒》标准就可以看出,除超低碳不锈钢和双相不锈钢外,大多数不锈钢都可用作耐热钢。耐热钢根据其常温的组织不同可分为奥氏体型、铁素体型、马氏体型和沉淀硬化型四大类。工程上常用的耐热钢材料牌号有:

a. 奥氏体型:0Cr18Ni9(304)、0Cr17Ni12Mo2(316)、0Cr18Ni10Ti(321)、0Cr18Ni11Nb(347)、0Cr25Ni20(310)、0Cr23Ni13 等;

b. 铁素体型:00Cr12、0Cr13Al 等;

c. 马氏体型:1Cr5Mo、1Cr13、2Cr13、3Cr13 等;

d. 沉淀硬化型:0Cr17Ni4Cu4Nb、0Cr17Ni7Al 等。

值得一提的是,作为耐热合金钢,工程上常用的还有 Cr2Mo、Cr9Mo 等材料,但 GB 1221 标准中却没有列入。Cr2Mo、Cr9Mo 材料和 1Cr5Mo 一样,属于低碳型合金钢,常温下可获得铁素体和珠光体组织,但容易淬硬而出现马氏体组织。这类钢有较高的热强性,常用于 350~650℃ 且腐蚀性不强的工况下,如动力系统的高温蒸汽管道。它还有一定的抗高温硫腐蚀和高温氢腐蚀的能力,故也用在此类介质环境中。这类钢焊接性较差,容易出现延迟裂纹,故一般焊后要进行热处理。

⑤ 低温用钢(镍钢)。

具有面心立方晶格的金属材料(如铜 Cu、镍 Ni、奥氏体钢等),一般没有低温冷脆现象,是最好的低温用材,故含铜、镍等元素的合金钢常用于低温工况。此外,晶粒越细,钢材的低温冲击韧性越好,故一般铁素体钢要正火处理后使用。杂质元素硫(S)、磷(P)、氧(O)都将降低钢材的低温冲击韧性,故一般要严格控制。

我国低温用钢有 16Mn、09Mn2V、06AlCu、06MnNb 等,或者用奥氏体不锈钢。但前者一般适应的低温温度不宜太低,而奥氏体不锈钢又比较贵,故这里介绍 ASTM 中的低温钢,即镍(Ni)钢。

2) 常用有色金属材料

工业上通常将铝、铜、镁、铅、锌等金属及以这些金属为基体组成的合金叫作有色金属。应该说,这些材料在压力管道上的应用并不多,但由于它们具有一些独特的性能,故仍有必要进行介绍。

有色金属与黑色金属相比,具有以下特点:重量轻,比强度高,有特殊的耐腐蚀性能,但其强度一般较低,冶炼困难,价格高。

有色金属的种类很多,比较常用的有色金属有铝及铝合金、铜及铜合金。

(1) 铝及铝合金。

铝很轻,比重为 2.7,其密度大约是铜的三分之一;铝塑性好($\psi=80\%$),强度低($\sigma_b=80\sim$

100MPa),机加工性能较差;铝很容易被氧化而形成一层致密的、附着力很强的氧化膜,该氧化膜能保护铝进一步被腐蚀,故它具有很好的抗大气腐蚀性能。但因氧化膜的存在,增加了铝在焊接时的焊接缺陷,故它比碳钢的焊接性能差。铝与硅、铜、镁、锰等组成的合金,可以根据其组成的比例不同,而得到多种铝合金,而且不同合金的机械性能和耐腐蚀性能差别很大。铝合金的表示方法为:字母后面跟随数字,字母为"铝"及功能性代表字如"防、硬"的汉语拼音字母,后面的数字为该系列的顺序号。

(2) 铜及铜合金。

铜是良导体,故常用作电导体元件;铜的化学性能比较稳定,能很好地耐大气甚至海洋大气腐蚀,但不耐氨以及强氧化性介质的腐蚀;铜的塑性很好,可以承受各种形式的冷热压力加工。铜与锡(Sn)、铅(Pb)、铝(Al)、铁(Fe)等元素以不同的比例结合,可以得到一系列铜合金。与不同的元素结合,或以不同的比例结合,得到的铜合金性能差别很大。铜合金的表示方法按相应的国家标准规定为:"字母+主加元素符号+铜含量—主加元素含量"。对黄铜来说,此处的字母为"H",即"黄"字的汉语拼音第一个字母;对青铜来说,此处的字母为"Q",即"青"字的汉语拼音第一个字母。如果该合金为铸造合金,则尚应在牌号前加字母"Z"。

3. 管道常用金属材料的限制条件

在介绍了金属材料的基本知识、常用金属材料和常见的介质腐蚀环境后,就可以进行工程选材了。事实上,工程上的实际应用环境条件是十分复杂的,不同的介质、介质温度、介质压力等操作条件的组合,构成了无数个选材条件。就常见的选材条件来说,要想在这里逐一给出其选材结论是不现实的,它也正是各个设计院或工程公司一直致力研究的问题。在这里将换一种方式,即以材料为主体,应用金属理论、腐蚀理论以及工程理论来确定各种常用材料的使用限制条件。这就好比抛开了难以详述的充分条件,而只讲必要条件,相信这样的介绍对工程选材会有一定的帮助。

工程上,压力管道选材除了要确定材料牌号外,还要确定材料标准,因为不同的材料标准,对材料质量的要求是不一样的。

1) 一般限制条件

在进行工程材料选用时,首先应遵循下列一些原则:

(1) 满足操作条件的要求。

首先应根据操作条件来判断该管道是不是压力管道,属于哪一类压力管道。不同类别的压力管道因其重要性不同,发生事故带来的危害程度不同,故对材料的要求也不同。一般情况下,高类别的压力管道(如一类压力管道)从材料的冶炼工艺到最终产品的检查试验都比低类别的压力管道要求高。

其次是应考虑操作条件对材料的选择要求。如前所述,不同的材料对同一腐蚀介质的抗腐蚀性能是不相同的。在腐蚀环境中,选用材料应避免灾难性的腐蚀形式(如应力腐蚀开裂)出现,而对均匀腐蚀,一般至少应限定在"尚耐腐蚀"级,即最高年腐蚀速率不超过 0.5mm。

介质温度也是选用材料的一个重要参数。因为温度的变化会引起材料的一系列性能变化,如低温下材料的脆性,高温下材料的石墨化、蠕变等问题。如前所述,很多腐蚀形态都与介质温度有密切的关系,甚至是腐蚀发生的基本条件。因此压力管道的选材应满足温度的限制条件。

(2) 满足材料加工工艺和工业化生产的要求。

首先,理想的材料应该是容易获得的,即它应具有良好的加工工艺性、焊接性能等。例如,对于一些腐蚀环境,选用碳钢和不锈钢复合制成的压力管道及其元件来代替纯不锈钢材料无疑是经济适用的,但由于许多制造厂的复合工艺不过关,使用中屡次出现问题,从而给复合材料的应用带来了限制,尤其是碳钢与0Cr13的复合板材因现场焊接质量不容易保证,以致工程上不敢使用或者说不敢大量使用。

其次,工程上的材料应用是系列化、标准化的,它不像在试验室中,可以做到少量、理想化的材料应用。将材料标准化、系列化便于大规模生产,减少材料品种,从而可以节约设计、制造、安装、使用等各环节的投入,同时也将大大降低生产成本。所以工程上应首先选用标准材料,对于必须选用的新材料,应具有完整的技术评定文件,并经过省级及其以上管理部门组织的技术鉴定,合格后才能使用。

对于必须进口的材料,应提出详细的规格、性能、材料牌号、材料标准、应用标准等技术要求,并按国内的有关技术标准要求对其进行复验,合格以后才能使用。

(3) 符合既使用又经济的要求。

这是一个原则问题,实际操作起来是很复杂的。它要求材料工程师须运用工程学、材料学、腐蚀学等方面的知识综合判断。这样的问题有时是可以定量计算的,有时则是不可以定量计算的。一般情况下,应从以下几个方面来考虑。

① 腐蚀方面。

对于局部腐蚀,若通过其他措施(如工艺防腐措施)能防止或控制局部腐蚀的发生,特别是突然性、灾难性的局部腐蚀发生,就可以采用价格比较低的材料。否则,必须选用高级但价格高的材料。

对均匀腐蚀,在腐蚀环境比较恶劣的情况下,若选用低级但价格便宜的材料,其腐蚀速率可能会很大,短时间内就必须更换材料。而用耐腐蚀比较好,价格比较高的材料,其腐蚀速率可能会较小,从而维持一个比较长的生产周期。进行综合的技术经济评定,此时采用高级材料也许更经济些。反之,如果腐蚀环境比较缓和,此时选用低级材料虽然其腐蚀速率比较大,但其价格便宜,进行经济核算后,此时采用低级材料也许更经济些。总之这一类型的材料选用是可以进行经济核算的。

对于同一个腐蚀环境,若选用高级材料时遭受的腐蚀可能是危险性较大的局部腐蚀,而选用低级材料时遭受的腐蚀可能是具有较大腐蚀速率的均匀腐蚀。此时就应考虑选用低级材料并辅以其他防腐措施。

② 材料标准及制造方面。

压力管道的类别与材料标准和制造要求并没有一个完全一一对应的关系,这就要求材料工程师应用有关知识来综合考虑。许多材料标准和制造标准中,都有若干供用户确认的选择项。这些选择项中,有些是一般的项目,当用户没有指定时,制造商将按自己的习惯去做。例如,钢管的供货长度、供货状态等都属于这类项目。而另一些项目则是附加检验项目,这些检验项目不是必做的,只有用户要求时制造商才做。也就是说,用户可以根据使用条件的不同,追加若干检验项目,以便更好地控制材料的内在质量。但提出了这些特殊要求就意味着产品价格的上升,有些检验项目如射线探伤的费用是很高的。如何追加这些附加检验项目,应结合使用条件和产品的价格综合考虑,有时要把握好这个尺度是很难的。

③ 新材料、新工艺应用方面。

积极采用新材料,支持新材料、新工艺的开发和应用,可以有效地降低建设投资,又能满足生产工艺对材料的要求。例如采用渗铝碳钢代替不锈钢用于抗硫和有机酸的腐蚀;用碳钢与不锈钢的复合材料代替纯不锈钢材料;用焊接质量有保证的有缝钢管代替无缝钢管。

2) 常用材料的应用限制

(1) 铸铁。

工程上,一般限制可锻铸铁使用在介质温度为-29~343℃的受压或非受压管道,同时不得用于输送介质温度高于150℃或表压大于2.5MPa的可燃流体管道和任何温度压力条件下的有毒介质,并不得用于输送温度和压力循环变化或管道有振动的条件下。实际上,它经常被用于不受压的阀门手轮和地下污水管道。

球墨铸铁应用限制条件同可锻铸铁,它经常被用于工业用水管道中的阀门阀体。

(2) 普通碳素钢。

① 普通碳素钢的应用应遵循下列原则:

a. 沸腾钢应限用在设计压力≤0.6MPa,设计温度为0~250℃的条件下,并不得用于易燃或有毒流体的管道,也不得用于石油液化气介质和有应力腐蚀的环境中;

b. 镇静钢应限用在设计温度为0~400℃范围内。当它用于有应力腐蚀开裂敏感的环境时,本体硬度应不大于HB160,焊缝硬度应不大于HB200,并对本体和焊缝进行100%无损探伤;

c. 用于压力管道的沸腾钢和镇静钢,其含碳量不得大于0.24%。

② GB 700《碳素结构钢》标准给出了四种常用的普通碳素结构钢牌号,即Q235A(F、b)、Q235B(F、b)、Q235C、Q235D。这四种牌号的质量要求是顺次提高的。它们的适用范围如下:

a. Q235-AF钢板:设计压力$p \leq 0.6$MPa;使用温度为0~250℃;钢板厚度不大于12mm;不得用于易燃,毒性程度为中度、高度或极度危害介质的管道。

b. Q235-A钢板:设计压力$p \leq 1.0$MPa;使用温度为0~350℃;钢板厚度不大于16mm;不得用于液化石油气、毒性程度为高度或极度危害介质的管道。

c. Q235-B钢板:设计压力$p \leq 1.6$MPa;使用温度为0~350℃;钢板厚度不大于20mm;不能用于高度和极度危害介质的管道。

d. Q235-C钢板:设计压力$p \leq 2.5$MPa;使用温度为0~400℃;钢板厚度不大于40mm。

(3) 优质碳素钢。

优质碳素钢是压力管道中应用最广的碳钢,对应的材料标准有GB 699、GB 8163、GB 3087、GB 5310、GB 713、GB 9948、GB 6479等。这些标准根据不同的使用工况而提出了不同的质量要求。它们共性的使用限制条件有以下几个方面:

① 输送碱性或苛性碱介质时应考虑发生碱脆的可能。锰钢(如16Mn)不得用于该环境中。

② 在有应力腐蚀开裂倾向的环境中工作时,应进行焊后应力消除热处理,热处理后的焊

缝硬度不得大于 HB200。焊缝应进行 100% 无损探伤(对接焊缝应是射线探伤)。锰钢(如16Mn)不宜用于有应力腐蚀开裂倾向的环境中。

③ 在均匀腐蚀介质环境下工作时,应根据腐蚀速率、使用寿命等进行经济核算,如果核算结果证明选用碳素钢是合适的,应给出足够的腐蚀余量,并采取相应的其他防腐蚀措施。

④ 碳素钢、碳锰钢和锰钒钢在 427℃ 及以上温度下长期工作时,其碳化物有转化为石墨的可能性,因此限制其最高工作温度不得超过 427℃(锅炉规范规定该温度为 450℃)。

⑤ 临氢操作时,应考虑发生氢损伤的可能性。

⑥ 含碳量大于 0.24% 的碳钢不宜用于焊连接的管子及其元件。

⑦ 用于 -20℃ 及以下温度时,应做低温冲击韧性试验。

⑧ 用于高压临氢、交变载荷情况下的碳素钢材料宜是经过炉外精炼的材料。

值得一提的是,优质碳素钢的材料标准中也有沸腾钢牌号,但对于应用优质碳素钢的场合而采用沸腾钢牌号甚为不合理,实际工程中也很少这样用,故上述的规定仅是对镇静钢提出的,如果确实用到了优质沸腾钢,其应用限制条件可参照普通碳素钢部分。

(4) 铬钼合金钢。

常用的铬钼合金钢材料标准有 GB 9948、GB 5310、GB 6479、GB 3077、GB 1221 等,有关共性的使用限制条件有以下几个方面:

① 碳钼钢(C-0.5Mo)在 468℃ 温度下长期工作时,其碳化物有转化为石墨的倾向,因此限制其最高长期工作温度不超过 468℃。

② 在均匀腐蚀环境下工作时,应根据腐蚀速率、使用寿命等进行经济核算,同时给出足够的腐蚀余量。

③ 临氢操作时,应考虑发生氢损伤的可能性。

④ 在高温 H_2+H_2S 介质环境下工作时,应根据 Nelson 曲线和 Couper 曲线确定其使用条件。

⑤ 应避免在有应力腐蚀开裂的环境中使用。

⑥ 在 400~550℃ 温度区间内长期工作时,应考虑防止回火脆性问题。

⑦ 铬钼合金钢一般应是电炉冶炼或经过炉外精炼的材料。

(5) 不锈耐热钢。

压力管道中常用的不锈耐热钢材料标准主要有 GB/T 14976、GB 4237、GB 4238、GB 1220、GB 1221—2007 等。其共性的使用限制条件有以下几方面:

① 含铬 12% 以上的铁素体和马氏体不锈钢在 400~550℃ 温度区间内长期工作时,应考虑防止 475℃ 回火脆性破坏,这个脆性表现为室温下材料的脆化。因此,在应用上述不锈钢时,应将其弯曲应力、振动和冲击载荷降到敏感载荷以下,或者不在 400℃ 以上温度使用。

② 含铬 16% 以上的高铬不锈钢和含铬 18% 以上的高铬镍不锈钢在 540~900℃ 温度区间长期工作时,应考虑防止发生 σ 相析出,从而引起室温下材料的脆化和高温下材料蠕变强度的下降。这种现象可以通过将其加热至 1000℃ 以上进行退火处理来消除。有资料指出,σ 相析出一般发生在铁素体不锈钢中,对于奥氏体不锈钢,只要控制其铁素体含量(一般为 3%~8%)即可避免。对于常用的奥氏体不锈钢,除铸件外,其铁素体含量一般不会超过上述值。

③ 奥氏体不锈钢在加热冷却的过程中,经过540~900℃温度区间时,应考虑防止产生晶间腐蚀倾向。当有还原性较强的腐蚀介质存在时,应选用稳定型(含稳定化元素 Ti 和 Nb)或超低碳型(C<0.03)奥氏体不锈钢。

④ 不锈钢在接触湿的氯化物时,有应力腐蚀开裂和点蚀的可能。应避免接触湿的氯化物,或者控制物料和环境中的氯离子浓度不超过 25ppm。

⑤ 奥氏体不锈钢与铅锌或它们的化合物在其熔点温度以上接触时,有晶间腐蚀破坏的敏感性;

⑥ 奥氏体不锈钢使用温度超过 525℃时,其含碳量应大于 0.04%。

⑦ 对有剧烈环烷酸腐蚀的环境,应选用含钼的奥氏体不锈钢(如 316、316L)或其复合材料(复合板或复合管)。

3)其他方面对材料的限制

(1)碳当量。

金属材料在焊接时,其焊缝及热影响区将被加热至 Ac3 以上的温度,由于焊缝及其热影响区的冷却速度较快,冷却后容易被淬硬。钢材含碳量越高,焊缝及其热影响区的硬化与脆化倾向越大,在焊接应力作用下容易产生裂纹。钢的各种化学成分对钢淬硬性的影响通常折算成碳的影响,称为碳当量,用 C_e 表示。关于碳当量的折算方法有很多不同的公式,而常用的有以下两种:

① 国际焊接学会推荐的碳钢及低合金钢常用碳当量计算公式如下:

$$C_e\% = C\% + \frac{Mn}{6}\% + \frac{Cr + Mo + V}{5}\% + \frac{Ni + Cu}{15}\% \quad (16-6-1)$$

经验表明:

当 $C_e < 0.4\%$ 时,钢材的淬硬倾向不明显,可焊性优良,焊接时不必预热;

当 $C_e = 0.4\% \sim 0.6\%$ 时,钢材的淬硬倾向逐渐明显,需要采取适当预热、控制线能量等工艺措施;

当 $C_e > 0.6\%$ 时,钢材的淬硬倾向很强,属于难焊材料,需要采取较高的预热温度和严格的焊接工艺措施。

② 我国有关焊接标准推荐的碳钢及低合金钢碳当量计算公式如下:

$$C_e\% = C\% + \frac{Mn}{6}\% + \frac{Si}{24}\% + \frac{Ni}{15}\% + \frac{Cr}{5}\% + \frac{Cu}{6}\% + \frac{Mo}{40}\% + \frac{P}{2}\% \quad (16-6-2)$$

当焊缝厚度小于 13mm 时,其 C_e 值应不大于 0.45;

当焊缝厚度为 13~25mm 时,其 C_e 值应不大于 0.4;

(2)常用金属材料在无腐蚀情况下的最高使用温度应符合表 16-1-1 的要求。

表 16-6-1 常用金属材料的使用温度要求

材料	使用温度,℃
10#、20#	-20~425

续表

材料	使用温度,℃
16Mn	−40~450
09Mn2V	−70~100
12CrMo	≤525
15CrMo	≤550
1Cr5Mo	≤600
低碳奥氏体不锈钢(0Cr18Ni9、0Cr17Ni12Mo2、0Cr18Ni10Ti 等)	−196~700
超低碳奥氏体不锈钢(00Cr19Ni10)	−196~400
超低碳奥氏体不锈钢(00Cr17Ni14Mo2)	−196~450
0Cr25Ni20	≤800
铝及防锈铝合金	−200~200

(3) 复合管材和复合板材。

鉴于目前国内生产碳素钢+不锈钢复合管材和复合板材的生产水平和产品质量不稳定的实际情况,工程上宜谨慎选用。如果必须使用,应要求复合处的纵向抗剪力应不低于200MPa。

(4) 渗铝管。

渗铝钢是一种抗高温硫腐蚀比较好而且价格相对便宜的材料,但其焊接问题目前尚在研究中,故目前不推荐用于介质条件较苛刻的压力管道。

二、管道用非金属材料

众所周知,在工业管道上,非金属材料常用作管子的防腐和隔热,而用作管子及其元件的并不多,仅仅是在特定的情况下(如抗腐蚀)才使用。另外,作为法兰垫片和阀门填料,也用到一些非金属材料,但这些非金属材料用量很少,种类也有限。管子的防腐蚀和隔热没有列入本书的研究范围,故该部分所用的非金属材料在此不再做进一步的讨论,而只介绍直接用作管子及其元件的常用非金属材料。

压力管道中常用的非金属材料大致有工程塑料、橡胶、搪瓷、石墨等,它们与金属材料相比,具有以下特点:

(1) 化学稳定性好,耐腐蚀。这是非金属材料能够代替金属而用在一些强腐蚀介质环境中的最主要原因。对于某些操作介质,用金属材料是不耐腐蚀的,或者用高合金金属材料是不经济的,此时就需要用非金属材料。

(2) 易加工成型。无论是机械加工还是热加工,它都要比金属材料容易得多。

(3) 比重小,比强度高。以工程塑料为例,其比重一般只有金属材料的1/8~1/4,但其强度有的可以与普通金属媲美。

(4) 良好的电绝缘性和极小的介电损耗。

(5) 良好的弹性、耐磨性和耐寒性等。

但是,多数非金属材料的强度和刚度都比金属材料低,且其耐热性较差,热胀系数较大,工程塑料还有冷流、老化等问题。正因为有这样一些不足之处,非金属材料常常仅用于金属材料无法抗腐蚀或选用高级金属材料抗腐蚀投资太高的场合。

1. 常用工程塑料及其衬里管

工程上常用的塑料管有聚四氟乙烯(PTFE)管、聚氯乙烯(PVC)管、聚乙烯(PE)管、聚丙烯(PP)管和苯乙烯—丁二烯—丙烯腈共聚体(ABS)管等管材。这些塑料各有其特点,性能、用途、价格、加工方法等各不相同。

1) 聚四氟乙烯(PTFE)及其衬里管

聚四氟乙烯是一种结晶型的高分子化合物。与其他塑料相比,它具有以下特点:

(1) 极好的耐腐蚀性能。除了熔融碱金属、单体氟和三氟化氯化学品以外,几乎能抗一切强酸、强碱、强氯化剂、有机溶剂、王水等腐蚀介质的腐蚀。

(2) 良好的耐热性和耐低温性能。它在260℃时仍具有稳定的性能,长期最高使用温度可达180℃;低温下-270℃时仍保持有一定的韧性,能长期在-196℃温度下使用。

(3) 良好的润滑性和表面不黏性。它的摩擦系数极小,与钢发生相对滑动摩擦时,摩擦系数为0.1。几乎所有物质都不能黏附在其表面上。

(4) 良好的耐大气老化性能。

正因为这些特点,PTFE已成为石油化工管道中应用最广泛的一种非金属材料。除了用作管子、管件外,它还常用作管子和管件衬里、阀门衬里、设备支座和支架支座的滑动垫板等。但它的价格比其他工程塑料高,故用其他塑料能满足要求时,应尽量采用其他塑料。

由于它是一种结晶性塑料,故不能用注射法成型,只能用冷压法或烧结法成型。

它在外力的作用下,冷流(即冷态蠕变)倾向性较大。它单独作为管材时,由于受强度和刚度的限制,管子直径和长度不宜太大,详见《石油化工装置工艺管道安装设计手册》(以下简称《设计手册》)(张德姜等,2014)第二篇介绍。一般情况下,它作为管子、管件衬里的情况比较多。聚四氟乙烯的衬里管道规格可从DN25～DN500mm,甚至更大。衬里管子和管件一般采用法兰连接,聚四氟乙烯在法兰处翻边,两片法兰之间配有非金属垫片。一般情况下,衬里管子及管件的连接不允许采用螺纹和承插焊连接(这些规定对其他非金属衬里管道也适用),不能用于承插焊管件,不能用于带衬垫焊缝。

2) 聚氯乙烯(PVC)及其衬里管

聚氯乙烯是由单体的氯乙烯聚合而成。根据加与不加稳定剂和增塑剂,它可分为硬聚氯乙烯和软聚氯乙烯两种。

聚氯乙烯与聚四氟乙烯相比有如下特点:

(1) 价格便宜。在它能满足介质条件的情况下,用它代替聚四氟乙烯可节省投资。

(2) 耐腐蚀性虽比不上聚四氟乙烯,但仍能抗大多数酸、碱、盐的腐蚀,详见《设计手册》第二篇。

(3) 硬聚氯乙烯的强度较高,约是聚四氟乙烯的3倍,故它的纯塑管道可适用于DN10～DN400。

(4) 聚氯乙烯纯塑管的连接方法较多,既可采用黏结剂粘接,也可采用熔化连接、螺纹连接和特殊机械接头连接等连接方式,施工较方便。但采用螺纹连接时不能用于压力较高或有温度循环的场合,且管子厚度较厚时才可以。

(5) 用作管道衬里时要求同聚四氟乙烯。

但聚氯乙烯使用温度范围较小,一般仅能在-15~60℃范围内使用。其线胀系数也比较大。

管材常用硬聚氯乙烯,标准为GB 4219《化工用硬聚氯乙烯管材》。

3) 聚乙烯(PE)及其衬里管

聚乙烯是由单体乙烯聚合而成。根据聚合方法不同分为高压、中压和低压聚乙烯三种。如果按其密度来分可分为低密度、中密度和高密度聚乙烯三种。其中高压聚乙烯即为低密度聚乙烯,其分子中有较多的分支,密度较低,性能柔软,宜用于制作塑料薄膜;低压聚乙烯又称高密度聚乙烯,其分子中的短链分支较小,分子量大,密度高,性能硬,是常用的管道或管道衬里材料。

聚乙烯与聚四氟乙烯相比,具有以下特点:

(1) 价格低。

(2) 耐蚀性不如聚四氟乙烯。

(3) 强度比聚四氟乙烯略高,适用的管子规格范围为DN10~DN125mm。

(4) 纯聚乙烯连接方法可采用熔融、螺纹和特殊机械接头连接。由于目前尚没有合适的溶剂,故它一般不采用溶剂粘接。

(5) 用作衬里管时,要求同聚四氟乙烯。

(6) 耐温性不如聚四氟乙烯,其使用范围一般为-70~100℃。

聚乙烯与聚氯乙烯相比,具有下列一些特点:

(1) 耐腐蚀范围有所不同,详见《设计手册》第二篇。

(2) 强度不如硬聚氯乙烯高,故适用尺寸范围较小些。

(3) 使用温度范围比聚氯乙烯大。

4) 聚丙烯(PP)及其衬里管

聚丙烯与聚四氟乙烯、聚氯乙烯、聚乙烯相比,具有下列一些特点:

(1) 它的价格比聚四氟乙烯低很多,而比聚氯乙烯、聚乙烯略低。

(2) 其强度比聚四氟乙烯、聚乙烯高,但比硬聚氯乙烯略低,故它可用于较大尺寸的管子。一般情况下,它适用的管子规格为DN200~DN400mm。

(3) 耐腐蚀范围与前三者各有不同。

(4) 使用温度低于聚四氟乙烯,但高于聚氯乙烯和聚乙烯,它可长期应用在120℃温度下。但它低温下易发脆、易老化、不耐磨,故一般不用于低温环境。

(5) 纯聚丙烯用作管材时可采用熔融、螺纹和特殊机械接头连接方法。

(6) 用作衬里管时,要求同聚四氟乙烯。

5) 苯乙烯—丁二烯—丙烯腈共聚体(ABS)及其衬里管

ABS的耐腐蚀性能是:对弱酸、弱碱均有较好的耐蚀性,但强酸对它有一定的侵蚀作用。它能溶于酮脂及一些卤代烃中。

ABS与前几种塑料相比,具有以下特点:

(1) 价格比聚四氟乙烯低很多,比聚氯乙烯、聚乙烯和聚丙烯均略低。
(2) 强度最高,可适用的管子规格较大,具体取决于生产厂的情况。
(3) 纯 ABS 用作管材时,可用螺纹、熔接方法连接。
(4) 耐磨性优于聚氯乙烯、聚乙烯和聚丙烯。

但 ABS 耐候性差,长期使用易起层。

2. 常用橡胶衬里管

橡胶是一种高分子化合物,由于其抗弯强度和抗弯弹性模量较低(有的等于零),故它在压力管道中不能单独作为管子及管件使用,而只能作为管子、管件或阀门衬里用。它与塑料相比,同样具有较好的耐蚀性和耐磨性等特点。除此之外,它尚具有比塑料更好的弹性、耐寒性和良好的加工性能。

常用的橡胶有天然橡胶和合成橡胶两大类。天然橡胶一般是不能直接使用的,当它们用作管道衬里时,常加入一些硫黄进行硫化处理。根据加入硫黄量的多少不同,天然橡胶可分为软橡胶(硫黄含量1%~3%)、半硬橡胶(硫黄含量约为30%)和硬橡胶(硫黄含量大于40%)三种。

天然橡胶弹性大,强度高,耐寒性好,但耐油、耐酸、耐碱差,易老化;氯丁橡胶耐酸、耐碱、耐油、耐老化均较好,但其比重大,成本高;丁基橡胶耐酸、耐碱、耐热、耐老化比较好,吸振及阻尼特性好,但其弹性差,加工性能差,耐油性也不好,不宜作为隔膜阀的隔膜;丁腈橡胶耐油、耐热、耐磨性均较好,但耐寒、耐酸碱、耐老化较差;氟橡胶耐油、耐酸碱、耐老化等均比较好,是综合性能比较好的橡胶,但其耐寒性和加工性能较差,价格较贵。

使用时应根据使用条件来选用合适的橡胶衬里。

3. 其他非金属及其衬里管子

除了前面介绍的工程塑料及其衬里管子、橡胶衬里管子外,工程上使用的其他非金属管或其衬里管种类还有很多,诸如玻璃钢管、搪瓷衬里管,铅及铅衬里管、石墨管、环氧树脂衬里管、酚醛树脂衬里管等。这些非金属或其衬里管各具特点,可视具体介质条件择其而用,本节仅定性介绍其特点和用途。

1) 玻璃钢管

它是以各种树脂(如环氧树脂、不饱和聚酯树脂等等)为基体材料,以中碱玻璃纤维织物为骨架材料,由特殊的工艺固化而成的非金属材料。其机械强度较高,轴向抗拉强度可达140MPa 以上,因此可以做大直径管子,适用管子规格尺寸为 DN25~DN900mm;其耐蚀性(尤其是耐酸、碱性)不如塑料和橡胶,但其价格便宜,常用于循环水、海水、风和一些弱腐蚀介质的输送。

最常用的玻璃钢材料为不饱和聚酯玻璃钢,使用温度一般小于150℃。

2) 搪瓷衬里管

它是将化工用的玻璃状无机材料,通过高温(75℃)熔结在碳钢管表面上而生成的一种非金属衬里管。它适用的管子规格一般为 DN25~DN250mm,管子直径太小和太大都不便于衬搪瓷。它除了对氢氟酸和工业磷酸的耐腐蚀性较弱外,几乎能抗其他一切酸腐蚀,但它不能抗碱腐蚀。它的耐磨性好,且耐老化,但性脆而不能受冲击载荷。它的使用温度一般为 $-20 \sim 250℃$,连接方式为法兰连接。

3) 铅及铅衬里管

通过向纯铅中加入一些其他合金元素,如铜、锑等而得到的铅合金,可用于稀硫酸、稀磷酸的抗腐蚀。但它不能耐硝酸、盐酸、氢氟酸、有机酸和碱的腐蚀。它的抗拉强度较低,一般仅为 $2.5MPa$,且韧性较差,易碎裂,不能承受冲击载荷和交变载荷。因此,铅管在工程中用的较少,主要是其支撑比较麻烦。

衬铅管相对用得较多,其连接方法为法兰连接。衬铅管的加工方法有扩胀贴合法和熔化贴合法两种。

4) (不透性)石墨管

石墨管是通过向石墨中加入一些黏结剂或浸渍剂,于高压下成型的非金属管子。它的耐蚀性较好,能耐多数酸碱介质的腐蚀。它的抗拉强度一般为 $18MPa$,但韧性较差,常用于设计压力小于 $0.3MPa$ 的介质条件下。使用温度根据型号不同而不同,最高可达 $300℃$。

5) 环氧树脂衬里管

其特点是坚韧、光滑、耐磨蚀,能抵抗除强化性酸以外的其他一切酸碱介质的腐蚀。它可进行现场施工,故安装要求较低,也便于设计,常用于大直径的天然气输送管道。

6) 酚醛树脂衬里管

它的最大特点是无菌、无污染,可适用于食品加工业。其他特性同环氧树脂衬里管。

4. 非金属材料及其衬里的设计与施工

非金属及其衬里管虽有许多优点,常用于腐蚀介质环境,但它也有许多不足之处,设计中应充分了解这些不足之处,以便能及时采取适当措施加以克服。归纳起来,非金属及其衬里管的不足及设计应注意的方面有以下几点:

(1) 非金属管的刚度较小,强度也较小,故应加强支撑。要做到这点有时是比较困难的,因为有时支架的生根位置比较难找。为此,设计中有时采用型钢进行连续支撑,或采取埋地敷设。非金属衬里管能克服这个问题,但价格比纯非金属管贵。

(2) 非金属衬里管不适用于小口径管道。对小直径($DN \leq 25mm$)的管道来说,加衬里比较困难,而且加衬里后其流通面积偏小,已无工程使用意义。

(3) 一般管道中,其组成件比较复杂,各组件要是都进行衬里从而达到同一抗腐蚀要求是比较困难的,有时甚至难以做到。例如,一般管道中要安装压力表、温度计等仪表元件,也要进行高点排气、低点放凝等。这些管道附件的直径都比较小,而且有的元件必须用金属元件,这样就给整个管道达到完全抗腐蚀要求带来困难。

(4) 非金属衬里管不能进行焊连接,一般只能用法兰连接。而一般的管道中,均要用到许多弯头、三通、异径管等管件,而且就直管来说,非金属衬里管每节不可能做得太长(大多数为每节 $2 \sim 4m$),如此将造成管道中法兰连接过多,既容易泄漏,又不便于施工。

(5) 非金属衬里管不能采用螺纹连接,也不能采用承插焊连接,故采用的管件也就不能是承插焊管件或螺纹管件。

(6) 对施工要求高。如果施工误差较大,会给管道的强度可靠性和密封性带来不利影响。

(7) 非金属衬里管不能采用较便宜、较方便的焊接式支架,以免因焊接时的高温破坏非金属衬里层。它只能采用较繁琐的卡箍型支吊架。

(8) 衬里管对基材钢管的表面质量要求较高,包括对表面的污物、油污乃至焊接接缝的凸起高度都有严格的要求,否则会导致衬里层的损坏而影响其耐腐蚀性。

正如上述原因,非金属衬里管在石油化工管道中应用的并不多,只有在不得不用或用高级金属管价格太高时才考虑应用。

为此,提出如下几条建议,供设计人员参考:

(1) 架空管道应尽可能采用非金属衬里管而不用纯非金属管。当架空管道不得不采用纯非金属管时,应考虑连续支撑。

(2) 非金属管应避免采用有放空、排液或仪表元件的结构。非金属衬里管也应尽量避免采用该结构。

(3) 采用非金属衬里管时,可以给出其管段图,管段图上仅给出工艺要求必需的法兰。然后与有关制造商接触,由制造商根据管段图进行预制,并给出结构和装配必需的法兰位置和数量。如此处理的结果可以大大减少管道中所用法兰的数量,而不必每个接口均用法兰连接。同时在管道预制时,可先焊接支撑件,并留出支架螺栓连接孔,现场进行支架施工时仅进行螺栓连接而不用焊接。

(4) 非金属衬里管道中的阀门宜采用隔膜衬里阀、全衬里球阀或蝶阀等,并且最好是整个管道中的管子、管件、阀门均由同一制造商提供或总成。

第七节 集输管道钢管、油气处理站场管件及容器材质选择

一、对材料的要求

我国油气资源多数具有高硫、高 H_2S 的特征,一些汽油的 H_2S 含量为 $1.2 \sim 7.8 g/m^3$, CO_2 含量为 $1.25 \sim 4.57 g/m^3$,管道运行中主要的破坏是氢致开裂(HIC)和 H_2S 应力腐蚀断裂(SSCC),这是两种最基本的"氢脆"形式。

国外抗 SSCC 和 HIC 管线钢已自成体系。SSCC 和 HIC 的产生及严重程度决定于输送气体介质中的分压。当 $p_{H_2S}>300Pa$ 时必须对管材提出抗 SSCC 和抗 HIC 的要求。随着输气压力的提高,要满足 $p_{H_2S} \leq 300Pa$,则需将 p_{H_2S} 的含量降得非常低,例如当 $p_o = 10MPa$ 时,需将 H_2S 降至 0.003% 以下。因此抗 HIC 钢的需求量是相当大的,例如欧洲钢管公司的抗 HIC 油气输送管销售量已占 30% 以上。

国外批量供应的抗 HIC 管线钢主要是 X65 钢级。抗 HIC 的 X70 级钢管已研制成功,并在墨西哥一条管线上使用。

硫化氢导致材料失效的敏感性由材料的成分与组织、材料的强度和硬度、应力水平、溶液 pH 值等参数决定。

1. 材料成分与组织

1) MnS 夹杂物

钢中的 MnS 夹杂物是引起应力开裂的主要因素之一。由于 MnS 为黏性的化合物,在钢材压延过程中呈条状夹杂。条状 MnS 的尖端即为渗入钢中的氢所聚集之处,而成为鼓泡、裂纹及开裂的起点,条状 MnS 夹杂物多,产生应力开裂的机会就多。

2) 钢的化学成分

钢的化学成分对硫化物应力开裂也有直接的影响。一般认为 S、P 是主要的有害元素。

故要求钢中 P、S 含量很低及形成的 MnS 夹杂尽可能地少。当钢材的硫含量为 0.005%~0.006% 时,可产生硫化物应力腐蚀。钢中增加 Ca、Ce 等元素,因 Mn 的 Ca、Ce 化合物(MnCa 和 MnCe)是脆性的,在轧制过程中被破碎而使钢中的 MnS 夹杂物由条状变成球状,以防止裂纹产生。增加 0.2%~0.3% 的铜,可以减少氢向钢中的扩散量。钢中增加 N 元素,可细化非金属夹杂物,减少氢诱发裂纹的长度。Al、Ti、V、B 等元素由于与碳可生成稳定的、细小弥散的碳化物,对抗 AS 性能是有益的。少量的贵金属,如 Rb、Pd、Pt、Re、Ag 等,由于他们的氢超电压低,使氢原子在钢表面转变为氢分子的反应容易进行,所以也是有益的。总之,对钢材抗硫化物应力腐蚀有利的元素有 Cr、Mo、V、Ti、Al、B,而 S、P、Mn、Ni 是有害元素。

3) 金相组织

钢材的金相组织比化学成分对抗硫化物开裂的影响更大。在低温转变时所生成的网状未回火马氏体波贝氏体等组织容易引起氢诱发裂纹,其裂纹敏感性大。细的珠光体、均匀索氏体组织有良好的抗硫化物应力开裂性能。碳钢及低合金钢抗裂性能与金相组织的关系如表 16-7-1 所示。

表 16-7-1 碳钢及低合金钢抗裂性能与金相组织关系

热处理	高温调质	正火+回火	淬火	淬火
金相组织	均匀索氏体	珠光体	马氏体	贝氏体
抗硫裂性能	良好	良好	不好	不好

经高温回火的马氏体组织也具有良好的抗硫化物应力开裂的性能。只有未回火的马氏体组织才是最危险的。

从热处理角度来看,抗硫化物应力开裂的性能按下列次序递减,即:铁素体+球状碳化物组织→淬火后经完全回火的显微组织→正火+回火组织+正火后的显微组织→淬火后未回火的马氏体组织。从晶粒大小看,细小晶粒组织抗硫裂性能好,粗大晶粒组织抗硫裂性能差。

2. 材料的强度和硬度

钢材的强度和硬度是衡量硫化氢应力腐蚀(SSC)现场失效的重要参量,也是控制 SSC 的主要指标。

钢材的抗拉强度和屈服极限越高(延伸率和收缩率越低),则产生硫化物应力开裂的可能性越大(图 16-7-1)。低强度钢即使受到过分的应力也不会产生硫化物应力开裂。对于普通碳钢,当屈服强度低于620~690MPa时,通常认为不会发生硫化物开裂。因此,防止硫化物应力开裂应限制高强钢的使用。

硬度也是导致应力开裂的重要因素。在某一给定的条件下,当硬度值低于某个数值时可减少或不发生开裂。多数情况下,开裂焊缝处的宏观硬度在布氏硬度HB235~262范围内或硬度更高。少数情况(包括特别苛刻的腐蚀环境)的开裂焊缝宏观硬度低到布氏硬度HB200。这些焊缝主要是高镍、高硅含量,且未经焊后热处理。

由于强度与硬度有密切关系,美国腐蚀工程师协会(NACE)根据实验室试验和现场使用经验,推荐HRC<22作为酸性油气田选材标准。如果钢中含有合金元素,如Ni,可以使发生硫化物开裂的硬度水平降低到低于HRC22。采取一定的热处理也可提高发生硫化物应力开裂的硬度水平。

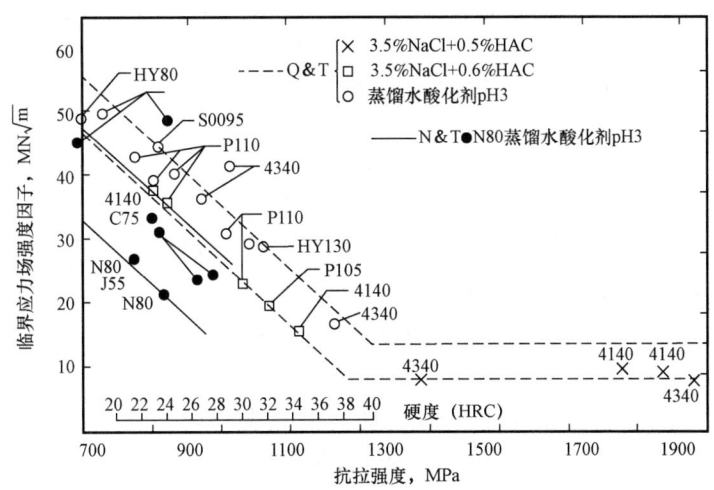

图16-7-1 某些低合金高强钢在H_2S饱和溶液中强度因子与极限拉伸强度的关系

Q&T—经淬火+回火处理;N&T—经正火+回火处理

3. 应力水平

引起腐蚀的应力可以是残余应力,也可以是外加应力或工作应力。

(1) 工作应力:设备或部件在工作条件下外加载荷引起的应力。

(2) 残余应力:在生产、制造、加工过程各种材料内残留的应力。这是没有外加载荷作用时已存在于材料内部并保持平衡的内应力,如热处理、冷热加工变形、焊接等工艺导致的热应力、相变应力、不均匀塑性变形引起的附加应力、焊接的拘束应力、某些表面处理引起的残余应力等。

在大多数情况下,应力来源于拉伸载荷或管体压力,而残余应力和硬度往往来源于焊接或材料的冷加工。冷加工使钢的硬度增加,残余应力变大,同时提供了更多的裂纹形核的位置,增加了氢在钢中的溶解度,因而降低了材料耐H_2S应力腐蚀的性能(图16-7-2)。

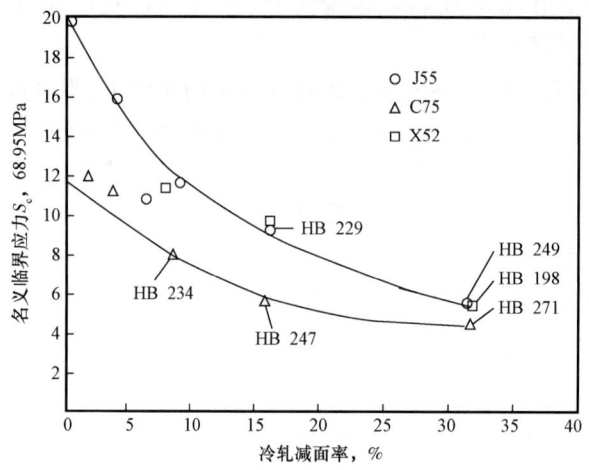

图 16-7-2　冷加工对三种钢名义临界应力 S_c 的影响

(含有两个中心孔的筒支梁试样在 0.5%HAc 的饱和 H_2S 溶液) HB235 = HRC22

4. 溶液 pH 值

在含 H_2S 的卤水中，碳钢的开裂倾向随着 pH 值的降低而增加。当 pH 值大于 9 时 (图 16-7-3)，失效事故显著减少，因而，酸性环境对材料的抗裂是极为有害的。因此，提高管材抗 HIC 能力的措施主要是：(1) 限制 S 的含量小于 0.002%，P 的含量小于 0.02%，尽量降低碳含量(一般碳的质量分数小于 0.06%)，控制 Mn 含量(不大于 1.50%)，加 Cu 元素，采用精料及高效铁水预处理及复合炉外精炼等技术提高钢的纯净度。(2) 在降低硫含量的同时，进行钙处理；钢水和连铸过程的电磁搅拌；连铸过程缓慢压缩(轻压下)；多阶段控制轧制及加速冷却工艺；限制带状组织等，提高成分和组织的均匀性。(3) 通过微合金化与控轧、控冷技术，细化晶粒。

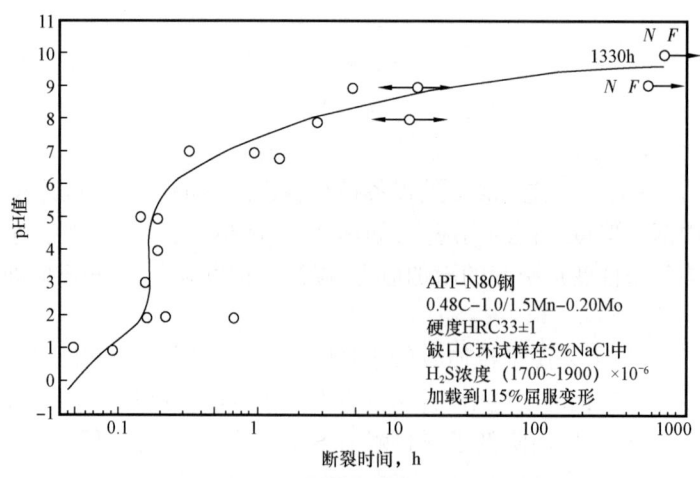

图 16-7-3　pH 值与断裂时间的关系

二、材料的选择和制造工艺控制

在集输系统中,由于不同环境引起金属腐蚀的原因不尽相同,且影响因素也非常复杂。系统内腐蚀主要是由于输送介质的各方面特性所决定的,而外腐蚀是由大气、土壤等外部环境引起的。

集输系统的内腐蚀控制的基本原则是:因地制宜,一般实行联合保护。所谓因地制宜是指在调查现场管道、设施内介质腐蚀性各方面参数的基础上,提出相应、有效、经济的保护方法。而联合保护则是有效实施保护的重要技术路线。在油气田生产中,对内腐蚀主要采取的措施是:根据不同介质和使用条件,选用合适的金属材料,选用合适的非金属材料(如玻璃钢衬里及玻璃钢管线)及防腐层,介质处理、添加化学药剂等。石油管是由材料加工而成的,所以石油管的防腐蚀首先应考虑从选材和材料开发方面解决问题。其他各种防腐蚀措施请详见本手册第十三章。

1. 材料的选择

合理选材是有效抑制金属腐蚀的手段之一,又是一项细致而复杂的技术,既要考虑工艺条件及其生产中可能发生的各种因素,又要考虑材料的结构、性质及其经济性。在集输管线中主要是防腐层的选择、金属材料的选择和玻璃钢材料的选择。

1) 影响选材的因素

材料的选择主要考虑材料所处环境的特点,即通过环境的腐蚀因素、可能发生腐蚀类型等来选择适用的防腐层、耐蚀金属材料及非金属材料,同时应比较其经济性。选材时主要从以下两方面考虑。

(1) 工作条件。

管道、管件和容器等一般都是在特定的条件下工作的,工作介质的浓度、成分、杂质等性质是选材时首先要考虑的。此外,介质的导电性、pH值及腐蚀产物的性质等,都对选择材料有重要影响。

其次是所处的温度。通常温度升高,腐蚀速度加快。在常温下稳定的材料,在高温时就不一定稳定。低温时还要考虑材料的冷脆问题。

另外,还要考虑压力。通常压力越高,要求材料的耐蚀性能越高,所需材料的强度也越高。容器衬里选材时,还要考虑负压的影响。

同时还应考虑环境对材料的局部腐蚀,特别要注意晶间腐蚀、电偶腐蚀、缝隙腐蚀、孔蚀、应力腐蚀及腐蚀疲劳等类型的局部腐蚀。

(2) 材料的性能。

对于耐蚀金属材料来讲,除了要具有一定的机械性能、加工工艺性能外,材料的耐蚀性也很重要。应注意的是,任何材料都不是万能的,所谓耐蚀是相对的,因此选材时要根据具体情况具体分析。

2) 选材的一般顺序

(1) 初步选择。依据失效经验,查阅权威性材料手册,若有疑问,向腐蚀及防护专家咨询;确定可能发生的腐蚀类型,进行初步选材;再考虑实际设备的复杂程度和在加工性方面的要求,如焊接性、成形性、铸造性、表面处理等,并在考虑成本后,选择几种可供选用的材料,以便进一步筛选。

(2)腐蚀试验。若对工况没有成熟的经验,应进行腐蚀试验,获得必要的选材依据的可靠数据。这也是为进一步验证初选结果所必需的。腐蚀试验除了实验室试验外,对特别重要的设备有时还应补充在实际运转条件下的现场模拟试验,如现场设备的挂片试验或模拟小设备的试验等。

(3)综合选择。在上述工作的基础上,综合考虑材料的耐蚀性能、力学性能、工艺性能及成本,即兼顾耐用性及经济性,从而正确选择材料及其制造加工工艺。

3)油田常用金属材料

在油田集输系统中,出于经济性的考虑,在一般情况下油田通常采用普通钢,辅以其他防腐蚀手段(如采用防腐层)。油田地面工程中常用的碳钢和合金钢有:

适用于输气管道的钢材有:10、20、30、Q235、09MnV、Q345(16Mn)、16MnSi、11MnR 等。

适用于原油输送管道的钢材有:Q235、10、20、15、25、09Mn2V、Q345(16Mn)、15MnV、09MnV 以及 API 标准钢材 A、B、X42、X46、X52、X60、X65、X77、X80 等。

适用于石油储罐、容器的钢材有:除适用于原油长输管道用的钢材外,还有 Q235H 和 16MnR 等。

耐大气腐蚀的低合金钢有:16MnCu、10MnSiCu、15MnVCu、12MnPV 等。

适用于特殊的酸性环境(CO_2、H_2S 等)的钢材见表 16-7-2~表 16-7-5。

表 16-7-2　我国油气田常用的抗 SSC 碳素钢和低合金钢

材料类别	标准	牌号	用途
碳素钢	GB/T 699	15、20	含硫化氢油气田各类构件
	GB/T 711	15、20	
	GB/T 700	235、D	
	GB/T 699	25、30、35、40、45	阀体、阀盖、法兰、螺栓等
	GB 713	20C	设备及容器壳体等
	GB/T 700	235、D	
低合金钢	GB/T 11253	16Mng	采、集气管线,容器壳体等
	GB 713	16MnR	
	GB/T 3077	35CrMo	阀体、阀盖、法兰、螺栓等

表 16-7-3　我国油气田常用的抗 SSC 不锈钢

材料类别	标准	牌号	用途
奥氏体不锈钢	GB/T 1220 GB/T 4237	06Cr19Ni10 06Cr18Ni11Ti 06Cr17Ni12Mo2	阀门和仪表的零件,容器设备的管束、壳体等
		3Cr17Ni7Mo2N(318)	高压井口和站场阀门的阀杆

续表

材料类别	标准	牌号	用途
马氏体不锈钢	GB/T 1220	20Cr13	阀门零件

表16-7-4 油气田常用的国产钢材

标准	操作温度	钢级
套管及油管规范 (API SPEC 5CT)	用于所有温度	H-40、J-55、L-55 C-75(1、2、3型)、L-80(1型)
	用于不小于65℃	N-80(Q和T级) C-95级(最大屈服强度W760MPa的专用Q和T级)
	用于不小于80℃	P-105和P-110级(最大屈服强度达到965.5MPa的专用Q和T级)
管线钢管规范 (API SPEC 5L)	用于所有温度	A、B、X42、X46、X52
无缝钢管规范 (ASTM)	用于所有温度	A-53 A106(A、B、C)

表16-7-5 油气田常用国外标准的抗SSC油套管及输送管

标准	操作温度	钢级
套管及油管规范 (API SPEC 5CT)	用于所有温度	H-40、J-55、L-55 C-75(1、2、3型)、L-80(1型)
	用于不小于65℃	N-80(Q和T级) C-95级(最大屈服强度≤760MPa的专用Q和T级)
	用于不小于80℃	P-105和P-110级(最大屈服强度达到965.5MPa的专用Q和T级)
管线钢管规范 (API SPEC 5L)	用于所有温度	A、B、X42、X46、X52
无缝钢管规范 (ASTM)	用于所有温度	A-53 A106(A、B、C)

4) 玻璃钢材料的选择

耐蚀非金属材料很多,如防腐层、玻璃钢衬里、工程塑料、橡胶、水泥、石墨、陶瓷等,这些材料在油田广泛用在衬里和耐蚀部件上。除防腐层外,用量最大的是玻璃钢,如玻璃钢管道。

玻璃钢管诞生于20世纪50年代,现在其制造技术和工艺不断改善,质量和性能不断提高。玻璃钢管由于具有耐腐蚀性强、管内壁光滑、输送能耗低等一系列优点,目前已广泛应用到腐蚀性较强的油田地面生产系统。

(1) 玻璃钢性能特点:

① 质量轻,强度高。采用纤维缠绕法生产的玻璃钢管其密度在$1.8\sim2.0t/m^3$,只有钢材的1/4,但玻璃钢管的拉伸强度近似合金钢,这样它就可以按不同的要求设计成满足各类承受

内、外压力的管道。

② 耐腐蚀性优良，使用寿命长。玻璃钢管材对于多种酸、碱、盐类和水及溶剂都有很好的耐腐蚀性。美国得克萨斯的瑞恩油田于 1962 年试验玻璃钢一直暴露在盐水、天然气和酸性（含硫）原油环境中，使用效果良好。美国 Smith 公司在得克萨斯油田安装的直径 600mm 的埋地石油输送管线，已经用了 25 年，25 年后测试表明还可用很多年。试验结果表明，玻璃钢管作为油田集输管线使用寿命至少不低于 20 年，理论上可达到 50 年。

③ 水力摩擦系数低，耐磨，延缓结蜡结垢。玻璃钢管具有较光滑的内表面，其绝对粗糙度仅有 0.0015~0.01mm，而钢管一般在 0.12~0.60 之间。水力特性好意味着在满足规定流量要求的前提下，可以选用较小的管径、较小的输送泵，降低回压从而减少管线工程投资及运行费用，提高原油产量。如流体中含有砂粒，会造成钢管道内底部腐蚀，玻璃钢管的光滑性表现为对含砂多相流体的耐磨蚀，大大延长了管线寿命。

④ 物理性能优良。玻璃钢管的热膨胀系数与钢管大体相当，但其热传导系数只有钢管的 0.5%。这样可改善集输管道热力性能，防止管线结蜡，减少热力费用，节约燃料及保温材料。

⑤ 玻璃钢管的缺点是不耐高温，最高使用温度不能超过 200℃，能燃烧，不防火。

（2）玻璃钢管在油田集输中的应用。

由于玻璃钢材质的优越性能，玻璃钢管在胜利、大庆、江苏、河南、华北等油田油气集输中得到了广泛应用。如胜利油田在 1994 年 12 月将东辛油田辛 109 块至辛三站 DN250mm、长 1000m 的油气水混输管线更换为玻璃钢管道，强度试压 1.25MPa，工作压力 0.8MPa，日输液量 4500t，综合含水 89%，温度 65℃，一次投产成功。中原油田采油五厂在 1996 年设计了一条玻璃钢集油管线，管径为 DN250mm、长 2.5km，设计工作压力 1.6MPa，埋深 1.2m，承插连接采用双 O 形耐油橡胶密封圈密封，1997 年 1 月完成并投产使用，至今未出现腐蚀穿孔现象。

对强腐蚀介质宜采用玻璃钢管，尤其是在强腐蚀区站内短管道系统和施工条件复杂的站外较长管道，玻璃钢管更具优越性。

2. 制造工艺控制

在油气生产的设计工作中，如果忽视了从防腐蚀角度进行合理的工艺设计，常常会出现金属弯曲应力集中，出现某些部位液体的停滞、局部过热、电偶电池形成等问题，这些都会引起或加速腐蚀过程。对于均匀腐蚀，一般只要在设计时增加一定的腐蚀裕量即可。而对于局部腐蚀，则必须根据具体情况，在设计、加工和操作过程中采取有针对性的对策。

在管道系统防腐蚀结构设计中，主要应考虑结构及部件的形状以及相互间的组合等是否符合防腐蚀特别是防止各类型局部腐蚀的要求，不仅包括管道的设计，还包括管道系统的布置等，即所谓的系统设计问题。

最通用的防腐蚀合理设计规则是要避免产生不均匀和多相性腐蚀。耐蚀设计中应着重注意以下一般规则：

（1）结构件的形状应尽可能简单合理。形状简单的构件易于采取防蚀措施，便于排除故障，易于检查和维修。死角、缝隙处容易使腐蚀介质聚集和浓缩，从而引起腐蚀，应设法避免。

（2）尽量避免应力集中，减少或消除残余应力，以减少或避免应力腐蚀破裂等危险。

（3）防止电偶腐蚀。避免异种金属接触及电解液在表面的形成，防止与能吸收水分的材料接触等均是重要措施。

（4）避免缝隙，以防止缝隙腐蚀。焊接时尽可能采用对焊、连续焊而不采用搭接焊、点焊、间接焊以及选择坚实、有弹性、不吸水的密封垫片材料等均有利于避免缝隙。

（5）防止湍流、涡流等造成的冲刷腐蚀。

（6）防止温度差、通气差、溶液浓度差等导致的电位差引起的腐蚀。

（7）管道的位置如有选择可能，应选择自然腐蚀较轻的位置，如避免穿越河流等。

金属管道材料在加工制造、装配及储运等过程中，可能发生腐蚀或留下腐蚀隐患。因此，必须重视防腐蚀工艺设计。下面就加工和装配环节中，应考虑的防腐蚀措施作一简单介绍。

（1）机械加工。

在机械加工中产生的残余应力对耐蚀有不利影响。为此，金属材料最好在退火状态下进行机械加工和冷弯等成型工艺，以使制件的残余应力最小；在加工后要进行去应力热处理。机加工还要保证制件表面有较高的光洁度和较少的表面缺陷。

（2）热处理。

应正确选择热处理气氛，例如为防止金属氧化，最好选用真空或可控气氛热处理；也可考虑使用热处理保护涂层；对有氢脆敏感性的管道材料，要禁止在氢气中加热。

应有严格的热处理规范，避免因热处理不当引起的晶间腐蚀和应力腐蚀等。对可产生较大残余应力的热处理，应有去应力措施。另外，也要注意消除热处理中可能带来的腐蚀性残余物。

（3）锻造和挤压。

锻造和挤压管件，如弯头、异形头等的性能呈现各向异性。在横向上应力腐蚀最敏感，因此在设计时应避免在此方向上承受大的工作应力；在纵向上可承受大的载荷。

在锻造前应选择合适的锻造工艺。在锻造时，应控制流线末端的外露。锻造后应对锻件进行去应力处理。

（4）焊接。

① 残余应力的影响。

焊接和加工所产生的残余应力常常是发生事故的主要原因。由冷加工和焊接造成的残余应力能升高至材料的屈服极限左右，使应力腐蚀敏感性显著增大，所以在构件的组装和焊接中应避免产生较大的残余应力。加拿大一条直径为914mm的输气管，破裂长度达419m，并酿成大火，事故的重要原因之一是在焊接接头处发生氢致开裂。

焊接时局部不均匀加热是焊接应力和变形发生的根本原因。焊接接头处的应力包括：热应力，在垂直焊缝方向上各处温度差引起的应力；相变应力，固态金属发生相变时由于比容突变引起体积变化受阻所产生的应力；结晶应力，熔池金属自液态向固态转变时体积收缩受阻引起的应力；结构自身拘束力，由结构形式、焊接顺序不同等原因而引起的外拘束力。前三者称为内拘束力。以上各种应力状态统称焊接接头的拘束应力，用拘束度 R 来表示。R 大则应力大，变形小。焊接残余应力是造成裂纹的主要原因之一。焊接顺序和方法不对也会产生由焊接应力造成的裂纹。

② 焊接过程中缺陷的影响。

焊接接头处容易引起缺陷，如气孔、夹杂造成的应力集中、增加脆性等倾向；焊缝弧坑处由于偏析产生的引力与变形;其他表面缺陷,如焊瘤及焊接时随意打弧产生的灼痕、喷溅、未焊透、烧穿以及焊接接头处的横向裂纹与纵向裂纹等,都是容易引起应力集中或产生缝隙腐蚀的部位,成为应力腐蚀产生裂纹源的隐患。

③ 对氢脆的影响。

焊接过程中产生的氢原子是诱发氢致开裂的氢源之一。影响氢脆发生的主要因素是敏感的金相组织、足够的氢含量和足够的拉应力。焊接所产生的氢脆往往发生在焊缝金属与热影响区硬度最高的组织,因此消除氢脆的影响,首先是避免出现热影响区的淬硬倾向。可能采取的措施有:选用低氢焊接工艺及焊前预热来防止焊接开裂,降低马氏体大量形成温度范围的冷却速度,必要时采用焊后热处理,以达到改善组织、去氢、消除残余应力的目的。

为防止焊接时形成电偶腐蚀,焊条的成分和组织结构应与基体相似,或其电位比基体更正一些,避免大阴极小阳极的不良组合。为防止焊缝两侧热影响区发生的腐蚀,应采用固溶淬火的热处理予以消除。防止焊接中起焊和停焊位置、焊缝端部以及引弧点位置易于发生的腐蚀疲劳和应力腐蚀,应采用热处理和喷丸强化来解除残余应力。对氢敏感的材料,避免在能产生氢原子的气氛中进行焊接。如镀锌、镀铬层易引起金属脆性的镀层,严禁镀后焊接,以免产生金属脆致裂纹或发生断裂。焊接后,焊缝处的残渣应及时清理,以免残渣引起局部腐蚀。

(5)表面处理。

表面处理属防腐措施,应注意处理不当引起的腐蚀或留下腐蚀隐患。涂镀前的脱脂、酸洗,既要使零件表面清洁,没有污物,又要防止产生过腐蚀或渗氢。

在电镀、氧化等表面处理之后,要及时清洗,以免残液腐蚀零件。对于高强钢,酸洗、电镀后,要进行去氢处理。对于超高强度钢,不宜进行可导致氢脆的表面处理。

三、抗 H_2S 并具一定抗 CO_2 腐蚀的无缝钢管

油气田的腐蚀问题是制约油气田开发的一个关键因素。在诸多的影响因素中,H_2S 和 CO_2 是最常见和最有害的两种腐蚀介质,它们会导致所谓的"酸性腐蚀"和"甜性腐蚀",导致设备的服役寿命大大降低。

1. H_2S/CO_2 共存条件下的腐蚀机理

目前,对单含 CO_2 或 H_2S 时油井管的高温高压腐蚀机理和规律的研究,国内外均开展了大量工作,且已取得许多有应用价值的研究成果。实际上,在油气开采中,更多的是 CO_2 和 H_2S 共存的情况,导致管材的腐蚀行为远比 CO_2 或 H_2S 单独作用时复杂。对系统中同时高含 H_2S 和 CO_2 两种腐蚀性气体的研究在国内外虽然已经开展,但至今还未能形成较完善的理论体系,仍有许多理论及技术问题尚待更深入地研究。Fierro、Masamura 等以及国内李鹤林院士等在这些方面都做了一些卓有成效的研究工作,并在理论上取得了一些研究成果。

在同时含有高浓度 H_2S 和高浓度 CO_2 的体系中,CO_2 对 H_2S 腐蚀过程的影响国内外尚无统一认识。一般认为,CO_2 的存在对腐蚀起促进作用,CO_2 相对含量的增加导致腐蚀形态逐步转化为以 CO_2 为主导因素,增加酸性气田防腐难度。H_2S 的存在既能通过阴极反应加速 CO_2 腐蚀,又能通过 FeS 沉淀减缓腐蚀。因此,二者相对含量的不同,将决定腐蚀过程受 H_2S 或

CO_2 控制。有资料认为，H_2S 含量较小时，以 CO_2 腐蚀为主，腐蚀得到较大程度的促进；H_2S 含量增大，转化为以 H_2S 腐蚀为主，出现局部腐蚀；继续增大 H_2S 含量，局部腐蚀反而受到抑制。

2. H_2S/CO_2 共存条件下的腐蚀影响因素

1）H_2S 浓度

李鹤林等人的研究表明，在 H_2S 和 CO_2 共存条件下，当 H_2S 含量较低（小于 $70mg/m^3$）和较高（大于 $6000mg/m^3$）时，N80 钢的腐蚀速率均较低；随着 H_2S 含量的增加，N80 钢呈现出明显的局部腐蚀特征，同时腐蚀倾向与腐蚀形态间也表现出一定的相关性。H_2S 含量的影响还取决于钢表面腐蚀产物及沉积物的结构和组成。钢表面生成 FeS 膜或 $FeCO_3$ 膜情况不同，H_2S 的作用形式也不同。

H_2S 浓度对腐蚀产物 FeS 膜也具有影响。有研究资料表明，H_2S 为 2.0mg/L 的低浓度时，腐蚀产物为 FeS_2 和 FeS；H_2S 浓度为 2.0~20mg/L 时，腐蚀产物除 FeS_2 和 FeS 外，还有少量的 Fe_9S_8 生成；S 浓度为 20~600mg/L 时，腐蚀产物中 Fe_9S_8 的含量最高。上述腐蚀产物中，Fe_9S_8 的保护性能最差。与 Fe_9S_8 相比，FeS_2 和 FeS 具有较完整的晶格点阵，阳离子在腐蚀反应期间穿过膜扩散的可能性处于较低状态，因此，保护性能比 Fe_9S_8 好。

2）pH 值

H_2S 水溶液的 pH 值为 6 是一个临界值。当 pH 值小于 6 时，钢的腐蚀率高，腐蚀液呈黑色，浑浊。因此 NACET-IC-2 小组认为气井底部 pH 值为 6±0.2 是决定油管寿命的临界值，当 pH 值小于 6 时，油管的寿命很少超过 20 年。此外，通常在低 pH 值的 H_2S 溶液中，生成的是以含硫量不足的硫化铁（如 Fe_9S_8）为主的无保护性的产物膜，从而加剧了钢材的腐蚀；但随着溶液 pH 值的增高，FeS_2 含量也随之增大，于是在高 pH 值下生成的是以 FeS_2 为主的具有一定保护效果的膜。

张学元等人认为 pH 值直接影响 H_2CO_3 在水溶液中的存在形式。当 pH 值小于 4 时，主要以 H_2CO_3 形式存在；当 pH 值在 4~10 之间，主要以 HCO_3^- 形式存在；当 pH 值大于 10 时，主要以 CO_3^{2-} 存在。一般来说 pH 值的增大，使 H^+ 含量减少，降低了原子氢还原反应速度，从而降低了腐蚀速度。

Dugstad 等人认为 pH 值影响腐蚀速度有不同的机理：在给定电位下，阳极溶解速度与 H^+ 浓度成正比，直到 pH=5 时，溶解不受 pH 值增加的影响；pH 值继续增加，H^+ 阴极还原速度下降。pH 值除了影响阴、阳极反应速度外，还对腐蚀产物膜的形成有重要影响，这是由于 pH 值影响 $FeCO_3$ 的溶解度的缘故。pH 值从 4 增加到 5，$FeCO_3$ 溶解度下降 5 倍，而当 pH 值从 5 增加到 6 时，要下降上百倍，这就解释了为什么 pH>5 时腐蚀速度下降很快。因为低 pH 值时 $FeCO_3$ 膜倾向于溶解，而高 pH 值时更有利于 $FeCO_3$ 膜的沉积。一般认为，pH 值在 5.5~5.6 之间时，腐蚀的危险性较低。

3）温度与压力

当系统中同时存在 CO_2 和 H_2S 时，用 p_{CO_2}/p_{H_2S} 可以大致判定腐蚀是 H_2S 还是 CO_2 起主要作用。在 CO_2 和 H_2S 共存体系中，H_2S 的作用主要表现为三种形式：①在 H_2S 分压小于 7×10^{-5} MPa 时，CO_2 占主导作用，温度高于 60℃ 时，腐蚀速率取决于 $FeCO_3$ 膜的保护性能，基本与 H_2S

无关;②在 H_2S 含量增加至 $p_{CO_2}/p_{H_2S}>200$ 时,材料表面形成一层与系统温度和 pH 值有关的致密的 $FeCO_3$ 膜,导致腐蚀速率降低;③在 $p_{CO_2}/p_{H_2S}<200$ 时,系统中 H_2S 为主导,其存在一般会使材料表面优先生成一层 FeS 膜,此膜的形成会阻碍具有良好保护性的 $FeCO_3$ 膜的生成,系统最终的腐蚀性取决于 FeS 和 $FeCO_3$ 膜的稳定性及其保护情况。一般认为,在 60~240℃时,FeS 能对金属提供保护。但在温度低于 60℃或高于 240℃时,FeS 膜变得不稳定且多孔,从而加速钢材腐蚀。

4) 介质中 Cl^-、Ca^{2+}、Mg^{2+} 的影响

Masamura 研究认为介质中的 Cl^- 能促使 CO_2 和 H_2S 共存体系的碳钢和马氏体不锈钢的腐蚀失效,Ca^{2+}、Mg^{2+} 对试样的腐蚀行为由下述原因决定:一方面,Ca^{2+}、Mg^{2+} 的存在增大了水溶液的硬度,使离子强度增大,导致 CO_2 溶解在水中的亨利常数增大,在其他条件保持不变的情况下,溶液中的 CO_2 含量随 Ca^{2+}、Mg^{2+} 含量增加而减少;另一方面,Ca^{2+}、Mg^{2+} 含量的增加导致溶液中结垢倾向增大,从而加速垢下腐蚀及产物膜与缺陷处暴露基体金属间的电偶腐蚀。上述两方面的影响因素作用使得全面腐蚀速率降低而局部腐蚀增强。Fierro 等的研究表明,在 CO_2、H_2S、Cl^- 共处环境中,当介质 NaCl 含量为 50g/L、pH 为 2.7~4.8、温度为 80℃时,介质中的 Cl^- 对 CO_2 和 H_2S 共存腐蚀影响表现在两个方面:一方面降低试样表面钝化膜形成的可能性或加速钝化膜的破坏从而促进局部腐蚀损伤;另一方面使得 CO_2 在水溶液中的溶解度降低,有缓解碳钢腐蚀的作用。白真权等研究表明:当 Cl^- 含量较低(低于 5g/L)时,N80 钢表面腐蚀产物膜较致密,附着力也较高,因此抗蚀性好;当 Cl^- 含量增加 1 倍后,试样表面腐蚀产物膜致密性降低,其保护作用下降,由此导致钢的腐蚀速率增大;进一步提高介质中 Cl^- 的含量,溶液中 CO_2 含量降低,pH 值增大,$CaCO_3$ 的沉积倾向增加,由此抑制了全面腐蚀的发生,因此均匀腐蚀速率反而呈下降趋势。当 Cl^- 含量增加到 100g/L 时,N80 钢表面沉积厚而均匀的产物膜,其硬度大,附着力高,由此提高了 N80 钢的抗冲蚀能力。

5) 液相介质状态影响

介质流动状态是影响腐蚀的一个重要因素,它不仅可以破坏钢表面腐蚀产物膜的形成,而且可以加速腐蚀介质向钢表面的扩散。此外介质流动导致试样表面附着力低的腐蚀产物膜易被冲掉,使金属表面腐蚀产物膜较静态腐蚀试样的薄。周计明等的研究表明静态腐蚀试样的腐蚀速率低于动态腐蚀试样,且腐蚀较均匀,而动态腐蚀试样存在严重的局部腐蚀。

6) 材质的影响

Cr 既可提高钢的抗 CO_2 腐蚀性能,也可改善钢的抗 H_2S 腐蚀性能。N80S 钢的 Cr 含量约为 N80 钢的 20 倍,因此表现出优异的抗 CO_2/H_2S 腐蚀性能。但在一定的腐蚀介质条件下,含 Cr 钢可能存在点蚀的危险,故在相同条件下,N80 钢的耐蚀性有时也可能优于 N80S 钢。

Mn 与 S 结合可形成 MnS 夹杂,成为钢中的微阴极,促进局部腐蚀的发生,从而降低钢的抗 CO_2/H_2S 腐蚀性能。MnS 夹杂的形成既与钢中的 Mn、S 含量有关,也与钢的热处理有关。普通碳钢的抗 CO_2/H_2S 腐蚀性能较低,但在表面镀(渗)一层金属(Zn、Al 等)或合金(如稀土铝合金)后,其耐蚀性将会大大增强。

对于 S 和 CO_2 共存的体系,往往从 H_2S 腐蚀破坏着手考虑防护措施。Dunlp 等根据腐蚀

产物的溶解度和电离常数指出,当 CO_2 和 H_2S 分压之比小于 500 时,FeS 仍将是腐蚀产物膜的主要成分,腐蚀过程仍受 H_2S 控制。这个推论同时被 Dougherty 和 French 的试验所证实。

3. 抗 H_2S 并具一定抗 CO_2 腐蚀的无缝钢管的开发

1) 抗 H_2S 腐蚀管线用无缝钢管主要技术指标

(1) API Spec5L 标准规定的抗 H_2S 腐蚀管线用无缝钢管的化学成分(质量分数)见表 16-7-6。

表 16-7-6　API Spec5L 标准管线化学成分　　　单位:%(质量分数)

钢级	C	Mn	P	S	Ti	Ceq	Pcm
X60 PSL2	≤0.24	≤1.40	≤0.025	≤0.015	≤0.04	≤0.43	≤0.25

(2) GB/T 9711,ISO 3183-3 标准规定的抗 H_2S 腐蚀管线用无缝钢管化学成分(质量分数)见表 16-7-7。

表 16-7-7　GB/T 9711 标准管线化学成分　　　单位:%(质量分数)

钢级	C	Si	Mn	P	S	Nb	V	Ti	Ceq	Pcm
L415 QS	≤0.16	≤0.45	≤1.65	≤0.020	≤0.003	≤0.05	≤0.08	≤0.04	≤0.41	≤0.22

X 级系列抗 H_2S 腐蚀管线用无缝钢管生产的基本标准,主要是美国石油学会 API Spec5L《管线钢管规范》标准+抗 H_2S 腐蚀要求。国内 L 级系列同类产品的基本标准主要是 GB/T 9711,最新版的 GB/T 9711 针对 ISO 3183—3 标准做了相应的修订。抗 H_2S 腐蚀管线用无缝钢管按照 GB/T 9711+用户附加技术规范执行。随着 GB/T 9711 标准的颁布和修订,国内企业已全面按此标准组织生产,而国外企业则按 API Spec5L《管线钢管规范》标准+抗 H_2S 腐蚀要求组织生产。

API Spec5L 标准和 GB/T 9711 标准中对 X60 PSl2 钢级(L415 QS)管线管和化学成分要求分别见表 16-7-8 和表 16-7-9。GB/T 9711 标准中 L415Q 钢级管线管抗 H_2S 腐蚀性能和力学性能要求分别见表 16-7-8 和表 16-7-9。

表 16-7-8　GB/T 9711 标准 L415QS 钢级管线抗 H_2S 腐蚀性能

试验项目	试验标准	试验溶液	试验时间,h	技术要求
抗硫化物应力(SSC)腐蚀	NACETM0177A 法或 ASTMC39 四点弯曲法	NACE TM 0177 A 溶液	720(标准要求加载应力:72% SMYS)	试样在厚度方向上不出现深度超过 0.1mm 的裂纹
抗氢致开裂(HIC)腐蚀	NACETM0284	NACE TM 0284 A 溶液	96	CLR≤15% CTR≤5% CSR≤2%

表 16-7-9　GB/T 9711 标准 L415QCS 钢级管线管力学性能

屈服强度,MPa	抗拉强度,MPa	屈强比	伸长率,%	夏比冲击功平均值,J
414~565	520~760	≤0.93	≥22	≥80

注:试样单个最小值 60J。

2）抗 H_2S 腐蚀管线用无缝钢管技术开发难点

抗 H_2S 腐蚀管线用无缝钢管特别是高强度钢管(X60 PSL2)，要求在恶劣的腐蚀环境中工作 20 年以上，使用条件十分苛刻。其突出特点是：钢质纯净度高；成分和组织均匀；晶粒细小、较低的残余应力以及较低的碳当量、冷裂纹系数；优良的焊接性能和抗腐蚀性能。生产过程尽量简单、稳定、可靠，便于实施而且成本要低。

对焊管而言，在低的碳当量及冷裂纹系数条件下，通过采用控制轧制+控制冷却技术(TMCP)，利用微合金化元素的合金效果和轧制过程的晶粒控制可以得到细小的晶粒组织，从而实现各性能之间的合理匹配。而对无缝钢管来说，由于钢管轧制的变形温度和变形量的设计限制因素较多，给采用控制轧制+控制冷却技术(TMCP)带来了困难，而且在碳元素和合金元素的选择上由于焊接性能的要求又受到很大的制约，因此生产难度较大。技术开发需要解决的主要难点是：(1)有效控制钢的冶金质量，保证稳定均匀的化学成分、低的气体含量和低的夹杂物含量并使夹杂物形态变性，且弥散均匀分布；(2)钢管的高强度与高韧性之间的矛盾；(3)钢管的高强度与可焊性、低的碳当量之间的矛盾；(4)钢管的高强度与良好的抗 H_2S 腐蚀性能之间的矛盾。

3）钢种研究与生产工艺技术开发

实验研究表明，随着材料强度和硬度的提高，氢致开裂(HIC)的敏感性增强，产生硫化物应力腐蚀(SSC)的倾向性也变大。因此，解决高强度与良好的抗 H_2S 腐蚀性能匹配之间的矛盾是该品种研发的关键问题。

通过合金化、塑性变形和热处理等手段都可以有效提高钢的强度。但是，一切提高材料强度的因素会同时影响材料的韧性。细晶强化是既能使材料强化又能使材料的塑韧性提高的强化方式。

对管线钢而言，除要求高强度、高塑性和韧性、低的韧脆转变温度外，一般要求其具有低的碳当量，以便在恶劣的现场焊接条件下不预热、不进行焊后热处理并保证焊接接头的低硬度、避免硫化物应力腐蚀，因而在碳和合金元素的选择上受到很大的限制。在成分设计及生产工艺的制定上，必须使钢获得均匀细小的晶粒和均匀耐腐蚀的组织。

采用在低 C-Mn 钢基础上加入 Nb、Ti 等微合金元素，并将 Mn 作为合金元素引入成分设计思路中，辅以合适的冶炼、轧制及热处理工艺，以达到既保证钢管的各项性能符合标准和使用要求又经济的目的，解决了低碳当量、低冷裂纹系数与各项性能匹配的关键技术问题。

(1) 成分设计。

化学成分是使钢获得所需性能的基础。钢的强度几乎是随 C 含量的增加而呈直线增加，由于 C 元素对钢的塑韧性和焊接性十分有害，因此要求降低钢中的 C 含量，朝超低碳方向发展。减少钢中 C 含量导致的钢的屈服强度降低可以采用增加钢中的 Mn 含量和采取一定的工艺措施来予以补偿。

Nb、V、Ti 元素在钢中影响显微组织的晶粒尺寸和形状等。利用它们的碳化物、氮化物、碳氮化物在高温下溶解、低温下析出这一特点，抑制晶粒长大和产生析出强化作用。

Mn 元素在钢中与氮结合形成的 AlN 能细化晶粒，抑制低碳钢的时效并提高钢在低温下的韧性。

S、P 元素具有很强的偏析倾向,易在晶界上聚集。S 与 Mn 生成的 MnS 夹杂是 SSC 和 HIC 最易成核的位置,因此加剧了 H_2S 腐蚀的敏感性,其含量越少越好。

（2）冶炼工艺。

提高钢水的洁净度,降低 S 含量、降低钢中 MnS 等非金属夹杂物的含量并控制其形态,降低 C 含量及易偏析的 Mn、P 等元素的含量,生成热力学平衡而稳定的细小晶粒组织等对提高钢的抗 H_2S 腐蚀性能是非常有效的。

通过研究制订复合脱氧制度、造渣工艺和连铸工艺,采用"电弧炉+LF 精炼""转炉+LF 精炼"冶炼工艺,夹杂物变性处理,必要时采用 VD 真空处理,解决钢的冶金质量、化学成分控制、夹杂物形态控制等关键技术问题。

（3）轧管工艺。

主要生产工艺流程:连铸圆管坯→环形炉加热→斜轧穿孔→连轧管机组轧管→定、减径→冷却→精整→检查→包装入库。

通过对变形量、轧制节奏、钢管变形前后温度等轧制工艺的研究,以及再结晶奥氏体向铁素体转变类型的分析,采取"轧后控制冷却"等措施解决热轧后钢管易出现魏氏组织、混晶等的关键技术问题。

（4）热处理工艺。

均匀弥散的高温回火组织具有最好的抗腐蚀性能,而未回火的马氏体组织、贝氏体组织最差。由于设计的钢是低碳当量和低冷裂纹系数的钢种,因此必须研究制定专用热处理工艺才能保证其组织均匀、力学性能稳定。

在制定钢管热处理工艺时,选择合适的淬火度、回火温度、加热时间、淬火方式、淬火时间等工艺参数非常关键。为此,根据 CCT 曲线（连续冷却转变曲线）确定热处理工艺,解决低淬透性钢组织均匀、性能稳定控制的关键技术问题。

四、双相不锈钢集输管、管件、设备的应用

1. 双相不锈钢概述

双相不锈钢（DSS）,指铁素体与奥氏体各约占 50%,一般较少相的含量最少也需要达到 30% 的不锈钢。

根据两相组织的特点,通过正确控制化学成分和热处理工艺,将奥氏体不锈钢所具有的优良韧性和焊接性与铁素体不锈钢所具有的较高强度和耐氯化物应力腐蚀性能结合在一起,使双相不锈钢兼有铁素体不锈钢和奥氏体不锈钢的优点。正是这些优越的性能使双相不锈钢作为可焊接的结构材料发展十分迅速,20 世纪 80 年代以来已成为与马氏体型、奥氏体型、铁素体型不锈钢并列的一个钢类。双相不锈钢有以下性能特点：

（1）含钼双相不锈钢在低应力下有良好的耐氯化物应力腐蚀性能。一般用在 60℃ 以上中性氯化物溶液中的 18-8 型奥氏体不锈钢容易发生应力腐蚀破裂,在微量氯化物及硫化氢的工业介质中用这类不锈钢制造的热交换器、蒸发器等设备都存在着产生应力腐蚀破裂的倾向,而双相不锈钢却有良好的抵抗能力。

（2）含钼双相不锈钢有良好的耐孔蚀性能。在具有相同的孔蚀抗力当量值时，双相不锈钢与奥氏体不锈钢的临界孔蚀电位相仿。含18%Cr的双相不锈钢的耐孔蚀性能与AISI316L相当。含25%Cr尤其是含氮的高铬双相不锈钢的耐孔蚀和缝隙腐蚀性能超过了AISI316L。

（3）有良好的耐腐蚀疲劳和磨损腐蚀性能。在某些腐蚀介质条件下适用于制作泵、阀等设备。

（4）综合力学性能好。有较高的强度和疲劳强度，屈服强度是18-8型奥氏体不锈钢的两倍。

（5）可焊性良好，热裂倾向小。一般焊前不需预热，焊后不需热处理，可与18-8型奥氏体不锈钢或碳钢等异种钢焊接。

（6）含低铬（18%Cr）的双相不锈钢加热温度范围比18-8型奥氏体不锈钢宽，抗力小，可不经过锻造，直接轧制开坯生产钢板。含高铬（25%Cr）的钢则比奥氏体不锈钢热加工困难。

（7）冷加工时比18-8型奥氏体不锈钢加工硬化效应大，在管、板承受变形初期，需施加较大应力才能变形。

（8）与奥氏体不锈钢相比，导热系数大，线膨胀系数小，适合用作设备的衬里和生产复合板，也适合用于制作热交换器的管芯。

（9）仍有高铬铁素体不锈钢的各种脆性倾向，不宜在高于300℃的工作条件下使用。双相不锈钢中含铬量越低，σ等脆性相的危害性也越小。

双相不锈钢从20世纪40年代在美国诞生以来，已经发展到第三代，形成了系列牌号。双相不锈钢虽然种类繁多，但常用双相不锈钢系列可以按其合金成分、耐腐蚀能力或PREN值（耐点腐蚀能力当量值）分成4类：

第一类是低合金型，代表牌号是UNS S32304，钢中不含钼，具有一定的耐腐蚀性能，耐应力腐蚀能力优异，由于不含钼而比较经济，一般可以取代AISI304、316类型奥氏体不锈钢。

第二类为中合金型，代表牌号是UNS S31803，其PREN值较高，为35左右，所以其耐腐蚀性比不含钼的2304型要高得多。此类型双相不锈钢耐腐蚀性能在316和含5%~6%钼的超级奥氏体不锈钢之间。在许多情况下此类型双相不锈钢是最有经济效益的材料。

第三类为高合金型，一般含25%Cr，还含有Mo和N，有的还含有Cu和W，代表牌号有UNSS32550，PREN值为3839，这类钢的耐蚀性高于22%的双相不锈钢。

第四类为超级双相不锈钢，含高Mo和N，代表牌号有UNSS32750，有的也含Cu和W，PREN值大于40，主要用于非常恶劣的腐蚀环境中，具有极高的耐腐蚀与力学综合性能，可以与超级奥氏体不锈钢媲美。

2. 双相不锈钢在油田的应用

双相不锈钢由于其特殊的优点，广泛应用于石油化工设备、海水与废水处理设备、输油输气管线、造纸机械等工业领域，具有很好的发展前景。表16-7-10列出了双相不锈钢的主要应用领域。

表 16-7-10　双相不锈钢的主要应用领域及主要装置设备

应用领域	主要装置设备
炼油工业	常压减压装置、加氢裂化、加氢脱硫、污水处理
石油化学化工	聚氯乙烯、汽提塔及热交换器、氯乙烯生产、甲醇合成反应器
石油天然气	输油气管道衬里、岸上及海上管道系统、热交换器
纸浆及造纸	连续式硫酸蒸煮装置、二氧化氯漂白液筒、压力滚筒机
化肥工业	氮肥工业的高压设备,如 CO_2 和 NH_3 汽提塔、甲镀冷凝器、高压分解塔、甲镀泵、阀等,磷肥工业中的反应槽料浆循环泵、输送泵、稀磷酸泵、磷镀泵等
海水环境与淡化	海水热交换器、海水冷却器管束、海水氯化装置、海水淡化设备
能源与环保	锅炉脱硫脱硝设备、容器管道、废水废气处理设备、热交换器、离心式风扇叶片等
轻工和食品	盐化工装置、食品与制药工业装置(如人造奶油冷却器盘管和植物油热交换器等)发酵罐加热与冷却盘管
其他	中性氯化物环境装置、高强度结构件等

早在 20 世纪 70 年代瑞典就将 3RE60 钢用于炼油厂的原油脱盐、加氢脱硫(HOS)、废水处理、脱蜡等装置上,主要用于制造热交换器、塔顶冷却器、废水冷却器等,也用于制造氯乙烯预冷凝器、甲醇反应器触媒管、生产苯的冷却盘管等。此外,也有用 3RE60 和 SAF2205 钢制造氢裂化和加氢装置中的空冷器(REAC)的管束、管板和封头等。

油井管和天然气井用管材在高温、高 CO_2 分压和高 Cl^-、高 H_2S 浓度条件下工作时,常被 CO_2 腐蚀并产生应力腐蚀裂纹。输送石油、天然气的管道也是如此,因此也要求具有与油井管材料一样的耐腐蚀性能。以前这种管道使用注入防腐剂的合金管,后来发展到使用双相不锈钢等耐腐蚀钢管。克拉 2 气田属海相沉积气田,气田水矿化度高、CO_2 和 Cl^- 含量高,对一般钢材具有强腐蚀性。22Cr 双相不锈钢在克拉 2 气田集输管网的应用就是腐蚀环境下双相不锈钢典型的应用例子。

近年来双相不锈钢不仅已被广泛用于各大石油公司的主要管道系统开发,而且也是海上采油采气输送工程的主要材料。普通双相不锈钢在甜、湿、酸服役环境下性能很好。而普通碳素钢因内部腐蚀率较高,尽管可以采用外加防腐剂来防止外部腐蚀,却不能有效地防止内部腐蚀。不仅如此,在 50℃ 以上的环境温度下,还可能会导致应力腐蚀裂纹(SCC),所以双相不锈钢也就逐步取代 300 系列不锈钢。随着 H_2S 在输送油气中的浓度增加,同时伴随着输气温度、压力及管道温度的增加,超级双相不锈钢开始用于管道系统、阀门、热交换器、压力容器等。当石油工业逐渐转向高温、高压时,超级双相不锈钢将会更多地被采用。此外,超级双相不锈钢还可用于低压输送系统、海底输送管道等,如 UR52N+ 超级双相不锈钢就用于北海油田的集油、集气和水混合物的输送管线及海岸设施等,SAF2507 超级双相不锈钢用于阿拉斯加、墨西哥湾等地的油气井生产及海上采油平台设施等。

参 考 文 献

高娃,罗建民,杨建君,2005. 双相不锈钢的研究进展及其应用[J]. 兵器材料科学与工程.
光然,2006. 油气集输[M]. 北京:石油工业出版社.
苗承武,等,1994. 油田油气集输设计技术手册[M]. 2版. 北京:石油工业出版社.
王成达,严密林,等,2005. 油气田开发中H_2S/CO_2腐蚀研究进展[J]. 西安石油大学学报(自然科学版).
王引真,等,2010. 油气管道选材[M]. 北京:中国石化出版社.
于浦义,张德姜,唐永进,2007. 石油化工压力管道设计手册[M]. 北京:化学工业出版社.
岳进才,2005. 压力管道技术[M]. 2版. 北京:中国石化出版社.
张德姜,等,2009. 石油化工装置工艺管道安装设计手册:第二篇　管道器材[M]. 北京:中国石化出版社.

第十七章 管线与站库启动投产

油田地面建设工程主要是新建、改建、扩建地面工程,涉及油气输送、注水、给排水、消防、电、通信、仪表、热工、防腐、机制、道路等各专业,工程竣工后均需要投用。文中的投产,系指油田新建工程竣工后集油系统的投产,改建、扩建工程可参照使用。

投产包括站场与管道两大部分,投产方案、应急预案要统一编制,按计划实施。

第一节 站场和油库的试运投产

油田内集油系统试运投产一般分两个阶段:一是站场内试运,主要包括各类设备单机试运和整体试运;二是系统联合试运,包括站场和井间管道的试运与投油。

站场的投产,首先是试运,在试运合格的基础上投产。要做到"六试":试设备单机运行、试流程及流程切换、试通信、试供配电、试消防、试自控系统。通过试运达到"六通":油气通、水通、电通、信通、风通、自控系统通。对管线和设备设置强制电流阴极保护时,还要对该保护系统试运。

一、站内试运

1. 站内各类设施的单体试运

1)机泵试运

机泵试运转应在机泵的油、水系统工艺管道、电气、仪表、土建及有关设备等均安装完后进行。机泵所属系统试运要求如下:

(1)润滑油系统。对设有润滑油系统的大功率机泵,在运转前,润滑油系统应先运转72h,循环冲洗过程中,要临时装入过滤网,每运行4h检查清洗滤网一次,直至冲洗干净。循环冲洗过程中,润滑油不得进入轴承内。

(2)冷却水系统。冷却水系统通水试验前,必须对冷却水系统管道进行清洗,检查合格后才能与设备连接,应无泄漏,回水清洁。

(3)离心泵空载试运。应拆除联轴器螺栓,将电动机盘车几转,应灵活,无刮、碰、卡现象,无异常声音。检查电机转向,应与泵转向一致,然后装上联轴器螺栓。泵启动后检查电机,轴承温度不得超过70℃,定子温度不得超过65℃。离心泵的震动应符合表17-1-1参数要求。

(4)离心泵运转时间要求见表17-1-2。

表 17-1-1　离心泵的径向振幅(双向)

转速,r/min	振幅,mm
1000~1500	≤0.08
1500~3000	≤0.06

表 17-1-2　离心泵试运时间表

功率,kW 时间,h 转速,r/min	<100		100~1000		>1000	
	无负荷	有负荷	无负荷	有负荷	无负荷	有负荷
1000~1500	1	4	2	8	4	16
1500~3000	2	6	3	12	4	24

(5) 离心泵带负荷试运转。带负荷试运转应将联轴器螺栓全部上紧;启动润滑油和冷却水系统;打开泵进口阀门,使泵内充满液体,关紧泵出口阀门,打开排气阀,排净泵内气体;打开泵前过滤器排气阀,排净过滤器内气体;盘车应感到轻便灵活。

机泵运转正常后,检查电流应在额定范围内;各轴承温度不得超过 70℃,各轴承的振动值应符合表 17-1-1 中的要求;机械密封无滴漏。

(6) 天然气压缩机试运条件。机组及附属设备的就位、找平、找正、检查及调整等安装工作全部结束,并有齐全记录;二次灌浆达到设计强度,基础抹面工作已结束;所有管道及电气仪表安装调试就绪,水、电、气等公用工程具备使用条件,天然气管道吹扫试压合格;润滑油系统及冷却水系统等辅助系统试运合格;保温防腐工作结束等。

(7) 天然气压缩机空载试运。应拆除联轴器螺栓,驱动机试运合格后再恢复连接并复测对中值。驱动机单机试运转应按照相关技术文件规定进行。驱动机单机试运转时间应符合表 17-1-3 中参数要求。

表 17-1-3　驱动机试运时间表

驱动机种类	试运时间,h
电动机	4
天然气发动机	8
燃气轮机	8
汽轮机	8

驱动机单机试运转时其转动方向、轴承温度、油温、油压、燃料气压力、蒸汽压力、电流、电压等应符合规定,否则应及时停机处理。燃气驱动的机组,在未达到点火转速时,不应将燃料气投入机器。

有增速机的机组应按下列规定进行增速机试运:在驱动机单机试运合格后,连上增速机并检查对中值;手动盘车 4~5 转,应无障碍或异常声响;启动润滑油泵,油压、油温、轴承齿轮等供油情况应正常;若无特殊要求时,增速机试运行连续进行 4h,试运中齿轮啮合应无冲击声以及异常振动等现象,各润滑点排油温度应符合供方技术文件规定;停车后应继续供油15min以上,直到轴承温度降到45℃以下。

空载试运前,离心式压缩机组的上下游天然气管道的截断阀处于开启状态,防喘振回路保持畅通;往复式压缩机组的活塞缸吸、排气阀阀片已拆下。

空载试运时,一般轴承温度的温升不应超过35℃,且最高温度不高于70℃。各附属系统运行正常,压缩机的转速、轴振动、轴位移应在规定范围内。若无特殊要求,离心式压缩机的振动值应符合表17-1-4中参数的要求。连续试运转时间应符合表17-1-5中参数的要求。

表 17-1-4 离心式压缩机的振动值

转速,r/min	振幅,mm
1000~1500	≤0.08
1500~3000	≤0.06
3000~6000	≤0.04
6000~12000	≤0.03
>12000	≤0.02

表 17-1-5 机组的无负荷连续试运转时间

机器种类	连续试运转时间,h
大型往复式压缩机组(轴功率1000kW及以上)	8
中小型往复式压缩机组	4
离心式压缩机组	8
螺杆式压缩机组	2

(8)天然气压缩机带负荷试运转。介质应为天然气,其进口的压力、温度应符合设计要求。所有与机组相关的天然气管道氮气置换完毕;往复式压缩机组的吸、排气阀片已恢复就位。试运完毕停车后,应继续供油15min以上,直到轴承温度降到45℃以下;往复式压缩机组应从末级开始,依次缓慢开启卸载阀门,逐级降低各级的排气压力,完全泄压后方可关停驱动机,不应带压停车。一般情况下,机组带负荷试运转时间不应小于72h。

2)阀门

检查各类阀门,均要灵活好用,保证流程畅通,流程切换顺利,设备及管路在安全压力内运行。

3)加热炉烘炉和试烧

加热炉是否进行烘炉,需与设备厂家进行确认。加热炉建成后要进行整体试压,一般用常温中性洁净水作为试压介质。试验压力取设计压力的1.5倍,稳压24h,检查各处有无渗漏。试压合格后才能进行烘炉及试烧。

加热炉烘炉包括升温和降温两个阶段。在加热炉设计时,应对加热炉烘炉和试烧提出具体要求,并做出升降温曲线,供加热炉烘炉和试烧用。对设有耐热衬里和砌筑的加热炉,其烘炉升降温曲线如图17-1-1所示。

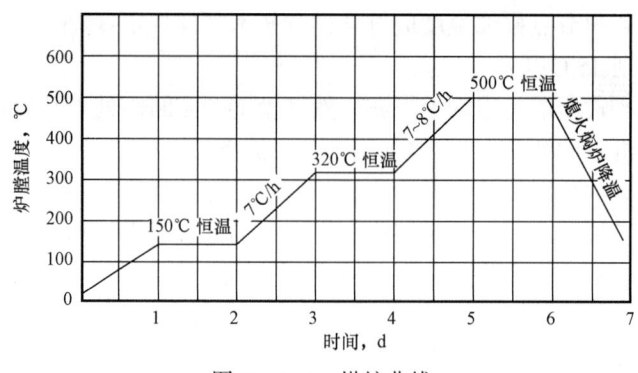

图 17-1-1　烘炉曲线

烘炉期间每小时记录一次炉膛温度,并仔细观察加热炉各部位。烘炉后,要对加热炉各部位进行全面检查,发现问题及时处理。

4）其他设备

执行相应的标准规范,同时由生产厂家给出试运技术要求。

2. 站内整体试运

在单机、单体、单项试运合格后,才可对站内进行整体试运。在整体试运中,一般分系统运行,如消防系统、原油集输系统、气系统、污水处理系统、供电系统等。全站各系统试运均以中性洁净水为介质,按正常集输、储存、油气处理等的工艺要求进行站内循环,切换各种流程,检查站内各类流程和设备是否符合设计要求,自控系统是否合格。一般试运时间不少于72h。

整体试运完成,再一次进行全面检查整改。通过整体试运,对各系统进行实际考验,同时对站内操作人员进行实际演练,为油田系统整体试运创造条件。

3. 油库的试运

油库的单机、单体、单项试运与站场试运投产要求相同,一般比站场多了装车功能。

油库铁路装车,其铁路专用线运行业务、油槽车类型和装油设施三者之间的协调配合,必须通过试运来检查。试运装车宜用中性洁净水进行。

二、系统联合试运

1. 站间及单井集油管线预热

在转油站、脱水转油站等站内整体试运及站外系统竣工后,即可按系统进行站间及单井集油管线热水循环预热。预热过程中要注意热水温度不能过高,热水温度上升要缓慢,这样有利于消除管线环焊缝之间应力集中造成管线断裂,以及管线热变形,造成事故。一般预热热水回水温度高于原油凝固点6℃即可投油。

条件允许,可以采取冷投方式,冷投时管线内要充氮气,使油气与管线中空气隔离。

2. 进油投产

在计量站、转油站、脱水转油站等站场做好接收准备,井口抽油机试运合格,井口放喷后即可投油。

第二节　加热输油管线的启动投产

一、投产准备和投产方案

油田内集输系统加热集输油管线(简称热油管线)的启动投产是一个比较复杂的问题。启动投产是管线建设工程由施工转入生产运行的关键阶段。管线的设计、施工与集油输油生产的实际是否相符的矛盾,将在投产过程中较集中地暴露出来。启动投产前,一般管线和周围介质的温度是相同的,管线启动投产时,等于用热流体加热周围介质,周围介质的蓄热量随着时间的增长而增加,当周围介质吸收和管线散失的热量达到相对稳定时,管线内热流体的温降也就趋于稳定,这就是一般所指的,在管线周围形成了稳定的温度场,管线进入正常生产。

1. 投产准备工作

启动投产一般都要在全线管线试压合格,通信联系畅通,电力供应等有保证的基础上才能进行。启动前要做好下述准备工作:

(1) 组成坚强、统一的投产指挥机构,确保各项工作能逐级落实。

(2) 配备好各岗位工作人员,做好思想教育工作,做好技术练兵、模拟操作活动。

(3) 制定各项生产管理制度,如操作规程、生产报表等。

(4) 配备好投产所需的各种设备、工具,落实投产所需的水源、燃料等。

(5) 制定出切实可行的启动投产方案。

(6) 制定合理的应急预案,备好维抢修设备材料。

2. 投产方案

在管线启动投产前,一般都应根据管线周围介质的性质(温度、湿度、土壤导热情况等)和管线规格以及所输送流体的性质、数量、温度、压力等情况,认真分析研究,做出与这些条件相符合的启动投产方案。投产方案一般应包括下述内容:

(1) 确定投产方案的依据:上级有关指示,管道的概况,如走向、穿越、工艺流程、主要设备,以及自然条件等和试运投产的有关资料。

(2) 各项投产准备工作的具体计划及要求。

(3) 试运投产程序及各阶段的要求,试运投产程序一般包括:全站(库)的单体及整体试运、冲洗、扫线清管、预热管线、通油投产。并需在管路预热前后,进行全线管路及井站、库的大检查,对井、站、库和管路在试运、预热过程中暴露的问题,在通油以前做好整改。

(4) 有关计算:包括启动投产时的输送量、温度、压力计算;预热时间、温度、水量估算;周围介质温度变化规律。

(5) 启动投产的详细说明:包括输送流体数量的供应和调度方案;工艺设备情况(是否增设临时设备等);启动投产方案的可靠性以及可能发生的事故、处理事故的措施。

（6）启动投产时需要进行的试验研究工作和需要测得的资料数据。

油田内集输油系统的热油管线有冷管启动投产和预热启动投产两种方式。

冷管启动投产是管线建成后，直接输送所要输送的油品（加热原油或不需加热的原油），冷管直接启动投产是一种最简单、最经济的方法。一般油田只有几千米至十几千米的短距离集输油管线，只要设备条件允许或稍许增加一点临时设备就能达到投产条件的地方，都应采用这种方法。

预热启动投产是先用热的轻油或热水将管线加热到一定程度，再往管线内输入所要输送的被加热油品，将管线中用来预热的轻油或水替出来、使管线逐步投入正常生产，对易凝高黏油品、距离较长的输油管线，在无法采用冷管启动投产的热油管线，一般都采用预热启动投产。

二、热油管线冷管启动的过程和条件

1. 热油管线冷管启动

新建埋地的集输油管线、投产前管线内是空的，管路温度接近于周围土壤温度。因此，当热油开始进入温度等于埋深处土壤温度的冷管时，热油与管壁及其附近土壤的温度差很大，因此油流的热量大量散失到管路及其周围土壤。但此时管路附近的土壤与外围土壤之间的温差则很小，故散失到远处土壤中去的热量比较小。随着上述传热过程的进行，附近土壤的温度不断升高，与油品温差逐渐减小，油流散失的热量逐渐下降，而近处土壤向远处土壤及大气中散失的热量则增加。当各部分散失的热量相等时，即建立起稳定的温度场。启动时所消耗的热量主要用于加热管路周围的土壤，管线金属所吸收的热量是有限的。

热油管线启动时，最先进入管线的热油在其沿管线向前流动的过程中，总是首先接触低温的管壁及其周围的冷土壤，故这一部分流油所散失的热量要比正常运转时大得多，因此在同样的起始加热温度下，这一部分油流到达终点时，即终点开始出现油流时的温度要比正常输送时的终点温度低很多。通常称这一段油头为"冷油头"。油流到达终点的温度随着启动过程的延续而逐渐升高，直至接近正常运转时的终点温度。故热油管线直接冷管启动投产时必须考虑到"冷油头"会不会在管路中凝结，在终点见油时管路沿线各处的温降到什么程度；在上述条件下为保持一定的输量要多大的输送压力；以及是否在泵及管线强度的允许范围内，通常为了尽量减少启动过程的温降，启动时的输量往往要比正常输送时大得多，故在输量及工作压力都大为提高的情况下，要考虑泵的功率是否够用。

热油管线冷管启动时，最先进入管路的油流在输送过程中一直和冷管壁接触，由于钢管和防腐层的热容量与土壤的蓄热相比是微不足道的，故钢管和防腐层的升温很快，表现在总传热系数 K 值在开始阶段迅速下降，随着土壤的开始蓄热，K 值的变化就缓慢了。图 17-2-1 为大庆地区某直径壁厚为 273mm×7mm 的输油管线用加热原油直接启动时，实测 K 值随时间的变化曲线。该管线长 8.17km，埋深 1.6m，地温 8℃，启动时的起点油温基本保持在（70±2）℃的范围内，开始三小时的输量为 250~256t/h，后来降为 140~100t/h。

见油初期该管道实测的油头温度及 K 值见表 17-2-1。

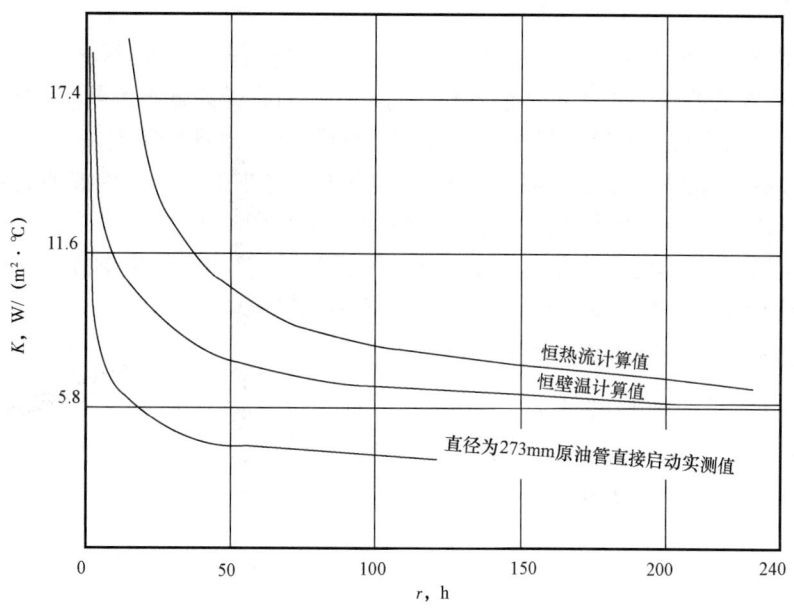

图 17-2-1　冷管热油直接启动时 K 值随时间变化的曲线

表 17-2-1　冷管热油直接启动时的运行参数

距油头的时间,min	0	5	9	19	31	90
起点油温,℃	64	64	69	71.1	70.5	71.2
终点油温,℃	11.9	24	24.7	26.6	28.9	46.2
总传热系数 K,W/(m²·℃)	55.5	28.4	27.1	25.9	23.3	10.2

当采用保温管线时,由于保温层的热阻远大于启动过程中管路其他部分的热阻,其随启动时间的变化又很小,并且由于埋地保温管线的保温层外壁温度接近其周围的自然地温,在稳定传热时土壤中的蓄热量要比不保温的管线少得多,故启动过程中土壤的蓄热对 K 值的影响要小得多。

例如敷设厚 50mm 的聚氨酯泡沫塑料保温层直径为 325mm 的埋地原油管道,其保温层热阻占总热阻的 70%~80%,土壤热阻仅占 20%~30%。管线周围同样容积中土壤的蓄热量还不到同样条件下不保温管线的十分之一。又由于保温层的重量轻,钢管壁热容比保温层热容量大 6 倍以上,故埋地保温管线 K 值的显著变化主要发生在钢管壁的升温过程中,温降较大的冷油头长度比不保温管线要短得多,K 值接近稳定值的时间显著缩短。

管线长度、管径、管线敷设地点的自然条件、输送量、起点油温等是影响油头温度的主要因素。加大输送量、提高起点油温可以提高到达终点的油头温度。但是,这又与原油产量或油品供应量,管线、设备的输送能力有关。因此,输送原油的产量或供应量,管线、设备的输送及加热能力成为冷管启动投产的必要条件。根据冷管启动的初步经验和某些资料,可以认为在输量和起点油温能保证的前提下,冷管启动投产是否成功,基本上决定于输送油品到达终点的油头温度。

如果采用加大排量来提高终点温度的方法时,大排量输送的时间不能只在启动投产的较短时间内,而应在管线进入正常生产前的整个过程中。若提前降低输油量,可能会由于油温逐渐下降而发生冻结事故。所以,采用这种方法必须有足够的油量作保证。

其次,管线终点能否满足冷管启动的要求,也是必须考虑的条件。例如油品到达终点后还要继续往外输送,其机泵、加热设备、工艺流程等能否满足要求等。

还应指出,在管线未进入正常生产前,一般不允许停输。如果发生事故,管线被迫停输,也应该根据停输时间的长短,采取扫线等防止管线冻结的措施。

2. 冷管启动投产时冷油头温度的计算

为了判断直接用热油启动时油流到达终点以前是否会凝结,启动过程需要的最大压力是多少,就必须求出冷油头的温度。一般对于较长的输油管线冷管启动时,冷油头的温度可按下列理论公式计算:

$$t - t_0 = (t_H - t_0) e^{-\frac{\pi K_\infty d}{q_V c \rho}} \left\{ \frac{1 - \frac{K_\infty d}{\alpha_{2\infty}} \exp\left[-\frac{4\alpha}{5D^2}\left(\tau - \frac{x}{w}\right)\right]}{1 - \frac{K_\infty d}{\alpha_{2\infty} D} \exp\left(-\frac{4\alpha\tau}{5D^2}\right)} \right\}^{\frac{5K_\infty d}{c\alpha}} \quad (17-2-1)$$

其中
$$\alpha = \frac{\lambda_r}{c_r \gamma_r} \quad (17-2-2)$$

式中　t——管线启动投产 t 小时后,在距起点 x 距离处温度,℃;

　　t_0——管线周围的土壤温度,℃;

　　t_H——管线起点原油温度,℃;

　　K_∞——稳定传热时的总传热系数,W/(m²·℃);

　　d——管线的内径,m;

　　x——油头距起点的距离,m;

　　q_V——原油的体积流量,m³/s;

　　c——原油比热,J/(kg·℃);

　　ρ——原油密度,kg/m³;

　　D——管线的外径,m;

　　α——土壤的导温系数,W/(m·K);

　　λ_r——土壤的导热系数,W/(m²·℃);

　　c_r——土壤的比热容,J/(kg·℃);

　　γ_r——土壤的密度,g/cm³;

　　w——原油的平均流速,m/s;

　　τ——启动投产后的时间,s;

　　$\alpha_{2\infty}$——稳定传热时管线对周围土壤的放热系数,可以用式(17-2-3)求出。

$$\alpha_{2\infty} = \frac{2\lambda_r}{R\left[\ln\left(\frac{4H^2}{R^2}+1\right) + \frac{8H\lambda_r}{\alpha_F(R^2+4H^2)}\right]} \quad (17-2-3)$$

式中 λ_r——土壤的导热系数,W/(m·℃);
H——管线轴线的埋设深度,m;
R——管线半径,m;
α_F——地面至大气的放热系数,一般取 $\alpha_F=11.63\sim17.5$,W/(m²·℃)。

$$K_\infty = \frac{1}{\frac{1}{\alpha_1} + \sum_{i=1}^{n}\frac{\delta_i}{\lambda_i} + \frac{1}{\alpha_\infty}} \quad (17-2-4)$$

式中 λ_i——管壁及防腐绝缘材料的导热系数,W/(m·℃);
δ_i——管壁及防腐绝缘层的厚度,m;
α_1——内部给热系数,W/(m·℃)。

为了简化计算,对于不保温管线一般取 $K_\infty \approx \alpha_{2\infty}$。

管线启动投产过程是不稳定传热,外部放热系数 α_2 随时间变化。式(17-2-4)中引入的是稳定条件下的外部放热系数 $\alpha_{2\infty}$。

α_2 和 $\alpha_{2\infty}$ 的关系:

$$\alpha_2 = \alpha_{2\infty} \frac{2\alpha_r}{R\left[\text{Ei}\left(-\frac{1}{4F_0}-\frac{H^2}{R^2 F_0}\right) - \text{Ei}\left(-\frac{1}{4F_0}\right) + \frac{8H\lambda_r}{\alpha_F(R^2+4H^2)}e^{-\frac{1}{4F_0}\frac{H^2}{R^2 F_0}}\right]} \quad (17-2-5)$$

式中 F_0——傅里叶准数,$F_0=\frac{\alpha\tau}{R^2}$,这里 α、τ、R 分别为土壤导温系数、时间和管线外半径;
Ei——幂积分函数。

从式(17-2-3)和式(17-2-5)可以得出:

$$\alpha_2 = \alpha_{2\infty} \frac{1}{1-\exp\left[\frac{-\alpha}{5R^2}\left(\tau-\frac{x}{w}\right)\right]} \quad (17-2-6)$$

三、热油管线预热启动投产

无法采用冷管启动投产的热油管线,一般都采用预热启动投产。预热的流体一般是采用热水,采用热水预热投产时,要解决如下问题:热水预热的方式;预热时间的确定;热水的供给和排放;混水油头的处理。

1. 热水预热的方式

热水预热的方式有三种,即正向预热、反向预热和正、反两个方向预热。正向预热是从管线的起点往管线中输送热水,到终点将热水放出来;反向预热与正向预热正好相反;正、反两个方向预热是从管线的起点往管线内输送热水,到达终点后用储罐将水储存起来并进行加热,待正向预热完后,将加热后的热水再从终点反输至起点,仍用储罐储存起来,待反向输送完后再正向输送。这样就达到了正、反两个方向来回预热的目的。

对于管径小、输送距离较短的管线,一般采用单向预热。有时为了充分利用热水的热量,可以让热水在管线中停留一段时间,使其充分地加热管线周围的土壤,这种做法俗称"闷管"。

对于油田内脱水站与油库间口径较大的输油管线,输送距离又较长,如采用单向预热需要的热水量很大,而这些管线的起终点一般有储存、输送和加热设备。为了减少热水消耗、充分利用热量和设备,大多数采用正、反两个方向的预热方式。采用这种预热方式,一次需要替出的水量应根据管线的具体情况确定,一般不应小于两站间管线容积的1.5~2倍。

2. 预热时间的确定

冷管的热水预热过程实质上就是管线周围土壤的蓄热过程,即建立一定的温度场的过程。周围土壤建立温度场的过程,也是土壤的热阻不断增大,管线的散热损失不断减少的过程,可用总传热系数K值的下降来表示。当钢管壁和防腐层的蓄热接近稳定后,K值要决定于土壤的不稳定导热过程,其值近似等于不稳定导热过程土壤的放热系数α_2。因此,也可以说,预热的主要目的是往土壤中蓄入一定热量,使热阻增大,土壤的放热系数下降,以使投油时终点温度不致过低。

对于究竟K值下降到什么范围才可以转入输油,通常是要求投油时的终点油温略高于凝点,为此可按投油时的输量、起点温度、自然地温等参数计算要求的K值。确定了投油时要求的K值后,需要求出预热的时间即需要往土壤中蓄入多少热量才能达到所要求的K值。为此,首先要找出K值(或α_2值)与预热时间或土壤蓄热量的关系,然后计算出预热时间。

1)由土壤热量计算预热时间

(1)计算土壤温度场接近稳定时所需的蓄热量:

$$Q_r = c_r \gamma_r V_r (t_c - t_0) \qquad (17-2-7)$$

式中　Q_r——1~1.5m厚的圆筒形土壤形成稳定温度场所需要的热量,W/km;

　　　c_r——土壤的比热容,干燥土壤可取1380J/(kg·℃);

　　　γ_r——土壤的容重,kg/m³;

　　　V_r——所取土壤保温层单位长度上的体积,m³/km;

　　　t_0——管线轴线埋设深度处的地温,℃;

　　　t_c——所取土壤保温层内的平均温度,℃。

$$t_c = \frac{1}{4}t_r + \frac{3}{4}t_0 \qquad (17-2-8)$$

式中　t_r——土壤保温层内壁温度,一般认为比管内油流的平均温度低3~8℃。

稳定条件下,管内油流温度变化规律为:

$$\ln\frac{t_H - t_0}{t_k - t_0} = \frac{K\pi DL}{q_m c} \quad (17-2-9)$$

式中 t_H——管线内油流的起点温度,℃;
　　t_k——管线内油流的终点温度,℃;
　　K——稳定条件下的总传热系数,计算时可取管线设计时进行热力计算所用的值, W/(m²·℃);
　　D——管线外径,m;
　　L——管线长度,m;
　　q_m——稳定条件下的输送量,kg/s;
　　c——输送油品的比热容,J/(kg·℃)。

由式(17-2-9)求得 t_H、t_K,代入式(17-2-10)求得管线内油流的平均温度 t_c:

$$t_c = \frac{1}{3}t_H + \frac{2}{3}t_k \quad (17-2-10)$$

(2) 根据投产过程中实测 K 值与管线传出的总热量变化曲线查得 Q_r。

图 17-2-2 是已投产管线 K 值与管线传出的总热量的关系曲线。此曲线近似地反映了大地蓄热量对管线总传热系数的影响,大体上指出了预热过程中土壤传热的规律,可用来指导实际预热计算。可按设计计算时选用的 K 值从图 17-2-2 查得 Q_r 的数量。

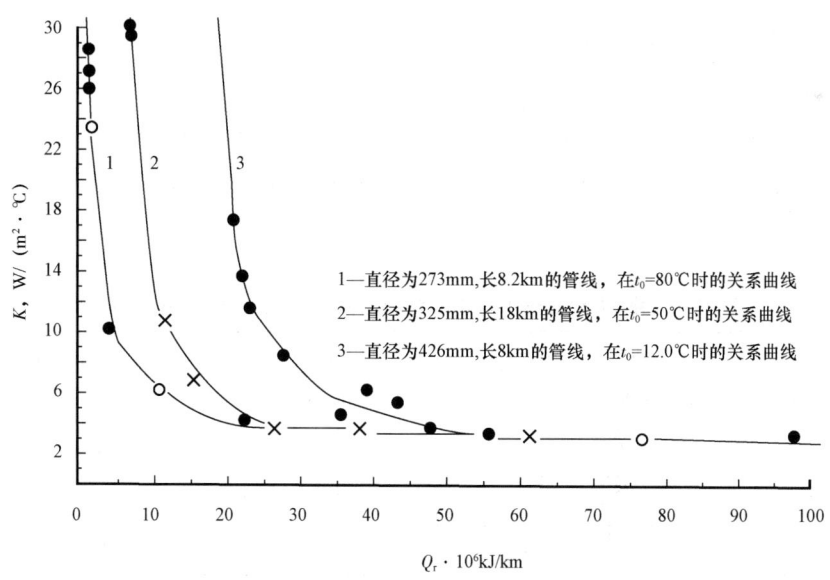

图 17-2-2　K 值与管路传出总热量的关系曲线

表 17-2-2 至表 17-2-4 给出了几条管线的具体资料可供参考。

表 17-2-2　萨龙管线热油启动过程总传热系数 K 与总散热量的关系

启动时间（终点见油后）h	输量 t/h	起点油温 ℃	终点油温 ℃	自然地温 ℃	实测总传热系数 K W/(m²·℃)	管线传出的总热量 Q kJ/km	备注
0.0834	265.2	63.8	24	8.5	28.4	2.4×10^5	
0.15	250	69	24.7	8.5	27.1	4.56×10^5	
0.315	250	71	26.3	8.5	25.93	8.9×10^5	
0.517	250	70.5	28.9	8.5	23.3	14.5×10^5	
1.5	250	71.2	46.2	8.5	10.23	35.8×10^5	
7.5	142	70.2	44.8	8.5	6.16	11.41×10^6	(1)时间为10月31日至11月15日；(2)管径273mm×7mm，全长8.17km，埋深1.6m；(3)总散热量＝流量×比热×温差×时间
20.5	106	72.5	44.1	8.4	5	22.27×10^6	
38.5	114.6	71.5	47.4	8.4	4.43	35.6×10^6	
56.5	91.6	72.2	46.3	8.4	3.87	47.52×10^6	
109.5	80	73.2	49.2	8.1	2.98	76.62×10^6	
133.5	107	72.7	49.7	8.1	3.81	90×10^6	
163.5	140	73.3	54.9	7.8	3.68	11.0×10^7	
187.5	132	72.5	45.7	7.8	3.43	12.9×10^7	
246.5	42	73.7	41	7.7	2.33	16.9×10^7	
284.5	45	73.4	41	7.3	2.43	17.7×10^7	
350.5	36.5	76.1	36.2	7	2.54	29.56×10^7	

表 17-2-3　华北油田1号输油管道水预热 K 与总散热量的关系

终点见水后时间, h	输水流量 t/h	起点平均温度, ℃	终点平均温度, ℃	原始自然地温, ℃	总传热系数 K W/(m²·℃)	管线总散热量 Q kJ/km	备注
0.08	220	67.6	11.0	5	38.1	5.4×10^6	管径325mm×7mm 管长18.0km
4.08	200.5	72.4	29.3	5	10.3	11.0×10^6	
8.08	123.8	79.9	39.0	5	6.2	14.4×10^6	
23.08	91.7	79.7	38.3	5	3.7	26.3×10^6	
36.08	92.3	77.5	39.8	5	3.8	38×10^6	
67.08	94.7	75.8	39.8	5	3.46	6.06×10^6	

表 17-2-4 华北油田 2#输油管道水预热 K 与总散热量的关系

终点见水后时间,h	输水流量 t/h	起点平均温度,℃	终点平均温度,℃	原始自然地温,℃	总传热系数 K W/(m²·℃)	管线总散热量 Q kJ/km	备注
0.1	179	76	21	12	17.3	20.6×10⁶	管径 426mm×7mm 管长 18.0km
1.18	179	81	30	12	11.6	22.3×10⁶	
2.1	176	80	38	12	8.2	26.4×10⁶	
8.1	161	80	43	12	6.16	38.5×10⁶	
13.1	137	80	42	12	5.4	4.3×10⁷	
26.1	100	77	41.7	12	4.0	5.6×10⁷	
76.8	138	79	48.5	12	4.1	9.7×10⁷	

（3）确定预热时间。

① 按加热炉的热负荷来确定：

$$\tau = \frac{Q_r + Q_{\text{预}}}{Q_{\text{炉}}} \qquad (17-2-11)$$

式中 τ——预热时间,h；

$Q_{\text{炉}}$——加热炉的热负荷,W/h；

$Q_{\text{预}}$——管线内预热介质由 t_0 升到 $t_{\text{内平}}$ 所需要的热量,J/km。

$$Q_{\text{预}} = \frac{\pi}{4}d^2 \rho_{\text{介}} c_{\text{介}} (t_{\text{内平}} - t_0) \times 10^3$$

式中 d——管线的内径,m；

$\rho_{\text{介}}$——预热介质的密度,kg/m³；

$c_{\text{介}}$——预热介质的比热容,J/(kg·℃)。

② 按预热介质给土壤的累积蓄热量来确定单向输送预热介质预热时：

$$Q_{ri} = q_{m1} \Delta \tau_i \Delta t_c c_{\text{介}} L^{-1} \qquad (17-2-12)$$

式中 Q_{ri}——预热介质在任一时间间隔内传给土壤的热量,J/km；

q_{m1}——任一时间间隔内预热介质的质量流量,kg/h；

L——预热管线的长度,km；

Δt_c——预热介质的平均温降,$\Delta t_c = t_{\text{内平}} - t_0$,℃。

Δt_c 的计算方法是先按式(17-2-9)计算求得开始启动 τ_1 时间内的终点温度 t_k（t_k 是随 τ_i 变化的,实际上它是一个平均值。为了更接近实际,τ_1 取得越小越好）,将起点温度 t_H 和终点温度 t_k 代入式(17-2-10),求得 t_c 然后再求得 $t_{\text{内平}}$。

最后应使：

$$Q_r = \sum_{i=1}^{n} Q_{ri}$$

则得须预热时间：

$$\tau = \sum_{i=1}^{n} \tau_i$$

在正、反方向交替预热的情况下,预热介质传给土壤的热量是以流进管段的热量减去流出管段的热量,再减去管段介质升温所需要的热量.可写成为下列表达式:

$$Q_{ri} = [q_{mi}\Delta \tau_i (t_{进} - t_{终平}) - \frac{1}{2} V_{管} r_{介} (t_{进} - t_{出})] c_{介} \times \frac{1}{L} \quad (17-2-13)$$

式中 $\Delta \tau_i$——正、反方向输送 i 次的预热时间,h;

$t_{进}$——预热介质进口温度,℃;

$t_{终平}$——预热介质、在 $\Delta \tau_i$ 时间内终点(出口)的平均温度(可按上述的方法求),℃;

$t_{出}$——一个方向停止输送预热介质时,预热介质出口的温度,℃;

$V_{管}$——预热管线的容积,m³。

预热时间与单向预热确定的方法相同。

2) 按实际经验确定投油时间

由某些热油管线启动投产的经验总结指出:热油管线采用预热启动投产时,具有以下三个条件,即可投油:

(1) 预热介质(水)输送到管线终点的温度高于输送油品的凝点。

(2) 不保温管线总传热系数 $K \leqslant 3.5W/(m^2 \cdot ℃)$,保温管线 $K \leqslant 1.75W/(m^2 \cdot ℃)$。

(3) 供应的油源充足。投油时,输送量不允许低于预热时的输送量,在管线尚未进入稳定工作状态之前(即管线周围没有形成稳定的温度场以前),不允许降低输送量或停输。

上面所确定预热时间的方法,是一些经验或半经验公式。因此,在使用过程中,最好是几种方法综合考虑确定。在实际生产中主要根据预热介质终点温度来确定投油时间。

3. 热水的供给和排出

对于一些较大的热油管线,用热水预热启动投产时,要往管线送入大量的热水,因而往住使水的供给、排出和加热成为一个很大的问题。在判定启动投产方案时,要选择好供排水的地方和加热方法。

油田内预热用水一般可与油罐试水用水相结合,有条件也可利用老站含油污水。预热用水加热可利用站、库内原油外输加热设备,为尽量提高预热用水出站温度,在启动前可站内循环,将罐内冷水提高一定温度后再启动管线进行预热。

预热后排出的热水,在油水接触的一段较长的管段内都有油污,为防止污染农田或江河湖泊,不应随意外排,应设积水坑或蓄水池。有条件时应进污水处理站,处理后回注。

4. 混水油头的处理

管道预热后投油时,在油水交替过程中,将形成较长的一段油水混合物,由于油水相对密度差较大,其混油量要比两种油品顺序输送时大得多。

为了减少油头油水混合量,如果泵站上设有清管器收发装置,可在油水交替过程中发放几个隔离塞(球)。

交替过程中油内混入的游离水,对石蜡基原油,大都可以用加热沉降的方法脱除。对大庆原油一般在 45~50℃ 的温度下,沉降 24h,含水量可降至 2% 以下,需要有足够容量的储罐,以备沉降之用。

第三节　热油管线的停输及再启动

热油管路的计划检修、电源中断、输油量和输油温度过低,都可能造成热油管线的停输。此外,当油量不足时、为节约动力并保持一定的热力条件,也有用间歇输油的方法来代替反输。停输后,由于油温不断下降,黏度不断增加,给管路的再启动造成困难,甚至使管线有冻结的危险。为了避免冻结事故,确保安全生产,必须了解管路在各种条件下的允许安全停输时间和停输后的温降情况,以及再启动时所需要的压力和排量,以便正确地指挥生产。

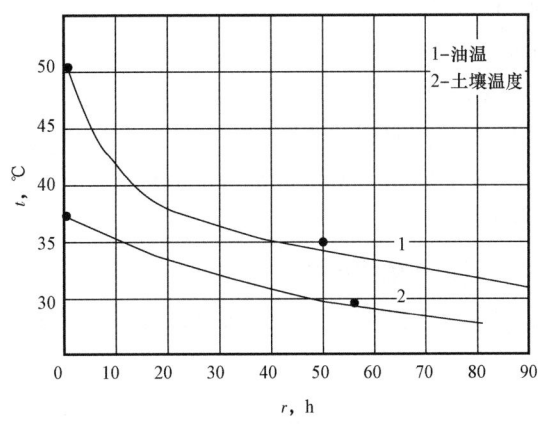

图17-3-1　停输后油温及土壤温度随时间的变化

一、埋地热油管线的停输时间计算

埋地热油管线停输后,由于管线周围土壤中蓄积的热量要比管道中原油的热量大很多倍,故埋地管线停输后的温降情况主要决定于周围土壤的冷却情况。由于停输时管内油与管外壁土壤间的温差较大,故埋地管线停输后的温降可分为两个阶段:(1)管内油温较快地冷却到略高于管外壁土温,尤其是靠近管壁外的油温下降较快。(2)管内存油和管外土壤作为一个整体而缓慢地冷却。

图17-3-1所示的曲线1为实验场中实测直径为529mm的管线存油的冷却情况,油温为管中心部分各测点的平均值。埋深处地温约13℃,管线周围的土壤温度场是在管内恒温50℃,经22天预热后建立的,未达到稳定。曲线2为计算的管外壁侧面土壤温度的下降情况。可以看出在开始停输10h内,油温的下降比较迅速,当油温接近外壁处土壤温度后,温降要缓慢得多。

1. 停输开始阶段油温

停输开始阶段平均油温的迅速降低值可近似按下述方法估算:
(1)设该阶段油温将迅速降低至略高于管外壁处的土壤温度,在此短时间可近似认为外壁处的土壤温度不变,油温迅速降低后二者的温差值 2~3℃,若计算或实测正常运行时外壁处土壤温度为 t_{w0},则油温将降至: $t_{y1} = t_{w0} + (2~3)$℃。

（2）在此短时间内可近似认为管线的总传热系数等于正常运行时稳定传热过程的 K 值,若开始停输时的油温为 t_{y0} 则油温从 t_{y0} 降至 t_{y1} 所经过的时间为：

$$\tau = \frac{c_y \rho_y d_n}{4K} \ln \frac{t_{y0} - t_0}{t_{yi} - t_0} \quad (17-3-1)$$

式中　τ——允许停输时间,h；
　　　c_y——原油比热,J/(kg·℃)；
　　　ρ_y——原油密度,kg/m³；
　　　d_n——管线内径,m；
　　　t_0——周围土壤的温度,℃；
　　　K——总传热系数,W/(m²·℃)。

如果刚停输时外壁处土壤温度低于原油凝点,则可按降至凝点计算,因为油温降至凝点后,进一步的冷却就缓慢得多了。

2. 管内存油和管外土壤的共同缓慢冷却

埋地热油管线停输后,土壤温度场的衰减过程也就是启动预热的反过程,所以计算停输时间可用不稳定传热的公式

$$t_{w0} - t_{wc} = \frac{q}{4\pi\lambda}\left[\mathrm{Ei}\left(-\frac{R^2 + 4h^2}{4\alpha\tau}\right) - \mathrm{Ei}\left(-\frac{R^2}{4\alpha\tau}\right)\right] \quad (17-3-2)$$

上式可进一步简化为

$$t_{w0} - t_{wc} = \frac{q}{4\pi\lambda}\left[-\mathrm{Ei}\left(-\frac{R^2}{4\alpha\tau}\right)\right] \quad (17-3-3)$$

式中　t_{w0}——稳定情况下的油管外壁温度,℃；
　　　t_{wc}——停输 τ 小时后的油管外壁温度,℃；
　　　τ——允许停输时间,h；
　　　R——管线的外半径,m；
　　　h——管线埋深,m；
　　　q——每米管长的散热量,W/(m·h)；
　　　α——土壤的导热系数,W/(m·K)；
　　　Ei——幂积分函数。

在停输时间内,q 是在逐渐变小,为使计算更接近实际。q 取停输开始时散热量与停输结束时散热量的平均值,即

$$q = \frac{1}{2}(q_1 + q_2)$$

$$\alpha = \frac{\lambda}{c_y p_y}$$

计算步骤：以东黄输油管线为例。该管线直径为529mm。根据所输原油性质和安全生产的要求，设计规定正常输油的终点原油温度不低于42℃，停输结束时油温不低于35℃。全线允许停输时间(特殊敷设管段例外)的计算如下：

(1) 求每米管长的散热量 q，应用公式 $q = k\pi D(t_f - t_0)$ 分别求出终点油温 t_f 为42℃和35℃时的散热量 q_1 和 q_2，然后求出其平均散热量 q 见表17-3-1。

表17-3-1 安全停输时间

地温 ℃	散热量，W/(m·h)			管壁温度，℃			$-Ei\left(-\dfrac{R^2}{4\alpha\tau}\right)$	$\dfrac{R^2}{4\alpha\tau}$	安全停输时间 τ h
	q_1	q_2	q	$42℃ t_{w0}$	$35℃ t_{wt}$	$t_{w0}-t_{wt}$			
0	128.6	107.1	117.9	33.87	28.23	5.65	0.875	0.311	34
5	113.3	91.8	102.6	34.83	29.19	5.64	1.003	0.263	40
10	97.9	76.7	87.3	35.8	30.16	5.64	1.18	0.21	50
15	82.6	61.1	71.9	36.77	31.13	5.64	1.431	0.156	68
20	67.4	45.9	56.6	37.74	32.1	5.64	1.820	0.1	106

(2) 求管外壁温度 t_w。根据热传导理论，在稳定传热时油流通过管壁和绝缘层传出去的热量与油流散至土壤的热量相等。即：

$$q = k\pi D(t_f - t_0) = \left(\frac{\lambda}{\delta}\right)_\text{沥} \pi D(t_f - t_w)$$

将上式简化成：

$$t_w = \left[1 - K\left(\frac{\delta}{\lambda}\right)_\text{沥}\right] t_f + K t_0 \left(\frac{\delta}{\lambda}\right)_\text{沥}$$

式中 $\left(\dfrac{\delta}{\lambda}\right)_\text{沥}$——管线外表面沥青层的热阻，一般为 $\dfrac{1}{6} \sim \dfrac{1}{8}$。

当油温分别为42℃及35℃时各种不同自然地温下求得油管外壁温度 t_{w0} 及 t_{wc}，见表17-3-1。

3. 安全停输时间

根据以上求得的 q、t_{w0} 及 t_{wc}，计算出在不同地温下安全停输时间，结果见表17-3-1。

二、热油管线停输后再启动压力计算

热油管线停输时，由于沿线各点油温不同，接近起点的前段温度较高，后段温度较低。对同一条管线，可能出现油温较高的管段开始启动时管中心部分仍为液相，而油温较低的管段则在整个横截面积上都已形成网络结构。从不同的热油管线来看，当管径大、油品性质好、停输时间短时，再启动时可能全线管中心部分仍有液相。当管径小、油品含蜡量及凝点高、停输时间长时,可能管线末段其至全线管线的横截面上都形成网络结构(即凝结状态),因此再启动的压力计算方法是截然不同的。

1. 管中心仍为液相的情况

当管中心部分仍为液相时,可按正常输送时的增阻计算方法,根据油温的不同,可分段计算再启动压力。其计算公式为:

$$p = \rho(h_1 + \Delta z + h_\zeta) \times 10^{-5} \qquad (17-3-4)$$

式中　p——管线启动压力,MPa;
　　　ρ——原油密度,kg/m³;
　　　Δz——管线终点与起点高程差,m;
　　　h_ζ——局部摩阻,m;
　　　h_1——管线沿程压降,m。

各流态区的系数 A、m、β 值及沿程摩阻计算式见表13-3-2。

表17-3-2　不同流态区的 A、m、β 值及沿程摩阻计算式

流态		A	m	β, s²/m	h_1, m(液柱)
层流		64	1	$\dfrac{128}{\pi g}=4.15$	$h_1 = 4.15\dfrac{Qv}{d^4}L$
紊流	水力光滑区	0.3164	0.25	$\dfrac{8A}{4^m\pi^{2-m}g}=0.0246$	$h_1 = 0.0246\dfrac{Q^{1.75}v^{0.25}}{d^{4.75}}L$
	混合摩擦区	$10^{0.127\lg\frac{e}{D}-0.627}$	0.123	$\dfrac{8A}{4^m\pi^{2-m}g}=0.0802A$	$h_1 = 0.0802A\dfrac{Q^{1.877}v^{0.123}}{d^{4.877}}L$
	粗糙区	λ	0	$\dfrac{8\lambda}{\pi^2 g}=0.0826\lambda$	$h_1 = 0.0826\lambda\dfrac{Q^2}{d^5}L$ $\lambda = 0.11\left(\dfrac{e}{d}\right)^{0.25}$

混合摩擦区推导 A 和 m 值时取:

2. 管路截面都凝结的情况

当管路整个截面上都已布满凝油,处在非牛顿流体情况下,必须当外加剪力足以破坏凝油结构时,才能恢复流动,这时启动压力按下面方法来计算:

(1) 管路横截面上最大剪力:

$$\tau_x = \frac{\Delta p D}{4L} \qquad (17-3-5)$$

式中　τ_x——最大剪切应力,MPa;
　　　Δp——管路两端压差,MPa;
　　　D——管线内直径,m;
　　　L——管线长度,m。

(2) 全线再启动压力计算。再启动时为克服初剪切应力所需的压力 Δp 可按式(17-3-6)计算：

$$\tau_0 = \tau_x = \frac{\Delta p D}{4L}$$

$$\Delta p = \frac{4L\tau_0}{D}$$

(17-3-6)

式中　Δp——再启动时压力，MPa；
　　　L——凝油管段长度，m；
　　　τ_0——原油屈服值，表示原油中结构开始破坏时的初剪切应力，MPa。

$$Re_1 = \frac{10D}{e}$$

$$Re_2 = \frac{500D}{e}$$

式中　e——管壁绝对粗糙度，m；
　　　D——管线内直径，m。

初剪切应力 τ_0 与温度 t 的关系可近似用下式表示

$$\tau_0 = \tau_1 e^{-s(t_1-t_2)}$$

式中　τ_1——经70℃热处理后的原油在20℃时的初剪切应力，MPa；
　　　s——指数，取值0.277；
　　　t_1——管线内壁温度，℃；
　　　t_2——取值20℃。

三、集输油管线电热解堵

热油管线停输再启动时，如因停输时间过长，处理不及时，可能造成管路内原油凝结，这时靠油井抽油机或站内机泵动力是很难实现的。为恢复正常生产，必须把凝结在油管内的原油溶化。电热解堵是种经济、可靠的解堵措施，也是常温集油最经济有效的保驾措施。

热油管线的电热解堵是利用管线电阻把电能转换成热量，使凝结在管内的原油溶化的一种电热技术。只要在故障油管上通以电流，将使集输油管线成为一条均匀发热体，沿管线长度同时均匀加热凝结在管壁的一层原油使其溶化，启动抽油机或机泵即可使丧失生产能力的集输油管线重新输油。

1. 电热解堵的几种方式

1）旁热式

它在集输油管上复设一条电线管，管内穿以耐高温的绝缘导线，在以电线管、耐高温导线构成的电热回路上通以交变电流，其发出的热通过电线管与集油管间的金属连接体均匀传递到集输油，以加热管内原油。由于交流通过电线管时的集肤效应，电线管上的电流由内表皮通过，防止电热电流的流散，集输油管的这种电热方式是安全的。

2）直热式

即在集输油管上直接通以电流，管线电阻直接把电能转换成热量沿管线敷设长度均匀地加热管内原油。由于集输油管电热过程中带电，因此在使用过程中，必须采取必要的安全措施。

2. 集输油管电热解堵的接线方式

集输油管采用旁热式电热解堵的效率高、安全，但其投资大、施工复杂；直热式电热解堵的效率低不安全，但其投资少、施工简单。考虑采取一定的技术措施可以保证直热式电热解堵过程中的安全，特别是常温集油的年冻堵率很低，一台活动电热解堵车，可担负900口抽机井的解堵工作，从经济角度考虑，集输油管采用直热式电解堵比较合理。

由于集输油管很长，热量从管路的一端送到另一端是很困难，甚至是不可能的，因此为了提高集输油管解堵过程的热效率，要求管线电阻均匀、对地绝缘良好，油管电热过程中沿管线长度各点电流趋于均等，集输油管直热式电解堵有两种接线方式：

（1）当集输油管的对地电阻 $R \leqslant 30k\Omega/m$ 时，采用临时导线作为集输油管电热解堵电源的回线。

（2）在土壤比较潮湿的情况下，地下油管的对地绝缘电阻 $R \geqslant 30k\Omega/m$ 时，可利用大地作为集输油管电热解堵电源的回线，但接地体的接地电阻 $R \leqslant 0.5\Omega$，其电压降必须小于60V。

集输油管电热过程中，无论是以大地还是采用导线作为解堵电源的回线，回线上的功耗都白白废掉了，只有加在集油管上的功才能促使凝结在管内的原油溶化。因此直接式集输油管解堵过程中有用功占电源输出功的 $R_{管}/(R_{管}+R_{回})$ 倍，由此看来油管的电阻与解堵电源回线电阻的比值越大，集油管解堵过程的热效率越高。

3. 电热解堵功率、电源容量及电压等级的确定

1）解堵功率

输油管解堵过程中，每米油管获得的功率越大，在相同条件下解堵时间越短。但油管电热电流增大，要求临时导线或接地体的接地电阻减少，给集输油管解堵操作或接地体的施工带来很大困难。综上考虑，对DN100mm以下集输油管的解堵功率按70W/m选用比较恰当。其采用70mm^2焊机把线作为集油管电热电源回线时的热效率可达70%左右，移动也方便。以大地作回线接体的接地电阻 $R \leqslant 0.5\Omega$ 时，可以保证集输油管电热时的安全。

由于集输油管的这种解堵方式，只要冻结在管壁上的一层原油溶化，启动井口抽油机或站内机泵即可达到再启动之目的。根据每条集输管线保温、敷设条件的不同，实践证明，油田内集油管的解堵时间在0.8~3h之间。

2）电源容量的确定

解堵电源的输出功主要包括集输管线电热功和回线消耗功的总和，回线消耗功一般占集输管线电热功的1/3。所以解堵电源装置的容量（变压器）可按式(17-3-7)计算：

$$S = \frac{PL + \frac{1}{3}PL}{\cos\phi} \qquad (17-3-7)$$

式中 S——解堵电源装置变压器容量,kV·A;

P——单位长度解堵功率,W/m;

L——解堵管线长度,m;

$\cos\phi$——功率因数。

考虑现场的多变性,解堵电源装置设计应考虑其具有 1.3 倍通过电源 3h 后无损的过载能力,取电压为 600V,且无级可变。

4. 解堵电源装置的选择

集输油管采用旁热式电解堵时,必须采用交流电源,以防油管解堵过程中电热电源的流散。采用直热式电解堵时,可采用直流、交流两种电源。如果采用直流,可以降低集油管的解堵电压,而且功率因数最大,但由于管线直流电阻太小,解堵电流太大,电源回线无法解决。采用工频电热时,虽然存在回路阻抗增大、功率因数下降、解堵电压升高等缺点,但由于集输油管阻值的明显增大,使集输油管、回线电阻趋于合理,把电源输出的电热功更多地转移到集输油管上。若在工频基础上把集油管电热电源的频率提高到中频 400Hz,则油管电阻增加缓慢、解堵电压升高、功率因数变差,没有什么经济效益。因此对直径为 4in 以下小口径集输油管采用 50Hz 工频电源装置比较合理。

5. 集输油管电热过程中的安全措施

(1) 集输油管电源接线端子必须采用防爆接线盒,如没有防爆接线盒,其电源接线端子应设在室外,且距计量间、泵房等易爆场所水平距离不得小于 3m。

(2) 在与解堵管线相连的计量间、泵房等内部所有管路连接后,要可靠接地,接地电阻 $R \leqslant 4\Omega$,以防管线电热过程中传导、感应电压而引爆计量间、泵房等的可能性或促成操作人员的触电危险。

计量间或泵房等金属管线接地后,为了防止冻结油管电热时电流的流散,在每条集油管进站 2m 处应设置一个 500mm 长的绝缘短节。

(3) 集输油管对地绝缘电阻 $R \geqslant 30\text{k}\Omega/\text{m}$ 时,可利用大地作为油管电热电源的回线。要求电源侧接地体的接地电阻 $R \leqslant 0.5\Omega$,接地体电降不大于 60V。接地体应设在远离解堵操作面的部位,并设明显的标志。

第四节 投产方案的编制及注意事项

投产必须在竣工以后,消防验收通过。投产前做到"三查四定":查设计漏项,查工程质量及隐患,查未完工程量;定任务、定人员、定时间、定措施,限期完成。

投产方案编制内容及注意事项供投产方案编制时参考。投产方案编制一般含以下内容:

概述、投产组织机构及职责、现状、工程概况、投产条件、原油物性等基础参数、投产方案、运行安排、HSE 作业计划、应急预案等。

一、概述

一般明确投产方的背景及必要性,编制方案的依据、目的、原则,主要遵循的标准规范,特别要明确投产范围、投产方式、介质准备情况。

投产方式要明确两点,一是冷投还是热投,二是手动投产还是远程操控。

二、投产组织机构及职责

投产是重大生产活动,是衔接工程竣工和正常生产之间的重要环节,需调动各方面的人员物资,投产前必须先建立投产组织机构,审定投产方案,指挥实施投产。

明确主管领导及成员,下设哪些投产机构,比如指挥、技术、抢险、消防、安全环保、后勤、宣传等,明确各成员的职责,做到各负其责。

三、现状

描写道路、供电、通信、原油流向,行政区划、社会依托、业内依托。便于确定方案是否合理,安保、医疗、消防、外部通信、供电、交通等是否保障。判断能否利用已建设施投产,减少临建等投资,保障安全,有利环保。

四、工程概况

详细描述工程情况,流程平面。主要描述油气集输系统、消防系统、给排水系统、采出水处理系统、注水系统、热力系统、供配电系统、自控系统、通信系统以及防腐等。

五、投产条件

1. 投产前提条件

(1) 工程已竣工;施工单位组织进行管线清扫、试压;阴极保护装置、通信设施等投运,并达到相关要求;提交工程建设竣工图;有关资料、专用工具、施工纪录;仪器、仪表、标准设备证明书和随箱附件;非标设备制造许可证、合格证。

(2) 投产方案编制完成,并得到业主的批准,投产领导小组已成立。

(3) 投产临时流程、设施等已建设完成。

(4) 相关阀门能按照逻辑动作,施工单位单机试运工作完成,设备能正常运行。

(5) 供水供电予以保证,通信畅通无阻;巡检车备齐。

(6) 各种安全保护设施配备齐全到位,安全和消防等设施(包括避雷和防静电设施、消防设施、火灾报警系统等)已符合标准,消防设施及投运方案得到业主和地方消防单位的批准。

(7) 需要动火的所有操作已完成,水、电以及其他公用设施符合标准并能确保供应。

(8) 抢修队伍已组建完毕,抢修机具(包括设备、材料等)已调遣到位,处于待命状态,生活和交通保障系统完善。

(9) 人员培训等工作已完成,操作人员已就位,资料报表齐全,各项规章制度上墙,管理人员到位。
(10) 按总体方案要求,投产介质(含机泵润滑油、脂)准备就绪。
(11) 已经做好接收投产污水的准备工作。
(12) 提前做好工程建设地工农关系的协调工作。
(13) 请地方公安部门做好安全保卫工作,防止破坏分子破坏。
(14) 施工单位和生产单位均要安排好投产期间的巡检人员,并在投产试运期间,坚持每一个环节都要二十四小时巡检。

2. 投油条件

(1) 消防、供配电、通信、仪表、热力等系统各辅助系统已经投运正常,站场联合试运转成功。
(2) 氮气充填完毕或预热完成。
(3) 达到计算投油的边界条件。

六、原油物性等基础参数

(1) 原油物性、油组分、纯油的黏温曲线、相关含水油的黏温曲线、油气比、气组分、析蜡曲线等。
(2) 气象资料、水文地质、工程地质等。
(3) 管道中心处每月的平均地温。
(4) 水的初始温度。
其他计算或投产所需要参数。

七、投产方案

1. 工艺计算

(1) 水力计算。
(2) 热力计算。
(3) 其他计算。
比如管容,计算后才能准确知道用水量、氮气充填量等,方便准备介质;安全停输时间计算,便于抢险安排;停输再启动计算,便于运行操作等。
水力热力计算,要计算输水、输油、输含水油的水力热力参数,复核设计参数,输入各种参数变量,确定最佳的设备运行参数,水油切换后参数,预热水排量、温升,投油排量等。

2. 投产方案

(1) 投产临建流程。
(2) 各设备运行参数。
(3) 介质储备及运行参数。
(4) 参数控制。

(5)投产顺序及操作。要对所有设备及阀门进行编号,按编号下达投产指令。

(6)投产运行大表。大表中编制所有设备的参数、调度指令。

八、应急预案

一是生产单位正常生产时相关的应急预案,二是要根据工程特点,分析可能的事故,提出相应的应对措施,比如管线漏油、高寒地区防冻等。

九、注意事项

(1)油气与空气必须隔离。可以充氮、全线充水、油头前加水头等措施。

(2)有毒有害物质的职业卫生。准备好氧气面罩等,便于施工抢险作业和操作。

(3)防窒息。氮气等排放要置于高空,防止低洼地人员进入造成窒息事故。

(4)防破坏。防止不法分子对投产进行破坏活动。

(5)排气。管道排气是投产中重要事项,一定的背压便于投产运行,排气不好一是损坏设备,二是造成震动出现事故。

(6)水头油头防冻防凝防气化。

(7)热投防止管线断裂、拱起变形。预热投产一定控制好温升速度。

(8)加热炉油水切换时调参。因比热相差很大,油水混合段过加热炉时,加热炉加热介质温度要急剧变化,此时要注意调节加热炉运行参数。

(9)其他。防止中暑及其他疾病和伤害,医疗设施准备齐全。

参 考 文 献

SY/T 5536—2016,原油管道运行规范[S].
SY/T 4111—2018,天然气压缩机组安装工程施工技术规范[S].

第十八章　油气田地面建设标准化设计

自从 2008 年油气田地面建设标准化设计在中国石油全面开展以来,经过不断地发展和完善,在油气田地面工程建设的各个环节中发挥了重要的作用,取得了显著的成效,已成为地面建设和管理加快转变发展方式、实现低成本发展战略的重要举措。

本章主要包括油气田地面建设标准化工程设计、一体化集成装置研发与应用、模块化建设等方面内容,在全面总结了标准化设计研究内容和生产实践经验的基础上,涵盖了油气田地面建设技术与管理的各个环节。

第一节　标准化工程设计

一、总体要求

油气田地面建设标准化设计是结合油气田地面建设的特点,找出在设计、采购、建设和管理中的共性,然后对这些共性进行归纳总结,形成标准化并进行更大范围的推广应用。标准化设计应遵循系统性、先进性、动态适应性 3 项原则。

1. 系统性原则

系统性就是能有效地保证标准化设计整体目标的实现。也就是说,系统性是由标准化设计的整体性和目的性这两个特点决定的。整体性告诉我们,油气田地面建设标准化设计的对象不是一个孤立的个体,而是一个整体。

2. 先进性原则

先进性是标准化设计存在和发展的根本前提。标准化设计集中了先进的设计技术、施工技术、组织和管理技术等。同时注重节能、节水,安全环保,经济指标先进。

标准化设计注重地面系统的整体优化简化。在优选建设模式、优化技术方案的基础上,积极采用并固化一批先进、高效的工艺、技术、设备和材料,节省投资、节约成本、提高生产系统效率,实现油气田高效益、高水平开发。

3. 动态适应性原则

标准化设计不是搞"一刀切",而是在科学、规范、高效的前提下,根据各个油气田特点,包括油气藏类型、开发方式、生产参数、技术水平、生产管理和地面建设条件,找出它们之间的共性,确定适宜的标准化设计模式,开展标准化工作。

二、标准化设计内涵

油气田地面建设标准化设计的内涵包括:标准化工程设计、模块化建设、规模化采购和信息化管理四个方面。其中，标准化工程设计是龙头，是带动后续所有工作的基础；规模化采购是确保工程质量和进度、降低工程投资的有效手段；模块化建设是标准化设计的延伸和落脚点；信息化管理是提高效益的必然要求。

可见，油气田标准化地面工程标准化设计已经扩大了传统标准化的范畴。首先，标准化设计中的"标准化"并不仅限于制定标准，也包括制定其他的管理文件和工程设计文件，包括相关的规定、技术要求、定型图文件等；同时标准化设计以解决油气田地面工程实际问题为主要目的。标准化设计中的"设计"也是广义的设计，不仅仅指常规狭义的工程设计，而是泛指油气田地面工程的整体设计，包括油气田地面工程的建设和生产运行管理整个过程。

三、站场标准化设计

油气田站场标准化设计指的是针对不同类型油气田的特点，进行科学分类，对地面工程建设中同类型站场、装置和配套设施，进行系统分析、总结共性、优化简化，按照"工艺流程、平面布局、模块划分、设备选型、三维配管、建设标准"六统一原则，设计形成技术先进、通用性强、可重复使用的标准化、模块化、系列化设计文件。

1. 模式分类技术

对近年油气田地面建设设计文件进行全面总结。根据油气田类型、工艺类型、站场规模、关键设备等重要参数对各种类型地面设施的设计文件进行归纳和分类，对各类设计文件进行系统综合分析，分析共性和个性，在此基础上进行统一化、优化和简化，为后续的定型化奠定基础。

油田地面建设模式分类就是一个典型的系统总结、综合分析的实例。

开展油气田模式分类的目的是为规范油田地面工程标准化设计工作，根据不同类型油田特点，确定适宜的标准化地面建设模式，统一技术要求，进而形成相应的标准化、系列化的设计文件，是开展标准化设计工作的基础。

模式是对一个不断重复出现的问题及对该问题解决方案的核心的概括和总结，具有代表性和通用性。油气田地面建设模式是指符合同类油气田特点的油气田地面建设的解决方案。

由于不同类型的油田具有不同的特点，所以地面建设模式不同，模式内容的侧重点也存在着不同，主要是体现在对油气田的工艺技术和建设方式两个方面的不同侧重。为进行科学的、可操作性强的分类，确定了以下的分类原则：

(1) 地面建设模式应根据油气田类型进行分类。

(2) 油田类型应以油气藏类型、油气物性、地理环境条件以及开发方式等对地面建设模式产生重要影响的因素进行分类。

(3) 油田地面建设模式应技术成熟、先进，通用性强，能体现该类油气田的地面建设主要特点，适宜于广泛推广。

1) 油田分类及油田地面建设模式

从油田地面工程的角度，结合油田地面建设的特点，把油田分为整装油田、分散小断块油田、低渗油田、稠油油田、沙漠油田、滩海油田、三次采油油田 7 种油田类型。在对油田进行分类的基础上，对不同类型油田的建设模式进行总结、分析、优化、简化、统一化，形成推荐的建设模式。

(1) 整装油田。

一次建成产能规模大、单井产量较高、井站多、管网系统复杂、生产期较长的整装油田,地面建设模式宜为整体建设、功能齐全、系统配套。

(2) 分散小断块油田。

地面建设产能规模较小、产建区域较分散的小断块油田,地面建设模式宜为短小串简、配套就近。

(3) 低渗透油田。

井数多、单井产量低、注水水质要求较高、注水压力高、生产成本较高的低渗透油田,地面建设模式宜为单管集油、软件计量、恒流配水。

(4) 稠油油田。

原油中沥青质和胶质含量较高、黏度较大、热采开采、生产成本高的稠油油田,地面建设模式宜为高温密闭集输、注汽锅炉分散布置与集中布置相结合、软化水集中处理、污水回用锅炉。

(5) 沙漠油田。

处于沙漠或戈壁荒原的油田,自然环境条件恶劣、社会依托条件差的沙漠油田,地面建设模式宜为优化前端、功能适度、完善后端、集中处理。

(6) 滩海油田。

靠近陆地、水深较浅的油田。潮差、风暴潮、海流、冰情、海床地貌和工程地质复杂的滩海油田,地面建设模式宜为简化海上、气液混输、完善终端、陆岸集中处理。

(7) 三次采油油田。

通过采用各种物理、化学方法改变原油的黏度和对岩石的吸附性,以增加原油的流动能力,进一步提高原油采收率的三次采油,地面建设模式宜为集中配制、分散注入、多级布站、单独处理。

2) 气田分类及油田地面建设模式

根据气藏和气质特点,结合气田地面工程的建设特点,把气田分为高压气田、中压气田、低压气田、凝析气田、含H_2S气田、高含CO_2气田、煤层气田。在对气田进行分类的基础上,对不同类型气田的建设模式进行总结、分析、优化、简化、统一化,形成推荐的建设模式。

(1) 高压气田。

井少、单井产量高、压力高的高压气田,地面建设模式宜为高压集气、采用J-T阀节流制冷,实现烃水露点控制和凝液回收。

(2) 中压气田。

介于高压和低压气田之间的中压气田,地面建设模式宜为多井集气、中压湿气集输、集中处理。

(3) 低压气田。

生产压力低、单井产量低的低压气田,地面建设模式宜为井下节流、井间串接、湿气集输、集中处理。

(4) 凝析气田。

介于油藏和天然气藏之间的凝析气田,因开发过程中,气相中重烃会发生相态变化,在地层中析出凝析油,地面建设模式宜采用油气水三相混输、加热与注醇统筹优选、集中处理工艺;对采用循环注气开发方式的凝析气田,注气装置与处理装置宜合建。

(5) 含H_2S气田。

天然气中H_2S含量超过有关质量指标要求,需经脱除才能符合管输商品气的气质要求的含H_2S气田,地面建设模式宜为多井集气、碳钢+注缓蚀剂防腐、集中净化处理。

(6) 高含CO_2气田。

CO_2含量高、腐蚀性强、压力递减快、气井分布不均的高含CO_2气田,地面建设模式宜为湿气集输、碳钢+注缓蚀剂防腐、集中净化处理。

(7) 煤层气田。

含量高、井口压力低、单井产量低、稳产期长的煤层气田,地面建设模式宜为排水采气、井间串接、增压集输、集中处理。

2. 工艺技术定型

油气田工艺以实用、经济为原则。在油气田地面建设模式的基础上,针对不同油气田类型,结合油气田的地质、开发和环境等特点,在优化、简化的基础上进行统一和技术定型。在技术定型中,标准化工程设计应优选有利于实现工艺集成、一体化集成、信息化的技术。

1) 油田工艺技术定型

(1) 整装油田。

根据整装油田的特征和地面建设模式,对工艺技术进行定型:集油工艺定型采用"单管不加热集油、集中量油或软件量油、油气混输"和"双管掺水、集中量油或软件量油";原油处理工艺定型采用"一段高效脱水"或"两段脱水、原油稳定、轻烃回收";采出水处理工艺定型采用"采出水两级除油两级过滤"。

注水工艺定型采用"注水站集中增压(分压)供水,单干管多井配注"。

(2) 分散小断块油田。

根据分散小断块油田的特征和推荐的地面建设模式,定型工艺:集油工艺定型采用"单管、环状和双管,枝状串接、混输增压、集中处理";原油处理工艺定型采用"三相分离、管输或车拉外运";注水工艺定型采用"就地打水源井、就地回注工艺"和"采用合一装置处理含油污水、处理后回注"。

(3) 低渗油田。

根据低渗油田的特征和推荐的地面建设模式,定型工艺:集油工艺定型采用"单管不加热(加热)串接(枝状)集油、软件量油、油气混输"和"小环掺水集油、软件量油、油气混输";原油处理工艺定型采用"高效三相分离器"或"热化学沉降脱水";注水工艺定型采用"注水站集中增压(分压)供水,稳流阀组配水工艺"。

(4) 稠油油田。

根据稠油油田的特征和推荐的地面建设模式,定型工艺:集油工艺定型普通稠油采用"单管加热集输",特、超稠油采用"掺液(蒸汽)集输";原油处理工艺定型普通稠油采用"两段热化学沉降脱水",特、超稠油采用"一段动沉二段静沉脱水";注汽工艺定型采用"固定注汽和移动注汽相结合,枝状分配和辐射状分配相结合";稠油污水深度处理工艺定型采用"水质稳定与净化工艺+过滤+软化、缓冲调节、沉降、气浮三段工艺+过滤+软化"。

(5) 沙漠油田。

根据沙漠油田的特征和推荐的地面建设模式,定型工艺:集油工艺定型采用"单管不加热油气混输集油、集中计量工艺";原油处理工艺定型采用"二段热化学脱水沉降工艺";注水工艺定型采用"注水站集中增压(分压)供水,单干管多井配注工艺";采出水处理工艺定型采用"水质稳定与净化工艺+过滤","两级沉降除油两级过滤",清水处理采用"一段除铁(氧),二段精细过滤工艺"。

(6) 滩海油田。

根据滩海油田的特征和推荐的地面建设模式,定型工艺:集油工艺定型采用"不加热、集中计量混输集油工艺";原油处理工艺定型采用"中心平台预脱水,低含水油混输上岸、陆上终端集中处理";注水工艺定型采用"中心平台就地预脱水就地回注,陆上集中增压供高压水至平台或人工岛进行注水"。

(7) 三次采油油田。

根据三次采油油田的特征和推荐的地面建设模式,定型工艺:配制及注入工艺定型采用"集中配制、分散注入"总体布局,"分散—熟化—过滤"的母液配制及"一泵多站、一管两站"的外输工艺,"一泵多井"的聚驱注入站工艺;集油工艺定型采用"双管掺热水、集中计量"的集油工艺;原油处理工艺定型采用"一段热化学沉降、二段电化学"的两段脱水处理工艺;采出水处理工艺定型采用"一段缓冲沉降+横向流聚结(气浮选)除油,二段压力过滤处理工艺"。

2) 气田工艺技术定型

(1) 高压气田。

① 集气。高压气田集气工艺采用"井口节流注醇(加热)、单井(多井)集气、集气站气液分离、单井(多井轮换)计量"或"多井高压集气、集气站集中加热、节流、气液分离、轮换计量"。中低压气田集气工艺采用"中低压常温集气、集气站气液分离、轮换计量"。

② 处理。高压气田脱水采用"J-T 阀节流制冷低温脱水工艺";中低压气田以满足水露点要求为主,要求天然气露点降不高,推荐采用"三甘醇(TEG)工艺"。

③ 凝液回收。对于高压气田,推荐采用"J-T 阀节流制冷工艺",且以控制烃露点为主,推荐采用丙烷制冷脱水工艺。

(2) 中压气田。

① 集气。酸性气田集气方式推荐"采用湿气集输、缓蚀剂防腐",集气工艺同非酸性气田。

② 处理。脱硫脱碳工艺:对于处理量比较大的脱硫脱碳装置和以脱 H_2S 为主推荐采用醇胺法;当原料气中含有有机硫化物时推荐采用砜胺法;原料气中 H_2S 含量低,主要脱除 CO_2 时,推荐采用 MDEA 配方溶液法;当需要大量脱除原料气中的 CO_2 且同时有少量 H_2S 也需脱除时,推荐采用膜分离法+醇胺法。脱水工艺:酸性气田的脱水推荐采用三甘醇脱水工艺。

③ 硫黄回收和尾气处理。CPS 硫黄回收工艺是具有国内自主产权的工艺技术,应推荐和鼓励使用;装置规模大,总硫收率要求高的尾气处理,推荐采用 SCOT 工艺。

④ 凝液回收处理工艺与非酸性气田相同。

(3) 低压气田。

① 集气推荐采用"井下节流、井口不加热、不注醇、中低压集气、差压计量、井间串接、常温分离"的建设模式。

② 天然气脱水和凝液回收推荐采用"丙冷制冷低温分离工艺"。

(4) 凝析气田。

① 集气推荐采用"井口节流注醇(加热)、单井(多井)高压集气、单井(多井轮换)计量、气液混输"的建设模式。

② 处理。脱水采用低温分离脱水、分子筛脱水;凝液回收采用 J-T 阀节流制冷、丙烷制冷、丙烷+J-T 阀节流制冷;凝析油稳定采用多级闪蒸、微正压分馏。

③ 循环注气。本着节省投资、总体优化布局的原则,重点采用集中增压注气的建设模式。

(5) 含 H_2S 气田。

① 集气推荐采用:井口节流注醇(加热)、单井(多井)高压集气、单井(多井轮换)计量、常温气液分离、集输系统注缓蚀剂防腐的建设模式。

② 处理。脱碳推荐采用醇胺法、膜分离法+醇胺法脱碳工艺;脱水推荐采用三甘醇脱水工艺;凝液回收工艺与非酸性气田相同。

(6) 高含 CO_2 气田。地面建设模式宜为湿气集输、碳钢+注缓蚀剂防腐、集中净化处理。

(7) 煤层气田。

定型工艺:集气推荐菜采用井间串接、湿气集输、增压输送工艺;采气管线应优先采用 PE 管;脱水推荐采用"三甘醇脱水工艺"。

3. 平面布局定型

标准化设计的站场平面是各工艺模块布置的母版和基础。站场平面布局遵循工艺流程顺畅、安全、管理维护方便、合理节约用地的基本原则,做到布局定型、风格统一。站场布局中注意以下几点:

(1) 严格控制用地面积,原则上不建围墙。

(2) 站场设施尽量露天化、布置流程化。采取有效防护措施,实现露天布置。有利于按流程紧凑布置工艺设备,节省占地,减少建筑物,有利于防爆,便于消防。

(3) 努力实现中小型站场无人值守,大型站场少人值守的生产管理模式。站场集中控制和管理。取消传统的分散岗管理模式,推行在控制室内集中监控、轮回巡检模式。将控制室、办公室、化验室和高低压配电间等公用设施联合布置,组成全站的控制管理中心区,并与生产区保持足够的安全距离。

(4) 考虑到地形限制、进出站流向、进站道路方向、盛行风向、建筑朝向等因素的影响,站场平面可进行旋转、镜像翻转或局部调整。

4. 建设标准统一

针对不同的油气田地面设施,进行建设标准的统一。应充分吸收先进的工艺技术,紧密结合现场建设、管理、运行的反馈信息,坚持以人为本的设计理念。对工艺、配管、自控、通信、电气、建筑结构、总图、消防、暖通、防腐保温、道路、安全、环保、标识等设计内容进行优化完善和详细规定。

5. 设备材料定型

油气田地面设施是大量的设备和材料组成的,就设备而言,实现同一功能的设备存在多个种类和形式,因此,设备定型是开展标准化工程设计的基础。

首先要广泛开展设备筛选和评价研究工作,选择优秀、高效、节能设备,统一站场设备和管阀配件标准以及技术参数,实现设备选型定型化。对非标设备,需要统一外形尺寸和接口方位。在设备定型的基础上,形成标准化、规模化采购目录和相应的设备材料技术规格书。建设单位根据标准化工程设计批量提交物资采购需求计划,物资采购管理部门按照规定实施规模化招标采购。

6. 三维配管设计

由于目前国内管道器材标准众多、互换性差,有必要统一配管标准,以避免由于不同标准体系之间的配合而带来的一些问题。应用三维配管设计软件,建立全面的管道等级数据库和设备模型库,实现直观的、精确的配管设计,可以大幅度提高设计的准确性和设计精度。借助三维辅助设计实现管道安装的自动检查,能够发现各专业的管道碰撞、管道接口不对应、管道漏缺等管道安装二维设计中常见的问题。而且安装图的表示方式由以往的平立剖面图转变为单线的轴测图,每一条管道上的设备、管材、管件乃至管段的长度、焊缝的数量均可精确表示、自动统计,极大地方便了预制和组装。因此三维配管设计不仅是提高设计质量和效率的重要手段,也是支撑施工建设的有力保证。

同时,三维配管设计在模块化预制方面、功能集成方面(如一体化集成装置的研发)、大型厂站模块化建设等方面,可以发挥无可比拟的作用。通过三维软件的优势,可以实现系统集成多专业、高度集成作业。还可以通过接口,为后期深度分析做基础,包括应力分析、吊装、震动脉动等。

应用三维配管设计软件,建立全面的管道等级数据库和设备模型库,建设数字化工厂,为站场完整性管理奠定基础。

7. 定型图设计

为了减少大量的重复劳动,加快工程设计的速度,减少工程设计的失误,提高工程设计的质量,针对油气田地面建设所可能面对的工程项目类型,将某些可重复利用的图纸在对其进行综合技术、经济分析的基础上,确保其可行性和实用性,设计成定型图。在条件具备时候,设计人员根据需要直接选用。通过设计产品的系列化、组合化、模块化,提高产品通用化、标准化的程度,使工程设计环节的效率和效益最大化。

标准化定型设计的最终目的是:

(1) 在新项目的前期分析中,可以以成熟的设计成果进行规划设计、经济、技术可行性分析,确保分析和决策的准确性;

(2) 在实际项目操作中,必要时可以用成熟的定型图成果直接进入施工图设计,节省设计的周期。

8. 完善系列

采用系列化方法,根据不同类型油气田特点及开发方案,对不同类型设施进行系列化研究。确定规模系列和参数系列,要求做到优化、合理。首先要覆盖全面,满足生产需要;同时要实现整合,规模系列不宜过多。

对于油田站场来说,主要针对工艺和规模进行系列化。系列化取决于站场工艺和设备定型化的程度,关键的工艺设备如泵、容器、压缩机、储罐等直接决定了站场的种类和能力。因此以具有代表性的关键设备的规格系列作为规模确定的基准。形成基准系列。同时通过调整关键设备的数量组合以及参数变化,形成不同的衍生系列,满足不同的需求。

对于气田站场来说,除了要考虑油田站场的因素外,由于设计压力这个生产参数对气田站场具有重要的影响,因此,在标准化设计系列化中,设计压力也应是一个重点参数。注水站场也同样。

以处理量 1500m^3/d、注水压力等级为 PN250MPa 的以柱塞泵为典型工艺的注水站为例,该标准化设计注水站设置有 3 台五柱塞注水泵,通过增减注水泵模块的数量,可横向扩展出 2000m^3/d、1000m^3/d 两种规模。通过调整注水泵的泵压,可纵向扩展出 PN200MPa、PN160MPa 两种压力等级;通过增减纤维球过滤器模块,可形成带/不带预处理的两种模式,组合起来将形成注水站的系列型谱表。

四、标准化工程造价

标准化工程造价是企业标准化体系建设的一个重要组成部分,在投资管理控制上,实现了由过去的实施过程控制、事后控制、跟踪控制向造价基础源头预先控制的转变,已成为核定和有效控制投资的重要手段。

标准化造价是指根据国家、地方、企业等各方面发布的工程定额标准和计价依据,根据油气田地面建设标准化设计定型图,形成通用、标准、相对稳定的标准化模块、生产单元(装置)、站场(厂)标准化估算、概算、预算综合计价指标体系,实现快速、准确编制工程造价和有效控制工程投资的目的。

1. 标准化工程造价指标

标准化工程造价指标包括标准化估算指标、概算指标和预算指标,分别用于地面工程建设可研、初步设计、施工图设计阶段工程造价的编制、控制和管理。

模块标准化估算指标、概算指标和预算指标:依据设计部门提供的各功能模块的设计文件和相应的计价依据编制的可研、初步设计、施工图设计阶段的造价指标。如集气站的进站阀组模块、分离模块等的估算指标、概算指标和预算指标。

生产单元(装置)标准化估算指标、概算指标和预算指标:依据设计部门提供的具备独立施工条件并形成独立使用功能的生产单元(装置)的标准化设计文件和相应的计价依据编制的可研、初步设计、施工图设计阶段的造价指标。如油、水、气井站外管线、井口装置、天然气脱水装置等的估算指标、概算指标和预算指标。

站场(厂)标准化估算指标、预算指标和概算指标:按照可以独立发挥生产能力或效益的工程项目标准化站场(厂)的设计文件和相应的计价依据编制的可研、初步设计、施工图设计阶段的工程造价指标。如接转站、集气站等的估算指标、概算指标和预算指标。

2. 标准化工程造价编制方法

油气田勘探开发是一个复杂的系统工程,从工程设计、施工、投产到竣工结算,每个环节都有着各自的逻辑顺序和相互的内在联系。油气田建设工程的投资环节控制,与其他建设工程相比,涉及领域众多、管理环节复杂。除设计方案的工艺技术优化比选外,还包括投资估算、概算、预算、标底、合同、结算等造价管理环节,一般情况下,工程项目造价文件编审内容复杂、涉及专业面广,编审周期长。而油气田地面工程领域标准化设计及配套的标准化工程造价则提供了相对快速、准确的工程造价编审及管理方法。

标准化工程造价编制方法一般包括以下步骤:

一是首先建立工程标准化造价体系文件。包括工程标准化造价文件编审的管理文件和技术文件,经审查后发布实施并定期更新。

二是根据模块、生产单元(装置)、站场(厂)定型图设计文件和相应的计价文件,编制以上定型图可研、初步设计、施工图设计阶段的标准化造价指标。模块的标准化造价指标是根据构成该模块的元件的造价、依据该模块标准化设计定型图计算得出,形成标准化模块造价指标,如:$\phi 800mm$ 立式气液分离器(PN0.6MPa)估算指标为2.2万元。同样,生产单元(装置)的标准化造价指标是根据构成该生产单元(装置)的模块的标准化造价、依据该生产单元(装置)的标准化设计定型图计算得出,形成标准化生产单元(装置)造价指标,比如:$500 \times 10^4 m^3/d$ 规模天然气脱水装置估算指标为520万元。站场(厂)的标准化造价指标是依据构成该站场(厂)的模块、生产单元(装置)的标准化造价指标、依据该站场(厂)的标准化设计定型图计算得出,形成该站场(厂)的标准化造价指标,比如:$50 \times 10^4 m^3/d$ 规模标准化集气站估算指标为2682.3万元(详见标准化工程造价案例)。

三是根据具体地面工程项目,按照"按图计量、按量计价"即工程量清单计价模式,编制工程项目造价文件。与传统工程造价文件编制方法不同的是,标准化造价文件中的量是以标准化设计定型图为"量"的单位,该"量"是标准化模块、标准化的生产单元(装置)或标准化的站场(厂),使用与该标准化定型图配套的造价指标,编制具体工程项目的造价文件,如:某工程设计方案包括11井式标准化计量站6座,1000t/d标准化接转站2座,工程造价只需要按照建设阶段直接套入11井式标准化计量站单价、1000t/d标准化接转站单价直接计算该阶段工程造价指标,不需进行单(细)项计算。

五、标准化定型图

为了减少大量的重复劳动,加快工程设计的速度,减少工程设计的失误,提高工程设计的质量,针对油气田地面建设所可能面对的工程项目类型,将某些可重复利用的图纸在对其进行综合技术、经济分析的基础上,确保其可行性和实用性,设计成定型图。在条件具备时候,设计人员根据需要直接选用。通过设计产品的系列化、组合化、模块化,提高产品通用化、标准化的程度,使工程设计环节的效率和效益最大化。

标准化定型设计的最终目的是:

（1）在新项目的前期分析中，可以以成熟的设计成果进行规划设计、经济、技术可行性分析，确保分析和决策的准确性；

（2）在实际项目操作中，必要时可以用成熟的定型图成果直接进入施工图设计，节省设计的周期。

1. 标准化设计定型图的设计方法

由于油气田地面建设是油气集输与处理、采出水处理与注水、供水、供电、矿建等构成的复杂系统，开发方式和地形环境的影响大，使得站场种类多、站场规模和工艺参数变化大，各类不同参数、不同种类的站场在设计内容上有着多样的组合。

为应对规模化和多样性的挑战，标准化工程设计采用了基于模块化设计的方式，也就是模块拼接组合的设计方法。

模块化工程设计，简单地说就是在系统分析的指导下，将站场、生产单元或装置进行科学拆分，把某些功能要素组合在一起，形成具有特定功能和规格的通用性模块，通过不同的功能、不同的规格的模块进行多种组合，形成多种不同功能或相同功能、不同性能的系列化标准化设计站场定型图。

模块化工程设计的优点在于模块分解的独立性、模块组合的灵活性和模块接口的标准化。在标准化设计中引入模块化设计方法，一是为了解决油气田站场规格较多的问题；二是为了提高设计对滚动调整变化的应变能力；三是为了支持后续的模块化建设，模块化的设计是模块化建设能否成功的关键，没有模块化设计就谈不上模块化建设。

2. 标准化设计定型图的编制

标准化工程设计的最终成果，即标准化工程设计站场定型图是由标准化设计模块定型图拼接而成的，而标准化设计模块定型图的建立是基于各种标准元件、非标准元件、单体设备等的不同组合而形成的，因此，需要建立完善标准化设计定型图库来支持标准化设计站场定型图的建立。

在实际生产中，为开展基于三维配管的标准化设计定型图设计，需要建立基础数据库、单体定型图库、单元定型图库、站场定型图库等。

1）基础数据库

基础数据库是开展各类标准化定型图设计的基础，主要包括四方面内容：

（1）制定《标准化设计统一技术规定》，建立设计、采购、预制、施工的标准数据体系；对站内配管设计做出统一规定，如设计压力规定、管线规格的系列、管件、法兰、阀门、阀门的选用标准、配管设计规定等。

（2）按照专业分工、管线介质等不同，制定管线、材料的编码原则，建立有条理、成系统的配管设计体系，为后续各类定型图设计奠定基础。

（3）建立标准元件库，根据《标准化设计统一技术规定》，结合油气田地面建设的实际情况，编制管道等级表，在三维设计软件中选用相应的标准，即可建立适用于一定介质、压力、温度等工况下的各类管线、管件、阀件、基础元件的规格及系列；标准化设计管道等级表示例见表18-1-1。

第十八章 油气田地面建设标准化设计

表 18-1-1 标准化设计管道等级表示例

管道材料等级号																法兰等级 PN4.0MPa	基本材料 碳钢	腐蚀裕度 1.5mm								适用介质 油品、油气、液化烃、溶剂、水蒸气、凝结水					设计温度 T_d, ℃	设计压力 P_d, MPa
4A1																															−20~100	4.0
																															150	3.6
																															200	3.2
																															250	2.8
																															300	2.4
																															350	2
																															400	1.4

	DN, mm	15	20	25	32	40	50	65	80	100	125	150	200	250	300	350	400	450	500
管子	外径,mm	22	27	34	42	48	60	76	89	114	140	168	219	273	325	356	406	457	508
	壁厚号Sch	80	80	80	80	80	60	40	40	40	40	40	40	40	40	40	40	40	40
	壁厚,mm	4.0	4.0	4.5	5.0	5.0	5.5	5.5	6.0	6.5	7.0	8.0	9.5	10.0	11.0	13.0	14.0	14.0	15.0
	形式和材料	SMLS-A1								无缝 20 号钢									
	制造标准	GB/T 8163																	
管件	形式和螺纹	承插或螺纹 20号钢(A1)							无缝 20 号钢										
	弯头 90°	ESW9 Sch.80 （SH/T 3410）							ELR9						ESR9		（SH/T 3408）		
	弯头 45°	ESW4 Sch.80 （SH/T 3410）							ELR4								（SH/T 3408）		
	三通	STSW RTSW SYTE RYTE Sch.80(SH/T 3410)							STEE				RTEE				（SH/T 3408）		
	管帽	CASW Sch.80(SH/T 3410)							CAPB								（SH/T 3408）		
	大小头	CPHS Sch.160(GB/T 14626)							CRED			ERED							
	螺纹管帽	CASC Sch.160 （GB/T 14626）																	
	异径承口管箍	CPRW Sch.80 （SH/T 3410）																	
	异径螺纹管箍	CPRS Sch.160 （GB/T 14626）																	
	（单承口）管箍	CPHW Sch.80 （SH/T 3410）																	
	单头螺纹短节	NPSH NPLH Sch.80 （HGS04-04-01-1）																	
	双头螺纹短节	NPSF NPLF Sch.80 （HGS04-04-02-1）																	
	光管短节	NIPS NIPF Sch.80(BCPD-0011)																	
	对焊	WNFE/ME-PN4.0-A1-φ管外径×壁厚 20号锻钢(HG/T 20592)										WNFE/ME-PN4.0-A1-φ管外径×壁厚 20号锻钢 （HG/T 20592）							
法兰	法兰盖	BFFE/ME-PN4.0-A1 20号锻钢 （HG/T 20592）										BLFM/MM-PN4.0-A1 20 号锻钢							
	盲板或8字盲板	SBFM/MM-PN4.0-A1 20 号锻钢																	

注：(1) 配阀门和设备嘴子的法兰应与阀门和设备嘴子相匹配。
(2) 对焊管件的壁厚号与管子的壁厚号相同。
(3) 表中公称直径用于异径管件时指大端的公称直径。
(4) DN40 以下的阀门选择承插焊阀门（压力表接口处阀门用对焊阀）。

（4）建立非标元件库，三相分离器、加热炉、闪蒸分液罐、分离器、储罐、机泵等独具特色的设备是油气田标准化设计的生产元件，由设计、采购、预制、施工、用户及管理部门根据工艺模式与站场规模共同确定适用于油气田生产的设备元件进行定型定价，规划设备类型及规格系列，统一外形尺寸及管口位置，在三维软件中利用自定义功能建立各类非标元件的三维模型，形成定型化、系列化的元件库。元件模型示例如图18-1-1所示。

2) 单体定型图库

单体定型图库主要包括两个方面的内容：

（1）单体模型。在软件中建立由单个设备与其进出口管阀件、基础、仪表器件等构成的三维模型，多个单体模型的组合可以形成一定功能与规模的生产单元模型，是后续标准化设计模型建立与定型图生成的基础。

（2）单体定型图。由单体模块生成的管线轴测图中管阀、焊口和管线长度的精确表示方便深度预制与组装工作的开展，随着工厂化预制、模块化建设工作的深入推进，设计与施工预制环节可进一步结合，归纳出油气田可预制的单体模块，生成相应的单体定型图，有效指导工厂预制工作的开展。

建立单体定型图库首先应定型设备单体安装方式，形成同类设备的内部功能与布局定型，优化设备的外部接口方位，定型安装尺寸，建立单体模型；其次应根据设备的处理规模，满足不同生产要求形成单体模型的系列化，并最终形成单体定型图库。配套形成单体定型图计价指标。单体模型定型图示例如图18-1-2所示。

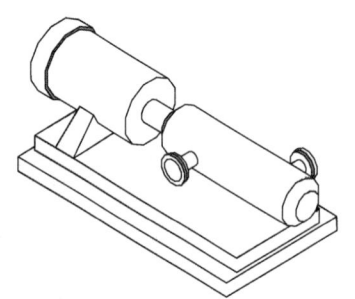

图18-1-1　输油泵元件模型示例

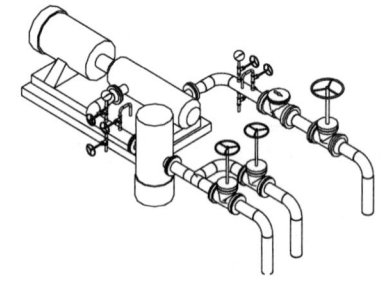

图18-1-2　输油泵单体模型示例

3) 单元定型图库

以装置安装区域为界，将多个单体模块进行组合，通过汇管将多个单体模块相连接，形成具有一定功能、满足一定生产规模的单元模块，通过不同功能单元模块的组合拼接即可构成复杂站场。与单体定型图库类似，单元定型图库也包括单元模型与定型图两个方面内容，其中单元模型可用于构建标准化站场的三维模型，而根据单元模型生成的各类单元定型图纸可广泛应用于施工图设计中的重复使用。根据单元模块功能与规模的系列化，构建适用于的单元定型图库，可广泛应用于油气田地面产能建设工作中。

（1）工艺专业为主线开展单元模块的工艺流程设计，建立三维设计模型，生成满足可在设计中广泛使用的生产单元说明书、管线平面图、三维消隐图、管线轴侧图、设备材料表等定型图纸，并配套与生产单元模块相关的辅助专业设计内容，如生产单元内的设备基础、仪表选型、供配电、防腐保温等定型设计图纸,最终形成功能独立,构成完整的生产单元定型图,配套形成该模块的计价指标。

(2)在工程施工图设计中,主办专业在进行设计资料委托时,可直接提交所采用已建立的生产单元模块编号,各专业即可调出该模块的设计图纸直接进行复用,在不同的工程中存在相同生产单元时,采用这种方式可以有效减少重复进行资料交接与设计工作,大幅度提高了设计效率。

(3)配套形成的单元模块计价指标可有效提高工程设计概预算的编制效率,通过将已经形成的单元模块配套计价指标进行加和,再将工程实际产生的土方、征地等其他费用计算后即可完成施工图预算编制。单元模型示例如图18-1-3所示。

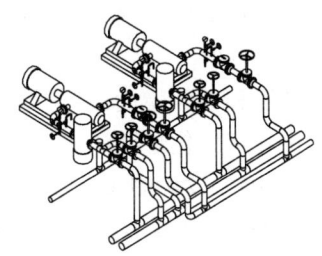

图18-1-3 输油泵单元模型示例

4)站场定型图库

油气田站场的标准化设计是在同类型站场平面布局统一、工艺流程统一的基础上开展,按照功能对复杂站场进行模块化拆分,利用已经建立的单体模块与单元模块拼接开展站场的定型设计,形成油气田常用站场的标准化设计定型图库。

对规模小、工艺简单、占地小的中小型站场,包括一体化集成装置站场,可直接由单体模块按照平面定位形成定型站场,不需要拼接和组合的过程。对规模较大、工艺复杂、占地较大的复杂站场,结合生产单元的划分情况,由工艺管网将生产单体模块或单元模块进行组合搭建,构成复杂站场的定型设计。

站场定型图的内容分两种情况。对于功能单一的油气田站场,定型图的内容主要包括站场的说明书、平面布置图、工艺流程图、计算书、生产单元模型图、工艺管网图、设备材料表及配套专业图纸;而对于功能复杂、多站合建的站场定型图中总平面布置图、综合管网及站场总说明书应统筹考虑,而工艺流程、生产单元模块等应按照功能进行拆分,如联合站可拆分为脱水站、水处理站、变配电站、注水站等单一功能的站场,以各自的主要专业为主线,形成工艺流程图、设计计算书、生产单元模块、设备材料及配套专业设计图纸。

标准化站场需和标准化模块相互配合使用。模块单体从模块图集库中挑选和组合,通过标准化的站场平面母版,以插件的形式在综合管网间进行定位拼接,从而快速组合形成各类标准化站场。

按照站场的功能与规模进行站场标准化设计的统计与规划,选择符合油气田开发模式、满足产能建设需要的站场规模与站场类型,开展系列化设计,最终形成站场标准化设计的定型图库,并配套形成计价指标。

第二节 一体化集成装置

一、总体要求

以往的油气田地面规划建设,中小型站场数量较多。而传统的中小型站场,设计上采用的单一功能设备多且分散布置;施工上采取现场作业方式,预制工作量很小。这种设计与施工方式导致站场工艺流程长、工程量大、土地占用多、设计和建设工期长、操作管理人员多、建设投资大、运行成本高。因此,对于中小型站场的优化简化,是油气田地面建设优化简化工作的重点和关键之一。

一体化集成装置就是在油气田开发和地面建设形势下,随着标准化设计的开展,对油气田站场工艺、技术和设备等的优化、简化和定型化逐渐深入,设计模块的功能越来越集成,转变了站场的建设和管理模式的结果,是对标准化设计的飞跃提升。

同国外先进水平相比,我们橇装和集成装置起步较晚,虽然水平已经有了突飞猛进的进步,还有一定的差距,主要体现在:

(1)认识上存在差距,主要体现在对橇装化的实现过程、管理方法和经营理念方面,国外装置的集成度、工艺流程优化等均存在较大优势。

(2)国外单体设备和仪表先进,设备效率高,阀门体小灵活、材质好,因此整个橇块相对轻便,自控设备和仪表配套完善,智能化水平较高。

(3)国外向大型化、多层集成设计及整个站的橇装化发展,我国由于设备制造水平及交通道路、运输设备的限制,向大型化发展仍有一定的困难。

因此,我们还必须加大力度开展一体化集成装置的研发和应用工作。在研发和应用工程中,应在设计、制造、维护和应用中坚持以下原则。

1. 总体原则

(1)应坚持在工艺优化基础上提高装置的集成度、技术水平、自动化程度、安全可靠性,降低建设造价和运行成本,节能环保,方便维护。

(2)各单位应根据自身实际情况,采用独立研制、联合研制和直接采购等方式开展一体化集成装置的研发和推广工作。

(3)应在实际生产运行经验的基础上,结合技术进步,不断完善一体化集成装置的功能,提升装置的技术水平和智能化水平。

(4)应加强一体化集成装置研发、设计、采购、制造、检验、运输、安装等环节的安全和质量控制,保障装置的本质安全。

2. 研发和设计原则

(1)应重点开展替代油气田中型站场和大型站场生产单元的一体化集成装置的研发和应用,以最大限度发挥一体化集成装置的作用。

（2）应优先采用高效、易于成橇的工艺技术和设备；同时，应在现有基础上进一步加强工艺优化和高效、多功能合一设备及配套技术研究，提高一体化集成装置的适应性和水平。

（3）应采用完善可靠的自控系统，实现一体化集成装置智能化无人值守。替代站场的一体化集成装置应能自动完成生产信息采集、传输、控制、保护和状态监测等功能，并可根据需要实现在线分析、实时自动控制、智能调节等高级功能。替代站场单元的一体化集成装置，可以结合整个站场的自控要求和自控系统统一设计。

（4）应根据一体化集成装置的不同特点，进行必要的专项分析研究，如HAZOP分析、应力分析、振动分析和噪声分析等，以确保装置的可靠运行。

（5）为便于橇装和集成，在阀门、仪表等的选择上，应注重采用紧凑、灵活、小型化的设备。一体化集成装置配套的供电、通信、自控仪表等均应进行全面的优化和集成设计。

（6）应采用三维、多专业同平台协同设计。在确保安全可靠和操作维护便利的前提下加强功能整合，提高一体化集成装置集成度，必要时可采用双层或多层立体布置形式。

（7）一体化集成装置应满足操作、检修与维护的需求。

（8）一体化集成装置宜露天布置，根据自然环境特点做好防风沙、防雨雪、防冻、防高温、防腐蚀的设计。

（9）一体化集成装置的结构设计应满足吊装、运输和现场组装要求。

（10）研发单位应编制统一的一体化集成装置产品代码，并宜申请ERP采购代码，以利于推广。

3. 制造和检验原则

（1）制造单位应制定先进、可靠的制造工艺及质量控制体系，对一体化集成装置整体质量负责。

（2）一体化集成装置宜实现整体工厂预制；对运输超限的装置，可拆分成便于运输的几个模块，现场组装。分体组合的一体化集成装置到达现场的安装和试压要求应根据不同装置，由研发设计单位提出。

（3）加工制造单位应严格按照设计标准和检验验收标准进行过程检验与质量控制。用户宜对一体化集成装置实施驻厂监造并参与检验测试工作。

（4）应制定科学合理的装置交付前检验指标和测试方案。

（5）交付使用前宜对装置进行单设备调试和整体功能联合调试，检验合格后方可交付。

（6）一体化集成装置运至现场，安装前应进行现场验收，现场验收包括设备外观验收和制造质量资料检验。

（7）一体化集成装置应作为产品整体交付用户，交各种材料应齐全。

4. 应用和维护原则

（1）在具体工程项目的方案论证中，应优先考虑采用一体化集成装置。

（2）在条件具备时，应优先采用经过生产实践检验的一体化集成装置，特别是经过专门机构鉴定和发布的装置。

（3）应根据油气田实际应用情况，如自然条件、应用工况等，对所选用的一体化集成装置进行适应性分析，并采取必要的措施。

（4）根据站场或生产单元的生产规模及一体化集成装置的规模系列合理确定应用套数，装置负荷率不应低于80%，不宜设整套备用。

（5）应加强一体化集成装置的运行状态监测和分析，及时发现和处理装置运行中出现的异常，并制定完善的运行维护、故障处理等方面的规章制度。

（6）应加强生产运行维护力量和手段；对于应用数量大、范围广的一体化集成装置，应建立专业化队伍，从事维护、检修等工作。

（7）应加强一体化集成装置的运行和维护培训。

二、研发及设计

一体化集成装置种类繁多、功能各异，其研发和应用涉及多专业、多部门的协调开展，但一体化集成装置作为油气田地面建设的一类专有设施，其研发必然是在遵循通用产品研发流程基础上，结合装置自身特点，开展工作。

总的来说，典型的一体化集成装置的研发过程包含5个阶段，即方案阶段、设计阶段、样机试制及试用阶段、形成产品阶段和持续改进阶段。

1. 方案阶段

广泛调研，开展生产需求分析，确定装置的总体方案，包括现有生产设施的生产情况、一体化集成装置应实现的功能、替代的常规生产对象、了解国内外同类产品的工艺水平、总体工艺流程、生产参数、关键设备材料选型、性能水平、总体结构、技术和经济可行性分析等工作。

在这个阶段，需要对工艺技术进行全面的分析、优化、简化，选择或提出适宜于一体化集成的高效工艺技术和设备，并进行多方案必选，确定和选择最优方案。

完成总体方案后，应进行方案评审。

2. 设计阶段

根据相关标准、规范完成全部设计图纸及技术文件。必要时，开展关键设备的结构、材料、工艺等的研发设计。针对不同种类的一体化集成装置，完成Hazop分析、应力分析、振动分析等专项分析，确保生产的可靠性和可操作性。

3. 样机试制及试用阶段

编制样机试制方案，准备原材料，加工、装配、调试样机；制定操作手册，现场试用，完成试用报告；结合试用过程中出现的问题，进行设计技术文件改进。

4. 形成产品阶段

在经过技术改进后，生产最终定型产品。在一体化集成装置正式批量生产并投入实际应用前，有必要要聘请有资质的权威机构开展一体化集成装置的测试和鉴定，确保装置各方面性能满足功能性、安全可靠性、节能环保等要求。

5. 持续改进阶段

一体化集成装置投入实际应用后，应随着技术的进步、结合实际生产运行情况及生产要求，不断改进和提升，以确保一体化集成装置的生命力。

制造与工厂检验、测试、包装、运输与到场检验和现场安装和验收试验执行 Q/SY 01003—2016《油气田地面工程一体化集成装置设计制造与运行维护规范》。

三、一体化集成关键技术

1. 高效节能工艺

针对一体化集成装置的特点,进一步优选利于一体化集成的高效、"短流程",形成满足生产需要并且简捷、高效、便于生产管理的集成方案。

典型的在一体化集成装置研发设计中优先采用的高效工艺有:

(1) 油田油气混输工艺;
(2) 智能选井多通阀计量工艺;
(3) 一段高效脱水工艺;
(4) 单管通球电加热集油工艺;
(5) 比例调节泵注入工艺;
(6) "合一装置"处理工艺;
(7) 凝析气田带液计量技术;
(8) 天然气超音速(3S)分离工艺;
(9) 变压吸附天然气脱除CO_2工艺(PSA);
(10) 气田湿气集输工艺;
(11) 硫回收"CPS"工艺;
(12) 分子筛脱水两塔工艺;
(13) 短流程污水处理工艺;
(14) 泵到泵输送工艺;
(15) 高能效加热、换热工艺。

2. 高效及多功能设备

设备的"多功能合一和高效率"是实施一体化集成的关键。应加强高效"合一"设备的研发、筛选和改进力度,使一体化集成装置组成设备规格尺寸更小、重量更轻、功能更多、性能更强,促进一体化集成装置向更大的范围、更广的领域、更高的层次推进。

通过对现有不同油气田所研发和应用的高效及多功能合一设备进行总结和筛选,提出一体化集成装置的研发中应优先采用的成熟、高效及多功能合一设备,见表 18-2-1。

表 18-2-1 多功能合一设备及高效设备表

设备		名称	适用说明
		一、油气集输及处理	
多功能合一设备	1	分离、加热、沉降、脱水、缓冲合一设备	产液经处理后产品可为合格油
	2	计量、分离、加热、缓冲合一设备	单井选井计量,气液分离、加热、缓冲
	3	分离、沉降、加热、缓冲合一设备	气液分离,油水初步分离,低含水油外输

续表

设备		名称	适用说明
多功能合一设备	4	分离、缓冲、游离水脱除合一设备	气液分离，游离水沉降、缓冲，含水油外输
	5	分离、加热、缓冲合一设备	不掺水集输，产液气液分离后加热外输
	6	分离、干燥合一设备	气液分离及伴生气除油
	7	加热、缓冲合一设备	对介质进行加热后外输
高效设备	1	高效三相分离器	产液经处理后产品可为合格油
	2	真空加热炉	高效加热炉
	3	仰角式油水分离装置	高效气液、油水预分离装置
	4	高效热化学沉降脱水器	产液经处理后产品可为合格油
	5	双螺杆泵	用于液量大、气液比高的混输增压
	6	智能收发球装置等	无人操作，实现集油管线全自动收球、发球功能
	7	多通阀选井装置	实现自动选井功能
	8	同步回转压缩机	高气液比油气混输
二、天然气集输及处理			
多功能合一设备	1	加热、节流、分离合一设备	采用加热节流工艺的井场或集气站
	2	分离、闪蒸、放空分液合一设备	用于非酸性低压气田集气站
	3	聚结、分离合一分离器	低温分离
	4	过滤、分离合一设备	过滤分离器
	5	换热、缓冲、精馏合一设备	乙二醇再生、三甘醇再生
高效设备	1	旋流(旋风)分离器	操作压力大于1.0MPa时，采用旋风或者旋流分离器，与常规重力分离器相比，可以提高分离效率、减小设备尺寸。过滤分离器、低温分离器、除油器等设备内安装高效分离内件，可以大大提高分离效果，去除 $5\sim10\mu m$ 的微小液滴
	2	天然气超音速分离器	低温膨胀和气液初步分离
	3	高效分离器	采用高效分离内件的分离器
	4	板式整流器	缩短计量直管段
	5	高效板式换热器	用于硫黄回收、尾气处理装置
	6	绕管式换热器	用于高压条件，与常规管壳式换热器相比，具有换热效率高、单台处理能力大、设备尺寸小的优点，适用于一体化集成装置高效、小尺寸的要求
	7	填料塔	
三、采出水处理			
高效设备	1	压力合一除油器	通过旋流混凝反应、斜板、聚结等功能合一的压力除油设备，具有自动压力排油、排泥的优点

续表

设备		名称	适用说明
高效设备	2	斜板溶气气浮装置	一种高效除油设备。具有除油悬浮固体效率高,占地面积小等特点
	3	气液多相射流泵	一种高效除油设备。具有除油悬浮固体效率高,占地面积小等特点
	4	高效流砂过滤器	具有耐污染、易恢复、不停机反洗等特点
	5	改性纤维球过滤器	具有滤速高、处理精度高、反冲洗水量少的特点。一般用于二级过滤
	6	紫外线杀菌	物理杀菌装置,一般与化学药剂杀菌结合,能大幅度降低药剂费用
	7	LEMUP 多相催化氧化杀菌	物理杀菌装置,当注水水质菌类指标较严格时需配合化学药剂杀菌,能大幅度降低药剂费用

在其他小型适用设备(阀门、仪表、管道连接器等)的选择上,也应注重采用紧凑、灵活、小型化的设备。同时,一体化集成装置所配套的供电、仪表等生产设置均需要进行全面的优化设计。

3. 优化结构设计、提高集成度技术

通过优化结构设计,可以提高集成度,降低制造成本,进一步减少现场工作量。

1) 充分利用空间,双层布置

借鉴炼油厂或天然气处理厂双层或多层布置的经验,由此在进一步提高装置的集成度的同时,减少占地。如西南油气田磨溪气田的建设中,采用的多套双层布置的一体化集成装置橇,大大增加了装置的集成度,进而加快了施工进度,减少占地。典型的双层布置见图 18-2-1 至图 18-2-3。

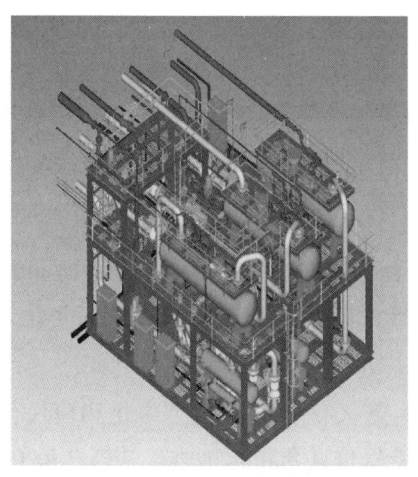

图 18-2-1 天然气脱硫装置双层布置图

图 18-2-2 天然气处理装置双层布置图

 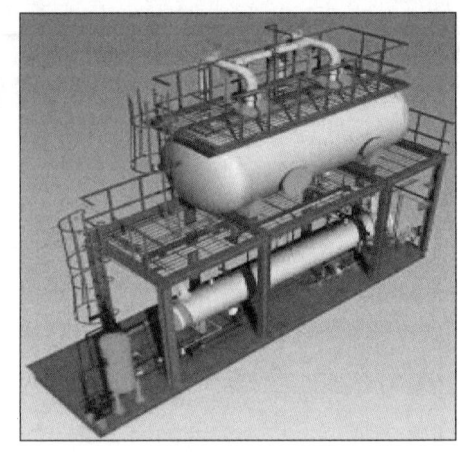

图 18-2-3　除氧器和一二级反应器双层布置图

2）橇体的底座及其他支撑部分进行优化设计

为避免结构笨重、费工费料，增加装置无效制造成本。根据橇体内部设备特点及设备布置，经过分析和计算，优化结构设计方案，保证橇体结构的稳定，方便吊装、运输。

采用 Solidworks、VB.net 和 Solidworks 二次混合开发的软件进行装置结构布置。

（1）根据设备和管路系统位置布置橇座承载梁；

（2）通过理论计算法初选梁的型材，采用 30 号工字钢；

（3）应用 ANSYS 软件对橇装底座在吊装时的应力变化、位移变化和扰度变化进行分析，校核底座整体刚度；

（4）校核吊耳位置的设置及其结构；

（5）刚度满足最大载荷要求，确定吊耳最优位置和结构。

对橇座型钢规格、数量和组合结构优化，在其强度和刚度满足载荷需求的同时，对橇板的厚度进行优化。

4. 研制高效处理药剂，提高处理效率

化学药剂可以在原有设备及工艺的基础上，促进提升装置的处理效率，提高处理规模。如：

（1）高效破乳剂；

（2）采出水高效处理药剂；

（3）高效脱硫溶剂。

目前在油气田生产运行中，化学药剂的注入管理尚未规范化，随着开发阶段和时间的不同，产出液的性质会发生变化，所以化学药剂的配置和加入也应随着开发生产而变化。

5. 露天化布置

现代装置布置和发展趋势归结为"四个化"，即：露天化、流程化、集中化和模块化。其中除大型压缩机布置在半敞开的厂房内，其他设备大多数布置在露天场所。其优点是节约占地。

在常规油气田站场设计中，经常将所有泵设备、管道和仪表等都设计在封闭厂房内，受室外温度及风沙影响较小，同时配套必要的采暖、通风、自控检测盒报警设施。而露天化布置具有如下的好处：
(1) 可以节省占地,减少建筑物,节约建设投资；
(2) 节约土建施工工程量,可加快建设进度；
(3) 将具有火灾及爆炸危险的设备露天化,有利于防爆,可降低防火、防爆等级,便于消防；
(4) 将有毒物质的设备露天化,可减少厂房的通风要求、节约通风设备及动力消耗。

当然,露天化布置也存在一定的缺点:受气候条件影响大,操作条件较差,因此需要较高的自动控制水平。

根据一体化集成装置的应用要求,为保证其能安全稳定生产,并能在紧急情况下起停,在设计上要周密考虑露天设施的防冻及防风沙措施。需要重点关注的部位包括:
(1) 平时流体不流动或间歇操作的设备、管线,如液体排放线,备用泵管线,控制阀的旁通,化学药剂注入线等。
(2) 仪表设备包括:变送器、就地仪表、气动执行机构等(汽、水、油测量脉冲管和气源管等)。

针对露天化布置,可以采取以下技术措施:
(1) 优化设计,采取有效的防风沙措施,减少积液、死油段；
(2) 设备材料选型,要求适用于较低温度；
(3) 有效的电伴热、蒸汽伴热(有条件时)措施；
(4) 采用保温箱(仪表、设备、阀门等)。

四、一体化集成装置运行与维护

目前国内外尚未发布专门针对一体化集成装置的设计、施工和验收规范。设计中在保证工艺和设备技术安全可靠的前提下,采用控制自身安全性作为设计原则。

1. 危险性分析

油气属甲类火灾危险品,若处理不当,极易发生事故。应用于油气场所的一体化集成装置的危险性主要包括:
(1) 发生泄漏导致严重的生产和环保事故。
(2) 油气与空气混合会形成爆炸性混合物,如果存在着火源,则极易发生火灾爆炸事故。
(3) 对于含硫天然气,泄漏后可能会造成人员窒息等人身伤亡事故
(4) 一体化集成装置由于其高度集成化的特点,发生事故时损坏程度深。

由此可见,安全问题至关重要,在设计制造过程中,必须根据相关标准和运行管理经验对其安全性进行全面把关,从而使之达到较高的安全水平。

2. 全面的安全设计

一体化集成装置的安全设计应主要注重以下八个方面的设计。
1) 安全泄放措施的设置
合理设置安全泄放设施,安全阀泄放至安全地点,安全阀前宜设截断阀便于安装拆卸。

2）防雷防静电接地的设置

油气生产设施应采取防雷接地保护，接地电阻满足规范要求，油气管路上小于 5 个螺栓的法兰采取防静电跨接。

3）防爆电气的设置

爆炸危险区域内的电气设备全部采用防爆型。

4）安全监控保护的设置

按工艺要求设有压力、温度、液位的高低超限报警。

5）安全检修

油气场所进出装置的管道设置盲板，设置装置检修用气体置换接头。

6）安全操作

设备的人孔、安全阀等布置在高处时应设置便于人员安全操作的钢梯、平台和护栏；装置有满足安全要求的巡检通道、逃生通道和操作空间。

7）安全布局

按照 GB 50183《石油天然气工程设计防火规范》，核查一体化集成装置作为一个整体，与周围构筑物以及其他设施均是否足够的安全距离，是否符合安全要求。有足够的操作及维修空间。

8）装置的事故流程的设置

核查装置的事故流程的设置。装置设有旁通管路，当设备出现故障，无法正常运行时，具有完善的保护措施。

3. 提高装置的可靠性技术

加强装置各阶段的检验和评价，保障设计阶段的本质安全、制造阶段的合格质量、推广阶段的应用效果，见图 18-2-4。

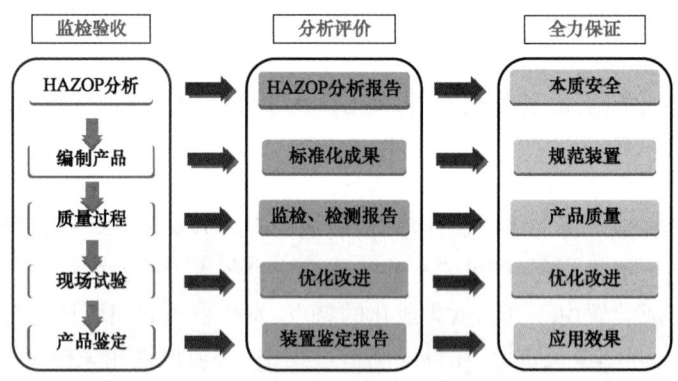

图 18-2-4 提高装置的可靠性技术

（1）开展 HAZOP 分析研究。HAZOP 分析是过程系统的危险（安全）分析中一种应用最广的评价方法，是一种形式结构化的方法，该方法全面、系统的研究系统中每一个元件，其中重要的参数偏离了指定的设计条件所导致的危险和可操作性问题。主要通过研究工艺管线和仪表图、带控制点的工艺流程图(P&ID)或工厂的仿真模型来确定,应重点分析由管路和每一个设备操作所引发潜在事故的影响,应选择相关的参数,例如:流量、温度、压力和时间,然后检查每一个参数偏离设计条件的影响。最终应识别出所有的故障原因,得出当前的安全保护装置和安全措施。所做的评估结论包括非正常原因、不利后果和所要求的安全措施。

HAZOP 分析可有效提高装置安全可靠性,对功能多、性能复杂的一体化集成装置,特别是包含加热炉、压力容器、机泵等的装置,必须进行 HAZOP 分析,见图 18-2-5,并针对存在的安全隐患采取有效保障措施,确保安全、可靠。

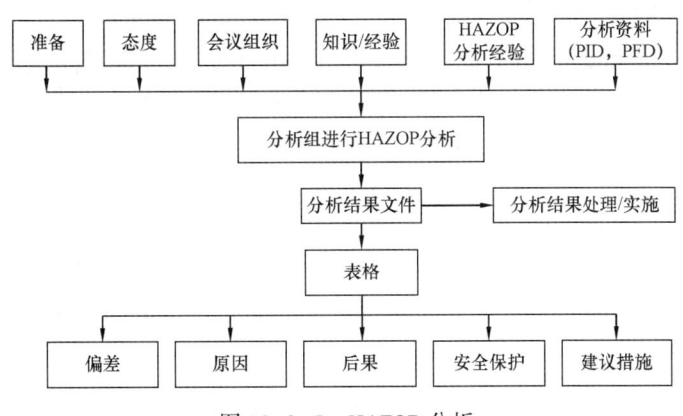

图 18-2-5　HAZOP 分析

(2) 对带有往复压缩机、大功率机泵等的一体化装置必须做好振动疲劳分析,并采取有效保障措施:

① 优化设计布置方案;
② 通过采用软连接减小振动的传递,或在必要时采用储能器;
③ 增加支撑(厚胶皮等)、增加裙座厚度等增加对振动的抵抗力;
④ 进出口管线适当放大。

(3) 合理选择与防爆区域等级相适应的电气设备,确保供电系统的安全可靠性。

(4) 全方位模拟分析。对装置进行全方位模拟分析,包括:

① 关键设备及重点部件进行有限元应力分析;
② 模拟运输过程中各种工况对装置影响;
③ 天然气及油品泄漏,有风和无风情况下天然气扩散状态,确定安全区域的划分;
④ 泄压元件重复利用状态模拟;
⑤ 吊装情况下装置受力状态模拟。

通过对容器与管道连接处进行应力、应变分析,加热过程时的应力应变分析,投产及停运过程中急剧加速或减速时的应力应变特性分析;特别是运用专有分析软件对安全阀阀芯动作时的启、闭速度、加速度及位移等重要运动学参数进行仿真模拟分析研究,从而保障整个装置的安全稳定性。

(5) 编制产品标准,规范装置的设计、制造和安装。编制《用户手册》《操作手册》《运行维护管理办法》等,指导操作和维护人员尽快学会并掌握装置运行与操作要求。

（6）设备、材料质量过程控制。制造过程遵循 ISO 9001 质量管理体系，压力容器按照《特种设备安全监察条例》的规定，由特种设备检验所检验装置符合《固定式压力容器安全技术监察规程》的规定，同时要求出厂前逐台进行工厂模拟现场工况试验，确保装置质量过程控制。

涉及腐蚀性介质的装置，相应的材料应满足抗腐蚀要求。

（7）开展装置鉴定工作。一体化集成装置在规模推广前，组织对装置进行测试和鉴定评估，获得权威机构认可并出具鉴定证书。

五、典型一体化集成装置

为起到示范、引导和推荐作用，促使先进的一体化集成装置得到更大范围的认可和推广应用，促进一体化集成装置研发与推广工作水平的提高，2012 年，中国石油在全面总结 16 个油气田公司一体化集成装置研发与现场实际应用经验基础上，认真评价了现有的 115 类装置，筛选出技术先进、集成度高、自动化程度高、安全可靠性高、应用范围广、数量多、效果好并经过一个以上生产周期实践检验的 26 类装置，经过测试和鉴定，形成第一批推荐名录，代表了现阶段的最好水平和发展方向，具有广阔的应用前景。2014 在第一批名录的基础上，结合后续两年一体化集成装置的进展，对一体化集成装置进行了重新评价，重新发布了一体化集成装置推荐名录。名录包括 26 种装置，见表 18-2-2。

表 18-2-2　一体化集成装置推荐名录 26 种装置

1. 替代中型站场的一体化集成装置共 11 种	（1）替代油田中型站场 6 种	●油气混输一体化集成装置(长庆) ●电加热增压一体化集成装置(长庆) ●油气混输一体化集成装置(长庆) ●油气混输一体化集成装置(大港) ●计量增压一体化集成装置(辽河) ●生活水供水一体化集成装置(长庆)	2. 替代小型站场的一体化集成装置共 7 种	●计量掺液一体化集成装置(辽河) ●集油计量一体化集成装置(塔里木) ●天然气压缩一体化集成装置(华北) ●注水一体化集成装置(长庆) ●采出水生物处理一体化集成装置(新疆) ●采出水处理一体化集成装置(华北) ●供水一体化集成装置(长庆)
	（2）替代气田中型站场 3 种	●天然气集气一体化集成装置(长庆) ●非酸性天然气集气一体化集成装置(西南) ●酸性天然气集气一体化集成装置(西南)	3. 替代大中型站场生产单元的一体化集成装置共 8 种	●聚合物分散一体化集成装置(大庆) ●气田解析油稳定一体化集成装置(长庆) ●天然气三甘醇脱水一体化集成装置(长庆) ●天然气分子筛脱水一体化集成装置(西南) ●天然气干法脱硫一体化集成装置(西南) ●天然气三甘醇脱水一体化集成装置(西南) ●火炬气回收增压一体化集成装置(吐哈) ●乙二醇注入及循环再生一体化集成装置(新疆)
	（3）替代亚配电站场 2 种	●油气站场电控一体化集成装置(长庆) ●35kV 一体化集成开关站(新疆)		

1. 油气混输（分输）一体化集成装置

该装置是中国石油首台可以替代中型站场的一体化集成装置，替代接转站、增压站，见图 18-2-6。该装置系列多、推广应用数量大，近年来油气混输一体化集成装置共应用 500 套，效果显著。形成自主知识产权 14 项（含发明专利 6 项）。

2. 油气混输一体化集成装置

是首台高寒地区设备露天化布置装置,替代混输接转站,见图18-2-7。燃料气分离器采用多相管式分离器替代常规分离器,使其在满足功能需求的同时,大大缩小体积,便于在橇座上安装。

图18-2-6 油气混输(分输)一体化集成装置

图18-2-7 油气混输一体化集成装置

3. 加热增压一体化集成装置

吐哈油田在鲁2站应用了具有稠油加热、缓冲、增压及井口掺稀油加热功能的加热增压一体化集成装置替代传统接转站,见图18-2-8。该装置将常规替代接转站的一体化集成装置的处理能力,由 $240m^3/d$ 提高到 $840m^3/d$(掺稀稠油达到 $600m^3/d$、稀油 $240m^3/d$),是首台应用于稠油油田替代接转站的一体化集成装置。

4. 天然气集气一体化集成装置

该装置是目前最大规模替代常规集气站的一体化集成装置,采用了具有气液分离、放空分液、采出水闪蒸的合一装置。满足生产功能的同时一体化设计,将集气部分和分离部分分别单独成橇,到现场再组装在一起,见图18-2-9。

图18-2-8 加热增压一体化集成装置

图18-2-9 天然气集气一体化集成装置

5. 非酸性(酸性)天然气集气一体化集成装置

该装置是中国石油自主研发首台替代酸性和非酸性气田集气站,是促进西南油气田传统建站模式和管理模式的转变,见图18-2-10。

6. 天然气压缩一体化集成装置

该装置一橇集成预压缩装置、干燥净化装置、增压装置,见图 18-2-11。为无天然气管网系统地区的零散天然气供应提供了有效的解决方案。

图 18-2-10 非酸性(酸性)天然气集气一体化集成装置

图 18-2-11 天然气压缩一体化集成装置

7. 煤层气自动选井计量一体化集成装置

该装置是多通阀选井计量在低压气田上的应用,见图 18-2-12。装置接口采用管道连接器代替法兰连接。旋流分离器用于燃料气干燥分离。爆破片进行超压保护。

8. 集油收球阀组一体化集成装置

该装置具有定时自动收球和存储系统,实现了自动收球,降低了人工劳动强度。作为支撑单管通球不加热集输先进工艺的关键设备,见图 18-2-13。

图 18-2-12 煤层气自动选井计量一体化集成装置

图 18-2-13 集油收球阀组一体化集成装置

9. 火炬气回收一体化集成装置

有效地回收站场火炬放空气,节能减排效果显著,见图 18-2-14。

10. 采出水生物处理一体化集成装置

该装置在采用新型填料,提高处理效率。工艺流程优化简化,实现装置出水达到排放标准,见图 18-2-15。

 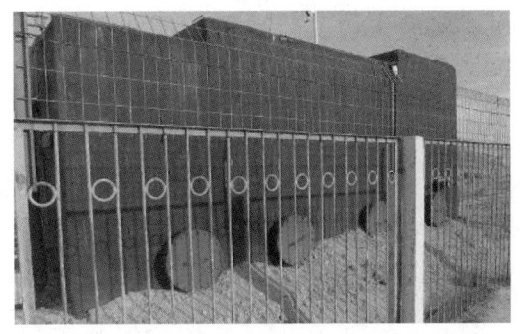

图 18-2-14　火炬气回收一体化集成装置　　图 18-2-15　采出水生物处理一体化集成装置

11. 生活水供水一体化集成装置

该装置一体化箱式设计、全自动控制,同时制备生活用水、直饮水及生活热水。为偏远地区油气田生活基地提供了方便有效的生活水保障,见图 18-2-16。

图 18-2-16　生活水供水一体化集成装置

12. 注水一体化集成装置

该装置见图 18-2-17,多个油田已经引进采购。

13. 采出水处理一体化集成装置

目前最大处理能力的采出水处理一体化集成装置,处理规模达到 $2800m^3/d$,见图 18-2-18。

图 18-2-17　注水一体化集成装置　　图 18-2-18　采出水处理一体化集成装置

六、典型工程实践案例长庆油田联合站一体化集成装置建造模式实践

1. 主体工艺及主要系统

联合站一体化集成装置研究自2011年开始组织、筹备,历时3年全面完成了各项任务,按照"全面推广一批、研发试验一批、技术储备一批"的工作思路,目前所有装置均已完成制造,大部分装置已开展先期试点,见表18-2-3。

表 18-2-3 联合站各系统一体化集成装置应用情况

序号	系统	装置种类	下线时间	投产日期	应用情况
1	集输系统	5种	2014年1月	—	2015年在庄三联合站应用
2	采出回注系统	2种			
3	电控系统	1种			
4	采出水处理系统	1种	2012年8月	2014.05	采油五厂—姬十四转油站
				2014.05	采油五厂—姬二十转油站
				2014.06	采油五厂—姬十转油站
5	注水及清水处理系统	3种	2014年8月	2014.12	采油七厂—环十注水站
6	供电系统	1种	2011年9月	2011.12	采油七厂—郝阳35kV变电站
7	原油稳定及轻烃回收	4种	2011年11月	2012.05	采油七厂—环一联
			2011年1月	2012.03	采油一厂—吴堡联
			2012年9月	2013.04	采油十厂—庆十二转油站
合计		17种			

1) 主体工艺(集输、回注、电控8套装置)

2014年10月13日,联合站一体化集成装置的最后8套装置完成生产下线,见图18-2-19,可实现原油处理、外输、采出水回注、站控等联合站主体功能,标志着油田大型站场一体化研发完美收官。

此8套装置应用于采油十一厂庄三联合站(图18-2-20),与常规联合站相比,一体化集成装置联合站具有功能集成、结构橇装、操作智能、管理数字化、投产快速、维护总成的特点;占地面积可减少35%,预计建设周期可减少50%,建设投资可降低5%(表18-2-4)。

2) 采出水处理系统(1套装置)

采出水处理一体化集成装置分别在第五采油厂姬十四转油站(2014年5月5日)、姬二十转油站(2014年5月23日)、姬十转油站(2014年6月17日)投产运行(图18-2-21),处理水质达标,系统运行平稳(表18-2-5)。

(a) 集油收球一体化集成装置
（数量：1台；
代替：原总机关、收球装置）

(b) 油水加药一体化集成装置
（数量：1台；
代替：原油与采出水加药设施）

(c) 原油外输计量一体化集成装置
（数量：1台；
代替：外输泵、计量、含水分析单元）

(d) 油气两室缓冲一体化集成装置
（数量：1台；
代替：来油缓冲与外输缓冲单元）

(e) 原油计量一体化集成装置
（数量：1台；
代替：计量、标定单元）

(f) 采出水回注一体化集成装置
（数量：2台；代替：采出水喂水、注水单元）

(g) 联合站电控一体化集成装置（数量：2台；代替：供配电、通信、自控单元）

(h) 原油加热一体化集成装置
（数量：2台；
代替：来油与外输加热及热回水循环单元）

图 18-2-19　庄三联合站一体化集成装置下线图

图 18-2-20　庄三联合站平面效果图

表 18-2-4　庄三联合站效果

项目	集成前	集成后	对比情况
占地面积	45 亩❶	19 亩	减少 57%
建筑面积	990m²	150m²	减少 85%
模块数量	46 个	21 个	减少 53%
建设周期	85~95 天	45 天	缩短 50%
工程投资	410 万元	350 万元	降低 15%

(a) 姬十转油站　　　　(b) 姬十四转油站　　　　(c) 姬二十转油站

图 18-2-21　采出水处理一体化集成装置已应用站场现场图

表 18-2-5　水质中机械杂质分析数据表

装置类别	来水 mg/L	气浮池出水 mg/L	二级生化池出水 mg/L	沉淀池出水 mg/L	过滤器出口 mg/L
常规装置	61.706	8.649	3.671	18.717	5.868
一体化集成装置	60.31	2.206	1.316	1.79	1.201

（1）姬十四转油站水样分析结果（2014 年 11 月 12 日水样）见图 18-2-22。

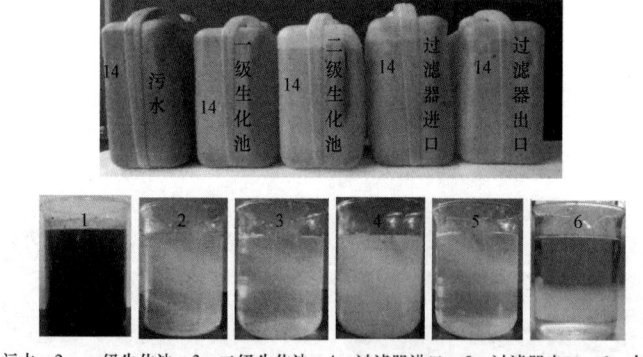

1—污水；2——一级生化池；3—二级生化池；4—过滤器进口；5—过滤器出口；6—自来水

图 18-2-22　姬十四转油站水样

---

❶　1 亩 = 666.7m²。

（2）姬二十转油站分析结果（2014年12月1日水样）见图18-2-23。

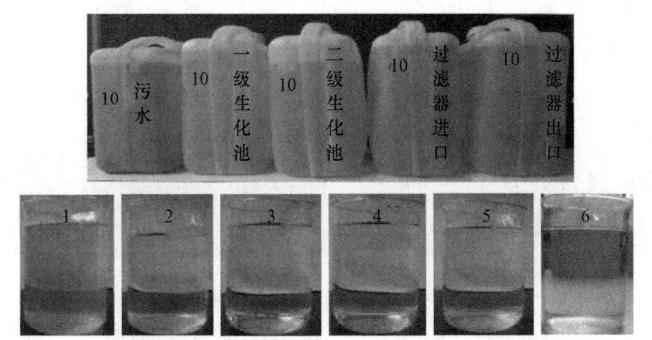

1—污水；2——级生化池；3—二级生化池；4—过滤器进口；5—过滤器出口；6—自来水

图18-2-23　姬二十转油站水样

（3）姬十转油站处理效果（2014年12月15日水样）见图18-2-24。

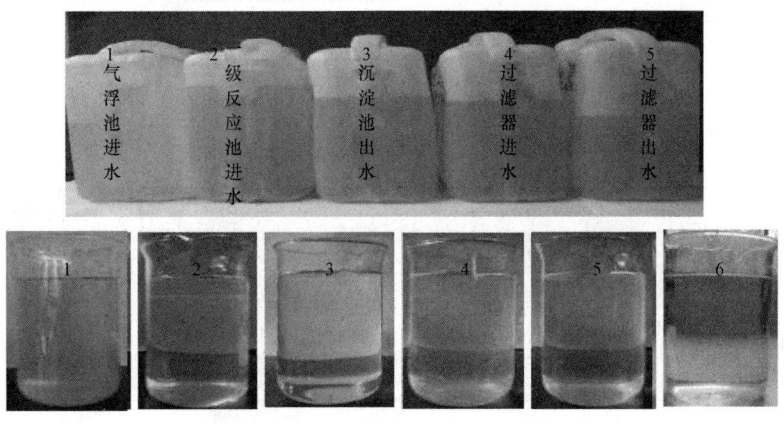

1—气浮池进水；2——级反应池进水；3—沉淀池出水；4—过滤器进水；5—过滤器出水；6—自来水

图18-2-24　姬十转油站水样

采出水处理一体化集成装置，与同规模的常规采出水处理工艺相比，运行费用低，加药量少，建设周期缩短50%，处理水质好，自动化程度高，效益明显，在油田地面建设中具有广阔的推广应用前景。

表18-2-6　采出水处理一体化集成装置与常规处理工艺对比表

处理工艺	水处理药剂	占地面积 亩	建设周期 d	建设投资,万元 （规模300m³/d）	运行费用 元/m³
二级除油+过滤	200ppm	6.3	80	380	3.5
气浮+过滤	450ppm	5.8	80	360	3.96
一体化集成装置	不加药剂	4.4	40	300	1.5
对比情况	减少100%	减少24%~30%	减少50%	减少16%~21%	减少57%~62%

3）注水及清水处理系统(3套装置)

2014年，一体化集成装置注水站在第七采油厂环十注水站试点(图18-2-25)，由清水处理、注水、配水、电控装置组成，可代替常规$1500m^3/d$注水站。

(a) 水处理一体化集成装置

(b) 注水一体化集成装置

(a) $1500m^3/d$标准化注水站平面布置

(b) $1500m^3/d$一体化注水站平面布置

(c) 电控一体化集成装置

(d) 配水一体化集成装置

(c) 常规注水站平面图

(d) 一体化注水站应用站场现场图

图18-2-25　环十注水站一体化集成装置现场图　　　图18-2-26　一体化集成装置注水站优化图

表18-2-7　一体化集成装置注水站与常规注水站对比表

项目	常规建设	橇装建设	对比情况
占地面积	3.90亩	2.40亩	减少40%
设计周期	14天	10天	缩短30%
建设周期	50天	30天	缩短40%
工程投资	780万元	750万元	减少4%

4）供电部分(1套装置)

长庆油田郝阳35kV变电站采用橇装组合式电器，投运以来取得了良好的效果。

节约土地：较传统变电站节约占地25%；

缩短建设周期：建设周期缩短约50天，可提前供电；

减少维护人员：只需常规年检，节约维护费4.5万元/年；

保障生产运行：可靠性高，保障供电安全。

(a) 开关场模块

(b) 橇装化安

(c) 优化

图18-2-27　橇装组合式电器应用现场图

表 18-2-8　橇装组合式电站与常规变电站对比表

项　目	常规变电站	组合式变电站	对比情况
占地面积	5.86亩	4.43亩	减少25%
设计周期	30天	20天	缩短33%
建设周期	60天	35天	缩短40%
设备基础	99基	32基	减少68%
维护检修(每年)	8人/6天	3人/2天	减少63%
工程投资	960万元	955万元	投资相当

5) 原油稳定及轻烃回收(4套装置)

原油稳定及轻烃回收橇装化、模块化设计分别在环一联、吴堡联、庆十二转伴生气综合利用工程中应用。

(a) 环一联　　　(b) 吴堡联　　　(c) 庆十二转

图 18-2-28　原油稳定及轻烃回收一体化集成装置应用现场图

已投产的装置中,伴生气处理量 $3.0×10^4 m^3/d$,液化气、轻油总量在 15~18t/d(其中轻油量 4~5t/d)。生产液化气、轻油 5000~6000t/a(其中轻油量 1300~1700t/a),实现产值高达 2400 万元。装置区采用模块化、橇装化设计,现场安装设备减少,流程简化,大大减少了现场的安装工作量和装置的占地面积,可节约工程投资约 480 万元。装置节约电耗约 $22×10^4 kW·h/a$,按 0.69 元/kW·h 计,装置运行费用可节约 15 万元/年。

表 18-2-9　原油稳定及轻烃回收橇装化、模块化对比表

项目	常规建设	橇装建设	对比情况
装置区占地面积	2310m²	1600m²	减少30%
设计、施工周期	180天	120天	缩短30%
工程投资	3200万元	2720万元	减少15%

2. 应用情况

联合站一体化集成装置通过充分的技术论证或成功的现场试点,各系统装置已具备成熟应用条件,通过对一体化装置的应用情况持续跟踪,对已形成的5大类17种装置进行整体集成,以实现系统完备、高度集成的联合站橇装一体化建设模式。

1) 模块分解

5类22套一体化集成装置,通过组合应用,可实现联合站的功能需求。

表 18-2-10　30×10⁴t/a 联合站一体化集成装置模块分解表

系统	序号	名称	数量	代替设施	数量
集输系统 (6套) 规模:30×10⁴t/a	1	集油收球一体化集成装置	1套	井场来油阀组	1座
				增压点来油阀组	1座
				收球装置	1具
	2	原油计量一体化集成装置	1套	来油计量系统	1套
	3	油气两室缓冲一体化集成装置	1套	两室分离缓冲罐	1具
	4	原油外输计量一体化集成装置	1套	输油泵	2台
				外输流量计	1套
	5	原油加热一体化集成装置	2套	加热炉	2台
				补水泵	1台
				循环水泵	2台
采出水处理及回注 (5套) 规模:1000m³/d	1	油水加药一体化集成装置	1套	双罐型加药装置	2套
	2	采出水处理一体化集成装置	2套	气浮装置	1套
				微生物除油装置	1套
				两级过滤装置	1套
				杀菌装置	1套
				加压泵	2台
				反洗泵	2台
				混凝沉降罐(池)	2具
				调节水罐	2具
	3	采出水回注一体化集成装置	2套	喂水泵	2台
				注水泵	2台
				计量系统	1台
注水及清水处理 (5套) 规模:1500m³/d	1	清水处理一体化集成装置	1套	纤维球过滤器	1套
				加压泵	2台
				烧结管过滤器	2套
				反洗泵	1台
				喂水泵	1台
				反洗水罐	1具

续表

系统	序号	名称	数量	代替设施	数量
注水及清水处理 （5套） 规模：1500m³/d	2	清水注水一体化集成装置	3套	注水泵	3台
				Y型过滤器	3具
	3	清水配水一体化集成装置	1套	压力表	3个
				配水阀组	1套
				流量计	3台
供配电 （2套） 电控：2×800kV·A 变电：2×6.3MV·A	1	联合站电控一体化集成装置	1套	高压环网柜	2台
				配电柜	9台
				变频柜	4台
				UPS柜	1台
				变压器	2台
				通讯机柜	1台
				PLC柜	2台
	2	橇装组合式35kV变电站	1套	进线间隔	1台
				PT间隔	1台
				母联间隔	1台
				主变间隔	1台
				所变间隔	1台
原油稳定及轻烃回收 （4套） 原油稳定：30×10⁴t/a 轻烃回收：3.0×10⁴m³/d	1	原油稳定一体化集成装置	1套	原油稳定塔	1座
				原油加热器	1座
				稳定气冷却器	1套
				原油稳定泵	2台
	2	压缩机辅助一体化集成装置	1套	压缩机一级入口冷却器	1套
				压缩机一级入口分离器	1具
				压缩机二级入口分离器	1具
	3	冷油吸收一体化集成装置	1套	贫富气换热器	1台
				吸收油低温分离器	1具
				冷油循环泵	2台
				稳定轻烃冷却器	1台
	4	液化气回流一体化集成装置	1套	液化气冷却器	1台
				液化气缓冲罐	1具
				液化气回流泵	2台
合 计			22套		90套

2）工艺流程

与常规联合站工艺流程对比见图 18-2-29 和图 18-2-30。

3）平面布局

一体化联合站平面图见图 18-2-31。

4）效果

与常规联合站相比，一体化集成装置联合站具有功能集成、结构橇装、操作智能、管理数字化、投产快速、维护总成的特点。

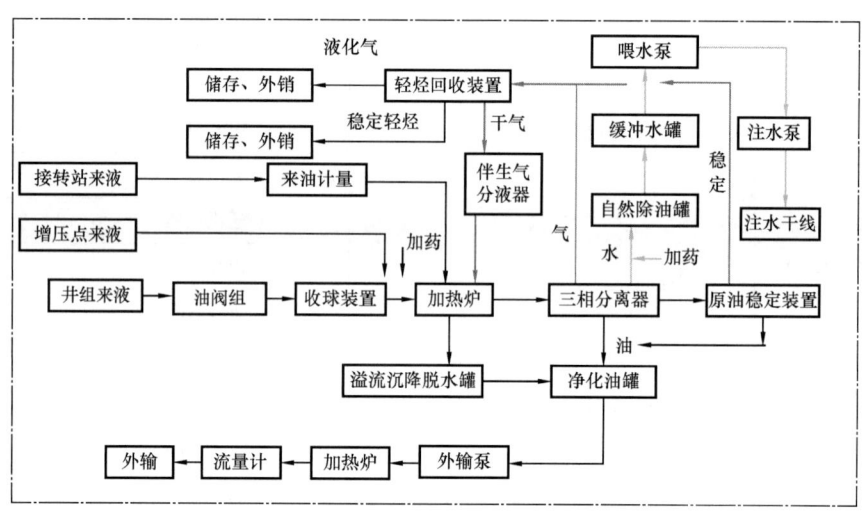

图 18-2-29　常规联合站工艺流程图

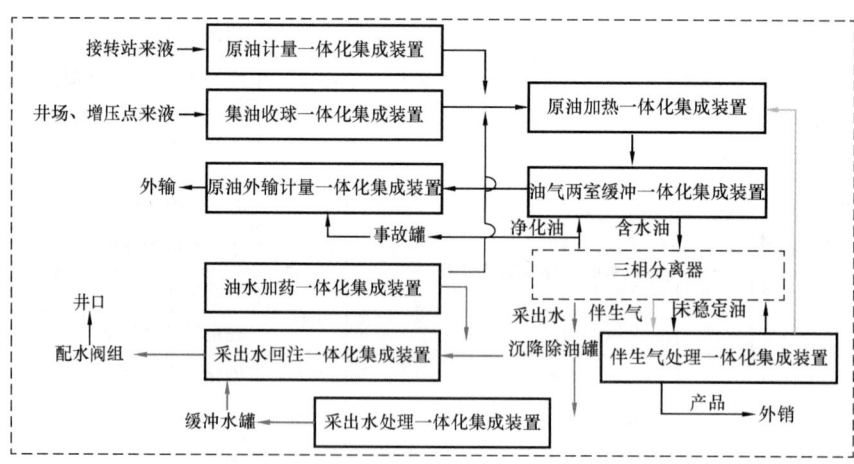

图 18-2-30　一体化联合站工艺流程图

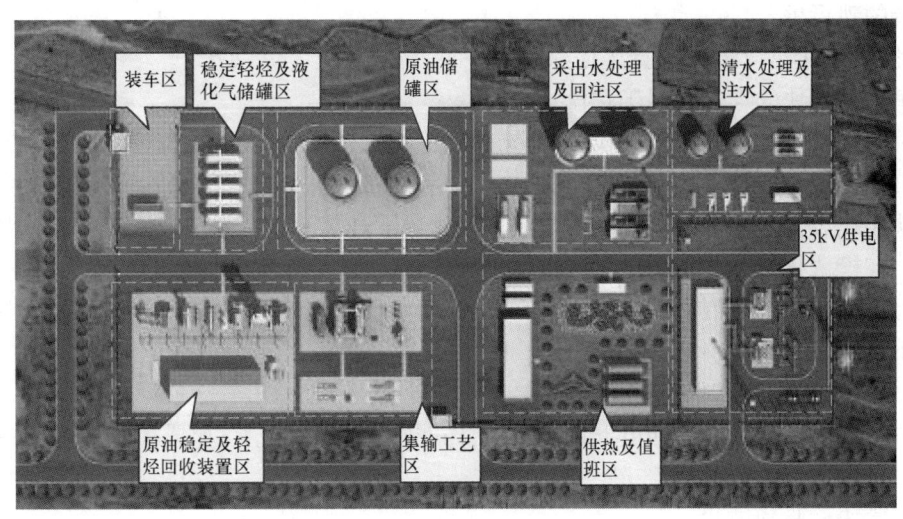

图 18-2-31 一体化联合站平面图

表 18-2-11 一体化联合站与常规设计对比

	常规设计	一体化设计	预期效果
占地面积	65 亩	32 亩	减少 52%
建筑面积	990m²	150m²	缩短 85%
模块数量	60 个	35 个	减少 40%
建设周期	3 个月	1 个月	缩短 67%
工程投资	0.97 亿元	0.85 亿元	减少 12%

第三节 模块化建设

一、总体要求

近年来,中国石油在陆上油气田地面大型厂站的建设中,借鉴国际先进工程建设经验,探索了模块化建设模式,取得了显著的成效。

油气田地面建设标准化设计的内涵中强调"模块化建设是标准化设计的延伸和落脚点",模块工厂化建设的实质是将大量的现场工作转移到工厂内进行,实现工厂预制化,从而提高工程质量,缩短建造周期。模块化建设是传统工程施工组织模式的一种创新,也是管理理念的一次革命,模块化建设正在成为转变施工模式的重要手段。

模块化建设是依据工艺流程和总平面布置图等,将厂站设施按功能、单元或区域分解为若干模块,从定型图库中选择满足设计要求的定型模块,并对模块进行定位拼接完成站场设计。依据设计模块,预制单位在预制厂进行流水作业、批量预制和模块装配,然后运输至建设现场进行组装的建设模式。

因此,模块化建设包含三层含义:

(1) 采用模块的形式开展工程设计;

(2) 利用模块预制工厂开展模块建造,包括固定式预制工厂和移动式预制工厂;

(3) 建设现场进行模块组装。

模块化建设也是在标准化设计的方法体系指导下开展工作。

(1) 在模块化设计的基础上,通过系统分析,在优化、简化和统一化的思想指导下,对设计模块进行拆分,形成便于机械化流水作业的预制管段、结构和容器,按照种类、规格等分别统一预制加工;

(2) 流水化批量预制;

(3) 将管段、容器、设备和电气仪表等组合安装在框架结构上,形成单体模块或单元装置模块;

(4) 模块检验和试验;

(5) 模块包装运输;

(6) 模块现场安装。

二、模块化设计

1. 设计流程

模块化设计首先需要有一个工作流程,指导每一个阶段性工作和每一具体工作的开展,使得模块化的工作能有章有序、循序渐进,并保证项目模块化设计工作的顺利实施和完成。典型的模块化设计工作流程图见图18-3-1。

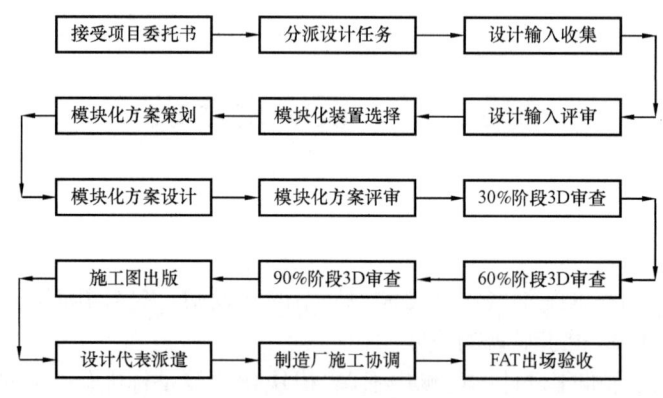

图 18-3-1 典型的模块化设计相关工作流程图

模块化设计过程中包含了很多个阶段性的工作,每一个具体工作的重点、中心也不一致,需要配置的人力资源也不同。

2. 基本原则

模块化工厂装置及设备布置的基本原则是模块化设计的基础,是指导工程实施的纲领性文件,所以需要在设计过程中遵循其基本要求。

1) 装置及设备布置设计的安全要求

安全生产对于石油及天然气处理厂或者站场来说特别重要。这是因为石油及天然气处理厂或者站场的绝大部分装置的介质和产品都是易燃、可燃、易爆或者有毒的物质,潜藏着容易发生火灾、爆炸或中毒的危险,所以,石油天然气企业对于火灾和爆炸的危险性的控制和预防意识特别敏感且要求严格。

火灾和爆炸的危险程度,从对生产安全的角度来看,可分为一次危险和次生危险两种。一次危险是指设备或系统内潜藏着发生火灾或爆炸的危险,但在正常操作状况下不会危害人身安全或设备完好。次生危险是指由于一次危险而引起的危险,它会直接危害到人身安全、设备毁坏和建筑物的倒塌等。

2) 装置及设备布置设计应满足工艺设计的要求

装置的生产过程是由工艺设计确定的,主要体现在工艺流程图和设备等(包括工艺 PFD、P&ID、U&ID、工艺设备数据表、设备订货图、泵数据表、压缩机和鼓风机数据表、安全法数据表和管道特性表等)。在这些图中表示出了工艺设备和管道操作的条件、规格型号和外形尺寸等,以及设备和管道的连接关系。天然气处理厂及相关的站场装置布置设计也是以此为依据进行的,一般按照天然气的处理流程顺序和同类设备适当集中的方式进行布置。对于处理厂内有腐蚀性、有毒和易燃易爆物料的设备按照流程顺序紧凑地布置在一起,以便对这类特殊物料采取统一的处理措施。如在天然气胺法脱硫脱碳装置和 TEG 脱水装置中,两个装置的吸收部分可以布置在一起,胺液再生和 TEG 再生可单独再集中布置,这样就有利于对特性相近的设备及设施采取统一措施进行防护及安全的要求。同时,设备布置按照工艺流程顺序进行布置的话,还可以体现以下两点的优点:

(1) 设备布置按照工艺流程顺序进行左右先后、高低上下的布置,以保证工艺流体的顺序流动,以降低管道多次折返绕行而导致流体压降过大。

(2) 同时,设备布置按照工艺流程顺序布置,可大量减少管道材料的用量。

3) 装置及设备布置设计应满足日常生产操作、检修和维护的要求

(1) 一个装置建成以后,操作人员要在装置中长年累月地操作和管理,而模块化设计是项目实施的一种手段,虽然模块设计可以紧凑一些,但模块化的装置设备布置必须为日常生产管理提供方便,保证日常生产所需的巡检、操作所需空间。

(2) 一个装置能够长期运转,需要对设备、仪表和管道进行经常性的维护和检修,特别对大型设备的检修,可能需要对其部分关键部件或整个设备拆除、运走;同时运来新的同样部件或设备。这样可以大大缩短整个检修的时间,为工厂保证生产提供保障。模块化装置布置不能过于密集,应该能满足传统装置便于维修、维护的要求,必须要保证大型设备的拆装、调运及检修所需的场地和大型吊机到达需要检修设备附近的通道。

(3) 一个设备对于一个模块来说,其就位和安装相对来说比较简单和容易,但对于一个模块化的装置来说,模块是在制造厂组装、检验完成后,运到项目现场后进行复装的。其模块在现场的规格尺寸大和重量重,安装起来更加复杂。这需要在模块化策划阶段就要考虑不仅是设备的布置,还要考虑模块的布置、安装所需的空间场地、空间和通道。

所以，在模块化装置的方案策划阶段，就需要将操作、检修、施工所需的通道、场地、空间结合起来综合考虑。

4）装置布置设计应满足全厂总体规划的要求

模块化装置的布置设计同样遵循全厂总体规划，包括全厂总体建设规划、全厂总流程和全厂总平面布置设计。

（1）模块化的装置设备布置应该根据全厂建设规划要求，有些装置作为一期工程建设项目，其他一些装置作为第二期或第三期的工程建设项目。模块化装置布置设计时，需要考虑一期工程的设施不能影响以后的二、三期工程的施工；同时还要考虑后其开发的工程不能影响前期工程的正常生产。

（2）应根据全厂总流程设计的要求，在合理利用能源的基础上，将一些模块化的装置集中紧凑布置，组成联合装置，并合用一个仪表控制室。如前面提到的胺法脱硫脱碳装置吸收部分和TEG脱水装置的吸收部分紧凑地布置在一起，形成一个大的高压部分模块化装置区。这样可以节省整个工厂装置的总体占地面积，为业主节约了投资。

（3）在全厂总平面布置图确定装置的位置和占地后，从原料、成品、半成品罐区、装置外管廊、道路及有关相邻装置等的相对位置，以便确定本装置的管廊位置和设备、建筑物的布置，使得原料产品的储运系统和公用工程系统管道合理布置，并与相邻装置在布置风格上保持相互协调，可以根据总流程合理利用能源。

5）模块化装置布置设计应适应所在地区的自然条件

工程项目中所指的自然条件一般包括气候、风向、地形和地质。

（1）模块化装置设备露天布置。

根据项目所在地的气温、降雨量、风沙并结合雨雪情况等气候条件，以及某些设备的特殊属性要求，确定哪些设备可以露天布置，哪些需要布置在室内。模块化装置露天布置是当前设备布置的趋势，明显便于装置的安全、检修，并利于防火等；但在北方寒冷地区，昼夜温差大、风沙大，就需要注意泵类设备应尽量布置在室内，以避免模块被风吹雨打热晒，从而保证产品的质量。

（2）结合所在地的地形特点。

把模块化装置布置在长条形的地带，管廊布置在装置的中心地带，设备布置在管廊的两侧，便于装置两边的管线截止回流到总管。

（3）结合地质条件情况进行装置的布置。

随着科技的发展，工程项目对产量的要求越来越高，工程项目规模变得越来越大；虽然模块化装置的占地面积比传统装置的布置节省了不少的用地，但仍然存在有超大型项目的模块化装置占地面积比较大的情况出现，比如说土库曼斯坦某个项目，脱硫脱碳单元并排布置的两列装置占地面积就超过了10000m^2的情况。所以模块化装置的布置也应该要结合地质条件来进行，因为在10000~20000m^2的范围内地质条件不大可能有较大的变化，个别地质太差的地方还需要靠打桩来加强。但在一个装置内仍可能出现地质条件的好与差的不同地段，这个时候需要考虑地质条件较好的地段布置重载荷设备和有振动的设备，因其基础牢固可靠，为装置的安全生产操作提供必要的保障。

(4) 模块化装置的布置设计应考虑风向的影响。

由于模块化装置设备布置集中,一旦发生一次危险或次生危险,给装置造成的危害更大。所以,模块化装置的布置设计更应考虑风向的影响;同时,也要考虑避免因风向的影响而引起的火灾和造成环境的污染。

6)装置及设备布置设计按工艺流程集中布置设备、泵、换热器等

模块化装置的设备布置一方面可以节省装置的占地,另一方面可以节省装置的钢结构投资,所以需要对一些功能和类型相同或相近的设备进行集中布置。

(1)相同功能的卧式容器设备、换热器的集中布置有利于装置成模块或橇装。

相同功能的卧式容器设备、换热器的集中布置,有利于装置形成连续的、集中的模块,一方面可以节省装置占地面积,另一方面方便将来设备及设施的集中操作、维护和检修。

(2)机泵集中布置有利于集中载荷较大的物资集成布置,便于运输。

由于机泵的进出口管道连接有较多的阀门及管件,其与机泵本身同属于载荷相对比较集中的设备和设施,同时也是维修和操作切换相对比较频繁的设备设施。机泵的集中成模块或橇装形式布置,便于模块的运输,减少现场的安装工作量,还可以为将来现场集中的操作及切换带来方便。

7)装置及设备布置设计应满足模块拆分、包装及运输的要求

(1)模块化装置设备布置,不同于传统模式的设备布置,设备不仅需要考虑布置在合适的位置,方便管道的布置,保证操作的空间和安全逃生空间外,还需要考虑将来在模块制造厂内完成了设备和管道、结构、电仪等物资成模块组装后,可以很方便地将这些物资按照不同的功能模块进行拆分。

(2)模块化装置拆分好后,应便于进行包装,防止运输过程中内部物资的损坏。对于国外项目,要求模块用熏蒸木箱进行包装,并设置检查专用门,以便于运输的保护、海关的检查和现场的管理;对于国内项目,要求至少进行防雨帆布包装。

(3)运输限制条件对模块的尺寸大小提出了要求,模块的大小应严格控制在这个合理的运输尺寸中,以便于模块顺利地运达项目现场。

8)装置及设备布置设计应满足设备及模块吊装、安装、维护及检修的要求

(1)模块化装置不同于传统模式下的装置,其在实施过程中需要经过多次吊装、组装、拆分及运输的过程,模块的结构设计应满足模块便于多次吊装、组装和拆分的要求。

(2)由于建造过程中经过多次吊装、组装、拆分及运输,所以模块的设计应考虑便于内部物资的检测、维护及检修,以确定物资的好坏。这里的检修是指单台设备在模块建造过程中可能出现损坏的检修,而不是工厂日常生产操作的停工检修。

9)装置及设备布置设计力求经济合理

(1)节约占地、减少能耗。

对于任何一个国家,目前对环境保护都十分重视,节能减排也越来越受到各个项目业主的高度重视和严格要求。模块化装置的设备布置应尽可能地缩小装置的占地面积,避免管道的不必要来回往返,减少能耗,节省投资和降低钢材的用量。

(2) 经济合理的典型设备布置。

经济合理的典型布置是呈线形布置,即中央架空布置管廊,管廊上方布置空冷器或其他冷换设备,下方布置泵类设备;管廊两边分别按照工艺流程顺序布置塔、容器、换热器等设备,控制室或机柜间、变配电室、办公室、压缩机房等成排布置;压缩机房的布置要与办公室等人员比较密集的场所保持足够的安全间距,降低噪声对办公环境的影响。

10) 装置及设备布置设计应满足用户的要求

模块化装置的设计虽然是设计单位负责的,但是设计是为最终用户服务的;将来的日常操作、生产及维护也是由业主完成,所以模块化装置的设计应满足业主的最低要求。

11) 装置及设备布置设计应注意美观

模块化装置布置的外观应能给常年在装置内工作的人员以美好的印象。外观美也是设计人员、设计单位的一个实物广告和标志,也是业主心中的一个艺术品。模块化装置的外观美需要做到以下几个方面:

(1) 装置排列整齐,设备成条成块布置;
(2) 塔群排列高低有序,人孔尽可能排齐,并朝向道路检修侧;
(3) 装置的框架和管廊立柱对齐,纵横成行;
(4) 建筑物轴线对齐,立面高矮适当;
(5) 管道横平竖直,避免不必要的偏置歪斜;
(6) 检修道路与工厂系统对齐成环形通道;
(7) 与相邻装置布置格局要协调。

3. 模块化设计要点

模块化的设计较于传统设计提出了更高的要求,设计的内容和工作量也增加了,设计精细度和制造准确度也要求更高。要想做好一个模块化工厂的设计,各个专业、每个环节必须紧密联系,所以在设计过程中需要注意各个专业的设计要点。

1) 总体要求

(1) 大型转动设备布置。

由于大型转动设备布置在日常运行过程中震动较大,而震动对钢结构会有影响,甚至导致整个结构框架采用型钢增大一个规格,从而导致项目整体的投资增加。所以建议大型振动设备不宜布置在结构框架内,以免对模块的钢结构造成大的影响。同时,如果布置在模块以内,必须对整个模块的钢结构框架进行震动分析,以确保模块化钢结构整体的稳性。

(2) 多层模块布置在一起要考虑便于逃生的通道。

模块化装置的设备布置和管道布置比较紧凑和密集,需要考虑更高的安全性,所以对于包含多层模块钢结构的装置,需要统一考虑装置的逃生路线和通道。

(3) 设备布置应按照降低业主投资又能降低能耗的方式执行。

设备是为工艺服务的,设备的布置如果能按照工艺流程顺序进行合理的布置,能够很好地避免了设备间管道的往返重复布置,大大减少了钢材的用量,节约了投资;同时也能减少能量的损失,降低了能耗。

(4) 装置内模块布置要紧凑和满足操作及维修空间相结合。

紧凑的模块化装置布置可以减少投资用地,同时减少整个装置的用钢量,节省投资;同时,紧凑的设备布置便于操作的集中,减少操作人员来回往返于操作面之间的时间,从而降低工人的劳动强度。

但工程设计都应是为了生产服务的,而日常生产过程中比较频繁的工作就是对装置内各类阀门、各种设备和设施的操作、维护及维修,所以,模块的设计过程中,需要注意模块之间留有足够的操作及维修空间。

(5) 应结合运输模式和限制条件布置模块。

模块的运输模式和运输限制条件,特别是运输限制条件中的尺寸限制,是决定装置中每个模块大小的重要因素,对装置模块化设计有举足轻重的作用,所以在模块化方案阶段,运输模式和限制条件是必不可少的输入条件。

(6) 集中载荷物资尽量考虑在模块内。

模块化设计的目的就是为了能把尽量多的装置内物资放在模块内,减少现场安装及模块复装的工作量。集中载荷的物资如设备、机泵、大口径阀门及仪表控制阀门、高级孔板阀等,本身质量比较大,一般情况下一两个人难以搬动,需要借助起重吊机才可以搬运和就位。这些集中荷载物资如果全部散件运输到现场,将会使现场重型机具的利用率大量增加,同时影响现场安装的速度。所以,集中载荷的物资布置在模块内,利用重型吊机吊装模块的同时,就把集中载荷的物资安装就位了。

(7) 模块的形状尽量方正,以便于包装和运输。

形状方正的物资才比较方便包装,同时也容易找到合适的运输工具,特别是国际工程项目中需要经过长途运输、远洋运输的模块,一般都要求使用经过熏蒸的木箱进行包装。

2) 设备选型

(1) 设备宜考虑卧式设备,以方便设备成模块及运输。

在模块的运输过程中,模块的重心越低,稳定性就越好,也就降低了模块运输的风险。所以,在做设备设计和选型的时候,如果设备可以做成卧式,也可以做成立式,那么应首先考虑按照卧式设备,以便于集成于模块内。同时,由于立式设备往往都比较容易超过模块运输的高度要求,即使集成在模块内,运输前也还需要单独把设备拆下来才可以运输。

(2) 模块内设备布置完成后,应确保满足运输限制条件的要求。

对布置在模块内的设备,在设计过程中应注意确保其满足运输限制条件的高度、宽度及重量的要求。如有些卧式设备连同其顶部操作平台、配管及相关设施,往往容易出现超高的问题,这种情况下就需要在设计过程中把顶部操作平台及相关辅助设施和设备按照拆分的形式进行设计和制造。

(3) 大型立式设备,不考虑成模块。

对于大型立式设备,如天然气处理厂的吸收塔、再生塔、胺液储罐、消防水储罐、脱盐水储罐等设备,由于设备本身已经超出了模块的常规运输尺寸限制要求,如果硬要把这些设备集中到模块内,将会无形中增加模块的设计难度和运输的难度,所以这种情况下,这些大型设备不需要考虑做成模块。

3）配管设计

（1）管道的布置必须满足安全逃生需求。

模块化装置的设备和管道布置与传统做法不一样，模块化装置设备布置是往高空方向层叠起来，一般在一个横断面上一个设备占据了一跨，设备和管道布置得比较密集；但模块化布置得紧凑并不可以牺牲安全通道，反而是对装置的安全提出了更高的要求，才能保证装置一次危险和次生危险发生时，把危险的危害降到最低。所以，模块化装置内部必须保证至少要有一条1.2m的主要安全逃生通道，用于安全事故的主要疏散通道。

（2）模块装置内管道的布置不能妨碍设备的日常操作、维护及检修。

一个装置能够保持长期运转，不仅需要日常正常的操作和正确的管理，还需要对机械设备、管道、阀门、仪表设备等相关设施进行经常性的维护和检修，特别对大型设备的检修，甚至可能需设备的关键部件或整个设备进行拆除或更换。所以，模块化装置布置不能过于密集，应能满足设备的正常日常操作、维修、维护的要求，保证大型设备可以拆装、调运及检修。

（3）模块与外界管道连接位置及形式需统一考虑。

一个模块可能会和管廊连接，也可能和另外一个模块连接，或者和另一台不成模块的设备管道相连接；但不管怎么样，模块和外界的管道连接形式和位置能有一个比较统一的做法，以便尽量降低现场复装的工作量。如不大于DN250mm的管道，建议在和外界连接时尽量考虑法兰连接；DN250mm以上的管道，考虑到一对法兰的价格成本（特别是法兰压力等级越高，价格越贵）和焊接工作量并不减少的情况下，可以考虑和外界连接时尽量考虑焊接；不大于DN50mm的仪表风、工厂风及要求不高的水系统可以考虑螺纹连接的形式。

对于模块和与外界管道连接位置尽量考虑在一个端头，以减少模块与模块间的交界面，简化和集中现场复装的作业面和作业点。

（4）模块内管道布置应注意与设备的协调性。

模块内管道布置应保持与设备的协调性，这样可以达到管道布置的美观性，同时也为模块的布置提供更大的空间。卧式分离器的配管应尽量沿着设备长度方向布置管道，以免横向布置造成模块的宽度过大，同样也保证了设备和管道布置的协调性（图18-3-2）。

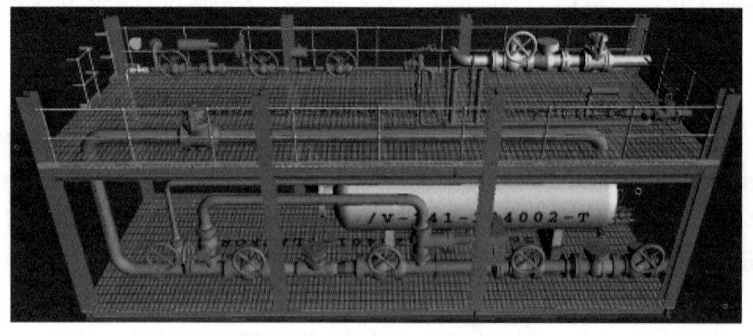

图18-3-2　模块内管道布置图

（5）模块内管道要有足够的操作用支撑。

管道支吊架是保证一个生产装置内管路系统安全生产的必不可少的设施。对于模块化装置,管道支吊架的设计不仅要满足管路系统安全生产所需部分的管道支吊架,还要考虑模块在拆分后的长途运输过程中需要对模块内管道进行特殊加固所需的管道临时支架,以确保模块在经过长途运输后仍然保持安全、牢固和可靠。

(6) 长途运输应注意紧固件的松脱。

对于国际工程或国内项目所在地比较偏远的地区,模块在制造厂内组装完成并拆分后,还需要经过长途的运输过程(可能要经过海上运输的摇晃、陆上运输的频繁颠簸晃动)。如果模块内的管道和设备是用螺栓进行固定的管道,一定要注意做好螺栓紧固件的防松脱措施,以免由于螺栓的松脱导致设备或管道从支架上滑落引起设备或设施的损坏,给项目工期带来不可挽回的损失。

(7) 管道布置应与仪电设备及设施相结合。

模块化装置内,设备、管道、结构、仪表和电气等相关设备和设施高度地整合和集成于一个装置内,所以需要在模块策划阶段就绪做好各专业的设备和设施之间的统筹规划和管理,如仪表控制专业的电缆桥架、信号变送器和穿线管在一个模块内不能影响管道的布置和妨碍阀门的正常操作。

(8) 管道的布置应不妨碍模块的吊装。

一个装置由若干个小模块组成的,每个模块间有独立的功能又互相关联和连接;同时,由于模块内部往往都是比较紧凑地集成了设备、管道、结构等专业的设施,空间非常紧张。但是模块内的管道和其他设施绝对不允许妨碍模块的吊装,否则妨碍吊装的那部分管道必须拆除。

4) 钢结构设计

(1) 结构设计必须保证设备及装置的安全运行。

模块化装置的钢结构不仅是支撑每个模块的框架性构件,他们连接起来后就形成整个装置的构筑物钢结构框架,这个钢结构构筑物是保证整个装置安全平稳运行的基础。所以模块化钢结构的设计,必须保证设备及装置的安全运行。

(2) 结构设计应便于组装、拆分及复装。

模块化装置的钢结构,由于其是由不同的刚性构件经过焊接或螺栓连接成的,过程中可能由于模块组装和安装的要求,模块化钢结构会经过多次的组装、拆分、吊装等过程,为了减少每次组装、拆分以及吊装的工作量,需要在钢结构的模块化设计过程中就把结构设计成便于组装、拆分及复装的。

(3) 结构设计应充分考虑运输方式和限制条件。

运输方式和限制条件是决定模块成型大小的主要因素,同时也是对结构专业的设计工作提出更符合项目实际实施的需求。如某个项目为国外项目,需要经过海运和几千千米的陆路运输,那么结构专业在设计过程中就必须考虑模块会在海洋运输过程中出现较大幅度的前后左右的拍动,同时还要考虑在长途的几千千米陆路运输的颠簸工况,也不可以把模块设计为超过运输条件限制的形式,否则模块将会在运输过程中遇到难以预料的问题。

(4) 结构设计应考虑模块重量及重心。

由于模块制造厂和项目现场往往不是在同一个地方,模块在建造过程中,就需要经过多次吊装、组装及拆分。所以,需要对模块的重量和重心进行计算和设计,以保证模块吊装安全性。

(5) 多层模块的钢结构，应注意上下层之间的连接。

对于由多层钢结构模块组成的装置，为了便于模块多次的吊装、组装和拆分，应注意考虑上下模块间的螺栓连接点位置，应力求模块的拆分点便于模块的组装和拆分的要求。如上下层螺栓连接点应尽量设置在平台甲板以上 1.3m 左右的高度，以便于模块组装工人的组装和拆分工作。

(6) 结构的设计应给操作留出足够的空间。

钢结构的设计不能过于密集和紧凑，要有足够的空间给设备及相关设施的操作和维护，甚至钢结构的检测及维护，如模块间的结构立柱离得太近，对于模块化之间的涂漆将无法执行等情况的出现。

(7) 立式切割模块，应满足水平运输的强度。

对于一个模块化装置，组成装置的模块可以是水平切割的模块，也可以是竖直方向切割的模块。对于水平切割的模块，其运输、吊装的状态和生产操作状态是一致的，结构计算相对来说比较简单；对于竖直切割的模块，吊装与运输过程的状态与正常操作状态有 90°的翻转放平，在结构设计过程中一定要注意结构吊装和运输过程中的翻转及受力分析，并确保结构设计的运输和吊装的安全性，如有必要还需要增加临时的吊装及运输用结构杆件。

(8) 模块应有足够的强度，以避免运输过程中的变形。

模块不同于传统装置的钢结构，模块的钢结构在经过模块制造厂完成后，需要经过多次的吊装、组装、拆分和运输的过程。所以模块的钢结构设计必须考虑这样的多次吊装、组装、拆分和运输的过程，并确保在经过这些反复的过程后模块的结构强度满足生产和安全的要求。

5) 电仪布置设计

(1) 电仪设备及设施的布置不能影响安全及操作通道。

对于每一个工程的设计，安全是需要考虑的第一因素，所以，电仪设备及设施的布置不能影响安全及操作通道，这是必须遵守的规定。

对于电仪设备及设施的布置，由于模块内集成度比较高，往往容易出现电仪专业和其他专业在设计过程中没有做好协调的情况，导致设备和阀门的操作空间与电仪设备及设施出现冲突。所以电仪专业在设计过程中，需要做好和其他专业的沟通和协调，以避免电仪设备及设施的布置影响工艺设备及管道、阀门的日常生产操作。

(2) 电仪和外界的链接应考虑统一的接线形式。

传统模式的设计过程中，电仪的信号通过电缆直接进入中控室和配电室。模块化设计如果仍沿用传统的做法，将会导致现场电仪专业的安装连接工作量很大，所以，每个模块化与外界的信号连接一般考虑通过接线箱集中信号，再通过外接电缆与模块内的接线箱连接，这样就大大减少了项目现场电仪的安装和连接工作量。

(3) 电仪接线箱宜布置在模块靠近主桥架一端。

对于电仪接线箱的布置，可以结合主电缆桥架的位置和模块内仪表及电气点的分布情况，合理地布置电仪接线箱的位置。一般情况可以考虑在模块内尽量统一地布置在靠近主电缆桥架一端，一方面美观，另一方面减少大截面电缆的用量。

(4)电仪设备、设施在模块内应有统筹的考虑。

这里主要考虑的是当模块内有很多个仪表或电气设备的用户点时,为了方便操作和控制,需要用电缆桥架进行集中布线。这个过程需要和设备、管道和结构进行协商,做好模块内的统筹考虑,如仪表电缆桥架在模块内走什么位置,需要多少空间,管道与电缆桥架之间需要有多少的净距要求等,均应做好统筹规划,并把这些要求作为设计条件提交给其他相关专业,特别是设备布置专业,以便在模块开始策划阶段就有统筹的规划。

(5)电仪电缆桥架应有足够的支架支撑。

电仪专业的电缆桥集成在模块内,需要经过长距离的海上或陆上运输才能到达现场,运输过程中会出现晃动或振动,电仪专业的电缆桥架柔性比较大,稳性相对比较差,所以在设计过程中应该考虑足够的支吊架,以确保电缆桥架或相关的电仪设施不至于由于运输过程中的晃动或震动导致失效或者损坏。

(6)流量计前后直管段应保证满足设计要求。

流量计是控制介质在管道内流动,保证流量和产量控制的关键。管道内介质流态稳定性直接影响到控制信号的稳定性,对整个生产控制也起到了关键的作用。所以需要在模块化设计过程中,即使模块内部布置紧凑,仍必须保证仪表流量计前后直管段的设计要求。

三、工厂化建造

模块工厂化建造流程主要环节包括:原材料入厂验收,钢结构、管道和容器预制,模块预组装,测试检验和出厂,包装和运输,现场安装。

1. 原材料入厂验收

主要包含参与模块制造的各物资的入厂验收,包括管道、钢材、非标设备、仪器仪表、电气设备等。与传统的现场安装不同,模块化内所有物资的验收都转移到了工厂,由业主代表会同制造厂的质检部门按照检查表分类逐项检查,并要求相关供货方在规定时间内完成整改。入厂验收的质量关系到整个模块化建设工程的进度、费用和质量,其尤为重要。

2. 预制

预制是模块化建设的基础。

(1)统计分析设施的加工特征、研究各工序的设备配置、引入自动化加工设备、设计先进组配工装和传输装置,按照简洁、高效生产工艺流程形成机械化流水作业线。

(2)通过分析设计模块,形成模块分解技术;按照单线图、管段图指导,制定预制机械加工工艺。

(3)通过多种防变形措施和质量保证措施,保证预制质量。

(4)管理技术和计算机辅助系统的应用,使得原有的串行工序变为平行作业工序,实现预制过程的信息化管理。

3. 预组装

模块的预组装包括钢结构就位找平、设备安装、管道安装、管阀件安装、接线箱安装、桥架与穿线管安装、仪电设备安装、接线等工作内容。

模块的工厂组装程序：建立尺寸控制相对坐标系，按照位置坐标摆放基础垫墩，将首层钢结构框架在垫墩上安装就位，测量各轴线点位坐标进行形位调整，就位安装首层主体设备，组装与主体设备相连接的管道和管路元件，安装电仪设备及材料；依次顺序安装。必要时采取安全措施，可上下层同时作业。

4. 测试检验和出厂

模块建造完毕后，分专业进行出厂验收测试（FAT），内容包括：工艺及配管检查、结构检查、仪电检查与测试、设备检查、防腐及保温检查等。

模块管路系统的所有焊缝在工厂内进行强度试验。

5. 包装和运输

明确运输路径、运输方式、车辆选用以及转运等情况制定运输方案，按照拆分方案对需要拆分的单元模块进行拆分。结合运输方案以及物资类别确定模块的包装方案。

6. 现场安装

模块现场安装工作包括：单体模块安装，模块间连接钢结构、管道和桥架安装，栏杆、爬梯安装、格栅板敷设、仪表安装、灯具安装、电缆敷设及接线等。

为保证现场安装顺利实施，应编制模块安装手册，内容包括：装置整体情况及安装内容，装箱总单与安装顺序，各专业安装指导要求，吊装要求与专用工具。

模块工厂化建造总体流程如图18-3-3和图18-3-4所示。

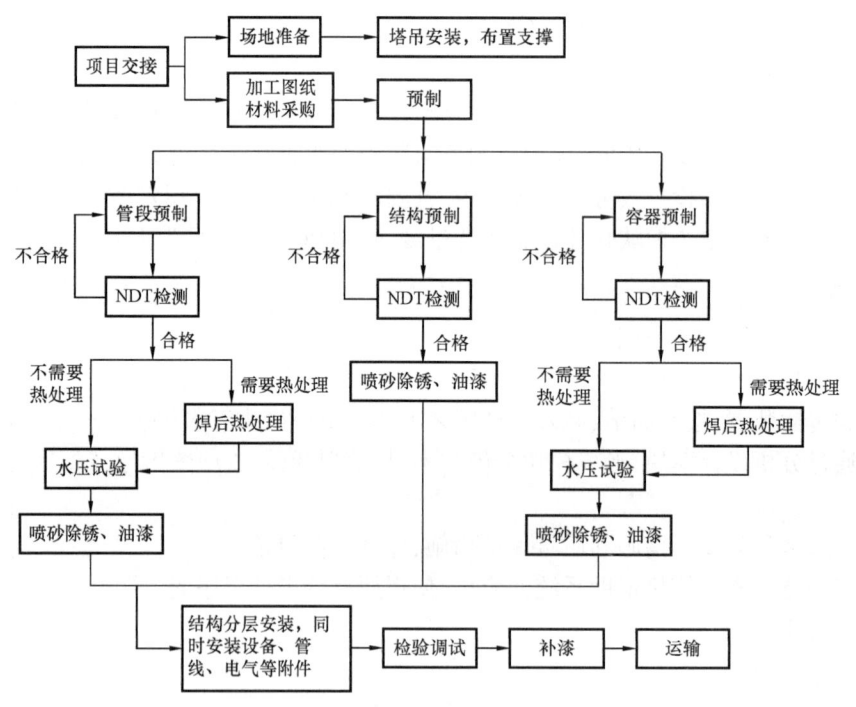

图18-3-3　模块工厂化建造总体流程图

图 18-3-4　模块工厂化建造总体流程图

经过几年的模块化建设探索和实践,中国石油针对油田站场和气田站场具有的不同特点,研究形成 4 种建设模式。

(1) 小型站场:全部采用一体化集成装置的模块化建设模式。

(2) 中型站场:采用一体化集成装置为主、单体模块为辅的模块化建设模式。

(3) 油田大型站场(如联合站、脱水站等):由于油田设备体积大、介质质量大,由功能及流程相近的设备组成、多采用单层布置,采用一体化集成装置和单体模块相结合的模块化建设模式(图 18-3-5)。

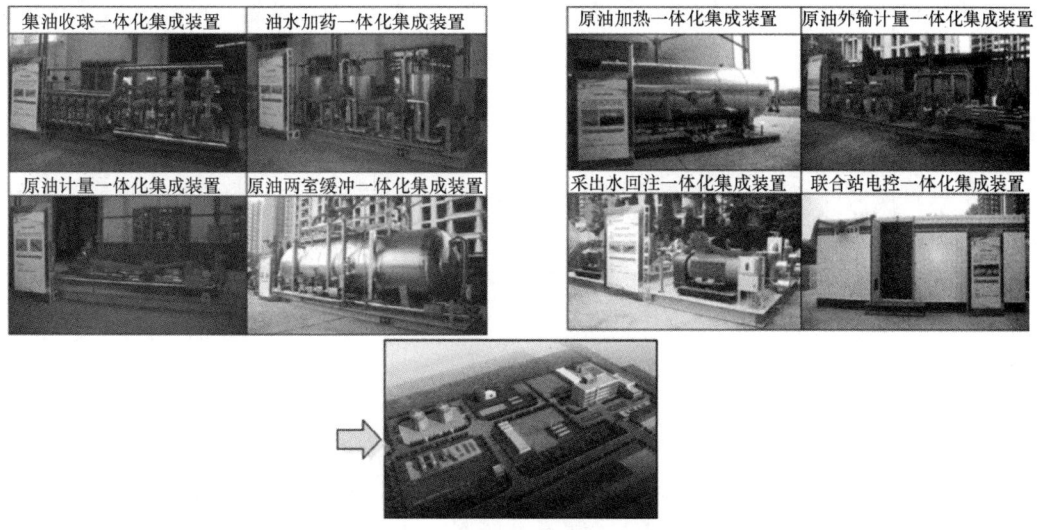

图 18-3-5　采用一体化集成装置和单体模块相结合的模块化建设模式

(4) 天然气处理大型站场(如天然气处理厂、伴生气处理站等)：单元工艺复杂,组成单元设备种类多,受介质重量和流向影响较小,除大型容器外大多设备重量相对较轻,通常分层布置,采用单元装置模块为主、单体模块和一体化集成装置为辅的建造模式(图 18-3-6)。

不论是一体化集成装置和单体模块相结合的模块化建设模式,还是单元装置模块为主、单体模块为辅的建造模式,由于油气田厂站的特点不同,主要的差别在于模块化设计的实现方式不同,而在工厂化建造、过程质量检验、包装运输、现场安装等方面,基本程序和要求是一致的。

图 18-3-6　大型场站模块化建设模式

四、包装和运输

模块装置能否完好地运抵安装现场,并顺利的指导现场安装工作,拆分包装方案是关键。

模块装置的拆分、吊装和包装方案,应该在装置设计阶段进行策划。拆分、吊装和包装受运输方式、运输路径和吊装能力等因素的制约,在设计初期应进行充分调研并规划出初步方案。

1. 拆分、吊装方案

模块装置需要拆分主要有两点原因:一是受运输条件限制,需要将整体装置拆成几个分体装置运输,或者将装置中超出尺寸部分的管线、结构拆下来运输,或者将超重的设备拆下来单独运输。二是受物资特殊保护需要,将运输过程中容易损坏且包装要求高的仪表、电气等精密设置拆除单独包装运输。

拆分时需要注意以下几点：

(1) 根据运输情况,尽量保证装置的完整性,减小拆分工作量,同时也减少了包装工作量和现场恢复安装的工作量,节约费用。

(2) 拆分时应对所有拆分点进行编号,贴上相应的标签,便于指导现场回装工作(图 18-3-7)。

(3) 拆分点的法兰、接口应进行很好的保护,避免吊装、运输过程的碰损和异物进入。

（4）拆分的单体部件应进行编号,并就近放置于模块装置内,不能乱放。当装置内无法放置时,应单独采放包装箱进行包装发运。

图 18-3-7　拆分点编号与端部保护

吊装方案需要根据模块装置本身的结构来确定。在设计初期的模块方案布置时,就需要考虑拆分包装后的吊点设计。吊装方案需要考虑的因素包括:重心位置、重量、专用工具、起吊方案等。

2. 包装方案

包装方案需要根据模块化装置本身特点、运输方式、运输路径来确定。目的是如何安全完好地将橇装/模块及其附属物资运抵现场。

模块化装置的运输方式通常有公路运输、铁路运输和水运(海运)三种方式。每种方式对货物的包装要求有不同之处:公路运输和铁路运输对尺寸、重量都有严格要求,而且铁路运输对包装的结实程度有要求,因为运输过程中不可能停下来整理包装;由于水运货物长期位于水面(海面),对需要进行防潮处理的货物包装有特殊要求。

模块化装置运输的货物通常有模块化装置、压力容器单体装置、钢结构件、易损坏的仪电设备、装置备品备件等。

压力容器单体装置一般采用裸装或雨布包裹的方式(图18-3-8)。

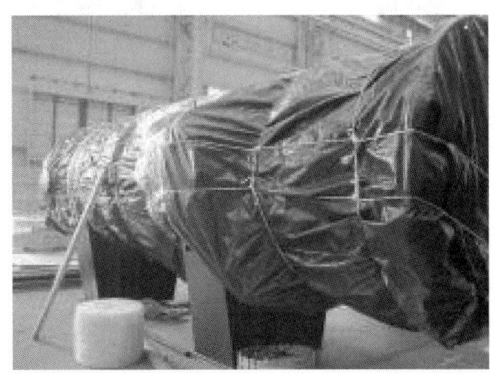 

图 18-3-8　压力容器单体装置包装

钢结构件一般采用托盘或吊篮+雨布的方式(图18-3-9)。

图18-3-9　钢结构包装

易损坏的电仪设备采用木箱+雨布的方式。防潮要求严格的电仪设备还需要对物资采取气泡垫、缠绕薄膜、锡箔纸袋+干燥剂作为内包装(图18-3-10)。

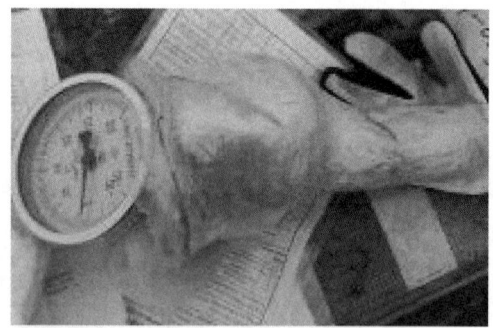

图18-3-10　仪表包装

装置备品备件根据物资类别进行木箱包装。

模块装置的包装有两种：一种是裸装+雨布(不能裸装的加托盘)(图18-3-11)；另一种是木箱包装(图18-3-12)。如果运输距离短，且不存在转运，可以采取第一种方式。海外项目均要求按木箱包装。

图 18-3-11 模块包装（裸装）

图 18-3-12 模块包装（木箱）

包装箱外应该有：唛头、吊点、向上、防雨、轻放等标示。包装箱外还应在内部、外部对侧装订上装箱清单。唛头是出口产品包装必需的标识。

唛头应该包括的消息有：合同号、发货公司名称、收货公司名称、项目名称、最终目的地、箱号、尺寸、重量等（表 18-3-1）。

表 18-3-1 包装箱外标示

序号	标签类型	英文标志	标记	备注
1	重心	CENTER OF GRAVITY		设备的重心
2	吊索	SLING		使用吊索的地方

续表

序号	标签类型	英文标志	标记	备注
3	顶部标签	RIGHT SIDE UP	↑↑	指出顶部位置(未反转)
4	避免潮湿	KEEP DRY	☂	指出该部位不可受潮
5	小心移动	HANDLE WITH CARE	🍷	易碎部分

3. 运输方式

模块化装置的常规运输方式包括公路、铁路、水运三种方式。三种运输方式的优缺点比较见表18-3-2。

表18-3-2 运输方式优缺点比较

运输方式	费用	耗时	尺寸要求	重量要求	重心位置要求
公路	高	少	严格	严格	较松
铁路	中	中	很严格	很严格	很严格
水运	低	长	宽松	宽松	宽松

注：(1) 以上费用和耗时比较与运输起止点和运输路径有关。
(2) 铁路运输受铁路运输标准的影响,对货物要求很严,谨慎选用。

1) 公路运输

需要考虑运输路径上对隧道、桥梁、跨公路电缆等对货物尺寸和重量的限制。我国公路分为：高速公路、国道、省道、县道和进厂乡村道路。每种道路、每个省份的限制条件均不一样；国际上,每个国家,道路运输限制条件的也存在差异,设计过程中一定要注意。

2) 铁路运输

对货物的尺寸、重量和重心位置都有严格的要求。原则上铁路运输仅用于外观规整的货物,如压力容器、管阀件等。对于模块,要求总体宽度不能超过2.8m,重心离货物边缘位置不超过1.7m。模块装置的不规整特性很难满足要求。

3) 水路运输

水路运输是最佳的橇装/模块运输方式,对货物尺寸、重量都没有严格的限制。唯一的限制是由于水面湿气较大,特别是海运,需要对货物的包装进行很好的防潮处理。

4. 模块拉运的防变形措施

(1) 为防止模块拉运过程中的变形及碰撞,根据模块的形状及运输工具的尺寸制作拉运支架,将模块固定在拉运支架上(图 18-3-13 和图 18-3-14)。

(2) 必要时对模块与拉运支架或与运输车辆之间加设软质材料的防护垫,并且绑扎牢靠。

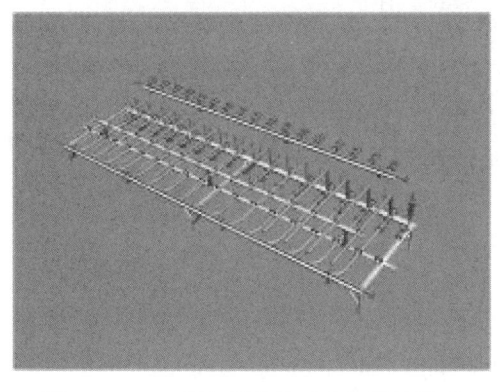
图 18-3-13 阀组模块拉运支架设计模型

图 18-3-14 阀组模块拉运支架

5. 运输过程管理

运输过程管理主要指运输过程跟踪和转运管理。

1) 运输过程跟踪

运输过程跟踪是指从货物起运到货物到达指定交货地点的过程跟踪,主要是知晓货物所在位置和货物状态。特别是公路运输,加强监管是为了防止货车司机规避过路费而偏离规定运输线路,出现运输事故而导致货物损坏或拖延交期的情况发生。过程跟踪的方法如下:

(1) 货物起运时,运输公司应提供所有车次联系方式(司机电话),方便查询。

(2) 要求运输公司每天发送两次正式的运输报告,告之每个车次的状态,如所在位置、货物状态、货物包装状态、预计到达交货地点时间等。

2) 转运管理

转运管理是指货物在运输过程中由于更换运输方式或需转场,需要对货物进行卸装作业而进行的管理。由于模块装置受尺寸、重量、重心等影响,在装卸过程中常用到专用的平衡梁(Spreader Bar),保证吊装过程货物的安全。转场过程还存在对货物进行仓储管理,对最终目的地进行再次确认等工作。因此,当货物存在转运工作时,要求分公司人员和运输公司人员必须到达转运现场,对货物的相关作业工作进行监督,同时也可以对前一阶段的运输情况进行检查。

五、建设现场安装

1. 安装前准备工作

1) 到货验收

(1) 设计、采购合同(EP 合同)需要业主方(监理)组织对到货物资进行验收,并出具验收报告。意味着根据合同将物资交付业主,物资后续的保管、维护等由业主负责。

（2）设计、采购、施工合同(EPC合同)需要现场施工部(监理)组织对到货物资进行入场验收，并出具验收报告。物资后续的保管、维护由项目施工部或施工单位负责。

（3）往往到货验收工作由监理组织、施工安装单位参与。验收后物资的仓储管理由业主方(项目施工部)+施工安装单位共同负责。

（4）所有物资必须验收合格后，方可执行现场安装工作。

2）制造厂提供文件

（1）模块化装置的完工文件，包括竣工图、设备材质量证书、制造过程文件等。

（2）装置现场安装工作量统计表(含大概的人员、机具要求)。

（3）详细的发货装箱清单(含装箱总单和详细清单)。

（4）装置安装手册(现场恢复安装手册)。

（5）装置拆分视频文件(若有记录)。

3）施工安装单位提供文件

（1）人员、机具组织计划。

（2）安装物资吊装方案(按项目建设要求编制报批)。

（3）安装进度计划。

4）施工安装交底

（1）各项目参建单位人员和安装班组长必须参加。

（2）模块化装置制造厂现场安装指导人员进行汇报交流。

（3）安装交底的内容包括装置组成、安装手册如何使用、根据装箱清单如何查找物资、模块化装置安装顺序、安装大概的人员组织和机具要求、安装过程注意事项等。

2. 安装内容

模块化装置现场安装工作内容根据装置的复杂程度有所差别，常规现场安装工作主要包括以下内容：

（1）到货物资卸载、仓储管理，包括落实场地和机具。

（2）压力容器注册报建。

（3）模块化装置的安装。

（4）钢结构安装。

（5）单体设备(容器、大型机泵等)安装。

（6）管道安装。

（7）灯具安装。

（8）仪表标定与安装。

（9）安全阀整定。

（10）仪电桥架安装(主要为模块装置)。

（11）电缆放线及接线，包括电伴热线(主要为模块装置)。

（12）设备内构件、填料的安装。

（13）等电位跨接线、接地线的安装。

（14）钢结构防火油漆、面漆的施工(参考与业主合同界面)。

(15)设备、管道保温(参考与业主合同界面)。

(16)橇装/模块系统的严密性(气密性)试压及吹扫。

(17)海外项目涉及特殊设备的合格证转化和使用办理。

(18)其他整改项(正常情况没有)。

3. 安装过程管理

1)物资出入库管理

(1)建立物资出入库管理规定,原则上当天不安装物资不允许出库。

(2)物资出入库应有相应的审批程序,并进行出入库登记。

2)安装物资查询

(1)根据安装进度计划,确认后两天的安装物资情况。

(2)根据装箱清单,在仓库内找到后两天要安装的物资。

(3)办理此部分物资的出库审批程序,做好出库吊装、转运准备。

3)安装指导

(1)施工安装单位做好现场安装的机具和人员准备。

(2)施工安装单位根据安装手册对物资进行安装。

(3)制造厂人员对安装过程进行指导,解决安装中存在的问题。

4)安装检查

(1)模块化装置三维模型设计人员对安装的模块、钢结构、管道进行检查。

(2)仪电工程师对安装的仪电设施进行检查。

(3)工艺工程师对模块化装置的工艺正确性、安装符合性进行检查。

(4)监理人员应对安装的质量进行检查。

(5)检查过程中,应对需要整改问题的进行记录,出具尾项清单(Punch List)。

4. 试压吹扫

模块化装置机械安装完毕后,由施工安装单位对整体装置进行严密性试压,检查装置整体密封性。由于在制造厂内已经对所有工艺设备和管道进行了强度试压,在现场安装完毕后原则上不需要再做强度试压。

严密性试验完毕后,对管道按系统进行必要的吹扫。特别是运输或仓储时间较长的,管道内部存在锈蚀,需要严格吹扫。吹扫前,工艺工程师应明确哪些设备不能参与吹扫。仪表标定完成安装后,还需要进行系统组态调试。

六、安全评估技术

由于模块化建造与传统建造模式存在较大的差异,在传统的建造模式中采用的安全评估技术基础上,结合模块化建设特点,还需进行进一步的针对性的安全评估。

(1)HAZOP分析和SIL安全完整性分析;

(2)结构整体稳定性分析;

(3)管系整体稳定性分析等;

（4）模块运输安全稳定性分析。

七、典型工程实践案例磨溪龙王庙组气藏地面工程模块化建站建厂实践

随着标准化设计的持续深入推进，一体化集成、工厂化预制、模块化成橇在节约占地面积、缩短现场施工工期、提高工程质量等方面的优势得到集中体现。

在磨溪龙王庙组气藏采气站场，采气工艺、清管发球、供水、供电以及站控PLC/RTU系统都进行一体化集成、工厂化预制（图18-3-15），施工现场工艺安装量控制在80道焊缝以内，从钻完井交井到站场完工投运，建设工期20d。

磨溪龙王庙试采净化厂及开发净化厂工程（一、二期），均通过深入推进标准化设计、工厂化预制，创新了模块化建厂模式，天然气净化厂工程的脱硫、脱水、硫黄回收、尾气处理、酸水汽提等主体工艺装置都实现了模块化、橇装化组装，其中$300×10^4 m^3/d$试采净化厂工程10个月建成投运，$1200×10^4m^3/d$开发净化厂工程16个月快速建成投产，创造了四川油气田同类项目建设新纪录（图18-3-16）。

图18-3-15 磨溪009-X5井采气一体化橇

图18-3-16 $300×10^4 m^3/d$试采净化厂

1. 气田采气站场一体化建站实践

在磨溪龙王庙组气藏试采地面工程，采气一体化橇涵盖水套炉加热、节流、分离、计量、清管发球、缓蚀剂加注等八大功能（图18-3-17）；在开发地面工程，由于气井井口温度较高，气体节流后不需要加热，采气站场一体化橇取消了加热功能，不再设置水套加热炉（图18-3-18）。因运输限制，采气站场一体化橇由三个底座拼接而成，一个底座为采气工艺，其他两个分别为清管发球和缓蚀剂加注，最终在工程现场联合拼接而成。

在采气规模上，磨溪龙王庙组气藏采气一体化橇分为$50×10^4m^3/d$和$100×10^4m^3/d$两种规模，主要设备包括双筒气液分离器、清管发球装置、计量泵、缓蚀剂与防冻剂储罐、高级孔板流量计、电动排液阀。

在自动化控制上，一体化橇主要工艺参数的监视、控制和数据采集由装置所在站场的仪控橇内RTU负责完成，工艺橇边界设置接线盒。仪控橇内RTU按照预设程序对装置内的工艺参数进行数据采集、控制、报警、计算和存储。

主要针对以下数据的采集和传递：工艺设施的工艺变量、阀门状态、设备液位、设备状态、温度、压力、流量信息/计量参数等。

在电气设施上,一体化橇上均设防爆配电箱 1 台,供橇上的动力设备用电,橇体上需 UPS 供电的用电设备,电源引自仪控橇内 UPS 装置。

采气站场一体化橇功能相对简单,设备总重量较轻,工厂化预制、运输、现场吊装均比较容易,特别适合产能建设的快建、快投。

图 18-3-17 采气一体化橇(带水套加热炉)

图 18-3-18 采气一体化橇(不带水套加热炉)

2. 净化厂工程模块化建厂实践

1) 工艺流程

原料天然气经气田内部集输工程初步分离过滤后,进入天然气净化厂内,在工厂内再次过滤分离,经 MDEA 脱硫、TEG 脱水处理后,达到天然气外输气标准后进入输气管网。

脱硫装置酸气(主要是 H_2S 气体)进入硫黄回收装置,经 Clause 反应后,H_2S 转化成硫黄,输送至硫黄成型装置,经冷却固化成型装袋后对外销售。

硫黄回收装置的尾气(主要是含 SO_2 气体)送至尾气处理装置,SO_2 气体催化加氢后转化成 H_2S 气体,再返回硫黄回收装置进行 Clause 反应回收硫黄,经尾气处理装置处理后的尾气已达到大气污染物排放标准,送至尾气焚烧炉,焚烧后通过烟囱排入大气。

尾气处理装置急冷塔底排出的酸性水送至酸水汽提装置,汽提出的酸气返回尾气处理装置,经汽提后的汽提水经污水处理装置处理后作循环水系统补充水。

天然气净化简要工艺流程图见图 18-3-19。

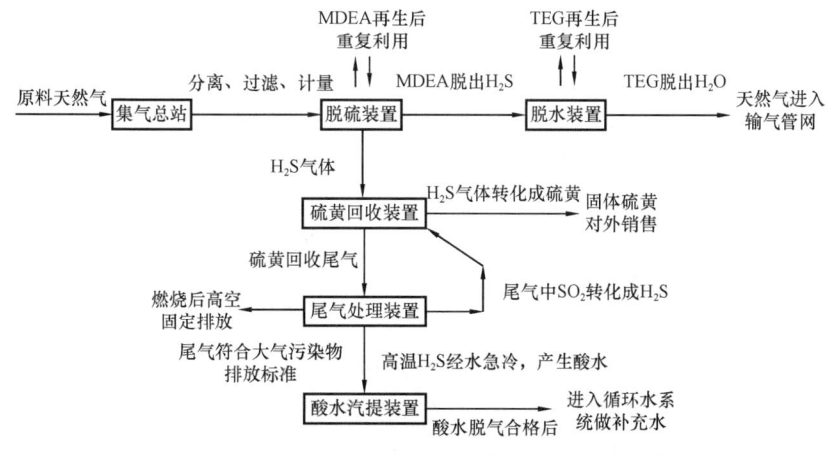

图 18-3-19 天然气净化工艺示意图

2) 三维设计优化

对于天然气净化厂，因天然气脱硫、脱水、硫黄回收、尾气处理等工艺技术非常成熟，工程设计已不存在技术障碍。相比于常规建厂，模块化建厂的施工图设计难点主要体现在如何充分考虑工艺集成、模块成橇后，在有限的空间内实现工艺、电气、自控仪表的最优化布置，如何在狭小的橇装空间内避免各工艺管道、电缆橇架、仪表槽架、橇装钢结构布置时不发生碰撞，并满足管道、设备、钢结构的应力分析，如何能够充分考虑操作、维护与检修的便利，以及最终如何拆分工艺橇，满足预制、运输、安装需要。尤其需要充分考虑操作、维护与检修的便利。

(1) 工程总图优化。

工程总图布置方式决定模块化建厂从平面展布向空间叠加转变的效果。

在 $300×10^4m^3/d$ 试采净化厂以及 $1200×10^4m^3/d$ 开发净化厂（一期、二期），单列装置原料气处理规模均为 $300×10^4m^3/d$，主体装置均采用线性布局，从原料气过滤、脱水、塔设备、脱硫、硫黄回收呈"一"字线性排列，所有装置只布置在系统管架一侧，占地面积较大（图 18-3-20）。

图 18-3-20　龙王庙 $300×10^4m^3/d$ 试采净化厂主体装置

在 $1800×10^4m^3/d$ 开发净化厂（三期），单列装置原料气处理规模 $600×10^4m^3/d$，主体装置包括原料气过滤、脱水、塔设备、脱硫、硫黄回收尾气处理单元、酸水汽提单元，工艺流程更长，如果仍采用"一"字排列，装置将占用更大面积（图 18-3-21）。通过总图优化调整，采用以系统管架为线性对称轴，管架两侧同时布置工艺装置，相比较"一"字布置，装置长度降低 50%，占地面积减少 30% 左右。

(2) 生产巡检及检维修通道优化。

在 $300×10^4m^3/d$ 试采净化厂，由于第一次采用一体化成橇、工厂化预制、模块化安装，设计重心是如何工艺优化、模块划分，忽略了橇内设备与阀门的布局优化，造成大量阀门阻挡了检维修与巡检通道，不利于日常操作与安全巡检（图 18-3-22）。

在 $1200×10^4m^3/d$ 开发净化厂（一期、二期）以及 $1800×10^4m^3/d$ 开发净化厂（三期），对于阀门比较集中的橇，设置了夹层，专门放置操作阀门，检维修与巡检通道比较通畅，即使局部位置出现阻挡，也专门设置了跨线桥，每个巡检通道、操作区域的宽度为 800mm（图 18-3-23）。

(3) 模块拆分方案。

所有工艺模块设计完成后，需要根据预制、运输、安装需要，对模块进行拆分成若干子模块，各子模块之间的管道再采用法兰连接（部分高压含硫管道采用焊接），钢结构间采用螺栓连接，子模块间设有定位销，便于现场快速复装，形成最终模块拆分方案（图 18-3-24）。

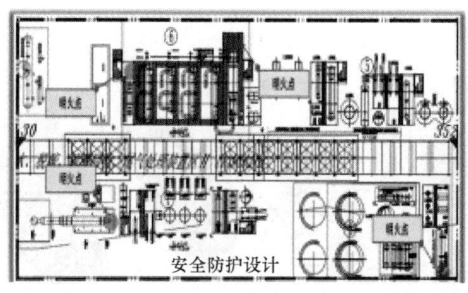
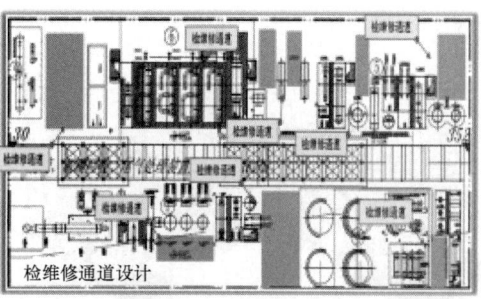

图 18-3-21　龙王庙 $1800\times10^4\mathrm{m}^3/\mathrm{d}$ 净化厂主体装置平面布置

图 18-3-22　试采净化厂工艺管道阻挡巡检通道

图 18-3-23　$1800\times10^4\mathrm{m}^3/\mathrm{d}$ 净化厂巡检通道

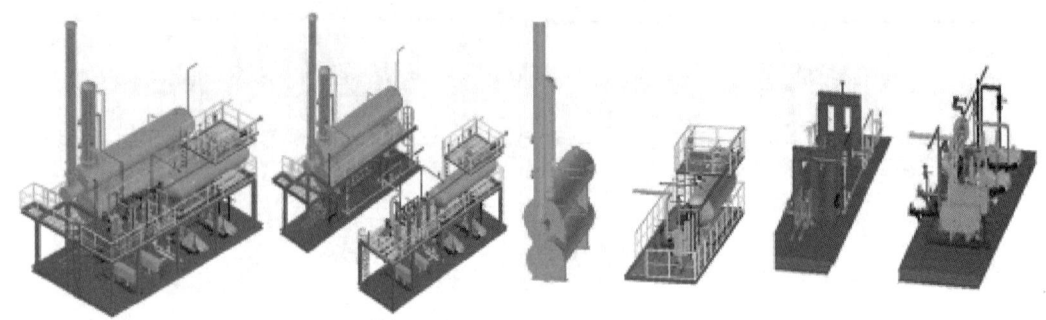

图18-3-24　天然气脱水橇块拆分示意图

拆分原则是依据高速公路运输要求及二级、三级公路运输现状所确定,橇块极限外形尺寸(不包括拖车底盘高度)确定为15000mm(长)×3950mm(宽)×4000mm(高),橇装最大重量控制在55t以下。对于部分超限的橇块,采用中间分段,最后使用高强度螺栓实现等强连接(图18-3-25)。

 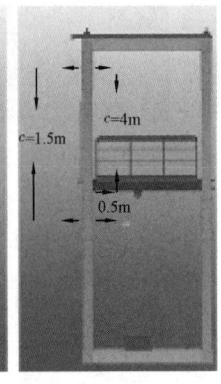

图18-3-25　超限橇块钢结构拆分示意图

模块拆分方案确定后,需要在拆分方案基础上,确定各橇间工艺上下穿层的管道连接与预留口方式。预留口的总体原则是留直口不宜留弯口,留下不留上,留小口不宜留大口,留长口不宜留短口。基本在上层与下层"原始"法兰处进行拆分,部分无法以此原则拆分的焊口,在分橇处最近焊口处加拆分法兰(图18-3-26)。

图18-3-26　橇块工艺上下穿层管道连接与预留口方式

(4)模块现场组装。

在制造厂完成所有工艺及钢结构预制后,在工厂对模块进行预组装,整体验收合格以后,拆分发运至施工现场,现场施工队伍依照模块复装指导手册,将各模块按"搭积木"的方式依靠螺栓连接重新搭建,实现整个净化厂的模块化装配(图18-3-27)。

图 18-3-27 模块化工厂预制与组装

3. 模块化建厂成效

在磨溪龙王庙组气藏 $300×10^4m^3/d$ 试采净化厂工程,主体装置划分成 51 个橇,55 台大型设备全部安装在橇上,在工厂内提前完成预制,工厂化预制率达到 75% 左右,橇装模块在现场组对和周边管道碰口连头焊接时间在 60d 左右,有效缩短现场施工周期 110d,整个项目建设较传统建厂方式节约工程建设周期约 30%,同时,焊缝 X 射线探伤一次性合格率提高 2%,达到 98.5%。

在磨溪龙王庙组气藏 $1800×10^4m^3/d$ 净化厂工程,新建主体工艺装置包括 3 套 $600×10^4m^3/d$ 天然气脱硫装置、3 套 $600×10^4m^3/d$ 脱水装置、2 套 $900×10^4m^3/d$ 硫黄回收装置、2 套 $900×10^4m^3/d$ 尾气处理装置和酸水汽提装置、1 套 $1200×10^4m^3/d$ 尾气处理装置和酸水汽提装置。每套装置按照过滤、脱硫、脱水、硫黄回收、尾气处理、酸水汽提 6 大功能单元,分为 55 个模块进行组橇,3 套装置共计 144 个模块橇。根据测算,主体工艺装置区橇内焊口数量占 83%,橇外焊口数量占 17%。其中橇内焊缝数量有 95% 左右可以进行工厂化预制,5% 左右的焊缝因橇装拆分,需要预留焊口。

参 考 文 献

汤林,等,2014. 油气田地面工程关键技术[M]. 北京:石油工业出版社.
徐英俊,吴俊,巴玺立,等,2019. 油气田地面工程[M]. 北京:石油工业出版社.

第十九章 油气田管道完整性管理

油气田管道完整性管理自2016年在中国石油开展以来,经过理论与实践相结合,得到不断发展和完善,有效降低管道运行风险、管道失效率和更新改造维护费用,取得了显著成效,已经成为油气田领域提升管道本质安全,实现降本增效的重要手段,促进了油气田绿色安全高质量发展。

本章主要包括工作原则、工作方法和管理策略等方面内容,在全面总结完整性管理理论方法和成果经验的基础上,涵盖了数据采集、高后果区识别和风险评价、检测评价、维修维护、效能评价5个环节。

第一节 概 述

2013年中国石化青岛"11·22"管道爆炸特大事故发生后,油气管道的安全性受到政府和公众的极大关注,石油石化企业不断加强油气管道管理,努力确保安全生产。完整性管理是指管理者不断根据最新信息,对管道运营中面临的风险因素进行识别和评价,并不断采取针对性的风险减缓措施,将风险控制在合理、可接受的范围内,使管道始终处于可控状态,预防和减少事故发生,为其安全经济运行提供保障。管道完整性管理是目前国内外公认的保证管道安全的核心技术手段。

2016年中国石油率先开展油气田管道完整性管理工作,以试点工程为载体,配套开展管理体系建设和科研攻关,逐步扩大完整性管理应用范围,形成了具有油气田特色的完整性管理工作流程和管理方法,做到了由"事后处置、被动治理"向"事前预防、主动控制"的转变,总体上实现了提升管道本质安全、降低更新改造费用、提高管理水平的目标。

一、工作原则

完整性管理应遵循以下原则:

(1)合理可行原则。科学制定风险可接受准则,采取经济有效的风险减缓措施,将风险控制在可接受范围内。

(2)分类分级原则。对管道实行管理分类、风险分级,针对不同类别的管道采取差异化的策略。

(3)风险优先原则。针对评价后位于高后果、环境敏感等区域的高风险管道,要及时采取相应的风险消减措施。

(4)区域管理原则。突出以区域为单元开展高后果区识别、风险评价和检测评价等工作。

(5)有序开展原则。按照先重点、后一般,先试点、再推广的顺序开展完整性管理工作。

二、分类分级方法

针对油气田管道数量庞大、管径大小不一、输送介质复杂等特点,实施管道分类、风险分级管理。管道分类有利于针对不同类型实施不同的管理策略,采用不同的检测技术与评价方法,以便应对油气田管道复杂多样的特点。风险分级有利于按照风险等级高低确定油气田管道关键风险管控点,平衡提升本质安全和节约资金投入之间的关系。

1. 管道分类方法

按照介质类型、压力等级和管径等因素,将管道划分为Ⅰ、Ⅱ、Ⅲ类管道,详见表19-1-1至表19-1-3。油气田公司可结合自身实际,适当调整分类界限。

表 19-1-1 采气、集气、注气、输气管道分类

管径,mm \ 压力,MPa	采气、集气、注气管道分类			
	$p \geq 16$	$9.9 \leq p < 16$	$6.3 \leq p < 9.9$	$p < 6.3$
DN≥200	Ⅰ类管道	Ⅰ类管道	Ⅰ类管道	Ⅱ类管道
100≤DN<200	Ⅰ类管道	Ⅱ类管道	Ⅱ类管道	Ⅱ类管道
DN<100	Ⅰ类管道	Ⅱ类管道	Ⅱ类管道	Ⅲ类管道
管径,mm \ 压力,MPa	输气管道分类			
	$p \geq 6.3$	$4.0 \leq p < 6.3$	$2.5 \leq p < 4.0$	$p < 2.5$
DN≥400	Ⅰ类管道	Ⅰ类管道	Ⅰ类管道	Ⅱ类管道
200≤DN<400	Ⅰ类管道	Ⅱ类管道	Ⅱ类管道	Ⅱ类管道
DN<200	Ⅰ类管道	Ⅱ类管道	Ⅱ类管道	Ⅲ类管道

注:(1) p 为最近3年的最高运行压力。
(2) 硫化氢含量不小于5%的原料气管道,直接划分为Ⅰ类管道。
(3) Ⅰ、Ⅱ管道长度小于3km的,类别下降一级;Ⅱ、Ⅲ类管道长度大于等于20km的,类别上升一级;Ⅲ类管道中的高后果区管道,类别上升一级。

表 19-1-2 出油、集油、输油管道分类

管径,mm \ 压力,MPa	$p \geq 6.3$	$4 \leq p < 6.3$	$2.5 < p < 4$	$p \leq 2.5$
DN≥250	Ⅰ类管道	Ⅰ类管道	Ⅱ类管道	Ⅱ类管道
100≤DN<250	Ⅰ类管道	Ⅱ类管道	Ⅱ类管道	Ⅱ类管道
DN<100	Ⅱ类管道	Ⅱ类管道	Ⅱ类管道	Ⅲ类管道

注:(1) p 为最近3年的最高运行压力。
(2) 输油管道按Ⅰ类管道处理;液化气、轻烃管道,类别上升一级;Ⅰ、Ⅱ管道长度小于3km的,类别下降一级;Ⅲ类管道中的高后果区管道,类别上升一级。

表 19-1-3　供水、注入管道分类

管径,mm ＼ 压力,MPa	$p \geqslant 16$	$6.3 \leqslant p < 16$	$2.5 < p < 6.3$	$p \leqslant 2.5$
DN≥200	Ⅱ类管道	Ⅱ类管道	Ⅲ类管道	Ⅲ类管道
DN<200	Ⅱ类管道	Ⅲ类管道	Ⅲ类管道	Ⅲ类管道

注:p 为最近 3 年的最高运行压力,MPa。

2. 风险分级方法

管道按照风险大小可划分为高风险级管道、中风险级管道和低风险级管道三个等级。风险等级划分见表 19-1-4。

表 19-1-4　风险等级划分

失效概率 ＼ 失效后果		1 一般	2 中等	3 较大	4 重大	5 特大
0~20%	1	低 1	低 2	低 3	低 4	中 5
20%~40%	2	低 2	低 4	中 6	中 8	中 10
40%~60%	3	低 3	中 6	中 9	中 12	高 15
60%~80%	4	低 4	中 8	中 12	高 16	高 20
80%~100%	5	中 5	中 10	高 15	高 20	高 25

注:(1)"失效概率"是指发生失效的可能性,最低为 0,最高为 100%;

(2)"失效后果"是指失效后产生后果的严重程度,考虑人员伤亡、环境破坏、财产损失、生产影响、社会信誉等方面,可分为一般、中等、较大、重大、特大;

(3)风险=失效概率×失效后果。根据风险数值可分为高、中、低三个等级。

三、管理策略

1. Ⅰ类管道

对Ⅰ类管道开展高后果区识别和风险评价后,依据风险评价结果确定检测范围,并实施有针对性的检测评价,根据评价结果及时采取维修维护措施,使风险处于可控状态。

Ⅰ类管道运行期数据采集工作包括对所管辖管道数据的收集、整合、存储与上报。Ⅰ类管道运行期数据的采集和管理参照 Q/SY 1180.6《管道完整性管理规范 第 6 部分:数据采集》等执行。

数据采集应贯彻"简约、实用"的原则,宜只采集后续流程必需的数据,减少冗余,并应确保数据真实、准确、完整。运行期主要收集的数据包括运行数据、输送介质数据、风险数据、失效管理数据、历史记录数据和检测数据等,例如输送介质、操作压力、操作温度、防腐层状况、管道检测报告、内外壁腐蚀监控、阴极保护数据、维护、维修、检测数据、失效事故、第三方破坏等信息。Ⅰ类管道数据采集最低标准应达到表 19-1-5 要求。

表 19-1-5　数据采集最低标准

编号	数据类型	数据项	Ⅰ类管道
1	管道运行期数据	管道运行数据	√
2		失效管理数据	√
3		历史纪录数据	√
4		输送介质数据	√
5		检测数据	√
6		管道风险数据	√

Ⅰ类管道高后果区识别工作应每年开展 1 次，并形成《高后果区识别报告》。如发生管道改线、周边环境重大变化时，应及时开展识别并更新识别结果。

Ⅰ类管道风险评价推荐采用半定量风险评价方法，可根据本单位实际状况和管道特点，合理设置不同危害类型的权重、风险项设置和评价分值，形成适用于本单位的半定量风险评价法。

Ⅰ类管道在开展半定量风险评价的基础上，必要时可对高风险级、高后果区管道开展定量风险评价或地质灾害、第三方破坏等专项风险评价。

Ⅰ类管道风险评价工作应每年开展 1 次，形成《风险评价报告》。如发生管道改线、周边环境重大变化时，应及时开展风险评价并更新记录。

Ⅰ类管道满足智能内检测条件时优先推荐智能内检测，不满足时也可采用直接评价或压力试验。液体管道智能内检测可采取漏磁内检测技术或超声内检测技术，气体管道可采取漏磁内检测技术。Ⅰ类管道根据需要可开展河流穿越管段敷设状况检测、公路铁路穿越检测和跨越检测等。

Ⅰ类管道修复工作应结合检测评价报告和相应的数据信息，制定有针对性的、合理的维修方案。维修建议包括监控、降压使用、计划维修、立即维修等（表 19-1-6 和表 19-1-7）。

管道进行维修时，优先采用对生产影响较小且安全环保的技术。对于采用智能内检测的管道，不应采用影响内检测器通过性的维修方法。

表 19-1-6　管道防腐层缺陷类型推荐修复方法

原防腐层类型	局部修复			大修
	缺陷直径≤30mm	缺陷直径>30mm	补口修复	
石油沥青、煤焦油磁漆	石油沥青、煤焦油磁漆、冷缠胶带 a、黏弹体+外防护带 b	冷缠胶带、黏弹体+外防护带	黏弹体+外防护带、冷缠胶带	无溶剂液态环氧/聚氨酯、无溶剂液态环氧玻璃、冷缠胶带
熔结环氧、液体环氧	无溶剂液态环氧	无溶剂液态环氧	无溶剂液态环氧/聚氨酯	
三层聚乙烯/聚丙烯	热熔胶+补伤片、压敏胶+补伤片、黏弹体+外防护带	黏弹体+外防护带、压敏胶热收缩带、冷缠胶带	黏弹体+外防护带、无溶剂液态环氧+外防护带、	

注：（1）原油管道宜采用聚丙烯冷缠带。
　　（2）外防护带包括冷缠胶带、压敏胶热收缩带等。

表 19-1-7　管体常见缺陷类型推荐修复方法

缺陷分类		缺陷尺寸	修复方法
腐蚀	外腐蚀	泄漏	机械夹具（临时修复）、B 型套筒、环氧钢套筒或换管
		缺陷深度≥80%壁厚	B 型套筒、环氧钢套筒或换管
		超过允许尺寸的	玻璃纤维复合材料补强、A 型套筒、B 型套筒、环氧钢套筒或换管
		未超过允许尺寸的	黏弹体修复防腐层
	内腐蚀	缺陷深度≥80%壁厚	B 型套筒或换管
		超过允许尺寸的	B 型套筒或换管
		当前或计划修复时间内未超过允许尺寸的	暂不修复
制造缺陷	内外制造缺陷	缺陷深度≥80%壁厚	B 型套筒、环氧钢套筒或换管
		超过允许尺寸的	玻璃纤维复合材料补强、A 型套筒、B 型套筒、环氧钢套筒或换管
		未超过允许尺寸的	暂不修复
凹陷	普通凹陷、腐蚀相关凹陷（移除压迫体后的尺寸）	深度≥6%外径	B 型套筒（临时）或者换管
		2%外径≤深度<6%外径	进行磁粉探伤，无裂纹则采用 A、B 型或环氧套筒或者换管修复，有裂纹采用 B 型套筒或者换管修复
		深度<2%外径	巡线监控
	焊缝相关凹陷（移除压迫体后的尺寸）	深度≥6%外径	B 型套筒（临时）或者换管
		2%外径≤深度<6%外径	进行表面磁粉探伤，焊缝进行射线或者超声，无裂纹则采用 A、B 型或环氧套筒或者换管修复，有裂纹采用 B 型套筒或者换管修复
		深度<2%外径	进行表面磁粉探伤，焊缝进行射线或者超声，无裂纹则不修复，有裂纹采用 B 型套筒或者换管修复
焊缝缺陷	开挖检测，采用射线和超声探伤得到焊接缺陷的长度、深度，进行缺陷强度评价	不安全（有裂纹）	换管
		安全（有裂纹）	打磨（表面裂纹）、B 型套筒和换管
		安全	不修复
	开挖检测，采用射线和超声探伤得到焊接缺陷尺寸，未进行缺陷强度评价	焊缝超过标准允许级别	打磨（表面裂纹）、B 型套筒和换管
		焊缝在标准允许级别内	不修复

Ⅰ类管道完整性管理策略主要包括高后果区识别和风险评价、检测评价、维修维护 3 个方面，详见表 19-1-8。

表 19-1-8　Ⅰ类管道完整性管理策略

高后果区识别和风险评价			高后果区识别每年一次。风险评价推荐半定量风险评价方法,每年一次,必要时可对高后果区、高风险级管道开展定量风险评价或地质灾害、第三方破坏等专项风险评价
检测评价	直接评价	智能内检测	具备智能内检测条件时优先采用智能内检测
		内腐蚀直接评价	有内腐蚀风险时开展直接评价
		外腐蚀直接评价 敷设环境调查	开展管道标识、穿跨越、辅助设施、地区等级、建(构)筑物、地质灾害敏感点等调查
		外腐蚀直接评价 土壤腐蚀性检测	当管道沿线土壤环境变化时,开展土壤电阻率检测
		外腐蚀直接评价 杂散电流测试	开展杂散电流干扰源调查,测试交直流管地电位及其分布,推荐采用数据记录仪
		外腐蚀直接评价 防腐层(保温)检测	采用交流电流衰减法和交流电位梯度法(ACAS+ACVG)组合技术开展检测
		外腐蚀直接评价 阴极保护有效性检测	对采用强制电流保护的管道,开展通断电位测试,并对高后果区、高风险级管段推荐开展 CIPS 检测;对牺牲阳极保护的高后果区、高风险级管段,推荐开展极化探头法或试片法检测
		外腐蚀直接评价 开挖直接检测	优先选择高后果区、高风险段开展开挖直接检测,推荐采取超声波测厚等方法检测管道壁厚,必要时可采用 C 扫描、超声导波方法测试;推荐采取防腐层黏结力测试方法检测管道防腐层性能
		压力试验	无法开展智能内检测和直接评价的管道选择压力试验
		专项检测	必要时可开展河流穿越管段敷设状况检测、公路铁路穿越检测和跨越检测等
维修维护			开展管体和防腐层修复,应在检测评价后 1 年内完成。开展管道巡护、腐蚀控制、第三方管理和地质灾害预防等维护工作

2. Ⅱ类管道

Ⅱ类管道在数据采集的基础上,开展高后果区识别和风险评价,重点对其高后果区、高风险段,实施有针对性的检测评价,并根据评价结果及时采取维修维护措施,使风险处于可控状态。

Ⅱ类管道风险评价技术方法推荐采用半定量风险评价方法,检测评价技术方法推荐采用直接评价或压力试验方法。

其他环节采取的技术方法及各环节的组织单位、工作频率等要求同Ⅰ类管道。

Ⅱ类管道完整性管理策略主要包括高后果区识别和风险评价、检测评价、维修维护3个方面,详见表19-1-9。

表 19-1-9　Ⅱ类管道完整性管理策略

高后果区识别和风险评价				高后果区识别每年一次。风险评价推荐半定量风险评价方法,每年一次
检测评价	直接评价	内腐蚀直接评价		具备内腐蚀直接评价条件时优先推荐内腐蚀直接评价
		外腐蚀直接评价	敷设环境调查	开展管道标识、穿跨越、辅助设施、地区等级、建(构)筑物、地质灾害敏感点等调查
			土壤腐蚀性检测	当管道沿线土壤环境变化时,开展土壤电阻率检测
			杂散电流测试	开展杂散电流干扰源调查,测试交直流管地电位及其分布,推荐采用数据记录仪
			防腐层检测	采用交流电流衰减法和交流电位梯度法(ACAS+ACVG)组合技术开展检测
			阴极保护有效性检测	对采用强制电流保护的管道,开展通断电位测试,必要时对高后果区、高风险级管段可开展 CIPS 检测;对牺牲阳极保护的高后果区、高风险级管段,测试开路电位、通电电位和输出电流,必要时可开展极化探头法或试片法检测
			开挖直接检测	优先选择高后果区、高风险段开展开挖直接检测,推荐采取超声波测厚等方法检测管道壁厚,必要时可采用 C 扫描、超声导波等方法测试;推荐采取防腐层黏结力测试方法检测管道防腐层性能
	压力试验			无法开展内腐蚀直接评价时开展压力试验
维修维护				开展管体和防腐层修复,应在检测评价后 1 年内完成。开展管道巡护、腐蚀控制、第三方管理和地质灾害预防等维护工作

3. Ⅲ类管道

对于Ⅲ类管道完整性管理,以加强日常维护管理为主要手段,重点抓好区域腐蚀控制。同时,推荐采用区域高后果区识别和风险评价方法,确定高后果区和高风险级管道,根据其主导风险因素,有针对性地采取腐蚀检测和修复措施,使风险处于可控状态。

Ⅲ类管道数据采集工作包括对所管辖管道数据的收集、整理、存储与上报。Ⅲ类管道运行期应简化采集数据,一般收集运行数据、失效管理数据、历史记录数据和输送介质数据等。Ⅲ类管道数据采集最低标准应达到表 19-1-10 要求。

表 19-1-10　数据采集最低标准

编号	数据类型	数据项	Ⅲ类管道
1	管道运行期数据	管道运行数据	√
2		失效管理数据	√
3		历史记录数据	√
4		输送介质数据	√
5		检测数据	区域采集
6		管道风险数据	区域采集

对Ⅲ类管道优先采用区域法开展高后果区识别,重点对位于区域管网边界处、可能造成人员安全和环保事故的管道进行识别。

高后果区识别工作应每年开展1次,并形成《高后果区识别报告》。如发生管道改线、周边环境重大变化时,应及时重新开展识别。

Ⅲ类管道宜开展区域性风险评价,并形成《风险评价报告》,突出失效统计分析、腐蚀分析、区域风险类比分析等内容,要求如下:

(1) 科学开展失效数据对比分析工作,明确失效的主导风险因素。

(2) 识别管道主要腐蚀特征,确定管道主要腐蚀类型,分析管道腐蚀成因,明确腐蚀主控因素。

(3) 充分利用Ⅲ类管道在管道材质、介质类型、外部环境、运行条件和腐蚀规律方面存在的相似性,根据失效统计及腐蚀分析,总结规律,确定高风险级管道。

(4) 近一年内发生过腐蚀失效或历史上发生过两次及以上腐蚀失效的管道直接判别为高风险级管道。

对于以外腐蚀为主导风险因素的管道,检测及维修维护要求如下:

(1) 采用 ACAS+ACVG 方法,开展管道外防腐层检测;管道开挖后,采取超声波测厚检测管道壁厚;修复管道本体和防腐层缺陷。

(2) 对于有阴极保护的管道,开展阴极保护有效性测试。

对于以内腐蚀为主导风险因素的管道,检测及维修维护要求如下:

(1) 采用失效数据分析法或参照内腐蚀直接评价(ICDA)方法,预测腐蚀敏感点,进行开挖检测。

(2) 管道开挖后,采取超声波测厚、超声波C扫描、超声导波等检测管道壁厚;修复管道缺陷。

对于以第三方破坏为主导风险因素的管道,应加强管理,重点做好巡线、第三方信息上报、地企双方信息沟通等工作。

对于以地质灾害为主导风险因素的管道,应加强地质灾害识别及监测工作。

Ⅲ类管道还应加强制造与施工缺陷、误操作等失效类型的识别工作,并采取相应措施。

Ⅲ类管道维修技术方法与工作要求同Ⅰ、Ⅱ类管道。

Ⅲ类管道完整性管理策略主要包括高后果区识别和风险评价、检测评价、维修维护3个方面,详见表19-1-11。

表 19-1-11　Ⅲ类管道完整性管理策略

高后果区识别和风险评价	推荐采用区域高后果区识别,每年一次。 推荐采用失效分析、腐蚀分析、类比分析等定性方法确定高风险级管道;近一年内发生过腐蚀失效或历史上发生过两次及以上腐蚀失效的管道直接判别为高风险级管道;风险评价每年开展一次

续表

检测评价	腐蚀检测	内腐蚀检测	对管道沿线的腐蚀敏感点进行开挖抽查
		外腐蚀检测 土壤腐蚀性检测	测试管网所在区域土壤电阻率
		防腐层检测	对于高风险级管道,采用ACAS+ACVG组合技术开展检测
		阴极保护参数测试	对采用强制电流保护的管道,开展通/断电位测试;对牺牲阳极保护的高后果区、高风险级管段,测试开路电位、通电电位和输出电流
		开挖直接检测	优先选择高后果区、高风险段开展开挖直接检测,推荐采取超声波测厚等方法检测管道壁厚;推荐采用防腐层黏结力测试方法检测管道防腐层性能
	压力试验		无法开展内、外腐蚀检测的管道可进行压力试验
维修维护			开展管体和防腐层修复,应在检测评价后1年内完成。开展管道巡护、腐蚀控制、第三方管理和地质灾害预防等维护工作

四、工作流程

2016年中国石油启动了油气田管道完整性管理工作,持续开展试点工程,并配套开展了科研攻关,提出了适应油气田管道特点的完整性管理五步工作流程,管道完整性管理工作流程包括数据采集、高后果区识别和风险评价、检测评价、维修维护、效能评价5个环节。通过上述过程的循环,逐步提高完整性管理水平。工作流程示意图详见图19-1-1。

图19-1-1 完整性管理工作流程示意图

数据采集:结合管道竣工资料和历史数据恢复,开展数据采集、整理和分析工作。

高后果区识别和风险评价:综合考虑周边安全、环境及生产影响等因素,进行高后果区识别,开展风险评价,明确管理重点。

检测评价:通过实施管道检测或数据分析,评价管道状态,提出风险减缓方案。

维修维护:依据风险减缓方案,采取有针对性的维修与维护措施。

效能评价:通过效能评价,考察完整性管理工作的有效性。

第二节 数据采集管理

数据采集管理是开展油气田管道完整性管理工作的基石。通过对数据的收集、整合及应用,可以使管道管理单位进一步了解管道的运行现状、周围的环境状况、管道的质量状况。完整性管理的风险评价、检测评价、维修维护等各项工作的计划制定、风险削减及维护措施等决策,也都需要完整、准确的管道数据信息做支撑。

建设期数据采集的主要内容具体如下：

（1）管道属性数据，主要包括中心线数据、基础数据等。例如起始点、结束点、测量控制点、壁厚、设计温度、设计压力、设计流量、弯管类型、压力试验、管材、管径、三通、弯头、焊口、防腐层、补口材料、缺陷记录等数据。

（2）管道环境及人文数据，主要包括地理信息数据、侵占数据等。例如行政区划、地理位置、土壤信息、水工保护、附近人口密度、建筑、三桩、海拔高度、交通便道、环保绿化、穿跨越、管道支撑、道路交叉、水文地质、降水量、航拍和卫星遥感图像等数据信息，还包括管道周边的社会依托信息，例如政府机构、公安、消防、医院、电力供应和机具租赁等数据。

（3）管道建造数据，主要包括阴极保护系统数据、设施数据等。例如管子制造商、制造日期、施工单位、施工日期、连接方式、工艺及检验结果、阴保的安装、管道纵断面图、埋深、土壤回填等数据。

新建管道采集数据和已建管道恢复建设期数据时，根据管道类型不同，数据内容和深度可以有所差异。

第三节　高后果区识别和风险评价管理

一、高后果区识别

管道经过符合以下任何一条的区域称为高后果区：
（1）管道经过的四级地区；
（2）管道经过的三级地区；
（3）管道两侧各200m内有聚居户数在50户或以上的村庄、乡镇等；
（4）管道两侧各50m内有高速公路、国道、省道、铁路及易燃易爆场所等；
（5）管道两侧各200m内有湿地、森林、河口等国家自然保护地区；
（6）管道两侧各200m内有水源、河流、大中型水库。

1. 高后果区识别工作流程

随着管道周边人口和环境的变化，高后果区的位置和范围也会随着改变。高后果区识别流程见图19-3-1。

1）资料收集

资料收集包括管道名称、管道规格、管道设计压力（MPa）、管道最大允许操作压力（MAOP）（表压）（MPa）及能反映管道走向的资料（如管道测绘图，管道带状图等）。

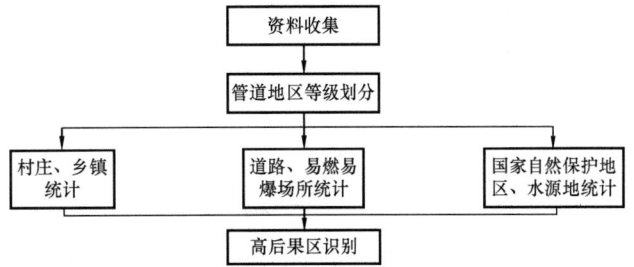

图19-3-1　管道高后果区识别工作流程图

2) 管道地区等级划分

按管道沿线居民户数和(或)建筑物的密集程度等划分等级,分为四个地区等级。

3) 村庄、乡镇统计

统计油田集输管道两侧各 200m 内有村庄、乡镇聚居户数等。

4) 道路、易燃易爆场所统计

统计油田集输管道两侧各 50m 内有高速公路、国道、省道、铁路及易燃易爆场所等。

5) 国家自然保护地区、水源地统计

统计油田集输管道两侧各 200m 内有湿地、森林、河口等国家自然保护地区;统计油田集输管道两侧各 200m 内有水源、河流、大中型水库。

6) 高后果区识别

高后果区识别应由熟悉管道沿线情况的人员进行。高后果区识别结果可包括高后果区管段起止点,长度,管段描述,减缓措施等内容。

2. 管网区域高后果区识别

1) 集输管网单元划分方法

(1) 对于建设年代、介质类型、管材等主要风险因素相似的集输管网,可以总体上作为一个单元进行高后果区识别。

(2) 对于识别为同一个单元的集输管网,以平滑曲线连接其边界,形成一个闭合的识别单元。

2) 集输管网高后果区识别方法

(1) 将已识别单元边缘线假设为管道中心线,确定潜在影响范围,参照本节第一部分内容开展高后果区识别。集输管网高后果区域识别方法见图 19-3-2。

(2) 全部或局部管段位于高后果区潜在影响范围内的管道视为高后果区管道。

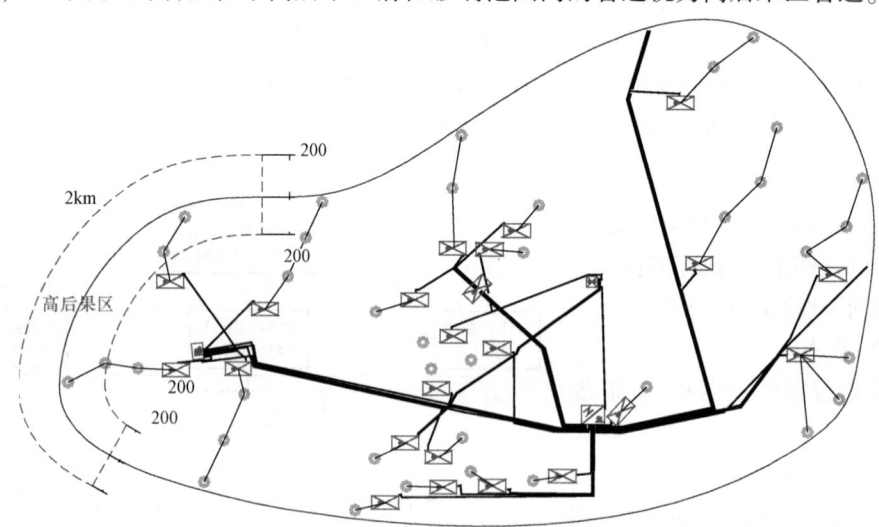

图 19-3-2 集输管网高后果区域识别方法示例

二、风险评价

1. 定性风险评价法

1）评价流程

定性风险评价法流程见图 19-3-3。

2）失效可能性和失效后果指标

将失效可能性指标和后果指标分别分为 3 个等级。失效可能性指标主要考虑输送介质、防腐层类型、阴极保护系统、巡线频率、第三方施工等方面因素。失效后果指标主要考虑地区等级、道路、湖泊、湿地、水源地、人口密集区等方面因素。

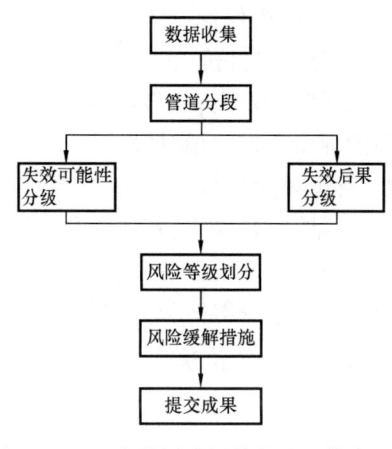

图 19-3-3 定性风险评价方法工作流程图

3）风险等级计算方法

（1）风险失效可能性等级根据风险失效可能性指标确定每项等级。即失效可能性指标和除以管道失效可能性指标实际项数（N_i）后向上圆整，如下式所示：

$$失效可能性等级 = \text{ROUNDUP} \frac{\left(\sum 失效可能性指标每项等级\right)}{N_i} \quad (19-3-1)$$

（2）失效后果等级根据风险失效后果指标确定每项指标等级。即失效后果指标和除以管道失效后果指标实际项数（N_j）后向上圆整，如下式所示：

$$失效后果等级 = \text{ROUNDUP} \frac{\left(\sum 失效后果指标每项等级\right)}{N_j} \quad (19-3-2)$$

（3）失效可能性等级、后果等级结合风险矩阵确定气田集输管道的风险等级。

4）风险等级划分

根据事故发生的可能性和严重程度等级，将风险分为低、中、高三个等级。

2. 半定量风险评价法

半定量风险评价法流程见图 19-3-4。

1）失效后果评价

失效后果主要考虑输送介质、敷设方式、埋设地类、管道类别、管道规格 5 个因素，其中敷设方式、埋设地类将根据输送介质分别从安全和环境影响两方面评价失效后果；管道类别、管道规格主要从对生产的影响角度评估失效后果。

2）失效可能性评价

失效可能性主要考虑运行年限、穿孔次数、阴极保护三因素。其中运行年限分 5 个等级、穿孔次数

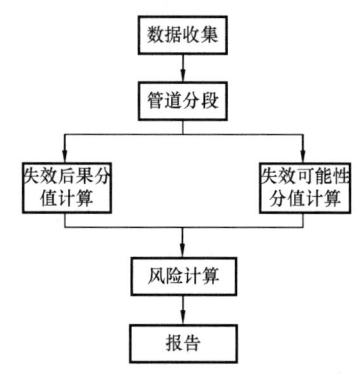

图 19-3-4 半定量风险评价法工作流程图

分4个等级、阴极保护分4个等级。

3）综合风险评价

按照风险的定义：风险=失效后果×失效可能性，根据单因素评价及确定的权重系数，进行综合风险评价及风险值计算。

4）管道风险分级

按照风险评价结果，将风险分为高风险、中风险、低风险三个水平等级。根据风险分布的一般特征，按照风险值从高到低累计值占总风险值比例为参考，将风险累计比值10%、20%对应的风险值作为各等级风险界限。

3. 定量风险评价法

1）适用范围

管道符合下列情形之一的，宜选用定量风险评价法确定外部安全防护距离：

（1）涉及国家安全监管总局公布的重点监管的；

（2）构成一级、二级重大危险源，且涉及国家安全监管总局公布的重点监管的；

（3）构成重大危险源，且涉及毒性气体的；

（4）管道存在重大安全隐患且位于高后果区、高风险段、环境敏感区等特殊地段的。

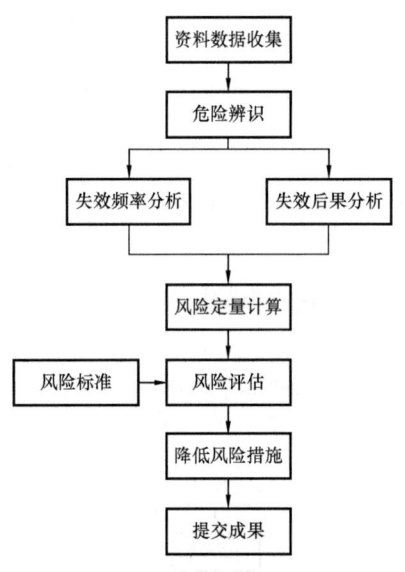

图 19-3-5 定量风险评价法工作流程图

2）评价流程

定量风险评价法评价流程见图 19-3-5。

定量风险评价参照标准 Q/SY 1646《定量风险分析导则》中的算法，同时考虑 Q/SY 1594《油气管道站场量化风险评价导则》和 AQ/T 3046《化工企业定量风险评价导则》等标准的要求。

4. 专项风险评价

专项风险评价包括地质灾害风险评价、第三方破坏风险评价等，适用于Ⅰ类管道的高后果区、高风险级管段。专项风险评价应委托专业机构开展。

5. 数据收集

收集数据的方式有踏勘、与管道管理人员访谈和查阅资料等。一般需要收集以下资料：

（1）管道基本参数，如管道的运行年限、管径、壁厚、管材等级及执行标准、输送介质、设计压力、防腐层类型、补口形式、管段处敷设方式、里程桩及管道里程等；

（2）管道穿跨越、阀室等设施；

（3）管道通行带的遥感或航拍影像图和线路竣工图；

（4）建设情况，如施工单位、监理单位、施工季节、工期等；

（5）管道内外检测报告，内容应包括内、外检测过程及结果情况；

（6）管道泄漏事故历史（含打孔盗油）；

(7) 管道高后果区、关键段统计,管道周围人口分布;

(8) 管道输量、管道运行压力报表;

(9) 阴极保护电源运行情况、阴保电位报表以及每年的通/断电电位测试结果;

(10) 管道更新改造工程资料,含管道改线、管体缺陷修复、防腐层大修、站场大的改造等;

(11) 第三方交叉施工信息表及相关规章制度(如开挖响应制度);

(12) 管道地质灾害调查/识别,及危险性评估报告;

(13) 管输介质的来源和性质、物性分析报告;

(14) 管道清管杂质分析报告;

(15) 管道初步设计报告及竣工资料;

(16) 管道安全隐患识别清单;

(17) 管道环境影响评价报告;

(18) 管道安全评价报告;

(19) 管道维抢修情况及应急预案;

(20) 是否安装有泄漏监测系统、安全预警系统等情况;

(21) 其他相关信息。

6. 管道分段

管道风险计算以管段为单元进行。可采用关键属性分段或全部属性分段两种方式,优先选用全部属性分段。

1) 关键属性分段

考虑高后果区、管材、管径、压力、壁厚、防腐层类型、地形地貌、站场位置等管道的关键属性数据,比较一致时划分为一个管段。以各管段为单元收集整理管道属性数据,进行风险计算。

2) 全部属性分段

收集所有管道属性数据后,当任何一个管道属性沿管道里程发生变化时,插入一个分段点,将管道划分为多个管段,针对每个管段进行风险计算。

7. 风险计算

应对每个管段综合其失效可能性和失效后果得到其风险,评价时应注意:

(1) 应采用最坏假设,一些未知的情况应给予较差的评价;

(2) 应保持评价的一致性,类似情况给予相同评分;

(3) 进行失效可能性分析时,除考虑外部因素引起管道意外泄漏的可能性外,还应考虑已经采取控制措施的预防效果;

(4) 进行失效后果分析时,应只考虑即时影响;

(5) 宜对评价过程中的各因素的取值进行备注说明,增加评价结果可追溯性。

完成各管段分级或评分及风险值或分级计算后进行计算结果汇总。同时可绘制一些直观的图表来展示风险值。常用的风险图表有风险折线图,也可以参照绘制管道失效可能性折线图、管道失效后果折线图等。

8. 风险缓解措施

应按照各个管段的风险值进行排序,并分析高风险管段的影响因素,必要时也可按各个管段的失效可能性和失效后果进行排序。

应对高风险管段采取风险减缓措施。应考虑各种风险控制措施的成本和效益,选择可操作性的风险控制措施,提出风险控制的具体实施方案。主要措施可参考 Q/SY 1180.3—2014《管道完整性管理规范 第 3 部分:管道风险评价导则》5.5 节。

9. 风险评价报告要求

风险评价报告应包括如下内容:
(1) 评价概述;
(2) 管道系统概述;
(3) 评价方法;
(4) 评价的假设和局限性;
(5) 危害因素识别结果;
(6) 失效可能性分析结果;
(7) 失效后果分析结果;
(8) 风险判定结果及风险消减措施建议;
(9) 风险因素敏感性和不确定性分析;
(10) 问题讨论;
(11) 结论和建议。

第四节　检测评价管理

管道检测包括内检测、外检测、压力试验和专项检测[图 19-4-1(a)];管道评价包括高后果区识别、风险评价、直接评价、缺陷合于使用评价(适用性评价),其关系见图 19-4-1(b)。

管道分类后开展高后果区识别和风险评价方法,再基于管道分级选择管道检测、评价与修复内容,包括内检测、外检测(内腐蚀直接评价、外腐蚀直接评价)、压力试验、专项检测、缺陷合于使用评价(适用性评价)、修复、确定再检测评价周期等,见图 19-4-2。

(1) 管道资料收集与分析。收集①中心线数据、基础数据等;②管道环境及人文数据,主要包括地理信息数据、侵占数据等;③管道建造数据,主要包括阴极保护系统数据、设施数据等;④管道运行期数据,主要包括运行数据、输送介质数据、风险数据、失效管理数据、历史记录数据和检测数据等,并进行分析。

(2) 管道分类。对管道分类,确定高后果区和风险评价策略。

(3) 高后果区识别和风险评价。结合管道基础资料,确定管道高后果区管段、高风险管段,并采用风险评价方法确定管道主要风险因素和风险等级。

(4) 管道分级。依据管道风险评价结果,确定管段的风险等级,并明确风险主控因素。

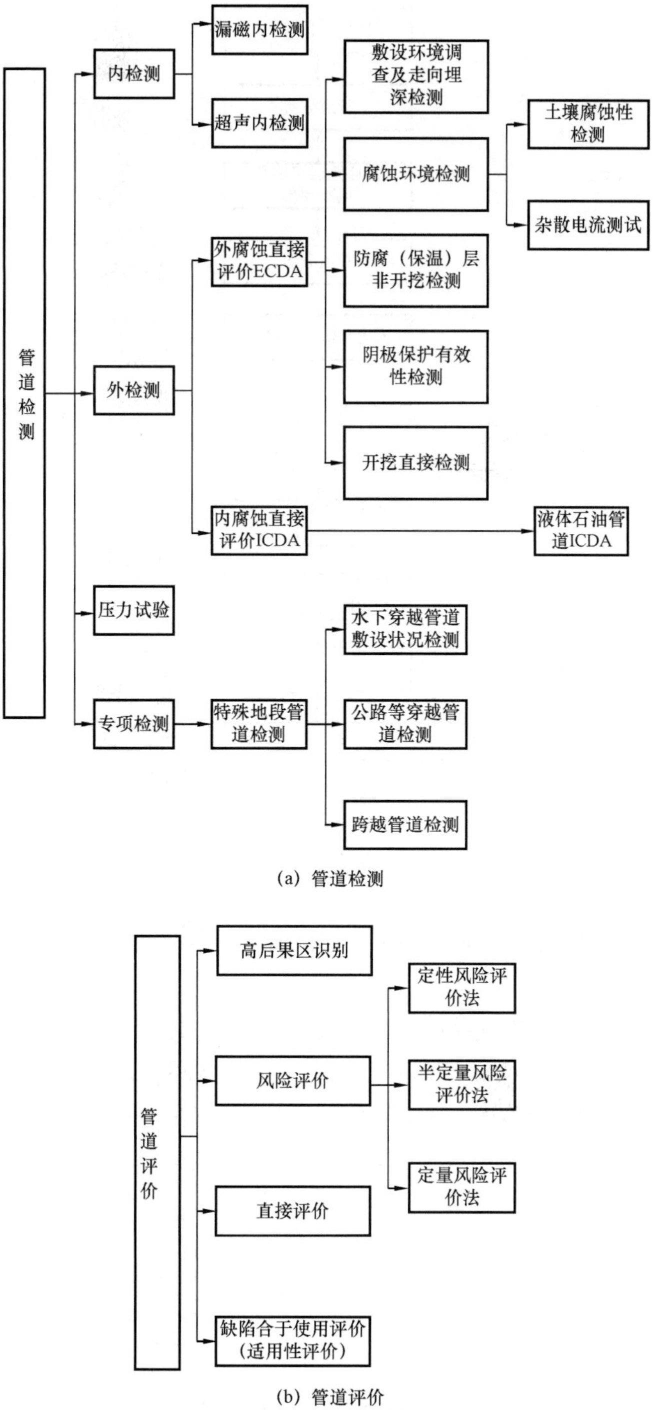

(a) 管道检测

(b) 管道评价

图 19-4-1 管道主要检测评价方法

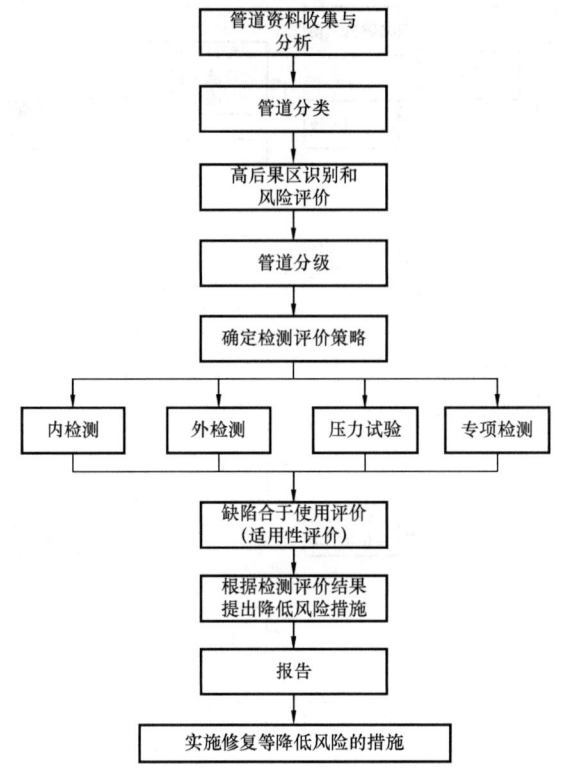

图 19-4-2　管道检测评价修复流程

（5）确定检测评价策略。依据检测评价策略确定采取内检测、外检测、压力试验、专项检测的具体技术。

（6）缺陷合于使用评价(适用性评价)。对检测出的缺陷进行分析,判断其是否影响管道安全运行。

（7）根据检测评价结果提出降低风险的措施。包括但不限于修复、降压使用、监控运行等。

（8）报告。得出检测评价结论,确定再检测评价周期,作为本轮修复及下一轮检测评价的依据,并编制报告。

（9）实施修复等降低风险的措施。根据检测评价报告提出的建议完成修复等降低风险的措施。

一、管道检测

1. 内检测

基于风险的内检测即通过综合考虑风险评价建议和管道缺陷特征等确定需要选择的检测器类型,并制定内检测计划,其检验流程见图19-4-3。

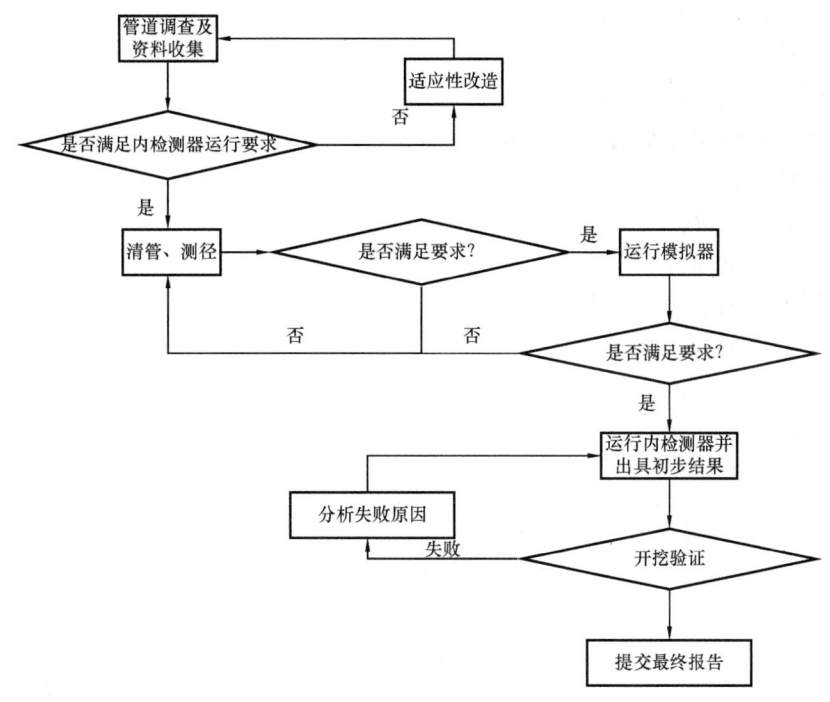

图 19-4-3　内检测流程

检测完成后,宜对检测到的每类缺陷分别选取一定数量进行开挖验证,以验证内检测质量,确定管道真实状况。

针对内检测发现的每类缺陷应分别进行里程、深度、时钟方位等属性参数的统计分析,总结缺陷分布与发展规律,制定风险减缓措施。

应对内检测发现的金属损失、制造缺陷等缺陷进行剩余强度评价和剩余寿命预测。

应根据缺陷适用性评价结果确定合适的再检测周期,对于不满足管道安全运行要求的缺陷制定修复计划。制定缺陷修复计划时,应预测腐蚀缺陷的每年发展情况,进行腐蚀发展后的适用性评价,制定在再检测周期内的每年腐蚀缺陷修复计划。

内检测的检测报告应包括以下内容:
(1) 管道信息;
(2) 内检测质量;
(3) 缺陷统计数据汇总;
(4) 金属损失统计;
(5) 管道异常、缺陷列表;
(6) 严重缺陷汇总表;
(7) 管道检测报告规格;
(8) 开挖检测表单;
(9) 内检测系统性能规格。

内检测的评价报告应包含以下内容：
(1) 管道信息；
(2) 缺陷开挖验证质量评价；
(3) 金属损失和制造缺陷统计分析；
(4) 凹陷评价；
(5) 其他缺陷评价；
(6) 金属损失腐蚀速率分析；
(7) 金属损失剩余强度评价；
(8) 剩余寿命预测；
(9) 维修数量汇总；
(10) 制定再检测周期。

2. 外腐蚀直接评价

1) 外腐蚀直接评价流程

外腐蚀直接评价主要包括预评价、间接检测、直接检测与后评价，见图19-4-4。

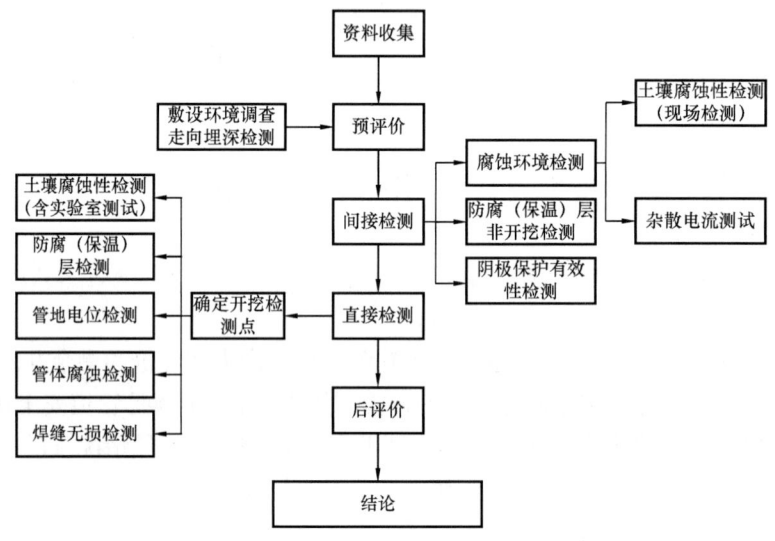

图 19-4-4　外腐蚀直接评价流程图

(1) 预评价。

在搜集管道资料及数据基础上，对管道进行 ECDA 管段划分，选择检测方法和设备，编制管道外腐蚀直接评价作业方案。

① 资料收集。

应收集的资料包括但不仅限于管道、建设、环境、运行和腐蚀控制等五个方面的数据，若管道缺乏敷设环境、走向埋深等资料需开展敷设环境调查及走向埋深检测。

② ECDA 可行性评价。

整合并分析以上收集到的数据，以确定是否有间接检测工具不能使用或不能开展 ECDA

的情况存在,下述情况可能对 ECDA 带来困难:

　　a. 由防腐层引起电屏蔽的部分;
　　b. 较大石块或碎石回填的管段;
　　c. 沥青路面、冻结地面和钢筋混凝土地面;
　　d. 在合理时间内无法进行地上测量的环境;
　　e. 附近埋设有金属结构物的位置;
　　f. 检测中不可接近的位置;
　　g. 可采用其他成熟的管道完整性评价方法以确保 ECDA 开展;
　　h. 若一条管段既不能实现间接检测也无法采用其他的完整性评价方法,则 ECDA 不适用于该管段。

③ 间接检测工具的选择。

每个 ECDA 管段区域应选择至少两种间接检测工具,且尽量选择互补的间接检测工具。检测工具的选取应根据其在具体管道条件下测定防腐层漏点的可靠性来确定。

④ ECDA 管段的划分。

分析预评价阶段收集的数据,根据管段的物理特性、腐蚀历史、预估腐蚀情况和间接检测工具的选择来划分 ECDA 管段,具体参见 NACE SP0502—2010《管道外腐蚀直接评价方法》标准 3.5 条。

(2) 间接检测。

间接检测的目的是通过地面检测识别并确定防腐层缺陷和其他异常点的严重程度以及发生或可能正在发生腐蚀的区域。

每一个 ECDA 管段应使用至少两种间接检测方法,且还要校正和比对这些数据。若检测结果同预评价结果或历史记录不一致,则需重新评价 ECDA 的可行性,或重新划分 ECDA 管段,具体参见 NACE SP0502—2010 标准第 4.2 条和第 4.3 条。

(3) 直接检测。

直接检测的目的在于确定间接检测结果中腐蚀最严重的位置,并为评价腐蚀活性收集数据。

(4) 后评价。

后评价的目的是确定再评价时间间隔和评价 ECDA 过程的整体有效性,具体参见 NACE SP0502—2010 标准第 6.6 条和第 6.7 条。

2) 敷设环境调查

敷设环境调查包括地区等级划分、管道标识情况调查、周边建构筑物调查、穿跨越管段检查、管道附属设施调查、地面泄漏情况检查、管道周围环境调查等。

管道周边建构筑物调查按照《石油天然气管道保护法》第三十条、第三十一条的要求对建构筑物进行调查统计,并记录相关情况。

穿跨越管段检查应检查跨越段管道防腐层、锚固礅的完好情况,钢结构及基础、钢丝绳、索具及其连接件等腐蚀损伤情况;检查管道河流穿越处保护工程的稳固性及河道变迁等情况;检查公路铁路穿越处的保护工程的稳固性、穿越处的埋深及穿越段两端的标识桩完好情况。

管道附属设施调查包括标志桩、测试桩、里程桩、标志牌、围栏等外观完好情况、护坡堡坎完好情况、固定探坑维护情况等。

地面泄漏情况检查采用目视检查方法,对疑似泄漏处采用泄漏检查仪进一步确认。泄漏检查的重点部位包括阀室、阀井、三通、直接开挖点、地质灾害影响段、施工造成的管道悬空段,并对管道经过水面处有油泄漏、有异常气味等处重点检查。

管道周围环境调查包括管道周围交流电线及其他管道情况、地面活跃程度情况(包括地面建设及管道周围公路情况等)以及进行管线防护带内深根植物统计。

管道走向与埋深调查在检测管道的准确位置和深度时,同时包括穿、跨越河流情况调查及浮管、露管段、浅埋段统计,按照设计与竣工资料要求判断管道埋深是否合格。

3) 环境腐蚀性检测

管道环境腐蚀性检测包括土壤腐蚀性检测、杂散电流干扰检测和大气腐蚀性调查。

土壤腐蚀性主要考虑土壤电阻率检测。必要时可测试管道自然腐蚀电位、氧化还原电位、土壤 pH 值、土壤质地、土壤含水量、土壤含盐量、土壤 Cl^- 含量 8 个参数的测试。土壤腐蚀性评价准则见 GB 19285—2014《埋地钢质管道腐蚀防护工程检验》表 1 和表 2。

杂散电流干扰包括直流干扰和交流干扰,其干扰源调查、测试与评价标准、测试方法见 GB 19285《埋地钢质管道腐蚀防护工程检验》、GB 50991《埋地钢质管道直流干扰防护技术标准》和 GB/T 50698《埋地钢质管道交流干扰防护技术标准》的要求。

对可能存在大气腐蚀环境的跨越段与裸露管段,应调查当地环境气体类型、相对湿度、大气环境、管道所处地区钢材大气腐蚀速率(依据国家材料环境腐蚀平台数据),按 ISO 12944-2-2017《Paints and varnishes—Corrosion protection of steel structures by protective paint systems—Part 2:Classification of environments》划分大气腐蚀性等级。

4) 防腐(保温)层检测

防腐(保温)层非开挖检测包括交流电位衰减法(ACAS)和交流电位梯度法(ACVG),对于无法采用这两种方法进行检测的防腐(保温)层,应采用其他行业认可的方法检测防腐(保温)层整体状况。

采用 ACVG 检测防腐层漏损点时,应对防腐层漏损点进行严重程度分级或排序。使用 A 字架或人体电容法检测得到漏损点 dB 值并进行分级及修正。

在遵循相应检测标准的基础上,应同时执行以下检测要求。

检测开始应记录检测时间、发射机架设位置、输出电流、天气状况等基本信息,检测前应对仪器性能进行校验。发射机信号输入位置起管道两侧各 50m 以上的范围内为检测盲区,应对检测盲区进行补充检测。

采用交流电位衰减法(ACAS)和交流电位梯度法(ACVG)检测时需沿管道正上方平行测试。测量管道的感应电流时,相邻检测间距应为 30~50m(除数据采集困难的管段,但应记录注明),弯头、电流异常管段应加密检测。

防腐层漏损点数据采集的相邻检测间距应根据防腐层类型的不同来确定,聚乙烯防腐层最大间距不应超过 5m,石油沥青及其他防腐层最大间距不应超过 3m。检测时必须等待仪器显示稳定,记录所有指示箭头、dB 值或电压稳定的防腐层漏损点,dB 值或电压值应为检测时读取到的最大值。在防腐层漏损点定位时,应在漏损点中心的前后左右进行位置确认,排除干扰。

检测到防腐层漏损点时,应记录防腐层漏损点处的绝对距离(相对于管道起点)、相对距离(相对于标志桩、电位测试桩、永久性标识物等)、坐标、dB 值、管道深度、地形地貌、土壤干湿程度、感应电流等信息,且做好简易与重点标识。

记录时应注明防腐层漏损点所处的管道区域类型,包括但不限于漏损点是否处于未达到有效阴极保护(或未施加阴极保护)管段、高后果区管段,漏损点所处的管段风险等级等。

5) 阴极保护有效性检测

阴极保护有效性检测包括通断电位测试、管地电位测试、密间隔电位测试(CIPS)、阳极地床测试、电绝缘性测试、阴极保护电源运行情况调查,对于未能达到正常阴极保护的管道,应进行阴极保护系统故障排查,分析故障原因。

(1) 通/断电位测试。

① 通电电位测试。

本方法测得的电位是极化电位与回路中所有电压降的和,即含有除管道金属/电解质界面以外的所有电压降。

测量前应确认阴极保护系统正常运行,管道已充分极化。测量时,应保证硫酸铜电极底部与土壤接触良好。读取数据时,应做好管地电位值及极性记录,注明参比电极类型。

② 断电电位测试。

本方法测得的断电电位是消除了由保护电流所引起的 IR 降后的管道保护电位。对有直流杂散电流或保护电流不能同步中断(多组牺牲阳极或其与管道直接相接,或存在不能被中断的外部强制电流设备)的管道本方法不适用。

测量前应确认阴极保护系统正常运行,管道已充分极化。测量时,在所有电流能流入测量区间的阴极保护电源处安装电流同步断续器,并设置在合理的周期性通/断循环状态下同步运行,同步误差小于 0.1s。为了避免管道明显的去极化,断电期宜不大于 3s。

读取数据时,读数应在断电 0.5s 之后进行。如果对冲击电压的影响存在怀疑时,应使用脉冲示波器或高速记录仪对所测结果进行核实。

(2) 管地电位测试。

需对所有管道的每个探坑开挖处管道进行管地电位测试,测试时采用近参比法,将参比电极尽可能靠近管道。

(3) 密间隔电位测试(CIPS)。

对保护电流不能同步中断(多组牺牲阳极或其与管道直接相接,或存在不能被中断的外部强制电流设备),以及套管内的破损点未被电解质淹没的管道本方法不适用。下列两种情况会使本方法应用困难或测量结果的准确性受到影响:

① 覆盖层导电性很差管段,如铺砌路面、冻土、含有大量岩石回填物;

② 剥离防腐层下或绝缘物造成电屏蔽的位置,如破损点处外包覆或衬垫绝缘物的管道。

应在所有阴极保护电流能流入测量区间的阴极保护直流电源处安装电流同步断续器。

关闭阴极保护电源,打开电流同步断续器,搜索卫星并锁定后,应设置合理的通断周期、通断时间比和瞬间断开延迟时间,保证在合理的周期性通/断循环状态下同步运行,同步误差小于0.1s。设置原则是：中断时间能够有效消除土壤 IR 降,断电时间应尽可能地短,以避免管道明显的去极化,但又应有足够长的时间保证能在消除冲击电压影响后测量采集数据。

完成架设 2 台及以上数量电流同步断续器并开启所有直流电源后,应对同步中断效果进行验证,记录 1min 以上的中断周期连续电位变化,评价同步中断效果,确保 CIPS 检测仪器在一个中断周期内有足够的采集时间记录断电电位。

应有管道探管员在 CIPS 检测确定管道的中心位置,确保 CIPS 检测在管道的正上方。CIPS 检测每个数据采集的间距为 1~3m(除数据采集困难的管段,都记录注明)。

在直流杂散电流干扰区域和大地电流影响区域,应在当天检测管段的电位测试桩架设直流电位数据记录仪,记录周期与中断周期保持精确的同步,记录检测时间内每个中断周期电位变化情况,对 CIPS 测量数据进行校正,获得真实的阴极保护电位。大地电流影响区域的电位数据记录仪间距不应超过 5km,直流杂散电流干扰区域的电位数据记录仪间距不应超过 2km。

通过 CIPS 检测,应准确确定管道的阴极保护水平,确定防腐层破损处管体的腐蚀活性,初步测定杂散电流分布情况,初步判定杂散电流干扰的区域,判断绝缘接头绝缘性能有效性。

(4) 阳极地床测试。

阳极地床测试主要有长接地体接地电阻测试和短接地体接地电阻测试两种方式,根据现场阳极地床的情况来选择。

长接地电阻测试适用于强制电流辅助阳极地床(浅埋式或深井式阳极地床)、对角线长度大于 8m 的棒状牺牲阳极组或长度大于 8m 的锌带。在测量过程中,按 GB 21246—2020《埋地钢质管道阴极保护参数测量方法》中 10.1.2 的要求测量,电位极应沿接地体与电流极的连线移动三次,取三次测试值的平均值作为长接地体的接地电阻值。

短接地电阻测试适用于当对角线长度小于 8m 的棒状牺牲阳极组或长度小于 8m 的锌带。测量前,将牺牲阳极与管道断开,按 GB 21246—2020 中 10.1.2 的要求测量。

(5) 电绝缘性测试。

测试绝缘装置绝缘性能时,当阴极保护系统正常运行时可用电位法,当阴极保护系统未正常运行时可用中断法,埋地绝缘装置也可采用 PCM 漏电率测量法。

采用电位法时,若辅助阳极距绝缘装置足够远且判明与非保护侧相连的管道没同保护侧的管道接近或交叉,才可判定绝缘性能很差(严重漏电或短路),否则应进一步测量。

采用中断法时,使用阴极保护电源的中断测试功能或架设中断器,判断绝缘装置两侧电位是否存在电位周期性变化,以此评价绝缘性能。

(6) 阴极保护电源运行情况调查。

阴极保护电源运行情况调查内容包括阴极保护电源的基本情况调查、阴极保护电源运行数据分析。

进行阳极电缆线、阴极输出线、零位接阴线通断测试,判断其完好情况。

万用表选择通断测试挡,直接连接阴极输出线与零位接阴线之间的通断性。接通良好情况下,如果阴极保护电源只有输出电压,没有输出电流,则可判断阳极电缆线故障;如果阴极保护电源输出电压电流均显示正常,则可判断阳极电缆线正常;如果输出电压电流过大,需结合阳极地床电阻进行判断。

收集阴极保护电源历史运行数据,分析输出变化情况。

(7) 阴极保护故障排查。

对于未能达到正常阴极保护的管道,应进行阴极保护系统故障排查,分析故障原因,故障排查步骤见图 19-4-5。

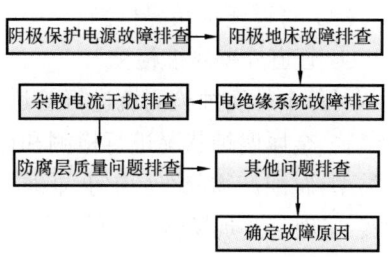

图 19-4-5　故障排查步骤图

6) 开挖直接检测

开挖直接检测包括土壤腐蚀性检测、防腐层质量检测和管道腐蚀状况检测。

对于管道发生过因焊缝缺陷导致的失效或有必要时,对开挖处的环焊缝进行无损检测,并对管道碰口联头焊缝、返修焊缝、阀门连接的第一道焊缝、跨越部位出土与入土端的焊缝等部位进行无损检测。

(1) 土壤腐蚀性检测。

土壤腐蚀性检测内容包括土壤电阻率、管地电位、氧化还原电位、土壤 pH 值、土壤质地、土壤含水量、土壤含盐量、土壤氯离子含量测试。

在每个探坑检测处做土壤腐蚀性检测时,应对土壤电阻率、管地电位、土壤质地 3 个指标进行测试。发现土壤腐蚀较严重,增加其他五个指标(氧化还原电位、土壤 pH 值、土壤含水量、土壤含盐量、土壤氯离子含量)测试。

(2) 防腐层质量检测。

① 漏点检测。

按不同防腐层材质,参照相应标准要求采用电火花检漏仪选择合适的检测电压进行漏点检测。

② 外观检测。

对每个外腐蚀检测坑进行防腐层外观检测。步骤包括全面查找缺陷点(尤其注意不能漏掉管道底部检查)→清理并标注缺陷点→拍摄图片(探坑编号、探坑整体及缺陷点局部图片)→测量并记录缺陷点面积(横向×纵向、分析破损原因)→记录整个防腐层情况(老化、平整度、剥离、夹水)。

③ 防腐层厚度检测。

对每个外腐蚀检测坑进行防腐层厚度检测。厚度检测应避开缺陷点,清理干净测试带后沿管道时钟位置测试 3 个环带,每个环带测试 12 个点,记录每个时钟位置防腐层厚度最小值,管径小于等于 100mm 时每个环带可测试相对时钟位置的 4 个点。不同材质的防腐层参照相应的标准对厚度是否合格进行评价。

④ 防腐层结构检查。

对每个外腐蚀检测坑防腐层进行防腐层结构检查,记录防腐层结构,参照防腐层材质相对应的标准进行分析。

⑤ 剥离强度(黏接力)检测。

对每个外腐蚀检测坑的防腐层进行剥离强度(黏接力)检测。参照防腐层材质相对应的标准进行剥离强度(黏接力)检测和记录,测试剥离强度需采用计量仪测试。

(3) 管道腐蚀状况检测。

① 管道外壁腐蚀检测。

对每个外腐蚀检测坑进行管道外壁腐蚀检测。清除破损防腐层后,对管道金属表面的腐蚀产物、金属腐蚀状况进行检测和记录。详细描述金属腐蚀的部位,根据产物颜色判别腐蚀产物类型,腐蚀产物分布(均匀、非均匀)、厚度、颜色、结构(分层状、粉状或多孔)、紧实度(松散、紧实、坚硬),并现场腐蚀状况进行彩色拍照。采用目检法判别腐蚀产物的成分,见表19-4-1。

表19-4-1 现场腐蚀产物的成分判别(目检法)

产物颜色	主要成分	产物结构
黑	FeO	—
红棕至黑	Fe_2O_3	六角形结晶
红棕	Fe_3O_4	无定形粉末或糊状
黑棕	FeS	六角形结晶
绿或白	$Fe(OH)_2$	六角形或无定形结晶
灰	$FeCO_3$	三角形结晶

对管壁腐蚀区域进行测量。首先清除该区表面腐蚀产物,用探针法测量最大腐蚀坑深,并测量腐蚀区域的长度和宽度。记录每个探坑发现的外腐蚀数量、每一外腐部位时钟方位、面积深度、腐蚀产物颜色、腐蚀环境等信息,对严重的外腐蚀缺陷应按SY/T 0087.1—2018《钢质管道及储罐腐蚀评价标准 第1部分:埋地钢质管道外腐蚀直接评价》中4.2章节的方法现场评价划分腐蚀等级。

② 管道壁厚检测。

对每个外腐蚀检测坑进行管道壁厚检测。厚度检测应避开缺陷点,清理干净测试带后沿管道时钟位置测试3个环带,每个环带测试12个点,记录每个时钟位置管道厚度最小值,管径小于等于100mm时每个环带可测试相对时钟位置的4个点。对于发现的壁厚减薄区域应在减薄区域加密检测,必要时采用SY/T 0087.2—2020《钢质管道及储罐腐蚀评价标准 第2部分:埋地钢质管道内腐蚀直接评价》中的网格测量方法。

(4) 管道焊缝无损检测。

对焊缝进行无损检测时,一般采用射线或者超声方法,也可采用行业认可的其他无损检测方法。

7) 报告编制

外腐蚀直接评价报告应包括以下内容:

(1) 评价概述;

(2) 预评价所收集的基本资料、区域划分依据以及对应的间接检测工具;

(3) 间接检测的过程和数据;

(4) 敷设环境调查及走向埋深检测结果;

(5) 管道腐蚀环境检测结果；

(6) 防腐（保温）层非开挖检测：漏损点数量及位置、漏损点密度、防腐（保温）层级别等；

(7) 阴极保护有效性检测；

(8) 开挖直接检测：位置清单及选择依据、防腐（保温）层质量、环境腐蚀性检测结果、管体腐蚀程度检测、焊缝无损检测结果等；

(9) 剩余强度计算结果、再评价时间间隔和有效性依据。

3. 内腐蚀直接评价

集输管道的内腐蚀直接评价应依据 NACE SP0208—2008《Internal Corrosion Direct Assessment Methodology for Liquid Petroleum Pipelines》等标准进行。

内腐蚀直接评价流程见图 19-4-6。

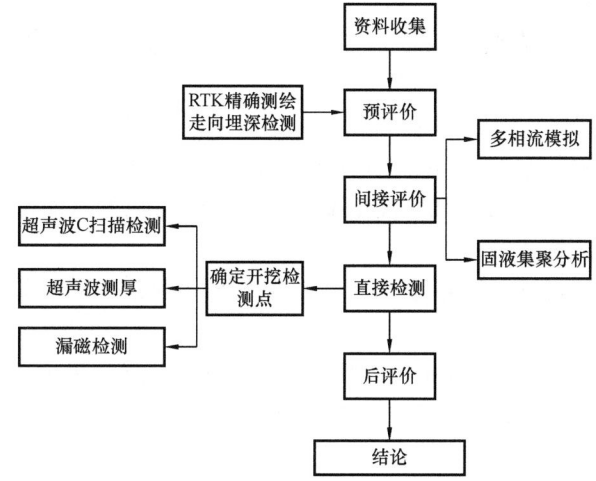

图 19-4-6 内腐蚀直接评价流程图

1）预评价

进行预评价的目的是通过收集管线的当前、历史数据，确定 ICDA 是否可行，并确定其评价区域。

(1) 数据收集。

液体石油输送内腐蚀直接评价收集评价所需收集的数据和信息，主要包括运行历史情况、管径、壁厚、含水量、温度、内涂层等方面内容。

若其中的某项数据无法获取，可根据经验以及类似管道的信息进行保守假设，并记录假设的依据。应对数据进行有效性验证，所需的数据必须齐全才能进行后续评价工作。

对于管道测绘数据不满足内腐蚀直接评价精度要求的，应进行补充测量。测量管道准确位置数据时，应在每一个测量点采集管道的平面坐标、高程和埋深，测量间距不应超过 10m，除非管道高程与埋深没有发生变化。在管道拐点、变坡点等位置和走向发生变化的管段应加密测量，准确反映管道位置变化情况。管道平面坐标、高程测量的精度应达到厘米级，管道位置探测和埋深检测应架设发射机后进行检测，不能使用感应法。

（2）可行性判断。

可行性判断的要求具体参见表 19-4-2。

表 19-4-2　ICDA 可行性判断条件

项目	备注
间接评价	通过间接评价无法确定最有可能发生内部腐蚀的位置的情况时，不能开展 ICDA
连续水相	预测发现管道在正常运行时存在连续水相时无法进行 ICDA
内涂层	管道具有内涂层，无法开展 ICDA
详细检查	管道无法进行详细检查时，ICDA 不能得到验证
再评估时间间隔	无法确定可靠的（或保守的）再评估时间间隔时，不能进行 ICDA

（3）ICDA 评价区域的识别。

在确定 ICDA 可行后，依据支线进出点、化学试剂注入点和清管装置位置对管道进行 ICDA 区域划分。

2）间接评价

液体石油输送内腐蚀直接评价的间接评价旨在将各 LP-ICDA 区域的内腐蚀可能性视为距离的函数，通过多相流模拟分析和固液集聚分析评价内腐蚀的可能性。具体步骤及方法参见 NACE SP0208—2008 第 4 节。

间接评价的管道模型建立、网格划分、计算模型选择、边界条件设置应符合管道的真实状况。

3）直接检测

直接检测目的在于确定内腐蚀是否真实存在，并利用检测结果评价该 ICDA 区域的整体腐蚀情况。液体石油输送内腐蚀直接评价区域直接检测具体参见 NACE SP0208—2008 标准 5.2 节、5.3 节、5.4 节。

直接检测可根据现场情况选用超声波测厚、超声波 A 扫描、超声波 C 扫描、漏磁外检测等检测方法，也可采用行业认可的其他可以验证的检测方法，对同一处管道的检测方法一般不应少于 2 种，以避免因方法原因造成漏检和误判。

如果在直接检测中发现外腐蚀、机械损伤及 SCC 等缺陷，则应采用其他相应的方法评价这些缺陷的影响。

4）后评价

后评价旨在评价 ICDA 的有效性、缺陷剩余强度评价，并确定评价时间间隔，参见 NACE SP0208—2008 标准第 6 节。

5）报告

内腐蚀直接评价报告应至少包括如下内容：

（1）评价概述；

（2）预评价所收集的基本资料、区域识别依据等；

（3）间接评价中区间和子区间划分、评价点排序原则等；

（4）直接检测的检测数据、选择直接开挖检测点的原因和描述等；

（5）剩余强度计算结果、再评价时间间隔和有效性依据。

4. 压力试验

压力试验应符合 GB 50369《油气长输管道工程施工及验收规范》和 GB/T 16805《液体石油天然气及高挥发性液体钢质管道压力试验》要求。

分段水压试验的管段不宜超过 35km,应根据该段的纵断面图,计算管道低点的静水压力,核算管道低点试压时所承受的环向应力,其值不应大于管材最低屈服强度的 0.9 倍,对特殊地段经设计允许,其值最大不得大于 0.95 倍。试验压力值的测量宜以管道最高点测出的压力值为准,管道最低点的压力值应为试验压力与管道液位高差静压之和。试压充水宜加入隔离球,并应在充水时采取背压措施,以防止空气存于管内,隔离球可在试压后取出。应避免管线高点开孔排气。

不同地段的输油管道分段水压试验要求的压力值、稳压时间是不相同的,压力试验结果合格标准为无变形、无泄漏。

试压宜在环境温度 5℃以上进行,当不能满足时,应采取防冻措施。

试压合格后,应将管段内积水清扫干净,山区清扫时应采取背压等措施,清扫应以不再排除游离水为合格。

分段气压试验的管段长度不宜超过 18km。试压时的升压速度不宜过快,压力应缓慢上升,每小时升压不得超过 1MPa。当压力升至 0.3 倍和 0.6 倍强度试验压力时,应分别停止升压,稳压 30min,并应检查系统有无异常情况,如无异常情况可继续升压。

不同地段的输气管道分段水压试验要求的压力值、稳压时间是不相同的,压力试验结果合格标准为无变形、无泄漏。

5. 专项检测

1) 穿越管段检测

对公路等穿越管段,应进行目视检查,并可采用低频超声导波进行检测。在穿越段两端适宜开挖的位置分别开挖架设导波探头,扫查检测管道截面损失率,从而间接判断管体腐蚀状况。同时应结合外检测的防腐(保温)层非开挖检测、阴极保护有效性检测、腐蚀环境检测、内腐蚀预评价等结果进行穿越管段的内外腐蚀可能性综合分析。

2) 跨越管段检测

对明管跨越管段,应进行目视检查,并采用低频超声导波进行检测。将低频超声导波探头分别架设在跨越段两段出地端,扫查检测管道截面损失率,对发现的截面损失在具备条件的情况下需采用超声波测厚等方法确认缺陷尺寸,不具备条件时通过内部积液可能性、防腐(保温)层状况、大气腐蚀状况等进行综合分析。

3) 水下穿越管道敷设状况检测

水下穿越管道敷设状况检测用于检测水下穿越管道相对于河床和水面的深度及位置,用于确认管段的稳管状态、裸露、悬空、移位等情况,包括预评估、现场检测、检验校正和数据处理与整合。

(1) 预评估。

① 资料收集与整理。

收集与待检管道相关的资料,资料应包括但不局限于以下内容:

a. 基础资料。收集管道相关资料，主要包括管道名称、管道穿越段名称、管径、防腐层类型、有无阴极保护及阴极保护方式、投产时间、穿越段资料长度等。

b. 补充信息。穿越点地理位置、穿越施工方式、稳管措施、穿越段目前实际长度、水深、流速、穿越段通航情况、交通条件、穿越段竣工图纸等。

c. 通过问询、上网等方式初步调查待检管道所在区域地质灾害情况，并确定进行现场踏勘的管道。

② 现场踏勘。

根据前期收集的资料选择部分管道对补充信息进行核实，实地勘察穿越点环境情况，管道测试桩位置，问询调查历年河道水文变化情况等。采用探管仪初步调查管道走向及两侧河岸陆地管道埋深情况，为确定现场检测方法提供依据。

③ 检测方法确定。

根据资料整理分析及现场踏勘的结果，选择集成式电磁—声呐法、声呐—RTK法或基于电磁—声波的组合式检测等方法进行检测。

（2）现场检测。

穿越段敷设状况3种检测方法的现场检测步骤相同，区别在于由于检测设备差异较大，设备的操作和控制参数不同。

现场检测主要步骤分别为前期准备、检测布线、陆地检测、水上检测、数据分析、数据补测、现场恢复等，其程序见图19-4-7。

① 前期准备。

a. 熟悉目标管道资料信息，对于有竣工图纸的应重点关注，作为数据分析比较的基础。

b. 架设发射机。采用电磁法时，在就近的测试桩或露管架设发射机，若无测试桩或露管则开挖管道架设发射机，开挖架设的时候应选择深度较浅易挖的位置，且开挖点距河岸应大于150m，但为了保证检测信号的强度，开挖位置不宜太远。

c. 信号测试。采用电磁法时，在河两岸的检测区域末端测试信号强度，架机点对岸末端信号应能达到检测要求，即检测数据不漂移，接收机显示迅速、稳定，且信号强度不低于60mA。

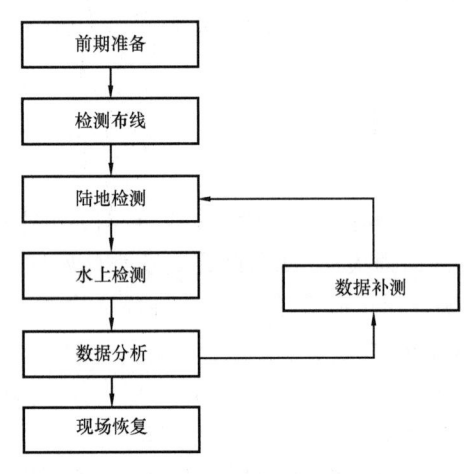

图19-4-7 现场检测程序

d. 接收机调校。采用电磁法时，由于待检管段理论上埋深均较深，为了保证检测的准确性，选择埋深在3m左右的陆地管道开挖，校验接收机的检测距离并进行调校，调校接收机的检测精度误差不大于0.1m；采用声呐法时，在水面上进行深度校准，检测精度误差符合设备性能要求。

e. 设置GPS控制点，控制点作为检测的基准位置是多次检测数据对比的基础，控制点应选择位置相对较高、地貌相对长期不会发生变化的位置作为GPS控制点，并做好长期性的标记，记录控制点信息，在控制点架设GPS基站，记录基站信息；控制点的数量不低于3处。

f. 检测基准线设定,使用探管仪和 GPS 移动站测量河岸两侧管道出、入点的 GPS 信息,设定检测基准线。

g. 就近选择合适的位置将船下水和在检测点附近找寻适宜的泊船位置。

h. 系统调校,从检测区域的起点开始按一定间隔测量管道电流、埋深等数据至终点,初步了解检测区域管道的基本情况,信号强度、信号变化、接收机增益变化等信息。

i. 通航河流管道检测手续办理,对于大型河流需到当地海事部门办理审批手续,审批通过方可开展检测。

② 检测布线。

a. 在陆地按一定间隔设置检测点,同时管道两侧 30m 内的建(构)筑物、里程桩等也应作为 GPS 的数据采集点。

b. 根据水面情况选择合适的行船方式前进,采用 GPS 移动站记录测量点坐标,为检测校核做准备。

c. 对于集成式电磁—声呐法采用的 ONEPASS 水下管道检测设备,需用闭合回路的信号架设方式,如没有测试桩或露管,需要在河岸两侧均开挖管道完成闭合回路连接,闭合回路采用电缆连接,电缆应布置在管道下游,且距离管道至少 2 倍管道埋深以上。

③ 陆地检测。

根据前期布置的测量点使用接收机和 GPS 移动站开始进行陆地检测,并做好记录,记录至少应包括测量点编号、检测数据及情况描述;陆地检测的间隔不应超过 10m。

④ 水上检测。

a. 对于基于电磁—声波的组合式检测方法和集成式电磁—声呐法水上检测时首先在船上布置好 GPS 移动站、声呐设备、接收机,并做好可靠连接,依照前期布置的测量线路,使用接收机、声呐设备、GPS 移动站在管道正上方时同步测量数据,并做好记录。

b. 对于基于声呐—RTK 的组合式检测方法水上检测时首先在船上布置好声呐设备和 GPS 移动站,采用侧扫声呐依据前期布置的测量线路初查河床的环境情况,若管道上方河床未发现影响浅地层剖面仪检测的致密结构建、构筑物则使用浅地层剖面仪连接 GPS 以"Z"字形方式行进检测管道和河床深度,数据直接保存在系统中,当检测到有管道露出河床时再用侧扫声呐根据 GPS 信息对该段管道进行检测,了解管道露出的具体形貌和相应的数据。

c. 若侧扫声呐发现河床管道上方有稳管的石笼等影响检测的致密结构则不采浅地层剖面仪进行检测。

d. 水上采集数据时相邻测量点的间距不宜超过 5m,当检测发现有管道露出河床时应进行加密测量;河床测绘时扫查间距不宜超过 3m。

⑤ 数据分析。

检测完成后应及时进行数据初步处理和分析,剔除其中的无效数据和异常数据,并确认有效检测点的数量符合检测的要求。

⑥ 数据补测。

对于存在无效数据或异常数据的情况,如需要则进行现场补测,补测主要针对水上检测步骤进行。

⑦ 现场恢复。

所有现场检测工作完成后,对开挖点进行回填、恢复,若架设发射机破坏了防腐层,还应对防腐层进行修复。

(3) 检验校正。

采用不同的方法检测,若检测结果存在差异,应组织专项讨论分析,找出问题的原因,并采取一定的补测措施,保证检测数据的准确可靠。

若前期检测发现有管道露出河床的,可采用潜水员摸管的方式进行验证。

(4) 数据处理与整合。

对检测的埋深、水深、GPS等数据进行处理与整合,计算水下管道覆土层厚度,绘制管道俯视图(河床等高线)、管道与河床剖面图、管道水平形变示意图。

4) 专项检测报告要求。

① 公路等穿越管段检测一般应包括:

a. 概述地理位置、长度;

b. 检测结果,包括目视检查结果、超声导波腐蚀检测结果、综合分析结果等。

② 明管跨越管段检测一般应包括:

a. 概述地理位置、长度;

b. 检测结果,包括目视检查结果、超声导检测波检测结果、综合分析结果等。

③ 水下穿越管道敷设状况检测一般应包括:

a. 概述地理位置、敷设环境、检测技术;

b. 检测结果,包括露管统计、覆土层厚度统计、俯视图、纵断面图、侧扫声呐图、摸管检测结果等。

二、缺陷合于使用评价(适用性评价)

1. 剩余强度评价

对检测中发现的危害管道结构完整性的缺陷进行剩余强度评估与超标缺陷安全评定,在剩余强度评估与超标缺陷安全评定过程中应当考虑缺陷发展的影响,并且根据剩余强度评估与超标缺陷安全评定的结果提出运行维护意见。

管道常见且需要进行评价的缺陷有:腐蚀缺陷、制造缺陷、平面型缺陷、凹陷、划伤,推荐的相关评价标准见表19-4-3。

表19-4-3 管道缺陷评价推荐标准

缺陷类型	推荐标准	备注
腐蚀缺陷	ASME B31G	
	SY/T 6151	
	GB/T 30582	
	SY/T0087.1	

续表

缺陷类型	推荐标准	备注
制造缺陷	SY/T 6477	可当作腐蚀缺陷处理
	GB/T 30582	
	ASME B31G	
平面型缺陷（裂纹、焊接缺陷等）	BS7910	
	SY/T 6477	
	GB/T 19624	
凹陷	SY/T 6996	

2. 剩余寿命预测

根据危害管道安全的主要潜在危险因素选择管道剩余寿命预测方法。管道腐蚀缺陷的剩余寿命预测可按照 GB/T 30582《基于风险的埋地钢质管道外损伤检验与评价》附录 F 或其他技术规范及标准进行。

3. 材料适用性评价

材料适用性评价可按照 GB/T 30582 中 7.2 条或其他标准进行。

第五节 维修维护管理

一、防腐（保温）层修复

1. 防腐（保温）层修复响应时间

当保温层出现损坏脱落等情况需要立即修复保温层，其余情况参照防腐层修复响应时间要求开展。

防腐层按缺陷的轻重缓急可将维修响应分为 3 类：（1）立即响应；（2）计划响应（在某时期内完成修复）；（3）进行监测。管道防腐层缺陷维修时间响应要求见表 19-5-1。

表 19-5-1 管道防腐层缺陷维修时间响应表

管道类别	立即响应	计划响应	进行监测
Ⅱ类、Ⅲ类低风险级	破损程度为"严重"缺陷	破损程度为"中等"的缺陷	破损程度为"轻微"、"极轻微"的缺陷
Ⅰ类、Ⅱ类高风险级	破损程度为"严重"缺陷；未达到有效阴极保护、高后果区、高风险的管段中破损程度为"中等"缺陷	其余管段破损程度为"中等"的缺陷；	破损程度为"轻微""极轻微"的缺陷
响应时间及要求	在1年内进行防腐层缺陷维修	在1个检验周期内进行防腐层缺陷修复	可以选择代表性强的防腐层缺陷开挖确认缺陷发展情况

2. 防腐层材料选择

不同的原防腐层需要选择不同的防腐层修复材料及方案,见表19-5-2。

表19-5-2 管道防腐层缺陷修复材料选取

原防腐层类型	局部修复			大修
	缺陷直径≤30mm	缺陷直径>30mm	补口修复	
石油沥青、煤焦油磁漆	石油沥青、煤焦油磁漆、冷缠胶带①、黏弹体+外防护带②	冷缠胶带、黏弹体+外防护带	黏弹体+外防护带、冷缠胶带	无溶剂液态环氧/聚氨酯、无溶剂液态环氧玻璃、冷缠胶带
熔结环氧、液体环氧	无溶剂液态环氧	无溶剂液态环氧	无溶剂液态环氧/聚氨酯	
三层聚乙烯/聚丙烯	热熔胶+补伤片、压敏胶+补伤片、黏弹体+外防护带	黏弹体+外防护带、压敏胶热收缩带、冷缠胶带	黏弹体+外防护带、无溶剂液态环氧+外防护带、	

① 原油管道宜采用聚丙烯冷缠带。
② 外防护带包括冷缠胶带、压敏胶热收缩带等。

3. 防腐层修复流程

管道防腐层修复分为防腐层局部修复和防腐层大修两类。

修复流程为:防腐材料验收、管道开挖、旧防腐层清除及表面处理、防腐层修复施工、防腐层质量检验。

防腐层局部修复和防腐层大修的操作应按照 SY/T 5918《埋地钢质管道外防腐层保温层修复技术规范》要求进行。

4. 保温层修复

保温层主要包括预制瓦块捆扎保温层、硬质聚氨酯发泡塑料保温层。当保护层、保温层出现损坏脱落等情况需与原保温层相同的方式进行修复。修复后的防腐保温层等级及质量应不低于原防腐保温层等级及质量,保温层修复应满足 GB 50538《埋地钢质管道防腐保温层技术标准》中补口补伤要求。

二、本体缺陷永久性修复

1. 管体缺陷修复响应时间

管道本体缺陷修复响应时间根据缺陷评价结果进行确定,见表19-5-3。

表19-5-3 不同评价方法所得各级缺陷对应维修响应措施

评价方法	立即响应	计划响应	进行监测
SY/T 0087.1—2018	Ⅴ级、Ⅳ级	Ⅲ级	Ⅱ级、Ⅰ级
SY/T 6151—2009	1类	2类	3类

续表

评价方法	立即响应	计划响应	进行监测
SY/T 6477、SY/T 10048、ASME B31G、API 579、BS7910 等	评价结论为不安全,且计算的最大允许操作压力低于运行压力	评价结论为不安全,且计算的最大允许操作压力低于设计压力	评价结论为安全的缺陷
内检测缺陷评价	结论为立即维修的缺陷	结论为计划维修的缺陷	结论为安全的缺陷
SY/T 6996—2014	凹陷深度>6%	6%>凹陷深度>2%	凹陷深度<2%
SY/T 6996—2014	凹陷应变>6%	6%>凹陷应变>2%	凹陷应变<2%
响应措施	5 天内确认并评价,采取降压措施,根据评价结果修复	1 年内进行确认,在 1 个检验周期内根据评价结果进行修复	可选择代表性强的缺陷定期开挖检测

2. 本体缺陷修复方式选择

不同的管道本体缺陷需要选择不同的修复方式。根据本体缺陷类型和尺寸修复技术包括:打磨、A 型套筒、B 型套筒、环氧钢套筒、复合材料、机械夹具(临时修复)及换管。对于管体打孔盗油泄漏,常采用管帽或补板修复。宜根据缺陷的不同类型和尺寸选择相应的修复方法。

3. 本体缺陷修复流程

管道本体缺陷修复流程为:修复及防腐材料验收、管道开挖、旧防腐层清除及表面处理、缺陷定位、缺陷修复、缺陷修复现场检测、防腐层修复及回填施工、防腐层质量检验。

三、本体缺陷临时性修复

临时性修复是暂时性保证近期管道强度足够不发生泄漏事件,但不能消除该缺陷的潜在危害性,因此必须在临时性修复失效前更换为永久修复。

用于油管道发生腐蚀穿孔、打孔盗油导致泄漏的临时性修复有机械夹具、带压封堵带、打楔子、低压粘补等。

用于管道裂纹、内腐蚀缺陷的临时性修复有复合材料补强、A 型套筒、环氧钢套筒。

第六节 效能评价管理

完整性管理效能评价应科学、公正的开展,效能评价应设定评价指标,对比历年各项指标变化情况,评价完整性管理工作效果。

油田管道效能评价流程见图 19-6-1。

一、明确评价目标

应根据管道完整性管理实际需要,明确综合效能评价所要达到的目标。

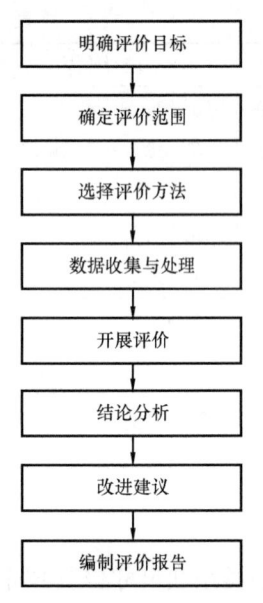

图 19-6-1　效能评价流程

二、选择评价指标

（1）效能评价指标包括外腐蚀、内腐蚀、应力腐蚀开裂（SCC）、制管缺陷、施工缺陷、第三方损坏、误操作、自然与地质灾害、管道数据缺失/不准确共计九大类风险及消减措施。

（2）效能评价指标应根据管道完整性管理工作中的关注重点、危害因素及效能评价目标等内容进行选择。

三、数据收集与处理

应针对评价单元的效能评价指标开展本次效能评价数据收集调研，计算各评价指标值，并保存相关问题记录及文档资料，同时收集历年来开展实施的管道完整性管理工作数据。

四、开展评价

应针对管道的各项危害因素，回顾针对其开展实施的管道完整性管理工作具体情况，通过对比分析管道完整性管理工作实施前后各相关效能评价指标变化情况的方法，评价完整性管理工作效果。评价完整性管理工作的完成程度及各种危害因素风险消减或控制的效率、效果情况，从而发现可提升空间，并提出改进建议，改进建议应结合高后果区识别和风险评价、完整性检测评价、维修维护建议制定。

效能评价还应重点突出管道失效率变化情况和管道更新改造维护费用变化情况。

管道失效率变化情况统计见表 19-6-1。

表 19-6-1　油田管道失效率变化情况统计表

编号	年份	失效数量,次	历年数据对比分析
1			
2			

管道更新改造维护费用变化情况统计见表 19-6-2。

表 19-6-2　油田管道更新改造维护费用变化情况统计表

编号	年份	管道更新改造费用,万元/km	管道维修维护费用,万元/km	历年数据对比分析
1				
2				

当管道失效率比上一年度失效率降低时，需进一步采用效能评价费效比来进行评价；否则，只需填写表 19-6-3"管道失效率分项评价指标表"。

表 19-6-3 管道失效率分项评价指标表

危害因素	效能评估指标	责任部门	历年变化	评价结论	改进建议
外腐蚀	外腐蚀造成的泄漏次数				
	根据内检测结果进行立即实施/计划实施的维修管体缺陷点数				
	根据外检测结果进行立即实施/计划实施的维修管体缺陷点数				
	根据检测结果进行立即实施/计划实施的维修防腐层缺陷点数				
	依杂散电流干扰程度严重管段长度				
	阴极保护欠保护段长度				
内腐蚀	内腐蚀造成的泄漏次数				
	根据内检测结果进行立即实施/计划实施的维修缺陷点数				
	根据内腐蚀直接评价(ICDA)评价结果进行立即实施/计划实施的维修缺陷点数				
应力腐蚀开裂/氢致损伤	应力腐蚀开裂造成的泄漏或失效次数				
	由于应力腐蚀开裂引起的换管等维修次数				
	氢致损伤造成的泄漏或失效次数				
	由于氢致损伤引起的换管等维修次数				
与制管有关的缺陷	制管缺陷造成的泄漏或失效次数				
	检测出的管道本体制管缺陷修复数量				
	检测出的焊缝(包括螺旋焊缝及直焊缝)制管缺陷修复数量				
与焊接/施工有关的因素	施工缺陷造成的失效次数				
	施工引起的凹坑、变形、褶皱弯管或屈曲、焊接缺陷等缺陷导致的维修数量				
	内外检测发现的环焊缝缺陷导致的维修数量				
	螺纹磨损/管子破损/接头失效次数				
设备因素	设备因素造成的管道失效次数				
	设备因素造成的管道维修数量				
第三方/机械损坏	甲方、乙方或第三方造成的管道泄漏或失效次数				
	第三方损坏造成的管道附属设施损毁次数				
	打孔盗油(气)次数				
	恐怖袭击次数				
	第三方损坏造成的管道泄漏和失效引起的维修次数				
	第三方损坏造成的管道附属设施失效引起的维修次数				

续表

危害因素	效能评估指标	责任部门	历年变化	评价结论	改进建议
误操作	误操作造成的管道泄漏或失效的次数				
	误操作造成的管道维修数量				
	管道或伴行光缆位置(中心线和埋深)数据不准确引起的误伤管道或光缆次数				
	管道弯头、三通、管道变径信息不准确导致的管道内检测器卡堵事件次数				
自然灾害和外力因素	自然灾害和外力因素引起的管道泄漏次数				
	自然灾害和外力因素导致的管道维修或改线的数量				
	自然灾害和外力因素引起的附属设施(三桩、管道附属设施、水工保护设施、伴行路)损毁次数				
	自然灾害和外力因素引起的管道附属设施(三桩、管道附属设施、水工保护设施、伴行路)维修次数				
	根据自然灾害评价结果治理的风险点数量				

五、结论分析

应根据各项工作的效能评价结果及问题记录,给出效能评价分析结论。

六、改进建议

应针对效能评价分析结果及评价过程中发现的问题,提出改进建议。

七、效能评价报告

管道完整性管理效能评价报告主要包括以下几方面内容：
(1)项目概述。
(2)评价方法。
(3)数据收集及处理。
(4)效能评价。
(5)结论和建议。

参 考 文 献

SY/T 0087.1—2018,钢制管道及储罐腐蚀评价标准 第 1 部分:埋地钢质管道外腐蚀直接评价[S].
NACE SP0208—2008,Internal Corrosion Direct Assessment Methodology for Liquid Petroleum Pipelines[S].
NACE SP0502-2010, Pipeline External Corrosion Direct Assessment Methodology[S].
GB/T 27512—2011,埋地钢质管道风险评估方法[S].

GB/T 50698—2011,埋地钢质管道交流干扰防护技术标准[S].
Q/SY 1180.3—2014,管道完整性管理规范 第3部分:管道风险评价[S].
SY/T 6597—2018,油气管道内检测技术规范[S].
GB/T 30582—2014,基于风险的埋地钢质管道外损伤检验与评价[S].
GB 50991—2014,埋地钢质管道直流干扰防护技术标准[S].
GB 19285—2014,埋地钢质管道腐蚀防护工程检验[S].
GB 50369—2014,油气长输管道工程施工及验收规范[S].
GB 32167—2015,油气输送管道完整性管理规范[S].
GB/T 21246—2017,埋地钢质管道阴极保护参数测量方法[S].
SY/T 6064—2017,油气管道线路标识设置技术规范[S].
GB/T 16805—2017,输送石油天然气及高挥发性液体钢质管道压力试验[S].
SY/T 6649—2018,油气管道管体缺陷修复技术规范[S].
GB/T 37369—2019,埋地钢质管道穿跨越段检验与评价[S].

第二十章　油气集输和水处理化学剂

油田化学药剂在原油集输、采出液和采出水处理过程中是必不可少的,并且随着油田驱油技术的提高,油田开发从一次采油、二次采油发展到三次采油,从常规油田的开采到特稠油、致密油的开采,采出液的性质也出现很大变化,使得油田化学药剂在原油生产过程中的地位越来越重要。

根据油田化学剂在地面系统的作用和功能,将油田地面系统用的化学剂分为相分离化学剂、流动保障化学剂、资产完整性保护化学剂。相分离化学剂主要是用于采出液、采出水的油相、水相、气相、固相的分离,包括破乳剂、消泡剂、清水剂;流动保障化学剂主要是用于保障介质在管道中的输送,包括降凝剂、防蜡剂、清蜡剂、降黏剂、防垢剂、清垢剂、沥青质沉积抑制剂、减阻剂;资产完整性保护化学剂主要是预防输送介质对管道的腐蚀,包括缓蚀剂、除氧剂、杀菌剂、硫化物去除剂。

本章针对油田地面系统出现的问题,从药剂的作用机理、药剂类型及药剂优选及加药工艺等方面进行论述。

第一节　相分离化学剂

一、破乳剂

1. 乳化原油的类型

乳化原油形成于油层开采和原油矿场集输整个过程之中。当油、气、水三相混合物由井底沿井筒油管举升到井口,经过油嘴的节流,以及集油管线、阀件、离心式油泵等的强烈搅拌,使水滴或油滴破碎成极小的颗粒,均匀地分散在原油中,从而形成稳定的乳化原油。乳化原油主要有油包水型和水包油型两种类型。

1) 油包水型乳化原油

油包水型乳化原油是以原油为分散介质,水为分散相的乳化原油。一次采油和二次采油采出的乳化原油大多是油包水乳化原油。稳定这类乳化原油的乳化剂主要是原油中的活性石油酸(如环烷酸、胶质酸等)和油湿性固体颗粒(如蜡颗粒、沥青质颗粒等)。

2) 水包油型乳化原油

水包油型乳化原油以水为分散介质,以原油为分散相的乳化原油。三次采油(特别是碱驱、表面活性剂驱)采出的乳化原油大多是水包油型。稳定这类乳化原油的乳化剂是活性石油酸的碱金属盐、水溶性表面活性剂或水湿性固体颗粒(如黏土颗粒等)。

这两种乳化原油是基本类型的乳化原油,此外还有多重乳化原油,如油包水包油型和水包油包水型,这也是乳化原油难以彻底破乳的原因之一。

2. 原油破乳剂的作用机理

1)表面活性作用

破乳剂都具有高效能的表面活性物质,它们很容易吸附在油水界面上,降低界面膜的表面自由能,使水包油(O/W)型乳化液变得很不稳定。界面膜在外力作用下极易破裂,从而使乳状液微粒内相的水突破界面膜进入外相,从而使油水分离。

2)反相作用

原油乳状液是在原油中憎水的乳化剂作用下形成的,俗称油包水(W/O)型乳状液,采用亲水型的破乳剂可以将乳状液转化为水包油(O/W)型乳状液,借乳化过程的转换以及水包油型乳状液的不稳定性而使油水分离。

3)"润湿"和"渗透"作用

破乳剂可以吸附在油水界面的胶质、沥青质等天然乳化剂,还能降低原油黏度,而且还可以透过薄膜与水饱和,形成亲水的吸附层。这样,有利于水滴碰撞时的合并,达到水滴下沉。

4)反离子作用

由于原油乳状液中分散相的水滴表面上吸附了一部分正离子,使分散相往往带有正电,分散相的水滴之间互相排斥,水滴难于合并。如果在原油中加入离子型的破乳剂,它们吸附在水滴表面上并将正电荷中和掉,使水滴间的静电斥力减弱,破坏受同性电保护的界面膜,使水滴合并从油中沉降下来。

3. 原油破乳剂的分类

乳化原油的类型不同,所用的破乳剂类型也不同。针对油是连续相形成的油包水型乳化原油,需要用传统破乳剂为原油破乳;而针对水是连续相形成的水包油型乳化原油,需要用反相破乳剂为污水破乳。

1)破乳剂

破乳剂分为离子型和非离子型两大类。破乳剂溶于水时,凡能形成电解质的,称为离子型破乳剂;凡在水溶液中不形成电解质的,称非离子型破乳剂。

(1)离子型破乳剂。

离子型破乳剂又分为阴离子型、阳离子型和两性离子型。如烷基苯磺酸钠在水中离解:

$$R-SO_3Na \longrightarrow R-SO_3^- + Na^+$$

起活性作用的是阴离子($R-SO_3^-$),故称阴离子活性剂。又如季铵盐活性剂在水中离解,起活性作用的是阳离子 $\begin{bmatrix} & CH_3 & \\ & | & \\ R\!\!-\!\!N\!\!-\!\!CH_3 \\ & | & \\ & CH_3 & \end{bmatrix}$,故称阳离子活性剂。

(2)非离子型破乳剂。

非离子型破乳剂是以环氧乙烷、环氧丙烷等基本有机合成原料为基础,在具有活泼氢的起始剂的引发下,有催化剂存在时按照一定反应程序聚合而成的。它的相对分子质量多在

1000~10000之间,具有较高的活性和较好的脱水效果。例如聚氧烷基醇、聚氧烷基多胺等破乳剂,脱水效果都很好,基本上可满足我国原油脱水的需要。与离子型相比,非离子型破乳剂有如下优点:

① 用量少,每吨原油用量20~50g;

② 不会产生沉淀,一般不会因与油水混合物中的盐类和酸类起化学反应而在设备和管路产生沉淀;

③ 脱出的水中含油少,非离子型破乳剂仅破坏"W/O"型乳状液,破乳剂一般不生成"O/W"型乳状液,脱出水较清,水中含油少;

④ 脱水成本低,虽然非离子型破乳剂的单价高,但其用量仅为离子型破乳剂的几十分之一,使原油脱水成本降低,所以非离子型破乳剂被广泛用于油田脱水上。

非离子型破乳剂按溶解性可分为水溶性、油溶性和部分溶于水、部分溶于油的混合溶性三类。

水溶性破乳剂,可根据需要配制成任意浓度的水溶液使用,无须像油溶性破乳剂那样用昂贵的甲苯、二甲苯等溶剂稀释。破乳脱水后,剩余的破乳剂仍留在污水中,通过污水回掺而继续发挥作用。

油溶性破乳剂,其特点是不会被脱出水带走,且随着水的不断脱出,原油中的破乳剂的浓度逐渐提高,对脱除原油中的水更有利。所以油溶性破乳剂可使净化油含水率降低,但脱出污水含油率稍高。

部分溶于水,部分溶于油的化学破乳剂,能增加使用的灵活性。

2)反相破乳剂

反相破乳剂是用于水包油(O/W)型乳化液的破乳剂,它主要成分为阳离子聚合物型表面活性剂,主要适用于乳化油含量比较高的油田采出水脱油处理,即高含水原油预脱游离水和含油污水处理。反相破乳剂用量一般为10~50mg/L。

反相破乳剂分为电解质类、低分子醇类、表面活性剂类、高分子物四种类型。

(1)电解质类:可压缩、减少油珠表面的扩散双电层,减少油珠表面电荷,增加油珠碰撞合并的机会,可用的电解质有$NaCl$、$MgCl_2$、$CaCl_2$、$Al(NO_3)_4$、$CrCl_3$等。

(2)低分子醇类:有甲醇、乙醇、正丁醇、异丙醇、正戊醇等。另外,低分子胺或低分子酸也具有低分子醇相似的作用。

(3)表面活性剂类:主要为阳离子表面活性剂,如十四烷基三甲基氯化铵、二癸基二甲基氯化铵,它们可与阴离子类型的乳化剂反应,改变其亲水亲油平衡值,或吸附在水湿性黏土颗粒表面,改变其润湿性,破坏水包油型乳状液。另外,一些可作为油包水型乳化剂的阴离子表面活性剂以及油溶性的非离子表面活性剂,也可用作水包油型乳状液的破乳剂。

(4)高分子物类:主要使用阳离子型高分子物,也可使用非离子型高分子物。它们通过形成不牢固的吸附膜聚结油珠、增溶乳化剂等起破乳作用。阳离子型高分子物还可中和油珠表面的负电性,或与表面带负电的固体乳化剂等起破乳作用。

以上各类破乳剂通常复配使用,如氧烷基化酚醛树脂与多烯多胺复配,高当量石油磺酸盐与无机盐复配,低分子醇与盐复配,季铵盐、醇与盐复配等。复配剂的作用效果优于单剂。

4. 原油破乳剂的优选

对原油破乳剂有下列要求：

(1) 有较强的表面活性，有良好的润湿能力，有很高的絮凝和聚结能力。
(2) 破乳温度低，破乳效果好。
(3) 用量少，成本低。
(4) 对金属设备管路不产生强烈腐蚀和结垢，对人体无毒、无害，非易燃、易爆。
(5) 破乳剂不能含有有机氯和有机硫，以免造成炼油设备的腐蚀。
(6) 破乳剂应有一定的通用性，即原油乳状液性质改变时仍能保持较高的脱水效果。

一种原油破乳剂要完全满足上述要求往往是困难的。为取长补短，可将两种或两种以上的破乳剂以一定比例混合构成一种新的破乳剂，其脱水效果可能高于任何一种单独作用时的效果。这种现象称为破乳剂的协同效应或复配效应。实验室对破乳剂的优选是工业性选用的依据。在实验室试验应采用通用的瓶试法，国内油田一般参照石油行业标准 SY/T 5280《原油破乳剂通用技术条件》中的规定进行。其方法是在若干个带刻度的脱水试瓶内装入数量相同、除去游离水的待处理原油乳状液的试样。脱水试瓶数由参加优选的破乳剂种类而定，并增加一、二个脱水试瓶做不加破乳剂的对比试验。所有试样都放入低于工业脱水装置的运行温度 5~10℃ 的恒温水浴中，预热 0.5h。然后，用移液管把各种破乳剂依次注入试样瓶内，注入数量、浓度条件应相等，一般为 50~100mg/L。将各瓶试样以同强度的机械搅拌或振荡，搅拌时间相同，在恒温下静置沉降。每隔一定时间，观察并记录各试样内脱出水量、脱出水的颜色、油水界面层的厚度等参数。脱出的含油污水应在脱水试瓶中用注射器直接取样，脱出的污水含油量按照 SY/T 5329《碎屑岩油藏注水水质指标及分析方法》测定；脱水后的净化油在脱水试瓶中油相中间部位取样，脱出的净化油含水量应按 GB/T 8929《原油水含量的测定蒸馏法》测定。为了评价破乳剂的优劣，对同一种原油做对比试验时应考虑以下各项性能：

(1) 油水界面状态：原油乳状液油水分层后，有的油水分明，界面清楚；有的油水间存在油包水或水包油型乳状液过渡层。随着时间的延长，有的过渡层能自行减薄或消失，有的则很难消失，一般不选用过渡层难于消失的原油破乳剂。

(2) 水相含油量：指水中可以被汽油或石油醚萃取出的石油类物质，称为水相含油量。水相含油量小则可防止原油流失和减轻污水处理的难度。水相含油量愈小愈好，一般应小于 500mg/L。

(3) 油相含水量：指在回流条件下，原油样品和溶剂混合后蒸馏出的水与原油样品的体积或质量的比值称为油相含水量。油相含水量愈小愈好，一般应小于 30%。

(4) 最佳用量：原油脱水率不完全与破乳剂用量成正比，用量到了一定程度后，原油脱水率不再提高，在脱水温度下，达到规范要求的原油脱水率所需破乳剂的最小用量称为最佳用量。所以破乳剂的最佳用量应愈小愈好，一般应为 20~50mg/L。

(5) 低温脱水性能：若在较低温度下(一般在 45℃ 左右)破乳剂有较好的脱水性能，则可降低集输管路和脱水设备的工作温度，从而节省燃料和降低蒸发损耗。

5. 破乳剂的加药工艺

破乳剂的加入方式应满足操作方便、连续均匀，并有计量设施的要求。近年来一般采用计量泵直接将破乳剂加入乳化原油管线中,此方法具有泵体积小,便于维修,控制加入量比较准确等优点。破乳剂应采用密闭的药剂罐,不宜采用敞口的破乳剂药箱。

二、消泡剂

1. 原油泡沫的形成

原油在油气分离和原油稳定过程中易形成泡沫,这主要是由于压力下降和温度升高,使得原油中轻质组分和溶解气析出,形成气液界面,在原油中表面活性剂的作用下,形成泡沫。

原油中表面活性剂包括原油自身存在的低分子表面活性剂(脂肪酸、环烷酸等)和高分子表面活性剂(胶质、沥青质等);还有一种情况是在三次采油过程中,在驱替液中加入的表面活性剂(石油磺酸盐、烷基苯磺酸盐等)并随原油采出。低分子表面活性剂,由于分子小,易扩散至油气表面,降低气液界面张力,使得泡沫易于形成;高分子表面活性剂虽分子较大,不易扩散,但吸附到气液界面后,易于形成牢固的界面膜,使得泡沫稳定。同时由于原油黏度较大,使得泡沫中分隔气泡的液(油)膜不易流动,导致油(液)膜排液过程较慢,而表面活性剂吸附膜的存在抑制了大小气泡间由于压差而发生的气体扩散(气泡内压力与其尺寸成反比),故原油泡沫稳定性强。

原油泡沫的形成会严重影响油气分离、集输和原油稳定的效果,并使计量工作难以进行。

2. 消泡剂的分类

1) 溶剂型消泡剂

这类消泡剂是指通常用作溶剂的低分子醇、醚、醇醚和酯。当这类消泡剂喷洒在原油泡沫上时,由于它们与气液两相间界面张力都较低而快速扩散,使液膜局部变薄而导致泡沫破裂。这类消泡剂有戊醇、丁醚、二乙二醇己醚、磷酸三丁酯、邻苯二甲酸二乙酯等。

2) 表面活性剂型消泡剂

这类消泡剂是指一些有分支结构的表面活性剂,如聚氧乙烯聚氧丙烯丙二醇醚等。当这类消泡剂喷洒在原油泡沫上时,由于它取代了原来稳定泡沫的表面活性物质后形成不稳定的保护膜,导致泡沫破裂。这类消泡剂有聚氧乙烯聚氧丙烯丙二醇醚、聚氧乙烯聚氧丙烯甘油醚、聚氧乙烯聚氧丙烯甘油醚硬脂酸酯等。

3) 聚合物型消泡剂

这类消泡剂是指其与气相的表面张力和其与油相的表面张力都较低的聚合物,其消泡机理与溶剂型原油消泡剂消泡机理相同。这类消泡剂主要有聚硅氧烷、聚二甲基硅氧烷、聚二乙基硅氧烷、聚甲基苯基硅氧烷、聚硅氧烷的聚醚改性产物等。

消泡剂在使用前,一般不需要稀释,可直接加入,对可稀释的消泡剂,若使用时需要用水稀释也应随稀释随用。消泡剂即使不分层,在使用前也应适当搅拌;若消泡剂分层,在使用前必须充分搅拌,混合均匀。消泡剂在油田中的用量一般为 $10\sim30\mathrm{mg/L}$[1]。

3. 消泡剂的加药工艺

消泡剂的加入方式应满足操作方便、连续均匀,并有计量设施的要求。一般采用计量泵直接将消泡剂加入乳化原油管线中,此方法具有泵体积小,便于维修,控制加入量比较准确等优点。消泡剂加药剂罐应配置搅拌器,防止药剂分层而影响加药效果。

三、清水剂

1. 油田注入水

我国油田注水水源及其性质见表 20-1-1。

表 20-1-1　油田注水水源及性质

水源类型	来源	特点
地下水	浅层地下水	水量丰富,水质较好
	深层地下水	矿化度较高,含铁锰等金属元素
地面水	江河、湖泊、水库水	江河水量丰富,矿化度低,但泥沙含量大,需作澄清处理;湖泊、水库水泥沙含量小,但溶解氧充足,水生动植物大量繁殖常有异味及胶体,注入时亦需处理
含油污水	油层采出水	一般偏碱性,硬度低,含铁少,矿化度较高,同时含有一些用来改变采出水性质的化学添加剂。必须经过处理后才能回注地下油层或外排

我国油田对注入水水质要求一般为:(1)水质稳定,与油层水相混不产生沉淀;(2)水注入油层后,不使黏土矿物产生水化膨胀或悬浊;(3)水中不得携带大量悬浮物,以防堵塞注水井渗滤端面及渗流孔道;(4)对注水设施腐蚀性小;(5)当采用两种水源进行混合注水时,应首先进行室内试验,以证实两种水的配伍性较好,对油层无伤害才可注入;(6)考虑到油藏孔隙结构和喉道直径,要严格控制水中固体颗粒的粒径。所以对注入水水质的要求很大程度上取决于储油层的性质。

2. 清水剂的分类

清水剂的定义比较广泛,我们可以将所有达到清水目的的化学药剂通称为清水剂,如浮选剂、反相破乳剂、絮凝剂、凝聚剂等。

1) 从作用机理划分

清水剂可以分为破乳性、絮凝性、浮选性、凝聚性的。

2) 从化学成分划分

清水剂可以分为无机、有机高分子和天然高分子三类。

(1) 无机清水剂主要是铁盐、铝盐及其水解聚合产物。在无机药剂中还分为无机低分子和无机高分子清水剂,如硫酸铝、三氯化铝、硫酸亚铁等均属于无机低分子清水剂;如我们常见的聚合氯化铝、聚合氯化铁、聚合氯化铝铁等都属于无机高分子型清水剂。

(2) 有机高分子清水剂分为天然和人工合成两大类,如淀粉类、甲壳质属于天然高分子型清水剂。人工合成型中又有阴离子型、阳离子型、两性离子型和非离子型之分。阴离子型中带有—COOH 基团或—SO_3H 基团;阳离子型带有氨基、亚氨基或季氨基。合成高分子清水剂主要有聚丙烯酰胺及其同系物、衍生物等线型高分子物质。

（3）天然高分子清水剂是一类无毒的生物高分子化合物,包括机能性蛋白质或机能性多糖类物质,具有生物可降解的独特性质,应用该种清水剂对环境和人类无毒无害。

3. 清水剂的作用机理

1）凝聚作用

清水剂分散在水中,中和微小的原油粒子和固体悬浮物的表面电荷,使其利用粒子和粒子之间的范德华吸引力而凝结,小油滴凝结成大油滴,并在重力的作用下上浮,以达到除油的效果。

2）架桥作用

清水剂在水中形成絮团,并利用絮团自身的异性电荷,吸引污水中的微小原油粒子、乳化油和其他悬浮物,在重力的作用下,上升或下降以达到除油的效果。

3）破乳作用

降低乳化油表面张力,破坏乳化液的油水结构,促使油水分离。

4）浮选作用

具有浮选功能多为表面活性剂,表面活性剂在水溶液中易被吸附到气泡的气—液界面上。表面活性剂极性的一端向着水相,非极性的一端向着气相。含有待分离的离子、分子的水溶液中表面活性剂的极性端与水相中的离子或其极性分子通过物理或化学作用连接在一起。当通入气泡时,表面活性剂就将这些物质连在一起定向排列在气液界面上,被气泡带到液面,形成泡沫层,以加快油珠和固体颗粒的絮凝效果,提高絮凝剂与气泡的附着力,从而加速油水分离。

4. 清水剂的使用条件

清水剂的使用有两种加药方式,当采出液中分离出的污水含油量较高,则建议在原油处理系统投加清水剂,以减小后续污水处理系统的负担;若采出液经过破乳脱出的水含油量较低,则不必在原油处理系统投加清水剂,只需在污水处理系统投加清水剂。

如果单独使用一种清水剂没有达到理想的效果,可以考虑与其他具有助凝效果的药剂配合使用,如硫酸铝、聚合氯化铝和其他无机絮凝剂。

5. 清水剂的加药工艺

清水剂为液体的一般无需稀释,采用计量泵将清水剂直接加入到沉降罐入口管线中,含油污水经过混凝沉降再进过滤罐;目前发展的微絮凝—过滤工艺,是将加药点设在过滤罐进水管线上,使水进入滤层之前和流过滤层的过程中进行混凝反应,产生细小絮体被截留在滤层中。

清水剂为固体粉剂时,需要采用全自动连续配置及投加系统。加药装置由供水系统、干粉投加系统、溶解熟化系统、自动控制系统构成。干粉药剂从料斗下部的螺旋推进器进入预混器与清水进行预混,被湿润的物料进入配制槽进行稀释混合,配制溶液从配制槽经熟化槽再进入储存槽。配制槽和熟化槽均设置搅拌器,充分保证药剂的稀释和熟化。

第二节 流动保障化学剂

一、防蜡剂和降凝剂

1. 原油的凝点

原油凝点是指规定的试验条件下原油失去流动性的最高温度。原油凝点的高低说明了原油流动性的强弱,而原油流动性又直接与输送相关,所以希望原油的凝点越低越好。即原油凝点上升,原油的流动性下降;原油的凝点下降,原油的流动性上升。在管道输送原油时,原油的凝点越低越有利于原油的输送,这就是原油的降凝输送。

影响原油凝点的因素主要有以下两点。

1) 原油蜡含量

我国大部分油田的原油蜡含量在20%(质量分数)左右,有的高达40%。石蜡在低温下结晶会妨碍原油流动,严重时还会堵塞管线。石蜡是$C_{17} \sim C_{70}$的一系列正构烷烃,其中$C_{20} \sim C_{30}$的烷烃含量最多,不溶于水易溶于芳香烃(如苯、甲苯),熔点为48~62℃。当原油温度下降时,蜡会析出,从而影响原油的流动性,因此凝点会升高。原油的蜡含量高低影响原油的凝点高低,原油蜡含量上升,原油的凝点上升。表20-2-1是我国原油的凝点与蜡含量统计结果。

表20-2-1 原油的凝点与蜡含量的关系

蜡含量(质量分数)	2%~5%	5%~10%	10%~20%	20%~30%	40%
原油凝点	<10℃	10~20℃	20~30℃	30~40℃	>40℃

例如,克拉玛依油田的原油蜡含量2%时,其凝点约为-50℃;江汉油田的原油蜡含量10.7%时,其凝点约为26℃;渤海油田的原油蜡含量21%时,其凝点约为32℃。可见原油蜡含量与凝点密切相关,因此按凝点高低将原油分为三类:

(1) 低凝原油,指凝点低于0℃的原油。一般原油的蜡含量小于2%(质量分数)。

(2) 易凝原油,指凝点在0~30℃的原油。一般原油的蜡含量在2%~20%,又称为成熟原油。

(3) 高凝原油,指凝点高于30℃的原油,一般原油的蜡含量大于20%,又称为高成熟原油[2]。

2) 原油的黏度

有些原油蜡含量并不高,当温度降低时虽然没固体析出,但流动性很差,其凝点较高,这是因为原油中含环状结构的分子多,即使在低温下,分子间的摩擦力(内摩擦)大,原油黏度高,因此其凝点也会高。所以原油的黏度上升,原油的凝点上升。

温度对原油黏度的影响很大,因为温度越高分子的热运动越剧烈,则黏度会下降,尤其是对易凝原油、高凝原油的影响更大。

2. 防蜡剂

1) 防蜡剂的分类

防蜡剂是指能抑制原油中蜡晶析出、长大、聚集和(或)在固体表面上沉积的化学剂。油井防蜡剂主要有以下 3 种类型。

(1) 稠环芳香烃型。

稠环芳香烃是指有两个或两个以上苯环分别共用两个相邻的碳原子而成的芳香烃,如萘、蒽、菲、苝并四苯等都属稠环芳香烃,它们主要来自煤焦油。稠环芳香烃的衍生物,如甲基萘、二甲基萘、萘酚、甲基苯等也都有稠环芳香烃的作用。稠环芳香烃型防蜡剂主要通过参与组成晶核,使晶核扭曲,不利于蜡晶的继续长大而起防蜡作用。

稠环芳香烃可溶于溶剂中再加到原油中使用,也可成型后下到井中使用。在成型的防蜡剂中,为了控制它在油中的溶解速率,可将稠环芳香烃及其衍生物适当复配。例如萘在油中的溶解速率较高,而 α-萘酚的溶解速率较低,若将它们复配使用,即可使防蜡剂在较长时间内保持防蜡作用。

(2) 表面活性剂型

这一类型防蜡剂有两类表面活性剂,即油溶性表面活性剂和水溶性表面活性剂。油溶性表面活性剂是通过改变蜡晶表面的性质而起防蜡作用的。由于表面活性剂在蜡晶表面吸附,使它变成极性表面,不利于蜡晶的长大。可用的油溶性表面活性剂主要为石油磺酸盐和胺型表面活性剂。

水溶性表面活性剂是通过改变结蜡表面(如油管、抽油杆和设备表面)的性质而起防蜡作用的。由于溶于水中的表面活性剂可吸附在结蜡表面,使它变成极性表面并有一层水膜,不利于蜡在其上沉积。可用的水溶性表面活性剂有烷基磺酸钠、烷基三甲基氯化铵、聚氧乙烯烷基醇醚等。

(3) 聚合物型。

这一类型防蜡剂的非极性链节和(或)极性链节中的非极性部分可与蜡共同结晶,而极性链节则使蜡晶的晶型产生扭曲,不利于蜡晶继续长大形成网络结构,因而有优异的防蜡作用。一些重要的聚合物型防蜡剂包括聚羧酸乙烯酯、聚丙烯酸酯、乙烯与醋酸乙烯酯共聚物等。

聚合物型防蜡剂可溶于溶剂中再加到原油中使用,也可成型后下到井中使用。稠环芳香烃型防蜡剂和聚合物型防蜡剂又称蜡晶改性剂型防蜡剂。

上面讲到的 3 种类型防蜡剂都是外加的。实际上,原油中的胶质、沥青质本身就是防蜡剂,因为它们的稠环部分中稠环芳香烃占相当的比例。由于原油中总含有一定数量的胶质、沥青质,所以外加的防蜡剂都应该看作是在胶质、沥青质配合下起防蜡作用的。

2) 防蜡剂的作用机理

(1) 分散作用:药剂在原油析蜡点以上析出,起晶核作用,成为蜡分子附着生长的中心,使原油中生成的小颗粒增多。

(2) 共晶作用:药剂在原油析蜡点时析出,与蜡共晶,破坏蜡的结晶方向性,生成分枝的"过度残晶形态"。

(3) 吸附作用:药剂在略低于析蜡点下析出并吸附在蜡晶上,改变蜡的结晶方向,降低蜡晶间的吸附作用。

(4)润湿反转:药剂在蜡晶周围形成极性水膜来阻止蜡分子的进一步沉积;在结蜡表面(如油管、抽油杆和设备等表面)吸附,造成极性反转,从而阻止蜡在其表面的沉积。

3)防蜡剂防蜡效果评价

防蜡剂的评价参照石油行业标准 SY/T 6300《采油用清、防蜡剂技术条件》中的规定进行。即将含水或不含水的原油试样在不锈钢杯中搅拌降温,降温过程中油样和不锈钢杯内壁之间存在温度梯度,从而产生石蜡沉积。实验通过测定加药和未加药情况下不锈钢内壁上沉积的石蜡量差异来评价防蜡剂的防蜡效果。通过测定加药和未加药情况下转子扭矩值的改变来评价防蜡剂的降黏效果。防蜡剂考察指标主要为防蜡率和降黏率。

采用清防蜡测试仪测试结蜡量和扭矩值。

防蜡率按式(20-2-1)计算:

$$E = \frac{m_0 - m}{m_0} \times 100\% \qquad (20-2-1)$$

式中　E——防蜡率,%;

　　　m_0——未加防蜡剂油样的结蜡量,g;

　　　m——加防蜡剂油样的结蜡量,g。

降黏率按式(20-2-2)计算:

$$R = \frac{T_0 - T}{T_0} \times 100\% \qquad (20-2-2)$$

式中　R——降黏率,%;

　　　T_0——未加防蜡剂油样的扭矩值,N·m;

　　　T——加防蜡剂油样的扭矩值,N·m。

本方法属于倒杯法测定防蜡剂的防蜡率。随着科学的进步,人们对防蜡实验的测定方法不断进行研究和完善,形成了其他测定方法,如动态结蜡率测试法。该方法按照原油在流动状态下(循环过程中),采用控制温度差使蜡析出。当试样在流动状态下经过设在低温区的可动载体时,其中的直链烷烃(蜡)成分析出,从而得到蜡沉积测试结果。该方法具有试样用量少的特点,可直观地得到沉积模拟和防蜡剂的测试结果。但因该方法应用不是很广泛,在这里不做详细介绍。

4)防蜡剂的加药工艺

现场往往会发生所筛选出的配方、浓度和用量,在室内试验时效果很好,而在现场实施效果并不理想,甚至无效,这主要是由于加药方法不当造成的。因此防蜡剂必须根据井筒和管道的结蜡情况,采用合适的加药方法,来保证充分发挥防蜡剂的防蜡效果。总的原则是防蜡时要保证防蜡剂始终不间断地与原油和石蜡接触,为此要根据不同情况采取如下不同的加药方法。

(1)连续加药:一般采用带有计量泵的加药装置,根据环境温度,确定药剂储罐是否带加热功能,加药点设在套管放空管线上。

（2）活动装置加药法：利用专用的加药罐车和车上的加药泵用高压快速接头连接，向井内一次注入防蜡剂。

（3）固体防蜡剂的加药方法：通常是用固体防蜡加药装置。将固体防蜡剂做成蜂窝煤式样，装入固体防蜡装置内，下到进油设备与深井泵之间，当油流经过时逐步溶解防蜡剂，达到防蜡目的。也有在泵的进油口以下装一个捞篮，将固体防蜡剂制成球状或棒状，由油套环形空间投入，缓慢溶解和释放。

3. 降凝剂

1) 降凝剂的分类

原油降凝剂主要有两种类型，一种是表面活性剂型原油降凝剂，如石油磺酸盐、聚氧乙烯烷基胺和六聚三乙醇胺油酸酯，它们是通过在蜡晶表面吸附将蜡晶分隔开，从而改变蜡结晶的取向性，使其难以形成三维网状结构，从而减弱蜡晶间的黏附作用，使蜡不易形成遍及整个体系的网络结构而起降凝作用。另一种是聚合物型原油降凝剂，如醋酸乙烯酯聚合物、丙烯酸烷基酯聚合物、马来酸酯或富马酸酯聚合物，它们是通过与石蜡共同结晶，使蜡晶的晶型产生扭曲，不利蜡晶的长大形成网络结构而起防蜡作用。

2) 降凝剂的作用机理

降凝剂分子可通过与石蜡的相互作用来影响原油中蜡晶的形成和生长，在宏观上起到降低含蜡原油的凝点、改善其低温流动性的作用。目前，已知的原油降凝剂作用机理主要有以下4种。

（1）成核理论。

降凝剂分子在油品的析蜡点前析出，作为晶核诱导蜡晶发育，使油品中蜡晶增多、分散、不易形成体型结构，达到降凝目的。

（2）吸附作用理论。

降凝剂在略低于原油析蜡点的温度下结晶析出，吸附在已析出的蜡晶上，扭曲晶型，改变蜡晶的表面特性，阻碍蜡晶生长形成体型结构。

（3）共晶作用理论。

降凝剂的长烷基侧链与蜡共晶析出，极性基团则阻碍蜡晶进一步长大。

（4）增溶作用理论。

降凝剂具有一定表面活性，可增加石蜡在原油中的溶解度，使析蜡量减少分散度，不利于蜡晶聚集形成体型结构。

由于原油中石蜡和所加入的降凝剂分子结构类型多样且相对分子质量分布范围相当宽，同时，石蜡晶体成核和生长是连续过程，故上述作用均可能发生。

3) 降凝剂的优选

由于原油中蜡的含量及相对分子质量分布、胶质、沥青质的含量和性质随原油的种类不同而不同，为了能更有效地降低原油的凝点，并适合于多种油品，选择几种主碳链不同的降凝剂或不同极性侧链的降凝剂进行复配，使得主碳链碳数的范围扩大，原油不同碳数的蜡晶被覆盖的范围也相应增大，从而有效提高了降凝剂的降凝作用。例如，聚合物 AEMV（丙烯酸二十二酯、马来酸酐和醋酸乙烯酯的共聚物）和非离子表面活性剂的复配物、苯乙烯—马来酸酐—丙烯酸十八醇酯共聚物和醋酸乙烯酯—马来酸酐—丙烯酸十八醇酯共聚物的复配物等。降凝剂相对分子质量过低或过高，降凝效果都不显著。降凝剂相对分子质量分布较宽时降凝效果最好，并有一个最佳的降凝剂相对分子质量范围，一般来说，降凝剂相对分子质量范围在4000~10000时较好。

二、清蜡剂

1. 清蜡剂的分类

清蜡剂是指能清除蜡沉积物的化学剂。清蜡剂有油基、水基、水包油型3种类型。

1) 油基清蜡剂

油基清蜡剂是一类蜡溶解量很大的溶剂，如汽油、煤油、柴油、苯、甲苯、二甲苯、乙苯、丙苯、环戊烷、环己烷、萘烷（或称十氢化萘）等。这类清蜡剂的主要缺点是有毒、可燃，使用起来很不安全。二硫化碳、三氯甲烷、四氯化碳等虽有优异的清蜡性能，但由于它们使原油的后加工过程产生严重腐蚀并使催化剂中毒，已禁止使用。一些由木本植物（如松树、樟树）和草本植物（如薄荷、香茅）的茎、叶等用抽提或蒸汽蒸馏的方法得到的植物油（如松油、樟脑油、薄荷油、香茅油）能溶解蜡，可用做油基清蜡剂，它们的主要成分是萜烯。由于这些植物油低毒、低可燃性、能生物降解而为人们所重视。

为了进一步提高油基清蜡剂的清蜡效果，各种清蜡剂可复配使用。此外，还可加互溶剂（如醇、醇醚）提高清蜡剂对蜡中的极性物质（如沥青质）的溶解度。表20-2-2是一种复配的油基清蜡剂的配方。

表20-2-2 一种复配的油基清蜡剂的配方

成分	w(质量分数),%	成分	w(质量分数),%
煤油	45~85	苯	5~45
乙二醇丁醚	0.5~6	异丙醇	1~15

2) 水基清蜡剂

水基清蜡剂是以水做分散介质，其中溶有表面活性剂、互溶剂和（或）碱性物质的清蜡剂。表面活性剂的作用是润湿反转，使结蜡表面反转为亲水表面，有利于蜡从表面脱落，不利于蜡在表面再沉积。可用的表面活性剂包括水溶性的磺酸盐型、季铵盐型、聚醚型、吐温型、平平加型、OP型表面活性剂和硫酸酯盐化或磺烃基化的平平加型与OP型表面活性剂等。互溶剂的作用是增加油（包括蜡）与水的相互溶解度。可用的互溶剂是醇和醇醚，如甲醇、乙醇、异丙醇、异丁醇、乙二醇丁醚、二乙二醇乙醚等。碱可与蜡中沥青质等极性物质反应，产物易分散于水中，因而可用水基清蜡剂将它从表面清除。可用的碱包括氢氧化钠、氢氧化钾等碱和硅酸钠、原硅酸钠、磷酸钠、焦磷酸钠、六偏磷酸钠等溶于水中使水呈碱性的盐。

3) 水包油型清蜡剂

水包油型清蜡剂是油基清蜡剂与水基清蜡剂相结合的清蜡剂。在水包油型清蜡剂中，油相用油基清蜡剂，水相用表面活性剂和互溶剂水溶液。油相用的油基清蜡剂有煤油、甲苯、二甲苯、环戊烷、环己烷、萘烷、松油、樟脑油、苧烯等；水相用的表面活性剂有烷基硫酸酯盐、烷基磺酸盐、聚氧乙烯烷基醚、聚氧乙烯烷基苯酚醚、聚氧乙烯烷基醇醚硫酸酯盐、聚氧乙烯烷基醇醚磺酸盐等；水相用的互溶剂有甲醇、乙醇、丙醇、乙二醇、二乙二醇、二乙二醇丁醚、二乙二醇乙醚等。一种典型水包油型清蜡剂配方见表20-2-3。当将这种清蜡剂由环空送到井中结蜡段以下时，由于条件(如温度、水矿化度等)变化引起清蜡剂的破乳分出油相和水相而起各自的清蜡作用[2]。

表 20-2-3　典型的水包油型清蜡剂

成分	w(质量分数),%
苧烯	10~60
表面活性剂	10~30
水	20~70

注：水中含 2%~10% 的互溶剂。

2. 清蜡剂的加药工艺

总的原则是清蜡时要保证清蜡剂有一定时间与石蜡接触，使石蜡溶解和剥离。一般采用加药罐车和车上的加药泵用高压快速接头连接，向环套空间批量加入清蜡剂。

三、降黏剂

稠油中轻组分含量低，沥青质和胶质含量较高，直链烃含量少，从而导致大部分稠油具有高黏度和高密度的特性，开采和运输相当困难。目前，在稠油开采过程中，国内外常用的降黏方法有加热法、掺稀油法、稠油改质降黏及化学药剂降黏法。在稠油蒸汽驱时添加乳化降黏剂是一种较新的稠油开采技术，乳化降黏剂的主要组分是表面活性剂，通过降低油水界面张力，使地层中的稠油从油包水的乳化状态转变为以水为外相的乳化状态，使稠油黏度大幅度降低。

其中，化学药剂降黏法中的乳化降黏法受到普遍关注，应用井下乳化降黏技术，可提高泵效和降低油井的动液面，减少动力消耗，降低系统压力，增加单井原油产量。在高含砂井中，由于乳化剂对井下泵的阀具有水润湿性，使泵速更加协调。因此，开发用量少、成本低的乳化降黏剂成为关注的焦点之一。

稠油开采深度的增加和地质条件的复杂化，对乳化降黏剂提出了耐高温和抗矿盐的要求。石油磺酸盐虽然价格低廉，且在一些油田已成功应用，但是由于它属于阴离子型乳化降黏剂，因此抗矿盐能力较差。采用阴离子和非离子表面活性剂复配的方法虽然可以部分解决这一问题，但用非离子-阴离子复配型的乳化降黏剂在地层中会发生"色谱"分离现象，无法避免复配体系的性质和状态在地层中发生改变。

中国石油化工股份有限公司石油化工科学研究院提出了一种新的提高乳化降黏剂抗矿盐能力的思路，将阴离子和非离子型官能团缩聚在同一分子中，合成了一种磺酸、羧酸和聚醚三元共缩聚型乳化降黏剂。这种共缩聚物在350℃高温处理前后，其乳化降黏效果无明显的变化；在钙镁离子浓度达2000mg/L的矿化水中，其降黏率仍达90%以上，优于磺酸盐或磷酸盐型乳化降黏剂。

辽河油田输送脱水特稠油的方法是首站加热到80℃,中间逐站加热和掺以稀油维持输送,成本较高。为降低输油成本,在首站对80℃原油一次加药剂降黏,省去中间加热站和稀油,并且途中能维持正常输送,到终端站温度一般不低于50℃。辽河冷东特稠油的胶质含量高是引起其黏度大、流动性差的主要原因,因此开发能与胶质形成更强氢键的油溶性降黏剂以改质胶质、有效降黏,是解决辽河冷东特稠油流动性问题的关键。

四、防垢剂

1. 结垢机理及影响因素

由于油田水的热力学不稳定性和化学不相容性,在采出液集输、处理过程中随着压力、温度的变化,导致成垢离子的析出。结垢会给生产造成严重的危害:水垢是热的不良导体,水垢的形成会极大地降低传热效率;水垢的沉积会引起设备和管道的局部腐蚀,使其发生穿孔而损坏;水垢还会降低水流的截面积,增大水流阻力和输送能力,增加了清洗费用和停产检修时间。油田常见的水垢类型及影响因素见表20-2-4。

表20-2-4 油田常见的水垢类型及影响因素

名称	化学式	结垢的主要因素
碳酸钙	$CaCO_3$	CO_2分压、温度、含盐量、pH值
硫酸钙	$CaSO_4 \cdot 2H_2O$	温度、压力、含盐量
	$CaSO_4$	
硫酸钡	$BaSO_4$	温度、含盐量
硫酸锶	$SrSO_4$	
碳酸亚铁	$FeCO_3$	腐蚀、溶解气体、pH值
硫化亚铁	FeS	
氢氧化亚铁	$Fe(OH)_2$	
氢氧化铁	$Fe(OH)_3$	
氧化铁	Fe_2O_3	
硅沉积物	SiO_2	硅铝酸盐、钙、镁、铁等

采油中遇到的结垢问题常常是由于水的不配伍或条件发生变化而产生的。

1) 由水不配伍引起的结垢

不配伍的水是指混合后会产生沉淀的水。例如含SO_4^{2-}的地面水与含大量的Ca^{2+}、Mg^{2+}、Ba^{2+}和Sr^{2+}的地层水就是不配伍水,它们混合后可产生$CaSO_4$、$MgSO_4$、$BaSO_4$和$SrSO_4$沉淀。

2) 由条件变化引起的结垢

在条件变化引起的结垢中,有时是物理条件变化引起的,有时则是化学条件变化引起的。

(1) 如地层水在地层温度下为盐(如氯化钠或氯化钙)所饱和,则当它从井筒上升时,由于温度下降使盐析出,产生沉淀。

(2) 当地层水经过地面加热器时,由于温度升高,使地层水中一些无机物的溶解度减小,引起结垢,如 $CaSO_4$、$CaSO_4 \cdot 2H_2O$、$CaCO_3$ 和 $SrSO_4$ 等。

(3) 注 CO_2 采油时,地层中的 $CaCO_3$ 由于下列反应产生可溶的 $Ca(HCO_3)_2$:

$$CO_2 + H_2O \longrightarrow H_2CO_3$$

$$CaCO_3 + H_2CO_3 \longrightarrow Ca(HCO_3)_2$$

当含 $Ca(HCO_3)_2$ 的水从采油井采出,由于压力降低,使 $Ca(HCO_3)_2$ 分解:

$$Ca(HCO_3)_2 \longrightarrow CaCO_3 \downarrow + CO_2 \uparrow + H_2O$$

大量的 $CaCO_3$ 析出,引起油井严重结垢。

(4) 碱驱、碱—聚合物驱、碱—表面活性剂驱、碱—表面活性剂—聚合物驱采油时,碱与地层中的岩石矿物反应,产生大量的硅离子,生成的硅酸根与钙、镁等阳离子生成硅酸盐。

$$Ca^{2+} + SiO_3^{2-} \longrightarrow CaSiO_3 \downarrow$$

$$Mg^{2+} + SiO_3^{2-} \longrightarrow MgSiO_3 \downarrow$$

另一方面,溶液中的单硅酸的分子在碱性条件下,硅酸缩合成多聚硅酸,多聚硅酸缩合成凝胶,凝胶脱水生成无定性的 SiO_2。

在自然条件下,硅酸盐沉淀物通常是高水合非晶态物质,呈黏糊状,这种沉淀物不容易在金属表面上形成,但它们可吸附在方解石(碳酸钙)上,所以,如果有碳酸盐垢存在,就容易形成硅酸盐垢,成为混合垢,存在于近井地带、采出设备以及地面集输设备的表面。

(5) 注水井酸洗解堵过程中,盐酸将堵塞地层渗流面的 Fe_2O_3 溶解生成可溶的 $FeCl_3$。随着酸化的进行,酸浓度减小。当 pH 值上升至 2 左右时,Fe^{2+} 在水中水解,发生如下反应:

$$Fe^{3+} + H_2O \longrightarrow Fe(OH)^{2+} + H^+$$

$$Fe(OH)^{2+} + H_2O \longrightarrow Fe(OH)_2^+ + H^+$$

在 pH 值继续升高时就能产生 $Fe(OH)_3$ 沉淀:

$$Fe(OH)_2^+ + H_2O \longrightarrow Fe(OH)_3 \downarrow + H^+$$

因而在排酸过程中,引起结垢[3]。

2. 防垢剂的分类

1) 无机磷酸盐

主要有磷酸三钠(Na_3PO_4)、焦磷酸四钠($Na_4P_2O_7$)、三聚磷酸钠($Na_5P_3O_{10}$)、十聚磷酸钠($Na_{12}P_{10}O_{31}$)等。这类药剂成本低,防碳酸盐垢较有效;但该类药剂易生成正磷酸,可与钙离子反应生成不溶性磷酸钙,其水解速度随温度升高而加快,故其使用温度不能高于 80℃。

2) 有机磷酸及其盐类

主要有氨基三甲叉磷酸(ATMP)、乙二胺四甲叉磷酸(EDTMP)、羟基乙叉二磷酸钠(HEDP)等。这类药剂不易水解,使用温度可达 100℃ 以上,且加药量较低,有较好的防垢效果。

3）聚合物类

主要有聚丙烯酸钠（PAA）、聚丙烯酰胺（PAM）、聚马来酸酐（HPMA）等。其中 PAM 防止硫酸钙及硫酸钡垢比较有效。

4）复配型复合物

将几种不同的单一防垢剂按一定比例混合,在保证其间无抵消作用,且可发挥各自特点的都可配制成复合物使用。

3. 防垢剂的防垢机理

1）分散作用

低相对分子质量的聚合物,一般有较高的电荷密度,可产生离子间排斥。共聚物还具有表面活性剂的特性,可将胶体颗粒包裹起来随水流携带走,胶体颗粒的核心也包括硫酸钙和碳酸钙等晶体,从而起防垢作用。

2）螯合和络合作用

防垢剂能将产生沉淀的金属离子变成可溶性的螯合离子或络合离子,从而抑制金属离子和阴离子（碳酸根、硫酸根等）结合产生沉淀,典型的有 ATMP 和 EDTA（乙二胺四乙酸）。

3）晶体变形作用

在形成晶体垢的过程中,有高分子聚合物进入晶体结构,破坏晶体正常生长、发生畸变,使得晶体不再增大,从而阻止或减轻结垢[1]。

4. 防垢剂的评价方法

防垢剂的评价参照石油行业标准 SY/T 5673《油田用防垢剂通用技术条件》中的规定进行。即将两种盐水混合,某种成垢阳离子和阴离子可能形成垢沉淀,在水中该成垢阳离子浓度显著下降;混合盐水中含有防垢药剂,沉淀难以形成,成垢阳离子原始浓度的降低也受到抑制;在混合盐水中改变防垢药剂类型、用量,保证形成沉淀所需时间,通过测定某成垢阳离子浓度上的变化,可对防垢药剂性能进行判定。防垢剂的考察指标主要是防垢率。

根据现场水质和垢样类型,选择配制含有 Ca^{2+}、Ba^{2+}、Sr^{2+} 等阳离子溶液和含有 HCO_3^-、SO_4^{2-} 等阴离子溶液,分别添加防垢剂后,将阳离子溶液和阴离子溶液 1∶1 混合均匀后放入 70℃ 恒温箱,恒温 16~25h,采用乙二胺四乙酸二钠（EDTA）标准溶液滴定测试混合溶液中 Ca^{2+}（或 Ba^{2+}、Sr^{2+}）含量,也可以用原子吸收分光光度计测试。对比加防垢剂与不加防垢剂阳离子的变化。

防垢率按式(20-2-3)计算：

$$E = \frac{M_2 - M_1}{M_0 - M_1} \times 100\% \qquad (20-2-3)$$

式中　E——防垢率,%；

　　　M_2——加防垢剂后混合溶液中钙离子含量,mg/L；

　　　M_1——未加防垢剂混合溶液中钙离子含量,mg/L；

　　　M_0——配制阳离子溶液中钙离子含量的一半,mg/L。

目前国际上通常采用管阻法评价防垢剂的防垢效果,其原理为根据结垢水样的水质数据,分别配制成含有阳离子型成垢离子和含有阴离子型成垢离子的水样,用柱塞泵将两个水样注入置于恒温箱中的毛细管中混合,通过监测毛细管进出口压差确定其被垢沉积物堵塞所需的时间,以加药和未加药情况下毛细管堵塞所需时间的比值来表征防垢剂的防垢效果,时间比越大,防垢剂的防垢效果越好。

5. 防垢剂的选择

当选择防垢剂时,应考虑垢的化学组成、结垢的严重程度、温度和配伍性等因素。

1) 垢的化学组成

分析垢样的主要成分,找出成垢的主要离子,如是碳酸钙还是硫酸钙垢,然后有针对性地选择防垢剂,取得良好的防垢效果。

2) 结垢的严重程度

许多防垢剂的效果受过饱和程度的影响,当单位体积中只有少量的垢形成时,许多防垢剂都有好的效果,在结垢速度高时,就要根据结垢的严重程度来选择防垢剂及其投加量,这时可根据实验室的评价结果来指导选择有效的防垢剂。

3) 温度

防垢剂通常是随温度的升高而降低其效果,每种防垢剂都有一个上限温度,超过此温度时,其防垢效果就会明显下降,甚至失效。

4) 与其他污水处理剂的配伍性

防垢剂与系统中的其他药剂(如杀菌剂、缓蚀剂、除氧剂)是否起反应而抵消各自的效果,这点很重要,选择时一定要考虑防垢剂与其他药剂的配伍性。

五、清垢剂

化学除垢法通常有以下3种方法:一是对于水溶性或酸溶性水垢,可直接用淡水或酸液进行处理;二是用垢转化剂处理,将垢转化为可溶于酸的物质,再以无机酸处理;三是用除垢剂直接将垢转化为水溶性物质予以清除。

1. 水溶性水垢的清除

最普通的水溶性水垢是氯化钠,可用低矿化度水使其溶解,不宜用酸。若石膏是新生成的和多孔的,则可用含有55g/L氯化钠的水溶液进行循环,使石膏溶解。

2. 酸溶性水垢的清除

所有的水垢中以碳酸钙居多,为酸溶性。盐酸和醋酸可用来去除碳酸钙水垢,也可用甲酸和氨基磺酸去除。在低于93℃的温度下,醋酸不会损害镀铬表面,但盐酸会腐蚀镀铬表面。酸溶性水垢还包括碳酸亚铁、硫化亚铁等,可用含有多价螯合剂的盐酸来消除铁垢,多价螯合剂可保护铁离子直至随水排出井筒。

3. 不溶于酸水垢的清除

不溶于酸的水垢有硫酸钙、硫酸钡、硫酸锶等,可通过将其转化为碳酸盐或氯化钙这类可溶于酸的物质,再去除。采用的垢转化剂有碳酸氢铵、碳酸钠、氢氧化钾等。除垢剂通常是由有机络合剂(如 EDTA、DTPA)、防垢剂、表面活性剂、转化剂等组成的复合配方。

4. 除硅沉积物的清除

如果金属表面上一旦发现硅酸盐垢,则用一般的化学方法很难消除,通常可采用氢氟酸、氢氧化镁,或交替使用酸碱溶液除垢。

六、沥青质沉积抑制剂

在原油开采过程中一些采油技术应用会破坏油藏中原油沥青质溶液和胶体体系组分之间的平衡,导致沥青质等重组分在油藏内、井筒和井口装置中的沉积。而且在生产过程中剧烈的压降和温降、油田注水、注 CO_2、注气、注酸、注表面活性剂等化学品,都会引起沥青质的沉积。其中生产过程的压降和原油组成的变化是导致沥青质等沉积物生成的最主要因素。沥青质沉淀严重时会堵塞地面生产设备,影响原油生产。

1. 沥青质沉积

1) 沥青质

沥青质是指在石油中不溶于低级正构烷烃但溶于甲苯或苯的一类物质。其是含有氧、氮、及少量金属和非金属微量元素的碳氢衍生物所组成的化合物,沥青质是石油中最重、结构最复杂的大分子组分,外观上是黑色或深褐色无定型物。

2) 沥青质沉积原因

沥青质沉淀是指沥青质胶束存在较强的相互作用力时,相互结合形成超胶束,并进一步结合形成簇状物,最后形成絮状物沉淀下来的过程,受温度、压力、原油化学组分和时间等因素决定,且沥青质沉淀后形成沥青质聚集体,会在一定的条件下逐渐堆积至管壁,这一过程称为沉积。原油中的沥青质沉积是由带脂族链的各种聚芳香族结构以及含有杂原子如 S、N、O 和痕量金属 Fe、V、Ni 的有机固体终止悬浮并在原油溶液中分散,在生产和流动中积累的大聚集体。其沉积机理可分为两个阶段:(1)原油体系平衡的破坏和固体颗粒的形成。(2)沥青质固体颗粒的聚集沉积,其可分为沉淀、聚集、表面接触和黏附(沉积)等过程。

3) 影响沥青质沉积因素

(1) 压力:压力的变化对沥青质沉积过程的影响十分复杂,通常无法确定那种影响占主导作用。在一定温度下,只有压力在相应的范围沥青质才会发生沉积,压力高于或低于这个范围,沥青质都不会沉积。当在泡点压力之上,压力降低时,沥青质在油中的溶解度随着原油密度的降低而降低;当在泡点压力之下,压力降低时,气体从油中释放出来,原油中重组分的含量相对增加,导致沥青质在原油中的溶解度增大,使沥青质不易析出

(2) 沥青质沉淀量的大小:沥青质聚集体的浓度是影响沥青质沉积的重要因素之一。假设不考虑剪切剥离影响,所有沥青质微粒运动到管壁时即发生黏附,则沥青质的沉积量可以由式(20-2-4)计算:

$$m_d = k(C_{As})^n \quad (20-2-4)$$

式中 m_d——沉积量;

C_{As}——聚集的沥青质微粒的浓度。

（3）通过式(20-2-4)可知,沉积量与聚集的沥青质微粒的浓度成正比,沥青质聚集物微粒的大小是影响沥青质沉积的重要因素,大量的聚集物颗粒之间相互作用,进而更易形成沥青质沉积物。较小的沥青质沉淀物会悬浮于原油体系中,慢慢聚集成大颗粒并随原油体系流动或沉积到管道等接触物。

（4）流量:随着流量的增加,沥青质沉积量明显增大。流量增大的过程中,压降的增加引起沉淀量的增大,导致沉积量增加,同时流速的增大造成剪切剥离效果加大,这反而会造成管道沉积量减少,但压降的增加及沉淀量的增大起主导作用。

（5）对储运中的危害:石油中沥青质含量、性质、相对分子质量是影响原油黏度的主要因素,主要体现在随着沥青质含量的升高,原油黏度也随之升高。同时经研究发现,沥青质大分子结构与杂元素、过渡元素和芳香结构密切相关。一般处理方法是进行加热运输,但存在的问题是沥青质又容易在加热器表面沉积,导致积碳,从而降低了传热效率。在高黏度重质油管道运输中常用的方法是乳状液输送,但上游需要乳化,下游需要破乳,由于沥青质的存在,破乳后重质油又回到原来的高黏度,还要进行再次处理且处理工艺复杂且不易控制。

2. 沥青抑制剂

沥青抑制剂是指能够预防沥青质沉积的化学药剂,与依靠溶剂溶解沥青质(百分比水平)不同,沥青抑制剂在非常低的药剂浓度下(百万分之几)就能使沥青质沉积量大幅度降低。沥青质抑制剂可分为沥青质抑制剂和沥青质分散剂。

沥青质抑制剂是一类具有带电基团的聚合物类化学药剂,其作用类似添加人造胶质使沥青质分散在溶液中,防止沥青质分子的聚集,从而改变沥青质沉积的起始压力。如果沥青质抑制剂含有长链烷基,有助于沥青质聚集体的分散。因此,一些沥青质抑制剂也可以起到沥青质分散剂的作用。沥青质抑制剂的性能与不同原油的性质有关,在一种原油上使用效果好的产品可能不适用于其他原油。

沥青质分散剂是相对分子量较低的非聚合物类的化学药剂,包括低极性烷基芳烃、烷基磺酸、磷酸酯和膦酸、肌氨酸、两性表面活性剂、醚羧酸、氨基亚烷基羧酸、烷基酚及其乙氧基化物、咪唑啉和烷基酰胺咪唑啉、烷基琥珀酰亚胺、烷基吡咯烷酮、脂肪酸酰胺及其乙氧基化物、多元醇的脂肪酸酯、亚胺和有机酸的离子对盐等。优选碱性还是酸性的沥青质分散剂取决于原油及其极性和所含芳烃的类型。

（1）低极性非聚合物芳香两亲物:仲十六烷基萘和仲十六羟基萘均为沥青质分散剂,这些低极性分子通过萘的芳香族环和沥青质单体间的π键相互作用,并通过极性基团与沥青质相互作用,防止沥青质单体的聚集和堆积,而添加剂的脂族尾与烃溶剂相互作用,与它们相容。两环的萘基比单苯基有更好的π键相互作用。极性更强的基团比萘基与沥青质单体有更好的相互作用。

（2）磺酸基表面活性剂沥青质分散剂:比芳香族中的沥青质分散剂(或抑制剂)更极性的一种方式是增加一个磺酸基。在这一类中最常见的沥青质分散剂是十二烷基苯磺酸(DDBSA),价格便宜。增加在极性基团的极性可通过更强的酸碱相互作用,得到更好的沥青质稳定性,因此,DDBSA的性能作为沥青质分散剂比壬基酚(NP)、壬基苯效果更好。

3. 沥青抑制剂的评价方法

原油中加入正构烷烃时，胶质会被溶解，从而使沥青质之间相互聚结，发生絮凝甚至沉积。可通过测定加入沥青抑制剂和不加沥青抑制剂情况下的沥青质沉积量的对比计算出沥青抑制剂的抑制效率。

取两个 100mL 具塞量筒分别加入 98mL 正庚烷，再分别加入 1g 甲苯和 1g 沥青质分散剂试液，加塞震荡后放入 60℃ 的恒温水浴 10min；再分别加入沥青溶液 1g，加塞震荡后放入 60℃ 恒温水浴 10min，室温静置观察量筒中上下不同颜色界面，界面下的深色液体视为不分散的沥青，30min 时分别读出不分散沥青的体积数 V_1 和 V_2。

沥青抑制剂的抑制率按式(20-2-5)计算：

$$X = \frac{V_1 - V_2}{V_1} \times 100\% \qquad (20-2-5)$$

式中　X——分散率，%；

V_1——不加抑制剂时在正庚烷中不分散的沥青质体积，mL；

V_2——加抑制剂时在正庚烷中不分散的沥青质体积，mL。

七、减阻剂

1. 流动的类型及其流动阻力

流体在流动过程中由于流体内部的摩擦力(黏度)，使流体在流动过程存在阻力，这就必然存在能量损失，流体的流动类型不同，其能量损失也是不同的。流体的流动类型分为层流(滞流)和紊流(湍流)。

（1）层流是指流体各质点是彼此平行地分层流动，互不干扰混杂的流动。其特点是流体质点以直线运动，流动方向不变；流动阻力来源于流体本身黏度。流体的黏度升高，流动阻力上升。

（2）紊流(湍流)是指流体各质点的运动不规则，互相混杂的流动。其特点是流体质点的流动方不断变化；流动阻力来自流体本身的黏度及流体流动时产生的涡流黏度。流体的黏度上升，涡流黏度上升，则流动的阻力上升。

流体的流动类型与流速、黏度、密度有关，雷诺数 Re 的大小能说明流体的流动类型。雷诺数(Reynolds number)是用于表征流体在管中流动状态的一个无量纲数，它按下式定义：

$$Re = \frac{4Q}{\pi d v} \qquad (20-2-6)$$

式中　Re——雷诺数；

　　　Q——流量，m³/s；

　　　π——圆周率；

　　　d——管的内径，m；

　　　v——流体的运动黏度，m²/s。

当 $Re \leqslant 2000$ 时,流体的流动类型属于层流,当 $Re \geqslant 4000$ 时,流动类型属于紊流。$2000 < Re < 4000$ 时,流体流动是过渡型,可能是层流,也可能是紊流。

2. 原油减阻剂

原油减阻剂是指在紊流状态下能降低原油管输阻力的化学药剂。原油减阻剂都是油溶性聚合物,它在油中主要以卷曲状态存在。以这种状态存在的聚合物分子是具有弹性的。减阻剂若处于紊流状态的原油中,各级旋涡就把能量传递给减阻剂分子,使其发生弹性变形,将能量储存起来。这些能量可在减阻剂应力松弛时释放出来,还给相应的旋涡,维持流体的紊流状态,从而减少外界为保持这一状态所必须提供的能量,达到减阻的目的。

只有当原油处于紊流状态时,减阻剂才起减阻作用。在层流中,流体受黏滞力作用,没有像紊流那样的漩涡耗散,因此,加入减阻剂也没有效果。随着雷诺数增大进入紊流,减阻剂就显露出减阻作用,雷诺数越大减阻效果越明显。

1)常用的原油减阻剂

作为减阻剂,一般是相对分子质量应 $\geqslant 10^6$ 的油溶性聚合物。要求具有优良的溶解性、抗剪切性、抗氧化性等。通常相对分子质量越大,抗剪切性越差,分子中含有短侧链,抗剪切性增强,但侧链不宜过长过多,这使得分子的柔顺性变差,减阻性降低。目前国内外使用的减阻剂有:聚异丁烯、聚甲基丙烯酸酯、聚环戊烯、聚 α-烯烃、乙烯-丙烯共聚物。

2)减阻剂减阻效率的影响因素

减阻剂减阻性能受流体流速影响,在流体未达到紊流时,没有明显的减阻作用,随着流体速度的增加达到紊流状态,减阻作用才开始显现,流速达到一定值时,减阻效果最佳。减阻剂相对分子质量越大,支链越少,可溶性越好,其减阻效率也越高。此外减阻率还和相对分子质量分布,大分子在溶剂中的构象、链的结构、强度等一系列因素有关。

(1)原油的性质。

原油黏度和密度越低,紊流条件越易达到,越有利于发挥原油减阻剂的作用。原油含水率高,影响减阻剂的溶解,从而影响其减阻效率。

(2)管输条件。

管输温度越高,油的黏度越低,越有利于减阻剂起作用。管输的流速越快,管径越小,雷诺数越大,紊流程度越高,减阻剂作用发挥越好,但当流速过快,引起减阻剂降解时,减阻剂的减阻效率就降低。

(3)减阻剂浓度。

减阻剂的浓度越高,可使减阻效率增加,但超过一定数值后,减阻效率提高幅度减小。因此,原油减阻剂应有最佳的使用浓度。

3. 原油减阻剂作用原理

减阻剂加入油流中,依靠本身特有的黏弹性,大分子链顺流动方向自然拉伸取向,这种取向会影响到流体质点的运动。流体质点的径向作用力使减阻剂分子发生扭曲,旋转变形。而减阻剂分子依靠分子间相互引力抵抗流体质点的作用力,改变流体质点的作用力方向和大小,使一部分作无用功的径向力转化为顺流向的轴向力,从而减少了无用功的消耗,宏观上表现出减少了流体的摩阻损失,即起到减阻作用。

4. 原油减阻剂的评价方法

减阻剂的效果评价,国内外都采用同一方法——环道测试法,即测定添加减阻剂后,流体在管道中流动的减阻率来定量评价减阻剂的优劣。原油减阻剂的评价按照SY/T 6578《输油管道添加减阻剂输送技术规范》中的规定进行。主要是用减阻率与增输率评价原油减阻剂的减阻效果。在管输量不变的情况下,减阻率由式(20-2-7)定义:

$$DR = \frac{\Delta p_1 - \Delta p_2}{\Delta p_1} \times 100\% \qquad (20-2-7)$$

式中 DR——减阻率;

Δp_1——加减阻剂前的管输摩阻,kPa;

Δp_2——加减阻剂后的管输摩阻,kPa。

在管输摩阻不变的情况下,增输率由式(20-2-8)定义:

$$T_1 = \frac{Q_2 - Q_1}{Q_1} \times 100\% \qquad (20-2-8)$$

式中 T_1——增输率;

Q_1——加减阻剂前的管输量,m^3/s;

Q_2——加减阻剂后的管输量,m^3/s。

若将一种减阻剂加入原油中进行减阻试验,得到加减阻剂前后的管输摩阻,然后计算减阻剂的减阻率和增输率,得到表20-2-5的结果。

表20-2-5 减阻剂对管输原油的减阻

减阻剂的质量浓度,mg/L	管输摩阻,MPa	减阻率,%	增输率,%
0.0	3.41	0.0	0.0
20.9	3.02	11.4	6.9
28.3	2.87	15.8	10.0
57.4	2.62	23.1	15.5

注:(1)减阻剂为聚α-烯烃。

(2)原油黏度为22.8mPa·s,密度为0.832g/cm^3,平均油流温度为46.7℃。

(3)管径为0.72m,管输量为2847m^3/h。

从表20-2-5可以看到,只要加入少量减阻剂,管输原油的摩阻就明显降低[2]。

当然,对减阻剂的整体评价还应包括减阻剂的溶剂特性、对环境敏感性、耐剪切性等方面,但主要以特定条件下的减阻率为评价标准。

第三节 资产完整性保护化学剂

一、缓蚀剂

油田生产过程中大部分管道的材质属于金属,这些金属材料长期与气、液相接触,包括土壤中的矿物质,使得金属材料的表面发生化学和电化学反应而被破坏,这种现象称为金属腐蚀。为了减少设备和管道因腐蚀而发生损坏的情况,同时减少腐蚀产生的金属离子进入地层,造成地层损害或影响工作液使用,需要使用有效的防护方法。

1. 管道的腐蚀

从腐蚀的定义可知,金属的腐蚀都是在不同介质中发生的,为此从介质的角度分析金属在不同介质中的腐蚀过程、特点及因素。

1) 海水中腐蚀

海水是以含有 3%~3.5%氯化钠为主盐、pH 值约为 8 的良好电解质。影响海水腐蚀的主要因素有:

(1) 氧含量。海水的波浪作用和海洋生物的光合作用均能提高氧含量,海水氧含量的提高,使得腐蚀速率随之提高。

(2) 流速。海水中碳钢的腐蚀速率随流速的增加而增加,但增加到一定值后便基本不变。而钝化金属则不同,在一定流速下能促进高铬不锈钢的钝化,提高耐蚀性。当流速过高时,金属的腐蚀急剧增加。

(3) 温度。温度增加,腐蚀速率增加。

(4) 生物。生物的作用比较复杂,有的生物可形成保护性覆盖层,但大多数生物是增加金属的腐蚀速度。

2) 硫化氢的腐蚀

硫化氢不仅对钢材具有极强的腐蚀性,而且其本身还是一种很强的渗氢介质,硫化氢引起的钢材腐蚀破裂是由氢引起的。其腐蚀的影响因素有:

(1) 硫化氢浓度。软钢在含硫化氢的蒸馏水中,当硫化氢含量为 200~400mg/L 时,腐蚀速率达到最大,而后又随着硫化氢浓度的增加而降低,在 1800mg/L 后,硫化氢浓度对腐蚀率几乎无影响,如果介质中还含有其他腐蚀性成分,如二氧化碳、氯离子、残酸等,将促使硫化氢腐蚀速率大幅提高。

(2) pH 值。硫化氢水溶液的 pH 值将直接影响钢铁的腐蚀速率,通常表现在 pH 值等于 6 时是一个临界值,小于 6 则腐蚀速率高,腐蚀液呈黑色、浑浊。

(3) 温度。温度对腐蚀速率影响较复杂。钢铁在硫化氢水溶液中的腐蚀率,通常在 90℃ 以内随温度升高而增大,随着温度的进一步升高,腐蚀速率将下降,在 110~200℃ 时腐蚀速率最小。

(4) 暴露时间。在硫化氢水溶液中,碳钢和低合金钢的初始腐蚀速率很大,约为 0.7mm/a,

随着时间的增加,腐蚀速率逐渐下降,实验表明2000h后,腐蚀速率趋于平稳,约为0.01mm/a。这是由于随着暴露时间的增加,硫化氢腐蚀产物逐渐在钢铁表面沉积,形成一层具有减缓腐蚀作用的保护膜。

(5) 流速。如果流体流速较高或处于紊流状态时,由于钢铁表面上硫化铁腐蚀产物膜受到冲刷而被破坏或黏附不牢固,钢铁始终处于腐蚀的初始状态——高速腐蚀,导致设备和管道很快因腐蚀而损坏。但气体流速过低,又会导致管线、设备内部积液,发生水线腐蚀、垢下腐蚀等导致局部腐蚀破坏。故规定阀门的气体流速为3~15m/s。

(6) 氯离子。在酸性油气田水中,带负电荷的氯离子基于电价平衡,总是优先吸附到钢铁的表面,故氯离子的存在会阻碍保护性硫化铁膜在钢铁表面的形成。氯离子可通过钢铁表面硫化铁膜的细孔和缺陷渗入膜的内部,使得膜发生显微开裂,形成孔蚀核。由于氯离子的不断移入,在闭塞电池的作用下,加速了孔蚀破坏。在酸性天然气井中与矿化水接触的油套管腐蚀严重、穿孔速率快,都与氯离子的作用有着十分密切的关系。

3) 二氧化碳的腐蚀

在油气田开发过程中,CO_2溶于水对钢铁产生腐蚀,早已被认识。近十几年来,在石油天然气工业中,CO_2腐蚀问题再一次受到重视,影响CO_2腐蚀的因素包括:

(1) CO_2分压。当CO_2分压低于0.021MPa时,腐蚀可以忽略;当CO_2分压为0.021MPa时,表明腐蚀即将发生;当CO_2分压高于0.021MPa时,腐蚀可能发生。

(2) 温度。当温度低于60℃时,由于无法形成保护性的腐蚀产物膜,腐蚀速率由CO_2水解生成碳酸的速度和CO_2扩散至金属表面的速度共同决定,故腐蚀形式为均匀腐蚀;当温度高于60℃时,金属表面有碳酸亚铁生成,腐蚀速率由穿过阻挡层传质过程、垢的渗透率、垢的溶解度及流速综合决定。在60~110℃时,腐蚀产物厚而松,结晶粗大,不均匀,易破损,易发生局部孔蚀。当温度高于150℃时,腐蚀产物致密、附着力强,具有一定的保护作用,腐蚀速率下降。

(3) 腐蚀产物。钢铁被CO_2腐蚀导致最终的破坏形式通常受碳酸盐腐蚀产物膜的控制。当钢表面生成的无保护性的腐蚀产物膜时,以较大的腐蚀速率发生均匀腐蚀;当钢表面的腐蚀产物膜不完整或易损坏、脱落时,易发生局部点状腐蚀导致穿孔破坏,只有腐蚀产物致密、附着力强,才具有一定的保护作用,可降低均腐蚀速率。

(4) 流速。高速流易破坏腐蚀产物膜或妨碍腐蚀产物膜的形成,使钢铁始终处于裸露腐蚀的状态,腐蚀速率高。有研究表明,0.32m/s是一个临界值,低于该值时,腐蚀速率随流速增大而加速,高于该值后,腐蚀速率取决于电荷传递速率,此时温度的影响超过流速的影响。

(5) 氯离子。氯离子不仅破坏钢铁表面腐蚀产物膜或阻碍腐蚀产物膜的形成,同时会促使腐蚀产物膜下钢的点蚀。氯离子浓度大于3×10^4mg/L时尤其明显。

(6) 细菌的腐蚀。硫酸盐还原菌(SRB)是一种生活在无氧条件下的兼性营养的细菌,它既能吸取有机物分解产生的能量,又能以矿化能自养。适宜生长温度为30~70℃,适合其生长的pH值范围为5.5~9.0。它是油气田中最常见的也是腐蚀最严重的细菌。

细菌腐蚀的主要类型是点蚀。有报道指出,SRB细菌能将硫酸盐还原并且将有机物分解成醋酸,同时吸收释放能量。产生的醋酸电离增加了腐蚀介质的酸性,同时Fe^{2+}和Ac^-形成配合物,促进 H^+ 的释放增加了 H^+ 的浓度,进一步加快了点蚀的生长[3]。

2. 缓蚀剂的分类

缓蚀剂种类繁多,机理复杂,因此,可从不同角度进行分类。

1) 按化学成分分类

(1) 无机物缓蚀剂。如亚硝酸盐、铬酸盐、硅酸盐、聚磷酸盐、铝酸盐、硼酸盐和亚砷酸盐等。这类缓蚀剂往往与金属表面发生反应,促使钝化膜或金属盐的形成,以阻止阳极溶解过程。

(2) 有机物缓蚀剂。这类缓蚀剂远比无机物缓蚀剂多,包括含 O、N、S、P 的有机化合物、氨基化合物、醛类、杂环和咪唑类化合物等。有机缓蚀剂往往在金属表面上发生物理或化学吸附,从而阻止腐蚀性物质接近表面,或者阻滞阴、阳极过程。

2) 按作用分类

根据缓蚀剂对腐蚀电极过程发生的主要影响,可把缓蚀剂分为阳极型、阴极型和混合型三种。由于缓蚀剂的加入,分别增加阳极极化、阴极极化或二者同时增大,使腐蚀电流减少。

(1) 阳极型缓蚀剂。这类缓蚀剂能抑制阳极反应,增大阳极极化,从而使腐蚀电流下降,且使腐蚀电位正移。

(2) 阴极型缓蚀剂。这类缓蚀剂能抑制阴极反应,增大阴极极化,使腐蚀电流下降,且使自腐蚀电位变负。

(3) 混合型缓蚀剂。这类缓蚀剂对阴、阳过程都起抑制作用,腐蚀电位可能变化不大,但腐蚀电流显著降低。

3) 按缓蚀剂形成的保护膜特征分类

(1) 氧化(膜)型缓蚀剂。这类缓蚀剂能使金属表面生成致密而附着力好的氧化物膜,从而抑制金属的腐蚀。因有钝化作用,故又称为钝化型缓蚀剂,或者直接称为钝化剂。钢在中性介质中常用的缓蚀剂如 Na_2CrO_4、$NaNO_2$、$NaMoO_4$ 等都属于此类。

(2) 沉淀(膜)型缓蚀剂。这类缓蚀剂本身无氧化性,但它们能与金属的腐蚀产物(如 Fe^{2+}、Fe^{3+})或与共轭阴极反应的产物(一般是 OH^-)生成沉淀,能够有效地修补金属氧化膜的破损处,起到缓蚀作用。这种物质称为沉淀型缓蚀剂。例如中性水溶液中常用的缓蚀剂硅酸钠(水解产生 SiO_2 胶凝物)、锌盐[与 OH^- 反应产生 $Zn(OH)_2$ 沉淀膜]、酸盐类[与 Fe^{2+} 反应形成 $Fe_3(PO_4)_2$ 膜]以及苯甲酸盐(产生不溶性的羟基苯甲酸铁盐)。

(3) 吸附型缓蚀剂。这类缓蚀剂能吸附在金属界面上形成致密的吸附层,阻挡水分和侵蚀性物质接近金属,或者抑制金属腐蚀过程,起到缓蚀作用。这类缓蚀剂大多含有 O、N、S、P 的极性基团或不饱和键的有机化合物。如钢的常用缓蚀剂硫脲、喹啉、炔醇等类的衍生物,铜在中性介质中常用缓蚀剂有苯并三氮唑及其衍生物等[4]。

3. 缓蚀剂的评价方法

在缓蚀剂的筛选和工业应用、新产品的研制以及缓蚀机理的理论研究中,都必须对缓蚀剂的各项性能进行评价和试验。

试验方式大体上可分为静态试验和动态试验两种。其中动态试验又可分为实验室动态试验和现场动态试验。

静态试验时,试样与介质处于静止状态。这种方法虽然装置与操作比较简单,但所测的结果常常与实际应用的效果有较大的出入,因而实用价值不大,但可用在实验室内对缓蚀剂进行初步的筛选和评定工作。

实验室动态试验在缓蚀剂试验中占有重要的地位。因为缓蚀剂的筛选和评价工作量是很大的,显然只能在实验室内模拟现场条件来进行,而且试验方法还要力求小型、迅速,以便能适应大量而重复性的测试性工作。为了使实验室的试验结果更符合生产实际情况,也常在实验室内模拟现场条件(如温度、压力、流速、充气等)来进行试验。不过,这种模拟试验通常只对少数性能优良的缓蚀剂做进一步全面考察时才采用。由于实验室内完全模拟生产现场的介质条件和流动情况是困难的,因此,实验室的模拟评定结果,还需在生产实际中做最后的试验和考察,从而得出最终的评价结论。

缓蚀剂性能的主要评价项目,包括缓蚀效率及其剂量、温度的关系(有时还应评价缓蚀剂对孔蚀、氢渗透、应力腐蚀、腐蚀疲劳的影响等)和缓蚀剂的后效性能等。此外对使用效果有一定影响的其他性能,如溶解性能、密度、发泡性、表面活性、毒性及其他处理剂的副反应等,也应有一定的评价和了解。这里仅对主要的试验方法作些说明。SY/T 5329《碎屑岩油藏注水水质指标及分析方法》中对注入水的腐蚀速率要求控制在 0.076mm/a。

1) 失重法

失重法是在相同条件下分别测定试样在加与不加缓蚀剂的介质中腐蚀前后的重量变化,可按式(20-3-1)求出腐蚀速率,以了解加药前后介质的腐蚀情况。

$$r_c = \frac{8.76 \times 10^4 \times (m - m_t)}{St\rho} \qquad (20-3-1)$$

式中　r_c——腐蚀速率,mm/a;
　　　m——试验前的试片质量,g;
　　　m_t——试验后的试片质量,g;
　　　S——试片的总面积,cm^2;
　　　ρ——试片材料的密度,g/cm^3;
　　　t——试验时间,h。

缓蚀率按式(20-3-2)计算:

$$\eta = \frac{\Delta m_0 - \Delta m_1}{\Delta m_0} \times 100\% \qquad (20-3-2)$$

式中　η——缓蚀率,%;
　　　Δm_0——空白试验中试片的质量损失,g;
　　　Δm_1——加缓蚀剂试验中试片的质量损失,g。

2) 容量法

当金属在非氧化性酸中腐蚀时,可测定单位时间内加与不加缓蚀剂时所放出的氢气体积来计算缓蚀剂效率。此法可方便地求出时间—缓蚀效率关系曲线。虽然容量法所用的仪器及操作均较简单,然而当缓蚀剂与氢气发生反应,或者当氢在金属内的固溶度较大而不能忽视时,所得的结果常会有较大的误差。

3) 介质中金属溶解量法

当金属腐蚀的产物能溶解于介质中,且不会与缓蚀剂或介质组分一起形成沉淀膜时,可以采用分光光度计、离子选择电极、放射性原子示踪技术等来测定介质中溶解的金属量,从而计算腐蚀速度和缓蚀效率。此外,放射性示踪技术还可以用于测定缓蚀剂的吸附量、保护膜的厚度及其耐久性等。

4) 电阻探针法

这是利用安装在探头上的金属试样(薄带、丝带)在腐蚀过程中截面面积减少而电阻增加的原理来测定腐蚀速度的,该法测定时不必取出试样,灵敏度高,对导电介质和不导电介质均适用,且能连续测定,因而在现场评价缓蚀剂效果时常采用。但该法对试样的要求不需要特殊制作,当有局部腐蚀时误差较大,故常做定性比较用。

在测定金属腐蚀速率以评价缓蚀剂性能时,有时还必须仔细考虑和测定孔蚀的情况,特别是在确定最适宜剂量或决定最低剂量时,更应考虑孔蚀这一因素。

4. 缓蚀剂的选择和应用

由于设备简单,使用方便,投资少,收效大,因而采用缓蚀剂防腐蚀得到广泛应用。缓蚀剂有明显的选择性,因此,应根据金属和介质选用合适的缓蚀剂。一般中性水介质中多用无机缓蚀剂,以氧化型的沉淀缓性剂为主;酸性介质中有机缓蚀剂较多,以吸附型为主;油类介质中要选用油溶性吸附型缓性剂。气相缓蚀剂必须有一定的蒸气压和相对封闭的环境。缓性剂不但要选择其品种,还必须确定其合适的用量,缓蚀剂用量过多,可能改变介质的性质(如pH),成本增高,缓蚀效果也未必好;过少则不达到缓蚀作用,对于阳极型缓蚀剂,还会加速腐蚀或产生局部腐蚀。因此,通常存在着临界缓蚀剂浓度。临界浓度随腐蚀体系不同而异,在选用缓使剂时必须进行试验,以确定合适的用量。对于成膜型缓蚀剂,初始使用时往往要加大用量,有时比正常用量高出十几倍,以快速生成完好的保护膜,这就是所谓"预膜"处理。单独使用一种缓蚀剂往往达不到良好的效果。多种缓蚀物质复配使用时常常比单独使用时效果好得多,这种现象叫协同效应。一般考虑阴极型与阳极型复配,不同吸附基团的复配,缓蚀剂与增溶分散剂复配。

二、杀菌剂

在油田水系统中,特别是回注污水的注水系统中,微生物的存在会给油田生产带来极大危害。其中危害最为严重的是硫酸盐还原菌,其产物硫化氢对金属的腐蚀特别严重,生成物硫化铁是造成管线堵塞的物质。其次是能够产生黏液的腐生菌以及铁细菌,这些菌的数量超过一定值后,能产生氧浓差腐蚀电池,引起注水井堵塞、注入量降低等问题。因而,必须采取措施抑制细菌的生长。抑制细菌生长最容易实施的方法是合理使用具有高效、广谱、低毒、能与其他化学剂配伍、成本低且使用方便的杀菌剂。

1. 油田细菌

1）硫酸盐还原菌

硫酸盐还原菌(SRB)是一种在厌氧条件下使硫酸盐还原成硫化物的细菌。它们以有机物为营养源，广泛存在于污水中缺氧的部位。因此，凡是地下油水井、污水处理系统中缺氧的部位都可能受到硫酸盐还原菌的危害，主要表现在引起设备腐蚀、堵塞地层及使油品加工性能变差等方面。

2）铁细菌

铁细菌(IB)是一种好气异养菌，也有兼性异养和严格自养的，在含氧量小于 0.5mg/L 的系统中也能生长。它们能分泌出大量的黏性质，从而造成注水井和过滤器的堵塞，并能形成浓差腐蚀电池，同时可给硫酸盐还原菌的繁殖提供局部厌氧区。

3）腐生菌

腐生菌(TGB)通常在设备和管线上形成黏稠的一层附着物，称为黏液形成菌。它是好气异养菌的一种，许多油田水都能满足腐生菌生长的物理条件和要求的营养物质。它们产生的黏液与铁细菌和藻类等一起附着在管线和设备上，造成生物垢，堵塞注水井和过滤器，同时也产生氧浓差电池而引起腐蚀。

2. 杀菌剂类型

1）氧化性杀菌剂

氧化性杀菌剂具有杀力强、价格低廉、来源广泛等优点，至今仍是应用比较广泛的一类杀剂。氧化性杀菌剂大概可分为：氯系列，如氯气、二氧化氯、稳定性二氧化氯、三氯异三聚氰酸、次氯酸、次氯酸钠等；溴系列，如溴素、活性溴化物、氯溴等；卤化海因，臭氧，过氧化氢等。

我国各油田早期注水杀菌常用氯气，这是因为氯气具有来源广泛、价格便宜、使用方便、作用快、杀菌至死时间短、可清除附着管壁的菌落、防止垢下腐蚀、污染较小等优点。但是由于其药效维持时间短，稳定性欠佳，在碱性和高 pH 时用量大，且易与环境中的有机物反应，用于工业水处理时对黏泥、菌垢的剥离作用差，且易造成严重的环境污染，因此目前应用日趋减少。

近些年，氧化性杀菌剂的研究主要向使用较安全、杀菌效率较高的方向发展，如稳定性二氧化氯、三氯异氰尿氯酸、溴类杀菌剂等。在稳定性二氧化氯溶液的制备和二氧化氯发生器的制造方面也取得了长足的进步。但国内大多陆上油田，注水系统主要在密闭条件下进行，注水中有机质含量很高，通常需要大量的氧化剂才能达到杀菌的目的。长期的现场试验研究表明，氧化性杀菌剂由于杀菌效果不佳或是会增加腐蚀，现场应用不理想。因此，我国油田注水系统杀菌仍以非氧化性杀菌剂为主。

2）非氧化性杀菌剂

(1) 非离子型杀菌剂。

非离子型杀菌剂主要是靠渗透到细菌体内或者在水中水解后与细菌的某些组分形成络合物沉淀来达到杀灭或抑制细菌的目的。主要包括：有机醛类，如甲醛、丙烯醛、戊二醛、异丁醛、肉桂醛、苯甲醛、乙二醛等；氯代酚类及其衍生物；异噻唑酮；杂环化合物杀菌剂，如咪唑类衍生物、噻唑、咪唑啉以及三嗪的衍生物等。

(2) 离子型杀菌剂。

根据杀菌剂在水中带电的正负性,离子型杀菌剂大致可分为阳离子型杀菌剂、两性离子杀菌剂和阴离子型杀菌剂。

由于细菌细胞壁通常带负电,所以使用最早最多的是阳离子表面活性剂类杀菌剂,如季铵盐、季鏻盐、烷基胍等。

季铵盐作为最普通和最有效的阳离子杀菌剂之一,目前已被广泛研究和应用,其中脂肪胺型季铵盐杀菌效果最好。季铵盐杀菌剂不仅具有杀菌作用,而且对杀菌活性组分还具有增效作用,对黏泥也有很强的剥离作用,可以杀死生长在黏泥下面的硫酸盐还原菌,与其他药剂复配时还有缓蚀增效作用。常见的季铵盐有1227(十二烷基二甲基苄基氯化铵)、1231(十二烷基三甲基氢化铵)、新洁尔灭(十二烷基二甲基苄基溴化铵)以及双溴化十二烷基吡啶。

3. 杀菌剂的评价

杀菌剂的评价参照石油行业标准SY/T 0532—2012《油田注入水细菌分析方法 绝迹稀释法》中的规定进行。即将待测定的水样逐级注入测试瓶中进行接种稀释,直到最后一个测试瓶中无菌生长为止,然后根据细菌生长情况和稀释倍数,计算出水样中细菌的数目。杀菌剂的考察指标主要有:对硫酸盐还原菌的杀菌率、对腐生菌的杀菌率、对铁细菌的杀菌率以及硫酸盐还原菌残余菌数。

硫酸盐还原菌、腐生菌和铁细菌的测试可做单组或多组实验,多组实验每组用3个以上测试瓶作为平行样,根据细菌含量多少确定稀释组数。用1mL无菌注射器取1mL空白水样或杀菌后的水样注入1号瓶中,充分混合;再用另一支无菌注射器从1号瓶取1mL溶液注入2号瓶中,充分混合;再更换一支无菌注射器从2号瓶取1mL溶液注入3号瓶中,充分混合,依次类推一直稀释到最后一瓶为止。把接种好的细菌瓶放入35℃恒温箱中,硫酸盐还原菌培养7天后观察,测试瓶中液体由无色透明变为黑色,即表示有硫酸盐还原菌生长。腐生菌培养7天后观察,测试瓶中液体由红色变为黄色或浑浊,即表示有腐生菌生长。铁细菌培养7天后观察,测试瓶中液体产生浑浊或红棕色沉淀,即表示有铁细菌生长。查找相应的细菌计数表,得出该种细菌的含量。

杀菌率按式(20-3-3)计算:

$$C = \frac{B_0 - B_1}{B_0} \times 100\% \qquad (20-3-3)$$

式中 C——杀菌率,%;

B_0——加杀菌剂前水样中细菌含量,个/mL;

B_1——加杀菌剂后水样中细菌含量,个/mL。

4. 杀菌剂的选择

对杀菌剂有下列要求:

(1)选择杀菌剂要根据不同的水质及细菌的种类,特别是pH值。因为当pH值较高时,不宜用氯气等氧化性杀菌剂,而季铵盐类杀菌剂pH值越高越好。当水中含Fe^{2+}和H_2S时,不宜使用氧化性杀菌剂,因为不仅增加氧化性杀菌剂用量,而且影响污水处理的水质。

(2) 杀菌剂要与其他水处理剂配伍,不能与其他水处理剂反应相互抵消其效果。

(3) 杀菌剂要具有良好的溶解性,加入杀菌剂后不至于影响水质,即不能增加水中的胶体颗粒数,杀菌剂应能均匀溶解于水中,且清澈透明。

(4) 同一个污水处理系统应选用不同种类的杀菌剂交替使用,因为长期使用一种杀菌剂会使细菌产生抗药性而显著降低杀菌剂的使用效果。

杀菌剂多复配使用,复配杀菌剂的效果超过单一杀菌剂的效果。杀菌剂开始使用时浓度要高,在细菌数量处在控制之下时,则可改为较低浓度,即能有效地控制细菌的繁殖。杀菌剂可连续投放或间歇加入。连续投放时杀菌剂的质量浓度一般在 10~50mg/L 范围,间歇加入时杀菌剂的质量浓度一般在 100~200mg/L 范围。

三、除氧剂

1. 溶解氧在油田系统中的危害

油田注水中存在的溶解氧对注水管道设备会造成严重的腐蚀,水中溶解氧不仅直接造成管道腐蚀,而且钢铁表面有沉积物存在会形成氧浓度差电池腐蚀,更加快腐蚀速率。水源井到注水井直到进入油层之前水都和金属铁接触,而氧腐蚀所形成的氧化物进入地层后,不仅金属氧化物对地层会造成堵塞,而且水中铁含量的增加还会对渗透率产生很大的影响。在聚合物配注系统中,由于氧的存在使高分子聚合物分子链变短,导致注入液黏度下降,从而降低了驱油效果。

2. 除氧剂的分类

1) 肟类除氧剂

(1) 二甲基酮肟(DMKO)。其又称丙酮肟,是研究较早、较多的肟类除氧剂之一。其为白色棱晶或粉末状,有芳香性气味,在空气中易挥发、易溶于醇、醚等有机溶剂,也易溶于水,在稀酸中易水解生成丙酮和羟胺。其具有低毒性,作为固体便于现场使用、运输和储存。它具有较强的还原性,因此很容易和水中的溶解氧反应且反应速度快,除氧较完全。

(2) 乙醛肟。它是一种32%的水溶液,无毒、不腐蚀、不结晶,配制安全。其可将金属氧化物还原,对金属起到钝化作用,同时其具有在低温条件下与氧快速反应的特点。

(3) 联氨。常温下联氨与氧的反应缓慢,在 90℃ 以上则反应迅速,因此主要用于高温除氧。反应机理如下:

$$NH_2-NH_2+O_2 \longrightarrow N_2\uparrow +2H_2O$$

该反应对温度的要求比较苛刻,但加入铜催化剂可以在环境温度下 10~15min 即可完成除氧反应;或者可以用醌活化的联氨在常温下反应也很迅速。

2) 异抗坏血酸及其钠盐

其为白色或稍带黄色的结晶颗粒或粉末,无臭,稍有咸味,易溶于水,属无毒物质,该类除氧剂在美国、日本等发达国家广泛应用于医疗及食品的抗氧化剂。其具有低挥发性。在实际处理过程中常复合添加氢醌等其他物质,各物质之间应具有协同效应。

3) 胺类除氧剂

N—异丙基羟胺：该除氧剂与联氨相比几乎无毒，具有较好的挥发性，其具有很强的还原性，与氧气的反应式如下：

$$2(CH_3)_2CHNHOH + O_2 \longrightarrow 2(CH_3)_2=NOH + 2H_2O$$

氧化产物二甲基酮肟仍可继续与氧气反应，同时也会发生水解，生成羟胺，羟胺可进一步与氧气反应，但效率低。

4) 亚硫酸盐除氧剂

亚硫酸盐除氧是油田水处理使用最普遍的除氧剂。

(1) 无水 Na_2SO_3。其是一种广泛应用的低成本除氧剂，多年来广泛应用于油田注入水除氧。其脱氧机理是：

$$2Na_2SO_3 + O_2 \longrightarrow 2Na_2SO_4$$

市场上亚硫酸钠是一种干粉，使用前应在惰性气体密封的罐中用新鲜水配制成10%的溶液并直接注入系统中。在实际使用过程中常加入钴催化剂，效果非常理想。

(2) 亚硫酸氢铵除氧剂。亚硫酸氢铵盐溶液具有除氧效果好、反应快、凝固点低且适宜在很冷的天气使用，并使用前不需进行溶解等优点。其脱氧机理是：

$$2NH_4HSO_3 + O_2 \longrightarrow 2NH_4HSO_4$$

使用时需在除氧剂注入口附近加入催化剂，但处理油气田盐水则不需加入催化剂。该除氧剂效果在亚硫酸盐类里是最好的，但其缺点是在处理含钙高的水时，注入点附近会生成硫酸钙沉淀，造成注入口堵塞，往往需要加入防垢剂进行复配使用。

类似亚硫酸盐的除氧剂还有亚硫酸氢钠、硫代硫酸钠和连二亚硫酸钠，下面是它们的除氧反应：

$$2NaHSO_3 + O_2 \longrightarrow 2NaHSO_4$$

$$Na_2S_2O_3 + O_2 + H_2O \longrightarrow 2NaHSO_3$$

$$Na_2S_2O_4 + O_2 + H_2O \longrightarrow NaHSO_4 + NaHSO_3$$

这类亚硫酸盐除氧剂与氧的反应在常温下反应缓慢，往往需要加入催化剂加快反应速率。催化剂有 Co^{2+}、Cu^{2+}、Fe^{3+}、Mn^{2+} 等，其中 Co^{2+} 的催化效果最好，也最常用。如果在储药罐中将亚硫酸盐除氧剂与 Co^{2+} 的催化剂一起溶解配制，会发生钴的亚硫酸盐沉淀，降低催化效果，因此亚硫酸盐除氧剂与 Co^{2+} 的催化剂最好分开投加。

3. 除氧剂评价

除氧剂评价按照 SY/T 5889—2010《除氧剂性能评价方法》中的规定进行。分别测试加除氧剂和未加除氧剂水样中溶解氧含量，溶解氧浓度按照 GB 7489《水质溶解氧测定碘量法》或 GB/T 11913《水质溶解氧的测定电化学探头法》测试，除氧剂的主要指标是脱氧率。SY/T 5329《碎屑岩油藏注水水质指标及分析方法》中要求清水中溶解氧浓度控制在不大于

0.5mg/L，污水中溶解氧浓度要求控制在不大于0.1mg/L。

脱氧率按式(20-3-4)计算：

$$E = \frac{C_0 - C}{C_0} \times 100\%$$

式中　E——脱氧率，%；
　　　C_0——未加除氧剂时水样中溶解氧的浓度，mg/L；
　　　C——加除氧剂时水样中剩余溶解氧的浓度，mg/L。

四、硫化物去除剂

1. 硫化物在油田系统中的危害

在油田生产过程中，硫元素主要以 S、S^{2-}、SO_4^{2-} 为主要形式存在于污水中，S、SO_4^{2-} 都能被 SRB—硫酸盐还原菌还原成 S^{2-}。由于硫化物的存在增强了油水混合物的导电性，会导致电脱水器运行不稳或跳闸，甚至造成电脱水器极板击穿。由于硫化物的存在会广泛导致金属材料的腐蚀，包括：油水井管道、原油集输管道、污水输送管道、注水管道、金属储罐和原油处理装置等。在联合站脱水系统中分离出的水常常为黑色就是因为存在大量的胶态硫化亚铁微粒造成的。在污水处理系统中由于硫化物的存在，与金属管线生成硫化亚铁黑色胶状物沉淀，使污水常常发黑发臭，使得悬浮固体含量增加，同时其为一种乳化油稳定剂，导致油水分离难度增加，注入地下导致注入性能下降，堵塞地层。

2. 硫化物的种类

1) 活性硫化物

其主要是指硫化氢、硫醇、二氧化硫、三氧化硫、磺酸和酸性硫酸脂等，这些都能直接腐蚀金属。

2) 非活性硫化物

其主要指的是硫醚、二硫化物和硫茂等，虽然不能直接腐蚀金属，但是在一定条件下，会生成二氧化硫和三氧化硫，若与水接触则会生成亚硫酸和硫酸，对金属部件形成原电池，产生电化学腐蚀，并且还能使污油的某些成分被碘化和酯化，生成具有腐蚀性的磺酸、酸性的硫酸脂及胶状物质。

3. 硫化物去除剂

1) 无机类硫化物去除剂

(1) 铜类化合物，例如碳酸铜，快速有效。但是，在使用时通常是不可行的，因为铜会在任何金属上析出并形成腐蚀电池，从而促进大量的腐蚀损坏。

(2) 锌类化合物，例如氧化锌和碱式碳酸锌化合物能够在短时间内快速将硫化物吸收并完全沉淀。但是锌基去除剂会导致设备中过量的硫化锌沉积，并且对下游水处理操作也具有处理困难的问题。

(3) 铁类化合物，例如二价铁的复合物、磁铁矿和聚铁类去除剂，相对于锌类化合物具有较低的毒性,但磁铁矿和大多数锌类化合物一样以固体形式存在,与表面固相颗粒的反应十分迅速,而硫化物要扩散到固体内部需要很长时间,硫离子向四氧化三铁内部的缓慢扩散会限制整体反应速度和程度,且它们间的反应效率在 pH 值不大于 8 时最佳,高 pH 值会对其产生不良影响,同时会絮凝成大的颗粒从污水中沉降出来。

2) 有机类硫化物去除剂

(1) 醛类有机化合物,虽然可用于清除硫化物危害,但醛反应缓慢且效率低。而且,有很多关于丙烯醛,甲醛和其他醛暴露了对健康、安全和环境影响的问题。例如,甲醛是一种致癌物质,同时对温度敏感,易聚合,脱硫后的产物为固体沉淀,对后续处理带来了困难。

(2) 三嗪类有机化合物,该类化合物价格便宜且易于生产。但是,在低于 40°C 的温度下,三嗪清除效率变得越来越低。三嗪类化合物在不同 pH 值下反应活性不同,高 pH 值时活性较强,随着 pH 值的下降,活性也随之降低。其主要原因是三嗪类化合物存在水解反应,低 pH 值条件下三嗪类化合物水解速率高,不易与硫化物接触发生反应,使之吸收效率降低。三嗪类化合物适用于低浓度硫化物的吸收。

(3) 有机胺类化合物,包括 3—甲氧基丙胺、甲胺、甲醛混合脱硫去除剂,烷氧烯基产物对硫化物具有高度选择性。同时还有利用甲醛、甲胺、乙醇胺制备出的高效硫化物去除剂;烷醇胺类去除剂,如单乙醇胺、二乙醇胺、甲基二乙醇胺和二甘醇胺等。

参 考 文 献

陈大钧,陈馥,等,2015. 油气田应用化学[M]. 北京:石油工业出版社.
陈勇,2017. 油田应用化学[M]. 重庆:重庆大学出版社.
杨启明,李琴,等,2010. 石油化工设备腐蚀与防护[M]. 北京:石油工业出版社.
赵福麟,2015. 油田化学[M]. 东营:中国石油大学出版社.

第二十一章 安全、环境保护、职业卫生与节能

本章介绍了油田油气集输与处理工程中危险有害因素辨识、有害介质特性参数,提出了常见的安全防护措施,并简要介绍了常用的风险评估方法。此外,还简述了环境保护、职业卫生、应急预案与节能的相关要求。

第一节 安　　全

一、危险有害因素辨识

危险因素是指能对人造成伤亡或对物造成突发性损坏的因素;有害因素是指能影响人的身体健康、导致疾病或对物造成慢性破坏的因素。危险有害因素存在于生产活动的各个方面,要想实现本质安全化,首先要对系统进行全面、详细地剖析,找出生产过程中固有的或潜在的危险有害因素、可能产生的后果及主要条件,从而提出消除危险有害因素的技术、措施和方案。对于油田油气集输与处理系统,危险有害因素辨识主要包括以下几方面。

1. 物理性危险有害因素

物理性危险有害因素主要包括:设备、设施缺陷;防护缺陷;电危害;噪声危害;振动危害;电磁辐射;运动物危害;明火;能够造成灼伤的高温物体;能够造成冻伤的低温物体;粉尘与气溶胶;作业环境不良;信号缺陷;标志缺陷;其他物理性危险有害因素。

2. 化学性危险有害因素

化学性危险有害因素主要包括:易燃易爆性物质;自燃性物质;有毒物质;腐蚀性物质;其他化学性危险有害因素。

3. 工艺危险有害因素

工艺危险有害因素内容见表 21-1-1。

表 21-1-1　工艺危险有害因素辨识

分类		主要内容
工艺危险有害因素	设计不合理	(1)站址、总体布局、管道走向;(2)工艺流程;(3)管道及设备布置;(4)工艺计算;(5)材料选用;(6)设备选型;(7)结构设计;(8)防腐蚀设计;(9)防雷防静电;(10)防冻堵
	制造及施工质量缺陷	(1)原材料;(2)检查控制;(3)强力组装;(4)焊接缺陷;(5)补口、补伤管沟管架、穿跨越质量;(6)技术水平与管理
	腐蚀失效	(1)电化学腐蚀;(2)化学腐蚀;(3)微生物腐蚀;(4)应力腐蚀;(5)电流干扰腐蚀
	疲劳失效	—
	管道水击危害	—

4. 环境危险有害因素

环境危险有害因素包括自然因素和社会因素。

自然因素主要包括地质灾害、气候灾害、环境灾害。

社会因素主要包括无意破坏和有意破坏。

5. 人力与安全管理危险有害因素

人力与安全管理危险有害因素见表21-1-2。

表21-1-2 人力与安全管理危险有害因素辨识

分类		主要内容
人力与安全管理危险有害因素	违章作业	(1)动火;(2)电操作;(3)阀门操作;(4)机泵操作;(5)检维修;(6)充装
	安全管理不规范	(1)制度;(2)资料;(3)宣贯
	定期检验困难	—

6. 职业有害因素

职业有害因素主要包括：火灾、化学爆炸、中毒、化学腐蚀、物理爆炸、窒息、高温灼烫、低温冻伤、辐射、粉尘爆炸、高处坠落、开停车、检修、危险品运输等。

二、危险有害介质特性

1. 石油天然气火灾危险性分类

根据GB 50183《石油天然气工程设计防火规范》的规定,可燃气体及易燃、可燃液体火灾危险性分类见表21-1-3,分类举例见表21-1-4。

表21-1-3 可燃气体及易燃、可燃液体火灾危险性分类

火灾危险性分类			特征
可燃气体	甲		爆炸下限小于10%(体积分数)的气体
	乙		爆炸下限不小于10%(体积分数)的气体
易燃、可燃液体	甲	A	37.8℃时蒸气压力大于200kPa的液态烃
		B	闪点小于28℃的液体(甲A类和液化天然气除外)
	乙	A	28℃≤闪点<45℃的液体
		B	45℃≤闪点<46℃的液体
	丙	A	60℃≤闪点≤120℃的液体
		B	闪点大于120℃的液体

注:(1)操作温度超过其闪点的乙类液体应视为甲B类液体。
  (2)操作温度超过其闪点的丙A类液体应视为乙A类液体。
  (3)操作温度超过其闪点的丙B类液体应视为乙B类液体,操作温度超过其沸点的丙B类液体应视为乙A类液体。
  (4)在原油储运系统中,闪点大于或等于60℃,且初馏点大于或等于180℃的原油,宜划为丙类。

表 21-1-4 可燃气体及易燃、可燃液体火灾危险性分类举例

火灾危险性分类			举例
可燃气体	甲		天然气、甲烷、乙烷、丙烷、丁烷、氢气、硫化氢、甲醛、甲醚(二甲醚)
	乙		一氧化碳、氨
易燃、可燃液体	甲	A	液化石油气、天然气凝液、未稳定凝析油、液化天然气、液化天然气制冷剂
		B	原油、稳定轻烃、汽油、稳定凝析油、甲醇
	乙	A	原油、煤油、液氨
		B	原油、轻柴油
	丙	A	原油、轻柴油、乙醇胺、乙二醇
		B	二甘醇、三甘醇、液体硫黄

注：石油产品的火灾危险性分类应以产品标准中确定的闪点指标为依据。经过技术经济论证，有些炼厂生产的轻柴油闪点若不小于60℃，这种轻柴油在储运过程中的火灾危险性可视为丙类。闪点小于60℃并且不小于55℃的轻柴油，如果储运设施的操作温度不超过40℃，其火灾危险性可视为丙类。

2. 典型介质的危害特性

1) 原油

原油具有易燃、易爆炸、易挥发、易流失、易积聚静电、具腐蚀性和一定毒性的特点，在储运过程中易发生泄漏和火灾爆炸，同时还可能造成人员中毒。原油的有关特性如下：

(1) 易燃、易爆性。

原油属于可燃性物质，并且原油具有易挥发的特点。石油蒸气经常在作业场所或储存区弥漫、扩散或在低洼处聚积，在空气中只要较小的点燃能量就会燃烧，因此，原油具有较大的火灾危险性。

原油挥发的蒸气与空气组成混合气体，其浓度处于一定范围内时，遇点火源即发生爆炸。原油蒸气的爆炸浓度极限范围较宽，爆炸下限浓度值较低，爆炸危险性较大。因此，应尽量避免原油蒸气的泄漏和爆炸性蒸气的产生与积聚，以防止爆炸事故的发生。

(2) 带电性。

原油的电阻率一般为 $10^{11} \sim 10^{12} \Omega \cdot cm$。当原油沿管道流动与管壁摩擦或泵送时，都会产生静电，且不易消除。若静电放电产生的电火花能量较大，可能会引燃周围挥发的油品蒸气。

(3) 易沸溢性。

含有水分的原油着火燃烧时，可能产生沸腾突溢，向容器外喷溅，在空中形成火柱。储罐一旦沸溢，不仅会造成扑救人员的伤亡，而且会由于火场辐射热量增加，引起临近罐燃烧，从而扩大火情。

(4) 流动性。

原油具有流动性，易扩散、流淌。原油在储运过程中，一旦发生罐体破损、管线破裂或闸阀关闭不严，或输入量超过罐体容积等情况，容易造成油品跑、冒、滴、漏。原油的泄漏不但会造成经济损失，导致环境污染，而且易于造成燃烧爆炸事故。一旦发生火灾爆炸事故，油品的漫

流会给火灾扑救带来困难。

（5）易挥发性。

原油含有轻烃类物质,含量的多少取决于油品的组成。轻烃类物质在常温下易于挥发,正常作业和存储过程中的挥发是不可避免的,如转输和加注过程中的大呼吸或储存过程中的小呼吸等。若挥发的烃类与空气形成的混合气体达到原油爆炸极限范围,就有可能发生爆炸。

（6）毒性。

原油由烃类化合物及少量非烃类化合物组成,具有较低的毒性,但应注意,火灾时燃烧产生的烟雾对人体有较大的危害。

（7）膨胀性。

原油的体积随着温度的升高而膨胀。若储罐遭受暴晒或接近高温热源,罐内的介质受热膨胀造成罐内压增大而膨胀。这种热胀冷缩作用往往损坏储罐,造成介质泄漏。另外,在着火现场附近,原油受到火焰辐射高热时,如不及时冷却,可能因膨胀爆裂增加火势,扩大灾害范围。

（8）腐蚀性。

对原油储运设备来说,腐蚀性是导致设备寿命缩短或破坏的主要原因之一,其中以电化学腐蚀最严重。油品中含有少量水分和微量腐蚀性物质,油罐和管线受烃类产品中水分和腐蚀性物质的作用,发生电化学腐蚀,往往会造成不易发觉的罐壁或管壁变薄,最后导致穿孔和油品泄漏。

原油的危险特性见表 21-1-5。

表 21-1-5　原油危险特性表

理化性质	外观与形状	黄色乃至黑色,有绿色荧光的稠厚性油状液体。		
	闪点,℃	12~13	爆炸极限[%(体积分数)]	1.1~8.7
	自燃温度,℃	280~380	燃烧分解产物	CO、CO_2
毒性及健康危害	接触限值	10mg/m³(苏联 MAC)		
	侵入途径	吸入、食入、经皮吸收		
	毒性	原油本身无明显毒性		
	健康危害	原油本身无明显毒性。其不同的产品和中间产品表现出不同的毒性。遇热分解释放出有毒的烟雾。吸入大量蒸气能引起神经麻痹		
燃烧爆炸危险性	燃烧性	易燃		
	危险特性	其蒸气与空气形成爆炸性混合物,遇明火、高热及易燃烧爆炸。与氧化剂能发生强烈反应,遇高热分解释出有毒的烟雾。其燃烧、爆炸危险性与汽油相似		
	稳定性	稳定		
	聚合危害	不能出现		
	禁忌物	强氧化剂		
	灭火方法	泡沫、二氧化碳、干粉、砂土,用水灭火无效		

2) 天然气

天然气中含有大量的低分子烷烃混合物,属易燃、易爆气体,与空气混合形成爆炸性混合物,遇明火极易燃烧爆炸。由于混合气体密度比空气小,若出现泄漏则无限制地扩散,而且能顺风飘动,形成着火爆炸和蔓延扩散的重要条件,遇明火回燃。职业接触限值为300mg/m³。天然气中还可能含有 H_2S、CO_2 和 H_2O 等对金属具有腐蚀性的成分。天然气中主要组分对人体健康的危害见表21-1-6。

表21-1-6 天然气中主要组分对人体健康的危害

有害因素	理化性质	对人体健康的危害	可导致的职业病
甲烷	(1)无色、无臭、易燃气体; (2)相对分子质量16.04,沸点-61.49℃,蒸气密度0.55g/L,饱和空气浓度100%,爆炸极限49%~16%,水中溶解度极小为0.0024%(20℃)	(1)甲烷经呼吸道吸入,又大部分以原形呼出; (2)甲烷对人体基本无害,但极高浓度时排挤空气中的氧,可引起单纯性窒息; (3)当甲烷达25%~30%(体积分数)时,人出现窒息前症状,如头晕、呼吸加速、心率加快、注意力不集中、乏力等; (4)若不及时脱离接触,可致窒息死亡	—
丙烷	(1)常温下为无色、无臭气体; (2)易燃、易爆; (3)化学性质稳定; (4)相对分子质量40.09,熔点-187.7℃,沸点-42.17℃,蒸气密度1.52g/L,爆炸极限为2.1%~95%,在650℃时分解为乙烯和乙烷	(1)人短暂接触1%(体积分数),不引起症状; (2)2%(体积分数)以下,察觉不到气味; (3)10%(体积分数)以下,接触数分钟,有轻度头晕; (4)高浓度时可出现麻醉症状、意识丧失; (5)极高浓度时可致窒息	—
硫化氢	(1)具有特殊臭鸡蛋样气味的无色易燃气体; (2)相对分子质量34.08,密度1.19g/L,熔点-85.5℃,沸点-60.7℃; (3)溶于水生成氢硫酸,亦溶于乙醇、汽油和煤油	(1)急性中毒表现为头痛、头晕、恶心、呕吐、全身乏力、焦虑、意识障碍、昏迷、全身肌肉痉挛或强直; (2)高浓度吸入可引起立即昏迷、甚至死亡; (3)畏光、视觉模糊等眼部刺激及流涕、咽干、咳嗽、咳痰、胸闷等呼吸道刺激症状; (4)反复、长期接触低浓度硫化氢可引起头晕、记忆力减退、乏力等神经症表现; (5)毒性危害Ⅱ级(高度危害)	职业性硫化氢中毒

3) 凝析油

凝析油为低闪点易燃液体、甲B类火灾危险性物质。装车过程中会有大量的易燃介质蒸汽从槽车口或接管处溢出,会在整个环境中形成爆炸性气体云团,一遇明火就可能引发火灾爆炸事境,必须引起足够的警惕。可致急性肾脏损害,并可引起接触性皮炎。废气可引起眼、鼻刺激症状,头晕及头痛。

4) 硫化氢(H_2S)

H_2S 为无色有刺激性气味的气体,具有很强的毒性,为强烈的神经性毒物,对黏膜有强烈的刺激作用,其毒性较CO大5~6倍。此外 H_2S 还为爆炸性气体,其爆炸极限范围为4.3%~

46%(体积比)。

阈限值:我国规定几乎所有工作人员长期暴露都不会产生不利影响的最大 H_2S 浓度为 $5mg/m^3$。

安全临界浓度:工作人员在露天安全工作 8h 可接受的 H_2S 最高浓度为 $30mg/m^3$。

危险临界浓度:对工作人员生命和健康产生不可逆转的或延迟性的影响的 H_2S 浓度为 $150mg/m^3$(100ppm)。

H_2S 对人的生理影响及危害见表 21-1-7。

表 21-1-7 H_2S 对人的生理影响及危害

在空气中的浓度			暴露于 H_2S 的典型特性
%（体积分数）	ppm	mg/m^3	
0.000013	0.13	0.18	有明显和令人讨厌的气味,在大气中含量为 $6.9mg/m^3$(4.6ppm),时就相当显而易见。随着浓度的增加,嗅觉就会疲劳,气体不再能通过气味来辨别
0.001	10	15	有令人讨厌的气味。眼睛可能承受刺激。美国政府工业卫生专家协会推荐的阈限值(8h 加权平均值)。我国规定几乎所有工作人员长期暴露都不会产生不利影响的最大硫化氢浓度
0.0015	15	21.61	美国政府工业卫生专家联合会推荐的 15min 短期暴露范围平均值
0.002	20	30	在暴露 1h 或更长时间后,眼睛有灼烧感,呼吸道受到刺激,美国职业安全和健康局的可接受上限值。工作人员在露天安全工作 8h 可接受的硫化氢最高浓度
0.005	50	72.07	暴露 15min 或 15min 以上的时间后嗅觉就会丧失。如果时间超过 1h,可能导致 1 头痛、头晕和(或)摇晃。超过 $75mg/m^3$(50ppm),将会出现肺浮肿,也会对人员的眼睛产生严重刺激或伤害
0.01	100	150	3~15min 就会出现咳嗽、眼睛受刺激和失去嗅觉。在 5~20min 过后,眼睛就会疼痛并昏昏欲睡,在 1h 以后就会刺激喉道。延长暴露时间将逐渐加重这些症状。我国规定对工作人员生命和健康产生不可逆转的或延迟性的影响的硫化氢浓度
0.03	300	432.40	明显的结膜炎和呼吸道刺激。 注:考虑此浓度定为立即危害生命或健康,参见美国国家职业安全和健康学会 DHHS NO 85-144《化学危险袖珍指南》
0.05	500	720.49	短期暴露后就会不省人事,如不迅速处理就会停止呼吸。头晕、失去理智和平衡感。患者需要迅速进行人工呼吸和(或)心肺复苏技术
0.07	700	1008.55	意识快速丧失,如果不迅速营救,呼吸就会停止并导致死亡。必须立即采取人工呼吸和(或)心肺复苏技术
0.10+	1000+	1440.98+	立即丧失知觉,将会产生永久性的脑伤害或脑死亡。必须迅速进行营救,应用人工呼吸和(或)心肺复苏技术

三、安全防护对策措施

安全防护对策措施是设计单位、建设及运行单位在建设项目设计、建设和运营管理过程中采取的消除、预防和减弱危险有害因素的技术措施和管理措施。

1. 安全防护对策措施基本要求

采取安全防护对策措施时,其基本要求如下:
(1) 预防生产过程中产生的危险有害因素;
(2) 排除工作场所的危险有害因素;
(3) 处置危险有害并减低到国家规定的限值内;
(4) 预防生产设备失灵和操作失误产生的危险有害因素;
(5) 发生意外时能为遇险人员提供自救条件的要求。

2. 安全防护对策措施

1) 基本防护对策

优先采用无危险或危险性较小的工艺技术路线;广泛采用综合自动化程度较高的工艺过程,实现自动控制、监测或隔离操作;尽可能防止工作人员在生产过程中直接接触危险有害的设备、设施和物料。

2) 站址及厂区平面布置的对策措施

选址时,除考虑经济性和技术合理性外,应重点考虑地质、地形、水文、气象等自然条件对企业安全生产的影响和企业与周边相邻区域的相互影响。

站场平面布置在满足生产流程、操作要求和使用功能外,主要从风向、安全间距、交通运输安全和各类作业、介质的危险有害特性出发,在平面布置方面采取相应的对策措施。

(1) 防火、防爆对策措施。

引起火灾、爆炸事故因素很多,为保障安全,除采取有关规范规定的措施外,应对火灾、爆炸事故产生的原因,在工艺技术路线、工艺设备、工艺条件控制和安全装置等方面采取对策措施。

(2) 电气安全对策措施。

以防触电、防电气火灾爆炸、防静电和防雷击为重点,提出防止电气事故的对策措施,电气设备必须达到国家规定的安全等级要求;对因停电会造成重大危险后果的场所,必须按规定配备双路供电电源或备用发电机组、安保电源。

(3) 站内运输安全对策措施。

保持铁路、道路运输线路与建(构)筑物、设备、电力线、管道等的安全距离并设置安全标志、防护栏、警示标志等对策措施。

(4) 防机械伤害、高空坠落对策措施。

针对造成机械伤害应采取防护罩、防护屏等固定防护装置,防止人员接近机械运动部件;危险性较大机械应具备双重联锁保护装置;对可能发生高空坠落的工作场所,应设置便于操作、维检修的扶梯、工作平台、防护栏等安全设施。

(5) 安全色和安全标志。

对工作场所进行色彩调节,有利于增强识别意识,集中精力,减少视觉疲劳,调节工作人员情绪,提高劳动积极性,从而达到降低事故发生率的目的。

(6) 个人防护用品。

根据危险有害因素分析、防护等级、危害作业的类别配备相应的个人防护用品作为补充对策措施,如安全帽、防毒面具、呼吸器等。

四、重大危险源安全管理措施

重大危险源是指长期或临时生产、加工、搬运、使用或储存危险物质,且危险物质的数量等于或超过临界量的单元。我国制订了 GB 18218《危险化学品重大危险源辨识》,重大危险源的辨识应按此标准进行。

油气井站、集输管道及站场设施一般均属重大危险源,依据《中华人民共和国安全生产法》《危险化学品重大危险源辨识》(GB 18218)、《关于开展重大危险源监督管理工作的指导意见》(安监管协调字〔2004〕56 号)、《危险化学品事故应急救援预案编制导则(单位版)》(安监管危化字〔2004〕43 号)等的规定,对重大危险源应采取可靠的安全对策措施。

1. 危险程度辨识

企业应对生产过程中存在的危险有害因素进行辨识和普查,建立危险有害因素档案。掌握本单位重大危险源的分布情况、发生事故的可能性及其严重程度、动态变化情况。

2. 危险源风险分析和评价

对系统中存在的重大危险源,进行风险分析和评价。主要包括:

(1) 辨识各类危险因素和原因,分析计算已辨识危险事件发生的概率;

(2) 分析、评价危险事件的后果;

(3) 评价结果与安全目标进行比较,以确定是否需要采取安全对策措施。

3. 提交安全报告

对已辨识和评价的重大危险源向有关部门提交安全报告。安全报告应详细说明重大危险源的情况,可能引发事故的危险因素以及前提条件、安全操作和预防失误的控制措施、可能发生的事故类型、事故发生的可能性及后果、限制事故后果的措施、应急救援预案等。

安全监察部门对所属重大危险源采用分级管理的方式。一般而言,由于一级重大危险源危害程度特别大,因此应由国家安全监察部门直接控制;二级重大危险源由省和直辖市政府相关部门控制;三级重大危险源由县、市政府控制;四级重大危险源由企业重点管理控制。

4. 制定安全管理制度与措施

企业应对每一个重大危险源制定一套严格安全管理制度,确保各项制度的落实和执行;采用先进科学的安全技术措施,如选用安全可靠的工艺设备、控制系统等,并且每年应制定设备更换、维修维护等计划,确保安全方面资金的到位;对从事生产活动的管理人员和作业人员,应定期进行技能和安全知识培训教育,配备劳动保护用品,合理安排作业时间,加强劳动保护;建立定期检查和巡检制度,经常开展安全检查和隐患治理,建立隐患治理台账。

5. 现场应急计划

企业应制定现场应急计划,并定期检查和评价其有效性,不断修改、完善,使之满足安全需要。

6. 安全系统设置

根据重大危险源的危害情况,在危险区域应设置适当的安全系统,如可燃气体浓度探测器、火灾报警器等,以便于对重大危险源实行监控、预警及掌握其动态变化。

第二节 环境保护

一、主要污染源

1. 噪声污染

站场噪声主要来源于站场的工艺设备,主要为压缩机、输油泵及锅炉系统等。站场厂界噪声预测值应满足 GB 12348《工业企业厂界环境噪声排放标准》中的要求。

2. 大气污染

站场大气污染主要是有组织废气污染和无组织废气污染。有组织废气污染主要是燃油锅炉等,无组织废气污染主要是罐区无组织污染。

3. 水污染

站内水污染主要为含油污水、生活污水、洁净雨水及洁净废水、事故水等。

1) 含油污水

含油污水主要为油罐清洗排水和消防污染水,属间歇性排放,主要为石油类污染物。储罐的清洗排水在储罐检修时产生,一般按五年一次考虑。消防污染水只有在发生火灾后才会产生。

2) 生活污水

生活污水主要为卫生器具排水、洗涤(包括淋浴、食堂)排水,为间歇排放。

3) 洁净雨水及洁净废水

洁净雨水及洁净废水主要为雨水、锅炉排水,消防水罐溢流排污水以及施工过程中各种施工机械设备洗涤用水和施工现场清洗、建材清洗等废水,均排至雨水系统,与雨水一起有组织的排至站外路边沟。

4) 事故污水

事故污水只有在发生火灾后才可出现。

4. 固废污染

固废污染主要是工业固废和生活垃圾。

二、环保治理措施

1. 大气污染防治措施

（1）设计中应充分考虑介质的物理特性，尽量采用密闭流程，选用优质机泵、阀门，杜绝油品输送过程中的跑、冒、滴、漏现象。

（2）合理选用储罐的结构形式，减少蒸发损耗，同时也减少油气对周围环境的污染。

（3）加强设备的保养和定期维修，减少和消除设备与管道的跑、冒、滴、漏，使各种设备保持良好的运行状态。

（4）采用技术先进、运行效率高的节能锅炉，减少烟尘排放对大气的污染。

2. 水污染防治措施

1）生活污水

站址附近若无可依托污水处理系统，站内可自建一体化生活污水处理装置。装置一般由接触氧化池、二级沉降池、消毒池、污泥吸附池等组成。生活污水经化粪池处理后进入生活污水调节池，经泵提升至一体化污水处理装置处理，处理达标后，排入污水池，可用于站内绿化，绿化剩余水随清洁雨水系统排至站外。

2）含油污水

工艺站场施工过程中各种施工机械设备洗涤用水和施工现场清洗、建材清洗废水，含有一定量的油污和泥沙，虽然污水量较少，但直接排放会对当地环境造成不良影响，站内需自建含油污水处理装置，该装置由多相流溶气气浮装置、加药装置、SBR反应池、中间水池、石英砂过滤器等组成。含油污水经收集后排至站内含油污水池，然后经泵提升至含油污水处理装置进行处理，处理达标后外排。

3）生产废水和雨水：锅炉排水，消防水罐溢流排污水属于相对洁净的生产废水，可与雨水一起排至雨水系统，然后有组织地排至站外路边沟。

依据国家环境保护部以及相关行业要求，水环境风险防控要建立从污染源头、过程处理和最终排放的防控体系，防止环境风险事故造成水环境污染。一旦发生泄漏事故发生后，应迅速进行"现场清理"。为避免导致含水层的永久污染，应将受污染的土体全面挖清。对事故现场进行调查、监测、处理，对事故后果进行评估，密切关注地下水水质变化情况，采取紧急措施制止事故的扩散、扩大、蔓延及连锁反应。

三、噪声污染防治措施

（1）通过选用低噪声的设备（如压缩机、机泵等），确定合理的管道流速来降低噪声污染；对噪声（震动）比较大的设备，在进行设备基础设计时，从安全角度出发，避免引起共振，会按配重考虑、并采取相应的隔震措施。

（2）从站场工艺上，尽量减少弯头、三通等管件，在满足工艺的前提下，控制气体介质速度，降低站场气流噪声。

（3）在总图设计时，对噪声源进行优化布局，对噪声源强扩散与厂界围墙的方位进行调整,对平面布置进行合理设计。

（4）对站场周围栽种树木进行绿化,既可控制噪声,又可吸收大气中一些有害气体,阻滞大气中颗粒物质扩散。

四、固体废物处理措施

1. 工业固体废物

运行期间,各站场所产生的工业固体废物主要有储罐检修产生的油泥,收、发球作业产生的少量油泥等。

储罐检修产生的油泥可用罐车拉运到附近的炼厂处理;对收、发球作业产生的少量油泥,可先排至各站站内的污油箱内或其他储存设施,然后视情况不定期用罐车拉运到附近的炼厂处理。

清管作业产生的污油渣,属于危险废弃物,应委托给有危险废弃物处置资格的单位进行处置,不能擅自委托无经营许可证的单位从事收集、储存、利用等处置,严禁将废油泥作为燃料回收。

一旦管道发生泄漏,污染了一定区域,也应该先将被污染区域的油品全部收集,将被油品污染的土壤拉到指定地点处理或掩埋。若将废渣进行掩埋,必须与当地环保部门进行联系,掩埋地点需得到环保部门的同意。

根据《国家危险废物名录》,以上固体废物均属于危险废物(HW08),应按照 GB 18598《危险废物填埋污染控制标准》的要求进行处理处置。

2. 生活垃圾的处置

生活垃圾的处置应根据站场所在地区的具体情况而定。

（1）有依托单位的生活垃圾可与依托单位共同处理生活垃圾,主要是与当地的环卫部门签定协议,统一清运处置。

（2）无依托单位的站场要与当地环保部门进行联系,选择合适地点进行掩埋。

五、事故防范措施

1. 布置安全防护措施

（1）各工艺站场建构筑物间距满足安全防火距离,符合 GB 50183《石油天然气工程设计防火规范》的要求。

（2）站场内利用道路和围墙进行功能分区,将生产区和生产管理区分开,以减少生产区和生产管理区的相互干扰,降低危险隐患。

（3）为了保证操作人员、管道与工艺站场安全,避免发生火灾,根据有关的设计标准和规范要求,在各工艺站场配置相应的消防检测与报警控制系统。

（4）根据规范要求及站场等级设置相应的消防设施。如在一级站场均设有固定式临时高压消防冷却水系统和固定式低倍数泡沫灭火系统,工艺装置区和辅助生产区采用半固定式消防冷却水系统,并配置一定数量的建筑灭火器等。

2. 防爆、防静电措施

（1）为防止爆炸，站内电器设备、设施的选型、设计、安装及维修等均符合 GB 50058《爆炸危险环境电力装置设计规范》的规定。

（2）工艺站场内所有设备、管线均应做防雷、防静电接地。

（3）现场人员穿防静电工作服，且禁止在易燃易爆场所穿脱，禁止在防静电工作服上附加和佩带任何金属物件，并在现场设置消除静电的触摸装置。

3. 罐区事故防范措施

1）罐区防渗措施

容量为 200m³ 及以上的罐基础采用钢筋混凝土环墙基础，环墙内采用碎石垫层、砂垫层、沥青砂垫层，油罐底铺 2mm 厚 HDPE 防渗膜。

2）事故含油污水收集措施

事故水收集应满足《事故状态下水体污染的预防与控制技术要求》。事故含油污水收集依托储罐防火堤。防火堤容积大于最大储罐罐容、一次事故消防水量与事故时可能进入防火堤的雨水量之和。

3）阀门和仪表可靠性保证措施

在设计过程中，应充分考虑根据不同的工艺要求，配置相应选型合理的阀门及仪表设施，例如，在原油集中储存的罐区，将储罐油品切换阀（电动平板闸阀）安装在防火堤外的阀组区内，同时在储罐根部油品进出的输油管道设置轻型平板闸阀，作为罐根的截断阀。即在进出储罐的输油管道上在防火堤内外分别设置截断阀，用于不同区域内输油管道发生油品泄漏或储罐检修的油品切断。

六、环境管理及监测

1. 施工期环境管理与监测

1）施工期环境管理

施工期是对生态环境影响最大的时期，同时也是一个最为活跃、最为多变的时期，它给生态环境保护既造成巨大压力，同时也存在很多改善的机会。因此，加强这一时期的环境管理工作有着非常重要的意义。为确保各项环保措施的落实，最大限度地减轻施工作业对环境的影响，建立施工期 HSE 环境管理体系、引入环境监理、监督机制尤为重要。

（1）明确 HSE 机构在环境管理上的主要职责。

HSE 机构在环境管理上的主要职责主要包括：负责 HSE 体系建立及实施过程中的监督、协调、人员培训和文件管理工作；负责制定施工作业的环境保护规定，根据施工中各工种的作业特点分别制定各工种的环境保护要求，制定发生事故的应急计划；负责组织环保安全检查和奖惩；监督各项环保措施的落实及环保工程的检查和预验收，负责协调与有关环保、水利、土地等部门的关系，负责环保文件、技术资料的收集建档，以及组织开展环境保护的宣传教育与培训工作。

（2）加强施工承包方的管理。

施工承包方是施工作业的直接参与者，对他们的管理将直接关系到环境管理的好坏。为此，在施工单位的选择与管理上应提出如下要求：

① 在技术装备、人员素质等同的条件下，优先考虑环境管理水平高、环保业绩好的单位。

② 在承包合同中应明确有关环境保护条款，如环境保护目标，采取的水、气、声、生态保护及水土保持措施等，将环保工作的优劣作为工程验收的标准之一。

③ 各施工单位在施工作业前，应编制详细的环境管理方案，连同施工计划一起呈报相关环保部门，批准后方可开工。

④ 在施工作业前对施工人员进行环保知识培训，主要包括：了解国家及地方有关环境的法律、法规和标准；了解环境保护的重要性及公司环境管理的方针、目标和要求；掌握动植物、地下水及地表水源等的保护方法；掌握如何减少、收集和处理固体废物的方法；掌握管理、存放及处理危险物品的方法等。

⑤ 加强施工营地的管理，施工单位应根据当地环境合理选择布设施工营地，制定施工营地管理条例，条例中应包括对人员活动范围、生活垃圾及其他废物的管理。

⑥ 为加强管理施工单位作业范围，明确施工人员作业区域，应在施工作业带两侧加以显著标志，严禁跨区域施工。

（3）制定施工期环境监督计划。

在施工阶段，业主和施工单位的专兼职环保人员，应制定施工期环境监督计划，并按照计划要求进行监督。业主和当地环保部门负责不定期地对施工单位和施工场地、施工行为进行检查，考核监控计划的执行情况及环境减缓措施、水保措施与各项环保要求的落实，并对施工期环境监控进行业务指导。

（4）加强环境恢复管理工作。

施工建设不可避免地会造成环境的破坏，也必然要花大量投资和力量去进行事后的恢复工作。生态恢复措施随机性很大，完全取决于参与者的专业技术水平和偏好。因此，在对施工单位的管理上，除提出按规定实施生态恢复外，可建议聘请专业的生态专家来指导生态恢复，或配置专门的技术监理人员管理生态恢复质量。

（5）实施环境监理制度。

为确保各项环保措施的落实，最大限度地减轻施工作业对环境的影响，除建设自身实施HSE管理外，建议引入环境监理机制，纳入整体工程监理当中。

环境监理即聘请第三方对环境管理工作及环境法规和政策的执行情况进行监察和督促的整套措施和方法。施工期环境监理最主要的工作是现场环境监察，主要任务为：

① 协助HSE部门经理宣传贯彻国家和地方有关环境方面的法律、法规。

② 落实环境影响报告书及施工设计中的环保措施，如渣场设置与弃渣防护到位、水土流失防止与景观资源保护、污染防治与防止施工扰民等。

③ 及时发现施工中新出现的环境问题，提出改善措施和寻求实施方法。

④ 记录施工中环保措施和环境工作状况，建立环保档案，为竣工验收提供基础性资料，也为建设项目环境管理提供有效服务。

施工现场的环境监理是一项综合性很强的工作,应对环境监理人员的素质提出一定的要求。这些人员既要懂得工程施工技术特点,又要对环保政策法规、环保科学技术、生态学知识有相当的学习与认识,还要有强烈的环保意识和高度负责的态度。

2)施工期环境监测

在施工阶段,业主和施工单位的专兼职环保人员,应保证按照施工期环境监督计划进行监督。业主和当地环保部门负责不定期地对施工单位和施工场地、施工行为进行检查,考核监控计划的执行情况及环境减缓措施、水保措施与各项环保要求的落实,并对施工期环境监控进行业务指导。

施工期的环境监测主要是对作业场所的控制监测,主要监测对象有土壤、植被、施工作业废气、废水和噪声等。对作业场所的控制监测可视当地具体情况、当地环保部门要求等情况而定,例如在人群密集区施工可进行适当噪声监测,在重要河流穿越施工时进行水质监测等。对事故监测可根据事故性质、事故影响的大小等,视具体情况监测气、土壤、水等。生态环境监测可委托当地环境科研监测部门组织实施,主要监测内容为项目建设所涉及的生态环境要素、生态环境问题、生态环保措施的落实情况,包括生态系统、动植物、土壤环境、土壤侵蚀等。

2. 运行期环境管理与监测

1)运行期环境管理

运行期环境管理工作主要围绕以下几个方面进行:协助有关环保部门进行环境保护设施的竣工验收工作;定期进行环保安全检查和召开有关会议;对领导和职工特别是兼职环保人员进行环保安全方面的培训;制定各种可能发生事故的应急计划,定期进行演练;配备各种必要的维护、抢修器材和设备,保证在发生事故时能及时到位;主管环保人员应参加生产调度和管理工作会议,针对生产运行中存在的环境污染问题,向公司领导和生产部门提出建议和技术处理措施。

在运行期间,环境管理除抓好日常站场各项环保设施的运行和维护等工作外,工作重点应针对管线破裂、站场储罐着火等重大事故的预防和处理上。重大环境污染事故不同于一般的环境污染,它没有固定的排放方式和排放途径,具有发生突然、危害严重、污染影响长远且难于完全消除等特点。为此,必须制定相应的事故预防措施、事故应急措施以及恢复补偿措施等。

(1)日常环境管理。

① 搞好环境监测,掌握污染现状。

定时定点监测各站场环境,以便及时掌握环境状况的第一手资料,促进环境管理的深入和污染治理的落实,消除发生污染事故的隐患。

② 加强环保设备的管理。

建立环保设备台账,制定主要环保设备的操作规程及安排专门操作人员,建立重点处理设备的"环保运行记录"等。

③ 落实管理制度。

除加强环保设备的基础管理外,尚需狠抓制度的落实,制定环保经济责任制考核制度,以提高各部门对环境保护的责任感。

(2)重大环境污染事故的预防与管理。

① 对事故隐患进行监护。

对污染事故隐患进行监护,掌握事故隐患的发展状态,积极采取有效措施,防止事故发生。在技术、财力等方面能够解决的,要通过技术改造或治理,尽快消除事故隐患,防止事故发生;对消除事故隐患有困难的,应从管理和技术两方面对其采取严格的现场监护措施,在管理上要加强制度的落实,严格执行操作规程,加强巡回检查和制定事故预案。

② 强化专业人员培训和建立安全信息数据库。

有计划、分期分批对环保人员进行培训,聘请专家讲课,收看国内外事故录像和资料,汲取这些事件中预防措施和救援方案的制定经验,学习借鉴此类事故发生后的救助方案。平时要经常进行人员训练和实践演习,锻炼指挥队伍,以提高他们对事故的防范和处理能力。建立安全信息数据库或信息软件,使安全工程技术人员及时查询所需的安全信息数据,用于日常管理和事故处置工作。

③ 加强风险管理。

风险管理是管道管理系统的重要组成部分。根据第三方服务和运行管理的要求,将风险管理系统有效地纳入管道管理系统之中。

2)运行期环境监测

(1)环境监测工作组织。

针对工程环境污染的特点,运行期可不必自设环境监测机构,需要进行环境监测任务时可委托当地环境监测站进行。环境监测应按国家和地方的环保要求进行,采用国家规定的标准监测方法,并按照规定,定期向有关环境保护主管部门上报监测结果。

(2)监测计划。

根据工程运行期的环境污染特点,环境监测主要包括对站场排污的定期监测及事故监测,具体见表21-2-1。

表 21-2-1　运行期环境监测计划

序号	监测内容	监测项目	监测地点	监测时间及频率
1	站场空气	总烃、非甲烷总烃	站场附近各选2个点	按当地环保部门要求
2	站场排水	石油类、COD、氨氮、氮、磷等项目	各污水排放口	按当地环保部门要求
3	声环境	站界噪声	各站场站界	按当地环保部门要求
4	生态调查	植被恢复	管道沿线的非农业区	运行后头3年,1次/年
5	事故监测	石油类、非甲烷总烃	发生事故处	立即进行

生态调查主要是对管道沿线的植被恢复情况进行调查和统计,以便能及时采取一些补救措施。

事故监测要根据发生事故的类型、事故的影响大小及周围的环境情况等,视具体情况进行土壤、大气、地表水、地下水等监测,同时对事故发生的原因、油品泄漏量、污染的程度以及采取的处理措施、处理效果等进行统计、建档,并及时上报有关环保主管部门。

第三节 职业卫生

一、生产中职业危害因素分析

1. 生产工艺过程产生的有害因素

生产工艺过程中的有害因素主要包括化学有害因素、物理有害因素、粉尘等。

1）化学有害因素

涉及的主要危险有害物质有原油、天然气、H_2S；事故放空点火燃烧时产生的 SO_2；清管检修排出的硫化铁。

2）物理危害因素

物理危害因素主要包括生产场所出现的噪声、振动和辐射等。

噪声来源于设备运转中可能出现的撞击和摩擦、流体在管道内的流动和撞击、压力突变的噪声（如放空等），还有来自电动机的电磁声等（如发电机变压器），长期在此环境工作易患噪声性耳聋。

振动主要发生在压缩机厂房、输油泵房及使用风动工具、电动工具、运输工具等。

辐射包括非电离辐射及电离辐射，非电离辐射一般发生在高频热处理时的高频电磁场，电、氩弧焊、等离子焊时产生的紫外线，加热金属产生的红外线；电离辐射一般发生在工业探伤 X 射线，放射性同位素仪表等。

3）粉尘

粉尘是污染作业环境、损害劳动者健康的重要职业性危害因素，可引起各种职业性肺部疾病。

生产过程中可能存在的粉尘主要为维抢修过程中电焊作业产生的电焊烟尘、砂轮机产生砂轮磨尘及水泥切割机使用过程中产生的水泥粉尘。

2. 生产环境中的有害因素

生产环境中的有害因素主要是指异常气象条件，包括高温、高湿、低温、暴风雨、洪水、雷电等。

3. 石油天然气工程中常见职业病危害因素的危害分析

1）原油

原油属易燃、易爆、可挥发或易挥发的危险化学品。原油对人体的毒性作用多因其组成中的烷烃、环烷烃、芳香烃和有机硫等石油烃引起，其中主要是环戊烷、环己烷及它们的烃基衍生物，毒性也较低，环烷烃有麻醉作用，并对皮肤有刺激作用，长期反复作用可引起皮肤脱水、脱脂及皮炎，高浓度的油品蒸汽，对人体有一定危害作用，严重时可造成窒息甚至死亡。

2）天然气

天然气是一种易燃易爆气体，当天然气发生泄漏时，空气中浓度达到 15% 以上可导致人体缺氧从而造成神经系统损害，严重时可表现为呼吸麻痹、昏迷、甚至死亡。

3) 硫化氢(H_2S)

硫化氢是具有臭鸡蛋气味的气体,毒性危害为Ⅱ级(高度危害),可通过呼吸道进入人体,中毒表现为头痛、头晕、恶心、呕吐、全身乏力、焦虑、意识障碍、昏迷、全身肌肉痉挛或强直;高浓度吸入可引起立即昏迷、甚至死亡;同时可引起眼刺痛、流泪、畏光、视觉模糊等眼部刺激及流涕、咽干、咳嗽、咳痰、胸闷等呼吸道刺激症状;反复、长期接触低浓度硫化氢可引起头晕、记忆力减退、乏力等神经症表现。

4) 噪声

噪声首先对神经系统产生影响,噪声通过听觉器官传入大脑皮层和植物神经中枢,引起中枢神经系统一系列反应;长期暴露会出现头痛、头晕、耳鸣、心悸、睡眠障碍、恶心、呕吐等神经衰弱综合症状。其次是对心血管系统的影响,表现为心跳加快或减慢、血压不稳、心电图ST段和T波呈缺血型变化,有报道在噪声环境下工作者心血管患病率增高。此外,对消化系统、内分泌系统、全身免疫功能均有不同程度的影响。

噪声对听觉系统的影响表现为暂时性听阈位移、永久性位移、高频听力损伤、语频听力损失,严重者出现职业性噪声聋。

5) 粉尘

粉尘堵塞皮脂腺和机械性刺激皮肤,可以起粉刺、毛囊炎、脓皮病、俱皮肤皲裂;粉尘进入外耳道混在皮脂中,可形成耳垢,粉尘对机体的损害是多方面的,尤其以呼吸系统损害最为严重。长期吸入不同种类的粉尘可导致不同类型的尘肺或肺部感染。它是职业性疾病中影响面最广、危害最严重的一类疾病。

6) 辐射

生产设备检修、抢修作业焊接时可产生臭氧和电焊烟尘。电焊工在焊接作业时产生大量金属氧化物及其烟尘,逸散于空气中,长期接触高浓度的电焊烟尘,特别是在密闭容器内或通风不良环境中进行电焊作业时,可引起电焊工尘肺。

7) 高、低温作业

高温对唾液分泌有明显的抑制作用,同时胃液分泌减少,胃酸浓度降低、消化道血流减少。造成消化不良,食欲减退,胃肠疾病增多。同时,在高温环境下,人体大量水分排出体外,同时脑垂体加强了抗利尿激素的分泌,加强了肾脏对水分的再吸收。尿中出现蛋白、红细胞等,可引起肾功能不全。

低温使人体热损失过多,深部体温下降到生理可耐限度以下,从而产生低温的不舒适症状,出现呼吸急促、心率加快、头痛、瞌睡、身体麻木等生理反应,还会出现感觉迟钝、动作反应不灵活、注意力不集中、不稳定,以及否定的情绪体验等心理反应,严重者会出现颈肩腰腿痛等各种关节病变。

二、职业卫生防护措施及控制性能和预期效果

1. 职业卫生防护措施

1) 工程选址

工程选址除了应考虑气象、水文、地质和地震等危害因素外,还需考虑建设项目生产过程

的卫生特征及有害因素危害状况及保护人群健康需要。选址周围无密集居民区、学校、医疗机构等场所,避免自然疫源地、饮用水源地和固体废弃物堆放点,符合《中华人民共和国职业病防治法》(中华人民共和国主席令第 52 号)和 GBZ 1《工业企业设计卫生标准》的要求。

2) 总平面布置

平面布置满足总体规划要求,与周围居住区、工矿企业、交通线等的安全距离满足《石油天然气工程设计防火规范》的要求。竖向布置满足工艺流程要求,符合《工业企业设计卫生标准》的要求。

通常站场后场布置生产区,综合值班室布置在前场,处于生产区全年最小频率风向的侧风向或下风侧。高含 H_2S 气田站场在井场前场设置大门出入口,站场主要出入口相对的三侧围墙,选择站外地势较高处,处于站场全年最小频率风向的下风侧设置一个安全出入口。

在场站明显处设风向标,指引事故时人员撤离方向。注重绿化,创造良好的生产环境。

3) 建(构)筑物

建(构)筑物应考虑合理朝向,有利于自然通风。建筑物采光为自然采光和人工照明相结合的方式,建筑采光等级按 GB 50033《建筑采光设计标准》的要求进行设计,设置正常照明、应急照明和警卫照明,照度满足 GB 50034《建筑照明设计标准》的要求。按照 GBZ 1《工业企业设计卫生标准》合理设置采暖、空调与通风。对可能发生化学灼伤和泄漏的工作地点,辅助用室内应设置事故淋浴和洗眼器,并设置不断水的供水设备。

4) 防毒、防窒息措施

采用先进的生产工艺和设备,尽量采用密闭工艺流程,防止有毒物质外泄,使操作人员不接触或减少接触有毒物质。在适当位置设置可燃气体和有毒气体检测报警仪。同时,工作人员应配备防护用品,如防毒器具、防化服、手套、呼吸器,加强员工教育和培训,对可能产生物质泄漏的场所,应悬挂安全警示标语,站内应配备急性中毒处理设备与设施。针对急性中毒危害制订应急预案,并定期进行演练。

有缺氧、窒息危险的工作场所,应在醒目处设警示标志,严禁无关人员进入;在缺氧、窒息作业前和作业中时刻监测氧气浓度、作业人员配备隔离室呼吸保护器具。

5) 防噪声措施

实现功能分区,使办公区远离噪声污染源,办公区噪声及厂界噪声强度符合标准要求;采取低噪声工艺设备,合理布置平面,严格控制噪声水平;消防泵、输送泵等均采取混凝土独立基础等有效的消音降噪、防震措施。高噪声场所工作时佩戴耳塞、耳罩等防护用品。

6) 防高温措施

合理进行总体布置和站场内的热源布置,热源布置便于采用各种有效的隔热措施和降温措施;高温设备主要为加热炉、锅炉等供热设备,高温部分均采用隔热层进行保护,避免接触烫伤,并在显著位置设立警示标志;为操作人员配备耐高温手套、防护服等个人防护用品。

7) 防低温、冷水措施

选用自动化、机械化程度高的工艺流程,减少或避免低温作业和冷水作业,控制低温作业和冷水作业时间;穿戴防寒服(手套、鞋)等个人防护用品;冷库等低温封闭场所,应设置通信、监视、报警装置,防止误操作将人员关锁。

8) 防电磁辐射措施

针对工频电场,应选择具有良好屏蔽功能的设备。电焊作业需佩戴防护镜,防护面罩和防护手套。

9) 个人防护措施

按照根据《使用有毒物品作业场所劳动保护条例》(国务院令[2002]第352号)、《劳动防护用品配备标准(试行)》和GB 11651《个体防护装备选用规范》的有关规定和要求配备个人防护用品。

根据生产实际情况,为操作人员、巡检人员等每人配备防静电工作服、防毒面具、耳塞、防护耳罩、防尘口罩、防静电鞋、防护手套、安全帽等个人防护用品。

在可能接触有毒物质的岗位配置气体防护柜和急救药箱。气体防护柜内配置空气呼吸器、过滤式防毒面具,急救药箱内配置适用于化学物质中毒的药品和其他医疗用品。

对个人防护用品要求进行定期检查和维护,一次性的不可重复使用,对呼吸防护用品必须做到每年年检,检查不合格的要求立即更换。

10) 其他防护措施

对各种机械设备的设计、选型执行GB 5083《生产设备安全卫生设计总则》。在人员进行操作、维护、巡检的工作位置,设置平台、护栏、安全盖板,防机械伤害。应进行救援车辆设备及用品的设计与配备,制订应急救援预案并定期演练,同时应加强劳动者职业健康监护管理,对接触化学毒物、噪声、粉尘、高温、紫外线、X射线等作业者进行上岗前、在岗期间、离岗时和应急的健康检查。

2. 职业卫生防护措施的控制性能和预期效果

(1) 站场功能分区明确,选址、总体布局、生产工艺及设备布局等符合GBZ 1《工业企业设计卫生标准》的要求。

(2) 建筑结构的通风设备选用,符合GBZ 1《工业企业设计卫生标准》的相关要求。

(3) 通过对类比现场的职业卫生调查、类比检测和对拟建项目的工艺分析,对可能存在的职业病危害因素采取防护措施后,各种职业病危害因素应能够符合GBZ 2.1《工作场所有害因素职业接触限值 第1部分:化学有害因素》、GBZ 2.2《工作场所有害因素职业接触限值 第2部分:物理因素》和GBZ 1《工业企业设计卫生标准》的要求。

通过各种防护对策及措施,生产中存在的职业病危害因素是可以预防和控制的。

三、职业病防治工作的组织管理

1. 管理机构及管理制度

根据《中华人民共和国职业病防治法》(中华人民共和国主席令第52号)和GBZ 1《工业企业设计卫生标准》中关于职业病防治的规定,为更好开展职业病防治工作,各部门应成立专门的安全卫生管理机构,由专人负责,制定相应的职业卫生管理制度。

2. 职业卫生管理制度

建立健全各级人员安全与职业卫生生产责任制以及各类安全卫生管理规章制度,并建立安全卫生质量保证体系和信息反馈体系。制定各种作业的安全卫生技术操作规程和特殊危险事件及突发事件的应急计划。将各种警示标志按类编号入档，并应根据生产及环境的变化情况及时增减或变更，保持警示标志清晰。

3. 建立、健全职业卫生档案

安全卫生管理机构建立、健全职工健康档案，并定期组织职工进行体检，并及时准确将体检报告录入职工健康档案。

4. 建立职业病危害事故应急救援预案

安全卫生管理机构应编制《职业病危害事故应急救援预案》，定期对职工进行教育和培训，从而增强其职业病防治意识，提高其操作技能和事故应急处理能力，并每年至少组织一次职业危害事故应急演练。

5. 保证有效实施的措施

成立事故应急救援指挥领导小组，负责组织实施危险化学品事故应急救援工作。指挥领导小组由以下人员组成：

总 指 挥：部门正职

副总指挥：部门副职

发生重大事故时，启动应急救援预案，以指挥领导小组为中心，负责公司应急救援工作的组织和指挥。如总指挥不在时，副总指挥全权负责应急救援指挥工作。在非常特殊情况下，总指挥和副总指挥均不在企业时，由 HSE 部部长全权代理总指挥负责应急救援指挥工作。

第四节　应急预案要求

应急预案指面对如自然灾害、重特大事故、环境公害及人为破坏等突发事件而编制的应急管理、指挥、救援计划等。

一、应急预案体系构成

应急预案应形成体系，针对各级各类可能发生的事故和所有危险源制定专项应急预案和现场处置方案，并明确事前、事发、事中、事后的各个过程中相关部门和有关人员的职责。生产规模小、危险因素少的生产经营单位，综合应急预案和专项应急预案可以合并编写。

1. 综合应急预案

综合应急预案是从总体上阐述事故的应急方针、政策，应急组织结构及相关应急职责，应急行动、措施和保障等基本要求和程序，是应对各类事故的综合性文件。

2. 专项应急预案

专项应急预案是针对具体的事故类别（如可燃气体爆炸、油品或化学品泄漏等事故）、危险源和应急保障而制定的计划或方案，是综合应急预案的组成部分，应按照应急预案的程序和要求组织制定,并作为综合应急预案的附件。专项应急预案应制定明确的救援程序和具体的应急救援措施。

3. 现场处置方案

现场处置方案是针对具体的装置、场所或设施、岗位所制定的应急处置措施。现场处置方案应具体、简单、针对性强。现场处置方案应根据风险评估及危险性控制措施逐一编制,做到事故相关人员应知应会,熟练掌握,并通过应急演练,做到迅速反应、正确处置。

二、应急预案类型

根据事故应急预案的对象和级别,应急预案可分为以下 4 种类型。

1. 应急行动指南或检查表

针对已辨识的危险采取特定应急行动。简要描述应急行动必须遵从的基本程序,如发生情况向谁报告、报告什么信息、采取哪些应急措施等。这种应急预案主要起提示作用,对相关人员要进行培训,有时将这种预案作为其他类型应急预案的补充。

2. 应急响应预案

针对现场每项设施和场所可能发生的事故情况编制的应急响应预案,如泄漏事故的应急响应预案、火灾应急响应预案等。应急响应预案要包括所有可能的危况,明确有关人员在紧急状况下的职责。这类预案仅说明处理紧急事务的必需的行动,不包括事前要求(如培训、演练等)和事后措施。

3. 互助应急预案

相邻企业为在事故应急处理中共享资源,相互帮助制订的应急预案。预案适合于资源有限的中、小企业以及高风险的大企业,需要高效的协调管理。

4. 应急预案管理

应急管理预案是综合性的事故应急预案,这类预案详细描述事过程中和事故后何人做何事、什么时候做、如何做。这类预案要明确完成每一项职责的具体实施程序。应急管理预案包括事故应急的 4 个逻辑步骤:预防、预备、响应、恢复。

三、应急预案编制内容

应急预案主要应包括总则、组织指挥体系及职责等内容。

1. 总则

说明编制预案的目的、工作原则、编制依据、适用范围等。

2. 组织指挥体系及职责

依据危险化学品事故的类别、危害程度的级别和从业人员的评估结果,设置分级应急救援组织机构。明确各组织机构的职责、权利和义务,以突发事故应急响应全过程为主线,明确事故发生、报警、响应、结束、善后处理处置等环节的主管部门与协作部门;以应急准备及保障机构为支线,明确各参与部门的职责。

3. 预警和预防机制

其内容包括信息监测与报告、预警预防行动、预警支持系统、预警级别及发布（建议分为四级预警）。

4. 应急响应

其内容包括分级响应程序（原则上按一般、较大、重大、特别重大四级启动相应预案），信息共享和处理，通信、指挥和协调，紧急处置，应急人员的安全防护，群众的安全防护，社会力量动员与参与，事故调查分析、检测与后果评估，新闻报道，应急结束等要素。

5. 后期处置

其内容包括善后处置、社会救助、保险、事故调查报告和经验教训总结及改进建议。

6. 保障措施

其内容包括通信与信息保障，应急支援与装备保障，技术储备与保障，宣传、培训和演习，监督检查等。

7. 附则

其内容包括有关术语、定义，预案管理与更新，国际沟通与协作，奖励与责任，制定与解释部门，预案实施或生效时间等。

8. 附录

其内容包括相关的应急预案、预案总体目录、分预案目录、各种规范化格式文本，相关机构和人员通讯录等。

四、应急预案编制方法

应急预案的编制一般可以分为5个步骤，即组建应急预案编制队伍、开展危险与应急能力分析、预案编制、预案评审与发布和预案的实施。

1. 组建编制队伍

预案从编制、维护到实施都应该有各级各部门的广泛参与，在预案实际编制工作中往往会由编制组执笔，但是在编制过程中或编制完成之后，要征求各部门的意见，包括高层管理人员、中层管理人员，人力资源部门，工程与维修部门，安全、卫生和环境保护部门，邻近社区，法律顾问，财务部门等。

2. 危险与应急能力分析

1）法律法规分析

分析国家法律、地方政府法规与规章，如安全生产与职业卫生法律、法规，环境保护法律、法规，消防法律、法规与规程，应急管理规定等。

2）风险分析

通常应考虑下列因素：

（1）历史情况。所在区域以往发生过的紧急情况，包括火灾、危险物质泄漏、极端天气、交通事故、地震、飓风、龙卷风等。

(2) 地理因素。所处地理位置,如邻近洪水区域,地震断裂带和大坝;邻近危险化学品的生产、贮存、使用和运输企业;邻近重大交通干线和机场,邻近核电厂等。

(3) 技术问题。某工艺或系统出现故障可能产生的后果,包括火灾、爆炸和危险品事故,安全系统失灵,通信系统失灵,计算机系统失灵,电力故障,加热和冷却系统故障等。

(4) 人的因素。人的失误可能是因为下列原因造成的,如接受培训不足,工作缺乏连续性,责任意识差,错误操作,疲劳等。

(5) 物理因素。考虑设施建设的物理条件,如危险品或易燃品的贮存、设备的布置、照明、紧急通道与出口、避难场所邻近区域等。

(6) 管制因素。彻底分析紧急情况,考虑如下情况的后果:出入禁区,电力故障,通信电缆中断,管道破裂;水害、烟害,结构受损,空气或水污染,爆炸,建筑物倒塌,油品或化学品泄漏等。

3) 应急能力分析

对每一紧急情况应考虑如下问题:

(1) 所需要的资源与能力是否配备齐全;

(2) 外部资源能否在需要时及时到位;

(3) 是否还有其他可以优先利用的资源。

3. 预案编制

针对可能发生的事故,按照有关规定和要求编制应急预案。应急预案编制过程中,应注重全体人员的参与和培训,使所有与事故有关人员均掌握危险源的危险性、应急处置方案和技能、应急预案充分利用社会应急资源,与地方政府预案、上级主管单位以及相关部门的预案相衔接。

4. 预案的评审与发布

评审由本单位主要负责人组织有关部门和人员进行。外部评审由上级主管部门或地方政府负责安全管理的部门组织审查。评审后,按规定报有关部门备案,并将生产经营单位主要负责人签署发布。

5. 预案的实施

预案的实施是在事故发生时,依据事故的类别、危害程度的级别和评估结果,启动相应的预案,按照预案进行事故的应急救援。实施时不能轻易变更预案,如有预案未考虑到的地方,冷静分析后,果断予以处理。事故后认真总结,进一步完善预案。

第五节 风 险 评 估

风险评估是指在风险事件发生之前或之后(但还没有结束),该事件给人们的生活、生命、财产等各个方面造成的影响和损失的可能性进行量化评估的工作。风险评估是量化测评某一事件或事物带来的影响或损失的可能程度。

一、风险评估主要任务

风险评估的主要任务包括：
(1) 识别评估对象面临的各种风险；
(2) 评估风险概率和可能带来的负面影响；
(3) 确定组织承受风险的能力；
(4) 确定风险消减和控制的优先等级；
(5) 推荐风险消减对策。

二、风险评估方法

风险评估应根据项目的重要性，选择性地进行评估。风险评估方法包括但不限于以下内容：
(1) 危险与可操作分析(HAZOP)；
(2) 预先危险源分析(PrHA)；
(3) 故障模式及影响分析(FMEA)；
(4) 故障模式影响危害性分析(FMECA)；
(5) 风险分析(Risk Analysis)；
(6) 安全检查表分析(Checklist)；
(7) 电气安全性操作分析(SAFOP Study)；
(8) 危险性分析(HAZID)；
(9) 仪表保护功能研究(IPF Study)；
(10) 故障树分析(FTA)；
(11) 消防分析(FIREPRAN)；
(12) 火灾爆炸性分析(FEA)；
(13) 噪声研究(Noise Study)；
(14) 定量风险评估(QRA)。

主要风险评估方法适用对象及评估人员见表21-5-1。

表21-5-1 主要风险评估方法适用对象及评估人员

风险评估种类	适用分析对象	评估人员
危险与可操作分析(HAZOP)	工艺流程图、工艺管道仪表流程图、管道安装图	工程承包商、项目管理方的工艺自控、机械工程师以及施工和运行操作工程师
预先危险源分析(PrHA)	设计、施工、生产之前或技术改造之后对系统安全及防范措施	持有不同背景或观点的工程设计及管理人员
故障模式及影响分析(FMEA)	设计、安装制造过程中潜在的失效对象	持有不同背景或观点的工程设计及管理人员
故障模式影响危害性分析(FMECA)	设计、安装制造过程中潜在的失效对象(关键部分)	持有不同背景或观点的工程设计及管理人员

续表

风险评估种类	适用分析对象	评估人员
风险分析(Risk Analysis)	与安全有关的主体对象,包括工程或项目本身、环境、自然灾害等	主体对象确认后、与主体对象相关的核心技术人员
安全检查表分析(Checklist)	周边环境、总平面布置、工艺自控流程、设备及操作、应急系统	工程承包商、项目管理方的工艺自控、机械工程师以及施工和运行操作工程师
危险性分析(HAZID)	可导致非计划或非预测性的各类工况及事故或者环境条件	工程承包商、项目管理方的工程师及施工和运行操作工程
电气安全性操作分析(SAFOP Study)	电气系统设计、安装及操作方案,电气设备安全、可靠性	电器设计工程师、操作人员、安全工程师、设备制造商
仪表保护功能研究(IPF Study)	工艺管道仪表流程图、工艺过程因果图	工程承包商、项目管理方的工艺、自控、机械工程师
故障树分析(FTA)	用于重大灾难性的事故分析,如火灾、爆炸、毒气泄漏等	工程承包商、项目管理方的工艺自控、机械工程师以及施工和运行操作工程师
消防分析(FIREPRAN)	工艺、消防设备及布置	工艺及消防设计人员
火灾爆炸性分析(FEA)	火灾爆炸危险源、工艺、消防设备及布置	工艺及工艺安全工程师
噪声研究(Noise Study)	工艺设备及施工运行的噪声源	工艺、机械及环境保护工程师
定量风险评估(QRA)	工艺、管道设备及其介质	多个专业的工程设计、安全工程师及管理人员

三、开展工作时间要求

严格地说,风险评估应在项目初期进行策划,并贯穿整个项目设计周期直至运营结束。风险管理人员应根据项目或操作做出评估要求并执行,并将风险控制在可接受范畴。评估重点宜在初步设计(基础设计)和施工图设计(详细设计)阶段进行。

第六节 节 能

随着我国社会各个领域、各个行业的稳步、可持续健康发展,社会能源需求逐年大幅增长,鉴于能源资源的稀缺性,为了有效提高能源资源的利用效率及实现节能目的,节能降耗技术开始走入人们的视野,并逐渐被人们所重视。作为社会生产、生活重要能源来源之一的油气资源开发与利用,同样面临着上述资源利用效率问题及节能降耗挑战。油气资源的开发、供应与利用过程本身就伴随着大量的能源资源消耗,因此,也是进行节能降耗的重点。从油气资源开发过程角度提高能源的利用效率及节能降耗水平对促进节能降耗在社会各个领域及生产、生活中的实施具有重大而深远的意义。本节结合工作实际,简要介绍采油系统、集输系统、热力系统和电力系统中的节能降耗措施及其应用效果。

一、能源消耗种类

在当前国家高度重视节能减排工作的形势下,认真贯彻我国有关节能技术政策,积极采取节能措施,降低油田油气集输的能耗,不断提高集输效率,是提高经济效益的一个重要方面。

油田油气集输能耗主要包括加压输送耗电、加热输送耗油(耗气)、保温伴热耗电及耗汽、采暖及生活耗水、耗电等,有关能耗计算可参照 GB 2589《综合能耗计算通则》、GB 50441《石油化工设计能耗计算标准》等规定进行。

二、节能措施、效果分析

1. 节能措施

据国家和企业的合理用能标准和节能设计及运行相关标准规范,油田油气集输主要采取以下节能措施:

1) 工艺系统节能

(1) 优化集输与处理工艺,减少能耗。

(2) 采用高效保温隔热技术。

(3) 采用高水平控制系统。

(4) 采取有效泄漏监测、保护措施。

(5) 选用高效节能设备。

2) 电力系统节能

(1) 合理确定供配电线路导线和电缆的截面,降低线路损耗。根据负荷大小和外电源的距离远近,按温升选择导线和电缆截面,并根据电压损失和经济电流进行校验,从而确定合理的导线和电缆截面。

(2) 选用软启动启动输油泵电动机,降低对电网的冲击和无功损耗。

(3) 选用静电电容器,自动进行无功补偿,以提高系统的功率因数。

(4) 选择高效节能型的光源和灯具,户外照明路灯采用光电集中控制。

(5) 合理确定供配电线路导线和电缆的截面,降低线路损耗。

(6) 选用节能型低损耗变压器,合理选择变压器容量,降低损耗。

3) 暖通系统节能

(1) 选用工艺参数合理的锅炉,锅炉采用全自动燃烧机,提高锅炉房热效率。

(2) 热网管线采用传热系数低的保温材料,可以减少外网管线热损失 2%,提高系统的运行效率。

(3) 室内热水采暖系统进户及支管上加装可起调节作用的阀门,更好地调节热网平衡,降低由于管网水力不平衡造成的热耗。

(4) 选用效率高噪声低的轴流风机,风机全压效率≥80%,比 A 声级(L_{sa})≤60dB(A)。

4) 建筑措施

(1) 参照 GB 50189《公共建筑节能设计标准》的相关要求,进行节能设计。

(2) 建筑的主朝向选择本地区最佳朝向或接近最佳朝向,建筑朝向要利用冬季日照并避开冬季主导风向,要利用夏季自然通风。

(3) 控制建筑体形系数,尽量减少建筑的凹凸面。

(4) 外窗均选用断桥铝合金中空玻璃窗或中空玻璃塑钢平开窗;

(5) 室内照明选用高效节能灯具。

2. 主要节能措施效果分析

1) 高效保温隔热技术及其应用

在油气资源中高凝点、高含蜡原油以及稠油占有较大比重,其成功顺利开采离不开"热力技术"的支持,若采用专门的热力技术势必会增加能源消耗,因此"保温隔热"就成为油田油气资源集输过程中所使用的、重要的节能降耗手段之一。为了充分利用现有热能,对系统进行专门的保温隔热处理是非常必要的,主要目的是降低油气资源开采过程中热力能量损失。高效保温隔热技术被认为是降低热力系统能量损失、提高能源利用效率的重要技术方法之一。比如,美国克恩河油田广泛采用的高效隔热管技术、英国 Troika 油田采用的真空隔热油管技术,对于保持油液温度起到了积极作用,取得了较好的节能降耗效果。

2) 不加热集输处理技术及其应用

油田油气资源开发在进入中后期,即高含水阶段,如果仍采用传统集输工艺则会增加能源消耗,这一阶段的采出液其实更适用于不加热集输,而不需要进行专门掺水加热处理。如冀东油田、大庆油田在该阶段推广使用的不加热密闭集输工艺,就取得了很好的节能降耗效果。但是,不加热集输处理技术应用同样也受实际条件的限制,比如要考虑采出液的含水率、温度和剪切率等因素,以及对集油管路进行必要的保温处理等,从而保证不加热集输处理技术的应用效果,进而达到节能降耗目的。

3) 高效气液分离技术及其应用

气液分离是油田油气资源开发过程的重要环节,气液分离效果的优劣直接影响到油气资源后续的脱水效果;就油田油气资源开发过程中的气液分离技术,国内外及各大油田都在大力抓紧改进,并研制生产出了符合该油田情况的气液分离器,将其应用到气液分离环节中,大大简化了后续的采出液处理流程,起到了很好的节能降耗效果,其中尤以高效、紧凑型分离器为代表。如挪威石油公司研制的管式气液旋流分离器具有效率高、橇装化、可移动及小型化等特点,更适合于深海油气资源开发过程中的气液分离,其通过减小每个单管管径、加长管长,以及增加涡流设备等,大大提高了油气资源的气液分离效率。

4) 加热炉节能技术及其应用

加热炉是油田油气资源开采过程中广泛使用的加热设备,加热炉效率高低直接影响到油田的节能降耗效果。鉴于影响加热炉效率的因素众多,需要考虑从主要影响因素角度来对加热炉进行改进设计,如燃烧器、空气系数、炉体散热等都是影响加热炉能源利用效率的重要因素;因此,可以考虑进一步改进加热炉燃烧器设计、采用节能型高效燃烧器,以及优化空气系数、配套辐射定向吸热和余热回收技术等,以此来提高加热炉系统的能源和热能利用效率。目前,国内采用的高效加热炉主要有真空加热炉、相变加热炉和热煤炉等几种。其中,冀东油田使用的相变加热炉和真空加热炉。实践证明,经过改进的高效加热炉不但运行稳定、安全可靠,最重要的是节能效果好,能源燃烧及热能利用率达到90%以上。

5）油田电力系统节能降耗技术及其应用分析

（1）无功补偿技术及其应用。

就无功补偿技术而言，其在国内油田电力系统中的应用配置相对较少，且多存在配置不合理问题。因此，有必要对油田电力系统中的无功补偿技术应用进行全面的优化。我国胜利油田孤东油区率先改进与采用了智能无功补偿装置，实践证明新型智能无功补偿装置，不仅能够有效提高电力系统的运行稳定性，最重要的是能够大幅降低能量损耗，无功补偿与节能降耗效果明显，同时一定程度上实现了油田电力系统的智能化运行。另外，中原油田在油田抽油机井上应用了无功就地补偿技术，成功实现平均线损率下降，其中降低率达60%，实现了节能降耗目的。随着无功补偿技术持续改进，已经基本实现动态无功补偿、连续性补偿，其节能降耗效果更好。

（2）变频技术及其应用。

加大变频技术在油田开采中的应用。随着油田开采规模的不断扩大，油气集输工作量越来越大，各种原油泵的数量非常多，这些泵在实际运行过程中，往往会消耗大量的电能，且其速度往往是固定的，泵的运行效率普遍不高。

伴随变频技术的发展，特别是调速变频技术，其在油田抽油机、螺杆泵和输油泵等设备中获得了成功应用，实现了降低设备电力损耗的目标。如华北油田采油厂在抽油机井上应用了变频技术后，节电率达22%，节能效果明显；胜利油田孤东采油厂的潜油电泵在使用了变频技术后，系统能源利用率提高了11%，不便节约了能源，也提高了油田的经济效益。虽然当前变频技术所使用的变频器还多是通用变频器，相对适应性、可靠性要差一些，一定程度上影响了变频技术在油田电力系统改造中的应用，但是我们仍然能够看到变频技术应用在油田电力系统中所起到的节能效果；毋庸置疑，变频技术应用将成为油田电力系统节能降耗研究的一个重要方向。

6）地热资源的开采及应用

地热资源是一种可再生的清洁能源，储量大、分布广，地热资源所具有的清洁、高效、稳定、安全等独特优势，使得其在加快调整能源结构、强化雾霾治理、积极应对气候变化挑战的大格局中扮演更加重要的角色，具有重要的战略意义和现实意义。

很多油田都位于地热资源比较丰富的地区，如果可以对这些地热资源进行有效的利用，可以获得比较好的节能效果。例如，可以利用这些地热进行稠油的加热，降低在稠油加热中对电能的消耗。此外，如果油田有条件，还可以建立地热发电厂，利用地热来进行发电，然后将这部分电能用户集输系统的实际运行过程中，有效节省对市电的消耗，可以起到非常好的节能效果。油田中联产型地热资源开发可采用如下几种模式：

（1）利用目前正常生产井进行"油—热—电"联产，所产热量可用于集输伴热系统维持温度或居民供热，所发电能可供给现场使用或进入电网销售。

（2）利用处于生产寿命末期的油井或低产井进行联产。对于这类油井，在一定原油产量下可保持经济生产，但当产出水体积增加到一定程度后就不再具有经济性，在这种情况下将其转换成联产模式生产可以获取额外收益。

（3）与油气公司合作钻新井。当所钻井产出水太多而不能经济生产油气时，可将该井重新完井后建成地热井,使水产量和发电能力达到最大。

（4）将油气田的废弃井改造成地热井或利用油田现有的技术将储层改造成增强型地热系统也是一种可探索的途径

7）其他节能降耗技术及其在油田的应用分析

可用于油田实现节能降耗目标的技术众多,除了上述针对油田采油系统、集输系统、热力系统和电力系统的节能降耗技术外,仍然有很多的节能降耗技术可以用于油田实现节能降耗目标。如直驱螺杆泵技术,其通过永磁电机对螺杆泵直接驱动,以此来减少机械和皮带减速器的应用,达到降低抽油系统能源消耗的目的;如油田数字化技术,也是实现油田智能管理的最佳途径,其关键技术之一地理信息系统的应用可以很好地实现油田系统内各类资源的共享,促进油田经济效益和整体能源利用率的提高;还如太阳能技术,国内外越来越多的油田开始重视太阳能的利用,如辽河油田在原油集输系统中就使用太阳能来对原油进行加热,太阳能技术在油田节能降耗中的应用更多的还处于起步探索阶段,但无疑有着广阔的应用前景。

随着数据采集传感技术、云平台、物联网、大数据分析、人工智能、5G通信技术等新兴信息技术的迅猛发展,采用能源管控PDCA闭环管理,通过完善能源计量器具、构建能源物联网络、监测设备能效和构建信息管理平台,将获取的能耗大数据进行深度挖掘、业务建模、归因分析、模拟优化与先进控制,以期优化能源配置、工艺流程,精准预测能源消耗趋势、掌控各业务环节用能行为,为企业开源节流、提质增效,实现节能的精细化管理。

参 考 文 献

GB 5083—1999,生产设备安全卫生设计总则[S].
GB 50183—2004,石油天然气工程设计防火规范[S].
GBZ 2.2—2007,工作场所有害因素职业接触限值 第2部分:物理因素[S].
GB 12348—2008,工业企业厂界环境噪声排放标准[S].
GB 11651—2008,个体防护装备选用规范[S].
GB 2589—2020,综合能耗计算通则[S].
GBZ 1—2010,工业企业设计卫生标准[S].
GB 50034—2013,建筑照明设计标准[S].
GB 50033—2013,建筑采光设计标准[S].
GB 50058—2014,爆炸和火灾危险环境电力装置设计规范[S].
GB 50189—2015,公共建筑节能设计标准[S].
GB/T 50441—2016,石油化工设计能耗计算标准[S].
GB 18218—2018,危险化学品重大危险源辨识[S].
GBZ 2.1—2019,工作场所有害因素职业接触限值 第1部分:化学有害因素[S].
GB 18598—2019,危险废物填埋污染控制标准[S].

第二十二章 工程投资及经济评价

在项目技术可行的基础上,还需要通过工程经济分析,选取最优的技术方案,以获得项目最佳的经济效果。本章节介绍了工程投资和经济评价的基本内容和原理、方案经济比选方法、改扩建项目经济评价方法。考虑油田油气集输与处理工程仅为油田开发建设项目地面工程的一部分,从地面工程技术方案和油田开发建设项目两个方面分别介绍了费用和效益的计算方法。

第一节 工程投资

一、工程总投资的组成

工程总投资一般是指进行某项工程建设花费的全部费用。总投资包括建设投资、建设期利息和流动资金。

1. 建设投资

1) 技术方案建设投资

油气集输、处理工程技术方案建设投资由工程费用、工程建设其他费用和预备费组成。

(1) 工程费用。

工程费用包括设备购置费、安装工程费和建筑工程费。

① 设备购置费。设备购置费是指需要安装和不需要安装的全部设备购置费用以及一次装入的填充物料、催化剂和化学药品等的购置费用。国内设备购置费由设备出厂价和设备运杂费组成。进口设备购置费由设备货价(离岸价或到岸价)、从属费用和国内运杂费组成。

② 安装工程费。安装工程费是指需要安装的各类设备、材料的安装费用和材料费用。由主要材料费和安装费组成。主要材料费由材料出厂价和材料运杂费组成。安装工程费由直接费、间接费、利润和税金组成。

直接费由直接工程费和措施费组成。直接工程费是指施工过程中耗费的构成工程实体的各项费用,内容包括人工费、材料费、施工机械使用费。措施费是指为完成工程项目施工,发生于该工程施工前和施工过程中非工程实体项目的费用。间接费主要是指企业管理费。利润是指施工企业完成所承包工程获得的盈利。税金是指企业按国家税法规定的纳税项目和纳税标准应缴纳的税费。

③ 建筑工程费。建筑工程费是指建筑物、构筑物、总图竖向布置及其他大型土石方等的费用。由直接费、间接费、利润和税金组成。其中,直接费、间接费、利润和税金费用内容与安装工程一致。

(2) 其他费用。

其他费用是指建设项目从筹建到投料试车交付生产使用的整个建设期间,为保证建设项目顺利完成和交付使用后能够正常发挥效用而发生的除设备购置费用、安装工程费用和建筑工程费用以外的各项费用。也指应在建设投资中支付的固定资产其他费用、无形资产费用和其他资产费用。

其他费用一般包括建设用地费和赔偿费、前期工作费、建设管理费、专项评价及验收费、勘察设计费、场地准备费和临时设施费、引进技术和进口设备材料其他费、工程保险费、联合试运转费、特殊设备安全监督检验标定费、超限设备运输特殊措施费、施工队伍调遣费、专利及专有技术使用费、生产准备费等。

(3) 预备费。

预备费包括基本预备费和价差预备费。

基本预备费是指在可行性研究阶段难以预料的工程费用和其他费用。基本预备费内容包括在项目实施中可能增加的工程费用、一般自然灾害造成的损失和预防自然灾害所采取的措施费用、竣工验收时为鉴定质量而对隐蔽工程进行必要的挖掘和修复的费用。

价差预备费是指建设期内由于人工、设备、材料、机械等价格上涨以及政策调整、费率、利率、汇率变化等引起工程造价变化的预留费用。

2) 油田开发项目建设投资构成

一个完整的油田开发项目,建设投资按工程内容可划分为开发井工程投资和地面工程投资两部分。

(1) 开发井工程指从钻前工程至试油工程结束的全部工程,包括钻前工程、钻井工程、固井工程、录井工程、测井工程、试油(新井投产)工程等。投资估算包括从钻前准备至试油(新井投产)的全部工程项目投资。

开发井工程投资由工程费用和其他费用项目组成。工程费包括钻前工程费、钻井工程费、固井工程费、录井工程费、测井工程费、试油(新井投产)工程费。

工程建设其他费用是指在工程项目投资中支付的工程费用以外的其他费用,包括设计费、监督费、建设单位管理费等。

(2) 地面工程是指从井口(采油树)以后到商品原油天然气外输为止的全部工程。油田地面建设主体工程包括井场、油井计量、油气集输、油气分离、原油脱水、原油稳定、原油储运、天然气处理、注水等。油田地面建设配套工程包括采出水处理、给排水及消防、供电、自动控制、通信、供热及暖通、总图运输和建筑结构、道路、生产维修和仓库、生产管理设施、环境保护、防洪防涝等。

地面工程投资由工程费用、工程建设其他费用和预备费组成。工程费用包括设备购置费、安装工程费和建筑工程费,工程建设其他费用包括固定资产其他费用、无形资产费用和其他资产费用,预备费包括基本预备费和价差预备费。

2. 建设期利息

建设期利息系指筹措债务资金时在建设期内发生并按规定允许在投产后计入油气资产原值的利息,即资本化利息。建设期利息包括银行借款和其他债务资金在建设期内发生的利息以及其他融资费用。根据融资方案,对采用债务融资的项目应计算建设期利息。

对于分期建成投产的项目,各期发生的投资作为建设投资的组成部分,应按各期建设时间计算借款的利息费用,作为建设期利息予以资本化,此后发生的借款利息应计入总成本费用。

3. 流动资金

流动资金是指运营期内长期占用并周转使用的资金,不包括运营中临时性需要的营运资金。铺底流动资金是指生产性建设工程项目为保证生产和经营正常进行,按规定应列入建设工程项目总投资的铺底流动资金,一般按流动资金的一定比例计算。

二、工程投资估价方法

按照我国的基本建设程序,在项目建议书及可行性研究阶段,对工程投资所做的测算称为"投资估算";在初步设计、技术设计阶段,对工程投资所做的测算称为"设计概算";在施工图阶段,称为"施工图预算";工程竣工验收后,实际的工程造价称为"竣工决算"。在基本建设的不同阶段,工程投资测算的详细程度和准确度是有差别的,以下分别对投资估算、设计概算和施工图预算进行详细说明。

1. 投资估算

1)建设投资估算

在可行性研究报告阶段投资估算原则上应采用工程量法,部分确实无法提供工程量的项目或单项工程,亦可结合项目实际情况,根据类似项目投资统计资料采用指数法、系数法进行估算。规划阶段的投资估算可以采用指标法、系数法进行估算。建设投资估算应采用含增值税价格计算,并单独列出其中包含的增值税抵扣额。

(1)工程量法。

根据设计专业人员提供的工程量,按照现行的指标、定额以及设备材料价格对项目投资进行估算的方法。安装工程费用估算采用工程量法,根据设计专业人员提供的设备、材料清单以及安装工程量,按照相关价格、指标、定额进行估算。

(2)指标法。

在无法提供建设项目的工程量时,利用建设工程投资估算指标、工程所在地的建构筑物综合指标进行投资估算的方法。建筑工程费用估算一般采用综合指标法,根据设计专业提供的工程内容和规模,按照工程所在地的建构筑物综合指标进行估算。

(3)系数法。

作为一种辅助的估算方法,在工程量等资料不全等情况下,主要依据大量的统计调查资料和参数,利用系数进行估算单项工程以及项目工程投资,或参照类似项目,采用综合系数或因子指数进行投资估算的方法。

2)建设期利息估算

估算建设期利息,需要根据项目进度计划,提出建设投资分年计划,列出各年投资额,同时应根据不同情况选择名义年利率或有效年利率。

(1)国内外借款,无论按年、季、月计息,均可简化为按年计息,即将名义年利率按计息时间折算成有效年利率。计算公式为：

$$有效年利率 = \left(1 + \frac{r}{m}\right)^m - 1 \tag{22-1-1}$$

式中　r——名义年利率；
　　　m——每年计息次数。

（2）为简化计算，假设借款均在每年的年中支用，按半年计息，其后年份按全年计息。按付息方式，建设期利息计算分两种情况：

① 建设期如果采用项目资本金付息，建设期利息按单利计算。

$$各年应计利息 = (年初借款本金累计 + 本年借款额 \div 2) \times$$
$$名义年利率 \tag{22-1-2}$$

② 采用银行借款付息，建设期利息按复利计算。

$$各年应计利息 = (年初借款本息累计 + 本年借款额 \div 2) \times$$
$$有效年利率 \tag{22-1-3}$$

（3）投资项目如需从多方面筹措债务资金，由于资金来源渠道不同，每笔借款的名义年利率也不相同，其借款利息的计算方法有两种：一种是每笔借款分别计算，计算公式如前面所述；另一种是计算出一个加权的有效年利率，用加权有效年利率来计算借款利息。运营期利息支出，计入总成本费用中的财务费用。

（4）其他融资费用系指某些债务融资发生的手续费、承诺费、管理费、信贷保险等融资费用，原则上应按借款合同上的约定单独计算，但一般情况下可简化作粗略估计，并一次性进入建设期利息。

（5）对于分期建成投产的投资项目，各期发生的投资作为项目建设投资的组成部分，应按各期建设时间计算借款的利息费用，作为建设期利息予以资本化。

3）流动资金估算

流动资金等于流动资产与流动负债的差额。经济评价中，流动资产的构成要素通常包括存货、现金、应收账款和预付账款，流动负债的构成要素一般只考虑应付账款和预收账款，而预付账款和预收账款难于预测可不予考虑。流动资金的估算基础是经营成本，估算方法一般采用分项详细估算法。在预可行性研究阶段可采用扩大指标估算法，按运营期年经营成本的一定比例计算。

分项详细估算法是对流动资产与流动负债的主要构成要素分项进行估算，计算公式为：

$$流动资金 = 流动资产 - 流动负债 \tag{22-1-4}$$

$$流动资产 = 存货 + 应收账款 + 现金 \tag{22-1-5}$$

$$流动负债 = 应付账款 \tag{22-1-6}$$

$$流动资金本年增加额 = 本年流动资金 - 上年流动资金 \tag{22-1-7}$$

流动资金的估算首先确定各分项最低周转天数,计算出周转次数,然后进行分项估算。各类流动资产和流动负债的最低周转天数参照同类企业的平均周转天数并结合项目特点确定,应充分考虑储存天数以及适当的保险系数。周转次数的计算公式为:

$$周转次数 = 360 \div 最低周转天数 \quad (22-1-8)$$

(1) 流动资产。

① 存货是指企业在生产过程中将要消耗物料,或仍然处于生产过程中半成品,或持有以备出售产成品,包括各种材料、燃料、在产品和产成品等。根据油田开发投资项目特点,为简化计算,项目财务分析中存货仅考虑外购材料、燃料和产成品,并分项计算。计算公式为:

$$存货 = 外购材料、燃料 + 产成品 \quad (22-1-9)$$

$$外购材料、燃料 = 年操作成本 \times 比例 \div 外购材料、燃料周转次数 \quad (22-1-10)$$

式中比例为外购材料、燃料占年操作成本的比例,根据各油田实际统计数据确定。

$$产成品 = (年经营成本 - 年营业费用) \div 产成品周转次数 \quad (22-1-11)$$

② 应收账款是指企业对外销售商品后尚未收回的资金,计算公式为:

$$应收账款 = 年经营成本 \div 应收账款周转次数 \quad (22-1-12)$$

③ 现金是指企业为维持正常生产运营必须预留的货币资金,计算公式为:

$$现金 = (年操作成本 + 其他管理费用 + 营业费用) \times 比例 \div 现金周转次数 \quad (22-1-13)$$

式中比例为年需用货币支出的费用占年操作成本、其他管理费用、营业费用总和的比例,根据各油田实际统计数据确定。

(2) 流动负债。

应付账款是指企业对外购买各种材料、燃料、动力等所应付但未付的款项,计算公式为:

$$应付账款 = (年操作成本 + 其他管理费用 + 营业费用) \times 比例 \div 应付账款周转次数 \quad (22-1-14)$$

式中比例为年外购材料、燃料、动力等费用占年操作成本、其他管理费用、营业费用总和的比例,根据各油田实际统计数据确定。

流动资金一般应在项目投产前开始筹措。为简化计算,流动资金可在投产第一年开始安排,并根据不同的生产运营计划分年进行估算。由于油田开发投资项目在生产期产量及操作成本每年都在发生变化,导致所需流动资金每年也都随之变化。如果流动资金本年增加额大于零,在现金流量表中作为现金流出计入流动资金;如果流动资金本年增加额小于零,在现金流量表中作为现金流入计入当年回收流动资金,计算期末回收流动资金余额。

2. 设计概算

设计概算是设计文件的重要组成部分,是确定和控制建设工程项目全部投资的文件。设计概算一般应控制在立项批复的估算投资控制额之内,如果设计概算值超出控制额,必须修改设计或重新立项审批。

设计概算是由设计单位根据初步设计图纸和说明、概算定额（或概算指标）、各项费用定额或取费标准、设备、材料预算价格等资料或参考类似工程预决算文件,编制和确定的建设工程项目从筹建至竣工交付使用所需全部费用的文件。

设计概算可分为单位工程概算、单项工程综合概算和建设工程项目总概算三级。

1) 单位工程概算

单位工程概算是确定单位工程建设费用的文件,它是根据初步设计或扩大初步设计图纸和概算定额或概算指标以及市场价格信息等资料编制而成的。单位工程概算包括单位工程的工程费用,由人、机、材费用和企业管理费、利润、规费、税金组成。

单位工程概算分建筑工程概算和设备及安装工程概算两大类。建筑工程概算的编制方法有概算定额法、概算指标法、类似工程预算法;设备及安装工程概算的编制方法有预算单价法、扩大单价法、设备价值百分比法和综合吨位指标法等。

2) 单项工程综合概算

单项工程综合概算是确定一个单项工程所需建设费用的文件,是由单项工程中的各单位工程概算汇总编制而成的,是建设工程项目总概算的组成部分。对于油田地面建设工程而言,单项工程综合概算的组成内容包括集油系统、注入系统、供排水系统、通信系统、道路系统、污水回注系统、其他工程等综合概算。

单项工程综合概算是以其所包含的建筑工程概算表和设备及安装工程概算表为基础汇总编制的。单项工程综合概算文件一般包括编制说明和综合概算表两部分。

3) 建设工程项目总概算

建设工程项目总概算是确定整个建设工程项目从筹建开始到竣工验收、交付使用所需的全部费用的文件,它由各单项工程综合概算、工程建设其他费用概算、预备费、建设期利息概算和铺底流动资金概算等汇总编制而成。

将各单项工程综合概算及其他工程和费用概算等汇总即为建设工程项目总概算。总概算由工程费用、其他费用、预备费和应列入项目概算总投资的其他费用组成。

3. 施工图预算

从传统意义上讲,施工图预算是指在施工图设计完成以后,按照主管部门制定的预算定额、费用定额和其他取费文件等编制的单位工程或单项工程预算价格的文件;从现有意义上讲,只要是按照施工图纸以及计价所需的各种依据在工程实施前所计算的工程价格,均可以称为施工图预算价格,该施工图预算价格可以是按照主管部门统一规定的预算单价、取费标准、计价程序计算得到的计划中的价格,也可以是根据企业自身的实力和市场供求及竞争状况计算的反映市场的价格。实际上,这体现了两种计价模式,即传统计价模式和工程量清单计价模式。

施工图预算由总预算、综合预算和单位工程预算组成。总预算由综合预算汇总而成;综合预算由组成本单项工程的单位工程预算汇总而成;单位工程预算包括建设工程预算和设备及安装工程预算。

单位工程预算的编制方法有单价法和实物量法,其中单价法分为定额单价法和工程量清单单价法。

第二节 经济评价

所谓经济评价就是根据国民经济与社会发展以及石油天然气行业、地区产业和公司业务发展规划的要求,在拟定技术方案的基础上,采用科学、规范的分析方法,对技术方案的财务可行性和经济合理性进行分析论证,为选择技术方案提供科学的决策依据。

一、基本概念

1. 资金时间价值的概念

技术方案的经济效益,所消耗的人力、物力和自然资源,最后都是以价值形态,即资金的形式表现出来的。资金运动反映了物化劳动和活劳动的运动过程,而这个过程也是资金随时间运动的过程。因此,在经济分析时,不仅要着眼于技术方案资金量的大小(资金收入和支出的多少),而且也要考虑资金发生的时间。资金是运动的价值,资金的价值是随时间变化而变化的,是时间的函数,随时间的推移而增值,其增值的这部分资金就是原有资金的时间价值。其实质是资金作为生产经营要素,在扩大再生产及其资金流通过程中,资金随时间周转使用的结果。

影响资金时间价值的因素很多,其中主要有以下几点:

(1) 资金的使用时间。在单位时间的资金增值率一定的条件下,资金使用时间越长,则资金的时间价值越大;使用时间越短,则资金的时间价值越小。

(2) 资金数量的多少。在其他条件不变的情况下,资金数量越多,资金的时间价值就越多;反之,资金的时间价值则越少。

(3) 资金投入和回收的特点。在总资金一定的情况下,前期投入的资金越多,资金的负效益越大;反之,后期投入的资金越多,资金的负效益越小。而在资金回收额一定的情况下,离现在越近的时间回收的资金越多,资金的时间价值就越多;反之,离现在越远的时间回收的资金越多,资金的时间价值就越少。

(4) 资金周转的速度。资金周转越快,在一定的时间内等量资金的周转次数越多,资金的时间价值越多;反之,资金的时间价值越少。

总之,资金的时间价值是客观存在的,生产经营的一项基本原则就是充分利用资金的时间价值并最大限度地获取其时间价值,这就是加速资金周转,早期回收资金,并不断从事利润较高的投资活动;任何资金的闲置,都是损失资金的时间价值。

2. 利息和利率的概念

对于资金时间价值的换算方法与采用复利计算利息的方法完全相同。因为利息就是资金时间价值的一种重要表现形式。而且通常利息额的多少作为衡量资金时间价值的绝对尺度,用利率作为衡量资金时间价值的相对尺度。

1) 利息

在借贷过程中,债务人支付给债权人超过原借贷金额的部分就是利息。从本质上看利息是由贷款发生利润的一种再分配。利息常常被看作是资金的一种机会成本,这是因为如果放弃资金的使用权力,相当于失去收益的机会,也就相当于付出了一定的代价。事实上,投资就是为了在未来获得更大的收益而对目前的资金进行某种安排。很显然,未来的收益应当超过现在的投资,正是这种预期的价值增长才能刺激人们从事投资。因此,利息常常是指占用资金所付的代价或者是放弃使用资金所得补偿。

2) 利率

利率的定义是从利息的定义中衍生出来的。也就是说,在理论上先承认了利息,再以利息来解释利率。在实际计算中,正好相反,常根据利率计算利息。

利率就是在单位时期内所得利息额与原借贷金额之比,通常用百分数表示。即:

$$i = \frac{I_t}{P} \times 100\% \qquad (22-2-1)$$

式中　i——利率;

　　　I_t——单位时间内所得的利息额。

用于表示计算利息的时间单位称为计息周期,计息周期 t 通常为年、季、月、周或天。利率周期通常以年为单位,它可以与计息周期相同,也可以不同,当计息周期小于一年时,就出现了名义利率和有效利率的概念。

技术方案经济分析时,无论按年、季、月计息,均可简化为按年计息,即将名义年利率按计息时间折算成有效年利率。计算公式为:

$$\text{有效年利率} = \left(1 + \frac{r}{m}\right)^m - 1 \qquad (22-2-2)$$

式中　r——名义年利率;

　　　m——每年计息次数。

3. 现金流量的概念

在进行技术方案经济分析时,可把所考察的技术方案视为一个系统。投入的资金、花费的成本和获取的收益,均可看成是以资金形式体现的该系统的资金流出或资金流入。这种在考察技术方案整个期间各时点 t 上实际发生的资金流出或资金流入称为现金流量,其中流出系统的资金称为现金流出,用符号 CO_t 表示;流入系统的资金称为现金流入,用符号 CI_t 表示;现金流入与现金流出之差称为净现金流量,用符号 $(CI-CO)_t$ 表示。

对于一个技术方案,其每次现金流量的流向(支出或收入)、数额和发生时间都不尽相同。为了正确地进行经济分析计算,有必要借助现金流量图来进行分析。所谓现金流量图就是一种反映技术方案资金运动状态的图示,即把技术方案的现金流量绘入一个时间坐标图中,表示出各现金流入、流出与相应时间的对应关系。运用现金流量图,可以全面、形象、直观地表达技术方案的资金运动状态。

现金流量图的作图方法和规则:

(1) 以横轴为时间轴,向右延伸表示时间的延续,轴上每一刻度便是一个时间单位;时间轴上的点称为时点,通常表示的是该时间单位末的时点;0表示时间序列的起点。整个横轴又可以看成是我们考察的"技术方案"。

（2）相对于时间轴坐标的垂直箭线代表不同时点的现金流量情况,对于投资者而言,在横轴上方的箭线表示现金流入,即表示收益;在横轴下方的箭线表示现金流出,即表示费用。

（3）在现金流图(图22-2-1)中,箭线长短与现金流量数值大小本应成比例。但由于技术方案中各时点现金流量常常差额悬殊而无法成比例绘出,故在现金流量图绘制中,箭线长短只要能适当体现各时点现金流量数值的差异,并在箭线上方(或下方)注明其现金流量的数值即可。

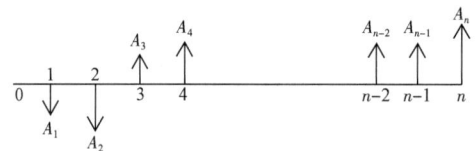

图 22-2-1　现金流量图

4. 现值和终值——等值概念

资金有时间价值,即使金额相同,因其发生在不同时间,其价值就不相同。反之,不同时点绝对不等的资金在时间价值的作用下却可能具有相等的价值。这些不同时期、不同数额但其"价值等效"的资金称为等值。常用的等值计算公式主要有终值和现值计算公式。

现值是发生在现在和将来的现金流相当于现在时刻(项目开始年或计算基准年)的市场价值。终值是发生在现在和将来的现金流相当于将来时刻(项目终止年或计算基准年)的市场价值。现值与终值是资金异时转换的具体体现。

等值概念系指一定的现金流在一定的利率下,同它的现值与终值是等值的或相当的。在不同利率下,它有不同的现值与终值,形成不同的等值关系。

例如,第5年发生的现金流100元,在5%和10%的利率下,形成的现值和第10年的终值见表22-1-2。即在5%利率下,第5年的100元和现值78.35元与第10年终值127.62元等值;在10%利率下,第5年的100元和现值62.09元与第10年终值161.05元等值。等值概念很重要,它是用以进行动态经济分析的基准。

表 22-2-1　等值现金流量表

项目名称	利率,%	
	5	10
第5年现金流	100	100
现值(第5年)	78.35	62.09
终值(第10年)	127.62	161.05

1) 一次支付现金流量的终值、现值计算

一次支付是最基本的现金流量情形。一次支付又称整存整付,是指分析技术方案的现金流量,无论是流入或者流出,分别在各时点上只发生一次,一次支付情形的福利计算式是复利计算的基本公式(图 22-2-2)。

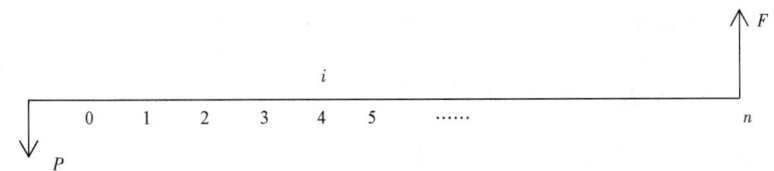

图 22-2-2　一次支付现金流量图

(1) 终值计算(已知 P 求 F)。

现有一项资金 P,年利率 i,按复利计算,n 年以后的本利和为多少?根据复利的定义即可求得 n 年本利和(即终值)F。

一次支付 n 年末终值(即本利和)F 的计算公式为:

$$F = P(1+i)^n \qquad (22-2-3)$$

例如,某公司借款 1000 万元,年复利率 $i=10\%$,试问 5 年末连本带利一次需要偿还多少?
$F=P(1+i)^n=1000\times(1+10\%)^5=1610.51$ 万元
(2) 现值计算(已知 F 求 P)。

一次支付现值 P 的计算公式为:

$$P = \frac{F}{(1+i)^n} \qquad (22-2-4)$$

例如,某公司希望所投资项目 5 年末有 1000 万元资金,年复利率 $i=10\%$,试问现在需要投入多少?

$$P=\frac{F}{(1+i)^n}=1000\times(1+10\%)^{-5}=620.9 \text{ 万元}$$

计算现值 P 的过程叫"折现"或"贴现",其所使用的利率常称为折现率或贴现率。在经济评价中,由于现值评价常常是选择现在为同一时点,把技术方案预计的不同时期的现金流量折算成现值,并按现值之代数和大小作出决策。因此,在经济分析时应当注意以下两点:

① 正确选取折现率。折现率是决定现值大小的一个重要因素,必须根据实际情况灵活选用。

② 要注意现金流量的分布情况。从收益方面来看,获得的时间越早、数额越多,其现值也越大。因此,应是技术方案早日完成,早日实现生产能力,早获收益,多获收益,才能达到最佳经济效益。从投资方面看,在投资额一定的情况下,投资支出的时间越晚、数额越少,其现值也越少。因此,应合理分配各年投资额,在不影响技术方案正常实施前提下,尽量减少建设期初期投资额,加大建设期后期投资比重。

2) 等额支付系列现金流量的终值、现值计算

在工程经济活动中,多次支付是最常见的支付情形。多次支付是指现金流量在多个时点

发生,而不是集中在某一个时点上。如果用 A_t 表示第 t 期末发生的现金流量大小,用逐个折现的方法,可将多次支付现金流量换算成现值,即:

$$P = A_1(1+i)^{-1} + A_2(1+i)^{-2} + \cdots\cdots + A_n(1+i)^{-n}$$
$$= \sum_{t=1}^{n} A_t(1+i)^{-t} \qquad (22-2-5)$$

同理,也可以将多次支付现金流量换算成终值:

$$F = \sum_{t=1}^{n} A_t(1+i)^{n-t} \qquad (22-2-6)$$

如果各年的现金流量序列是连续的,且数额相等,即为等额支付现金流。
(1) 终值计算(已知 A,求 F)。
现金流量图如图 22-2-3 所示。

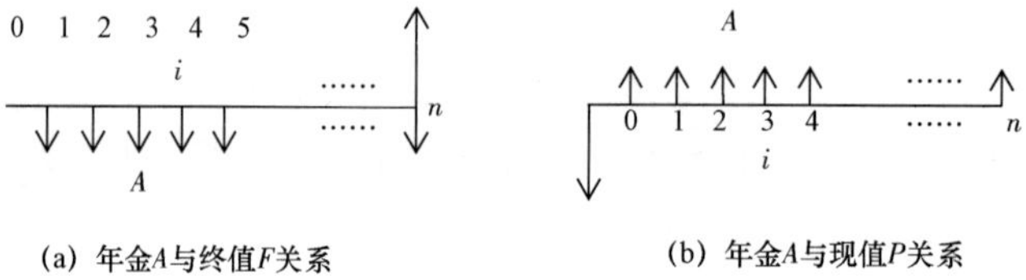

(a) 年金A与终值F关系　　　　(b) 年金A与现值P关系

图 22-2-3　等额支付系列现金流量示意图

用计算公式表示:

$$F = \sum_{t=1}^{n} A(1+i)^{n-t} = A\frac{(1+i)^n - 1}{i} \qquad (22-2-7)$$

例如,某投资人若 10 年内每年年末存 10000 元,年复率 8%,问 10 年末本利和为多少?

$$F = P(1+i)^n = 1000(1+10\%)^5 = 1610.51 \text{ 万元}$$

$$F = A\frac{(1+i)^n - 1}{i} = 10000 \times \frac{(1+8\%)^{10} - 1}{8\%} = 144870 \text{ 元}$$

(2) 现值计算(已知 A,求 P)。
用计算公式表示:

$$P = A\frac{(1+i)^n - 1}{i(1+i)^n} \qquad (22-2-8)$$

例如,某投资项目,计算期 5 年,每年年末等额回收 100 万元,问在利率为 10% 时,开始须一次投资多少?

$$P = A\frac{(1+i)^n - 1}{i(1+i)^n} = 100 \times \frac{(1+10\%)^5 - 1}{10\% \times (1+10\%)^5}$$
$$= 379.08 \text{ 万元}$$

3）等值计算的应用

（1）等值计算公式使用注意事项。

计息期数为时点，本期末即等于下期初，0 点就是第一期初，也叫零期；第一期末即等于第二期初；余类推。

现值 P 是在第一计息期开始时（0 期）发生。

终值 F 发生在考察期期末，即 n 期末。

（2）等值计算的应用。

在技术方案经济分析中，等值是一个十分重要的概念。它为评价人员提供了一个进行技术方案比较、优选的可能性。因为在考虑了资金时间价值的情况下，其不同时间发生的收入或支出是不能直接相加减的。而利用等值的概念，则可以把在不同时点发生的资金换算成同一时点的等值资金，然后再进行比较。所以，在经济分析中，技术方案比较都是采用等值的概念来进行分析、评价和选定。

二、经济评价的基本内容

经济评价的内容应根据技术方案的性质、目的、投资者、财务主体以及方案对经济和社会的影响程度等具体情况确定，一般包括方案盈利能力、偿债能力、财务生存能力等评价内容。

1. 盈利能力分析

盈利能力分析是指分析和测算拟定技术方案计算期的盈利能力和盈利水平。其主要分析指标包括方案财务内部收益率和财务净现值、资本金财务内部收益率、静态投资回收期、总投资收益率、资本金净利润率等，可根据拟定技术方案的特点及财务分析的目的和要求等选用。

2. 偿债能力分析

技术方案的偿债能力是指分析和判断财务主体的偿债能力，其主要指标包括利息备付率、偿债备付率和资产负债率等。

3. 财务生存能力分析

财务生存能力也称资金平衡分析，是根据拟定技术方案的财务计划现金流量表，通过考察拟定技术方案计算期内各年的投资、融资和经营活动所产生的各项现金流入和流出，计算净现金流量和累积盈余资金，分析技术方案是否有足够的净现金流量维持正常运营，以实现财务可持续性。而财务可持续性应首先体现在有足够的经营净现金流量，这是财务可持续的基本条件；其次在整个运营期间，允许个别年份的净现金流量出现负值，但各年累计盈余资金不应出现负值，这是财务生存的必要条件。若出现负值，应进行短期借款，同时分析短期借款时间和数额大小，进一步分析拟定技术方案的财务生存能力。短期借款应体现在财务计划现金流量表中，其利息应计入财务费用。为维持技术方案正常运营，还应分析短期借款的可靠性。

三、经济评价方法

由于经济评价的目的在于确保决策的正确性和科学性，避免或最大限度地降低技术方案的投资风险，明确技术方案的经济水平，最大限度地提高技术方案投资的综合经济效果。因此,正确选择经济评价的方法是十分重要的。

1. 按评价方法的性质分类

按照评价方法的性质不同,经济评价分为定量分析和定性分析。

1)定量分析

定量分析是指对可度量的重要因素实行的估量分析方法。在技术方案经济评价中可定量分析因素包括资产价值、资本成本、有关销售额、成本等一系列可以以货币表示的一切费用和收益。

2)定性分析

定性分析是指对无法精确度量的重要因素实行的估量分析方法。

在技术方案经济评价中,应坚持定量分析和定性分析相结合,以定量分析为主的原则。

2. 按评价方法是否考虑时间因素分类

对定量分析,按其是否考虑时间因素又可分为静态分析和动态分析。

1)静态分析

静态分析是不考虑资金的时间因素,亦即不考虑时间因素对资金价值的影响,而对现金流量分别进行直接汇总来计算分析指标的方法。

2)动态分析

动态分析是在分析方案的经济效果时,对发生在不同时间的现金流量折现后来计算分析指标。在经济分析中,由于时间和利率的影响,对技术方案的每一笔现金流量都应该考虑它所发生的时间,以及时间因素对其价值的影响。动态分析能较全面地反映技术方案整个计算期的经济效果。

在技术方案经济效果评价中,应坚持动态分析和静态分析相结合,以动态分析为主的原则。

3. 按评价是否考虑融资分类

财务分析分为融资前分析和融资后分析。一般宜先进行融资前分析,在融资前分析结论满足要求的情况下,初步设定融资方案,再进行融资后分析。

1)融资前分析

融资前分析应考察技术方案整个计算期内现金流入和现金流出,编制技术方案投资现金流量表,计算技术方案投资内部收益率、净现值和静态投资回收期等指标。融资前分析排除了融资方案的影响,从技术方案投资总获利能力的角度,考察方案设计的合理性,应作为技术方案初步投资决策与融资方案研究的依据和基础。融资前分析应以动态分析为主,静态分析为辅。

2)融资后分析

融资后分析以融资前分析和初步的融资方案为基础,考察项目在拟定融资条件下的盈利能力、偿债能力和财务生存能力,判断项目方案在融资条件下的可行性。融资后分析用于比选融资方案,帮助投资者做出融资决策。融资后的盈利能力分析也应包括动态分析和静态分析。

动态分析包括两个层次:一是技术方案资本金现金流量分析。分析应在拟定的融资方案下,从技术方案资本金出资者整体的角度,计算技术方案资本金财务内部收益率指标,考察技术方案资本金可获得的收益水平。二是投资各方现金流量分析。分析应从投资各方实际收入和支出的角度,计算投资各方的财务内部收益率,考察投资各方可能获得的收益水平。

静态分析是指不采取折现方式处理数据,依据利润与利润分配表计算技术方案资本金净利润率(ROE)和总投资收益(ROI)指标。静态分析可根据技术方案的具体情况选做。

4. 按技术方案评价的时间分类

按技术方案评价的时间可分为事前评价、事中评价和事后评价。

1) 事前评价

事前评价,是指在技术方案实施前为决策所进行的评价。显然,事前分析都有一定的预测性,因而也就有一定的不确定性和风险性。

2) 事中评价

事中评价,也称跟踪评价,是指在技术方案实施过程中所进行的评价。这是由于在技术方案实施前所做的评价结论及评价所依据的外部条件(市场条件、投资环境等)的变化而需要进行修改,或因事前评价时考虑问题不周、失误,甚至根本未做事前评价,在建设中遇到困难,而不得不反过来重新进行评价,以决定原决策有无全部或局部修改的必要性。

3) 事后评价

事后评价,也称后评价,是在技术方案实施完成后,总结评价技术方案决策的正确性,技术方案实施过程中项目管理的有效性等。

四、经济效果评价的指标体系

技术方案的经济评价,一方面取决于基础数据的完整性和可靠性;另一方面取决于选取的评价指标体系的合理性,只有选取正确的评价指标体系,经济效果评价的结果才能与客观情况吻合,才具有实际意义。一般来讲,技术方案的经济评价指标不是唯一的,常用的经济评价指标体系如图 22-2-4 所示。

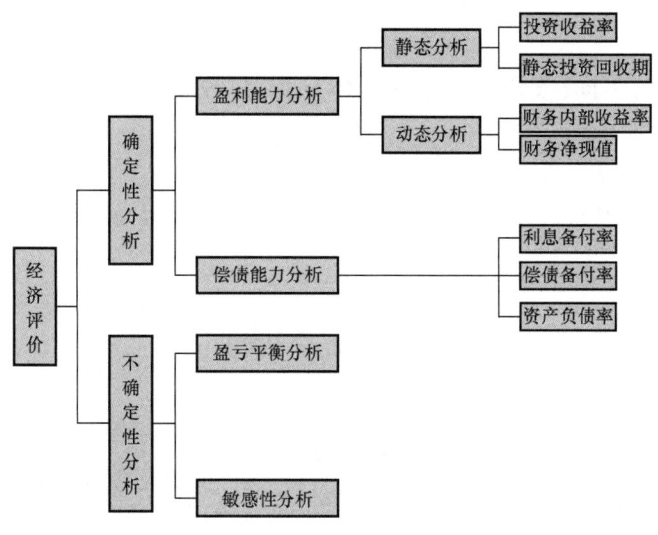

图 22-2-4 经济评价指标体系

静态分析指标的最大特点是不考虑时间因素，计算简便。所以在对技术方案进行粗略评价，或对短期投资方案进行评价，或对逐年收益大致相等的技术方案进行评价时，可以采用静态指标。

动态分析指标强调利用复利方法计算资金时间价值，它将不同时间内资金的流入和流出，换算成同一时点的价值，从而为不同技术方案的经济比较提供了可比基础，并能反映技术方案在未来时期的发展变化情况。

总之，在进行技术方案经济评价时，应根据评价深度要求、可获得资料的多少以及评价方案本身所处的条件，选用多个不同的评价指标，这些指标有主有次，从不同侧面反映评价方案的经济效果。

1. 投资收益率

1）概念

投资收益率是衡量技术方案获利水平的评价指标。它是技术方案建成投产达到设计生产能力后一个正常生产年份的年净收益额与技术方案投资的比率。它表明技术方案在正常生产年份中，单位投资每年所创造的年净收益额。对生产期内各年的净收益额变化幅度较大的技术方案，可计算生产期年平均净收益额与技术方案投资的比率，其计算公式为：

$$R = \frac{A}{I} \times 100\% \qquad (22-2-9)$$

式中　R——投资收益率；
　　　A——技术方案年净收益额或年平均净收益额；
　　　I——技术方案投资。

2）判断标准

将计算出的投资收益率（R）与所确定的基准投资收益率（R_c）进行比较。若 $R \geq R_c$，则技术方案可以考虑接受；若 $R < R_c$，则技术方案是不可行的。

3）应用式

根据分析的目的不同，投资收益率又具体分为：总投资收益率（R_{OI}）、资本金净利润率（R_{OE}）。

① 总投资收益率（R_{OI}）。

总投资收益率是指项目运营期内年平均息税前利润与项目总投资的比率，表示总投资的盈利水平，计算公式如下：

$$R_{OI} = \frac{EBIT}{TI} \times 100\% \qquad (22-2-10)$$

式中　$EBIT$——运营期内年平均息税前利润；
　　　TI——可利用探井评价井投资和项目总投资。

总投资收益率高于企业的收益率参考值，表明用总投资收益率表示的盈利能力满足要求。

② 资本金净利润率（R_{OE}）。

资本金净利润率是指项目运营期内年平均净利润与项目资本金投资的比率,表示项目资本金投资的盈利水平,计算公式如下:

$$R_{OE} = \frac{NP}{EC} \times 100\% \qquad (22-2-11)$$

式中　NP——项目运营期内年平均净利润;
　　　EC——可利用探井评价井投资、项目资本金和运营期投资。

资本金净利润率高于企业的净利润率参考值,表明用资本金净利润率表示的盈利能力满足要求。

4) 优劣

投资收益率指标经济意义明确、直观,计算简便,在一定程度上反映了投资效果的优劣,可适用于各种投资规模。但不足的是没有考虑投资收益的时间因素,忽视了资金具有时间价值的重要性;适用于工艺简单而生产情况变化不大的技术方案的选择和投资经济评价。

2. 投资回收期

1) 概念

投资回收期是反映技术方案投资回收能力的重要指标,分为静态投资回收期和动态投资回收期;通常只计算技术方案静态投资回收期。

技术方案静态投资回收期是在不考虑资金时间价值的条件下,以技术方案的净收益回收其总投资(包括建设投资和流动资金)所需要的时间,一般以年为单位,宜从项目建设开始年算起;若从项目投产开始年算起的,应予以特别注明;从技术方案建设开始年算起,静态投资回收期(Pt)的计算公式如下:

$$\sum_{t=1}^{P_t}(CI-CO)_t = 0 \qquad (22-2-12)$$

式中　P_t——技术方案静态投资回收期;
　　　CI——技术方案现金流入量;
　　　CO——技术方案现金流出量;
　　　$(CI-CO)_t$——技术方案第 t 年净现金流。

2) 应用式

项目投资回收期可利用项目投资财务现金流量表计算,项目投资财务现金流量表中累计净现金流量由负值变为零时的时点,即为项目的投资回收期;投资回收期应按下式计算:

$$P_t = T - 1 + \frac{\text{第}(T-1)\text{年的累计净现金流量的绝对值}}{\text{第 } T \text{ 年的净现金流量}} \qquad (22-2-13)$$

式中　T——各年累计净现金流量首次为正值或零的年数。

3) 判断标准

将计算出的静态投资回收期 P_t 与所确定的基准投资收益率 P_c 进行比较。若 $P_t \geq P_c$,则技术方案可以考虑接受;若 $P_t < P_c$,则技术方案是不可行的。

4) 优劣

静态投资回收期指标容易理解,计算也比较简便,在一定程度上显示了资本的周转速度。显然,资本周转速度越快,静态投资回收期越短,风险越小,技术方案抗风险能力强。因此在技术方案经济评价中一般都要求计算静态投资回收期,以反映技术方案原始投资的补偿速度和技术方案投资风险性。但不足的是,静态投资回收期没有全面地考虑技术方案整个评价期的现金流量,即只考虑回收之前的效果,不能反映投资回收之后的情况,故无法准确衡量整个计算期内现金流量。所以,静态投资回收期作为技术方案选择和技术方案排队的评价准则是不可靠的,它只能作为辅助评价指标,或与其他评价指标结合应用。

3. 财务净现值(FNPV)

1) 概念

财务净现值是反映技术方案在计算期盈利能力的动态评价指标。技术方案的财务净现值是指按设定的折现率(一般采用基准收益率 i_c)计算的项目计算期内净现金流量的现值之和,计算公式如下:

$$FNPV = \sum_{t=1}^{n} (CI - CO)_t (1 + i_c)^{-t} \qquad (22-2-14)$$

式中 i_c——设定的折现率(同基准收益率);

n——技术方案计算期。

可根据需要选择计算所得税前财务净现值或所得税后财务净现值。

2) 判断标准

财务净现值是评价技术方案的盈利能力的绝对指标。当 $FNPV>0$ 时,说明该技术方案除了满足基准收益率要求的盈利水平之外,还能得到超额收益,即技术方案现金流入的现值和大于现金流出的现值和,该技术方案有收益,所以技术方案财务上可行;当 $FNPV=0$ 时,说明技术方案能满足基准收益率要求的盈利水平,即技术方案现金流入的现值和正好抵偿现金流出的现值和,该技术方案在财务上还是可行的;当 $FNPV<0$ 时,说明该技术方案不能满足基准收益率要求的盈利水平,即技术方案收益的现值不能抵偿支出的现值,该技术方案财务上不可行。

3) 优劣

财务净现值指标的优点是考虑了资金的时间价值并全面考虑了技术方案在整个计算期内现金流量的时间分布的状况;经济意义明确直观,能够直接以货币额表示技术方案的盈利水平;不足之处是必须首先确定一个符合经济现实的基准收益率,而基准收益率的确定往往是比较困难的。财务净现值也不能真正反映技术方案投资中单位投资的使用效率;不能直接说明在技术方案运营期各年的经营成果;没有给出该投资过程确切的收益大小,不能反映投资的回收速度。

4. 财务内部收益率(FIRR)

1) 概念

财务内部收益率是指能使项目计算期内净现金流量现值累计等于零时的折现率,即 FIRR

作为折现率使下式成立：

$$\sum_{t=1}^{n}(CI-CO)_t(1+FIRR)^{-t}=0 \qquad (22-2-15)$$

式中　CI——现金流入量；

　　　CO——现金流出量；

　　　$(CI\text{-}CO)_t$——第 t 期的净现金流量；

　　　n——项目计算期。

2）判断标准

投资财务内部收益率、资本金投资财务内部收益率和投资各方财务内部收益率都依据上式计算，但现金流入和现金流出不同。

当财务内部收益率大于或等于基准收益率（i_c）时，技术方案在财务上可考虑接受；如果财务内部收益率小于基准收益率（i_c）时，技术方案在财务上应予以拒绝。投资财务内部收益率、资本金投资财务内部收益率和投资各方财务内部收益率可有不同的基准值。

作为项目投资判断的财务基准收益率或计算财务净现值的折现率，应主要依据"资金机会成本"和"资金成本"确定，并充分考虑项目可能面临的风险。

项目资本金财务内部收益率的判别基准是项目投资者整体对投资获利的最低期望值，亦即最低可接受收益率。当计算的项目资本金内部收益率不小于该最低可接受收益率时，说明投资获利水平大于或达到了要求，是可以接受的。

3）优劣

财务内部收益率（$FIRR$）指标考虑了资金的时间价值以及技术方案在整个计算期内的经济状况，不仅能反映投资过程的收益程度，而且 $FIRR$ 不受外部参数的影响，完全取决于技术方案投资过程净现金流量系列的情况。这种技术方案内部决定性，使它在应用中具有一个显著的优点，即避免了像财务净现值之类的指标那样须事先确定基准收益率这个难题。但不足的是财务内部收益率对于具有非常规现金流量的技术方案，其财务内部收益率在某些情况下甚至不存在或存在多个内部收益率。

5. 利息备付率（ICR）

1）概念

利息备付率是指在借款偿还期内的息税前利润与应付利息的比值，它从付息资金来源的充裕性角度反映项目偿付债务利息的保障程度和支付能力，计算公式如下：

$$ICR=\frac{EBIT}{PI} \qquad (22-2-16)$$

式中　$EBIT$——息税前利润；

　　　PI——计入总成本费用的应付利息。

2）判断标准

利息备付率应分年计算，它从付息资金来源的充裕性角度反映企业偿付债务利息的能力。

利息备付率高,表明利息偿付的保证度大,风险小。正常情况下利息备付率一般应大于1,或结合债权人的要求判定。

6. 偿债备付率(DSCR)

1) 概念

偿债备付率是指在借款偿还期内可用于还本付息的资金与应还本付息金额的比值,表示可用于还本付息的资金偿还借款本息的保障程度,计算公式如下:

$$DSCR = \frac{EBITDA - TAX}{PD} \tag{22-2-17}$$

式中　EBITDA——息税前利润加折耗和摊销(如果项目在运营期内有运营期投资,应扣除运营期投资);
　　　TAX——所得税;
　　　PD——应还本付息金额,包括还本金额及计入总成本费用的应付利息,短期借款本息也应纳入计算。

2) 判断标准

偿债备付率应分年计算,偿债备付率高,表明可用于还本付息的资金保障程度高。偿债备付率应大于1,并结合债权人的要求确定。

7. 资产负债率(LOAR)

1) 概念

资产负债率是指年末负债总额与资产总额的比率,计算公式如下:

$$LOAR = \frac{TL}{TA} \times 100\% \tag{22-2-18}$$

式中　TL——年末负债总额;
　　　TA——年末资产总额。

2) 判断标准

适度的资产负债率表明企业经营安全、稳健,具有较强的筹资能力,也表明企业和债权人的风险较小。对该指标的分析,应结合国家宏观经济状况、行业发展趋势、集团公司融资模式等具体条件判定。

五、现金流量表的编制

1. 投资现金流量表

投资现金流量表是以技术方案为一独立系统进行设置的,反映技术方案在整个计算期(包括建设期和生产运营期)内现金流入和流出。通过投资现金流量表(表22-2-2)可计算技术方案的财务内部收益率、财务净现值和静态投资回收期等经济评价指标,并可以考察技术方案融资前的盈利能力。

表 22-2-2　投资现金流量表　　　　　　　　　　　　　　单位：万元

序号	项目名称	合计	计算期						
			1	2	3	4	5	…	n
1	现金流入								
1.1	营业收入								
1.2	销项税额								
1.3	补贴收入								
1.4	回收油气资产净值								
1.5	回收流动资金								
2	现金流出								
2.1	建设投资								
2.2	流动资金								
2.3	经营成本								
2.4	成本进项税额								
2.5	增值税								
2.6	营业税金及附加								
2.7	维持运营投资								
3	所得税前净现金流量(1-2)								
4	累计税前净现金流量								
5	调整所得税								
6	所得税后净现金流量(1-2-5)								
7	累计税后净现金流量								
计算指标： 投资财务内部收益率(%) 投资财务净现值(i_c=%) 投资回收期(年)			所得税前			所得税后				

2. 资本金现金流量表

资本金现金流量表见表22-2-3。

表 22-2-3　资本金流量表　　　　　　　　　　　　　　单位：万元

序号	项目名称	合计	计算期						
			1	2	3	4	5	…	n
1	现金流入								
1.1	营业收入								
1.2	销项税额								
1.3	补贴收入								

续表

序号	项目名称	合计	计算期						
			1	2	3	4	5	...	n
1.4	回收油气资产净值								
1.5	回收流动资金								
2	现金流出								
2.1	项目资本金								
2.2	借款本金偿还								
2.3	借款利息支付								
2.4	经营成本								
2.5	成本进项税额								
2.6	增值税								
2.7	营业税金及附加								
2.8	维持运营投资								
2.9	所得税								
3	净现金流量(1-2)								
计算指标:资本金财务内部收益率(%)									

3. 投资各方现金流量表

投资各方现金流量表见表22-2-4。

表22-2-4 投资各方现金流量表　　　　　　　　单位:万元

序号	项目名称	合计	计算期						
			1	2	3	4	5	...	n
1	现金流入								
1.1	实分利润								
1.2	资产处置收益分配								
1.3	租赁收入								
1.4	技术转让使用收入								
1.5	其他现金流入								
2	现金流出								
2.1	实缴资本								
2.2	租赁资产支出								
2.3	其他现金流出								
3	净现金流量(1-2)								
计算指标:投资各方财务内部收益率(%)									

4. 财务计划现金流量表

财务计划现金流量表见表22-2-5。

表22-2-5 财务计划现金流量表　　　　　　　　单位：万元

序号	项目名称	合计	计算期						
			1	2	3	4	5	…	n
1	经营活动净现金流量表(1.1、1.2)								
1.1	现金流入								
1.1.1	营业收入								
1.1.2	销项税额								
1.1.3	补贴收入								
1.2	现金流出								
1.2.1	经营成本								
1.2.2	成本进项税额								
1.2.3	营业税金及附加								
1.2.4	增值税								
1.2.5	所得税								
2	投资活动净现金流量(2.1、2.2)								
2.1	现金流入								
2.2	现金流出								
2.2.1	建设投资								
2.2.2	流动资金								
2.2.3	维持运营投资								
3	筹资活动净现金流量(3.1、3.2)								
3.1	现金流入								
3.1.1	项目资本金投入								
3.1.2	建设投资借款								
3.1.3	流动资金借款								
3.1.4	短期借款								
3.2	现金流出								
3.2.1	各种利息支出								
3.2.2	偿还长期借款本金								
3.2.3	偿还短期借款本金								
3.2.4	偿还流动资金借款本金								
3.2.5	投资者分配利润								
4	净现金流量(1+2+3)								
5	累计盈余资金								

六、现金流量表的构成要素

经济评价主要指标是通过技术方案现金流量表计算导出的。对于一般性技术方案经济评价来说，投资、经营成本、营业收入和税金等经济量本身既是经济指标，又是导出其他经济评价指标的依据，所以他们是构成技术方案现金流量的基本要素。

1. 营业收入

1）技术方案营业收入

营业收入是指技术方案实施后各年销售产品或提供服务所获得的收入，即：

营业收入＝产品销售量×产品单价

主副产品的销售收入应全部计入营业收入。营业收入是现金流量表中现金流入的主体，其估算的准确性极大地影响着技术方案经济评价。因此，营业收入的计算既需要在正确估计各年生产利用率（或称生产负荷或开工率）基础上的年产品销售量，也需要合理确定产品的价格。

在技术方案营业收入估算中，应首先根据市场需求预测确定技术方案产品的市场份额，进而合理确定企业的生产规模，再根据企业的设计生产能力和隔年的运营符合确定年产量。为计算简便，假定年生产量即为年销售量，不考虑库存。但须注意年销售量应按投产期与达产期分别测算。

技术方案各年运营负荷一般开始投产时负荷较低，以后各年逐年提高，提高的幅度应根据技术的成熟度、市场的开发程度、产品的寿命期、需求量的增减变化等因素，结合行业和技术方案特点，通过制定运营计划合理确定。

2）油田开发项目营业收入

对于油田开发项目营业收入是指通过销售油气商品及副产品取得的收入，应根据油藏工程方案确定的分年油气产量、油气商品率和销售价格计算。如果油气处理须经过原油稳定、轻烃回收和天然气净化等环节，油气产品还应包括相关副产品。营业收入计算公式如下：

$$营业收入 = 油气产量 \times 油气商品率 \times 油气销售价格 + 副产品收入 \quad (22\text{-}2\text{-}19)$$

（1）油气商品量是指可以通过销售获取收入的产品数量，可以根据油气产量和油气商品率计算。油气商品率应根据油气生产过程中发生的损耗和自用情况综合确定。

（2）国内油田原油销售价格与国际接轨，根据原油的不同品质，将我国原油分为轻质油、中质油Ⅰ类、中质油Ⅱ类、重质油等四大类，其价格与国际油价挂靠，并根据国内原油运输条件等因素考虑一定的贴水。国内原油销售价格计算公式如下：

$$国际原油价格(元/t) = 挂靠国际油品价格(美元/桶) \times 吨桶系数 \times 汇率 \quad (22\text{-}2\text{-}20)$$

$$原油销售价格(元/t) = 国际原油价格(元/t) + 贴水 \quad (22\text{-}2\text{-}21)$$

2. 补贴收入

某些经营性的公益事业、基础设施技术方案，例如煤层气、页岩气等非常规油气开发项目，政府在项目运营期给予一定数额的财政补贴，以维持正常运营，使投资者能获得合理的投资收益。对这类技术方案应按有关规定估算企业可能得到与收益相关的政府补助,包括先征后返的增值税、按销量或工作量等依据国家规定的补助定额计算并按期给予的定额补贴,以及属于财政扶持而给予的其他形式的补贴等,应按相关规定合理估算,记作补贴收入。

补贴收入和营业收入一样,应列入技术方案投资现金流量表、资本金现金流量表和财务计划现金流量表。

3. 投资与资产

总投资包括建设投资、建设期利息和流动资金。其概念和估算方法见本章第一节内容。

投资分别形成油气资产、无形资产、其他资产和流动资产。油气资产是指油气田为生产油气商品而持有的、使用寿命超过一个会计年度的有形资产,投资形成的油气资产原值用于计算折耗;无形资产是指企业拥有或控制的没有实物形态的可辨认非货币性资产,投资形成的无形资产和其他资产原值用于计算摊销费用。

4. 总成本费用

1)技术方案总成本构成

对于油气集输、处理地面工程技术方案,在运营期内各年的总成本费用按照生产要素构成如下式所示:

$$总成本费用 = 外购原材料、燃料及动力费 + 工资及福利费 + \\ 修理费 + 折旧费 + 摊销费 + 财务费用 + 其他费用 \quad (22-2-22)$$

式中各分项的内容和估算要点如下:

(1)外购原材料、燃料及动力费。

外购原材料、燃料及动力应分别按照其年消耗量和供应单价进行估算,即:

$$外购原材料、燃料及动力 = \sum 年消耗量 \times 原材料、燃料及动力供应单价 \quad (22-2-23)$$

原材料、燃料及动力价格是在选定价格体系下的预测价格,该价格应按到厂价格计算,并考虑运输及仓储损耗。采用的价格时点和价格体系应与营业收入的估算一致。原材料、燃料及动力费估算要充分体现行业特点和技术方案具体情况。

(2)工资及福利费。

工资及福利费是指企业为获得职工提供的服务而给予各种形式的报酬以及其他相关支出,通常包括职工工资、奖金、津贴和补贴,职工福利费,以及医疗、养老、失业、工伤、生育等社会保险费和住房公积金中由职工个人缴付的部分。工资及福利费一般按照技术方案建成投产后各年所需的职工总数及劳动定员数和人均年工资及福利费水平测算,即:

$$工资及福利费 = 企业职工定员数 \times 人均年工资及福利费 \quad (22-2-24)$$

确定工资及福利费水平时需考虑技术方案性质、技术方案地点、行业特点等因素。依托老企业的技术方案,还要考虑原企业工资水平。

(3)修理费。

修理费是指为保持固定资产的正常运转和使用,充分发挥使用效能,对其进行必要修理所发生的费用。按修理范围的大小和修理时间间隔的长短可以分为大修理和中小修理。技术方案评价中可按固定资产原值(扣除所含的建设期利息)的一定比例估算。比例的选取考虑行业的技术方案特点,修理费可按下列公式计算:

$$修理费 = 固定资产原值 \times 计提比率(\%) \quad (22-2-25)$$

修理费允许直接在成本中列支,如果当期发生的修理费用数额较大,可采用预提或摊销的办法。在生产运营的各年中,修理费率的取值,一般采用固定值。根据技术方案特点,也可以间断性地调整修理费费率,开始取较低值,以后取较高值。

(4) 折旧费。

折旧是为了补偿固定资产在生产过程中的价值损耗而提取的补偿费用。会计上,折旧就是指在固定资产使用寿命内,按照确定的方法对计折旧额进行分摊。可选用的折旧方法包括平均年限法、工程量法、双倍余额递减法和年数总和法等。

应计折旧额是固定资产的原值扣除其预计净残值后的金额。

平均年限法计算公式:

$$固定资产年折旧额 = 固定资产计折旧额 \div 固定资产预计使用年限 \quad (22-2-26)$$

工程量法计算公式:

$$单位工作量折旧额 = 应计折旧额 \div 预计总工作量 \quad (22-2-27)$$

(5) 摊销费。

摊销费是指无形资产和其他资产在技术方案投产后一定期限内分期摊销的费用。摊销计算采用年限法。无形资产从开始使用之日按照规定期限摊销,没有规定期限按十年分期摊销;其他资产自投产之日起,按照不短于五年的期限分期摊销。

(6) 财务费用。

财务费用指项目筹集资金在运营期间所发生的费用,包括利息支出和其他财务费用。对于油气集输、处理地面工程技术方案,通常只考虑利息支出。利息支出的估算包括长期借款利息、流动资金借款利息和短期借款利息三部分。建设投资贷款在生产期间的利息支出应根据不同的还款方式和条件采用不同的计息方法;流动资金借款利息按照每年年初借款余额和预计的年利率计算。

(7) 其他费用。

其他费用是指上述费用之外的、应计入生产成本费用的其他费用。

2) 油田开发项目总成本费用构成

对于油田开发项目,项目总成本费用指项目在运营期内为油气生产所发生的全部费用。经济评价中总成本费用由油气操作成本、折耗和期间费用组成。

(1) 操作成本。

操作成本指在油气生产过程中操作和维持井及有关设备和设施发生的成本总支出,对应生产作业过程操作成本主要包括采出作业费、驱油物注入费、稠油热采费、油气处理费、轻烃回收费、井下作业费、测井试井费、天然气净化费、维护及修理费、运输费、其他辅助作业费和厂矿管理费等项目。

采出作业费指采油采气过程中,直接消耗于油气井、计量站、集输站、集输管线以及其他生产设施的各种材料、燃料、动力的费用,以及直接从事于生产的采油队、采气队、集输站等生产人员的工资及职工福利费。采出作业费可以生产井开井数为基础按单井费用指标计算。

驱油物注入费指为提高采收率,对地层进行注水、注气或者注化学物等所发生的材料、动力、人员等费用。驱油物注入费可以注入物量为基础按单位注入量费用指标计算。对于外购的注入物,例如化学物、CO_2等气体,在注入站消耗的材料、动力、人员等费用基础上,按照注入物的消耗量和单价计算注入物的材料费用。

稠油热采费指采用蒸汽吞吐或其他热采方式开采稠油、高凝油所发生的材料、动力、人员等一切费用,包括造汽、注汽、保温等环节的各项费用,以注入蒸汽量为基础按每吨费用指标计算。

油气处理费指在集中处理站中对原油进行脱水、脱气及含油污水脱油、回收过程中所发生的材料、动力、人员等一切费用,以处理液量为基础按每吨费用指标计算。

轻烃回收费指从原油或天然气中回收凝析油和液化石油气过程中所发生的材料、动力、人员等一切费用。油田以原油产量基础按每吨费用指标计算,气田以天然气产量为基础按每千立方米费用指标计算。

井下作业费包含维护性井下作业费和增产措施井下作业费两部分。维护性井下作业是维持油气水井正常生产必须进行的作业,包括检泵、修井等;增产措施井下作业是为增加油气产量而进行的井下作业,包括压裂、酸化、排水采气等。井下作业费分为油气井井下作业费和注入井井下作业费,可以生产井开井数为基础按单井费用指标计算。

测井试井费指油气生产过程中为掌握油气田地下油气水分布动态所发生的测井试井费用,分为油气井测井试井费和注入井测井试井费,可以生产井开井数为基础按单井费用指标计算。

天然气净化费是指在天然气处理厂(净化厂)对天然气进行脱水、脱油、脱硫等过程中发生的材料、燃料、动力、人员等一切费用,以天然气产量为基础按每千立方米费用指标计算。

维护及修理费指为了维持油气田地面系统的正常运行,对油气资产地面设施设备进行维护、修理所发生的费用;为保证安全生产修建小型防洪堤、防火墙、防风沙林等不属于资本化支出的费用;辅助设备和设施发生的修理费用。维护及修理费可按地面工程投资的一定比例计算。

运输费指为油气生产提供运输服务的运输费,包括单井拉油运费等。油气田生产一般性的运输费用,可以生产井开井数为基础按单井费用指标计算,单井拉油运输费应根据运输距离以产液量为基础按每吨费用指标计算。

其他辅助作业费指上述费用以外的直接用于油气生产的其他辅助作业费用,以生产井开井数为基础按单井费用指标计算。

厂矿管理费指油气生产单位包括采油(气)厂、矿两级生产管理部门为组织和管理生产所发生的管理性支出,以全部定员为基础按人员费用指标估算,也可以生产井开井数为基础按单井费用指标计算。

(2) 折耗。

折耗是为了补偿油气资产在生产过程中的价值损耗而提取的补偿费用。按照现行会计准则，一般采用产量法计算油气资产的折耗。

(3) 期间费用。

期间费用包括管理费用、财务费用、营业费用以及勘探费用。

管理费用是指地区分公司一级的管理部门为组织和管理生产经营所发生的管理费用，包括董事会和行政管理部门在经营管理中发生的，或者应由本公司统一负担的公司经费（包括行政管理部门职工薪酬、修理费、物料消耗、低值易耗品摊销、办公费和差旅费等）、其他劳动保险、财产保险费、安全生产费用、残疾人就业保障金、董事会费（包括董事会成员津贴、会议费和差旅费等）、聘请中介机构费、咨询费（含顾问费）、诉讼费、业务招待费、房产税、车船使用税、土地使用税、印花税、技术转让费、防洪基金、价格调节基金、折旧费、摊销费、排污费、劳务费、技术服务费、警卫消防费、信息系统维护费、清欠经费、存货盘亏或盘盈（不包括应计入营业外支出的存货损失）。为简化计算，管理费用分为摊销费、安全生产费用和其他管理费。摊销费按照规定期限采用年限法计算；安全生产费用是按照国家有关规定计算；其他管理费以全部定员为基础进行估算，如果没有定员计划，其他管理费以总开井数为基础按单井费用指标计算。

财务费用指项目筹集资金在运营期间所发生的费用，包括利息支出和其他财务费用。根据油气开发项目的特点，为简化计算，在评价中不计算其他财务费用。运营期间发生的利息支出，包括长期借款、流动资金借款、短期借款的利息净支出和弃置成本财务费用。

营业费用是指企业销售商品过程中发生的费用，包括运输费、装卸费、包装费、保险费、展览费和广告费，以及为销售本单位商品而专设的销售机构（含销售网点、售后服务网点等）的业务费、职工薪酬、折旧费、信息系统维护费等经营费用。为了简化计算，经济评价中将营业费用归为工资或薪酬、折旧费、修理费和其他营业费用几部分。其他营业费用是指由营业费用中扣除工资或薪酬、折旧费和修理费后的其余部分，经济评价中按营业收入的一定比例计算。

勘探费用是指地质调查、地球物理勘探费用和其他物化探和地震费用，未发现经济可采储量探井、评价井的费用，成功探井、评价井的无效井段费用。根据集团公司财务规定，勘探费用列入当期损益。

3) 经营成本概念

经营成本指运营期内为生产产品和提供劳务而发生的各种耗费，是项目财务现金流量分析中所采用的一个特定概念，作为运营期内主要现金流出。经营成本为总成本费用扣除油气资产折耗费、无形资产及其他资产摊销费和财务费用（一般仅指利息支出）后的成本费用。

5. 税金

油田项目经济评价涉及的税费主要包括增值税、城市维护建设税、教育费附加、资源税、石油特别收益金、所得税等。城市维护建设税、教育费附加、资源税和石油特别收益金构成营业税金及附加。税种的税基和税率的选择，应根据相关税法和项目的具体情况确定。如有减免税优惠，应说明依据及减免方式。

1) 增值税

增值税是以商品生产和劳务服务各个环节的增值因素为征收对象的一种流转税。内部生产的自用产品、内部调拨材料和设备以及产品销售过程中所发生的费用免交增值税。根据增值税税法规定和油田项目特点,增值税可简化计算,计算公式如下:

$$增值税 = 销项税额 - 进项税额 \quad (22-2-28)$$

$$销项税额 = 营业收入 \times 增值税税率 \quad (22-2-29)$$

进项税额包括建设投资中增值税抵扣额和成本进项税额。计算增值税时,当年的销项税首先扣减成本进项税额,还有余额时再扣减建设投资中增值税抵扣额,当年不能抵扣完的可转入下一年继续抵扣,但注意当年的增值税不能为负数。运营期投资中所含增值税抵扣额在运营期当期予以抵扣,如抵扣不完,可顺延在下一年抵扣。

$$\begin{aligned}成本进项税额 = &(采出作业费 + 驱油物注入费 + 稠油热采费 + \\ &油气处理费 + 轻烃回收费 + 井下作业费 + 测井试井费 + \\ &天然气净化费 + 维护及修理费 + 运输费) \times 增值税税率\end{aligned} \quad (22-2-30)$$

其中,采出作业费、驱油物注入费、稠油热采费、油气处理费、轻烃回收费、井下作业费、测井试井费、天然气净化费、维护及修理费、运输费中可以抵税部分应根据各油田实际统计计算,并根据具体的应税行为采用相应的税率。

或:

$$\begin{aligned}成本进项税额 = &操作成本 \times 操作成本中进 \\ &项税所占比例 \times 增值税税率\end{aligned} \quad (22-2-31)$$

式中操作成本中进项税所占比例应根据各油田实际统计计算。

建设投资中的增值税抵扣额通过建设投资估算表计算得到。

2)城市维护建设税

城市维护建设税是以缴纳的增值税为依据和规定税率计算缴纳的一种税,专项用于城市维护和建设。计算公式如下:

$$城市维护建设税 = 增值税 \times 税率 \quad (22-2-32)$$

3)教育费附加

教育费附加是对缴纳增值税的单位和个人征收的一种附加费,专项用于发展地方性教育事业,包括教育费附加和地方教育费附加。计算公式如下:

$$\begin{aligned}教育费附加 = &增值税 \times (教育费附加税率 + \\ &地方教育费附加征收标准)\end{aligned} \quad (22-2-33)$$

4)资源税

资源税是为调节资源级差收入,促进企业合理开发资源,加强经济核算,提高经济效益而征收的一种税。

资源税计算公式如下：

$$资源税 = 油气营业收入 \times 适用税率 \qquad (22-2-34)$$

5）石油特别收益金

石油特别收益金是指国家对石油开采企业销售国产原油因价格超过一定水平所获得的超额收入按比例征收的收益金。根据财政部印发的《石油特别收益金征收管理办法》，凡在中华人民共和国陆地领域和所辖海域独立开采并销售原油的企业，以及在上述领域以合资、合作等方式开采并销售原油的其他企业均应当按照规定缴纳石油特别收益金。

石油特别收益金实行5级超额累进从价定率计征，按月计算、按季缴纳。征收比率按石油开采企业销售原油的月加权平均价格确定。石油特别收益金计算公式如下：

$$石油特别收益金 = [(原油价格 - 起征点) \times 征收比率 -$$
$$速算扣除数] \times 吨桶换算系数 \times 汇率 \times 原油商品量 \qquad (22-2-35)$$

在财务分析中，为简化计算，石油特别收益金的计算和缴纳均以年为单位。

6）所得税

所得税是对企业就其生产经营所得和其他所得征收的一种税。根据国家有关企业所得税的法律、法规以及相关政策，正确计算应纳税所得额，并采用适宜的税率计算企业所得税，同时注意正确使用有关的所得税优惠政策，并加以说明。所得税计算公式如下：

$$应纳所得税额 = 应纳税所得额 \times 税率 \qquad (22-2-36)$$

$$应纳税所得额 = 利润总额 - 纳税调整项目 \qquad (22-2-37)$$

按照所得税法规定，"企业纳税年度发生的亏损，准予向以后年度结转，用以后年度的所得弥补，但结转年限最长不得超过五年"。因此，当财务分析中出现年度亏损时应注意用下一年的所得予以弥补。计算公式为：

$$应纳税额 = (应纳税所得额 - 用于弥补$$
$$以前年度亏损额) \times 税率 \qquad (22-2-38)$$

在项目融资前分析中所得税为息前所得税，称为调整所得税，以息税前利润为基础计算。为简化计算，在息税前利润计算中的折耗，仍按含建设期利息形成的油气资产原值计算。

七、不确定性分析

技术方案所采用的数据大部分来自预测和估算，具有一定程度的不确定性。为分析不确定性因素对评价指标的影响，需要进行不确定性分析和风险分析，估计技术方案可能承担的风险，考察技术方案的财务可靠性，提出技术方案风险的预警、预报和相应的对策，为投资决策服务。不确定性分析，包括盈亏平衡分析、敏感性分析和情景分析。

1. 盈亏平衡分析

盈亏平衡分析是指通过计算项目达产年的盈亏平衡点（BEP），分析项目成本与收入（包括营业收入和补贴收入)的平衡关系,判断项目对产出品数量变化的适应能力和抗风险能力。盈亏平衡分析只用于财务分析。由于油田项目原油产量具有递减性,每年的盈亏平衡点都不一样,正常生产年份的盈亏平衡点不具有代表性,因此可通过计算生产运营期内的整体盈亏平衡点进行盈亏平衡分析。

盈亏平衡点的表达形式有多种。根据油田项目的特点,在项目评价中最常用的是以生产能力利用率和产量表示的盈亏平衡点,按下列公式计算:

$$BEP \text{生产能力利用率} = \text{总固定成本} / (\text{总营业收入} - \text{总可变成本} - \text{总营业收入及附加}) \times 100\% \quad (22-2-39)$$

$$BEP \text{产量} = BEP \text{生产能力利用率} \times \text{设计生产能力} \quad (22-2-40)$$

盈亏平衡点也可利用盈亏平衡图 22-2-5 求取。

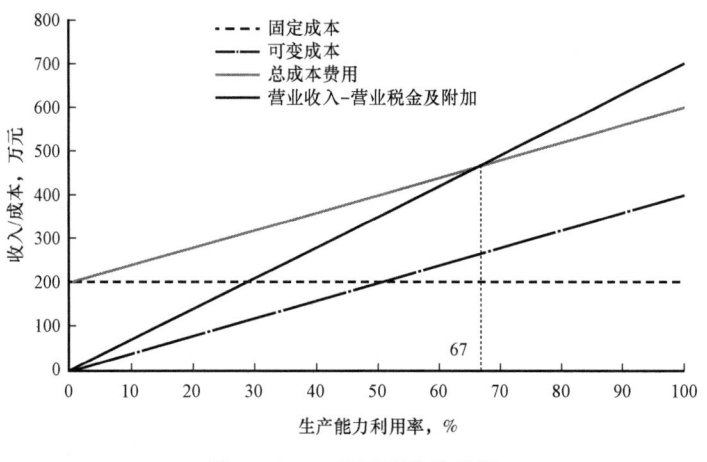

图 22-2-5 盈亏平衡示意图

2. 敏感性分析

敏感性分析是通过分析不确定因素发生增减变化时,对财务分析指标的影响,并计算敏感度系数和临界点,找出敏感因素。

敏感性分析包括单因素和多因素分析。单因素分析是指每次只改变一个因素的数值来进行分析,估算单个因素的变化对项目效益产生的影响;多因素分析则是同时改变两个或两个以上相互独立的因素来进行分析,估算多因素同时发生变化的影响。为了找出关键的敏感性因素,通常只进行单因素敏感性分析。

(1) 单因素敏感性分析。根据油田项目的特点,通常选择油气销售价格、油气产量、经营成本、投资等对项目效益影响较大且重要的不确定性因素作为敏感性因素,变化的百分率为±5%、±10%、±15%、±20%等;选取的效益指标以项目财务内部收益率为主,必要时也可分析其他指标如净现值、投资回收期等。敏感性分析结果可通过敏感性分析表(表22-2-6)或敏感性分析图(图22-2-6)表示。

表 22-2-6 敏感性分析表

序号	不确定因素	变化率,%	内部收益率,%	敏感度系数	临界点,%	临界值
	基本方案					
1	建设投资	−20				
		−15				
		−10				
		−5				
		+5				
		+10				
		+15				
		+20				
2	……	−20				
		−15				
		−10				
		−5				
		+5				
		+10				
		+15				
		+20				

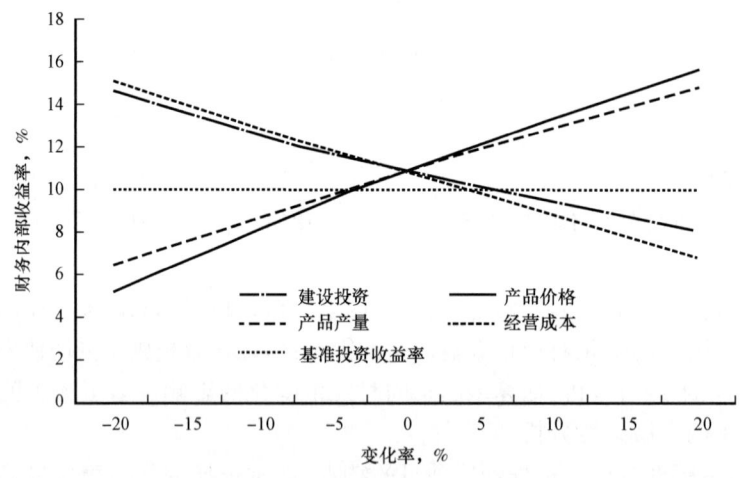

图 22-2-6 敏感性分析示意图

（2）敏感度系数（S_{AF}）

敏感度系数（S_{AF}）是指项目效益指标变化率与不确定性因素变化率之比,计算公式为：

$$S_{AF} = \frac{\Delta A/A}{\Delta F/F} \qquad (22-2-41)$$

式中　S_{AF}——评价指标 A 对于不确定性因素 F 的敏感系数；

　　　$\Delta F/F$——不确定性因素 F 的变化率；

　　　$\Delta A/A$——不确定性因素 F 发生 ΔF 变化率时，评价指标 A 的相应变化率。

$S_{AF}>0$，表示评价指标与不确定性因素同方向变化；$S_{AF}<0$，表示评价指标与不确定性因素反方向变化。$|S_{AF}|$ 较大者敏感度系数高。

(3) 临界点是指不确定性因素的变化使项目由可行变为不可行的临界数值，例如，单井产量界限、临界油价等，可采用不确定性因素相对基本方案的变化率或其对应的具体数值表示。采用何种表示方式由不确定因素的特点决定。

临界点可通过试算法或公式求解，也可根据敏感性分析图求得，在敏感性分析图上以基准收益率为基点划一条水平线，水平线与各敏感因素曲线的交点即为该敏感因素的临界点，其所对应的横坐标值就是该因素变动的临界值。

(4) 将不确定因素变化后计算的评价指标与基本方案评价指标进行对比分析，结合敏感度系数及临界点的计算结果，按不确定性因素的敏感程度进行排序，找出最敏感性的因素，分析敏感因素可能造成的风险，并提出应对措施。

3. 情景分析

情景分析是指针对影响项目效益较大因素，设定具体的情景进行多情景的测算分析，如原油价格、单井产量等可选取在多种指标下的效益测算。同时项目在实际运行中，往往会有两个或两个以上的因素同时变动，这时单因素敏感性分析不能反映项目承担风险的情况，因此，可同时选择几个变化因素，设定其变化的情况，进行多因素的情景分析，有利于决策参考。

4. 经济风险分析

经济风险分析是采用定性与定量相结合的方法，分析风险因素发生的可能性及给项目带来经济损失的程度，其分析过程包括风险识别、风险估计、风险评价与风险应对。

(1) 影响项目实现预期经济目标的经济风险因素来源于法律法规及政策、市场、资源、技术、工程方案、融资方案、组织管理、环境与社会、外部配套条件等几个方面。影响油田项目效益的风险因素可归纳为下列内容：

市场风险：原油、天然气产量与价格；

建设风险：建筑安装工程量、设备选型与数量、土地征用和拆迁安置费、人工、设备材料价格、机械使用费及取费标准、工期延长等；

融资风险：资金来源、供应量与供应时间等；

运营成本费用风险：投入的各种材料、燃料、动力的需求量与预测价格、人员费用、管理费取费标准等；

政策风险：税率、利率、汇率及通货膨胀率等。

(2) 风险识别，运用系统论的观点对项目全面考察综合分析，常用的方法有基准化分析法、问卷调查法、检查表法、流程图分析法、事件分析法、头脑风暴法、财务报表分析法等，找出潜在的各种风险因素,并对各种风险进行比较、分类,确定各因素间的相关性与独立性,判断其发生的可能性及对项目的影响程度,按其重要性进行排队,或赋予权重。

(3) 风险估计,运用主观概率和客观概率的统计方法,确定风险因素基本单元的概率分布,根据风险因素发生的可能性及对项目的影响程度,运用概率论和数理统计分析的方法如概率树分析法、蒙特卡罗模拟法以及CIM模型等,计算项目效益指标相应的概率分布或累计概率、期望值、标准差,以此判断风险等级。

(4) 风险评价,对项目经济风险进行综合分析,根据风险识别和风险估计的结果,依据项目风险判别标准,找出影响项目成败的风险因素。项目风险大小的评价标准应根据风险因素发生的可能性及其造成的损失来确定,一般采用评价指标的概率分布或累计概率、期望值、标准差作为判别标准,也可采用综合风险等级作为判别标准。

(5) 风险应对,根据风险评价的结果,研究规避、控制与防范风险的措施,为项目全过程的风险管理提供依据。

(6) 常用风险分析方法包括专家调查法、层次分析法、概率树法、CIM模型及蒙特卡罗模拟分析方法,应根据项目具体情况,选用一种方法或几种方法组合使用。

根据项目特点及评价要求,风险分析可参照下列情况进行:

财务风险和经济风险分析可直接在敏感性分析的基础上,采用概率树分析法和蒙特卡罗模拟分析法,确定各变量的变化区间及概率分布,计算项目内部收益率、净现值等评价指标的概率分布、期望值及标准差,并根据计算结果进行风险评估。

难于定量分析时,可对风险采用定性的分析。

第三节　方案经济比选

技术方案的经济比选(以下简称方案比选)是寻求合理的经济和技术方案的必要手段,也是经济评价的重要内容。在项目可行性研究和设计中,各项主要经济和技术决策(如生产规模、产品方案、工艺流程、设备选型等)都应从技术和经济相结合的角度进行多方案分析论证、比选优化,根据比选的结果,结合其他因素进行方案决策。

一、经济比选的基本方法

方案比选可按方案所含的全部因素(相同因素和不同因素),计算各方案的全部经济效益和费用进行全面对比,也可仅就不同因素计算相对经济效益和费用,进行局部比较。方案对比应注意保持各方案的可比性,遵循效益与费用计算口径对应一致的原则,必要时应该考虑相关效益与相关费用。

1. 独立方案的比选

独立方案的比选指作为评价对象的各个方案的现金流是独立的,不具有相关性,且任何一个方案的采用与否都不影响其他方案的采用。独立方案是否可行取决于方案本身的经济性,可通过计算每个方案的动态经济评价指标和静态经济评价指标进行评价。对于正相关方案的比选,即一个方案的执行可以增加另一个方案的效益,此时,可将两个方案合并为一个方案来判断其可行性,可以采用独立方案的比选方法。

2. 互斥方案的比选

互斥方案的比选是指各个方案之间存在互不相容、互相排斥的关系,在各个备选方案中只能选择一个,其余均必须放弃,不能同时存在。对于负相关方案的比选,即一个项目的执行虽然不排斥另一个项目,但可以使其效益减少,此时如果同时执行这两个方案,在经济上是不合算的,只能选择其一,负相关方案可以转化为互斥方案进行比选。技术方案互斥方案经济比选一般可采用效益比选法、费用比选法和最低价格法。

3. 无资金约束的条件下方案比选

在无资金约束的条件下,一般采用效益比选方法,包括净现值比较法、净年值比较法、差额投资内部收益率法和净现值率法。方案效益相同或基本相同时,可采用最小费用法,即费用现值比较法和费用年值比较法,效果难于或不能货币化如环保、安全等项目,在经济评价中也可采最小费用法(费用效果分析法)对项目进行方案比选,其结论作为项目投资决策的依据之一。最低价格法适用于没有产品价格,通过反算最低价格来比选方案。

1) 效益比选方法

(1) 净现值比较法。

净现值比较法,比较备选方案的财务净现值或经济净现值,以净现值(FNPV)大的方案为优。比较净现值时应采用相同的折现率。计算公式如下:

$$FNPV = \sum_{t=1}^{n}(CI-CO)_t(1+i_c)^{-t} \quad (22-3-1)$$

式中　CI——年现金流入量;
　　　CO——年现金流出量;
　　　$(CI-CO)_t$——第 t 年净现金流量;
　　　i_c——设定的折现率。

(2) 净年值比较法。

净年值比较法,比较备选方案的净效益等额年值(简称净年值 AW),以净年值大的方案为优。比较净年值时应采用相同的折现率。计算公式如下:

$$AW = \left[\sum_{t=1}^{n}(S-I-C'+S_v+W)_t(P/F,i_c,t)\right](A/P,i_c,n) \quad (22-3-2)$$

或

$$AW = NPV(A/P,i_c,n)$$

式中　S——年营业收入;
　　　I——年全部投资;
　　　C'——年经营成本费用;

S_v——计算期末回收的油气资产余值；

W——计算期末回收的流动资金；

$(P/F,i_c,t)$——现值系数；

$(A/P,i_c,n)$——资金回收系数；

i_c——设定的折现率；

n——计算期。

（3）差额投资内部收益率法。

差额投资内部收益率法，使用备选方案差额现金流，应按下式计算：

$$\sum_{t=1}^{n}[(CI-CO)_{大}-(CI-CO)_{小}]_t(1+\Delta FIRR)^{-t}=0 \quad (22-3-3)$$

式中　$(CI-CO)_{大}$——投资大的方案年净现金流量；

$(CI-CO)_{小}$——投资小的方案年净现金流量；

$\Delta FIRR$——差额投资内部收益率。

计算差额投资内部收益率($\Delta FIRR$)，与设定的基准收益率(i_c)进行对比，当差额投资内部收益率($\Delta FIRR$)大于或等于设定的基准收益率(i_c)时，以投资大的方案为优，反之，投资小的为优。在进行多方案比较时，应先按投资大小，由小到大排序，再依次就相邻方案两两比较，从中选出最优方案。

（4）净现值率。

净现值率。按照设定折现率求得的项目计算期的净现值与其全部投资现值的比率，计算式为：

$$NPVR=NPV/I_p=\frac{\sum_{t=0}^{n}(CI-CO)_t(1+i)^{-t}}{\sum_{t=0}^{n}I_t(1+i)^{-t}} \quad (22-3-4)$$

式中　I_p——项目投资现值。

净现值率表明单位投资的盈利能力或资金的使用效率。净现值率最大化，将使有限投资取得最大的净贡献。用净现值率评价项目或方案时，若 $NPVR \geq 0$，方案可行，可以考虑接受；若 $NPVR<0$，方案不可行，应予拒绝。方案对比时，$NPVR$ 大的为优。

2）最小费用比选方法

（1）费用现值比较法。

费用现值比较法，计算备选方案的总费用现值并进行对比，应以费用现值(PC)较低的方案为优。可采用下式计算：

$$PC=\sum_{t=1}^{n}(I+C'-S_v-W)_t(P/F,i_c,t) \quad (22-3-5)$$

式中　PC——费用现值。

(2) 费用年值比较法。

费用年值比较法,计算备选方案的费用年值(AC)并进行对比,以费用年值较低的方案为优。可采用下式计算:

$$AC = \sum_{t=1}^{n} \left[(I + C' - S_v - W)_t (P/F, i_c, t) \right] (A/P, i_c, n) \quad (22-3-6)$$

或

$$AC = PC(A/P, i_c, n)$$

式中 $(A/P, i_c, n)$——资金回收系数。

3) 最低价格(服务收费标准)比较方法

最低价格(服务收费标准)比较法,在相同产品方案比选中,以净现值为零推算各方案的产品最低价格 P_{min},应以最低产品价格较低的方案为优。

4. 安全项目技术方案比选

安全项目是指由于腐蚀老化、设备超年限使用、不符合安全规范要求或外部因素等导致的设施处于非安全状态,通过更新、维护等安全隐患治理措施,达到消除安全隐患的项目。

安全隐患治理项目的目的并不是通过投资获得财务效益,因此应采用费用效果分析和方案经济比选方法,重点从以下三个方面进行项目评价:

(1) 对由于安全问题给油田造成的安全隐患进行定性说明。

(2) 安全项目的不同方案达到的效果基本一致,可采用费用现值或费用年值进行方案比选。

(3) 计算安全项目实施后增加的投资及成本费用,计算单位能力投资指标或单位成本,并与同类型改造项目投资或成本水平进行对比。

5. 环保项目技术方案比选

环保项目是指在生产过程中带来的环境污染问题或按照新环保法不符合排放要求,通过建立一定的技术措施,对造成各种污染的污染源进行处理,达到减少环境污染的项目。

环保项目的目的并不是通过投资获得财务效益,因此不进行财务分析,而应采用费用效果分析和方案经济比选方法,重点从以下三个方面进行项目评价:

(1) 从近年来由于环保问题给企业造成的罚款和赔偿、油气损失等方面对改造后的效益进行定性说明,并定量分析环保项目实施后每年节约的排污费。

(2) 环保项目的不同方案达到的效果基本一致,可采用费用现值或费用年值进行方案比选。

(3) 计算环保项目实施后增加的投资及成本费用,计算单位能力投资指标或单位成本,并与同类型改造项目投资或成本水平进行对比。

6. 技术方案比选注意事项

技术方案比选应特别注意遵循效益与费用口径一致的原则,以及各方案可比性的原则。

(1) 各开发方案采用的基础保持一致。各开发方案计算采用的采收率、单位消耗等,相同情况下应保持一致;而不同情况下,如开发方式改变、操作条件变化,应体现其差别,除非这种差别太小可以忽略不计。

(2) 投入与产出范围相对应。纳入评价范围的资产及其原料、公用工程消耗应与其产出对应一致。如果考虑了某部分的投资,就应该一并考虑其产出及公用工程消耗。

(3) 投资结构和水平的完整性。不同工程方案的投资,应按项目建成投产后完整的投资组成和价格水平计取,否则在差额收益(投资大的方案与投资小的方案的效益差额)一定的情况下,不完整或偏低的差额投资(投资大的方案与投资小的方案的投资差额)数值偏小,从而有利于投资较大的方案;反之,如果高估冒算,投资水平偏高,则有利于投资小的方案。

(4) 选方案经济指标的取值比较差异不大时,不能依此判定方案的优劣,只有经济指标的取值存在足够的差异,且估算和测算的误差不足以使评价结论出现逆转时,才能认定比较方案有显著的差异,并据此判定方案的优劣。

(5) 备选方案的计算期不同时,宜采用净年值法和费用年值法。如果采用差额投资内部收益率法,可将各方案计算期的最小公倍数作为比较方案的计算期或者一个方案中最短的计算期作为比较方案的计算期。在某些情况下可采用研究期法。

二、经济比选案例分析

1. 设备更新方案的比选方法

设备方案比选应遵循总费用最低原则,即在完成相同任务、实现相同功能的前提下,总费用(年投资分摊额加年运行成本之和)最低的方案为最优方案。考虑到不同设备的经济寿命不尽相同,因此在设备方案比选中采用年费用法。

1) 设备经济寿命的确定

设备的经济寿命,通常是根据其年平均总成本最低额来确定的。

设 C 为年平均使用成本,P 为设备投资额,C_t 为第 t 年设备运行成本中的固定费用,M 为设备运行成本中的年增长量,N 为设备的经济寿命;则年平均总成本的计算公式为:

$$C = \frac{1}{N}P + C_t + \frac{(N-1)}{2}M$$

经济寿命 N 由对 C 求导,并令 $\frac{dC}{dN}=0$:

$$\frac{dC}{dN} = \frac{P}{N^2} + \frac{N}{2} = 0$$

由此得

$$N = \sqrt{\frac{2P}{M}} \qquad (22-3-7)$$

[例 19-1] 某加热炉投资 7200 元,第一年的设备运行成本 600 元,每年设备的运行成本增长量是均等为 300 元,求其经济寿命。

解: 设备的经济寿命期

$$m = \sqrt{\frac{2 \times 7200}{300}} = 7 \text{ 年}$$

将各年的计算结果列表,进行比较后,也可以得到同样的结果(表 22-3-1)。

表 22-3-1 设备最优更新期　　　　　　　　　　　　　　　　单位:元

使用年限 N	平均年资产消耗成本 P/N	年度运行成本 C_t	运行成本累计 ΣC_t	平均年度运行成本 (5) = (4)/(1)	年平均使用成本 (6) = (2)+(5)
(1)	(2)	(3)	(4)	(5)	(6)
1	7200	600	600	600	7800
2	3600	900	1500	750	4350
3	2400	1200	2700	900	3300
4	1800	1500	4200	1050	2850
5	1440	1800	6000	1200	2640
6	1200	2100	8100	1350	2550
7	1029	2400	10500	1500	2529
8	900	2700	13200	1650	2550
9	800	3000	16200	1800	2600

2) 设备更新方案的比选

设备方案比选应遵循总费用最低原则,可采用费用现值比较法和费用年值比较法。

(1) 费用年值法。

对于两种设备方案,备选方案的计算期不同时,宜采用费用年值法。

[**例 19-2**] 碳钢制压力容器每台需 50000 元,寿命为 5 年;如用不锈钢制造,每台需 100000 元,寿命为 20 年。两种设备每年运行成本相同,$i = 10\%$。问采用哪种材料制造的压力容器比较合适。

解:

$$A_1 = P\frac{i(1+i)^n}{(1+i)^n - 1} = 50000 \times \frac{10\%(1+10\%)^5}{(1+10\%)^5 - 1} = 13190 \text{ 元}$$

$$A_2 = P\frac{i(1+i)^n}{(1+i)^n - 1} = 10000 \times \frac{10\%(1+10\%)^{20}}{(1+10\%)^{20} - 1} = 11746 \text{ 元}$$

方案二为优,采用不锈钢容器最为经济。

(2) 费用现值法。

对于两种设备方案,一种价廉而寿命较短,一种价高而寿命较长,可采用费用现值法进行比选。

[**例 19-3**] 购买加热炉,第一种方案每台 115000 元,每年消耗 10000 元;第二种方案每

台 100000 元,每年消耗 14000 元,寿命均为 10 年;$i=10\%$。问采用哪种方案比较合适。

解:通过公式计算:

$$P_1 = I_1 + A_1 \frac{(1+i)^n - 1}{i(1+i)^n} = 115000 + 10000 \times \frac{(1+10\%)^{10} - 1}{10\%(1+10\%)^{10}} = 176446 \text{ 元}$$

$$P_2 = I_2 + A_2 \frac{(1+i)^n - 1}{i(1+i)^n} = 100000 + 14000 \times \frac{(1+10\%)^{10} - 1}{10\%(1+10\%)^{10}} = 186024 \text{ 元}$$

方案一为优,虽然一次性投资大,但运行费用低,通过费用现值对比,推荐方案一。

通过现金流量表 22-3-2 和表 22-3-3 计算。

表 22-3-2 购买设备方案现金流量表(方案一) 单位:元

序号	项目名称	合计	计算期										
			0	1	2	3	4	5	6	7	8	9	10
1	现金流入												
1.1	营业收入												
2	现金流出	215000	115000	10000	10000	10000	10000	10000	10000	10000	10000	10000	10000
2.1	设备购置费	115000	115000										
2.2	经营成本	100000		10000	10000	10000	10000	10000	10000	10000	10000	10000	10000
3	净现金流量(1-2)		-115000	-10000	-10000	-10000	-10000	-10000	-10000	-10000	-10000	-10000	-10000
4	累计净现金流量		-115000	-125000	-135000	-145000	-155000	-165000	-175000	-185000	-195000	-205000	-215000
费用现值($i_c=10\%$):176446													

表 22-3-3 购买设备方案现金流量表(方案二) 单位:元

序号	项目名称	合计	计算期										
			0	1	2	3	4	5	6	7	8	9	10
1	现金流入												
1.1	营业收入												
2	现金流出	240000	100000	14000	14000	14000	14000	14000	14000	14000	14000	14000	14000
2.1	设备购置费	100000	100000										
2.2	经营成本	140000		14000	14000	14000	14000	14000	14000	14000	14000	14000	14000
3	净现金流量(1-2)		-100000	-14000	-14000	-14000	-14000	-14000	-14000	-14000	-14000	-14000	-14000
4	累计净现金流量		-100000	-114000	-128000	-142000	-156000	-170000	-184000	-198000	-212000	-226000	-240000
费用现值($i_c=10\%$):186024													

如果两个方案寿命期不同时,应采用二者的最小公倍数作为计算期,然后进行计算。

[**例 19-4**] 购买加热炉,第一种方案每台 40000 元,每年消耗 2500 元,寿命为 10 年;第

二种方案每台 62000 元,每年消耗 3900 元,寿命均 20 年;$i=10\%$。问采用哪种方案比较合适。

解:方案一寿命期 10 年,方案二寿命期 20 年,采用二者的最小公倍数 20 年作为计算期。方案一在第 10 年需要进行二次投资。

$$P_1 = I_1 + I_2 \frac{1}{(1+i)^{n1}} + A_1 \frac{(1+i)^n - 1}{i(1+i)^n}$$

$$= 40000 + 40000 \times \frac{1}{(1+10\%)^{10}} + 2500 \times \frac{(1+10\%)^{20} - 1}{10\%(1+10\%)^{20}} = 76706 \text{ 元}$$

$$P_2 = I_2 + A_2 \frac{(1+i)^n - 1}{i(1+i)^n}$$

$$= 62000 + 3900 \times \frac{(1+10\%)^{20} - 1}{10\%(1+10\%)^{20}} = 95203 \text{ 元}$$

通过费用现值对比,方案一为优。

2. 独立工程方案比选

在独立工程的方案比选中,需要考虑不同方案在产品数量上、相应的年销售收入上的差异。在财务分析时,以财务净现值、财务内部收益率和投资回收期作为主要评价指标。

[例 19-5] 某油田独立工程,有如表 22-3-4 所示两个方案。

表 22-3-4 独立工程两个方案对比情况

序号	项目名称		单位	方案一	方案二
1	建设投资		万元	17	30
2	流动资金		万元	2.1	1.92
3	营业收入		万元/年	11.4	13
4	经营成本		万元/年	7	6.4
5	正常年份	销项税	万元/年	1.82	2.08
		成本中进项税	万元/年	0.56	0.51
		营业税金及附加	万元/年	0.13	0.16
		增值税	万元/年	1.26	1.57
		调整所得税	万元/年	0.64	0.86
6	建设期		年	1	1
7	计算期		年	11	11

方案一投资 17 万元,年营业收入 11.4 万元,年经营成本 7 万元;方案二投资 30 万元,年营业收入 13 万元,年经营成本 6.4 万元;建设期 1 年,生产期 10 年,评价期 10 年,$i_c = 10\%$。问哪个方案较优。

解:采用现金流量表 22-3-5 和表 22-3-6 计算。

表 22-3-5　投资现金流量表(方案一)　　　　　　　　　　　　　　　　　　　　　　　　　单位:万元

序号	项目名称	合计	计算期										
			1	2	3	4	5	6	7	8	9	10	11
1	现金流入	134.34		13.22	13.22	13.22	13.22	13.22	13.22	13.22	13.22	13.22	15.32
1.1	营业收入	114		11.4	11.4	11.4	11.4	11.4	11.4	11.4	11.4	11.4	11.4
1.2	销项税额	18.24		1.82	1.82	1.82	1.82	1.82	1.82	1.82	1.82	1.82	1.82
1.3	回收油气资产净值	0												
1.4	回收流动资金	2.1												2.1
2	现金流出	107.21	17	9.66	8.95	8.95	8.95	8.95	8.95	8.95	8.95	8.95	8.95
2.1	建设投资	17	17											
2.2	流动资金	2.1		2.1										
2.3	经营成本	70		7	7	7	7	7	7	7	7	7	7
2.4	成本进项税额	5.6		0.56	0.56	0.56	0.56	0.56	0.56	0.56	0.56	0.56	0.56
2.5	增值税	11.38			1.26	1.26	1.26	1.26	1.26	1.26	1.26	1.26	1.26
2.6	营业税金及附加	1.14			0.13	0.13	0.13	0.13	0.13	0.13	0.13	0.13	0.13
3	所得税前净现金流量	27.13	−17	3.56	4.27	4.27	4.27	4.27	4.27	4.27	4.27	4.27	6.37
4	累计税前净现金流量		−17	−13.44	−9.16	−4.89	−0.62	3.66	7.93	12.21	16.48	20.75	27.13
5	调整所得税	6.47		0.68	0.64	0.64	0.64	0.64	0.64	0.64	0.64	0.64	0.64
6	所得税后净现金流量	20.66	−17	2.89	3.63	3.63	3.63	3.63	3.63	3.63	3.63	3.63	5.73
7	累计税后净现金流量		−17	−14.11	−10.48	−6.85	−3.22	0.41	4.04	7.67	11.30	14.93	20.66

计算指标:		所得税前	所得税后
投资财务内部收益率:		21.1%	16.6%
投资财务净现值($i_c=10\%$):		8.57 万元	4.95 万元
投资回收期:		5.14 年	5.89 年

表 22-3-6　投资现金流量表(方案二)　　　　　　　　　　　　　　　　　　　　　　　　　单位:万元

序号	项目名称	合计	计算期										
			1	2	3	4	5	6	7	8	9	10	11
1	现金流入	152.72		15.08	15.08	15.08	15.08	15.08	15.08	15.08	15.08	15.08	17
1.1	营业收入	130		13	13	13	13	13	13	13	13	13	13
1.2	销项税额	20.8		2.08	2.08	2.08	2.08	2.08	2.08	2.08	2.08	2.08	2.08

续表

序号	项目名称	合计	计算期										
			1	2	3	4	5	6	7	8	9	10	11
1.3	回收油气资产净值	0											
1.4	回收流动资金	1.92											1.92
2	现金流出	115.65	30	8.83	7.72	8.64	8.64	8.64	8.64	8.64	8.64	8.64	8.64
2.1	建设投资	30	30										
2.2	流动资金	1.92		1.92									
2.3	经营成本	64		6.4	6.4	6.4	6.4	6.4	6.4	6.4	6.4	6.4	6.4
2.4	成本进项税额	5.12		0.51	0.51	0.51	0.51	0.51	0.51	0.51	0.51	0.51	0.51
2.5	增值税	13.28			0.74	1.57	1.57	1.57	1.57	1.57	1.57	1.57	1.57
2.6	营业税金及附加	1.328			0.07	0.16	0.16	0.16	0.16	0.16	0.16	0.16	0.16
3	所得税前净现金流量(1-2)	37.07	-30	6.25	7.36	6.44	6.44	6.44	6.44	6.44	6.44	6.44	8.36
4	累计税前净现金流量		-30	-23.75	-16.39	-9.95	-3.51	2.94	9.38	15.82	22.27	28.71	37.07
5	调整所得税	8.67		0.9	0.88	0.86	0.86	0.86	0.86	0.86	0.86	0.86	0.86
6	所得税后净现金流量(1-2-5)	28.404	-30	5.35	6.48	5.58	5.58	5.58	5.58	5.58	5.58	5.58	7.50
7	累计税后净现金流量		-30	-24.65	-18.18	-12.59	-7.01	-1.43	4.15	9.74	15.32	20.90	28.40
计算指标:			所得税前			所得税后							
投资财务内部收益率:			17.8%			14.1%							
投资财务净现值($i_c=10\%$):			9.92万元			5.06万元							
投资回收期:			5.54年			6.26年							

(1) 净现值率法。

$$I_{p1} = 17 \times \frac{1}{(1+10\%)} = 15.45$$

$$I_{p2} = 30 \times \frac{1}{(1+10\%)} = 27.27$$

$NPVR_1 = NPV_1/I_{p1} = 4.95/15.45 = 32.0\%$

$NPVR_2 = NPV_2/I_{p2} = 5.06/27.27 = 18.6\%$

(2) 差额投资内部收益率法。

差额投资现金流量表见表22-3-7。

表22-3-7 差额投资现金流量表　　　　　　　　　　　　　　单位:万元

序号	项目名称	合计	计算期										
			1	2	3	4	5	6	7	8	9	10	11
1	所得税后差额净现金流量	7.74	-13	2.459	2.8466	1.9522	1.9522	1.9522	1.9522	1.9522	1.9522	1.9522	1.7722
2	累计税后净现金流量		-13	-10.54	-7.69	-5.74	-3.79	-1.84	0.11	2.07	4.02	5.97	7.74

差额投资内部收益率:10.2%

方案一:财务内部收益率为16.6%,财务净现值4.95万元,投资回收期5.89年,净现值率32.0%。

方案二:财务内部收益率为14.1%,财务净现值5.06万元,投资回收期6.26年,净现值率18.6%。

通过以上计算结果看:

(1) 净现值看,方案二略优于方案一;

(2) 从内部收益率和净现值率看,方案一优于方案二;

(3) 从投资回收期看,方案一优于方案二。

(4) 从差额投资内部收益率看,方案二较方案一多花的投资所得的内部收益率尽管大于基准收益率i_c(=10%),但小于方案一的内部收益率16.6%。说明这一部分投资13万元用在本工程的效益是较小的,如果较此更好的投资机会,还应把这部分投资用到投资效益更好的项目上去。

根据分析结果,推荐采用方案一。

第四节　改扩建项目经济评价

一、改扩建项目定义和特点

改扩建项目是指既有企业通过改建、扩建与技术改造等形式,投资形成新的生产设施,扩大或完善原有生产系统的活动,目的在于增加油气产品供给,提高技术水平,降低资源消耗,节省运行费用,改善劳动条件,治理生产环境等。

改扩建项目是既有企业的有机组成部分,同时项目的活动与企业的活动在一定程度上是有区别的;项目的融资主体和还款主体是既有企业;项目一般要利用既有企业的部分或全部资产与资源,且不发生资产与资源的产权转移;建设期内既有企业生产运营与项目建设一般同时进行。

二、改扩建项目效益和费用范围的界定

改扩建项目效益和费用范围的界定应为项目活动的直接影响范围。在油气开发投资项目中,有些改扩建项目只涉及某个环节,如某段管线或某个站场;有些改扩建项目只涉及某个方面,如地面系统调整改造;有些改扩建项目范围涉及整个油气开发区块或油气田,油气田开发调整或提高采收率项目。在保证项目的费用与效益口径一致及不影响分析结果的情况下,应尽可能缩小项目评价的范围。

对于"整体改扩建"的项目,项目范围包括整个既有企业,除要使用既有企业的部分原有资产、资源、场地、设备,还要另外新投入一部分资金进行扩建或技术改造。企业的投资主体、融资主体、还债主体、经营主体是统一的,项目的范围就是企业的范围。"整体改扩建项目"不仅要识别和估算与项目直接有关的费用和效益,而且要识别和估算既有企业其余部分的费用和效益。

对于"局部改扩建"项目,项目范围只包括既有企业的一部分原有资产、场地、设备,加上新投入的资金,形成改扩建项目;企业的投资主体、融资主体、还债主体仍然是一致的,但可能与经营主体分离。整个企业只有一部分包含在项目"范围内",还有相当一部分在"企业内"但属于项目"范围外"。

在保证项目的费用与效益口径一致以及不影响分析结果的情况下,应尽可能缩小项目的范围。有可能的情况下,只包括与项目直接关联的财务费用与效益。在界定了项目的范围后,就应当正确识别与估算项目范围内、外的费用与效益。应尽量避免出现中间产品价格,以确保评价结果的合理性。

三、改扩建项目的五套数据

改扩建项目注意正确识别与估算"现状""无项目""有项目""新增""增量"等五种状态下的资产、资源、效益与费用。"无项目"与"有项目"的口径与范围应当保持一致。避免费用与效益误算、漏算或重复计算。对难以定量计算的效益和费用,可做定性描述。

涉及的五套数据:

(1)"现状"数据,反映项目实施起点时的效益和费用情况,是单一的状态值。现状数据的时点应定在建设期初。若预期建设期初的情况与评价时点不同,应对现状数据进行合理预测。

(2)"无项目"数据,指不实施该项目时,在现状基础上考虑计算期内效益和费用的变化趋势(其变化值可能大于、等于或小于零),经合理预测得出的数值序列。

(3)"有项目"数据,指实施该项目后计算期内的总量效益和费用数据,是数值序列。

(4)新增数据,是"有项目"相对"现状"的变化额,即有项目效益和费用数据与现状数据的差额,实际上大多要先估算新增数据,如新增投资,然后加上现状数据得出有项目数据。

(5)增量数据,是"有项目"效益和费用数据与"无项目"效益和费用数据的差额,即"有无对比"得出的数据,是数值序列。

五套数据之间存在一定的关系,以固定资产数据为例各套数据之间的关系如下:

$$\text{无项目固定资产价值} = \text{原有固定资产价值(现状数据)} + \\ \text{无项目追加投资形成固定资产价值} \quad (22-4-1)$$

$$\text{有项目固定资产价值} = \text{新增固定资产价值} + \\ \text{原有固定资产价值(假设固定资产全部利用)} \quad (22-4-2)$$

$$\text{增量固定资产价值} = \text{有项目固定资产价值} - \text{无项目固定资产价值} \\ = \text{新增固定资产价值} - \text{无项目追加投资形成固定资产价值} \quad (22-4-3)$$

若无项目追加投资=0,则:

$$\text{增量固定资产价值} = \text{新增固定资产价值} \quad (22-4-4)$$

"无项目"数据是增量分析的关键。"无项目"时的效益由"老产出"产生,费用是为"老产出"投入;"有项目"时的效益可由"新产出"或由"新产出"与"老产出"共同产生;费用是为"新产出"投入,或为"新产出"与"老产出"共同投入。"老产出"的效益与费用在"有项目"与"无项目"时可能会有较大差异。

现状数据是指项目实施起点时的数据,是预测无项目数据的基点数据,"无项目"数据很可能发生变化,如果不区分项目的具体情况,一律简单地用现状数据代替无项目数据,可能会影响增量数据的可靠性,进而影响盈利能力分析结果的准确性。因此,应做好"无项目"数据的预测,为增量分析提供基础。

四、改扩建项目盈利能力分析

改扩建项目的盈利能力分析要在明确项目范围和确定了上述五套数据的基础上进行。虽然改、扩建项目的财务分析涉及五套数据,但并不要求计算五套指标。而是强调以"有项目"和"无项目"对比得到的增量数据进行增量现金流量分析,以增量现金流量分析的结果作为评判项目盈利能力决策的主要依据之一,辅以总量指标,目的是考察项目建设后的总体效果,可以作为辅助的决策依据。为简化计算,当项目增量效益和增量费用可以直接计算时,可直接计算增量效益和增量费用,进行增量分析。

五、改扩建项目财务分析

改扩建项目财务分析采用新建投资项目财务分析的基本原理和分析指标。由于项目与既有企业既有联系又有区别,一般可进行以下两个层次的分析。

1. 项目层次

(1)盈利能力分析,遵循"有无对比"的原则,利用"有项目"与"无项目"的效益费用计算增量效益与增量费用,用于分析项目的增量盈利能力,并作为项目决策的重要依据之一;

(2)偿债能力分析,分析"有项目"的偿债能力,若"有项目"还款资金不足,应分析"有项目"还款资金缺口,即既有企业应为项目额外提供的还款资金的数额;

(3) 财务生存能力分析，分析"有项目"的财务生存能力。符合简化条件时，项目层次分析可直接用"增量"数据和相关指标进行分析。

2. 企业层次

开展情景分析，分析改扩建项目实施后企业的整体状况，通过计算项目实施后既有企业的营业收入、成本费用和利润总额等指标，分析项目投资活动对既有企业财务状况改善的影响，以及项目实施后对整个油气田企业的协同效应。

六、改扩建项目经济评价应注意的几个问题

（1）根据"费用与效益口径一致"的原则，改扩建项目经济评价的计算期一般取"有项目"情况下的计算期。如果"无项目"的计算期短于"有项目"的计算期，可通过追加投资（局部更新或全部更新）来维持"无项目"的计算期，延长其寿命至"有项目"的结束期，并于计算期末回收资产净值；若在经济或技术上延长寿命不可行，则适时终止"无项目"的计算期，其后各期现金流量为零。

（2）既有企业改扩建项目范围内的原有资产无论利用与否，均与新增投资一起计入投资费用。"可利用"的原有资产要按其净值提取折旧与修理费，折旧年限和修理费率应根据资产已使用年限合理确定；"不可利用"的资产如果变卖按其变现价值计作现金流入，不能冲减新增投资。如果"不可利用"的资产不变现或报废，仍然是资产的一部分，但计算修理费时不考虑。

（3）改扩建项目的改扩建活动与生产活动同时进行，一般会造成部分停产或减产，这一部分停产或减产损失的直接结果是减少"老产出"的营业收入，同时也会减少相应的生产费用。这些流量的变化均应在营业收入表和生产成本表有所体现，最终反映在现金流量表中，因此不必单独估算。

（4）如果项目利用的现有资产，有明确的其他用途（出售、出租或有明确的使用效益），那么将资产用于该用途能为企业带来的收益被看作项目使用该资产的机会成本，也是"无项目"时的收入，按照"有无对比"识别效益和费用的原则，应该将其作为"无项目"时的现金流入。

七、老油气田地面改扩建项目案例

以地面工程节能降耗和地面系统整体改造项目为例，说明改扩建项目财务分析方法。为简化计算，老油气田地面改扩建项目的资金来源按全部自有考虑，可不计算流动资金。

1. 节能降耗项目

节能降耗项是指目前能够维持正常生产、保证安全运行，但能耗较高，可以通过技术进步（采用新工艺、新材料、新设备）进行系统或单体工程的调整改造，减少生产过程中的能源和材料消耗，达到降低成本的项目。

节能降耗项目节约的能耗主要体现在电力、水、燃料、材料、油气和维护修理费等，一般不必进行折现现金流分析，可通过计算投资回收期指标来评价节能降耗项目的效益。

在实际操作中，一般情况下每年的节能降耗效益基本是相同的，投资回收期的计算可以简

化为建设投资除以年节约的成本,计算公式如下:

$$P_t = \frac{I}{\Delta C} \qquad (22-4-5)$$

式中　P_t——投资回收期;
　　　I——节能降耗项目所发生的投资;
　　　ΔC——年节约的成本。

以节能降耗为目的,对现有生产工艺和设备进行技术改造的节能技措项目的评价,可参照行业标准 SY/T 6473—2009《石油企业节能技措项目经济效益评价方法》中的规定。

2. 地面系统整体改造项目

地面系统整体改造项目是指对地面系统在处理能力、工艺流程等方面出现的不适应、运行参数不合理、指标超标等问题,通过系统整体优化调整等措施,达到满足正常生产要求的项目。

地面系统整体改造项目的财务分析主要是在估算增量收入和增量成本的基础上分析"增量效益",通过编制利润与利润分配表和项目增量投资现金流量表,计算增量投资财务内部收益率、财务净现值和增量投资回收期。如果增量盈利能力指标大于行业规定,项目就可以考虑实施。

(1)增量收入不是一般意义上的企业产品营业收入,而是"调整改造"比"不调整改造"相比对增效有正贡献的各种因素带来的效益增加,主要包括增加油气商品量、节约燃料、节约动力费(主要指电力)、水费、减少维护修理费、运输费和节约人工费等。在计算时应详细说明每项收入的计算依据。

通过调整改造增加的油气产量,主要来自提高油气集输系统的密闭率及节约生产过程中作为燃料的油气数量两个方面。提高油气集输系统的密闭率增加的商品量,可根据开发方案确定的分年度油气产量及提高的密闭率进行预测。节约生产过程中作为燃料的油气数量可通过项目"不调整改造"的自用油气的数量减去项目"调整改造"后的自用油气的数量得到。

节约燃料费是指节约的除油田自产的油气之外的其他外购燃料费。节约动力费和水费主要指在油气田调整改造项目中通过整体优化,在各系统中都有可能节约动力和水的使用量,因此应对每个系统节约的用电量和水量进行分析计算。减少维护修理费和运输费主要根据近三年的维护修理费并结合改造方案进行预测。节约人工费应根据改造方案减少的人数及每人的年费用进行预测,每人的年费用可根据本油田支付给职工个人的全部费用的平均值进行计算。

(2)增量成本指"调整改造"比"不调整改造"相比对增效有负贡献的各种因素带来的效益减少,主要包括消耗增加带来的操作成本增加、新增投资带来的折耗及增加油气商品量而增加的营业费用等。

(3)增量税金包括由于油气商品量增加而引起的营业税金及附加、资源税的增加及利润增加而带来的所得税等。

参 考 文 献

国家发展改革委建设部,2006. 建设项目经济评价方法与参数[M]. 3 版. 北京:中国计划出版社.
全国统一建造师执业资格考试用书编写委员会,2016. 建设工程经济. [M]. 北京:中国建筑工业出版社.

第二十三章　油气集输与处理常用软件

随着全球科学技术的不断进步,计算机技术得到了飞速的发展。在现代工程设计工作中,各种软件技术得到了越来越广泛的应用。软件技术在工程设计中的应用,使工程设计更加便捷,大大降低了工程设计人员的劳动强度,提高了工作效率,节省了人力、物力和财力;同时软件的应用,也有利于工程设计提供高质量的设计方案、提高工程设计质量,也使工程设计方案更加安全可靠。本章将介绍一些在油田油气集输和处理工程设计中经常用到的软件。

第一节　油气集输工艺模拟软件

一、管道网络模拟分析软件

1. PipePhase 软件总体介绍

PipePhase 是用于油气生产网络和管道传输、分布系统计算的严格的稳态多相流模拟器,其前身是 1970 年代由雪弗龙(Chevron)公司开发的多相流模拟软件,SimSci 于 1980 年将其商业化,取名为 PipePhase,目前最新版本为 9.5 版。

PipePhase 具有广泛的适用性,可用于从单井中关键参数的灵敏度分析,到整个油气田跨年度设施规划的分析等各种工作。同时,通过对井下和井筒特征与地面设施进行集成,PipePhase 成为全面生产分析工具的终结者。

PipePhase 整合了现代油气生产方法和软件分析技术,形成了鲁棒的、高效的油田设计和规划工具。PipePhase 拥有详尽的物性数据库和友好的用户界面,可处理单相气液体、黑油、组成混合物和蒸汽、CO_2 等各种流体类型,是全球油气生产和设计公司首选的解决方案。

严格的多相流分析和详尽的热力学计算使得 PipePhase 适合于各种应用,如:油气生产和地面管网;天然气集输和分配管网;工艺管线两相流计算(如:转油线);公用工程管网(水、蒸汽、仪表风、消防水);管线的传热分析;管线尺寸设计;节点分析;水合物生成分析;油气田的生产规划和资产管理研究;注蒸汽(水)网络;气举分析。

2. PipePhase 主要功能

1) 物系计算

在组分流体(定义纯组分及其组成的流体)处理方面,PipePhase 组分库有 2000 多种纯组分及其全面的物系参数,且这些参数允许用户调整,同时可处理油品评价数据和石油馏分数据。在热力学方面,PipePhase 采用 SimSci 的工业标准热力学模型,包括:一般关联式、状态方程、液相活度系数方程、改进的状态方程、特殊物系处理包、Henry 法则等,均与 PRO/Ⅱ 相同,因而能准确计算各种工艺流体的热力学性质。

而对非组成流体,即根据给定的密度等数据和相应的关联式预测流体物性,可处理黑油(API≤45)、气体凝析液(API>45)、单相气体、单相液体、蒸汽等类型的流体。

PipePhase 用工业标准的算法计算流体的传递性质,包括:热传导率、表面张力和黏度等。对大多用户关心的黏度计算,可允许用户自定义黏度数据。对油水混合物,有三种方法处理,即体积平均、API 14B、油水乳化(Woelflin 模型、转化点、乳化曲线)等。

2) 压降(持液量)计算

PipePhase 包含 32 种工业标准的压降(和持液量)计算模型,适合于各种类型的水平、垂直或倾斜管内的单相流和多相流计算,部分模型如下:

PipePhase 采用 T-D-B 的方法根据气液相的折算流速预测流体的流型,用户可以非常方便地获得管线中每个管段(Segment)的流型(泡状流、波状流、段塞流、雾状流、环状流等)。

3) 传热计算

PipePhase 能对管线进行严格的传热计算,考虑有保温层,管线在地面管线、水下管线、埋地管线等的传热情况。热量传递取决于流体的温度、压力、物性、流量和周围介质温度、流量等性质以及传热系数等。PipePhase 将考虑所有这些因素并执行严格的传热计算,并由此计算出整个管网的温度分布。

4) 设备计算

PipePhase 可以进行各种管线和管件设备的计算,包括:管线和管件:管线、入口和出口、弯管、三通、管嘴、大小头、文丘里、孔板等;阀门:球阀、闸阀、角阀、蝶阀、底阀、止回阀等;设备:泵、压缩机、节流阀、加热冷却、调节阀、分离器等。

5) 先进的网络算法

PipePhase 采用联立方程法并结合先进的 Newton-Raphson 算法和矩阵求解器算法对整个管网进行压力和流量平衡计算,可处理任意复杂度的管网。PipePhase 具有极强的网络解算能力,能很好地解算任意结构和大小的管网系统,无论是简单的前馈型网络或复杂的回路、复杂环状网络都有能很好地收敛。如:纯聚集和分配的树状管网、支状管网、多个 Source 和 Sink、有些段流向不能确定、带复杂环状结构且流向不确定,并随边界条件而改变等网络结构。

二、多相流模拟计算软件

1. OLGA 软件简介

OLGA 多相流软件是当前世界领先的非稳态多相流模拟计算程序,可以模拟在油井,输油管线和油气处理设备中的油、气及水的运动状态。OLGA 被广泛应用在可行性研究、工程设计和运行模拟中。OLGA 还可用于模拟有问题的油气井和输油/气管线,以求解决办法,找出最佳操作步骤并选择合理的控制系统。OLGA 还可用于对正常生产过程中的实时模拟控制,用作工程师训练模拟器。在工程实际中,准确模拟和预测混输工艺能够对油田混输技术方案和油田进一步开发、改造提供有效依据。

2. OLGA 模块及功能介绍

OLGA 软件主要包括以下模块:基本模块(主要计算稳态和瞬态条件下混输管线的压降、

温降,包括简单设备-分离器、节流阀等)、组分跟踪模块、段塞跟踪模块、FEMtherm 模块、蜡模块、水合物动力学模块、复杂流体模块、腐蚀模块、高级井模块、多相泵模块、MEG 跟踪模块等。

OLGA 软件有以下几大功能

(1) 三相流基本平台(Three Phase Module)。

该模块提供 OLGA 运行的三相流计算的基本平台,是 OLGA 运行的基础,OLGA 的其他模块需要插入到该平台中运行。基础平台具备了多相流计算的核心功能,能够进行动态的多相流动过程计算,另外 OLGA 软件中的阀门控制器等基础设备也都能在基础平台中使用。三相流基本平台模块包含了之前的水模块。生产管线有三相(气、油、水)同时流动。在流量低的情况下,油水之间会存在很大的滑脱速度。因而水有在管线低洼处沉积的趋势,导致水在局部地段大量聚集,从而具有产生水段塞的可能。水在局部地段聚集也可能会导致严重的腐蚀问题。

(2) 段塞流模块(Slugtracking Module)。

管线经常会遇到段塞流,这时油气液会交替流出管线。段塞流模块具有跟踪每一个段塞从生成到从管线流出或在管线里消失的独特功能。跟踪模型考虑了段塞形成,合并,增长和缩短的各种机理。段塞流模块在设计集输装置方面具有很高的使用价值。用它可以确定管线下游设备(如分离器、压缩机)能否合理地处理段塞。段塞流模块可以和其他工艺模拟工具连接使用,用于控制系统设计,开发控制方法,制定操作指南和程序。

段塞流模块可以和其他工艺模拟工具连接使用,用于控制系统设计,开发控制方法,制定操作指南和程序。

(3) 流体物性分析计算模块 PVTsim。

PVTsim 是应用于 OLGA 的 PVT 软件包。由于产液的特性化合物性计算是流体计算的基础,故而 SCANDPOWER 公司和著名的 CALSEP 公司流体物性和相平衡专家有着紧密的合作。OLGA 程序包里采用 CALSEP 公司的物性分析计算程序 PVTSIM。

(4) 组分跟踪模块。

能确定流体组分的动态变化及每个组分沿管线的分布(时间和空间)。沿管线的流体组分由于滑脱影响(相间速度差)、界面质量传输传递、不同流体汇合入管网、入口处流体组分的改变等原因可能会发生变化,组分模型通过求解每一成分分布在气相、油层、水层、油珠、水珠里的物质守恒方程,跟踪组分随时间和位置的变化。

(5) 蜡沉积模块。

蜡沉积模块是动态预测管线及油井里蜡沉积的独特工具。

OLGA 的蜡沉积模块具有计算蜡质成分沿管线传输和沉积过程的功能。当内管壁温度低于结蜡点时,蜡质通过分子扩散沉积到管壁上。当油温低于结蜡点时,蜡质从油中析出。因此,蜡沉积模块可以预测是否需要隔热/加热、注化学剂、清管器清蜡等措施。

(6) 腐蚀模块。

腐蚀模块可以计算油气管内二氧化碳腐蚀速度,另一个重要用处是能预测哪些位置的腐蚀问题比较严重。

应用腐蚀模块,可预测由于压力、温度、流速及流态变化而引起的腐蚀速度变化。

OLGA算出的流态被用来计算管壁中的油水接触面。用流动模型计算出来的压力,温度,液体流速,管壁剪切力来计算腐蚀速度。

(7)水合物动力学模块。

水合物动力学模块可以预测水合物平衡曲线、水合物形成速率、运移方程、水合物流变性、水合物流动模型。

(8)多相泵模块。

多相泵模块可以优化多相增压、设计和操作分析。模块能详细地模拟离心泵或体积泵,泵的特性以表格的方式给定,用户可以输入泵特性表。如果缺少所要泵的特性,可以用程序内含的典型泵特性。

多相泵模块可以用控制器调节泵速和回流流量,用户可以选择的回流为气、液体、水或所有多相混合液。

3. OLGA软件的应用

1)油藏与油井(WELLS)方面

(1)管流计算;

(2)油井流入动态;

(3)完井设计;

(4)段塞控制;

(5)人工举升设计与优化:气举及电潜泵;

(6)开井与关井;

(7)井筒及环空积液;

(8)传热分析;

(9)油井积水。

2)管道(Flowlines)方面

(1)管径与路径;

(2)启动,停输,产量变化;

(3)管内积液处理与清管;

(4)传热计算:保温层与埋地管,水合物和蜡沉积,管束与复杂立管;

(5)管道运行管理(PMS)。

3)工艺设备(Process Facilities)设计、分析

(1)段塞捕集器设计;

(2)海底分离器设计;

(3)控制器设计;

(4)抑制剂管理;

(5)火炬设计;

(6)停输分析;

(7)有计划停输;

(8)紧急停输。

4) 流动安全保障(Safety)方面

(1) 有害气体跟踪；
(2) 过载保护；
(3) 管道迸裂；
(4) 阀门失效；
(5) 低温安全分析；
(6) 压力激动；
(7) 水击；
(8) 卸压。

三、油气集输综合设计软件

PIPESIM 是集油藏流入动态、单井分析与优化设计、地面管道/设备分析计算、井网/管网分析等为一体的综合分析模拟工具。它可以模拟从油藏到地面处理站的整个生产系统。PIPESIM 最大的特点是系统的集成性和开放性，PIPESIM 中的每一个模块都可以独立进行分析计算。

PIPESIM 是稳态的多相流模拟器，油/气/水井分析、设计、优化工具，地面管线及设备计算、分析利器，管网系统分析优化系统，单井、管线及管网为一体的综合油气井系统生产分析、诊断、规划、设计平台。PIPESIM 作为采油及集输工程计算、分析及设计工具，在油气工业中有着广泛的应用。主要包括以下模块。

1. 单井动态分析模块(Well Performance analysis)

(1) 单井设计；
(2) 单井优化；
(3) 井流入动态模拟；
(4) 气举设计；
(5) 气举动态分析；
(6) 电泵举升动态分析；
(7) 水平井模拟(包括确定最优水平井段长度)；
(8) 注入井设计；
(9) 油管和环空流动模拟；
(10) 生成油藏 VFP 表；
(11) 在井设计的过程中模拟敏感性分析；
(12) 计算结果与实测数据的比较。

2. 管道和设备分析模块(Pipeline&Facilities)

综合的多相流模拟以及系统分析功能。典型应用包括：

(1) 管道中的多相流模拟；
(2) 逐点产生压力和温度剖面；

(3) 计算总传热系数；

(4) 管道和设备动态分析(系统分析)；

(5) 在管道设计的过程中模拟敏感性分析；

(6) 计算结果与实测数据的比较。

3. 管网分析模块

管网分析模块功能包括：

(1) 独特的管网求解算法来模拟大型管网中的井；

(2) 严格的管网组成部分的热动力学模拟；

(3) 多环管网/流线功能；

(4) 油井流入动态模拟功能；

(5) 在复杂管网中严格的气举井的模拟；

(6) 综合的管线设施模型；

(7) 集输管网。

4. 生产优化(GOAL)

与油井分析模块的界面：

(1) 求解多井混合的方案；

(2) 允许井的生产动态模拟；

(3) 为现场操作者提供解决方案；

只适用于黑油模型。

5. 多分枝井模拟(HoSim)

HoSim主要用来模拟水平井和非均质地层中的多分枝井。软件采用了精确的管网求解算法将水平井和多分枝井考虑成一个采集管网来处理。

通过图形用户界面可以对水平井进行快速建模。用户可以定义不同的IPR模型,详细的井身结构。一些常用的设备如油嘴、气举设备和电泵或分离器,压缩机和普通泵等也能在模型中模拟。

流体物性计算可以采用黑油或组分模型,不同分枝的不同流体物性可以通过混合定律在流体汇合处进行混合物性的计算。

运行模型时可以给定出口压力或出口流量(或一系列值进行批处理)。

模型任意部分的结果都可以通过文本(计算点结果)或图形方式得到。

6. 油田规划工具(FPT)

使得管网模块和油藏模型进行耦合。另外,也可以考虑有条件的逻辑决策;例如在5年内把56口井夹到支流内等。

油藏可以是下面的任何一种：

(1) 黑油储罐油藏；

(2) 组分储罐模型；

(3) Look-up 表格；

(4)商业油藏模拟器;
(5)商业物质平衡程序。

第二节 原油及天然气处理软件

HYSYS 软件是世界著名油气加工模拟软件工程公司开发的大型专家系统软件。该软件分动态和稳态两大部分。其动态和稳态主要用于油田地面工程建设设计和石油石化炼油工程设计计算分析。其动态部分可用于指挥原油生产和储运系统的运行。

一、软件介绍

HYSYS 软件是世界著名油气加工模拟软件工程公司开发的大型专家系统软件。该软件分动态和稳态两大部分。其动态和稳态主要用于油田地面工程建设设计和石油石化炼油工程设计计算分析。其动态部分可用于指挥原油生产和储运系统的运行。对于油田地面建设,该软件可以解决以下问题。

1. 在油田地面工程建设中的应用

各种集输流程的设计、评估及方案优化、站内管网、长输管线及泵站、管道停输的温降、收发清管球及段塞流的预测、油气分离、油、气、水三相分离、油气分离器的设计计算、天然气水化物的预测、油气的相图绘制及预测油气的反析点、原油脱水、原油稳定装置设计、优化天然气脱水(甘醇或分子筛)、脱硫装置设计、优化天然气轻烃回收装置设计、优化、泵、压缩机的选型和计算。

2. 在石油石化炼油方面的应用

(1)常减压系统设计、优化;
(2)FCC 主分馏塔设计、优化;
(3)气体装置设计与优化;
(4)凝液稳定、石脑油分离和气提、反应精馏、变换和甲烷化反应器、酸水分离器、硫和 HF 酸烷基化、脱异丁烷塔等设计与优化;
(5)在气体处理方面:可完成胺脱硫、多级冷冻、压缩机组、脱乙烷塔和脱甲烷塔、膨胀装置、气体脱氢、水合物生成/抑制、多级、平台操作、冷冻回路、透平膨胀机优化。

二、主要功能

HYSYS 软件主要具备以下功能:
(1)最先进的集成式工程环境。
由于使用了面向目标的新一代编程工具,使集成式的工程模拟软件成为现实。
(2)内置人工智能。
在系统中设有人工智能系统,它在所有过程中都能发挥非常重要的作用。当输入的数据能满足系统计算要求时,人工智能系统会驱动系统自动计算。

(3) 数据回归包。

数据回归整理包提供了强有力的回归工具。

(4) 严格物性计算包。

HYSYS 提供了一组功能强大的物性计算包,它的基础数据也是来源于世界负有盛名的物性数据系统。

(5) 功能强大的物性预测系统。

对于 HYSYS 标准库没有包括的组分,可通过定义假组分,然后选择 HYSYS 的物性计算包来自动计算基础数据。

(6) DCS 接口。

HYSYS 通过其动态链接库 DLL 与 DCS 控制系统链接。装置的 DCS 数据可以进入 HYSYS. 而 HYSYS 的工艺参数也可以传回装置。通过这种技术可以实现:①在线优化控制;②生产指导;③生产培训;④仪表设计系统的离线调试。

(7) 事件驱动。

将模拟技术和完全交互的操作方法结合,使 HYSYS 获得成功。而利用面向目标的技术使 HYSYS 这一变互方式提高到一个更高的层次,即事件驱动。

(8) 工艺参数优化器。

软件中增加了功能强大的优化器,它有五种算法供您选择,可解决无约束、有约束、等式约束及不等式约束的问题。

(9) 夹点分析工具。

利用 HYSYS 的夹点分析技术可对流程中的热网进行分析计算,合理设计热网,使能量的损失最小。

(10) 方案分析工具。

某些变量按一定趋势变化时,其他变量的变化趋势如何,了解这些对方案分析非常重要。

(11) 各种塔板的水力学计算。

HYSYS 增加了浮阀、填料、筛板等各种塔板的计算,使塔的热力学和水力学同时解决。

(12) 任意塔的计算。

我们以前接触的软件中所有分馏塔都是软件商提供了一个最全的塔,然后让用户自己选择保留部分。

三、应用案例

直接接触法是天然气深冷处理常用流程,该法是利用脱乙烷塔顶气体与膨胀制冷后的低温原料气体直接换热,使气体中的 C_2 以上的烃类冷凝,再进入直接接触塔顶,在于原料气接触过程中,由于 C_2 是烷烃,选择性好,相对分子量小吸收能力又强,在 C_2 的吸收作用和蒸发后产生的冷量直接与原料气换热下,使原料气的温度进一步降低,从而获得高的 C_3 收率。直接接触法 HYSYS 模型如图 23-2-1 所示。

HYSYS 软件计算主要步骤如下:

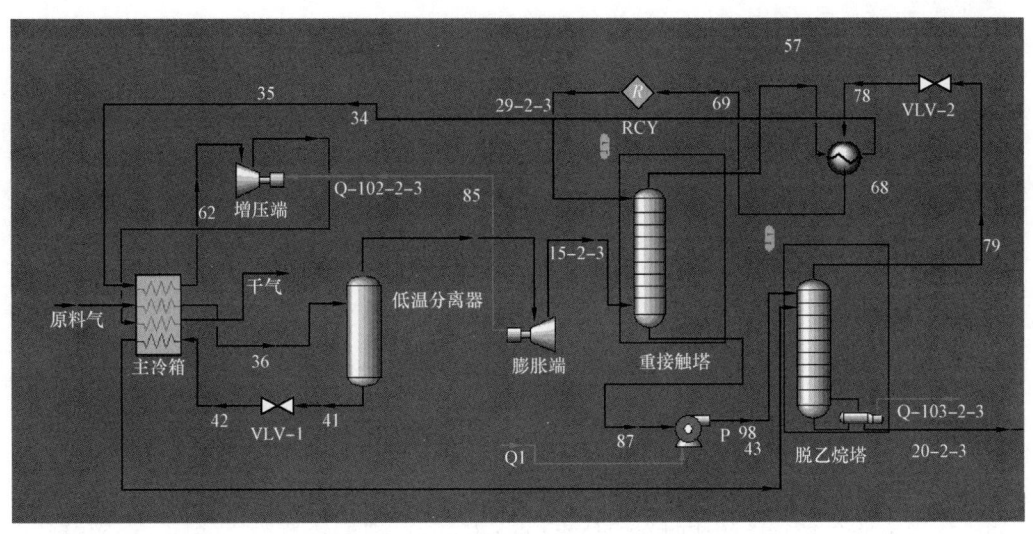

图 23-2-1　直接接触法 HYSYS 模型图

（1）在模拟基础管理器环境中：
① 添加流体包，选择状态方程；
② 添加组分。
（2）进入 PFD 环境：
① 加入原料气；
② 按流程依次添加单元设备；
③ 连接流程；
④ 模拟调试；
⑤ 查看结果。
国内部分采用直接接触法工艺装置，用 HYSYS 软件计算出关键温度结果见表 23-2-1。

表 23-2-1　关键点温度数据　　　　　　　　　　　　　　　单位：℃

气源	膨胀机出口	重接触塔			脱乙烷塔顶
		塔顶	塔底	顶进料	
大港油田气	-76.81	-82.68	-77.80	-67.00	-15.20
福山油田气	-61.58	-66.50	-65.02	-55.00	-23.79
冀东柳赞气	-63.45	-66.58	-65.96	-54.00	-17.49
吐哈油田气	-72.35	-82.87	-77.13	-75.00	-24.98
塔河油田气	-90.11	-93.00	-91.00	-68.00	-23.00
辽东湾 JZ20-2 油田气	-88.00	-89.00	-91.00	-83.00	-23.00
荔湾气田	-71.70	-74.90	-73.50	-70.40	-25.10

第三节　油气输送工艺计算软件

一、SPS 软件

1. 软件介绍

SPS(Stoner Pipeline Simulator)Stoner 公司开发的 SPS(Stoner Pipeline Simulator)软件,能够实现长输管道的离线实时模拟计算,是世界公认的用于长距离输油(气)管道设计、计算以及全线自动化控制模拟的高精度软件。在液体管网的稳态和瞬态计算方面应用较广,已在国内多项石油管道工程研究与设计中应用。

SPS 软件家族包括管道的实时在线仿真(Statefinder)、泄漏检测(Leakfinder)、实时状态预测(Predictor)、操作员培训系统(Trainer)和离线仿真(Simulator)5 个软件。其中 Statefinder、Leakfinder 和 Predictor 是 SPS 软件中的在线产品,它们的运行需要 SCADA 系统实时数据的支持,能够实时动态的模拟管网的运行状态。Leakfinder 可以在管网实时运行中进行泄漏检测,而 Predictor 则可以对动态管网的未来运行状态进行预测。Trainer 用于培训管网系统操作人员,它可以模拟真实的 SCADA 系统运行状态,使操作员在模拟的环境下学习如何操作管理管网系统。Simulator 是其他四个软件模块的基础,用于管道离线仿真、管道设计、管道运行能力的估算等,目前在长输管道设计中应用广泛。

2. 仿真模拟(Simulator)

长输管道设计中,我们主要运用 SPS 的 Simulator 进行水力稳态和动态计算,主要包括以下步骤:

(1) 建模前的数据收集,包括①管道数据(管径、长度、壁厚、高程、管材、杨氏弹性模量、管道摩阻系数);②阀门数据(规格、类型、阀门动作速度和特性等);③泵数据(泵的技术性能数据、额定工况、泵特性图等);④流体性质(流体描述、密度、黏度、蒸汽压等);⑤边界条件(起点的压力或流量设定值、入口或出口流量/压力常数、输入输出控制类型)等。

(2) 模型和状态方程的选择。

模型选项控制基本设置应用于整个模型中,包括相态选择,标准状态,单位选择,状态方程,和热模型。

SPS 主要用于单一相态的计算,不用于两相流,局部的段塞流和不满流除外。

状态方程的选择如下:

气体状态方程及功能见表 23-3-1。

液体状态方程及功能见表 23-3-2。

表 23-3-1　气体状态方程及功能

状态方程	功能
STATE BWRS	(1) 多液体流模拟； (2) 高压下气体或者不同液体流体混合物包括碳氢化合物和酸性气体混合物； (3) 液体系统例如 LPG,或者稠密阶段液体像乙烯或二氧化碳； (4) 不适用两相流
STATE AGA	(1) 多液体流模拟； (2) 跟踪用户定义流体属性,特有重力,热值,和(或)组成比； (3) 在压力和温度范围内对于典型的天然气传输系统模拟非常好
STATE CNGA	(1) 天然气； (2) 相对密度跟踪； (3) 在压力和温度范围内对于典型的天然气传输系统模拟非常好； (4) 只有气体相对密度需要时使用这个方程

表 23-3-2　液体状态方程及功能见表 23-3-2

状态方程	功能
STATE SCL″	(1) 多流体液态模拟； (2) 批量和(或)成品液体管线； (3) 非牛顿塑性流； (4) 蜡沉淀
STATE BWRS	(1) 多种流体模拟； (2) 高压气体或多种流体的混合物,包括烃类和酸性气体； (3) 液体系统例如 LPG 或者乙烯或二氧化碳等浓相液体； (4) 不适用于接近两相区域的模拟
STATE TABLE	(1) 单流体模拟； (2) 温度效应； (3) 能够模拟几乎所有的液体,甚至不同于传统相互关系的液体

热力学模型及适用范围见表 23-3-3。

表 23-3-3　热力学模型及适用范围

热力学模型	适用范围
ISOTHERMAL	这个模型假定在管网中温度恒定,管道末端温度依然可以被输入。当热梯度大范围的影响压力,流量和其他系统变量时,SPS 提供热和热过渡模型。对于在模型中每个管道环节,两个模型都允许温度剖面图的输入,但是热过渡模型也始终跟踪温度变化产生的效应
THERMAL	在热模型中,一些温度是用户自己定义的,其他的由 SPS 计算得出。例如,你输入管子末端和入口温度,除了输送线路的所有要素,由于流体的压缩膨胀而引起的加热和冷却均被模拟了。输送线路使用的是根据用户提供的管子末端温度的线性内插法。在输送线路上的站场上的温度混合也被模拟了。当流体进入输送管线时,流体温度是定义的管子的温度。 热模型典型适用于温度影响非常大的站场上,并且站之间足够远,且温度稳定,这样就可以输入值了

续表

热力学模型	适用范围
TRANSIENT-THERMAL	热过渡模型能够被用来计算热传递,不仅适用于液体本身,还能够用于周围环境,有利于计算管道系统在对温度敏感环境中的运行。它可以将与环境的热交换效应和液体的压缩和膨胀所带来的热变化考虑在内。瞬态热模型典型使用于温度与黏度密切相关的流体,例如重质原油。它也适用于温度效应对站场操作影响较大的或站间距较近温度未稳定的气体系统

（3）建模、准备模拟。

（4）控制逻辑。

（5）获得计算结果。

3. 应用案例

通过 SPS 软件建立的管道水力、热力模型进行输油管道适应性分析,分析结果可以为输油管道规划和改造提供依据。

某输油管道工程 $\phi 406.4mm \times 8mm$,长 50km,设计输量为 7000m^3/d,设计压力 4MPa,首站设置 2 台输油主泵,一运一备,SPS 模型如图 23-3-1 所示。

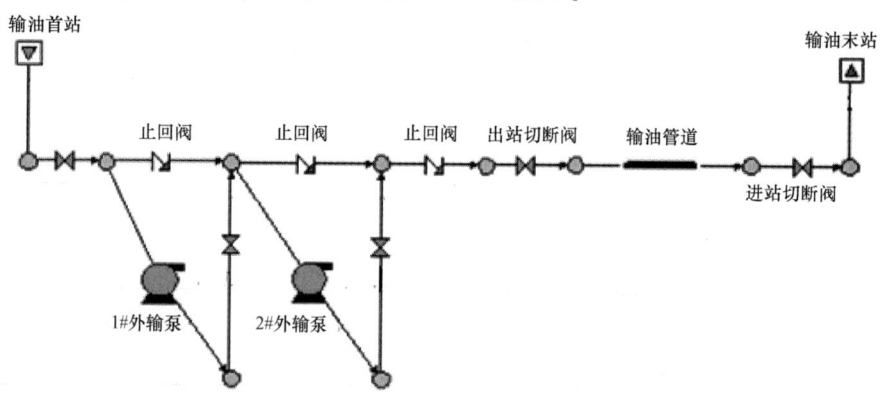

图 23-3-1　某输油管道 SPS 模型图

SPS 软件计算主要步骤如下：

（1）基本设置,包括：

① 设置使用的单位及单位制；

② 设置模拟选项；

③ 定义流体；

④ 添加单元设备；

⑤ 模型参数输入。

（2）稳态计算。

（3）输油管道最大、最小输量计算。

（4）输油管道允许停输时间计算。

二、TGNET 软件

1. 软件介绍

TGNET 是英国 ESI(ENERGY SOLUTIONS INTERNATIONAL)公司 PIPELINESTUDIO 软件用于气体管网进行稳态和瞬态水力分析的一个气体管道离线模拟软件,在全世界得到了广泛的应用。目前 PIPELINE STUDIO 软件已有 3.2、3.5、4.0 等版本。

TGNET 软件主要用于输气管道稳态以及瞬态仿真,该软件能够对管道中的单相流进行稳态模拟和动态模拟,具有全功能的图形界面、稳定的数字求解技术、完备的设备模拟、灵活实用的理想化的控制方式和多约束条件设定、温度跟踪、气体属性跟踪、详尽的默认值集合、既能以批处理方式又能以交互(互动)方式运作、灵活多样的开放的输入输出方式、易学易用等特点。TGNET 软件可以对输气管道的正常工况和事故工况进行分析,测试和评价输气管道的设计参数或操作参数,最终获得优化的系统性能,同时还可以为实时模拟软件的组态提供建模数据。

2. 计算模型

TGNET 软件有稳态计算模型与动态计算模型两种,此两种模型在输气管道领域有广泛的应用,可以计算管网的压力、温度等参数。为实现稳态计算模型与动态计算模型 TGNET 模型元件有:管段、节点、压缩机(包括普通压缩机、离心压缩机、往复压缩机以及并联压缩机组)、阀(包括截断阀、止回阀、调节阀等)外部调节器(包括进气点、分输点、泄漏点及燃料阀等)、阻力元件、冷却器以及加热器等。

1) 状态方程

(1) Sarem 方程。

Sarem 状态方程是一个老的状态方程。它解决了在通用气体状态方程中,在通常输气管道的条件下,如何计算压缩系数的问题。它使用对比压力和对比温度(天然气的压力、温度与其临界压力、临界温度之比)的概念,用勒让德多项式计算压缩系数。SAREM 方程的优点是:①在大多数天然气系统的正常运行压力范围内精度高;②描述气体的参数少,只需要相对密度,热值和 CO_2 含量;③允许用户自定义气体属性;④比定压热容和比定容热容取自假定的理想气体。SAREM 方程的缺点是:①低压无效;②靠近相变区时结果不正确。

(2) Peng-Robinson 方程。

范德瓦尔斯方程在一定范围内已经能比较接近的描述实际气体的性质,但是它没有考虑温度和偏心因子的影响,因而适用范围有限,Peng-Robinson 是在考虑了上述因素后由范德瓦尔斯方程派生出的方程:①需要气体组分数据;②基于扩展的范德瓦尔斯方程;③与压缩系数的立方比例;④压缩系数是压力温度和各组分特性的函数;⑤不包括焓的特性使其可直接计算。

Peng 方程的优点是:①在较大的压力、温度范围内都比较精确;②在相变区或相变区附近比较精确;③可以作气体组分跟踪;④计算量少于 BWRS。

Peng 方程的缺点是:①需要输入气体的全部组分;②不能使用用户自定义属性。

(3) BWRS 方程。

BWRS 方程考虑了更多的修正,因而也引入了更多的参数。引入的参数越多,考虑的因素越多,适用的范围越宽。求解的难度和求解计算量也越大。

BWRS 是一个复杂多参数状态方程。①需要气体组分数据;②基于扩展的范德瓦尔斯方程;③有 11 个参数;④压缩系数是压力温度和各组分特性的函数;⑤不包括焓的特性使其可直接计算。

BWRS 方程的优点是:①在很大的压力、温度范围内都很精确(优于 Peng);②在相变区或相变区附近也比较精确;③可以作气体组分跟踪;④可以处理含有较多非碳氢化合物的气体。

BWRS 方程的缺点是:①需要输入气体的全部组分;②计算量最大,因而速度最慢;③不能使用用户自定义属性。

2) 稳态模型

(1) 输入气体参数。

要模拟气体管道,需要输入在管道中流动气体的参数。有两种输入方法:

① 点击插入流体按钮,输入气体的主要属性,包括气体的相对密度、热值和 CO_2 含量。这是一种简化的气体模型,选用这种模型时,必须同时选用 Sarem 状态方程式,适用于典型的输气管道。

② 点击插入流体组分按钮,输入气体各组分的摩尔百分数,注意在输入对话框的右下角有各组分摩尔百分数的累计值,正常情况的累计值应当等于 100。这是气体的组分模型,使用这种模型时,必须同时选用 BWRS 或 Peng 状态方程。程序将自动计算气体的各项物理特性,具有较宽的适用范围。允许输入多组气体参数,无论输入几组气体参数,程序都会自动为每一组参数命名,在以后为各个气源指定气体参数时可以分别引用这些名字。

(2) 建立管网模型。

用鼠标在绘图工具条中选择相应的管网元件拖到工作区,再次点击鼠标释放,就可把相应的管网元件放置到管网视窗之中。

(3) 输入管网元件的参数。

输入管网元件参数(例如输入管段的长度、管径等)的方法主要有 4 种,应根据具体情况选择使用或配合使用:①用管网元件对话框输入,击管网视窗中的任何管网元件,都会弹出一个对话框,其中含有各种需要输入的参数;②用表格视窗输入,选择 Table 工具条或 Table 菜单中对应种类管网元件的"输入表"按钮,可以弹出含有该种类全部管网元件输入参数的表格视窗;③用属性视窗输入,点击标准工具条或视图菜单上的视图属性按钮,可以弹出一个属性视窗;④利用格式刷(Format Painter)协助输入数据。

(4) 在管网视窗中添加数据块。

管网视窗中除了可以显示管网结构图外,还可以加入显示关键数据的数据块和显示说明性文字的文字块,它们是:管网元件数据块、系统数据块、表格数据块和文字块。管网元件数据块显示关键管网元件的关键数据,系统数据块显示与整个模型相关的数据,表格数据块显示指定的管网元件的指定数据,每种管网元件显示成一张表,几张表构成一个工作簿。文字块中可以输入与本模型有关的说明性文字。

(5) 指定约束条件和设定值。

约束条件是指模拟过程中不能超越的一些限制条件,例如不能超过气源的最大压力和最大流量、不能低于用户要求的最低压力等。设定值是特殊的约束条件,它是必需完全符合的一些条件,例如用户的流量,压缩机的出站压力等。在输入过程中被指定为约束条件就是设定值。TGNET 将求得满足所有约束条件的解,因此在计算过程中约束条件和设定值可能发生转化。

(6) 管网模型的有效性检查。

如果是新建立的模型或对原模型做了大量修改,需要点击模拟工具条或模拟菜单中的检查按钮,进行一次管网有效性检查。此项检查的内容包括:管网元件连接关系检查、是否缺少必须输入的数据、数据是否有效等。检查出的错误分为两类,警告和错误。警告是需要改正的非关键性错误;错误是必需改正的关键性错误,如果不改正就不能进行稳态模拟。

(7) 运行稳态模拟和查看计算结果。

点击 Simulation 菜单或模拟工具条上的稳态计算按钮进行稳态模拟。有很多方法查看计算结果。如果插入了数据块,一眼就可以看到关键的计算结果。用输出表格视窗输出表格可以分门别类的查看所有管网元件的计算结果。用属性视窗可以一个个的查看选中的管网元件的计算结果。用视图菜单下输出子菜单的稳态报告按钮可以查看整个稳态计算报告。

3) 动态模型

以批处理方式运行动态模拟的特点是:运行过程中不需要人工干预,计算机以尽可能快的速度运行,模拟过程中看不到中间结果。运行动态模拟的必要条件是管网模型要有一个初始状态。最常用的初始状态是稳态计算的结果,以前动态模拟的结果也可以作为下一次动态模拟的初始状态。任何模型初次运行动态模拟之前都需要先作稳态模拟。

(1) 建立动态脚本,添加必要的约束。

所谓动态脚本或动态情景(Transient Scenario)实际上是一张表,表中含有在动态模拟的过程中有哪些管网元件的哪些数据会发生改变(阀门的开度、用户的耗气量、气源的压力或气量等),什么时间改变,变成多少等等。软件将把这张表格当作预定的脚本或情景,分析计算管网的动态工况。点击 Simulation 菜单的 Transient Scenario 按钮,将会出现一个只含有标题行的空白脚本表。选中标题行,点鼠标右键,在弹出菜单中选择插入一行,脚本时间列表中最长时间就是批处理方式动态模拟要模拟的时间。添加必要的在工艺上是合理的约束。

(2) 指定需要的动态趋势和报告的频度。

动态模拟要产生大量的数据,有必要指定需要哪些动态趋势,产生动态模拟报告的频度和趋势报告的频度。

① 指定需要哪些动态趋势,双击需要趋势报告的管网元件,在对话框中点击 Trend 标签,在出现的趋势列表中选择需要研究的趋势,如果所有同种类的元件都需要同样的趋势报告,在点击 OK 之前先点击 Apply to All。重复以上过程,指定所有需要的动态趋势。

② 指定报告的频度,指定报告的频度需要用到 Simulation 菜单的 Option 按钮,点击该按钮会出现一个含有 11 个标签的组合对话框。其中的 Report 和 Control 标签与动态模拟报告和趋势报告的频度有关。

(3) 运行动态模拟。

用稳态模拟的结果作初态时,点击 Simulation 菜单或模拟工具条的 Transient 按钮就可以开始运行动态模拟。在屏幕上会出现一信息框,其中含有模拟计算的起始时间,当前计算的时间和终止时间,当当前时间等于终止时间时,动态模拟即告结束。用上一次动态模拟的结果作初态时,需要点击 Simulation 菜单或模拟工具条的 Transient Restart 按钮。由于动态模拟计算的时间较长,用批处理方式运行动态模拟又不需要人工干预,可以一次性的起动多个模型的动态计算,不必有人在旁边等待。方法是,点击 Tools 菜单的 Multiple Case Tool,在对话框中逐个选择需要计算的模型文件,和需要进行哪些计算。可供选择的计算种类有:稳态计算、动态计算、稳态+动态计算。

(4) 查看动态模拟报告和趋势报告。

动态模拟结束后数据块中的数据是模拟结束时的数据,完整的计算结果分别保存在动态模拟报告和趋势报告两个文件中。用 View 菜单下 Output 子菜单的 Transient Report 按钮查看动态模拟报告。该报告按 Simulation|Report 对话框中指定的频度详细记录了管网在各个时间的全部计算结果。此文件中还记录了约束条件切换的过程、质量平衡误差、报警等信息。趋势报告没有此类信息,因此,应当首先查看这一报告,判断一下动态脚本是否合理和计算结果是否可信。用 View 菜单下 Output 子菜单的 Trend Report 按钮查看动态趋势报告。该报告按 Simulation|Control 对话框中指定的频度详细记录了所要求的趋势数据随时间变化的情况。本报告中没有出错信息,但是也需要分析计算结果的合理性,尤其是要注意管网元件控制方式的变化是否合理,有没有出现不合理的压力和流量等。通常以上两个文件都是很大的文件,查看时可能需要借助文件查看工具条的查找、设置书签、在书签之间跳转等功能。

(5) 建立动态趋势图。

TGNET 提供了用图形表示动态趋势的能力。点击 Chart 菜单的 Trend Plot 按钮,在对话框中依次选择管网元件的种类,元件名称,趋势名称,以及该趋势是使用第一 Y 轴或第二 Y 轴,然后点击 OK,在图表视窗中就会显示出选定的数据随时间变化的曲线。注意只有同种数据才能使用同一 Y 坐标轴。在图表视窗的顶部有一些按钮,点击其中的 Select Curves 可以重新选择要显示的曲线;点击其中的 Display Trend Data Table 可以用表格方式显示精确的趋势数据。

第四节 管道应力分析及三维布置设计软件

一、管道应力分析软件

1. 软件介绍

CAESAR Ⅱ 2017 管道应力分析软件是由美国 COADE 公司研发的压力管道应力分析专业软件。它既可以分析计算静态分析,也可进行动态分析。CAESAR Ⅱ 2017 向用户提供完备的国际上的通用管道设计规范,使用方便快捷。

交互式数据输入图形输出,使用户可直观查看模型(单线、线框、实体图)强大的3D计算结果图形分析功能,丰富的约束类型,对边界条件提供最广泛的支撑类型选择、膨胀节库和法兰库,并且允许用户扩展自己的库。钢结构建模,并提供多种钢结构数据库,结构模型可以同管道模型合并,统一分析膨胀节可通过标准库选取自动建模、冷紧单元/弯头,三通应力强度因子(SIF)的计算、交互式的列表编辑输入格式用户控制和选择的程序运行方式,用户可定义各种工况。

2. 数据的收集

管道应力分析数据的收集包括基础参数和边界条件的收集。

基本参数主要包括管系各种管道单元的管径、壁厚、隔热层厚度和隔热材料密度、安装温度、计算温度、计算压力、管道材料、许用应力、弹性模量、泊松比、管道材料密度、介质密度等。

边界条件可分为位移边界条件、力边界条件和弹簧边界条件。位移边界条件主要包括管系中各约束点的约束条件、附加位移等;力边界条件包括管系中的集中荷载和分布荷载;弹簧边界条件考虑弹簧的作用。边界条件的输入与单元输入同时进行。

3. 模型的创建

建立分析模型的第一步是将管道划分为单元,这些单元在节点处相互连接。为了在接下来的分析中,容易地将已有单元细分,通常节点号并不连续排列,而是留有一定间隔。

在确定管系中的各节点并给出相应的节点号后,就可打开CAESAR Ⅱ进行数据输入。一般情况下,数据输入是从管系的始端到末端沿管道逐个单元依次进行。

输入数据可分为基本参数、管道单元结构参数和边界条件。管道具有连续性,基本参数往往在相当长的一段管道不发生变化,所以一个单元接一个单元依次连续输入时,该部分数据不需要重新输入,软件自动复制,直到这些参数发生变化为止。管道单元结构参数和边界条件为个性数据,通常不具有连续性,一般情况下,每个单元的数据是不相同的,用户需要单个定义。

4. 应力分析

(1) 原始输入数据的检查。通常在输入一个新的管系数据后,经常会存在一些数据错误。当程序进行计算时,对某些不符合计算逻辑的错误会提出警告或错误信息,此时应力分析人员应根据警告或错误信息的内容检查原始数据并进行更正。

(2) 计算工况选择。确认原始输入数据无误后,即可进入荷载工况组合阶段。

进行荷载工况组合的目的是:①求出各种工况组合情况下的力、应力及位移;②按照标准规范的要求进行应力及受力校核。

CAESAR Ⅱ 2017可以将荷载工况组合进行分类,类别代号的意义如下:

"SUS"表示持续荷载工况组合,程序将自动对该类工况组合进行持续荷载作用下的一次应力校核;

"EXP"表示纯热态荷载工况组合,程序将自动对该类工况组合进行二次应力校核;

"OCC"表示偶然荷载工况组合,程序将自动对该类工况组合进行偶然荷载作用下的一次应力校核;

"OPE"表示操作状态荷载工况组合,该类工况组合主要用于管道对支吊架和设备管口的

推力计算,程序不对该类工况组合进行应力校核;

"FAT"表示疲劳荷载工况组合,程序将自动对该类工况组合进行疲劳校核。

(3)进行应力分析。经过计算后,CAESAR Ⅱ 程序在输出结果中,将根据用户所选择的设计规范自动进行一次应力和二次应力的校核,确保管线应力值均在管材许用应力范围内。同时程序还将输出各荷载工况组合下的一下信息:

① 输入数据;
② 各节点的位移和转角;
③ 各约束点和端点的约束类型以及力和力矩;
④ 各节点的应力;
⑤ 各单元的内力;
⑥ 弹簧数据表。

5. 评估分析结果

在管道一次应力和二次应力满足要求,各节点位移、各约束点和端点以及管嘴的受力和力矩满足要求的前提下,且满足安全性的前提下,应该根据实际情况不断对管道布置和支吊架设置加以修改,力求得到最优化的结果。

二、工厂三维布置设计管理系统

1. 软件介绍

PDMS(Plant Design Management System)即工厂三维布置设计管理系统,该软件具有以下主要功能特点:

(1)全比例三维实体建模,而且以所见即所得方式建模;

(2)通过网络实现多专业实时协同设计、真实的现场环境,多个专业组可以协同设计以建立一个详细的 3D 数字工厂模型,每个设计者在设计过程中都可以随时查看其他设计者正在干什么;

(3)交互设计过程中,实时三维碰撞检查,PDMS 能自动地在元件和各专业设计之间进行碰撞检查,在整体上保证设计结果的准确性;

(4)拥有独立的数据库结构,元件和设备信息全部可以存储在参数化的元件库和设备库中,不依赖第三方数据库;

(5)开放的开发环境,利用 Programmable Macrolanguage 可编程宏语言,可与通用数据库连接,其包含的 Auto Draft 程序将 PDMS 与 AutoCAD 接口连接,可方便地将二者的图纸互相转换,PDMS 输出的图形符合传统的工业标准。

2. 项目管理及设置

1)项目管理(ADMIN)模块主要内容

① 项目建立;
② 项目管理工具;
③ 数据库的重新配置(Reconfigure);

④ 数据读写控制(DAC);
⑤ Extract 数据库应用;
⑥ Stamp 时间标记.
2) 项目建立的步骤
① 建立项目目录;
② 设置项目环境变量;
③ 项目初始化;
④ 生成组 Team;
⑤ 生成数据库 DB;
⑥ 建立工作区 MDB;
⑦ 建立用户 User。

3) 项目设置

项目管理必须以用户 SYSTEM 进入项目的 ADMIN 管理模块设置项目支持中文字符,需在命令行输入 PROJECT MBCHARSET CHI 设置项目信息需在 Project>Information…设置项目的信息,其中 Name,Description,Message 最大设置 119 个字符,Number 最大 16 个字符。

项目规划的内容包括:定义组,用户,数据库和数据库组。组相当于专业组,用户属于各个专业组,数据库相当于各个专业组的设计数据,一般每个专业组都有自己的数据库,而且,只有本专业的用户对属于本组的数据库才有更改的权利。一个专业组的用户想要看其他人的设计数据,就要用到数据库组。数据库组是把相关专业的设计数据组合在一起。对其他专业的数据库只有读的权利,没有写的权利。

3. 数据库的创建

PDMS 数据库(PARAGON)模块中提供了用户界面用于定义和编辑管道元件,而且可以用三维视图直接表现出来。

PARAGON 模块主要用于创建、修改元件库。元件库就像各种标准、规范、制造商中各种形态、大小的元件。通过本模块可以根据这些规范建立元件的图形、端头连接信息、碰撞空间等等。

1) 管道元件数据库的层次
World——元件库的 World;
Catalogue——标准库或项目库;
Section——元件类型;
Category——元件分类;
Detail Component——元件详细描述。

2) 元件命名规则

PDMS 要求数据库中的每一个元素有一个唯一的名字,即数据库中不能有重名的元素。PDMS 采用了 CODING SYSTEM 编码系统,保证一个元素有一个唯一的名字。这样做的优点在于:(1)通过有意义的命名为设计带来很大的方便;(2)通过命名可以很容易在 PDMS 层次结构中定位,查找元件。

3) 生成标准管件的方法

以管理员账号进入 PARAGON 模块,切换至管道部分,选择 Paragon>Pipework,然后选择 Create>Catalogue,生成新的元件库,然后 Create>Section,然后 Create>Category>For Components,进行 7 位数命名,输入参数描述,然后 Create>Component 进行 9 位数命名,输入具体参数 Apply 后生成 SCOM FAEA200HH。

(1) 设置点集,点集的生成规则:

① P0,自动定义为元件的定位点(origin);

② P1,元件的入口点;

③ P2,元件的出口点;

④ P3,3-Way 元件的分支点或阀门的手轮方向。

(2) 生成型集。

(3) 生成材料描述。

4. 三维模型的创建

PDMS 三维模型主要分为设备建模,管道建模,土建结构建模,电缆桥架建模,暖通建模,支吊架建模,实时碰撞检查。

设计数据浏览器,主要用于设计模块(DESIGN),显示当前用户在当前模块下数据库组(MDB)内容,按照树状结构排列显示,不同元素类型显示不同图标。当选择某个元素时,设计数据浏览器中该元素会高亮显示,在视图区域内会显示该元素的当前原色;反之,通过在视图区域内选择某个元素为当前元素时,设计数据浏览器中自动切换到该元素,并高亮显示。

5. 定制出图

PDMS 软件使用 DRAFT 模块来完成平面及三维立体图的生成,根据系统提供的缺省出图设置或用户定义的出图设置,产生需要的图形效果。DRAFT 模块具有如下功能:(1)三维模型的投影图形;(2)方便的尺寸标注;(3)元件的标签(TAG)及标注;(4)需要的各种表格(管嘴表、设备表、管线表等);(5)生成详图——表现图中的详细内容;(6)任意方向的剖面及截面图。

DRAFT 模块出图方式分为自动方式和手动方式。

(1) 自动方式(ADP)产生平面图。

在 PDMS 软件的 DRAFT 模块中,"ADP"表示"AUTO DRAWING PRODUCTION"即使用已经定义好的出图规则来自动完成平面图的创建,包括如下几部分:

① 自动根据出图的内容产生平面投影;

② 自动标注尺寸;

③ 自动标注设备、管道、结构及其他元件的标签;

④ 自动产生需要的图标。

根据出图规则的不同,产生不同表现形式的平立面图。

(2) 手动方式产生平面图。

手动方式出图,将使用 DRAFT 模块出图部分的所有功能,熟悉 DRAFT 模块中不同功能的使用,将使我们更好地了解"ADP"自动出图的实现。

虽然是手动的方式,但许多的创建步骤都是自动连续的。

6. 碰撞检查

利用 PDMS 碰撞检查,可以在生成管道分支的过程中就及时发现错误,从而让用户及时更正错误。尽管能够在连续碰撞检查中对某一根管道实施碰撞检查,也仍需在完全碰撞检查前对其进行数据一致性检查,如有错误,及时矫正。

除以下几种碰撞不会报告外,其他各种基本元件,管道部件或钢结构部件之间的碰撞通常都会得到报告:

(1) 同一设备的两个基本元件之间碰撞;

(2) 同一属主的两个结构或子结构之间的碰撞;

(3) 互相连接的管道部件之间的碰撞;

(4) 互相连接的管道部件和管嘴之间的碰撞;

(5) 所有占有属性值(obstruction value)设置为零的部件或基本元件。

第五节 其 他 软 件

一、电力系统分析软件

1. 软件介绍

我国应用较为普遍的电力系统仿真软件包是 EMTP(电磁暂态程序);ETAP(电力电气分析、电能管理的综合分析软件系统);PSASP(电力系统分析综合程序)等以及一些基于它们的内核经过改进或者二次开发的程序。

1) EMTP(电磁暂态程序)简介

EMTP 是用于电力系统电磁暂态分析的仿真软件。EMTP 是 Electro-Magnetic Transient Program(电磁暂态程序)的首字母缩写。为了对高压直流输电系统仿真,程序中增加了模拟二极管和晶闸管等开关器件的能力,像 SPICE 程序一样,现在有几种 EMTP 版本以用于个人计算机,如 Micro Tran、ATP 等。所有版本的程序都具有 BPA(美国邦纳维尔电力局,Bonneville Power Administration)的 EMTP 原版的大部分功能。

EMTP 是重点运用于电力系统中高电压等级的电力网络和电力电子仿真,侧重的是系统的运行情况而不是个别开关的细节。它包含用于变压器相传输线的模型,这些模型是通过现场测试证实的;它也适用于各种电机的模型;二极管、晶闸管和开关模型的通用性,再加上以应用的控制器,使得 EMTP 成为这方面的强大工具。

2) ETAP(电力电气分析、电能管理的综合分析软件系统)简介

ETAP 是电力电气分析、电能管理的综合分析软件系统的简称。ETAP 是功能全面的综合型电力及电气分析计算软件,能为发电、输配电和工业电力电气系统的规划、设计、分析、计算、运行、模拟提供全面的分析平台和解决方案。ETAP 是美国 OTI 集团公司研发生产的电力及

电气系统综合计算分析软件和实时在线控制、智能电网系统产品。

ETAP软件主要的功能：电力系统潮流分析、短路电流计算、电机启动分析、暂态稳定分析、谐波分析、接地网系统设计、地下电缆系统的设计和分析等。

3) PSASP（电力系统分析综合程序）简介

电力系统分析综合程序（Power System Analysis Software Package）简称PSASP，是一套历史长久、功能强大、使用方便的电力系统分析程序，它具有中国自主知识产权，是资源共享、使用方便、高度集成和开放的大型软件包。PSASP基于电网基础数据库、固定模型库以及用户自定义模型库的支持，可进行电力系统（输电、供电和配电系统）的各种计算分析。

在油田油气集输与处理工程设计上运用较为广泛的ETAP（电力电气分析、电能管理的综合分析软件系统）可重点对场站供配电系统进行全面的电力分析，合理提供供配电设计方案，电气设备进行选型设计，大功率电机启动方式选择设计，供配电电缆选择设计以及接地网的设计等。ETAP除了要拥有直观而友好的操作界面、强大而完善的计算分析功能以及开放式数据库连接等，同时最好还能拥有实时监测、在线模拟和管理控制等功能。

2. 计算模型

重点对ETAP（电力电气分析、电能管理的综合分析软件系统）主要模块功能进行说明。电力系统分析软件主要的计算模型/模块说明如下。

1) 潮流分析模块

系统有功或无功损耗最小、系统发电机燃料总成本最小、投入的并补或串补设备最少，外系统送入的有功功率最小、甩负荷最小化、系统环流最小化、电压安全指标最大、潮流安全指标最大、最小化母线的电压幅值差异等。

2) 短路计算模块

ETAP短路分析功能可以分析电力系统中三相、单相、线-地、线-线、线-线-地等情况下的故障电流及其影响，该程序分析计算系统中总的短路电流和单个电动机、发电机以及连接点的故障电流。通过各个节点的短路电流计算分析，从而对电气设备、电缆进行校验及选择。

3) 电机启动分析模块

ETAP可以分析多种电机类型：感应电机、同步电机、发动机动态模型以及单笼和双笼电动机模型等。可分析电机的状况：动态电机加速、静态电机启动、多组电机及其他设备（负荷、电容器、马达驱动阀门等）的启动、停止、再启动，电机和负荷群（组）启动/加速，加速后改变电机负荷等。

4) 暂态稳定分析模块

对于各种电力系统元素在暂态下的模型参数，EATP均有集成，如：感应及同步电动机/发电机动态模型、电机频率响应模型、系统频率响应模型、IEEE和制造商的励磁器和调速器模型、电机负荷模型等。可以精确分析各种暂态：用电压和频率继电器自动甩负荷，电机驱动，阀门启动，电机加速，临界故障清除时间，快速母线切换研究，冲击负荷和发电机切除分析等。

5) 保护配置模块

配合和选择：交直流保护配合、全面强大的保护装置数据库、嵌入式短路分析和电动机加

速分析、多轴的时间电流曲线、保护装置报告、自动检测保护区域等;

动作序列:保护装置失败和后备保护动作、顺序查看器、电流总和、继电器动作(27V、49V、50V、51V、51V、59V、67V、79V、87V)等;

继电器测试设置接口:与测试和维护数据接口、保护装置稳态响应绘图、比较厂商公布的数据和继电器响应、分析继电器误脱扣和误动作等。

6) 电能质量

(1) 谐波潮流计算模块。

IEEE 519 标准、自动畸变率评估(THD&IHD)、通信干扰因子(TIF、I*T)、计算报告 I*TB(均衡)和 I*TR(剩余)、变频器谐波建模、UPS 交流输入和输出的谐波次数建模、PV 阵列的谐波次数建模、自动越限报警、谐波源库、内嵌的牛顿—拉夫逊法、内嵌的加速高斯—赛德尔法等。

(2) 频率扫描。

用户自定义频率范围、识别谐振条件、用户自定义画图等。

(3) 滤波器。

滤波器设计和容量估计、单调谐、高通和带通滤波器、自动滤波器过载报警、自带滤波器模型等。

7) 动态和暂态

(1) 暂态稳定模块。

完整的同步和感应电机模型、全面的励磁系统模型、全面的涡轮调速器模型、PSS 系统模型、GE、Westinghouse 和 Solar 燃气涡轮机、用户自定义的动态模型(UDM)、无限制的事件和动作序列、典型和普通的扰动与操作、基于继电器设置的自动动作、短时间和长时间模拟、可变的总的模拟时间和模拟步长、三相和单相接地故障动作、自动同期检测操作、内嵌的牛顿—拉夫逊法初始潮流、VFD 动态模拟、等效负荷用户自定义动态模型、UPS 并列运行建模、太阳能电池板(PV 阵列)建模、逆变器电源建模等。

(2) 发电机启动模块。

从冷状态下起动发电机(黑起动)、超前同步转速的负荷发电机、基于频率的电机模型、基于频率的网络模型、暂态稳定模块的扩展、使用用户自定义的动态模型界面等。

8) 电缆选型

(1) 电缆载流量和尺寸模块。

IEEE 399 标准、NEC 标准 NFPA70、ICEA P54 标准、IEC 60364-5-52、60364-4-43 标准、BS 7671 标准、安培容量/载流量计算器、基于载流量、电压降、短路、谐波和过载保护的选型、最大或平均运行电流、基于 NEC 标准的接地导体选择、中性点接地、保护接地导体电缆库、添加辅助中性点、保护接地导体、最优和供选择导体、表格模型(BS 或用户自定义)、水晶报告或 Excel 报告等;

(2) 保护接地导体选项模块。

IEC/BS7671 标准、保护接地热要求和选型、用户自定义故障电流及清除时间、考虑泄漏电流等;

(3) 电击保护。

IEC/BS/EN/TN-C/TN-S/TN-C-S/TT/IT 接地类型、电击要求、回路阻抗和电流计算、接触电压计算和电流计算、考虑接地阻抗、GFCI\RCCB 保护等。

9) 直流系统模块

(1) 直流潮流模块。

IEEE 标准、集成的交流和直流系统、内嵌的牛顿—拉夫逊法、电压降、功率损耗、蓄电池自动激活、充电器/UPS 电流限制/和 UPS 模式自动切换、直流变化器建模、电动机模型自动切换等。

(2) 直流短路模块。

IEEE 标准、集成的交直流系统、总得母线和之路贡献的故障电流、故障电流上升时间、ANS-I/IEC 标准的蓄电池建模以及充电器建模等。

(3) 蓄电池放电分析和容量估计模块。

IEEE 标准、集成交流、直流和控制系统图、蓄电池放电模拟、蓄电池容量估计、基于直流潮流或工作周期总和的放电分析、考虑电压降和损耗、1E 级直流电力和控制系统模型、考虑蓄电池放电电压的控制系统模拟、工作周期差异系数、每种运行特性的负荷模型类型、按照每个单独负荷计算出的蓄电池工作周期、蓄电池和负荷工作周期 1min 间隔选项、用户可选的多条蓄电池特性插补、多个差异和校正系数、IEEE 485 标准格式的蓄电池容量计算报告、蓄电池容量、电压和电流绘图、母线电压、负荷和支路潮流绘图、详细的蓄电池库等。

10) 配电系统

(1) 不平衡潮流模块。

不平衡潮流、单相和三相不平衡建模、不平衡和非线性负荷建模、开口三角变压器建模、中心抽头变压器建模、三个单相变压器建模、孤立的带有电压控制电源的子系统建模、孤立的单相电源 & 系统建模、相 & 线电压/电流/功率、电压和电流不平衡系数、传输线耦合、自动设备评估、使用多种单位的电压、功率报告等。

(2) 优化潮流模块。

同时解决多个目标、带有闸函数的内点法、使功率损耗最小、有功功率最优化、无功功率最优化优化调度等。

(3) 最佳电容器安装模块。

最佳位置和组数、最小安装和运行成本、单个电源或平均能量成本、电压和功率因数目标、最大、最小和平均负荷、支路容量释放和成本节省、检查电容器对系统的影响、电容器控制方法、灵活的约束条件等。

(4) 可靠性评估模块。

系统可靠性、用户主导性指标、能量(成本)指标、灵敏度分析、单个和双重事件等。

(5) 单相配电系统模块。

ANSI 和 IEC 标准、图形化显示每相潮流、电压降和功率损耗、电压和电流不平衡因子、自动设备评估和报警等。

11) 接地网系统设计模型

ETAP 提供了三维视图并与接线图相结合,可以使设计者形象地看到设计出的接地系统。

针对该系统还可选用IEEE标准或有限元法进行以下几方面内容的计算:接地网中矩形配置、三角形配置、L形及T形配置或不规则形状配置所允许的跨步及接触电压并与实际值进行比较;在成本与安全的前提下,固定垂直接地体的数量,优化水平接地体数量或同时优化水平与垂直接地体的数量;各导体的最大允许电流并与故障电流进行比较(如果超标则报警);接地电阻;接地电位升;土壤反射系数;表层敷设调整系统;衰减系数等。

二、压力容器设计软件

1. 软件介绍

压力容器的设计,不但要掌握相关专业知识,根据有关标准和要求进行结构设计,而且要对设备的强度、刚度、结构尺寸、材料等进行计算和优化,以满足压力容器设计的安全性、合理性和经济性。而压力容器的强度计算是一项极为繁琐的工作,需要在相关标准的基础上对压力容器的应力进行计算、判断,最终形成压力容器的存档资料。这往往会占用大量的人力、物力及时间。因此,开发并应用一些设计软件,对提高压力容器设计工作效率和设计质量,研制性能更优越的压力容器是一件非常有意义的工作。

几十年来,国内外许多公司和机构进行了压力容器软件的开发。目前已开发出许多优秀的设计软件,如 SW6 过程设备强度计算软件包、LANSYS 压力容器强度设计软件、Pvelite&. Code Calc、COMPRESS、AutoPipe Vessel(MicoroProtol)、VVD 压力容器整体及零部件分析设计软件、MT-EXCH 管壳式换热器分析设计软件、NozzlePro 管嘴有限元分析软件、FE/PIPE 有限元方法压力容器及管道应力分析软件等。

2. SW6 过程设备强度计算软件包

SW6 是全国化工设备设计技术中心站开发的化工设备设计软件,该软件是基于 Windows、WORD 中文版的压力容器设计工具软件。同 LANSYS 相比,SW6 提供了用户自定义数据库和自动形成规范化格式、加入封面、页码及图形等的中英文计算书的功能。多年以来,SW6 作为一个工程设计计算软件在化工设备设计领域为广大工程师提供了巨大的帮助,已成为设备设计人员进行设备设计、方案比较、在役设备强度评定等工作所不可缺少的重要工具。

SW6 强度计算软件包不仅可以进行设备整体的计算,也可以进行单个零部件的计算,另外,它还能计算一些 GB/T 150、GB/T 151 未列入的压力元件。它主要包含了 GB/T 150.1~150.4《压力容器》、GB/T 151《热交换器》、NB/T 47041《塔式容器》、NB/T 47042《卧式容器》、GB/T 12337《钢制球形储罐》等,主要对如下几方面进行计算:

(1) 受压元件:如筒体、封头、法兰和开孔补强等。

(2) 卧式容器:包括筒体、封头、设备法兰、开孔补强及鞍座等。

(3) 立式容器:包括筒体、封头、夹套、开孔补强、设备法兰及搅拌轴等。

(4) 固定管板换热器:包括壳程圆筒、管程圆筒、管箱法兰和管板等。

(5) 浮头式及填料函式换热器:包括浮头盖、钩圈、筒体、前(后)端管箱、筒体法兰、前(后)端管箱法兰、管板及开孔补强等。

(6) U形管式换热器:包括筒体、前(后)端管箱、筒体法兰、前(后)端管箱法兰、管板及开孔补强等。

(7) 高压设备:包括单层圆筒、多层包扎式圆筒、热套筒体、高压设备的封头(包括球形、平盖、锻制紧缩口以及卡箍、金属平垫、椭圆垫、八角垫和双锥密封等)。

(8) 塔设备:包括板式塔、填料塔、塔板与填料混合内件的等截面或变截面塔以及基础环板固定在框架结构上的塔等。

(9) 球形储罐:包括球壳板、支柱、地脚螺栓、拉杆、销子、支柱底板、耳顺及翼板等。

(10) 非圆形容器:包括矩形、带圆角矩形、长圆形、椭圆形截面容器的壳体、支撑板及加强件等。

(11) 零部件:包括无垫片法兰(或垫片反力可忽略不计)、卡箍连接密封、弯头、三通、斜接管、带法兰凸形封头等。

(12) 局部应力:包含了美国焊接研究会 WRC-107 公报 1979 版和 WRC-297 公报 1987 版的全部内容,包括柱壳、球壳、椭圆封头或碟形封头等在外载荷作用下所产生的最大表面应力和最大薄膜应力等。

3. LANSYS 压力容器强度设计软件

LANSYS 是蓝森石化技术有限公司开发的一套设计软件,它按 GB/T 150.1~150.4、GB/T 151、GB/T 16749、GB/T 12337、NB/T 47041、NB/T 47042、HG/T 20569 及有关基础标准进行编制,在尊重原标准及行业习惯的原则下进行了合理的分类,80 多种零件项(计算项)归纳为壳与封头、平盖与法兰、换热器零件、非圆形截面容器、筒体端部五类,设备类包括换热器、卧式容器、直立容器、球形储罐、搅拌器等几大类。

LANSYS 的用户可以选择需要的设备,并可添加零件,更可以由用户组合零件建立自己的设备,甚至零件名称也可由用户命名。

LANSYS 强大的及时计算功能,加上数据输入、图形提示、计算结果同页集成,用户所见即所得,甚至重要的中间数据也能及时看到,直观高效。

带页标签的工作簿式设计,使计算项之间的切换准确快捷,如同翻看设计书一样,而且计算项计算通过后页标签图标将由红色变为绿色。

输入数据缺省值设置、标准元件数据套用功能(如法兰、型钢),不仅降低了用户工作强度,也为用户提供了参考数据。

LANSYS 自动产生规范化格式、加入封面、目录及图形公式甚至表格的设计计算书,方便用户存档。

LANSYS 具有强大的项目文件组织管理功能,如多文档功能、复制粘贴功能、排序删除功能等。项目文件包括计算内容、计算模式、输入输出数据及报告,这些内容均由 LANSYS 自主管理,无需第三方软件支持,文件非常小,通常只有 10KB 左右。LANSYS 合乎标准的专业纠错提示,使用户的疏漏减为最少,如管板管孔数太多,LANSYS 也能提示纠错。

设备项目中各计算项的设计压力、设计温度、公称直径、压力试验类型四项数据相互关联,一经修改,相关计算项全部动态产生计算结果,自动找出计算项中试验压力最小值作为设备试验压力。

详实的 LANSYS 帮助,尽可能引用标准原文原图,用户在得到准确帮助的同时,又能熟悉标准本身。

材料录入与管理功能,使用户可以方便地使用标准以外的材料。

LANSYS 于 1999 年 7 月顺利通过了全国压力容器标准化技术委员会计算机应用分技术委员会的测试评审,评审认为 LANSYS 采用先进的软件编程技术,在软件界面的友好性、操作方便性、外部材料数据库建立及标准零件数据库和计算文档管理等方面具有自己的特色,在国内同类软件中具有先进水平。

4. ANSYS 分析设计软件

ANSYS 软件是第一个通过 ISO 9001 质量认证的大型分析设计类软件,是美国机械工程师协会(ASME)、美国核安全局(NQA)及近 20 种专业技术协会认证的标准分析软件。

在国内第一个通过了全国压力容器标准化技术委员会认证并在国务院 17 个部委推广使用。现在有多家压力容器设计单位采用 ANSYS 有限元分析软件进行压力容器的设计。

ANSYS 软件是融结构、流体、电磁场、声场和耦合场分析于一体的大型通用有限元分析软件。由世界上最大的有限元分析软件公司之一的美国 ANSYS 公司开发,它能与多数 CAD 软件接口实现数据的共享和交换,如 Pro/Engineer、UG、SolidWorks、NASTRAN、Alogor、CATTAJ-DEAS、AutoCAD 等,是现代产品设计中的高级 CAE 工具之一。ANSYS 有限元分析软件可进行设备的整体或零部件的分析计算。

ANSYS 软件主要包括前处理模块、分析计算模块和后处理模块三个部分。

前处理模块提供了一个强大的实体建模及网格划分工具,用户可以方便地构造有限元模型。

分析计算模块包括结构分析(可进行线性分析、非线性分析和高度非线性分析)、流体动力学分析、电磁场分析、声场分析、压电分析以及多物理场的耦合分析,可模拟多种物理介质的相互作用,具有灵敏度分析及优化分析能力。

后处理模块可将计算结果以彩色等值线显示、梯度显示、矢量显示、粒子流迹显示、立体切片显示、透明及半透明显示(可看到结构内部)等图形方式显示出来,也可将计算结果以图表、曲线形式显示或输出。

软件提供了 100 种以上的单元类型,用来模拟工程中的各种结构和材料。该软件有多种不同版本,可以运行在从个人机到大型机的多种计算机设备上。它不仅可以用来进行压力容器设计的应力分析和疲劳分析,而且能够进行压力容器的优化设计,在各种压力容器设计软件中占有极其重要的地位。

5. Pvelite&Code Calc

Pvelite&Code Calc 压力容器整体及零部件分析设计软件主要用来进行从最基本到非常复杂的卧式和立式压力容器、换热器的整体及零部件的设计。该软件录入了 3600 多种材料的性能数据,并提供自选单位、自定义材料和动态跟踪等功能。

其状态栏可显示指定元件的厚度、垂直高度、最大工作压力等。它覆盖了 ASME 第Ⅷ卷(ASME Ⅷ-1、ASME Ⅷ-2)、BS5500、UBC、NBC、ANSI B16.5、TEMA、WRC-107 号公告等,具有强大的设计和分析能力。

Pvelite&. Code Calc 主要对如下几方面进行计算。

（1）卧式和立式压力容器整体分析\'及设计。

（2）卧式和立式压力容器零部件的分析及设计。

（3）换热器零部件：包括壳体、封头、浮头、开口、法兰、管板、连接件、各种支撑方式、胀节分析及设计。

（4）矩形和其他非圆形容器等分析及设计。

（5）球形储罐的整体分析及设计。

6. ASME Ⅷ强度计算软件 COMPRESS

COMPRESS 是 CodeWare 公司旗下主打产品，主要用于 ASME Ⅷ-1,Ⅷ-2 的强度计算。COMPRESS 相比其他同类软件其缺点是只能按 ASME 标准计算，其优点是界面非常友好，模型效果非常逼真，这一点上不论是 PVELITE、VVD、AUTOPIPE VESSEL 都只能自叹不如。

三、结构设计软件

1. 软件介绍

PKPM 结构系列软件是由中国建筑科学研究院开发研制的一套优秀软件产品，可以用于建筑结构的建模、计算、绘图等。PKPM 结构系列软件采用人机交互方式，操作简单，功能强大。以民用建筑物的结构计算为例，通常进行的设计内容有：首先，通过 PMCAD 进行结构数据的输入，建立整个建筑物的结构模型、结构楼面布置信息、楼面荷载传导计算；其次，通过结构分析软件 SATWE、PMSAP 等模块进行建筑物的截面配筋计算、抗震验算等；然后，利用 JCCAD 模块进行基础的配筋计算；最后，根据分析结果绘制施工图并进行正常使用阶段裂缝、挠度等校核。

2. 构成模块

石油化工建筑结构中常用的 PKPM 结构系列软件模块，主要为以下几个组成：

（1）PMCAD。即结构平面 CAD 软件。PMCAD 软件是整个结构计算软件的核心，是其他软件的重要接口。通过 PMCAD 软件，可以建立工程结构模型和荷载输入，为其他结构模块提供几何数据和荷载数据并绘制结构平面图。

（2）SATWE。SATWE 软件即多、高层建筑空间有限元分析与设计软件。用于进行多、高层的钢筋混凝土框架、框架-剪力墙和剪力墙结构以及高层钢结构或钢-混凝土混合结构的分析计算。对作用于结构主体的各类静载、活载、风荷载、地震荷载、吊车荷载等都能进行组合计算。

（3）PMSAP。以通用有限元为核心，可以满足任意结构形式的分析要求，它适合于广泛的结构形式和相当大的结构规模。该程序能对结构做线弹性范围内的静力分析、固有振动分析、时程响应分析和地震反应谱分析，并依据规范对混凝土构件、钢构件进行配筋设计或应力验算。对于多、高层建筑中的剪力墙、楼板、厚板转换层等关键构件提出了基于壳元子结构的高精度分析方法，并可做施工图模拟分析、温度应力分析、预应力分析、活荷载不利布置分析等。

（4）JCCAD。适应多种类型的基础的设计，可自动或交互完成工程实践中常用诸类基础设计，其宗包括柱（墙下）独立基础、墙下条形基础、弹性地基梁基础、带肋筏板基础、柱下筏板基础、墙下筏板基础、柱（墙下）桩基承台基础、桩筏基础、桩格梁基础等基础设计及单桩基础设计，还可进行由上述多种类型基础组合的大型混合基础设计。

（5）STS。STS软件可以完成钢结构的模型输入，截面优化，构件验算、节点设计与施工图绘制。适用于门式刚架、多、高层框架、桁架、支架、框排架、空间杆系钢结构等结构类型。还提供了专业工具用于檩条、墙梁、隅撑、抗风柱、组合梁、柱间支持、屋面支撑、吊车梁等基本构件的计算和绘图。

（6）PK。PK软件是一个平面杆系的结构计算软件，适用于工业与民用建筑中各种规则和复杂类型的框架结构、框排架结构、排架结构，剪力墙简化成的壁式框架结构及连续梁，拱形结构，桁架等。

（7）QY-TOOLS。QY-TOOLS是一款计算机辅助设计软件，主要包括混凝土构件验算和设计、地基基础、钢结构的设计计算、常用工具和表格的查询等五十多项功能，其中冷换设备基础、卧室容器基础、矩形水池等模块在工业结构设计中较为常用。

四、火炬模拟分析软件

1. 软件介绍

Flaresim软件是英国SoftBits公司的软件产品。该软件是针对火炬系统热辐射的评估及火炬扰动设计的专业程序，可用于具有多火炬系统叠加的复杂工况设计，估算火炬系统周围热辐射温度分布。此外，还可通过不同建模方式对管道火炬、音速火炬和液体燃烧炉进行设计。总体来说，Flaresim软件是一款针对火炬系统的设计软件。

Flaresim用于海上石油平台，气体处理厂，炼油厂和化工厂的火炬系统计算。可实现如下功能的模拟计算：

（1）火炬头系统的压力分布计算。
（2）火焰的热辐射计算。
（3）辐射范围内设备表面温度的计算，根据热辐射考虑装置的安全距离。
（4）火炬燃烧的噪声级。
（5）根据辐射极限来确定火炬烟囱的高度。
（6）可以模拟多种火炬头，如：原油型火嘴，声速型，蒸气型，空气型等。火炬头可以有多个燃烧嘴。最多可以同时模拟4个烟囱及4个火炬头。

2. 计算模型

（1）点计算模式。对于装置区的某个指定点，计算辐射强度，温度和噪声级。
（2）等高线法。计算出热辐射等高线。可计算出6个等高线，这些等高线可以是垂直或水平等高线。
（3）网格法。首先切分网格，然后计算出每个网格节点上的辐射强度，温度及噪声级。
（4）API法。根据API521中的Hadkek和Ludwig法计算。

(5) Brzustowski 法。根据 API521 中的喷射分布法计算。

(6) 声音级法。计算声功率和声压级时,同时考虑了燃烧噪声和喷射噪声。

五、消防系统设计计算软件

"消防工程计算机辅助设计平台"(消防工程 CAD 设计软件)是天津市兆龙软件开发有限公司的软件产品。该软件是针对消火栓灭火系统、自动喷水灭火系统等消防工程的专业软件,具有如下主要功能:

1. 强大的专业绘图功能

(1) 可与 AutoCAD 和其他给排水软件全兼容;

(2) 对任意形状房间进行喷头、探头的自动布置,并可智能躲避梁、柱;

(3) 系统图、计算简图可由平面图直接生成;

(4) 节点号、管段号及管径均可自动生成并直接标注在图中;

(5) 计算简图中的数据可直接进入计算程序。

2. 快速精确的设计计算功能

(1) 可按照我国现行规范对以下各种固定灭火系统进行高精度,高智能的快速设计计算,主要包括:室内外消火栓系统、自动喷水灭火系统、水喷雾灭火系统、水幕灭火系统、固定消防炮灭火系统、低倍数泡沫液上及液下喷射灭火系统、二氧化碳灭火系统、七氟丙烷灭火系统等各种固定灭火系统;

(2) 国际版软件除了包含中国版所有功能外,还可按照美国 NFPA 标准对一下各种固定灭火系统进行高精度,高智能的快速设计计算,主要包括:自动喷水灭火系统、水喷雾灭火系统、水幕灭火系统、二氧化碳灭火系统;

(3) 无论支状、环状、格栅状、均衡或非均衡管网都可以进行高精度设计计算,其管段总数 5000 以上,节点总数不小于 3000,最大闭合差不大于 0.1m 水柱;

(4) 可按照国家标准(GB)或美国 NFPA 标准打印出详尽的中文或英文设计计算书。

3. 管材统计预算功能

(1) 可自动将各种给排水软件出的图纸规范化;

(2) 可以对图纸上所有各种规格的管材、零部件、卡箍、支吊架等主要材料进行自动统计,并以 Excel 的行驶生产统计表;

(3) 给定进货价和备品率后,可自动生成主要材料的预算表。

附录 A 常用基础资料

在设计过程中,一些常用基础资料是必需的。近些年来,随着集输与处理技术的发展及需要,我国法律法规、标准规范及国际标准等都有不同程度的更新,为保证本书常用基础数据的科学性、规范性、时效性,使内容更符合工程建设要求和当前技术发展情况,及时同步我国法律法规、标准规范、国际标准及相关数据手册,将不同的规范、标准、手册等设计资料中的相关的数据和要求加以归纳总结,并高度提炼,以便帮助油气集输工程设计人员更全面的了解、掌握和应用相关数据,不但可以提高工作效率,还可以提高工程设计质量。

油田油气集输与处理常用的基础资料主要包括原油物性、油田气的物理和热力性质、单体烃的物理及热力学性质、空气及其质量标准、水及其质量标准、金属材料与非金属材料数据、常用气象资料及油田工程常见参数等。

附录 A-1 原 油 物 性

一、我国原油的一般性质

1. 大庆原油的一般性质

大庆原油的一般性质见表 A-1-1 和表 A-1-2。

表 A-1-1 大庆各油田原油的一般性质

原油名称		喇嘛甸原油	萨尔图原油	杏树岗原油	葡萄花原油
取样时间		1974 年	1962 年	1976 年	1980 年
API 度,°API		31.0	32.0	34.5	36.9
密度,g/cm³	20℃	0.8666	0.8615	0.8479	0.8357
	50℃	0.8453	0.8409	0.8273	0.8158
运动黏度 mm²/s	50℃	27.20	23.79	14.52	9.71
	70℃	16.03	14.15	7.63(80℃)	6.22
凝点,℃		33	32	32	26
含蜡量,%(吸附法)		25.2(18.0)①	28.7(17.9)①	26.3	23.3(15.0)①
沥青质,%②		0.12	0.98	0.10	0.013
胶质,%(硅胶法)		15.7	15.9	8.72	4.69
残炭,%		3.3	3.1	2.3	1.2
水分,%		7.0	6.6	0.07	0.03

续表

原油名称		喇嘛甸原油	萨尔图原油	杏树岗原油	葡萄花原油
取样时间		1974年	1962年	1976年	1980年
含盐量(NaCl),mg/L		93.3	133	2.69	9.9
闪点(开口),℃		38	38	30	29
灰分,%		0.0093	0.02	0.0051	0.0026
机械杂质,%		0.017	—	—	0.0076
元素分析,%	C	85.95	85.74	—	85.55
	H	13.40	13.31	—	13.62
	S	0.12	0.11	0.11	0.06
	N	—	0.15	—	—
金属分析,10^{-6}	Ni	2.1	3.8	1.5	0.08
	V	0.02	<0.02	0.085	<0.09
	Fe	0.55	1.2	0.38	0.66
	Cu	—	0.8	0.35	0.22
馏程;初馏点,℃		80	79	83	60
馏出量,%	100℃	1.0	1.0	0.8	2.3
	120℃	2.5	3.0	2.2	4.4
	140℃	4.0	5.0	4.1	7.1
	160℃	6.0	8.0	6.6	9.8
	180℃	8.0	10.0	8.8	12.6
	200℃	10.0	12.0	10.9	15.0
	220℃	12.0	15.0	13.4	17.4
	240℃	14.0	16.0	15.9	20.3
	260℃	16.0	18.0	19.7	23.4
	280℃	19.0	21.0	22.8	26.6
	300℃	23.0	25.0	25.6	30.3
原油分类		低硫、石蜡基	低硫、石蜡基	低硫、石蜡基	低硫、石蜡基

① 括号内为蒸馏法数据;
② 石油醚不溶物。

表 A-1-2 大庆混合原油的一般性质(三号集油站取样)

原油名称		大庆混合原油	大庆混合原油	大庆混合原油
取样时间		1973年	1975年	1979年
API度,°API		32.0	32.2	33.1
密度,g/cm³	20℃	0.8614	0.8601	0.8554
	50℃	—	0.8398	—

续表

原油名称		大庆混合原油	大庆混合原油	大庆混合原油
取样时间		1973年	1975年	1979年
运动黏度,mm²/s	50℃	23.51	23.85	20.19
	70℃	13.50	15.68	—
凝点,℃		33	31	30
含蜡量,%(吸附法)		25.6	25.8	26.2
沥青质,%[2]		—	0.12[1]	0[2]
胶质,%(硅胶法)		15.7[3]	18.0[3]	8.9[4]
残炭,%		3.3	3.0	2.9
水分,%		3.7	0.83	痕迹
含盐量(NaCl),mg/L		18.1	12.6	—
闪点(开口),℃		—	34	—
灰分,%		0.014	0.0027	—
元素分析,%	C	—	85.87	—
	H	—	13.73	—
	S	0.07	—	0.10
	N	—	0.13	0.16
金属分析,10^{-6}	Ni	3.9	2.3	3.1
	V	<0.1	<0.08	0.04
	Fe	4.8	0.70	0.7
	Cu	—	0.25	<0.2
馏程:初馏点,℃		71	75	85
馏出量,%	100℃	1.0	0.6	2.0
	120℃	2.5	2.5	4.0
	140℃	4.0	5.0	6.0
	160℃	6.0	7.5	8.5
	180℃	8.0	9.0	10.0
	200℃	10.0	12.0	12.5
	220℃	13.0	13.0	14.0
	240℃	15.0	15.0	16.0
	260℃	17.0	17.5	18.5
	280℃	19.5	20.0	21.0
	300℃	23.0	23.5	24.0
原油分类		低硫、石蜡基	低硫、石蜡基	低硫、石蜡基

[1] 石油醚不溶物;
[2] 正庚烷不溶物;
[3] 硅胶吸附胶质;
[4] 氧化铝吸附胶质。

2. 吉林原油的一般性质

吉林原油的一般性质见表 A-1-3。

表 A-1-3 吉林原油的一般性质

原油名称		扶余原油	红岗原油	新立原油
取样时间		1962年5月	1974年2月	1975年10月	1977年6月
API度,°API		32.0	20.6	28.6	25.3
密度,g/cm^3	20℃	0.8614	0.8689	0.8798	0.8984
	50℃	0.8408	0.8586(40℃)	0.8607	0.8799
运动黏度 mm^2/s	50℃	19.40	26.38	44.0	—
	70℃	11.30	14.95	24.87	19.08(100℃)
凝点,℃		21	26	16	28
含蜡量,%(吸附法)		20.1	22.3	22.25	17.42
沥青质,%		—	0.24[①]	22.46	12.74
胶质,%(硅胶法)		18.3	17.0		
残炭,%		3.1	4.0	2.59	5.32
水分,%		—	10.7	9.2	1.4
含盐量(NaCl),mg/L		—	120	367	22.75
闪点(开口),℃		—	26(闭口)	59	65
灰分,%		—	0.045	0.035	0.008
机械杂质,%		—	—		
元素分析,%	C	—	85.16	85.67	
	H	—	13.24	13.10	
	S	0.17	0.10	0.14	0.19
	N	—	0.16	0.12	—
金属分析,10^{-6}	Ni	—	2.9	0.18	0.36
	V	—	0.46	0.05	0.052
	Fe	—	47	2.10	2.20
	Cu	—	0.53	1.60	0.47
馏程:初馏点,℃		82	80.5	107	125
馏出量,%	100℃	—	1.0	—	—
	120℃	1.0	1.2	0.63	—
	140℃	2.5	1.8	1.88	0.63
	160℃	5.0	3.8	3.75	1.25
	180℃	8.0	5.9	5.63	2.50
	200℃	10.5	7.8	7.50	4.38

续表

原油名称		扶余原油	红岗原油	新立原油
取样时间		1962年5月	1974年2月	1975年10月	1977年6月
馏出量,%	220℃	12.5	9.8	9.07	5.94
	240℃	15.0	12.0	10.63	7.19
	260℃	17.5	14.0	12.82	8.75
	280℃	20.0	16.0	15.63	11.25
	300℃	25.0	19.6	18.75	14.69
原油分类		低硫、石蜡基	低硫、石蜡基	低硫、中间石蜡基	低硫、环烷—中间基

① 石油醚不溶物。

3. 辽河原油的一般性质

辽河原油的一般性质见表A-1-4。

表A-1-4 辽河原油的一般性质

原油名称		辽混—1原油	辽混—2原油	欢喜岭原油	曙光原油	兴隆台原油	高升—1原油	高升—2原油	锦16块原油	大民电原油	沈北原油
取样时间		1980年4月	1979年8月	1978年5月	1977年5月	1974年1月	1980年4月	1980年9月	1980年4月	1974年8月	1985年3月
API度,°API		28.7	28.2	27.5	27.7	31.1	17.3	17.3	19.8	37.5	36.6
密度,g/cm³	20℃	0.8793	0.8818	0.8856	0.8849	0.8660	0.9472	0.9441	0.9312	0.8328	0.8375
	70℃	—	—	—	—	—	0.9200	0.9168	—	—	—
运动黏度 mm²/s	50℃	17.44	21.90	14.79	52.30	9.67	2101	2435	69.67	9.81	—
	70℃	—	11.40	8.52	20.40	—	583.3	729.0	29.11	—	8.40
凝点,℃		21	22	15	31	15	16	13	7	32	51
含蜡量,%(吸附法)		16.8	8.7②	7.9②	—	10.9②	5.8	6.6②	3.1	33.7	47.1
沥青质,%②		0					0		0		0.08
胶质,%(硅胶法)		11.9①	15.7	17.0	26.3	15.7	32.3①	47.6	14.8①	9.1	5.0
残炭,%		3.9	3.9	3.9	6.1	3.6	10.7	11.2	4.8		2.4
水分,%		1.2	0.5	0.3	0.06	0.7	0.8	—	2.1	痕迹	0
含盐量(NaCl),mg/L		—	49	0.6	<70	22	—	—	—	9.0	1.7
闪点(开口),℃						13				<27	
灰分,%		0.02	0.029	0.02	0.055	0.017	0.027	0.043	0.029	0.009	0.005
酸值(以KOH计) mg/g		—	0.53	0.99	0.15	0.30	—	—	—	0.04	0.03
元素分析,%	C	—	85.86	85.02	85.95	85.74	—	85.78	—	85.93	
	H	—	12.65	12.45	12.70	12.90	—	11.46	—	13.65	
	S	0.18	—	0.19	0.27	0.14	0.56	0.56	0.21	0.07	0.014
	N	0.32	0.29	0.21	0.40	0.22	1.06	0.72	0.37	0.07	—

续表

原油名称		辽混—1原油	辽混—2原油	欢喜岭原油	曙光原油	兴隆台原油	高升—1原油	高升—2原油	锦16块原油	大民电原油	沈北原油
金属分析,10^{-6}	Ni	29.2	—	—	41.9	—	122.5	—	31.7	0.1	2.3
	V	0.7	—	—	0.8	—	3.1	—	0.7	0.2	<0.01
	Fe	9.3	—	—	—	—	22.0	—	33.6	0.1	12
	Cu	0.045	—	—	—	—	0.208	—	0.032	—	—
馏程:初馏点,℃		91	75	73	82	—	79	153	133	86	—
馏出量,%	100℃	—	2.5	2.0	0.8	2.0	—	—	—	1.0	—
	120℃	2.5	3.5	3.4	1.1	2.7	1.0	—	—	3.5	—
	140℃	5.0	5.3	4.3	1.8	6.0	2.0	—	1.0	7.0	—
	160℃	8.0	7.0	6.6	3.5	9.8	3.5	0.5	1.5	11.0	1.0
	180℃	10.5	10.0	9.5	5.8	15.0	5.0	0.8	2.0	15.0	4.0
	200℃	13.0	12.5	11.5	7.8	18.0	6.0	2.0	3.0	17.5	6.0
	220℃	15.0	14.5	14.2	10.3	21.0	7.0	3.0	4.0	20.6	7.5
	240℃	17.0	18.0	18.0	13.0	23.9	8.5	4.0	6.0	24.5	9.5
	260℃	20.0	21.0	21.0	15.0	26.5	10.0	5.2	8.0	28.0	12.0
	280℃	22.5	25.0	24.2	17.5	30.5	12.0	6.5	11.0	31.2	15.0
	300℃	26.5	—	30.1	20.8	35.0	15.0	10.0	15.0	36.0	20.5
原油分类		低硫、中间石蜡基	低硫、中间基	低硫、中间基	低硫、中间石蜡基	低硫、中间石蜡基	含硫、环烷—中间基	含硫、环烷—中间基	低硫、环烷基	低硫、石蜡基	低硫、石蜡基

① 氧化铝法,其他为硅胶吸附法;
② 蒸馏法。

4. 大港原油的一般性质

大港原油的一般性质见表 A-1-5 和表 A-1-6。

表 A-1-5 大港混合原油的一般性质

原油名称		大港—1原油	大港—2原油	羊三木混合原油
取样时间		1982 年 2 月	1974 年 6 月	1979 年 11 月
API 度,°API		30.4	28.1	17.0
密度,g/cm³	20℃	0.8697	0.8826	0.9492
	50℃	0.8510	0.8635	0.9330
运动黏度,mm²/s	50℃	10.83	17.37	637.9
	70℃	—	9.54	172.9
凝点,℃		23	28	-2
含蜡量,%(吸附法)		11.6	15.4	5.6
沥青质,%②		0	13.1	—
胶质,%(硅胶法)		9.7①	13.1	22.2

续表

原油名称		大港—1原油	大港—2原油	羊三木混合原油
残炭,%		2.9	3.2	6.7
水分,%		0.35	0.23	—
含盐量(NaCl),mg/L		9.3	186.5	15.1
闪点(开口),℃		—	<42	—
灰分,%		—	0.018	—
元素分析,%	C	—	85.67	
	H	—	13.40	
	S	0.13	0.12	0.33
	N	0.24	0.23	0.31
金属分析,10^{-6}	Ni	7.0	18.5	25
	V	0.10	<1	0.92
	Fe	15.1	—	—
	Cu	0.07	0.76	0.17
馏程:初馏点,℃		65	85	
馏出量,%	100℃	3		
	120℃	6	—	
	140℃	9	1	
	160℃	12	4	
	180℃	15	6	
	200℃	17	8	
	220℃	19	10	
	240℃	22	12	
	260℃	24	15	
	280℃	28	18	
	300℃	31	22	
原油分类		低硫混合基	低硫混合基	低硫环烷基

① 氧化铝吸附法;
② 硅胶吸附法。

表A-1-6 大港油田一些单井原油的性质分析及简易蒸馏结果(1984年分析)

分析项目	样品名称	小集 975井	小集 979井	小集 14-6-2井	枣园 1257井	枣园 1242井	王官屯 11-12井	王官屯 922井	王官屯 68井
层位		枣二、枣三	枣一	—	枣二、枣三	枣三、枣四	沙四	沙四	孔二
采油井段,m		2863.4~ 2947.6	2835~ 2874	—	1813.8~ 1887.2	2009.4~ 2212.8	2405.8~ 2580.8	1537.6~ 1569.2	2710~ 2769

续表

分析项目		样品名称	小集 975井	小集 979井	小集 14-6-2井	枣园 1257井	枣园 1242井	王官屯 11-12井	王官屯 922井	王官屯 68井
密度(20℃),g/cm³			0.8771	0.8799	0.8668	0.9121	0.8833	0.8623	0.9217	0.8642
运动黏度(50℃),mm²/s			42.1	119.4	84.6	254.6	121.8	34.03	378	46.9
凝点,℃			34	36	42	30	44	36	29	38
水分,%			1.0	痕迹	0.3	>40	>30	25	>30	1.9
含盐量(NaCl),mg/L			110	173	4	>7000	860	1441	>3500	595
残炭,%			8.7	7.5	6.9	8.0	6.0	5.2	7.9	3.8
硫含量,%			0.08	0.12	0.07	0.12	0.11	0.07	0.14	0.12
氮含量,%			0.25	0.25	0.19	0.50	0.38	0.18	0.42	0.22
蜡含量,%			28.4	27.5	27.9	20.7	25.6	29.6	17.8	30.6
胶质,%			16.4	18.7	13.2	23.7	17.4	9.4	22.7	12.8
沥青质,%			0	0	0	0	0	0	0	0
			馏分 总馏分	馏分 总馏分	馏分 总馏分	馏分 总馏分	馏分 总馏分	馏分 总馏分	馏分 总馏分	馏分 总馏分
简易蒸馏 %		初馏~150℃	4.6 4.6	5.9 5.9	4.9 4.9	1.6 1.6	2.8 2.8	4.3 4.3	3.7 3.7	4.6 4.6
		150~200℃	3.5 8.1	3.8 9.7	4.3 9.2	1.8 3.4	2.9 5.7	4.2 8.5	3.7 3.7	3.2 7.8
		200~250℃	3.8 11.9	1.8 11.5	5.0 14.2	2.5 5.9	3.3 9.0	4.4 12.9	3.7 3.7	3.5 11.3
		250~275℃	3.1 15.0	2.2 13.7	2.4 16.6	1.7 7.6	2.7 11.7	2.6 15.5	1.7 5.4	3.0 14.3
		275~300℃	2.6 17.6	2.2 15.9	3.1 19.7	2.1 9.7	2.4 14.1	3.6 19.1	2.4 7.8	3.3 17.6
		300~350℃	9.1 26.7	7.9 23.8	7.9 27.6	5.7 12.4	6.7 20.8	8.9 28.0	5.4 13.2	7.4 25.0
		350~395℃	9.3 36.0	8.6 32.4	9.6 37.2	6.7 19.1	7.7 28.5	8.7 36.7	5.3 18.5	8.6 33.6
		395~425℃	6.0 42.0	5.7 38.1	5.8 43.0	4.6 23.7	5.1 33.6	5.9 42.6	4.4 22.9	6.2 39.8
		425~450℃	6.5 48.5	8.0 46.1	7.1 50.1	5.9 29.6	9.8 43.4	5.6 48.2	5.0 27.9	6.0 45.8
		450~500℃	14.2 62.7	12.0 58.1	12.5 62.6	12.8 42.4	8.2 51.6	12.9 61.1	15.2 43.1	14.4 60.2
				(490℃)	(484℃)	(490℃)	(490℃)		(490℃)	
关键组分密度 g/cm³	250~275℃		0.8060	0.8072	0.8053	0.8311	0.8123	0.8051	0.8560	0.8118
	395~425℃		0.8332	0.8375	0.8353	0.8635	0.8477	0.8362	0.8773	0.8412

5. 华北油区原油一般性质

华北油区原油的一般性质见表A-1-7。

表A-1-7 华北油区原油的一般性质

原油名称		任丘—1 混合原油	任丘—2 混合原油	任丘—3 混合原油	雁翎混合原油	坝县混合原油
取样时间		1976年4月	1977年8月	1976年7月	1978年3月	1977年4月
API度,°API		27.9	28.2	28.7	26.7	36.4
密度,g/cm³	20℃	0.8837	0.8821	0.8792	0.8902	0.8386
	50℃	0.8645	0.8630	0.8597	0.8715	—

续表

原油名称		任丘—1 混合原油	任丘—2 混合原油	任丘—3 混合原油	雁翎混合原油	坝县混合原油
运动黏度 mm^2/s	50℃	57.1	43.38	—	117.9	6.25
	80℃	17.4	14.70	—	26.16	—
凝点,℃		36	34	36	36	30
含蜡量,%(吸附法)		22.8	—	—	20.2	22.6
胶质[①],%(硅胶法)					24.2	4.8
沥青质,%		25.7	—	—	24.2	4.8
残炭,%		6.7	6.0	6.2	6.6	1.3
水分,%		0	1.2	0	11.9	0.5
含盐量(NaCl),mg/L		4.3	27	—	—	—
硫含量,%		0.31	0.29	0.33	0.47	0.12
氮含量,%		0.38	0.28	—	0.39	—
金属分析,10^{-6}	Ni	15.0	18.3	—	20	1.3
	V	0.73	0.32	—	<0.07	<0.1
	Fe	1.8	1.5	—	20	—
	As	0.22	—	—	0.228	—
灰分,%		0.0097	—	—	—	—
闪点(开口),℃		70	—	—	—	—
原油分类		低硫石蜡基				

① 硅吸附法。

6. 胜利油区原油一般性质

胜利混合原油的一般性质见表 A-1-8 至表 A-1-11。

表 A-1-8 胜利混合原油的一般性质

油样编号		胜—1	胜—2	胜—3	胜—4
油样来源		101库	101库	101库	101库
取样时间		1975年	1977年	1982年3月	1983年2月
API度,°API		24.9	27.2	27.6	28.0
密度,g/cm^3	20℃	0.9005	0.8873	0.8855	0.8829
	50℃	0.8823	—	—	—
运动黏度,mm^2/s	50℃	83.36	74.3	57.9	42.8
	80℃	25.35	—	19.5	16.6
凝点,℃		28	29	29	28

续表

油样编号		胜—1	胜—2	胜—3	胜—4
含蜡量,%(吸附法)		14.6	17.0	16.7	15.8
沥青质,%(正庚烷法)		—	—	0.7	0.4
胶质,%(氧化铝法)		23.2[①]	23.4[①]	17.7	—
残炭,%		6.4	6.6	5.9	5.7
水分,%		1.0	0.2	0.05	0.06
含盐量(NaCl),mg/L		60	82	22	24.8
闪点(开口),℃		44	32	—	40
灰分,%		—	0.032	0.017	0.012
机械杂质,%		—	0.022	0.007	0.006
元素分析,%	C	86.26	—	—	—
	H	12.20	—	—	—
	S	0.80	0.88	0.79	0.72
	N	0.41	0.46	0.34	0.38
金属分析,10^{-6}	Ni	26	23	15~20	—
	V	1.0	0.07	—	—
	Fe	—	—	3.5	—
	Cu	—	—	0	—
馏程:初馏点,℃		95	93	102	101
馏出量,%	100℃	—	—	—	—
	120℃	2.0	1.0	0.2	—
	140℃	2.5	2.5	1.0	2.0
	160℃	4.0	4.4	3.0	3.5
	180℃	5.5	6.0	4.9	5.5
	200℃	7.5	7.5	7.0	7.0
	220℃	8.5	8.8	9.0	10.0
	240℃	10.5	10.8	11.0	12.0
	260℃	12.5	13.5	13.0	14.0
	280℃	14.5	16.5	15.5	18.5
	300℃	18.0	20.5	21.2	25.0
原油分类		低硫、石蜡基	低硫、石蜡基	低硫、中间石蜡基	低硫、环烷—中间基

① 硅胶吸附胶质;
② 简易蒸馏法。

表 A-1-9 胜利分油田原油的主要性质

序号	油田	密度(20℃) g/cm³	黏度(50℃) mPa·s	硫含量 %	按密度及硫含量分类[①]
1	胜坨	0.86~0.962	10.8~5135	0.24~1.26	M[②]
2	东辛	0.86~0.96	11~5000	0.51~1.71	L[②]
3	郝家	0.84~0.8734	9.1~22	0.21~0.89	L[②]
4	永安	0.86~0.91	10~94	0.61	L[②]
5	现河庄	0.8542~0.9495	9~3700	0.29~0.89	L[②]
6	广利	0.8864	54.12(mm²/s)	1.29	LS
7	王家岗	0.86~0.89	14~23	0.2	L
8	滨南	0.9024	52.94(mm²/s)	0.30	M
9	平方王	0.8596~0.9562	10~2000	0.12	
10	尚店	0.89~0.9414	27~5100	0.12	
11	纯化	0.86	11.5	0.32	L
12	梁家楼	0.882~0.904	32~128	0.18~0.19	L
13	孤岛	0.9495	333.7(mm²/s)	2.09	HS
14	孤东	0.9258	79.05(mm²/s)	0.35	M
15	垦利	0.8489~0.8076	5.85~9	0.42~0.52	L
16	垦西	0.8825~0.8998	21~26	0.8~3.1	L
17	垦东	0.9316	141(mm²/s)	0.46	H
18	渤南	0.8666	27.62(mm²/s)	0.69	L
19	义和庄	0.875	14.23(mm²/s)	0.6~1.56	
20	义东	0.970	2025	2.06~4.19	HS
21	义北	0.894	34.8	0.6~1.54	L
22	临盘	0.9004	98.11(mm²/s)	0.34	M
23	商河	0.8439	18.69(mm²/s)	0.32	L
24	史南	0.8604~0.889	10.1~42.1	0.18~0.38	L
25	宁海	0.8387~0.9038	5.17~87	0.15~0.48	
26	草桥	0.9329~0.9925	179~1799	1.12~1.42	HS
27	五号桩	0.8375~0.8829	5.38~29	0.06~0.68	L
28	桩西	0.8421	5.6	0.09~0.12	L
29	套尔河	0.9292~0.9760	131~2078	0.65~0.81	H
30	大王庄	0.9077~0.9040	62~1503	1.96~5.28	MS
31	单家寺	0.8996~0.9932	40~1251	0.23~0.52	H
32	利津	0.813~0.9044	12.1~274	0.14~0.50	L

续表

序号	油田	密度(20℃) g/cm³	黏度(50℃) mPa·s	硫含量 %	按密度及硫含量分类①
33	郑家(郑4#)	0.8408	—	0.09	L
34	邵家	0.8869	99	1.41	L

① L—密度<0.9g/cm³，M—密度为0.9～0.93g/cm³，H—密度>0.93g/cm³，S—硫>1%；
② 按集油站数据。

表 A-1-10 胜利新油田原油的一般性质

油田名称		五号桩			大王庄		郑家	孤东
原油名称		混合原油①	桩古9井原油	桩古10井原油	大24井原油	大古25井原油	郑4井原油	混合原油
取样时间		1983年1月	1984年7月	1984年7月	1984年7月	1984年7月	1984年7月	1985年9月
API度,°API		34.3	37.1	32.2	21.8	20.2	35.9	20.8
密度,g/cm³	20℃	0.8489	0.8350	0.8601	0.9193	0.9288	0.8408	0.9258
	50℃	—	—	—	—	—	—	0.8089
运动黏度 mm²/s	50℃	14.5	7.9	15.8	135.1	203.5	6.8	79.05
	80℃	5.7	3.6	—	53.76	69.04	—	32.32
				(70℃)	(70℃)	(70℃)		
凝点,℃		38	33	36	35	36	31	8.7
含蜡量,%(吸附法)		25.4	23.5	26.3	17.5	21.1	22.8	0
沥青质,%		0.4	0	0	—	—	0	18.7
胶质,%(氧化铝法)		5.5	4.4	7.4	22.9	23.1	7.5	6.8
残炭,%		1.8	1.3	1.8	5.9	8.5	1.7	1.4
水分,%		痕迹	0.3	痕迹	0.46	3.0	0	183
含盐量(NaCl),mg/L		23.4	4	22	12	1770	0	47
闪点(开口),℃		64	—	—	—	—	—	—
灰分,%		0.019	—	—	—	—	—	—
元素分析,%	C	—	—	—	—	—	—	—
	H	—	—	—	—	—	—	—
	S	0.19	0.14	0.10	3.06	3.62	0.09	0.35
	N	0.13	0.13	0.12	0.38	0.34	0.14	0.36
金属分析,10⁻⁶	Ni	0.38	1.3	16	15	4.5	19.5	
	V	—	<0.1	<0.1	9.8	11	0.2	1.1

续表

油田名称		五号桩			大王庄		郑家	孤东
简易蒸馏,%	150℃		10.2	1.9	3.3	3.3	10.7	3.0(实沸点)
	200℃	10②	17.2	8.2	6.4	6.8	17.5	5.5(实沸点)
	250℃		23.5	12.5	9.9	7.5	23.4	9.1
	275℃		29.4	18.1	12.3	9.4	28.5	—
	300℃	33②	34.4	24.1	15.6	12.0	34.0	15.2
	350℃		45.5	37.0	22.3	17.9	44.1	22.3
	395℃		57.3	49.3	30.2	24.1	54.0	
	425℃		65.1	56.8	37.0	29.0	59.9	35.5
	450℃		73.6	68.6	43.6	34.0	66.5	40.5
	500℃		82.7	78.1	50.3	47.9	80.2	50.3
原油分类		P(低硫)	P(低硫)	P(低硫)	I(高硫)	P(高硫)	P(低硫)	I(低硫)

① 桩古2井、25井按1∶1混合;
② 馏程试验。

表 A-1-11 孤岛原油的一般性质

原油编号		孤—1	孤—2	孤—3	孤—4
取样时间		1971年	1973年	1975年	1983年
API度,°API		17.5	17.0	17.8	17.0
密度,g/cm³	20℃	0.9460	0.9492	0.9438	0.9495
	50℃	—	—	0.9272	0.9334
运动黏度,mm²/s	50℃	498	243.5	231.4	333.7
	80℃	—	—	53.37	—
凝点,℃		-2	-4	4	2
含蜡量,%		7.0	—	6.6	4.9
沥青质,%		7.8①	5.8①	8.1①	2.9②
胶质,%		32.9③	34.6③	28.4③	24.8④
残炭,%		—	7.8	8.0	7.4
水分,%		0.3	1.2	2.2	0.78
含盐量(NaCl),mg/L		12.6	19.9	120	26
闪点(开口),℃		—	74	70	
灰分,%		—	—	0.014	0.096

续表

原油编号		孤—1	孤—2	孤—3	孤—4
元素分析,%	C	—	—	85.12	—
	H	—	—	11.61	—
	S	2.06	1.87	1.81	2.09
	N	0.52	—	0.37	0.43
金属分析,10^{-6}	Ni	21		14	21.1
	V	0.8	0.4	1.1	2.0
	Fe	16.5	4	—	12.0
	Cu	0.4	<0.1	—	<0.2
馏程:初馏点,℃		176	93	119	—
馏出量,%	100℃	—	—	—	—
	120℃	—	—	—	—
	140℃	—	—	2.0	—
	160℃	—	1.9	3.0	—
	180℃	—	2.9	4.0	—
	200℃	1.1	4.3	5.5	—
	220℃	2.4	5.4	7.0	—
	240℃	3.8	7.1	8.5	—
	260℃	6.3	9.6	10.5	—
	280℃	9.4	11.9	12.5	—
	300℃	—	15.0	16.5	—
原油分类		N(含硫)	N-I(含硫)	N-I(含硫)	N-I(含硫)

① 石油醚不溶物;
② 正庚烷不溶物;
③ 硅胶吸附法;
④ 氧化铝吸附法。

7. 中原油区原油一般性质

中原油区原油的一般性质见表 A-1-12。

表 A-1-12 中原原油的一般性质

原油名称	混合原油	1983年外输原油	1980年外输原油	文留混合原油
取样地点	文—联、文明联、濮—联	柳屯	文—联	文—联
混对比	文留:濮城:文卫 =50:40:10	中原各油田 的当时产量	文留:濮城=1:1	文留油田 当时产量
取样时间	1986年4月	1983年9月	1980年4月	1983年9月

续表

原油名称		混合原油	1983年外输原油	1980年外输原油	文留混合原油
API度,°API		35.9	34.8	36.6	37.7
密度,g/cm³	20℃	0.8410	0.8466	0.8375	0.8321
	50℃	—	—	0.8176	0.8120
运动黏度 mm²/s	50℃	10.13	10.32	9.35	7.27
	70℃	—	—	5.86	—
凝点,℃		32	33	30	33
含蜡量,%		21.4	19.7	19.8	25.1
胶质,%(氧化铝法)		8.0	9.5	8.0	5.4
沥青质(正庚烷法),%		0	0	0	0
残炭,%		3.6	3.8	4.3	3.2
水分,%		0.2	0.21	0.45	痕迹
含盐量(NaCl),mg/L		405	—	—	—
硫含量,%		0.45	0.52	0.51	0.34
氮含量,%		0.15	0.17	0.18	0.09
金属分析 10^{-6}	Ni	2.5	3.3	3.0	0.9
	V	1.1	2.4	1.8	0.6
	Cu	—	0.4	<0.5	0.5
	Fe	—	8.2	15.2	—
	Na	—	40.0	124	—
	As	—	—	24(ppb)	—
原油分类		低硫石蜡基	含硫石蜡基	含硫石蜡基	低硫石蜡基

8. 南阳原油的一般性质

南阳原油的一般性质见表 A-1-13。

表 A-1-13 南阳原油的一般性质

原油名称		南混—1 原油	南混—2 原油	南混—3 原油	双河原油
取样时间		1979年2月	1980年3月	1980年7月	1978年2月
API度,°API		32.8	31.2	33.0	30.9
密度(20℃),g/cm³		0.8572	0.8657	0.8562	0.8672
运动黏度,mm²/s	50℃	—	24.68	—	—
	100℃	5.46	—	—	7.70
凝点,℃		38	37	39	41
含蜡量,%		23.5	26.0	26.7	30.5
沥青质[①],%		15.2	2.76	1.85	14.5

续表

原油名称		南混—1原油	南混—2原油	南混—3原油	双河原油
取样时间		1979年2月	1980年3月	1980年7月	1978年2月
胶质,%(硅胶法)		15.2	12.05	12.6	14.5
残炭,%		2.9	3.26	3.08	3.2
水分,%		—	—	—	1.2
含盐量(NaCl),mg/L		0	—	—	39
闪点(开口),℃		77	48	46	79
灰分,%		0.007	0.004	0.006	0.005
元素分析,%	C	—	—	—	83.85
	H	—	—	—	14.83
	Si	0.17	0.15	—	0.18
	N	0.32	0.3	0.13	0.11
金属分析,10^{-6}	Ni	8.9	—	—	2.9
	V	0.10	—	—	0.6
	Fe	2.9	—	—	9.5
	Cu	0.35	—	—	0.16
	Pb	0.70	—	—	0.37
馏程:初馏点,℃		72	103	—	105
馏出量,%	100℃	3.0	—	—	—
	120℃	4.3	0.7	1.4	0.6
	140℃	5.5	2.7	2.8	3.0
	160℃	7.5	5.4	5.7	4.4
	180℃	10.6	8.0	8.6	6.0
	200℃	13.5	10.3	11.4	7.8
	220℃	16.3	12.6	13.6	10.0
	240℃	18.8	15.7	17.8	11.1
	260℃	22.5	18.6	20.7	15.6
	280℃	26.3	21.6	24.2	18.7
	300℃	29.4	27.1	27.8	21.2
原油分类		低硫石蜡基			

原油名称		魏岗—1原油	魏岗—2原油	下二门泌7井原油	张店龙6井原油	东庄东三井原油
取样时间		1976年4月	1978年2月	1978年2月	1974年9月	1974年12月
API度,°API		31.9	32.5	22.7	36.0	32.7
密度(20℃),g/cm³		0.8618	0.8585	0.9135	0.8404	0.8578
运动黏度,mm²/s	50℃	—	—	—	—	—
	100℃	13.09(80℃)	7.02	20.56	4.44	8.12

续表

原油名称		魏岗—1原油	魏岗—2原油	下二门泌7井原油	张店龙6井原油	东庄东三井原油
取样时间		1976年4月	1978年2月	1978年2月	1974年9月	1974年12月
凝点,℃		51	47	13	44	46
含蜡量,%		41.4	45	14.5	38.0	50.0
沥青质①,%		12.8	13.3	25.6	—	0.4
胶质,%(硅胶法)		12.8	13.3	25.6	7.9	13.0
残炭,%		2.5	—	5.07	3.2	2.3
水分,%		0.45	0.23	4.2	>10	1.2
含盐量(NaCl),mg/L		24.9	13	100	57	51
闪点(开口),℃		82	—	90	48	88
灰分,%		0.028	0.006	0.011	0.11	0.007
元素分析,%	C	—	—	—	—	—
	H	—	—	—	—	—
	Si	0.27	—	0.24	—	—
	N	0.15	—	0.16	—	—
金属分析,10^{-6}	Ni	6.4	—	17.6	—	2.0
	V	0.3	—	—	—	—
	Fe	23.3	—	16.2	—	17.5
	Cu	0.8	—	0.61	—	0.92
	Pb	0.4	—	1.1	—	1.84
馏程:初馏点,℃		171	107	133	78	150
馏出量,%	100℃	—	—	—	0.4	—
	120℃	—	0.5	—	0.8	—
	140℃	—	1.3	0.3	2.5	—
	160℃	—	2.8	1.5	5.0	0.3
	180℃	—	4.6	2.8	7.1	1.4
	200℃	2.1	6.3	4.0	8.5	2.2
	220℃	3.8	8.1	5.1	12.5	3.2
	240℃	5.6	10.0	6.6	15.0	4.2
	260℃	8.5	13.8	8.9	18.8	5.3
	280℃	11.3	20.0	11.6	22.5	6.8
	300℃	16.3	23.8	15.0	27.5	10.0
原油分类			低硫石蜡基	—	低碗石蜡基	—

① 石油醚不溶物。

9. 江汉油区原油一般性质

江汉油区原油的一般性质见表A-1-14和表A-1-15。

表 A-1-14 江汉混合原油的一般性质

原油名称		江混—1 原油	江混—2 原油	江混—3 原油	江混—4 原油
取样时间		1967 年 4 月	1970 年 9 月	1975 年 6 月	1980 年 1 月
API 度,°API		30.6	30.7	29.7	31.5
密度,g/cm^3	20℃	0.8687	0.8680	0.8735	0.8640
	50℃	0.8575	—	0.8526	—
运动黏度,mm^2/s	50℃	18.60	21.99	20.88	25.51
	70℃	11.00	12.10	11.77	—
凝点,℃		23.8	28.5	26	31
含蜡量,%		18.0	15.0	10.7	—
沥青质,%[①]		3.47	0.2	1.11	—
胶质,%(硅胶法)		18.65	24.0	22.0	—
残炭,%		4.61	4.69	—	4.33
水分,%		0.35	1.2	2.4	—
含盐量(NaCl),mg/L		453.1	462	968	—
闪点(开口),℃		<13	34	35	43
灰分,%		0.065	0.07	0.014	0.007
机械杂质,%		0.071	—	—	—
元素分析,%	C	83.00	—	84.92	—
	H	12.81	—	12.23	—
	S	2.09	1.35	1.83	1.27
	N	0.47	0.37	0.30	0.27
金属分析,10^{-6}	Ni	—	—	12.0	—
	V	—	—	0.4	—
	Fe	—	—	<1.0	—
	Cu	—	—	0.5	—
馏程:初馏点,℃		—	77.5	80	80
馏出量,%	100℃	4.5	2.5	1.1	1.42
	120℃	6.0	4.7	3.0	3.4
	140℃	8.0	7.5	5.4	7.0
	160℃	10.0	9.7	7.9	10.0
	180℃	12.5	11.1	10.4	12.7
	200℃	14.0	13.0	12.4	15.7
	220℃	15.5	15.0	14.9	17.9
	240℃	17.5	17.0	18.1	20.0
	260℃	19.7	20.0	21.5	23.6

续表

原油名称		江混—1原油	江混—2原油	江混—3原油	江混—4原油
取样时间		1967年4月	1970年9月	1975年6月	1980年1月
馏出量,%	280℃	23.0	23.0	24.6	27.1
	300℃	27.0	25.0	29.0	32.1
原油分类		含硫—石蜡基			

① 石油醚不溶物。

表 A-1-15 江汉各油田原油的一般性质

原油名称		王场原油			钟市原油	
		潜一段	潜三段	潜一段	潜三段	潜一段
取样时间		1972年8月	1973年1月	1972年8月	—	—
API度,°API		13.2	28.7	33.1	30.8	32.8
密度(20℃),g/cm³		0.9744	0.8794	0.8553	0.8676	0.8571
运动黏度,mm²/s	50℃	—	9.35	—	19.08	12.10
	100℃	62.2	—	5.17	—	—
凝点,℃		21	28	31	15	28
含蜡量,%		3.8	11.0	14.2	13.5	14.2
沥青质,%①		9.6	1.76	0.67	2.7	1.95
胶质,%(硅胶法)		51	28.8	20	20.7	16.9
残炭,%		9.5	4.85	2.6	4.2	3.8
水分,%		0.15	0.5	0.15	0.5	4.0
含盐量(NaCl),mg/L		249	402	194	103	2427
闪点(开口),℃		75	46	31	41	35
灰分,%		0.047	0.087	0.028	0.008	0.17
元素分析,%	C	79.39	83.80	85.13	84.06	85.09
	H	10.88	13.13	13.82	13.93	13.36
	S	11.8	1.95	1.27		1.08
	N	0.75	0.45	0.46	0.24	0.14
金属分析,10⁻⁶	Ni	1.13	4.82	3.56	—	5.82
	V	0.31	0.21	0.38	—	0
	Fe	0.75	7.66	—	—	<2.65
	Cu	0.73	1.04	3.32	—	<1.98
馏程:初馏点,℃		89	67	78	63	70
馏出量,%	100℃	—	2.0	1.25	2.4	2.6
	120℃	—	3.5	3.75	3.3	4.3
	140℃	1.25	5.4	6.25	4.9	7.0

续表

原油名称		王场原油			钟市原油	
		潜一段	潜三段	潜一段	潜三段	潜一段
取样时间		1972年8月	1973年1月	1972年8月	—	—
馏出量,%	160℃	2.5	7.9	8.75	7.3	10.1
	180℃	3.75	9.8	10.6	10.1	13.0
	200℃	5.00	11.2	13.75	12.5	16.0
	220℃	6.25	14.4	15.0	15.0	18.0
	240℃	7.50	16.8	18.12	17.5	25.0
	260℃	8.12	20.0	21.25	21.J	26.0
	280℃	13.10	23.1	25.0	25.0	29.0
	300℃	21.8	26.3	28.75	31.3	32.5
原油分类		含硫环烷基	含硫石蜡基		—	—

原油名称		王一广连片原油	广华寺潜三段原油	浩口原油	习家口原油	江陵25井原油	新沟嘴72井原油
取样时间		1973年1月	1973年1月	—	—	—	—
API度,°API		34.3	29.2	26.6	28.7	37.6	25.5
密度(20℃),g/cm³		0.8490	0.8762	0.8911	0.8794	0.8325	0.8972
运动黏度,mm²/s	50℃	—	—	—	—	11.28	9.46
	100℃	4.36	7.79	19.42	12.06	—	—
凝点,℃		28	28	26	23	28	17
含蜡量,%		14.8	13.7	10.5	—	22.2	14.8
沥青质,%①		1.35	1.23	2.2	0.6	0	0.03
胶质,%(硅胶法)		14	23	33	24	8.7	20.9
残炭,%		2.9	5.0	6.2	3.9	2.67	5.02
水分,%		1.05	0.85	0.53	0.57	0.44	0.19
含盐量(NaCl),mg/L		42	2288	105	204	220	167
闪点(开口),℃		46	54	41	50	41	96
灰分,%		0.019	—	0.017	0.03	0.019	0.044
元素分析,%	C	85.68			84.81		
	H	13.62			13.63		
	S	0.33	1.39	2.96	1.32	0.27	0.73
	N	0.35	0.32	0.58	0.37	0.044	0.42

续表

原油名称		王一广连片原油	广华寺潜三段原油	浩口原油	习家口原油	江陵25井原油	新沟嘴72井原油
取样时间		1973年1月	1973年1月	—	—	—	—
金属分析,10^{-6}	Ni	1.47	1.02	—	—	—	—
	V	0.12	1.39	—	—	—	—
	Fe		8.53	—	—	—	—
	Cu	0.29	1.63	—	—	—	—
馏程:初馏点,℃		—	68	78	79	64	130
馏出量,%	100℃	—	1.0	0.8	0.8	2.3	—
	120℃	1.0	2.3	2.3	1.4	3.8	—
	140℃	3.3	4.3	4.3	2.8	6.1	0.64
	160℃	5.9	6.3	6.0	4.8	9.4	1.44
	180℃	8.6	8.1	7.5	7.0	14.4	2.8
	200℃	11.3	9.5	8.8	8.8	18.1	4.4
	220℃	15.0	10.2	10.4	11.2	21.9	6.4
	240℃	18.6	15.6	12.0	14.5	24.4	8.2
	260℃	21.9	18.7	15.0	16.9	29.4	10.7
	280℃	25.8	22.5	18.8	21.2	34.4	13.7
	300℃	30.0	26.3	22.5	25.0	38.1	16.6
原油分类		低硫石蜡基	低硫石蜡基	—	—	—	—

① 石油醚不溶物。

10. 江苏油田原油一般性质

江苏油田原油一般性质见表 A-1-16。

表 A-1-16 江苏油田原油的一般性质

原油名称		江苏混合原油	真武外输原油	苏58井原油
取样时间		1982年2月	1978年10月	1978年10月
API 度,°API		35.1	36.0	34.2
密度,g/cm³	20℃	0.845	0.8403	0.8497
	50℃	—	0.8177	0.8276
运动黏度,mm²/s	50℃	7.43(80℃)	25.0	46.70
	70℃	5.72(100℃)	7.9	10.90
凝点,℃		40	39	44
含蜡量,%		37	38.5	33.3

续表

原油名称		江苏混合原油	真武外输原油	苏58井原油
取样时间		1982年2月	1978年10月	1978年10月
沥青质,%①		11.1	1.85①	—
胶质,%(硅胶法)		11.1	16.53	19.95
残炭,%		38	3.92	4.91
水分,%		0.6	0.70	0.44
含盐量(NaCl),mg/L		—	117.0	76.05
闪点(开口),℃		46	42	46
灰分,%		0.03	0.0026	0.002
机械杂质,%		—	0.088	—
元素分析,%	C	—	84.65	85.21
	H	—	14.75	14.20
	S	0.18	0.19	0.13
金属分析,10^{-6}	Ni	10.9	8.7	—
	V	0.12	<1	—
	Fe	—	1.10	—
	Cu	0.30	<1	—
馏程:初馏点,℃		81	50	83
馏出量,%	100℃	1.0	1.5	—
	120℃	1.9	3.4	—
	140℃	2.9	5.1	—
	160℃	4.8	7.9	—
	180℃	6.6	10.0	—
	200℃	9.0	12.1	—
	220℃	11.1	14.4	—
	240℃	13.6	16.3	—
	260℃	16.6	18.7	12.0
	280℃	20.5	21.3	—
	300℃	24.4	25.3	22.5
原油分类		低硫石蜡基		

① 石油醚不溶物。

11. 新疆油区原油一般性质

新疆油区原油的一般性质见表 A-1-17 至表 A-1-20。

表 A-1-17 克拉玛依和独山子原油一般性质

原油名称		克混—1 原油	克混—2 原油	克混—3 原油	克混—4 原油
取样时间		1973 年 3 月	1975 年	1976 年 1 月	1979 年 7 月
API 度,°API		31.3	29.2	30.2	30.6
密度(20℃),g/cm³		0.8652	0.8766	0.8708	0.8687
运动黏度,mm²/s	50℃	22.94	51.17	30.66	31.51
	20℃	—	—	—	—
凝点,℃		-23	-24	-15	-7
含蜡量,%		—	—	—	—
沥青质,%①		13.8	14.0	12.1	7.6
胶质,%(硅胶法)		13.8	14.0	12.1	14.1
残炭,%		3.0	3.3	3.3	2.0
水分,%		—	0.3	0.6	0.14
含盐量(NaCl),mg/L		—	—	—	158.3
闪点(开口),℃		-8	—	5	-15
灰分,%		0.028	0.066	0.107	0.037
机械杂质,%		—	0.0328	—	—
酸值(以 KOH 计),mg/g		0.20	0.07	0.08	—
平均分子量		300	324	306	—
硫含量,%		0.09	0.12	0.09	0.09
氯含量,%		0.23	0.28	0.26	0.19
金属分析,10⁻⁶	Ni	—	—	—	—
	V	—	—	—	—
	Pb	—	—	—	—
	Cu	—	—	—	—
馏程:初馏点,℃		—	—	—	74
馏出量,%	100℃	1.9	—	—	0.7
	120℃	2.3	2.8	0.8	1.7
	140℃	3.8	3.2	3.2	3.0
	160℃	6.9	4.6	6.0	5.2
	180℃	9.8	7.3	8.0	9.0
	200℃	11.9	8.2	10.4	11.4
	220℃	13.8	10.5	13.2	14.6
	240℃	15.6	12.8	15.9	17.0
	260℃	18.8	16.5	19.9	20.7
	280℃	23.1	21.1	23.8	25.0
	300℃	26.3	26.1	27.0	30.0
原油分类		低硫石蜡基			—

续表

原油名称		克混—5 原油	白碱滩(七区)原油	百口泉原油	独山子原油
取样时间		1982年10月	1976年8月	1979年10月	1955年
API度,°API		33.4	32.8	36.0	34.2
密度(20℃),g/cm^3		0.8538	0.8570	0.8404	0.83
运动黏度,mm^2/s	50℃	18.80	15.05	12.14	1.21
	20℃	—	43.75	—	1.54
凝点,℃		12	−10	7	0
沥青质,%[①]		7.2	6.8	9.6	4.8
胶质,%(硅胶法)		10.6	17.2	7.4	—
残炭,%		2.6	—	1.9	—
水分,%		1.2	—	痕迹	—
含盐量(NaCl),mg/L		53.7	—	71.0	—
闪点(开口),℃		−10	—	−30	—
灰分,%		0.014	—	0.030	—
机械杂质,%		—	—	—	—
酸值(以KOH计),mg/g		0.17	0.14		0.102
平均分子量		280	—	29−0	—
硫含量,%		0.05	0.05	0.04	—
氯含量,%		0.13	0.20	0.11	—
金属分析,10^{-6}	Ni	5.6	—	—	—
	V	0.07	—	—	—
	Pb	<0.3	—	—	—
	Cu	0.55	—	—	—
馏程:初馏点,℃		70	70	62	106
馏出量,%	100℃	2.5	2	2	—
	120℃	3.5	—	5	—
	140℃	6.0	—	7	—
	160℃	11.0	—	11	6.4
	180℃	13.5	—	15	13.0
	200℃	16.0	—	18	20.0
	220℃	20.3	—	23	27.0
	240℃	23.5	—	26	33.7
	260℃	27.0	—	30	40.5
	280℃	30.0	—	35	47.5
	300℃	34.5	35.5	40	55
原油分类			低硫,石蜡—中间基		—

表 A-1-18 依奇克里克及柯克亚原油的一般性质

原油名称		依奇克里克原油	柯克亚原油		
			柯混—1	柯混—2	柯混—3
取样时间		1965年11月	1980年10月—1981年2月	1982年12月	1984年6月
API度,°API		41.4	43.0	48.2	49.5
密度(20℃),g/cm³		0.8140	0.8064	0.783	0.777
运动黏度,mm²/s	30℃	2.84		12.86(20℃)	3.20(20℃)
	50℃	2.37(40℃)	3.59	1.86	
凝点,℃		—	14	6	5
含蜡量,%		8.8	18.3	10.8	10.3
胶质,%		—	2.2	1.5	0.8
沥青质(正庚烷法),%		—	2.2	1.5	0
残炭,%		—	0.42	0.25	0.3
水分,%		—	0.03	0.24	
含盐量(NaCl),mg/L			15		12.6
硫含量,%		—	0.017	0.017	0.06
氮含量,%				0.0058	0.0083
金属分析,10⁻⁶	Ni	—	<0.2	0.4	—
	V	—	<0.03	微量	—
	Cu	—	<0.04	微量	—
	Pb	—	<0.6	微量	—
	Na	—	—	243	
原油分类		低硫、中间石蜡基	低硫、石蜡基		

表 A-1-19 塔里木原油的一般性质

原油名称	塔中26—H7井	中古58	ZG58—H1
取样时间	2019年10月10日	2016年10月1日	2019年9月4日
密度(20℃),g/cm³	0.7683	0.6171	0.7236
运动黏度(50℃),mm²/s	1.003	0.5993	0.5065
凝点,℃	<-30	<-30	<-30
含蜡量,%	1.7	0.3	0.8
胶质,%	—	0.1	0
沥青质,%	0.03	0.03	0.02
残炭,%	—	—	—
水分,%	40.975	0	8

续表

原油名称	塔中26—H7井	中古58	ZG58—H1
含盐量(NaCl),mg/L	—	—	—
硫含量,%	0.00746	0.2280	0.1160
氮含量,%	—	—	—

表 A-1-20　新疆几种低凝原油的一般性质

原油名称		3号原油			黑油山原油	九区原油	乌尔禾原油(重1井)
		3—1	3—2	3—3			
取样时间		1964年2月	1978年5月	1984年8月	1962年7月	1984年8月	1983年10月
API度,°API		27.8	28.5	28.2	22.5	20.5	15.2
密度,g/cm³	20℃	0.8839	0.8800	0.8822	0.9149	0.9273	0.9609
	50℃	—	—	—	—	0.9105	0.945
运动黏度,mm²/s	20℃	128.1	113.0	—	1315.4	4170	—
	50℃	—	29.82	31.91	345.6(40℃)	381.3	405.1(100℃)
凝点,℃		-54	-58	-48	-20	-18	15
含蜡量,%		1.1	1.5	2.9	0.8	7.4	4.7
胶质,%		13.8	15.8	9.9①	22.6	13.7①	24.7①
沥青质(正庚烷法),%		13.8	0	0	22.6	0	0
残炭,%		3.8	—	3.3	5.3	5.4	8.4
水分,%		—	0	—	—	6.3	41
含盐量(NaCl),mg/L		—	9.0	—	20.2	31.4	1.1×10^5
硫含量,%		0.12	—	<0.03	0.34	0.15	0.38
氮含量,%		0.27	—	—	0.11	0.35	0.65
酸值(以KOH计),mg/g		1.82	1.32	—	3.13	—	—
金属分析,10^{-6}	Ni	—	—	—	—	15.4	110
	V	—	—	—	—	0.66	<0.1
	Fe	—	—	—	—	233	—
	Cu	—	—	—	—	3.1	—
原油分类		低硫、中间基			低硫、环烷—中间基		低硫、中间基

12. 长庆油区原油一般性质

长庆油区原油的一般性质见表 A-1-21。

表 A-1-21 长庆油区原油的一般性质

原油名称		长庆混合原油	马岭原油	红井子原油	城壕原油	吴旗原油	直罗原油
取样时间		1978年11月	1978年11月	1978年11月	1978年11月	1978年11月	1978年11月
API度,°API		35.0	35.4	34.4	35.0	33.2	36.1
密度,g/cm³	20℃	0.8456	0.8437	0.8485	0.8456	0.8552	0.8398
	50℃	0.826	0.824	0.829	0.826	0.836	0.820
运动黏度(50℃),mm²/s		6.70	6.10	6.52	6.35	7.87	5.30
凝点,℃		17	5	18	7	20	14
含蜡量(吸附法),%		10.2	—	—	—	—	—
胶质(氧化铝法),%		5.7	—	—	—	—	—
沥青质(正庚烷法),%		5.7	—	—	—	—	—
残炭,%		2.3	2.2	1.7	3.1	2.5	0.7
水分,%		1.0	—	3.4	0.2	—	—
硫含量,%		0.08	0.05	0.6	0.09	0.08	0.95
氮含量,%		0.1	—	—	—	—	—
金属分析,10⁻⁶	Ni	1.8	—	—	—	—	—
	V	0.4	—	—	—	—	—
灰分,%		0.04	—	—	—	—	—
原油分类		低硫、中间石蜡基					

玉门原油的一般性质见表 A-1-22。

表 A-1-22 玉门原油的一般性质

原油名称		老君庙—1原油	老君庙—2原油	老君庙—3原油	老君庙—4原油	鸭尔峡—1原油	鸭尔峡—2原油	石油沟原油	白杨河原油
取样时间		1952年7月	1953年11月	1955年	1972年12月	1959年	1973年	1959年	1959年
API度,°API		33.8	31.6	30.4	31.1	33.3	29.5	32.0	33.9
密度(20℃),g/cm³		0.8520	0.8634	0.8698	0.8662	0.8546	0.8746	0.8613	0.8515
运动黏度 mm²/s	50℃	9.73	12.85	15.90	20.12	—	—	—	—
	20℃	—	—	—	—	60.69	58.0	40.51	—
凝点,℃		18	10	8	8	17.0	18.5	15	17.5
含蜡量(蒸馏法),%		9.5	10.0	8.3	16.1[2]	7.57	7.65	7.47	7.84
沥青质,%[1]		1.82	5.82	1.4	—	0.82	—	2.56	—
胶质,%(硅胶法)		16.0	12.17	12.3	13.8	—	15.9	—	—
残炭,%		4.1	5.0	5.1	4.9	—	—	—	—
水分,%		—	—	6.5	0.3	0.62	2.0	4.2	0.3
含盐量(NaCl),mg/L		0	2048	1480	20	244.2	600.4	1891	225.8

续表

原油名称		老君庙—1原油	老君庙—2原油	老君庙—3原油	老君庙—4原油	鸭尔峡—1原油	鸭尔峡—2原油	石油沟原油	白杨河原油
闪点(开口),℃		—	26	—	—	—	—	—	—
灰分,%		0.013	—	—	—	—	0.095	—	—
机械杂质,%							0.061		
元素分析,%	S	0.18	0.19	—	0.13	0.24	0.19	0.12	0.10
	N	0.29	0.32	0.31	0.31	0.25	—	0.27	0.27
馏程:初馏点,℃		76	81	79	69	71.5	72.9	74.5	62.0
馏出量,%	100℃	—	—	—	1.5	—	—	—	—
	120℃	8	9	4	2.5	—	—	—	—
	140℃	11	13	7	6.0	—	—	—	—
	160℃	18	17	12	9.5	—	—	—	—
	180℃	22	20	14	14.0	—	—	—	—
	200℃	24	25	17	17.0	17.5(体)	12.5	17.0	17.6
	220℃	27	27	19	19.0	—	—	—	—
	240℃	30	29	23	21.5	—	—	—	—
	260℃	32	32	25	26.0	—	—	—	—
	280℃	36	37	29	29.8	—	—	—	—
	300℃	40	41	34	33.9	31.5(体)	29.0	32.5	32.0
原油分类		低硫石蜡基				—	—	—	—

① 石油醚不溶物;
② 吸附法。

13. 冀东原油一般性质

冀东原油的一般性质见表 A-1-23。

表 A-1-23　冀东原油的一般性质

原油名称	高浅南区原油	高浅北区原油	庙浅原油	唐海原油	北堡原油	南堡油田1号构造1—1区原油
密度(20℃),g/cm³	0.8917	0.96	0.85	0.9	0.8	0.8320
动力黏度(50℃),mPa·s	76.2	457.0	11.8	21.0	2.4	3.1
凝点,℃	5.6	-3	13	15	21	12.4
含蜡量,%	10.7	5.7	9.3	9.2	11.1	8.5
胶质+沥青质,%	21.7	30.0	13.8	26.7	14.0	13.0
残炭,%	—	—	—	—	—	—
水分,%	—	—	—	—	—	—
含盐量(NaCl),mg/L	124.7	63.8	—	—	—	54.5
硫含量,%	0.2	0.2	0	0.1	0.1	0.1

14. 青海原油一般性质

青海原油的一般性质见表 A-1-24。

表 A-1-24 青海原油的一般性质

原油名称		冷湖4号原油	冷湖5号原油	花土沟原油	油砂山原油	花土沟：油砂山(3：1)混合原油	尕斯库勒混合原油
取样时间		1959年	1959年	1972年	1972年	1972年	1981年
API度,°API		35.6	43.5	36.3	35.2	35.9	36.3
密度,g/cm³	20℃	0.8427	0.8042	0.8390	0.8443	0.8409	0.8388
	50℃	0.8221	—	—	—	—	0.8190
运动黏度,mm²/s	50℃	5.03	1.46	7.17	8.37	7.38	10.86
	70℃	6.74 (30℃)	1.93 (30℃)	—	—	—	6.11
凝点,℃		18	-9	20	18	19	35
含蜡量(吸附法),%		12.8	8.4	17.2	18.9	17.6	25.3
胶质(硅胶法),%		4.4 (蒸馏法)	1.9 (蒸馏法)	12.5	8.3	11.1	7.4 (氧化铝法)
沥青质(正庚烷法),%		0	0	12.5	8.3	11.1	0
残炭,%		0.9	0.2	—	—	—	2.6
水分,%		—	—	—	—	—	0.9
含盐量(NaCl),mg/L		—	—	596	204	516	1210
硫含量,%		0.02	0.02	0.48	0.79	0.54	0.27
氮含量,%		—	—	0.16	0.21	0.19	0.165
金属分析,10⁻⁶	Ni	—	—	—	—	—	6.6
	V	—	—	—	—	—	0.16
	Na	—	—	—	—	—	57.1
	K	—	—	—	—	—	18.3
	As	—	—	—	—	—	47(ppb)
原油分类		—	低硫中间基	—	—	含硫、石蜡中间基	低硫石蜡基

15. 四川油区原油一般性质

四川油区原油的一般性质见表 A-1-25。

表 A-1-25 四川油区原油的一般性质

原油名称		川中混合原油	南充充三井原油	龙女寺女二井原油	八角场二号井原油	卧龙河卧十井原油
取样时间		1958年6月	1958年4月	1958年	1972年1月	1971年8月
API度,°API		35.8	36.2	36.8	55.7	42.0
密度,g/cm³	20℃	0.8413	0.8394	0.8362	0.7510	0.811
	50℃	0.8215	—	—	—	—
运动黏度,mm²/s	50℃	13.39	—	12.19	1.18(20℃)	3.29
	100℃	10.24(30℃)	3.95	4.65		
凝点,℃		30	30	28	-28	3
含蜡量,%		17.1	15.8	13.1	1.2	4.2
胶质①,%		3.7	—	—	0.3	1.7
沥青质(正庚烷法),%		3.7	—	—	0	0
残炭,%		1.1	0.83	1.4		
水分,%		痕迹	—	—	2.4	
含盐量(NaCl),mg/L		19			56.2	75.4
硫含量,%		0.025	0.26	0.29	0	0.07
灰分,%		0.033				
酸值(以KOH计),mg/g		0.016	0	0	<0.1	
蜡熔点,℃		51~52	57.5	50.3	—	—
原油分类		低硫石蜡基	低硫中间—石蜡基			

16. 延长油区原油一般性质

延长油区原油的一般性质见表 A-1-26。

表 A-1-26 延长油区原油的一般性质

原油名称		延长混合原油	延长原油		永坪原油		甘谷驿原油	青化砭原油	子长原油	
取样时间		1981年3月	1981年3月	1956年	1981年3月	1956年	1981年3月	1981年3月	1981年3月	1985年6月
API度,°API		37.7	38.6	36.7	35.6	34.9	38.8	35.7	32.8	36.2
密度,g/cm³	20℃	0.8321	0.8273	0.8371	0.8427	0.8463	0.8263	0.8422	0.8572	0.8396
	50℃	0.812	0.807		0.823		0.806	0.8225	0.838	
运动黏度 mm²/s	50℃	4.97	4.30	4.94	4.52	5.51	3.91	5.30	7.16	6.14
	20℃	—	—	11.02	—	137.5	—	—	—	18.40

续表

原油名称		延长混合原油	延长原油		永坪原油		甘谷驿原油	青化砭原油	子长原油	
凝点,℃		-3	-9	-2	-6	-7	7	-1	18	5
含蜡量,%		13.6	—	14.8	—	12.1	—	—	—	12.3
胶质(氧化铝法法),%		4.0	—	3.5①	—	5.0①	—	—	—	4.7
沥青质(正庚烷法),%		0	—	0	—	0	—	—	—	0
残炭,%		1.2	—	1.2	—	1.6	—	—	—	—
水分,%		—	—	0.15	—	0.6	—	—	—	1.0
含盐量(NaCl),mg/L		—	—	27	—	29.5	—	—	—	787
硫含量,%		0.09	0.05	0.16	0.16	0.16	0.06	0.20	0.12	0.11
氮含量,%		—	—	0.06	—	0.09	—	—	—	0.12
金属分析,10^{-6}	Ni	0.3	<0.5	—	0.7	—	<0.5	0.5	1.8	1.5
	V	0.21	0.1	—	0.24	—	0.11	0.19	0.56	0.4
	Cu	<0.3	<0.3	—	<0.3	—	<0.3	<0.3	<0.3	<0.1
	Pb	<0.5	<0.5	—	<0.5	—	<0.5	<0.5	<0.5	—
	As	0.023	—	—	—	—	—	—	—	—
	Fe	—	—	—	—	—	—	—	—	1.5
原油分类		低硫石蜡基	—	—	—	—	—	—	—	含硫中间石蜡基

17. 田东原油一般性质

田东原油的一般性质见表 A-1-27。

表 A-1-27 田东原油的一般性质

原油名称		田东—1 原油	田东—2 原油
取样时间		1978 年 5 月	1980 年
API 度,°API		30.2	33.3
密度,g/cm³	20℃	0.871I	0.8543
	50℃		0.8350
运动黏度,mm²/s	50℃	19.24	11.36
	70℃		7.13
凝点,℃		35	26
含蜡量,%		17.4	22.5
沥青质,%①		15.5(硅胶法)	0(正庚烷法)
胶质,%		15.5(硅胶法)	13.8(氧化铝法)
残炭,%		3.75	4.1

续表

原油名称		田东—1原油	田东—2原油
水分,%		0.8	0.45
含盐量(NaCl),mg/L		121	—
闪点(开口),℃		54	—
灰分,%		0.004	0.01
硫含量,%		0.18	0.16
金属分析,10^{-6}	Ni	—	30.6
	V	—	0.35
	Fe	—	10.6
	Cu	—	<0.3
馏程:初馏点,℃		123	59
馏出量,%	100℃	—	4
	120℃	—	6
	140℃	1.0	8
	160℃	2.3	11
	180℃	4.5	14
	200℃	7.5	16
	220℃	9.8	19
	240℃	12.3	21
	260℃	15.5	24
	280℃	18.5	27.5
	300℃	22.5	32
原油分类		低硫石蜡基	

18. 二连原油一般性质

二连原油的一般性质见表A-1-28。

表A-1-28 二连混合原油的一般性质

原油名称		延长混合原油
取样时间		1985年1月
API度,°API		25.9
密度(20℃),g/cm³		0.8949
运动黏度,mm²/s	50℃	83.6
	70℃	37.0
凝点,℃		26
含蜡量,%		16.6

续表

原油名称		延长混合原油
胶质(氧化铝法法),%		20.6
沥青质(正庚烷法),%		0
残炭,%		6.8
水分,%		3.0
含盐量(NaCl),mg/L		24.3
硫含量,%		0.16
氮含量,%		0.44
微量元素分析,10^{-6}	Ni	45.8
	V	0.43
	Fe	52.1
	Cu	0.16
	As	0.38
原油分类		低硫中间基

19. 海洋原油一般性质

渤海及南海某些原油的一般性质见表 A-1-29。

表 A-1-29 渤海及南海某些原油的一般性质

地区	渤海					南海[③]				
原油名称	J220-2-1 ES_1	J220-2-1 ES_2	渤海埕北原油	渤海混合原油	渤海海四平台	渤海海八平台	渤海海中一井	乌石16-1	湾九井	湾十一井
取样时间	1985年	1985年	1985年11月	1981年11月	1981年11月	1981年11月	1973年6月			
API度,°API	53.5	55.9	16.6	27.6	23.4	33.4	18.2	40.6	37.1	35.3
密度(20℃),g/cm³	0.7600	0.7504	0.952	0.8851	0.9087	0.8539	0.9412	0.8186	0.8350	0.8440
运动黏度(50℃) mm²/s	1.25 (20℃)	1.10 (20℃)	614.8	18.96	42.4	8.60	121.7	3.26	58.13	5.67
凝点,℃	-8	-8	0	24	-5 (倾点)	29	-14	27	32	26
含蜡量,%	2.0	1.6	6.3	—	—	—	—	17.4	21.5	22.7
胶质(氧化铝法),%	—	—	25.0					4.7	3.5	7.3
沥青质(正庚烷法) %				0				0	0	0
残炭,%	—	—	8.5	3.8	4.0	3.4	4.9	—	1.0	2.6
水分,%			0.35	0.24	0.1	痕迹	>10			

续表

地区			渤海				南海[③]				
原油名称		J220-2-1 ES$_1$	J220-2-1 ES$_2$	渤海埕北原油	渤海混合原油	渤海海四平台	渤海海八平台	渤海海中一井	乌石16-1	湾九井	湾十一井
含盐量(NaCl),mg/L		—	—	16.0	14	23.7	—	—	—	—	—
硫含量,%		0.02	0.02	0.41	0.16	0.25	0.11	0.22	0.06	—	0.15
氮含量,%		0.0046	0.0045	0.52	0.22	0.27	0.19		—	—	0.14
金属分析 10^{-6}	Ni	0.020	0.015	36.2	13	17.6	8	8.7	—	—	—
	V	0.006	0.004	1.8	0.2	0.31	0.2	<0.1	—	—	—
馏程:初馏点,℃		—	—	—	—	54	—	132	51	—	89
馏出量,%	100℃	—	—	3.7[②]	0.3	—	—	—	6	—	—
	120℃				5.0	1.0			11		1.3
	140℃				6.4	2.0			16		3.9
	160℃			1.4[①]	7.9	3.7			21		9.0
	180℃			1.9	9.7	5.0			25		13.9
	200℃			2.5	11.4	7.0		2.5	29	17.2	17.5
	220℃			3.1	14.7	8.5		3.5	31		22.5
	240℃			3.8	17.5	11.0		6.0	34		24.0
	260℃			4.9	20.3	14.3		9.0	37.5		27.5
	280℃			6.4	23.3	18.0		13.0	42.5		32.5
	300℃			8.2	26.5	23.0		17.5	46.0	35.9	37.5
原油分类		低硫石蜡基	低硫石蜡基	低硫环烷基	—	—	—	—	—	—	—

① 为简易蒸馏结果,收率为重%;
② 为实沸点蒸馏结果,收率为重%;
③ 1980年前后的分析结果。

二、原油受热后的性质变化

1. 原油的相对密度

加热后按式(A-1-1)计算:

$$d_4^t = d_4^{20} - \beta(t - 20) \qquad (\text{A}-1-1)$$

式中　d_4^t——计算温度下的原油相对密度;
　　　d_4^{20}——20℃时的原油相对密度;
　　　t——原油的计算温度值,℃;
　　　β——每1℃的温度下体积校正系数,按表A-1-30查得。

表 A-1-30　原油相对密度的温度校正值

相对密度	每1℃的温度校正值 β	相对密度	每1℃的温度校正值 β
0.6900~0.6099	0.000910	0.8500~0.8599	0.000699
0.7000~0.7099	0.000897	0.8600~0.8699	0.000686
0.7100~0.7199	0.000884	0.8700~0.8799	0.000673
0.7200~0.7299	0.000870	0.8800~0.8899	0.000660
0.7300~0.7399	0.000857	0.8900~0.8999	0.000647
0.7400~0.7499	0.000844	0.9000~0.9099	0.000633
0.7500~0.7599	0.000831	0.9100~0.9199	0.000620
0.7600~0.7699	0.000818	0.9200~0.9299	0.000607
0.7700~0.7799	0.000805	0.9300~0.9399	0.000594
0.7800~0.7899	0.000792	0.9400~0.9499	0.000581
0.7900~0.7999	0.000778	0.9500~0.9599	0.000568
0.8000~0.8099	0.000765	0.9600~0.9699	0.000555
0.8100~0.8199	0.000752	0.9700~0.9799	0.000542
0.8200~0.8299	0.000738	0.9800~0.9899	0.000529
0.8300~0.8399	0.000725	0.9900~1.0000	0.000518
0.8400~0.8499	0.000712		

2. 原油的比热容

加热后按式(A-1-2)计算：

$$c^t = \frac{1}{d_4^{15}}(0.403 + 0.00081t) \times 4.1868 \qquad (A-1-2)$$

式中　c^t——计算温度 t 下原油的比热容，kJ/kg；

d_4^{15}——15℃时原油的相对密度；

t——原油的计算温度值，℃。

原油的比热容也可按图 A-1-1 查得。

3. 原油的导热系数

受热后的变化可按式(A-1-3)计算：

$$\lambda^t = \frac{101}{d_4^{15}}(1 - 0.00054t) \times 1.163 \qquad (A-1-3)$$

式中　λ'——计算温度 t 下原油的导热系数,W/(m·℃);
　　　d_4^{15}——15℃时原油的密度,kg/m³;
　　　t——原油的计算温度值,℃。

原油的导热系数也可按图 A-1-2 查得。

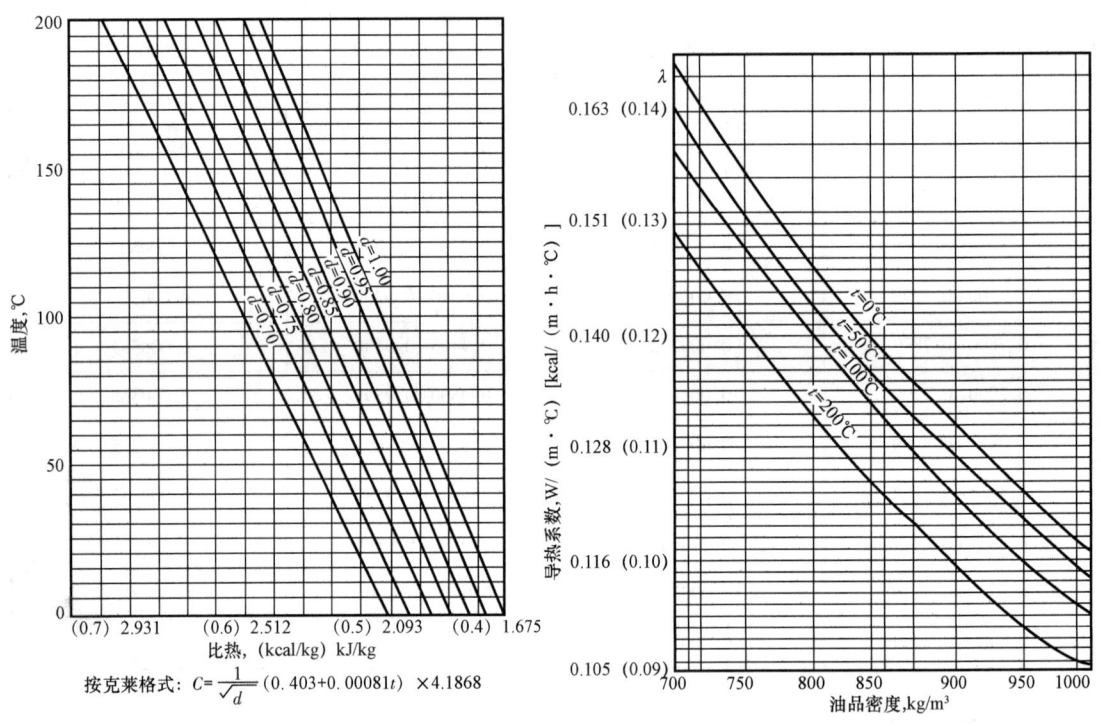

图 A-1-1　油品比热和温度的关系　　　图 A-1-2　油品导热系数与温度的关系

4. 原油的黏度

加热后可按式(A-1-4)计算:

$$\lg\lg(v_T + 0.8) = A + B\lg T \tag{A-1-4}$$

式中　v_T——温度为 T 时的运动黏度,mm²/s;
　　　T——热力学温度,K;
　　　A、B——常数,由已知的两组 v、T 算出。

如果已知任意两个温度下的黏度,则可在图 A-1-3 上作一直线,直线上的任意一点对应的黏度值,即为该温度下油品黏度的近似值。

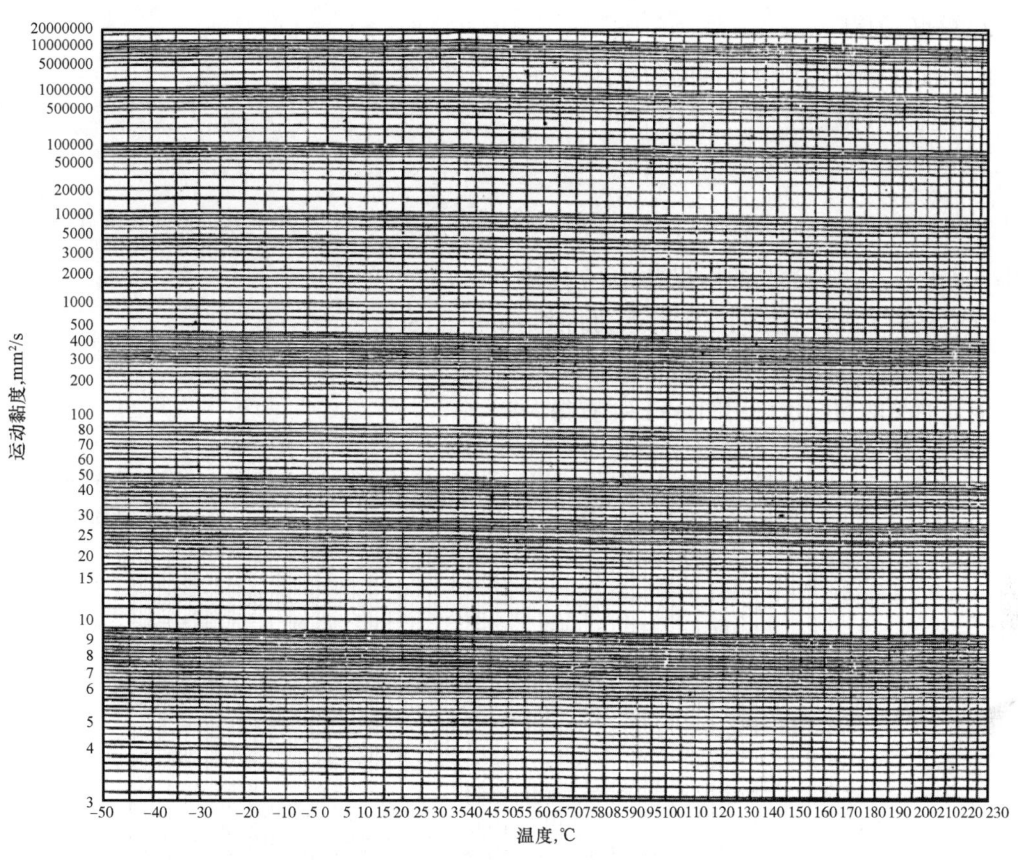

图 A-1-3　温度与黏度关系计算表

三、两种油品掺和后混合油品的性质

1. 混合油的密度、酸值、残炭、灰分、硫含量、胶质、馏程

两种油品掺和后其混合油的密度、酸值、残炭、灰分、硫含量、胶质、馏程的数值按加成关系改变，其计算公式如下：

$$x = \frac{p_A x_A + p_B x_B}{p_A + p_B} \quad (A-1-5)$$

$$p_A + p_B = 100\% \quad (A-1-6)$$

式中　p_A——A 油的质量百分数；
　　　p_B——B 油的质量百分数；
　　　x_A——A 油的有关物性数据；
　　　x_B——B 油的有关物性数据；
　　　x——混合油的上述物性数据。

2. 黏度、闪点

两种油品掺和后其混合油的黏度、闪点的数值按对数关系改变。

1) 混合油的黏度

采用下列公式计算：

$$\lg N = V\lg n + V'\lg n' \tag{A-1-7}$$

式中 V、V'——两种油品的体积(以 1.0 代替 100%)；

n、n'——两种油品同温下的运动黏度，$mm^2/s(cSt)$；

N——混合油同温下的黏度，mm^2/s。

混合油品的黏度也可用图 A-1-4 查得。

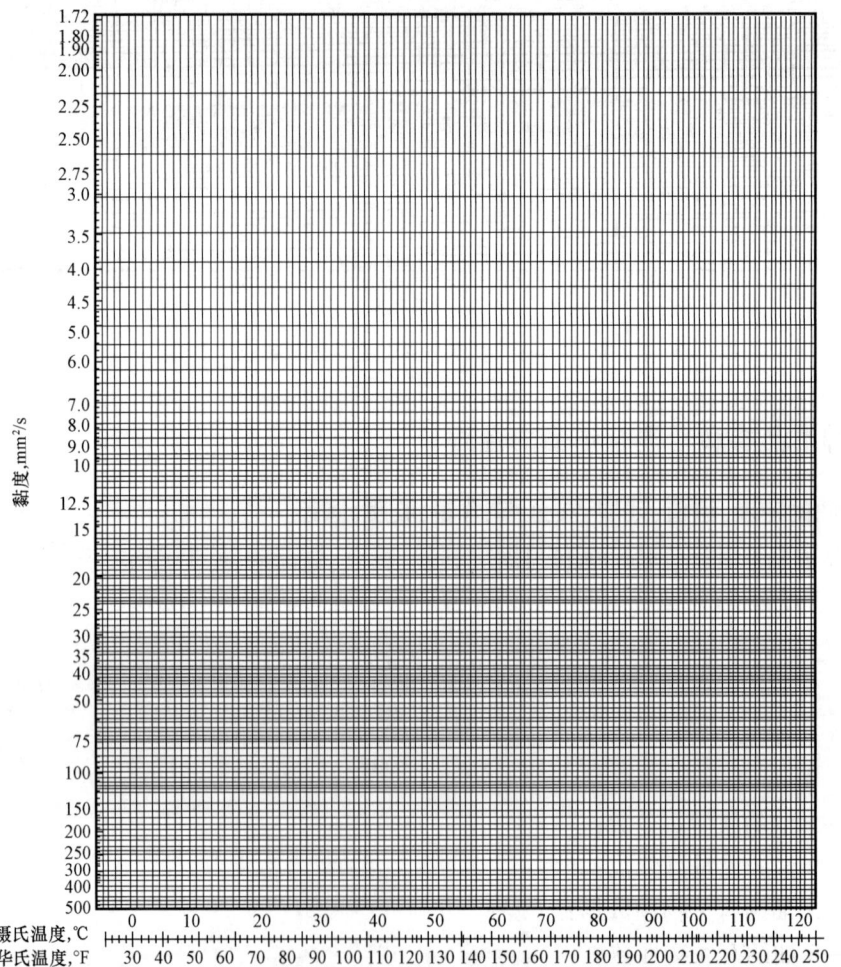

图 A-1-4　黏度—温度换算图

[**例 A-1**] 甲乙两种油混合,已知甲油的运动黏度在 50℃时为 $182\times10^{-6}\,\mathrm{mm^2/s}$,乙油的运动黏度在 50℃时为 $48\times10^{-6}\,\mathrm{mm^2/s}$。要得到在 50℃时为 $75\times10^{-6}\,\mathrm{mm^2/s}$ 的混合油,试求甲乙两种油各需多少。

从图 A-1-4 中运动黏度纵坐标线上的 182 一点向右引一横线平行于横坐标,与由图上端掺和率的横线上的高黏度油 100 处引下的一纵坐标平行线相交于一点 A,同样在运动黏度为 48 的一点向右引一平行于横坐标的线,与图上端掺和率的横线上的低黏度油 100 处引下的一条纵坐标平行线相交于一点 B。通过 A、B 两点作一直线,再由运动黏度纵线上 75 一点处向右引一平行于横坐标的线与 AB 线相交于 C 点,由 C 点向上引一纵坐标平行线与掺和率横线相交之点,即所求调和率:甲油为 38%,乙油为 62%。

按上述示例相反的方法,即可测算出两个已知比例的混合油的黏度。

2) 混合油的闪点计算方法

(1) 按体积百分比计算法:

$$X = -100\lg(V\times10^{-0.01C} + V'\times10^{-0.01C'}) \qquad (\mathrm{A-1-8})$$

式中 X——混合油的闪点,℃;

V、V'——两种油的不同体积(以 1.0 代替 100%);

C、C'——两种油的不同闪点,℃。

(2) 按重量百分比计算法:

$$X = \frac{P_A\cdot T_A + P_B\cdot T_B - F(T_A - T_B)}{100} \qquad (\mathrm{A-1-9})$$

式中 X——混合油的闪点,℃;

P_A、P_B——闪点高及低油所占质量百分数;

T_A、T_B——闪点高及低油的闪点,℃;

F——常数,见表 A-1-31。

表 A-1-31 常数 F

P_A	P_B	F	P_A	P_B	F	P_A	P_B	F
5	95	3.3	40	60	21.7	75	25	30.4
10	90	6.5	45	55	23.9	80	20	29.2
15	85	9.2	50	50	25.9	85	15	26.0
20	80	11.9	55	45	27.6	90	10	21.0
25	75	14.5	60	40	29.0	95	5	12.0
30	70	17.0	65	35	30.0			
35	65	19.4	70	30	30.3			

四、油田油气产品标准

1. 出矿原油技术条件

根据 SY 7513—1988《出矿原油技术条件》中的规定,出矿原油技术要求见表 A-1-32。

表 A-1-32 技术要求

项 目	原油类别			试验方法
	石蜡基 石蜡—混合基	混合基 混合—石蜡基 混合—环烷基	环烷基 环烷—混合基	关键组分分类
水含量,%(质量分数)	≤0.5	≤1.0	≤2.0	GB 260—2016
盐含量,mg/L	实测			GB 6532—2012
饱和蒸气压,kPa	储存温度下低于油田当地大气压			GB 11059—2011

2. 天然气

天然气产品执行 GB 17820—2018《天然气》的要求。

天然气按硫和二氧化碳含量分为一类、二类。

天然气的技术指标见表 A-1-33。

作为民用燃料的天然气,总硫和硫化氢含量应符合一类气或二类气的技术指标。

表 A-1-33 天然气产品指标

项 目	一类	二类
高位发热值[①,②],MJ/m³	≥34.0	≥31.4
总硫(以硫计)[①],mg/m³	≤20	≤100
硫化氢[②],mg/m³	≤6	≤20
二氧化碳(摩尔分数),%	≤3.0	≤4.0

① 本标准中使用的标准参比条件是:101.325kPa,20℃。
② 高位发热量以干基计。

3. 油气田液化石油气

液化石油气产品执行 GB 11174—2011《液化石油气》的要求,产品指标见表 A-1-34。

表 A-1-34 油气田液化石油气产品指标

项 目	质量指标			试验方法
	商品丙烷	商品丙丁烷 混合物	商品丁烷	
密度(15℃),kg/m³	报告			SH/T 0221[①]

续表

项　目		质量指标			试验方法
		商品丙烷	商品丙丁烷混合物	商品丁烷	
蒸气压(37.8℃),kPa		≤1430	≤1380	≤485	GB/T 12576
组分[2]	C_3烃类组分(体积分数),%	≥95	—	—	SH/T 0230
	C_4及C_4以上烃类组分(体积分数),%	≤2.5	—	—	
	(C_3+C_4)烃类组分(体积分数),%	—	≥95	≥95	
	C_5及C_5以上烃类组分(体积分数),%	—	≤3.0	≤2.0	
残留物	蒸发残留物,mL/100mL	0.05			SY/T 7509
	油渍观察	通过[3]			
铜片腐蚀(40℃,1h),级		≤1			SH/T 0232
总硫含量,mg/m³		≤343			SH/T 0222
硫化氢(需满足下列要求之一)	乙酸铅法	无			SH/T 0125
	层析法,mg/m³	≤10			SH/T 0231
	游离水	无			目测[4]

① 密度也可用 GB/T 12576 方法计算,有争议时以 SH/T 0221 为仲裁方法。
② 液化石油气中不允许人为加入除加臭剂以外的非烃类化合物。
③ 按 SY/T 7509 方法所述,每次以 0.1mL 的增量将 0.3mL 溶剂—残留物混合液滴到滤纸上,2min 后在日光下观察,无持久不退的泊环为通过。
④ 有争议时,采用 SH/T 0221 的仪器及试验条件目测是否存在游离水。

4. 稳定轻烃

稳定轻烃符合 GB 9053—2013《稳定轻烃》中的要求,稳定轻烃的产品指标见表 A-1-35。

表 A-1-35　稳定轻烃产品指标

项　目		质量目标		试验方法
		1号	2号	
饱和蒸汽压,kPa		74~200	夏[1]<74,冬[2]<88	GB/T 8017
馏程	10%蒸发温度,℃	—	≥35	GB/T 6536
	90%蒸发温度,℃	135	≤150	
	终馏点,℃	190	≤190	
	60%蒸发率,%(体积分数)	实测	—	
硫含量[3],%		≤0.05	≤0.10	SH/T 0689
机械杂质及水分		无	无	目测[4]
铜片腐蚀,级		≤1	≤1	GB/T 5096

续表

项　　目	质量目标		试验方法
	1号	2号	
赛波特颜色号	+25	—	GB/T 3555

① 夏季从5月1日至10月31日。
② 冬季从11月1日至4月30日。
③ 硫含量允许采用 GB/T 17040 和 SH/T 0253 进行测定,但仲裁试验应采用 SH/T 0689。
④ 将试样注入100mL 的玻璃量筒中观察,应当透明,没有悬浮与沉淀的机械杂质及水分。

5. 部分油田轻油 C_3—C_7 组成统计

部分油田轻油 C_3—C_7 组成统计见表 A-1-36。

表 A-1-36　各油田轻油 C_3—C_7 组成

油田名称	样品	组成,%					颜色	蒸气压 kPa
		C_{3-}	C_4	C_5	C_6	C_{7+}		
大庆	萨南稳定轻油	4.93	20.59	25.86	24.17	24.45	≮+25	160
	喇二稳定轻油	0.73	7.03	21.57	30.95	39.73	≮+25	120
胜利	东营压气站稳定轻油	0.01	11.74	25.74	23.74	38.77		
	坨二站稳定轻油	2.29	12.72	27.79	22.66	34.54		
	纯化首站轻油	3.32	13.47	26.88	31.19	25.14		
辽河	牛青茨、沈阳稳定轻油	0.01	1.47	45.77	16.62	36.13	白色透明	
	欢喜岭、兴隆台稳定轻油	0	1.57	41.68	23.98	32.77	白色透明	
大港	板桥稳定轻油	0.01	1.58	46.37	23.97	28.07	无色	73.8
中原	稳定轻油	2.79	24.11	29.59	18.27	25.24	无色	
河南	魏岗稳定轻油	0	7.65	92.35			无色透明	140.56
	双河稳定轻油	0	4.87	61.58	18.31	15.24	无色透明	107.94
江汉	王场稳定轻油	0.13	10.44	44.69	9.84	34.90	浅黄	
	钟市稳定轻油	0	4.10	63.60	23.30	9.00	泼黄	
新疆	克拉玛依稳定轻油	0.20	1.84	24.20	32.20	41.56	白色	184
	百口泉稳定轻油	0.29	3.97	29.20	31.80	34.74	白色	196

附录 A-2　油田气的物理和热力性质

油田气,曾用名伴生气,是油田地带产生的天然气。油田气由甲烷、乙烷、丙烷……庚烷及庚烷以上的烃类气体为主和少量的氮气、二氧化碳、水蒸气及硫化氢等非烃类气体组成的气体混合物。组成不固定。我国某些油田油田气的典型组成见表 A-2-1。

表 A-2-1 我国某些油田的油田气的典型组成

油田名称		体积组成, %													
		CH_4	C_2H_6	C_3H_8	iC_4H_{10}	nC_4H_{10}	iC_5H_{12}	nC_5H_{12}	C_6H_{14}	C_7H_{16}	C_8H_{18}	C_9H_{20}	N_2	CO_2	H_2S
大庆	喇嘛甸	91.05	1.64	2.70	0.56	1.67	0.38	0.71	0.47	0.26			0.46	0.12	
	萨尔图	83.00	4.61	6.13	0.74	2.50	0.40	0.77	0.41	0.19			1.11	0.11	
	杏树岗	68.26	10.58	11.20	1.35	4.61	0.60	1.31	0.66	0.36			0.55	0.20	
辽河	欢喜岭														
	兴龙台	82.7	7.21	4.16	0.74	1.46	0.44	0.37	0.44	0.39	0.18	0.02	1.47	0.42	
	沈阳	86.32	5.81	3.22	1.05	1.21	0.44	0.52	0.45	0.16	0.12	0.04	0.41	0.05	
中原	文一联	78.49	8.99	5.31	1.11	2.06	0.75	0.62	0.49	0.4			0.63	1.15	
	文二联	82.68	7.55	3.78	0.74	1.45	0.56	0.48	0.39	0.4			0.32	1.64	
	濮一联	75.21	9.9	6.20	1.47	2.60	1.02	0.79	0.68	0.8			0.53	0.8	
河南	江河富气	58.32	14.20	12.90	1.70	2.90	0.8	0.8	0.10	0.10			1.8	12	

组成油田气或天然气的各组分相互不起化学作用,油田气中各组分的性质和含量决定该油田气的性质,油田气中各烃类组分的性质见第三节。本节有些图表中保留了天然气这一名称,或采用混合物请使用时注意。

一、混合气体组成表示方法

混合气体的组成共有三种表示方法:体积成分、质量成分和摩尔成分。

1. 体积成分

体积成分是指混合气体中各组成气体的分体积与混合气体的总体积之比,即:

$$y_1 = \frac{V_1}{V}; y_2 = \frac{V_2}{V}; \cdots; y_n = \frac{V_n}{V} \quad (A-2-1)$$

由于混合气体的总体积等于各组分的分体积之和,所以:

$$y_1 + y_2 + \cdots + y_n = \sum_i^n y_1 = 1 \quad (A-2-2)$$

式中 $y_1, y_2, \cdots, y_n$——混合气体中 $1, 2, \cdots, n$ 组分的体积成分,以 y_i 代表任一组分。

2. 质量成分

如果混合气体各组分的质量分别以 $G_1, G_2, \cdots, G_n$ 表示,其质量以 G 表示,则各组分的质量成分为:

$$g_1 = \frac{G_1}{G}; g_2 = \frac{G_2}{G}; \cdots; g_n = \frac{G_n}{G} \quad (A-2-3)$$

由于混合气体的总质量等于各组分的质量之和,即:

$$G = G_1 + G_2 + \cdots + G_n \quad (A-2-4)$$

所以：

$$g_1 + g_2 + \cdots + g_n = \sum_1^n g_i = 1 \quad (A-2-5)$$

式中 $g_1, g_2, \cdots, g_n$——混合气体 $1, 2, \cdots, n$ 组分的质量成分，g_i 代表任一组分。

3. 摩尔成分

摩尔成分指各组分摩尔分数与混合气体的摩尔分数之比，即：

$$n_1 = \frac{N_1}{N}; n_2 = \frac{N_2}{N}; \cdots; n_n = \frac{N_n}{N} \quad (A-2-6)$$

由于混合气体的总的摩尔分数等于各组分的摩尔分数之和，所以：

$$n_1 + n_2 + \cdots + n_n = \sum_1^n n_i = 1 \quad (A-2-7)$$

式中 $n_1, n_2, \cdots, n_n$——混合气体中 $1, 2, \cdots, n$ 组分的摩尔成分，n_i 表示任一组分。

根据分体积定律，低压混合气体中 i 组分的体积 V_i 与混合气体的体积 V 之比表示如下：

$$\frac{V_i}{V} = \frac{N_i RT/P}{NRT/P} = \frac{N_i}{N} = n_i \quad (A-2-8)$$

式（A-2-8）说明低压下的混合气体中，i 组分分体积与混合气体总体积之比等于 i 组分的摩尔分数，即混合气体的各组分的摩尔分数（或摩尔百分数）等于其体积分数（或体积百分数）。故工业上常用体积分数或体积百分数表示低压混合气体的组成。

4. 混合气体组分的换算

（1）由体积（摩尔）成分换算为质量成分见表 A-2-2。

表 A-2-2　由体积（摩尔）成分换算为质量成分

混合气体中各组分的编号	质量成分,%	组分的分子量	摩尔分数	体积成分
1	y_1	M_1	$y_1 M_1 = G_1$	$g_1 = \dfrac{G_1}{\sum_1^n G_i}$
2	y_2	M_2	$y_2 M_2 = G_2$	$g_2 = \dfrac{G_2}{\sum_1^n G_i}$
3	y_3	M_3	$y_3 M_3 = G_3$	$g_3 = \dfrac{G_3}{\sum_1^n G_i}$

续表

混合气体中各组分的编号	质量成分,%	组分的分子量	摩尔分数	体积成分
4	y_n	M_n	$y_n M_n = G_n$	$g_n = \dfrac{G_n}{\sum\limits_1^n G_i}$
总值	100	—	$\sum\limits_1^n G_i$	$\sum\limits_1^n g_i = 1.0$

[**例 A-2**] 试计算本例表中Ⅲ号油田气的质量组成。油田气组成见例表 A-2-1。

例表 A-2-1 本节计算举例用的油田气组成[%(体积分数)]

序号	甲烷 CH_4	乙烷 C_2H_6	丙烷 C_3H_8	异丁烷 iC_4H_{10}	正丁烷 nC_4H_{10}	异戊烷 nC_5H_{10}	正戊烷 nC_5H_{12}	己烷 C_6H_{14}	庚烷以上 C_7H_{16+}	氮 N_2	二氧化碳 CO_2	硫化氢 H_2S
Ⅰ	89.98	2.4	3.6	0.59	1.99	0.37	0.72	0.03		0.36	0.1	0.0
Ⅱ	65.58	16.3	8.68	0.89	2.5	0.56	1.76	1.23	1.07	0.98	0.35	0.1
Ⅲ	97.0	1.5	0.5		0.2		0.1			0.2	0.5	0.0

解:按表 A-2-2 格式列表计算见例表 A-2-2。

例表 A-2-2 计算过程

组成成分	油田气组成,% y_i	摩尔数 n_i	相对分子质量 M_i	质量(g) G_i	质量百分数 $g_i = \dfrac{G_i}{\sum\limits_1^n G_i}$
甲烷 CH_4	97.0	÷22.4	4.33	16.04	69.45	93.2
乙烷 C_2H_6	1.5	÷22.4	0.067	30.07	2.02	2.71
丙烷 C_3H_8	0.5	÷22.4	0.022	44.09	0.99	1.33
正丁烷 nC_4H_{10}	0.2	÷22.4	0.009	58.12	0.52	0.69
正戊烷 nC_5H_{12}	0.1	÷22.4	0.0045	72.15	0.32	0.43
二氧化碳 CO_2	0.5	÷22.4	0.022	44.01	0.97	1.3
氮 N_2	0.2	÷22.4	0.009	28.01	0.25	0.34
合计	100		4.4635		74.52	100

(2)由质量成分换算为体积成分见表 A-2-3。

表 A-2-3 由质量成分换算为体积成分

混合气体中各组分的编号	质量成分,%	组分的相对分子质量	摩尔分数	体积成分
1	g_1	M_1	$N_1 = \dfrac{g_1}{M_1}$	$y_1 = \dfrac{N_1}{\sum\limits_1^n N_i}$

续表

混合气体中各组分的编号	质量成分,%	组分的相对分子质量	摩尔分数	体积成分
2	g_2	M_2	$N_2 = \dfrac{g_2}{M_2}$	$y_2 = \dfrac{N_2}{\sum\limits_1^n N_i}$
3	g_3	M_3	$N_3 = \dfrac{g_3}{M_3}$	$y_3 = \dfrac{N_3}{\sum\limits_1^n N_i}$
4	g_n	M_n	$N_n = \dfrac{g_n}{M_n}$	$y_n = \dfrac{N_n}{\sum\limits_1^n N_i}$
总值	100	—	$\sum\limits_1^n N_i$	$\sum\limits_1^n y_i = 1.0$

二、分子量、密度和相对密度

1. 平均分子量(视分子量)

$$M' = \sum_1^n M_i y_i \qquad (A-2-9)$$

式中　M'——油田气的平均分子量;
　　　M_i——油田气中各组分的分子量,见表 A-3-1;
　　　y_i——油田气中各组分体积百分数。

[例 A-3]　试计算[例 A-2]表中Ⅲ号油田气的平均分子量。

解:根据式 A-2-9 的计算过程见例表 A-3-1。

例表 A-3-1　计算过程

油田气组分	组分体积百分数 y_i	组分的相对分子质量 M_i	$M_i y_i$
甲烷 CH_4	0.97	16.043	15.56
乙烷 C_2H_6	0.015	30.070	0.45
丙烷 C_3H_8	0.005	44.097	0.22
正丁烷 nC_4H_{10}	0.002	58.124	0.12
正戊烷 nC_5H_{12}	0.001	72.151	0.07
二氧化碳 CO_2	0.005	44.010	0.22
氮 N_2	0.002	28.013	0.06
合计	1.000		$M'_{Ⅲ} = 16.7$

同样可以算得:Ⅰ号气体的平均分子量 $M'_Ⅰ = 19.15$;
　　　　　　Ⅱ号气体的平均分子量 $M'_Ⅱ = 25.47$。

如已知油田气的质量组成时,其平均分子量可按下式计算:

$$M' = \frac{100}{\sum_{1}^{n} \frac{g_i}{M_i}} = \frac{100}{\frac{g_1}{M_1} + \frac{g_2}{M_2} + \cdots + \frac{g_n}{M_n}} \quad (A-2-10)$$

式中　$g_1, g_2, \cdots, g_n$——油田气各组分的质量成分,%;

　　　$M_1, M_2, \cdots, M_n$——油田气各组分的相对分子质量。

2. 密度和相对密度

单位体积气体的质量与在同一条件下同体积的空气质量之比称作气体的相对密度,用 d 表示。

一般计算气体相对密度所用的气体密度均指常温常压下气体的密度,即:

$$d = \frac{M'}{M_{\text{air}}} \quad (A-2-11)$$

式中　d——油田气的相对密度;

　　　M'——油田气的平均分子量;

　　　M_{air}——空气的分子量。

油田气的相对密度,我国规定为压力在 101.325kPa(a)、20℃下,单位体积油田气的质量与同样条件下相同体积干空气(CO_2含量 0.03%)质量之比。在此条件下 $M_{\text{air}} = 28.964$,故油田气的相对密度为:

$$d = \frac{M'}{28.964} \quad (A-2-12)$$

油田气的密度为:

$$\rho' = d \times 1.205 \quad (A-2-13)$$

式中　ρ'——油田气 20℃时的密度,kg/m^3;

　　　1.205——干空气 20℃时的密度,kg/m^3。

三、压缩系数

天然气是一种真实气体的混合物,pVT 计算对理想气体状态方程式有一定的偏差,除采用压缩系数校正外,对于复杂组成的气体,还应考虑进一步的校正。

1. 天然气压缩系数图

这是计算天然气压缩系数 Z 值最简便的方法。图 A-2-1 是天然气压缩系数图。使用本图时,天然气的假对比压力 p'_r 和假对比温度 T'_r 值由如下定义计算:

$$p'_r = \frac{p}{p'_c} \quad T'_r = \frac{T}{T'_c} \quad (A-2-14)$$

$$p'_c = \sum_{1}^{n} y_i p'_{ci} \quad (A-2-15)$$

$$T'_c = \sum_1^n y_i T'_{ci} \qquad (A-2-16)$$

式中 p'_{ci}——i 组分的临界压力,kPa(a),可由表 A-3-1 查出;

T'_{ci}——i 组分的临界温度,K,可由表 A-3-1 查出;

p'_c——天然气的假临界压力,kPa(a);

T'_c——天然气的假临界温度,K。

对于主要由甲烷组成的气体,含氮量不超过 5%,平均分子量不超过 40 时,用上面的方法进行计算,误差一般不超过 3%。当 CO_2 或 H_2S 含量超过 2% 时,则应考虑这些组分对 Z 值的影响。

图 A-2-2 是用于低假对比压力下天然气的压缩系数图,图 A-2-3 为接近常压下的天然气压缩系数图。

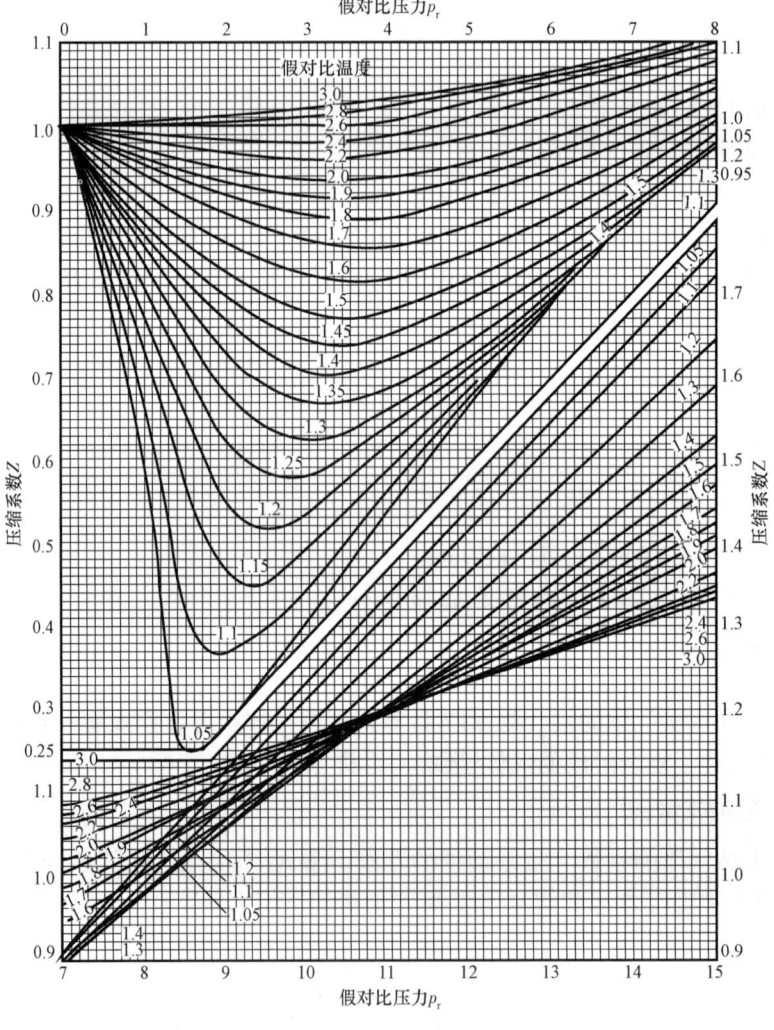

图 A-2-1(A) 天然气压缩系数

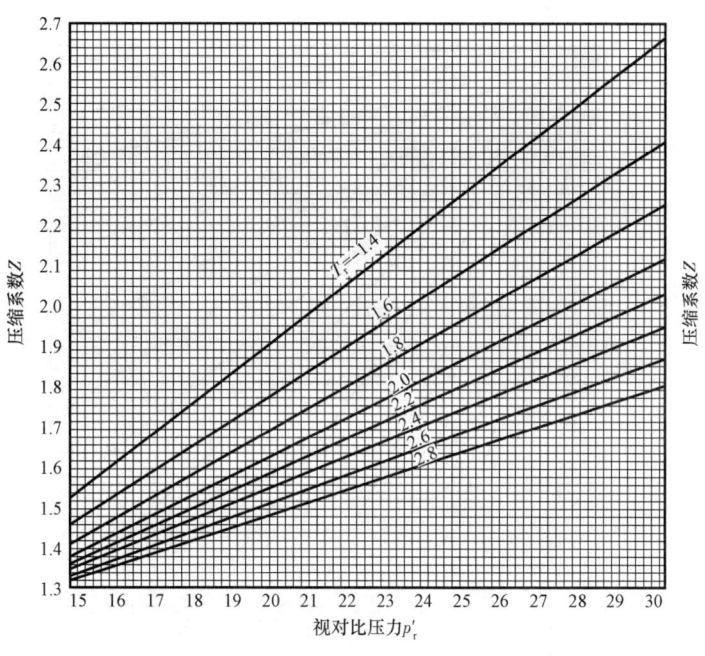

图 A-2-1(B) 天然气的压缩系数(用于天然气压力为 70~140MPa 的高压下)

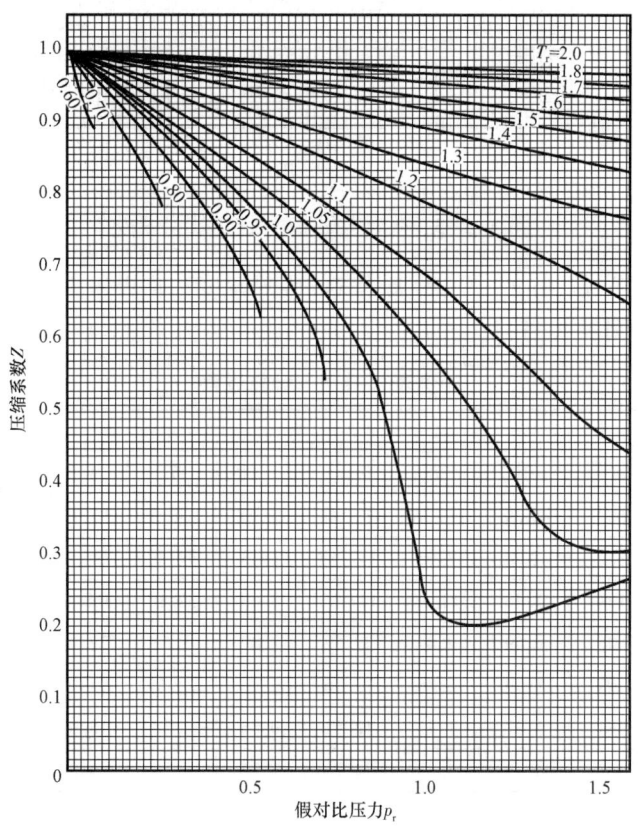

图 A-2-2 低假对比压力下天然气的压缩系数

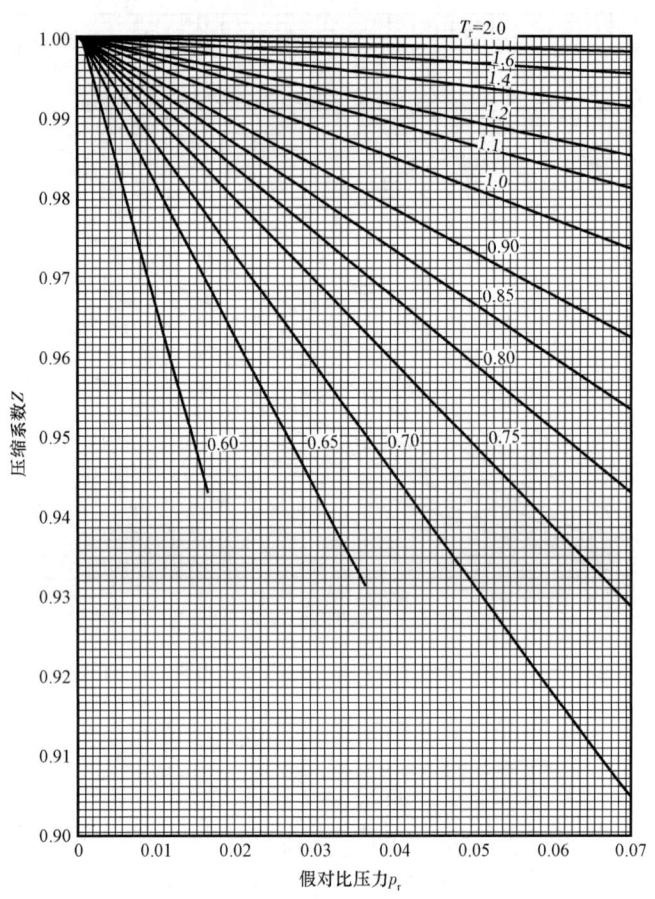

图 A-2-3　接近常压下的天然气压缩系数

[例 A-4] 计算[例 A-2]中三种天然气的临界温度和临界压力。

解：计算过程见例表 A-4-1。

例表 A-4-1　计算过程

组分	T_c K	p_c kPa(a)	Ⅰ			Ⅱ			Ⅲ		
			$y \times 100$	yT_c	yp_c	$y \times 100$	yT_c	yp_c	$y \times 100$	yT_c	yp_c
CH_4	190.55	4604	89.98	171.46	4142.68	65.58	124.96	3019.3	97.0	184.83	4465.9
C_2H_6	305.43	4880	2.4	7.33	117.12	16.3	49.79	795.44	1.5	4.58	73.20
C_3H_8	369.82	4149	3.46	12.80	147.02	8.68	32.10	368.81	0.5	1.85	21.25
iC_4H_{10}	408.13	3648	0.59	2.41	21.52	0.89	3.63	32.46			
nC_4H_{10}	425.16	3797	1.99	8.46	75.56	2.5	10.63	94.93	0.2	0.85	0.76
iC_5H_{12}	460.39	3381	0.37	1.73	12.51	0.56	2.58	18.93			
nC_5H_{12}	469.6	3369	0.72	3.38	24.26	1.76	8.26	59.29	0.1	0.47	3.37

续表

组分	T_c K	p_c kPa(a)	I			II			III		
			$yx100$	yT_c	yp_c	$yx100$	yT_c	yp_c	$yx100$	yT_c	yp_c
C_6H_{14}	507.4	3012	0.03	0.15	0.90	1.23	6.24	37.04			
C_7H_{16}	540.2	2736				1.07	5.78	29.28			
CO_2	304.19	7382	0.1	0.3	7.38	0.35	1.06	25.84	0.5	1.52	3.69
N_2	126.1	3399	0.36	0.45	12.24	0.98	1.24	33.30	0.2	0.25	6.80
H_2S	373.5	9005	0.0			0.1	0.37	9.00	0.0		
假临界温度		K	208.47			246.64			194.35		
		℃	-64.69			-26.52			-78.81		
假临界压力,kPa(a)			4561.19			4523.62			4575		

天然气的临界参数也可根据相对密度由图 A-2-4 直接读出。此图主要适用于 N_2 含量不超过 5%，非烃类含量不高，并很好脱除了液滴和固体颗粒的洁气。

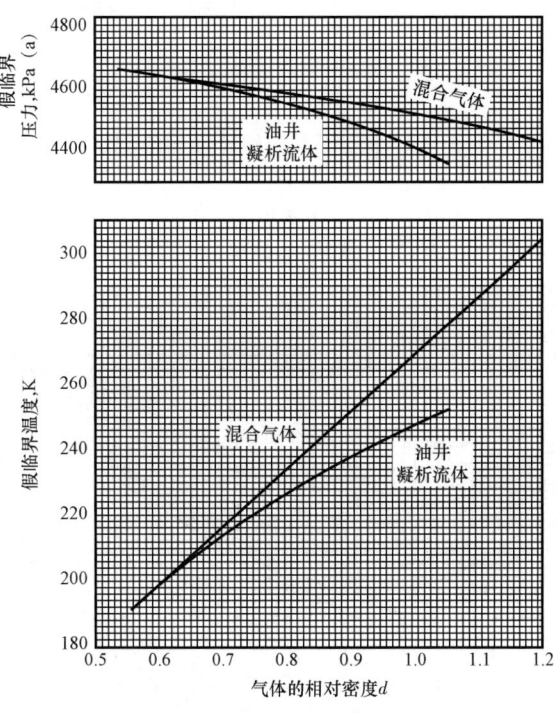

图 A-2-4 天然气的假临界特性

图 A-2-5 可用于天然气的相对密度的计算，已知压力和温度即可直接找出压缩系数。对非烃类气体，如 N_2、CO_2 以及 H_2S 含量不高的洁气，此图误差大约为 2%，上述组分含量不超过 5%，对计算精确度无大影响。

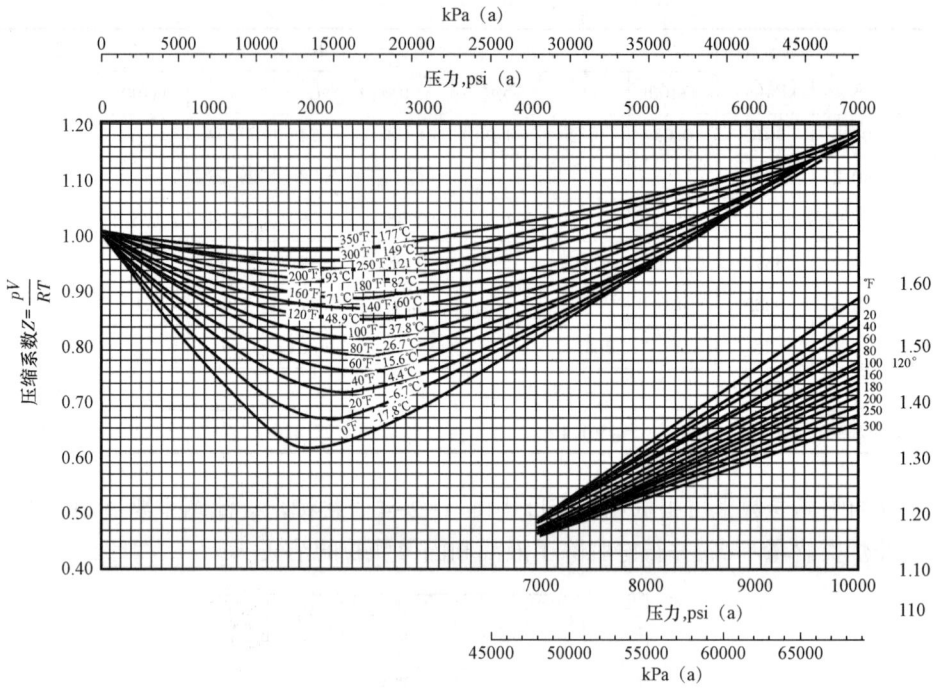

图 A-2-5(A) 低分子量天然气的压缩系数($d=0.6$)

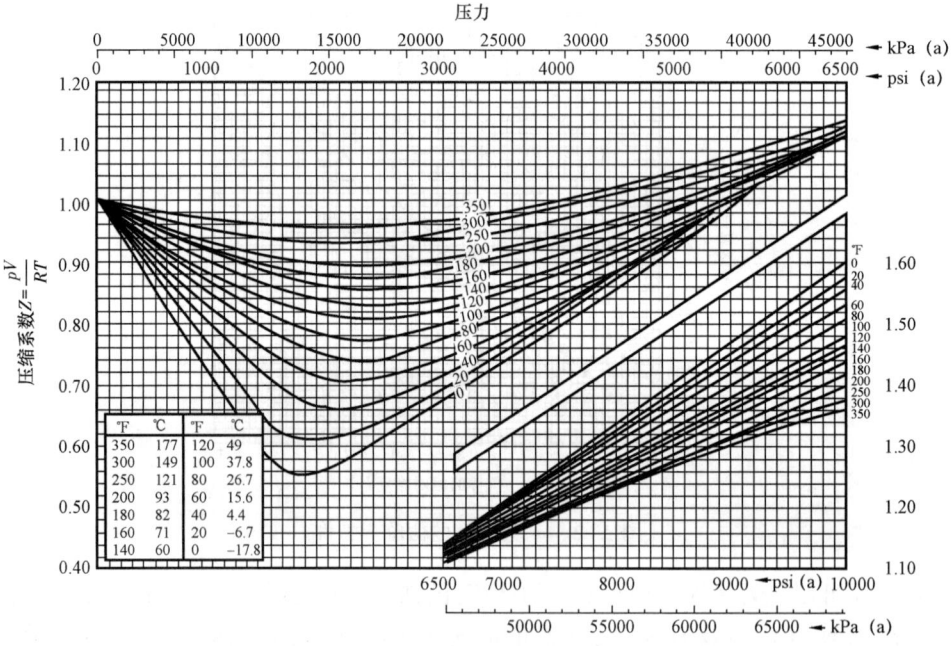

图 A-2-5(B) 低分子量天然气的压缩系数($d=0.65$)

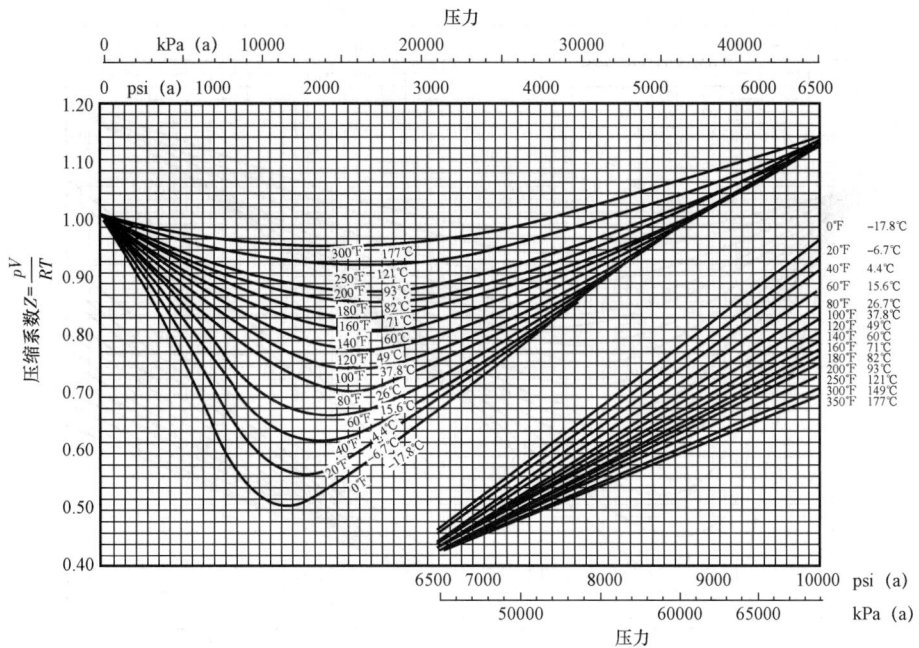

图 A-2-5(C)　低分子量天然气的压缩系数($d=0.7$)

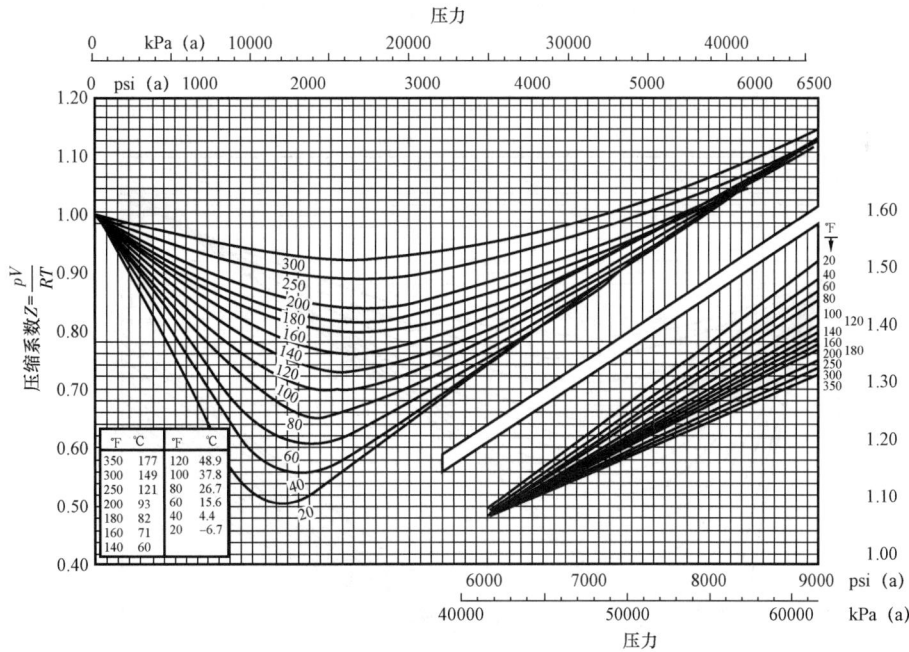

图 A-2-5(D)　低分子量天然气的压缩系数($d=0.75$)

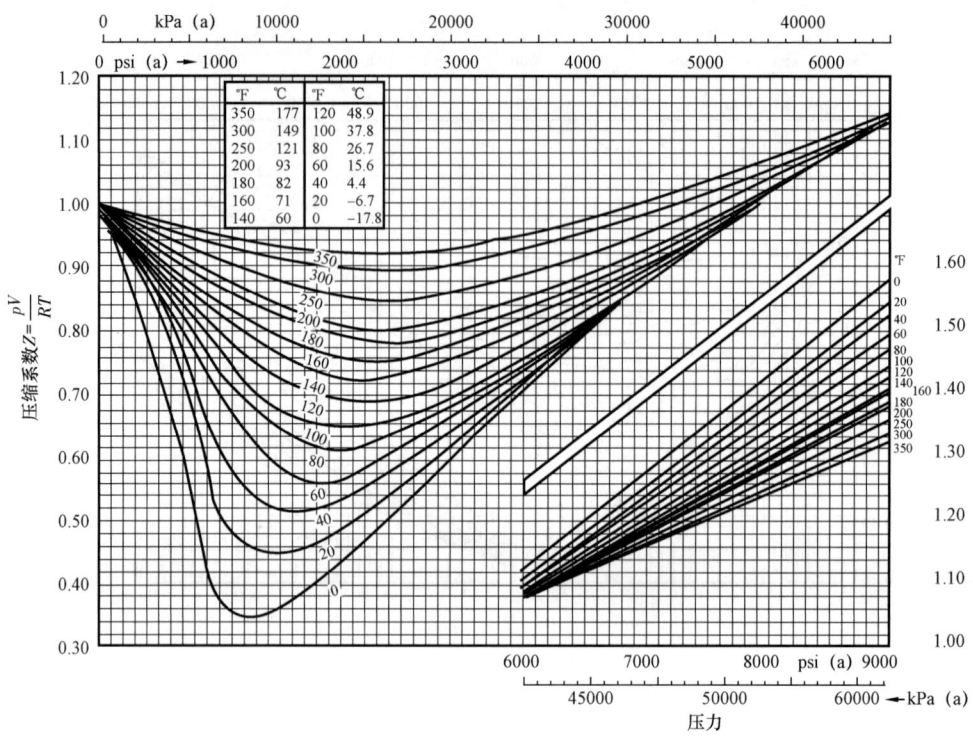

图 A-2-5(E)　低分子量天然气的压缩系数($d=0.8$)

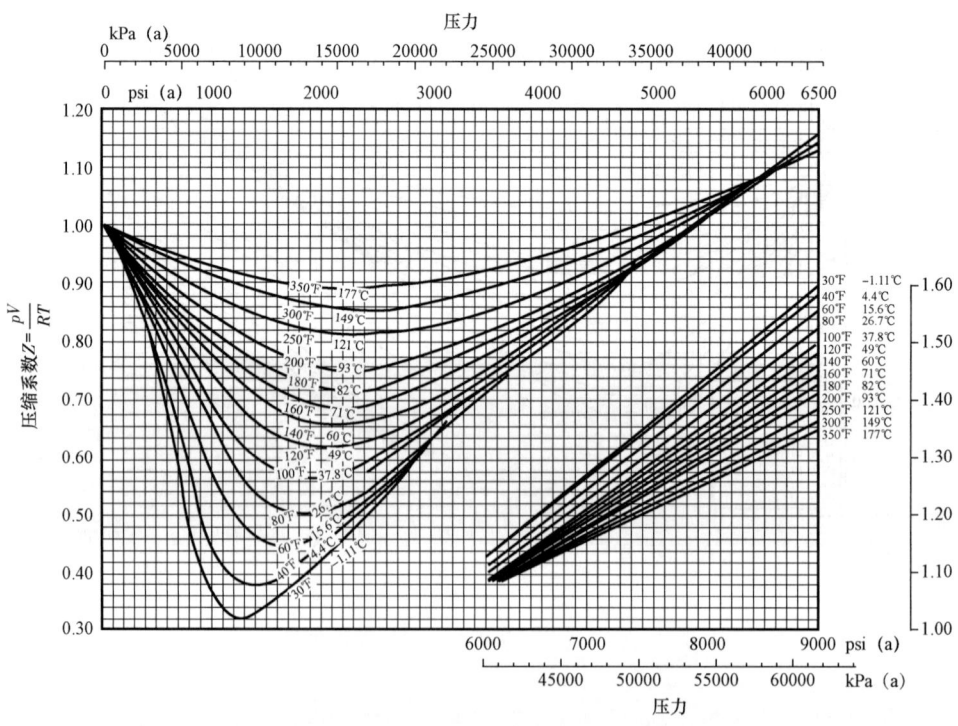

图 A-2-5(F)　低分子量天然气的压缩系数($d=0.9$)

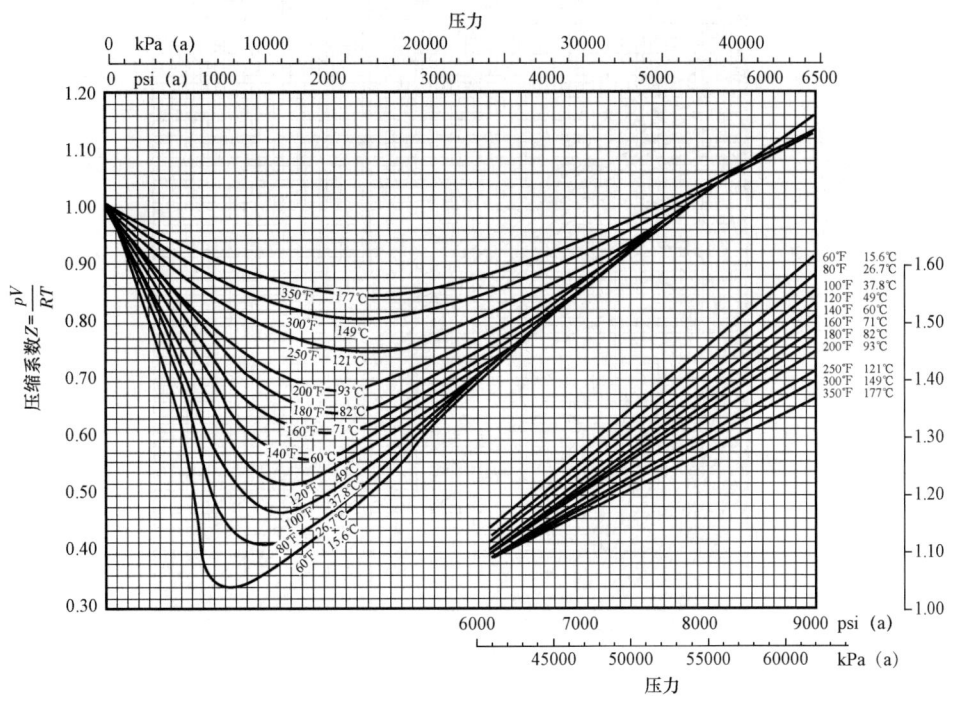

图 A-2-5(G)　低分子量天然气的压缩系数($d=1.0$)

2. 含有显著量 H_2S 或 CO_2 气体的校正

酸性天然气的压缩系数和洁气有所不同,需要通过图 A-2-6 校正。

酸性天然气的假临界参数按下式计算

$$T_c'' = T_c' - 0.556\varepsilon \tag{A-2-17}$$

$$p_c'' = \frac{p_c' T_c''}{T_c' + 0.556 B(1-B)\varepsilon} \tag{A-2-18}$$

式中　ε——假临界温度的校正系数,K,由图 A-2-6 查出;

　　　T_c'——气体的假临界温度,K;

　　　p_c'——气体的假临界压力,kPa(a);

　　　T_c''——调整后的假临界温度,K;

　　　p_c''——调整后的假临界压力,kPa(a);

　　　B——酸性天然气中 H_2S 的摩尔分数。

假临界温度调整系数 ε 是酸性天然气中 CO_2 和 H_2S 浓度的函数,可由图 A-2-6 查出。用调整后的假临界温度 T_c'' 和假临界压力 p_c'' 计算对比温度和对比压力,再由图 A-2-1 查相应的压缩系数。

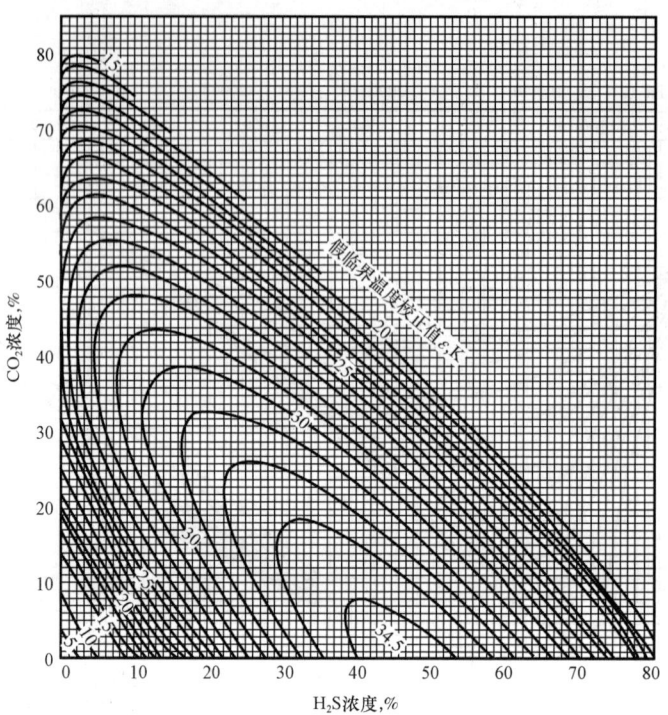

图 A-2-6 假临界温度的校正值 ε

[例 A-5] 用式(A-2-17)和式(A-2-18)校正[例 A-4]的三种气体的临界参数。

解：各种天然气的假临界温度 T'_c 和假临界压力 p'_c 为[例 A-4]的计算结果，分别列在例表 A-4-1 中。ε 值由图 A-2-6 查出。计算过程见例表 A-5-1。

利用式(A-2-17)和式(A-2-18)进行计算结果与实验数据比较，偏差不大于 1%。

当 H_2S 和 CO_2 浓度都不超过 2% 时，可用下面简化公式代替式(A-2-18)，并和式(A-2-17)进行计算。

$$p''_c = \frac{T''_c}{T'_c} p'_c \qquad (A-2-19)$$

例表 A-5-1　计算过程

组分	1	2	3	4	5	6	7	8	9	10	11	12
	T'_c K	ε K	0.556ε K	T''_c K	B	(1−B)	B(1−B)	(3)×(7)	(1)+(8)	$\frac{(4)}{(9)}$	p'_c kPa(a)	p''_c kPa(a)
I	208.47	1.0	0.56	207.91	0.000	1.000	0.000	0.000	208.47	0.9973	4561.19	4548.87
II	264.64	2.0	1.12	263.52	0.0010	0.999	0.001	0.00112	264.641	0.9958	4523.62	4504.62
III	194.35	1.0	0.56	193.79	0.000	1.000	0.000	0.000	194.35	0.9971	4575	4561.73

3. 用相关式计算压缩系数

近年来,国外学者提出了十多种用计算机直接计算压缩系数的方法。这里提供一种,其通式为:

$$Z = p'_r(AT'_r + B) + CT'_r + D \tag{A-2-20}$$

式中 A, B, C, D——由假对比状态决定的系数,见表 A-2-4;
p'_r——假对比压力;
T'_r——假对比温度。

表 A-2-4 A、B、C、D 值

编号	p'_r	T'_r	A	B	C	D
1		1.05~1.2	1.6643	-2.2114	-0.3647	1.4385
2	0.2~1.2	1.2+~1.4	0.5222	-0.8511	-0.0364	1.0490
3		1.4+~2.0	0.1391	-0.2988	0.0007	0.9969
4		2.0+~3.0	0.0295	-0.0825	0.0009	0.9967
5		1.05~1.2	-1.3570	1.4942	4.6315	-4.7009
6	1.2~2.8	1.2+~1.4	0.1717	0.3232	0.5869	0.1229
7		1.4+~2.0	0.0984	-0.2053	0.0621	0.8580
8		2.0+~3.0	0.0211	-0.0527	0.0127	0.9549
9		1.05~1.2	-0.3278	0.4752	1.8223	-1.9036
10	2.8~5.4	1.2+~1.4	-0.2521	0.3871	1.6087	-1.6635
11		1.4+~2.0	-0.0284	0.0625	0.4714	-0.0011
12		2.0+~3.0	0.0041	0.0039	0.0607	0.7927
13	5.0~5.4	1.05~3.0				

Z 值由式(A-2-21)确定:

$$Z = p'_r(0.711 + 3.66T'_r)^{-1.4667} - 1.637/(0.319T'_r + 0.522) + 2.071 \tag{A-2-21}$$

四、黏度

低压下,油田气的黏度可根据其中各组分的黏度按式(A-2-22)计算:

$$\mu' = \frac{\sum_1^n y_i \mu_i (M_i)^{1/2}}{\sum_1^n y_i (M_i)^{1/2}} \tag{A-2-22}$$

式中 μ'——低压下气体的黏度,mPa·s;
μ_i——相同压力下 i 组分的黏度,mPa·s;

y_i —— 油田气中 i 组分的摩尔分数;

M_i —— i 组分的分子量。

式(A-2-22)的平均误差为1.5%,最大误差5%,对富氢的气体误差可达10%。

如果已知油田气的分子量和温度,也可由图A-2-7查出该气体在101.325kPa(a)下的黏度。油田气中含有N_2、CO_2和H_2S气体会使黏度增加,图A-2-7中给出了有关的校正值。

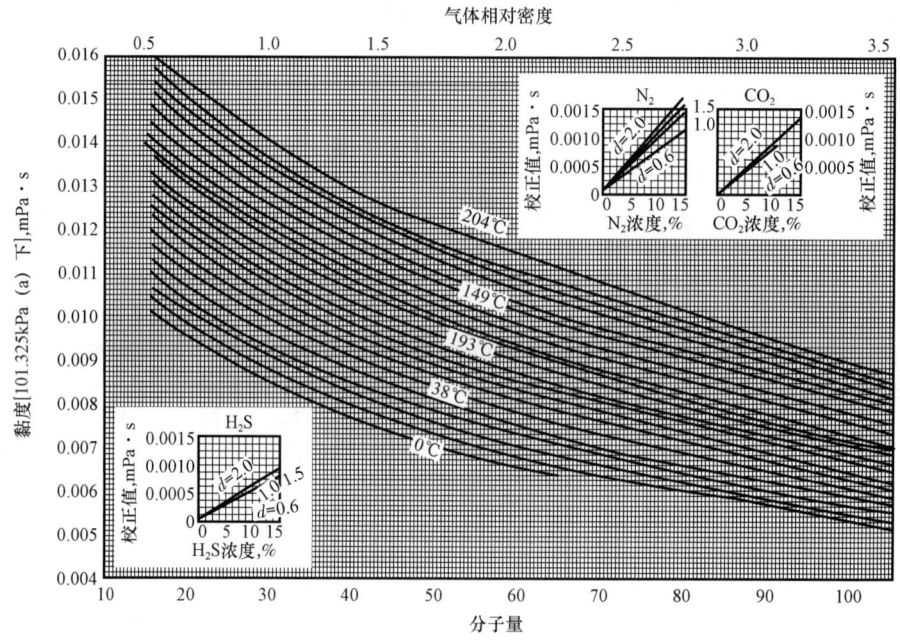

图A-2-7　在101.325kPa(a)压力下气体的分子量、相对密度与黏度的关系

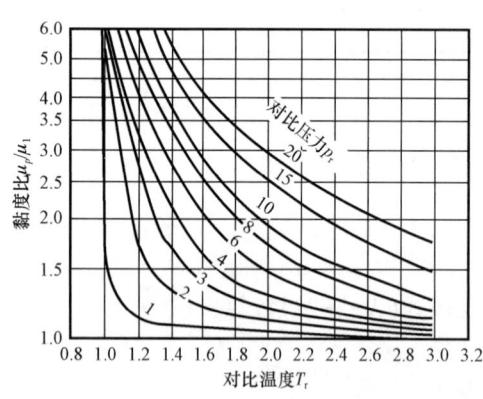

图A-2-8　对比温度与黏度的关系

μ_p ——在操作温度和操作压力下的黏度,mPa·s;

μ_1 ——在101.325kPa(绝)和操作温度下的黏度,mPa·s

压力对油田气的黏度有很大影响,当气体压力超过1.0MPa时,这种影响变得更加显著。图A-2-8和图A-3-15是压力对气体黏度的影响关系图。此图可用于单一气体组分,也可用于气体混合物。μ_p是气体在温度T,压力p下的黏度,μ_T是气体在相同温度T,压力为101.325kPa(a)下的黏度。对于气体混合物应先按式(A-2-15)和式(A-2-16)或图A-2-4计算出假临界参数后,再计算出其假对比压力p'_r和假对比温度T'_r。图A-2-8和图A-3-15是相同类型的两组图,分别列在第三节和本节内,可对照使用。这两个图只能用于$T_r \geq 1$和$p_r \geq 1$的情况。在大多数情况下平均误差为2%,最大误差为10%。

当非烃类气体含量不高时,油田气的黏度也可根据气体的相对密度和温度、压力,由图 A-2-9 直接查出。

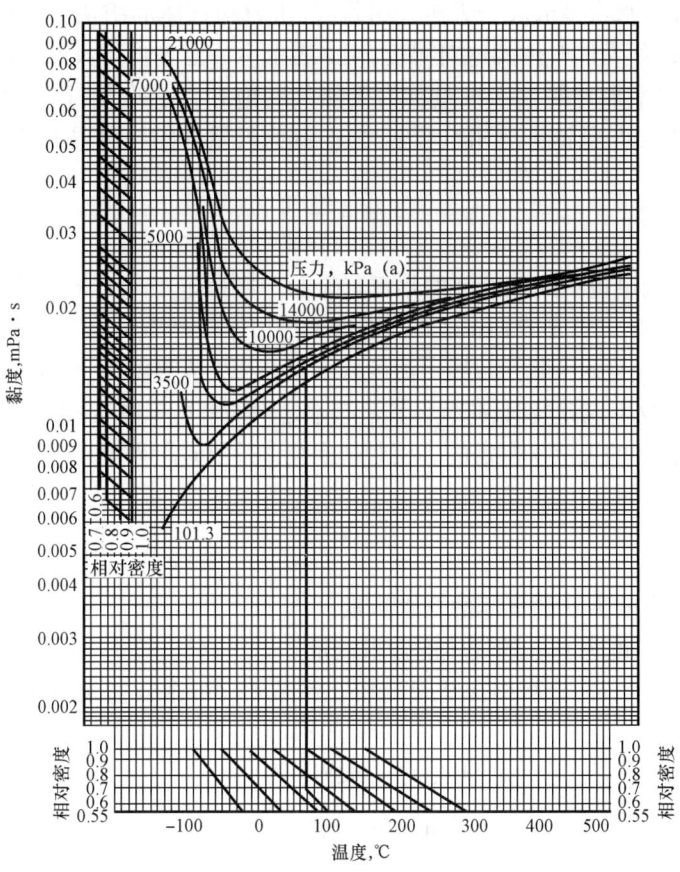

图 A-2-9 烃类气体的黏度

[**例 A-6**] 求[例 A-2]中Ⅱ号油田气 $M=25.47$,在 7000kPa(a)和 40℃条件下的黏度。

解:从图 A-2-7 查得在 101.325kPa(a)压力下和 40℃条件下的气体黏度是 0.0101mPa·s。气体的相对密度是 25.47/28.964=0.879。从图 A-2-4 查得临界温度是 247.2K,临界压力是 4540kPa;或用前面方法计算得临界温度是 246.64K,临界压力 4523.62kPa。用计算求得的临界参数:

$$T_r = \frac{40+273}{264.64} = 1.18$$

$$p_r = \frac{7000}{4523.62} = 1.55$$

从图 A-2-8 查得 $\mu_p/\mu_1=1.73$,所以在 7000kPa 和 40℃条件下气体的黏度是:

$$\mu_p = 1.73 \times 0.0101 = 0.0175 \text{mPa·s}$$

五、天然气的含水汽量

天然气的饱和含水汽量取决于天然气的温度、压力和气体的组成等条件。每一立方米天然气所含水汽克数,称为该气体的绝对湿度,用 e 表示。一定条件下天然气中可能含有的最大水汽量,即与液态水平衡时的含水汽量称为天然气的饱和含水汽量,用 e_d 表示。在给定条件下,天然气含水汽量 e 与其饱和含水汽量 e_d 之比,称为天然气的相对湿度,用 φ 表示:

$$\varphi = \frac{e}{e_d} \qquad (A-2-23)$$

天然气的含水汽量也可用天然气的水露点表示。在一定压力下与 e_d 对应的温度称为天然气的水露点,简称露点。图 A-2-10 是不同温度和压力下天然气的饱和含水汽量图,又称天然气的露点图,图中虚线是水合物生成线。温度低于水合物生成温度时,是气体和水合物之间的平衡,而温度高于水合物生成温度时,是气体和液态水之间的平衡。图 A-2-10 的曲线是按相对密度为 0.60,与纯水接触的天然气制定的。相对密度校正系数 C_d,可由相对密度校正曲线查出。

$$C_d = \frac{e_d}{e_{0.6}} \qquad (A-2-24)$$

式中　C_d——相对密度为 d 的气体的含水汽量;
　　　$e_{0.6}$——相对密度为 0.6 的气体的含水汽量。

当气体与盐水接触时,盐水中含盐量的校正系数 C_B,可由含盐量校正曲线图查出。查法同相对密度校正。

则天然气的含水汽量,可由式(A-2-25)求得:

$$W = W_0 \cdot C_B \cdot C_d \qquad (A-2-25)$$

式中　W——相对密度为 d 的含水汽量;
　　　W_0——相对密度为 0.6 时的含水汽量;
　　　C_d——相对密度校正系数;
　　　C_B——含盐量校正系数。

[**例 A-7**]　试求相对密度为 0.9,温度 38℃,与盐水接触(盐水为 3%浓度的 NaCl),压力为 3.33MPa 下,每标准立方米天然气的含水汽量。

解:(1) 查图 A-2-10,$d=0.6$,$t=38℃$,$p=3.33$MPa,$W_0=1.8$g/m³。
(2) 查相对密度校正曲线图,$d=0.9$,$t=38℃$,$C_d=0.99$。
(3) 查含盐量校正曲线图,含盐 3%时,$C_B=0.93$。
代入式(A-2-25)

$$W = W_0 C_d C_B = 1.8 \times 0.99 \times 0.93 = 1.66 \text{g/m}^3$$

天然气中含有酸性气体时可按式(A-2-26)计算其含水汽量:

$$W = y_c W_0 + y_{H_2S} W_{H_2S} + y_{CO_2} W_{CO_2} \qquad (A-2-26)$$

式中 W——含酸性组分的天然气含水汽量；

W_0——由图 A-2-10 查出的含水汽量；

y_c——气体中除 H_2S 和 CO_2 外所有组分的摩尔分数的和；

y_{H_2S}——气体中 H_2S 的摩尔分数；

y_{CO_2}——气体中 CO_2 的摩尔分数；

W_{H_2S}——H_2S 气体的有效饱和含水汽量，由图 A-2-11 查出；

W_{CO_2}——CO_2 气体的有效饱和含水汽量，由图 A-2-12 查出。

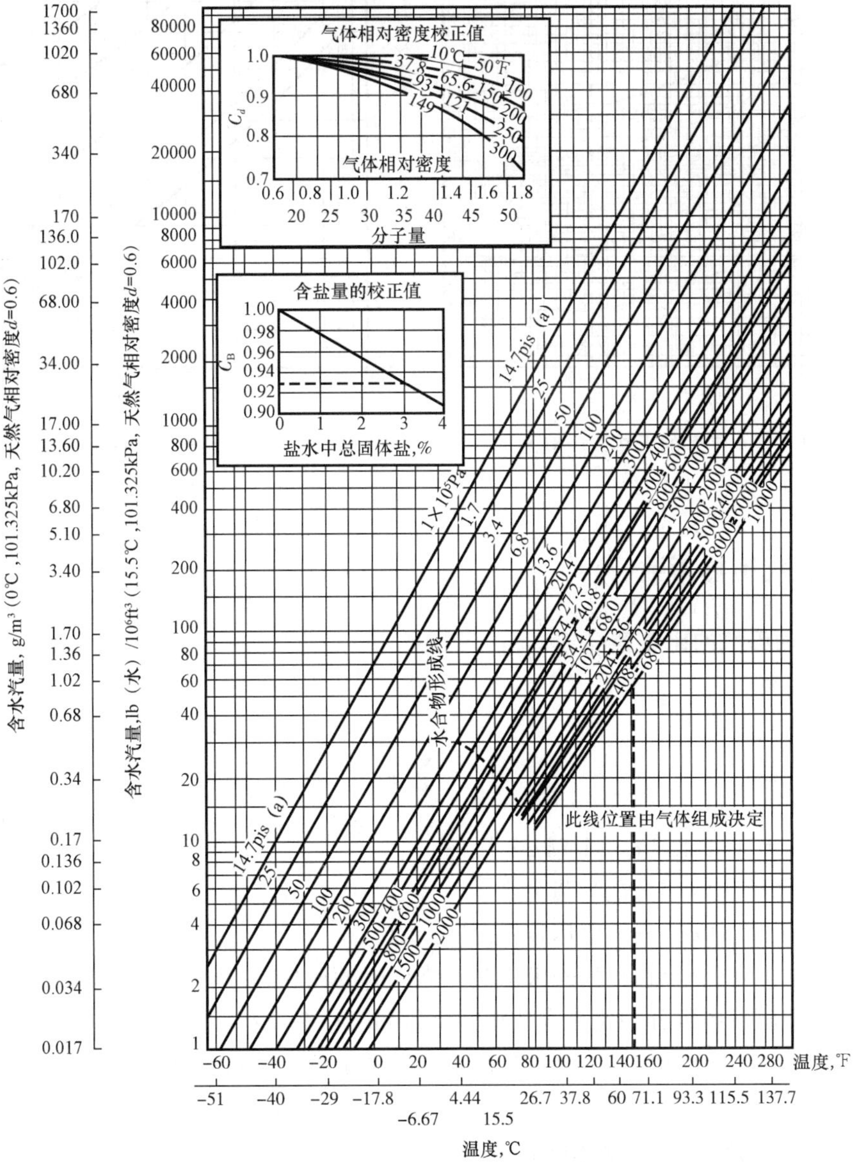

图 A-2-10 天然气的饱和含水汽量图

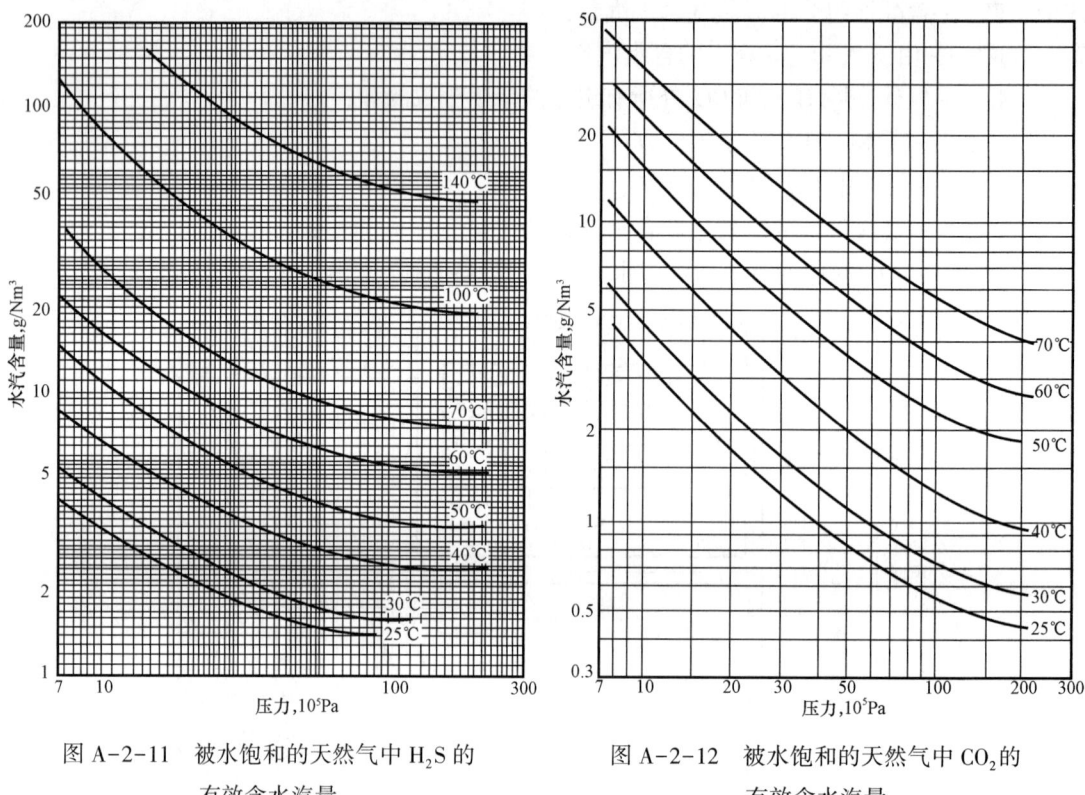

图 A-2-11　被水饱和的天然气中 H_2S 的有效含水汽量

图 A-2-12　被水饱和的天然气中 CO_2 的有效含水汽量

六、比热容、绝热指数

1. 常压下油田气的比热容

可按下式计算：

$$c_m = \sum_1^n g_i c_i \quad (A-2-27)$$

式中　c_m——含水原油比热容，kJ/(kg·℃)；

　　　g_i——油田气中 i 组分的质量分数；

　　　c_i——油田气中 i 组分的比热容，kJ/(kg·℃)。

计算高压油田气的比热容时，先求出其在常压时的比热容，用假临界参数从图 A-3-27 校正。如果已有高压下各组分的比热容数据，则可用式 A-2-27 进行计算。但此时 c_i 应为该组分所在系统分压及系统温度时的比热容，而不是在系统总压下的比热容。气体的 $c_p - c_v$ 值可查图 A-3-28。

2. 油田气的绝热指数(等熵指数)

可按下式计算：

$$k_m = \frac{c_{pm}}{c_{vm}} = \frac{\sum_1^n k_i y_i}{100} \quad (A-2-28)$$

式中 k_m——油田气的绝热指数;
k_i——油田气中 i 组分的绝热指数;
y_i——油田气中 i 组分的体积百分数;
c_{pm}——油田气的比定压热容,kJ/(kg·℃);
c_{vm}——油田气的比定容热容,kJ/(kg·℃)。

在压缩机工艺计算时,对于真实气体要用容积绝热指数 k_v 和温度绝热指数 k_T。温度绝热指数 k_T 同压力和温度的关系不大,在压缩过程可认为是个定值。

温度绝热指数可按下式求取:

$$k_T = \frac{c_{pm}}{c_{vm}} = \frac{c_{pm}}{c_{pm} - (c_{pm} - c_{vm})} \quad (A-2-29)$$

温度绝热指数可从图 A-2-13 和图 A-2-14 查得。

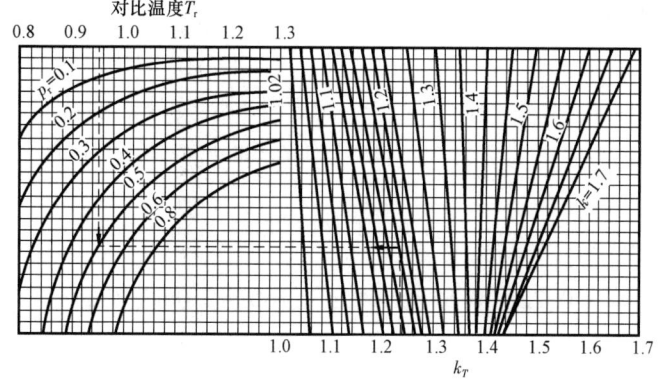

图 A-2-13 温度绝热指数 k_T 计算图

[**例 A-8**] 计算[例 A-2]表中 I 号气体在压力为 1.6MPa,温度为 90℃时的绝热指数。

解:(1)把给定的油田气作为理想气体,按式(A-2-28)计算 k_m 值。计算过程见例表 A-8-1。

例表 A-8-1 计算过程

气体成分	CH_4	C_2H_6	C_3H_8	iC_4H_{10}	nC_4H_{10}	iC_5H_{12}	iC_5H_{12}	C_6H_{14}	N_2	CO_2	备注
y_i	89.98	2.4	3.46	0.59	1.99	0.37	0.72	0.03	0.36	0.1	给定
k_i	1.307	1.194	1.132	1.097	1.095	1.077	1.076	1.063	1.40	1.30	查表
$y_i k_i$	117.60	2.87	3.92	0.65	2.18	0.40	0.77	0.03	0.50	0.13	附录

$$k_m = \frac{\sum_1^n y_i k_i}{100} = 1.29$$

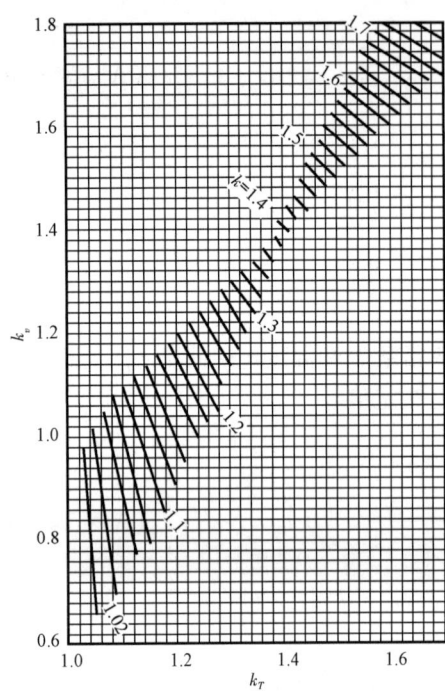

图 A-2-14 k_v、k_T 及 k 的关系图

(2) 若把给定油田气作为真实气体,则可按本节介绍方法计算 k_T 如图 A-2-14 所示。

从[例 A-4]知,该油田气的假临界温度 $T'_c = 208.47\text{K}$,假临界压力 $p'_c = 4561.19\text{kPa}$

假对比压力:

$$p'_r = \frac{1600}{4561.19} = 0.35$$

假对比温度:

$$T'_r = \frac{273 + 90}{208.47} = 1.74$$

从[例 A-3]知 I 号气体的平均分子量 $M = 19.15$

从图 A-3-27 和图 A-3-28 查得:

$\Delta c_p = 2.0\text{kJ}/(\text{kmol} \cdot ℃) = 0.105\text{kJ}/(\text{kg} \cdot ℃)$

$c_p - c_v = 9.42\text{kJ}/(\text{kmol} \cdot ℃) = 0.49\text{kJ}/(\text{kg} \cdot ℃)$

常压下的比定压热容从式(A-2-27)计算。单组分的比热容见表 A-3-1,计算结果如下:

$$c_p = \sum_1^n g_i c_{pi} = (166.22 + 6.43 + 12.95 + 2.91 + 9.98 + 2.22 + 4.40 + 0.22 + 0.55 + 0.19) \div 100 = 2.06\text{kJ}/(\text{kg} \cdot ℃)$$

$$k_T = \frac{c_p}{c_p - (c_p - c_v)} = \frac{2.06 + 0.105}{(2.06 + 0.105) - 0.49} = 1.293$$

所以,从以上计算结果可以看出,在压力不高的情况下,把油田气作为理想气体,计算其绝热指数值,误差不到百分之一。

七、导热系数

在低压下油田气的导热系数可按下式计算:

$$\lambda_m = \frac{\sum_1^n \lambda_i y_i (M_i)^{\frac{1}{3}}}{\sum_1^n y_i (M_i)^{\frac{1}{3}}} \quad (\text{A}-2-30)$$

式中 λ_m——油田气的导热系数,W/(m·K);

λ_i——油田气 i 组分的导热系数,W/(m·K);

y_i——油田气中 i 组分的体积百分数；

M——油田气 i 组分的分子量。

在较高压力条件下,油田气混合物的导热系数,可利用常压下的导热系数和压力校正计算得出。图 A-2-15 为在 101.325kPa(a)压力下,油田气的导热系数,也可查图 A-3-33。不同对比温度和对比压力下气体导热系数见图 A-3-36。

[**例 A-9**] 求分子量为 25 的油田气在压力为 4.8MPa,温度为 150℃下的导热系数。

解：查图 A-2-15 得分子量为 25,150℃时该气体的导热系数为 0.043W/(m·K)。

查图 15-2-4 得假临界温度为 245K,假临界压力为 4.55MPa。则：

$$T_r = (150 + 273)/245 = 1.73$$

$$p_r = 4.8/4.55 = 1.05$$

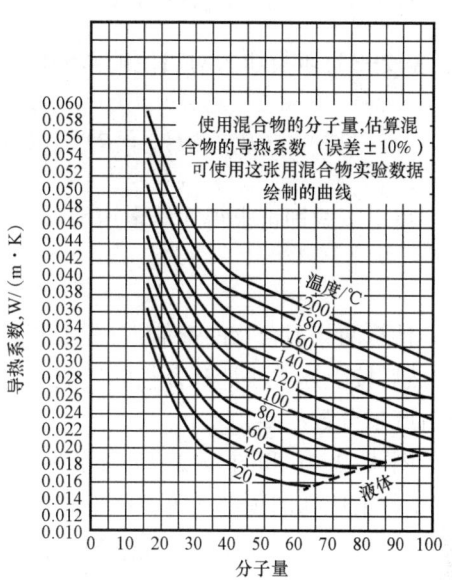

图 A-2-15 在 101.325kPa(a)压力下,油田气的导热系数

从图 A-3-36 查得 $\lambda_p/\lambda = 1.15$。

所以,在 4.8MPa 和 150℃条件下的导热系数是：

$$\lambda_p = 1.15 \times 0.043 = 0.0495 \text{W/(m·K)}$$

八、焓和熵

1. 焓

1) 已知组成的焓值计算

已知油气组成的焓计算,可按下式先计算出在理想气体状态下的焓：

$$H_m^\circ = \sum_1^n y_i H_i^\circ \quad (A-2-31)$$

式中 H_m°——油田气理想气体状态的焓,kJ/kmol；

y_i——油田气 i 组分的摩尔分数。

根据式 A-2-15 和式 A-2-16 求出假临界压力和假临界温度,然后按式 A-2-17 计算出假对比压力 p'_r 和假对比温度 T'_r。

油田气混合物的假偏心因子 ω'_m 用摩尔分数加权法,按下式求出：

$$\omega'_m = \sum_1^n y_i \omega_i \quad (A-2-32)$$

式中 y_i——混合气体中 i 组分的摩尔分数；

ω_i——混合气体中 i 组分的偏心因子,可由表 A-3-1 查出。

根据 T'_r、p'_r 及 ω'_m，由图 A-2-16 及图 A-2-17 查出 $\left[\dfrac{(H°-H)}{RT_c}\right]^{(0)}$ 及 $\left[\dfrac{(H°-H)}{RT_c}\right]^{(')}$ 后代入式(A-2-33)求得压力对焓值的影响 $(H°-H)_m$。

$$(H° - H)_m = RT'_{cm}\left\{\left[\dfrac{(H° - H)}{RT_c}\right]^{(0)} + \omega'_m\left[\dfrac{(H° - H)}{RT_c}\right]^{(')}\right\} \quad (A-2-33)$$

再由下式即可求得在给定压力和温度条件下混合气体的焓值：

$$H_m = H°_m - (H° - H)_m \quad (A-2-34)$$

计算两相混合物的焓值，首先要做一次气化计算，求出给定条件下各相组成和所占摩尔数，然后按上述方法计算各相的焓值。全部混合物的总焓值，等于气相和液相摩尔焓值与各相所占摩尔分数的乘积之和。

图 A-2-16 和图 A-2-17 所示为压力对焓值的影响。图 A-2-16 和图 A-2-17 用于液体时，函数值应从图顶部的等温线上查得。

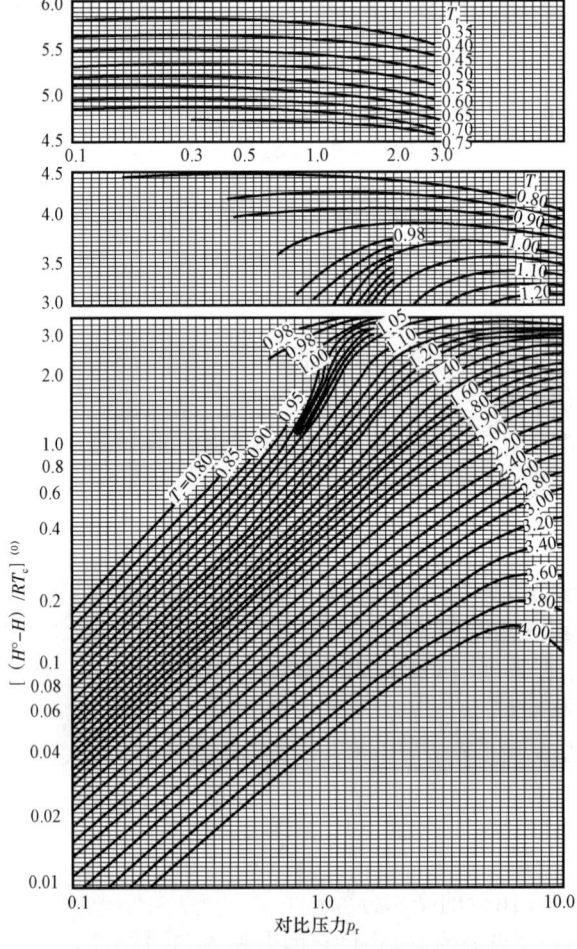

图 A-2-16　压力对焓值的影响(简单流体)

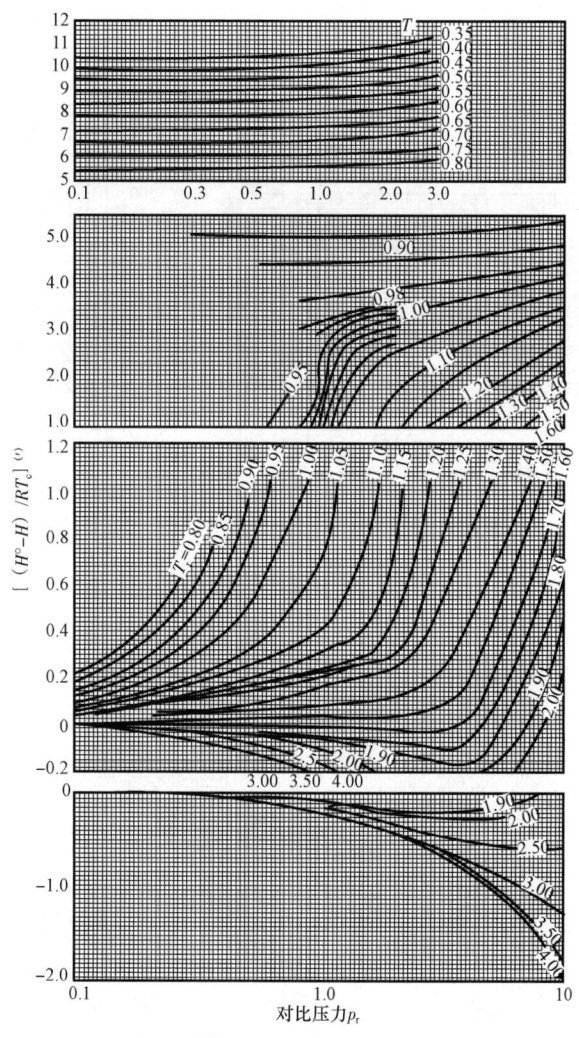

图 A-2-17 压力对焓值的影响(对真实流体的修正)

2) 组分不定的混合物的焓值计算

在工程上,有对已知石油馏分的相对密度、分子量、ASTM 或实沸点蒸馏数据,要求计算在该情况下的石油馏分或 C_7 以上烃类混合物的焓值,这时必须先求出此石油馏分的平均性质或"假"或"视"性质。

图 A-2-18 至图 A-2-21 给出了石油馏分的 ASTM 蒸馏、相对密度、分子量、临界温度、临界压力和偏心因子的关系。只要最后四个量为已知,则可由图 A-3-42 查出石油馏分的理想气体的焓值。然后将此不定组分混合物看作纯化合物,由图 A-2-16 和图 A-2-17 查出此石油馏分的 $\left[\dfrac{(H^\circ-H)}{RT_c}\right]^{(0)}$ 和 $\left[\dfrac{(H^\circ-H)}{RT_c}\right]^{(')}$,然后由式(A-2-33)计算出此石油馏分的压力对焓值的影响值,再由式(A-2-34)计算出此馏分的焓值。

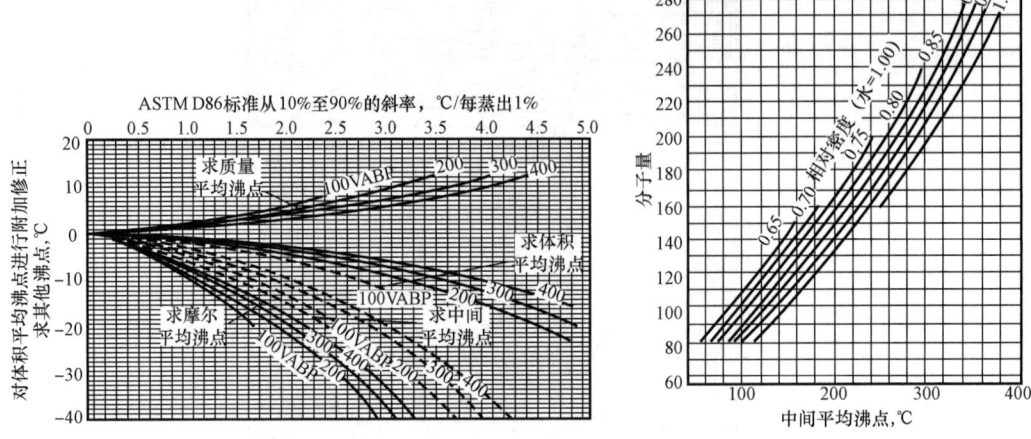

图 A-2-18　石油馏分的分子量、沸点、相对密度和 ASTM 蒸馏数据的关系

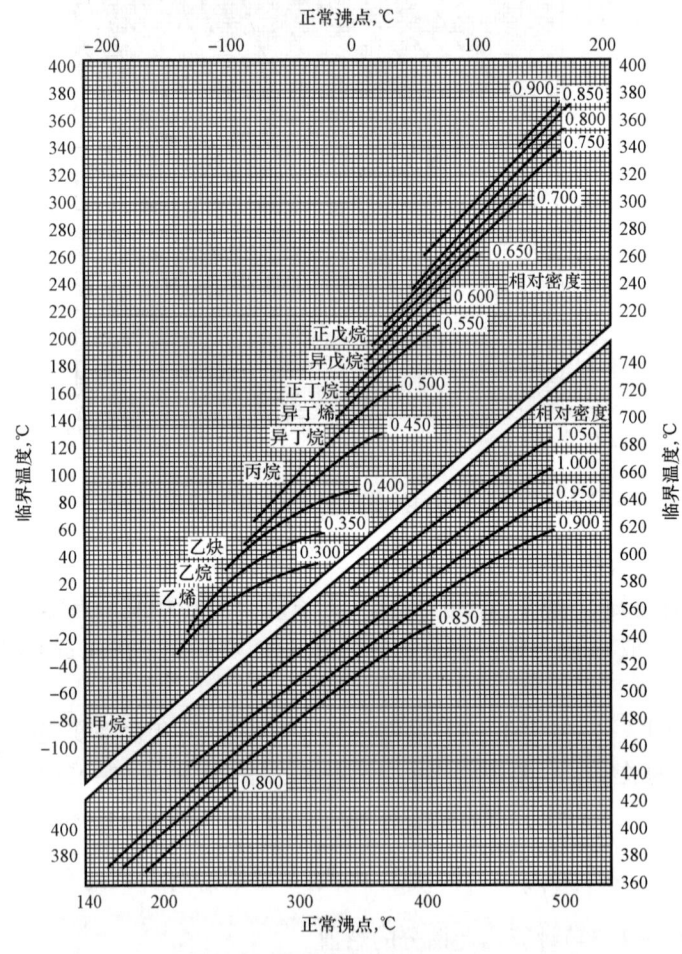

图 A-2-19　中平均沸点和假临界温度的关系

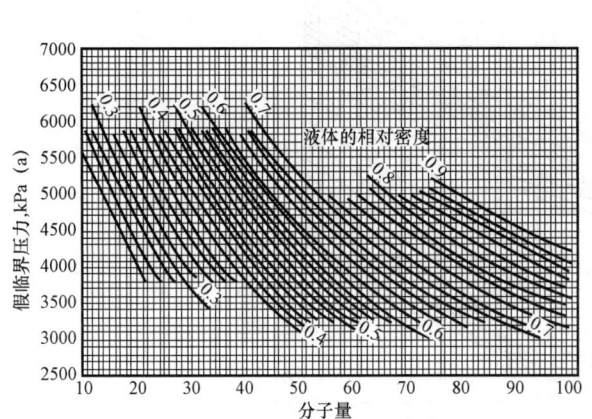

图 A-2-20 分子量、相对密度和假临界压力的关系

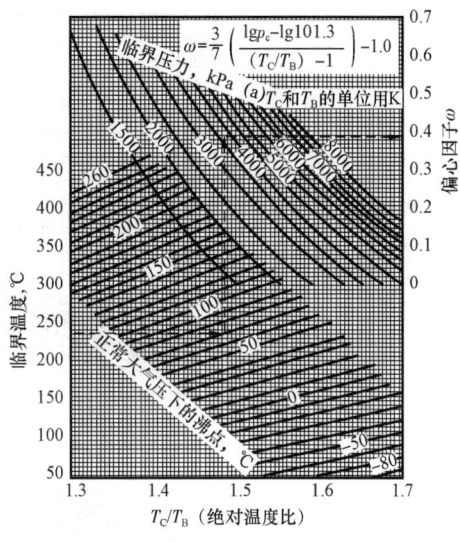

图 A-2-21 由沸点、假临界条件求偏心因子

[**例 A-10**]　使用例表 A-10-1 的 ASTM 蒸馏数据，确定相对密度为 0.75 的石油馏分的中间平均沸点和分子量。

例表 A-10-1　蒸馏数据

馏分,%以上	温度,℃	馏分,%以上	温度,℃	馏分,%以上	温度,℃	馏分,%以上	温度,℃
5	54	30	103	70	196	终沸点	338
10	67	40	118	80	240		
20	88	60	159	90	311		

解：参照图 A-2-18。

斜率 $S = \dfrac{t_{90} - t_{10}}{80} = \dfrac{311 - 67}{80} = 3.05$

体积平均沸点 $B_p = \dfrac{t_{10} + 2t_{50} + t_{90}}{4} = \dfrac{67 + 2 \times 138 + 311}{4} = 163.5\,°C$

从图 A-2-18 上部曲线图可知：

体积平均沸点加容 -29℃，得到中间平均沸点：

$$\text{中间平均沸点} = 163.5 - 29 = 134.5\,°C$$

从图 A-2-18 下部的图可查得，在中间平均沸点等于 134.5℃ 和密度为 0.75 的条件下，分子量为 120。

3) 快速近似计算法

快速近似计算法利用总焓图进行计算。图 A-2-22(A) 到图 A-2-22(I) 是一组不同温度和压力下，不同分子量的烷烃类的总焓图。利用这些图，可以快速地计算出气相、液相或气一液两相共存体系的焓值。这些图包括了油田气集输和气体加工过程可能遇到的全部气体的组成、温度及压力条件。

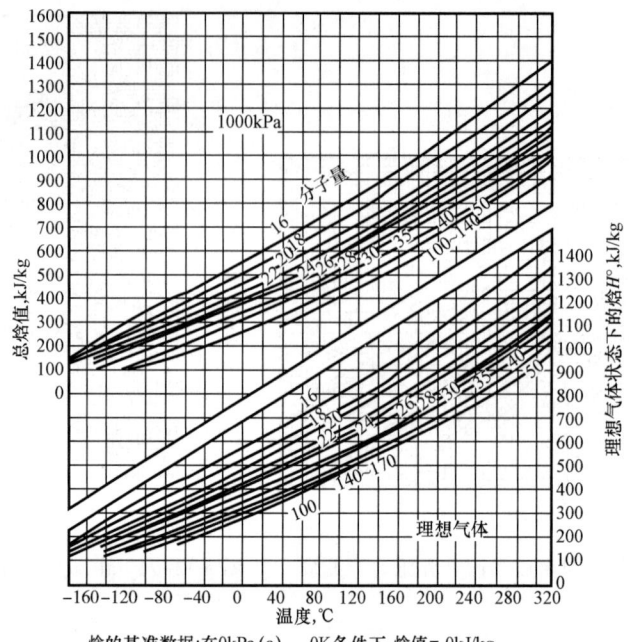

图 A-2-22(A) 烷烃类蒸气的总焓值(一)

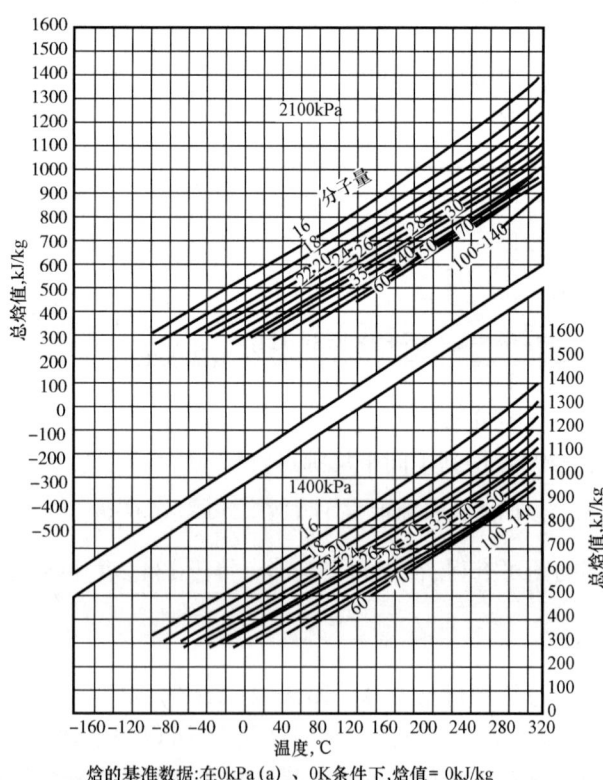

图 A-2-22(B) 烷烃类蒸气的总焓值(二)

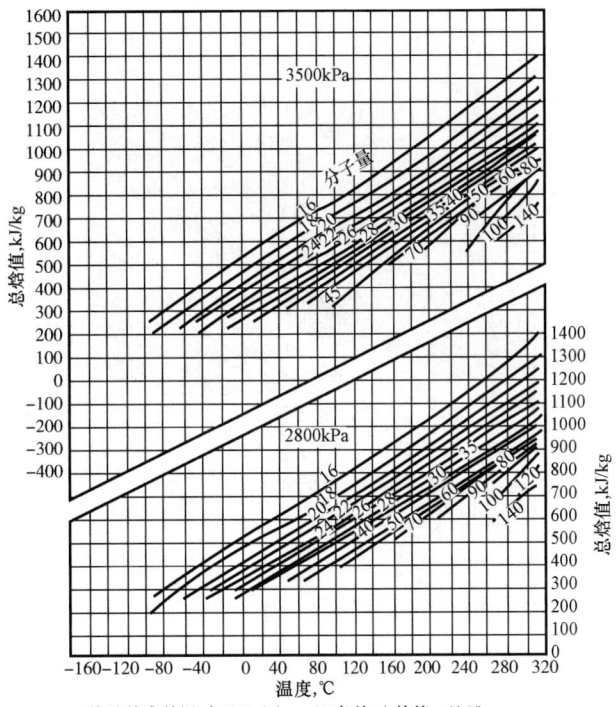

图 A-2-22(C) 烷烃类蒸气的总焓值(三)

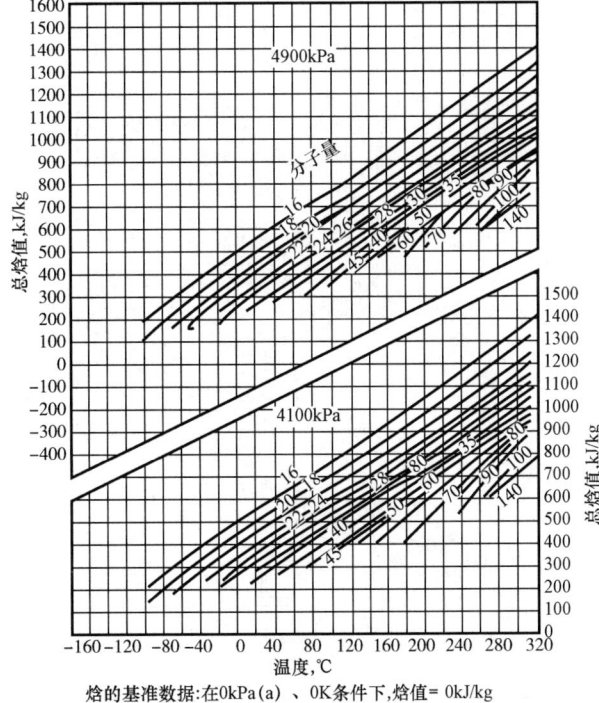

图 A-2-22(D) 烷烃类蒸气的总焓值(四)

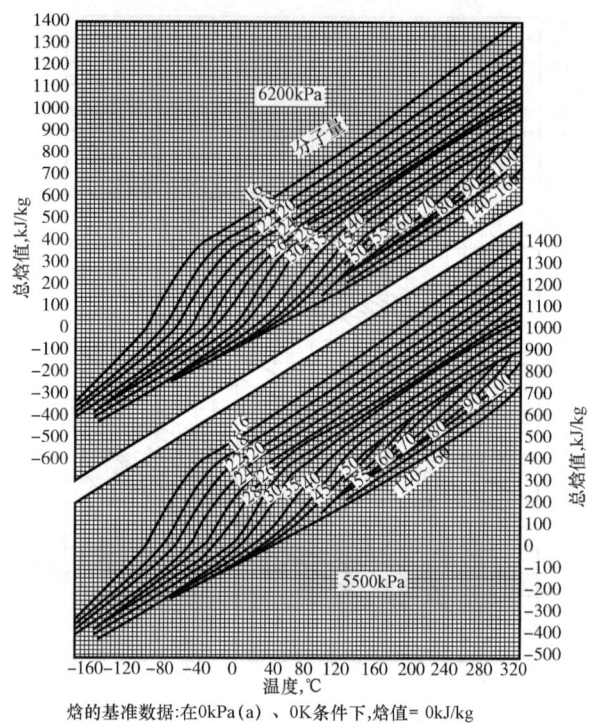

图 A-2-22(E) 烷烃类蒸气的总焓值(五)

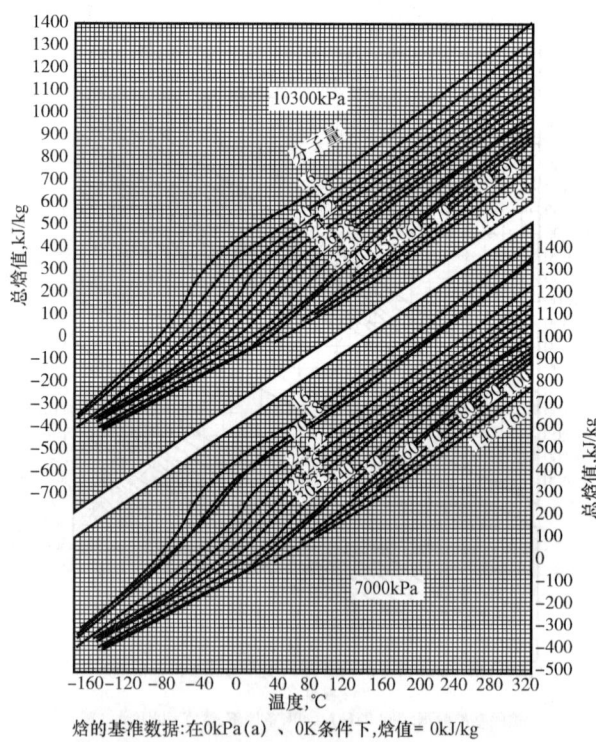

图 A-2-22(F) 烷烃蒸气的总焓值(六)

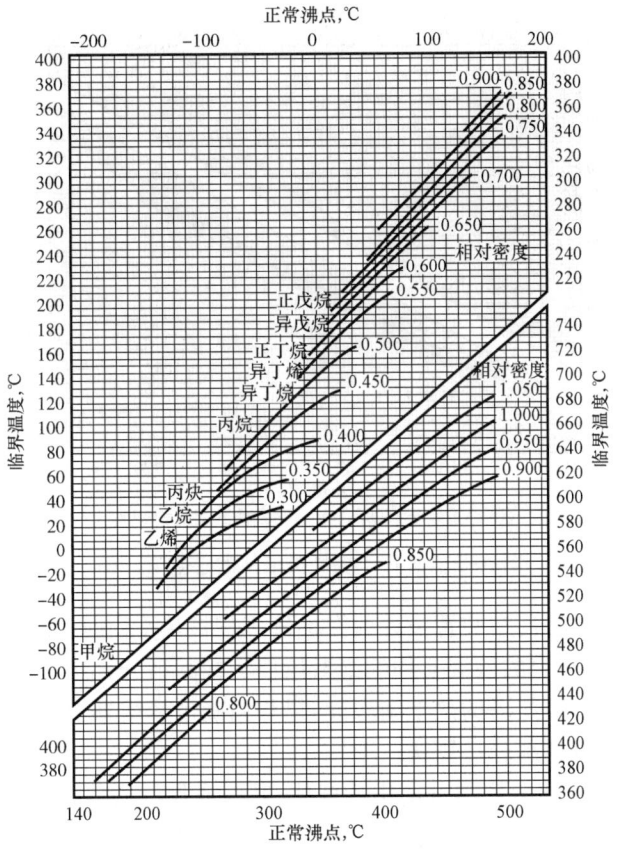

图 A-2-22(G) 烷烃类蒸气的总焓值(七)

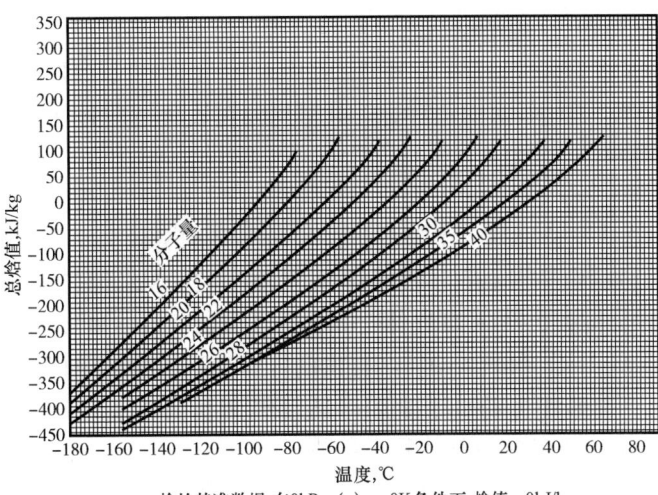

焓的基准数据:在0kPa (a)、0K条件下,焓值= 0kJ/kg

图 A-2-22(H) 烷烃类液体的总焓值(八)

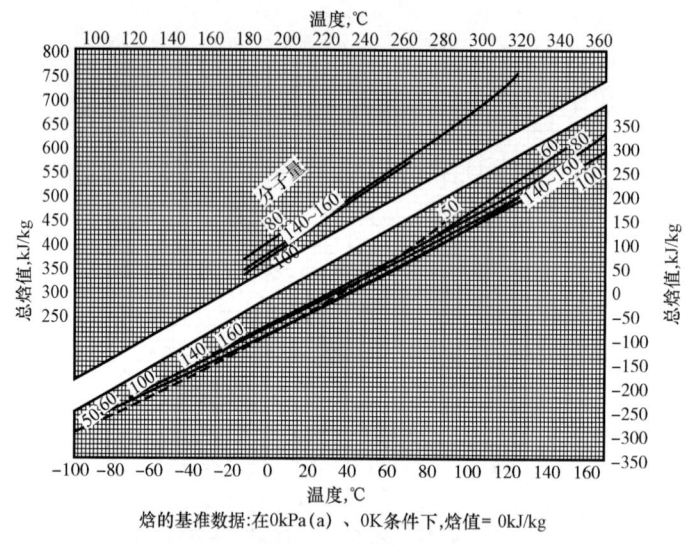

图 A-2-22(Ⅰ) 烷烃类液体的总焓值(九)

只要组成基本上是烷烃,在装置设计或在油气田校核热平衡时,就可以使用总焓图进行快速计算。虽然由总焓图查出的该混合物的绝对焓值与按其组分方法计算出来的值有相当大偏差,但是,计算出来的换热器、塔的热平衡,其结果与精确计算结果十分接近。对设备设计最好还是用更加详细的、精确的组分计算法。

[**例 A-11**] 经过初级分离器分离出的气体,其组成如例表 A-11-1 中第 10 行所示。在压力为7000kPa,温度为50℃下被水饱和。此气体在冷却器内被冷却到-30℃,6930kPa,目的是为了回收凝析液。试计算此过程需要的冷量。

此例题应计算冷却器进口条件,即初级分离器出口条件下气体的焓值,和冷却器出口条件下气液两相混合物的焓值,这两个焓值之差则是需要的冷量。

因为此冷却过程将有一些液体冷凝,因此应对此气体在冷却器出口条件下(压力为6930kPa,温度为-30℃)进行一次闪蒸计算。其结果列在表 A-11-1 中第 13 行和第 14 行。

(1)按组分计算法。

第一步:

① 在表中的 1、2、3 行分别列出了该气体的组分及各组分的分子量和相对密度。对不定组成的馏分,可由馏分的中平均沸点和相对密度,从图 A-2-18 求得其分子量。

② 第 8 行和第 11 行列出了入口气体(50℃)及出口气体(-30℃)的理想气体状态的焓值,这些数据是从图 A-3-41 和图 A-3-42 查出的,己烷和石油馏分的数据是从图 A-3-43 查出的,单位是 kJ/kg,再乘以组分的分子量后得到摩尔焓值,单位是 kJ/kmol,列在第 9 行和第 12 行。求烃馏分在-30℃下的理想气体状态焓值时,需在图 A-3-43 作一个温度-30℃的外延恒温线。

③ 纯物质的临界温度 T_c,临界压力 p_c,及偏心因子 ω 从表 A-3-1 查出。己烷和高沸点组分的 T_c 是根据中平均沸点由图 A-2-19 查出;p_c 是根据分子量和相对密度由图 A-2-20 查出

的,偏心因子 ω 是根据沸点和假临界参数由图 A-2-21 查出的。

第二步：

① 14 排列出了冷凝后出口液体中液相所占的量。

② 15、16 排是进出口流体的温度和压力。

③ 17、18 及 21 排是由式(A-2-16)、式(A-2-15)及式(A-2-32),求得的混合物的假临界温度 T'_c,假临界压力 p'_c 及假偏心因子 ω'。

④ 19、20 排是根据式(A-2-14)求得的混合物的假对比温度 T'_r 及假对比压力 p'_r。

第三步：

① 压力对简单流体焓值的影响 $\left[\dfrac{(H°-H)}{RT_c}\right]^{(0)}$ 及真实流体与简单流体之间压力对焓值影响的偏差值和 $\left[\dfrac{(H°-H)}{RT_c}\right]^{(')}$,由图 15-2-16 及图 15-2-17 查出,列在 22 排和 23 排。

② 根据式(A-2-33)可得：

$$\frac{H° - H}{RT'_c} = \left(\frac{H° - H}{RT_c}\right)^{(0)} + \omega'\left(\frac{H° - H}{RT_c}\right)^{(')}$$

即 $\dfrac{H°-H}{RT'_c}$ 等于等于 22 排+21 排×23 排,结果列在 24 排。

③ T'_c 为已知,由式(A-2-33)可计算三种流体压力对焓值的影响,结果列在 25 排。

例如对进口气体,计算如下：

$(H° - H)_m = RT'_c(0.705 + 0.0266 \times 0.015) = 8.3144 \times 206.1 \times 0.7054 = 1209\text{kJ/kmol}$

第四步：

① 根据式(A-2-31),流体混合物的理想气体状态的焓值 $H°_m$,列在 26 排。例如对于进口气体,其理想气体状态焓值：

$H°_m = 0.901 \times 10939 + 0.0106 \times 10288 + \cdots + 0.0001 \times 43575 = 11426\text{kJ/kmol}$

② 根据 $H_m = H°_m - (H°-H)_m$,即 26 排减去 25 排,即得流体在给定状态下的焓值,结果列在 27 排。

第五步：

对于出口液体的总焓值,以 1kmol 进口流体为基准,等于气相和液相焓值的和。

总热焓值=气相摩尔分数×气相焓值+液相摩尔分数×液相焓值

对于被冷却的出口流体：

$\Sigma H_m = 0.9291 \times 5993 + 0.0709 \times (-1428) = 5467\text{kJ/kmol}$

29 排是进口总热焓之差值,为 -4750kJ/kmol。热焓差值为负值,表明进口流体的热焓比出口流体热焓为高。为了使过程达到热平衡,必须从进口气体中取走 4750kJ/kmol 热量。这就是要计算的冷量。

例表 A-11-1 使用焓的关系式的计算例题

行号	排号	1 组分	2 分子量	3 相对密度(15℃)	4 中间平均沸点 K①	5 临界温度 K②	6 临界压力 kPa(a)③	7 偏心因子 ω	8 理想气体焓 (在50℃下) kJ/kg	9 理想气体状态下 kJ/kmol	10 分离器出口气摩尔分数	11 理想气体的焓 kJ/kg	12 理想气体状态下的焓(在-30℃下) kJ/kmol	13 蒸汽的摩尔分数	14 液体的摩尔分数
											冷却器出口的流体				
1		甲烷	16.04			190.6	4604	0.0126	682	10939	0.9010	504	8084	0.9292	0.5310
2		二氧化碳	44.01			304.2	7382	0.2667	234	10288	0.0106	167	7350	0.0103	0.0147
3		乙烷	30.07			305.4	4880	0.0978	442	13291	0.0499	309	9292	0.0438	0.1293
4		丙烷	44.10			309.8	4249	0.1541	381	16802	0.0187	258	11378	0.0117	0.1104
5		异丁烷	58.12			408.1	3648	0.1840	357	20749	0.0065	228	13248	0.0027	0.0569
6		正丁烷	58.12			425.2	3797	0.2015	381	22144	0.0045	258	14995	0.0014	0.0447
7		异戊烷	72.15			460.4	3381	0.2286	357	25757	0.0017	228	16446	0.0003	0.0201
8		正戊烷	72.15			469.6	3369	0.2524	370	26695	0.0019	245	17677	0.0003	0.0233
9		己烷	86	0.68	337	505.9	3230	0.2857	325.9	28025	0.0029	201.0	17282	0.0002	0.0382
10		100℃当量沸点馏分	97	0.73	365	540.9	3210	0.3348	307.5	29830	0.0015	189.6	18396	0.0001	0.0203
11		125℃当量沸点馏分	110	0.75	390	568.3	2960	0.3740	307.5	33801	0.0005	189.5	20845		0.0069
12		150℃当量沸点馏分	120	0.76	408	588.9	2770	0.3889	308.7	37039	0.0002	190.3	22840		0.0028
13		175℃当量沸点馏分	140	0.775	440	622.2	2490	0.4392	311.2	43575	0.0001	191.9	26870		0.0014
14		混合相的特性									1.000			0.9291	0.0709
15		温度，℃									50			-30	
16		压力，kPa(a)									7000			6930	

附录A 常用基础资料

续表

行号	1	2	3	4	5	6	7	8	9	10	11	12	13	14
排号	组分	分子量	相对密度 15℃	中间平均沸点 K[①]	临界温度 K[②]	临界压力 kPa(a)[③]	偏心因子 ω	理想气体状态下的焓(在50℃)		分离器出口气摩尔分数	理想气体状态下的焓(在-30℃下)		冷却器出口的流体	
								kJ/kg	kJ/kmol		kJ/kg	kJ/kmol	蒸汽的摩尔分数	液体的摩尔分数
17	假临界温度,K									206.1			200.1	285.2
18	假临界压力,kPa									4619			4636	439.7
19	对比温度 T'_r									1.568			1.215	0.853
20	对比压力 p'_r									1.515			1.495	1.576
21	偏心因子 ω'									0.0266			0.0216	0.0922
22	$[(H°-H)/RT'_c]^{(0)}$									0.705			1.32	4.48
23	$[(H°-H)/RT'_c]^{(')}$									0.015			0.30	5.07
24	$(H°-H)/RT'_c = [(H°-H)/RT'_c]^{(0)} + \omega'[(H°-H)/RT'_c]^{(')}$									0.7054			1.326	4.947
25	$(H°-H)$, kJ/kmol									1209			2207	11732
26	$H°$, kJ/kmol									11426			8200	10304
27	H, kJ/kmol									10217			5993	−1428
28	混合物的 H, kJ/kmol									10217			5467	
29	焓差 (H_0-H_i) 从总焓图查得:−4750kJ/kmol													
30	分子质量									18.63			17.50	33.50
31	焓, kJ/kg									5.40			333	−140
32	焓, kJ/kmol									10060			5828	−4690
33	混合物的焓, kJ/kmol									10060			5082	
34	焓差 (H_0-H_i) −4978kJ/kmol 只用于组分 9 至 13。													

[①] 使用图 A-2-18
[②] 使用图 A-2-19
[③] 使用图 A-2-20

(2) 用总焓图的快速计算。

利用总焓图进行计算,是以流体混合物而不是以每一个组分作为计算基础。这样就简化了计算手续。但是,只有当流体混合物基本上是烃类混合物时,才不会产生大的偏差。

① 根据流体的分子量 $= \sum_{1}^{n} y_i M_i$。结果列在第 30 排。

② 根据分子量、温度、压力和流体的相态条件。由总焓图(图 A-2-22)查出焓值,列在 31 排,单位为 kJ/kg。

③ 计算 kJ/kmol 焓值。结果列在 32 排。

④ 如前法第五步计算总出口流体的总热焓值:

$$H_m^\circ = 0.9291 \times 333 \times 17.5 + 0.0709 \times 33.5 \times (-140)$$

$$= 5414 + (-332) = 5082 \text{kJ/kmol}$$

进口流体总热焓 H_{min}:

$$H_{min} = 1.0 \times 18.63 \times 540 = 10060 \text{kJ/kmol}$$

结果列在 33 排。

焓差 $\Delta H = -10060 + 5082 = -4978 \text{kJ/kmol}$,列在第 34 排。结果与按组分计算的焓差值 -4750kJ/kmol 稍有偏差。

2. 熵

计算熵也是先计算理想气体状态的气体熵,然后再计算压力对熵的影响。

熵的计算方法和焓很近似,计算步骤如下:

(1) 按下式计算给定温度下流体(气体或液体)的理想气体状态的熵:

$$S_m^\circ = \sum_{1}^{n} y_i S_i^\circ - R \sum_{1}^{n} y_i \ln y_i \qquad (A-2-35)$$

式中 S_m°——理想气体状态下的熵,kJ/(kmol·℃);

S_i°——i 组分理想气体状态下的熵,kJ/(kmol·℃),可由图 A-3-53 查出,S_i° 取决于流体的温度;

y_i——流体中 i 组分的摩尔百分数;

R——气体常数,$R = 8.3144 \text{kJ/(kmol·℃)}$。

(2) 按下面关系式计算给定温度下,压力对熵的影响。

$$(S^\circ - S)_m = R \left\{ \left[\frac{(S^\circ - S)}{R}\right]^{(0)} + \omega' \left[\frac{(S^\circ - S)}{R}\right]^{(')} + \ln p \right\} \qquad (A-2-36)$$

$\left[\frac{(S^\circ-S)}{R}\right]^{(0)}$ 和 $\left[\frac{(S^\circ-S)}{R}\right]^{(')}$ 是假对比压力 p_r' 和假对比温度 T_r' 的函数。可由图 A-2-23 和图 A-2-24 查出。假临界参数 p_c'、T_c' 可由式(A-2-15)和式(A-2-16)求出,ω' 按式(A-2-32)计算,$\ln p$ 一项的 p 是流体压力。

(3) 对温度影响和压力影响加起来,就得到给定温度和压力下的混合物的熵 S_m。

$$S_m = S_m^\circ - (S^\circ - S)_m \qquad (A-2-37)$$

式中 S_m——混合物在给定温度和压力下的熵。

图 A-2-25(A) 至图 A-2-25(D) 是不同相对密度下天然气的焓—熵图,用这些图计算等焓和等熵过程较为简单,但准确性不太高。

[**例 A-12**] 例表 A-11-1 表中所列组成(将 C_7^+ 组分视为正庚烷处理),通过涡轮膨胀,由 7000kPa、50℃,降压、降温,求排气温度达 -30℃ 时的排气压力。

① 计算进口气体熵:

$$S_m^\circ = 218.6 - (-3.965) = 222.6 \text{kJ/(kmol·K)}$$

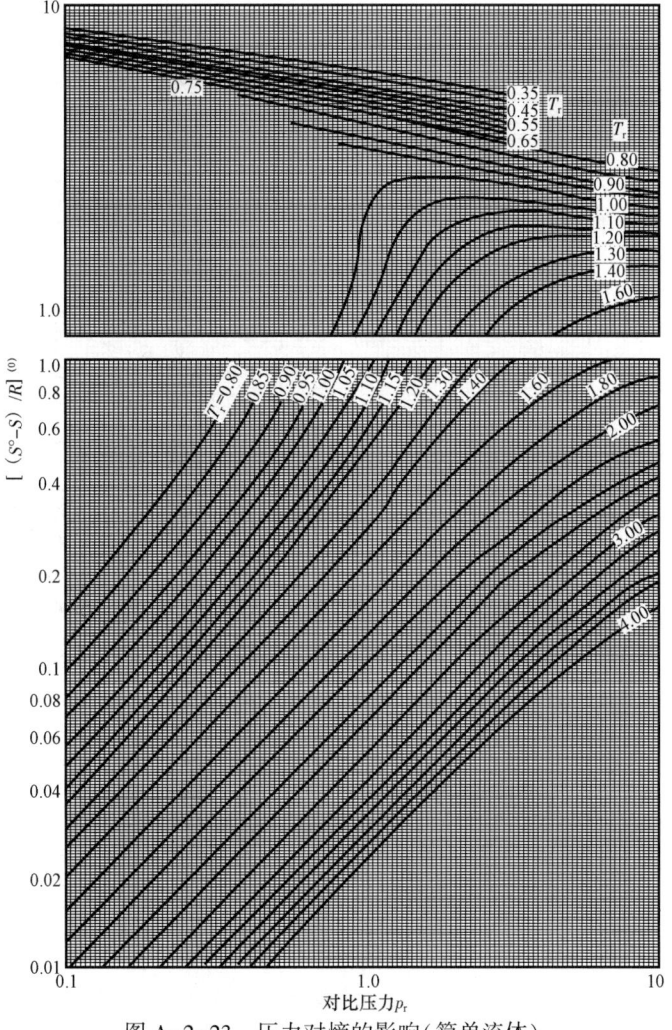

图 A-2-23 压力对熵的影响(简单流体)

② 计算混合物的假临界参数和偏心因子：

计算 p'_r、T'_r，其结果在例表 A-12-1 中第 8 行，然后由图 A-2-23 和图 A-2-24 查出 $\left[\dfrac{(S°-S)}{R}\right]^{(0)}$ 和 $\left[\dfrac{(S°-S)}{R}\right]^{(')}$，如果流体是液体，则由图顶部的等温线读出其函数值。

$$(S° - S)_m = \left[0.338 + 0.0266 \times 0.065 + \ln\left(\dfrac{7000}{101.3}\right)\right] \times 8.3144$$

$$= 38.04 \text{kJ}/(\text{kmol} \cdot \text{K})$$

所以，进口气在 7000kPa, 50℃条件下的熵是：

$$S_{in} = 222.6 - 38.04 = 184.6 \text{kJ}/(\text{kmol} \cdot \text{K})$$

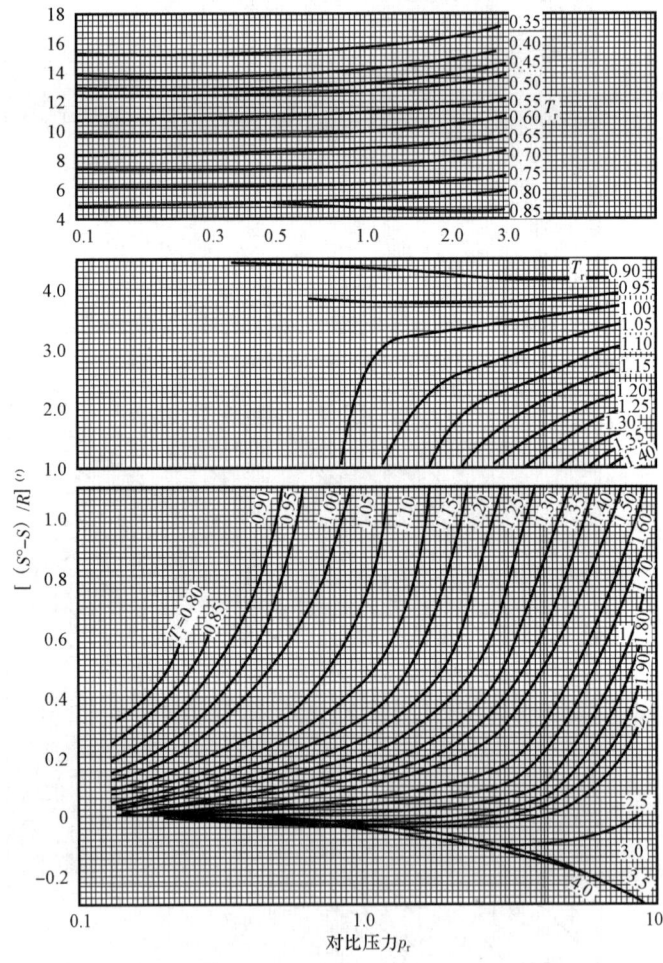

图 A-2-24 压力对熵的影响（对真实流体的校正）

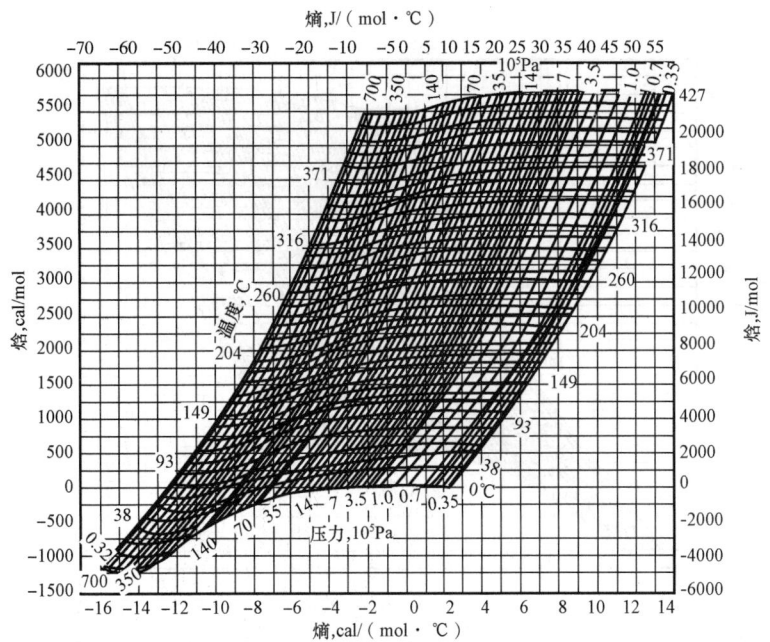

图 A-2-25(A)　相对密度为 0.6 的天然气的焓—熵图

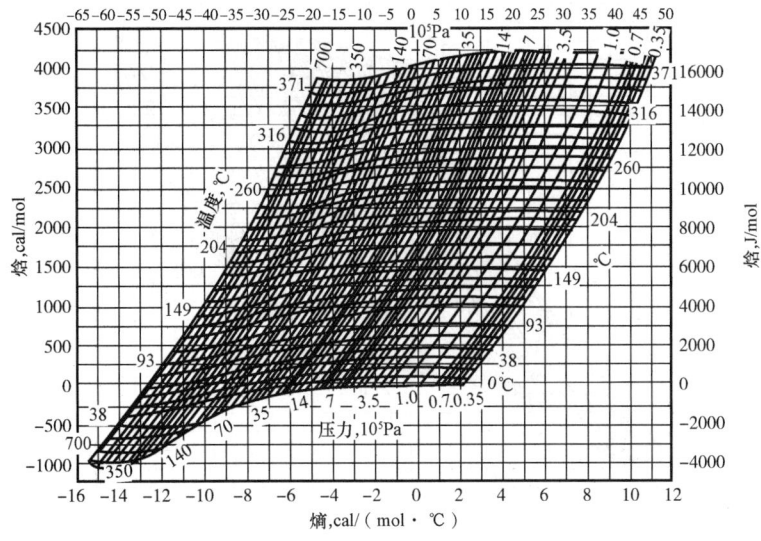

图 A-2-25(B)　相对密度为 0.7 的天然气的焓—熵图

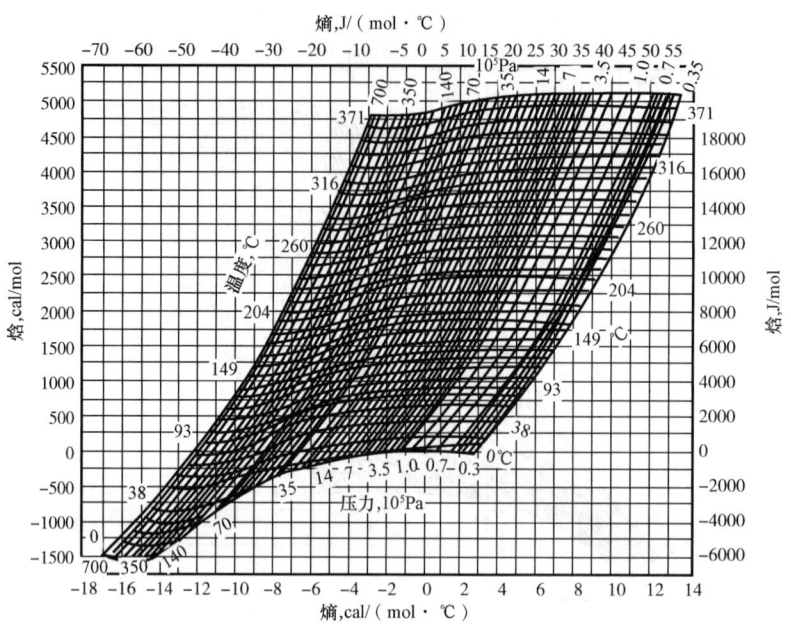

图 A-2-25(C)　相对密度为 0.8 的天然气的焓—熵图

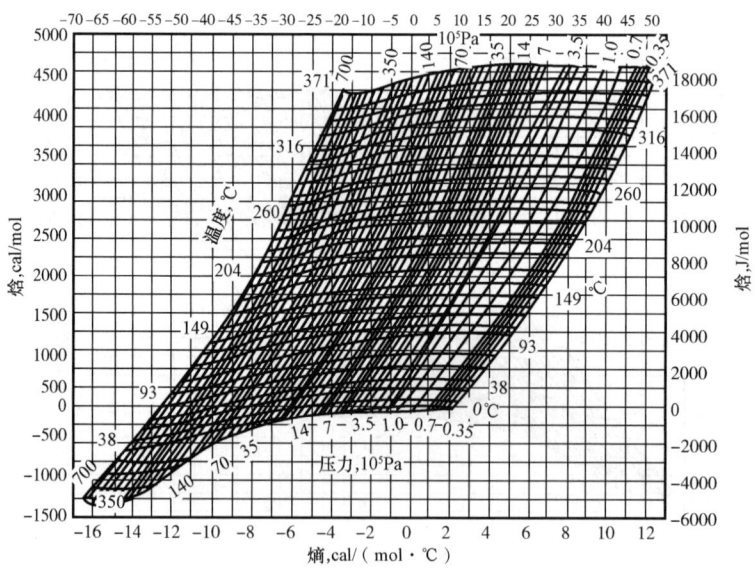

图 A-2-25(D)　相对密度为 0.7 含氮 10% 的天然气的焓—熵图

附录A 常用基础资料

例表 A-12-1 使用焓的关系式的计算例题（通过透平膨胀机膨胀天然气）

行号	1	2	3	4	5	6	7	8	9	10	11	12
排号	组分	分子量	临界温度 K	临界压力 kPa	偏心因子 ω	理想气体状态下的焓（在50℃） kJ/(kg·K)	理想气体状态下的焓（在50℃） kJ/(kmol·K)	出口气摩尔分数	理想气体状态下的焓（在−30℃） kJ/(kg·K)	理想气体状态下的焓（在−30℃） kJ/(kmol·K)	透平膨胀机出口的混合物 气相摩尔分数	透平膨胀机出口的混合物 液相摩尔分数
1	甲烷	16.04	190.6	4604	0.0126	13.19	211.5	0.9010	12.55	201.3	0.9141	0.1757
2	二氧化碳	44.01	304.2	7382	0.2667	4.90	215.6	0.0106	4.65	204.6	0.0106	0.0105
3	乙烷	30.07	305.4	4880	0.0978	8.50	255.6	0.0499	8.00	240.6	0.0494	0.0791
4	丙烷	44.09	369.8	4249	0.1541	6.80	299.8	0.0187	6.35	280.0	0.0168	0.1251
5	异丁烷	58.12	408.1	3648	0.1840	5.83	338.8	0.0065	5.39	313.3	0.0047	0.1042
6	正丁烷	58.12	425.2	3797	0.2015	5.58	324.3	0.0045	5.10	296.4	0.0028	0.0962
7	异戊烷	72.15	460.4	3381	0.2286	5.29	381.7	0.0017	4.81	347.0	0.0006	0.0600
8	正戊烷	72.15	469.6	3369	0.2524	5.20	375.2	0.0019	4.74	342.0	0.0006	0.0758
9	己烷	86.	505.9	3230	0.2857	5.02①	431.7	0.0029	4.58①	393.9	0.0003	0.1480
10	庚烷及以下的混合相的特性	100.2	554.6	3089	0.3526	4.90①	491.0	0.0023	4.50①	450.9	0.0001	0.1254
11	混合相的摩尔分数							1.000			0.98221	0.01779
12	温度，℃							50				−30
13	压力，kPa(a)							7000				2000
14	假临界温度，K							206.1			202.6	398.2
15	假临界压力，kPa							4619			4632	3873

续表

行号	排号	组分	分子量	临界温度 K	临界压力 kPa	偏心因子 ω	理想气体状态下的熵 (在50℃) kJ/(kg·K)	理想气体状态下的熵 (在50℃) kJ/(kmol·K)	出口气摩尔分数	理想气体状态下的熵 (在-30℃) kJ/(kg·K)	理想气体状态下的熵 (在-30℃) kJ/(kmol·K)	透平膨胀机出口的混合物 气相摩尔分数	透平膨胀机出口的混合物 液相摩尔分数
	1		2	3	4	5	6	7	8	9	10	11	12
16		对比温度 T_r'							1.568			1.200	0.611
17		对比压力 p_r'							1.515			0.432	0.516
18		偏心因子 ω'							0.0266			0.0236	0.1899
19		$[(S°-S)/R]^{(0)}$							0.338		0.168	5.55	
20		$[(S°-S)/R]^{(')}$							0.065		0.140	8.90	
21		$\ln p$, 大气压							4.235		2.983		
22		$(S°-S)$, kJ/(kmol·K)							38.04		26.23	85.00	
23a		$R\sum y_i \ln y_i$, kJ/(kmol·K)							218.6		205.6	314.3	
23b									-3.965		-3.337	-18.14	
23c		S', kJ/(kmol·K)							222.6		209.0	332.5	
24		S, kJ/(kmol·K)							184.6		182.8	247.5	
25		S(总的流体), kJ/(kmol·K)							184.6			184.0	

注：① 估算值因 184.6 和 184.0 非常接近，透平膨胀机的效率按 100% 考虑，可认为 -30℃ 温度下的出口压力是正确的。

为了求得涡轮膨胀机在-30℃温度条件下的排出压力,必须在-30℃的温度下和较低一些的压力,对进口气进行闪蒸计算。其结果将表示有两相存在,按上所述,必须分别计算出气、液相的熵,然后再计算混合物的熵,以便与进口气的熵进行比较。

将 S 作为 p 的函数,并用计算求得的 S 和 p 的数值,绘制出 S 和 p 的关系曲线。在这个曲线上,与进口气体熵 S 对应的压力,则是要确定的排出压力。结果得到排气压力为2000kPa。第11行列出了涡轮膨胀机出口气相组成和计算出的有关性质;第12行列出了涡轮膨胀机出口液相组成和性质。在-30℃、2000kPa下,每相的熵按各相所占摩尔分数的比例加合,则得到排出气体混合物的熵。各相所占的摩尔分数是由闪蒸计算确定的。

$$S_o = 182.8 \times 0.98221 + 247.5 \times 0.01779 = 179.55 + 4.37 = 184.00 \text{kJ}/(\text{kmol} \cdot \text{K})$$

S_{in} 和 S_o 基本相等,误差不到100kPa。

这样就完成了计算。

用前面介绍的有关焓的图表和公式可计算出进气和排气的焓差 ΔH,乘以效率系数就是涡轮膨胀机的输出功率。如果要更精确地估算,则应分别计算热损失和摩擦损失,由焓差 ΔH 中扣除,这样即得到较准确的涡轮膨胀机输出功率。

九、热值

油田气作燃料时,借助氧分子最终全部氧化为氧化产物放出的热称为燃烧热,又称热值。燃烧生成的水为液态时的热值叫总热值。

标准热值定义为在标准状态[25℃,101.325kPa(a)]时燃料完全燃烧放出的热,燃料燃烧的初始温度和燃烧产物的最终温度均为25℃,且燃烧生成的水蒸气完全被冷凝成水。

高热值与标准热值之间的差别是两者初始温度和最终温度不同,高热值为15℃。但这个显热差与热值相比,通常可以忽略不计。

低热值亦称净热值,是燃料完全燃烧放出的热,燃料初始温度和燃烧产物的最终温度均为15℃,且燃烧生成的水蒸气为气相状态。

如果燃料组成不含水分,则高热值与低热值的关系可用以下公式表示:

$$Q_L = Q_H - CL_{H_2O} \qquad (A-2-38)$$

式中　Q_L、Q_H——燃料的低热值和高热值,kJ/kg(燃料);

　　　C——每公斤燃料生成的水,kg;

　　　L_{H_2O}——在15℃和其饱和蒸气压时水的蒸发潜热,kJ/kg。

在实际燃烧中,烟囱排出烟气的温度要比水蒸气冷凝温度高得多,水分并没有冷凝,而是以水蒸气状态排出。所以在通常计算中,均采用低热值。

油田气的热值与其组分的燃烧热有关,可用式(A-2-39)计算,其误差不超过1%。

$$Q = \frac{\sum_1^n y_i Z_i Q_{vi}}{Z_m} \qquad (A-2-39)$$

式中 Q——燃料气在15℃、101.325kPa(a)时的高或低热值,kJ/m³;
 Q_i——i 组分在15℃、101.325kPa(a)时的高或低热值,kJ/m³;
 y_i——i 组分的摩尔分数;
 Z_i、Z_m——i 组分和油田气在15℃、101.325kPa(a)时的压缩系数;
 n——油田气中组分数。

上述热值计算是对干气而言,在同样条件下含饱和水气的湿气体的热值较干气热值为低。湿气的热值正比于其中干气的含量。即:

$$\frac{Q_\mathrm{d} - Q_\mathrm{w}}{Q_\mathrm{d}} = 1 - y_\mathrm{d} = y_\mathrm{w} \qquad (A-2-40)$$

式中 Q_d——干油田气的热值,kJ/m³;
 Q_w——湿油田气的热值,kJ/m³;
 y_d——干油田气在湿油田气混合物中所占摩尔百分数;
 y_w——在湿油田气混合物中水蒸气所占的摩尔百分数。

假定湿油田气混合物是理想气体混合物,则水蒸气的摩尔分数等于其分压和总压之比。

$$y_\mathrm{w} = \frac{p}{p'} \qquad (A-2-41)$$

式中 p——在湿油田气露点下的饱和蒸气压,kPa;
 p'——湿油田气的总压,一般为101.325kPa。

根据式(A-2-40)和式(A-2-41)做出图A-2-26。根据油田气露点由图A-2-26可查出油田气热值变化百分数。露点在0℃以下有两条曲线,其一表示在露点温度下冷凝为过冷水;另一条曲线表示冷凝结冰。

油田气的热值也可根据其相对密度和惰性气体含量由图A-2-27直接查出。

[例A-13] 试计算[例A-2]表中1号油田气的低热值。
解:按式(A-2-39),列表计算见例表A-13-1。

例表 A-13-1 热值计算

气体成分	CH_4	C_2H_4	C_3H_8	iC_4H_{10}	nC_4H_{10}	iC_5H_{12}	nC_5H_{12}	C_6H_{14}	N_2	CO_2
y_i,%	89.98	2.4	3.46	0.59	1.99	0.37	0.72	0.03	0.36	0.1
Q_vN_i,kJ/m³	37.694	66.032	93.972	121.426	121.779	149.319	149.654	177.556		
Q_vL_i,kJ/m³	33.936	60.395	86.456	112.031	112.384	138.044	138.380	164.402		
$y_iQ_vN_i$	3391.7	158.5	325.1	71.6	242.3	55.2	107.8	5.3		
$y_iQ_vL_i$	3053.6	144.9	299.1	66.1	223.6	51.1	99.6	4.9		

高热值:

$$Q_\mathrm{H} = \frac{3391.7+158.5+325.1+71.6+242.3+55.2+107.8+5.3}{100} = 43.58\mathrm{kJ/m^3}$$

低热值：

$$Q_L = \frac{3053.6+144.9+299.1+66.1+223.6+51.1+99.6+4.9}{100} = 39.43 \text{kJ/m}^3$$

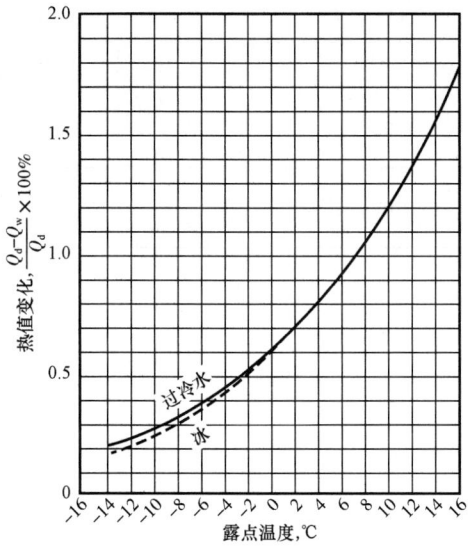

图 A-2-26　湿油田气热值变化百分数

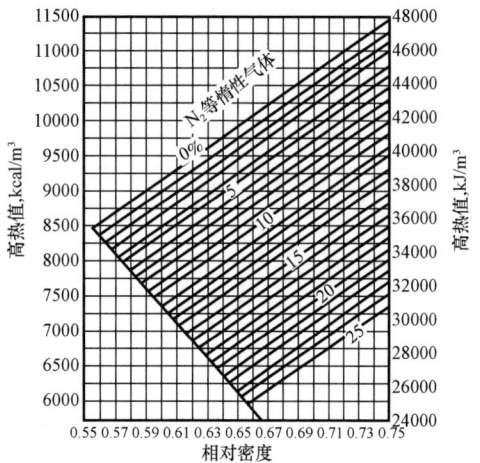

图 A-2-27　不同相对密度和不同惰性气体含量的油田气的高热值

注：油田气为在 101.325kPa、15.5℃下被水蒸气饱和的气体。

十、爆炸范围

一定浓度的油田气和空气的混合物都能闪火爆炸。该浓度有一定的范围，低于或高于这一范围，均不能引起爆炸。

不含氧或惰性气体的油田气的爆炸极限可按式（A-2-42）计算：

$$L = \frac{100}{\sum_1^n \frac{y_i}{L_i}} \quad (\text{A}-2-42)$$

式中　L——可燃气体的爆炸上（下）限，%；

　　　L_i——可燃气体各组分的爆炸上（下）限，%，从表 A-3-1 查出；

　　　y_i——可燃气体各体积组分，%。

[例 A-14]　试计算[例 A-2]表中Ⅲ号油田气的爆炸范围。

解：按式（A-2-42）计算 L 值，计算过程见例表 A-14-1。

例表 A-14-1　爆炸范围计算过程

气体成分	CH_4	C_2H_4	C_3H_8	C_4H_{10}	C_5H_{12}	N_2	CO_2	H_2S
y_i,%	97.0	1.5	0.5	0.2	0.1	0.2	0.5	0.0
L_{Hi},%	15.0	13.0	9.5	8.4	8.3			45.0
L_{Li},%	5.0	2.9	2.1	1.8	1.4			4.30
$\dfrac{y_i}{L_{Hi}}$	6.47	0.12	0.05	0.02	0.01			0
$\dfrac{y_i}{L_{Li}}$	19.4	0.52	0.24	0.11	0.07			0

爆炸上限：

$$L_H = \frac{100\%}{6.47 + 0.12 + 0.05 + 0.05 + 0.01} = 14.99\%$$

爆炸下限：

$$L_L = \frac{100\%}{19.4 + 0.52 + 0.24 + 0.11 + 0.07} = 4.92\%$$

附录 A-3　单体烃的物理及热力学性质

一、烃类的物理热力性质

烃类的物理常数见表 A-3-1，烷烃和天然气的其他组分的物理常数见表 A-3-2。
表中除注明者外，压力条件均为 101.325kPa(a)，表中注释如下：
① 为空气所饱和的液体；
② 由真空中的重量得到的绝对值；
③ 在空气中的重量视在值，该视在值与 ASTM-IP 石油计量表是相符的，其他的所有质量数据，是以绝对质量（真空中的质量）为基础得到的；
④ 在饱和压力下（三相点）；
⑤ 升华点；
⑥ "+"后面的数字表示 ASTM 的辛烷值，该值相当于 2,2,4—三甲戊基烷，用每加仑加多少立方厘米（cm^3）的四乙基铅的数字表示的辛烷值。
⑦ 在 100℃条件下测定的值；
⑧ 饱和压力和 15℃条件；
⑨ 在 15℃条件下的视在值；
⑩ 由多个样品的辛烷值求得的平均值；

⑪ 相对密度 48.3℃/15℃ H_2O；
⑫ 在沸点下的液体密度；
⑬ 升华热；
⑭ 参看注释(10)；
⑮ 从高温外推到室温下；
⑯ 只使用表中给出的单位液体形成的气体容积，不能进行理想气体容积总热值相互之间的换算，这两个值之间的差别就是理想气体在 288.15K 温度下的蒸发热；
⑰ 按 1968 年国际实用温度刻度的固定点；
⑱ 标准氢(25%的仲氢，75%的正氢)的值。对于仲氢和正氢的平衡混合物，这个值是 -0.218。但是，在多数的互相关系中，这个值取作零；
⑲ 沸点条件下的密度，kg/m^3，乙烷：546.4；丙烷：581.0；丙烯：608.8；硫化氢：960；二氧化硫：1462；氨：681.6；氯化氢：1192；
⑳ 计算值；
㉑ 估算值；
㉒ 使用第二维里(Virial)系数估算的值。

二、密度、比容和相对密度

1. 气体的密度、比容和相对密度

1）密度

$$\rho_0 = \frac{M}{V_m} \qquad (A-3-1)$$

式中　ρ_0——单一气体在标准条件(101.325kPa·℃)下的密度，kg/m^3；
　　　V_m——摩尔气体体积，$m^3/kmol$；
　　　M——单一气体的摩尔质量，$kg/kmol$。
工作条件下气体的密度可按式(A-3-2)计算：

$$\rho_d = 0.002243 \frac{\rho_0 + \phi d_b}{0.833 + \phi d_b} \cdot \frac{p}{273+t} \cdot \frac{1}{Z} \qquad (A-3-2)$$

式中　ρ_d——工作条件下气体的密度，kg/m^3；
　　　ρ_0——标准条件下干燥气体的密度，kg/m^3；
　　　ϕ——工作气体相对湿度；
　　　d_b——工作气体温度 t 时的饱和水蒸气含量，kg/m^3(干气)；
　　　p——工作气体绝对压力，Pa(a)；
　　　t——工作气体温度，℃；
　　　0.833——标准条件下水蒸气的密度，kg/m^3；
　　　Z——压缩系数。

干、湿气体体积组分可按式(A-3-3)换算

$$V_d = \frac{0.833}{0.833 + \phi d_b} V_i \qquad (A-3-3)$$

式中　V_d——湿气体体积组分，%；
　　　V_i——干气体体积组分，%。

2) 比容

$$v = \frac{1}{\rho} \qquad (A-3-4)$$

式中　v——气体的比容，m^3/kg。

3) 相对密度

$$d = \frac{\rho_0}{1.293} \qquad (A-3-5)$$

式中　d——气体相对密度；
　　　ρ_0——在标准条件下气体密度，kg/m^3；
　　　1.293——在标准条件下空气密度，kg/m^3。

注：本节以下所指标准条件均为101.325kPa，0℃。

2. 液体的密度、比容和相对密度

液体的相对密度是在给定温度下相对水而言。由于水在4℃时的密度等于1kg/L，故液体在4℃时的相对密度和单位为kg/L，密度在数值上相等。液体的比容为密度的倒数。

表 A-3-1(A)　烃类的物理常数

序号	化合物	分子式	1 分子量	2 沸点,℃	蒸汽压 kPa(a) (40℃)	3 凝固点,℃	临界常数 压力 kPa(a)	温度 K	比容 m³/kg
1	甲烷	CH_4	16.043	-161.52	(35000)	-182.47[④]	4604[⑳]	190.55	0.00617
2	乙烷	C_2H_6	30.070	-88.58	(6000)	-182.80[④]	4880[⑳]	305.43	0.00492
3	丙烷	C_3H_8	44.097	-42.07	1341[⑳]	-187.68[④]	4249[⑳]	369.82	0.00460
4	正丁烷	C_4H_{10}	58.124	-0.49	377[⑳]	-138.36	797[⑳]	425.16	0.00439
5	异丁烷	C_4H_{10}	58.124	-11.81	528[⑳]	-159.60	3648[⑳]	408.13	0.00452
6	正戊烷	C_5H_{12}	72.151	36.06	115.66	-129.73	369[⑳]	469.6	0.00421
7	异戊烷	C_5H_{12}	72.151	27.84	151.3	-159.90	3381[⑳]	460.39	0.00424
8	季戊烷	C_5H_{12}	72.151	9.50	269[⑳]	-16.55	199[⑳]	433.75	0.00420
9	正己烷	C_6H_{14}	86.178	68.74	37.28	-95.32	3012[⑳]	507.4	0.00429

续表

序号	化合物	分子式	1 分子量	沸点,℃	2 蒸汽压 kPa(a) (40℃)	3 凝固点,℃	临界常数 压力 kPa(a)	温度 K	比容 m³/kg
10	2-甲基戊烷	C_6H_{14}	86.178	60.26	50.68	-153.66	3010[20]	497.45	0.00426
11	3-甲基戊烷	C_6H_{14}	86.178	63.27	45.73	—	3124[20]	504.4	0.00426
12	新己烷	C_6H_{14}	86.178	49.73	73.41	-99.870	3081[20]	488.73	0.00417
13	2,3-二甲基丁烷	C_6H_{14}	86.178	57.98	55.34	-128.54	127[20]	499.93	0.00415
14	正庚烷	C_7H_{16}	100.205	98.42	12.34	-90.582	2736[20]	540.2	0.00431
15	2-甲基己烷	C_7H_{16}	100.205	90.05	17.22	-118.27	2734[20]	530.31	0.00426
16	3-甲基己烷	C_7H_{16}	100.205	91.85	16.16	—	2814[20]	535.19	0.00403
17	3-乙基戊烷	C_7H_{16}	100.205	93.48	15.27	-118.60	2891[20]	540.57	0.00415
18	2,2-甲基戊烷	C_7H_{16}	100.205	79.19	26.32	-123.81	773[20]	520.44	0.00415
19	2,4-二甲基戊烷	C_7H_{16}	100.205	80.49	24.84	-119.24	737[20]	519.73	0.00417
20	3,3-二甲基戊烷	C_7H_{16}	100.205	86.06	20.93	-134.46	2945[20]	536.34	0.00413
21	2,2,3-三甲基丁烷	C_7H_{16}	100.205	80.88	25.40	-24.91	2954[20]	531.11	0.00397
22	正辛烷	C_8H_{18}	114.232	125.67	4.143	-56.76	2486[20]	568.76	0.00431
23	二异丁基	C_8H_{18}	114.232	109.11	8.417	-91.200	2486[20]	549.99	0.00422
24	异辛烷	C_8H_{18}	114.232	99.24	12.96	-107.38	568[20]	543.89	0.00410
25	正壬烷	C_9H_{20}	128.259	150.82	1.40	-53.49	2288[20]	594.56	0.00427
26	正癸烷	$C_{10}H_{22}$	142.286	174.16	0.4732	-29.64	2099[20]	617.4	0.00424
27	环戊烷	C_5H_{10}	70.135	49.25	73.97	-93.866	4502[20]	511.6	0.00371
28	甲基环戊烷	C_6H_{12}	84.162	71.81	33.85	-142.46	3785[20]	532.73	0.00379
29	环己烷	C_6H_{12}	84.162	80.73	24.63	6.554	4074[20]	553.5	0.00368
30	甲基环己烷	C_7H_{14}	98.189	100.93	12.213	-126.59	3472[20]	572.12	0.00375
31	乙烯	C_2H_4	28.054	-103.77	—	-169.15[4]	5041[20]	282.35	0.00467
32	丙烯	C_3H_6	42.081	-47.72	1596[20]	-185.25[4]	4600[20]	364.85	0.00430
33	1-丁烯	C_4H_8	56.108	-6.23	451.9	-185.35[4]	4023[20]	419.53	0.00428
34	顺2丁烯	C_4H_8	56.108	3.72	337.6	-138.91	4220[20]	435.58	0.00417
35	反2丁烯	C_4H_8	56.108	0.88	365.8	-105.55	4047[20]	428.63	0.00424
36	异丁烯	C_4H_8	56.108	-6.91	452.3	-140.35	3999[20]	417.90	0.00426
37	1-戊烯	C_5H_{10}	70.135	29.96	141.65	-165.22	3529[20]	464.78	0.00422

续表

序号	化合物	分子式	1 分子量	沸点,℃	2 蒸汽压 kPa(a) (40℃)	3 凝固点,℃	临界常数 压力 kPa(a)	临界常数 温度 K	临界常数 比容 m³/kg
38	1,2-丁二烯	C_4H_6	54.092	10.85	269[20]	-136.19	(4502[20])	(444)	(0.00405)
39	1,3-丁二烯	C_4H_6	54.092	-4.41	434[20]	-108.91	4330[20]	425[20]	0.00409
40	异戊间二烯	C_5H_8	68.119	34.07	123.77	-145.95	(3850[20])	(484)	(0.00406)
41	乙炔	C_2H_2	26.038	-84.88[5]	—	-80.8[4]	6139[20]	308.33	0.00434
42	苯	C_6H_6	78.114	80.09	24.38	5.533	4898[20]	562.16	0.00328
43	甲苯	C_7H_8	92.141	110.63	7.895	-94.991	4106[20]	591.80	0.00343
44	苯乙烷	C_8H_{10}	106.168	136.20	2.87	-94.975	3609[20]	617.20	0.00353
45	邻二甲苯	C_8H_{10}	106.168	144.43	2.05	-25.18	3734[20]	630.33	0.00348
46	间二甲苯	C_8H_{10}	106.168	139.12	2.53	-47.87	3536[20]	617.05	0.00354
47	对二甲苯	C_8H_{10}	106.168	138.36	2.65	13.26	3511[20]	616.23	0.00356
48	苯乙烯	C_8H_8	104.152	145.14	1.85	-30.61	3999[20]	647.6	0.00338
49	异丙基苯	C_9H_{12}	120.195	152.41	1.47	-96.035	3209	631.1	0.00357
50	甲基醇	CH_4O	32.042	64.54	35.43	-97.68	8096[20]	512.64	0.00368
51	乙基醇	C_2H_6O	46.069	78.29	17.70	-114.1	6383[20]	513.92	0.00362
52	一氯化碳	CO	28.010	-191.49	—	-205.0[4]	3499[20]	132.92	0.00332
53	二氯化碳	CO_2	44.010	-78.51[5]	—	-56.57[4]	7382[20]	304.19	0.00214
54	硫化氢	H_2S	34.076	-60.31	2881	-85.53[4]	9005[20]	373.5	0.00287
55	二氯化硫	SO_2	64.059	-10.02	630.8	-75.48[4]	7894[20]	430.8	0.00190
56	氨	NH_3	17.031	-33.33	1513	-77.74[4]	11280[20]	405.6	0.00425
57	空气	N_2+O_2	28.964	-194.2	—	—	3771[20]	132.4	0.00323
58	氢	H_2	2.016	-252.87[17]	—	-259.2[4]	1297[20]	33.2	0.03224
59	氧	O_2	31.999	-182.962[17]	—	-218.8[4]	5081[20]	154.7	0.00229
60	氮	N_2	28.013	-195.80	—	-210.0[4]	3399[20]	126.1	0.00322
61	氯	Cl_2	70.906	-34.03	1134	-101.0[4]	7711[20]	417[20]	0.00175
62	水	H_2O	18.015	100.00[17]	7.377	0.00	22118[20]	647.3	0.00318
63	氦	He	4.003	-268.93	—	—	227.5	5.2	0.01436
64	氯化氢	HCl	36.461	-85.00	6304	-114.18[4]	8309	324.7	0.00222

表 A-3-1(B) 烃类的物理常数

序号	化合物	4 液体密度[101.325kPa(a),15℃]			5 密度的温度系数,-1/℃(在15℃条件下)[①③]	6 Pitzer偏心因子 ω	7 真实气体的压缩因子 Z [101.325 kPa(a),15℃]	8 理想气体[101.325kPa(a),15℃]			9 比热容 c_p,kJ/(kg·℃)[101.3250kPa(a),15℃]	
		相对密度(15℃/15℃)[①②]	kg/m³[①③](在真空中的质量)	kg/m³[①③](在空气中的视质量)	m³/kmol			相对密度(空气相对密度=1)	比容 m³/kg	容积比,气体/(在真空中的液体)	理想气体	液体
1	甲烷	(0.3)[⑨]	(300.)[⑨]	(300.)[⑨]	(0.05)[⑨]	—	0.0126	0.9981	0.5539	1.474	(442)[⑨]	2.204	—
2	乙烷	0.3581[⑧]	357.8[⑧⑲]	356.6[⑧]	0.08404[⑧]	—	0.0978	0.9915	1.0382	0.7863	281.3[⑧]	1.706	3.807
3	丙烷	0.5083[⑧]	507.8[⑧⑲]	506.7[⑧]	0.08684[⑧]	0.00274[⑧]	0.1541	0.9810	1.5225	0.5362	272.3[⑧]	1.625	2.476
4	正丁烷	0.5847[⑧]	584.2[⑧]	583.1[⑧]	0.09949[⑧]	0.00211[⑧]	0.2015	0.9641	2.0068	0.4068	237.65[⑧]	1.652	2.366
5	异丁烷	0.5637[⑧]	563.2[⑧]	562.1[⑧]	0.1032[⑧]	0.00214[⑧]	0.1840	0.9665	2.0068	0.4068	229.1[⑧]	1.616	2.366
6	正戊烷	0.6316	631.0	629.9	0.1143	0.00157[⑧]	0.2524	0.942[②]	2.4911	0.3277	206.8	1.622	2.292
7	异戊烷	0.6250	624.4	623.3	0.1156	0.00162	0.2286	0.948[②]	2.4911	0.3277	204.6	1.600	2.239
8	季戊烷	0.5972[⑧]	596.7[⑧]	595.6[⑧]	0.1209[⑧]	0.00187[⑧]	0.1967	0.9538	2.4911	0.3277	195.5[⑧]	1.624	2.317
9	正己烷	0.6644	663.8	662.7	0.1298	0.00135	0.2998	0.910[②]	2.9753	0.2744	182.1	1.613	2.231
10	2-甲基戊烷	0.6583	657.7	656.6	0.1310	0.00140	0.2784	—	2.9753	0.2744	180.5	1.602	2.205
11	3-甲基戊烷	0.6694	668.8	667.7	0.1289	0.00135	0.2741	—	2.9753	0.2744	183.5	1.578	2.170
12	3-乙基戊烷	0.6545	653.9	652.8	0.1318	0.00140	0.2333	—	2.9753	0.2744	179.4	1.593	2.148
13	2,3-二甲基丁烷	0.6668	666.2	665.1	0.1294	0.00135	0.2475	—	2.9753	0.2744	182.8	1.566	2.146
14	正庚烷	0.6886	688.0	686.9	0.1456	0.00124	0.3494	0.852[②]	3.4596	0.2360	162.4	1.606	2.209
15	2-甲基己烷	0.6835	682.8	681.7	0.1468	0.00122	0.3303	—	3.4596	0.2360	161.1	1.595	2.183
16	3-甲基己烷	0.6921	691.5	690.4	0.1149	0.00124	0.3239	—	3.4596	0.2360	163.2	1.584	2.137
17	3-乙基戊烷	0.7032	702.6	701.5	0.1426	0.00126	0.3107	—	3.4596	0.2360	165.8	1.613	2.150
18	2,2-二甲基戊烷	0.6787	678.0	676.9	0.1478	0.00130	0.2876	—	3.4596	0.2360	160.0	1.613	2.161
19	2,4-二甲基戊烷	0.6777	677.1	676.0	0.1430	0.00130	0.3031	—	3.4596	0.2360	159.8	1.651	2.193
20	3,3-二甲基戊烷	0.6980	697.4	696.3	0.1437	0.00117	0.2681	—	3.4596	0.2360	164.6	1.603	2.099
21	2,2,3-三甲基丁烷	0.6950	694.4	693.3	0.1443	0.00124	0.2509	—	3.4596	0.2360	163.9	1.578	2.088
22	正辛烷	0.7073	706.7	705.6	0.1616	0.00112	0.3981	0.783[②]	3.9439	0.2070	146.3	1.601	2.191
23	二异丁基	0.6984	697.7	696.6	0.1637	0.00117	0.3564	—	3.9439	0.2070	144.4	1.573	2.138

续表

序号	化合物	液体密度[101.325kPa(a),15℃] 相对密度(15℃/15℃)[1],[2]	液体密度[101.325kPa(a),15℃] kg/m³[3] (在真空中的质量)	液体密度[101.325kPa(a),15℃] kg/m³[1],[3] (在空气中的视质量)	液体密度[101.325kPa(a),15℃] m³/kmol	密度的温度系数,-1/℃(在15℃条件下)[1],[3]	Pitzer偏心因子 ω	真实气体的压缩因子 Z [101.325 kPa(a),15℃]	理想气体[101.325kPa(a),15℃] 相对密度(空气相对密度=1)	理想气体[101.325kPa(a),15℃] 比容 m³/kg	理想气体[101.325kPa(a),15℃] 容积比,气体/(在真空中的液体)	比热容 c_p, kJ/(kg·℃)[101.3250kPa(a),15℃] 理想气体	比热容 c_p, kJ/(kg·℃)[101.3250kPa(a),15℃] 液体
24	异辛烷	0.6966	696.0	694.9	0.1641	0.00117	0.3041	—	3.9489	0.2070	144.1	1.599	2.049
25	正壬烷	0.7224	721.7	720.6	0.1777	0.00113	0.4452	—	4.4282	0.1843	133.0	1.598	2.184
26	正癸烷	0.7346	733.9	732.8	0.1939	0.00099	0.4904	—	4.9125	0.1662	122.0	1.595	2.179
27	环戊烷	0.7503	750.2	749.1	0.09349	0.00126	0.1945	0.949[22]	2.4215	0.3371	252.9	1.133	1.763
28	甲基环戊烷	0.7541	753.4	752.3	0.1117	0.00128	0.2308	—	2.9057	0.2809	211.7	1.258	1.843
29	环己烷	0.7838	783.1	782.0	0.1075	0.00122	0.2098	—	2.9057	0.2809	220.0	1.211	1.811
30	甲基环己烷	0.7744	773.7	772.6	0.1269	0.00113	0.2364	—	3.3900	0.2408	186.3	1.324	1.839
31	乙烯	—	—	—	—	—	0.6869	0.9938	0.9686	0.8428	—	1.514	—
32	丙烯	0.5231[11]	522.6[8],[11]	521.5[8]	0.08069[8]	0.00340[8]	0.1443	0.9844	1.4529	0.5610	293.6[8]	1.480	2.443
33	1-丁烯	0.6019[8]	601.4[8]	600.8[8]	0.09380[8]	0.00209[8]	0.1949	0.9703	1.9372	0.4214	253.4[8]	1.483	2.237
34	顺2丁烯	0.6277[8]	627.1[8]	626.0[8]	0.08947[8]	0.00176[8]	0.2033	0.9660	1.9372	0.4214	264.3[8]	1.366	2.241
35	反2丁烯	0.6105[8]	610.0[8]	608.9[8]	0.09128[8]	0.00193[8]	0.2126	0.9661	1.9372	0.4214	257.1[8]	1.528	2.238
36	异丁烯	0.6010[8]	600.5[8]	599.4[8]	0.09314[8]	0.00216h	0.2026	0.9688	1.9372	0.4214	253.1[8]	1.547	2.296
37	1-戊烯	0.6462	645.6	644.5	0.1086	0.00160	0.2334	0.948[22]	2.4215	0.3371	217.7	1.519	2.241
38	1,2-丁二烯	0.6576[8]	657.0[8]	656.0[8]	0.08233[8]	0.00176[8]	(0.2540)	(0.969)	1.8676	0.4371	287.2[8]	1.446	2.262
39	1,3-丁二烯	0.6280[8]	627.4[8]	626.3[8]	0.08622[8]	0.00203[8]	0.1971	(0.965)	1.8676	0.4371	274.2[8]	1.426	2.124
40	异戊间二烯	0.6866	686.0	684.9	0.09930	0.00155	(0.1567)	0.949[22]	2.3519	0.3471	238.1	1.492	2.171
41	乙炔	0.6250[11]	—	—	—	—	0.1893	0.9925	0.8990	0.9081	—	1.659	—
42	苯	0.8850	884.2	883.1	0.08834	0.00119	0.2095	0.929[22]	2.6969	0.3027	267.6	1.014	1.715
43	甲苯	0.8723	871.5	870.5	0.1057	0.00108	0.2633	0.903[22]	3.1812	0.2566	223.7	1.085	1.677
44	苯乙烷	0.8721	871.3	870.5	0.1219	0.00097	0.3031	—	3.6655	0.2227	194.0	1.168	1.721
45	邻二甲苯	0.8850	884.2	883.1	0.1201	0.00099	0.3113	—	3.6655	0.2227	196.9	1.218	1.741
46	间二甲苯	0.8691	868.3	867.2	0.1223	0.00097	0.3257	—	3.6655	0.2227	193.4	1.163	1.696

附录A 常用基础资料

续表

序号	化合物	4 液体密度[101.325kPa(a),15℃]			5 密度的温度系数,−1/℃ (在15℃条件下)[1][3]	6 Pitzer偏心因子 ω	7 真实气体的压缩因子 Z [101.325 kPa(a),15℃]	8 理想气体[101.325kPa(a),15℃]				9 比热容 c_p,kJ/(kg·℃)[101.3250kPa(a),15℃]	
		相对密度(15℃/15℃)[1][2]	kg/m³[3] (在真空中的质量)	kg/m³[1][2] (在空气中的视质量)				相对密度(空气相对密度=1)	比容 m³/kg	容积比,气体/液体(在真空中的液体)		理想气体	液体
47	对二甲苯	0.8661	865.3	864.2	0.00097	0.3214	—	3.6655	0.2227	192.7		1.157	1.708
48	苯乙烯	0.9115	910.6	909.5	0.00103	0.1997	—	3.5959	0.2270	206.7		1.133	1.724
49	异丙基苯	0.8667	866.0	846.9	0.00097	0.3260	—	4.1498	0.1967	170.4		1.219	1.732
50	甲基醇	0.7967	796.0	794.9	0.00117	0.5648	—	1.1063	0.7379	587.4		1.352	2.484
51	乙基醇	0.7922	791.5	790.4	0.00107	0.6608	—	1.5906	0.5132	406.2		1.389	2.348
52	一氧化碳	0.7893[12]	788.6[12]	—	—	0.0442	0.9995	0.9671	0.8441	—		1.040	—
53	二氧化碳	0.8226[12]	821.9[12]	820.8[12]	—	0.2667	0.9943	1.5195	0.5373	441.6[12]		0.8330	2.08
54	硫化氢	0.7897[12]	789.0[1][12]	787.9[12]	—	0.0920	0.9903	1.1765	0.6939	547.5[12]		0.9960	1.359
55	二氧化硫	1.397[12]	1396.1[12]	1395.0[12]	—	0.2548	0.9801[12]	2.2117	0.3691	515.3[12]		0.6062	—
56	氨	0.6183[12]	617.7[1][12]	616.6[12]	—	0.2576	0.9899	0.5880	1.388	857.4		2.079	4.693
57	空气	0.856[12]	855.[12]	—	—	—	0.9996	1.0000	0.8163	—		1.005	—
58	氢	0.07106[12]	71.00[12]	—	—	−0.219[⑧]	1.0006	0.0696	11.73	—		14.24	—
59	氧	1.1420[12]	1141.[12]	—	—	0.0200	0.9993	1.1048	0.7389	—		0.9166	—
60	氮	0.8093[12]	808.6[12]	—	—	0.0372	0.9997	0.9672	0.8441	—		1.040	—
61	氯	1.426	1424.5	1423.5	—	0.0737	(0.9875)[12]	2.4481	0.3335	475.0		0.4760	—
62	水	1.000	999.1	998.0	0.00014	0.3434	—	0.6220	1.312	1311		1.862	4.191
63	氮化氢	0.1251[12]	125.0[12]	—	—	0	1.0005	0.1382	5.907	—		5.192	—
64	氯化氢	0.8538	853.1[12]	851.9	0.00603	0.1232	—	1.2588	0.6485	553.2		0.7991	—

· 447 ·

表 A-3-1(C) 烃类的物理常数

序号	化合物	热值(15℃) 净的 MJ/m³ 理想气体[101.325kPa(a)]	热值(15℃) 总的 MJ/m³ 理想气体[101.325kPa(a)]	热值(15℃) 总的 MJ/kg 液体(在真空中的质量)	热值(15℃) 总的 MJ/m³ 液体(在真空中的质量)	11 蒸发热,kJ/kg [101.325kPa(a)在沸点温度下]	12 折射系数 n_D(15℃)	13 燃烧理想气体需要的空气量 m³空气/m³气体	气体和空气混合爆炸极限,%(体积) 低	气体和空气混合爆炸极限,%(体积) 高	ASTM 辛烷值 动力法 D-357	ASTM 辛烷值 研究法 D-908
1	甲烷	33.936	37.694	—	—	509.86	—	9.54	5.0	15.0	—	—
2	乙烷	60.395	66.032	51.586[8]	18458[8]	489.36	1.21404[8]	16.70	2.9	13.0	+0.5	+1.6[6][10]
3	丙烷	86.456	93.972	50.008[8]	25394[8]	425.73	1.21905[8]	23.86	2.1	9.5	97.1	+1.8[6][10]
4	正丁烷	112.384	121.779	49.158[8]	28718[8]	385.26	1.33292[8]	31.02	1.8	8.4	97.6[6]	+3.8[6][10]
5	异丁烷	112.031	121.426	49.004[8]	27621[8]	366.40	—	31.02	1.8	8.4	97.6[6]	+0.10[6][10]
6	正戊烷	138.380	149.654	48.667	30709	357.22	1.36024	38.18	1.4	8.3	62.6[6]	61.7
7	异戊烷	138.044	149.319	48.579	30333	342.20	1.35658	38.18	1.4	(8.3)	90.3	92.3
8	季戊烷	137.465	148.739	48.427[8]	28896[8]	315.34	1.345	38.18	1.4	(8.3)	80.2	85.5
9	正己烷	164.402	177.556	48.344	32091	334.81	1.37746	45.34	1.2	7.7	26.0	24.8
10	2-甲基戊烷	164.075	177.229	48.273	31749	322.52	1.37417	45.34	1.2	(7.7)	73.5	73.4
11	3-甲基戊烷	164.188	177.341	48.300	32303	325.82	1.37918	45.34	(1.2)	(7.7)	74.3	74.5
12	3-乙基戊烷	163.683	176.836	48.191	31512	305.24	1.37157	45.34	1.2	(7.7)	93.4	91.8
13	2,3-二甲基丁烷	164.025	177.179	48.269	32157	316.50	1.37759	45.34	(1.2)	(7.7)	94.3	+0.3[6]
14	正庚烷	190.398	205.431	48.104	33095	316.33	1.30017	52.50	1.0	7.0	0.0	0.0
15	2-甲基己烷	190.099	205.132	48.051	32809	306.06	1.38743	52.50	(1.0)	(7.0)	46.4	42.4
16	3-甲基己烷	190.243	205.276	48.082	33249	307.27	1.39119	52.50	(1.0)	(7.0)	55.8	52.0
17	3-乙基戊烷	190.327	205.359	48.101	33796	308.94	1.39594	52.50	(1.0)	(7.0)	69.3	65.0
18	2,2-二甲基戊烷	189.630	204.662	47.964	32520	291.03	1.38475	52.50	(1.0)	(7.0)	95.6	92.8
19	2,4-二甲基戊烷	189.803	204.836	48.000	32501	294.41	1.38408	52.50	(1.0)	(7.0)	83.8	83.1
20	3,3-二甲基戊烷	189.885	204.918	48.019	33488	295.87	1.39342	52.50	(1.0)	(7.0)	86.6	80.8
21	2,2,3-三甲基丁烷	189.690	204.722	47.982	33319	288.90	1.39196	52.50	(1.0)	(7.0)	+0.1[6]	+1.8[6]
22	正辛烷	216.374	233.286	47.919	33865	301.26	1.39981	58.65	0.96	—	—	—
23	二异丁基	215.797	232.709	47.832	33372	285.69	1.39488	59.65	(0.98)	—	55.7	55.2

附录A 常用基础资料

续表

序号	化合物	10 热值(15℃)					11 蒸发热,kJ/kg [101.325kPa(a)在沸点温度下]	12 折射系数 n_D(15℃)	13 燃烧理想气体需要的空气量 $\frac{m^3(空气)}{m^3(气体)}$	气体和空气混合爆炸极限,%(体积)		ASTM 辛烷	
		净的		总的[19]						低	高	动力法 D-357	研究法 D-908
		MJ/m³ 理想气体[101.325 kPa(a)]	MJ/m³ 理想气体[101.325 kPa(a)]	MJ/kg 液体(在真空中的质量)	MJ/m³ 液体(在真空中的质量)								
24	异辛烷	215.732	232.644	47.843	33299	271.44	1.39392	59.65	1.0.	—	100	100
25	正壬烷	242.398	261.189	47.783	34485	288.82	1.40773	66.81	0.87[15]	2.9	—	—
26	正癸烷	268.396	289.066	47.670	34985	276.06	1.41411	73.97	0.78[15]	2.6	—	—
27	环戊烷	131.114	140.509	46.955	35225	389.20	1.40927	35.79	(1.4)	—	84.9[16]	+0.1[16]
28	甲基环戊烷	156.757	168.032	46.825	35278	345.51	1.41240	42.95	(1.2)	8.35	80.0	91.3
29	环己烷	156.034	167.308	46.606	36497	355.95	1.42892	42.95	1.3	7.8	77.2	83.0
30	甲基环己烷	181.567	194.720	16.525	35997	317.03	1.42566	50.11	1.2	—	71.1	74.8
31	乙烯	55.942	59.700	—	—	482.77	—	14.32	2.7	34.0	75.6	+0.03[16]
32	丙烯	81.482	87.119	—	—	437.68	—	21.48	2.0	10.0	84.9	+0.2[16]
33	1-丁烯	107.475	114.991	48.081[8]	28916[8]	390.60	—	28.63	1.6	9.3	80.8[16]	97.4
34	顺2丁烯	107.191	114.707	47.927[8]	30055[8]	416.10	—	28.63	(1.6)	—	83.5	100.
35	反2丁烯	106.957	114.472	47.843[8]	29184[8]	405.56	—	28.63	(1.6)	—	—	—
36	异丁烯	106.755	114.271	47.769[8]	28685[8]	394.18	—	28.63	(1.6)	—	—	—
37	1-戊烯	133.465	142.860	47.788	30852	359.25	1.3746	35.79	1.4	8.7	77.1	90.9
38	1,2-丁二烯	104.118	109.755	47.504[8]	31210[8]	(449.6)	—	26.25	(2.0)	(12)	—	—
39	1,3-丁二烯	101.917	107.555	46.608[8]	29242	(418.7)	—	26.25	2.0	11.5	—	—
40	异戊间二烯	127.330	134.846	46.408	31836	(385.2)	1.42536	33.41	(1.5)	—	81.0	99.1
41	乙炔	53.098	54.978	—	—	—	—	11.93	2.5	80	100	—
42	苯	134.055	139.692	41.843	36998	393.32	1.50432	35.79	1.3[17]	7.9[17]	+2.8[16]	+5.8[16]
43	甲苯	159.534	167.050	42.450	37000	360.14	1.49973	42.95	1.2[17]	7.1[17]	+0.3[16]	+0.8[16]
44	苯乙烷	185.555	194.950	43.014	37478	334.93	1.49856	50.11	0.99[17]	6.7[17]	97.9	—
45	邻二甲苯	185.092	194.487	42900	37935	346.80	1.50795	50.11	1.1[17]	6.4[17]	100	—

续表

序号	化合物	10 热值(15℃) 净的 MJ/m³ 理想气体[101.325 kPa(a)]	10 热值(15℃) 净的 MJ/m³ 理想气体[101.325 kPa(a)]	10 热值(15℃) 总的[20] MJ/kg 液体(在真空中的质量)	10 热值(15℃) 总的[20] MJ/m³ 液体(在真空中的质量)	11 蒸发热,kJ/kg [101.325kPa(a)在沸点温度下]	12 折射系数 $n_D^{①}$ (15℃)	13 燃烧理想气体需要的空气量 m³(空气)/m³(气体)	气体和空气混合爆炸极限,%(体积) 低	气体和空气混合爆炸极限,%(体积) 高	ASTM 辛烷值 动力法 D-357	ASTM 辛烷值 研究法 D-908
46	间二甲苯	185.020	194.415	42.891	37245	342.47	1.49980	50.11	1.1[⑦]	6.4[⑦]	+2.8[⑥]	+4.0[⑧]
47	对二甲苯	185.050	194.445	42.901	37122	338.92	1.49839	50.11	1.1[⑦]	6.6[⑦]	+1.2[⑥]	+3.4[⑧]
48	苯乙烯	180.290	187.806	42.213	38439	(351.23)	1.54969	47.72	1.1	6.1	+0.2[⑥]	>+3.[⑧]
49	异丙苯	211.328	222.603	43.410	37591	312.25	1.49400	57.27	0.88[⑦]	6.5[⑦]	99.3	+2.1[⑧]
50	甲基醇	28.601	32.360	22.685	18057	1075.97	1.32028	7.16	6.72[3]	36.50	—	—
51	乙基醇	54.062	59.699	29.707	23513	840.54	1.33345	14.32	3.28[3]	18.95	—	—
52	一氧化碳	11.959	11.959	—	—	215.70	1.00036	2.39	12.50[3]	74.20	—	—
53	二氧化碳	0	0	—	—	573.27[①]	1.00049	—	—	—	—	—
54	硫化氢	21.912	23.791	—	—	548.01	1.00061	7.16	4.30[3]	45.50	—	—
55	二氧化硫	—	—	—	—	387.74	1.00062	—	—	—	—	—
56	氨	17.301	20.121	—	—	1336	1.00036	3.58	15.50[3]	27.00	—	—
57	空气	—	—	—	—	214	—	—	—	—	—	—
58	氢	10.230	12.091	—	—	450.4	1.00013	2.39	4.00[3]	74.20	—	—
59	氧	—	—	—	—	213	100027	—	—	—	—	—
60	氮	—	—	—	—	204	1.00028	—	—	—	—	—
61	氯	—	—	—	—	288.0	1.3878	—	—	—	—	—
62	水	0	1.879	0	—	2257	1.33347	—	—	—	—	—
63	氦	—	—	—	—	—	1.00003	—	—	—	—	—
64	氯化氢	—	—	—	—	431.5	1.00042	—	—	—	—	—

附录A 常用基础资料

表 A-3-2 烷烃和天然气的其他组分的物理常数

成分[20]		甲烷	乙烷	丙烷	异丁烷	正丁烷	异戊烷	正戊烷	正己烷	正庚烷	正辛烷	正壬烷	正癸烷
分子量		16.043	30.070	44.097	58.124	58.124	72.151	72.151	86.178	100.205	114.232	128.259	142.286
沸点,K		111.63	184.57	231.08	261.34	272.66	300.99	309.21	341.89	371.57	398.82	423.97	447.31
凝固点,K		90.68[4]	90.35[4]	85.47[4]	113.55	134.79	113.25	143.42	177.83	182.57	216.39	219.66	243.51
蒸气压(在42℃下),kPa(a)		−35000	−6000	1341	528	377[20]	151.3	115.66	37.28	12.34	4.143	1.40	0.4732
液体密度(在15℃下)	相对密度(水为1)[1],[2]	(0.3)[9]	0.3581[8]	0.5083[8]	0.5637[8]	0.5847[8]	0.6250	0.6316	0.6644	0.6886	0.7073	0.7224	0.7346
	绝对密度,kg/m³(在空气中)[2]	(300)[9]	357.8[8][9]	507.8[8]	563.2[8]	584.2[8]	624.4	631.0	663.8	688.0	706.7	721.7	733.9
	视密度,kg/m³(在空气中)[3],[20]	(300)[9]	356.6[8]	506.7[8]	562.1[8]	583.1[8]	623.3	629.9	662.7	686.9	705.6	720.6	732.8
气体的密度(在15℃下)	相对密度(空气=1),理想气体[20]	0.5539	1.0382	1.5225	2.0068	2.0068	2.4911	2.4911	2.9753	3.4596	3.9439	4.4282	4.9125
	kg/m³,理想气体	0.6784	1.2718	1.8650	2.4582	2.4582	3.0516	3.0516	3.6443	4.2373	4.8309	5.4259	6.0168
容积(在15℃下)	液体,cm³/mol	(50)[9]	84.04[8]	86.84[8]	103.2[8]	99.49[8]	115.6	114.3	129.8	145.6	161.6	177.7	193.9
	比值(气体/液体在真空空气中的液体)[20]	(422)[9]	281.3[8]	272.3[8]	229.1[8]	237.6[8]	204.6	206.8	182.1	162.4	146.3	133.0	122.0
临界条件	温度,K	190.55	305.43	369.82	408.13	425.16	460.39	469.6	507.4	540.2	568.76	594.56	617.4
	压力,kPa(a)	4604.	4880	4249	3648	3797[20]	3381[20]	3369	3012[20]	2736[20]	2486[20]	2288[20]	2099[20]
总热值	MJ/kg,液体[20]	—	51.586[8]	50.008[8]	49.044[8]	49.158[8]	48.579	48.667	48.344	48.104	47.919	47.783	47.670
	MJ/kg,理想气体[20]	55.563	51.920	50.387	49.396	49.540	48.931	49.041	48.722	48.482	48.290	48.137	48.04
	MJ/m³,理想气体[19],[20]	37.694	66.032	93.972	121.426	121.779	148.318	149.654	177.556	205.431	233.286	261.189	289.066
	MJ/m³,液体[6],[20]	—	18458[8]	25394[8]	27621[8]	28.718[8]	30333[20]	30709	32091[20]	33095[20]	33865[20]	34485	34985
燃烧单位体积气体(理想)需要空气量		9.54	16.70	23.86	31.02	31.02	38.18	28.18	45.34	52.50	59.65	66.81	73.97
爆炸界限(在37℃下)	下限,在空气中的体积%	5.0	2.9	2.1	1.8	1.8	1.4	1.4	1.2	1.0	0.96	0.87[15]	0.78[15]
	上限,在空气中的体积%	15.0	13.0	9.5	8.4	8.4	(8.3)	8.3	7.7	7.0	—	2.9	2.6
蒸发潜热,kJ/kg,在沸点常压下		509.88	489.36	425.73	366.40	385.26	342.20	357.22	334.81	316.33	301.26	288.82	276.06
比热容(在15℃下)	气体的c_p,kJ/(kg·K),理想气体	2.204	1.706	1.625	1.616	1.652	1.600	1.622	1.613	1.606	1.601	1.598	1.595
	气体的c_v,kJ/(kg·K),理想气体	1.686	1.429	1.436	1.473	1.509	1.485	1.507	1.517	1.523	1.528	1.533	1.537
	$K=c_p/c_v$,理想气体	1.307	1.194	1.132	1.097	1.095	1.077	1.076	1.063	1.054	1.048	1.042	1.038
	液体的c_p,kJ/(kg·K)	—	3.807	2.476	2.366	2.366	2.239	2.292	2.231	2.209	2.191	2.184	2.179

注:GPA公布的2145S1-80号标准国际单位(SI)系统。

某些烷烃和烯烃液体的相对密度和温度关系如图 A-3-1 和图 A-3-2 所示。

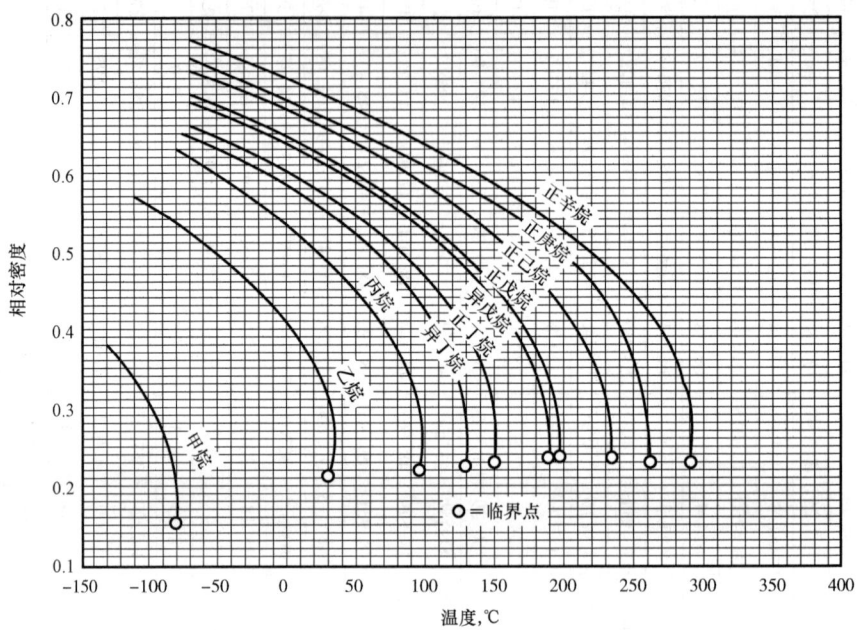

图 A-3-1 某些烷烃液体的相坶密度和温度的关系

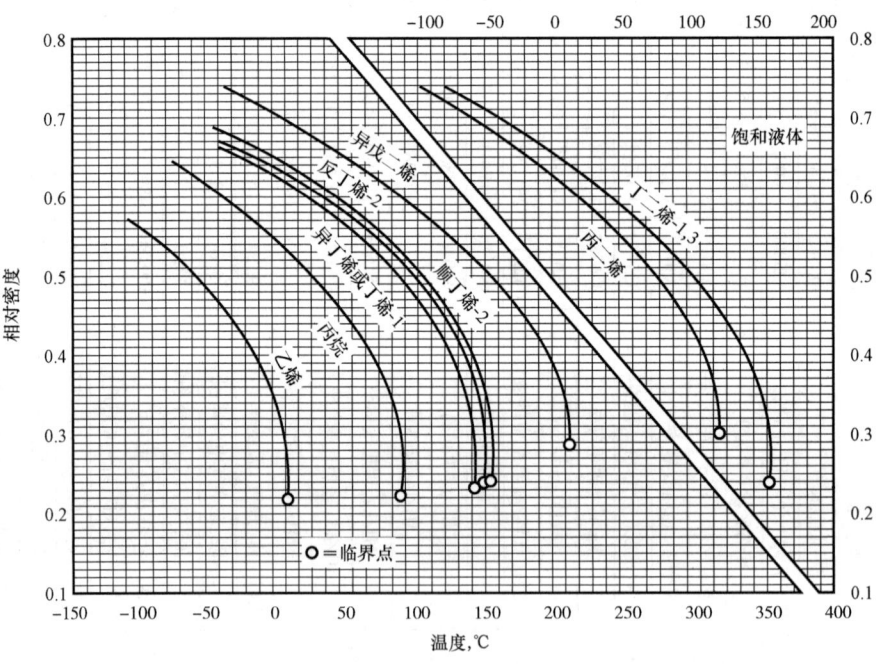

图 A-3-2 某些烯烃液体的相对密度和温度的关系

不同温度时,某些烃类在饱和状态下液体和蒸气的密度见表 A-3-3 至表 A-3-4。

表 A-3-3　不同温度下某些烃类液体在饱和状态时的密度　　　　单位:kg/L

温度,℃	乙烯	乙烷	丙烯	丙烷	异丁烷	正丁烷	异戊烷	正戊烷
-50	0.4831	0.4961	0.5662	0.5909	0.6352	0.6510	0.6880	0.6919
49	0.4812	0.4946	0.5658	0.5897	0.6342	0.6501	0.6870	0.6910
48	0.4793	0.4932	0.5654	0.5886	0.6332	0.6492	0.6861	0.6900
47	0.4773	0.4917	0.5651	0.5874	0.6321	0.6482	0.6852	0.6891
46	0.4754	0.4903	0.5647	0.5863	0.6311	0.6472	0.6843	0.6882
45	0.4734	0.4888	0.5644	0.5852	0.6300	0.6464	0.6834	0.6874
44	0.4714	0.4872	0.5641	0.5841	0.6290	0.6454	0.6824	0.6865
43	0.4695	0.4857	0.5637	0.5830	0.6279	0.6444	0.6815	0.6855
42	0.4673	0.4842	0.5b34	0.5817	0.6268	0.6434	0.6806	0.6846
41	0.4646	0.4826	0.5630	0.5808	0.6257	0.6425	0.6796	0.6837
40	0.4632	0.4810	0.5627	0.5795	0.6247	0.6414	0.6787	0.6828
39	0.4612	0.4794	0.5623	0.5783	0.6237	0.6406	0.6778	0.6818
38	0.4591	0.4779	0.5620	0.5773	0.6226	0.6397	0.6768	0.6809
37	0.4568	0.4763	0.5616	0.5760	0.6215	0.6385	0.6758	0.6800
36	0.4547	0.4747	0.5613	0.5747	0.6205	0.6375	0.6749	0,6791
35	0.4525	0.4731	0.5609	0.5737	0.6195	0.6367	0.6739	0.6782
34	0.4503	0.4715	0.5605	0.5723	0.6183	0.6356	0.6729	0.6773
33	0.4481	0.4698	0.5601	0.5712	0.6173	0.6346	0.6720	0.6764
32	0.4457	0.4682	0.5598	0.5700	0.6162	0.6337	0.6712	0.6754
31	0.4434	0.4665	0.5594	0.5687	0.6151	0.6326	0.6702	0.6745
30	0.4411	0.4649	0.5590	0.5677	0,6142	0.6317	0.5592	0.6735
29	0.4388	0.4632	0.5586	0.5665	0.6131	0.6308	0.6683	0.6726
28	0.4363	0.4615	0.5582	0.5653	0.6120	0.6298	0.6673	0.6717
27	0.4338	0.4598	0.5578	0.5641	0.6109	0.6287	0.6664	0.6708
26	0.4313	0.4580	0.5574	0.5629	0.6098	0.6278	0.6655	0.6698
25	0.4288	0.4563	0.5570	0.5616	0.6087	0.6268	0.6645	0.6690
24	0.4262	0.4545	0.5566	0.5604	0.6078	0.6257	0.6635	0.6680
23	0.4236	0.4527	0.5562	0.5592	0.6065	0.6248	0.6626	0.6671
22	0.4208	0.4509	0.5558	0.5580	0.6055	0.6238	0.6617	0.66b2
21	0.4181	0.4491	0.5554	0.5568	0.6044	0.6227	0.6606	0.6652
20	0.4154	0.4473	0.5550	0.5555	0.6033	0.6218	0.6597	0.6643
19	0.4126	0.4454	0.5546	0.5543	0.6023	0.6208	0.6588	0.6633
18	0.4098	0.4435	0.5541	0.5531	0.6012	0.6197	0.6578	0.6624
17	0.4068	0.4416	0.5537	0.5518	0.6001	0.6188	0.6568	0.6614
16	0.4038	0.4397	0.5532	0.5506	0.5989	0.6177	0.6559	0.6605

续表

温度,℃	乙烯	乙烷	丙烯	丙烷	异丁烷	正丁烷	异戊烷	正戊烷
15	0.4007	0.4378	0.5528	0.5493	0.5978	0.6166	0.6549	0.6596
14	0.3978	0.4356	0.5523	0.5481	0.5967	0.6157	0.6539	0.6587
13	0.3946	0.4338	0.5518	0.5471	0.5956	0.6146	0.6529	0.6577
12	0.3913	0.4318	0.5513	0.5454	0.5945	0.6136	0.6520	0.6568
11	0.3880	0.4297	0.5509	0.5442	0.5934	0.6125	0.6509	0.6558
10	0.3846	0.4275	0.5504	0.5429	0.5924	0.6115	0.6500	0.6549
9	0.3812	0.4254	0.5499	0.5416	0.5912	0.6105	0.6491	0.6539
8	0.3776	0.4233	0.5494	0.5403	0.5901	0.6094	0.6480	0.6529
7	0.3739	0.4211	0.5490	0.5390	0.5889	0.6085	0.6471	0.6519
6	0.3700	0.4189	0.5485	0.5377	0.5878	0.6074	0.6461	0.6509
5	0.3662	0.4166	0.5480	0.5364	0.5867	0.6066	0.6452	0.6501
4	0.3622	0.4144	0.5475	0.5350	0.5856	0.6053	0.6442	0.6491
3	0.3582	0.4120	0.5470	0.5338	0.5844	0.6042	0.6432	0.6481
2	0.3539	0.4097	0.5464	0.5324	0.5833	0.6031	0.6423	0.6472
−1	0.3495	0.4073	0.5459	0.5310	0.5821	0.6021	0.6412	0.6462
0	0.3450	0.4848	0.5454	0.5297	0.5810	0.6010	0.6403	0.6452
1	0.3404	0.4024	0.5449	0.5284	0.5795	0.5999	0.6393	0.6443
2	0.3356	0.3998	0.5443	0.5270	0.5787	0.5989	0.6383	0.6433
3	0.3305	0.3972	0.5437	0.5256	0.5776	0.5978	0.6373	0.6423
4	0.3254	0.3946	0.5432	0.5242	0.5764	0.5967	0.6364	0.6414
5	0.3200	0.3918	0.5426	0.5228	0.5753	0.5957	0.6354	0.6405
6	0.3144	0.3892	0.5420	0.5215	0.5740	0.5946	0.6343	0.6395
7	0.3085	0.3863	0.5415	0.5200	0.5729	0.5935	0.6334	0.6385
8	0.3023	0.3835	0.5409	0.5187	0.5717	0.5924	0.6324	0.6375
9	0.2960	0.3798	0.5403	0.5172	0.5706	0.5913	0.6314	0.6366
10	—	0.3775	0.5396	0.5159	0.5694	0.5901	0.6304	0.6356
11	—	0.3744	0.5390	0.5144	0.5682	0.5891	0.6294	0,6346
12	—	0.3718	0.5383	0.5130	0.5670	0.5879	0.6284	0.6336
13	—	0.3679	0.5377	0.5111	0.5658	0.5868	0.6274	0.6328
14	—	0.3645	0.5371	0.5100	0.564b	0.5857	0.6264	0.6316
15	—	0.3611	0.5364	0.5086	0.5634	0.5846	0.6254	0.6306
16	—	0.3575	0.5357	0.5070	0.5623	0.5834	0.6244	0.6297
17	—	0.3538	0.5351	0.5056	0.5610	0.5823	0.6234	0.6288
18	—	0.3501	0.5344	0.5041	0.5598	0.5812	0.6224	0.6277
19	—	0.3462	0.5336	0.5027	0.5585	0.5801	0.6214	0.6268

续表

温度,℃	乙烯	乙烷	丙烯	丙烷	异丁烷	正丁烷	异戊烷	正戊烷
20	—	0.3421	0.5329	0.5011	0.5573	0.5789	0.6204	0.6258
21	—	0.3379	0.5322	0.4997	0.5562	0.5778	0.6194	0.6248
22	—	0.3338	0.5314	0.4984	0.5549	0.5766	0.6183	0.6238
23	—	0.3292	0.5307	0.4966	0.5537	0.5754	0.6174	0.6227
24	—	0.3245	0.5299	0.4950	0.5524	0.5744	0.6164	0.6217
25	—	0.3197	0.5292	0.4934	0.5511	0.5732	0.6153	0.6207
26	—	0.3146	0.5284	0.4919	0.5493	0.5720	0.6143	0.6198
27	—	0.3092	0.5276	0.4903	0.5487	0.5709	0.6133	0.6188
28	—	0.3037	0.5268	0.4887	0.5474	0.5696	0.6123	0.6178
29	—	0.2980	0.5260	0.4871	0.5462	0.5684	0.6112	0.6168
30	—	0.2919	0.5251	0.4856	0.5448	0.5673	0.6102	0.6158
31	—	—	0.5243	0.4837	0.5435	0.5660	0.6092	0.6147
32	—	—	0.5234	0.4824	0.5424	0.5649	0.6081	0.6137
33	—	—	0.5225	0.4806	0.5409	0.5688	0.6071	0.6127
34	—	—	0.5216	0.4789	0.5397	0.5624	0.6061	0.6117
35	—	—	0.5206	0.4775	0.5385	0.5613	0.6050	0.6106
36	—	—	0.5198	0.4757	0.5371	0.5601	0.6040	0.6097
37	—	—	0.5188	0.4739	0.5357	0.5589	0.6030	0.6087
38	—	—	0.5178	0.4725	0.5346	0.5577	0.6020	0.6076
39	—	—	0.5169	0.4707	0.5331	0.5564	0.6008	0.6066
40	—	—	0.5158	0.4689	0.5319	0.5552	0.5998	0.6055
41	—	—	0.5148	0.4671	0.5305	0.5639	0.5988	0.6045
42	—	—	0.5237	0.4653	0.5290	0.5526	0.5977	0.6034
43	—	—	0.5127	0.4640	0.5279	0.5516	0.5967	0.6024
44	—	—	0.5116	0.4621	0.5266	0.5502	0.5955	0.6013
45	—	—	0.5104	0.4604	0.5252	0.5490	0.5944	0.6003
46	—	—	0.5093	0.4585	0.5237	0.5478	0.5934	0.5993
47	—	—	0.5081	0.4568	0.5225	0.5465	0.5923	0.5983
48	—	—	0.5069	0.4550	0.5210	0.5452	0.5913	0.5972
49	—	—	0.5057	0.4533	0.5196	0.5439	0.5901	0.5961
50	—	—	0.5044	0.4513	0.5181	0.5426	0.5891	0.5950

表 A-3-4　不同温度下某些烃类蒸气在饱和状态时的密度　　　　单位：kg/m³

温度℃	乙炔	乙烯	乙烷	丙烯	丙烷	丁烯-1	丁烯-2	异丁烯	异丁烷	正丁烷	异戊烷	正戊烷
−50	7.70	19.58	10.17	2.32	1.72	—	—	—	—	—	—	—
49	8.00	20.25	10.62	2.39	1.79	—	—	—	—	—	—	—
48	8.32	20.93	11.02	2.49	1.87	—	—	—	—	—	—	—
47	8.64	21.60	11.40	2.59	1.94	—	—	—	—	—	—	—
46	8.96	22.30	11.80	2.69	2.02	—	—	—	—	—	—	—
45	9.30	23.00	12.24	2.78	2.16	—	—	—	—	—	—	—
44	9.67	23.75	12.59	2.89	2.21	—	—	—	—	—	—	—
43	10.05	24.50	12.99	3.00	2.28	—	—	—	—	—	—	—
42	10.45	25.25	13.38	3.11	2.37	—	—	—	—	—	—	—
41	10.87	26.07	13.82	3.22	2.46	—	—	—	—	—	—	—
40	11.30	26.96	14.19	3.33	2.63	—	—	—	—	—	—	—
39	11.78	27.77	14.70	3.46	2.70	—	—	—	—	—	—	—
38	12.27	28.69	15.24	3.58	2.93	—	—	—	—	—	—	—
36	13.31	30.46	16.20	3.85	3.08	—	—	—	—	—	—	—
35	13.90	31.47	16.68	3.99	3.19	—	—	—	—	—	—	—
34	14.45	32.47	17.23	4.12	3.31	—	—	—	—	—	—	—
33	15.00	33.57	17.74	4.25	3.45	—	—	—	—	—	—	—
32	15.60	34.60	18.57	4.39	3.57	—	—	—	—	—	—	—
31	16.22	35.68	18.82	4.54	3.72	—	—	—	—	—	—	—
30	16.90	36.48	19.41	4.71	3.85	—	—	—	—	—	—	—
29	17.57	37.79	20.00	4.86	4.00	—	—	—	—	—	—	—
28	18.25	38.85	20.61	5.04	4.14	—	—	—	—	—	—	—
27	18.95	39.94	21.24	5.22	4.24	—	—	—	—	—	—	—
26	19.18	41.08	21.90	5.40	4.45	—	—	—	—	—	—	—
25	20.40	42.26	22.57	5.58	4.60	—	—	—	—	—	—	—
24	21.14	43.43	23.23	5.78	4.77	—	—	—	—	—	—	—
23	21.89	44.67	23.92	5.97	4.94	—	—	—	—	—	—	—
22	22.16	45.95	24.62	6.17	5.12	—	—	—	—	—	—	—
21	23.46	47.26	25.31	6.36	5.29	—	—	—	—	—	—	—
20	24.30	48.72	26.11	6.58	5.50	—	—	—	2.07	1.07	—	—
19	25.07	50.09	26.82	6.77	5.69	—	—	—	2.16	1.14	—	—
18	25.91	51.62	27.55	6.98	5.88	—	—	—	2.25	1.22	—	—
17	26.76	53.27	28.23	7.20	6.08	—	—	—	2.34	1.28	—	—
16	27.65	55.00	29.03	7.47	6.29	—	—	—	2.44	1.37	—	—
15	28.60	56.87	29.79	7.64	6.50	1.85	1.20	−1.93	2.54	1.45	—	—

续表

温度℃	乙炔	乙烯	乙烷	丙烯	丙烷	丁烯-1	丁烯-2	异丁烯	异丁烷	正丁烷	异戊烷	正戊烷
14	29.43	58.80	30.63	7.87	6.72	1.91	1.24	2.00	2.64	1.54	—	—
13	30.34	61.00	31.41	8.11	6.93	1.97	1.29	2.07	2.74	1.62	—	—
12	31.39	63.50	32.26	8.35	7.16	2.06	1.34	2.14	2.85	1.70	—	—
11	32.25	66.22	33.18	8.61	7.38	2.15	1.40	2.22	2.95	1.79	—	—
10	33.20	69.03	34.12	8.86	7.60	2.25	1.47	2.32	3.05	1.87	—	—
9	34.23	71.77	35.12	9.14	7.81	2.32	1.52	2.40	3.18	1.97	—	—
8	35.27	74.78	36.14	9.44	8.16	2.41	1.59	2.48	3.30	2.07	—	—
7	36.36	77.50	37.24	9.74	8.36	2.50	1.65	2.57	3.42	2.16	—	—
6	37.48	80.50	38.33	10.04	8.65	2.59	1.73	2.67	3.54	2.26	—	—
5	38.70	83.40	39.48	10.33	8.85	2.71	1.81	2.78	3.65	2.34	—	—
4	39.28	87.12	40.65	10.64	9.14	2.79	1.87	2.87	3.79	2.45	—	—
3	41.03	91.00	41.91	10.95	9.42	2.88	1.95	2.98	3.92	2.55	—	—
2	42.30	95.00	43.23	11.22	9.70	2.99	3.02	3.09	4.05	2.65	—	—
−1	43.63	99.25	44.58	11.62	9.98	3.09	2.10	3.19	4.18	2.75	—	—
0	45.00	104.13	45.98	11.93	10.28	3.20	2.18	3.31	4.35	2.85	1.07	0.85
1	46.42	110.35	47.40	12.28	10.58	3.32	2.25	3.40	4.48	2.95	1.11	0.88
2	47.87	119.65	48.90	12.63	10.88	3.45	2.33	3.51	4.64	3.07	1.18	0.92
3	49.38	127.75	50.37	13.01	11.16	3.67	2.42	3.63	4.78	3.18	1.24	0.95
4	50.86	134.50	51.94	13.40	11.53	3.71	2.50	3.77	4.94	3.30	1.30	0.99
5	52.40	142.42	53.48	13.79	12.05	3.83	2.61	3.90	5.09	3.42	1.34	1.02
6	53.95	155.00	55.03	14.14	12.20	3.98	2.69	4.03	5.24	3.54	1.42	1.05
7	55.52	170.25	56.63	14.53	12.54	4.12	2.77	4.17	5.40	3.65	1.49	1.09
8	57.18	187.90	58.23	14.91	12.87	4.26	2.87	4.30	5.57	3.78	1.55	1.13
9	58.83	201.00	59.98	15.31	13.25	4.39	2.97	4.45	5.73	3.92	1.61	1.17
10	60.60	220.00	61.97	15.75	13.62	4.55	3.09	4.60	5.90	4.05	1.65	1.21
11	62.30	—	63.90	16.15	13.98	4.70	3.18	4.75	6.08	4.19	1.73	1.25
12	64.15	—	66.12	16.57	14.37	4.85	3.29	4.91	6.25	4.28	1.81	1.30
13	66.00	—	68.40	16.99	14.75	5.00	3.40	5.06	6.44	4.46	1.87	1.35
14	68.00	—	70.75	17.44	15.15	5.17	3.52	5.22	6.64	4.60	1.94	1.39
15	70.10	—	73.29	18.91	15.57	5.37	3.66	5.38	6.87	4.75	2.00	1.43
16	72.18	—	75.88	18.37	15.90	5.48	3.75	5.55	7.04	4.88	2.06	1.48
17	74.35	—	78.50	18.85	16.28	5.65	3.88	5.73	7.25	5.03	2.13	1.54
18	76.65	—	81.40	19.34	16.67	5.84	4.02	5.93	7.48	5.19	2.20	1.58
19	79.50	—	84.47	19.85	17.09	6.02	4.16	6.10	7.68	5.35	2.26	1.64
20	82.50	—	87.49	20.35	17.50	6.18	4.30	6.30	7.91	5.53	2.32	1.67

续表

温度℃	乙炔	乙烯	乙烷	丙烯	丙烷	丁烯-1	丁烯-2	异丁烯	异丁烷	正丁烷	异戊烷	正戊烷
21	85.00	—	90.67	20.50	17.93	6.40	4.42	6.48	8.13	5.69	2.43	1.72
22	87.90	—	94.50	21.50	18.36	6.69	4.55	6.66	8.37	5.82	2.52	1.78
23	91.10	—	98.75	22.10	18.80	6.78	4.69	6.85	8.60	6.02	2.62	1.83
24	94.50	—	103.23	22.70	19.25	6.97	4.84	7.04	8.85	6.21	2.70	1.90
25	98.30	—	108.38	23.35	19.74	7.16	5.01	7.24	9.07	6.39	2.82	1.98
26	102.50	—	113.22	23.92	20.22	7.37	5.15	7.45	9.35	6.52	2.89	2.05
27	106.25	—	118.68	24.55	20.74	7.58	5.31	7.66	9.60	6.75	2.90	2.13
28	110.35	—	124.72	25.18	21.26	7.80	5.48	7.88	9.87	6.98	3.07	2.21
29	115.00	—	131.50	25.80	21.78	8.08	5.66	8.11	10.12	7.15	3.18	2.28
30	120.30	—	142.16	26.52	22.36	8.27	5.83	8.37	10.36	7.34	3.30	2.37
31	133.50	—	149.60	27.17	22.90	8.51	6.01	8.59	10.67	7.55	3.39	2.45
32	145.00	—	160.12	27.88	23.47	8.75	6.19	8.79	10.94	7.76	3.50	2.55
33	154.25	—	172.50	28.61	24.08	9.02	6.36	8.09	11.21	7.98	3.60	2.64
34	188.50	—	186.50	29.35	24.72	9.27	6.55	9.35	11.52	8.19	3.70	2.72
35	230.00	—	204.00	30.19	25.32	9.56	6.74	9.63	11.81	8.40	3.85	2.78
36	—	—	—	30.96	26.03	9.82	6.94	9.89	12.14	8.62	3.94	2.88
37	—	—	—	31.74	26.73	10.10	7.14	10.16	12.44	8.84	4.06	2.98
38	—	—	—	32.57	27.50	10.36	7.34	10.42	12.75	9.07	4.20	3.08
39	—	—	—	33.43	28.27	10.66	7.55	10.70	13.08	9.30	4.32	3.18
40	—	—	—	34.28	29.07	10.96	7.78	11.00	13.42	9.57	4.46	3.29
41	—	—	—	35.24	29.95	11.23	7.98	11.28	13.76	9.79	4.60	3.37
42	—	—	—	36.20	30.85	11.53	8.20	11.58	14.12	10.05	4.72	3.47
43	—	—	—	37.20	31.82	11.83	8.44	11.88	14.47	10.31	4.86	3.57
44	—	—	—	38.25	32.82	12.15	8.67	12.20	14.88	10.58	5.00	3.67
45	—	—	—	39.35	33.90	12.48	8.93	12.53	15.22	10.86	5.15	3.78
46	—	—	—	40.37	35.00	12.85	9.17	12.85	15.57	11.12	5.27	3.88
47	—	—	—	41.37	36.17	13.22	9.4	13.20	15.97	11.39	5.42	4.00
48	—	—	—	42.37	37.40	13.55	9.66	13.51	16.33	11.68	5.57	4.12
49	—	—	—	43.41	38.72	13.93	9.91	13.82	16.74	11.98	5.74	4.25
50	—	—	—	44.48	40.00	14.30	10.14	14.24	17.22	12.30	5.92	4.40

表A-3-1和表A-3-2中所列液体密度和摩尔体积的值,与图A-3-1至图A-3-2不同,它是在压力为101.325kPa(a),在大气中测得的,沸点低于15℃的液体除外。沸点低于15℃的液体,则是液体和它的蒸气压在15℃条件下处于平衡状态时,密度和摩尔体积值。

15℃时的液体相对密度定义为15℃的液体密度与15℃水的密度之比。此时,水的密度为999.10kg/m^3。

单位体积液体在空气中的质量称液体在空气中的视密度,其值与液体在真空中的质量或密度之差值为空气的密度。空气在15℃和101.325kPa(a)条件下的密度为1.22kg/m³。

三、压缩系数

当压力超过0.4MPa时,气体的压力、容积、温度的关系为:

$$pV = \frac{m}{M}ZRT \qquad (A-3-6)$$

$$n = \frac{m}{M}$$

式中 p——压力,kPa(a);

V——气体体积,m³;

Z——压缩系数;

m——气体质量,kg;

M——分子量;

n——在此压力 p、温度 t 下, V 体积中的气体物质的量,kmol;

R——通用气体常数, $R = 8.3144$ kJ/(kmol·K);

T——温度,K。

式(A-3-6)中 R 的值决定于使用的压力、温度和体积的单位,表A-3-5列出了各种单位下的 R 值,以供参考。

表A-3-5 通用气体常数 R 值

温标	压力单位	体积单位	质量单位	能量单位	R 值
K			mol	cal	1.9872cal/(mol·K)
			mol	J(a)	8.3144J/(mol·K)
	atm	L	mol	atm·L	0.082057atm·L/(mol·K)
	atm	cm³	mol	atm·cm³	82.057atm·cm³/(mol·K)
	mmHg	L	mol	mmHg·L	62.361mmHg·L/(mol·K)
	bar	L	mol	bar·L	0.08314bar·L/(mol·K)
	kgf/cm²	L	mol	(kgf/cm²)·L	0.08478(kgf/cm²)·L/(mol·K)
	atm	ft³	lb·mol	atm·ft³	1.314atm·ft³/(lb·mol·K)
	mmHg	ft³	lb·mol	mmHg·ft³	998.9mmHg·ft³/(lb·mol·K)
	kgf/cm²	m³	kmol	(kgf/cm²)·m³	0.08478(kgf/cm²)·m³/(kmol·K)
	kgf/cm²	L	kmol	(kgf/cm²)·L	84.78(kgf/cm²)·L/(kmol·K)
	bar	m³	kmol	bar·m³	0.08314bar·m³/(kmol·K)
	bar	L	kmol	bar·L	83.14bar·L/(kmol·K)
	bar	m³	mol	bar·cm³	83.14bar·cm³/(kmol·K)
	N/m²=Pa	m³	kmol	Pa·m³	83.14Pa·m³/(kmol·K)

续表

温标	压力单位	体积单位	质量单位	能量单位	R 值
°R			lb mol	Btu	1.9872Btu/(lbmol·°R)
			lb mol	hp·h	0.0007805hp·h/(lbmol·°R)
			lb mol	kW·h	0.0005819kW·h/(lbmol·°R)
	atm	ft³	lb mol	atm·ft³	0.7302atm·ft³/(lbmol·°R)
	inHg	ft³	lb mol	inHg·ft³	21.85inHg·ft³/(lbmol·°R)
	lb/in²(a)	ft³	lb mol	(lb/in²)·ft³	10.73(lb/in²)·ft³/(lbmol·°R)
	lb/ft²(a)	ft³	lb mol	(lb/ft²)·ft³	1545.0(lb/ft²)·ft³/(lbmol·°R)
	mmHg	ft³	lb mol	mmHg·ft³	555.0mmHg·ft³/(lbmol·°R)

压缩系数 Z 是一个无因次系数,决定于气体的特性,气体的温度和压力。

根据对应状态理论,在相同的对应状态下的气体,对理想气体状态方程式的偏差相同,即具有相等的 Z 值。处于相同对应状态,即气体具有相同的对比温度 T_r 和对比压力 p_r。T_r 和 p_r 的定义如下:

对比温度:

$$T_r = \frac{T}{T_c} \tag{A-3-7}$$

对比压力:

$$p_r = \frac{p}{p_c} \tag{A-3-8}$$

式中　T_c——气体的临界温度,K;
　　　p_c——气体的临界压力,kPa(a);
　　　T——气体的绝对温度,K;
　　　p——气体的绝对压力,kPa(a)。

其实,温度和压力可用任何绝对单位,但是 T 和 T_c,p 和 p_c 使用的单位必须相同。

图 A-3-3 至图 A-3-6 是压缩系数通用计算图,这四张图包括了不同对比温度和对比压力范围。根据各种气体的对比温度 T_r 和对比压力 p_r,可以由它们查得压缩系数 Z。

图 A-3-7 至图 A-3-13 分别表示甲烷、乙烷、乙烯、丙烷、丙烯、正丁烷、异丁烷的压缩系数图。

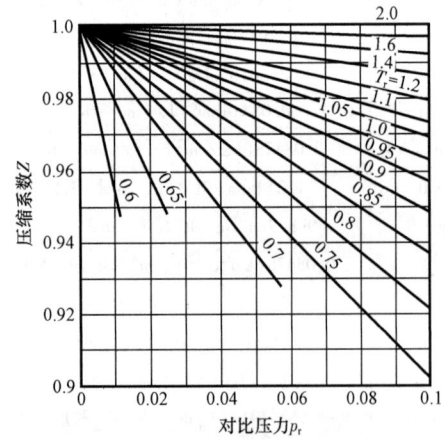

图 A-3-3　压缩系数通用计算图之一

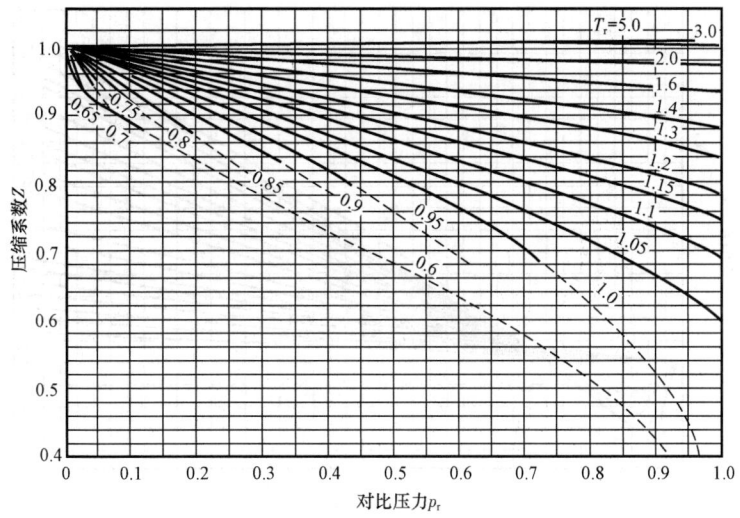

图 A-3-4　压缩系数通用计算图之二

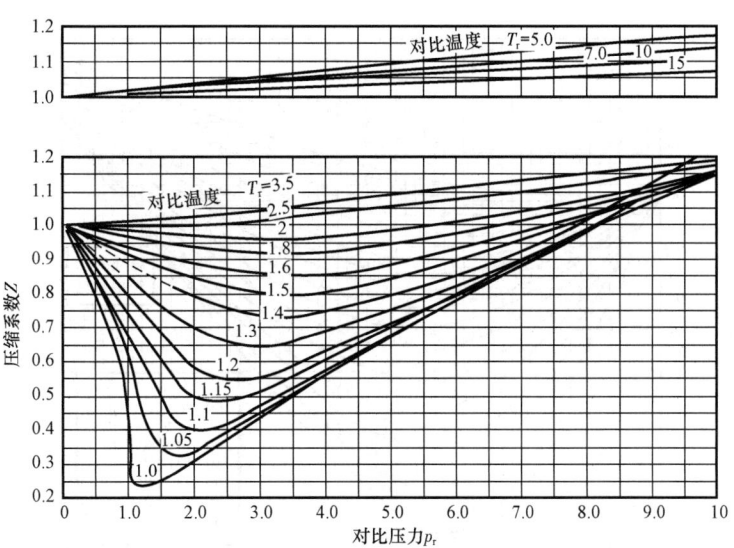

图 A-3-5　压缩系数通用计算图之三

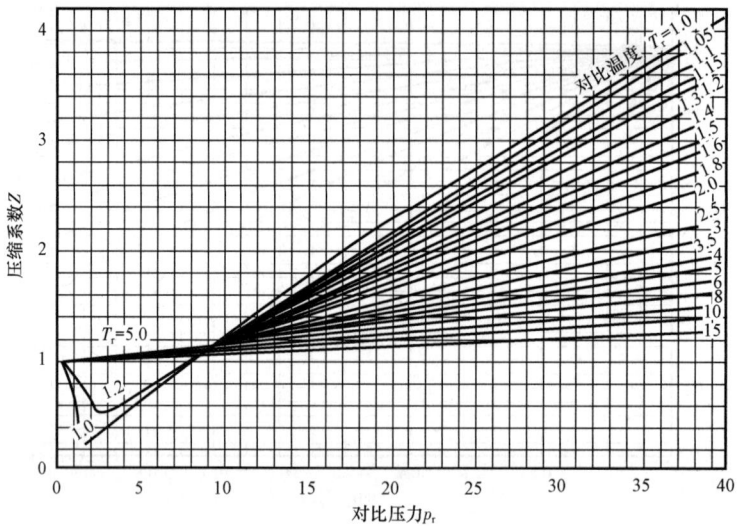

图 A-3-6　压缩系数通用计算图之四

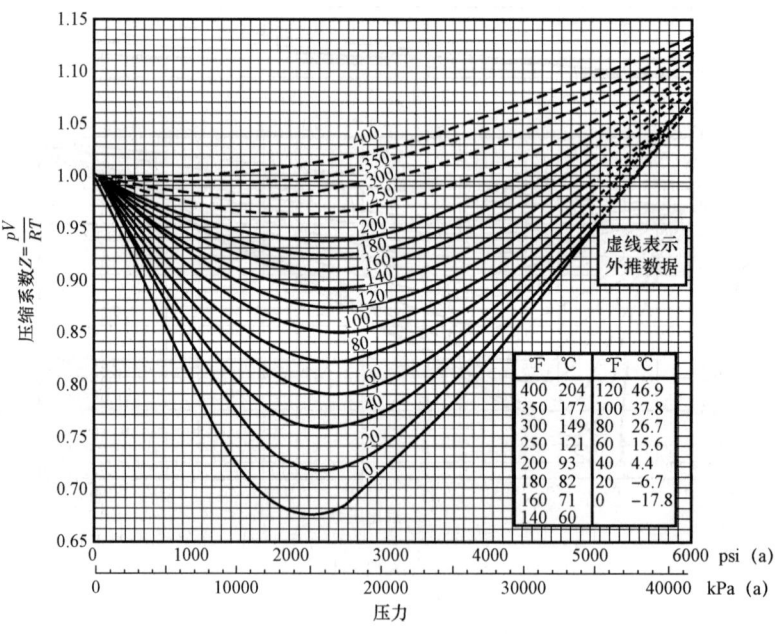

图 A-3-7　甲烷压缩系数图

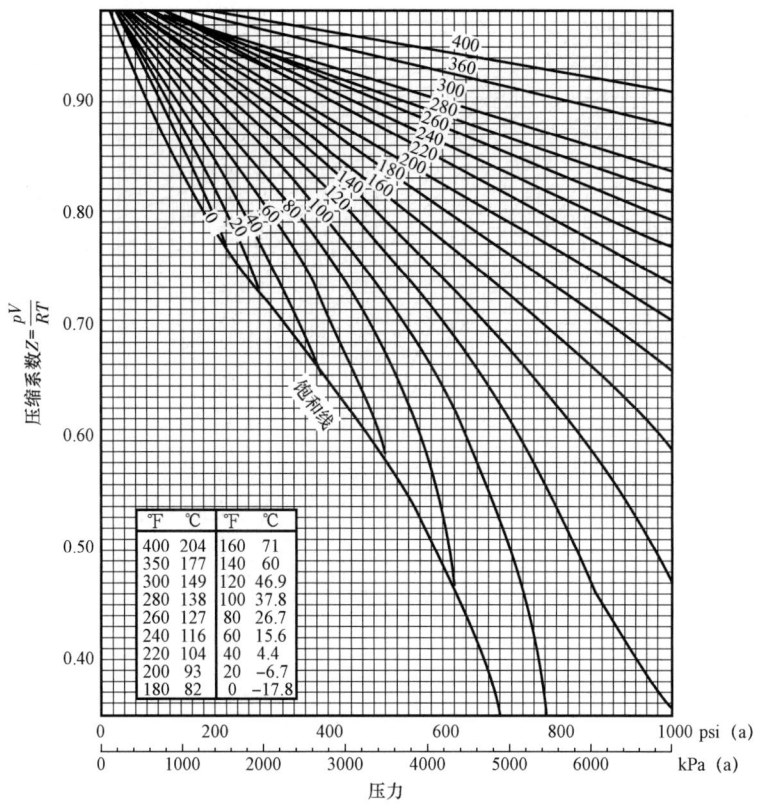

图 A-3-8(A)　乙烷压缩系数图之一

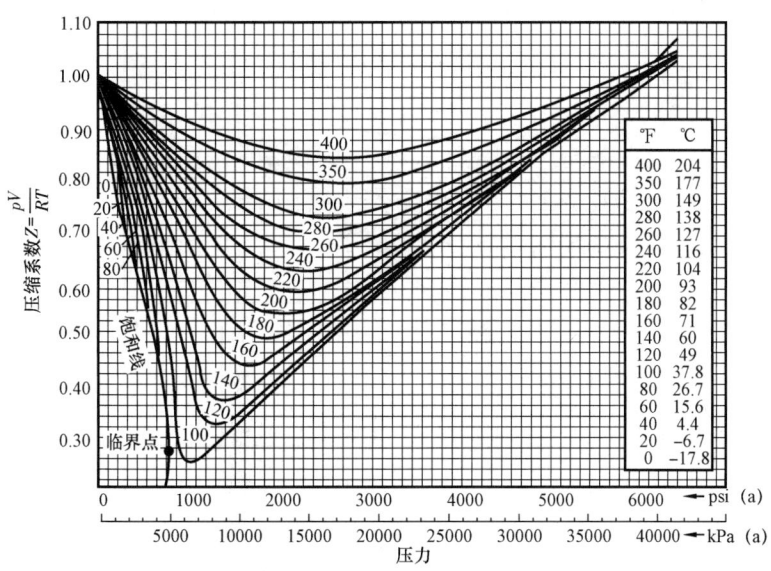

图 A-3-8(B)　乙烷压缩系数图之二

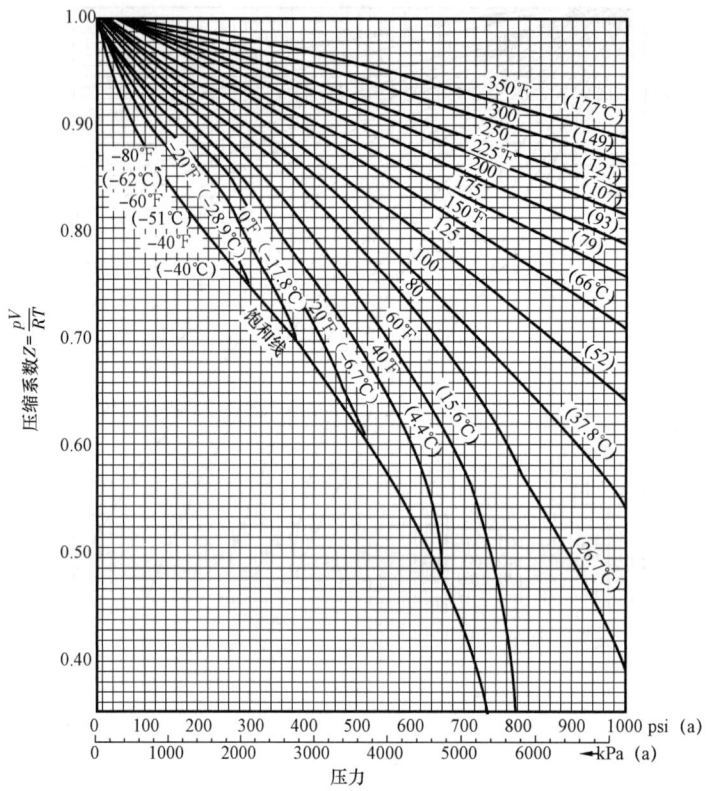

图 A-3-9(A) 乙烯压缩系数图之一

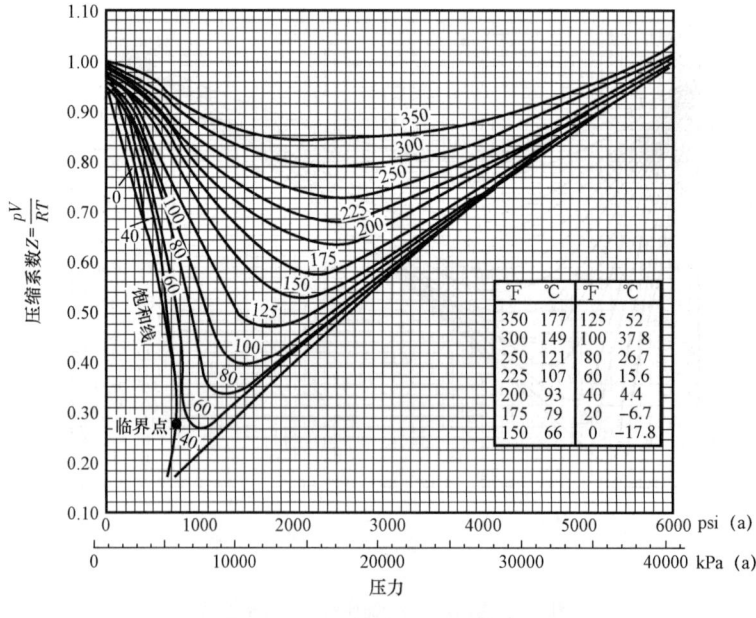

图 A-3-9(B) 乙烯压缩系数图之二

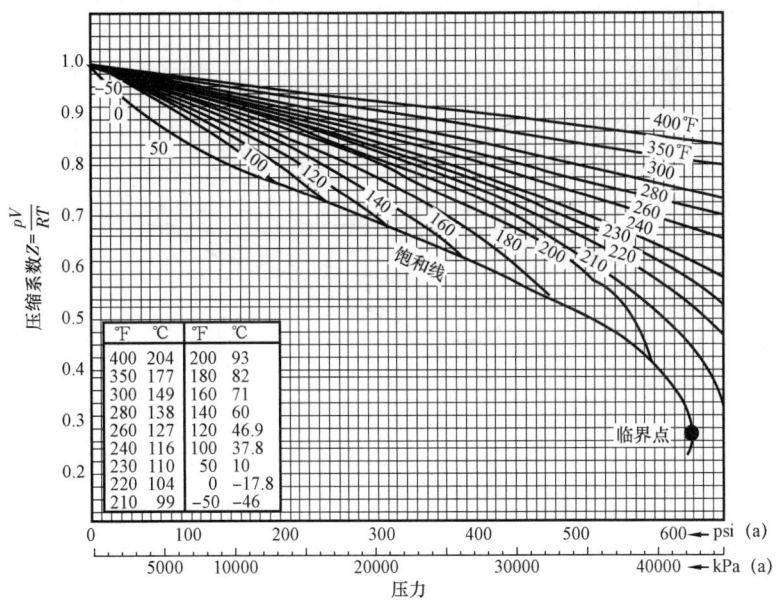

图 A-3-10(A) 丙烷压缩系数图

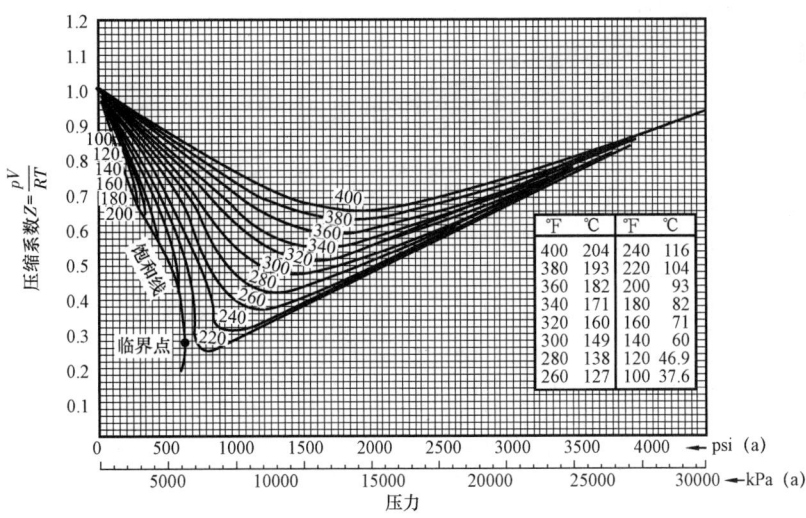

图 A-3-10(B) 丙烷压缩系数图

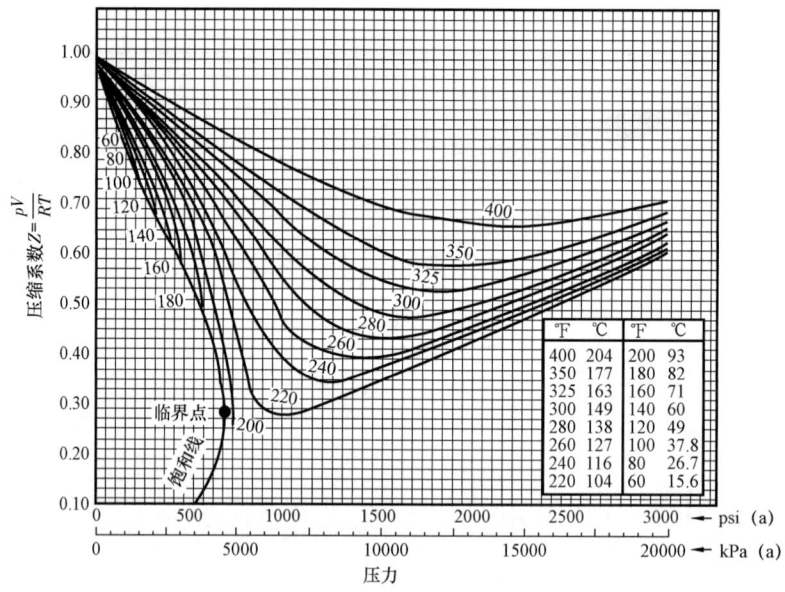

图 A-3-11 丙烯压缩系数图

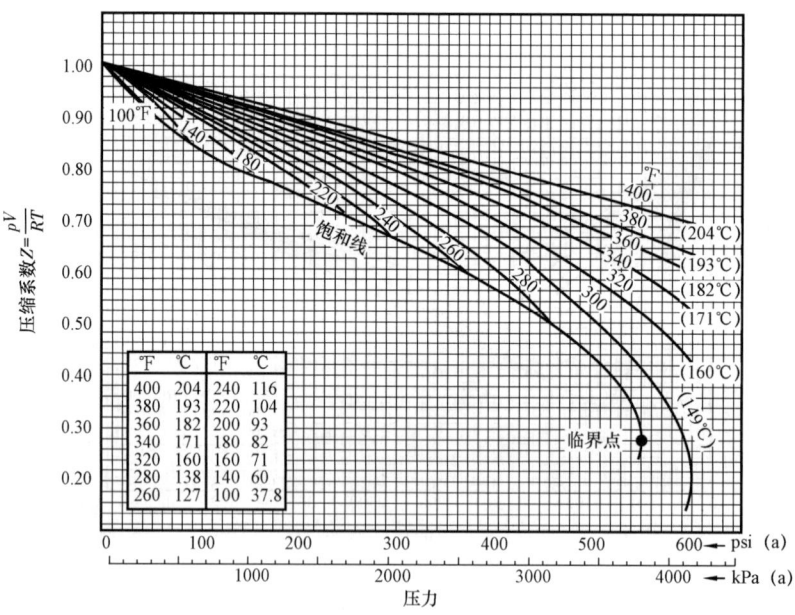

图 A-3-12(A) 正丁烷压缩系数图

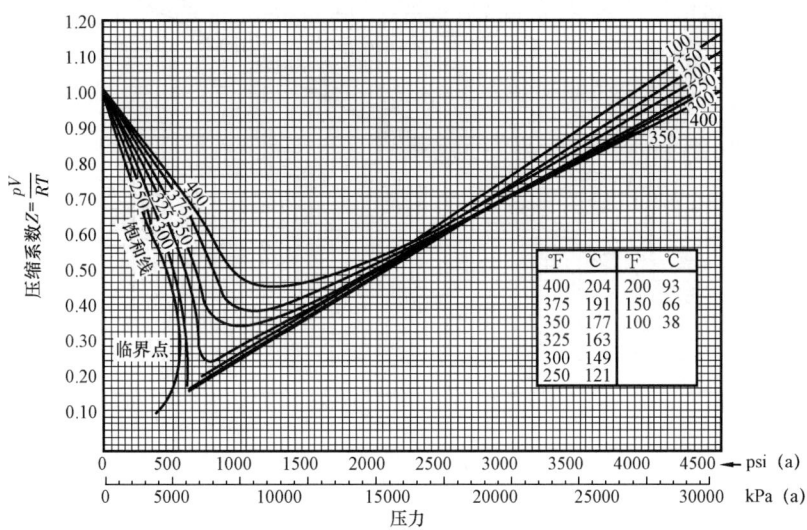

图 A-3-12(B) 正丁烷压缩系数图

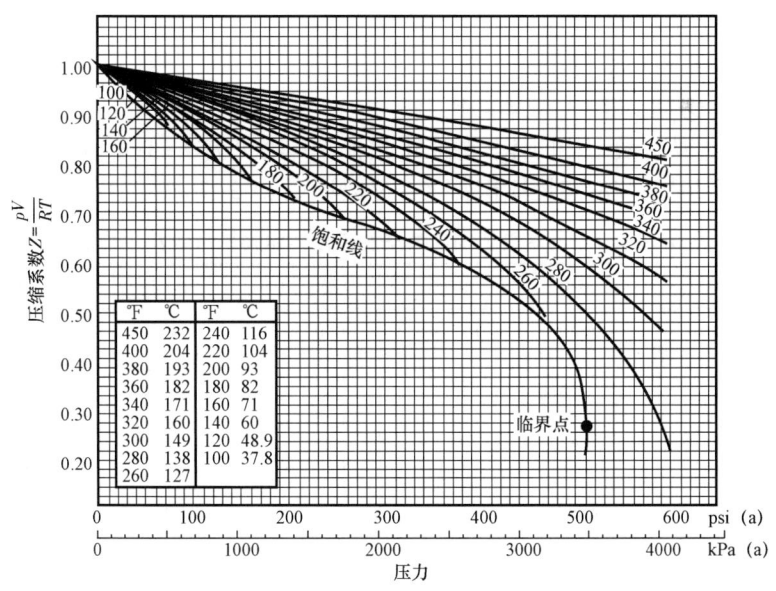

图 A-3-13(A) 异丁烷压缩系数图

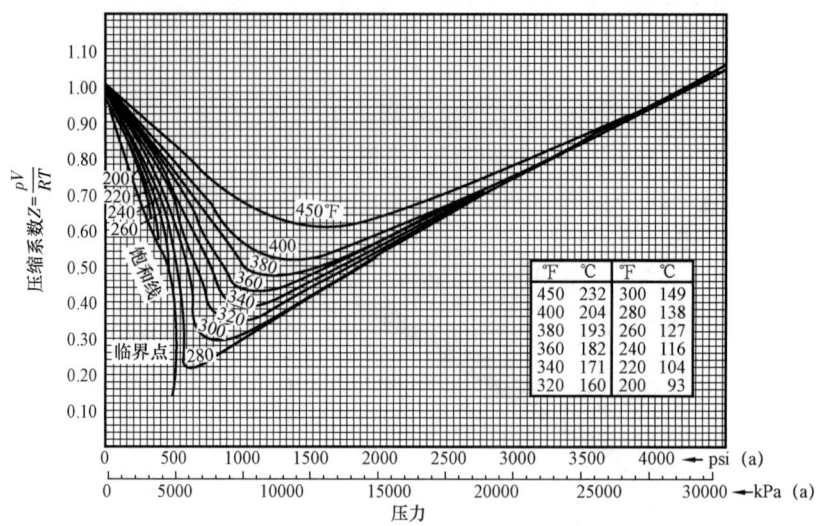

图 A-3-13(B)　异丁烷压缩系数图

四、体积膨胀系数

液体的体积膨胀系数可按式(A-3-9)计算：

$$\beta = \frac{v_{t2} - v_{t1}}{v_{t1}(t_2 - t_1)} \tag{A-3-9}$$

式中　β——液体体积膨胀系数；
　　　v_{t1}、v_{t2}——温度为 t_1 和 t_2 时液体的比容。

不同温度范围内某些液态烃的体积膨胀系数 β 平均值见表 A-3-6。
温度变化值不同时某些液态烃体积变化百分数见表 A-3-7。

表 A-3-6　不同温度范围内某些液态烃体积膨胀系数 β 平均值

温度,℃	-30~0	0~10	10~20	20~30	30~40	40~50	50~60
乙烷	0.00436	0.00495	0.01063	0.03309	—	—	—
丙烯	0.00254	0.00283	0.00313	0.00329	0.00354	0.00389	
丙烷	0.00246	0.00265	0.00258	0.00352	0.00340	0.00422	0.00450
异丁烷	0.00184	0.00233	0.00171	0.00297	0.00217	0.00266	0.00259
正丁烷	0.00168	0.00181	0.00237	0.00173	0.00227	0.00222	0.00217
丁烯-1	0.00217	0.00198	0.00206	0.00214	0.00227	0.00244	
异丁烯	0.00184	0.00191	0.00206	0.00213	0.00226	0.00244	
异戊烷	0.00133	0.00192	0.00126	0.00186	0.00122	0.00181	
水	—	0.0000299	0.00014	0.00026	0.00035	0.00042	

表 A-3-7　温度变化值不同时某些液态烃体积变化百分数

温度,℃	-30~-10	-30~0	-30~20	-30~10	-30~30	-30~40	-30~50
乙烯	8.3	11.9	16.9	22.6	29.9		
乙烷	8.0	11.6	15.3	22.3	38.1		
丙烯	4.8	7.1	9.5	11.95	14.4	16.95	19.5
丙烷	4.7	6.9	9.1	11.2	13.9	16.3	19.2
异丁烷	3.5	5.2	7.3	8.7	11.0	12.7	14.7
正丁烷	3.3	4.8	6.4	8.4	9.9	11.7	13.4
异丁烯	3.5	5.2	6.9	8.7	10.4	12.2	14.0
异戊烷	2.6	3.8	5.6	6.7	8.3	9.3	10.8

单一液体体积,当温度由 t_1 变化至 t_2 的体积按式(A-3-10)计算:

$$V_{t2} = V_{t1}[1 + \beta(t_2 - t_1)] \quad (A-3-10)$$

式中　v_{t1}、v_{t2}——单一液体在温度为 t_1 和 t_2 时的体积,m^3;

　　　β——单一液体温度由 t_1 至 t_2 的平均体积膨胀系数。

五、黏度

液体黏度通常用动力黏度、运动黏度和条件黏度表示。

同温度下运动黏度与动力黏度的关系为:

$$\nu = \frac{\mu}{\rho} \quad (A-3-11)$$

式中　ν——运动黏度,m^2/s;

　　　μ——动力黏度,$Pa \cdot s$;

　　　ρ——液体的密度,kg/m^3。

用一定的黏度计,在特定条件下测定的液体黏度称为条件黏度。如常用的恩氏黏度是在某温度下从恩氏黏度计流出 200mL 液体所需时间与 20℃时流出同体积蒸馏水所需时间的比值,用 °E 表示。

因黏度计和测定条件不同,条件黏度还有赛氏黏度、福氏黏度、雷氏黏度等。各种黏度可用图 A-3-14 进行换算。

1. 气体的黏度

气体的黏度随温度和压力而变化。当压力小于 1.0MPa 时,压力的变化对黏度影响不大,在工程计算中可以只考虑温度的影响。

温度对气体动力黏度的影响可近似按式(A-3-12)计算:

$$\mu_t = \mu_0 \frac{273 + C}{T + C} \left(\frac{T}{273}\right)^{\frac{3}{2}} \quad (A-3-12)$$

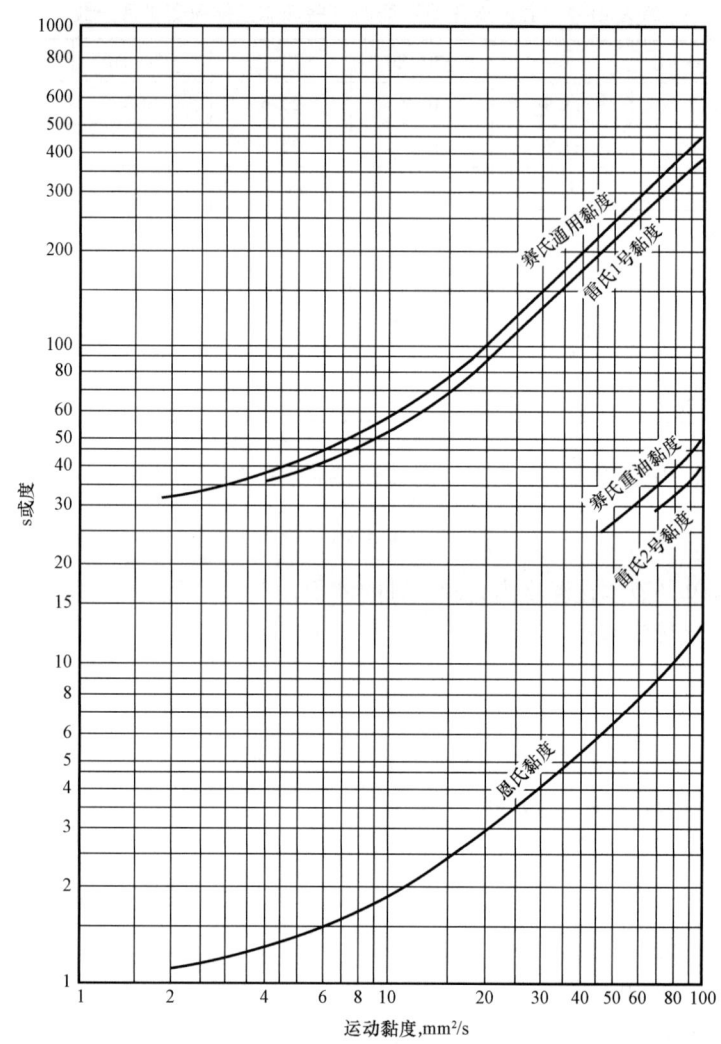

图 A-3-14(A) 黏度换算图

式中 μ_t——温度为 T 时气体动力黏度，Pa·s；

μ_0——温度为 273K 时气体动力黏度，Pa·s；

C——无因次实验系数，见表 A-3-8。

表 A-3-8 无因次实验系数 C

名称	C	适用温度范围，℃	名称	C	适用温度范围，℃
甲烷	164	20~250	正戊烷	383	122~300
乙烷	252	20~250	乙烯	225	20~250
丙烷	278	20~250	丙烯	321	20~120
正丁烷	377	20~120	丁烯-1	329	20~120
异丁烷	368	20~120			

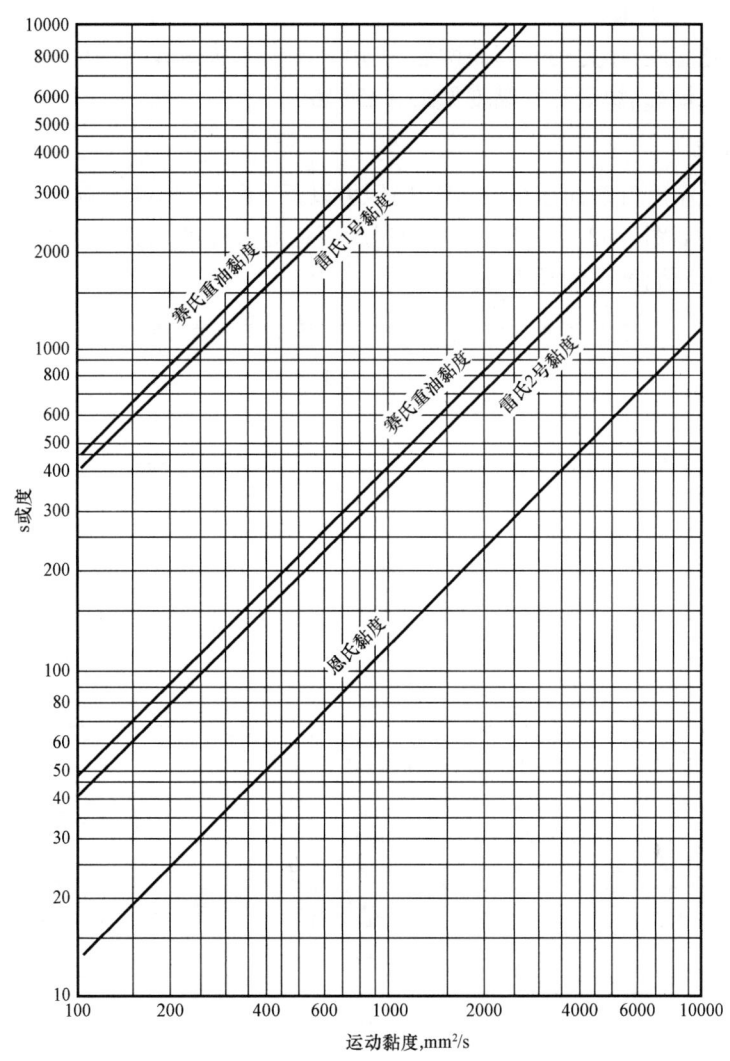

图 A-3-14(B)　黏度换算图

工程上不要求精确计算时，气体的动力黏度可按下式进行计算，平均误差为5%：

$$\mu = 0.002799 M^{0.5} p_c^{0.667} \cdot T_r \quad (A-3-13)$$

$$\mu_c = 0.01676 M^{0.5} p_c^{0.667} / T_c^{0.167} \quad (A-3-14)$$

式中　μ——动力黏度，mPa·s；

μ_c——临界状态时黏度，mPa·s；

M——分子量；

p_c——临界压力，kPa(a)；

T_r——对比温度;

T_c——临界温度,K。

气体的黏度随温度、压力的升高而增加,可用对比参数从图 A-3-15 求得。

烷烃、烯烃、二烯烃、炔烃蒸气黏度见图 A-3-16。

2. 液体的黏度

液体的黏度随温度升高而减小,在4MPa压力以下,压力对黏度影响不大。不同温度下烷烃液体的动力黏度如图 A-3-17 所示。不同温度下烯烃液体的动力黏度如图 A-3-18 所示。某些烷烃液体在不同温度下的动力黏度见表 A-3-9。

表 A-3-9 某些烷烃液体在不同温度下的动力黏度 μ 单位:10^{-15}Pa·s

名称	温度,℃									
	-40	-20	-10	0	5	15	25	40	50	70
乙烷	8.83	7.65	7.06	6.67	6.47	6.08	5.88	—	—	—
丙烷	19.81	16.77	15.00	13.53	12.36	11.08	10.00	8.43	7.65	6.08
异丁烷	28.44	22.56	20.79	18.83	18.04	16.48	14.61	12.94	11.57	9.71
正丁烷	29.91	25.00	23.05	21.08	20.10	18.44	16.67	14.51	13.44	11.28
正戊烷	36.48	—	—	28.44	26.48	24.52	22.06	19.42	17.65	14.91
水	—	—	—	—	148.96	111.79	87.67	64.33	53.94	40.21

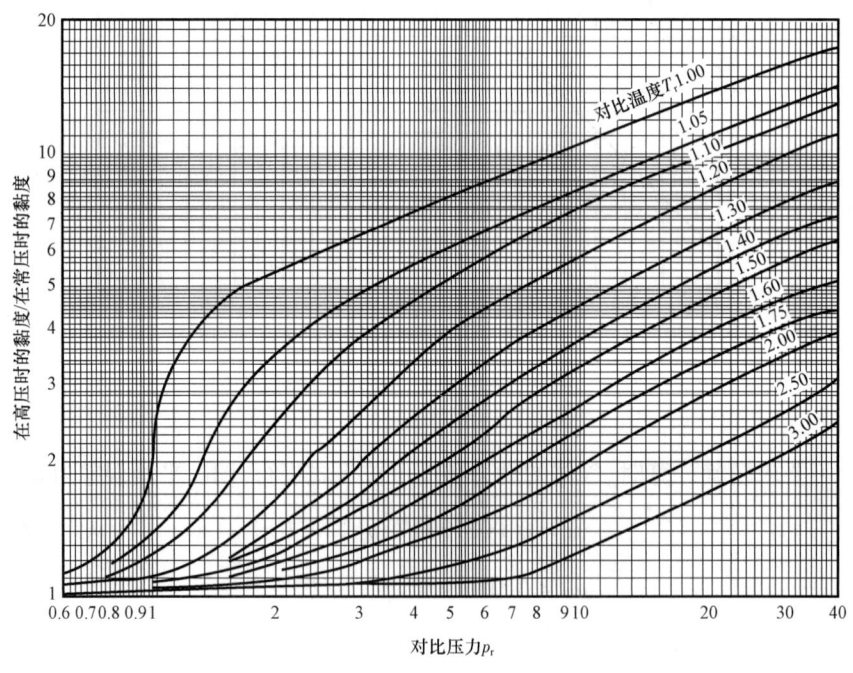

图 A-3-15 气体在不同压力和常压下的动力黏度比值

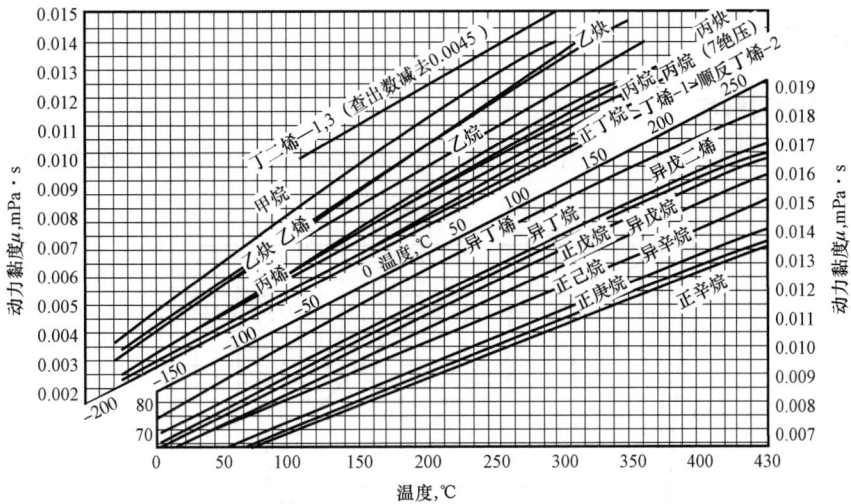

图 A-3-16　烷烃、烯烃、二烯烃、炔烃蒸汽黏度图

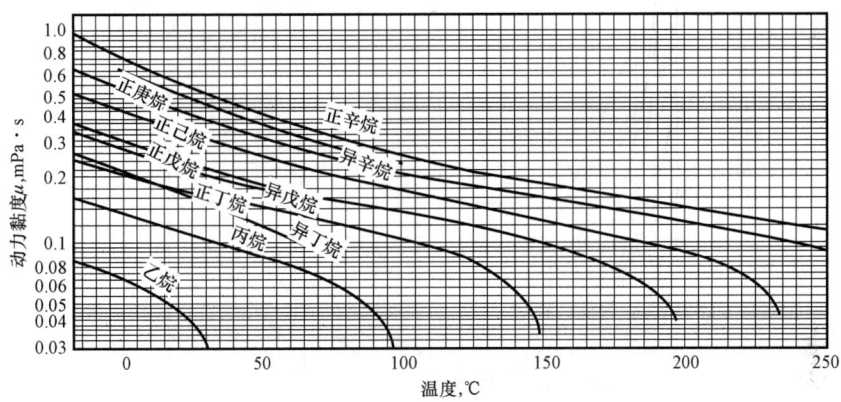

图 A-3-17　不同温度下烷烃液体的动力黏度

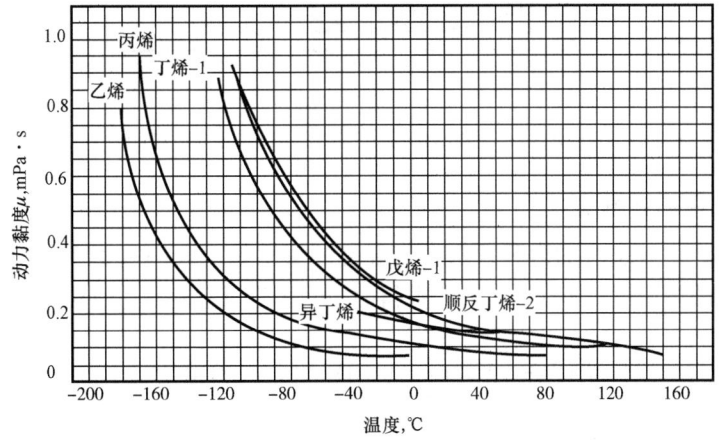

图 A-3-18　不同温度下烯烃液体的动力黏度

六、溶解度

1. 在水中的溶解度

常压下某些烃类以及氢、二氧化碳气体在水中的溶解度与温度的关系如图 A-3-19 所示。

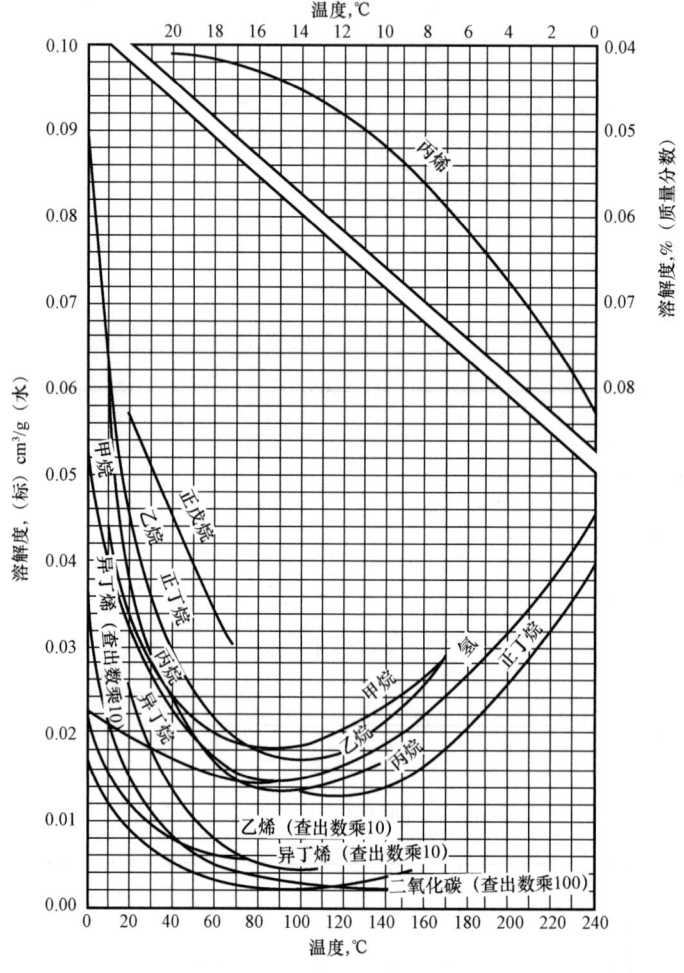

图 A-3-19　常压下某些烃类以及氢、二氧化碳在水中的溶解度与温度的关系

2. 水在烃类中的溶解度

在饱和蒸气压下液态烃的饱和含水量与温度的关系如图 A-3-20 所示。

水在纯烃中的溶解度，当不能从图中查得时，可用式(A-3-15)计算。

$$\lg X = -\left(4200\frac{H}{C} + 1050\right)\left(\frac{1}{T} - 0.0016\right) \quad (A-3-15)$$

式中　X——水的溶解度，摩尔分数；

H/C——在烃中氢对碳的质量比；

T——绝对温度，K。

此式仅适用计算204℃以下的三相溶解度（气—液—液），也适用于计算液—液相溶解度（温度远低于临界溶解度时）。其误差估计为30%。

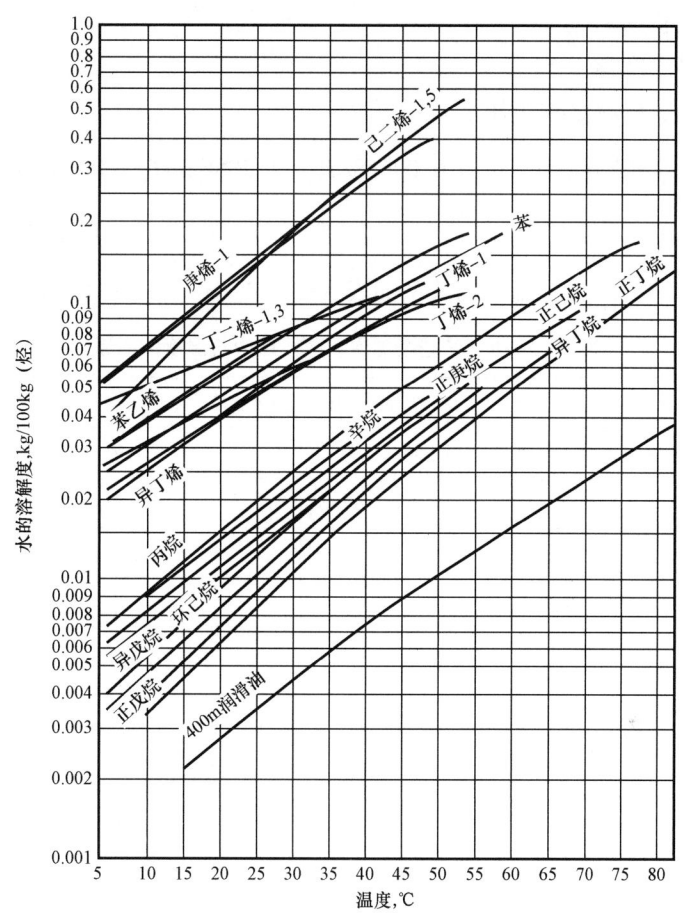

图 A-3-20 水存烃类中的溶解度

七、蒸汽压力

纯烃的蒸气压可用式附录 A-3-16 计算，但需对比温度大于 0.3，而且不能用于物质冰点以下。在已知物质临界性质时，该式的平均误差在 3%~5% 以内，当对比温度大于 0.5 时，计算值误差最小。

$$\ln p_r^* = (\ln p_r^*)^{(0)} + \omega (\ln p_r^*)^{(1)} \qquad (A-3-16)$$

式中 p_r^*——对比蒸气压，p^*/p_c；

p^*——蒸气压，kPa(a)；

p_c——临界压力,kPa(a);

$(\ln p_r^*)^{(0)}, (\ln p_r^*)^{(1)}$——与对比温度有关的校正项;

ω——偏心因子;

T_r——对比温度,T/T_c;

T——温度,K;

T_c——临界温度,K。

与对比温度有关的校正项可用下式计算

$$(\ln p_r^*)^{(0)} = 5.92714 - 6.09648/T_r - 1.28862\ln T_r + 0.169347 T_r^6 \quad (A-3-17)$$

$$(\ln p_r^*)^{(1)} = 15.2518 - 15.6875/T_r - 13.4721\ln T_r + 0.43577 T_r^6 \quad (A-3-18)$$

某些烃类饱和蒸气压力与温度的关系如表 A-3-10 和图 A-3-21 所示。

表 A-3-10 某些烃类饱和蒸气压力与温度的关系

温度 ℃	饱和蒸气压力,10^5Pa(a)											
	乙烷	乙烯	丙烷	丙烯	异丁烷	正丁烷	丁烯-1	顺丁烯-2	反丁烯-2	异丁烯	异戊烷	正戊烷
-50	5.53	10.47	0.70	1.00								
45	6.55	12.28	0.88	1.23								
40	7.71	14.32	1.09	1.50								
35	9.02	16.60	1.34	1.80								
30	10.50	19.12	1.64	2.16								
25	12.15	21.92	1.97	2.59								
20	14.00	24.98	2.36	3.08								
15	16.04	28.33	2.85	3.62	0.88	0.56	0.70	0.46	0.52	0.73		
10	18.31	31.99	3.38	4.23	1.07	0.68	0.86	0.57	0.65	0.89		
-5	20.81	35.96	3.99	4.97	1.28	0.84	1.05	0.71	0.78	1.08		
0	23.55	40.25	4.66	5.75	1.53	1.02	1.27	0.87	0.97	1.30	0.34	0.24
5	25.55	44.88	5.43	6.65	1.82	1.23	1.52	1.05	1.17	1.55	0.42	0.30
10	29.82	50.00	6.29	7.65	2.15	1.46	1.82	1.26	1.40	1.84	0.52	0.37
15	33.36		7.25	8.74	2.52	1.74	2.15	1.51	1.66	2.17	0.63	0.46
20	37.21		8.33	9.92	2.94	2.05	2.52	1.79	1.97	2.55	0.76	0.53
25	41.37		9.51	11.32	3.41	2.40	2.95	2.11	2.31	2.97	0.91	0.67
30	45.85		10.80	12.80	3.94	2.80	3.43	2.47	2.70	3.45	1.08	0.81
35	48.89		12.26	14.44	4.52	3.24	3.96	2.87	3.13	3.99	1.27	0.96

续表

温度 ℃	饱和蒸气压力, 10^5Pa(a)										
	乙烷	乙烯	丙烷	丙烯	异丁烷	正丁烷	丁烯-1	顺丁烯-2	反丁烯-2	异丁烯	异戊烷	正戊烷
40			13.82	16.23	5.13	3.74	4.56	3.33	3.62	4.58	1.49	1.14
45			15.52	18.17	5.90	4.29	5.22	3.83	4.16	5.24	1.74	1.34
50			17.44	20.28	6.69	4.90	5.94	4.39	4.75	5.98	2.02	1.57
55			19.43	22.57	7.59	5.57	6.38	5.01	5.41	6.13	2.34	1.83
60			21.62	25.05	8.53	6.31	7.94	5.69	6.14	6.78	2.64	2.12
65			23.98	27.73	9.57	7.21	8.56	6.44	6.93	8.64	3.07	2.44
70			26.53	30.60	10.70	8.00	9.60	7.25	7.80	9.69	3.60	2.80
75			29.25	33.69	11.93	8.96	10.72	8.14	8.73	10.84	3.97	3.19
80			32.18	3699	13.26	10.00	11.93	9.10	9.75	12.09	4.48	3.83
85			35.30	40.53	14.69	11.13	13.23	10.14	10.85	13.44	5.04	4.11
90			38.62	45.31	16.24	12.34	14.64	11.27	12.03	14.89	5.65	4.63
95			42.16	45.39	17.89	13.65	15.88	12.47	13.31	16.45	6.31	5.21
100			43.4		19.66	15.04	17.75	13.76	14.68	18.13	7.03	5.83

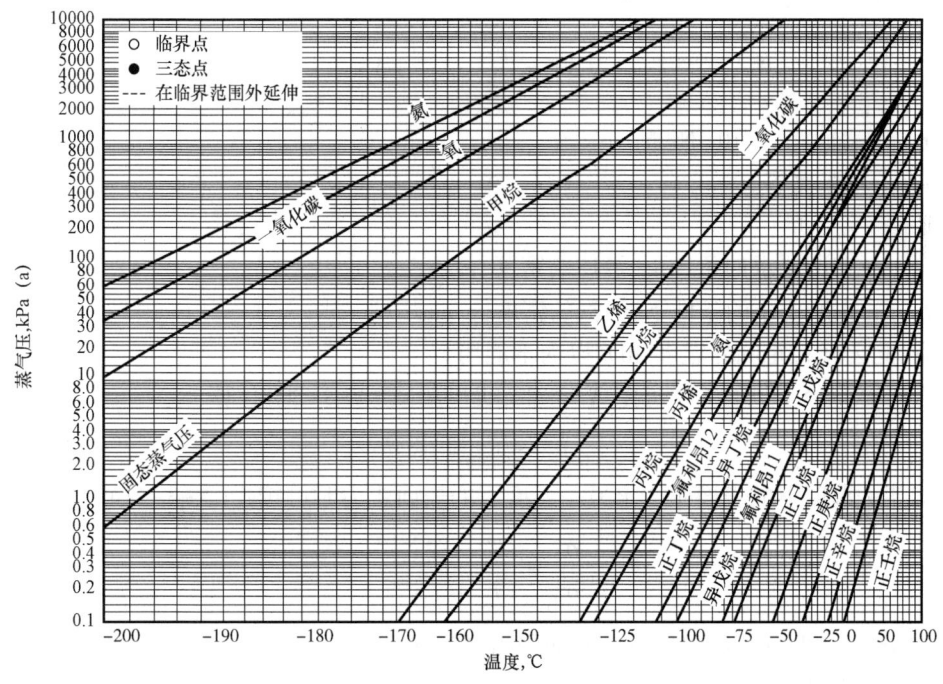

图 A-3-21 某些烷烃饱和蒸气压力与温度的关系

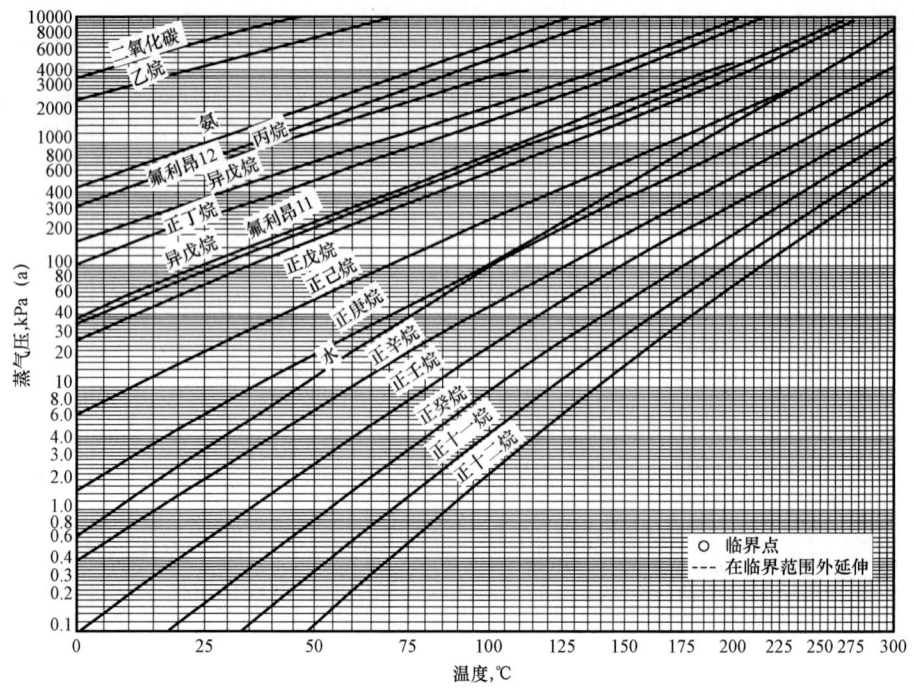

图 A-3-21 某些烷烃饱和蒸气压力与温度的关系(续)

八、表面张力

烃类液体的表面张力可按下式估算：

$$\sigma^{\frac{1}{4}} = \frac{p}{M}(d_L - d_v) \qquad (A-3-19)$$

式中 σ——表面张力，10^{-3}N/m；
　　p——等张比容；
　　M——分子量；
　　d_L——在所要求的条件下，液体的密度，g/cm³；
　　d_v——在所要求的条件下，蒸汽的密度，g/cm³。

注意：此公式在距临界温度40℃以内不能用。

等张比容与分子量的关系见图 A-3-22，也可用式(A-3-20)计算：

$$p = 40 + 2.38M \qquad (A-3-20)$$

已知某一温度下的表面张力求另一温度下的表面张力时可按式(A-3-21)计算：

$$\frac{\sigma_2}{\sigma_1} = \left(\frac{T_c - T_2}{T_c - T_1}\right)^{1.2} \qquad (A-3-21)$$

式中 σ_1、σ_2——两种不同温度下的表面张力，10^{-3}N/m；
　　T_c——临界温度，K；

T_1、T_2——两种不同温度,K。

某些烃类液体的表面张力和温度的关系见图 A-3-23、图 A-3-24 和表 A-3-11。

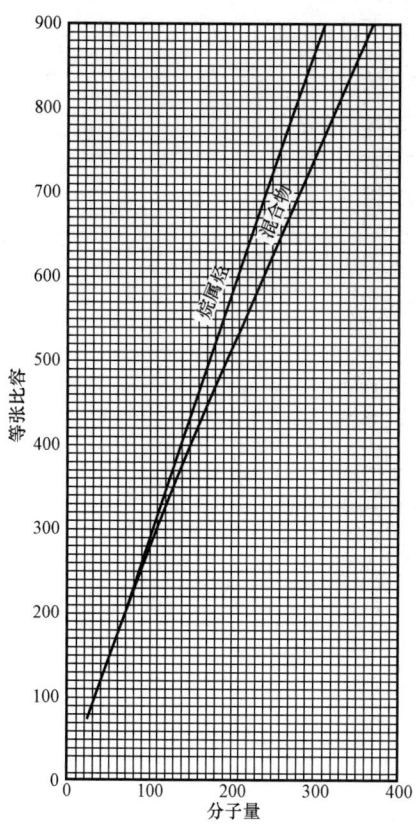

图 A-3-22 烷烃和混合物的等张比容

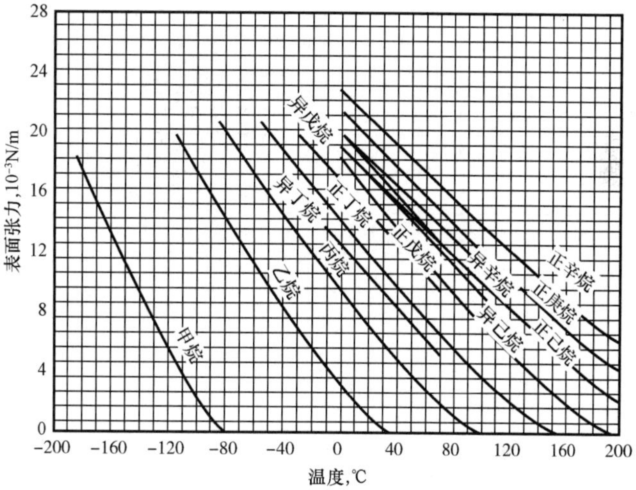

图 A-3-23 某些烷烃液体的表面张力与温度的关系

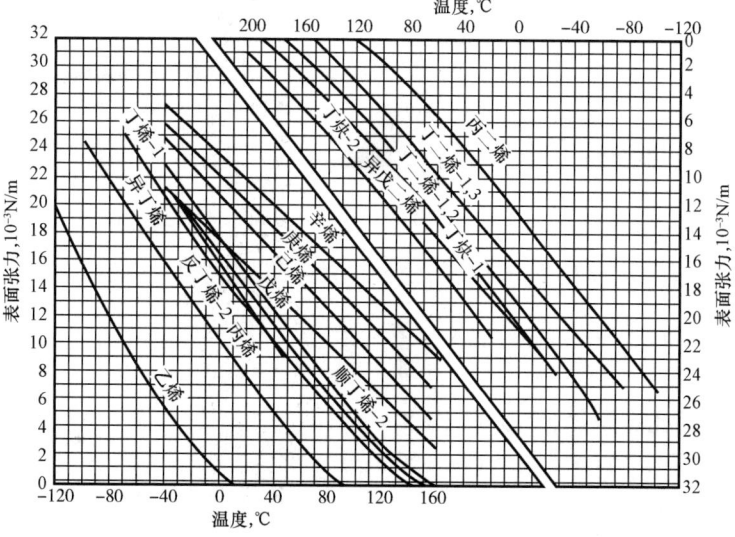

图 A-3-24 某些烯烃液体的表面张力与温度的关系

表 A-3-11　某些烃类液体的表面张力(10^{-3}N/m)与温度的关系

温度,℃	乙烷	丙烯	丙烷	丁烯-1	异丁烯	异丁烷	正丁烷	异戊烷	正戊烷
-50	10.1	16.9	16.9	—	—	—	—	—	—
-45	9.5	16.2	15.5	—	—	—	—	—	—
-40	8.8	15.4	15.0	—	—	—	—	—	—
-35	8.0	14.7	14.0	—	—	—	—	—	—
-30	7.4	14.0	13.8	—	—	—	—	—	—
-25	6.6	13.3	132	—	—	—	—	—	—
-20	5.9	12.6	12.5	—	—	15.3	17.0	19.3	20.5
-15	5.3	11.9	11.9	16.7	16.2	14.8	16.4	18.8	20.0
-10	4.7	11.3	11.2	16.0	16.5	14.1	15.8	18.3	19.4
-5	4.1	10.6	10.6	15.4	14.8	13.5	15.2	17.7	18.8
0	3.4	9.9	9.9	14.7	14.2	12.9	14.7	17.1	18.2
5	2.8	9.2	9.4	14.1	13.7	12.3	14.2	16.5	17.7
10	2.2	8.6	8.7	13.6	13.1	11.7	13.6	16.0	17.2
15	1.5	7.9	8.2	13.0	12.5	11.1	13.0	15.6	16.6
20	0.8	7.3	7.6	12.4	11.9	10.5	12.4	15.0	16.1
25	0.4	6.7	6.9	11.8	11.3	10.0	11.9	14.5	15.5
30	0.2	6.1	6.3	11.1	10.7	9.4	11.3	14.0	15.0
35	—	5.5	5.8	10.6	10.2	8.8	10.7	13.5	14.5
40	—	4.7	5.1	10.0	9.7	8.2	10.2	12.9	14.0
45	—	4.2	4.5	9.4	9.1	7.7	9.6	12.4	13.5
50	—	3.7	3.9	8.9	8.6	7.1	9.1	11.8	13.0
55	—	3.1	3.4	8.3	8.0	6.5	8.6	11.2	12.5
60	—	2.6	2.9	7.8	7.5	6.0	8.0	10.7	11.9
65	—	2.0	2.4	7.2	7.0	5.5	7.5	10.2	11.4
70	—	1.5	1.9	6.6	6.4	5.0	7.0	9.6	10.8

九、比热容、绝热指数

1. 气体比热容

理想气体的比定容热容和比定压热容之间的关系可用式(A-3-22)表示：

$$c_p = c_v + \frac{R}{M} = c_v + \frac{8.3144}{M} \qquad (A-3-22)$$

式中　c_p——气体的比定压热容,kJ/(kg·℃)；

　　　c_v——气体的比定容热容,kJ/(kg·℃)；

　　　M——气体的分子量；

　　　R——气体常数,8.3144kJ/(kmol·℃)。

气体的质量比热容、容积比热容和摩尔比热容之间的关系可用下式表示：

$$c' = \frac{c''}{M} \qquad (A-3-23)$$

$$c = \frac{c''}{22.4} \qquad (A-3-24)$$

$$c = c'\rho_0 \qquad (A-3-25)$$

式中　c'——气体的质量比热容，kJ/(kg·℃)；
　　　c''——气体的摩尔比热容，kJ/(kmol·℃)；
　　　c——气体的容积比热容，kJ/(m³·℃)；
　　　ρ_0——标准条件下气体的密度，kg/m³。

0~1大气压下，某些烷烃和烯烃气体真实摩尔比热容与温度关系如图 A-3-25 和图 A-3-26。如从上述图表查不到所需数据，可用式(A-3-26)计算，该式在适用的温度范围内(表 A-3-12)误差小于 1.5%。

$$c_p^\circ = 4.1868 \times (B + 3.6CT + 9.72DT^2 + 23.3ET^3 + 52.5FT^4) \qquad (A-3-26)$$

式中　c_p°——理想气体在温度 T 时的比定压热容，kJ/(kg·℃)；
　　　B、C、D、E、F——系数(表 A-3-12)；
　　　T——温度，K。

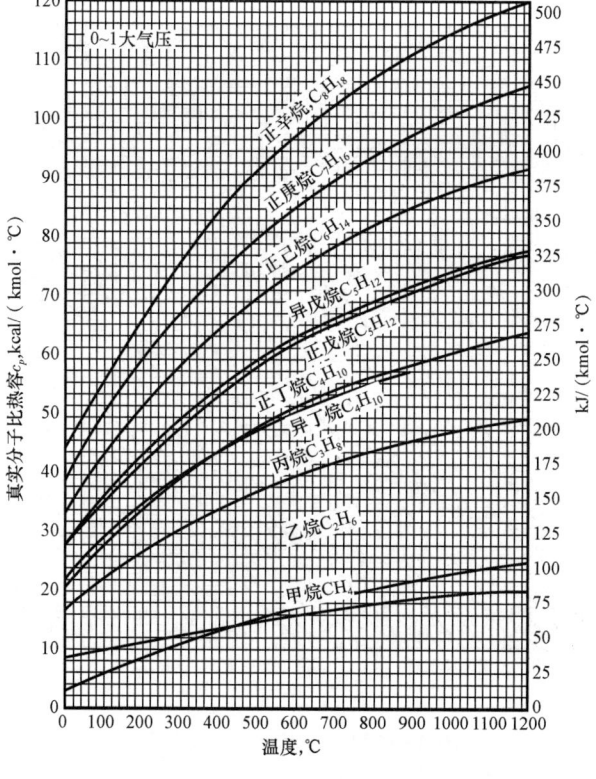

图 A-3-25　烷烃蒸气比热容图

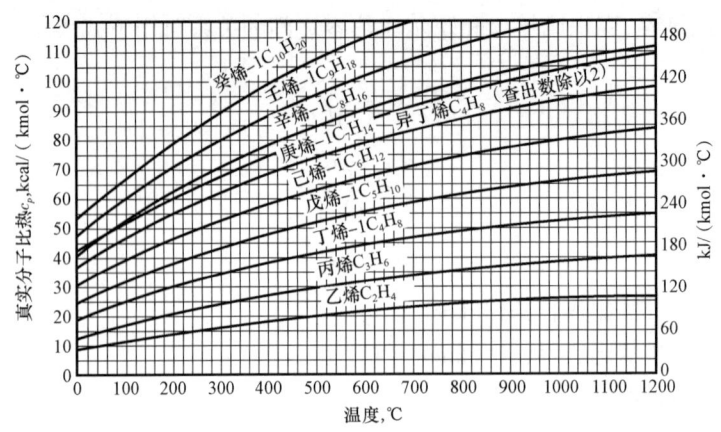

图 A-3-26　烯烃蒸气比热容图

当压力大于 0.35MPa 时,气体比热容应作压力修正。其定比热容校正值如图 A-3-27 所示。校正后的比定压热容按下式计算

$$c_{pt} = c_p + \Delta c_p \tag{A-3-27}$$

式中　c_{pt}——实际气体比定压热容;
　　　c_p——理想气体比定压热容;
　　　Δc_p——比定压热容校正值。

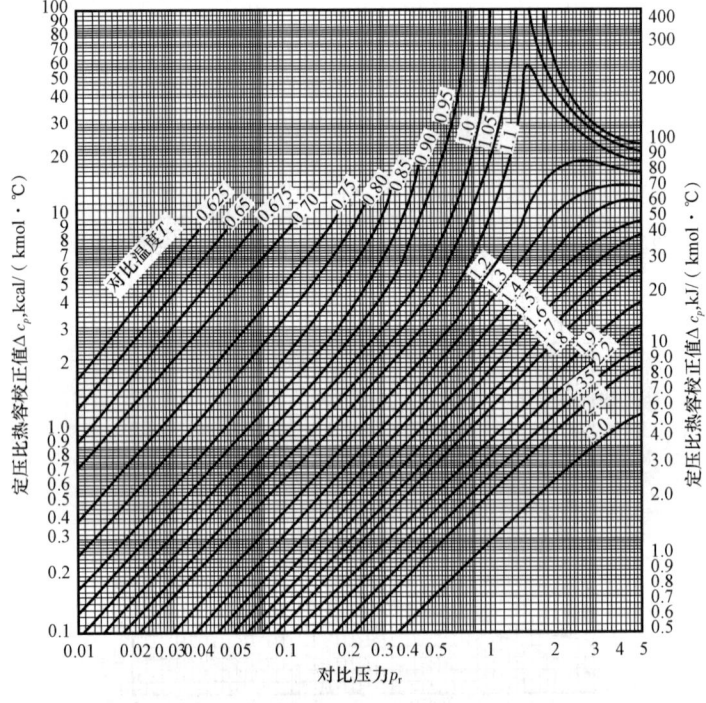

图 A-3-27　比定压热容校正图

附录A 常用基础资料

表 A-3-12 理想气体焓、比热容和熵的计算式中的系数

序号	化合物	A	B	$C\times10^4$	$D\times10^7$	$E\times10^{11}$	$F\times10^{15}$	G	适用温度, ℃
	非烃类								
1	氧	-0.98176	0.227486	0.373050	0.483017	-1.852433	2.474881	1.124314	-173~1204
2	氢	12.32674	3.199617	3.927862	-2.934520	10.900690	-13.878670	-3.938247	-173~1204
3	水	-2.46342	0.457392	-0.525117	0.645939	-2.027592	2.363096	0.660170	-172~1204
4	硫化氢	-0.61782	0.238575	-0.244571	0.410673	-1.301258	1.448520	0.954068	-173~1204
5	氮	-0.93401	0.255204	-0.177935	0.158913	-0.322032	0.158927	1.042363	-173~1204
6	氨	-0.94695	0.480156	-0.862580	1.749520	-6.542850	8.558870	0.715489	-173~1204
7	碳	4.11552	-0.047746	2.037430	0.197207	-3.323577	6.204335	1.192299	-172~1204
8	一氧化碳	-0.97557	0.256524	-0.229112	0.222803	-0.563256	0.455878	1.092470	-173~1204
9	二氧化碳	4.77805	0.114433	1.011325	-0.264936	0.347063	-0.131400	1.343357	-173~1204
10	二氧化硫	1.39433	0.110263	0.330290	0.089125	-0.773135	1.292865	1.194796	-173~1204
	烷烃								
11	甲烷	58.40160	0.571700	-2.943122	4.231568	-15.267400	19.452610	0.343962	-173~1204
12	乙烷	163.05960	0.264878	-0.250140	2.923341	-12.860530	18.220570	1.082172	-173~1204
13	丙烷	165.72380	0.172601	0.940410	2.155433	-10.709860	15.927940	1.206577	-173~1204
14	正丁烷	164.44400	0.098571	2.691795	0.518202	-4.201390	6.560421	1.351649	-73~1204
15	2-甲基丙烷	162.08110	0.046682	3.348013	0.144230	-3.164196	5.428928	1.561697	-73~1204
16	正戊烷	173.46090	-0.002795	4.400733	-0.862875	0.817644	-0.197154	1.736161	-17.8~1204
17	2-甲基丁烷	169.01630	-0.031504	4.698836	-0.982825	1.029852	-0.294847	1.871908	-17.8~1204
18	2,2-二甲基丙烷	145.60320	0.004372	4.064654	-0.276464	-2.174529	4.685030	1.567876	-73~1204
19	正己烷	133.19390	0.229107	-0.815691	4.527826	-25.231790	47.480200	0.577037	-73~704
20	2-甲基戊烷	152.96710	0.041484	3.116936	0.622252	-6.385257	12.592750	1.445766	-73~704
21	3-甲基戊烷	148.17189	0.095013	1.605403	2.399189	-16.146920	32.727430	1.218716	-73~704
22	2,2-二甲基丁烷	166.76920	-0.119500	6.005360	-1.780500	2.920860	-1.344890	2.173019	-73~704

· 483 ·

续表

序号	化合物	A	B	$C\times10^4$	$D\times10^7$	$E\times10^{11}$	$F\times10^{15}$	G	适用温度,℃
23	正庚烷	134.12590	0.180209	0.347292	3.218786	−18.366030	33.769380	0.746003	−73~704
24	2-甲基己烷	140.72270	0.096697	1.770980	2.121378	−14.382430	28.531670	1.139842	−73~704
25	3-甲基己烷	149.50080	0.039990	3.001828	0.786641	−7.296178	14.037090	1.42194	−73~704
26	2,4-二甲基戊烷	166.21450	0.022285	3.447680	0.464680	−5.849540	10.396080	1.428031	−17.8~704
27	正辛烷	130.57280	0.173084	0.488101	3.054008	−17.365470	31.248310	0.737661	−73~704
28	2,2-二甲基己烷	134.88920	0.053997	2.752676	1.080908	−8.883201	17.615130	1.240346	−17.8~704
29	2-甲基戊烷	141.97100	0.072874	2.424130	1.285768	−9.465965	17.639110	1.205289	−73~704
30	2,2,4-三甲基戊烷	133.73230	0.009476	3.638809	0.242244	−4.939155	10.435220	1.435485	−17.8~704
31	正壬烷	126.71690	0.169056	0.581255	2.926114	−16.558500	29.296090	0.723232	−73~704
32	正癸烷	118.42310	0.203347	−0.349035	4.070565	−23.064410	42.968970	0.543118	−73~704
33	正十一烷	156.57930	−0.023843	4.607729	−0.998387	1.084149	−0.331217	1.589146	−17.8~1204
34	正十二烷	152.44400	−0.018522	4.538933	−0.964642	1.013931	−0.296646	1.542807	−17.8~1204
35	正十三烷	151.99910	−0.022933	4.595173	−0.997582	1.083507	−0.330908	1.549905	−17.8~1204
36	正十四烷	150.25060	−0.022048	4.580788	−0.991639	1.071259	−0.325375	1.531965	−17.8~1204
37	正十五烷	148.84100	−0.024114	4.607172	−1.007675	1.104474	−0.341474	1.530812	−17.8~1204
38	正十六烷	146.85880	−0.022825	4.590237	−1.000209	1.089122	−0.333900	1.513829	−17.8~1204
39	正十七烷	144.59410	−0.023563	4.599069	−1.006645	1.103066	−0.340757	1.508566	−17.8~1204
40	正十八烷	141.79860	−0.023616	4.599502	−1.008040	1.105867	−0.342047	1.500714	−17.8~1204
41	正十九烷	139.17470	−0.022153	4.579824	−0.998648	1.086442	−0.332753	1.485920	−17.8~1204
42	正二十烷	141.05750	−0.022726	4.586627	−1.003135	1.095161	−0.336584	1.482337	−17.8~1204
	环烷烃								
43	环戊烷	229.11130	−0.174553	4.878999	−0.790213	−0.259001	1.873384	2.606204	−17.8~1204
44	甲基环戊烷	203.57300	−0.163500	5.315238	−1.239759	1.465505	−0.497681	2.473383	−17.8~1204
45	乙基环戊烷	196.95860	−0.152454	5.279018	−1.232110	1.467753	−0.499779	2.365940	−17.8~1204

续表

序号	化合物	A	B	$C\times10^4$	$D\times10^7$	$E\times10^{11}$	$F\times10^{15}$	G	适用温度,℃
46	1,1-二甲基环戊烷	186.08890	-0.167061	5.532357	-1.338942	1.631031	-0.571063	2.385590	-17.8~1204
47	顺1,2-二甲基环戊烷	195.92000	-0.171032	5.600916	-1.386229	1.743296	-0.636550	2.422113	-17.8~1204
48	反1,2-二甲基环戊烷	189.63420	-0.166442	5.542115	-1.359554	1.692087	-0.610402	2.400671	-17.8~1204
49	顺1,3-二甲基环戊烷	188.61180	-0.166442	5.542115	-1.359554	1.692087	-0.610402	2.400671	-17.8~1204
50	反1,3-二甲基环戊烷	189.23220	-0.166442	5.542115	-1.359554	1.692087	-0.610402	2.400671	-17.8~1204
51	正丙基环戊烷	181.63590	-0.134564	5.169364	-1.192975	1.398243	-0.467750	2.232179	-17.8~1204
52	正丁基环戊烷	172.24100	-0.121404	5.094686	-1.169329	1.360705	-0.451765	2.131263	-17.8~1204
53	正戊基环戊烷	176.90670	-0.112812	5.060737	-1.163940	1.357692	-0.451505	2.060449	-17.8~1204
54	正己基环戊烷	173.65970	-0.104489	5.012616	-1.147522	1.329110	-0.438896	1.996226	-17.8~1204
55	正庚基环戊烷	169.34550	-0.097811	4.978178	-1.137477	1.313468	-0.431576	1.943720	-17.8~1204
56	正辛基环戊烷	166.97180	-0.091469	4.941870	-1.126220	1.296512.	-0.425318	1.895613	-17.8~1204
57	正壬基环戊烷	164.98880	-0.096334	5.073764	-1.236749	1.698054	-0.964806	1.905577	-17.8~1204
58	正癸基环戊烷	161.44150	-0.083503	4.906873	-1.118185	1.285859	-0.420962	1.830343	-17.8~1204
59	正十一烷基环戊烷	156.93240	-0.079464	4.883294	-1.110500	1.273496	-0.415515	1.798664	-17.8~1204
60	正十二烷基环戊烷	154.44960	-0.075912	4.862600	-1.103449	1.261159	-0.409848	1.772501	-17.8~1204
61	正十三烷基环戊烷	151.84720	-0.073073	4.848770	-1.100086	1.257460	-0.409005	1.750055	-17.8~1204
62	正十四烷基环戊烷	149.30750	-0.068355	4.807734	-1.081667	1.221682	-0.391886	1.719039	-17.8~1204
63	正十五烷基环戊烷	146.92200	-0.068283	4.825448	-1.094095	1.249187	-0.405528	1.712101	-17.8~1204

理想气体比定压热容与比定容热容的关系还可用如式(A-3-28)计算：

$$k = \frac{c_p}{c_v} \quad (A-3-28)$$

式中　c_p——比定压热容，kJ/(kg·℃)；
　　　c_v——比定容热容，kJ/(kg·℃)；
　　　k——绝热指数。

气体的 c_p-c_v 值如图 A-3-28 所示，烃类气体的绝热指数如图 A-3-29 至图 A-3-31 所示。

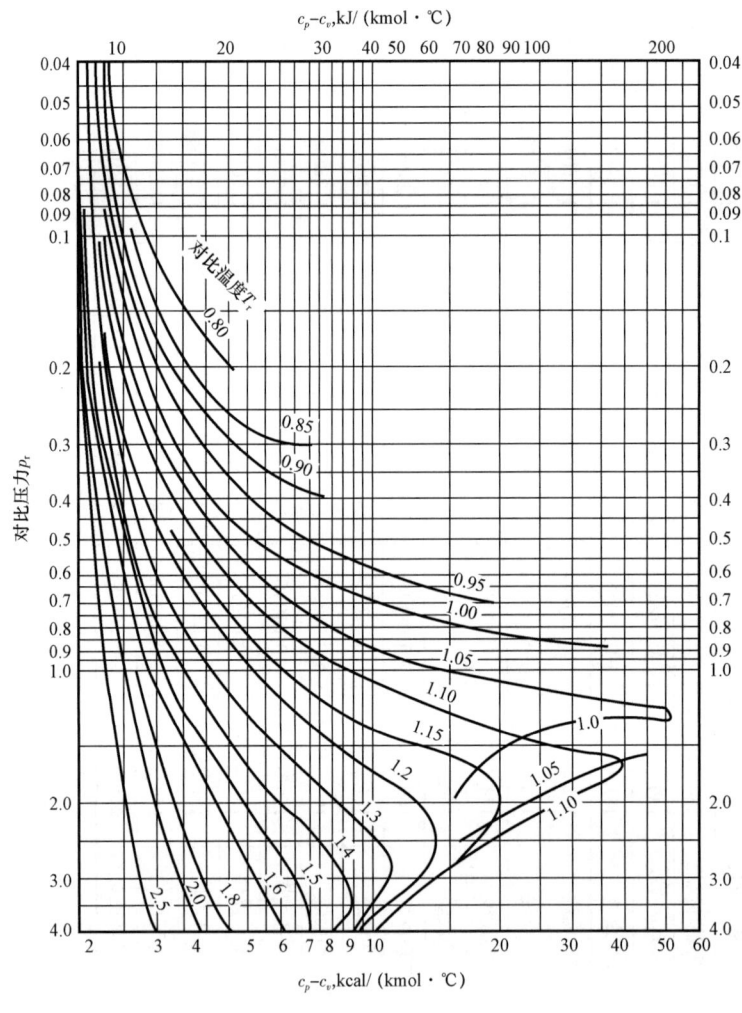

图 A-3-28　气体 c_p-c_v 值

2. 液体比热容

烷烃、烯烃和二烯烃液体比热容与温度关系如图 A-3-32 所示。

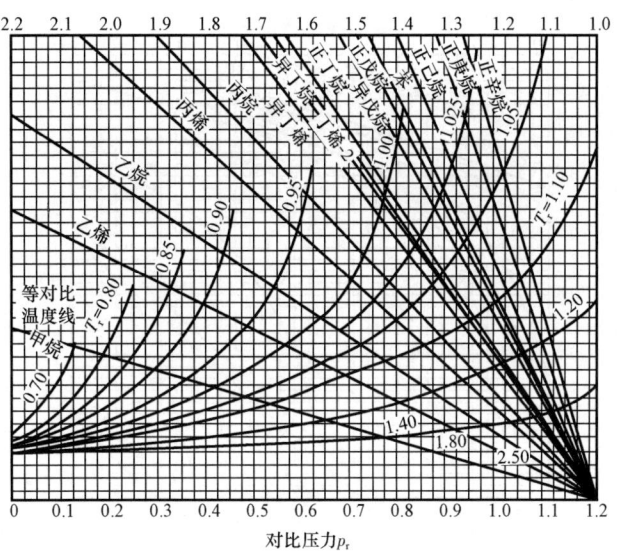

图 A-3-29　烃类气体的绝热指数

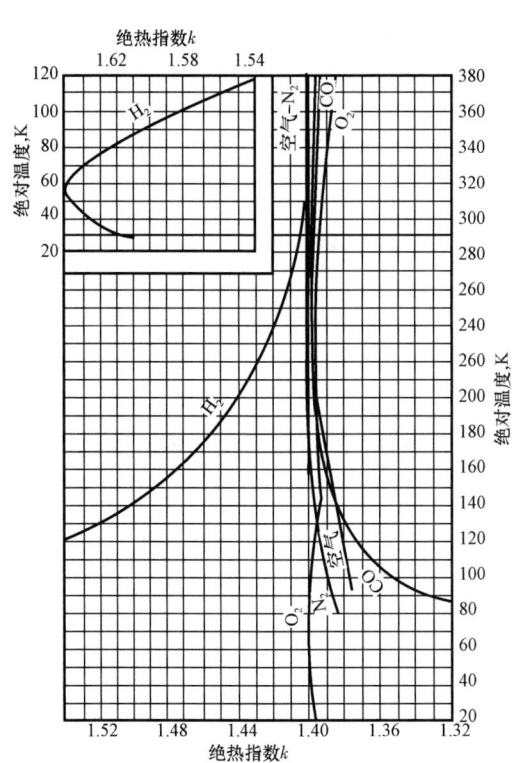

图 A-3-30　常用烃类气体的绝热指数之一

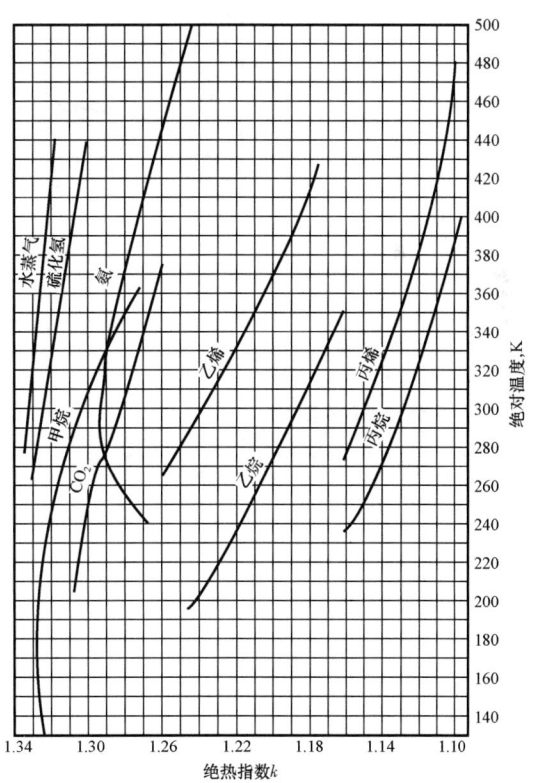

图 A-3-31　常用烃类气体的绝热指数之二

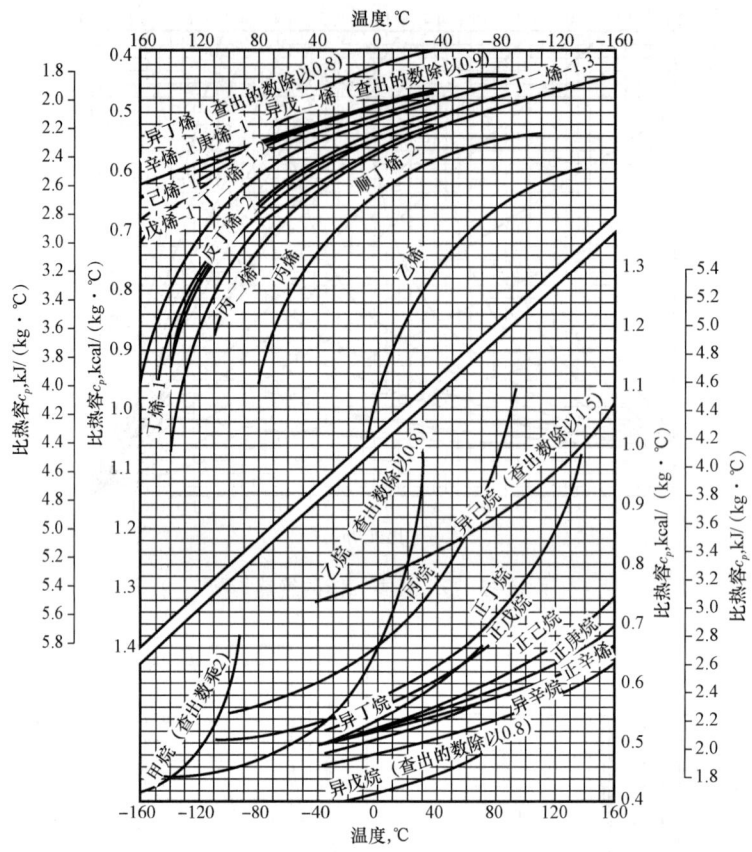

图 A-3-32 烷烃、烯烃和二烯烃液体比热容与温度的关系

十、导热系数

1. 气体的导热系数

部分纯烃在低压下导热系数与温度的关系见图 A-3-33 至图 A-3-35，该图由实验数据绘制，误差在 2% 以内。如果该图中未列出所需烃类，可用式（A-3-29）计算

$$\lambda = 10^{-3}\frac{\mu c_v}{M}\left(\frac{0.876}{c_v} + 1.272\right) \qquad (A-3-29)$$

式中 λ——低压气体导热系数，W/(m·K)；

μ——气体的动力黏度，Pa·s；

M——分子量；

c_v——理想气体定容比热容，kJ/(kmol·K)。

高压下气体的导热系数与对比压力、对比温度的关系如图 A-3-36 所示。

2. 液体的导热系数

液体的导热系数可按式(A-3-30)估算

$$\lambda = 0.00714 \frac{\rho^{0.167}}{M^{0.667} Z^{0.5}} \quad (A-3-30)$$

式中 λ——液体的导热系数，W/(m·K)；
　　ρ——液体的密度，kg/m³；
　　M——液体的分子量；
　　Z——液体的压缩系数。

$$Z = \frac{101.4V}{RT_b(101.6 - 82.4T/T_b)} \quad (A-3-31)$$

式中 V——液体的摩尔体积，m³/kmol；
　　T_b——液体的沸点温度，K；
　　T——液体的温度，K；
　　R——气体常数，8.3144kJ/(kmol·K)。

烷烃、烯烃、二烯烃和炔烃液体的导热系数与温度的关系如图 A-3-37 和图 A-3-38 所示。

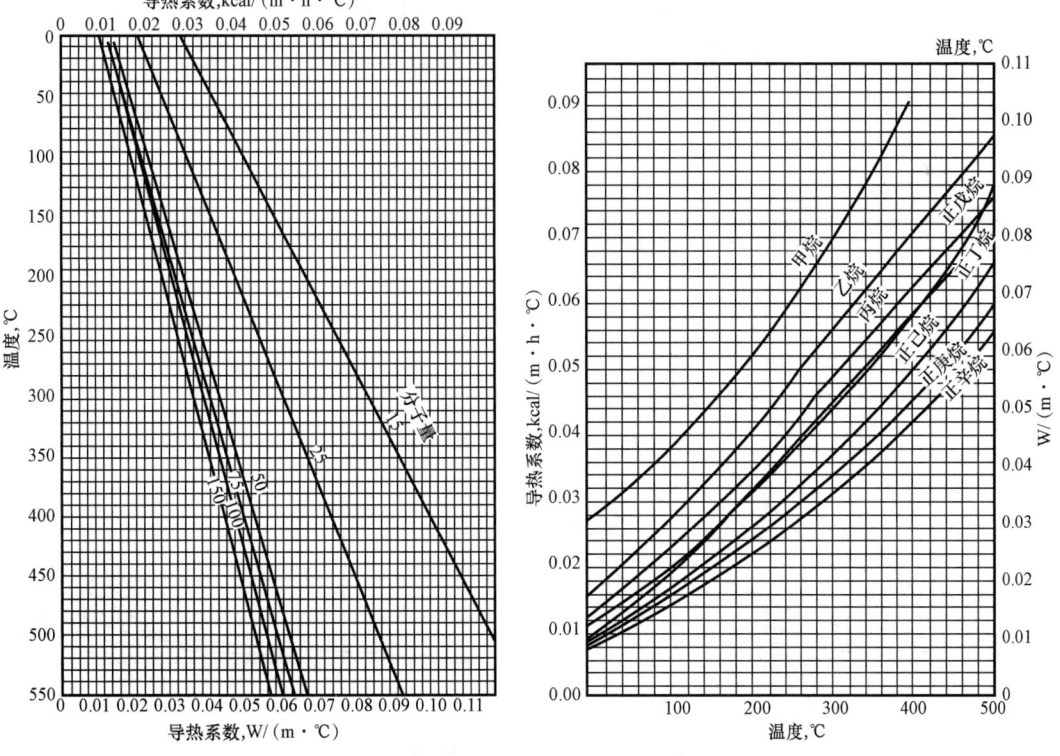

图 A-3-33　烃类气体的导热系数与温度的关系　　图 A-3-34　正构烷烃气体的导热系数与温度的关系

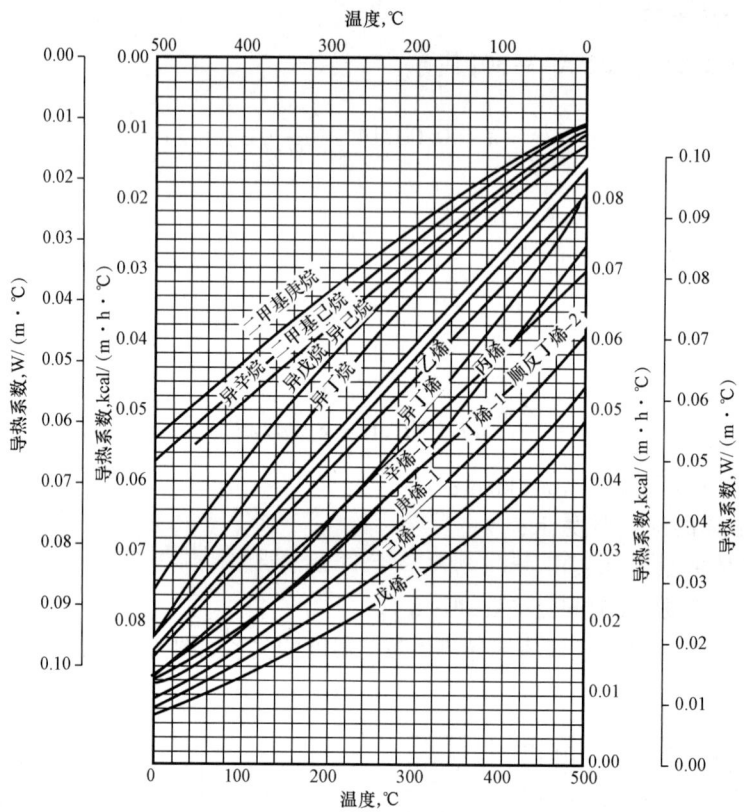

图 A-3-35 异构烷烃、烯烃气体的导热系数与温度的关系

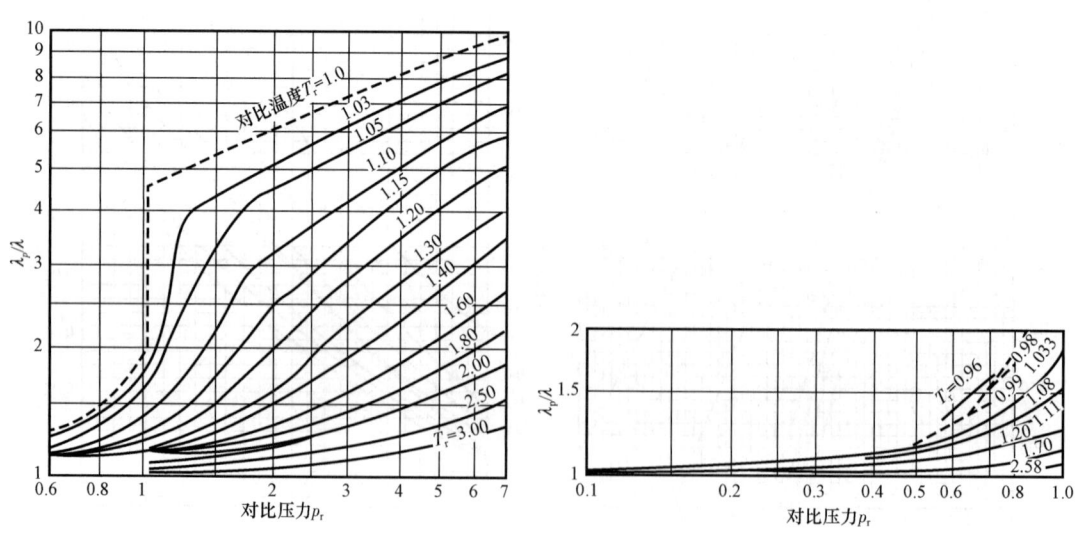

图 A-3-36 高压下气体导热系数图

λ_p——高压下气体导热系数;λ——低压下气体导热系数

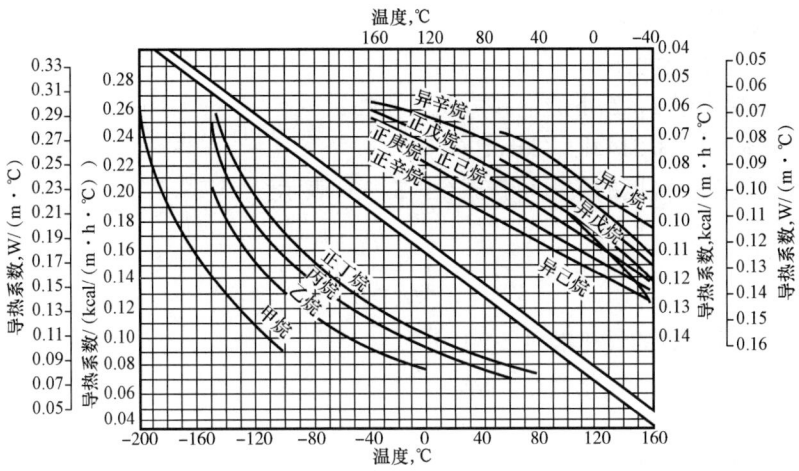

图 A-3-37 烷烃液体导热系数与温度的关系

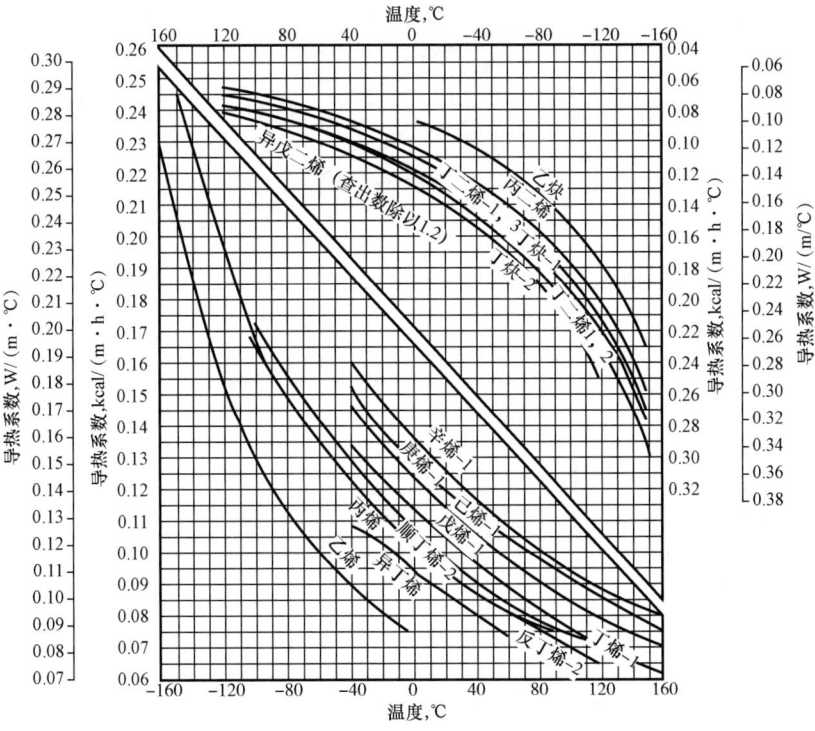

图 A-3-38 烯烃、二烯烃和炔烃液体导热系数与温度的关系

十一、气化潜热

对于温度 T_2-T_1 范围不大，而压力不太高时的汽化热可按式(A-3-32)计算

$$r = \frac{RT_1T_2}{T_2-T_1}\ln\frac{p_2}{p_1} \qquad (A-3-32)$$

式中 r——气化潜热,kJ/kg;
T_1, T_2——沸点温度,K;
p_1, p_2——相应于 T_1、T_2 下的饱和蒸气压,kPa;
R——气体常数,8.3144 kJ/(kmol·K);

液体的气化潜热与温度的关系可按式(A-3-33)表示:

$$r_1 = r_2 \left(\frac{t_c - t_1}{t_c - t_2} \right)^{0.38} \qquad (A-3-33)$$

式中 r_1——温度为 t_1 时的气化潜热,kJ/kg;
r_2——温度为 t_2 时的气化潜热,kJ/kg;
t_c——临界温度,℃。

烷烃和烯烃的气化潜热与温度的关系如图 A-3-39 和图 A-3-40 所示。

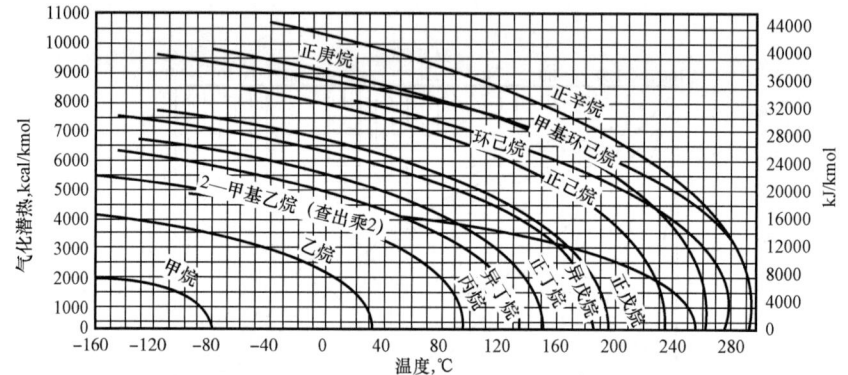

图 A-3-39 烷烃的气化潜热与温度的关系

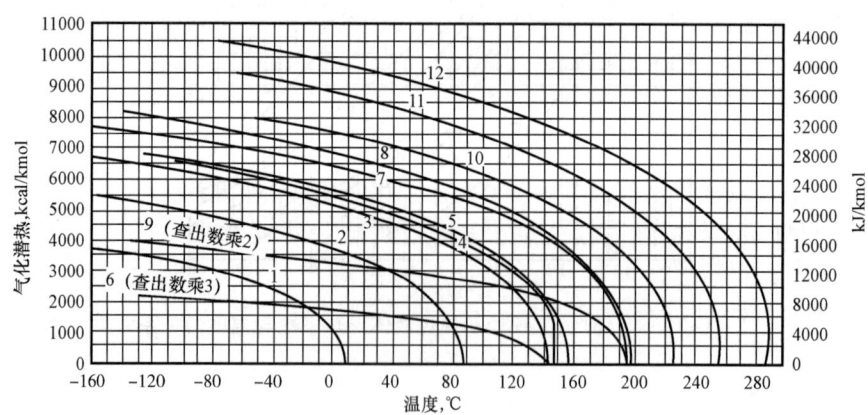

图 A-3-40 烯烃的气化潜热与温度的关系
1—乙烯;2—丙烯;3—丁烯-1;4—顺丁烯-2;5—反丁烯-2;6—异丁烯;7—戊烯;8—顺戊烯-2;
9—反戊烯-2;10—己烯;11—庚烯-1;12—辛烯-1

十二、焓和熵

1. 焓

焓是热力学状态函数,定义如下:

$$H = U + pV \quad (A-3-34)$$

式中　U——体系的内能;
　　　p——体系的压力;
　　　V——体系的体积。

在定压过程中,气体吸入(或放出)的热量等于气体焓的变化。热量和焓的关系可用下式表示:

$$\Delta H = H_2 - H_1 = Q_p \quad (A-3-35)$$

$$Q_p = c_p(T_2 - T_1) \quad (A-3-36)$$

$$\Delta H = c_p(T_2 - T_1) \quad (A-3-37)$$

式中　ΔH——定压过程始末物质焓值变化量,kJ/kg;
　　　T_2-T_1——定压过程始末物质温度差,K;
　　　c_p——定压过程中温度从 T_1 到 T_2 时的平均定压质量比热容,kJ/(kg·℃)。

纯烃理想气体的焓,可按下式计算

$$H° = 4.1868 \times (0.556A + BT + 1.8CT^2 + 3.24DT^3 + 5.83ET^4 + 10.50FT^5) \quad (A-3-38)$$

式中　$H°$——理想气体在 $T(K)$ 时的焓,kJ/kg;
　　　A、B、C、D、E、F——系数,列于表 A-3-12。

上式焓的基准,对烃类 $H=0$ kJ/kg(-129℃时饱和液体的焓)。

图 A-3-41 和图 A-3-42 给出了纯烃类组分气体状态的焓,两图中没有包括的气体可使用图 A-3-43 来估算理想气体状态下的焓。压力对焓值的修正见本附录第三节。

图 A-3-44 至图 A-3-52 分别是甲烷、乙烷、乙烯、丙烷、正丁烷、异丁烷、正戊烷、异戊烷等的压力—焓图。

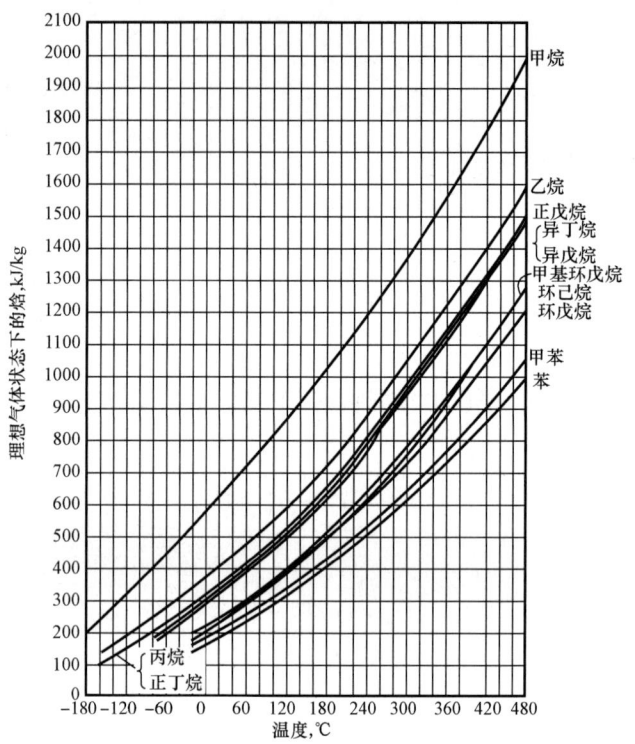

图 A-3-41 纯烃类组分理想气体状态下的焓

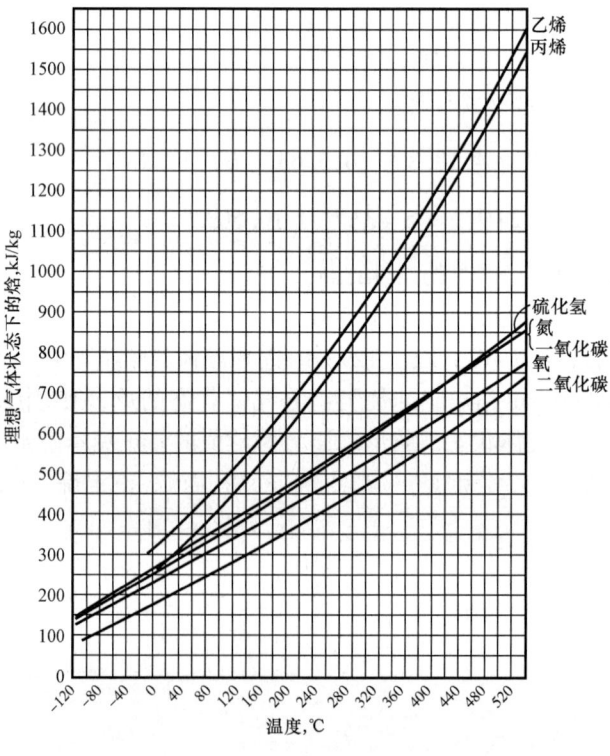

图 A-3-42 纯组分理想气体状态下的焓

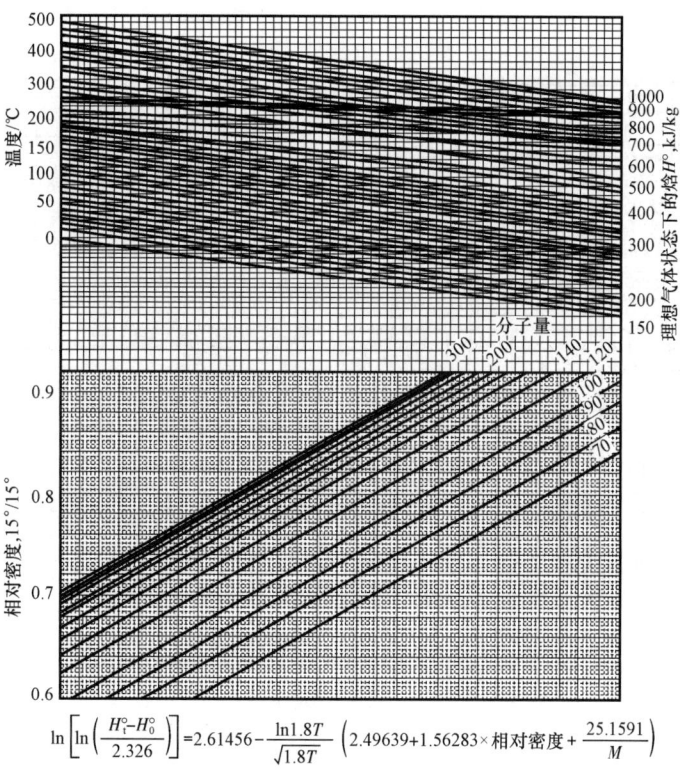

$$\ln\left[\ln\left(\frac{H_T^\circ - H_0^\circ}{2.326}\right)\right] = 2.61456 - \frac{\ln 1.8T}{\sqrt{1.8T}}\left(2.49639 + 1.56283 \times 相对密度 + \frac{25.1591}{M}\right)$$

式中 T 的单位用 K，$H_T^\circ - H_0^\circ$ 的单位是 kJ/kg

图 A-3-43　石油馏分理想气体状态下的焓

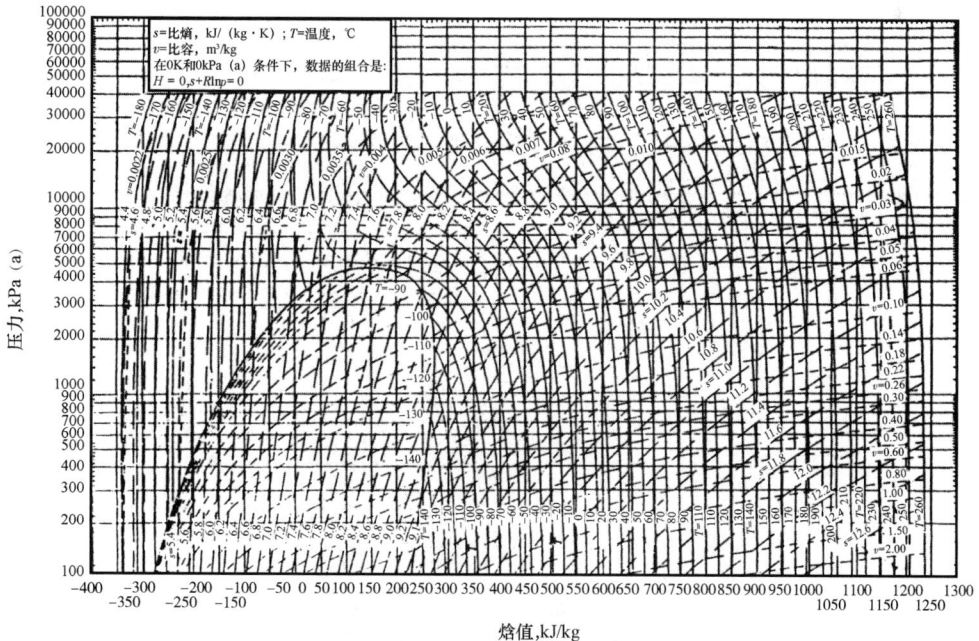

图 A-3-44　甲烷的压力—焓图

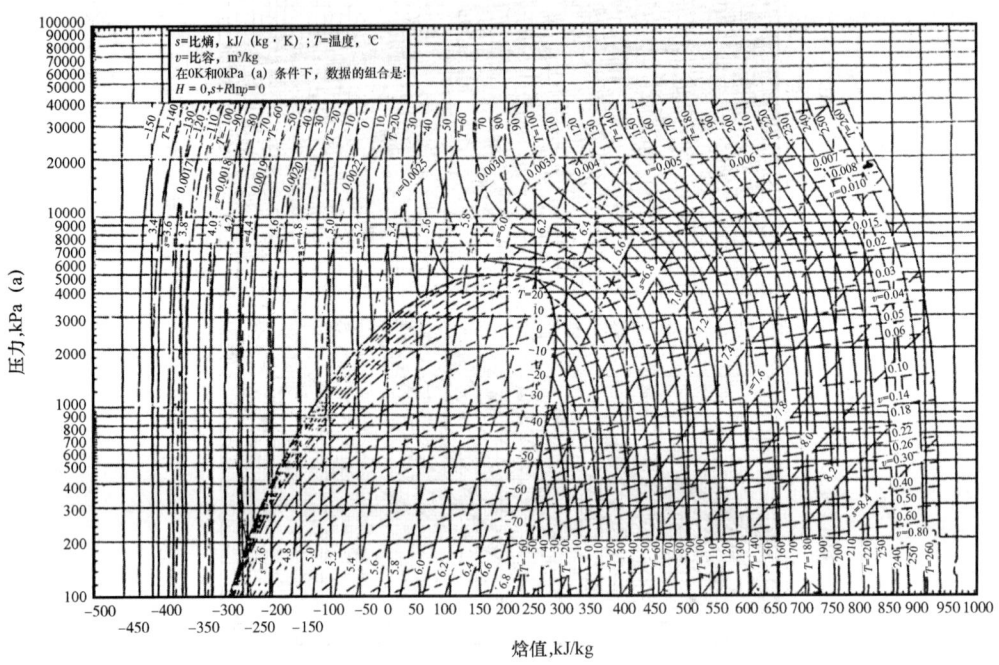

图 A-3-45 乙烷的压力—焓图

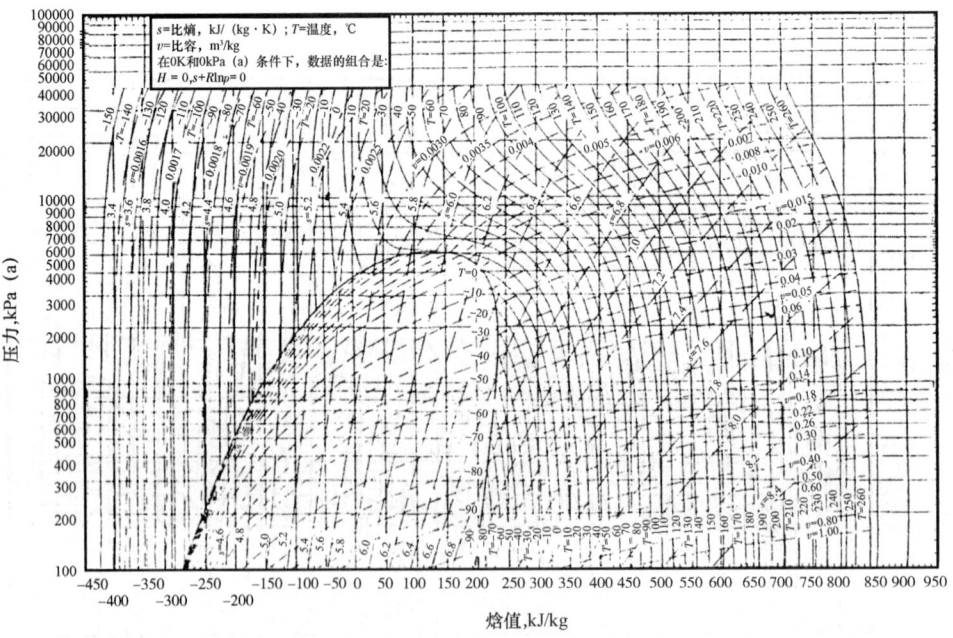

图 A-3-46 乙烯的压力—焓图

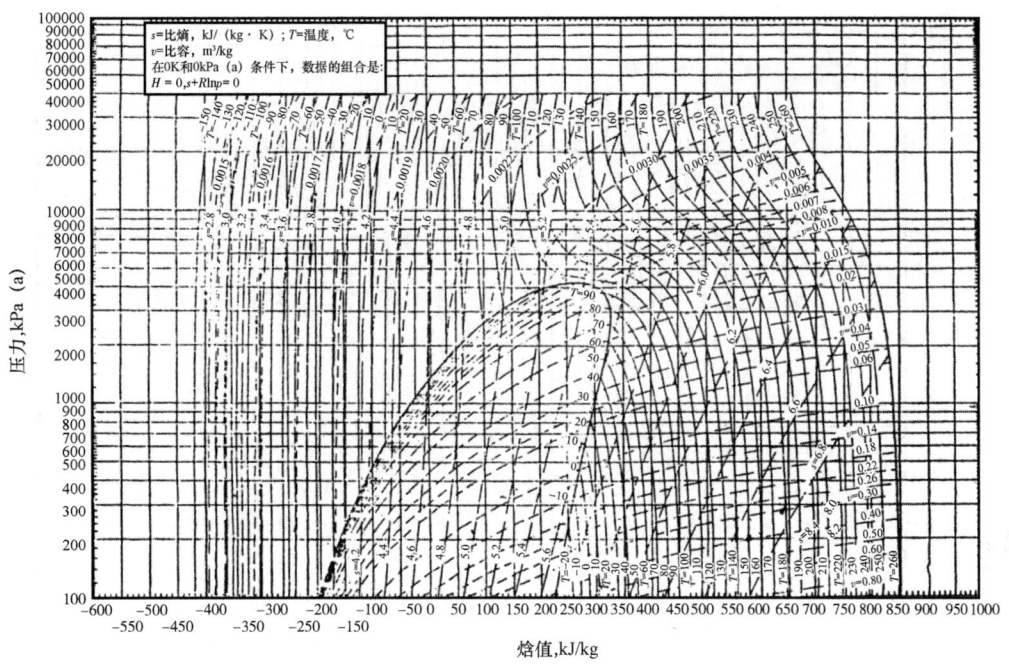

图 A-3-47　丙烷的压力—焓图

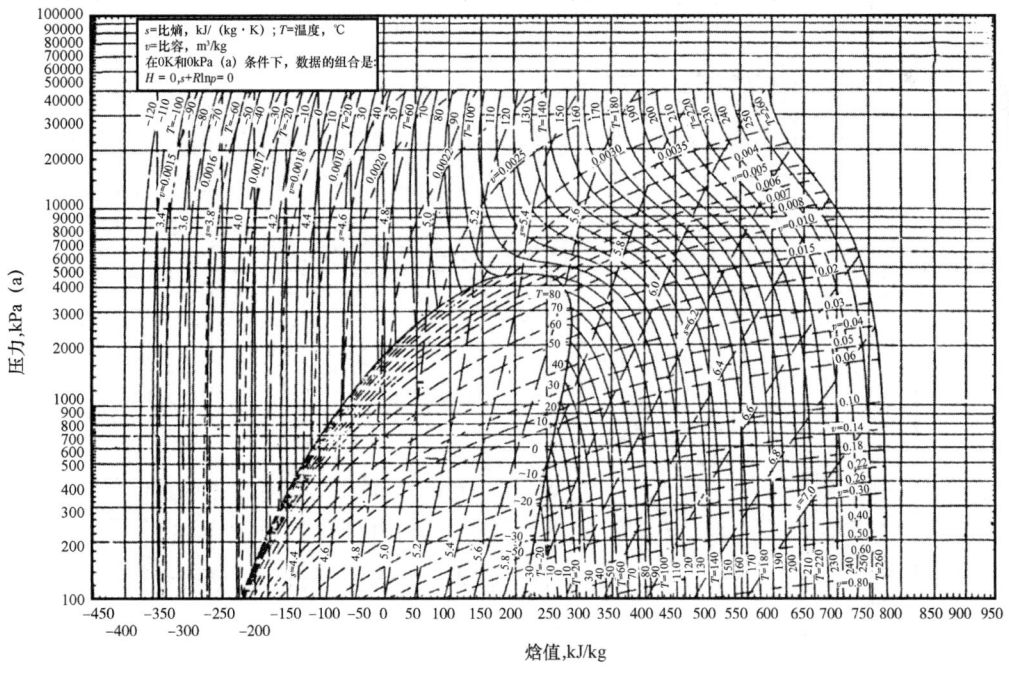

图 A-3-48　丙烯的压力—焓图

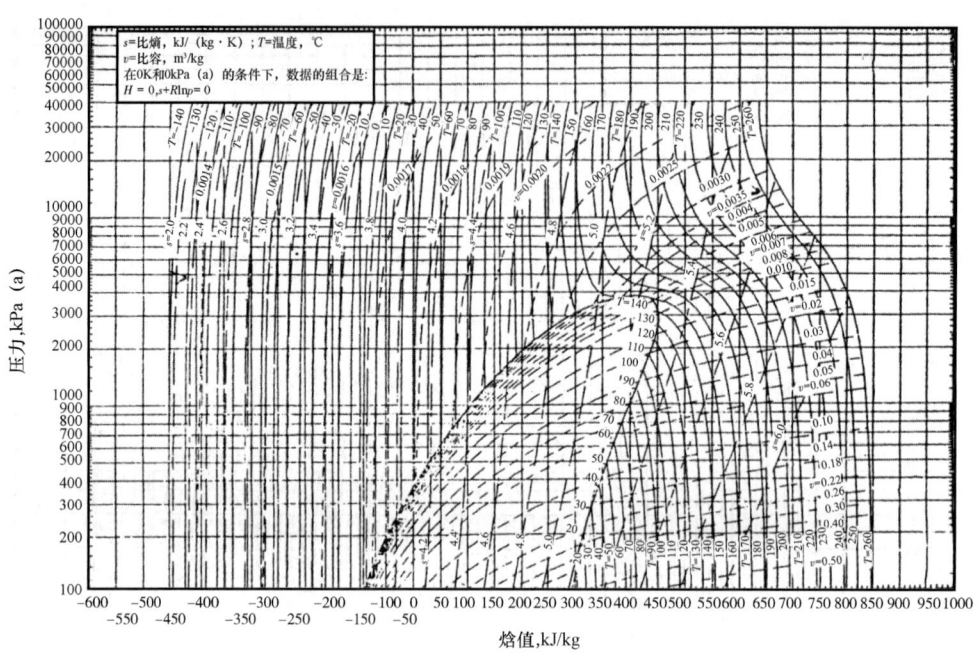

图 A-3-49　正丁烷的压力—焓图

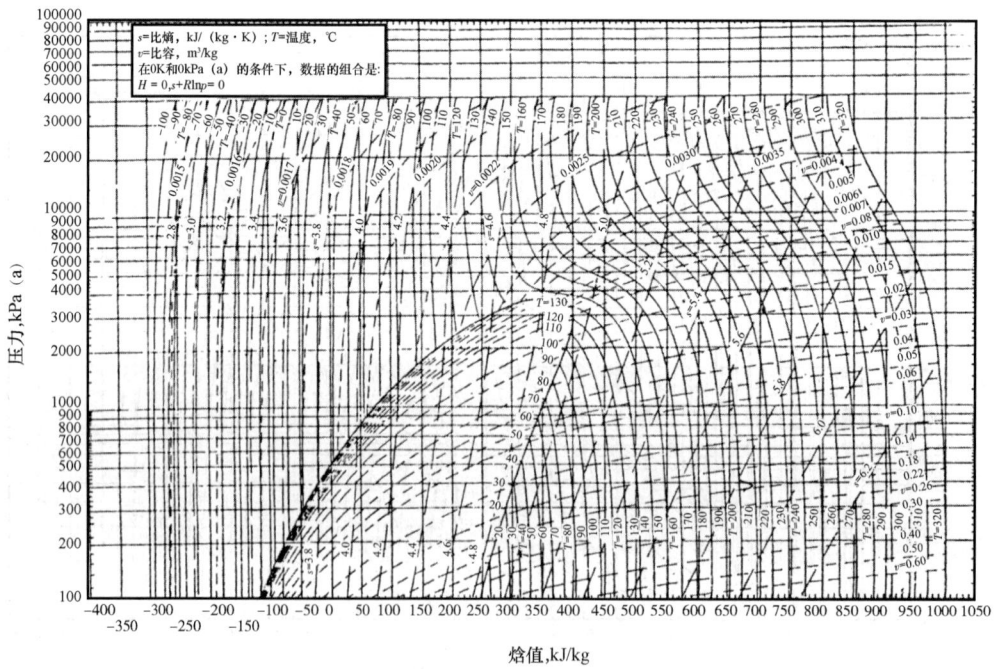

图 A-3-50　异丁烷的压力—焓图

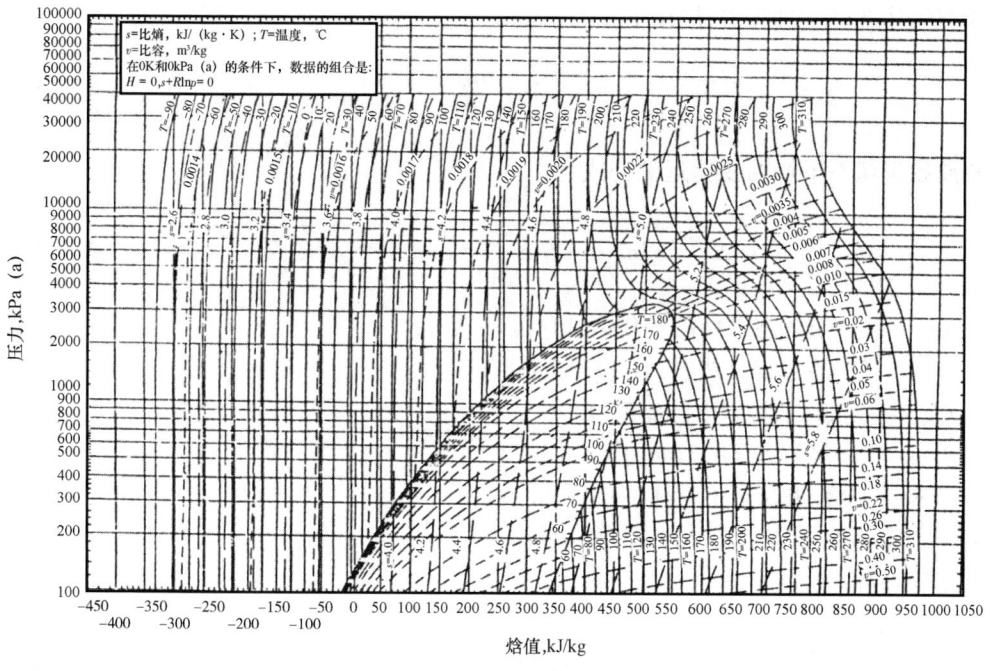

图 A-3-51 正戊烷的压力—焓图

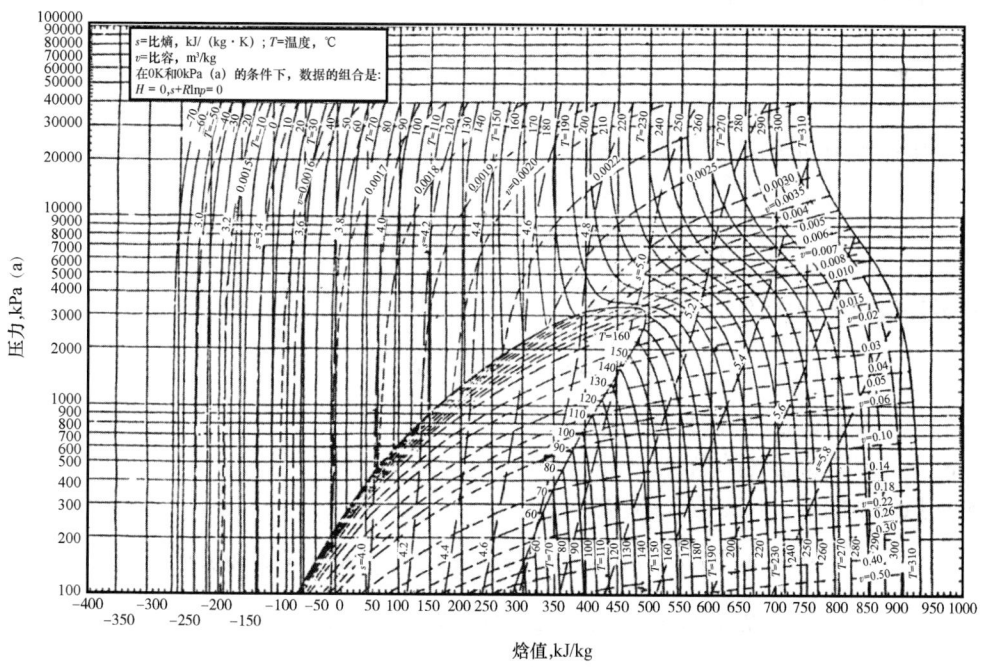

图 A-3-52 异戊烷的压力—焓图

2. 熵

理想气体在可逆过程中,熵用下式表示:

$$dS = \frac{dQ}{T} \quad (A-3-39)$$

物质始末状态下熵的变化近似公式为:

$$\Delta S = c_v \ln \frac{T_2}{T_1} + R \ln \frac{v_2}{v_1} = c_v \ln \frac{p_2}{p_1} + c_p \ln \frac{v_2}{v_1} \quad (A-3-40)$$

式中　ΔS——始、末状态下熵的变化值,kJ/(kg·℃);
　　　c_v——气体的定容比热容,kJ/(kmol·℃);
　　　T_1、T_2——始、末状态下的温度,K;
　　　R——气体常数,$R=8.3144$ kJ/(kmol·℃);
　　　v_1、v_2——始、末状态下气体的比容,m³/kg。

对于特殊过程,式(A-3-40)有以下表示式。

在定容过程中,$v_1 = v_2$,

$$\Delta S = c_v \ln \frac{T_2}{T_1} = c_v \ln \frac{p_2}{p_1} \quad (A-3-41)$$

在等温过程中,$T_1 = T_2$,

$$\Delta S = R \ln \frac{v_2}{v_1} = -R \ln \frac{p_2}{p_1} \quad (A-3-42)$$

在定压过程中,$p_1 = p_2$,

$$\Delta S = c_p \ln \frac{T_2}{T_1} = c_p \ln \frac{v_2}{v_1} \quad (A-3-43)$$

在绝热过程中,$dQ = 0$,

$$\Delta S = 0 \text{ 或 } S_1 = S_2 \quad (A-3-44)$$

式中　S_1——开始状态时的熵,kJ/(kg·℃);
　　　S_2——终了状态时的熵,kJ/(kg·℃)。

纯理想气体的熵,可由式(A-3-45)计算

$$S° = 4.1868 \times (0.587787B + B\ln T + 3.6CT + 4.86DT^2 \\ + 7.776ET^3 + 13.122FT^4 + G) \quad (A-3-45)$$

式中　$S°$——在 T 和 6.89476kPa(a)时,理想气体的熵,kJ/(kg·K);
　　　T——温度,K;

B、C、D、E、F、G——系数,列于表 A-3-12。

求得的熵,其误差范围约在 0.5%之内。压力对纯烃真实气体熵的影响见第二节。

某些单体烃的熵可从图 A-3-44 至图 A-3-52 查得。

纯组分理想气体状态下的熵也可从图 A-3-53 查得。

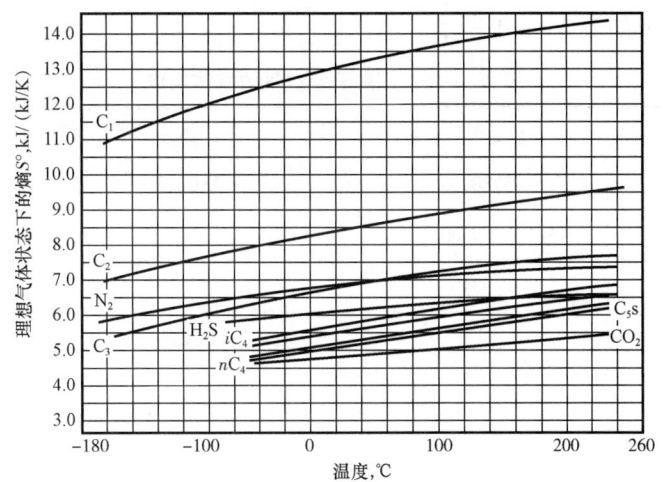

图 A-3-53　纯组分理想气体状态下的熵

附录 A-4　空气及其质量标准

一、空气的组成

从自然科学角度来看,空气和大气这两个名词常作为同义词,但在工业生产和生物科学中习惯使用空气一词,在大气物理、气象以及环境科学中则常用大气一词。

空气的组成是很复杂的,它是一个多种气体的混合物。空气的组成分为恒定的、可变的和不定的三部分组分。

1. 恒定的组分

系指空气中的氧气占总体积的 20.94%;氮气占 78.09%;氩气占 0.93%,仅此三种成分共占空气总体积的 99.96%。除此之外,还有微量的氖、氦、氪、氙、氡等稀有气体。上述组分的比例,在地球表面上任何地方几乎都是可以看作恒定不变的。

2. 可变的组分

系指空气中除恒定组分外,还含有的二氧化碳和水蒸气。在通常情况下二氧化碳的含量为 0.02%~0.04%,水蒸气为 4%以下,这些气体的组分在空气中的含量是随季节、气象、地理环境、人口密度的影响而发生变化。

3. 不定组分

主要有自然界的火山爆发、森林火灾、海啸、地震等以及社会生产大工业化对能源的燃烧所产生的尘埃、硫、硫化氢、硫氧化物、氮氧化物、盐类等不定组分。

含有上述恒定组分和可变组分的空气，人们通常认为是纯洁清净的空气。在正常情况下干燥空气的气体组成如表 A-4-1 所示。

表 A-4-1 正常干燥空气的气体组成

气体	浓度,$10^{-6}mL/m^3$	气体	浓度,$10^{-6}mL/m^3$
氮	780900	一氧化二氮	0.5
氧	209400	氢	0.5
氩	9340	氙	0.08
二氧化碳	320	二氧化氮	0.02
氖	18	臭氧	0.01~0.04
氦	5.2		
甲烷	1.5		
氪	1		

二、空气的物理性质

1. 干空气的物理参数

干空气的物理参数见表 A-4-2。

表 A-4-2 干空气在压力为 0.098MPa 时的物理参数

温度 t ℃	密度 ρ kg/m	比热 c_p kJ/(kg·℃)	导热系数 λ 10^{-2}W/(m·℃)	导温系数 α $10^{-2}m^2/h$	运动黏度 υ $10^{-6}m^2/s$
-180	3.685	1.047	0.756	0.705	1.76
-150	2.817	1.038	1.163	1.45	3.10
-100	1.984	1.022	1.617	2.88	5.94
-50	1.534	1.013	2.035	4.73	9.54
-20	1.365	1.009	2.256	5.94	11.93
0	1.252	1.009	2.373	6.75	13.70
1	1.247	1.009	2.381	6.799	13.80
2	1.243	1.009	2.389	6.848	13.90
3	1.238	1.009	2.397	6.897	14.00
4	1.234	1.009	2.405	6.946	14.10

续表

温度 t ℃	密度 ρ kg/m	比热 c_p kJ/(kg·℃)	导热系数 λ 10^{-2}W/(m·℃)	导温系数 α 10^{-2}m²/h	运动黏度 υ 10^{-6}m²/s
5	1.229	1.009	2.413	6.995	14.20
6	1.224	1.009	2.421	7.044	14.30
7	1.220	1.009	2.430	7.093	14.40
8	1.215	1.009	2.438	7.142	14.50
9	1.211	1.009	2.446	7.191	14.60
10	1.206	1.009	2.454	7.240	14.70
11	1.202	1.009	2.461	7.282	14.80
12	1.198	1.010	2.468	7.342	14.90
13	1.193	1.010	2.475	7.366	15.00
14	1.189	1.011	2.482	7.408	15.10
15	1.185	1.011	2.489	7.450	15.20
16	1.181	1.012	2.496	7.492	15.30
17	1.177	1.012	2.503	7.534	15.40
18	1.172	1.012	2.510	7.576	15.50
19	1.168	1.013	2.517	7.618	15.60
20	1.164	1.013	2.524	7.660	15.70
21	1.161	1.013	2.530	7.708	15.791
22	1.158	1.013	2.535	7.756	15.882
23	1.154	1.013	2.541	7.804	15.973
24	1.149	1.013	2.547	7.852	16.064
25	1.146	1.013	2.553	7.90	16.155
26	1.142	1.013	2.559	7.948	16.246
27	1.138	1.013	2.564	7.996	16.337
28	1.134	1.013	2.570	8.044	16.428
29	1.131	1.013	2.576	8.092	16.519
30	1.127	1.013	2.582	8.140	16.61
40	1.092	1.013	2.652	8.65	17.60
50	1.056	1.017	2.733	9.14	18.60
60	1.025	1.017	2.803	9.65	19.60
70	0.996	1.017	2.861	10.18	20.45
80	0.968	1.022	2.908	10.65	21.70
90	0.942	1.022	3.001	11.25	22.90
100	0.916	1.022	3.070	11.80	23.78
120	0.870	1.026	3.198	12.90	26.20
140	0.827	1.026	3.326	14.10	28.45
160	0.789	1.030	3.442	15.25	30.60
180	0.755	1.034	3.570	16.50	33.17
200	0.723	1.034	3.698	17.80	35.82
250	0.653	1.043	3.977	21.20	42.80
300	0.596	1.047	4.292	24.80	49.90

续表

温度 t ℃	密度 ρ kg/m	比热 c_p kJ/(kg·℃)	导热系数 λ 10^{-2}W/(m·℃)	导温系数 α 10^{-2}m²/h	运动黏度 υ 10^{-6}m²/s
350	0.549	1.055	4.571	28.4	57.50
400	0.508	1.059	4.850	32.4	64.90
500	0.450	1.072	5.396	40.0	80.40
600	0.400	1.089	5.815	49.1	98.10
800	0.325	1.114	6.687	68.0	137.00
1000	0.268	1.139	7.618	89.9	185.00

2. 干空气的密度和饱和蒸汽

干空气的密度和饱和蒸汽含量见表 A-4-3。

表 A-4-3　干空气在压力为 0.10MPa 时的密度、饱和蒸汽含量

温度 t ℃	密度 ρ kg/m	比热 c_p kJ/(kg·℃)	导热系数 λ 10^{-2}W/(m·℃)	导温系数 α 10^{-2}m²/h	运动黏度 υ 10^{-6}m²/s
-20	1.396	0.927	1.079	1.1	0.8
-19	1.390	0.930	1.075	1.2	0.8
-18	1.385	0.934	1.071	1.3	0.9
-17	1.379	0.938	1.066	1.4	1.0
-16	1.374	0.941	1.062	1.5	1.1
-15	1.368	0.945	1.058	1.6	1.2
-14	1.363	0.949	1.054	1.7	1.3
-13	1.358	0.952	1.050	1.9	1.4
-12	1.353	0.956	1.046	2.0	1.5
-11	1.348	0.959	1.042	2.2	1.6
-10	1.342	0.963	1.038	2.3	1.7
-9	1.337	0.967	1.034	2.5	1.9
-8	1.332	0.971	1.030	2.7	2.0
-7	1.327	0.947	1.026	2.9	2.2
-6	1.322	0.978	1.023	3.1	2.4
-5	1.317	0.982	1.019	3.4	2.6
-4	1.312	0.985	1.015	3.6	2.8
-3	1.308	0.989	1.011	3.9	3.0
-2	1.303	0.993	1.007	4.2	3.2
-1	1.298	0.996	1.004	4.5	3.5
0	1.293	1.000	1.000	4.9	3.8
1	1.288	1.004	0.996	5.2	4.1
2	1.284	1.007	0.993	5.6	4.3
3	1.279	1.011	0.989	6.0	4.7
4	1.275	1.015	0.986	6.4	5.0

续表

温度 t ℃	密度 ρ kg/m³	比热 c_p kJ/(kg·℃)	导热系数 λ 10^{-2}W/(m·℃)	导温系数 α 10^{-2}m²/h	运动黏度 υ 10^{-6}m²/s
5	1.270	1.018	0.982	6.8	5.4
6	1.265	1.022	0.979	7.3	5.82
7	1.261	1.026	0.975	7.7	6.17
8	1.256	1.029	0.972	8.3	6.69
9	1.252	1.033	0.968	8.8	7.12
10	1.248	1.037	0.965	9.4	7.64
11	1.243	1.040	0.961	9.9	8.07
12	1.239	1.044	0.958	10.6	8.69
13	1.235	1.048	0.955	11.3	9.30
14	1.230	1.051	0.951	12.0	9.91
15	1.226	1.055	0.948	12.8	10.62
16	1.222	1.059	0.945	13.6	11.33
17	1.217	1.062	0.941	14.4	12.10
18	1.213	1.066	0.938	15.3	12.93
19	1.209	1.070	0.935	16.2	13.75
20	1.205	1.073	0.932	17.2	14.61
21	1.201	1.077	0.929	18.2	15.60
22	1.197	1.081	0.925	19.3	16.60
23	1.193	1.084	0.922	20.4	17.68
24	1.189	1.088	0.919	21.6	18.81
25	1.185	1.092	0.916	22.9	19.95
26	1.181	1.095	0.913	24.2	21.20
27	1.177	1.099	0.910	25.6	22.55
28	1.173	1.103	0.907	27.0	24.00
29	1.106	1.106	0.904	28.5	25.47
30	1.165	1.110	0.901	30.1	27.03
31	1.161	1.114	0.898	31.8	28.65
32	1.157	1.117	0.895	33.5	30.41
33	1.154	1.121	0.892	35.4	32.29
34	1.150	1.125	0.889	37.3	34.23
35	1.146	1.128	0.886	39.3	36.37
36	1.142	1.132	0.884	41.4	38.58
37	1.139	1.136	0.881	43.6	40.90
38	1.135	1.139	0.878	45.9	43.35
39	1.132	1.143	0.875	48.3	45.93

续表

温度 t ℃	密度 ρ kg/m³	比热 c_p kJ/(kg·℃)	导热系数 λ 10^{-2}W/(m·℃)	导温系数 α 10^{-2}m²/h	运动黏度 ν 10^{-6}m²/s
40	1.128	1.147	0.872	50.8	48.64
41	1.124	1.150	0.869	53.4	51.20
42	1.121	1.154	0.867	56.1	54.25
43	1.117	1.158	0.864	58.9	57.56
44	1.114	1.161	0.861	61.9	61.04
45	1.110	1.165	0.858	65.0	64.80
46	1.107	1.169	0.856	68.2	68.61
47	1.103	1.172	0.853	71.5	72.66
48	1.100	1.176	0.850	75.0	76.90
49	1.096	1.180	0.848	78	81.45
50	1.093	1.183	0.845	82.3	86.11
51	1.090	1.187	0.843	86.3	91.30
52	1.086	1.191	0.840	90.4	96.62
53	1.083	1.194	0.837	94.6	102.29
54	1.080	1.198	0.835	99.1	108.22
55	1.076	1.202	0.832	103.6	114.43
56	1.073	1.205	0.830	108.4	121.06
57	1.070	1.209	0.827	113.3	127.98
58	1.067	1.213	0.825	118.5	135.13
59	1.063	1.216	0.822	123.8	142.88
60	1.060	1.220	0.820	129.3	152.45
65	1.044	1.238	0.808	160.0	203.5
70	1.029	1.257	0.796	196.6	275.0
80	1.000	1.293	0.773	290.7	544.0

三、空气环境质量标准

GB 3095—2012《大气环境质量标准》，适用于全国范围的大气环境。

1. 环境空气功能区分类

环境空气功能区分为二类：一类区为自然保护区、风景名胜区和其他需要特殊保护的区域；二类区为居住区、商业交通居民混合区、文化区、工业区和农村地区。

2. 环境空气功能区质量要求

一类区适用一级浓度限值；

二类区适用二级浓度限值。

一、二类环境空气功能区质量要求见表 A-4-4 和表 A-4-5。

表 A-4-4　环境空气污染物基本项目浓度限值

序号	污染物项目	平均时间	浓度限值 一级	浓度限值 二级	单位
1	二氧化硫(SO_2)	年平均	20	60	$\mu g/m^3$
1	二氧化硫(SO_2)	24h 平均	50	150	$\mu g/m^3$
1	二氧化硫(SO_2)	1h 平均	150	500	$\mu g/m^3$
2	二氧化氮(NO_2)	年平均	40	40	$\mu g/m^3$
2	二氧化氮(NO_2)	24h 平均	80	80	$\mu g/m^3$
2	二氧化氮(NO_2)	1h 平均	200	200	$\mu g/m^3$
3	一氧化碳(CO)	24h 平均	4	4	mg/m^3
3	一氧化碳(CO)	1h 平均	10	10	mg/m^3
4	臭氧(O_3)	日最大 8h 平均	100	160	$\mu g/m^3$
4	臭氧(O_3)	1h 平均	160	200	$\mu g/m^3$
5	颗粒物(粒径不大于 10μm)	年平均	40	70	$\mu g/m^3$
5	颗粒物(粒径不大于 10μm)	24h 平均	50	150	$\mu g/m^3$
6	颗粒物(粒径不大于 2.5μm)	年平均	15	35	$\mu g/m^3$
6	颗粒物(粒径不大于 2.5μm)	24h 平均	35	75	$\mu g/m^3$

表 A-4-5　环境空气污染物其他项目浓度限值

序号	污染物项目	平均时间	浓度限值 一级	浓度限值 二级	单位
1	总悬浮颗粒物(TSP)	年平均	80	200	$\mu g/m^3$
1	总悬浮颗粒物(TSP)	24h 平均	120	300	$\mu g/m^3$
2	氮氧化物(NO_x)	24h 平均	100	100	$\mu g/m^3$
2	氮氧化物(NO_x)	1h 平均	250	250	$\mu g/m^3$
3	铅(Pb)	年平均	0.5	0.5	$\mu g/m^3$
3	铅(Pb)	季平均	1	1	$\mu g/m^3$
4	苯并[a]芘(BaP)	年平均	0.001	0.001	$\mu g/m^3$
4	苯并[a]芘(BaP)	24h 平均	0.0025	0.0025	$\mu g/m^3$

3. 监测方法

1) 标准中各项污染物的监测分析方法

标准中各项污染物的监测分析方法见表A-4-6。

表 A-4-6 各项污染物分析方法

序号	污染物项目	手工分析方法		自动分析方法
		分析方法	标准编号	
1	二氧化硫(SO_2)	环境空气 二氧化硫的测定 甲醛吸收—副玫瑰苯胺分光光度法	HJ 482—2009	紫外荧光法、差分吸收光谱分析法
		环境空气 二氧化硫的测定 四氯汞盐吸收—副玫瑰苯胺分光光度法	HJ 483—2009	
2	二氧化氮(NO_2)	环境空气 氮氧化物(一氧化氮和二氧化氮)的测定 盐酸萘乙二胺分光光度法	HJ 479—2009	化学发光法、差分吸收光谱分析法
3	一氧化碳(CO)	空气质量—一氧化碳的测定非分散红外法	GB 9801—1988	气体滤波相关红外吸收法、非分散红外吸收法
4	臭氧(O_3)	环境空气 臭氧的测定 靛蓝—磺酸钠分光光度法	HJ 504—2009	紫外荧光法、差分吸收光谱分析法
		环境空气臭氧的测定紫外光度法	HJ 590—2010	
5	颗粒物(粒径小于等于10μm)	环境空气 PM_{10}和$PM_{2.5}$的测定重墨法	HJ 618—2011	微量振荡天平法、β射线法
6	颗粒物(粒径小于等于2.5μm)	环境空气 PM_{10}和$PM_{2.5}$的测定重量法	HJ 618—2011	微量振荡天平法、β射线法
7	总悬浮颗粒物(TSP)	环境空气总悬浮颗粒物的测定重量法	GB/T 15432—1995	—
8	氮氧化物(NO_x)	环境空气 氮氧化物(一氧化氮和二氧化氮)的测定 盐酸萘乙二胺分光光度法	HJ 479—2009	化学发光法、差分吸收光谱分析法
9	铅(Pb)	环境空气 铅的测定 石墨炉原子吸收分光光度法(暂行)	HJ 539—2015	—
		环境空气铅的测定火焰原子吸收分光光度法	GB/T 15264—1994	—
10	苯并[a]芘(BaP)	空气质量飘尘中苯并[a]芘的测定 乙酰化滤纸层析荧光分光光度法	GB 8971—1988	—
		环境空气苯并[a]芘的测定 高效液相色谱法	HJ 956—2018	—

2) 大气监测中的布点、采样、分析、数据处理等具体方法和工作程序

大气监测中的布点、采样、分析、数据处理等具体方法和工作程序按国务院环境保护领导小组办公室颁布的《环境空气质量监测规范(试行)》的有关规定进行。

附录 A-5 水及其质量标准

一、水的分布

地球上的水以液态、固态和气态存在。在太阳辐射下,从海洋和陆地蒸发的水蒸气在大气中凝结成雨,降落到地面上的雨水一部分渗入地下成地下水,大部分降水量流入河流汇入海洋。在地球上水的总量约为 $14×10^8 km^3$,其中大部分是海水,水量分布见表 A-5-1 所示。蒸发循环的总水量每年约为 $4220000×10^8 m^3$,水的流动和交换见表 A-5-2 所示。

表 A-5-1 自然环境中的水量分布

水的类型	水量,km^3	比例,%
海水	1338000000	96.5
地下水	23716500	1.71
冰雪水	24064100	1.74
湖泊水	176400	0.013
沼泽水	11470	0.0008
河水	2120	0.0002
大气水	12900	0.001
生物水	1120	0.0001
总计	1385984610	100

表 A-5-2 水的流动和交换   单位:km^3/a

海洋降水	$3.24×10^5$
海洋蒸发	$3.60×10^5$
陆地降水	$0.98×10^5$
陆地蒸发	$0.62×10^5$

在地球水圈中现有水约 $13.86×10^8 km^3$,它以液态、气态、固态形式分布于海洋、陆地、大气和生物机体中。其中一半都是苦咸水,淡水仅占总水量的 2.53%,约为 $0.35×10^8 km^3$。全世界的淡水总量分布见表 A-5-3。全世界水资源的可利用量不到 1%,仅仅是河流、湖泊等地表水和地下水的一部分。中国人均水径流量与世界几个国家的比较见表 A-5-4。

表 A-5-3 全世界淡水储量

水的类型	水量,km^3	比例,%
地下水	10846500	30.96
冰雪水	24064100	68.70

续表

水的类型	水量,km³	比例,%
湖泊水	91000	0.260
沼泽水	11470	0.033
河水	2120	0.006
大气水	12900	0.037
生物水	1120	0.0032
总计	35029210	100

表 A-5-4 世界部分国家人均径流量比较

国家或地区	河川年径流量		1979年			2000年	
	径流量,10⁸m³	世界名次	人口,万人	人均径流量,m³/a	世界名次	推算人口,万人	人均径流量,m³/a
巴西	56680	1	12288	46126	19	21731	26083
俄罗斯(苏联)	43840	2	26350	17890	39	33000	14285
加拿大	31220	3	2369	131786	6	3296	94721
美国	29702	4	22029	13483	44	26086	11386
印度尼西亚	28100	5	14847	18926	38	22737	12359
中国	26300	6	97093	2709	84	120386	2185
印度	17800	7	67823	2624	87	105673	1684
哥伦比亚	11120	8	2625	42362	22	4942	22501
缅甸	10820	9	3443	31426	28	5130	21092
扎伊尔	10190	10	2752	37028	25	2944	34612

二、水与饱和水蒸气的物理性质

水与饱和水蒸气的物理性质见表 A-5-5~表 A-5-7。

表 A-5-5 每立方米水在各种温度下的质量(压力为 **101325Pa**)

温度,℃	质量,kg	温度,℃	质量,kg	温度,℃	质量,kg
1	999.87	42	991.47	50	988.07
2	999.97	43	991.07	51	987.62
4	1000.00	44	990.66	52	987.15
10	999.73	45	990.25	53	986.69
20	998.23	46	989.82	54	986.21
30	995.67	47	989.40	55	985.73
40	992.24	48	988.96	56	985.25
41	991.86	49	988.52	57	984.75

续表

温度,℃	质量,kg	温度,℃	质量,kg	温度,℃	质量,kg
58	984.25	75	974.84	92	963.99
59	983.75	76	974.29	93	963.30
60	983.24	77	973.68	94	962.21
61	982.72	78	973.07	95	961.92
62	982.20	79	972.45	96	961.22
63	981.67	80	971.83	97	960.51
64	981.13	81	971.21	98	959.81
65	980.59	82	970.57	99	959.59
66	980.05	83	969.94	100	958.38
67	979.50	84	969.30		
68	987.94	85	968.65		
69	978.38	86	968.00		
70	977.81	87	967.34		
71	977.23	88	966.68		
72	976.66	89	966.01		
73	976.07	90	965.34		
74	975.48	91	964.67		

表 A-5-6 在饱和线上水的基本物理参数

温度 t ℃	压力（绝对）p MPa	密度 ρ kg/m³	热焓 i kJ/kg	等压比热 c_p kJ/(kg·℃)	导热系数 λ W/(m·℃)	导温系数 $\alpha \times 10^{-4}$ m²/h	运动黏度 $\nu \times 10^{-6}$ m²/s	膨胀系数 $\beta \times 10^{-4}$ 1/℃	Pr 值
0	0.0006	999.8	0.000	4.212	0.551	4.71	1.789	-0.63	13.7
10	0.0012	999.7	42.04	4.191	0.575	4.94	1.305	0.88	9.52
20	0.0023	998.2	83.90	4.183	0.599	5.16	1.006	2.08	7.00
30	0.0042	995.7	125.69	4.174	0.618	5.35	0.805	3.02	5.41
40	0.0074	992.2	167.51	4.174	0.634	5.51	0.659	3.86	4.30
50	0.0124	988.1	209.30	4.174	0.648	5.65	0.556	4.57	3.54
60	0.0199	983.2	251.12	4.178	0.659	5.78	0.478	5.22	2.98
70	0.0312	977.8	292.99	4.187	0.668	5.87	0.415	5.84	2.55
80	0.0474	971.8	334.94	4.195	0.675	5.96	0.365	6.42	2.21
90	0.0701	965.3	376.98	4.208	0.680	6.03	0.326	6.97	1.95
100	0.1010	958.4	419.10	4.220	0.683	6.08	0.295	7.49	1.75
110	0.1432	951.0	461.34	4.233	0.685	6.13	0.272	8.08	1.60

续表

温度 t ℃	压力（绝对）p MPa	密度 ρ kg/m³	热焓 i kJ/kg	等压比热 c_p kJ/(kg·℃)	导热系数 λ W/(m·℃)	导温系数 $\alpha \times 10^{-4}$ m²/h	运动黏度 $\nu \times 10^{-6}$ m²/s	膨胀系数 $\beta \times 10^{-4}$ 1/℃	Pr 值
120	0.1982	943.1	503.67	4.250	0.686	6.16	0.252	8.58	1.47
130	0.2698	934.8	546.38	4.266	0.686	6.19	0.233	9.19	1.35
140	0.3610	926.1	589.08	4.287	0.685	6.21	0.217	9.66	1.26
150	0.4758	917.0	632.21	4.312	0.684	6.22	0.203	10.3	1.17
160	0.6180	907.4	675.33	4.346	0.683	6.23	0.191	10.8	1.10
170	0.7926	897.3	719.29	4.379	0.679	6.22	0.181	11.5	1.05
180	1.0085	886.9	763.25	4.417	0.675	6.20	0.173	12.2	1.00
190	1.2557	876.0	807.63	4.459	0.670	6.17	0.165	12.9	0.96
200	1.5559	863.0	852.43	4.505	0.663	6.14	0.158	13.6	0.93
210	1.9090	852.8	897.23	4.606	0.655	6.00	0.154	—	—
220	2.3210	840.3	943.29	4.647	0.645	6.00	0.149	—	—
230	2.7988	827.3	989.76	4.689	0.637	6.00	0.145	—	—
240	3.3491	813.6	1037.1	4.731	0.628	5.90	0.141	—	—

表 A-5-7 饱和水及蒸汽表

饱和温度 t ℃	绝对压力 p MPa	水在饱和压力下的比容 v', m³/kg	蒸汽比容 v'' m³/kg	蒸汽容重 γ'' kg/m³	水热焓 t' kJ/kg	蒸汽热焓 i'' kJ/kg	汽化热 r kJ/kg
0	0.0006	0.0010002	206.3	0.004846	0.000	2500.4	2500.41
10	0.0012	0.0010004	106.4	0.009396	42.04	2518.8	2476.9
20	0.0023	0.0010018	57.84	0.01792	38.90	2537.2	2453.5
30	0.0042	0.0010044	32.93	0.3036	125.69	2555.6	2430.0
40	0.0074	0.0010079	19.55	0.05114	167.51	2573.6	2406.2
50	0.0123	0.0010121	12.05	0.08298	209.30	2591.6	2382.3
60	0.0199	0.0010171	7.682	0.1302	251.12	2609.2	2358.4
70	0.0312	0.0010228	5.049	0.1981	292.99	2626.4	2333.7
80	0.0474	0.0010290	3.410	0.2933	334.94	2643.1	2308.2
90	0.0701	0.0010359	2.361	0.4235	376.98	2659.0	2282.2
100	0.1010	0.0010435	1.673	0.5977	419.10	2674.9	2256.3
110	0.1432	0.0010515	1.210	0.8265	461.34	2690.0	2229.1
120	0.1982	0.0010603	0.8914	1.122	503.67	2704.7	2201.0
130	0.2698	0.0010697	0.6680	1.496	546.38	2718.5	2171.3
140	0.3610	0.0010798	0.5084	1.967	589.08	2730.6	2143.2

续表

饱和温度 t ℃	绝对压力 p MPa	水在饱和压力下的比容 v', m³/kg	蒸汽比容 v'' m³/kg	蒸汽容重 γ'' kg/m³	水热焓 i' kJ/kg	蒸汽热焓 i'' kJ/kg	汽化热 r kJ/kg
150	0.4758	0.0010906	0.3924	2.548	632.21	2744.5	2112.7
160	0.6180	0.0011021	0.3068	3.260	675.33	2756.2	2080.8
170	0.7926	0.0011144	0.2426	4.122	719.29	2767.1	2048.2
180	1.0085	0.0011275	0.1939	5.157	763.25	2776.7	2013.9
190	1.2557	0.0011415	0.1564	6.392	807.63	2785.5	1978.3
200	1.5559	0.0011565	0.1273	7.857	852.43	2792.6	1940.6
210	1.9090	0.0011726	0.1043	9.585	897.23	2798.0	1900.8
220	2.3210	0.0011900	0.0861	11.61	943.29	2801.8	1858.5
230	2.7988	0.0012088	0.0715	13.98	989.76	2803.9	1814.1

三、水体的自净化作用及水体污染

1. 水体的自净作用

水体系指河流、湖泊、沼泽、水库、地下水、冰川、海洋等"地表储水体"的总称。从自然地理的角度看,水体是指地表被水覆盖地段的自然综合体。水体的概念显然不仅包括水,而且还包括水中的悬浮物,底泥,甚至水生生物等。

以河流为例,河流的自净作用是指河水中的污染物质浓度,在河水自然向下流动过程中自然降低的现象。自净作用的机理可分为:由于稀释、扩散、沉淀等作用而使污染物质浓度降低的物理净化;由于氧化、还原、分解、凝聚等作用而使污染物质浓度降低的化学净化;由于水中生物活动而降低污染浓度的生物净化。

2. 水体污染定义

关于水体污染的定义很多,常遇到的有:

(1) 水污染是指排入水体的污染物超过了水的自净能力,从而使水质恶化的现象。

(2) 进入水体的外来物质的含量超过了该物质在水体中的本底含量称为水污染。

(3) 外来物质进入水体的数量达到破坏水体原有用途的程度称之水污染。

第三个定义是将水污染与人类的生产和生活活动联系起来的,是适用于生产、生活与环保目的的,有利于水体更好地为人类所利用。

四、水体中主要污染物的来源及影响

1. 水体中需氧污染物

凡维持着生命的天然水体都有一定的生化需氧量。在自然界中不可避免地总会有一些天然的有机残体进入水中。由于水体中的有机污染物比较复杂,又因为需氧有机污染物的危害主要表现为消耗水中的溶解氧,所以在实际工作中一般采用下列指标来表示水中需氧有机物的含量:

(1) 生物化学需氧量(Bio-Chemical Oxygen Demand, BOD),表示水中有机污染物经微生物分解所需的氧量(以 mg/L 计),n 天生化需氧量可用符号 BOD_n 表示,目前常以 5d 作为测定生化需氧量的标准时间,简称"五日生化需氧量"用 BOD_5 表示。

(2) 化学需氧量(Chemical Oxygen Demand, COD),表示化学氧化剂氧化水中有机污染物所需之氧量。需氧量越高,表示水中有机污染物越多。目前常用的氧化剂主要是重铬酸钾和高锰酸钾。

(3) 总有机碳(Total Organic Carbon, TOC),总有机碳包括水体中所有有机污染物质的含碳量,也是评价水体需氧有机污染物质的一个综合指标。

(4) 总需氧量(Total Oxygen Demand, TOD),有机物中除含有碳外,尚含有氢、氮及硫等元素,当有机物被氧化时,所需耗氧量称为总需氧量。

水体中的需氧污染物主要来自生活污水、牲畜污水及食品、造纸、制革、印染、焦化、石油化工等工业废水。

2. 石油类

随着石油工业的发展,石油类物质对水体的污染愈来愈严重,在各类水体中以海洋受到的油污染最严重,通过不同途径排入海洋的石油量每年有几百万吨至几千万吨。油污染物的来源一般有:

(1) 船舶带入海洋。目前全世界石油总产量的 60% 经由海上运输,石油船的洗舱水、压舱水和其他含油污水,尽管经过处理但仍有可观的油量排入海洋。

(2) 陆上油田采出水中的含油量。经河流汇入大海。

(3) 海底石油开采。因钻井、试油、事故泄漏有大量的石油进入海洋。

(4) 工业废水。据统计,全世界石油和石油化工企业排入河流和海洋的石油为 $(300\sim500)\times10^4 t$。

石油进入水体后造成的危害是很明显的,不仅影响水生生物的生长,降低海滨环境的使用价值,还可能影响局部地区的水文气象条件和降低水体的自净能力,从而给人类和所有生物的生存造成很大的威胁。

3. 其他污染物

水体中的其他污染物有:酚类化合物、氰化物、酸碱及一般无机盐、重金属等。

五、污水处理方法简介

针对不同污染物质的特性,发展了各种不同的污水处理方法,这些处理方法可按其作用原理区分为三大类:

(1) 物理法。属于物理法的处理方法有沉淀(重力分离)、过滤、离心分离、浮选(气浮)、蒸发结晶、反渗透等。

(2) 化学法。属于这类方法的有混凝、中和、氧化还原、电解、汽提、萃取、吹脱、吸附、电渗析等。

(3) 生物法。属于这类方法的有活性污泥法、生物膜法、生物塘、污水灌溉(土地处理)等。

六、我国现行若干水质标准

1. 污水综合排放标准

GB 8978《污水综合排放标准》

适用范围：本标准适用于现有单位水污染物的排放管理，以及建设项目的环境影响评价、建设项目环境保护设施设计、竣工验收及其投产后的排放管理。

按照国家综合排放标准与国家行业排放标准不交叉执行的原则，造纸工业执行 GB 3544《造纸工业水污染物排放标准》，船舶执行 GB 3552《船舶污染物排放标准》，海洋石油开发工业执行 GB 4914《海洋石油勘探开发污染物排放浓度限值》，纺织染整工业执行 GB 4287《纺织染整工业水污染物排放标准》，肉类加工工业执行 GB 13457《肉类加工工业水污染物排放标准》，合成氨工业执行 GB 13458《合成氨工业水污染物排放标准》，钢铁工业执行 GB 13456《钢铁工业水污染物排放标准》，航天推进剂使用执行 GB 14374《航天推进剂水污染物排放标准》，兵器工业执行 GB 14470《兵器工业水污染物排放标准》，磷肥工业执行 GB 15580《磷肥工业水污染物排放标准》，烧碱、聚氯乙烯工业执行 GB 15581《烧碱、聚氯乙烯工业污染物排放标准》，其他水污染物排放均执行本标准。

2. 地表水环境质量标准

GB 3838《地表水环境质量标准》。

本标准按照地表水环境功能分类和保护目标，规定了环境质量应控制的项目及限值，以及水质、评价、水质项目的分析方法和标准的实施与监督。

适用范围：本标准适用于中华人民共和国领域内江河、湖泊、运河、渠道、水库等具有使用功能的地表水水域。具有特定功能的水域，执行相应的专业水质标准。

3. 生活饮用水卫生标准

GB 5749《生活饮用水卫生标准》。

本标准规定了生活饮用水水质卫生要求、生活饮用水水源水质卫生要求、集中式供水单位卫生要求、二次供水卫生要求、涉及生活饮用水卫生安全产品卫生要求、水质监测和水质检验方法。

适用范围：本标准适用于城乡各类集中式供水的生活饮用水，也适用于分散式供水的生活饮用水。

4. 碎屑岩油藏注水水质指标及分析方法

SY/T 5329《碎屑岩油藏注水水质指标及分析方法》。

本标准规定了对碎屑岩油藏注水水质的基本要求、推荐指标及检测水质的分析方法。

适用范围：本标准适用于碎屑岩油藏不同渗透层对注水水质的要求和油藏注入水的水质分析。

5. 城市杂用水水质

GB/T 18920《城市污水再生利用 城市杂用水水质》。

本标准规定了城市杂用水水质标准、采样及分析方法。

适用范围：本标准适用于厕所便器冲洗、道路清扫、消防、城市绿化、车辆冲洗、建筑施工杂用水。

附录 A-6　金属材料与非金属材料数据

一、黑色金属的分类

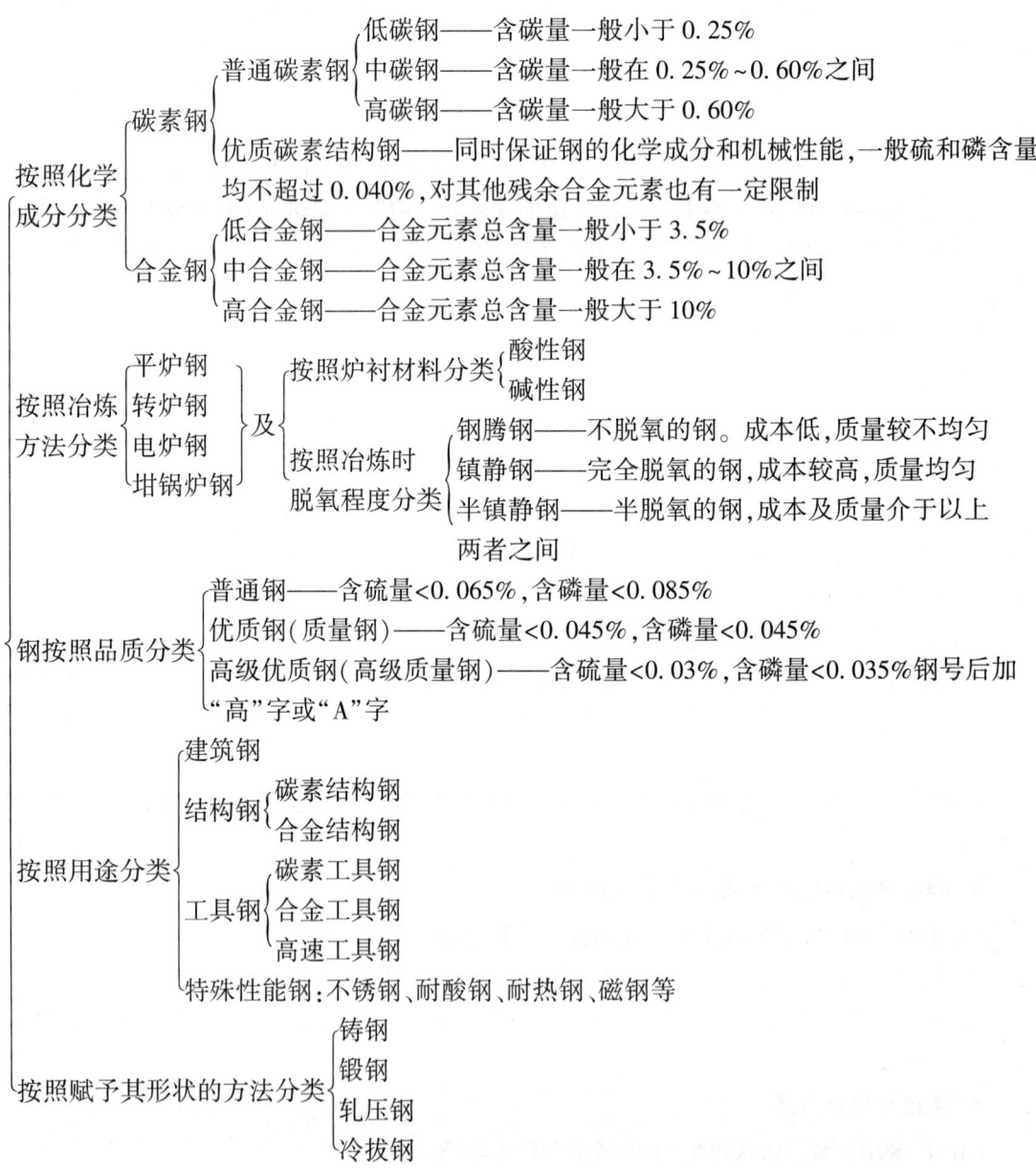

二、黑色金属材料的表示方法

黑色金属材料的表示方法见表 A-6-1~表 A-6-8。

表 A-6-1 钢铁产品牌号中表示化学元素的符号（GB 221—2008）

元素名称	化学元素符号	元素名称	化学元素符号	元素名称	化学元素符号	元素名称	化学元素符号
铁	Fe	锂	Li	钐	Sm	铝	Al
锰	Mn	铍	Be	锕	Ac	铌	Nb
铬	Cr	镁	Mg	硼	B	钽	Ta
镍	Ni	钙	Ca	碳	C	镧	La
钴	Co	锆	Zr	硅	Si	铈	Ce
铜	Cu	锡	Sn	硒	Se	钕	Nd
钨	W	铅	Pb	碲	Te	氮	N
钼	Mo	铋	Bi	砷	As	氧	O
钒	V	铯	Cs	硫	S	氢	H
钛	Ti	钡	Ba	磷	P	—	—

注：混合稀土元素符号用"RE"表示。

表 A-6-2 钢铁产品牌号中表示名称、用途、特性和工艺方法表示符号

产品名称	采用的汉字及汉语拼音或英文单词			采用字母	位置
	汉字	汉语拼音	英文单词		
热轧光圈钢筋	热轧光圈钢筋	—	Hot Rolled Plain Bars	HPB	牌号头
热轧带肋钢筋	热轧带肋钢筋	—	Hot Rolled Ribbed Bars	HRB	牌号头
细晶粒热轧带肋钢筋	细晶粒热轧带肋钢筋	—	Hot Rolled Ribbed Bars+Fine	HRBF	牌号头
冷轧带肋钢筋	冷轧带肋钢筋	—	Cold Rolled Ribbed Bars	CBR	牌号头
预应力混凝土用螺纹钢筋	预应力、螺纹、钢筋	—	Prestressing、Screw、Bars	PSB	牌号头
焊接气瓶用钢	焊瓶	HAN PING	—	HP	牌号头
管线用钢	管线	—	Line	L	牌号头
船用锚链钢	船锚	CHUAN MAO	—	CM	牌号头
煤机用钢	煤	MEI	—	M	牌号头
锅炉和压力容器用钢	容	RONG	—	R	牌号尾
锅炉用钢（管）	锅	GUO	—	G	牌号尾
低温压力容器用钢	低容	DI RONG	—	DR	牌号尾
桥梁用钢	桥	QIAO	—	Q	牌号尾

续表

产品名称	采用的汉字及汉语拼音或英文单词			采用字母	位置
	汉字	汉语拼音	英文单词		
耐候钢	耐候	NAI HOU	—	NH	牌号尾
汽车大梁用钢	梁	LIANG	—	L	牌号尾
高性能建筑结构用钢	高建	GAO JIAN	—	GJ	牌号尾
低焊接裂纹敏感性钢	低焊接裂纹敏感性	—	Crack Free	CF	牌号尾
保证淬透性钢	淬透性	—	Hardenability	H	牌号尾
矿用钢	矿	KUANG	—	K	牌号尾
船用钢	采用国际符号				

表 A-6-3 生铁产品牌号表示方法

序号	产品名称	第一部分			第二部分	牌号示例
		采用汉字	汉语拼音	采用字母		
1	炼钢用生铁	炼	LIAN	L	含硅量为 0.85%~1.25% 的炼钢用生铁,阿拉伯数字为 10	L10
2	铸造用生铁	铸	ZHU	Z	含硅量为 2.80%~3.20% 的铸造用生铁,阿拉伯数字为 30	Z30
3	球墨铸铁用生铁	球	QIU	Q	含硅量为 1.00%~1.40% 的球墨铸铁用生铁,阿拉伯数字为 12	Q12
4	耐磨生铁	耐磨	NAI MO	NM	含硅量为 1.60%~2.00% 的耐磨生铁,阿拉伯数字为 18	NM18
5	脱碳低磷粒铁	脱粒	TUO LI	TL	含硅量为 1.20%~1.60% 的炼钢用脱碳低磷粒铁,阿拉伯数字为 14	TL14
6	含钒生铁	钒	FAN	F	含钒量不小于 0.40% 的含钒生铁,阿拉伯数字为 04	F04

表 A-6-4 碳素结构钢和低合金结构钢产品牌号表示方法

序号	产品名称	第一部分	第二部分	第三部分	第四部分	牌号示例
1	碳素结构钢	最小屈服强度 235N/mm²	A 级	沸腾钢	—	Q235AF
2	低合金高强度结构钢	最小屈服强度 345N/mm²	D 级	特殊镇静钢	—	Q345D
3	热轧钢圈钢筋	屈服强度特征值 235N/mm²	—	—	—	HPB235
4	热轧带肋钢筋	屈服强度特征值 335N/mm²	—	—	—	HRB335

续表

序号	产品名称	第一部分	第二部分	第三部分	第四部分	牌号示例
5	细晶粒热轧带肋钢筋	屈服强度特征值 335N/mm²	—	—	—	HRBF335
6	冷轧带肋钢筋	最小抗拉强度 550N/mm²	—	—	—	CRB550
7	预应力混凝土用螺纹钢筋	最小屈服强度 830N/mm²	—	—	—	PS B830
8	焊接用气瓶钢	最小屈服强度 345N/mm²	—	—	—	HP345
9	管线用钢	最小规定总延伸强度 415MPa	—	—	—	L415
10	船用锚链钢	最小抗拉强度 370MPa	—	—	—	CM370
11	煤机用钢	最小抗拉强度 510MPa	—	—	—	M510
12	锅炉和压力容器用钢	最小屈服强 345N/mm²	—	特殊镇静钢	压力容器"容"的汉语拼音首字母"R"	Q345R

表 A-6-5 优质碳素结构钢和优质碳素弹簧钢产品牌号表示方法

序号	产品名称	第一部分	第二部分	第三部分	第四部分	第五部分	牌号示例
1	优质碳素结构钢	碳含量 0.05%~0.11%	锰含量 0.05%~0.11%	优质钢	沸腾钢	—	08F
2	优质碳素结构钢	碳含量 0.47%~0.55%	锰含量 0.05%~0.80%	高级优质钢	镇静钢	—	50A
3	优质碳素结构钢	碳含量 0.48%~0.56%	锰含量 0.70%~1.00%	特级优质钢	镇静钢	—	50MnE
4	保证淬透性用钢	碳含量 0.42%~0.50%	锰含量 0.50%~0.85%	高级优质钢	镇静钢	保证淬透性钢表示符号"H"	45AH
5	优质碳素弹簧钢	碳含量 0.62%~0.70%	锰含量 0.90%~1.20%	优质钢	镇静钢	—	65Mn

表 A-6-6 合金结构钢和合金弹簧钢产品牌号表示方法

序号	产品名称	第一部分	第二部分	第三部分	第四部分	牌号示例
1	碳含量 0.62%~0.70%	碳含量 0.22%~0.29%	铬含量 1.50%~1.80% 钼含量 0.25%~0.35% 钒含量 0.15%~0.30%	高级优质钢	—	25Cr2MoVA
2	锅炉和压力容器用钢	碳含量≤0.22	锰含量 1.20%~1.60% 钼含量 0.45%~0.65% 铌含量 0.025%~0.050%	特技优质钢	锅炉和压力容器用钢	18MnMoNbER
3	优质弹簧钢	碳含量 0.62%~0.70%	硅含量 1.60%~2.00% 锰含量 0.70%~1.00%	优质钢	—	60Si2Mn

表 A-6-7 高电阻电热合金产品牌号表示方法

章条号	产品名称	第一部分			第二部分	第三部分	第四部分	牌号示例
		汉字	汉语拼音	采用字母				
3.5	车辆车轴用钢	辆轴	LIANG ZHOU	LZ	碳含量 0.40%~0.48%	—	—	LZ45
3.5	机车车辆用钢	机轴	JI ZHOU	JZ	碳含量 0.62%~0.70%	—	—	JZ45
3.7	非调质机械结构用钢	非	FEI	F	碳含量 0.32%~0.39%	钒含量 0.06%~0.13%	硫含量 0.0035%~0.075%	F35VS
3.8.1	碳素工具钢	碳	TAN	T	碳含量 0.80%~0.90%	锰含量 0.40%~0.60%	高级优质钢	T8MnA
3.8.2	合金工具钢		碳含量 0.85%~0.95%		硅含量 1.20%~1.60% 铬含量 0.95%~1.25%	—	—	9SCr
3.8.3	高速工具钢		碳含量 0.80%~0.90%		钨含量 5.50%~6.75% 钼含量 4.50%~5.50% 铬含量 3.80%~4.40% 钒含量 1.75%~2.20%	—	—	W6Mo5Cr4V2
3.8.3	高速工具钢		碳含量 0.86%~0.94%		钨含量 5.90%~6.70% 钼含量 4.70%~5.20% 铬含量 3.80%~4.50% 钒含量 1.75%~2.10%	—	—	CW6Mo5Cr4V2
3.9.1	高碳铬轴承钢	滚	GUN	G	铬含量 1.40%~1.65%	钒含量 0.06%~0.13%	—	GCr15SiMn
3.1	钢轨钢	轨	GUI	U	碳含量 0.66%~0.74%	钒含量 0.06%~0.13%	—	U70MnSi
3.1	冷镦钢	铆螺	MAO LUO	ML	碳含量 0.26%~0.34%	铬含量 0.80~1.10% 钼含量 0.15%~0.25%	—	ML30CrMo
3.12	焊接用钢	焊	HAN	H	碳含量≤0.10%的优质碳素结构钢	—	—	H08A
3.12	焊接用钢	焊	HAN	H	碳含量≤0.10%的铬含量 0.80%~1.10% 钼含量 0.40%~0.60%的高级优质合金结构钢	—	—	H08CrMoA
3.14	电磁纯铁	电铁	DIAN TIE	DT	顺序号 4	磁性能 A 级	—	DT4A
3.15	原料纯铁	原铁	YUAN TIE	YT	顺序号 1	—	—	YT1

表 A-6-8 金属材料机械性能代号及其名词解释

代号	名称	单位	解释
σ_s $\sigma_{0.2}$	屈服点 屈服强度	MPa	材料试样在拉伸过程中,负荷不增加或有所降低而变形继续发生的最小应力材料试样在拉伸过程中,永久变形为原厂的"规定数值"时之应力,称为屈服强度。一般"规定数值"为拉伸试样原厂的 0.2%,故以 $\sigma_{0.2}$ 表示
σ_b σ_{bc} σ_{bb}	抗拉强度 抗压强度 抗弯强度	MPa	材料试样受拉力时,在拉断前所承受的最大应力; 材料试样受压力时,在压坏前所承受的最大应力; 材料试样受弯曲力时,在破坏前所承受的最大应力
σ_e	弹性极限	MPa	材料能保持弹性变形的最大应力。真实的弹性极限难以测定,实际规定按永久变形为原厂的 0.005% 时的应力值表示
δ δ_5 δ_{10}	伸长率 (延伸率)	%	材料试样被拉断后,标距长度的增加量与原标距长度之百分比; 试样的标距等于 5 倍直径时的伸长率; 试样的标距等于 10 倍直径时的伸长率
ψ	断面收缩率	%	材料试样在拉断后,其断裂处横截面积的缩减量与原横截面积的百分比
AK	冲击值 (冲击韧性)	J	材料的冲击试样受冲击负荷折断时,试样刻槽处单位横截面上(cm^2)所消耗的冲击功,按试验方法不同:U 形缺口 AK_U,V 形缺口 AK_V 等
σ_{-1}	疲劳极限	MPa	材料试样在对称弯曲应力作用下,经受一定的应力循环数 N 而扔不发生断裂时所能承受的最大应力。对钢来说,如应力循环数 N 达 $10^6 \sim 10^7$ 次扔不发生疲劳断裂时,则可认为随循环次数的增加,将不再发生疲劳断裂。因此常采用 $N=(0.5\sim1)\times10^7$ 为基数,确定钢的疲劳极限
$\sigma_{i/10}^4$ $\sigma_{1/10}^5$ $\sigma_{0.2/10}^{200}$ ……	蠕变极限	MPa	在一定的温度(通常在高温下)和恒定载荷作用下,材料在规定的时间(使用期间)内的蠕变变形量或蠕变速度不超过某一规定值的最大应力。符号右下角的分数中,分子表示规定的变形量的百分数,分母表示产生该变形量所经历的时间(h)。$\sigma_{i/10}^4$ 表示在 10000h 产生 1% 变形量的应力,有时在符号的右上角标明试验温度,如 $\sigma_{2/10}^{600}{}^4$ 表示在 600℃时在 10000h 内产生 2% 变形量的应力
DVM	蠕变极限		加载后观测 25~35h,可允许的伸长速度为 10×10^{-4}%/h 的应力
$\sigma_{b/10}^4$ $\sigma_{b/10}^5$ $\sigma_{b/200}$	持久极限		在一定的温度(通常在高温)下,材料在恒定载荷作用时,在一定时间(试用期间)内材料破坏时的应力; 符号右下角的分数中分母表示时间(h)。有时在符号的右上角标明试验温度,$\sigma_{b/100}^{700}$ 表示在试验温度为 700℃时,持久时间为 100h 的应力
	硬度		材料抵抗硬物体压入自己表面的能力

三、钢铁材料的技术条件

1. 碳素结构钢(GB 700—2006《碳素结构钢》)

钢的牌号和化学成分(熔炼分析)应符合表 A-6-9 的规定;钢材的拉伸和冲击试验结果应符合表 A-6-10 的规定;弯曲试验结果应符合表 A-6-11 的规定。

表 A-6-9　钢的牌号和化学成分

牌号	统一数字代号[①]	等级	厚度(或直径) mm	脱氧方法	化学成分,%(质量分数),不大于				
					C	Si	Mn	P	S
Q195	U11952		—	F、Z	0.12	0.3	0.5	0.035	0.040
Q215	U12152	A	—	F、Z	0.15	0.35	1.2	0.045	0.050
	U12155	B							0.045
Q235	U12352	A	—	F、Z	0.22	0.35	1.4	0.045	0.050
	U12355	B	—		0.2			0.045	0.045
	U12358	C	—	Z	0.17			0.04	0.040
	U12359	D	—	TZ				0.035	0.035
Q275	U12752	A	—	F、Z	0.24	0.35	1.5	0.045	0.050
	U12755	B	≤40	Z	0.21			0.045	0.045
			>40		0.22				
	U12858	C	—	Z	0.2			0.04	0.040
	U12759	D	—	TZ				0.035	0.035

① 表中为镇静剂、特殊镇静钢牌号的统一数字,沸腾钢牌号的统一数字代号如下:

Q195F—U11950;

Q215AF—U12150,Q215BF—U12153;

Q235AF—U12350,Q235BF—U12353;

Q275AF—U12750。

经需方同意,Q235B 的含碳量可不大于 0.22%。

表 A-6-10　钢材的拉伸和冲击试验结果

牌号	等级	屈服强度[①] R_{eH}, N/mm², 不小于					抗拉强度[②] R_m N/mm²	断后伸长率 A,%, 不小于					冲击试验(V 形缺口)	
		厚度(或直径), mm						厚度(或直径), mm					温度 ℃	冲击吸收功(纵向), J 不小于
		≤16	16<D≤40	40<D≤60	60<D≤100	100<D≤150	150<D≤200		≤40	40<D≤60	60<D≤100	100<D≤150	150<D≤200		
Q195	—	195	185	—	—	—	—	315~430	—	—	—	—	—	—	—
Q215	A	215	205	195	185	175	165	335~450	31	30	29	27	26	—	—
	B													+20	27
Q235	A	235	225	215	215	195	185	370~500	26	25	24	22	21	—	—
	B													+20	27[③]
	C													0	
	D													−20	

续表

牌号	等级	屈服强度① R_{eH},N/mm²,不小于					抗拉强度② R_m N/mm²	断后伸长率A,%,不小于					冲击试验（V形缺口）	
		厚度(或直径),mm						厚度(或直径),mm					温度 ℃	冲击吸收功(纵向),J 不小于
		≤16	16<D ≤40	40<D ≤60	60<D ≤100	100<D ≤150	150<D ≤200		≤40	40<D ≤60	60<D ≤100	100<D ≤150	150<D ≤200		
Q275	A	275	265	255	245	225	215	410~540	22	21	20	18	17	—	—
	B													+20	27
	C													+	
	D													-20	

① Q195 的屈服强度值仅供参考,不作交货条件。
② 厚度大于100mm 的钢材,抗拉强度下限允许降低 20N/mm²。宽带钢(包括剪切钢板)抗拉强度上限不作交货条件。
③ 厚度小于25mm 的 Q235B 级钢材,如供方能保证冲击吸收功值合格,经需方同意,可不作检验。

表 A-6-11 弯曲试验结果

牌号	式样方向	冷弯试验180°,B=2α①	
		钢材厚度(或直径)② D,mm	
		D≤60	60<D≤100
		弯心直径 d	
Q195	纵	0	—
	横	0.5α	
Q215	纵	0.5α	1.5α
	横	α	2α
Q235	纵	α	2α
	横	1.5α	2.5α
Q275	纵	1.5α	2.5α
	横	2α	3α

① B 为试样宽度,α 为试样厚度(或直径)。
② 钢材厚度(或直径)大于100mm 时,弯曲试验由双方协商确定。

2. 优质碳素结构钢(GB 699—2015《优质碳素结构钢》)

钢的牌号、统一数字代号及化学成分见表 A-6-12 和表 A-6-13。

表 A-6-12　钢的牌号、统一数字代号及化学成分

序号	统一数字代号	牌号	化学成分,%(质量分数)							
			C	Si	Mn	P	S	Cr	Ni	Cu[①]
						≤				
1	U20082	08[②]	0.05~0.11	0.17~0.37	0.35~0.65	0.035	0.035	0.10	0.30	0.25
2	U20102	10	0.07~0.13	0.17~0.37	0.35~0.65	0.035	0.035	0.15	0.30	0.25
3	U20152	15	0.12~0.18	0.17~0.37	0.35~0.65	0.035	0.035	0.25	0.30	0.25
4	U20202	20	0.17~0.23	0.17~0.37	0.35~0.65	0.035	0.035	0.25	0.30	0.25
5	U20252	25	0.22~0.29	0.17~0.37	0.50~0.80	0.035	0.035	0.25	0.30	0.25
6	U20302	30	0.27~0.34	0.17~0.37	0.50~0.80	0.035	0.035	0.25	0.30	0.25
7	U20352	35	0.32~0.39	0.17~0.37	0.50~0.80	0.035	0.035	0.25	0.30	0.25
8	U20402	40	0.37~0.44	0.17~0.37	0.50~0.80	0.035	0.035	0.25	0.30	0.25
9	U20452	45	0.42~0.50	0.17~0.37	0.50~0.80	0.035	0.035	0.25	0.30	0.25
10	U20502	50	0.47~0.55	0.17~0.37	0.50~0.80	0.035	0.035	0.25	0.30	0.25
11	U20552	55	0.52~0.60	0.17~0.37	0.50~0.80	0.035	0.035	0.25	0.30	0.25
12	U20602	60	0.57~0.65	0.17~0.37	0.50~0.80	0.035	0.035	0.25	0.30	0.25
13	U20652	65	0.62~0.70	0.17~0.37	0.50~0.80	0.035	0.035	0.25	0.30	0.25
14	U20702	70	0.67~0.75	0.17~0.37	0.50~0.80	0.035	0.035	0.25	0.30	0.25
15	U20702	75	0.72~0.80	0.17~0.37	0.50~0.80	0.035	0.035	0.25	0.30	0.25
16	U20802	80	0.77~0.85	0.17~0.37	0.50~0.80	0.035	0.035	0.25	0.30	0.25
17	U20852	85	0.82~0.90	0.17~0.37	0.50~0.80	0.035	0.035	0.25	0.30	0.25
18	U21152	15Mn	0.12~0.18	0.17~0.37	0.70~1.00	0.035	0.035	0.25	0.30	0.25
19	U21202	20Mn	0.17~0.23	0.17~0.37	0.70~1.00	0.035	0.035	0.25	0.30	0.25
20	U21252	25Mn	0.22~0.29	0.17~0.37	0.70~1.00	0.035	0.035	0.25	0.30	0.25
21	U21302	30Mn	0.27~0.34	0.17~0.37	0.70~1.00	0.035	0.035	0.25	0.30	0.25
22	U21352	35Mn	0.32~0.39	0.17~0.37	0.70~1.00	0.035	0.035	0.25	0.30	0.25
23	U21402	40Mn	0.37~0.44	0.17~0.37	0.70~1.00	0.035	0.035	0.25	0.30	0.25
24	U21452	45Mn	0.42~0.50	0.17~0.37	0.70~1.00	0.035	0.035	0.25	0.30	0.25
25	U21502	50Mn	0.48~0.50	0.17~0.37	0.70~1.00	0.035	0.035	0.25	0.30	0.25
26	U21602	60Mn	0.57~0.65	0.17~0.37	0.70~1.00	0.035	0.035	0.25	0.30	0.25
27	U21652	65Mn	0.62~0.70	0.17~0.37	0.90~1.20	0.035	0.035	0.25	0.30	0.25
28	U21702	70Mn	0.67~0.75	0.17~0.37	0.90~1.20	0.035	0.035	0.25	0.30	0.25

注：未经用户同意不得有意加入表中未规定的元素，应采取措施防止从废钢或其他原料中带入影响钢性能的元素。

① 热压力加工用钢含量应不大于0.20%。

② 用铝脱氧剂的镇静钢，碳、锰含量下限不限，锰含量上限为0.45%，硅含量不大于0.03%，含铝量为0.020%~0.070%，此时牌号为08Al。

表 A-6-13 力学性能

序号	牌号	式样毛坯尺寸[①], mm	推荐的热处理制度[③] 正火 加热温度,℃	淬火 加热温度,℃	回火 加热温度,℃	抗拉强度 R_m MPa ≥	下屈服强度 R_{aL}[④] ≥	断后伸长率 A,% ≥	断面收缩率 Z,% ≥	冲击吸收能量,J ≥	交货硬度,HBW 未热处理钢 ≤	退火钢 ≤
1	8	8	930	—	—	325	195	33	60	—	131	—
2	10	10	930	—	—	335	205	31	55	—	137	—
3	15	15	920	—	—	375	225	27	55	—	143	—
4	20	20	910	—	—	410	245	25	55	—	156	—
5	25	25	900	870	600	450	275	23	50	71	170	—
6	30	25	880	860	600	490	295	21	50	63	179	—
7	35	25	870	850	600	530	315	20	45	55	197	—
8	40	25	860	840	600	570	335	19	45	47	217	187
9	45	25	850	840	600	600	355	16	40	39	229	197
10	50	25	830	830	600	630	375	14	40	31	241	207
11	55	25	820	—	—	645	380	13	35	—	255	217
12	60	25	810	—	—	675	400	12	35	—	255	229
13	65	25	810	—	—	695	410	10	30	—	255	229
14	70	25	790	—	—	715	420	9	30	—	269	229
15	75	试样[②]	—	820	480	1080	880	7	30	—	285	241
16	80	试样[②]	—	820	480	1080	930	6	30	—	285	241
17	85	试样[②]	—	820	480	1130	980	6	30	—	302	255
18	15Mn	25	920	—	—	410	245	26	55	—	163	—
19	20Mn	25	910	—	—	450	275	24	50	—	197	—
20	25Mn	25	900	870	600	490	295	22	50	71	207	—
21	30Mn	25	880	860	600	540	315	20	45	63	217	187
22	35Mn	25	870	850	600	560	335	18	45	55	229	197
23	40Mn	25	860	840	600	590	355	17	45	47	241	207
24	45Mn	25	850	840	600	620	375	15	40	39	255	217
25	50Mn	25	830	830	600	645	390	13	40	31	269	217
26	60Mn	25	810	—	—	690	410	11	35	—	285	229

续表

序号	牌号	式样毛坯尺寸①,mm	推荐的热处理制度③			力学性能					交货硬度,HBW	
			正火	淬火	回火	抗拉强度 R_m MPa	下屈服强度 R_{aL}④	断后伸长率 A,%	断面收缩率 Z,%	冲击吸收能量,J	未热处理钢	退火钢
			加热温度,℃			≥					≤	
27	65Mn	25	830	—	—	735	430	9	30	—	285	229
28	70Mn	25	790	—	—	785	450	8	30	—	—	229

注：(1) 表中的力学性能适用于公称直径或壁厚不大于80mm的钢棒。
(2) 公称直径或厚度大于80mm<D≤250mm的钢棒允许其断后伸长率、断面收缩率比本表的规定本别降低2%(绝对值)和5%(绝对值)。
(3) 公称直径或壁厚大于120mm<D≤250mm的钢棒允许改锻(轧)成70~80mm的试料取样试验，其结果应符合本表规定。
① 钢棒尺寸小于式样毛坯尺寸时，用原尺寸钢棒进行热处理。
② 留有加工余量的式样，其性能为淬火+回火状态下的性能。
③ 热处理温度允许调整范围，正火±30℃，淬火±20℃，回火±50℃，推荐保温时间，正火不少于30min，空冷；淬火不少于30min，75、80和85钢油冷，其他钢棒水冷；600℃回火不少于1h。
④ 当屈服现象不明显时，可用规定塑性延伸强度 $R_{p0.2}$ 代替。

3. 低合金结构钢（GB 1591—2018《低合金高强度结构钢》）

低合金结构钢的性能参数见表 A-6-14 至表 A-6-24。

表 A-6-14 热轧钢的牌号及化学成分

牌号		化学成分,%(质量分数)												
钢级	质量等级	C① 以下公称厚度或直径,mm		Si	Mn	P③	S③	Nb④	V⑤	Ti⑤	Cr	Ni	Cu	Mn	N⑥	B
		≤40②	>40												
		不大于		不大于											
Q355	B	0.24		0.55	1.60	0.035	0.035	—	—	—	0.30	0.30	0.40	—	0.012	
	C	0.20	0.20			0.030	0.030									
	D	0.20	0.20			0.025	0.025									
Q390	B	0.2		0.55	1.70	0.035	0.035	0.05	0.13	0.05	0.30	0.50	0.40	0.10	0.015	—
	C					0.030	0.030									
	D					0.025	0.025									
Q420⑦	B	0.20		0.55	1.70	0.035	0.035	0.05	0.13	0.05	0.30	0.8	0.4	0.2	0.015	—
	C					0.030	0.030									

续表

牌号		化学成分,%(质量分数)													
钢级	质量等级	C①		Si	Mn	P③	S③	Nb④	V⑤	Ti⑤	Cr	Ni	Cu	Mn	N⑥	B
		以下公称厚度或直径,mm		不大于												
		≤40②	>40													
		不大于														
Q460⑦	C	0.20		0.55	1.80	0.030	0.030	0.05	0.13	0.05	0.30	0.80	0.40	0.20	0.015	0.04

① 公称厚度大于 100mm 的型钢,含碳量可由供需双方协商确定。
② 公称厚度大于 30mm 的钢材,含碳量不大于 0.22%。
③ 对于型钢和棒材,其磷和硫含量上限值可提高 0.005%。
④ Q390、Q420 最高可到 0.07%,Q460 最高可到 0.11%。
⑤ 最高可到 0.20%。
⑥ 如果钢中酸溶铝 Als 含量不小于 0.015% 或全铝 Alt 含量不小于 0.020%,或添加了其他固氮合金元素。氮元素含量不作限制固氮元素应在质量证明书中注明。
⑦ 仅适用于型钢和棒材。

表 A-6-15 热轧状态交货钢材的碳当量(基于熔炼分析)

牌号		碳当量,%(质量分数),不大于				
钢级	质量等级	公称厚度或直径 D,mm				
		$D \leq 30$	$30 < D \leq 63$	$63 < D \leq 150$	$150 < D \leq 250$	$250 < D \leq 400$
Q355①	B	0.45	0.47	0.47	0.49②	—
	C					—
	D					0.49③
Q390	B	0.45	0.47	0.48	—	—
	C					
	D					
Q420④	B	0.45	0.47	0.48	0.49②	—
	C					
Q460④	C	0.47	0.49	0.49	—	—

① 当需要对硅含量控制时(例如热浸锌镀涂层),为达到抗拉强度要求而增加其他元素如碳和锰的含量,表中最大碳当量值的增加应符合下列规定。
   对于 Si≤0.030%,碳当量可提高 0.02%;
   对于 Si≤0.25%,碳当量可提高 0.01%。
② 对于型钢和棒材,其最大碳当量可达到 0.54%。
③ 只适用于质量等级为 D 的钢板。
④ 只适用于型钢和棒材。

表 A-6-16 正火、正火轧制钢的牌号及化学成分

牌号		化学成分,%（质量分数）												
钢级	质量等级	C	Si	Mn	P[①]	S[①]	Nb	V	Ti[③]	Cr	Ni	Cu	Mo	N	Als[④]
		不大于		不大于						不大于					不小于
Q355N	B	0.20	0.50	0.90~1.65	0.035	0.035	0.005~0.005	0.01~0.12	0.006~0.05	0.30	0.50	0.40	0.10	0.015	0.015
	C	0.20			0.030	0.030									
	D				0.030	0.025									
	E	0.18			0.025	0.020									
	F	0.16			0.020	0.010									
Q390N	B	0.20	0.50	0.90~1.70	0.035	0.035	0.01~0.05	0.01~0.20	0.006~0.05	0.30	0.50	0.40	0.10	0.015	0.015
	C				0.030	0.030									
	D				0.030	0.025									
	E				0.025	0.020									
Q420N	B	0.20	0.60	1.00~1.70	0.035	0.035	0.01~0.05	0.01~0.20	0.006~0.05	0.30	0.80	0.40	0.10	0.015	0.015
	C				0.030	0.030									
	D				0.030	0.025								0.015	
	E				0.025	0.020									
Q460N[②]	C	0.20	0.60	1.00~1.70	0.030	0.030	0.01~0.05	0.01~0.20	1.00~1.70	0.30	0.80	0.40	0.10	0.015	0.015
	D				0.030	0.025								0.015	
	E				0.025	0.020									

注：钢中应至少含有铝、铌、钒、钛等细化晶粒元素中一种，单独或组合加入时，应保证其中至少有一种合金元素含量不小于表中规定含量的下限。

① 对于型钢和棒材，磷和硫含量上限值可提高 0.005%。
② V+Nb+Ti≤0.22%，Mo+Cr≤0.30%。
③ 最高可到 0.20%。
④ 可用全铝替代，此时全铝最小含量为 0.020%，当钢中添加了铌、钒、钛等细化晶粒元素且含量不小于表中规定含量的下限时，钒含量下限值不限。

表 A-6-17 正火、正火轧制状态交货钢材的碳当量（基于熔炼分析）

牌号		碳当量,%（质量分数），不大于			
钢级	质量等级	公称厚度或直径 D, mm			
		$D \leq 63$	$63 < D \leq 100$	$100 < D \leq 250$	$250 < D \leq 400$
Q355N	B、C、D、E、F	0.43	0.45	0.45	协议
Q390N	B、C、D、E	0.46	0.48	0.49	协议
Q420N	B、C、D、E	0.48	0.50	0.52	协议
Q460N	C、D、E	0.53	0.54	0.55	协议

表 A-6-18 热机械轧制钢的牌号及化学成分

牌号		化学成分,%(质量分数)												
钢级	质量等级	C	Si	Mn	P[①]	S[①]	Nb	V	Ti[②]	Cr	Ni	Cu	Mo	N	B	Als[③]
		不大于														不小于
Q355M	B	0.14[④]	0.50	1.60	0.035	0.035	0.01~0.05	0.01~0.10	0.006~0.05	0.30	0.50	0.40	0.10	0.015	—	0.015
	C				0.030	0.030										
	D				0.030	0.025										
	E				0.025	0.020										
	F				0.020	0.010										
Q390M	B	0.15[④]	0.50	1.70	0.035	0.035	0.01~0.05	0.01~0.12	0.006~0.05	0.30	0.50	0.40	0.10	0.015	—	0.015
	C				0.030	0.030										
	D				0.030	0.025										
	E				0.025	0.020										
Q420M	B	0.16[④]	0.50	1.70	0.035	0.035	0.01~0.05	0.01~0.12	0.006~0.05	0.30	0.80	0.40	0.20	0.015~0.025	—	0.015
	C				0.030	0.030										
	D				0.030	0.025										
	E				0.025	0.020										
Q460M	C	0.16[④]	0.60	1.70	0.030	0.030	0.01~0.05	0.01~0.12	0.006~0.05	0.30	0.80	0.40	0.20	0.015~0.025	—	0.015
	D				0.030	0.025										
	E				0.025	0.020										
Q500M	C	0.18	0.60	1.80	0.030	0.030	0.01~0.11	0.01~0.12	0.006~0.05	0.60	0.80	0.55	0.20	0.015~0.025	0.004	0.015
	D				0.030	0.025										
	E				0.035	0.020										
Q550M	C	0.18	0.60	2.00	0.030	0.030	0.01~0.11	0.01~0.12	0.006~0.05	0.80	0.80	0.80	0.30	0.015~0.025	0.004	0.015
	D				0.030	0.025										
	E				0.025	0.020										
Q620M	C	0.18	0.60	2.60	0.030	0.030	0.01~0.11	0.01~0.12	0.006~0.05	1.00	0.80	0.80	0.30	0.015~0.025	0.004	0.015
	D				0.030	0.025										
	E				0.025	0.020										
Q690M	C	0.18	0.60	2.00	0.030	0.030	0.01~0.11	0.01~0.12	0.006~0.05	1.00	0.80	0.80	0.30	0.015~0.025	0.004	0.015
	D				0.030	0.025										
	E				0.025	0.020										

注:钢中应至少含有铝、铌、钒、钛等细化晶粒元素中一种,单独或组合加入时,应保证其中至少一种合金元素含量不小于表中规定含量的下限。

① 对于型钢和棒材,磷和硫含量上限值可提高 0.005%。

② 最高可到 0.20%。

③ 可用全铝 AltTI 替代,此时全铝最小含量为 0.020%,当钢中添加了铌、钒、钛等细化晶粒元素且含量不小于表中规定含量的下限时,铝含量下限值不限。

④ 对于型钢和棒材,Q355M、Q390M、Q420M 和 Q460M 的最大含碳量可提高 0.02%。

表 A-6-19　热机械轧制或热机械轧制加回火状态交货钢材的碳当量及焊接裂纹敏感性指数(基于熔炼分析)

牌号		碳当量,%(质量分数),不大于					焊接裂纹敏感性指数 P_{cm},%(质量分数),不大于
钢级	质量等级	公称厚度或直径 D,mm					
		$D \leq 16$	$16 < D \leq 40$	$40 < D \leq 63$	$63 < D \leq 120$	$120 < D \leq 150$①	
Q355M	B、C、D、E、F	0.39	0.39	0.40	0.45	0.45	0.20
Q390M	B、C、D、E	0.41	0.43	0.44	0.46	0.46	0.20
Q420M	B、C、D、E	0.43	0.45	0.46	0.47	0.47	0.20
Q460M	C、D、E	0.45	0.46	0.47	0.48	0.48	0.22
Q500M	C、D、E	0.47	0.47	0.47	0.47	0.47	0.25
Q550M	C、D、E	0.47	0.47	0.47	0.48	0.48	0.25
Q620M	C、D、E	0.48	0.48	0.48	0.49	0.49	0.25
Q690M	C、D、E	0.49	0.49	0.49	0.49	0.49	0.25

① 仅适用于棒材。

表 A-6-20　热轧钢材的拉伸性能

牌号		上屈服强度 R_{eH}①,N/mm²,不小于								抗拉强度 R_m,MPa			
钢级	质量等级	公称厚度或直径,mm											
		≤16	>16~40	>40~63	>63~80	>80~100	>100~150	>150~200	>200~250	>250~400	≤100	>100~150	>150~250	>250~400
Q355	B、C	355	345	335	325	315	295	285	285	—	470~630	450~600	450~600	—
	D									265②				490~600②
Q390	B、C、D	390	380	360	340	340	320	—	—	—	490~650	470~620	—	—
Q420③	B、C	410	410	390	370	370	350	—	—	—	520~680	500~650	—	—
Q460③	C	460	450	430	410	410	390	—	—	—	550~720	530~700	—	—

① 当屈服不明显时,可用规定塑性延伸长度 R 代替上屈服强度;
② 只适用于质量等级为 D 的钢板;
③ 只适用于型钢和棒材。

表 A-6-21　热轧钢材的伸长率

牌号		断后伸长率 A,%,不小于					
钢级	质量等级	公称厚度或直径,mm					
		式样方向	≤40	>40~63	>63~100	>100~150	>150~250	>250~400
Q355	B、C、D	纵向	22	21	20	18	17	17①
		横向	20	19	18	18	17	17①

续表

牌号		断后伸长率A,%,不小于					
钢级	质量等级	公称厚度或直径,mm					
		式样方向	≤40	>40~63	>63~100	>100~150	>150~250	>250~400
Q390	B、C、D	纵向	21	20	20	19	—	—
		横向	20	19	19	18	—	—
Q420[2]	B、C	纵向	20	19	19	19	—	—
Q460[2]	C	纵向	18	17	17	17	—	—

① 只适用于质量等级为 D 的钢板;
② 只适用于型钢和棒材。

表 A-6-22　正火、正火热轧钢材的拉伸性能

牌号		上屈服强度 R_{eH}[①],MPa,不小于							抗拉强度 R_m,MPa			断后伸长率A,%,不小于					
钢级	质量等级	公称厚度或直径,mm															
		≤16	>16~40	>40~63	>63~80	>80~100	>100~150	>150~200	>200~250	≤100	>100~200	>200~250	≤16	>16~40	>40~63	>63~80	>80~200	>200~250
Q355N	B、C、D、E、F	355	345	335	325	315	295	285	275	470~630	450~600	450~600	22	22	22	21	21	21
Q390N	B、C、D、E	390	380	360	340	340	320	310	300	490~650	470~620	470~620	20	20	20	19	19	19
Q420N	B、C、D、E	420	400	390	370	360	340	330	320	520~680	500~650	500~650	19	19	19	16	16	16
Q460N	C、D、E	460	440	430	410	400	380	370	370	540~720	530~710	510~690	17	17	17	17	17	16

注:正火状态包含正火加回火状态。
① 当屈服不明显时,可用规定塑性延伸长度代替上屈服强度。

表 A-6-23　热机械轧制(TMCP)钢材的拉伸性能

牌号		上屈服强度 R_{eH}[①],MPa,不小于						抗拉强度 R_m,N/mm²					断后伸长率 A,%,不小于
钢级	质量等级	公称厚度或直径,mm											
		≤16	>16~40	>40~63	>63~80	>80~100	>100~120	≤40	>40~63	>63~80	>80~100	>100~120	
Q355N	B、C、D、E、F	355	345	335	325	325	320	470~630	450~610	440~600	440~600	430~590	22
Q390N	B、C、D、E	390	380	360	340	340	335	490~650	480~640	470~630	460~620	450~610	2
Q420N	B、C、D、E	420	400	380	380	370	365	520~680	500~660	480~640	470~630	460~620	19

续表

牌号		上屈服强度 R_{eH}[①],MPa,不小于					抗拉强度 R_m,N/mm²				断后伸长率 A,%,不小于
钢级	质量等级	公称厚度或直径,mm									
		≤16	>16~40	>40~63	>63~80	>80~100	>100~120	≤40	>40~63	>63~80	>80~100	>100~120	
Q460N	C、D、E	460	440	410	410	400	385	540~720	530~710	510~690	500~680	490~660	17
Q500M	C、D、E	500	490	460	460	450	—	610~770	600~760	590~750	540~730	—	17
Q550M	C、D、E	550	540	510	510	500	—	670~830	620~810	600~790	590~780	—	16
Q620M	C、D、E	620	610	580	580	—	—	710~830	690~880	670~880	—	—	15
Q690M	C、D、E	690	680	650	650	—	—	770~940	750~920	730~900	—	—	14

注：热机械轧制(TMCP)状态包含热机械轧制(TMCP)加回火状态。
① 当屈服不明显时,可用规定塑性延伸长度 R 代替上屈服强度 R_m。
② 对于型钢和棒材,厚度或直径不大于150mm。

表 A-6-24 夏比(V形缺口)冲击试验的温度和冲击吸收能量

牌号		以下实验温度的冲击吸收能量最小值,J									
钢级	质量等级	20℃		0℃		-20℃		-40℃		-60℃	
		纵向	横向	纵向	横向	纵向	横向	纵向	横向	纵向	横向
Q355、Q390、Q420	B	34	27	—	—	—	—	—	—	—	—
Q350、Q390、Q420、Q460	C	—	—	34	37	—	—	—	—	—	—
Q355、Q390	D	—	—	—	—	34[①]	27[①]	—	—	—	—
Q355N、Q390N、Q420N	B	34	27	—	—	—	—	—	—	—	—
Q355N、Q390N、Q420N、Q460N	C	—	—	34	37	—	—	—	—	—	—
	D	55	31	47	37	40[②]	20	—	—	—	—
	E	63	40	55	34	47	27	31[③]	20	—	—
Q355N	F	63	40	55	34	47	27	31	20	27	16
Q355M、Q390M、Q420M	B	34	27	—	—	—	—	—	—	—	—
Q355M、Q390M、Q420M、Q460M	C	—	—	34	27	—	—	—	—	—	—
	D	55	31	47	27	40[②]	20	—	—	—	—
	E	63	40	55	34	47	27	31[③]	20	—	—

续表

牌号		质量等级	以下实验温度的冲击吸收能量最小值,J									
			20℃		0℃		−20℃		−40℃		−60℃	
钢级			纵向	横向	纵向	横向	纵向	横向	纵向	横向	纵向	横向
Q355M		F	63	40	55	34	47	27	31	20	27	16
Q500M、Q5650M、Q620M、Q690M		C	—	—	55	34	—	—	—	—	—	—
		D	—	—	—	—	47	27	—	—	—	—
		E	—	—	—	—	—	—	31[③]	20[③]	—	—

注：当需方未指定实验温度时，正火、正火轧制和热机械轧制的 C、D、E、F 级钢材分别做 0℃、−20℃、−40℃、−60℃ 冲击。
冲击实验取纵向试样，需经双方协商，也可取横向试样。
① 仅适用于厚度大于 250mm 的 Q355D 钢板。
② 当需方指定时，D 级钢可做 −30℃ 冲击试验时，冲击吸收能量纵向不小于 27J。
③ 当需方指定时，E 级钢可做 −50℃ 冲击时，冲击吸收能量纵向不小于 27J，横向不小于 16J。

4. 合金结构钢（GB 3077—2015《合金结构钢》）

合金结构钢的性能参数见表 A-6-25 和表 A-6-26。

5. 不锈钢棒（GB 1220—2007《不锈钢棒》）

各类型不锈钢的化学成分见表 A-6-27 至表 A-6-36。

表 A-6-25 钢的牌号、统一数字代号及化学成分

钢组	序号	统一数字代号	牌号	化学成分,%(质量分数)										
				C	Si	Mn	Cr	Mo	Ni	W	B	Al	Ti	V
Mn	1	A00202	20Mn2	0.17~0.24	0.17~0.37	1.40~1.80	—	—	—	—	—	—	—	—
	2	A00302	30Mn2	0.27~0.34	0.17~0.37	1.40~1.80	—	—	—	—	—	—	—	—
	3	A00352	35Mn2	0.32~0.39	0.17~0.37	1.40~1.80	—	—	—	—	—	—	—	—
	4	A00402	40Mn2	0.37~0.44	0.17~0.37	1.40~1.80	—	—	—	—	—	—	—	—
	5	A00452	45Mn2	0.42~0.49	0.17~0.37	1.40~1.80	—	—	—	—	—	—	—	—
	6	A00502	50Mn2	0.47~0.55	0.17~0.37	1.40~1.80	—	—	—	—	—	—	—	—
MnV	7	A01202	20MnV	0.17~0.24	0.17~0.37	1.30~1.60	—	—	—	—	—	—	—	0.07~0.12
SiMn	8	A10272	27SiMn	0.24~0.32	1.10~1.40	1.10~1.40	—	—	—	—	—	—	—	—

续表

钢组	序号	统一数字代号	牌号	化学成分,%(质量分数)										
				C	Si	Mn	Cr	Mo	Ni	W	B	Al	Ti	V
SiMn	9	A10352	35SiMn	0.32~0.40	1.10~1.40	1.10~1.40	—	—	—	—	—	—	—	—
	10	A10422	42SiMn	0.39~0.45	1.10~1.40	1.10~1.40	—	—	—	—	—	—	—	—
SiMnMoV	11	A14202	20SiMnMoV	0.17~0.23	0.90~1.20	2.20~2.60	—	0.30~0.40	—	—	—	—	—	0.05~0.12
	12	A14262	25SiMnMoV	0.22~0.28	0.90~1.20	2.20~2.60	—	0.30~0.40	—	—	—	—	—	0.05~0.12
	13	A14372	37SiMnMoV	0.33~0.39	0.60~0.90	1.60~1.90	—	0.40~0.50	—	—	—	—	—	0.05~0.12
B	14	A70402	40B	0.37~0.44	0.17~0.37	0.60~0.90	—	—	—	—	0.0008~0.0035	—	—	—
	15	A70452	45B	0.42~0.49	0.17~0.37	0.60~0.90	—	—	—	—	0.0008~0.0035	—	—	—
	16	A70502	50B	0.47~0.55	0.17~0.37	0.60~0.90	—	—	—	—	0.0008~0.0035	—	—	—
MnB	17	A712502	25MnB	0.23~0.28	0.17~0.37	1.00~1.40	—	—	—	—	0.0008~0.0035	—	—	—
	18	A713502	35MnB	0.32~0.38	0.17~0.37	1.00~1.40	—	—	—	—	0.0008~0.0035	—	—	—
	19	A71402	40MnB	0.37~0.44	0.17~0.37	1.00~1.40	—	—	—	—	0.0008~0.0035	—	—	—
	20	A71452	45MnB	0.42~0.49	0.17~0.37	1.00~1.40	—	—	—	—	0.0008~0.0035	—	—	—
MnMoB	21	A72202	20MnMoB	0.16~0.22	0.17~0.37	0.90~1.20	—	0.20~0.30	—	—	0.0008~0.0035	—	—	—
MnVB	22	A73152	15MnVB	0.12~0.18	0.17~0.37	1.20~1.60	—	—	—	—	0.0008~0.0035	—	—	0.07~0.12
	23	A73202	20MnVB	0.17~0.23	0.17~0.37	1.20~1.60	—	—	—	—	0.0008~0.0035	—	—	0.07~0.12
	24	A73402	40MnVB	0.37~0.44	0.17~0.37	1.10~1.40	—	—	—	—	0.0008~0.0035	—	—	0.05~0.10

续表

钢组	序号	统一数字代号	牌号	化学成分,%(质量分数)										
				C	Si	Mn	Cr	Mo	Ni	W	B	Al	Ti	V
MnTiB	25	A74202	20MnTiB	0.17~0.24	0.17~0.37	1.30~1.60	—	—	—	—	0.0008~0.0035	—	0.04~0.10	—
	26	A74252	25MnTiB	0.22~0.28	0.20~0.45	1.30~1.60	—	—	—	—	0.0008~0.0035	—	0.04~0.11	—
Cr	27	A20152	15Cr	0.12~0.17	0.17~0.37	0.40~0.70	0.70~1.00	—	—	—	—	—	—	—
	28	A20202	20Cr	0.18~0.24	0.17~0.37	0.50~0.80	0.70~1.00	—	—	—	—	—	—	—
	29	A20302	30Cr	0.27~0.34	0.17~0.37	0.50~0.80	0.80~1.10	—	—	—	—	—	—	—
	30	A20352	35Cr	0.32~0.39	0.17~0.37	0.50~0.80	0.80~1.10	—	—	—	—	—	—	—
	31	A20402	40Cr	0.37~0.44	0.17~0.37	0.50~0.80	0.80~1.10	—	—	—	—	—	—	—
	32	A20452	45Cr	0.42~0.49	0.17~0.37	0.50~0.80	0.80~1.10	—	—	—	—	—	—	—
	33	A20502	50Cr	0.47~0.54	0.17~0.37	0.50~0.80	0.80~1.10	—	—	—	—	—	—	—
CrSi	34	A21382	38CrSi	0.35~0.43	1.00~1.30	0.30~0.60	1.30~1.60	—	—	—	—	—	—	—
CrMo	35	A30122	12CrMo	0.08~0.15	0.17~0.37	0.40~0.70	0.40~0.70	0.40~0.55	—	—	—	—	—	—
	36	A30152	15CrMo	0.12~0.18	0.17~0.37	0.40~0.70	0.80~1.10	0.40~0.55	—	—	—	—	—	—
	37	A30202	20CrMo	0.17~0.24	0.17~0.37	0.40~0.70	0.80~1.10	0.15~0.25	—	—	—	—	—	—
	38	A30252	25CrMo	0.22~0.29	0.17~0.37	0.60~0.90	0.90~1.20	0.15~0.30	—	—	—	—	—	—
	39	A30302	30CrMo	0.26~0.33	0.17~0.37	0.40~0.70	0.80~1.10	0.15~0.25	—	—	—	—	—	—
	40	A30352	35CrMo	0.32~0.40	0.17~0.37	0.40~0.70	0.80~1.10	0.15~0.25	—	—	—	—	—	—
	41	A30422	42CrMo	0.38~0.45	0.17~0.37	0.50~0.80	0.90~1.20	0.15~0.25	—	—	—	—	—	—

续表

钢组	序号	统一数字代号	牌号	化学成分,%(质量分数)										
				C	Si	Mn	Cr	Mo	Ni	W	B	Al	Ti	V
CrMo	42	A30502	50CrMo	0.46~0.54	0.17~0.37	0.50~0.80	0.90~1.20	0.15~0.30	—	—	—	—	—	—
CrMoV	43	A31122	12CrMoV	0.08~0.15	0.17~0.37	0.40~0.70	0.30~0.60	0.25~0.35	—	—	—	—	—	0.15~0.30
	44	A31352	35CrMoV	0.30~0.38	0.17~0.37	0.40~0.70	1.10~1.30	0.20~0.30	—	—	—	—	—	0.10~0.20
	45	A31132	12Cr1MoV	0.08~0.15	0.17~0.37	0.40~0.70	0.90~1.20	0.25~0.35	—	—	—	—	—	0.15~0.30
	46	A31252	25Cr2MoV	0.22~0.29	0.17~0.37	0.40~0.70	1.50~1.80	0.25~0.35	—	—	—	—	—	0.15~0.30
	47	A31262	25Cr2MoV	0.22~0.29	0.17~0.37	0.50~0.80	2.10~2.50	0.90~1.10	—	—	—	—	—	0.30~0.50
CrMoAl	48	A33382	38CrMoAl	0.35~0.42	0.17~0.37	0.30~0.60	1.35~1.65	0.15~0.25	—	—	—	0.70~1.10	—	—
CrV	49	A23402	40CrV	0.37~0.44	0.17~0.37	0.50~0.80	0.80~1.10	—	—	—	—	—	—	0.10~0.20
	50	A23502	50CrV	0.47~0.54	0.17~0.37	0.50~0.80	0.80~1.10	—	—	—	—	—	—	0.10~0.20
CrMn	51	A22152	15CrMn	0.12~0.18	0.17~0.37	1.10~1.40	0.40~0.70	—	—	—	—	—	—	—
	52	A22202	20CrMn	0.17~0.23	0.17~0.37	0.90~1.20	0.90~1.20	—	—	—	—	—	—	—
	53	A22402	40CrMn	0.37~0.45	0.17~0.37	0.90~1.20	0.90~1.20	—	—	—	—	—	—	—
CrMnSi	54	A24202	20CrMnSi	0.17~0.23	0.90~1.20	0.80~1.10	0.80~1.10	—	—	—	—	—	—	—
	55	A24252	25CrMnSi	0.22~0.28	0.90~1.20	0.80~1.10	0.80~1.10	—	—	—	—	—	—	—
	56	A24302	30CrMnSi	0.28~0.34	0.90~1.20	0.80~1.10	0.80~1.10	—	—	—	—	—	—	—
	57	A24352	35CrMnSi	0.32~0.39	1.10~1.40	0.80~1.10	1.10~1.40	—	—	—	—	—	—	—

续表

钢组	序号	统一数字代号	牌号	化学成分,%(质量分数)									
				C	Si	Mn	Cr	Mo	Ni	W	B	Al	Ti	V
CrMnMo	58	A34202	20CrMnMo	0.17~0.23	0.17~0.37	0.90~1.20	1.10~1.40	0.20~0.30	—	—	—	—	—	—
	59	A34402	40CrMnMo	0.37~0.45	0.17~0.37	0.90~1.20	0.90~1.20	0.20~0.30	—	—	—	—	—	—
CrMnTi	60	A23202	20CrMnTi	0.17~0.23	0.17~0.37	0.80~1.10	1.00~1.30	—	—	—	—	—	0.04~0.10	—
	61	A26302	30CrMnTi	0.24~0.32	0.17~0.37	0.80~1.10	1.00~1.30	—	—	—	—	—	0.04~0.10	—
CrNi	62	A40202	20CrNi	0.17~0.23	0.17~0.37	0.40~0.70	0.45~0.75	—	1.00~1.40	—	—	—	—	—
	63	A40402	40CrNi	0.37~0.44	0.17~0.37	0.50~0.80	0.45~0.75	—	1.00~1.40	—	—	—	—	—
	64	A40452	45CrNi	0.42~0.49	0.17~0.37	0.50~0.80	0.45~0.75	—	1.00~1.40	—	—	—	—	—
	65	A40502	50CrNi	0.47~0.54	0.17~0.37	0.50~0.80	0.45~0.75	—	1.00~1.40	—	—	—	—	—
	66	A41122	12CrNi2	0.10~0.17	0.17~0.37	0.30~0.60	0.60~0.90	—	1.50~1.90	—	—	—	—	—
	67	A41342	34CrNi2	0.30~0.37	0.17~0.37	0.60~0.90	0.80~1.10	—	1.20~1.60	—	—	—	—	—
	68	A42122	12CrNi3	0.10~0.17	0.17~0.37	0.30~0.60	0.60~0.90	—	2.75~3.15	—	—	—	—	—
	69	A42122	20CrNi3	0.17~0.24	0.17~0.37	0.30~0.60	0.60~0.90	—	2.75~3.15	—	—	—	—	—
	70	A42302	30CrNi3	0.27~0.33	0.17~0.37	0.30~0.60	0.60~0.90	—	2.75~3.15	—	—	—	—	—
	71	A42372	37CrNi3	0.34~0.41	0.17~0.37	0.30~0.60	1.20~1.60	—	3.00~3.50	—	—	—	—	—
	72	A43122	12CrNi4	0.10~0.16	0.17~0.37	0.30~0.60	1.25~1.65	—	3.25~3.65	—	—	—	—	—
	73	A43202	20CrNi4	0.17~0.23	0.17~0.37	0.30~0.60	1.25~1.65	—	3.25~3.65	—	—	—	—	—

续表

钢组	序号	统一数字代号	牌号	化学成分,%(质量分数)									
				C	Si	Mn	Cr	Mo	Ni	W	B	Al	Ti	V
CrNiMo	74	A50152	15CrNiMo	0.13~0.18	0.17~0.37	0.70~0.90	0.45~0.65	0.45~0.60	0.70~1.00	—	—	—	—	—
	75	A50202	20CrNiMo	0.17~0.23	0.17~0.37	0.60~0.95	0.40~0.70	0.20~0.30	0.35~0.75	—	—	—	—	—
	76	A50302	30CrNiMo	0.28~0.33	0.17~0.37	0.70~0.90	0.70~1.00	0.25~0.45	0.60~0.80	—	—	—	—	—
	77	A50300	30CrNi2Mo	0.26~0.34	0.17~0.37	0.50~0.80	1.80~2.20	0.30~0.50	1.80~2.20	—	—	—	—	—
	78	A50300	30CrNi4Mo	0.26~0.33	0.17~0.37	0.50~0.80	1.20~1.50	0.30~0.60	3.30~4.30	—	—	—	—	—
	79	A50342	34Cr2Ni2Mo	0.30~0.38	0.17~0.37	0.50~0.80	1.30~1.70	0.15~0.30	1.30~1.70	—	—	—	—	—
	80	A50352	35Cr2Ni4Mo	0.32~0.39	0.17~0.37	0.50~0.80	1.60~2.00	0.25~0.45	3.60~4.10	—	—	—	—	—
	81	A50402	40CrNiMo	0.37~0.44	0.17~0.37	0.50~0.80	0.60~0.90	0.15~0.25	1.25~1.65	—	—	—	—	—
	82	A50400	40CrN2iMo	0.38~0.43	0.17~0.37	0.60~0.80	0.70~0.90	0.20~0.30	1.65~2.00	—	—	—	—	—
CrMnNiMo	83	A50182	18CrMnNiMo	0.15~0.21	0.17~0.37	1.10~1.40	1.00~1.30	0.20~0.30	1.00~1.30	—	—	—	—	—
CrNiMoV	84	A51452	45CrNiMoV	0.42~0.49	0.17~0.37	0.50~0.80	0.80~1.10	0.20~0.30	1.30~1.80	—	—	—	—	0.10~0.20
CrNiW	85	A52182	18CrNiW	0.13~0.19	0.17~0.37	0.30~0.60	1.35~1.65	—	4.00~4.50	0.80~1.20	—	—	—	—
	86	A52252	25CrNiW	0.21~0.28	0.17~0.37	0.30~0.60	1.35~1.65	—	4.00~4.50	0.80~1.20	—	—	—	—

注:(1) 未经用户同意不得有意加入表中未规定的元素,应采取措施防止从废钢或其他原料中带入影响钢性能的元素。
　　　表中各牌号可按高级优质钢或特级优质钢订货,但应在牌号后加字母"A"或"E"。
　　(2) 稀土按0.05%计算量加入,成分分析结果供参考。

表 A-6-26 力学性能

钢组	序号	牌号	试样毛坯尺寸,mm	推荐的热处理制度					力学性能					供货状态为退火或高温回火钢棒布氏硬度,HBW
				淬火			回火		抗拉强度 MPa	下屈服强度 MPa	断后伸长率 A,%	断面收缩率 Z,%	冲击吸收能量,J	
				加热温度,℃		冷却剂	加热温度,℃	冷却剂						
				第1次淬火	第2次淬火						不小于			不大于
Mn	1	20Mn2	15	850	—	水,油	200	水,空气	785	590	10	40	47	187
	2	30Mn2	25	880	—	水,油	440	水,空气	785	635	12	45	63	207
	3	35Mn2	25	840	—	水	500	水	835	685	12	45	55	207
	4	40Mn2	25	840	—	水,油	500	水	885	735	12	45	55	217
	5	45Mn2	25	840	—	油	540	水,油	885	735	10	45	47	217
	6	50Mn2	25	820	—	油	550	水,油	930	785	9	40	39	229
MnV	7	20MnV	15	880	—	水,油	200	水,空气	785	590	10	40	55	187
SiMn	8	27SiMn	25	920	—	水	450	水,油	980	835	12	40	39	217
	9	35SiMn	25	900	—	水	570	水	885	735	15	45	47	229
	10	42SiMn	25	880	—	水	590	水	885	735	15	40	47	229
SiMnMoV	11	20SiMn2MoV	试样	900	—	油	200	水,空气	1380	—	10	45	55	269
	12	25SiMn2MoV	试样	900	—	油	200	水,空气	1470	—	10	40	47	269
	13	37SiMn2MoV	25	870	—	水,油	650	水,空气	980	835	12	50	63	269
B	14	40B	25	840	—	水	550	水	785	635	12	45	55	207
	15	45B	25	840	—	水	550	水	835	685	12	45	47	217
	16	50B	20	840	—	油	600	空气	785	540	10	45	39	207
MnB	17	25MnB	25	850	—	油	500	水,油	835	635	10	45	47	207
	18	35MnB	25	850	—	油	500	水,油	930	735	10	45	47	207
	19	40MnB	25	850	—	油	500	水,油	980	785	10	45	47	207

续表

钢组	序号	牌号	试样毛坯尺寸,mm	推荐的热处理制度					力学性能					供货状态为退火或高温回火钢棒布氏硬度,HBW
				淬火			回火		抗拉强度 MPa	下屈服强度 MPa	断后伸长率 A,%	断面收缩率 Z,%	冲击吸收能量,J	
				加热温度,℃		冷却剂	加热温度,℃	冷却剂						
				第1次淬火	第2次淬火						不小于			不大于
MnB	20	45MnB	25	840	—	油	500	水、油	1030	835	9	40	39	217
MnMoB	21	20MnMoB	15	880	—	油	200	油、空气	1080	885	10	50	55	207
MnVB	22	15MnVB	15	860	—	油	200	水、空气	885	635	10	45	55	207
	23	20MnVB	15	860	—	油	200	水、空气	1080	885	10	45	55	207
	24	40MnVB	25	850	—	油	520	水、油	980	785	10	45	47	207
MnTiB	25	20MnTiB	15	860	—	油	200	水、空气	1130	930	10	45	55	187
	26	25MnTiBE	试样	860	—	油	200	水、空气	1380	—	10	40	47	229
	27	15Cr	15	880	770~820	水、油	180	油、空气	685	490	12	45	55	179
	28	20Cr	15	880	780~820	水、油	200	水、空气	835	540	10	40	47	179
	29	30Cr	25	860	—	油	500	水、油	885	685	11	45	47	187
	30	35Cr	25	860	—	油	500	水、油	930	735	11	45	47	207
	31	40Cr	25	850	—	油	520	水、油	980	785	9	45	47	207
	32	45Cr	25	840	—	油	520	水、油	1030	835	9	40	39	217
	33	50Cr	25	830	—	油	520	水、油	1030	930	9	40	39	229
CrSi	34	38CrSi	25	900	—	油	600	水、油	980	835	12	50	55	255
CrMo	35	12CrMo	30	900	—	空气	650	空气	410	265	24	60	110	179
	36	15CrMo	30	900	—	空气	650	空气	410	295	22	60	94	179
	37	20CrMo	15	880	—	水、油	500	水、油	885	685	12	50	78	197
	38	25CrMo	25	870	—	水、油	600	水、油	900	600	14	55	68	229
	39	30CrMo	15	880	—	油	540	水、油	930	735	12	50	71	229

续表

钢组	序号	牌号	试样毛坯尺寸,mm	推荐的热处理制度					力学性能					供货状态为退火或高温回火钢棒布氏硬度,HBW 不大于
				淬火			回火		抗拉强度 MPa	下屈服强度 MPa	断后伸长率 A,%	断面收缩率 Z,%	冲击吸收能量,J	
				加热温度,℃		冷却剂	加热温度,℃	冷却剂						
				第1次淬火	第2次淬火						不小于			
CrMo	40	35CrMo	25	850	—	油	550	水、油	980	835	12	45	63	229
	41	42CrMo	25	850	—	油	560	水、油	1080	930	12	45	63	229
	42	50CrMo	25	840	—	油	560	水、油	1130	930	11	45	48	248
	43	12CrMoV	30	970	—	空气	750	空气	400	225	22	50	78	241
	44	35CrMoV	25	900	—	油	630	水、油	1080	930	10	50	71	241
CrMoV	45	12Cr1MoV	30	970	—	空气	750	空气	490	245	22	50	71	179
	46	25Cr2MoV	25	900	—	油	640	空气	930	785	14	55	63	241
	47	25Cr2Mo1V	25	1040	—	空气	700	空气	735	590	16	50	47	241
CrMoAl	48	38CrMoAl	30	940	—	水、油	640	水、油	980	835	14	50	71	229
CrV	49	40CrV	25	880	—	油	650	水、油	885	735	10	50	71	241
	50	50CrV	25	850	—	油	500	水、空气	1280	1130	10	40	—	255
CrMn	51	15CrMn	15	880	—	油	200	水、空气	785	590	12	50	47	179
	52	20CrMn	15	850	—	油	200	水、空气	930	735	10	45	47	187
	53	40CrMn	25	840	—	油	550	水、油	980	835	9	45	47	229
CrMnSi	54	20CrMnSi	25	880	—	油	480	水、油	785	635	12	45	55	207
	55	25CrMnSi	25	880	—	油	480	水、油	1080	885	10	40	39	217
	56	30CrMnSi	25	880	—	油	540	水、油	1080	835	10	45	39	229
	57	35CrMnSi	试样	950	890	油	加热到880℃,与280~310℃等温淬火		1620	1280	9	40	31	241
			试样				230	空气、油						

续表

钢组	序号	牌号	试样毛坯尺寸,mm	推荐的热处理制度					力学性能					供货状态为退火或高温回火钢棒布氏硬度,HBW
				淬火			回火		抗拉强度 MPa	下屈服强度 MPa	断后伸长率 A,%	断面收缩率 Z,%	冲击吸收能量,J	
				加热温度,℃		冷却剂	加热温度,℃	冷却剂						
				第1次淬火	第2次淬火						不小于			不大于
CrMnSi	58	20CrMnSi	15	850	—	油	200	水、空气	1180	885	10	45	55	217
	59	40CrMnSi	25	850	—	油	600	水、油	980	785	10	45	63	217
CrMnTi	60	20CrMnTi	15	880	870	油	200	水、空气	1080	850	10	45	55	217
	61	30CrMnTi	试样	880	850	油	200	水、空气	1470	—	9	40	47	229
CrNi	62	20CrNi	25	850	—	水、油	460	水、油	785	590	10	50	63	197
	63	40CrNi	25	820	—	油	500	水、油	980	785	10	45	55	241
	64	45CrNi	25	820	—	油	530	水、油	980	785	10	45	55	255
	65	50CrNi	25	820	—	油	500	水、油	1080	835	8	40	39	255
	66	12CrNi2	15	860	780	水、油	200	水、空气	785	590	12	50	63	207
	67	34CrNi2	25	840	—	水、油	530	水、油	930	735	11	45	71	241
	68	12CrNi3	15	860	780	油	200	水、空气	930	685	11	50	71	217
	69	20CrNi3	25	830	—	水、油	400	水、油	930	735	11	55	78	241
	70	30CrNi3	25	820	—	油	500	水、油	980	785	9	45	63	241
	71	37CrNi3	25	820	—	油	500	水、油	1130	980	10	50	47	269
	72	12CrNi4	15	860	780	油	200	水、油	1080	835	10	50	71	269
	73	20CrNi4	15	880	780	油	200	水、空气	1180	1080	10	45	63	269

附录A 常用基础资料

续表

钢组	序号	牌号	试样毛坯尺寸,mm	推荐的热处理制度					力学性能					供货状态为退火或高温回火钢棒布氏硬度,HBW
				淬火			回火		抗拉强度 MPa	下屈服强度 MPa	断后伸长率 A,%	断面收缩率 Z,%	冲击吸收能量,J	
				加热温度,℃		冷却剂	加热温度,℃	冷却剂						
				第1次淬火	第2次淬火						不小于			不大于
CrNiMo	74	15CrNiMo	15	850	—	油	200	空气	930	750	10	40	46	197
	75	20CrNiMo	15	850	—	油	200	空气	980	785	9	40	47	197
	76	30CrNiMo	25	850	—	油	500	水、油	980	785	10	45	63	269
	77	40CrNiMo	25	850	—	油	600	水、油	980	835	12	55	78	269
	78	40CrNi2Mo	试样	正火 890	850	油	560~580	空气	1050	980	12	45	48	269
				正火 890	850	油	220 两次回火	空气	1790	1500	6	25	—	
	79	30Cr2NiMo	25	850	—	油	520	水、油	980	835	10	50	71	269
	80	34Cr2Ni2Mo	25	850	—	油	540	水、油	1080	930	10	50	71	269
	81	30Cr2Ni4Mo	25	850	—	油	560	水、油	1080	930	10	50	71	269
	82	35Cr2Ni4Mo	25	850	—	油	560	水、油	1130	980	10	50	71	269
CrMnNiMo	83	18CrMnNiMo	15	830	—	油	200	空气	1180	885	10	45	71	269
CrNiMoV	84	45CrNiMoV	试样	860	—	油	460	油	1470	1330	7	35	31	269
CrNiW	85	18CrNiW	15	950	850	空气	200	水、空气	1180	835	10	45	78	269
	86	25CrNiW	25	850	—	油	550	水、油	1080	930	11	45	71	269

注：(1) 表中所列热处理温度允许调整范围：淬火±15℃，低温回火±20℃，高温回火±50℃。
(2) 硼钢在淬火前可先经过正火，正火温度不高于其等一次淬火温度，铬锰钛钢第一次淬火可用正火代替。
(3) 钢棒尺寸小于试样毛坯尺寸时，用原尺寸钢棒进行热处理。
(4) 当屈服现象不明显时，可用规定塑性延伸强度 $R_{p0.2}$ 代替。
(5) 直径小于16mm的钢圈和厚度小于12mm的方钢、扁钢，不做冲击试验。

表 A-6-27 奥氏体型不锈钢的化学成分

GB/T 20878—2007 中序号	统一数字代号	新牌号	旧牌号	化学成分，%（质量分数）									
				C	Si	Mn	P	S	Ni	Cr	Mo	Cu	N	其他元素
1	S35350	12Cr17Mn5Ni5N	12Cr17Mn6Ni5N	0.15	1.00	5.00~7.50	0.050	0.030	3.50~5.50	17.00~19.00	—	—	0.05~0.25	—
2	S35450	12Cr18Mn9Ni5N	1Cr18Mn9Ni5N	0.15	1.00	7.50~10.00	0.050	0.030	4.00~6.00	17.00~19.00	—	—	0.05~0.25	—
9	S30110	12Cr17Ni7	1Cr17Ni7	0.15	1.00	2.00	0.045	0.030	6.00~8.00	16.00~18.00	—	—	0.10	—
13	S30210	12Cr18Ni9	1Cr18Ni9	0.15	1.00	2.00	0.045	0.030	8.00~10.00	17.00~19.00	—	—	0.10	—
15	S30317	Y12Cr18Ni9	Y1Cr18Ni9	0.15	1.00	2.00	0.20	≥0.15	8.00~10.00	17.00~19.00	(0.60)	—	—	—
16	S30327	Y12Cr18Ni9Se	Y1Cr18Ni9Se	0.15	1.00	2.00	0.20	0.060	8.00~10.00	17.00~19.00	—	—	—	Se≥0.15
17	S30408	06Cr19Ni10	0Cr18Ni9	0.08	1.00	2.00	0.045	0.030	8.00~11.00	18.00~20.00	—	—	—	—
18	S30403	22Cr19Ni10	00Cr19Ni10	0.030	1.00	2.00	0.045	0.030	8.00~12.00	18.00~20.00	—	—	—	—
22	S30488	06Cr18Mn9Ni9Cu3	0Cr18Ni9Cu3	0.08	1.00	2.00	0.045	0.030	8.50~10.50	17.00~19.00	—	3.00~4.00	—	—
23	S30458	06Cr19Ni10N	Cr19Ni10N	0.08	1.00	2.00	0.045	0.030	8.00~11.00	18.00~20.00	—	—	0.10~0.16	—

附录A 常用基础资料

续表

GB/T 20878—2007 中序号	统一数字代号	新牌号	旧牌号	化学成分,%（质量分数）									
				C	Si	Mn	P	S	Ni	Cr	Mo	Cu	N	其他元素
24	S30478	06Cr19Ni9NbN	06Cr19Ni9NbN	0.08	1.00	2.00	0.045	0.030	7.50~10.50	18.00~20.00	—	—	0.15~0.30	Nb0.15
25	S30453	022Cr19Ni10N	022Cr19Ni10N	0.030	1.00	2.00	0.045	0.030	8.00~11.00	18.00~20.00	—	—	0.10~0.16	—
26	S30510	10Cr18Ni12	10Cr18Ni12	0.12	1.00	2.00	0.045	0.030	10.50~13.00	17.00~19.00	—	—	—	—
32	S30908	06Cr23Ni3	0Cr23Ni3	0.08	1.00	2.00	0.045	0.030	12.00~15.00	22.00~24.00	—	—	—	—
35	S31008	06Cr25Ni20	0Cr25Ni20	0.08	1.50	2.00	0.045	0.030	19.00~22.00	24.00~26.00	—	—	—	—
38	S31608	06Cr17Ni12Mo2	0Cr17Ni12Mo2	0.08	1.00	2.00	0.045	0.030	10.00~14.00	24.00~26.00	2.00~3.00	—	—	—
39	S31603	022Cr17Ni12Mo2	00Cr17Ni14Mo2	0.030	1.00	2.00	0.045	0.030	10.00~14.00	16.00~18.00	2.00~3.00	—	—	—
41	S31668	06Cr17Ni12Mo2Ti	0Cr18Ni12Mo3Ti	0.08	1.00	2.00	0.045	0.030	10.00~14.00	16.00~18.00	2.00~3.00	—	—	Ti≥5C
43	S31658	06Cr17Ni12Mo2N	0Cr17Ni12Mo2N	0.08	1.00	2.00	0.045	0.030	10.00~13.00	16.00~18.00	2.00~3.00	—	0.10~0.16	—
44	S31653	022Cr17Ni12Mo2N	00Cr17Ni13Mo2N	0.030	1.00	2.00	0.045	0.030	10.00~13.00	16.00~18.00	2.00~3.00	—	0.10~0.16	—

续表

化学成分，%（质量分数）

GB/T 20878—2007 中序号	统一数字代号	新牌号	旧牌号	C	Si	Mn	P	S	Ni	Cr	Mo	Cu	N	其他元素
45	S31688	06Cr18Ni12Mo2Cu2	0Cr18Ni12Mo2Cu2	0.08	1.00	2.00	0.045	0.030	10.00~14.00	17.00~19.00	1.20~2.75	1.00~2.50	—	—
46	S31683	022Cr18Ni14Mo2Cu2	022Cr18Ni14Mo2Cu2	0.030	1.00	2.00	0.045	0.030	12.00~16.00	17.00~19.00	1.20~2.75	1.00~2.50	—	—
49	S31708	06Cr19Ni13Mo3	0Cr19Ni13Mo3	0.08	1.00	2.00	0.045	0.030	11.00~15.00	18.00~20.00	3.00~4.00	—	—	—
50	S31703	022Cr19Ni13Mo3	00Cr19Ni13Mo	0.030	1.00	2.00	0.045	0.030	11.00~15.00	18.00~20.00	3.00~4.00	—	—	—
52	S31794	03Cr18Ni16Mo5	0Cr18Ni16Mo5	0.04	1.00	2.00	0.045	0.030	15.00~17.00	16.00~19.00	4.00~6.00	—	—	—
55	S32168	06Cr18Ni11Ti	0Cr18Ni11Ti	0.08	1.00	2.00	0.045	0.030	9.00~12.00	17.00~19.00	—	—	—	Ti5C~0.70
62	S34778	06Cr18Ni11Nb	0Cr18Ni11Nb	0.08	1.00	2.00	0.045	0.030	9.00~12.00	17.00~19.00	—	—	—	Nb10C~1.10
64	S38148	06Cr18Ni13Si4	0Cr18Ni13Si4	0.08	3.00~5.00	2.00	0.045	0.030	11.50~15.00	15.00~20.00	—	—	—	—

注：(1) 表中所列成分除标明范围或最小值，其余均为最大值，括号内数值为可加入或可许含有的最大值。
(2) 本标准牌号与国外标准牌号对照参见 GB/T 20878—2007《不锈钢和耐热钢 牌号及化学成分》。
(3) 必要时，可添加上表以外的合金元素。

表 A-6-28 奥氏-铁素体型不锈钢的化学成分

GB/T 20878—2007 中序号	统一数字代号	新牌号	旧牌号	化学成分，%（质量分数）									
				C	Si	Mn	P	S	Ni	Cr	Mo	Cu	N	其他元素
67	S21860	14Cr18Ni11Si4AlTi	1Cr18Ni11Si4AlTi	0.10~0.18	3.40~4.00	0.80	0.035	0.030	10.00~12.00	17.50~19.50	—	—	—	Ti0.40~0.70 Al0.10~0.30
68	S21953	022Cr19Ni5Mo3Si2N	00r18Ni5Mo3Si2	0.030	1.30~2.00	1.00~2.00	0.035	0.030	4.50~5.50	18.00~19.50	2.50~3.00	—	0.05~0.12	—
70	S22253	022Cr22Ni5Mo3N		0.030	1.00	2.00	0.030	0.020	4.50~6.50	21.00~23.00	2.50~3.50	—	0.08~0.20	—
71	S22053	023Cr22Ni5Mo3N		0.030	1.00	2.00	0.030	0.020	4.50~6.50	22.00~23.00	3.00~3.50	—	0.14~0.20	—
73	S22553	022Cr25Ni6Mo3N		0.030	1.00	2.00	0.035	0.030	5.50~6.50	24.00~26.00	1.20~2.50	—	0.10~0.20	—
75	S25554	03Cr25Ni6Mo3Cu2N		0.04	1.00	1.50	0.035	0.030	4.50~6.50	24.00~27.00	2.90~3.90	1.50~2.50	0.10~0.25	—

表 A-6-29 铁素体型不锈钢的化学成分

GB/T 20878—2007 中序号	统一数字代号	新牌号	旧牌号	化学成分，%（质量分数）									
				C	Si	Mn	P	S	Ni	Cr	Mo	Cu	N	其他元素
78	S11448	06Cr13Al	0Cr13Al	0.08	1.00	1.00	0.040	0.030	(0.60)	11.50~14.50	—	—	—	Al0.10~0.30
83	S11203	022Cr12	00Cr12	0.030	1.00	1.00	0.040	0.030	(0.60)	11.00~13.50	—	—	—	—
85	S11710	10Cr17	1Cr17	0.12	1.00	1.00	0.040	0.030	(0.60)	16.00~18.00	—	—	—	—
86	S11717	Y10Cr17	Y1Cr17	0.12	1.00	1.25	0.060	≥0.15	(0.60)	16.00~18.00	(0.60)	—	—	—
88	S11790	10Cr17Mo	1Cr17Mo	0.12	1.00	1.00	0.040	0.030	(0.60)	16.00~18.00	0.75~1.25	—	—	—
94	S12791	008Cr27Mo	00Cr27Mo	0.010	0.40	0.40	0.030	0.020	—	25.00~27.00	0.75~1.25	—	0.015	—
95	S13091	008Cr30Mo2	00Cr30Mo2	0.010	0.40	0.40	0.030	0.020	—	28.50~32.00	1.50~2.00	—	0.015	—

注：(1) 表中所列成分除标明范围或最小值，其余均为最大值，括号内数值为可加入或允许含有的最大值。
(2) 本标准牌号与国外标准牌号对照参见 GB/T 20878—2007。
(3) 允许含有不大于0.50%镍，不大于0.20%铜，Ni+Cu≤0.50%，必要时，可添加上表以外的合金元素。

表 A-6-30 马氏体型不锈钢的化学成分

GB/T 20878—2007 中序号	统一数字代号	新牌号	旧牌号	化学成分,%（质量分数）									
				C	Si	Mn	P	S	Ni	Cr	Mo	Cu	N	其他元素
96	S40310	12Cr12	1Cr12	0.15	0.5	1.00	0.040	0.030	(0.60)	11.50~13.00	—	—	—	—
97	S41008	06Cr13	0Cr13	0.08	1.00	1.00	0.040	0.030	(0.60)	11.50~13.50	—	—	—	—
98	S41010	12Cr13	1Cr13	0.08~0.15	1.00	1.00	0.040	0.030	(0.60)	11.50~13.50	—	—	—	—
100	S41617	Y12Cr13	Y1Cr13	0.15	1.00	1.25	0.060	≥0.15	(0.60)	12.00~14.00	(0.60)	—	—	—
101	S42020	20Cr13	2Cr13	0.16~0.25	1.00	1.00	0.040	0.030	(0.60)	12.00~14.00	—	—	—	—
102	S42030	30Cr13	3Cr13	0.26~0.35	1.00	1.00	0.040	0.030	(0.60)	12.00~14.00	—	—	—	—
103	S42037	Y30Cr13	Y3Cr13	0.26~0.35	1.00	1.25	0.060	≥0.15	(0.60)	12.00~14.00	(0.75)	—	—	—
104	S42040	40Cr13	4Cr13	0.36~0.45	0.6	0.80	0.040	0.030	(0.60)	12.00~14.00	—	—	—	—
106	S43110	14Cr17Ni2	1Cr17Ni2	0.11~0.17	0.8	0.80	0.040	0.030	1.50~2.50	16.00~18.00	—	—	—	—
107	S43120	17Cr16Ni2		0.12~0.22	1.00	1.50	0.040	0.030	1.50~2.50	16.00~18.00	(0.75)	—	—	—
108	S44070	68Cr17	7Cr17	0.60~0.75	1.00	1.00	0.040	0.030	(0.60)	16.00~18.00	(0.75)	—	—	—
109	S44080	85Cr17	8Cr17	0.75~0.95	1.00	1.00	0.040	0.030	(0.60)	16.00~18.00	(0.75)	—	—	—
110	S44096	108Cr17	11Cr17	0.95~1.20	1.00	1.00	0.040	0.030	(0.60)	16.00~18.00	(0.75)	—	—	—
111	S44097	Y108Cr17	Y11Cr17	0.95~1.20	1.00	1.25	0.060	≥0.15	(0.60)	16.00~18.00	(0.75)	—	—	—
112	S44090	95Cr18	9Cr18	0.90~1.00	0.80	0.80	0.040	0.030	(0.60)	17.00~19.00	—	—	—	—
115	S45830	13Cr13Mo	1Cr13Mo	0.08~0.18	0.60	1.00	0.040	0.030	(0.60)	11.50~14.00	0.30~0.60	—	—	—
116	S45830	32Cr13Mo	3Cr13Mo	0.28~0.35	0.80	1.00	0.040	0.030	(0.60)	12.00~14.00	0.50~1.00	—	—	—
117	S54990	102Cr17Mo	9Cr18Mo	0.95~1.10	0.80	0.80	0.040	0.030	(0.60)	16.00~19.00	0.40~0.70	—	—	—
118	S46990	90Cr18MoV	9Cr18MoV	0.85~0.95	0.8	0.80	0.040	0.030	(0.60)	17.00~19.00	1.00~1.30	—	—	V0.07~0.12

注：(1) 表中所列成分除标明范围或最小值外，其余均为最大值。括号内数值为可加入或允许含有的最大值。
(2) 本标准牌号与国外标准牌号对照参见 GT/T 20878。
(3) 相当于 GB/T 20878—2007 调整成分牌号。

表 A-6-31 沉淀硬化型不锈钢的化学成分

GB/T 20878—2007 中序号	统一数字代号	新牌号	旧牌号	化学成分,%(质量分数)										
				C	Si	Mn	P	S	Ni	Cr	Mo	Cu	N	其他元素
136	S51550	05Cr15Ni5Cu4Nb		0.07	1.00	1.00	0.040	0.030	3.50~5.50	14.00~15.50		2.50~4.50		Nb0.15~0.45
137	S51740	05Cr17Ni4Cu4Nb	0Cr17Ni4Cu4Nb	0.07	1.00	1.00	0.040	0.030	3.50~5.50	15.00~17.50		3.00~5.00		Nb0.15~0.45
138	S51770	07Cr17NiAl	0Cr17NiAl	0.07	1.00	1.00	0.040	0.030	6.50~7.75	16.00~18.00				Al0.75~1.50
139	S51570	07Cr15Ni7Mo2Al	0Cr15Ni7Mo2Al	0.07	1.00	1.00	0.040	0.030	6.50~7.75	14.00~16.00	2.00~3.00			Al0.75~1.50

注:(1) 表中所列成分除标明范围或最小值,其余均为最大值。
(2) 本标准牌号与国外标准牌号对照参见 GT/T 20878。

表 A-6-32 经固溶处理的奥式体型钢棒或试样的力学性能

GB/T 20878—2007 中序号	统一数字代号	新牌号	旧牌号	规定非比例延伸强度 $R_{p0.2}$,N/mm²	抗拉强度 R_m N/mm²	断后伸长率 A,%	断面收缩率 Z,%	硬度		
								HBW	HRB	HV
				不小于				不大于		
1	S35350	12Cr17Mn6Ni5N	1Cr17Mn6Ni5N	275	520	40	45	241	100	253
3	S35450	12Cr18Mn9Ni5N	1Cr18Mn9Ni5N	275	520	40	45	207	95	218
9	S30110	12Cr17Ni7	1Cr17Ni7	205	520	40	60	187	90	200
13	S30210	12Cr18Ni9	1Cr18Ni9	205	520	40	60	187	90	200
15	S30317	Y12Cr18Ni9	Y1Cr18Ni9	205	520	40	50	187	90	200
16	S30327	Y12Cr18Ni9Se	Y1Cr18Ni9Se	205	520	40	50	187	90	200
17	S30408	06Cr19Ni10	0Cr18Ni9	205	520	40	60	187	90	200
18	S30403	022Cr19Ni10	00Cr19Ni10	175	480	40	60	187	90	200
22	S30488	06Cr18Ni9Cu3	0Cr18Ni9Cu3	175	480	40	60	187	90	200
23	S30458	06Cr19Ni10N	0Cr19Ni10N	275	550	35	50	217	95	220
24	S30478	06Cr19Ni9NbN	06Cr19Ni9NbN	345	685	35	50	250	100	260
25	S30453	022Cr19Ni10N	022Cr19Ni10N	245	550	40	50	217	95	220
26	S30510	10Cr18Ni12	10Cr18Ni12	175	480	40	60	187	90	200
32	S30908	06Cr23Ni3	0Cr23Ni3	205	520	40	60	187	90	200
35	S31008	06Cr25Ni20	0Cr25Ni20	205	520	40	50	187	90	200
38	S31608	06Cr17Ni12Mo2	0Cr17Ni12Mo2	205	520	40	60	187	90	200
39	S31603	022Cr17Ni12Mo2	00Cr17Ni14Mo2	175	480	40	60	187	90	200

续表

GB/T 20878—2007 中序号	统一数字代号	新牌号	旧牌号	规定非比例延伸强度 $R_{p0.2}$, N/mm²	抗拉强度 R_m N/mm²	断后伸长率 A,%	断面收缩率 Z,%	硬度 HBW	硬度 HRB	硬度 HV
				不小于				不大于		
41	S31668	06Cr17Ni12Mo2Ti	0Cr18Ni12Mo3Ti	205	530	40	55	187	90	200
43	S31658	06Cr17Ni12Mo2N	0Cr17Ni12Mo2N	275	550	35	50	217	95	220
44	S31653	022Cr17Ni12Mo2N	00Cr17Ni13Mo2N	245	550	40	50	217	95	220
45	S31688	06Cr18Ni12Mo2Cu2	0Cr18Ni12Mo2Cu2	205	520	40	60	187	90	200
46	S31683	022Cr18Ni14Mo2Cu2	022Cr18Ni14Mo2Cu2	175	480	40	60	187	90	200
49	S31708	06Cr19Ni13Mo3	06Cr19Ni13Mo3	205	520	40	60	187	90	200
50	S31703	022Cr19Ni13Mo3	00Cr19Ni3Mo	175	480	40	60	187	90	200
52	S31794	03Cr18Ni16Mo5	0Cr18Ni16Mo5	175	480	40	45	187	90	200
55	S32168	06Cr18Ni1Ti	0Cr18Ni1Ti	205	520	40	60	187	90	200
62	S34778	06Cr18Ni11Nb	0Cr18Ni11Nb	205	520	40	50	187	90	200
64	S38148	06Cr18Ni13Si4	0Cr18Ni13Si4	205	520	40	60	207	95	218

注:(1) 本表仅适用于直径、边长、厚度或对边距离小于或等于180mm 的钢棒。大于180mm 的钢棒,可锻成180mm 的样坯验证,或由供需双方协商,规定允许降低其力学性能的数值。
(2) 规定非比例延伸强度和硬度,仅当需方要求时(合同中注明)才进行测定,且供方可根据钢棒的尺寸或状态选一种方法测定硬度。
(3) 扁钢不适用,但需方要求时,由供需双方协商。

表 A-6-33 经固溶处理的奥式体—铁素体型钢棒或试样的力学性能

GB/T 20878—2007 中序号	统一数字代号	新牌号	旧牌号	规定非比例延伸强度 $R_{p0.2}$, N/mm²	抗拉强度 R_m N/mm²	断后伸长率 A,%	断面收缩率 Z,%	冲击吸收功,J	硬度 HBW	硬度 HRB	硬度 HV
				不小于					不大于		
67	S21860	14Cr18Ni11Si4AlTi	1Cr18Ni11Si4AlTi	440	715	25	40	63	290	30	300
68	S21953	022Cr19Ni5Mo3Si2N	00r18Ni5Mo3Si2	390	590	20	40	—	290	—	—
70	S22253	022Cr22Ni5Mo3N		450	620	25	—	—	290	—	—
71	S22053	023Cr22Ni5Mo3N		450	655	25	—	—	290	—	—
73	S22553	022Cr25Ni6Mo3N		450	620	25	—	—	290	—	—
75	S25554	03Cr25Ni6Mo3Cu2N		550	750	25	—	—	290	—	—

注:(1) 本表仅适用于直径、边长、厚度或对边距离不大于75mm 的钢棒。大于180mm 的钢棒,可锻成75mm 的样坯验证。或由供留双方协商,规定允许降低其力学性能的数值。
(2) 规定非比例延伸强度和硬度,仅当需方要求时(合同中注明)才进行测定,且供方可根据钢棒的尺寸或状态选一种方法测定硬度。
(3) 扁钢不适用,但需方要求时,由供需双方协商。
(4) 直径或对边距离不大于16mm 的扁钢、六角钢、八角钢和厚度小于12mm 的方钢、扁钢不做冲击试验。

表 A-6-34　经退火处理的铁素体型钢棒或试样的力学性能

GB/T 20878—2007 中序号	统一数字代号	新牌号	旧牌号	规定非比例延伸强度 $R_{p0.2}$, N/mm²	抗拉强度 R_m N/mm²	断后伸长率 A,%	断面收缩率 Z,%	冲击吸收功 AK_{U2}, J	硬度 HBW
				不小于					不大于
78	S11448	06Cr13Al	0Cr13Al	175	410	20	60	78	183
83	S11203	022Cr12	00Cr12	195	360	22	60	—	183
85	S11710	10Cr17	1Cr17	205	450	22	50	—	183
86	S11717	Y10Cr17	Y1Cr17	205	450	22	50	—	183
88	S11790	10Cr17Mo	1Cr17Mo	205	450	22	60	—	183
94	S12791	008Cr27Mo	00Cr27Mo	245	410	20	45	—	219
95	S13091	008Cr30Mo2	00Cr30Mo2	295	410	20	45	—	228

注:(1) 本表仅适用于直径、边长、厚度或对边距离不大于 75mm 的钢棒。大于 180mm 的钢棒,可锻成 75mm 的样坯验证。或由供留双方协商,规定允许降低其力学性能的数值。

(2) 规定非比例延伸强度和硬度,仅当需方要求时(合同中注明)才进行测定,且供方可根据钢棒的尺寸或状态选一种方法测定硬度。

(3) 扁钢不适用,但需方要求时,由供需双方协商。

(4) 直径或对边距离不大于 16mm 的扁钢、六角钢、八角钢和厚度小于 12mm 的方钢、扁钢不做冲击试验。

表 A-6-35　经热处理的马氏体型钢棒或试样的力学性能

GB/T 20878 中序号	统一数字代号	新牌号	旧牌号	组别	经淬火回火(表 A.4)后试样的力学性能和硬度						退火后钢棒的硬度 HBW
					规定非比例延伸强度 $R_{p0.2}$ N/mm²	抗拉强度 R_m N/mm²	断后伸长率 A,%	断面收缩率 Z,%	冲击吸收功 AK_{U2}, J	HBW	HRC	
					不小于							不大于
96	S40310	12Cr12	1Cr12		390	590	25	55	118	170	—	200
97	S41008	06Cr13	0Cr13		345	490	24	60	—	—	—	183
98	S41010	12Cr13	1Cr13		345	540	22	55	78	159	—	200
100	S41617	Y12Cr13	Y1Cr13		345	540	17	45	55	159	—	200
101	S42020	20Cr13	2Cr13		440	640	20	50	63	192	—	223
102	S42030	30Cr13	3Cr13		540	735	12	40	24	217	—	235
103	S42037	Y30Cr13	Y3Cr13		540	735	8	35	24	217	—	235

续表

GB/T 20878 中序号	统一数字代号	新牌号	旧牌号	组别	经淬火回火(表A.4)后试样的力学性能和硬度						退火后钢棒的硬度 HBW
					规定非比例延伸强度 $R_{p0.2}$ N/mm²	抗拉强度 R_m N/mm²	断后伸长率 A,%	断面收缩率 Z,%	冲击吸收功 AK_{U2},J	HBW	HRC	
					不小于							不大于
104	S42040	40Cr13	4Cr13		—	—	—	—	—		50	235
106	S43110	14Cr17Ni2	1Cr17Ni2		—	1080	10	—	39		—	285
107	S43120	17Cr16Ni2		1	700	900~1050	12	45	25(AKV)	—	—	295
				2	600	800~950	14					
108	S44070	68Cr17	7Cr17		—	—	—	—	—		54	255
109	S44080	85Cr17	8Cr17		—	—	—	—	—		56	255
110	S44096	108Cr17	11Cr17		—	—	—	—	—		58	269
111	S44097	Y108Cr17	Y11Cr17		—	—	—	—	—		58	269
112	S44090	95Cr18	9Cr18		—	—	—	—	—		55	255
115	S45830	13Cr13Mo	1Cr13Mo		490	690	20	60	78	192	—	200
116	S45830	32Cr13Mo	3Cr13Mo		—	—	—	—	—		50	207
117	S54990	102Cr17Mo	9Cr18Mo		—	—	—	—	—		55	269
118	S46990	90Cr18MoV	9Cr18MoV		—	—	—	—	—		55	269

注:(1) 本表仅适用于直径、边长、厚度或对边距离不大于75mm的钢棒。大于180mm的钢棒,可锻成75mm的样坯验证。或由供需双方协商,规定允许降低其力学性能的数值。

(2) 规定非比例延伸强度和硬度,仅当需方要求时(合同中注明)才进行测定,且供方可根据钢棒的尺寸或状态选一种方法测定硬度。

(3) 扁钢不适用,但需方要求时,由供需双方协商。

(4) 直径或对边距离不大于16mm的扁钢、六角钢、八角钢和厚度小于12mm的方钢、扁钢不做冲击试验。

17Cr16Ni2钢的性能组别应在合同中注明,未注明时,由供方自行选择。

表 A-6-36 沉淀硬化型钢棒或试样的力学性能

GB/T 20878 中序号	统一数字代号	新牌号	旧牌号	热处理 类型	热处理 组别	规定非比例延伸强度 N/mm²	抗拉强度 N/mm²	断后伸长率 %	断面收缩率 %	硬度 HBW	硬度 HRC
136	S51550	05Cr15Ni5Cu4Nb		固溶处理	0	—	—	—	—	≤363	≤38
				480℃时效	1	1180	1310	10	35	≥375	≥40
				550℃时效 沉淀硬化	2	1000	1070	12	45	≥331	≥35
				580℃时效	3	865	1000	13	45	≥302	≥31
				620℃时效	4	725	930	16	50	≥277	≥28
137	S51740	05Cr17Ni4Cu4Nb	0Cr17Ni4Cu4Nb	固溶处理	0	—	—	—	—	≤363	≤38
				480℃时效	1	1180	1310	10	40	≥375	≥40
				550℃时效 沉淀硬化	2	1000	1070	12	45	≥331	≥35
				580℃时效	3	865	1000	13	45	≥302	≥31
				620℃时效	4	725	930	16	50	≥277	≥28
138	S51770	07Cr17NiAl	0Cr17NiAl	固溶处理	0	≤380	≤1030	20	—	≤229	—
				510℃时效 沉淀硬化	1	1030	1230	4	10	≥388	—
				565℃时效	2	960	1140	5	25	≥363	—
139	S51570	07Cr15Ni7Mo2Al	0Cr15Ni7Mo2Al	固溶处理	0	—	—	—	—	≤269	—
				510℃时效 沉淀硬化	1	1210	1320	6	20	≥388	—
				565℃时效	2	1100	1210	7	25	≥375	—

注:(1) 本表仅适用于直径、边长、厚度对边距离不大于 75mm 的钢棒。大于 75mm 的钢棒,可改锻成 75mm 的样坯检验或由供需双方协商,规定允许降低其力学性能的数值。
(2) 扁钢不适用,但需方要求时,由供需双方协商确定。
(3) 供方可根据钢棒的尺寸或状态任选一种方法测定硬度。

四、钢管

1. 低压流体输送焊接管(GB/T 3091—2015《低压流体输送用焊接钢管》)

1) 范围

本标准规定了低压流体输送用焊接钢管的尺寸、外形、重量、技术要求、试验方法、检验规则、包装、标志及质量证明书。

本标准适用于水、空气、采暖蒸汽和燃气等低压流体输送用直缝电焊钢管、直缝埋弧焊(SAWL)钢管和螺旋缝埋弧焊(SAWH)钢管,并对它们的不同要求分别做了标注,未标注的同时适用于直缝高频电焊钢管、直缝埋弧焊钢管和螺旋缝埋弧焊钢管。

2) 尺寸、外形和重量

外径(D)不大于219.1mm的钢管按公称口径(DN)和公称壁厚(t)交货,其公称口径和公称壁厚应符合表A-6-37的规定。

表A-6-37　外径不大于219.1mm的钢管公称口径、外径、公称壁厚和不圆度　　单位:mm

公称口径 DN	外径 D			最小公称壁厚 t	不圆度
	系列1	系列2	系列3		不大于
6	10.2	10.0	—	2.0	0.20
8	13.5	12.7	—	2.0	0.20
10	17.2	16.0	—	2.2	0.20
15	21.3	20.8	—	2.2	0.30
20	26.9	26.0	—	2.2	0.35
25	33.7	33.0	32.5	2.5	0.40
32	42.4	42.0	41.5	2.5	0.40
40	48.3	48.0	47.5	2.75	0.50
50	60.3	59.5	59.0	3.0	0.60
65	76.1	75.5	75.0	3.0	0.60
80	88.9	88.5	88.0	3.25	0.70
100	114.3	114.0	—	3.25	0.80
125	139.7	141.3	140.0	3.5	1.00
150	165.1	168.3	159.0	3.5	1.20
200	219.1	219.0	—	4.0	1.60

注:(1) 表中的公称口径系近似内径的名义尺寸,不表示外径减去两倍壁厚所得的内径。
　　(2) 系列1是通用系列,属推荐选用系列;系列2是非通用系列;系列3是少数特殊、专用系列。

外径大于219.1mm的钢管按公称外径和公称壁厚交货,其公称外径和公称壁厚应符合GB/T 21835—2008的规定(表A-6-38)。

本标准适用于水、空气、采暖蒸汽和燃气等低压流体输送用直缝电焊钢管、直缝埋弧焊(SAWL)钢管和螺旋缝埋弧焊(SAWH)钢管,并对它们的不同要求分别做了标注,未标注的同时适用于直缝高频电焊钢管、直缝埋弧焊钢管和螺旋缝埋弧焊钢管。

表 A-6-38　低压流体输送焊接管外径和壁厚的允许偏差　　　　　　　　　　单位:mm

外径 D	外径允许偏差		壁厚(t)允许偏差
	管体	管端(距管端100mm 范围内)	
D≤48.3	±0.5	—	±10%t
48.3<D≤273.1	±1%D	—	±10%t
273.1<D≤508	±0.75%D	+2.4 -0.8	±10%t
D>508	±1%D 或±10.0, 两者取较小值	+3.2 -0.8	±10%t

2. 石油天然气工业管线输送系统用钢管(GB/T 9711—2017)

1) 范围

本标准规定了石油天然气工业管线输送系统用无缝钢管(以下简称"无缝管")和焊接钢管(以下简称"焊管")的制造要求,其包括两种产品规范水平(PSL1 和 PSL2)。本标准适用于石油天然气工业管线输送系统用无缝管和焊管的制造、检验、标志、涂层、记录和装载。本标准不适用于铸铁管。

2) 标准钢级的化学成分

壁厚 t≤25.0mm 的 PSL1 和 PSL2 钢管化学成分分别见表 A-6-39 和表 A-6-40。

表 A-6-39　t≤25.0mm(0.984in)的 PSL1 钢管化学成分

钢级(钢名)	质量分数,基于熔炼分析和产品分析①,⑦,%							
	C max②	Mn max②	P		S max	V max	Nb max	Ti max
			min	max				
无缝管								
L175 或 A25	0.21	0.60	—	0.030	0.030	—	—	—
L175P 或 A25P	0.21	0.60	0.045	0.080	0.030	—	—	—
L210 或 A	0.22	0.90	—	0.030	0.030	—	—	—
L245 或 B	0.28	1.20	—	0.030	0.030	③,④	③,④	④
L290 或 X42	0.28	1.30	—	0.030	0.030	④	④	④
L320 或 X46	0.28	1.40	—	0.030	0.030	④	④	④
L360 或 X52	0.28	1.40	—	0.030	0.030	④	④	④
L390 或 X56	0.28	1.40	—	0.030	0.030	④	④	④

续表

钢级(钢名)	质量分数,基于熔炼分析和产品分析①⑦,%						
	C max②	Mn max②	P min	P max	S max	V max	Nb max	Ti max

钢级(钢名)	C max②	Mn max②	P min	P max	S max	V max	Nb max	Ti max
L415 或 X60	0.28⑤	1.40⑤	—	0.030	0.030	⑥	⑥	⑥
L450 或 X65	0.28⑤	1.40⑤	—	0.030	0.030	⑥	⑥	⑥
L485 或 X70	0.28⑤	1.40⑤	—	0.030	0.030	⑥	⑥	⑥
焊管								
L175 或 A25	0.21	0.60	—	0.030	0.030	—	—	—
L175P 或 A25P	0.21	0.60	0.045	0.080	0.030	—	—	—
L210 或 A	0.22	0.90	—	0.030	0.030	—	—	—
L245 或 B	0.26	1.20	—	0.030	0.030	③,④	③,④	④
L290 或 X42	0.26	1.30	—	0.030	0.030	④	④	④
L320 或 X46	0.26	1.40	—	0.030	0.030	④	④	④
L360 或 X52	0.26	1.40	—	0.030	0.030	④	①	④
L390 或 X56	0.26	1.40	—	0.030	0.030	④	④	④
L415 或 X60	0.26⑤	1.40⑤	—	0.030	0.030	⑥	⑥	⑥
L450 或 X65	0.26⑤	1.45⑤	—	0.030	0.030	⑥	⑥	⑥
L485 或 X70	0.26⑤	1.65⑤	—	0.030	0.030	⑥	⑥	⑥

① Cu≤0.50%;Ni≤0.50%;Cr≤0.50%;Mo≤0.15%。
② 碳含量比规定最大碳含量每减少 0.01%,则允许锰含量比规定最大锰含量增加 0.05%,对于钢级≥L245 或 B 但 ≤L360 或 X52 的钢级,最大锰含量为 1.65%;对于钢级>L360 或 X52 但<L485 或 X70 的钢级,最大锰含量为 1.75%;对于钢级 L485 或 X70 的钢级,最大锰含量为 2.00%。
③ 除另有协议外,Nb+V≤0.06%。
④ Nb+V+Ti≤0.15%。
⑤ 除另有协议外。
⑥ 除另有协议外,Nb+V+Ti≤0.15%。
⑦ 不允许有意添加硼,且残余 B≤0.001%。

表 A-6-40　$t\leqslant 25.0\,\text{mm}(0.984\,\text{in})$ PSL2 钢管化学成分

钢级(钢名)	基于熔炼分析和产品分析(max) %(质量分数)								碳当量①(max) %	
	C②	Si	Mn②	P	S	V	Nb	Ti	其他	CE_{IIw}	CE_{pcm}
无缝管和焊管											
L245R 或 BR	0.24	0.40	1.20	0.025	0.015	③	③	0.04	⑤,⑫	0.43	0.25

续表

钢级(钢名)	基于熔炼分析和产品分析(max) %(质量分数)									碳当量①(max) %	
	C②	Si	Mn②	P	S	V	Nb	Ti	其他	CE_{IIw}	CE_{pcm}
L290R 或 X42R	0.24	0.40	1.20	0.025	0.015	0.06	0.05	0.04	⑤,⑫	0.43	0.25
L245N 或 BN	0.24	0.40	1.20	0.025	0.015	③	③	0.04	⑤,⑫	0.43	0.25
L290N 或 X42N	0.24	0.40	1.20	0.025	0.015	0.06	0.05	0.04	⑤,⑫	0.43	0.25
L320N 或 X46N	0.24	0.40	1.40	0.025	0.015	0.07	0.05	0.04	④,⑤,⑫	0.43	0.25
L360N 或 X52N	0.24	0.45	1.40	0.025	0.015	0.10	0.05	0.04	④,⑤,⑫	0.43	0.25
L390N 或 X56N	0.24	0.45	1.40	0.025	0.015	0.10⑥	0.05	0.04	④,⑤,⑫	0.43	0.25
L415N 或 X60N	0.24⑥	0.45⑥	1.40⑥	0.025	0.015	0.10⑥	0.05⑥	0.04⑥	⑦,⑧,⑫	依照协议	
L245Q 或 BQ	0.18	0.45	1.40	0.025	0.015	0.05	0.05	0.04	⑤,⑫	0.43	0.25
L290Q 或 X42Q	0.18	0.45	1.40	0.025	0.015	0.05	0.05	0.04	⑤,⑫	0.43	0.25
L320Q 或 X46Q	0.18	0.45	1.40	0.025	0.015	0.05	0.05	0.04	⑤,⑫	0.43	0.25
L360Q 或 X52Q	0.18	0.45	1.50	0.025	0.015	0.05	0.05	0.04	⑤,⑫	0.43	0.25
L390Q 或 X56Q	0.18	0.45	1.50	0.025	0.015	0.07	0.05	0.04	④,⑤,⑫	0.43	0.25
L415Q 或 X60Q	0.18⑥	0.45⑥	1.70⑥	0.025	0.015	⑦	⑦	⑦	⑧,⑫	0.43	0.25
L450Q 或 X65Q	0.18⑥	0.45⑥	1.70⑥	0.025	0.015	⑦	⑦	⑦	⑧,⑫	0.43	0.25
L485Q 或 X70Q	0.18⑥	0.45⑥	1.80⑥	0.025	0.015	⑦	⑦	⑦	⑧,⑫	0.43	0.25
L555Q 或 X80Q	0.18⑥	0.45⑥	1.90⑥	0.025	0.015	⑦	⑦	⑦	⑨,⑩	依照协议	
L625Q 或 X90Q	0.16⑥	0.45⑥	1.90	0.020	0.010	⑦	⑦	⑦	⑩,⑪	依照协议	
L690Q 或 X100Q	0.16⑥	0.45⑥	1.90	0.020	0.010	⑦	⑦	⑦	⑩,⑪	依照协议	
焊管											
L245M 或 BM	0.22	0.45	1.20	0.025	0.015	0.05	0.05	0.04	⑤,⑫	0.43	0.25
L290M 或 X42M	0.22	0.45	1.30	0.025	0.015	0.05	0.05	0.04	⑤,⑫	0.43	0.25
L320M 或 X46M	0.22	0.45	1.30	0.025	0.015	0.05	0.05	0.04	⑤,⑫	0.43	0.25
L360M 或 X52M	0.22	0.45	1.40	0.025	0.015	④	④	④	⑤,⑫	0.43	0.25
L390M 或 X56M	0.22	0.45	1.40	0.025	0.015	④	④	④	⑤,⑫	0.43	0.25
L415M 或 X60M	0.12⑥	0.45⑥	1.60⑥	0.025	0.015	⑦	⑦	⑦	⑧,⑫	0.43	0.25
L450M 或 X65M	0.12⑥	0.45⑥	1.60⑥	0.025	0.015	⑦	⑦	⑦	⑧,⑫	0.43	0.25
L485M 或 X70M	0.12⑥	0.45⑥	1.70⑥	0.025	0.015	⑦	⑦	⑦	⑧,⑫	0.43	0.25

续表

钢级(钢名)	基于熔炼分析和产品分析(max) %(质量分数)								碳当量① (max) %	
	$C^{②}$	Si	$Mn^{②}$	P	S	V	Nb	Ti	其他	CE_{IIw}	CE_{pcm}
L555M 或 X80M	0.12⑥	0.45⑥	1.85⑥	0.025	0.015	⑦	⑦	⑦	⑨,⑫	0.43⑥	0.25
L625M 或 X90M	0.10	0.55⑥	2.10⑥	0.020	0.010	⑦	⑦	⑦	⑨,⑫	—	0.25
L690M 或 100M	0.10	0.55⑥	2.10⑥	0.020	0.010	⑦	⑦	⑦	⑨,⑩		0.25
L830M 或 120M	0.10	0.55⑥	2.10⑥	0.020	0.010	⑦	⑦	⑦	⑨,⑩		0.25

① 依据产品分析结果,$t>20.0mm(0.787in)$无缝管,碳当量的极限值应协商确定。碳含量大于0.12%使用CE_{IIw},碳含量小于等于0.12%使用CE_{pcm}。

② 碳含量比规定最大碳含量每减少0.01%,则允许锰含量比规定最大锰含量高0.05%,对于钢级≥L245或B但≤L360或X52最大锰含量不得超过1.65%;对于钢级>L360或X52但<L485或X70最大锰含量不得超过1.75%;对于钢级≥L485或X70但≤L555或X80最大锰含量不得超过2.00%,对于钢S>L555或X80最大锰含量不得超过2.20%。

③ 除另有协议外,Nb+V≤0.06%。

④ Nb+V+Ti≤0.15%。

⑤ 除另有协议外,Cu≤0.50%,Ni≤0.30%,Cr≤<0.30%,Mo≤0.15%。

⑥ 除另有协议外。

⑦ 除另有协议外,Nb+V+Ti≤0.15%。

⑧ 除另有协议外,Cu≤0.50%,Ni≤0.50%,Cr≤0.50%,Mo≤0.50%。

⑨ 除另有协议外,Cu≤0.50%,Ni≤1.00%,Cr≤0.50%,Mo≤0.50%。

⑩ B≤0.004%。

⑪ 除另有协议外,Cu≤0.50%,Ni≤1.00%,Cr≤0.55%,Mo≤0.80%。

⑫ 除适用脚注⑩外的所有PSL2钢级适用下列内容。除另有协议外,不允许有意添加硼,残余B≤0.001%。

3)标准钢级的拉伸性能

PSL1和PSL2钢管拉伸试验要求分别见表A-6-41和表A-6-42。

表A-6-41 PSL1钢管拉伸试验要求

钢管等级	无缝管和焊管管体			EW、LW、SAW和COW管焊缝
	屈服强度 $R_{t0.5}$ MPa(psi) 最小	抗拉强度① R_m MPa(psi) 最小	伸长率(50mm或2in) A_f % 最小	抗拉强度② R_m MPa(psi) 最小
L175 或 A25	175(25400)	310(45000)	③	310(45000)
L175P 或 A25P	175(25400)	310(45000)	③	310(45000)
L210 或 A	210(30500)	335(48600)	③	335(48600)
L245 或 B	245(35500)	415(60200)	③	415(60200)
L290 或 X42	290(42100)	415(60200)	③	415(60200)

续表

钢管等级	无缝管和焊管管体			EW、LW、SAW 和 COW 管焊缝
	屈服强度 $R_{t0.5}$ MPa(psi) 最小	抗拉强度① R_m MPa(psi) 最小	伸长率(50mm 或 2in) A_f % 最小	抗拉强度② R_m MPa(psi) 最小
L320 或 X46	320(46400)	435(63100)	③	435(63100)
L360 或 X52	360(52200)	460(66700)	③	460(66700)
L390 或 X56	390(56600)	490(71100)	③	490(71100)
L415 或 X60	415(60200)	520(75400)	③	520(75400)
L450 或 X65	450(65300)	535(77600)	③	535(77600)
L485 或 X70	485(70300)	570(82700)	③	570(82700)

① 对于中间钢级,管体规定最小抗拉强度和规定最小屈服强度差应为列表中与之邻近较高钢级的强度差。
② 对于中间钢级,其焊缝的规定最小抗拉强度应与按脚注①确定的管体抗拉强度相同。
③ 应采用下列公式计算规定最小伸长率 A_f,用百分号表示,且圆整到最邻近的百分位。

$$A_r = C \frac{A_{XC}^{0.2}}{U^{0.9}}$$

式中 C——当采用 SI 单位时,C 为 1940;当采用 USC 单位时,C 为 625000。

A_{XC}——适用的拉伸试样横截面积,单位为 $mm^2(in^2)$。对圆棒试样:直径 12.5mm(0.500in)和 8.9mm(0.350in)的圆棒试样为 $130mm^2(0.20in^2)$;直径 6.4mm(0.250in)的圆棒试样为 $65mm^2(0.10in^2)$。对全截面试样:取 $485mm^2(0.75in^2)$ 和钢管试样横截面积两者中的较小者,其试样横截面积,规定外径和规定壁厚计算,且圆整到最邻近的 $10mm^2(0.01in^2)$。对板状试样:取 $485mm^2(0.75in^2)$ 和试样横截面积两者中的较小者,其试样横截面积由试样规定宽度和钢管规定壁厚计算,且圆整到最邻近的 $10mm^2(0.01in^2)$。

U——规定最小抗拉强度,单位为 MPa(psi)。

表 A-6-42 PSL2 钢管拉伸试验要求

钢管等级	无缝管和焊管管体						HFW、SAW 和 COW 管焊缝
	屈服强度① $R_{t0.5}$ MPa(psi)		抗拉强度① R_m MPa(psi)		屈强比①,③ $R_{t0.5}/R_m$	伸长率(50mm 或 2in) A_f %	抗拉强度④ R_m MPa(psi)
	最小	最大	最小	最大	最大	最小	最小
L245R 或 BR L245N 或 BN L245Q 或 BQ L245M 或 BM	245 (35500)	450⑤ (65300)⑤	415 (60200)	655 (95000)	0.93	⑥	415(60200)

续表

钢管等级	无缝管和焊管管体						HFW、SAW 和 COW 管焊缝
	屈服强度[①] $R_{t0.5}$ MPa(psi)		抗拉强度[①] R_m MPa(psi)		屈强比[①,③] $R_{t0.5}/R_m$	伸长率(50mm 或 2in) A_f %	抗拉强度[④] R_m MPa(psi)
	最小	最大	最小	最大	最大	最小	最小
L290R 或 X42R L290N 或 X42N L290Q 或 X42Q L290M 或 X42M	290 (42100)	495 (71800)	415 (60200)	655 (95000)	0.93	[⑥]	415(60200)
L320N 或 X46N L320Q 或 X46Q L320M 或 X46M	320 (46400)	525 (76100)	435 (63100)	655 (95000)	0.93	[⑥]	435(63100)
L360N 或 X52N L360Q 或 X52Q L360M 或 X52M	360 (52200)	530 (76900)	460 (66700)	760 (110200)	0.93	[⑥]	460(66700)
L390N 或 X56N L390Q 或 X56Q L390M 或 X56M	390 (56600)	545 (79000)	490 (71100)	760 (110200)	0.93	[⑥]	490(71100)
L415N 或 X60N L415Q 或 X60Q L415M 或 X60M	415 (60200)	565 (81900)	520 (75400)	760 (110200)	0.93	[⑥]	520(75400)
L450Q 或 X65Q L450M 或 X65M	450 (65300)	600 (87000)	535 (77600)	760 (110200)	0.93	[⑥]	535(77600)
L485Q 或 X70Q L485M 或 X70M	485 (70300)	635 (92100)	570 (82700)	760 (110200)	0.93	[⑥]	570(82700)
L555Q 或 X80Q L555M 或 X80M	555 (80500)	705 (102300)	625 (90600)	825 (119700)	0.93	[⑥]	625(90600)
L625M 或 X90M	625 (90600)	775 (112400)	695 (100800)	915 (132700)	0.95	[⑥]	695(100800)
L625Q 或 X90Q	625 (90600)	775 (112400)	695 (100800)	915 (132700)	0.97[⑦]	[⑥]	—
L690M 或 X100M	690[②] (100100)[②]	840[②] (121800)[②]	760 (110200)	990 (143600)	0.97[⑧]	[⑥]	760(110200)
L690Q 或 X100Q	690[②] (100100)[②]	840[②] (121800)[②]	760 (110200)	990 (143600)	0.97[⑧]	[⑥]	—

续表

钢管等级	无缝管和焊管管体						HFW、SAW 和 COW 管焊缝
	屈服强度① $R_{t0.5}$ MPa(psi)		抗拉强度① R_m MPa(psi)		屈强比①,③ $R_{t0.5}/R_m$	伸长率(50mm 或 2in) A_f %	抗拉强度④ R_m MPa(psi)
	最小	最大	最小	最大	最大	最小	最小
L830M 或 X120M	830② (120400)②	1050② (152300)②	915 (132700)	1145 (166100)	0.99⑧	⑥	915(132700)

① 对于中间钢级,其规定最大屈服强度和规定最小屈服强度之差应与列表中与之邻近较高钢级的强度之差相同,规定最小抗拉强度和规定最小屈服强度之差应与列表中与之邻近较高钢级的强度之差相同。对低于 L320/X46 的中间钢级,其抗拉强度应≤655MPa(95000psi)。对高于 L320/X46 而低于 L555/X80 的中间钢级,其抗拉强度应≤760MPa(110200psi)。对高于 L555 或 X80 的中间钢级,其最大允许抗拉强度应由插入法获得。当采用 SI 单位时,计算值应圆整到最邻近的 5MPa。当采用 USC 单位时,计算值应圆整到最邻近的 100psi。

② 钢级>L625/X90 时,采用 $R_{p0.2}$。

③ 此限制适用于 D>323.9mm(12.750in)的钢管。

④ 对于中间钢级,其焊缝的规定最小抗拉强度应与按脚注①确定的管体抗拉强度相同。

⑤ 对于要求纵向检验的钢管,其最大屈服强度应≤495MPa(71800psi)。

⑥ 规定最小伸长率 A_f

$$A_f = C \frac{A_{XC}^{0.2}}{U^{0.9}}$$

式中 C——当采用 SI 单位时,C 为 1940;当采用 USC 单位时,C 为 625000;

A_{XC}——适用的拉伸试样横截面积,单位为 $mm^2(in^2)$。对圆棒试样:直径 12.5mm(0.500in) 和 8.9mm(0.350in) 的圆棒试样为 130mm^2(0.20in^2);直径 6.4mm(0.250in) 的圆棒试样为 65mm^2(0.10in^2)。对全截面试样,取 485mm^2(0.75in^2) 和钢管试样横截面积两者中的较小者,其试样横截面积由规定外径和规定壁厚计算,且圆整到最邻近的 10mm^2(0.01in^2)。对板状试样,取 485mm^2(0.75in^2) 和试样横截面积两者中的较小者,其试样横截面积由试样规定宽度和钢管规定壁厚计算,且圆整到最邻近的 10mm^2(0.01in^2)。

U——规定最小抗拉强度,单位为 MPa(psi)。

⑦ 经协商可规定较低的 $R_{p0.2}/R_m$ 比值。

⑧ 对于钢级>L625/X90 的钢管,$R_{p0.2}/R_m$ 适用,经协商可规定较低的 $R_{p0.2}/R_m$ 比值。

4) 尺寸、质量和偏差

(1) 尺寸。

钢管应按照订货合同规定的尺寸交货,且符合相应偏差。钢管应按照订货合同规定的非定尺长度或定尺长度交货。

(2) 单位长度质量。

单位长度质量 A 应采用式(A-6-1)计算,用千克每米(磅每英尺)表示:

$$\rho_1 = t(D - t) \times C \tag{A-6-1}$$

式中 D——规定外径,单位为 mm(in);

t——规定壁厚,单位为 mm(in);

C——按照 SI 单位计算时为 0.02466,按 USC 单位计算时为 10.69。

对加工有螺纹和带接箍钢管,按照上述公式确定的质量应符合计算质量或修正计算质量,其偏差应在标准规定的范围内。

注:钢管的理论质量是钢管长度和钢管单位长度质量的乘积。

(3) 直径偏差、壁厚偏差、长度偏差和直度偏差。

① 直径和不圆度应在表 A-6-43 规定的偏差范围内。

表 A-6-43 直径和不圆度偏差

规定外径 D mm(in)	直径偏差④,mm(in)				不圆度偏差 mm(in)	
	除管端外①		管端①,②,③		除管端外①	管端①,②,③
	无缝管	焊管	无缝管	焊管		
<60.3(2.375)	-0.8(0.031)~+0.4(0.016)				1.2(0.048)	0.9(0.036)
≥60.3(2.375)~168.3(6.625)	±0075D		-0.4(0.016)~+1.6(0.063)		D/t≤75 时 0.020D;D/t>75 时协议	D/t≤75 时 0.015D;D/t>75 时协议
>168.3(6.625)~610(24.000)	±0.0075D	±0.0075D,最大为±3.2(0.125)	±0.005D,最大为±1.6(0.063)		0.020D	0.015D
>610(24.000)~1422(56.000)	±0.01D	±0.005D,最大为±4.0(0.160)	±2.0(0.079)	±1.6(0.063)	D/t≤75 时 0.015D,最大 15(0.6);D/t>75 时协议	D/t≤75 时 0.01D,最大 13(0.5);D/t>75 时协议
>1422(56.000)	依 照 协 议					

① 管端包括钢管每个端头 100mm(4.0in)长度范围内的钢管。
② 对于无缝管,这些偏差适用于 t≤25.0mm(0.984in)的钢管,对较大壁厚钢管的偏差应依照协议。
③ 对于非扩径管和 D≥219.1mm(8.625in)的扩径管,可采用计算的内径(规定外径减去两倍的规定壁厚)或测量内径确定直径偏差和不圆度偏差,而不通过测量外径值来确定。
④ 为确定直径对直径偏差的符合率,钢管直径定义为在任一圆周平面的钢管周长除以 π。

② 壁厚偏差应符合表 A-6-44 规定。

表 A-6-44 壁厚偏差

壁厚 t,mm(in)	偏差,mm(in)
无缝(SMLS)管	
≤4.0(0.157)	+0.6(0.024) -0.5(0.020)
4.0(0.157)<t<25.0(0.984)	+0.150t -0.125t

③ 长度偏差应符合下列规定：

除另有协议外，非定尺钢管应按照表 A-6-45 规定的长度范围交货；

按照定尺钢管交货的钢管，其长度偏差应在±500mm(20in)范围内；

如果同意供应对接钢管，最多可供应 5% 合同订购量的由 2 个管段焊接而成，且长度<15.0m(49.2ft)的对接钢管，或依照协议确定对接钢管所占比例；

如果同意供应对接钢管，可提供整批或任意比例合同订购量的由 2 个管段焊接而成，且长度>15.0m(49.2ft)的对接钢管；

如果同意供应对接钢管，最多可供应 5% 合同订购量的由 3 个管段焊接而成，且长度>15.0m(49.2ft)的对接钢管，或依照协议确定对接管所占比例。

表 A-6-45　非定尺长度钢管偏差

长度组别，m(ft)	最小长度，m(ft)	每订货批最小平均长度，m(ft)	最大长度，m(ft)
加工有螺纹和带接箍钢管			
6(20)	4.88(16.0)	5.33(17.5)	6.86(22.5)
9(30)	4.11(13.5)	8.00(26.2)	10.29(33.8)
12(40)	6.71(22.0)	10.67(35.0)	13.72(45.0)
平端管			
6(20)	2.74(9.0)	5.33(17.5)	6.86(22.5)
9(30)	4.11(13.5)	8.00(26.2)	10.29(33.8)
12(40)	4.27(14.0)	10.67(35.0)	13.72(45.0)
15(50)	5.33(17.5)	13.35(43.8)	16.76(55.0)
18(60)	6.40(21.0)	16.00(52.5)	19.81(65.0)
24(80)	8.53(28.0)	21.34(70.0)	25.91(85.0)

3. 输送流体用无缝钢管(GB/T 8163—2018)

1) 范围

本标准规定了输送流体用无缝钢管的订货内容、尺寸、外形、重量、技术要求、试验方法、检验规则、包装、标志和质量证明书。本标准适用于输送普通流体用无缝钢管。

2) 钢的牌号和化学成分。

钢管由 10、20、Q345、Q390、Q420、Q460 牌号的钢制造。

牌号为 10、20 钢的化学成分(熔炼分析)应符合表 A-6-46 的规定。

表 A-6-46　10、20 钢的化学成分

牌号	化学成分[①]，%(质量分数)							
	C	Si	Mn	P	S	Cr	Ni	Cu
10	0.07~0.13	0.17~0.37	0.35~0.65	≤0.030	≤0.030	≤0.15	≤0.30	≤0.20
20	0.17~0.23	0.17~0.37	0.35~0.65	≤0.030	≤0.030	≤0.25	≤0.30	≤0.20

① 氧气转炉冶炼的钢其氮含量应不大于0.008%。供方能保证合格时，可不作分析。

牌号为 Q345,Q390,Q420 和 Q460 钢的化学成分(熔炼分析)和碳当量应符合表 A-6-47 的规定。根据需方要求,经供需双方协商,可供应其他牌号或化学成分的钢管。

表 A-6-47 Q345,Q390,Q420 和 Q460 钢的化学成分

牌号	质量等级	化学成分①,②,③,%(质量分数)														碳当量
		C	Si	Mn	P	S	Nb	V	Ti	Cr	Ni	Cu	N④	Mo	B	Als⑤	CEV⑥,⑦ %
		不大于														不小于	不大于
Q345	A	0.20	0.50	1.70	0.035	0.035	—	—	—	0.30	0.50	0.20	0.012	0.10	—	0.015	0.45
	B				0.035	0.035											
	C				0.030	0.030	0.07	0.15	0.20								
	D	0.18			0.030	0.025											
	E				0.025	0.020											
Q390	A	0.20	0.50	1.70	0.035	0.035	0.07	0.20	0.20	0.30	0.50	0.50	0.015	0.10	—	0.015	0.46
	B				0.035	0.035											
	C				0.030	0.030											
	D				0.030	0.025											
	E				0.025	0.020											
Q420	A	0.20	0.50	1.70	0.035	0.035	0.07	0.20	0.20	0.30	0.80	0.20	0.015	0.20	—	0.015	0.48
	B				0.035	0.035											
	C				0.030	0.030											
	D				0.030	0.025											
	E				0.025	0.020											
Q460	C	0.20	0.60	1.80	0.030	0.030	0.11	0.20	0.20	0.30	0.80	0.20	0.015	0.20	0.005	0.015	0.53
	D				0.030	0.025											
	E				0.025	0.020											

① 除 Q345A、Q345B 牌号外,其余牌号钢中应至少含有细化晶粒元素 Al、Nb、V、Ti 中的一种。根据需要,供方可添加其中一种或几种细化晶粒元素,最大值应符合表中规定。组合加入时,Nb+V+Ti≤0.22%。
② Mo+Cr≤0.30%。
③ 各牌号的 Cr、Ni 作为残余元素时,Cr、Ni 含量应各不大于 0.30%;当需要加入时,其含量应符合表中规定或由供需双方协商确定。
④ 如供方能保证氮元素含量符合表中规定,可不进行氮含量分析。如果钢中加入 Al、Nb、V、Ti 等具有固氮作用的合金元素,氮元素含量不作限制,固氮元素含量应在质量证明书中注明。
⑤ 当采用全铝时,全铝含量 Al≥0.020%。
⑥ 碳当量(CEV)应由熔炼分析成分并采用 CEV=C+Mn/6+(Cr+Mo+V)/5+(Ni+Cu)/15 公式计算。
⑦ 适用于壁厚不大于 25mm 的钢管。当钢管壁厚大于 25mm 时,由供需双方协商确定。

当需方要求做成品分析时,应在合同中注明。成品钢管的化学成分允许偏差应符合 GB/T 222—2006 的规定。

3) 尺寸、外形和重量

（1）管径和壁厚。

钢管的公称外径 D 和公称壁厚 S 应符合 GB/T 17395—2008 的规定。根据需方要求,经供需双方协商,可供应其他外径和壁厚的钢管。

（2）外径和壁厚的允许偏差。

钢管外径允许偏差应符合表 A-6-48 的规定。

表 A-6-48 钢管外径允许偏差

钢管种类	外径允许偏差
热轧（扩）钢管	±1%D 或 ±0.5,取其中较大者
冷拔（轧）钢管	±0.75%D 或 ±0.3,取其中较大者

热轧（扩）钢管的壁厚允许偏差应符合表 A-6-49 的规定。

表 A-6-49 热轧（扩）钢管壁厚允许偏差　　　　　　　　　单位:mm

钢管种类	钢管公称外径 D	S/D	壁厚允许偏差
热轧钢管	≤102	—	±12.5%S 或 ±0.4,取其中较大者
	>102	≤0.05	±15%S 或 ±0.4,取其中较大者
		>0.05~0.10	±12.5%S 或 ±0.4,取其中较大者
		>0.10	+12.5%S −10%S
热扩钢管	—		+17.5%S −12.5%S

冷拔（轧）钢管的壁厚允许偏差应符合表 A-6-50 的规定。

表 A-6-50 冷拔（轧）钢管壁厚允许偏差　　　　　　　　　单位:mm

钢管种类	钢管公称壁厚 S	允许偏差
冷拔（轧）	≤3	$^{+15\%S}_{-10\%S}$ 或 ±0.15,取其中较大者
	>3~10	+12.5%S −10%S
	>10	±10%S

钢管的通常长度为 3000~12000mm。根据需方要求,经供需双方协商,可供应通常长度以外的钢管。根据需方要求,经供需双方协商,并在合同中注明,钢管可按范围长度交货;根据需方要求,经供需双方协商,并在合同中注明,钢管可按定尺长度或倍尺长度交货。

钢管以定尺或倍尺长度交货时,其长度允许偏差应符合下列规定:

① 定尺长度不大于 6000mm 时,其允许偏差为 0~30mm;

② 定尺长度大于6000mm时,其允许偏差为0~50mm。

经供需双方协商,可供应其他定尺长度允许偏差的钢管。

钢管以倍尺长度交货时,每个倍尺长度应按下列规定留出切口余量：

① D<159mm 时,切口余量为5~10mm;

② B>159mm 时,切口余量为10~15mm。

经供需双方协商,可供应其他切口余量规定的钢管。

（3）重量。

钢管按实际重量交货,亦可按理论重量交货,钢管理论重量的计算按 GB/T 17395—2008 的规定,钢的密度取 7.85kg/dm³。理论重量的计算应采用平均壁厚,平均壁厚为按公称壁厚及其允许偏差计算的壁厚最大值与最小值的平均值。

4. 结构用无缝钢管（GB/T 8162—2018《结构用无缝钢管》)

1) 范围

本标准规定了结构用无缝钢管的订货内容、尺寸、外形、重量、技术要求、试验方法、检验规则、包装、标志和质量证明书。

本标准适用于机械结构和一般工程结构用无缝钢管。

2) 尺寸、外形和重量

（1）外径和壁厚。

钢管的公称外径（D）和公称壁厚（S）应符合 GB/T 17395—2008 的规定。根据需方要求,经供需双方协商,可供应其他外径和壁厚的钢管。

钢管的外径允许偏差应符合表 A-6-51 的规定。

表 A-6-51 钢管的外径允许偏差 单位:mm

钢管种类	允许偏差
热轧（扩）钢管	±1%D 或±0.5,取其中较大者
冷拔（轧）钢管	±0.75%D 或±0.3,取其中较大者

轧（扩）钢管的壁厚允许偏差应符合表 A-6-52 的规定。

表 A-6-52 热轧（扩）钢管壁厚允许偏差 单位:mm

钢管种类	钢管公称外径 D	S/D	允许偏差
热轧钢管	≤102	—	±12.5%S 或±0.4,取其中较大者
	>102	≤0.05	±15%S 或±0.4,取其中较大者
		>0.05~0.10	±12.5%S 或±0.4,取其中较大者
		>0.10	+12.5%S -10%S
热扩钢管	—	—	±15%S

冷拔(轧)钢管的壁厚允许偏差应符合表 A-6-53 的规定。

表 A-6-53　冷拔(轧)钢管壁厚允许偏差　　　　　　　　　　　　单位:mm

钢管种类	钢管公称壁厚 S	允许偏差
冷拔(轧)	≤3	$-10\%S \sim +15\%S$ 或 ± 0.15,取其中较大者
	>3~10	$+12.5\%S$　$-10\%S$
	>10	$\pm 10\%S$

(2) 长度。

钢管的通常长度为 3000~12000mm。根据需方要求,经供需双方协商,可供应通常长度以外的钢管。

(3) 重量。

钢管按实际重量交货,亦可按理论重量交货。钢管理论重量按 GB/T 17395 的规定进行计算,钢的密度取 7.85kg/dm³。

3) 钢的牌号和化学成分

(1) 优质碳素结构钢的牌号和化学成分(熔炼分析)应符合 GB/T 699 的规定。

(2) 低合金高强度结构钢的牌号和化学成分(熔炼分析)应符合表 A-6-54 的规定。除质量等级 A 外,各牌号的碳当量应符合表 A-6-55 的规定。

(3) 合金结构钢的牌号和化学成分(熔炼分析)应符合 GB/T 3077 的规定。

(4) 根据需方要求,经供需双方协商,可供应其他牌号或化学成分的钢管。

(5) 当需方要求做成品分析时,应在合同中注明。钢管的成品化学成分允许偏差应符合 GB/T 222 的规定。

表 A-6-54　低合金高强度结构钢的牌号和化学成分

牌号	质量等级	化学成分①②③,%(质量分数)												
		C	Si	Mn	P	S	Nb	V	Ti	Cr	Ni	Cn	N④	Mo	B	Als⑤
		不大于														不小于
Q345	A	0.20	0.50	1.70	0.035	0.035	—	—	—	0.30	0.50	0.20	0.012	0.10	—	—
	B				0.035	0.035										
	C				0.030	0.030										0.015
	D	0.18			0.030	0.025	0.07	0.15	0.20							
	E				0.025	0.020										
Q390	A	0.20	0.50	1.70	0.035	0.035	0.07	0.20	0.20	0.30	0.50	0.20	0.015	0.10	—	—
	B				0.035	0.035										
	C				0.030	0.030										0.015
	D				0.030	0.025										
	E				0.025	0.020										

续表

牌号	质量等级	化学成分①②③, %(质量分数)													
		C	Si	Mn	P	S	Nb	V	Ti	Cr	Ni	Cn	N④	Mo	B	Als⑤
		不大于														不小于
Q420	A	0.20	0.50	1.70	0.035	0.035	0.07	0.20	0.20	0.30	0.80	0.20	0.015	0.20	—	—
	B				0.035	0.035										
	C				0.030	0.030										0.015
	D				0.030	0.025										
	E				0.025	0.020										
Q460	C	0.20	0.60	1.80	0.030	0.030	0.11	0.20	0.20	0.30	0.80	0.20	0.015	0.20	0.005	0.015
	D				0.030	0.025										
	E				0.025	0.020										
Q500	C	0.18	0.60	1.80	0.025	0.020	0.11	0.20	0.20	0.60	0.80	0.20	0.015	0.20	0.005	0.015
	D				0.025	0.015										
	E				0.020	0.010										
Q550	C	0.18	0.60	2.00	0.025	0.020	0.11	0.20	0.20	0.80	0.80	0.20	0.015	0.30	0.005	0.015
	D				0.025	0.015										
	E				0.020	0.010										
Q620	C	0.18	0.60	2.00	0.025	0.020	0.11	0.20	0.20	1.00	0.80	0.20	0.015	0.30	0.005	0.015
	D				0.025	0.015										
	E				0.020	0.010										
Q690	C	0.18	0.60	2.00	0.025	0.020	0.11	0.20	0.20	1.00	0.80	0.20	0.015	0.30	0.005	0.015
	D				0.025	0.015										
	E				0.020	0.010										

① 除 Q345A、Q345B 牌号外,钢中应至少含有细化晶粒元素 Al、Nb、V、Ti 中的一种。根据需要,供方可添加其中一种或几种细化晶粒元素,最大值应符合表中规定。组合加入时,Nb+V+Ti≤0.22%。

② 对于 Q345、Q390、Q420、Q460 牌号,Mo+Cr≤0.30%。

③ 各牌号的 Cr、Ni 作为残余元素时,Cr、Ni 含量应各不大于 0.30%;当需要加入时,其含量应符合表中规定或由供需双方协商确定。

④ 如供方能保证氮元素含量符合表中规定,可不进行氮含量分析。如果钢中加入 Al、Nb、V、Ti 等具有固氮作用的合金元素,氮元素含量不作限制,固氮元素含量应在质量说明书中标注。

⑤ 当采用全铝时,全铝含量≥0.020%

表 A-6-55 各牌号钢的碳当量要求

牌号	碳当量 CEV,%(质量分数)					
	公称壁厚 $S \leq 16mm$		公称壁厚 $S > 16 \sim 30mm$		公称壁厚 $S > 30mm$	
	热轧或正火	淬火+回火	热轧或正火	淬火+回火	热轧或正火	淬火+回火
Q345	≤0.45	—	≤0.47	—	≤0.48	—

续表

牌号	碳当量 CEV,%(质量分数)					
	公称壁厚 S≤16mm		公称壁厚 S>16~30mm		公称壁厚 S>30mm	
	热轧或正火	淬火+回火	热轧或正火	淬火+回火	热轧或正火	淬火+回火
Q390	≤0.46	—	≤0.48	—	≤0.49	—
Q420	≤0.48	—	≤0.50	≤0.48	≤0.52	≤0.48
Q460	≤0.53	≤0.48	≤0.55	≤0.50	≤0.55	≤0.50
Q500	—	≤0.48	—	≤0.50	—	≤0.50
Q550	—	≤0.48	—	≤0.50	—	≤0.50
Q620	—	≤0.50	—	≤0.52	—	≤0.52
Q690	—	≤0.50	—	≤0.52	—	≤0.52

5. 流体输送用不锈钢无缝钢管(GB/T 14976—2012《流体输送用不锈钢无缝钢管》)

1) 范围

本标准规定了流体输送用不锈钢无缝钢管的分类和代号、订货内容、尺寸、外形、重量、技术要求、试验方法、检验规则、包装、标志和质量证明书。本标准适用于流体输送用不锈钢无缝钢管(以下简称"钢管")

2) 外径和壁厚

钢管应按公称外径和公称壁厚交货。根据需方要求,经供需双方协商,钢管可按公称外径和最小壁厚或其他尺寸规格方式交货。

钢管的外径和壁厚应符合 GB/T 17395—2008 的相关规定。根据需方要求,经供需双方协商,可供应 GB/T 17395—2008 规定以外的其他尺寸钢管。

钢管按公称外径和公称壁厚交货时,其公称外径和公称壁厚的允许偏差应符合表 A-6-56 的规定。钢管按公称外径和最小壁厚交货时,其公称外径的允许偏差应符合表 A-6-56 的规定,壁厚的允许偏差应符合表 A-6-57 的规定。

表 A-6-56 外径和壁厚的允许偏差 单位:mm

热轧(挤、扩)钢管				冷拔(轧)钢管			
尺寸		允许偏差		尺寸		允许偏差	
		普通级 PA	高级 PC			普通级 PA	高级 PC
公称外径 D	68~159	±1.25%D	±1%D	公称外径 D	6~10	±0.20	±0.15
					>10~30	±0.30	±0.20
					>30~50	±0.40	±0.30
					>50~219	±0.85%D	±0.75%D
	>159	±1.5%D			>219	±0.9%D	±0.8%D

续表

热轧(挤、扩)钢管				冷拔(轧)钢管			
尺寸		允许偏差		尺寸		允许偏差	
		普通级 PA	高级 PC			普通级 PA	高级 PC
公称壁厚 S	<15	$-15\%S$ $-12.5\%S$	$\pm 12.5\%S$	公称壁厚 S	≤3	$\pm 12\%S$	$\pm 10\%S$
	≥15	$-20\%S$ $-15\%S$			>3	$-12.5\%S$ $-10\%S$	$\pm 10\%S$

表 A-6-57　钢管最小壁厚的允许偏差　　　　　　　　单位:mm

制造方式	尺寸	允许偏差	
		普通级 PA	高级 PC
热轧(挤、扩)钢管 W-H	$S_{min}<15$	$+25\%S_{min}$ 0	$+22.5\%S_{min}$ 0
	$S_{min}\geq 15$	$+32.5\%S_{min}$ 0	
冷拔(轧)钢管 W-C	所有壁厚	$+22\%S$ 0	$+20\%S$ 0

当需方未在合同中注明钢管尺寸允许偏差级别时,钢管外径和壁厚的允许偏差应符合普通级尺寸精度的规定。当需方要求高级尺寸精度时,应在合同中注明。

根据需方要求,经供需双方协商,并在合同中注明,可供应表 A-6-55 和表 A-6-57 规定以外尺寸允许偏差的钢管。

3）长度

钢管的通常长度应符合以下规定:热轧(挤、扩)钢管,2000~12000mm;冷拔(轧)钢管,1000~12000mm。

4）重量

钢管应按实际重量交货。

5）钢的牌号和化学成分

钢的牌号和化学成分(熔炼分析)应符合表 A-6-58 的规定。钢管按熔炼成分验收。根据需方要求,经供需双方协商,并在合同中注明,可供应表 A-6-58 规定以外但符合 GB/T 20878 规定的牌号或化学成分的钢管。如需方要求进行成品分析时,应在合同中注明。成品钢管的化学成分允许偏差应符合 GB/T 222 的规定。

表 A-6-58 牌号和化学成分

组织类型	序号	GB/T 20278 序号	统一数字代号	牌号	化学成分①,%（质量分数）									
					C	Si	Mn	P	S	Ni	Cr	Mo	Cu	N	其他
奥氏体型	1	13	S30210	12Cr18Ni9	0.15	1.00	2.00	0.035	0.030	8.00~10.00	17.00~19.00			0.10	
	2	17	S30408	06Cr19Ni10	0.08	1.00	2.00	0.035	0.030	8.00~11.00	18.00~20.00				
	3	18	S30403	022Cr19Ni10	0.030	1.00	2.00	0.035	0.030	8.00~12.00	18.00~20.00				
	4	23	S30458	06Cr19Ni10N	0.08	1.00	2.00	0.035	0.030	8.00~11.00	18.00~20.00			0.10~0.16	
	5	24	S30478	06Cr19Ni9NbN	0.08	1.00	2.00	0.035	0.030	7.50~10.50	18.00~20.00			0.15~0.30	Nb:0.15
	6	25	S30453	022Cr19Ni10N	0.030	1.00	2.00	0.035	0.030	8.00~11.00	18.00~20.00			0.10~0.16	
	7	32	S30908	06Cr23Ni13	0.08	1.00	2.00	0.035	0.030	12.00~15.00	22.00~24.00				
	8	35	S31008	06Cr25Ni20	0.08	1.00	2.00	0.035	0.030	19.00~22.00	24.00~26.00				
	9	38	S31608	06Cr17Ni12Mo2	0.08	1.00	2.00	0.035	0.030	10.00~14.00	16.00~18.00	2.00~3.00			
	10	39	S31603	022Cr17Ni12Mo2	0.030	1.00	2.00	0.035	0.030	10.00~14.00	16.00~18.00	2.00~3.00			
	11	40	S31609	07Cr17Ni12Mo2	0.04~0.10	1.00	2.00	0.035	0.030	10.00~14.00	16.00~18.00	2.00~3.00			

续表

组织类型	序号	GB/T 20278 序号	统一数字代号	牌号	化学成分①，%（质量分数）										
					C	Si	Mn	P	S	Ni	Cr	Mo	Cu	N	其他
奥氏体型	12	41	S31668	06Cr17Ni12Mo2Ti	0.08	1.00	2.00	0.035	0.030	10.00~14.00	16.00~18.00	2.00~3.00			Ti:5C~0.70
	13	43	S31658	06Cr17Ni12Mo2N	0.08	1.00	2.00	0.035	0.030	10.00~13.00	16.00~18.00	2.00~3.00		0.10~0.16	
	14	44	S31653	022Cr17Ni12Mo2N	0.030	1.00	2.00	0.035	0.030	10.00~13.00	16.00~18.00	2.00~3.00		0.10~0.16	
	15	45	S31688	06Cr18Ni12Mo2Cu2	0.08	1.00	2.00	0.035	0.030	10.00~14.00	17.00~19.00	1.20~2.75	1.00~2.50		
	16	46	S31683	022Cr18Ni14Mo2Cu2	0.030	1.00	2.00	0.035	0.030	12.00~16.00	17.00~19.00	1.20~2.75	1.00~2.50		
	17	49	S31708	06Cr19Ni13Mo3	0.08	1.00	2.00	0.035	0.030	11.00~15.00	18.00~20.00	3.00~4.00			
	18	50	S31703	022Cr19Ni13Mo3	0.030	1.00	2.00	0.035	0.030	11.00~15.00	18.00~20.00	3.00~4.00			
	19	55	S32168	06Cr18Ni11Ti	0.08	1.00	2.00	0.035	0.030	9.00~12.00	17.00~19.00				Ti:5C~0.70
	20	56	S32169	07Cr19Ni11Ti	0.04~0.10	0.75	2.00	0.030	0.030	9.00~13.00	17.00~20.00				Ti:4C~0.60
	21	62	S34778	06Cr18Ni11Nb	0.08	1.00	2.00	0.035	0.030	9.00~12.00	17.00~19.00	2.00~3.00			Nb:8C~1.10
	22	63	S34779	07Cr18Ni11Nb	0.04~0.10	1.00	2.00	0.035	0.030	9.00~12.00	17.00~19.00	2.00~3.00			Nb:8C~1.10

续表

组织类型	GB/T 20278 序号	统一数字代号	牌号	化学成分①，%（质量分数）									
				C	Si	Mn	P	S	Ni	Cr	Mo	Cu	N	其他
铁素体型	23	S11348	06Cr13Al	0.08	1.00	1.00	0.035	0.030	(0.60)	11.50~14.50				Al:0.10~0.30
铁素体型	24	S11510	10Cr15	0.12	1.00	1.00	0.035	0.030	(0.60)	14.00~16.00				
	25	S11710	10Cr17	0.12	1.00	1.00	0.035	0.030	(0.60)	16.00~18.00				
	26	S11863	022Cr18Ti	0.030	0.75	1.00	0.035	0.030	(0.60)	16.00~19.00				Ti 或 Nb:0.10~1.00
奥氏体型	27	S11972	019Cr19Mo2NbTi	0.025	1.00	1.00	0.035	0.030	1.00	17.50~19.50	1.75~2.50		0.035	(Ti+Nb):[0.20+4(C+N)]~0.80
马氏体型	28	S41008	06Cr13	0.08	1.00	1.00	0.035	0.030	(0.60)	11.50~13.50				
马氏体型	29	S41010	12Cr13	0.15	1.00	1.00	0.035	0.030	(0.60)	11.50~13.50				

① 表中所列成分除标明范围和最小值外，其余均为最大值。括号内值为允许添加的最大值。

6. 低中压锅炉用无缝钢管(GB/T 3087—2008《低中压锅炉用无缝钢管》)

1) 范围

本标准规定了低中压锅炉用无缝钢管的订货内容、尺寸、外形、重量、技术要求、试验方法、检验规则、包装、标志和质量证明书。

2) 尺寸、外形和重量

(1) 外径和壁厚。

钢管的外径(D)和壁厚(S)应符合 GB/T 17395—2008 的规定。

根据需方要求,经供需双方协商,可供应其他外径和壁厚的钢管。

钢管外径的允许偏差应符合表 A-6-59 的规定。

表 A-6-59 钢管的外径允许偏差   单位:mm

钢管种类	允许偏差
热轧(挤压、扩)钢管	±1.0%D 或±0.50,取其中较大者
冷拔(轧)钢管	±1.0%D 或±0.30,取其中较大者

热轧(挤压、扩)钢管的壁厚允许偏差应符合表 A-6-60 的规定。

冷拔(轧)钢管的壁厚允许偏差应符合表 A-6-61 的规定。

根据需方要求,经供需双方协商,并在合同中注明,可生产表 A-6-59、表 A-6-60、表 A-6-61 规定以外尺寸允许偏差的钢管。

表 A-6-60 热轧(挤压、扩)钢管壁厚允许偏差   单位:mm

钢管种类	钢管外径	S/D	允许偏差
热轧(挤压)钢管	≤102	—	±12.5%S 或±0.40,取其中较大者
	>102	≤0.05	±15%S 或±0.40,取其中较大者
		>0.05~0.10	±12.5%S 或±0.40,取其中较大者
		>0.10	+12.5%S −10%S
热扩钢管			±15%S

表 A-6-61 冷拔(轧)钢管壁厚允许偏差   单位:mm

钢管种类	壁厚	允许偏差
冷拔(轧)钢管	≤3	$^{+15}_{-10}$%S 或±0.5,取其中较大者
	>3	+12.5%S −10%S

(2) 长度。

钢管的通常长度为 4000~12500mm。经供需双方协商,并在合同中注明,可交付长度大于 12500mm 的钢管。

3) 钢的牌号和化学成分

钢管由 10、20 牌号的钢制造,钢管的化学成分(熔炼分析)应符合 GB/T 699 的规定;当需方要求做成品分析时,应在合同中注明;成品钢管的化学成分允许偏差应符合 GB/T 222 的规定。

7. 高压锅炉用无缝钢管(GB/T 5310—2017《高压锅炉用无缝钢管》)

1) 范围

本标准规定了高压锅炉用无缝钢管的分类、代号、尺寸、外形、重量、技术要求、试样、试验方法、检验规则、包装、标志和质量证明书。

本标准适用于制造高压及其以上压力的蒸汽锅炉、管道用无缝钢管。

2) 尺寸、外形、重量及允许偏差

(1) 外径和壁厚。

除非合同中另有规定,钢管按公称外径和公称壁厚交货。根据需方要求,经供需双方协商,钢管可按公称外径和最小壁厚、公称内径和公称壁厚或其他尺寸规格方式交货。

钢管的公称外径和壁厚应符合 GB/T 17395—2008 的规定。根据需方要求,经供需双方协商,可供应 GB/T 17395—2008 规定以外尺寸的钢管。当钢管按公称内径和公称壁厚交货时,其尺寸规格由供需双方协商确定。

钢管按公称外径和公称壁厚交货时,公称外径和公称壁厚的允许偏差应符合表 A-6-62 的规定。

钢管按公称外径和最小壁厚交货时,公称外径的允许偏差应符合表 A-6-62 的规定,壁厚的允许偏差应符合表 A-6-63 的规定。

钢管按公称内径和公称壁厚交货时,其公称内径的允许偏差为 $\pm 1\% L$ 公称壁厚的允许偏差应符合表 A-6-62 的规定。

当需方未在合同中注明钢管尺寸允许偏差级别时,钢管外径和壁厚的允许偏差应符合普通级的规定。根据需方要求,经供需双方协商,并在合同中注明,可供应表 A-6-62 和表 A-6-63 规定以外尺寸允许偏差的钢管,或其他内径允许偏差的钢管。

(2) 长度。

钢管的通常长度为 4000~12000mm。

经供需双方协商,并在合同中注明,可交付长度大于 12000mm 或短于 4000mm 但不短于 3000mm 的钢管;长度短于 4000mm 但不短于 3000mm 的钢管,其数量应不超过该批钢管交货总数量的 5%。

(3) 重量。

钢管按公称外径和公称壁厚或公称内径和公称壁厚交货时,钢管按实际重量交货,亦可按理论重量交货。

钢管按公称外径和最小壁厚交货时,钢管按实际重量交货,供需双方协商,并在合同中注明,钢管亦可按理论重量交货。

3) 钢的牌号和化学成分

钢的牌号和化学成分(熔炼成分)应符合表 A-6-64 的规定。钢中残余元素的含量应符合表 A-6-65 的规定。化学成分允许偏差应符合表 A-6-66 的规定。

表 A-6-62　钢管公称外径和公称壁厚允许偏差　　　　　　　　　　　单位：mm

分类代号	制造方式	钢管尺寸		允许偏差	
				普通级	高级
W-H	热轧（挤压）钢管	公称外径（D）	<57	±0.40	±0.30
			57~325　$S\leq35$	±0.75%D	±0.5%D
			$S>35$	±1%D	±0.75%D
			>325~600	允许上偏差：+1%D 或+5，取较小者 允许下偏差：−2	—
			>600	允许上偏差：+1%D 或+7，取较小者 允许下偏差：−2	—
		公称壁厚（S）	≤4.0	±0.45	±0.35
			>4.0~20	+12.5%S −10%S	±10%S
			>20　$D<219$	±10%S	±7.5%S
			$D\geq219$	+12.5%S −10%S	±10%S
	热扩钢管	公称外径（D）	全部	±1%D	±0.75%D
		公称壁厚（S）	全部	+20%S −10%S	+15%S −10%S
W-C	冷拔（轧）钢管	公称外径（D）	≤25.4	±0.15	—
			>25.4~40	±0.20	—
			>40~50	±0.25	—
			>50~60	±0.30	—
			>60	±0.5%D	—
		公称壁厚（S）	≤3.0	±0.3	±0.2
			>3.0	±10%S	±7.5%S

表 A-6-63　钢管最小壁厚的允许偏差　　　　　　　　　　　单位：mm

分类代号	制造方式	壁厚范围	允许偏差	
			普通级	高级
W-H	热轧（挤压）钢管	$S_{min}\leq4.0$	+0.9 0	+0.7 0
		$S_{min}>4.0$	+25%S_{min} 0	+22%S_{min} 0
W-C	冷拔（轧）钢管	$S_{min}\leq3.0$	+0.6 0	+0.4 0
		$S_{min}>3.0$	+20%S_{min} 0	+15%S_{min} 0

表 A-6-64　钢的牌号和化学成分

钢类	序号	牌号	化学成分[①]，%（质量分数）													
			C	Si	Mn	Cr	Mo	V	Ti	B	Ni	Al_tot	Cu	N	W	P	S
优质碳素结构钢	1	20G	0.17~0.23	0.17~0.37	0.35~0.65											不大于	
	2	20MnG	0.17~0.23	0.17~0.37	0.70~1.00											0.025	0.015
	3	25MnG	0.22~0.27	0.17~0.37	0.70~1.00											0.020	0.015
合金结构钢	4	15MoG	0.12~0.20	0.17~0.37	0.40~0.80		0.25~0.35									0.025	0.015
	5	20MoG	0.15~0.25	0.17~0.37	0.40~0.80		0.44~0.65									0.025	0.015
	6	12CrMoG	0.08~0.15	0.17~0.37	0.40~0.70	0.40~0.70	0.40~0.55									0.025	0.015
	7	15CrMoG	0.12~0.18	0.17~0.37	0.40~0.70	0.80~1.10	0.40~0.55									0.025	0.015
	8	12Cr2MoG	0.08~0.15	≤0.50	0.40~0.60	2.00~2.50	0.90~1.13									0.025	0.015
	9	12Cr1MoVG	0.08~0.15	0.17~0.37	0.45~0.65	0.90~1.20	0.25~0.35	0.15~0.35								0.025	0.010

续表

钢类	序号	牌号	化学成分① ,%(质量分数)														
			C	Si	Mn	Cr	Mo	V	Ti	B	Ni	Al_tot	Cu	Nb	N	W	P	S
																	不大于	
合金结构钢	10	12Cr2MoWVTiB	0.08~0.15	0.45~0.75	0.10~0.60	1.60~2.10	0.50~0.65	0.28~0.42	0.08~0.18	0.0020~0.0080						0.30~0.55	0.025	0.015
	11	07Cr2MoW2VNbB	0.04~0.10	≤0.50	0.10~0.60	1.90~2.60	0.05~0.30	0.20~0.30		0.0005~0.0060		≤0.030		0.02~0.08	≤0.030	1.45~1.75	0.025	0.010
	12	12Cr3MoVSiTiB	0.09~0.15	0.60~0.90	0.50~0.80	2.50~3.00	1.00~1.20	0.25~0.35	0.22~0.38	0.0050~0.0110							0.025	0.015
	13	15Ni1MnMoNbCu	0.10~0.17	0.25~0.50	0.80~1.20		0.25~0.50				1.00~1.30	≤0.050	0.50~0.80	0.015~0.045	≤0.020		0.025	0.015
	14	10Cr9Mo1VMbN	0.08~0.12	0.20~0.50	0.30~0.60	8.00~9.50	0.85~1.25	0.18~0.25			≤0.40	≤0.020		0.06~0.10	0.030~0.070		0.020	0.010
	15	10Cr9MoW2VNbBN	0.07~0.13	≤0.50	0.30~0.60	8.50~9.50	0.30~0.60	0.15~0.25		0.0010~0.0060	≤0.40	≤0.020		0.04~0.09	0.030~0.070	1.50~2.00	0.020	0.010
	16	10Cr11MoW2VNbCu1BN	0.07~0.14	≤0.50	≤0.70	10.00~11.50	0.25~0.60	0.15~0.30		0.0005~0.0050	≤0.50	≤0.020	0.30~1.70	0.04~0.10	0.040~0.100	1.50~2.50	0.020	0.010
	17	11Cr9Mo1W1VNbBN	0.09~0.13	0.10~0.50	0.30~0.60	8.50~9.50	0.90~1.10	0.18~0.25		0.0003~0.0060	≤0.40	≤0.020		0.06~0.10	0.040~0.090	0.90~1.10	0.020	0.010
不锈耐热钢	18	07Cr19Ni10	0.04~0.10	≤0.75	≤2.00	18.00~20.00					8.00~11.00						0.030	0.015
	19	10Cr18Ni9NbCu3BN	0.07~0.13	≤0.30	≤1.00	17.00~19.00				0.0010~0.0100	7.50~10.50	0.003~0.030	2.50~3.50	0.30~0.60	0.050~0.120		0.030	0.010

续表

钢类	序号	牌号	化学成分①，%（质量分数）													
			C	Si	Mn	Cr	Mo	V	Ti	B	Ni	Al$_{tot}$	Cu	N	W	P	S
																不大于	
不锈耐热钢	20	07Cr25Ni21	0.04~0.10	≤0.75	≤2.00	24.00~26.00	—	—	—	—	19.00~22.00	—	—	—	—	0.030	0.015
	21	07Cr25Ni21NbN	0.04~0.10	≤0.75	≤2.00	24.00~26.00	—	—	—	—	19.00~22.00	—	—	0.20~0.60	—	0.030	0.015
														0.150~0.350			
	22	07Cr19Ni11Ti	0.04~0.10	≤0.75	≤2.00	17.00~20.00	—	—	4C~0.60	—	9.00~13.00	—	—	—	—	0.030	0.015
	23	07Cr18Ni11Nb	0.04~0.10	≤0.75	≤2.00	17.00~19.00	—	—	—	—	9.00~13.00	—	—	8C~1.10	—	0.030	0.015
	24	08Cr18Ni11NbFG	0.06~0.10	≤0.75	≤2.00	17.00~19.00	—	—	—	—	10.00~12.00	—	—	8C~1.10	—	0.030	0.015

注：(1) Al$_{tot}$指全铝含量。
(2) 牌号 08Cr18Ni11NbFG 中的"FG"表示细晶粒。
① 除非冶炼需要，未经需方同意，不应在钢中有意添加本表中未提及的元素。制造厂应采取所有恰当的措施，以防止废钢和生产过程中所使用的其他材料把会削弱钢材力学性能及适用性能的元素带入钢中。

表 A-6-65 钢中残余元素含量

钢 类	残余元素,%(质量分数)						
	Cu	Cr	Ni	Mo	V[①]	Ti	Zr
	不大于						
优质碳素结构钢	0.20	0.25	0.25	0.15	0.08	—	—
合金结构钢	0.20	0.30	0.30	—	0.08	0.01[②]	0.01[②]
不锈(耐热)钢	0.25	—	—	—	—	—	—

① 15Ni1MnMoNbCu 的残余 V 含量应不超过 0.02%。
② 只适用于 10Cr9Mo1VNbN、10Cr9MoW2VNbBN、10Cr11MoW2VNbCu1BN 和 11Cr9Mo1W1VNbBN。

表 A-6-66 化学成分允许偏差

元素	规定的熔炼化学成分(上限值)	允许偏差,%	
		上偏差	下偏差
C	≤0.27	0.01	0.01
Si	≤0.37	0.02	0.02
	>0.37~1.00	0.04	0.04
Mn	≤1.00	0.03	0.03
	>1.00~2.00	0.04	0.04
P	≤0.030	0.005	—
S	≤0.015	0.005	—
Cr	≤1.00	0.05	0.05
	>1.00~10.00	0.10	0.10
	>10.00~15.00	0.15	0.15
	>15.00~26.00	0.20	0.20
Mo	≤0.35	0.03	0.03
	>0.35~1.20	0.04	0.04
V	≤0.10	0.01	—
	>0.10~0.42	0.03	0.03
Ti	≤0.01	0	—
	>0.01~0.38	0.01	0.01
	>0.38~0.60	0.05	0.05

续表

元素	规定的熔炼化学成分(上限值)	允许偏差,%	
		上偏差	下偏差
Ni	≤1.00	0.03	0.03
	>1.00~1.30	0.05	0.05
	>1.30~10.00	0.10	0.10
	>10.00~22.00	0.15	0.15
Nb	≤0.10	0.005	0.005
	>0.10~1.10	0.05	0.05
W	≤1.00	0.04	0.04
	>1.00~2.50	0.08	0.08
Cu	≤1.00	0.03	0.03
	>1.00~3.50	0.10	0.10
Al	≤0.050	0.005	0.005
B	≤0.0050	0.0005	0.0001
	>0.0050~0.0110	0.0010	0.0003
N	≤0.100	0.005	0.005
	>0.100~0.350	0.010	0.010
Zr	≤0.01	0	—

4) 力学性能

交货状态钢管的室温力学性能应符合表 A-6-67 的规定。

D>76mm 且 S>14mm 的钢管应做冲击试验。表 A-6-67 中的冲击吸收能量为全尺寸试样夏比 V 形缺口冲击吸收能量要求值。当采用小尺寸冲击试样时,小尺寸试样的最小夏比 V 形缺口冲击吸收能量要求值应为全尺寸试样冲击吸收能量要求值乘以规范规定的相关递减系数值。

钢管硬度试验应符合以下规定:

S>5.0mm 的钢管,做布氏硬度试验或洛氏硬度试验;

S<5.0mm 的钢管,做洛氏硬度试验。

根据需方要求,经供需双方协商,并在合同中注明,钢管可做维氏硬度试验代替布氏硬度试验或洛氏硬度试验。当合同规定了钢管维氏硬度试验时,其值应符合表 A-6-67 的规定。

根据需方要求,经供需双方协商,并在合同中注明,可在钢管外表面做硬度试验,其值应符合表 A-6-67 的规定。

根据需方要求,经供需双方协商,并在合同中注明试验温度,供方可做钢管的高温力学性能试验。

附录A 常用基础资料

表 A-6-67 钢管的力学性能

序号	牌号	抗拉强度 R_m, MPa	下屈服强度或规定塑性延伸强度尺 R_{eL} 或 $R_{p0.2}$, MPa	断后伸长率 A,% 纵向	断后伸长率 A,% 横向	冲击吸收能量 J 纵向	冲击吸收能量 J 横向	硬度 HBW	硬度 HV	硬度 HRC 或 HRB
				不小于						
1	20G	410~550	245	24	22	40	27	120~160	120~160	—
2	20MnG	415~560	240	22	20	40	27	125~170	125~170	—
3	25MnG	485~640	275	20	18	40	27	130~180	130~180	—
4	15MoG	450~600	270	22	20	40	27	125~180	125~180	—
5	20MoG	415~665	220	22	20	40	27	125~180	125~180	—
6	12CrMoG	410~560	205	21	19	40	27	125~170	125~170	—
7	15CrMoG	440~640	295	21	19	40	27	125~170	125~170	—
8	12Cr2MoG	450~600	280	22	20	40	27	125~180	125~180	—
9	12Cr1MoVG	470~640	255	21	19	40	27	135~195	135~195	—
10	12Cr2MoWVTiB	540~735	345	18	—	40	—	160~220	160~230	85HRB~97HRB
11	07Cr2MoW2VNbB	≥510	400	22	18	40	27	150~220	150~230	80HRB~97HRB
12	12Cr3MoVSiTiB	610~805	440	16	—	40	—	180~250	180~265	≤25HRC
13	15Ni1MnMoNbCu	620~780	440	19	17	40	27	185~255	185~270	≤25HRC
14	10Cr9Mo1VNbN	≥585	415	20	16	40	27	185~250	185~265	≤25HRC
15	10Cr9MoW2VNbBN	≥620	440	20	16	40	27	185~250	185~265	≤25HRC
16	10Cr11MoW2VNbCu1BN	≥620	400	20	16	40	27	185~250	185~265	≤25HRC
17	HG9Mo1W1VNbBN	≥620	440	20	16	40	27	185~250	185~265	≤25HRC
18	07Cr19Ni10	≥515	205	35	—	—	—	140~192	150~200	75HRB~90HRB
19	10Cr18Ni9NbCu3BN	≥590	235	35	—	—	—	150~219	160~230	80HRB~95HRB
20	07Cr25Ni21	≥515	205	35	—	—	—	140~192	150~200	75HRB~90HRB
21	07Cr25Ni21NbN	≥655	295	30	—	—	—	175~256	—	85HRB~100HRB
22	07Cr19Ni11Ti	≥515	205	35	—	—	—	140~192	150~200	75HRB~90HRB
23	07Cr18Ni11Nb	≥520	205	35	—	—	—	140~192	150~200	75HRB~90HRB
24	08Cr18Ni11NbFG	≥550	205	35	—	—	—	140~192	150~200	75HRB~90HRB

· 583 ·

8. 高压化肥设备用无缝钢管(GB 6479—2013)

1) 总则

本标准规定了高压化肥设备用无缝钢管的分尺寸、外形、重量、技术要求、试验方法、检验规则、包装、标志和质量证明书等。本标准适用于高压化肥设备和管道用无缝钢管,也适用于其他化工设备用无缝钢管。

2) 尺寸、外形及重量

(1) 外径和壁厚。

钢管的公称外径(D)和公称壁厚(S)应符合 GB/T 17395—2008 的规定。根据需方要求,经供需双方协商,可供应其他外径和壁厚的钢管。

(2) 外径和壁厚的允许偏差。

热轧(挤压、扩)钢管的外径和壁厚允许偏差应符合表 A-6-68 的规定。

表 A-6-68 热轧(挤压、扩)钢管外径和壁厚允许偏差　　　　　单位:mm

钢管种类	钢管公称外径	S/D	壁厚允许偏差	外径允许偏差
热轧(挤压)钢管	≤159	—	$-10\%S \sim +12.5\%S$ 或 $-0.4 \sim +0.5$,取其中较大者	$\pm1\%D$ 或 ±0.50,取其中较大者
	>159	≤0.05	$+15\%S$ / $-10\%S$	
		>0.05~0.10	$+12.5\%S$ / $-10\%S$	
		>0.10	$\pm10\%S$	
热扩钢管			$\pm15\%S$	

冷拔(轧)钢管的外径和壁厚允许偏差应符合表 A-6-69 的规定。

表 A-6-69 冷拔(轧)钢管外径和壁厚允许偏差　　　　　单位:mm

钢管种类	钢管尺寸		允许偏差	
			普通级	高级
冷拔(轧)钢管	公称外径	≤30	±0.20	±0.15
		>30~50	±0.30	±0.25
		>50	$\pm0.5\%D$	$\pm0.5\%D$
	公称壁厚	≤2.0	$^{+12.5}_{-10}\%S$	$\pm10\%S$
		>2.0	$\pm10\%S$	$\pm7.5\%S$

根据需方要求,经供需双方协商,并在合同中注明,可生产表 A-6-68、表 A-6-69 规定以外尺寸允许偏差的钢管。

(3) 长度。

钢管的通常长度为 4000~12000mm。经供需双方协商,并在合同中注明,可交付长度大于

12000mm 的钢管;也可交付长度短于 4000mm,但不短于 3000mm 的钢管,其数量应不超过该批钢管交货总数量的 5%。

3) 牌号和化学成分

钢的牌号和化学成分(熔炼分析)应符合表 A-6-70 的规定。钢管按熔炼成分验收。

表 A-6-70 钢的牌号和化学成分

牌号	化学成分,%(质量分数)									P、S	
	C	Si	Mn	Cr	Mo	V	W	Nb	Ni	不大于	
10	0.07~0.13	0.17~0.37	0.35~0.65	—	—	—	—	—	—	0.025	0.015
20	0.17~0.23	0.17~0.37	0.35~0.65							0.025	0.015
Q345B[①]	0.12~0.20	0.20~0.50	1.20~1.70	≤0.30	≤0.10	≤0.15	—	≤0.07	≤0.50	0.025	0.015
Q345C[①,②]	0.12~0.20	0.20~0.50	1.20~1.70	≤0.30	≤0.10	≤0.15	—	≤0.07	≤0.50	0.025	0.015
Q345D[①,②]	0.12~0.18	0.20~0.50	1.20~1.70	≤0.30	≤0.10	≤0.15	—	≤0.07	≤0.50	0.025	0.015
Q345E[①,②]	0.12~0.18	0.20~0.50	1.20~1.70	≤0.30	≤0.10	≤0.15	—	≤0.07	≤0.50	0.025	0.010
12CrMo	0.08~0.15	0.17~0.37	0.40~0.70	0.40~0.70	0.40~0.55	—	—	—	—	0.025	0.015
15CrMo	0.12~0.18	0.17~0.37	0.40~0.70	0.80~1.10	0.40~0.55	—	—	—	—	0.025	0.015
12Cr2Mo	0.08~0.15	≤0.50	0.40~0.60	2.00~2.50	0.90~1.13	—	—	—	—	0.025	0.015
12Cr5Mo	≤0.15	≤0.50	≤0.60	4.00~6.00	0.40~0.60	—	—	—	≤0.60	0.025	0.015
10MoWVNb	0.07~0.13	0.50~0.80	0.50~0.80	—	0.60~0.90	0.30~0.50	0.50~0.90	0.06~0.12	—	0.025	0.015
12SiMoVNb	0.08~0.14	0.50~0.80	0.60~0.90	—	0.90~1.10	0.30~0.50	—	0.04~0.08	—	0.025	0.015

① 当需要加入细化晶粒元素时,钢中应至少含有 Al、Nb、V、Ti 中的一种。加入的细化晶粒元素应在质量证明书中注明含量。Ti 含量应不大于 0.20%。

② 钢中 Al_t 含量应不小于 0.020%,或钢中 Al_s 含量应不小于 0.015%。

钢中残余元素含量应符合表 A-6-71 的规定。

表 A-6-71 钢中残余元素含量

牌号	残余元素,%(质量分数)				
	Ni	Cr	Cu	Mo	V
	不大于				
10	0.25	0.15	0.20	—	—
20	0.25	0.25	0.20	0.15	0.08
其他	0.30	0.30	0.20	—	—

4) 力学性能

交货状态钢管的室温拉伸力学性能应符合表 A-6-72 的规定。$D \geq 76mm$ 且 $S \geq 6.5mm$ 的钢管应做冲击试验,其试验温度和冲击吸收能量要求值应符合表 A-6-72 的规定。

表 A-6-72 钢管的力学性能

序号	牌号	力学性能									
		抗拉强度 R_m,MPa	下屈服强度 R_{EL} 或规定塑性延伸强度 $R_{p0.2}$,MPa			断后伸长率 A,%		断面收缩率 Z,%	冲击吸收能量,J		
			钢管壁厚,mm						试验温度,℃	纵向	横向
			≤16	>16~40	>40	纵向	横向				
			不小于							不小于	
1	10	335~490	205	195	185	24	22	—	—	—	—
2	20	410~550	245	235	225	24	22	—	0	40	27
3	Q345B	490~670	345	335	325	21	19	—	20	40	27
4	Q345C	490~670	345	335	325	21	19	—	0	40	27
5	Q345D	490~670	345	335	325	21	19	—	−20	40	27
6	Q345E	490~670	345	335	325	21	19	—	−40	40	27
7	12CrMo	410~560	205	195	185	21	19	—	20	40	27
8	15CrMo	440~640	295	285	275	21	19	—	20	40	27
9	12Cr2Mo[①]	450~600	280			20	18	—	20	40	27
10	12Cr5Mo	390~590	195	185	175	22	20	—	20	40	27
11	10MoWVNb	470~670	295	285	275	19	17	—	20	40	27
12	12SiMoVNb	≥470	315	305	295	19	17	50	20	40	27

注:① 12Cr2Mo 钢管,当 $D \leq 30mm$ 且 $S \leq 3mm$ 时,其下屈服强度或规定塑性延伸强度允许降低 10MPa。

表 A-6-72 中的冲击吸收能量为全尺寸试样夏比 V 形缺口冲击吸收能量要求值。当采用小尺寸冲击试样时,小尺寸试样的最小夏比 V 形缺口冲击吸收能量要求值应为全尺寸试样冲击吸收能量要求值乘以表 A-6-73 中的递减系数。

表 A-6-73 小尺寸试样冲击吸收能量递减系数

试样规格	试样尺寸(高度×宽度),mm×mm	递减系数
标准试样	10×10	1.00
小试样	10×7.5	0.75
小试样	10×5	0.50

根据需方要求,经供需双方协商,并在合同中注明,牌号为 10、20 的钢管夏比 V 形缺口冲击试验的试验温度及冲击吸收能量应符合表 A-6-74 的规定。

表 A-6-74 低温冲击性能

牌号	试验温度,℃	试样方向	冲击吸收能量,J	
			试样尺寸(高度×宽度),mm×mm	
			10×10	10×5
10	−20	纵向	≥18	≥12
10	−30	纵向	协商	协商
20	−20	纵向	≥18	≥12

9. 石油裂化用无缝钢管(GB 9948—2013)

1) 范围

本标准规定了石油裂化用无缝钢管的分类、代号、尺寸、外形、重量、技术要求、试验方法、检验规则、包装、标志和质量证明书。本标准适用于石油化工用炉管、热交换器管和压力管道用无缝钢管。

2) 尺寸、外形、重量及允许偏差

(1) 外径和壁厚。

除非合同另有规定,钢管按公称外径(D)和公称壁厚(S)交货。根据需方要求,经供需双方协商,钢管可按公称外径(D)和最小壁厚(S_{min})交货。

钢管的公称外径和壁厚应符合 GB/T 17395—2008 的规定。根据需方要求,经供需双方协商,可供应其他外径和壁厚的钢管。

按公称外径和公称壁厚交货的钢管,钢管外径和壁厚的允许偏差应符合表 A-6-75 的规定。

按公称外径和最小壁厚交货的钢管,钢管外径允许偏差应符合表 A-6-75 的规定,壁厚允许偏差应符合表 A-6-76 的规定。

当需方未在合同中注明钢管尺寸允许偏差级别时,钢管外径和壁厚的允许偏差应符合普通级的规定。

根据需方要求,经供需双方协商,并在合同中注明,可供应表 A-6-75、表 A-6-76 规定以外尺寸允许偏差的钢管。

表 A-6-75　钢管外径和壁厚的允许偏差　　　　　　　　　　　　　　单位:mm

分类代号	制造方式	钢管公称尺寸		允许偏差	
				普通级	高级
W-H	热轧(挤压)	外径 D	≤54	±0.50	±0.30
			>54~325	±1%D	±0.75%D
			>325	±1%D	—
		壁厚 S	≤20	+15%S -10%S	±10%S
			>20	+12.5%S -10%S	±10%S
	热扩	外径 D	全部	±1%D	
		壁厚 S	全部	±15%S	
W-C	冷拔(轧)	外径 D	≤25.4	±0.15	
			>25.4~40	±0.20	
			>40~50	±0.25	
			>50~60	±0.30	
			>60	±0.75%D	±0.5%D
		壁厚 S	≤3.0	±0.3	±0.2
			>3.0	±10%S	±7.5%S

表 A-6-76　钢管最小壁厚的允许偏差　　　　　　　　　　　　　　单位:mm

分类代号	制造方式	最小壁厚 S	允许偏差	
			普通级	高级
W-H	热轧(挤压)	≤4.0	+0.90 0	+0.70 0
		>4.0	+25%S_{min} 0	+22%S_{min} 0

续表

分类代号	制造方式	最小壁厚 S	允许偏差	
			普通级	高级
W-C	冷拔(轧)	≤3.0	+0.6 0	+0.4 0
		>3.0	$+20\%S_{min}$ 0	$+15\%S_{min}$ 0

(2) 长度。

钢管的通常长度为 4000~12000mm。经供需双方协商，并在合同中注明，可交付长度短于 4000mm 但不短于 3000mm 的短尺钢管，但其数量应不超过该批钢管交货总数量的 5%。

(3) 重量。

钢管理论重量的计算按 GB/T 17395—2008 的规定，优质碳素结构钢和合金结构钢的密度按 $7.85kg/dm^3$，不锈钢(耐热)钢的密度分别为 07Cr19Ni10 按 $7.90kg/dm^3$、07Cr18Ni11Nb 按 $8.00kg/dm^3$、07Cr19Ni11Ti 按 $7.93kg/dm^3$、022Cr17Ni12Mo2 按 $8.00kg/dm^3$。

按公称外径和最小壁厚交货的钢管，应采用平均壁厚计算理论重量，其平均壁厚是按壁厚及其允许偏差计算出来的壁厚最大值与最小值的平均值。

3) 钢的牌号和化学成分

钢的牌号和化学成分(熔炼分析)应符合表 A-6-77 的规定。12Cr5MoI、12Cr5MoNT、12Cr9MoI 和 12Cr9MoNT 牌号中的后缀符号"I"和"NT"属于牌号的一部分，这些后缀符号表示钢管的交货状态。其中，"I"为完全退火或等温退火；"NT"为正火加回火。

用氧气转炉冶炼的钢，除 12Cr5MoI、12Cr5MoNT、12Cr9MoI、12Cr9MoNT 及不锈(耐热)钢外，其余牌号钢的氮含量应不大于 0.008%。

成品钢管的化学成分允许偏差应符合 GB/T 222 的规定。

4) 力学性能

交货状态钢管的室温力学性能应符合表 A-6-78 的规定。

外径不小于 76mm 且壁厚不小于 14mm 的钢管应做冲击试验。根据需方要求，经供需双方协商，并在合同中注明，其他规格钢管可做冲击试验，冲击试验的试样尺寸和冲击吸收能量要求值由供需双方协商确定。

表 A-6-78 中的冲击吸收能量为全尺寸标准试样要求值。当采用小尺寸冲击试样时，小尺寸试样冲击吸收能量要求值应为全尺寸标准试样冲击吸收能量要求值乘以表 A-6-79 中的递减系数。

表 A-6-77 钢的牌号和化学成分

钢类	统一数字代号	牌号	化学成分,%(质量分数)											
			C	Si	Mn	Cr	Mo	Ni	Nb	Ti	V	Cu	P	S
优质碳素结构钢	U20102	10	0.17~0.13	0.17~0.37	0.35~0.65	≤0.15	≤0.15	≤0.25	—	—	≤0.08	≤0.20	0.025	0.015
	U20202	20	0.17~0.23	0.17~0.37	0.35~0.65	≤0.25	≤0.15	≤0.25	—	—	≤0.08	≤0.20	0.025	0.015
合金结构钢	A30122	12CrMo	0.08~0.15	0.17~0.37	0.40~0.70	0.40~0.70	0.40~0.55	≤0.30	—	—	—	≤0.20	0.025	0.015
	A30152	15CrMo	0.12~0.18	0.17~0.37	0.40~0.70	0.80~1.10	0.40~0.55	≤0.30	—	—	—	≤0.20	0.025	0.015
	A30121	12Cr1Mo	0.08~0.15	0.50~1.00	0.30~0.60	1.00~1.50	0.45~0.65	≤0.30	—	—	—	≤0.20	0.025	0.015
	A31132	12Cr1MoV	0.08~0.15	0.17~0.37	0.40~0.60	0.90~1.20	0.25~0.35	≤0.30	—	—	0.15~0.30	≤0.20	0.025	0.010
	A30132	12Cr2Mo	0.08~0.15	≤0.50	0.40~0.60	2.00~2.50	0.90~1.13	≤0.30	—	—	—	≤0.20	0.025	0.015
	A30124	12Cr5MoI 12Cr5MoNT	≤0.15	≤0.50	0.30~0.60	4.00~6.00	0.45~0.60	≤0.60	—	—	—	≤0.20	0.025	0.015
	A30125	12Cr9MoI 12Cr9MoNT	≤0.15	0.25~1.00	0.30~0.60	8.00~10.00	0.90~1.10	≤0.60	—	—	—	≤0.20	0.025	0.015
不锈(耐热)钢	S30409	07Cr19Ni10	0.04~0.10	≤1.00	≤2.00	18.00~20.00	—	8.00~11.00	—	—	—	—	0.030	0.015
	S34779	07Cr18Ni11Nb	0.04~0.10	≤1.00	≤2.00	17.00~19.00	—	9.00~12.00	8C~1.10	—	—	—	0.030	0.015
	S32169	07Cr19Ni11Ti	0.04~0.10	≤0.75	≤2.00	17.00~20.00	—	9.00~13.00	—	4C~0.60	—	—	0.030	0.015
	S31603	022Cr17Ni12Mo2	≤0.030	≤1.00	≤2.00	16.00~18.00	2.00~3.00	10.00~14.00	—	—	—	—	0.030	0.015

注:P、S 不大于

表 A-6-78 钢管的力学性能

牌号	抗拉强度 R_m, MPa	下屈服强度 R_{eL} 或规定塑性延伸强度 $R_{p0.2}$, MPa	断后伸长率 A, %		冲击吸收能量, J		布氏硬度值[①]
			纵向	横向	纵向	横向	
			不小于				不大于
10	335~475	205	25	23	40	27	—
20	410~550	245	24	22	40	27	—
12CrMo	410~560	205	21	19	40	27	156HBW
ISCrMo	440—640	295	21	19	40	27	170HBW
12Cr1Mo	415~560	205	22	20	40	27	163HBW
12Cr1MoV	470~640	255	21	19	40	27	179HBW
12Cr2Mo	450~600	280	22	20	40	27	163HBW
12Cr5MoI	415~590	205	22	20	40	27	163HBW
12Cr5MoNT	480~640	280	20	18	40	27	—
12Cr9MoI	460~640	210	20	18	40	27	179HBW
12Cr9MoNT	590~740	390	18	16	40	27	—
07Cr19Ni10	≥520	205	35		—	—	187HBW
07Cr18Ni11Nb	≥520	205	35		—	—	187HBW
07Cr19Ni11Ti	≥520	205	35		—	—	187HBW
022Cr17Ni12Mo2	≥485	170	35		—	—	187HBW

① 对于壁厚小于 5mm 的钢管,可不做硬度试验。

表 A-6-79 小尺寸试样冲击吸收能量递减系数

试样规格	试样尺寸(高度×宽度), mm×mm	递减系数
标准试样	10×10	1.00
小试样	10×7.5	0.75
小试样	10×5	0.50

五、特种金属制品

1. 钢丝(YB/T 5294—2009《一般用途低碳钢丝》)

本标准适用于一般的捆绑、制钉、编织及建筑等用途的圆截面低碳钢丝。钢丝按交货状态分为冷拉钢丝(WCD)、退火钢丝(TA)及镀锌钢丝(SZ)三类;按照用途分为普通用、制钉用及建筑用,其主要性能见表 A-6-80。

表 A-6-80 钢丝主要性能

公称直径 mm	抗拉强度 R_m MPa					弯曲试验 （180°/次）		伸长率,% （标距100mm）	
	冷拉钢丝			退火钢丝	镀锌钢丝[①]	冷拉钢丝		冷拉建筑用钢丝	镀锌钢丝
	普通用	制钉用	建筑用			普通用	建筑用		
≤0.30	≤980	—	—	295~540	295~540	供需双方协商	—	—	≥10
>0.30~0.80	≤980	—	—				—	—	
>0.80~1.20	≤980	880~1320	—			≥6			≥12
>1.20~1.80	≤1060	785~1220	—				—	—	
>1.80~2.50	≤1010	735~1170	—				—	—	
>2.50~3.50	≤960	685~1120	≥550			≥4	≥4	≥2	—
>3.50~5.00	≤890	590~1030	≥550						
>5.00~6.00	≤790	540~930	≥550						
>6.00	≤690	—	—			—	—	—	—

① 对于先镀后拉的镀锌钢丝的力学性能按冷拉钢丝的力学性能执行。

2. 镀锌钢绞线（YB/T 5004—2012《镀锌钢绞丝》）

钢绞线按断面结构分为四种，如图 A-6-1 所示。

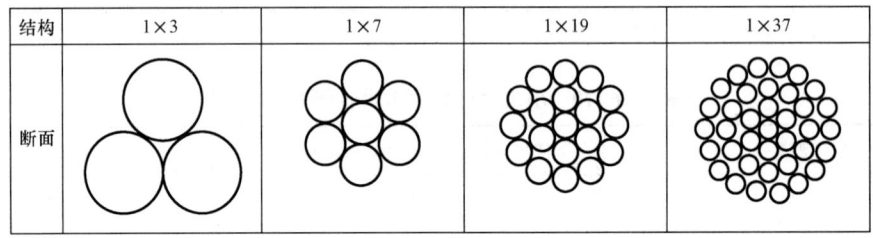

图 A-6-1 钢绞线结构

钢绞线内拆股钢丝的力学性能应符合表 A-6-81，不同结构形式钢绞线的公称直径及最小拉断力应符合表 A-6-82。

3. 重要用途钢丝绳（GB 8918—2006《重要用途钢丝绳》）

钢丝绳按其股的断面、股数和股外层钢丝的数目分类情况见表 A-6-83。

钢丝绳的重量系数及最小拉断力见表 A-6-84，其他主要性能参见 GB 8918。

表 A-6-81　钢绞线内拆股钢丝力学性能

钢丝公称直径 d mm	公称抗拉强度 MPa					伸长率,% (L_0=200mm)	扭转(L_0=100d),次/360°				
							公称抗拉强度,MPa				
							1270	1370	1470	1570	1670
	不小于										
1.00	1270	1370	1470	1570	1670	2.0	18	16	14	12	
1.10											
1.20											
1.30											
1.40											
1.50											
1.60											
1.70											
1.80						3.0	16	14	12	10	
2.00											
2.20											
2.40	1270	1370	1470	1570	1670	4.0	16	14	12	10	
2.60											
2.80							14	12	10	8	
3.00						3.5	14	12	10	8	
3.20											
3.50											
3.80											
4.00											

注：此表中未涵盖尺寸的钢丝性能按较大规格钢丝考核。

表 A-6-82　钢绞线公称直径和最小破断拉力

结构	钢绞线用钢丝公称直径,mm	钢绞线公称直径 mm	钢绞线公称横截面积,mm²	公称抗拉强度,MPa					参考质量 kg/km
				1270	1370	1470	1570	1670	
				钢绞线最小破断拉力,kN,不小于					
1×3	2.90	6.20	19.82	23.16	24.98	26.80	28.63	30.45	160.00
	3.20	6.40	24.13	28.19	30.41	32.63	34.85	37.07	195.00
	3.50	7.50	28.86	33.72	36.38	39.03	41.69	44.34	233.00
	4.00	8.60	37.70	44.05	47.52	50.99	54.45	57.92	304.00
1×7	1.00	3.00	5.50	6.43	6.93	7.44	7.94	8.45	43.70
	1.20	3.60	7.92	9.25	9.98	10.71	11.44	12.17	62.90

续表

结构	钢绞线用钢丝公称直径,mm	钢绞线公称直径 mm	钢绞线公称横截面积,mm²	公称抗拉强度,MPa					参考质量 kg/km
				1270	1370	1470	1570	1670	
				钢绞线最小破断拉力,kN,不小于					
1×7	1.40	4.20	10.78	12.60	13.59	14.58	15.57	16.56	85.60
	1.60	4.80	14.07	16.44	17.73	19.03	20.32	21.62	112.00
	1.80	5.40	17.81	20.81	22.45	24.09	25.72	27.36	141.00
	2.00	6.00	21.99	25.69	27.72	29.74	31.76	33.79	175.00
	2.20	6.60	26.61	31.10	33.55	36.00	38.45	40.88	210.00
	2.60	7.80	37.17	43.43	46.85	50.27	53.69	57.11	295.00
	3.00	9.00	49.50	57.86	62.42	66.98	71.54	76.05	411.90
	3.20	9.60	56.30	65.78	70.96	76.14	81.32	86.50	447.00
	3.50	10.50	67.35	78.69	84.89	91.08	97.28	103.48	535.00
	3.80	11.40	79.39	92.76	100.10	107.40	114.70	121.97	630.00
	4.00	12.00	87.96	102.8	110.90	119.00	127.00	135.14	698.00
1×19	1.60	8.00	38.20	43.66	47.10	50.54	53.98	57.41	304.00
	1.80	9.00	48.35	55.26	59.62	63.97	68.32	72.67	385.00
	2.00	10.00	59.69	68.23	73.60	78.97	84.34	89.71	475.00
	2.20	11.00	72.20	82.58	89.00	95.58	102.09	108.52	569.00
	2.30	11.50	78.94	90.23	97.33	104.40	111.50	118.65	628.00
	2.60	13.00	100.90	115.30	124.40	133.50	142.60	151.65	803.00
	2.90	14.50	125.50	143.40	154.70	166.00	177.30	188.63	999.00
	3.20	16.00	152.80	174.70	188.40	202.20	215.90	229.66	1220.00
	3.50	17.50	182.80	208.90	225.40	241.80	258.30	274.75	1460.00
	4.0	20.00	238.80	272.90	294.40	315.90	337.40	358.92	1900.00
1×37	1.60	11.20	74.39	80.30	86.63	92.95	99.27	105.60	595.00
	1.80	12.60	94.15	101.6	109.60	117.60	125.60	133.65	753.00
	2.00	14.00	116.20	125.40	135.30	145.20	155.10	164.95	930.00
	2.30	16.10	153.70	165.90	179.00	193.00	205.10	218.18	1230.00
	2.60	18.20	196.40	212.00	228.70	245.40	262.10	278.79	1570.00
	2.90	20.30	244.40	263.80	284.60	305.40	326.20	346.93	1950.00
	3.20	22.40	297.60	321.30	346.60	371.90	397.10	422.44	2380.00
	3.50	24.50	356.00	384.30	414.60	444.80	475.10	505.34	2050.00
	4.00	28.00	465.00	502.00	541.50	581.00	620.50	660.07	3720.00

注:表中未列入的中间规格钢绞线,最小破断拉力按公式计算。镀锌钢丝的密度按 7.78g/cm³ 计算。

表 A-6-83 钢丝绳结构及分类

组别	类别	分类原则	典型结构 钢丝绳	典型结构 股绳	直径范围 mm
1	6×7	6个圆股，每股外层丝可到7根，中心丝（或无）外捻制1~2层钢丝，钢丝等捻距	6×7 6×9W	(1+6) (3+3/3)	8~36 14~36
2	5×19	6个圆股，每股外层丝8~12根，中心丝外捻制2~3层钢丝，钢丝等捻距	6×19S 6×19W 6×25F1 6×26WS 6×31WS	(1+9+9) (1+6+6/6) (1+6+6F+12) (1+5+5/5+10) (1+6+6/6+12)	12~36 12~40 12~44 20~40 22~46
3	6×37	6个圆股，每股外层丝14~18根，中心丝外捻制3~4层钢丝，钢丝等捻距	6×29Fi 6×36WS 6×37S （点线接触） 6×41WS 6×49SWS 6×55SWS	(1+7+7F+14) (1+7+7/7+14) (1+6+15+15) (1+8+8/8+16) (1+8+8/8/8+16) (1+9+9+9/9+18)	14~44 18~60 20~60 32~56 36~60 36~64
4	圆股钢丝绳 8×19	8个圆股，每股外层丝8~12根，中心丝外捻制2~3层钢丝，钢丝等捻距	8×19S 8×19W 8×25Fi 8×26WS 8×31WS	(1+9+9) (1+6+6/6) (1+6+6F+12) (1+5+5/5+10) (1+6+6/6+12)	20~44 18~48 16~52 24~48 26~56
5	8×37	8个圆股，每股外层丝14~18根，中心丝外捻制3~4层钢丝，钢丝等捻距	8×36WS 8×41WS 8×49SWS 8×55SWS	(1+7+7/7+14) (1+8+8/8+16) (1+8+8/8/8+16) (1+9+9+9/9+18)	22~60 40~56 44~64 44~64
6	18×7	钢丝绳中有17或18个圆股，每股外层丝4~7根，在纤维芯或钢芯外捻制2层股	17×7 18×7	(1+6) (1+5)	12~60 12~60
7	18×19	钢丝绳中有17或18个圆股，每股外层丝8~12根，钢丝等捻距钢丝等捻距，在纤维芯或钢芯外捻制2层股	18×19W 18×19S	(1+6+6/6) (1+9+9)	24~60 28~60
8	34×7	钢丝绳中有34~36个圆股，每股外层丝可到7根，在纤维芯或钢芯外捻制3层股	34×7 36×7	(1+6) (1+6)	16~60 20~60
9	35W×7	钢丝绳中有24~40个圆股，每股外层丝4~8根，在纤维芯或钢芯（钢丝）外捻制3层股	35W×7 24W×7	(1+6)	16~60
10	异形股钢丝绳 6V×7	6个三角形股，每股外层丝7~9根，三角形股芯外捻制1层钢丝	6V×18 6V×19	(/3×2+3/+9) (/1×7+3/+9)	20~36 20~36
11	6V×19	6个三角形股，每股外层丝10~14根，三角形股芯或纤维芯外捻制2层钢丝	6V×21 6V×24 6V×30 6V×34	(FC+9+12) (FC+12+12) (6+12+12) (/1×7+3/+12+12)	18~36 18~36 20~38 28~44

续表

组别	类别	分类原则	典型结构		直径范围 mm
			钢丝绳	股绳	
12	6V×37	6个三角形股，每股外层丝15～18根，三角形股芯外捻制2层钢丝	6V×37 6V×37S 6V×43	(/1×7+3/+12+15) (/1×7+3/+12+15) (/1×7+3/+15+18)	32～52 32～52 38～58
13	4V×39	4个扇形股，每股外层丝15～18根，纤维股芯外捻制3层钢丝	4V×39S 4V×48S	(FC+9+15+15) (FC+12+18+18)	16～36 20～40
14	6Q×19 +6V×21	钢丝绳中有12～14个股，在6个三角形骰外，捻制6～8个椭圆股	6Q×19 +6V×21 6Q×33 +6V×21	外股(5+14) 内股(FC+9+12) 外股(5+13+15) 内股(FC+9+12)	40～52 40～60

注：(1) 13组及11组中异形股钢丝绳中6V×21、6V×24结构仅为纤维绳芯，其余组别的钢丝绳，可由需方指定纤维芯或钢芯。

(2) 三角形股芯的结构可以相互代替，或改用其他结构的三角形股芯，但应在订货合同中注明。

(3) 钢丝绳的主要用途推荐参见 GB 8918。

表 A-6-84　钢丝绳的重量系数及最小拉断力

组别	类别	钢丝绳重量系数 K			$\dfrac{K_1}{K_{1n}}$	$\dfrac{K_2}{K_{1p}}$	最小破断拉力系数 K'		$\dfrac{K'_2}{K'_1}$
		天然纤维芯钢丝绳	合成纤维芯钢丝绳	钢芯钢丝绳			纤维芯钢丝绳	钢芯钢丝绳	
		K_{1n}	K_{1p}	K_2			K'_1	K'_2	
		kg/(100m·mm²)							
1	6×7	0.351	0.344	0.387	1.10	1.12	0.332	0.359	1.08
2	6×19	0.380	0.371	0.418	1.10	1.13	0.330	0.356	1.08
3	6×37								
4	8×19	0.357	0.344	0.435	1.22	1.26	0.293	0.348	1.18
5	8×37								
6	18×7	0.390		0.430	1.10	1.10	0.310	0.328	1.06
7	18×19								
8	34×7	0.390		0.430	1.10	1.10	0.308	0.318	1.03
9	35W×7	—		0.460	—	—	—	0.360	—
10	6V×7	0.412	0.404	0.437	1.06	1.08	0.375	0.398	1.06
11	6V×19	0.405	0.397	0.429	1.06	1.08	0.360	0.382	1.06
12	6V×37								
13	4V×39	0.410	0.402	—	—	—	0.360	—	—

续表

组别	类别	钢丝绳重量系数 K			$\dfrac{K_1}{K_{1n}}$	$\dfrac{K_2}{K_{1p}}$	最小破断拉力系数 K'		$\dfrac{K'_2}{K'_1}$
		天然纤维芯钢丝绳	合成纤维芯钢丝绳	钢芯钢丝绳			纤维芯钢丝绳	钢芯钢丝绳	
		K_{1n}	K_{1p}	K_2			K'_1	K'_2	
		kg/(100m·mm²)							
14	6Q×19+6V×21	0.410	0.402	—			0.360	—	—

注：(1) 在2组和4组钢丝绳中，当股内钢丝的数目为19根或19根以下时，重量系数应比表中所列的数小3%。

(2) 在11组钢丝绳中，股含纤维芯6V×21、6V×24结构钢丝绳的重量系数和最小破断拉力系数，应分别比表中所列的数小8%，6V×30结构钢丝绳的最小破断拉力系数，应比表中所列的数小10%；在12组钢丝绳中，股为线接触结构6V×37S钢丝绳的重量系数和最小破断拉力系则应分别比表中所列的数大3%。

(3) K_{1p} 重量系数是对聚丙烯纤维芯钢丝绳而言。

4. 工业用金属丝编织方孔筛网（GB 5330—2003《工业用金属丝编织方孔筛网》）

工业用金属丝编制方孔网分为平纹编织和斜纹编织，见图 A-6-2 及图 A-6-3。网面应平整、清洁，编织紧密，不得有机械损伤、锈斑。允许有经丝接头，但应编结良好。

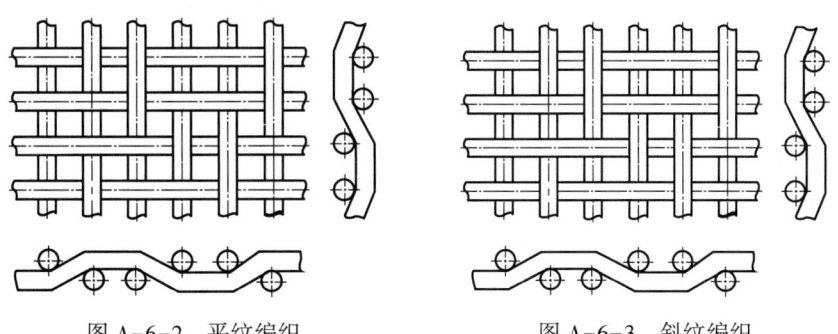

图 A-6-2 平纹编织　　　　图 A-6-3 斜纹编织

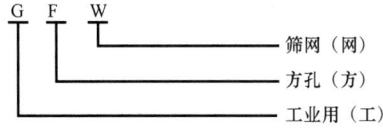

金属丝型号由拼音字母组成，如下所示：

部分网孔基本尺寸 W、网孔算术平均尺寸偏差、大网孔尺寸偏差范围、金属丝直径 d 的搭配见表 A-6-85，其余应按 GB/T 10611 及 GB 5330 选取。

5. 金属软管（GB/T 14525—2010《波纹金属软管通用技术条件》）

软管按其管坯和波纹分为以下四类：

(1) 由无缝管坯制造的环形波纹软管；

(2) 由无缝管坯制造的螺旋波纹软管；

(3) 由纵缝焊管坯制造的环形波纹软管；

(4) 由纵缝焊管坯制造的螺旋波纹软管。

软管主要性能见表 A-6-86 及表 A-6-87。

表 A-6-85　网孔基本尺寸、网孔算术平均尺寸偏差、大网孔尺寸偏差范围和金属丝直径的搭配

网孔基本尺寸			金属丝直径 基本尺寸 d	网孔算术平均 尺寸偏差	大网孔尺寸 偏差范围
主要尺寸	补充尺寸				
R10 系列	R20 系列	R40/3 系列			
mm				±%	+%
	16.0	16.0	3.15 2.24 2.00 1.80 1.60		9~12
	14.0		2.80 2.24 1.80 1.40		
		13.2	2.80		
12.5	12.5		2.80 2.24 2.00 1.80 1.60 1.25		9~13
11.2	11.2	11.2	2.50 2.24 2.00 1.80 1.60 1.12	4.5	
10.0	10.0		2.60 2.24 2.00 1.80 1.60 1.40 1.12		9~14
		9.50	2.24 2.00 1.80 1.60 1.40 1.00		

表 A-6-86 软管最小弯曲次数和最小弯曲半径

公称尺寸 DN	最少弯曲次数，次 设计压力 p_a，MPa													最小弯曲半径，mm	
	0.6	1.0	1.6	2.0	2.5	4.0	5.0	6.3	10.0	15.0	20.0	25.0	32.0	静态 R_j	动态 R_d
4	15000												8000 (35.0)	35	80
6	15000											8000		50	110
8	15000											8000		65	145
10	15000										8000			80	180
(12)	15000									8000				95	215
15	15000									8000				120	270
(18)	50000					15000			8000					145	325
20	50000					15000			8000					160	360
25	50000					15000		8000						175	400
32	50000					15000	8000							225	510
40	50000				15000		8000							280	640
50	50000				15000	8000								350	800
65	50000		15000		8000									390	845
80	50000	15000		8000										480	1000
100	4000													600	1200
125	4000													750	1500
150	4000													900	1800
(175)	4000													1000	2000
200	4000													1000	2000
250	4000													1250	2500
300	4000													1500	3000
350	4000													1750	3500
400	4000													2000	4000
450	2000													2250	4500
500	2000													2500	5000
600	2000													3000	6000
700	2000													3500	7000
800	2000													4000	8000

注：括号内的公称尺寸不推荐采用。

表 A-6-87 软管最小爆破压力

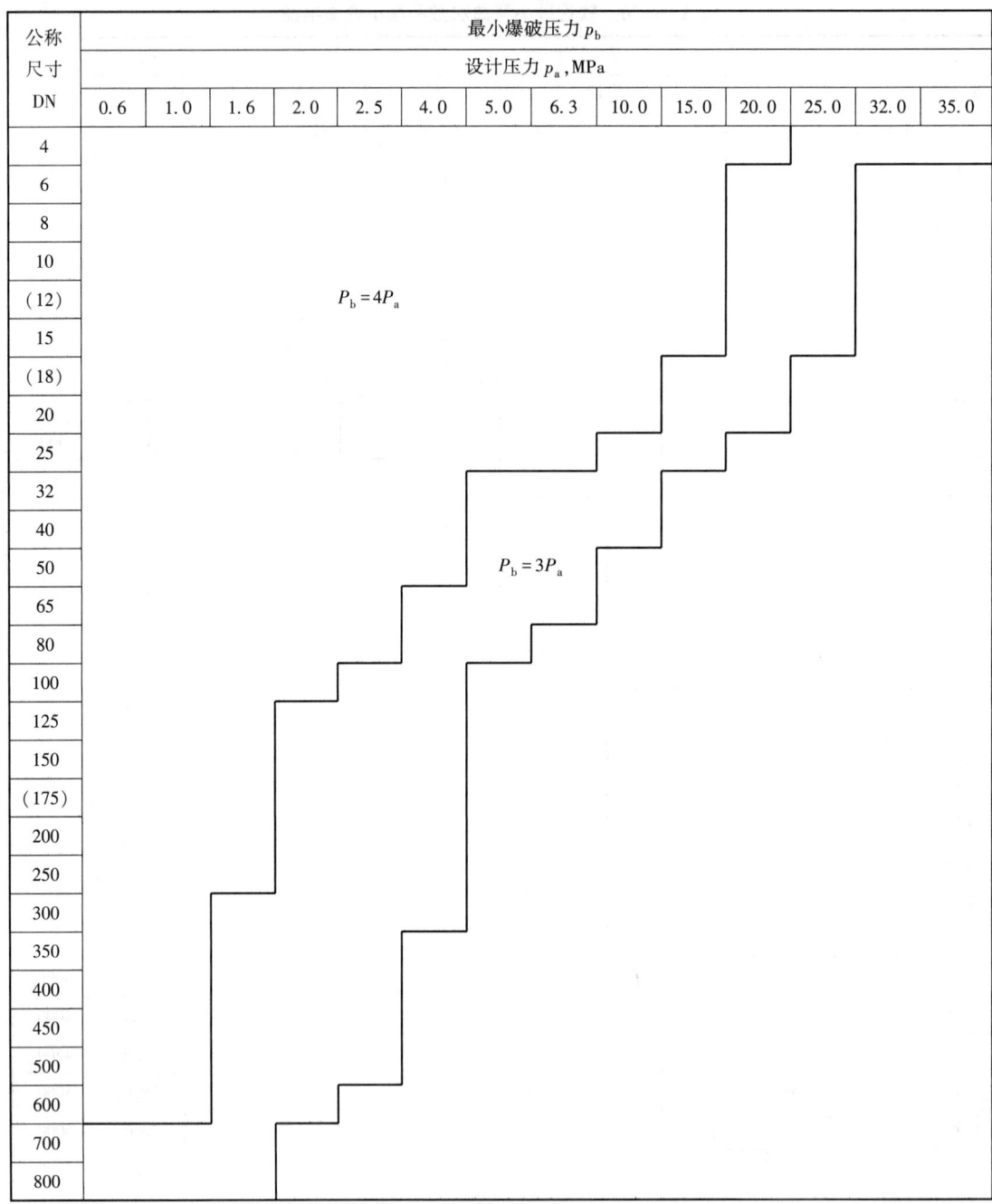

注：括号内的公称尺寸不推荐采用。

六、管道元件

1. 管道元件公称压力（GB/T 1048—2019《管道元件　公称压力的定义与选用》）

本标准规定了 PN（公称压力）的定义和系列。

本标准适用于使用 PN 标识的相关标准中规定的管道元件。

PN：与管道系统元件的力学性能和尺寸特性相关、用于参考的字母和数字组合的标识。它由字母 PN 和后跟无因次的数字组成。

注：(1) 字母组合 PN 后跟的数字不代表测量值，不应用于计算目的，除非在有关标准中另有规定。

（2）除与相关的管道元件标准有关联外，术语 PN 不具有意义。

（3）管道元件允许压力取决于元件的 PN 数值、材料和设计以及允许工作温度等，允许压力在相应标准的压力-温度等级表中给出。

（4）具有同样 PN 和 DN 数值的所有管道元件同与其相配的法兰应具有相同的配合尺寸。

PN 数值应从以下系列中选择：

DN 系列：PN2.5，PN6，PN10，PN16，PN25，PN40，PN63，PN100。

ANSI 系列：PN20，PN50，PN110，PN150，PN260，PN420。

注：必要时允许选用其他 PN 数值。

2. 钢制管法兰（PN 系列欧洲体系）（HG/T 20592~20635—2009《钢制管法兰、垫片、紧固件》）

1）总则

本标准规定了钢制管法兰（PN 系列）的基本技术要求，包括公称尺寸、公称压力、材料、压力-温度额定值、法兰类型和尺寸、密封面、公差及标记。

本标准适用于公称压力 PN2.5~PN160 的钢制管法兰和法兰盖。法兰公称压力等级采用 PN 表示，包括下列九个等级：PN2.5，PN6，PN10，PN16，PN25，PN40，PN63，PN100，PN160。

2）公称尺寸和钢管外径

本标准适用的钢管外径包括 A、B 两个系列，A 系列为国际通用系列（俗称英制管），B 系列为国内沿用系列（俗称公制管）。其公称尺寸 DN 和钢管外径按表 A-6-88 规定。

采用 B 系列钢管的法兰，应在公称尺寸 DN 的数值后标记"B"以示区别。但采用 A 系列钢管的法兰，不必在公称尺寸 DN 的数值后标记"A"。

表 A-6-88　钢管公称尺寸与外径表

公称尺寸 DN,mm		10	15	20	25	32	40	50	65	80
钢管外径 mm	A	17.2	21.3	26.9	33.7	42.4	48.3	60.3	76.1	88.9
	B	14	18	25	32	38	45	57	76	89
公称尺寸 DN,mm		100	125	150	200	250	300	350	400	450	500
钢管外径 mm	A	114.3	139.7	168.3	219.1	273	323.9	355.6	406.4	457	508
	B	108	133	159	219	273	325	377	426	480	530

续表

公称尺寸 DN,mm		600	700	800	900	1000	1200	1400	1600	1800	2000
钢管外径 mm	A	610	711	813	914	1016	1219	1422	1626	1829	2032
	B	630	720	820	920	1020	1220	1420	1620	1820	2020

本标准也适用于采用法兰作为连接形式的阀门、泵、化工机械、管路附件和设备零部件。本标准不包括特殊流体工况下材料的选择原则。

3）法兰类型和法兰密封面

法兰类型及其代号按图 A-6-4 和表 A-6-89 的规定。法兰类型包括：板式平焊法兰、带颈平焊法兰、带颈对焊法兰、整体法兰、承插焊法兰、螺纹法兰、对焊环松套法兰、平焊环松套法兰、法兰盖和衬里法兰盖。

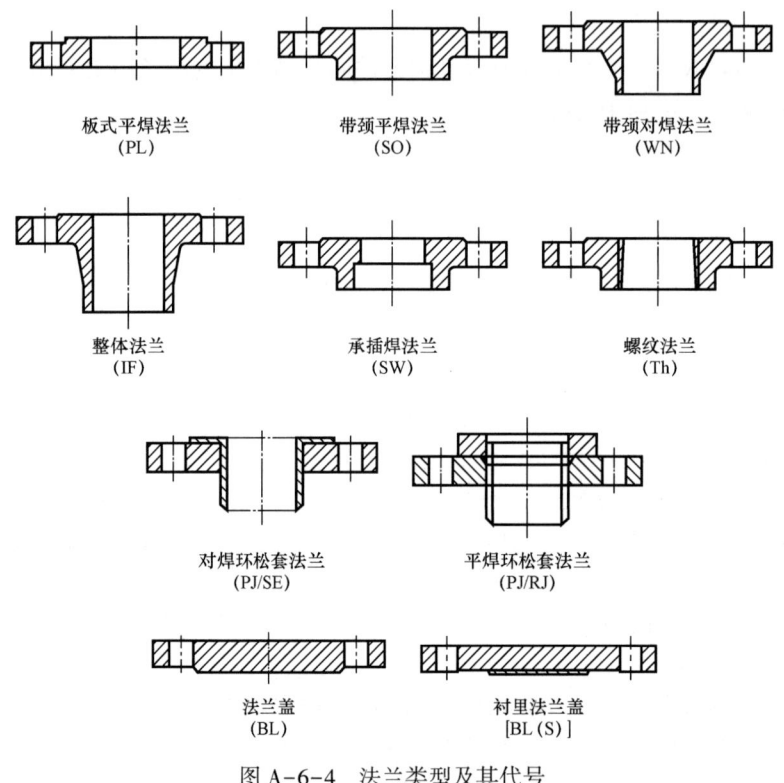

图 A-6-4 法兰类型及其代号

表 A-6-89 法兰类型代号

法兰类型代号	法兰类型
PL	板式平焊法兰
SO	带颈平焊法兰
WN	带颈对焊法兰

续表

法兰类型代号	法兰类型
IF	整体法兰
SW	承插焊法兰
Th	螺纹法兰
PJ/SE	对焊环松套法兰
PJ/RJ	平焊环松套法兰
BL	法兰盖
BL(S)	衬里法兰盖

法兰的密封面形式包括:突面、凹面/凸面、榫面/槽面、全平面和环连接面(图 A-6-5 和表 A-6-90)。

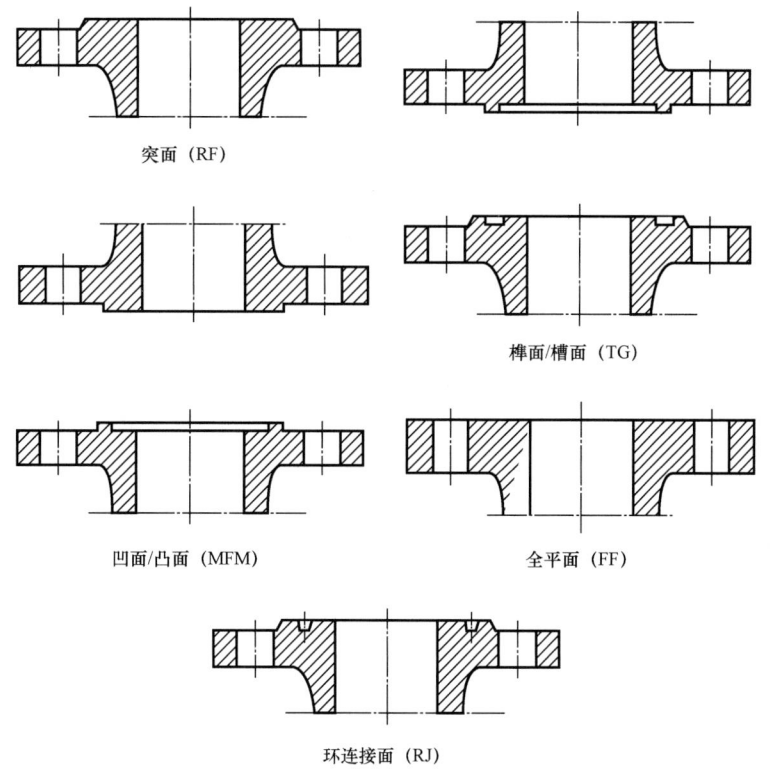

图 A-6-5 密封面形式及其代号

表 A-6-90 密封面形式及其代号

密封面形式	突面	凹面	凸面	榫面	槽面	全平面	环连接面
代号	RF	FM	M	T	G	FF	RJ

各种类型法兰密封面形式的适用范围按表 A-6-91 的规定。

表 A-6-91　各种类型法兰的密封面形式及其适用范围

法兰类型	密封面形式	公称压力(PN),MPa								
		2.5	6	10	16	25	40	63	100	160
板式平焊法兰(PL),mm	突面(RF)	DN10~DN2000		DN10~DN600	DN10~DN600					
	全平面(FF)	DN10~DN2000	DN10~DN600							
带颈平焊法兰(SO),mm	突面(RF)	—	DN10~DN300	DN10~DN600	DN10~DN600	DN10~DN600				
	凹面(FM)/凸面(M)	—	—	—	DN10~DN600					
	榫面(T)/槽面(G)	—	—	—	DN10~DN600					
	全平面(FF)	—	DN10~DN300							
带颈对焊法兰(WN),mm	突面(RF)	—	—	DN10~DN2000	DN10~DN2000	DN10~DN600	DN10~DN600	DN10~DN400	DN10~DN350	DN10~DN300
	凹面(FM)/凸面(M)	—	—	—	DN10~DN2000	DN10~DN600	DN10~DN600	DN10~DN400	DN10~DN350	DN10~DN300
	榫面(T)/槽面(G)	—	—	—	DN10~DN2000	DN10~DN600	DN10~DN600	DN10~DN400	DN10~DN350	DN10~DN300
	全平面(FF)	—	—	DN10~DN2000	DN10~DN2000					
	环连接面(RJ)							DN15~DN400	DN15~DN400	DN15~DN300
整体法兰(IF),mm	突面(RF)	—	—	—	—	DN10~DN1200	DN10~DN600	DN10~DN400	DN10~DN400	DN10~DN300
	凹面(FM)/凸面(M)	—	—	—	—	DN10~DN1200	DN10~DN600	DN10~DN400	DN10~DN400	DN10~DN300
	榫面(T)/槽面(G)	—	—	DN10~DN2000		DN10~DN1200	DN10~DN600	DN10~DN400	DN10~DN400	DN10~DN300
	全平面(FF)	—	DN10~DN2000							
	环连接面(RJ)							DN15~DN400	DN15~DN400	DN15~DN300

附录A 常用基础资料

续表

法兰类型	密封面形式	公称压力(PN),MPa									
		2.5	6	10	16	25	40	63	100	160
承插焊法兰(SW),mm	突面(RF)					DN10~DN50	DN10~DN50			
	凹面(FM)凸面(M)	—	—			DN10~DN50				—
	榫面(T)槽面(G)					DN10~DN50				—
螺纹法兰(Th),mm	突面(RF)	—	—	DN10~DN150	DN10~DN150					
	全平面(FF)	—	—	DN10~DN150						
对焊环松套法兰(PJ/SE),mm	突面(RF)	—	—	DN10~DN600	DN10~DN600					
平焊环松套法兰(PJ/RJ),mm	突面(RF)	—	—	DN10~DN600	DN10~DN600					
	凹面(FM)凸面(M)	—	—	DN10~DN600	DN10~DN600					
	榫面(T)槽面(G)	—	—	DN10~DN600	DN10~DN600					
1¾(BL),mm	突面(RF)	DN10~DN2000	DN10~DN2000	DN10~DN1200	DN10~DN1200	DN10~DN600	DN10~DN600	DN10~DN400	DN10~DN400	DN10~DN300
	凹面(FM)凸面(M)	—	—					DN10~DN400	DN10~DN400	DN10~DN300
	榫面(T)槽面(G)	—	—	DN10~DN1200	DN10~DN600			DN10~DN400	DN10~DN400	DN10~DN300
	全平面(FF)	—	—	DN10~DN1200						
	环连接面(RJ)	—	—	—	DN40~DN600					
衬里法兰盖[BL(S)],mm	突面(RF)	—	—	DN40~DN600	DN40~DN600			DN15~DN400	—	DN15~DN300
	凸面(M)	—	—	DN40~DN600	DN40~DN600			—	—	—
	槽面(T)	—	—	DN40~DN600	DN40~DN600			—	—	—

4）材料

钢制管法兰用材料按表 A-6-92 的规定,其化学成分、力学性能和其他技术要求应符合表 A-6-92所列有关标准的规定。

表 A-6-92　钢制管法兰用材料

类别号	类别	钢板		锻件		铸件	
		材料牌号	标准编号	材料牌号	标准编号	材料牌号	标准编号
1C1	碳素钢	—	—	A105 16Mn 16MnD	GB/T 12228 JB 4726 JB 4727	WCB	GB/T 12229
1C2	碳素钢	Q345R	GB 713	—	—	WCC LC3、LCC	GB/T 12229 JB/T 7248
1C3	碳素钢	16MnDR	GB 3531	08Ni3D25	JB 4727 GB/T 12228	LCB	JB/T 7248
1C4	碳素钢	Q235A Q235B 20 Q245R 09MnNiDR	GB/T 3274 (GB/T 700) GB/T 711 GB 713 GB 3531	20 09MnNiD	JB 4726 JB 4727	WCA	GB/T 12229
1C9	铬钼钢 (1~1.25Cr- 0.5Mo)	14Cr1MoR ISCrMoR	GB 713 GB 713	HCr1Mo 15CrMo	JB 4726 JB 4726	WC6	JB/T 5263
1C10	铬钼钢 (2.25Cr-1Mo)	12Cr2Mo1R	GB 713	12Cr2Mo1	JB 4726	WC9	JB/T 5263
1C13	铬钼钢 (5Cr-0.5Mo)	—		1Cr5Mo	JB 4726	ZG16Cr5MoG	GB/T 16253
1C14	铬钼铬钢 (9Cr-1Mo-V)	—		—		C12A	JB/T 5263
2C1	304	0Cr18Ni9	GB/T 4237	0Crl8Ni9	JB 4728	CF3CF8	GB/T 12230 GB/T 12230
2C2	316	0Cr17Ni12Mo2	GB/T 4237	0Cr17Ni12Mo2	JB 4728	CF3MCF8M	GB/T 12230 GB/T 12230
2C3	304L 316L	00Cr19Ni10 00Cr17Ni14Mo2	GB/T 4237 GB/T 4237	00Cr19Ni10 00Cr17Ni14Mo2	JB 4728 JB 4728	—	
2C4	321	0Cr18Ni10Ti	GB/T 4237	0Cr18Ni10Ti	JB 4728	—	

续表

类别号	类别	钢板		锻件		铸件	
		材料牌号	标准编号	材料牌号	标准编号	材料牌号	标准编号
2C5	347	0Cr18Ni11Nb	GB/T 4237	—	—	—	—
12E0	CF8C	—	—	—	—	CF8C	GB/T 12230

注：(1) 管法兰材料一般应采用锻件或铸件，不推荐用钢板制造。钢板仅可用于法兰盖、衬里法兰盖、板式平焊法兰、对焊环松套法兰、平焊环松套法兰；

(2) 表列铸件仅适用于整体法兰。

管法兰用锻件（包括锻轧件）的级别及其技术要求（参照 JB 4726、JB 4727、JB 4728）应符合下面两项的规定。

(1) 符合下列情况之一者，应符合Ⅲ级或Ⅲ级以上锻件的要求：

① 公称压力大于或等于 PN100 者；

② 公称压力大于 PN40 的铬钼钢锻件；

③ 公称压力大于 PN16 且工作温度小于或等于 -20℃ 的铁素体钢锻件。

(2) 除上述规定外，公称压力不大于 PN63 的锻件应符合Ⅱ级或Ⅱ级以上锻件的要求。

带颈的法兰应采用锻件（或锻轧工艺）和铸（钢）件制作，不得采用钢板、拼焊或板卷等工艺制作。法兰盖等板式环形法兰可采用钢板或钢板拼焊制作。

5) 法兰用垫片及紧固件

垫片应满足法兰接头在工作条件下的密封性能。在螺栓预紧荷载作用下，保证预紧和工作条件下要求的垫片应力，且不产生有害的变形、压碎等损伤。

垫片按 HG/T 20606～HG/T 20612 的规定。

紧固件包括六角头螺栓、等长双头螺柱、全螺纹螺柱和螺母，其适用的螺栓数量和规格按本标准表规定。

紧固件分为高强度、中强度和低强度紧固件。紧固件材料应根据垫片、压力、温度和法兰、密封面形式选用，以满足法兰接头在预紧和工作条件下的密封性能和承压强度。

紧固件按 HG/T 20613 的规定。

6) 法兰接头选配

法兰与垫片和紧固件的选配按 HG/T 20614 的规定。

7) 压力—温度额定值

公称压力等级为 PN2.5～PN160 的钢制管法兰和法兰盖，在工作温度下的最高允许工作压力按表 A-6-93(A) 至表 A-6-93(I) 的规定。中间温度可采用内插法确定。

表 A-6-93(A) 至表 A-6-93(I) 所列的管法兰材料类别按本标准表 A-6-92 的规定。

衬里法兰盖的公称压力和不同温度下的最高允许工作压力根据法兰盖材料类别确定。不锈钢衬里法兰盖的使用温度上限不大于 35℃。

工作温度系指压力作用下法兰金属的温度。工作温度低于 20℃ 时，法兰的最高允许工作压力值与 20℃ 时相同。工作温度高于表列温度上限时，最高允许工作压力可根据使用经验或计算，由设计者自行确定。

如果一个法兰接头上的两个法兰具有不同的压力额定值,该连接接头的最高允许工作压力值按较低值,并应控制安装时螺柱扭矩,防止过紧。

确定法兰接头的压力—温度额定值时,应考虑高温或者低温下管道系统中外力和外力矩对法兰接头密封性能的影响。

高温蠕变范围或者承受较大碑度梯度的法兰接头应采取措施防止螺栓松弛,如定期上紧等。在低温操作条件下,应保证材料有足够的韧性。

采用本标准表 A-6-92 以外的材料时,法兰的最高允许工作压力可根据材料机械强度(常温/高温)相当的原则,参照表中的材料予以确定,但不大于表中对应材料的数值。

表 A-6-93(A)　PN2.5 钢制管法兰用材料最大允许工作压力(表压)　　单位:MPa

法兰材料类别号	工作温度,℃																		
	20	50	100	150	200	250	300	350	375	400	425	450	475	500	510	520	530	540	550	575	600
1C1	2.5	2.5	2.5	2.4	2.3	2.2	2.0	2.0	1.9	1.6	1.4	0.9	0.6	0.4	—	—	—	—	—	—	—
1C2	2.5	2.5	2.5	2.5	2.5	2.5	2.3	2.2	2.1	1.6	1.4	0.9	0,6	0.4	—	—	—	—	—	—	—
1C3	2.5	2.5	2.4	2.3	2.3	2.1	2.0	1.9	1.8	1.5	1.3	0.9	0.6	0.4	—	—	—	—	—	—	—
1C4	2.3	2.2	2.1	2.0	1.9	1.8	1.7	1.6	1.6	1.4	1.2	0.8	0.5	0.3	—	—	—	—	—	—	—
1C9	2.5	2.5	2.5	2.5	2.5	2.5	2.4	2.3	2.3	2.2	2.2	2.1	1.7	1.2	1.0	0.9	0.8	0.7	0.6	0.4	0.2
1C10	2.5	2.5	2.5	2.5	2.5	2.5	2.5	2.5	2.5	2.4	2.4	2.3	1.8	1.4	1.2	1.1	0.9	0.8	0.7	0.5	0.3
1C13	2.5	2.5	2.5	2.5	2.5	2.5	2.4	2.4	2.4	2.3	2.2	2.2	1.5	1.0	0.9	0.8	0.7	0.6	0.5	0.4	0.3
1C14	2.5	2.5	2.5	2.5	2.5	2.5	2.5	2.5	2.5	2.5	2.5	2.1	1.4	1.2	1.1	0.9	0.8	0.7	0.5	0.3	
2C1	2.3	2.2	1.8	1.7	1.6	1.5	1.4	1.3	1.3	1.2	1.2	1.2	1.2	1.2	1.2	1.2	1.1	1.1	1.0	0.8	
2C2	2.3	2.2	1.9	1.8	1.6	1.5	1.4	1.4	1.3	1.3	1.3	1.3	1.3	1.3	1.3	1.3	1.3	1.2	1.2	0.9	
2C3	1.9	1.8	1.6	1.4	1.3	1.2	1.1	1.1	1.0	1.0	1.0	1.0	—	—	—	—	—	—	—	—	
2C4	2.3	2.2	2.0	1.9	1.7	1.6	1.5	1.4	1.4	1.4	1.4	1.4	1.4	1.4	1.4	1.4	1.3	1.3	1.3	0.9	
2C5	2.3	2.2	2.0	1.9	1.8	1.7	1.6	1.5	1.5	1.5	1.5	1.5	1.5	1.5	1.5	1.5	1.5	1.4	1.2	0.9	
12E0	2.2	2.1	2.0	1.8	1.7	1.6	1.5	1.4	—	1.4	—	1.4	—	1.3	—	—	—	—	1.3	—	1.0

注:本标准表 A-6-92 所示管法兰用材料的适用压力—温度范围尚应遵循相关标准、规范的要求。

表 A-6-93(B)　PN6 钢制管法兰用材料最大允许工作压力(表压)　　单位:MPa

法兰材料类别号	工作温度,℃																		
	20	50	100	150	200	250	300	350	375	400	425	450	475	500	510	520	530	540	550	575	600
1C1	6.0	6.0	6.0	5.8	5.6	5.4	5.0	4.7	4.6	4.0	3.3	2.3	1.5	1.0	—	—	—	—	—	—	—
1C2	6.0	6.0	6.0	6.0	6.0	6.0	5.5	5.3	5.1	4.0	3.3	2.3	1.5	1.0	—	—	—	—	—	—	—
1C3	6.0	6.0	5.8	5.7	5.5	5.2	4.8	4.6	4.5	3.8	3.1	2.3	1.5	1.0	—	—	—	—	—	—	—
1C4	5.5	5.4	5.0	4.8	4.7	4.5	4.1	4.0	3.9	3.5	3.0	2.2	1.5	1.0	—	—	—	—	—	—	—

续表

法兰材料类别号	工作温度,℃																		
	20	50	100	150	200	250	300	350	375	400	425	450	475	500	510	520	530	540	550	575	600
1C9	6.0	6.0	6.0	6.0	6.0	6.0	5.8	5.6	5.5	5.4	5.3	5.1	4.1	2.9	2.5	2.2	1.9	1.6	1.4	1.0	0.7
1C10	6.0	6.0	6.0	6.0	6.0	6.0	6.0	6.0	5.9	5.8	5.1	4.3	3.3	3.0	2.7	2.3	2.0	1.7	1.2	0.8
1C13	6.0	6.0	6.0	6.0	6.0	6.0	6.0	5.9	5.8	5.6	5.4	3.6	2.4	2.2	1.9	1.7	1.5	1.4	1.0	0.1
1C14	6.0	6.0	6.0	6.0	6.0	6.0	6.0	6.0	6.0	6.0	6.0	5.2	3.5	3.0	2.6	2.3	1.9	1.7	1.2	0.8
2C1	5.5	5.3	4.5	4.1	3.8	3.6	3.4	3.2	3.2	3.1	3.0	3.0	2.9	2.9	2.9	2.9	2.8	2.7	2.4	1.9
2C2	5.5	5.3	4.6	4.2	3.9	3.7	3.5	3.3	3.2	3.2	3.2	3.1	3.1	3.1	3.1	3.1	3.1	3.1	2.8	2.3
2C3	4.6	4.4	3.8	3.4	3.1	2.9	2.8	2.6	2.6	2.5	2.5	2.4	—	—	—	—	—	—	—	—
2C4	5.5	5.3	4.9	4.5	4.2	4.0	3.7	3.5	3.5	3.4	3.3	3.3	3.3	3.3	3.3	3.3	3.3	3.3	3.2	2.9	2.3
2C5	5.5	5.4	5.0	4.7	4.4	4.1	3.9	3.8	3.7	3.7	3.7	3.7	3.7	3.7	3.7	3.6	3.6	3.6	3.5	3.0	2.3
12E0	5.3	5.1	4.7	4.4	4.1	3.9	3.6	3.5	—	3.3	—	3.3	—	3.2	—	—	—	—	3.1	—	2.3

注:本标准表 A-6-92 所示管法兰用材料的适用压力-温度范围尚应遵循相关标准、规范的要求。

表 A-6-93(C) PN10 钢制管法兰用材料最大允许工作压力(表压)   单位:MPa

法兰材料类别号	工作温度,℃																		
	20	50	100	150	200	250	300	350	375	400	425	450	475	500	510	520	530	540	550	575	600
1C1	10.0	10.0	10.0	9.7	9.4	9.0	8.3	7.9	7.7	6.7	5.5	3.8	2.6	1.7	—	—	—	—	—	—	—
1C2	10.0	10.0	10.0	10.0	10.0	10.0	9.3	8.8	8.5	6.7	5.5	3.8	2.6	1.7	—	—	—	—	—	—	—
1C3	10.0	10.0	9.7	9.4	9.2	8.7	8.1	7.7	7.5	6.3	5.3	3.8	2.6	1.7	—	—	—	—	—	—	—
1C4	9.1	9.0	8.3	8.1	7.9	7.5	6.9	6.6	6.5	5.9	5.0	3.8	2.6	1.7	—	—	—	—	—	—	—
1C9	10.0	10.0	10.0	10.0	10.0	10.0	9.72	9.4	9.2	9.0	8.8	8.6	6.8	4.9	4.2	3.7	3.2	2.8	2.4	1.7	1.1
1C10	10.0	10.0	10.0	10.0	10.0	10.0	10.0	10.0	10.0	9.9	9.7	9.5	7.3	5.5	5.0	4.4	3.9	3.4	2.9	2.0	1.3
1C13	10.0	10.0	10.0	10.0	10.0	10.0	10.0	9.9	9.7	9.4	9.1	6.0	4.1	3.6	3.3	2.9	2.6	2.3	1.7	1.2
1C14	10.0	10.0	10.0	10.0	10.0	10.0	10.0	10.0	10.0	10.0	10.0	8.7	5.9	5.0	4.4	3.8	3.3	2.9	2.0	1.4
2C1	9.1	8.8	7.5	6.8	6.3	6.0	5.6	5.4	5.3	5.2	5.1	5.0	4.9	4.9	4.8	4.8	4.8	4.7	4.6	4.0	3.2
2C2	9.1	8.9	7.8	2.6	6.6	6.1	5.8	5.6	5.5	5.4	5.4	5.3	5.3	5.2	5.2	5.2	5.2	5.2	5.1	4.7	3.8
2C3	7.6	7.4	6.3	5.7	5.3	4.9	4.6	4.4	4.3	4.2	4.2	4.1	—	—	—	—	—	—	—	—	—
2C4	9.1	8.9	8.1	7.5	7.0	6.6	6.3	6.0	5.9	5.8	5.7	5.7	5.6	5.5	5.5	5.5	5.5	5.5	5.4	4.9	3.9
2C5	9.1	9.0	8.4	7.8	7.3	6.9	6.6	6.4	6.3	6.2	6.2	6.2	6.1	6.1	6.1	6.1	6.1	6.0	5.8	5.0	3.8
12E0	8.9	8.4	7.8	7.3	6.9	6.4	6.0	5.8	—	5.6	—	5.4	—	5.3	—	—	—	—	5.1	—	3.8

注:本标准表 A-6-92 所示管法兰用材料的适用压力—温度范围尚应遵循相关标准、规范的要求。

表 A-6-93(D) PN16 钢制管法兰用材料最大允许工作压力(表压)   单位:MPa

法兰材料类别号	工作温度,℃																		
	20	50	100	150	200	250	300	350	375	400	425	450	475	500	510	520	530	540	550	575	600
1C1	16.0	16.0	16.0	15.6	15.1	14.4	13.4	12.8	12.4	10.8	8.9	6.2	4.2	2.7	—	—	—	—	—	—	—

续表

法兰材料类别号	工作温度,℃																	
	20	50	100	150	200	250	300	350	375	400	425	450	475	500	510	520	530	540	550	575	600
1C2	16.0	16.0	16.0	16.0	16.0	16.0	14.9	14.2	13.7	10.8	8.9	6.2	4.2	2.7	—	—	—	—	—	—	—
1C3	16.0	16.0	15.6	15.2	14.7	14.0	13.0	12.4	12.1	10.1	8.4	6.1	4.2	2.7	—	—	—	—	—	—	—
1C4	14.7	14.4	13.4	13.0	12.6	12.0	11.2	10.7	10.5	9.4	8.0	6.0	4.2	2.7	—	—	—	—	—	—	—
1C9	16.0	16.0	16.0	16.0	16.0	16.0	15.5	15.0	14.8	14.5	14.1	13.8	11.0	7.9	6.8	6.0	5.2	4.5	3.9	2.7	1.8
1C10	16.0	16.0	16.0	16.0	16.0	16.0	16.0	16.0	15.9	15.6	15.3	11.7	8.9	8.0	2.6	6.2	5.4	4.7	3.2	2.1	
1C13	16.0	16.0	16.0	16.0	16.0	16.0	16.0	15.9	16.0	15.1	14.6	9.6	6.6	5.3	5.8	4.7	4.1	3.7	2.7	1.9	
1C14	16.0	16.0	16.0	16.0	16.0	16.0	16.0	16.0	16.0	16.0	16.0	14.0	9.4	8.0	7.1	6.1	5.3	4.6	3.2	2.2	
2C1	14.7	14.2	12.1	11.0	10.2	9.6	9.0	8.7	8.6	8.4	8.2	8.1	7.9	7.8	7.7	7.7	7.6	7.5	7.3	6.4	5.2
2C2	14.7	14.3	12.5	11.4	10.6	9.8	9.3	9.0	8.8	8.7	8.6	8.5	8.4	8.3	8.3	8.3	8.2	7.6	6.1		
2C3	12.3	11.8	10.2	9.2	8.5	7.9	7.4	7.1	6.9	6.8	6.7	6.5	—	—	—	—	—	—	—	—	—
2C4	14.7	14.4	13.1	12.1	11.3	10.7	10.1	9.7	9.4	9.3	9.2	9.1	9.0	8.9	8.9	8.8	8.8	8.8	8.7	7.9	6.3
2C5	14.7	14.4	13.4	12.5	11.8	11.2	10.6	10.3	10.1	10.0	9.9	9.9	9.8	9.8	9.8	9.8	9.8	9.7	9.4	8.1	6.1
12E0	14.2	13.5	12.5	11.7	11.0	10.3	9.7	9.2	—	8.9		8.7	—	8.5	—	—	—	—	8.2	—	6.1

注:本标准表 A-6-92 所示管法兰用材料的适用压力—温度范围尚应遵循相关标准、规范的要求。

表 A-6-93(E) PN25 钢制管法兰用材料最大允许工作压力(表压) 单位:MPa

法兰材料类别号	工作温度,℃																	
	20	50	100	150	200	250	300	350	375	400	425	450	475	500	510	520	530	540	550	575	600
1C1	25.0	25.0	25.0	24.4	23.7	22.5	20.9	20.0	19.4	16.9	14.0	9.7	6.5	4.2	—	—	—	—	—	—	—
1C2	25.0	25.0	25.0	25.0	25.0	25.0	23.3	22.2	21.4	16.9	14.0	9.7	6.5	4.2	—	—	—	—	—	—	—
1C3	25.0	25.0	24.4	23.7	23.0	21.9	20.4	19.4	18.8	15.9	13.3	9.6	6.5	4.2	—	—	—	—	—	—	—
1C4	23.0	22.5	20.9	20.4	19.1	18.8	17.5	16.7	16.5	14.8	12.6	9.5	6.5	4.2	—	—	—	—	—	—	—
1C9	25.0	25.0	25.0	25.0	25.0	25.0	24.3	23.5	23.1	22.7	22.1	21.5	17.1	12.5	10.7	9.4	8.2	7.0	6.1	4.2	2.9
1C10	25.0	25.0	25.0	25.0	25.0	25.0	25.0	25.0	24.8	24.4	23.9	18.3	14.0	12.6	11.2	9.8	8.5	7.4	5.1	3.3	
1C13	25.0	25.0	25.0	25.0	25.0	25.0	25.0	24.9	24.3	23.6	22.8	15.1	10.4	9.1	8.2	7.3	6.5	5.8	4.3	3.0	
1C14	25.0	25.0	25.0	25.0	25.0	25.0	25.0	25.0	25.0	25.0	25.0	21.9	14.8	12.6	11.2	9.6	8.2	7.2	5.0	3.4	
2C1	23.0	22.1	18.9	17.2	16.0	15.0	14.2	13.7	13.5	13.2	12.9	12.7	12.5	12.3	12.2	12.1	12.0	11.9	11.5	10.1	8.2
2C2	23.0	22.3	19.5	17.8	16.5	15.5	14.6	14.1	13.8	13.6	13.5	13.4	13.3	13.2	13.1	13.1	13.0	13.0	12.9	12.0	9.6
2C3	19.2	18.5	16.0	14.5	13.3	12.4	11.7	11.1	10.9	10.7	10.5	10.3	—	—	—	—	—	—	—	—	—
2C4	23.0	22.5	20.4	19.0	17.7	16.7	15.8	15.2	14.8	14.6	14.4	14.3	14.1	14.0	13.9	13.9	13.9	13.8	13.6	12.4	9.8
2C5	23.0	22.6	20.9	19.6	18.4	17.4	16.6	16.0	15.8	15.7	15.6	15.5	15.4	15.4	15.4	15.3	15.2	14.7	12.7	9.6	
12E0	22.2	21.1	19.6	18.3	17.2	16.1	15.1	14.4	—	13.9	—	13.6	—	13.2	—	—	—	12.8	—	9.6	

注:本标准表 A-6-92 所示管法兰用材料的适用压力—温度范围尚应遵循相关标准、规范的要求。

表 A-6-93(F)　PN40 钢制管法兰用材料最大允许工作压力(表压)　　　单位:MPa

法兰材料类别号	工作温度,℃																			
	20	50	100	150	200	250	300	350	375	400	425	450	475	500	510	520	530	540	550	575	600
1C1	40.0	40.0	40.0	39.1	37.9	36.0	33.5	31.9	31.1	27.0	22.4	15.6	10.5	6.8	—	—	—	—	—	—	—
1C2	40.0	40.0	40.0	40.0	40.0	40.0	37.2	35.6	34.2	27.0	22.4	15.6	10.5	6.8	—	—	—	—	—	—	—
1C3	40.0	40.0	39.0	38.0	36.9	35.1	32.6	31.1	30.1	25.4	21.2	15.4	10.5	6.8	—	—	—	—	—	—	—
1C4	36.8	36.1	33.5	32.6	31.6	30.1	27.9	26.7	26.3	23.7	20.1	15.2	10.5	6.8	—	—	—	—	—	—	—
1C9	40.0	40.0	40.0	40.0	40.0	40.0	38.9	37.6	36.9	36.2	35.4	34.5	27.4	19.9	17.1	15.1	13.1	11.3	9.8	6.8	4.7
1C10	40.0	40.0	40.0	40.0	40.0	40.0	40.0	40.0	39.7	39.0	38.3	29.2	22.3	20.2	18.0	15.7	13.6	12.0	8.1	5.3
1C13	40.0	40.0	40.0	40.0	40.0	40.0	40.0	39.8	38.9	37.8	36.4	24.1	16.6	14.7	13.3	11.8	10.4	9.3	6.9	4.8
1C14	40.0	40.0	40.0	40.0	40.0	40.0	40.0	40.0	40.0	40.0	40.0	35.0	23.7	20.4	17.8	15.5	13.3	11.7	8.1	5.5
2C1	36.8	35.4	30.3	27.5	25.5	24.1	22.7	21.9	21.6	21.2	20.6	20.1	19.9	19.6	19.5	19.4	19.2	19.0	18.4	16.2	13.1
2C2	36.8	35.6	31.3	28.5	26.4	24.7	23.4	22.6	22.1	21.8	21.6	21.4	21.2	21.0	21.0	20.9	20.8	20.8	20.7	19.1	15.5
2C3	30.6	29.6	25.5	23.1	21.2	19.8	18.7	17.8	17.5	17.1	16.8	16.5	—	—	—	—	—	—	—	—	—
2C4	36.8	35.9	32.7	30.3	28.4	26.7	25.3	24.2	23.7	23.4	23.1	22.8	22.6	22.4	22.3	22.2	22.1	22.0	21.8	19.9	15.8
2C5	36.8	36.1	33.4	31.3	29.5	27.9	26.6	25.6	25.2	25.1	24.9	24.8	24.7	24.6	24.6	24.6	24.6	24.3	23.5	20.4	15.4
12E0	35.6	33.8	31.3	29.3	27.6	25.8	24.2	23.1	—	22.2	—	21.7	—	21.2	—	—	—	—	20.4	—	15.3

注:本标准表 A-6-92 所示管法兰用材料的适用压力—温度范围尚应遵循相关标准、规范的要求。

表 A-6-93(G)　PN63 钢制管法兰用材料最大允许工作压力(表压)　　　单位:MPa

法兰材料类别号	工作温度,℃																			
	20	50	100	150	200	250	300	350	375	400	425	450	475	500	510	520	530	540	550	575	600
1C1	63.0	63.0	63.0	61.5	59.6	56.8	52.7	50.3	49.0	42.5	35.2	24.5	16.6	10.8	—	—	—	—	—	—	—
1C2	63.0	63.0	63.0	63.0	63.0	63.0	58.7	56.0	53.8	42.5	35.2	24.5	16.6	10.8	—	—	—	—	—	—	—
1C3	63.0	63.0	61.4	59.8	58.1	55.2	51.3	48.9	47.5	40.0	33.4	24.3	16.6	10.8	—	—	—	—	—	—	—
1C4	57.9	56.8	52.7	51.3	49.8	47.4	44.0	42.1	41.5	37.4	31.7	24.0	16.6	10.8	—	—	—	—	—	—	—
1C9	63.0	63.0	63.0	63.0	63.0	63.0	61.2	59.2	58.1	57.1	55.7	54.3	43.2	31.4	26.9	23.8	20.1	17.8	15.6	10.8	7.4
1C10	63.0	63.0	63.0	63.0	63.0	63.0	63.0	63.0	62.5	61.3	60.2	46.0	35.2	31.9	28.5	24.8	21.4	18.8	12.9	8.4
1C13	63.0	63.0	63.0	63.0	63.0	63.0	63.0	62.7	61.3	59.6	57.3	37.9	26.1	23.2	20.9	18.6	16.4	14.8	10.9	7.6
1C14	63.0	63.0	63.0	63.0	63.0	63.0	63.0	63.0	63.0	63.0	63.0	55.1	37.3	31.9	28.1	24.3	20.9	18.4	12.8	8.7
2C1	57.9	55.8	47.7	43.4	40.2	37.9	35.8	34.5	34.0	33.3	32.5	31.9	31.4	30.9	30.7	30.5	30.3	29.9	29.0	25.5	20.7
2C2	57.9	56.1	49.2	44.9	41.6	38.9	36.5	35.5	34.9	34.4	34.0	33.7	33.3	33.0	33.0	32.9	32.7	32.7	32.6	30.2	24.4
2C3	48.3	46.6	40.2	36.4	33.5	31.1	29.5	28.1	27.5	27.0	26.5	26.0	—	—	—	—	—	—	—	—	—
2C4	57.9	56.6	51.4	47.8	44.7	42.0	39.9	38.2	37.4	36.9	36.3	36.0	35.6	35.3	35.1	35.0	34.9	34.7	34.4	31.4	24.8
2C5	57.9	56.8	52.6	49.4	46.4	43.9	41.9	40.3	39.7	39.6	39.2	39.0	38.9	38.8	38.8	38.7	38.7	38.3	37.0	32.1	24.3
12E0	56.0	53.2	49.3	46.2	43.4	40.6	38.1	36.4	—	35.0	—	34.2	—	33.3	—	—	—	—	32.2	—	24.1

注:本标准表 A-6-92 所示管法兰用材料的适用压力—温度范围尚应遵循相关标准、规范的要求。

表 A-6-93(H)　PN100 钢制管法兰用材料最大允许工作压力(表压)　　　单位:MPa

法兰材料类别号	工作温度,℃																		
	20	50	100	150	200	250	300	350	375	400	425	450	475	500	510	520	530	540	550	575	600
1C1	100.0	100.0	100.0	97.7	94.7	90.1	83.6	79.8	77.8	67.5	55.9	38.9	26.3	17.1	—	—	—	—	—
1C2	100.0	100.0	100.0	100.0	100.0	100.0	93.1	88.9	85.4	67.5	55.9	38.9	26.3	17.1	—	—	—	—	—
1C3	100.0	100.0	97.4	94.9	92.2	87.6	81.4	77.7	75.3	63.4	53.1	38.5	26.3	17.1	—	—	—	—	—
1C4	91.9	90.2	83.7	81.5	79.0	75.2	69.8	66.8	65.8	59.3	50.3	38.1	26.3	17.1	—	—	—	—	—
1C9	100.0	100.0	100.0	100.0	100.0	100.0	97.2	94.0	92.3	90.6	88.4	86.2	68.6	49.9	42.7	37.8	32.8	28.2	24.7	17.1	11.8
1C10	100.0	100.0	100.0	100.0	100.0	100.0	100.0	100.0	99.2	97.6	95.6	73.1	55.9	50.6	44.9	39.3	34.0	29.9	20.5	13.4
1C13	100.0	100.0	100.0	100.0	100.0	100.0	100.0	99.6	97.3	94.6	91.0	60.2	41.4	36.8	33.1	29.5	26.1	23.4	17.3	12.1
1C14	100.0	100.0	100.0	100.0	100.0	100.0	100.0	100.0	100.0	100.0	100.0	87.5	59.2	50.6	44.6	38.6	33.1	29.2	20.3	14.0
2C1	91.9	88.6	75.7	68.8	63.9	60.2	56.8	54.7	54.0	52.9	51.6	50.7	49.9	49.1	48.7	48.4	48.0	47.5	46.0	40.5	32.8
2C2	91.9	89.1	78.1	71.3	66.0	61.8	58.5	56.4	55.3	54.5	54.0	53.4	53.1	52.6	52.4	52.2	52.1	51.9	51.7	47.9	38.7
2C3	76.6	74.0	63.9	57.8	53.1	49.4	46.8	44.5	43.7	42.9	42.0	41.2	—	—	—	—	—	—	—
2C4	91.9	89.8	81.6	75.9	70.9	66.7	63.2	60.6	59.3	58.5	57.6	57.1	56.5	56.0	55.8	55.6	55.3	55.1	54.5	49.7	39.4
2C5	91.9	90.2	83.6	78.4	73.6	69.7	66.5	64.0	63.1	62.8	62.2	62.0	61.7	61.6	61.6	61.5	61.4	60.8	58.8	50.9	38.5
12E0	88.9	84.4	78.2	73.3	68.9	64.4	60.4	57.8	—	55.6	—	54.2	—	52.9	—	—	—	—	51.1	—	38.2

注:本标准表 A-6-92 所示管法兰用材料的适用压力—温度范围尚应遵循相关标准、规范的要求。

表 A-6-93(I)　PN160 钢制管法兰用材料最大允许工作压力(表压)　　　单位:MPa

法兰材料类别号	工作温度,℃																		
	20	50	100	150	200	250	300	350	375	400	425	450	475	500	510	520	530	540	550	575	600
1C1	160.0	160.0	160.0	156.3	151.4	144.1	133.8	127.7	124.4	108.0	89.4	62.2	42.0	27.3	—	—	—	—	—
1C2	160.0	160.0	160.0	160.0	160.0	160.0	148.9	142.2	136.6	108.0	89.4	62.2	42.0	27.3	—	—	—	—	—
1C3	160.0	160.0	155.8	151.8	147.4	140.2	130.2	124.3	120.5	101.4	84.9	61.5	42.0	27.3	—	—	—	—	—
1C4	147.0	144.2	133.9	130.3	126.3	120.3	111.7	106.8	105.3	94.9	80.4	60.8	42.0	27.3	—	—	—	—	—
1C9	160.0	160.0	160.0	160.0	160.0	160.0	155.4	150.3	147.6	144.9	141.4	137.8	109.7	79.7	68.3	60.4	52.4	45.0	39.5	27.3	18.7
1C10	160.0	160.0	160.0	160.0	160.0	160.0	160.0	160.0	158.7	156.0	153.0	116.9	89.3	80.9	71.8	62.8	54.4	47.7	32.7	21.4
1C13	160.0	160.0	160.0	160.0	160.0	160.0	160.0	159.2	155.7	151.3	145.6	96.3	66.2	58.8	52.9	47.1	41.6	37.4	27.5	19.3
1C14	160.0	160.0	160.0	160.0	160.0	160.0	160.0	160.0	160.0	160.0	160.0	140.0	94.7	81.0	71.4	61.8	53.0	46.7	32.5	22.4
2C1	147.0	141.7	121.1	110.1	102.1	96.2	90.8	87.5	86.4	84.6	82.4	81.1	79.7	78.5	77.9	77.4	76.8	75.9	73.6	64.8	52.4
2C2	147.0	142.5	125.0	114.0	105.6	98.9	93.6	90.2	88.5	87.2	86.3	85.4	84.9	84.1	83.8	83.5	83.3	83.0	82.7	76.5	61.9
2C3	122.5	118.4	102.1	92.5	84.9	79.0	74.8	71.2	69.9	68.5	67.2	65.9	—	—	—	—	—	—	—
2C4	147.0	143.7	130.6	121.3	113.4	106.7	101.5	96.9	94.9	93.5	92.2	91.3	90.4	89.6	89.2	88.8	88.5	88.1	87.2	79.5	63.0
2C5	147.0	144.3	133.6	125.3	117.8	111.5	106.4	102.4	100.9	100.4	99.5	99.1	98.7	98.5	98.5	98.3	98.2	97.3	94.0	81.4	61.5
12E0	142.2	135.0	125.0	117.3	110.0	103.0	96.6	92.48	—	89.0	—	86.7	—	84.6	—	—	—	—	81.8	—	61.1

8) 尺寸

法兰的连接尺寸按本标准,螺栓孔应等间距均布。

3. 钢制管法兰(Class 系列美洲体系)(HG/T 20592~20635—2009)

1)总则

本标准规定了钢制管法兰(Class 系列)的公称尺寸、公称压力、材料、压力—温度额定值、法兰类型和尺寸、密封面、公差及标记。

本标准适用于公称压力 Class150(PN20)~Class2500(PN420)的钢制管法兰和法兰盖(表A-6-94)。法兰公称压力等级采用 Class 表示,包括下列六个等级:Class150、Class300、Class600、Class900、Class1500 和 Class2500。

表 A-6-94　法兰的公称压力等级对照表

Class	PN	Class	PN
Class150	PN20	Class900	PN150
Class300	PN50	Class1500	PN260
Class600	PN110	Class2500	PN420

本标准适用的钢管公称尺寸 DN 和钢管外径按表 A-6-95 的规定。

表 A-6-95　公称尺寸和钢管外径

公称尺寸	DN,mm	15	20	25	32	40	50	65	80	100
	NPS,in	1/2	3/4	1	1¼	1½	2	2½	3	4
钢管外径,mm		21.3	26.9	33.7	42.4	48.3	60.3	76.1	88.9	114.3
公称尺寸	DN,mm	125	150	200	250	300	350	400	450	500	600
	NPS,in	5	6	8	10	12	14	16	18	20	24
钢管外径,mm		139.7	168.3	219.1	273.0	323.9	355.6	406.4	457	508	610

本标准也适用于采用法兰作为连接形式的阀门、泵、化工机械、管路附件和设备零部件。本标准不包括特殊流体工况下材料的选择原则。

2)法兰类型和法兰密封面

(1)法兰类型。

法兰类型及其代号按图 A-6-6 和表 A-6-96 的规定。法兰类型包括:带颈平焊法兰、带颈对焊法兰、整体法兰、承插焊法兰、螺纹法兰、对焊环松套法兰、长高颈法兰和法兰盖。

表 A-6-96　法兰类型代号

法兰类型代号	法兰类型	法兰类型代号	法兰类型
SO	带颈平焊法兰	SW	承插焊法兰
WN	带颈对焊法兰	Th	螺纹法兰
LWN	长高颈法兰	LF/SE	对焊环松套法兰
IF	整体法兰	BL	法兰盖

(2)法兰密封面。

法兰的密封面形式及其代号按图 A-6-7 和表 A-6-97 的规定。法兰的密封面形式包括:突面、凹面/凸面、榫面/槽面、全平面和环连接面。

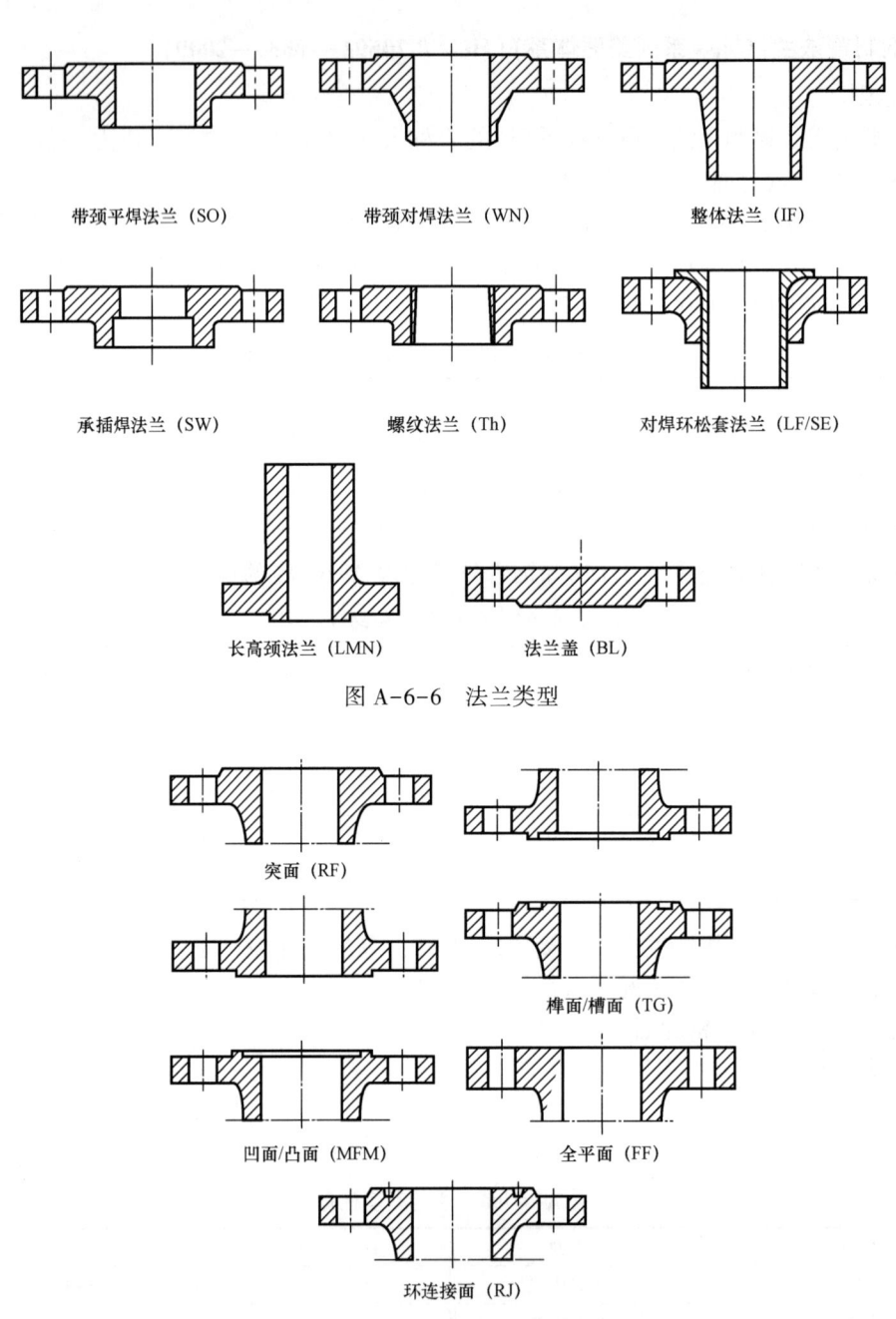

带颈平焊法兰（SO） 　　带颈对焊法兰（WN） 　　整体法兰（IF）

承插焊法兰（SW） 　　螺纹法兰（Th） 　　对焊环松套法兰（LF/SE）

长高颈法兰（LMN） 　　法兰盖（BL）

图 A-6-6　法兰类型

突面（RF）

榫面/槽面（TG）

凹面/凸面（MFM）

全平面（FF）

环连接面（RJ）

图 A-6-7　密封面形式

表 A-6-97　密封面形式代号

密封面形式	突面	凹面	凸面	榫面	槽面	全平面	环连接面
代号	RF	FM	M	T	G	FF	RJ

各种类型法兰密封面形式的适用范围按表 A-6-98 的规定。

表 A-6-98　各种类型法兰的密封面形式及其适用范围

法兰类型	密封面形式	公称压力 Class(PN),MPa					
		150 (20)	300 (50)	600 (110)	900 (150)	1500 (260)	2500 (420)
带颈平焊法兰 (SO),mm	突面(RF)	DN15~DN600				DN15~DN65	—
	凹面(FM) 凸面(M)	—	DN15~DN600			DN15~DN65	
	榫面(T) 槽面(G)	—	DN15~DN600			DN15~DN65	
	全平面(FF)	DN15~DN600	—				
带颈对焊法兰 (WN) 长高颈法兰 (LWN),mm	突面(RF)	DN15~DN600					DN15~DN300
	凹面(FM) 凸面(M)	—	DN15~DN600				DN15~DN300
	榫面(T) 槽面(G)	—	DN15~DN600				DN15~DN300
	全平面(FF)	DN15~DN600	—				
	环连接面(RJ)	DN25~DN300	DN15~DN600				DN15~DN300
整体法兰 (IF),mm	突面(RF)	DN15~DN600					DN15~DN300
	凹面(FM) 凸面(M)	—	DN15~DN600				DN15~DN300
	榫面(T) 槽面(G)	—	DN15~DN600				DN15~DN300
	全平面(FF)	DN15~D80	—				
	环连接面(RJ)	DN25~DN600	DN15~DN600				DN15~DN300
承插焊法兰 (SW),mm	突面(RF)	DN15~DN80			DN15~DN65		—
	凹面(FM) 凸面(M)	—	DN15~DN80		DN15~DN65		
	榫面(T) 槽面(G)	—	DN15~DN80		DN15~DN65		
	环连接面(RJ)	DN25~DN80	DN15~DN80		DN15~DN65		
螺纹法兰 (Th),mm	突面(RF)	DN15~DN150	—				
	全平面(FF)	DN15~DN150	—				
对焊环松 套法兰 (LF/SE),mm	突面(RF)	DN15~DN600			—		

续表

法兰类型	密封面形式	公称压力 Class(PN),MPa					
		150 (20)	300 (50)	600 (110)	900 (150)	1500 (260)	2500 (420)
法兰盖 (BL),mm	突面(RF)	DN15~DN600					DN15~DN300
	凹面(FM) 凸面(M)	—	DN15~DN600				DN15~DN300
	榫面(T) 槽面(G)	—	DN15~DN600				DN15~DN300
	全平面(FF)	DN15~DN600	—				
	环连接面(RJ)	DN25~DN600	DN15~DN600				DN15~DN300

3) 材料

钢制管法兰用材料按表 A-6-99 的规定,其化学成分、力学性能和其他技术要求应符合表 A-6-99 所列有关标准的规定。

表 A-6-99　钢制管法兰用材料

类别号	类别	钢板		锻件		铸件	
		材料牌号	标准编号	材料牌号	标准编号	材料牌号	标准编号
1.0	碳素钢	Q235A,Q235B 20 Q245R	GB/T 3274 (GB/T 700) GB/T 711 GB 713	20	JB 4726	WCA	GB/T 12229
1.1	碳素钢			A105 16Mn 16MnD	GB/T 12228 JB 4726 JB 4727	WCB	GB/T 12229
1.2	碳素钢	Q345R	GB 713	—	—	WCC LC3、LCC	GB 12229 JB/T 7248
1.3	碳素钢	16MnDR	GB 3531	08Ni3D 25	JB 4727 GB/T 12228	LCB	JB/T 7248
1.4	碳素钢	09MnNiDR	GB 3531	09MnNiD	JB 4727		
1.9	铬钼钢 (1.25Cr- 0.5Mo)	HCr1MoR	GB713	14Cr1Mo	JB 4726	WC6	JB/T 5263
1.10	铬钼钢 (2.25Cr-1Mo)	12Cr2Mo1R	GB713	12Cr2Mo1	JB 4726	WC9	JB/T 5263

续表

类别号	类别	钢板		锻件		铸件	
		材料牌号	标准编号	材料牌号	标准编号	材料牌号	标准编号
1.13	铬钼钢 (5Cr-0.5Mo)	—	—	1Cr5Mo	JB 4726	ZG16Cr5MoG	GB/T 16253
1.15	铬钼铬钢 (9Cr-1Mo-V)	—	—	—	—	C12A	JB/T 5263
1.17	铬钼钢 (1Cr-0.5Mo)	15CrMoR	GB 713	15CrMo	JB 4726	—	—
2.1	304	0Cr18Ni9	GB/T 4237	0Cr18Ni9	JB 4728	CF3 CF8	GB/T 12230 GB/T 12230
2.2	316	0Cr17Ni12Mo2	GB/T 4237	0Cr17Ni12Mo2	JB 4728	CF3M CF8M	GB/T 12230 GB/T 12230
2.3	304L 316L	00Cr19Ni10 00Cr17Ni14Mo2	GB/T 4237	00Cr19Ni10 00Cr17Ni14Mo2	JB 4728	—	—
2.4	321	0Cr18Ni10Ti	GB/T 4237	0Cr18Ni10Ti	JB 4728	—	—
2.5	347	0Cr18Ni11Nb	GB/T 4237	—	—	—	—
2.11	CF8C	—	—	—	—	CF8C	GB/T 12230

注：(1) 管法兰材料一般应采用锻件或铸件，带颈法兰不得用钢板制造。钢板仅可用于法兰盖。
(2) 表列铸件仅适用于整体法兰。
(3) 管法兰用对焊环可采用锻件或钢管制造(包括焊接)。

管法兰用锻件(包括锻轧件)的级别及其技术要求(参照 JB 4726、JB 4727、JB 4728)应符合下述规定。

(1) 符合下列情况之一者，应符合Ⅲ级或Ⅲ级以上锻件的要求：
① 公称压力不小于 Class600 者；
② 公称压力不小于 Class300 的铬钼钢锻件；
③ 公称压力不小于 Class300 且工作温度不大于-20℃的铁素体钢锻件。
(2) 除上述规定外，公称压力不大于 Class300 的锻件应符合Ⅱ级或Ⅱ级以上锻件的要求。
4) 法兰用垫片及紧固件
(1) 垫片应满足法兰接头在工作条件下的密封性能。在螺栓预紧荷载作用下，保证预紧和工作条件下要求的垫片应力，且不产生有害的变形、压碎等损伤。
(2) 垫片按 HG/T 20627~20633、HG/T 20635 的规定。
(3) 紧固件包括六角头螺栓、全螺纹螺柱和螺母，其适用的螺栓数量和规格按本标准规定。
(4) 紧固件分为高强度、中强度和低强度紧固件。紧固件材料应根据垫片、压力、温度、法兰、密封面形式选用，以满足法兰接头在预紧和工作条件下的密封性能和承压强度。

（5）紧固件按 HG/T 20634 的规定。

5）法兰接头选配

法兰与垫片和紧固件的选配按 HG/T 20614 的规定。

6）压力—温度额定值

公称压力为 Class150～Class2500 的钢制管法兰和法兰盖，在工作温度下的最高允许工作压力按表 A-6-100（A）至表 A-6-100（K）的规定。中间温度可采用内插法确定。

表 A-6-100（A）至表 A-6-100（K）所列的管法兰材料类别按表 A-6-99 的规定。

表 A-6-100（A） 材料组别为 1.0 的钢制管法兰用材料最大允许工作压力（表压）

工作温度,℃	最大允许工作压力,bar			工作温度,℃	最大允许工作压力,bar		
	Class150（PN20）	Class300（PN50）	Class600（PN110）		Class150（PN20）	Class300（PN50）	Class600（PN110）
≤38	16.0	41.8	83.6	325	9.3	32.3	64.5
50	15.4	40.1	80.3	350	8.4	31.2	62.5
100	14.8	38.7	77.4	375	7.4	30.4	60.8
150	14.4	37.6	75.3	400	6.5	29.4	58.7
200	13.8	36.4	72.8	425	5.5	25.9	51.7
250	12.1	35	69.9	450	4.6	21.5	43
300	10.2	33.1	66.2	475	3.7	15.5	31.0

注：表 A-6-99 所示管法兰用材料的适用压力—温度范围尚应遵循相关标准、规范的要求。

表 A-6-100（B） 材料组别为 1.1 的钢制管法兰用材料最大允许工作压力（表压）

工作温度,℃	最大允许工作压力,bar					
	Class150（PN20）	Class300（PN50）	Class600（PN110）	Class900（PN150）	Class1500（PN260）	Class2500（PN420）
≤38	19.6	51.1	102.1	153.2	255.3	425.5
50	19.2	50.1	100.2	150.4	250.6	417.7
100	17.7	46.6	93.2	139.8	233.0	388.3
150	15.8	45.1	90.2	135.2	225.4	375.6
200	13.8	43.8	87.6	131.4	219.0	365.0
250	12.1	41.9	83.9	125.8	209.7	349.5
300	10.2	39.8	79.6	119.5	199.1	331.8
325	9.3	38.7	77.4	116.1	193.6	322.6
350	8.4	37.6	75.1	112.7	187.8	313.0
375	7.4	36.4	72.7	109.1	181.8	303.1
400	6.5	34.7	69.4	104.2	173.6	289.3
425	5.5	28.8	57.5	86.3	143.8	239.7

续表

工作温度,℃	最大允许工作压力,bar					
	Class150 (PN20)	Class300 (PN50)	Class600 (PN110)	Class900 (PN150)	Class1500 (PN260)	Class2500 (PN420)
450	4.6	23.0	46.0	69.0	115.0	191.7
475	3.7	17.4	34.9	52.3	87.2	145.3
500	2.8	11.8	23.5	35.3	58.8	97.9
538	1.4	5.9	11.8	17.7	29.5	49.2

注：表A-6-99所示管法兰用材料的适用压力—温度范围尚应遵循相关标准、规范的要求。

表A-6-100(C)　材料组别为1.2的钢制管法兰用材料最大允许工作压力(表压)

工作温度,℃	最大允许工作压力,bar					
	Class150 (PN20)	Class300 (PN50)	Class600 (PN110)	Class900 (PN150)	Class1500 (CPN260)	Class2500 (PN420)
≤38	19.8	51.7	103.4	155.1	258.6	430.9
50	19.5	51.7	103.4	155.1	258.6	430.9
100	17.7	51.5	103.0	154.6	257.6	429.4
150	15.8	50.2	100.3	150.5	250.8	418.1
200	13.8	48.6	97.2	145.8	243.2	405.4
250	12.1	46.3	92.7	139.0	231.8	386.2
300	10.2	42.9	85.7	128.6	214.4	357.1
325	9.3	41.4	82.6	124.0	206.6	344.3
350	8.4	40.0	80.0	120.1	200.1	333.5
375	7.4	37.8	75.7	113.5	189.2	315.3
400	6.5	34.7	69.4	104.2	173.6	289.3
425	5.5	28.8	57.5	86.3	143.8	239.7
450	4.6	23.0	46.0	69.0	115.0	191.7
475	3.7	17.1	34.2	51.3	85.4	142.4
500	2.8	11.6	23.2	34.7	57.9	96.5
538	1.4	5.9	11.8	17.7	29.5	49.2

注：表A-6-99所示管法兰用材料的适用压力—温度范围尚应遵循相关标准、规范的要求。

表A-6-100(D)　材料组别为1.3的钢制管法兰用材料最大允许工作压力(表压)

工作温度,℃	最大允许工作压力,bar					
	Class150 (PN20)	Class300 (PN50)	Class600 (PN110)	Class900 (PN150)	Class1500 (PN260)	Class2500 (PN420)
≤38	18.4	48.0	96.0	144.1	240.1	400.1

续表

工作温度,℃	最大允许工作压力,bar					
	Class150 (PN20)	Class300 (PN50)	Class600 (PN110)	Class900 (PN150)	Class1500 (PN260)	Class2500 (PN420)
50	18.2	47.5	94.9	142.4	237.3	395.6
100	17.4	45.3	90.7	136.0	226.7	377.8
150	15.8	43.9	87.9	131.8	219.7	366.1
200	13.8	42.5	85.1	127.6	212.7	354.4
250	12.1	40.8	81.6	122.3	203.9	339.8
300	10.2	38.7	77.4	116.1	193.4	322.4
325	9.3	37.6	75.2	112.7	187.9	313.1
350	8.4	36.4	72.8	109.1	182.0	303.3
375	7.4	35.0	69.9	104.9	174.9	291.4
400	6.5	32.6	65.2	97.9	163.1	271.9
425	5.5	27.3	54.6	81.9	136.5	227.5
450	4.6	21.6	43.2	64.8	107.9	179.9
475	3.7	15.7	31.3	47.0	78.3	130.6
500	2.8	11.1	72.1	33.2	55.4	92.3
538	1.4	5.9	11.8	17.7	29.5	49.2

注：表 A-6-99 所示管法兰用材料的适用压力—温度范围尚应遵循相关标准、规范的要求。

表 A-6-100(E) 材料组别为 1.4 的钢制管法兰用材料最大允许工作压力(表压)

工作温度,℃	最大允许工作压力,bar					
	Class150 (PN20)	Class300 (PN50)	Class600 (PN110)	Class900 (PN150)	Class1500 (PN260)	Class2500 (PN420)
≤38	16.3	42.6	85.1	127.7	212.8	354.6
50	16.0	41.8	83.5	125.3	208.9	348.1
100	14.9	38.8	77.7	116.5	194.2	323.6
150	14.4	37.6	75.1	112.7	187.8	313.0
200	13.8	36.4	72.8	109.2	182.1	303.4
250	12.1	34.9	69.8	104.7	174.6	291.0
300	10.2	33.2	66.4	99.5	165.9	276.5
325	9.3	32.2	64.5	96.7	161.2	268.6
350	8.4	31.2	62.5	93.7	156.2	260.4
375	7.4	30.4	60.7	91.1	151.8	253.0
400	6.5	29.3	58.7	88.0	146.7	244.5

续表

工作温度,℃	最大允许工作压力,bar					
	Class150 (PN20)	Class300 (PN50)	Class600 (PN110)	Class900 (PN150)	Class1500 (PN260)	Class2500 (PN420)
425	5.5	25.8	51.5	77.3	128.8	214.7
450	4.6	21.4	42.7	64.1	106.8	178.0
475	3.7	14.1	28.2	42.3	70.5	117.4
500	2.8	10.3	20.6	30.9	51.5	85.9
538	1.4	5.9	11.8	17.7	29.5	49.2

注：表A-6-99所示管法兰用材料的适用压力—温度范围尚应遵循相关标准、规范的要求。

表 A-6-100(F)　材料组别为1.9的钢制管法兰用材料最大允许工作压力(表压)

工作温度,℃	最大允许工作压力,bar					
	Class150 (PN20)	Class300 (PN50)	Class600 (PN110)	Class900 (PN150)	Class1500 (PN260)	Class2500 (PN420)
≤38	19.8	51.7	103.4	155.1	258.6	430.9
50	19.5	51.7	103.4	155.1	258.6	430.9
100	17.7	51.5	103.0	154.4	257.4	429.0
150	15.8	49.7	99.5	149.2	248.7	414.5
200	13.8	48.0	95.9	143.9	239.8	399.6
250	12.1	46.3	92.7	139.0	231.8	386.2
300	10.2	42.9	85.7	128.6	214.4	357.1
325	9.3	41.4	82.6	124.0	206.6	344.3
350	8.4	40.3	80.4	120.7	201.1	335.3
375	7.4	38.9	77.6	116.5	194.1	323.2
400	6.5	36.5	73.3	109.5	183.1	304.9
425	5.5	35.2	70.5	105.1	175.1	291.6
450	4.6	33.7	67.7	101.4	169.0	281.8
475	3.7	31.7	63.4	95.1	158.2	263.9
500	2.8	25.7	51.5	77.2	128.6	214.4
538	1.4	14.9	29.8	44.7	74.5	124.1
550	—	12.7	25.4	38.1	63.5	105.9
575	—	8.8	17.6	26.4	44.0	73.4
600	—	6.1	12.2	18.3	30.5	50.9
625	—	4.3	8.5	12.8	21.3	35.5
650	—	2.8	5.7	8.5	14.2	23.6

注：表A-6-99所示管法兰用材料的适用压力—温度范围尚应遵循相关标准、规范的要求。

表 A-6-100(G)　材料组别为 1.10 的钢制管法兰用材料最大允许工作压力(表压)

工作温度,℃	最大允许工作压力,bar					
	Class150 (PN20)	Class300 (PN50)	Class600 (PN110)	Class900 (PN150)	Class1500 (PN260)	Class2500 (PN420)
≤38	19.8	51.7	103.4	155.1	258.6	430.9
50	19.5	51.7	103.4	155.1	258.6	430.9
100	17.7	51.5	103.0	154.6	257.6	429.4
150	15.8	50.3	100.3	150.6	250.8	418.2
200	13.8	48.6	97.2	145.8	243.4	405.4
250	12.1	46.3	92.7	139.0	231.8	386.2
300	10.2	42.9	85.7	128.6	214.4	357.1
325	9.3	41.4	82.6	124.0	206.6	344.3
350	8.4	40.3	80.4	120.7	201.1	335.3
375	7.4	38.9	77.6	116.5	194.1	323.2
400	6.5	36.5	73.3	109.8	183.1	304.9
425	5.5	35.2	70.0	105.1	175.1	291.6
450	4.6	33.7	67.7	101.4	169.0	281.8
475	3.7	31.7	63.4	95.1	158.2	263.9
500	2.8	28.2	56.5	84.7	140.9	235.0
538	1.4	18.4	36.9	55.3	92.2	153.7
550	—	15.6	31.3	46.9	78.2	130.3
575	—	10.5	21.1	31.6	52.6	87.7
600	—	6.9	13.8	20.7	34.4	57.4
625	—	4.5	8.9	13.4	22.3	37.2
650	—	2.8	5.7	8.5	14.2	23.6

注:表 A-6-99 所示管法兰用材料的适用压力—温度范围尚应遵循相关标准、规范的要求。

表 A-6-100(H)　材料组别为 1.13 的钢制管法兰用材料最大允许工作压力(表压)

工作温度,℃	最大允许工作压力,bar					
	Class150 (PN20)	Class300 (PN50)	Class600 (PN110)	Class900 (PN150)	Class1500 (PN260)	Class2500 (PN420)
≤38	20.0	51.7	103.4	155.1	258.6	430.9
50	19.5	51.7	103.4	155.1	258.6	430.9
100	17.7	51.5	103.0	154.6	257.6	429.4
150	15.8	50.3	100.3	150.6	250.8	418.2
200	13.8	48.6	97.2	145.8	243.4	405.4

续表

工作温度,℃	最大允许工作压力,bar					
	Class150 (PN20)	Class300 (PN50)	Class600 (PN110)	Class900 (PN150)	Class1500 (PN260)	Class2500 (PN420)
250	12.1	46.3	92.7	139.0	231.8	386.2
300	10.2	42.9	85.7	128.6	214.4	357.1
325	9.3	41.4	82.6	124.0	206.6	344.3
350	8.4	40.3	80.4	120.7	201.1	335.3
375	7.4	38.9	77.6	116.5	194.1	323.2
400	6.5	36.5	73.3	109.8	183.1	304.9
425	5.5	35.2	70.0	105.1	175.1	291.6
450	4.6	33.7	67.7	101.4	169.0	281.8
475	3.7	27.9	55.7	83.6	139.3	232.1
500	2.8	21.4	42.8	64.1	106.9	178.2
538	1.4	13.7	27.4	41.1	68.6	114.3
550	—	12.0	24.1	36.1	60.2	100.4
575	—	8.9	17.8	26.7	44.4	74.0
600	—	6.2	12.5	18.7	31.2	51.9
625	—	4.0	8.0	12.0	20.0	33.3
650	—	2.4	4.7	7.1	11.8	19.7

注：表 A-6-99 所示管法兰用材料的适用压力—温度范围尚应遵循相关标准、规范的要求。

表 A-6-100(Ⅰ)　材料组别为 1.15 的钢制管法兰用材料最大允许工作压力(表压)

工作温度,℃	最大允许工作压力,bar					
	Class150 (PN20)	Class300 (PN50)	Class600 (PN110)	Class900 (PN150)	Class1500 (PN260)	Class2500 (PN420)
≤38	20.0	51.7	103.4	155.1	258.6	430.9
50	19.5	51.7	103.4	155.1	258.6	430.9
100	17.7	51.5	103.0	154.6	257.6	429.4
150	15.8	50.3	100.3	150.6	250.8	418.2
200	13.8	48.6	97.2	145.8	243.4	405.4
250	12.1	46.3	92.7	139.0	231.8	386.2
300	10.2	42.9	85.7	128.6	214.4	357.1
325	9.3	41.4	82.6	124.0	206.6	344.3
350	8.4	40.3	80.4	120.7	201.1	335.3
375	7.4	38.9	77.6	116.5	194.1	323.2

续表

工作温度,℃	最大允许工作压力,bar					
	Class150 (PN20)	Class300 (PN50)	Class600 (PN110)	Class900 (PN150)	Class1500 (PN260)	Class2500 (PN420)
400	6.5	36.5	73.3	109.8	183.1	304.9
425	5.5	35.2	70.0	105.1	175.1	291.6
450	4.6	33.7	67.7	101.4	169.0	281.8
475	3.7	31.7	63.4	95.1	158.2	263.9
500	2.8	28.2	56.5	84.7	140.9	235.0
538	1.4	25.2	50.0	75.2	125.5	208.9
550	—	25.0	49.8	74.8	124.9	208.0
575	—	24.0	47.9	71.8	119.7	199.5
600	—	19.5	39.0	58.5	97.5	162.5
625	—	14.6	29.2	43.8	73.0	121.7
650	—	9.9	19.9	29.8	49.6	82.7

注：表 A-6-99 所示管法兰用材料的适用压力—温度范围尚应遵循相关标准、规范的要求。

表 A-6-100(J)　材料组别为 1.17 的钢制管法兰用材料最大允许工作压力（表压）

工作温度,℃	最大允许工作压力,bar					
	Class150 (PN20)	Class300 (PN50)	Class600 (PN110)	Class900 (PN150)	Class1500 (PN260)	Class2500 (PN420)
≤38	18.1	47.2	94.4	141.6	236	393.3
50	18.1	47.2	94.4	141.6	236	393.3
100	17.7	47.2	94.4	141.6	236	393.3
150	15.8	47.2	94.4	141.6	236	393.3
200	13.8	46.3	92.5	138.8	231.3	385.6
250	12.1	44.8	89.6	134.5	224.1	373.5
300	10.2	42.9	85.7	128.6	214.4	357.1
325	9.3	41.4	82.6	124.0	206.6	344.3
350	8.4	40.3	80.4	120.7	201.1	335.3
375	7.4	38.9	77.6	116.5	194.1	323.2
400	6.5	36.5	73.3	109.8	183.1	304.9
425	5.5	35.2	70.0	105.1	175.1	291.6
450	4.6	33.7	67.7	101.4	169.0	281.8
475	3.7	27.9	55.7	83.6	139.3	232.1
500	2.8	21.4	42.8	64.1	106.9	178.2

续表

工作温度,℃	最大允许工作压力,bar					
	Class150 (PN20)	Class300 (PN50)	Class600 (PN110)	Class900 (PN150)	Class1500 (PN260)	Class2500 (PN420)
538	1.4	13.7	27.4	41.1	68.6	114.3
550	—	12	24.1	36.1	60.2	100.4
575	—	4.8	17.6	26.4	44.0	73.4
600	—	6.1	12.1	18.2	30.3	50.4
625	—	4.0	8.0	12.0	20.0	33.3
650	—	2.4	4.7	7.1	11.8	19.7

注：表 A-6-99 所示管法兰用材料的适用压力—温度范围尚应遵循相关标准、规范的要求。

表 A-6-100(K) 材料组别为 2.1 的钢制管法兰用材料最大允许工作压力(表压)

工作温度,℃	最大允许工作压力,bar					
	Class150 (PN20)	Class300 (PN50)	Class600 (PN110)	Class900 (PN150)	Class1500 (PN260)	Class2500 (PN420)
≤38	19.0	49.6	99.3	148.9	248.2	413.7
50	18.3	47.8	95.6	143.5	239.1	398.5
100	15.7	40.9	81.7	122.6	204.3	340.4
150	14.2	33.5	74.0	111.0	185.0	308.4
200	13.2	34.5	69.0	103.4	172.4	287.3
250	12.1	32.5	65.0	97.5	162.4	270.7
300	10.2	30.9	61.8	92.7	154.6	257.6
325	9.3	30.2	60.4	90.7	151.1	251.9
350	8.4	29.6	59.3	88.9	148.1	246.9
375	7.4	29.0	58.1	87.1	145.2	241.9
400	6.5	28.4	56.9	85.3	142.2	237.0
425	5.5	28.0	56.0	84.0	140.0	233.3
450	4.6	27.4	54.8	82.2	137.0	228.4
475	3.7	26.9	53.9	80.8	134.7	224.5
500	2.8	26.5	53.0	79.5	132.4	220.7
538	1.4	24.4	48.9	73.3	122.1	203.6
550	—	23.6	47.1	70.7	117.8	196.3
575	—	20.8	41.7	62.5	104.2	173.7
600	—	16.9	33.8	50.6	84.4	140.7
625	—	13.8	27.6	41.4	68.9	114.9

续表

工作温度,℃	最大允许工作压力,bar					
	Class150 (PN20)	Class300 (PN50)	Class600 (PN110)	Class900 (PN150)	Class1500 (PN260)	Class2500 (PN420)
650	—	11.3	22.5	33.8	56.3	93.8
675	—	9.3	18.7	28.0	46.7	77.9
700	—	8.0	16.1	24.1	40.1	66.9
725	—	6.8	13.5	20.3	33.8	56.3
750	—	5.8	11.6	17.3	28.9	48.1
775	—	4.6	9.0	13.7	22.8	38.0

7) 尺寸

法兰的连接尺寸按本标准,螺栓孔应等间距均布。

4. 钢制对焊管件类型与参数(GB/T 12459—2017《钢制对焊管件类型与参数》)

1) 总则

本标准规定了DN 15~DN 1500(NPS1/2~NPS60)钢制对焊管件(以下简称管件)的类型与代号、管件的压力设计、管件尺寸、表面轮廓、端部坡口、公差、标志和产品质量合格证明书等要求(表A-6-101)。

本标准适用于钢制对焊无缝和焊接管件。

表A-6-101 管件的类型与代号

品种	类型	代号	
		无缝管件	焊接管件
45°弯头	长半径	45EL	W45EL
	3D	45E3D	W45E3D
90°弯头	长半径	90EL	W90EL
	长半径异径	90ELR	W90ELR
	短半径	90ES	W90ES
	3D	90E3D	W90E3D
180°弯头	长半径	180EL	W180EL
	短半径	180ES	W180ES
异径管(大小头)	同心	RC	WRC
	偏心	RE	WRE
三通	等径	TS	WTS
	异径	TR	WTR

2) 管件尺寸

管件的公称尺寸用 DN 或 NPS 表示。两者之间的关系见管件尺寸表中的"公称尺寸"栏。

本标准的管件端部外径分为Ⅰ、Ⅱ两个系列。Ⅰ系列为通用系列,属推荐选用系列;Ⅱ系列为非通用系列。

长半径 90°和 45°弯头尺寸见图 A-6-8 和表 A-6-102,长半径 90°异径弯头尺寸见图 A-6-9 和表 A-6-103,长半径 180°弯头尺寸见图 A-6-10 和表 A-6-104,短半径 90°弯头尺寸见图 A-6-11和表 A-6-105,短半径 180°弯头尺寸见图 A-6-12 和表 A-6-106,90°和 45°3D 弯头尺寸见图 A-6-13 和表 A-6-107,等径三通和四通尺寸见图 A-6-14 和表 A-6-108,异径三通和四通尺寸见图 A-6-15 和表 A-6-109,翻边短节尺寸见图 A-6-16 和表 A-6-110,管帽尺寸见图 A-6-17 和表 A-6-111,异径管尺寸见图 4-6-18 和表 A-6-112。

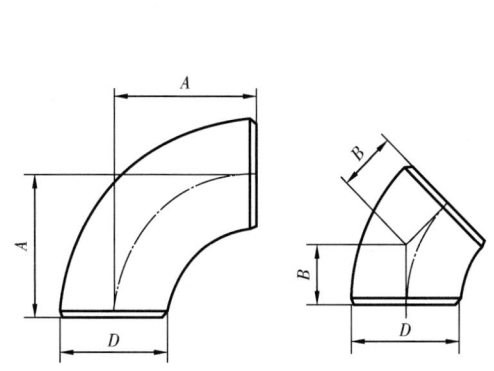

图 A-6-8 长半径 90°和 45°弯头

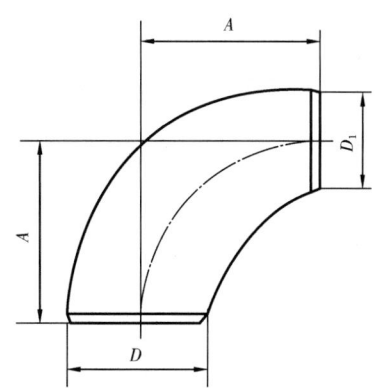

图 A-6-9 90°长半径异径弯头

表 A-6-102 长半径 90°和 45°弯头尺寸

公称尺寸		坡口处外径 D,mm		中心至端面	
DN,mm	NPS,in	Ⅰ系列	Ⅱ系列	90°弯头 A,mm	45°弯头 B,mm
15	1/2	21.3	18	38	16
20	3/4	26.9	25	38	19
25	1	33.7	32	38	22
32	1¼	42.4	38	48	25
40	1½	48.3	45	57	29
50	2	60.3	57	76	35
65	2½	73.0	76	95	44
80	3	88.9	89	114	51
90	3½	101.6	—	133	57
100	4	114.3	108	152	64
125	5	141.3	133	190	79

续表

公称尺寸		坡口处外径 D,mm		中心至端面	
DN,mm	NPS,in	Ⅰ系列	Ⅱ系列	90°弯头 A,mm	45°弯头 B,mm
150	6	168.3	159	229	95
200	8	219.1	219	305	127
250	10	273.0	273	381	159
300	12	323.9	325	457	190
350	14	355.6	377	533	222
400	16	406.4	426	610	254
450	18	457	480	686	286
500	20	508	530	762	318
550	22	559	—	838	343
600	24	610	630	914	381
650	26	660	—	991	406
700	28	711	720	1067	438
750	30	762	—	1143	470
800	32	813	820	1219	502
850	34	864	—	1295	533
900	36	914	—	1372	565
950	38	965	—	1448	600
1000	40	1016	—	1524	632
1050	42	1067	—	1600	660
1100	44	1118	—	1676	695
1150	46	1168	—	1753	727
1200	48	1219	—	1829	759
1300	52	1321	—	1981	821
1400	56	1422	—	2134	884
1500	60	1524	—	2286	947

表 A-6-103　90°长半径异径弯头尺寸

公称尺寸		坡口处外径				中心至端面 A,mm
		大端 D,mm		小端 D_1,mm		
DN,mm×mm	NPS,in×in	Ⅰ系列	Ⅱ系列	Ⅰ系列	Ⅱ系列	
50×40	2×1½	60.3	57	48.3	45	76
50×32	2×1¼	60.3	57	42.4	38	76
50×25	2×1	60.3	57	33.7	32	76

续表

公称尺寸		坡口处外径				中心至端面 A, mm
		大端 D, mm		小端 D_1, mm		
DN, mm×mm	NPS, in×in	I 系列	II 系列	I 系列	II 系列	
65×50	2½×2	73.0	76	60.3	57	95
65×40	2½×1½	73.0	76	48.3	45	95
65×32	2½×1¼	73.0	76	42.4	38	95
80×65	3×2½	88.9	89	73.0	76	114
80×50	3×2	88.9	89	60.3	57	114
80×40	3×1½	88.9	89	48.3	45	114
90×80	3½×3	101.6	—	88.9	—	133
90×65	3½×2½	101.6	—	73.0	—	133
90×50	3½×2	101.6	—	60.3	—	133
100×90	4×3½	114.3	—	101.6	—	152
100×80	4×3	114.3	108	88.9	89	152
100×65	4×2½	114.3	108	73.0	76	152
100×50	4×2	114.3	108	60.3	57	152
125×100	5×4	141.3	133	114.3	108	190
125×90	5×3½	141.3	—	101.6	—	190
125×80	5×3	141.3	133	88.9	89	190
125×65	5×2½	141.3	133	73.0	76	190
150×125	6×5	168.3	159	141.3	133	229
150×100	6×4	168.3	159	114.3	108	229
150×90	6×3½	168.3	—	101.6	—	229
150×80	6×3	168.3	159	88.9	89	229
200×150	8×6	219.1	219	168.3	159	305
200×125	8×5	219.1	219	141.3	133	305
200×100	8×4	219.1	219	114.3	108	305
250×200	10×8	273.0	273	219.1	219	381
250×150	10×6	273.0	273	168.3	159	381
250×125	10×5	273.0	273	141.3	133	381
300×250	12×10	323.9	325	273.0	273	457
300×200	12×8	323.9	325	219.1	219	457
300×150	12×6	323.9	325	168.3	159	457
350×300	14×12	355.6	377	323.9	325	533
350×250	14×10	355.6	377	273.0	273	533

续表

公称尺寸		坡口处外径				中心至端面 A,mm
		大端 D,mm		小端 D_1,mm		
DN,mm×mm	NPS,in×in	Ⅰ系列	Ⅱ系列	Ⅰ系列	Ⅱ系列	
350×200	14×8	355.6	377	219.1	219	533
400×350	16×14	406.4	426	355.6	377	610
400×300	16×12	406.4	426	323.9	325	610
400×250	16×10	406.4	426	273.0	273	610
450×400	18×16	457	480	406.4	426	686
450×350	18×14	457	480	355.6	377	686
450×300	18×12	457	480	323.9	325	686
450×250	18×10	457	480	273.0	273	686
500×450	20×18	508	530	457	480	762
500×400	20×16	508	530	406.4	426	762
500×350	20×14	508	530	355.6	377	762
500×300	20×12	508	530	323.9	325	762
500×250	20×10	508	530	273.0	273	762
600×550	24×22	610	—	559	—	914
600×500	24×20	610	630	508	530	914
600×450	24×18	610	630	457	480	914
600×400	24×16	610	630	406.4	426	914
600×350	24×14	610	630	355.6	377	914
600×300	24×12	610	630	323.9	325	914

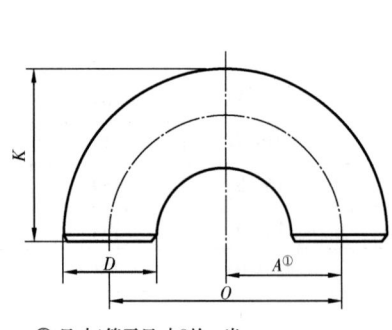

① 尺寸A等于尺寸O的一半

图 A-6-10　长半径180°弯头

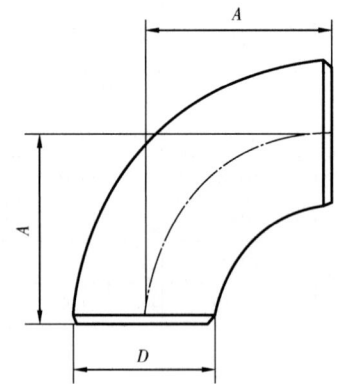

图 A-6-11　短半径90°弯头

表 A-6-104　长半径 180°弯头尺寸

公称尺寸		坡口处外径 D, mm		中心至中心	背部至端面 K, mm	
DN, mm	NPS, in	Ⅰ系列	Ⅱ系列	O, mm	Ⅰ系列	Ⅱ系列
15	1/2	21.3	18	76	48	47
20①	3/4	26.9	25	76	51	51
25	1	33.7	32	76	56	54
32	1¼	42.4	38	95	70	67
40	1½	48.3	45	114	83	80
50	2	60.3	57	152	106	105
65	2½	73.0	76	190	132	133
80	3	88.9	89	229	159	159
90	3½	101.6	—	267	184	—
100	4	114.3	108	305	210	206
125	5	141.3	133	381	262	257
150	6	168.3	159	457	313	308
200	8	219.1	219	610	414	414
250	10	273.0	273	762	518	518
300	12	323.9	325	914	619	620
350	14	355.6	377	1067	711	722
400	16	406.4	426	1219	813	823
450	18	457	480	1372	914	925
500	20	508	530	1524	1016	1026
550	22	559	—	1676	1118	—
600	24	610	630	1829	1219	1229

① DN20 管件，由制造商自定，O 和 K 值可分别为 57mm 和 43mm。

表 A-6-105　短半径 90°弯头尺寸

公称尺寸		坡口处外径 D, mm		中心至端面
DN, mm	NPS, in	Ⅰ系列	Ⅱ系列	A, mm
25	1	33.7	32	25
32	1¼	42.4	38	32
40	1½	48.3	45	38
50	2	60.3	57	51
65	2½	73.0	76	64
80	3	88.9	89	76
90	3½	101.6	—	89

续表

公称尺寸		坡口处外径 D,mm		中心至端面 A,mm
DN,mm	NPS,in	Ⅰ系列	Ⅱ系列	
100	4	114.3	108	102
125	5	141.3	133	127
150	6	168.3	159	152
200	8	219.1	219	203
250	10	273.0	273	254
300	12	323.9	325	305
350	14	355.6	377	356
400	16	406.4	426	406
450	18	457	480	457
500	20	508	530	508
550	22	559	—	559
600	24	610	630	610

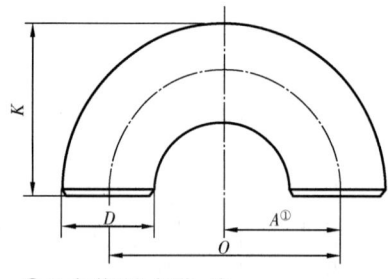

① 尺寸A等于尺寸O的一半。

图 A-6-12 短半径180°弯头

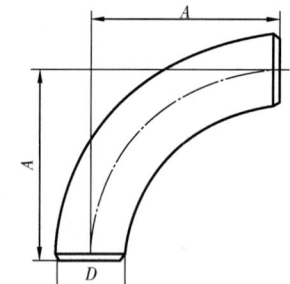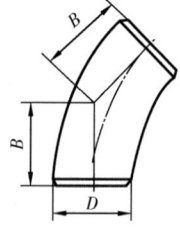

图 A-6-13 90°和45°3D弯头

表 A-6-106 短半径180°弯头尺寸

公称尺寸		坡口处外径 D,mm		中心至中心 O,mm	背部至端面 K,mm	
DN,mm	NPS,in	Ⅰ系列	Ⅱ系列		Ⅰ系列	Ⅱ系列
25	1	33.7	32	51	41	41
32	1¼	42.4	38	64	52	51
40	1½	48.3	45	76	62	61
50	2	60.3	57	102	81	79
65	2½	73.0	76	127	100	102
80	3	88.9	89	152	121	121
90	3½	101.6	—	178	140	—
100	4	114.3	108	203	159	156

续表

公称尺寸		坡口处外径 D, mm		中心至中心 O, mm	背部至端面 K, mm	
DN, mm	NPS, in	Ⅰ系列	Ⅱ系列		Ⅰ系列	Ⅱ系列
125	5	141.3	133	254	197	194
150	6	168.3	159	305	237	232
200	8	219.1	219	406	313	313
250	10	273.0	273	508	391	391
300	12	323.9	325	610	467	467
350	14	355.6	377	711	533	544
400	16	406.4	426	813	610	619
450	18	457	480	914	686	697
500	20	508	530	1016	762	773
550	22	559	—	1118	838	—
600	24	610	630	1219	914	925

表 A-6-107 90°和 45°3D 弯头尺寸

公称尺寸		坡口处外径 D, mm		中心至端面	
DN, mm	NPS, in	Ⅰ系列	Ⅱ系列	90°弯头 A, mm	45°弯头 B, mm
20	3/4	26.9	25	57	24
25	1	33.7	32	76	31
32	1¼	42.4	38	95	39
40	1½	48.3	45	114	47
50	2	60.3	57	152	63
65	2½	73.0	76	190	79
80	3	88.9	89	229	95
90	3½	101.6	—	267	111
100	4	114.3	108	305	127
125	5	141.3	133	381	157
150	6	168.3	159	457	189
200	8	219.1	219	610	252
250	10	273.0	273	762	316
300	12	323.9	325	914	378
350	14	355.6	377	1067	441
400	16	406.4	426	1219	505
450	18	457	480	1372	568
500	20	508	530	1524	632

续表

公称尺寸		坡口处外径 D, mm		中心至端面	
DN, mm	NPS, in	Ⅰ系列	Ⅱ系列	90°弯头 A, mm	45°弯头 B, mm
550	22	559	—	1676	694
600	24	610	630	1829	757
650	26	660	—	1981	821
700	28	711	720	2134	883
750	30	762	—	2286	947
800	32	813	820	2438	1010
850	34	864	—	2591	1073
900	36	914	—	2743	1135
950	38	965	—	2896	1200
1000	40	1016	—	3048	1264
1050	42	1067	—	3200	1326
1100	44	1118	—	3353	1389
1150	46	1168	—	3505	1453
1200	48	1219	—	3658	1516
1300	52	1321	—	3962	1641
1400	56	1422	—	4267	1768
1500	60	1524	—	4572	1894

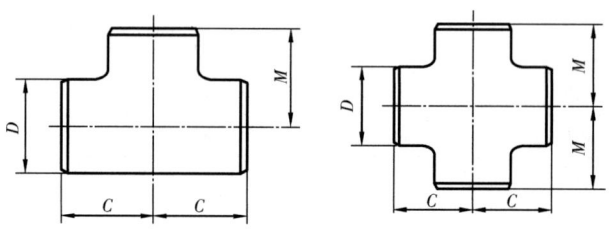

图 A-6-14 等径三通和四通

表 A-6-108 等径三通和四通尺

公称尺寸		坡口处外径 D, mm		中心至端面	
DN, mm	NPS, in	Ⅰ系列	Ⅱ系列	主管 C, mm	支管[①][②] M, mm
15	1/2	21.3	18	25	25
20	3/4	26.9	25	29	29
25	1	33.7	32	38	38
32	1¼	42.4	38	48	48
40	1½	48.3	45	57	57

续表

公称尺寸		坡口处外径 D, mm		中心至端面	
DN, mm	NPS, in	Ⅰ系列	Ⅱ系列	主管 C, mm	支管[①][②] M, mm
50	2	60.3	57	64	64
65	2½	73.0	76	76	76
80	3	88.9	89	86	86
90	3½	101.6		95	95
100	4	114.3	108	105	105
125	5	141.3	133	124	124
150	6	168.3	159	143	143
200	8	219.1	219	178	178
250	10	273.0	273	216	216
300	12	323.9	325	254	254
350	14	355.6	377	279	279
400	16	406.4	426	305	305
450	18	457	480	343	343
500	20	508	530	381	381
550	22	559	—	419	419
600	24	610	630	432	432
650	26	660	—	495	495
700	28	711	720	521	521
750	30	762	—	559	559
800	32	813	820	597	597
850	34	864	—	635	635
900	36	914	—	673	673
950	38	965	—	711	711
1000	40	1016	—	749	749
1050	42	1067	—	762	711
1100	44	1118	—	813	762
1150	46	1168	—	851	800
1200	48	1219	—	889	838
1300	52	1321	—	978	908
1400	56	1422	—	1054	978
1500	60	1524	—	1118	1054

① DN650(或 NPS26)及其以上的三通和四通,M 为推荐值。
② 尺寸适用于 DN600(或 NPS24)及其以下的四通。

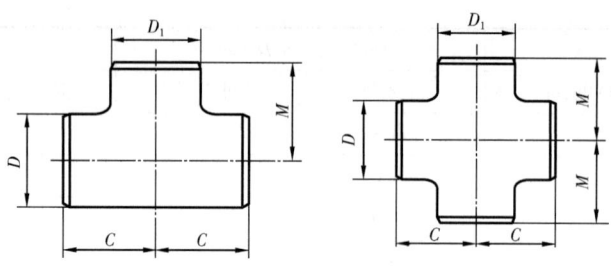

图 A-6-15 异径三通和四通

表 A-6-109 异径三通和四通尺寸

公称尺寸		坡口处外径				中心至端面	
		主管 D,mm		支管 D_1,mm		主管	支管①,②
DN,mm×mm×mm	NPS,in×in×in	Ⅰ系列	Ⅱ系列	Ⅰ系列	Ⅱ系列	C,mm	M,mm
15×15×10	1/2×1/2×3/8	21.3	18	17.2	14	25	25
15×15×8	1/2×1/2×1/4	21.3	—	13.5	—	25	25
20×20×15	3/4×3/4×1/2	26.9	25	21.3	18	29	29
20×20×10	3/4×3/4×3/8	26.9	25	17.2	14	29	29
25×25×20	1×1×3/4	33.7	32	26.9	25	38	38
25×25×15	1×1×1/2	33.7	32	21.3	18	38	38
32×32×25	1¼×1¼×1	42.4	38	33.7	32	48	48
32×32×20	1¼×1¼×3/4	42.4	38	26.9	25	48	48
32×32×15	1¼×1¼×1/2	42.4	38	21.3	18	48	48
40×40×32	1½×1½×1¼	48.3	45	42.4	38	57	57
40×40×25	1½×1½×1	48.3	45	33.7	32	57	57
40×40×20	1½×1½×3/4	48.3	45	26.9	25	57	57
40×40×15	1½×1½×1/2	48.3	45	21.3	18	57	57
50×50×40	2×2×1½	60.3	57	48.3	45	64	60
50×50×32	2×2×1¼	60.3	57	42.4	38	64	57
50×50×25	2×2×1	60.3	57	33.7	32	64	51
50×50×20	2×2×3/4	60.3	57	26.9	25	64	44
65×65×50	2½×2½×2	73.0	76	60.3	57	76	70
65×65×40	2½×2½×1½	73.0	76	48.3	45	76	67
65×65×32	2½×2½×1¼	73.0	76	42.4	38	76	64
65×65×25	2½×2½×1	73.0	76	33.7	32	76	57
80×80×65	3×3×2½	88.9	89	73.0	76	86	83
80×80×50	3×3×2	88.9	89	60.3	57	86	76
80×80×40	3×3×1½	88.9	89	48.3	45	86	73

续表

公称尺寸		坡口处外径				中心至端面	
		主管 D,mm		支管 D_1,mm		主管 C,mm	支管[①,②] M,mm
DN,mm×mm×mm	NPS,in×in×in	Ⅰ系列	Ⅱ系列	Ⅰ系列	Ⅱ系列		
80×80×32	3×3×1¼	88.9	89	42.4	38	86	70
90×90×80	3½×3½×3	101.6	—	88.9	—	95	92
90×90×65	3½×3½×2½	101.6	—	73.0	—	95	89
90×90×50	3½×3½×2	101.6	—	60.3	—	95	83
90×90×40	3½×3½×1½	101.6	—	48.3	—	95	79
100×100×90	4×4×3½	114.3	—	101.6	—	105	102
100×100×80	4×4×3	114.3	108	88.9	89	105	98
100×100×65	4×4×2½	114.3	108	73.0	76	105	95
100×100×50	4×4×2	114.3	108	60.3	57	105	89
100×100×40	4×4×1½	114.3	108	48.3	45	105	86
125×125×100	5×5×4	141.3	133	114.3	108	124	117
125×125×90	5×5×3½	141.3	—	101.6	—	124	114
125×125×80	5×5×3	141.3	133	88.9	89	124	111
125×125×65	5×5×2½	141.3	133	73.0	76	124	108
125×125×50	5×5×2	141.3	133	60.3	57	124	105
150×150×125	6×6×5	168.3	159	141.3	133	143	137
150×150×100	6×6×4	168.3	159	114.3	108	143	130
150×150×90	6×6×3½	168.3	—	101.6	—	143	127
150×150×80	6×6×3	168.3	159	88.9	89	143	124
150×150×65	6×6×2½	168.3	159	73.0	76	143	121
200×200×150	8×8×6	219.1	219	168.3	159	178	168
200×200×125	8×8×5	219.1	219	141.3	133	178	162
200×200×100	8×8×4	219.1	219	114.3	108	178	156
200×200×90	8×8×3½	219.1	—	101.6	—	178	152
250×250×200	10×10×8	273.0	273	219.1	219	216	203
250×250×150	10×10×6	273.0	273	168.3	159	216	194
250×250×125	10×10×5	273.0	273	141.3	133	216	191
250×250×100	10×10×4	273.0	273	114.3	108	216	184
300×300×250	12×12×10	323.9	325	273.0	273	254	241
300×300×200	12×12×8	323.9	325	219.1	219	254	229
300×300×150	12×12×6	323.9	325	168.3	159	254	219
300×300×125	12×12×5	323.9	325	141.3	133	254	216

续表

公称尺寸		坡口处外径				中心至端面	
		主管 D, mm		支管 D_1, mm		主管 C, mm	支管[①,②] M, mm
DN, mm×mm×mm	NPS, in×in×in	Ⅰ系列	Ⅱ系列	Ⅰ系列	Ⅱ系列		
350×350×300	14×14×12	355.6	377	323.9	325	279	270
350×350×250	14×14×10	355.6	377	273.0	273	279	257
350×350×200	14×14×8	355.6	377	219.1	219	279	248
350×350×150	14×14×6	355.6	377	168.3	159	279	238
400×400×350	16×16×14	406.4	426	355.6	377	305	305
400×400×300	16×16×12	406.4	426	323.9	325	305	295
400×400×250	16×16×10	406.4	426	273.0	273	305	283
400×400×200	16×16×8	406.4	426	219.1	219	305	273
400×400×150	16×16×6	406.4	426	168.3	159	305	264
450×450×400	18×18×16	457	480	406.4	426	343	330
450×450×350	18×18×14	457	480	355.6	377	343	330
450×450×300	18×18×12	457	480	323.9	325	343	321
450×450×250	18×18×10	457	480	273.0	273	343	308
450×450×200	18×18×8	457	480	219.1	219	343	298
500×500×450	20×20×18	508	530	457	480	381	368
500×500×400	20×20×16	508	530	406.4	426	381	356
500×500×350	20×20×14	508	530	355.6	377	381	356
500×500×300	20×20×12	508	530	323.9	325	381	346
500×500×250	20×20×10	508	530	273.0	273	381	333
500×500×200	20×20×8	508	530	219.1	219	381	324
550×550×500	22×22×20	559	—	508	—	419	406
550×550×450	22×22×18	559	—	457	—	419	394
550×550×400	22×22×16	559	—	406.4	—	419	381
550×550×350	22×22×14	559	—	355.6	—	419	381
550×550×300	22×22×12	559	—	323.9	—	419	371
550×550×250	22×22×10	559	—	273.0	—	419	359
600×600×550	24×24×22	610	—	559	—	432	432
600×600×500	24×24×20	610	630	508	530	432	432
600×600×450	24×24×18	610	630	457	480	432	419
600×600×400	24×24×16	610	630	406.4	426	432	406
600×600×350	24×24×14	610	630	355.6	377	432	406
600×600×300	24×24×12	610	630	323.9	325	432	397

续表

公称尺寸		坡口处外径				中心至端面	
		主管 D, mm		支管 D_1, mm		主管	支管[①,②]
DN, mm×mm×mm	NPS, in×in×in	Ⅰ系列	Ⅱ系列	Ⅰ系列	Ⅱ系列	C, mm	M, mm
600×600×250	24×24×10	610	630	273.0	273	432	384
650×650×600	26×26×24	660	—	610	—	495	483
650×650×550	26×26×22	660	—	559	—	495	470
650×650×500	26×26×20	660	—	508	—	495	457
650×650×450	26×26×18	660	—	457	—	495	444
650×650×400	26×26×16	660	—	406.4	—	495	432
650×650×350	26×26×14	660	—	355.6	—	495	432
650×650×300	26×26×12	660	—	323.9	—	495	422
700×700×650	28×28×26	711	—	660	—	521	521
700×700×600	28×28×24	711	720	610	630	521	508
700×700×550	28×28×22	711	—	559	—	521	495
700×700×500	28×28×20	711	720	508	530	521	483
700×700×450	28×28×18	711	720	457	480	521	470
700×700×400	28×28×16	711	720	406.4	426	521	457
700×700×350	28×28×14	711	720	355.6	377	521	457
700×700×300	28×28×12	711	720	323.9	325	521	448
750×750×700	30×30×28	762	—	711	—	559	546
750×750×650	30×30×26	762	—	660	—	559	546
750×750×600	30×30×24	762	—	610	—	559	533
750×750×550	30×30×22	762	—	559	—	559	521
750×750×500	30×30×20	762	—	508	—	559	508
750×750×450	30×30×18	762	—	457	—	559	495
750×750×400	30×30×16	762	—	406.4	—	559	483
750×750×350	30×30×14	762	—	355.6	—	559	483
750×750×300	30×30×12	762	—	323.9	—	559	473
750×750×250	30×30×10	762	—	273.0	—	559	460
800×800×750	32×32×30	813	—	762	—	597	584
800×800×700	32×32×28	813	820	711	720	597	572
800×800×650	32×32×26	813	—	660	—	597	572
800×800×600	32×32×24	813	820	610	630	597	559
800×800×550	32×32×22	813	—	559	—	597	546
800×800×500	32×32×20	813	820	508	530	597	533

续表

公称尺寸		坡口处外径				中心至端面	
		主管 D, mm		支管 D_1, mm		主管 C, mm	支管[①],[②] M, mm
DN, mm×mm×mm	NPS, in×in×in	Ⅰ系列	Ⅱ系列	Ⅰ系列	Ⅱ系列		
800×800×450	32×32×18	813	820	457	480	597	521
800×800×400	32×32×16	813	820	406.4	426	597	508
800×800×350	32×32×14	813	820	355.6	377	597	508
850×850×800	34×34×32	864	—	813	—	635	622
850×850×750	34×34×30	864	—	762	—	635	610
850×850×700	34×34×28	864	—	711	—	635	597
850×850×650	34×34×26	864	—	660	—	635	597
850×850×600	34×34×24	864	—	610	—	635	584
850×850×550	34×34×22	864	—	559	—	635	572
850×850×500	34×34×20	864	—	508	—	635	559
850×850×450	34×34×18	864	—	457	—	635	546
850×850×400	34×34×16	864	—	406.4	—	635	533
900×900×850	36×36×34	914	—	864	—	673	660
900×900×800	36×36×32	914	—	813	—	673	648
900×900×750	36×36×30	914	—	762	—	673	635
900×900×700	36×36×28	914	—	711	—	673	622
900×900×650	36×36×26	914	—	660	—	673	622
900×900×600	36×36×24	914	—	610	—	673	610
900×900×550	36×36×22	914	—	559	—	673	597
900×900×500	36×36×20	914	—	508	—	673	584
900×900×450	36×36×18	914	—	457	—	673	572
900×900×400	36×36×16	914	—	406.4	—	673	559
950×950×900	38×38×36	965	—	914	—	711	711
950×950×850	38×38×34	965	—	864	—	711	698
950×950×800	38×38×32	965	—	813	—	711	686
950×950×750	38×38×30	965	—	762	—	711	673
950×950×700	38×38×28	965	—	711	—	711	648
950×950×650	38×38×26	965	—	660	—	711	648
950×950×600	38×38×24	965	—	610	—	711	635
950×950×550	38×38×22	965	—	559	—	711	622
950×950×500	38×38×20	965	—	508	—	711	610
950×950×450	38×38×18	965	—	457	—	711	597

续表

公称尺寸		坡口处外径				中心至端面	
		主管 D, mm		支管 D_1, mm		主管 C, mm	支管[①][②] M, mm
DN, mm×mm×mm	NPS, in×in×in	Ⅰ系列	Ⅱ系列	Ⅰ系列	Ⅱ系列		
1000×1000×950	40×40×38	1016	—	965	—	749	749
1000×1000×900	40×40×36	1016	—	914	—	749	737
1000×1000×850	40×40×34	1016	—	864	—	749	724
1000×1000×800	40×40×32	1016	—	813	—	749	711
1000×1000×750	40×40×30	1016	—	762	—	749	698
1000×1000×700	40×40×28	1016	—	711	—	749	673
1000×1000×650	40×40×26	1016	—	660	—	749	673
1000×1000×600	40×40×24	1016	—	610	—	749	660
1000×1000×550	40×40×22	1016	—	559	—	749	648
1000×1000×500	40×40×20	1016	—	508	—	749	635
1000×1000×450	40×40×18	1016	—	457	—	749	622
1050×1050×1000	42×42×40	1067	—	1016	—	762	711
1050×1050×950	42×42×38	1067	—	965	—	762	711
1050×1050×900	42×42×36	1067	—	914	—	762	711
1050×1050×850	42×42×34	1067	—	864	—	762	711
1050×1050×800	42×42×32	1067	—	813	—	762	711
1050×1050×750	42×42×30	1067	—	762	—	762	711
1050×1050×700	42×42×28	1067	—	711	—	762	698
1050×1050×650	42×42×26	1067	—	660	—	762	698
1050×1050×600	42×42×24	1067	—	610	—	762	660
1050×1050×550	42×42×22	1067	—	559	—	762	660
1050×1050×500	42×42×20	1067	—	508	—	762	660
1050×1050×450	42×42×18	1067	—	457	—	762	648
1050×1050×400	42×42×16	1067	—	406.4	—	762	635
1100×1100×1050	44×44×42	1118	—	1067	—	813	762
1100×1100×1000	44×44×40	1118	—	1016	—	813	749
1100×1100×950	44×44×38	1118	—	965	—	813	737
1100×1100×900	44×44×36	1118	—	914	—	813	724
1100×1100×850	44×44×34	1118	—	864	—	813	724
1100×1100×800	44×44×32	1118	—	813	—	813	711
1100×1100×750	44×44×30	1118	—	762	—	813	711
1100×1100×700	44×44×28	1118	—	711	—	813	698

续表

公称尺寸		坡口处外径				中心至端面	
		主管 D, mm		支管 D_1, mm		主管 C, mm	支管[①,②] M, mm
DN, mm×mm×mm	NPS, in×in×in	Ⅰ系列	Ⅱ系列	Ⅰ系列	Ⅱ系列		
1100×1100×650	44×44×26	1118	—	660	—	813	698
1100×1100×600	44×44×24	1118	—	610	—	813	698
1100×1100×550	44×44×22	1118	—	559	—	813	686
1100×1100×500	44×44×20	1118	—	508	—	813	686
1150×1150×1100	46×46×44	1168	—	1118	—	851	800
1150×1150×1050	46×46×42	1168	—	1067	—	851	787
1150×1150×1000	46×46×40	1168	—	1016	—	851	775
1150×1150×950	46×46×38	1168	—	965	—	851	762
1150×1150×900	46×46×36	1168	—	914	—	851	762
1150×1150×850	46×46×34	1168	—	864	—	851	749
1150×1150×800	46×46×32	1168	—	813	—	851	749
1150×1150×750	46×46×30	1168	—	762	—	851	737
1150×1150×700	46×46×28	1168	—	711	—	851	737
1150×1150×650	46×46×26	1168	—	660	—	851	737
1150×1150×600	46×46×24	1168	—	610	—	851	724
1150×1150×550	46×46×22	1168	—	559	—	851	724
1200×1200×1150	48×48×46	1219	—	1168	—	889	838
1200×1200×1100	48×48×44	1219	—	1118	—	889	838
1200×1200×1050	48×48×42	1219	—	1067	—	889	813
1200×1200×1000	48×48×40	1219	—	1016	—	889	813
1200×1200×950	48×48×38	1219	—	965	—	889	813
1200×1200×900	48×48×36	1219	—	914	—	889	787
1200×1200×850	48×48×34	1219	—	864	—	889	787
1200×1200×800	48×48×32	1219	—	813	—	889	787
1200×1200×750	48×48×30	1219	—	762	—	889	762
1200×1200×700	48×48×28	1219	—	711	—	889	762
1200×1200×650	48×48×26	1219	—	660	—	889	762
1200×1200×600	48×48×24	1219	—	610	—	889	737
1200×1200×550	48×48×22	1219	—	559	—	889	737
1300×1300×1200	52×52×48	1321	—	1219	—	978	908
1300×1300×1100	52×52×44	1321	—	1118	—	978	892
1300×1300×1050	52×52×42	1321	—	1067	—	978	876

续表

公称尺寸		坡口处外径				中心至端面	
		主管 D, mm		支管 D_1, mm		主管	支管[1],[2]
DN, mm×mm×mm	NPS, in×in×in	Ⅰ系列	Ⅱ系列	Ⅰ系列	Ⅱ系列	C, mm	M, mm
1300×1300×1000	52×52×40	1321	—	1016	—	978	870
1300×1300×900	52×52×36	1321	—	914	—	978	864
1300×1300×750	52×52×30	1321	—	762	—	978	832
1300×1300×600	52×52×24	1321	—	610	—	978	794
1400×1400×1300	56×56×52	1422	—	1321	—	1054	959
1400×1400×1200	56×56×48	1422	—	1219	—	1054	940
1400×1400×1100	56×56×44	1422	—	1118	—	1054	934
1400×1400×1050	56×56×42	1422	—	1067	—	1054	927
1400×1400×900	56×56×36	1422	—	914	—	1054	902
1400×1400×750	56×56×30	1422	—	762	—	1054	857
1400×1400×600	56×56×24	1422	—	610	—	1054	857
1500×1500×1400	60×60×56	1524	—	1422	—	1118	1041
1500×1500×1300	60×60×52	1524	—	1321	—	1118	1022
1500×1500×1200	60×60×48	1524	—	1219	—	1118	1016
1500×1500×1050	60×60×42	1524	—	1067	—	1118	991
1500×1500×900	60×60×36	1524	—	914	—	1118	965
1500×1500×750	60×60×30	1524	—	762	—	1118	914

① DN350(或 NPS14)及其以上的三通或四通,M 为推荐值。
② 主管在 DN1300(或 NPS52)及其以上的,仅限于异径三通,不包括异径四通。

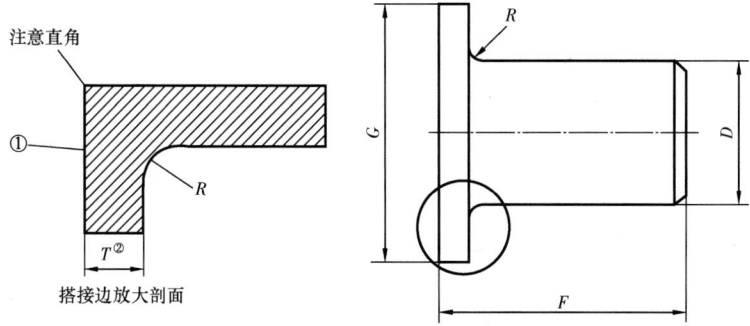

① 密封面表面粗糙度应符合 GB/T 9124 或其他相应标准对法兰的规定。
② 搭接边的厚度 T 应不小于短节连接钢管公称厚度。

图 A-6-16 翻边短节

表 A-6-110 翻边短节尺寸

公称尺寸		短节外径 D, mm		短节总长度①,② F, mm		圆角半径③	搭接外径④
DN, mm	NPS, in	max	min	长型	短型	R, mm	G, mm
15	1/2	22.8	20.5	76	51	3	35
20	3/4	28.1	25.9	76	51	3	43
25	1	35.0	32.6	102	51	3	51
32	1¼	43.6	41.4	102	51	5	64
40	1½	49.9	47.5	102	51	6	73
50	2	62.4	59.5	152	64	8	92
65	2½	75.3	72.2	152	64	8	105
80	3	91.3	88.1	152	64	10	127
90	3½	104.0	100.8	152	76	10	140
100	4	116.7	113.5	152	76	11	157
125	5	144.3	140.5	203	76	11	186
150	6	171.3	167.5	203	89	13	216
200	8	222.1	218.3	203	102	13	270
250	10	277.2	272.3	254	127	13	324
300	12	328.0	323.1	254	152	13	381
350	14	359.9	354.8	305	152	13	413
400	16	411.0	405.6	305	152	13	470
450	18	462	456	305	152	13	533
500	20	514	507	305	152	13	584
550	22	565	558	305	152	13	641
600	24	616	609	305	152	13	692

注:(1) 公差见表 14。
(2) 使用条件和连接结构通常决定对短节长度的要求,因此,在订货时采购方需规定是长型或短型短节。
① 当短型翻边短节用于 Class300 和 Class600 的较大法兰以及大于或等于 Class900 的大部分规格的法兰时,或当长型翻边短节用于 Class1500 和 Class2500 的较大法兰时,为了避免法兰可能影响焊接,可能需要增短节的总长度。长度增加量由制造商与采购方双方协商。
② 当采用榫槽面和凹凸密封面时,应增加搭接边的厚度。增加厚度应附加(不包括)在短节总长度 F 上。
③ 这些尺寸应与 GB/T 9118 或相应标准中的松套法兰的圆角半径相符合。
④ 该尺寸与 GB/T 9118 中表示的标准机加工面相符合,搭接边的背面应进行机加工,使其与安装表面一致。
当采用环连接密封面时,使用 GB/T 9118 中给出的尺寸。

表 A-6-111 管帽尺寸

公称尺寸		坡口处外径 D, mm		高度 E①, mm	高度为 E 时的极限壁厚, mm	高度 $E_1$②, mm
DN, mm	NPS, in	Ⅰ系列	Ⅱ系列			
15	1/2	21.3	18	25	4.57	25

续表

公称尺寸		坡口处外径 D,mm		高度 $E^{①}$,mm	高度为 E 时的极限壁厚,mm	高度 $E_1^{②}$,mm
DN,mm	NPS,in	Ⅰ系列	Ⅱ系列			
20	3/4	26.9	25	25	3.81	25
25	1	33.7	32	38	4.57	38
32	1¼	42.4	38	38	4.83	38
40	1½	48.3	45	38	5.08	38
50	2	60.3	57	38	5.59	44
65	2½	73.0	76	38	7.11	51
80	3	88.9	89	51	7.62	64
90	3½	101.6	—	64	8.13	76
100	4	114.3	108	64	8.64	76
125	5	141.3	133	76	9.65	89
150	6	168.3	159	89	10.92	102
200	8	219.1	219	102	12.70	127
250	10	273.0	273	127	12.70	152
300	12	323.9	325	152	12.70	178
350	14	355.6	377	165	12.70	191
400	16	406.4	426	178	12.70	203
450	18	457	480	203	12.70	229
500	20	508	530	229	12.70	254
550	22	559	—	254	12.70	254
600	24	610	630	267	12.70	305
650	26	660	—	267	—	—
700	28	711	720	267	—	—
750	30	762	—	267	—	—
800	32	813	820	267	—	—
850	34	864	—	267	—	—
900	36	914	—	267	—	—
950	38	965	—	305	—	—
1000	40	1016	—	305	—	—
1050	42	1067	—	305	—	—
1100	44	1118	—	343	—	—
1150	46	1168	—	343	—	—
1200	48	1219	—	343	—	—
1300	52	1321	—	368	—	—

续表

公称尺寸		坡口处外径 D,mm		高度 E[①],mm	高度为 E 时的极限壁厚,mm	高度 E_1[②],mm
DN,mm	NPS,in	Ⅰ系列	Ⅱ系列			
1400	56	1422	—	406		
1500	60	1524		419	—	—

① 高度 E 适用于厚度不超过"高度为 E 时的极限壁厚"栏中所列值的场合。
② 对 DN 600（或 NPS 24）及其以下的管帽，高度 E_1 适用于厚度大于"高度为 E 时的极限壁厚"栏中所列值的场合。

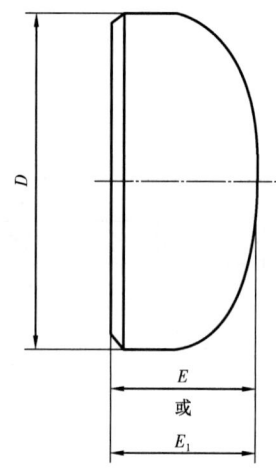

图 A-6-17　管帽
注：管帽的形状应为椭圆，并符合相应国家标准或行业标准中给定的形状要求。

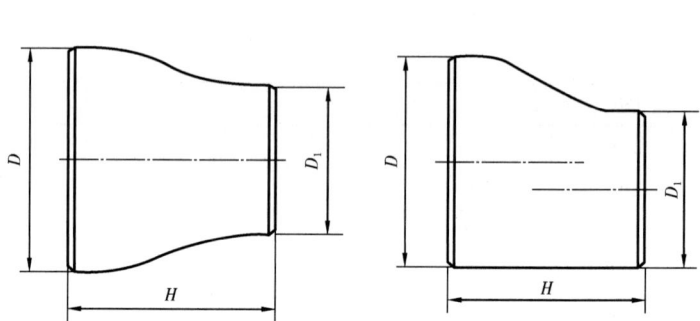

图 A-6-18　异径管
注：图示为钟形异径管，但不限制圆锥形异径管的使用。

表 A-6-112　异径管尺寸

公称尺寸		坡口处外径				端面至端面 H,mm
		大端 D,mm		小端 D_1,mm		
DN,mm×mm	NPS,in×in	Ⅰ系列	Ⅱ系列	Ⅰ系列	Ⅱ系列	
20×15	3/4×1/2	26.9	25	21.3	18	38
20×10	3/4×3/8	26.9	25	17.2	14	38
25×20	1×3/4	33.7	32	26.9	25	51
25×15	1×1/2	33.7	32	21.3	18	51
32×25	1¼×1	42.4	38	33.7	32	51
32×20	1¼×3/4	42.4	38	26.9	25	51
32×15	1¼×1/2	42.4	38	21.3	18	51
40×32	1½×1¼	48.3	45	42.4	38	64

续表

公称尺寸		坡口处外径				端面至端面 H,mm
DN,mm×mm	NPS,in×in	大端 D,mm		小端 D_1,mm		
		Ⅰ系列	Ⅱ系列	Ⅰ系列	Ⅱ系列	
40×25	1½×1	48.3	45	33.7	32	64
40×20	1½×3/4	48.3	45	26.9	25	64
40×15	1½×1/2	48.3	45	21.3	18	64
50×40	2×1½	60.3	57	48.3	45	76
50×32	2×1¼	60.3	57	42.4	38	76
50×25	2×1	60.3	57	33.7	32	76
50×20	2×3/4	60.3	57	26.9	25	76
65×50	2½×2	73.0	76	60.3	57	89
65×40	2½×1½	73.0	76	48.3	45	89
65×32	2½×1¼	73.0	76	42.4	38	89
65×25	2½×1	73.0	76	33.7	32	89
80×65	3×2½	88.9	89	73.0	76	89
80×50	3×2	88.9	89	60.3	57	89
80×40	3×1½	88.9	89	48.3	45	89
80×32	3×1¼	88.9	89	42.4	38	89
90×80	3½×3	101.6	—	88.9	—	102
90×65	3½×2½	101.6	—	73.0	—	102
90×50	3½×2	101.6	—	60.3	—	102
90×40	3½×1½	101.6	—	48.3	—	102
90×32	3½×1½	101.6	—	42.4	—	102
100×90	4×3½	114.3	—	101.6	—	102
100×80	4×3	114.3	108	88.9	89	102
100×65	4×2½	114.3	108	73.0	76	102
100×50	4×2	114.3	108	60.3	57	102
100×40	4×1½	114.3	108	48.3	45	102
125×100	5×4	141.3	133	114.3	108	127
125×90	5×3½	141.3	—	101.6	—	127
125×80	5×3	141.3	133	88.9	89	127
125×65	5×2½	141.3	133	73.0	76	127
125×50	5×2	141.3	133	60.3	57	127
150×125	6×5	168.3	159	141.3	133	140
150×100	6×4	168.3	159	114.3	108	140

续表

公称尺寸		坡口处外径				端面至端面 H,mm
		大端 D,mm		小端 D_1,mm		
DN,mm×mm	NPS,in×in	Ⅰ系列	Ⅱ系列	Ⅰ系列	Ⅱ系列	
150×90	6×3½	168.3	—	101.6	—	140
150×80	6×3	168.3	159	88.9	89	140
150×65	6×2½	168.3	159	73.0	76	140
200×150	8×6	219.1	219	168.3	159	152
200×125	8×5	219.1	219	141.3	133	152
200×100	8×4	219.1	219	114.3	108	152
200×90	8×3½	219.1	—	101.6	—	152
250×200	10×8	273.0	273	219.1	219	178
250×150	10×6	273.0	273	168.3	159	178
250×125	10×5	273.0	273	141.3	133	178
250×100	10×4	273.0	273	114.3	108	178
300×250	12×10	323.9	325	273.0	273	203
300×200	12×8	323.9	325	219.1	219	203
300×150	12×6	323.9	325	168.3	159	203
300×125	12×5	323.9	325	141.3	133	203
350×300	14×12	355.6	377	323.9	325	330
350×250	14×10	355.6	377	273.0	273	330
350×200	14×8	355.6	377	219.1	219	330
350×150	14×6	355.6	377	168.3	159	330
400×350	16×14	406.4	426	355.6	377	356
400×300	16×12	406.4	426	323.9	325	356
400×250	16×10	406.4	426	273.0	273	356
400×200	16×8	406.4	426	219.1	219	356
450×400	18×16	457	480	406.4	426	381
450×350	18×14	457	480	355.6	377	381
450×300	18×12	457	480	323.9	325	381
450×250	18×10	457	480	273.0	273	381
500×450	20×18	508	530	457	480	508
500×400	20×16	508	530	406.4	426	508
500×350	20×14	508	530	355.6	377	508
500×300	20×12	508	530	323.9	325	508
550×500	22×20	559	—	508	—	508

续表

公称尺寸		坡口处外径				端面至端面 H,mm
		大端 D,mm		小端 D_1,mm		
DN,mm×mm	NPS,in×in	Ⅰ系列	Ⅱ系列	Ⅰ系列	Ⅱ系列	
550×450	22×18	559	—	457	—	508
550×400	22×16	559	—	406.4	—	508
550×350	22×14	559	—	355.6	—	508
600×550	24×22	610	—	559	—	508
600×500	24×20	610	630	508	530	508
600×450	24×18	610	630	457	480	508
600×400	24×16	610	630	406.4	426	508
650×600	26×24	660	—	610	—	610
650×550	26×22	660	—	559	—	610
650×500	26×20	660	—	508	—	610
650×450	26×18	660	—	457	—	610
700×650	28×26	711	—	660	—	610
700×600	28×24	711	720	610	630	610
700×550	28×22	711	—	559	—	610
700×500	28×20	711	720	508	530	610
750×700	30×28	762	—	711	—	610
750×650	30×26	762	—	660	—	610
750×600	30×24	762	—	610	—	610
750×550	30×22	762	—	559	—	610
800×750	32×30	813	—	762	—	610
800×700	32×28	813	820	711	720	610
800×650	32×26	813	—	660	—	610
800×600	32×24	813	820	610	630	610
850×800	34×32	864	—	813	—	610
850×750	34×30	864	—	762	—	610
850×700	34×28	864	—	711	—	610
850×650	34×26	864	—	660	—	610
900×850	36×34	914	—	864	—	610
900×800	36×32	914	—	813	—	610
900×750	36×30	914	—	762	—	610
900×700	36×28	914	—	711	—	610
900×650	36×26	914	—	660	—	610

续表

公称尺寸		坡口处外径				端面至端面 H,mm
		大端 D,mm		小端 D_1,mm		
DN,mm×mm	NPS,in×in	Ⅰ系列	Ⅱ系列	Ⅰ系列	Ⅱ系列	
950×900	38×36	965	—	914	—	610
950×850	38×34	965	—	864	—	610
950×800	38×32	965	—	813	—	610
950×750	38×30	965	—	762	—	610
950×700	38×28	965	—	711	—	610
950×650	38×26	965	—	660	—	610
1000×950	40×38	1016	—	965	—	610
1000×900	40×36	1016	—	914	—	610
1000×850	40×34	1016	—	864	—	610
1000×800	40×32	1016	—	813	—	610
1000×750	40×30	1016	—	762	—	610
1050×1000	42×40	1067	—	1016	—	610
1050×950	42×38	1067	—	965	—	610
1050×1000	42×40	1067	—	1016	—	610
1050×950	42×38	1067	—	965	—	610
1050×900	42×36	1067	—	914	—	610
1050×850	42×34	1067	—	864	—	610
1050×800	42×32	1067	—	813	—	610
1050×750	42×30	1067	—	762	—	610
1100×1050	44×42	1118	—	1067	—	610
1100×1000	44×40	1118	—	1016	—	610
1100×950	44×38	1118	—	965	—	610
1100×900	44×36	1118	—	914	—	610
1150×1100	46×44	1168	—	1118	—	711
1150×1050	46×42	1168	—	1067	—	711
1150×1000	46×40	1168	—	1016	—	711
1150×950	46×38	1168	—	965	—	711
1200×1150	48×46	1219	—	1168	—	711
1200×1100	48×44	1219	—	1118	—	711
1200×1050	48×42	1219	—	1067	—	711
1200×1000	48×40	1219	—	1016	—	711
1300×1200	52×48	1321	—	1219	—	711

续表

公称尺寸		坡口处外径				端面至端面 H, mm
		大端 D, mm		小端 D_1, mm		
DN, mm×mm	NPS, in×in	Ⅰ系列	Ⅱ系列	Ⅰ系列	Ⅱ系列	
1300×1100	52×44	1321	—	1118	—	711
1300×1050	52×42	1321	—	1067	—	711
1300×1000	52×40	1321	—	1016	—	711
1300×900	52×36	1321	—	914	—	711
1300×750	52×30	1321	—	762	—	711
1300×600	52×24	1321	—	610	—	711
1400×1300	56×52	1422	—	1321	—	711
1400×1200	56×48	1422	—	1219	—	711
1400×1100	56×44	1422	—	1118	—	711
1400×1050	56×42	1422	—	1067	—	711
1400×1000	56×40	1422	—	1016	—	711
1400×900	56×36	1422	—	914	—	711
1400×750	56×30	1422	—	762	—	711
1400×600	56×24	1422	—	610	—	711
1500×1400	60×56	1524	—	1422	—	711
1500×1300	60×52	1524	—	1321	—	711

5. 钢制对焊管件技术规范（GB/T 13401—2017《钢制对焊管件 技术规范》）

1）范围

本标准规定了钢制对焊管件（以下简称管件）的订货内容、材料、制造、热处理、检验与试验、焊接修补、表面防护与包装和产品质量合格证明书等技术要求。

本标准适用于 GB/T 12459 中规定的管件。其他管件亦可参照使用。

2）材料

制造管件的原材料包括无缝管、直缝电熔焊接管、板材、棒材和锻件，其化学成分应符合表 A-6-113 的规定。管件制造商应对所用原材料按熔炼炉号进行一次化学成分分析，分析方法按 GB/T 223 的规定或按 GB/T 4336—2016《碳素钢和中低合金钢多元素含量的测定 火花放电原子发射光谱法（常规法）》、GB/T 11170—2008《不锈钢多元素含量的测定 火花放电原子发射光谱法（常规法）》的规定，以确定其符合表 A-6-113 的规定。成品分析时的化学成分允许偏差应符合 GB/T 222 的规定。

管件材料等级代号所代表的内容如下：

（1）CF 为 Carbon steel fitting 的缩写，即碳素钢管件；后接的数字为管件的最低抗拉强度；后缀的字母 K 代表该等级需保证 20℃时冲击试验合格。

（2）AF 为 Alloy steel fitting 的缩写，即合金钢管件；后接的数字采用了行业内所熟悉的特征数字；后缀的字母 G 代表该等级具有较高的拉伸性能。

（3）LF 为 Low temperature steel fitting 的缩写，即低温用钢管件；后接的数字为管件的最低抗拉强度；后缀的字母 K1、K2、K3 和 K4 分别代表最低使用温度为 $-20℃$、$-46℃$、$-100℃$ 和 $-196℃$。

（4）SF 为 Stainless steel fitting 的缩写，即不锈钢管件；后接的数字采用了行业内所熟悉的特征数字；后缀的字母 L、H 分别代表较低和较高的碳元素含量。

所用原材料应符合 GB/T 20801.2—2020《压力管道规范 工业管道 第 2 部分：材料》或相关规范要求，且不应使用结构用钢管制造管件。

由板材制造的焊接管件，其所使用的焊接材料按 NB/T 47015—2011《压力容器焊接规程》或相关规范选择。其中对于不锈钢类别的焊接管件，应对其焊缝金属按焊材批号进行一次化学成分分析。

对于奥氏体不锈钢材料类别的管件，可按 SF304/SF304L、SF304/SF304H、SF316/SF316L、SF316/SF316H、SF321/SF321H 和 SF347/SF347H 的双标志材料等级订货和/或供货。这种情况下，管件应符合每一材料等级的化学成分和力学性能要求。

3）制造

（1）管件可采用挤压、推制、模压、拉拔、锻制、焊接或切削加工等一种或几种组合的方法成形。

（2）小于或等于 DN100 的空心圆形状管件可用棒材直接机加工而成，其轴向应与材料的金属纤维方向大致平行，但弯头、三通和四通不应用棒材直接切削加工成形。

（3）焊接管件的焊缝数量和布置规定如下：

① 弯头为一条或两条纵向焊缝。当受板材规格所限，弯头可有 4 条纵向焊缝，相邻纵向焊缝的间距应大于板材厚度的 3 倍且不小于 100mm；或可采用两条纵向焊缝加环向焊缝的方式制造，但不应产生十字焊缝，相对环向焊缝的间距应不小于 200mm。

② 异径管为一条或两条纵向焊缝。当受板材规格所限，异径管可有 3 条纵向焊缝，并应均等布置。

③ 三通为沿主管背部的一条纵向焊缝或沿主管两侧的两条纵向焊缝。

④ 四通为沿主管一侧的一条纵向焊缝或沿主管两侧的两条纵向焊缝。

⑤ 当受板材规格所限，管帽可由两块对接的板材制成，焊缝距管帽中心线应小于管帽外径的四分之一。

当焊接管件的焊缝布置与上述要求不一致时，管件制造商应提供管件的焊缝布置图由需方确认（图 A-6-19）。

（4）当一个管件需要采用两块或两块以上板材制造时，应使用同一熔炼炉号的板材。

（5）翻边短节可采用将直管插入相同材料等级的板材或棒材制成的整圈圆环内再焊接的方法制造。焊接应采用全焊透的双面焊方式。

表 A-6-113 化学成分

材料类别	材料等级	化学成分, %(质量分数)										
		C	Si	Mn	P	S	Cr	Mo	Ni	V	Cu	其他
碳素钢	CF370	0.20	0.35	1.40	0.045	0.045	0.30	—	0.30	—	0.30	—
	CF415[①]	0.30	≥0.10	0.29~1.06	0.035	0.035	0.40	—	0.40	—	0.40	—
	CF415K[①]	0.30	≥0.10	0.29~1.06	0.030	0.030	0.40	—	0.40	—	0.40	—
	CF485[②]	0.30	≥0.10	0.29~1.20	0.035	0.035	0.40	—	0.40	—	0.40	—
	CF485K[②]	0.30	≥0.10	0.29~1.20	0.030	0.030	0.40	—	0.40	—	0.40	—
合金钢	AF11、AF11G	0.05~0.20	0.50~1.00	0.30~0.80	0.025	0.025	1.00~1.50	0.44~0.65	0.30	—	0.30	—
	AF12、AF12G	0.05~0.20	0.10~0.60	0.30~0.80	0.025	0.025	0.80~1.25	0.40~0.65	0.30	—	0.30	—
	AF14	0.08~0.15	0.15~0.40	0.40~0.70	0.025	0.025	0.90~1.20	0.25~0.35	0.30	0.15~0.30	0.30	—
	AF22、AF22G	0.05~0.15	0.50	0.30~0.60	0.025	0.025	1.90~2.60	0.87~1.13	0.30	—	0.30	—
	AF5、AF5G	0.15	0.50	0.30~0.60	0.025	0.025	4.00~6.00	0.44~0.65	0.60	—	0.25	—
	AF9、AF9G	0.15	1.00	0.30~0.60	0.025	0.025	8.00~10.00	0.90~1.10	0.60	—	0.25	—
	AF91	0.08~0.12	0.20~0.50	0.30~0.60	0.020	0.010	8.00~9.50	0.85~1.05	0.40	0.18~0.25	0.25	Nb:0.06~0.10, N:0.03~0.07, Al:0.02, Ti:0.01, Zr:0.01
低温用钢	LF415KP[①]	0.30	≥0.10	0.29~1.06	0.025	0.020	0.40	0.15	0.40	0.08	0.40	—
	LF415K2[①]	0.30	≥0.10	0.50~1.06	0.025	0.020	0.30	—	0.40	—	0.40	—
	LF485K2[②]	0.30	0.15~0.60	0.60~1.20	0.025	0.020	0.30	0.10	0.50	—	0.40	—
	LF45DK3	0.20	0.15~0.40	0.90	0.025	0.020	0.30	0.30	3.18~3.82	0.05	0.40	—
	LF680K4	0.13	0.13~0.40	0.90	0.025	0.020	—	—	8.40~10.00	—	—	—

续表

材料类别	材料等级	化学成分,%(质量分数)									
		C	Si	Mn	P	S	Cr	Mo	Ni	V	Cu	其他
奥氏体不锈钢	SF304	0.08	1.00	2.00	0.045	0.030	17.50~20.00	—	8.00~11.00	—	—	—
	SF304L	0.030	1.00	2.00	0.045	0.030	17.50~20.00	—	8.00~13.00	—	—	—
	SF304H	0.04~0.10	1.00	2.00	0.045	0.030	18.00~20.00	—	8.00~11.00	—	—	—
	SF310	0.10	1.50	2.00	0.045	0.030	24.00~26.00	—	19.00~22.00	—	—	—
	SF316	0.08	1.00	2.00	0.045	0.030	15.00~18.00	2.00~3.00	10.00~14.00	—	—	—
	SF316L	0.030	1.00	2.00	0.045	0.030	16.00~18.00	2.00~3.00	10.00~15.00	—	—	—
	SF316H	0.04~0.10	1.00	2.00	0.045	0.030	16.00~18.00	2.00~3.00	10.00~14.00	—	—	—
	SF321	0.08	1.00	2.00	0.045	0.030	17.00~19.00	—	9.00~12.00	—	—	Ti:5C~0.70
	SF321H	0.04~0.10	1.00	2.00	0.045	0.030	17.00~20.00	—	9.00~13.00	—	—	Ti:4C~0.70
	SF347	0.08	1.00	2.00	0.045	0.030	17.00~20.00	—	9.00~13.00	—	—	Nb:10C~1.10
	SF347H	0.04~0.10	1.00	2.00	0.045	0.030	17.00~20.00	—	9.00~13.00	—	—	Nb:8C~1.10
双相不锈钢	SF2225	0.030	1.00	2.00	0.030	0.020	21.00~23.00	2.50~3.50	4.50~6.50	—	—	N:0.08~0.20
	SF2205	0.030	1.00	2.00	0.030	0.020	22.00~23.00	3.00~3.50	4.50~6.50	—	—	N:0.14~0.20
	SF2507	0.030	0.80	1.20	0.035	0.020	24.00~26.00	3.00~5.00	6.00~8.00	—	0.50	N:0.24~0.30

注:除标明之外,所示值为最大值。
① 当碳含量比规定的最大碳含量每降低0.01%,锰含量可在最大锰含量以上递增0.06%,直至最大锰含量1.35%。
② 当碳含量比规定的最大碳含量每降低0.01%,锰含量可在最大锰含量以上递增0.06%,直至最大锰含量1.70%。

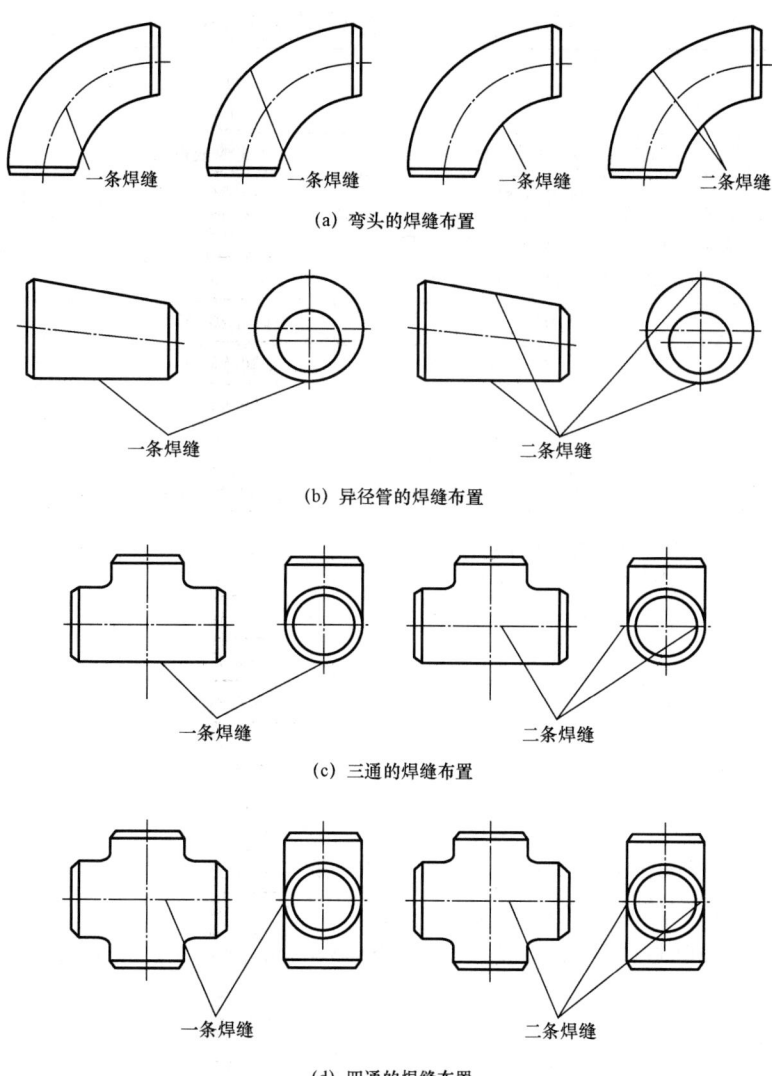

图 A-6-19 焊接管件的焊缝布置示意图

4）热处理

（1）经过冷成形、热成形或焊接成形的管件应根据材料、壁厚等因素选择适用的方式热处理。焊接管件的焊接工作应在热处理之前完成。

（2）热处理按以下要求：

① 碳素钢与合金钢类别的管件应选择适用的退火、正火、正火加回火或淬火加回火的方式热处理；

② 低温用钢类别的管件应选择适用的正火、正火加回火或淬火加回火的方式热处理；

③ 不锈钢类别的管件应固溶处理。

推荐的常用热处理方式见表 A-6-114。

表 A-6-114 推荐的常用热处理方式

材料类别	材料等级	成形方式	
		冷成形	热成形
碳素钢	CF370、CF415、CF415K	正火或退火	正火
	CF485、CF485K	正火或正火+回火	正火或正火+回火
合金钢	AF11、AF11G、AF12、AF12G、AF14、AF22、AF22G、AF5、AF5G、AF9、AF9G	退火或正火+回火	退火或正火+回火
	AF91	正火+回火	正火+回火
低温用钢	LF415K1、LF415K2、LF485K2	正火或正火+回火	正火或正火+回火
	LF450K3	正火、正火+回火或淬火+回火	正火、正火+回火或淬火+回火
	LF680K4	正火+回火或淬火+回火	正火+回火或淬火+回火
奥氏体不锈钢	SF304、SF304L、SF304H、SF310、SF316、SF316L、SF316H、SF321、SF321H、SF347、SF347H	固溶处理	固溶处理
双相不锈钢	SF2225、SF2205、SF2507	固溶处理	固溶处理

（3）当满足下列条件时,可不用热处理：

① 热成形且最终成形温度在 700~980℃之间,并置于静止空气中冷却的碳素钢类别的管件(不包括低温用钢中的碳素钢管件)；

② 不大于 DN100 且最终成形温度在 700~980℃之间,并置于静止空气中冷却的锻制成形的碳素钢类别的管件(不包括低温用钢中的碳素钢管件)；

③ 采用出厂时已经过热处理的原材料直接切削加工制造的管件。

（4）公称壁厚大于 19mm,经热成形后再焊接的碳素钢类别的焊接管件(不包括低温用钢中的碳素管件),可采用焊后消除应力热处理。

（5）公称壁厚不大于 19mm,经热成形后再焊接的碳素钢类别的焊接管件(不包括低温用钢中的碳素钢管件),经供需双方协商可不用热处理,但应在交货文件和实物标志的管件材料等级后加注后缀"-NH",例如 CF415K-NH。

（6）奥氏体不锈钢类别的管件经供需双方协商可不用热处理,但应在交货文件和实物标志的管件材料等级后加注后缀"-NH",例如 SF304-NH。

（7）热处理炉应配有自动测温记录装置并可获得完整记录。热处理炉的有效加热区测定按 GB/T 9452《热处理炉有效加热区测定方法》的规定；有效加热区的温度均匀性为 ±14℃。

表 A-6-115 至表 A-6-118 所示为不同材料类别管件的常用原材料。

表 A-6-115 碳素钢类别管件的常用原材料

材料等级	管材 牌号	管材 标准编号	板材 牌号	板材 标准编号	棒材 编号	棒材 标准编号	锻件 牌号	锻件 标准编号
CF370	—	—	Q235B	GB/T 700、GCB/T 3274	Q235B	GB/T 700	—	—
CF415	20	GB 3087、GB/T 8263	20	GB/T 711	20	GB/T 699	—	—
CF415K	20 20G L245 PSL2	CB 6479、GB 9948 GB 5310 GB/T 9711	Q245R Q24SPF	GB 713 GB/T 30060	—	—	20	NB/T 47008
	Gr. B	ASTM A106	Gr. 60	ASTM A515、ASTM A516	—	—	—	—
CF485	Q345B	GB/T 8163	20Mn Q345B	GB 711 GB/T 1591	Q345B	GB/T 1591	—	—
CF485K	25MnG Q345B	GB 5310 GB 6479	Q345R	GB 713	—	—	16Mn	NB/T 47008
	Gr. C	ASTMA160	Cr. 70	ASTM A515、ASTM A516	—	—	A105	ASTM A105

表 A-6-116 合金钢类别管件的常用原材料

材料等级	管材 牌号	管材 标准编号	板材 牌号	板材 标准编号	棒材 编号	棒材 标准编号	锻件 牌号	锻件 标准编号
AF11、AF11G	12Cr1Mo	GB 9948	14Cr1MoR	GB 713	—	—	14Cr1Mo	NB/T 47008
	P11	ASTM A335	11	ASTM A387	—	—	F11 CL1/CL2	ASTMA182
AF12、AF12G	15CrMo 15CrMoG	GB 6479、GB 9948 GB 5310	15CrMoR	GB 713	15CrMo	GB/T 3077	15CrMo	NB/T 47008
	P12	ASTM A335	12	ASTM A387	—	—	F12 CL1/CL2	ASTM A182
AF14	12Cr1MoV 12Cr1MoVG	GB 9948 GB 5310	12Cr1MoVR	GB 713	12Cr1MoV	GB/T 3077	12Cr1MoV	NB/T 47008
AF22、AF22G	12Cr2Mo 12Cr2MoG	GB 6479、GB 9948 GB 5310	12Cr2Mo1R	GB 713	—	—	12Cr2Mo1	NB/T 47008
	P22	ASTM A335	22	ASTM A387	—	—	F22 CL3	ASTM A182

续表

材料等级	管材 牌号	管材 标准编号	板材 牌号	板材 标准编号	棒材 编号	棒材 标准编号	锻件 牌号	锻件 标准编号
AF5、AF5G	12Cr5Mo	GB 6479、GB 9948	—	—	—	—	1Cr5Mo	NB/T 47008
	P5	ASTM A335	5	ASTM A387	—	—	F5	ASTM A182
AF9、AF9G	12Cr9Mo	GB 9948	—	—	—	—	—	—
	P9	ASTM A335	9	ASTM A387	—	—	F9	ASTMA182
AF91	10Cr9Mo1VNbN	GB 5310	—	—	—	—	10Cr9Mo1VNb	NB/T 47008
	P91	ASTMA335	91	ASTMA387	—	—	F91	ASTM A182

表 A-6-117　低温用钢类别管件的常用原材料

材料等级	管材 牌号	管材 标准编号	板材 牌号	板材 标准编号	棒材 编号	棒材 标准编号	锻件 牌号	锻件 标准编号
LF415K1	20 20G	GB 6479 GB 5310	Q245R	GB 713	—	—	20	NB/T47008
	Gr. B	ASTM A106	—	—	—	—	A105	ASTM A105
LF415K2	10MnDG	GB/T 18984	—	—	—	—	—	—
	Gr. 6	ASTM A333	Gr. 60 Gr. 65	ASTM A516 ASTM A516	—	—	—	—
LF485K2	16MnDG Q345E	GB/T 18984 GB 6479	16MnDR	GB 3531	—	—	16MnD	NB/T47009
	—	—	Gr. 70	ASTM A516	—	—	LF2 CL1	ASTM A350
LF450K3	06Ni3MoDG	GB/T 18984	08Ni3DR	GB 3531	—	—	08Ni3D	NB/T47009
	Gr. 3	ASTM A333	Gr. D Gr. E	ASTM A203 ASTM A203	—	—	LF3 CL1	ASTM A350
LF680K4	—	—	06Ni9DR	GB 3531	—	—	—	—
	Gr. 8	ASTM A333	A353	ASTM A353	—	—	Type. 1	ASTM A522

附录A 常用基础资料

表 A-6-118 不锈钢类别管件的常用原材料

材料等级	管材 牌号/统一数字代号	管材 标准编号	板材 牌号/统一数字代号	板材 标准编号	棒材 牌号/统一数字代号	棒材 标准编号	锻件 牌号/统一数字代号	锻件 标准编号
SF304	06Cr19Ni10 /S30408	GB/T 12771、GB 13296、GB/T 14976	06Cr18Ni10 /S30408	GB/T 3280、GB/T 4237、GB/T 4238、GB 24511	06Cr19Ni10 /S30408	GB/T 1220、GB/T 1221	06Cr19Ni10 /S30408	NB/T 47010
SF304	TP304 304	ASTM A312 ASTM A358	304	ASTM A240			F304	ASTM A182
SF304L	022Cr19Ni10 /S30403	GB/T 12771、GB 13396、GB/T 14976	022Cr19Ni10 /S30403	GB/T 3280、GB/T 4237、GB 24511	022Cr19Ni10 /S30403	GB/T 1220	022Cr19Ni10 /S30403	NB/T 47010
SF304L	TP304L 304L	ASTM A312 ASTM A358	304L	ASTM A182			F304L	ASTM A182
SF304H	07Cr19Ni10 /S30409	GB 5310、GB 9348、GB 13296	07Cr19Ni10 /S30409	GB/T 3280、GB/T 4237、GB/T 4238、GB 24511			07Cr19Ni10 /S30409	NB/T 47010
SF304H	TP304H 304H	ASTM A312 ASTM A358	304H	ASTM A240			F304H	ASTM A182
SF310	06Cr25Ni20 /S31008	GB/T 12771、GB 13296、GB/T 14976	06Cr25Ni20 /S31008	GB/T 3280、GB/T 4237、GB/T 4238、GB 24511	06Cr25Ni20 /S31008	GB/T 1220、GB/T 1221	06Cr25Ni20 /S31008	NB/T 47010
SF310	TP310S 310S	ASTM A312 ASTM A358	310S	ASTM A240			F316H	ASTM A182
SF316	06Cr17Ni12Mo2 /S31608	GB/T 12771、GB 13296、GB/T 14976	06Cr17Ni12Mo2 /S31608	GB/T 3280、GB/T 4237、GB/T 4238、GB 24511	06Cr17Ni12Mo2 /S31608	GB/T 1220、GB/T 1221	06Cr17Ni12Mo2 /S31608	NB/T 47010
SF316	TP316 316	ASTM A312 ASTM A358	316	ASTM A240	—		F316	ASTM A182

续表

材料等级	管材 牌号/统一数字代号	管材 标准编号	板材 牌号/统一数字代号	板材 标准编号	棒材 牌号/统一数字代号	棒材 标准编号	锻件 牌号/统一数字代号	锻件 标准编号
SF316L	022Cr17Ni12Mo2 /S31603	GB 9948、GB/T 12771、GB 13296、GB/T 14976	022Cr17Ni12Mo2 /S31603	GB/T 3280、GB/T 4237、GB 24511	022Cr17Ni12Mo2 /S31603	GB/T 1220	022Cr17Ni12Mo2 /S31603	NB/T 47010
	TP316L 316L	ASTM A312 ASTM A358	316L	ASTM A240			F316L	ASTM A182
SF316H	07Cr17Ni12Mo2 /S31609	GB 13296、GB/T 14976		—			07Cr17Ni12Mo2 /S31609	MB/T 47010
	TP316H 316H	ASTM A312 ASTM A358	316H	ASTM A240			F316H	ASTM A182
SF321	06Cr18Ni11Ti /S32168	GB/T 12771、GB 13296、GB/T 14976	06Cr18Ni11Ti /S32168	GB/T 3280、GB/T 4237、GB/T 4238、GB 24511	06Cr18Ni11Ti /S32168	GB/T 1220、GB/T 1221	06Cr18Ni11Ti /S32168	NB/T47010
	TP321 321	ASTM A312 ASTM A358	321	ASTM A240			F321	ASTM A182
SF321H	07Cr19Ni11Ti /S32169	GB 5310、GB 9948、GB 13296、GB/T 14976		—				
	TP321H 321H	ASTM A312 ASTM A358	321H	ASTM A240			F321H	ASTM A182
SF347	06Cr18Ni11Nb /S34778	GB/T 12771、GB 13296、GB/T 14976	06Cr18Ni11Nb /S34778	GB/T 3280、GB/T 4237、GB/T 4238	06Cr18Ni11Nb /S34778	GB/T1220、GB/T 1221		
	TP347 347	ASTM A312 ASTM A358	347	ASTM A240			F347	ASTM A182

续表

材料等级	管材 牌号/统一数字代号	管材 标准编号	板材 牌号/统一数字代号	板材 标准编号	棒材 牌号/统一数字代号	棒材 标准编号	锻件 牌号/统一数字代号	锻件 标准编号
SF347H	07Cr18Ni11Nb /S34779	GB 5310、GB 9948、GB 13296、GB/T 14976					07Cr18Ni11Nb /S34779	NB/T 47010
	TP347H 347H	ASTM A312 ASTM A358	347H	ASTM A240			F347H	ASTM A182
SF2225	022Cr22Ni5Mo3N /S22253	GB/T 21832、GB/T 21833	022Cr22Ni5Mo3N /S22253	GB/T 4237、GB 24511	022Cr22Ni5Mo3N /S22253	GB/T 1220	S22253	NB/T 47010
	S31803	ASTM A790、ASTM A928	S31803	ASTM A240			F51/S31803	ASTM A182
SF2205	022Cr23Ni5Mo3N /S22053	GB/T 21832、GB/T 21833	022Cr23Ni5Mo3N /S22053	GB/T 4237、GB 24511	022Cr23Ni5Mo3N /S22053	GB/T 1220	S22053	NB/T 47010
	S32205	ASTM A790、ASTM A928	S32205	ASTM A240			F60/S32205	ASTM A182
SF2507	022Cr25Ni7Mo4N /S25073	GB/T 21832、GB/T 21833	022Cr25Ni7Mo4N /S25073	GB/T 4237				
	S32750	ASTM A790、ASTM A928	S32750	ASTM A240			F53/S32750	ASTM A182

6. 优质钢制对焊管件规范(SY/T 0609—2016《优质钢制对焊管件规范》)

1) 范围

本标准规定了工厂制造碳钢和低合金钢无缝和焊接对焊管件的材料、设计、规格、制造检验及标志的基本要求。

本标准包括弯头、三通、管帽、拔制汇管、异径管接头以及在工厂内焊接的加长段和过渡段。本标准适用于油气输送管道用公称直径不大于DN1500的钢制对焊管件。

经供需双方协议,可制造特殊尺寸、形状、公差的钢制管件;当采用本标准以外的材料时,应符合相应的材料规范要求。当此类管件满足本标准所有其他规定时,应被认为是部分符合本标准的管件,但应对其做适当标记。

2) 管件规格

公称直径不小于DN400时,管件尺寸见图A-6-20至图A-6-24及表A-6-119至表A-6-124;公称直径小于DN400时,管件尺寸按GB/T 12459的规定执行。

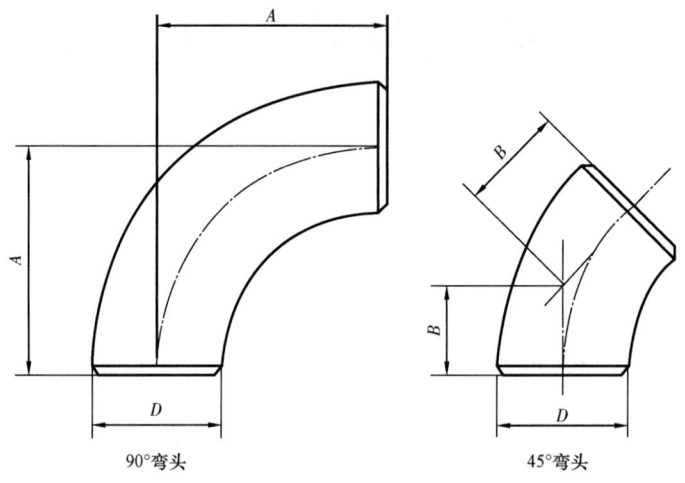

图A-6-20 长半径弯头

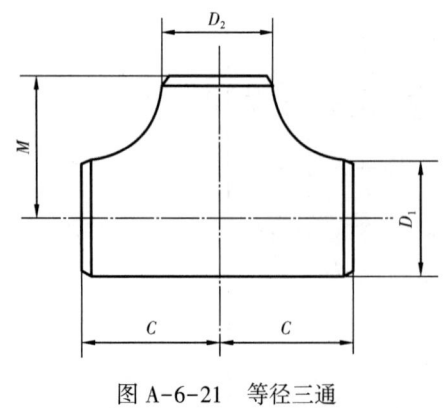

图A-6-21 等径三通

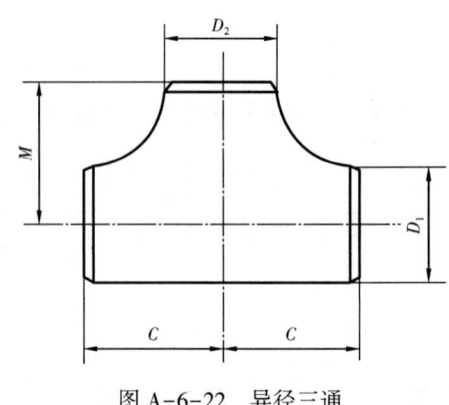

图A-6-22 异径三通

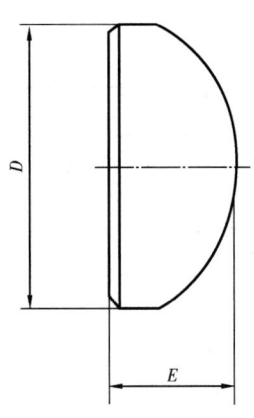

图 A-6-23 管帽

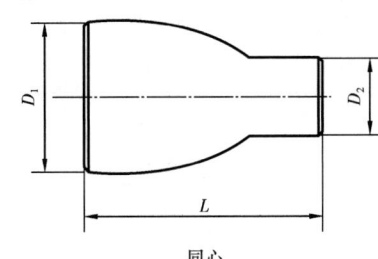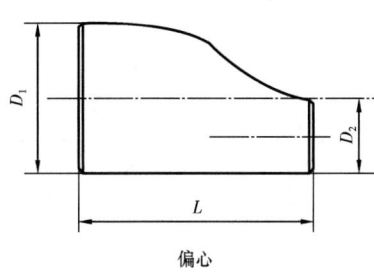

图 A-6-24 异径管接头

表 A-6-119 长半径弯头尺寸　　　　　　　　　　　　　　　　　　　　　　　　单位：mm

公称直径 DN	端部外径 D	中心至端面尺寸	
		90°弯头 A	45°弯头 B
400	406.4	610	254
450	457	686	286
500	508	762	318
550	559	838	343
600	610	914	381
650	660	991	406
700	711	1067	438
750	762	1143	470
800	813	1219	502
850	864	1295	533
900	914	1372	565
950	965	1448	600
1000	1016	1524	632
1050	1067	1600	660
1100	1118	1676	695
1150	1168	1753	727
1200	1219	1829	759
1250	1270	1905	787
1300	1321	1981	819
1350	1372	2057	851
1400	1422	2134	883
1450	1473	2210	914
1500	1524	2286	946

表 A-6-120 R=3D 弯头尺寸　　　　　　　　　　　　　　　单位：mm

公称直径 DN	端部外径 D	中心至端面尺寸			
		90°弯头	60°弯头	45°弯头	30°弯头
400	406.4	1219	703	505	327
450	457	1372	792	568	367
500	508	1524	879	632	408
550	559	1676	968	694	449
600	610	1829	1057	757	490
650	660	1981	1143	821	530
700	711	2134	1232	883	572
750	762	2286	1321	946	611
800	813	2438	1408	1010	654
850	864	2591	1497	1073	695
900	914	2743	1586	1135	735
950	965	2896	1673	1200	776
1000	1016	3048	1759	1264	818
1050	1067	3200	1848	1326	857
1100	1118	3353	1937	1389	899
1150	1168	3505	2024	1453	940
1200	1219	3658	2113	1516	981
1250	1270	3810	2200	1578	1021
1300	1321	3962	2288	1641	1062
1350	1372	4115	2375	1705	1103
1400	1422	4267	2464	1767	1143
1450	1473	4420	2551	1830	1184
1500	1524	4572	2640	1894	1226

表 A-6-121 等径三通尺寸　　　　　　　　　　　　　　　单位：mm

公称直径 DN	端部外径 D_1，D_2	中心至端面尺寸	
		C	M[①]
400	406.4	305	305
450	457	343	343
500	508	381	381

续表

公称直径 DN	端部外径 D_1, D_2	中心至端面尺寸	
		C	M[①]
550	559	419	419
600	610	432	432
650	660	495	495
700	711	521	521
750	762	559	559
800	813	597	597
850	864	635	635
900	914	673	673
950	965	711	711
1000	1016	749	749
1050	1067	762	711
1100	1118	813	762
1150	1168	851	800
1200	1219	889	838
1250	1270	934	876
1300	1321	978	908
1350	1372	1016	946
1400	1422	1054	978
1450	1473	1092	1016
1500	1524	1118	1054

① 尺寸 M 为推荐尺寸,并不要求必须采用(可与管件制造厂协商)。

表 A-6-122　异径三通尺寸　　　　　　　　　　　　　　　单位:mm

公称直径 DN	端部外径		中心至端面尺寸	
	D_1	D_2	C	M[①]
400×400×350	406.4	355.6	305	305
400×400×300	406.4	323.9	305	295
400×400×250	406.4	273	305	283
400×400×200	406.4	219.1	305	273
400×400×150	406.4	168.3	305	264
450×450×400	457	406.4	343	330

续表

公称直径 DN	端部外径		中心至端面尺寸	
	D_1	D_2	C	M[①]
450×450×350	457	355.6	343	330
450×450×300	457	323.9	343	321
450×450×250	457	273	343	308
450×450×200	457	219.1	343	298
500×500×450	508	457	381	368
500×500×400	508	406.4	381	356
500×500×350	508	355.6	381	356
500×500×300	508	323.9	381	346
500×500×250	508	273	381	333
500×500×200	508	219.1	381	324
550×550×500	559	508	419	406
550×550×450	559	457	419	394
550×550×400	559	406.4	419	381
550×550×350	559	355.6	419	381
550×550×300	559	323.9	419	371
550×550×250	559	273	419	359
600×600×550	610	559	432	432
600×600×500	610	508	432	432
600×600×450	610	457	432	419
600×600×400	610	406.4	432	406
600×600×350	610	355.6	432	406
600×600×300	610	323.9	432	397
600×600×250	610	273	432	384
650×650×600	660	610	495	483
650×650×550	660	559	495	470
650×650×500	660	508	495	457
650×650×450	660	457	495	444
650×650×400	660	406.4	495	432
650×650×350	660	355.6	495	432
650×650×300	660	323.9	495	422
700×700×650	711	660	521	521
700×700×600	711	610	521	508
700×700×550	711	559	521	495

续表

公称直径 DN	端部外径		中心至端面尺寸	
	D_1	D_2	C	M[①]
700×700×500	711	508	521	483
700×700×450	711	457	521	470
700×700×400	711	406.4	521	457
700×700×350	711	355.6	521	457
700×700×300	711	323.9	521	448
750×750×700	762	711	559	546
750×750×650	762	660	559	546
750×750×600	762	610	559	533
750×750×550	762	550	559	521
750×750×500	762	508	559	508
750×750×450	762	457	559	495
750×750×400	762	406.4	559	483
750×750×350	762	355.6	559	483
750×750×300	762	323.9	559	473
750×750×250	762	273	559	460
800×800×750	813	762	597	584
800×800×700	813	711	597	572
800×800×650	813	660	597	572
800×800×600	813	610	597	559
800×800×550	813	559	597	546
800×800×500	813	508	597	533
800×800×450	813	457	597	521
800×800×400	813	406.4	597	508
800×800×350	813	355.6	597	508
850×850×800	864	813	635	622
850×850×750	864	762	635	610
850×850×700	864	711	635	597
850×850×650	864	660	635	597
850×850×600	864	610	635	584
850×850×550	864	559	635	572
850×850×500	864	508	635	559
850×850×450	864	457	635	546
850×850×400	864	406.4	635	533

续表

公称直径 DN	端部外径		中心至端面尺寸	
	D_1	D_2	C	M[①]
900×900×850	914	864	673	660
900×900×800	914	813	673	648
900×900×750	914	762	673	635
900×900×700	914	711	673	622
900×900×650	914	660	673	622
900×900×600	914	610	673	610
900×900×550	914	559	673	597
900×900×500	914	508	673	584
900×900×450	914	457	673	572
900×900×400	914	406.4	673	559
950×950×900	965	914	711	711
950×950×850	965	864	711	699
950×950×800	965	813	711	686
950×950×750	965	762	711	673
950×950×700	965	711	711	648
950×950×650	965	660	711	648
950×950×600	965	610	711	635
950×950×550	965	559	711	622
950×950×500	965	508	711	610
950×950×450	965	457	711	597
1000×1000×950	1016	965	749	749
1000×1000×900	1016	914	749	737
1000×1000×850	1016	864	749	724
1000×1000×800	1016	813	749	711
1000×1000×750	1016	762	749	699
1000×1000×700	1016	711	749	673
1000×1000×650	1016	660	749	673
1000×1000×600	1016	610	749	660
1000×1000×550	1016	559	749	648
1000×1000×500	1016	508	749	635
1000×1000×450	1016	457	749	622
1050×1050×1000	1067	1016	762	711
1050×1050×950	1067	965	762	711

续表

公称直径 DN	端部外径		中心至端面尺寸	
	D_1	D_2	C	M[①]
1050×1050×900	1067	914	762	711
1050×1050×850	1067	864	762	711
1050×1050×800	1067	813	762	711
1050×1050×750	1067	762	762	711
1050×1050×700	1067	711	762	699
1050×1050×650	1067	660	762	699
1050×1050×600	1067	610	762	660
1050×1050×550	1067	559	762	660
1050×1050×500	1067	508	762	660
1050×1050×450	1067	457	762	648
1050×1050×400	1067	406.4	762	635
1100×1100×1050	1118	1067	813	762
1100×1100×1000	1118	1016	813	749
1100×1100×950	1118	965	813	737
1100×1100×900	1118	914	813	724
1100×1100×850	1118	864	813	724
1100×1100×800	1118	813	813	711
1100×1100×750	1118	762	813	711
1100×1100×700	1118	711	813	699
1100×1100×650	1118	660	813	699
1100×1100×600	1118	610	813	699
1100×1100×550	1118	559	813	686
1100×1100×500	1118	508	813	686
1150×1150×1100	1168	1118	851	800
1150×1150×1050	1168	1067	851	787
1150×1150×1000	1168	1016	851	775
1150×1150×950	1168	965	851	762
1150×1150×900	1168	914	851	762
1150×1150×850	1168	864	851	749
1150×1150×800	1168	813	851	749
1150×1150×750	1168	762	851	737
1150×1150×700	1168	711	851	737
1150×1150×650	1168	660	851	737

续表

公称直径 DN	端部外径		中心至端面尺寸	
	D_1	D_2	C	M[①]
1150×1150×600	1168	610	851	724
1150×1150×550	1168	559	851	724
1200×1200×1150	1219	1168	889	838
1200×1200×1100	1219	1118	889	838
1200×1200×1050	1219	1067	889	813
1200×1200×1000	1219	1016	889	813
1200×1200×950	1219	965	889	813
1200×1200×900	1219	914	889	787
1200×1200×850	1219	864	889	787
1200×1200×800	1219	813	889	787
1200×1200×750	1219	762	889	762
1200×1200×700	1219	711	889	762
1200×1200×650	1219	660	889	762
1200×1200×600	1219	610	889	737
1200×1200×550	1219	559	889	737
1200×1200×500	1219	508	889	737
1200×1200×450	1219	457	889	737
1200×1200×400	1219	406	889	737
1250×1250×1200	1270	1219	934	876
1250×1250×1050	1270	1067	934	838
1250×1250×900	1270	914	934	826
1250×1250×750	1270	762	934	800
1250×1250×600	1270	610	934	762
1250×1250×500	1270	508	934	762
1300×1300×1250	1321	1270	978	908
1300×1300×1200	1321	1219	978	908
1300×1300×1050	1321	1067	978	876
1300×1300×900	1321	914	978	864
1300×1300×750	1321	762	978	832
1300×1300×600	1321	610	978	794
1350 1350×1300	1372	1321	1016	946
1350×1350×1200	1372	1219	1016	946
1350×135G×1050	1372	1067	1016	905

续表

公称直径 DN	端部外径		中心至端面尺寸	
	D_1	D_2	C	M①
1350×1350×900	1372	914	1016	889
1350×1350×750	1372	762	1016	864
1350×1350×600	1372	610	1016	797
1400×1400×1350	1422	1372	1054	978
1400×1400×1200	1422	1219	1054	940
1400×1400×1050	1422	1067	10S4	927
1400×1400×900	1422	914	1054	902
1400×1400×750	1422	762	1054	857
1400×1400×600	1422	610	1054	857
1450×1450×1400	1473	1422	1092	1016
1450×1450×1350	1473	1372	1092	1016
1450×1450×1200	1473	1219	1092	978
1450×1450×1050	1473	1067	1092	953
1450×1450×900	1473	914	1092	927
1450×1450×750	1473	762	1092	889
1500×1500×1450	1524	1473	1118	1054
1500×1500×1350	1524	1372	1118	1029
1500×1500×1200	1524	1219	1118	1016
1500×1500×1050	1524	1067	1118	991
1500×1500×900	1524	914	1118	965
1500×1500×750	1524	762	1118	914

① 尺寸 M 为推荐尺寸,并不要求必须采用(可与管件制造厂协商)。

表 A-6-123　管帽尺寸　　　　　　　　　　　　　　　　　　　　　　单位:mm

公称直径 DN	端部外径 D	背面至端面尺寸	
		E	E_1
400	406.4	178	203
450	457	203	229
500	508	229	254
550	559	254	279
600	610	267	305
650	660	267	305
700	711	267	305

续表

公称直径 DN	端部外径 D	背面至端面尺寸	
		E	E_1
750	762	267	305
800	813	267	305
850	864	267	305
900	914	267	305
950	965	305	343
1000	1016	305	343
1050	1067	305	343
1100	1118	343	381
1150	1168	343	381
1200	1219	343	381
1250	1270	368	406
1300	1321	368	406
1350	1372	406	445
1400	1422	406	445
1450	1473	419	457
1500	1524	419	457

注：(1) 管帽应为椭圆形，椭圆内短半轴的长度不应小于管帽内径的1/4。
(2) 当管帽公称壁厚大于25mm时，制造商可按 E_1 长度供货。

表 A-6-124　异径管接头尺寸　　　　　　　　　　　　　　　　单位：mm

公称直径 DN	端部外径		长度 L
	D_1	D_2	
400×350	406.4	355.6	356
400×300	406.4	323.9	356
400×250	406.4	273	356
400×200	406.4	219	356
450×400	457	406.4	381
450×350	457	355.6	381
450×300	457	323.9	381
450×250	457	273	381
500×450	508	457	508
500×400	508	406.4	508
500×350	508	355.6	508

续表

公称直径 DN	端部外径		长度 L
	D_1	D_2	
500×300	508	323.9	508
550×500	559	508	508
550×450	559	457	508
550×400	559	406.4	508
550×350	559	355.6	508
600×550	610	559	508
600×500	610	508	508
600×450	610	457	508
600×400	610	406.4	508
650×600	660	610	610
650×550	660	559	610
650×500	660	508	610
650×450	660	457	610
700×650	711	660	610
700×600	711	610	610
700×550	711	559	610
700×500	711	508	610
750×700	762	711	610
750×650	762	660	610
750×600	762	610	610
750×550	762	559	610
750×500	762	508	610
800×750	813	762	610
800×700	813	711	610
800×650	813	660	610
800×600	813	610	610
850×800	864	813	610
850×750	864	762	610
850×700	864	711	610
850×650	864	660	610
850×600	864	610	610
900×850	914	864	610
900×800	914	813	610

续表

公称直径 DN	端部外径		长度 L
	D_1	D_2	
900×750	914	762	610
900×700	914	711	610
900×650	914	660	610
900×600	914	610	610
950×900	965	914	610
950×850	965	864	610
950×800	965	813	610
950×750	965	762	610
950×700	965	711	610
950×650	965	660	610
950×600	965	610	610
950×550	965	559	610
950×500	965	508	610
1000×950	1016	965	610
1000×900	1016	914	610
1000×850	1016	864	610
1000×800	1016	813	610
1000×750	1016	762	610
1000×700	1016	711	610
1000×650	1016	660	610
1000×600	1016	610	610
1000×550	1016	559	610
1000×500	1016	508	610
1050×1000	1067	1016	610
1050×950	1067	965	610
1050×900	1067	914	610
1050×850	1067	864	610
1050×800	1067	813	610
1050×750	1067	762	610
1050×700	1067	711	610
1050×650	1067	660	610
1050×600	1067	610	610
1050×550	1067	559	610

续表

公称直径 DN	端部外径		长度 L
	D_1	D_2	
1100×1050	1118	1067	610
1100×1000	1118	1016	610
1100×950	1118	965	610
1100×900	1118	914	610
1100×850	1118	864	610
1100×800	1118	813	610
1100×750	1118	762	610
1100×700	1118	711	610
1100×650	1118	660	610
1100×600	1118	610	610
1100×550	1118	559	610
1150×1100	1168	1118	711
1150×1050	1168	1067	711
1150×1000	1168	1016	711
1150×950	1168	965	711
1150×900	1168	914	711
1150×850	1168	864	711
1150×800	1168	813	711
1150×750	1168	762	711
1150×700	1168	711	711
1150×650	1168	660	711
1150×600	1168	610	711
1200×1150	1219	1168	711
1200×1110	1219	1118	711
1200×1050	1219	1067	711
1200×1000	1219	1016	711
1200×950	1219	965	711
1200×900	1219	914	711
1200×850	1219	864	711
1200×800	1219	813	711
1200×750	1219	762	711
1200×700	1219	711	711
1200×650	1219	660	711

续表

公称直径 DN	端部外径		长度 L
	D_1	D_2	
1200×600	1219	610	711
1250×1200	1270	1219	711
1250×1050	1270	1067	711
1250×900	1270	914	711
1250×750	1270	762	711
1250×600	1270	610	711
1250×500	1270	508	711
1300×1250	1321	1270	711
1300×1200	1321	1219	711
1300×1050	1321	1067	711
1300×900	1321	914	711
1300×750	1321	762	711
1300×600	1321	610	711
1350×1300	1372	1321	711
1350×1200	1372	1219	711
1350×1050	1372	1067	711
1350×900	1372	914	711
1350×750	1372	762	711
1350×600	1372	610	711
1400×1350	1422	1372	711
1400×1200	1422	1219	711
1400×1050	1422	1067	711
1400×900	1422	914	711
1400×750	1422	762	711
1400×600	1422	610	711
1450×1400	1473	1422	711
1450×1350	1473	1372	711
1450×1200	1473	1219	711
1450×1050	1473	1067	711
1450×900	1473	914	711
1450×750	1473	762	711
1500×1450	1524	1473	711
1500×1350	1524	1372	711

续表

公称直径 DN	端部外径		长度 L
	D_1	D_2	
1500×1200	1524	1219	711
1500×1050	1524	1067	711
1500×900	1524	914	711
1500×750	1524	762	711

七、非金属管

目前,国内普遍使用的非金属管主要为塑料管。现就塑料管材的分类、性能及工作压力等进行如下简介。

1. 管材分类

1) 按组成的塑料材质分类

(1) 聚烯烃(PO)类管材。

① 聚乙烯(PE)管:聚乙烯(PF80、PE100)管、交联聚乙烯(PE-X)管、耐热聚乙烯(PE-RT)管;

② 聚丙烯(PP)管:无规共聚聚丙烯(PP-R)管、嵌段共聚聚丙烯(PP-B)管;

③ 聚丁烯(PB)管。

(2) 氯乙烯及硬管类管材。

硬聚氯乙烯(PVC-U)管,高抗冲聚氯乙烯[PVC-HI(AGR)]管,氯化聚氯乙烯(PVC-C)管,丙烯腈—丁二烯—苯乙烯(ABS)管。

(3) 金属塑料复合管。

① 铝塑复合管(PAP):聚乙烯铝塑复合管 PAP(PE-AL-PE)、交联聚乙烯铝塑复合管 XPAP(PEX-AL-PEX)、耐热聚乙烯铝塑复合管 RPAP(PERT-AL-PERT);

② 不锈钢塑料复合管(SNP、SNPR)。

(4) 玻璃钢管。

玻璃钢管又叫玻璃纤维增强塑料,是玻璃纤维及其制品的增强材料,以合成树脂为黏结剂而制成。具有轻质、高强、耐温、耐腐蚀、电绝缘、隔音等性能。它可以制成容器、管子管件。

2) 按输水介质温度分类

根据管材长期工作 50 年使用寿命,按输水介质温度分为冷水管材和热水管材两类。

(1) 冷水管材:聚乙烯(PE80、PE100)管,硬聚氯乙烯(PVC-U)管,高抗冲聚氯乙烯[PVC-HI(AGR)]管,丙烯腈—丁二烯—苯乙烯(ABS)管,聚乙烯铝塑复合 PAP(PE-AL-PE)管,不锈钢塑料复合(SNP)管。

(2) 热水管材:根据 GB/T 18991—2003《冷热水系统用热塑性塑料管材和管件》的规定,按使用条件的应用等级选用可参见表 A-6-125。

表 A-6-125 热水管材 50 年使用寿命应用等级

应用等级	T_D ℃	在 T_D 下的时间 a	T_{max} ℃	在 T_{max} 下的时间 a	T_{mal} ℃	在 T_{mal} 下的时间 h	热水系统最大工作温度 ℃	适用管材
级别 1	60	49	80	1	95	100	60	PE-RT、PVC-C、PE-X、PP-R、PB、XPAP、RPAP、SNPR
级别 2	70	49	80	1	95	100	70	

注:表中 T_D 为管材设计温度,系统设计的输送水的温度或温度组合。T_{max} 为管材最高设计温度,仅在短时间内出现的 T_D 最高值。T_{mal} 为管材故障温度,系统超出控制极限时出现的最高温度。

2. 管材性能

1) 管材的物理力学性能

(1) 给水聚烯烃(PO)管材、聚乙烯及硬管材、金属塑料复合管材在工程应用中的主要物理力学性能应符合表 A-6-126 的规定。

表 A-6-126 聚烯烃(PO)管材主要物理力学性能表

管材种类 性能项目	聚烯烃(PO)					聚丁烯(PB)管
	聚乙烯(PE)管			聚丙烯(PP)管		
	聚乙烯 PE80、PE100	交联聚乙烯 PE-X	耐热聚乙烯 PE-RT	嵌段共聚聚丙烯 PP-B	无规共聚聚丙烯 PP-R	
管材规格 DN,mm	12~1000	16~160	12~160	16~160	12~160	12~160
适应范围	冷水	冷水、热水、采暖	冷水、热水、采暖	冷水	冷水、热水、采暖	冷水、热水、采暖
密度,g/cm³	0.93~0.96			0.9		0.93
导热系数,W/(m·K)	0.40~0.42			0.24		0.13
线膨胀系数,mm/(m·℃)	0.2			0.16		0.13
弹性模量(20℃),MPa	600~800			1000	800	350
材质系数,K	27	20	27	20		10
温度适应范围,℃	-60~40	-60~95	-60~60	0~61	0~75	20~95
长期适应温度,℃	≤40	≤75	≤60	≤40	≤70	≤75
耐燃性	易燃			易燃		易燃
断裂伸长率,%	≥350			≥350		≥125
纵向回缩率,%	≤3			≤2		≤2
拉伸强度(20℃),MPa						≥17
可回收性	较好	差	较好	差	较好	较好
抗气体渗透性	差	差	差	差	差	差

续表

管材种类 性能项目	聚烯烃(PO)					聚丁烯(PB)管
	聚乙烯(PE)管			聚丙烯(PP)管		
	聚乙烯 PE80、PE100	交联聚乙烯 PE-X	耐热聚乙烯 PE-RT	嵌段共聚聚丙烯 PP-B	无规共聚聚丙烯 PP-R	
管材性质	与管材同质	金属	与管材同质	与管材同质		与管材同质
连接方式	热熔(SW)、电熔(EF)	机械(M)	热熔(SW)、电熔(EF)	热熔(SW)、电熔(EF)		热熔(SW)、电熔(EF)

注:(1) 表中20℃的弹性模量、拉伸强度均为参考值。
(2) 聚乙烯(PE)管、聚丁烯(PB)管的低温抗冲性能优良。
(3) 给水聚乙烯及硬管类管材在工程应用中,其主要的物理力学性能宜符合表A-6-127的规定。

表 A-6-127 聚乙烯及硬管类管材主要物理力学性能表

管材种类 性能项目	聚乙烯及硬管类			
	氯乙烯类(PVC)管			丙烯腈—丁二烯—苯乙烯(ABS)管
	硬聚氯乙烯 PVC-U	氯化聚氯乙烯 PVC-C	高抗冲聚氯乙烯 PVC-HI(AGR)	
管材规格 DN,mm	20~800	20~160	20~110	12~400
适应范围	冷水	冷水、热水	冷水	冷水
密度,g/cm³	1.40~1.45	1.55	1.40~1.45	1.00~1.07
导热系数,W/(m·K)	0.16	0.14	0.15	0.26
线膨胀系数,mm/(m·℃)	0.07	0.06	0.06	0.11
弹性模量(20℃),MPa		3500	2800	
材质系数,K	30	34	33	30
温度适应范围,℃	-10~40	-15~90	-30~50	-10~50
长期适应温度,℃	≤40	≤75(50~80)	≤40	≤40
耐燃性	自熄			易燃
断裂伸长率,%	≥80	—	≥140	—
纵向回缩率,%		≤5		≤5
拉伸强度(20℃),MPa	42~45	48~50	51~52	—
可回收性	较好	差	较好	差
抗气体渗透性	较好	较好	差	差
管材性质	与管材同质			
连接方式	溶剂型胶黏剂黏结、弹性密封圈连接			

注:(1) 表中20℃的弹性模量、拉伸强度均为参考值。
(2) 高抗冲聚氯乙烯[PVC-HI(AGR)]管的低温抗冲性能优良。
(3) 给水金属塑料复合管材在工程应用中,其主要物理力学性能宜符合表A-6-128的规定。

表 A-6-128 金属塑料复合管材主要物理力学性能表

管材种类	金属塑料复合类			
	铝塑(PAP)复合管		不锈钢塑料复合管	
性能项目	冷水管 (LPAP)PE-AL-PE	冷热水管 (XPAP)PEX-AL-PEX	冷水管 SNP	热水管 SNPR
管材规格 DN,mm	16~75	16~75	16~160	16~160
适应范围	冷水	冷水、热水	冷水	热水
导热系数,W/(m·K)	0.45		0.40~0.45	
线膨胀系数,mm/(m·℃)	0.025		0.012	
材质系数,K	30			
温度适应范围,℃	-60~40	-60~95	-20~40	-20~95
长期适应温度,℃	≤40	≤75	≤40	≤75
耐燃性	自熄		难燃	
拉伸强度(20℃),MPa	≥15(HOPE)	≥21(PEX)		
管材性质	金属		金属 PVC-U	金属
连接方式	机械(M)		机械(M)黏结	机械(M)

酸酐固化环氧管与芳胺固化环氧管一般技术数据分别见表 A-6-129 和表 A-6-130。

表 A-6-129 酸酐固化环氧管一般技术数据

特性		特性值			
		75℉	24℃	150℉	65℃
轴向拉伸[1] (ASTM D 2105)	极限应力	10700psi	73.8MPa	7230psi	49.8MPa
	设计应力	2675psi	18.4MPa	1800psi	12.5MPa
	弹性模量	1.57×10^6psi	10825MPa	1.23×10^6psi	8480MPa
	泊松比	0.38	0.38	0.40psi	0.40MPa
轴向压缩[1] (ASTM D 695[2])	极限应力	19000psi	131MPa	NA[4]	NA
	设计应力[3]	4750psi	32.8MPa	NA	NA
	弹性模量 (ASTM D 695)	—		NA	NA
梁弯曲[1] (ASTM)	极限应力	15900psi	110MPa	NA[4]	NA
	设计应力[2]	2000psi	13.8MPa	NA	NA
	弹性模量 (ASTM D 695)	1.95×10^6psi	13400MPa	0.473×10^6psi	3260MPa
静压爆破试验 (ASTM D 1599)	极限环向拉伸应力	50000psi	345MPa	NA	NA

续表

特性		特性值			
		75℉	24℃	150℉	65℃
静压设计基准 ASTM D 2992:91,方法 B 环向拉伸应力,静压方法	65℃(150℉)20 年置信下限(LCL)	NA	NA	21400psi	147.7MPa
	65℃(150℉)11.4 年静水压设计基准(HDB)	NA	NA	24043psi	165.9MPa
线膨胀系数(ASTM 696)		$1.25\times10^{-5}℉^{-1}$	$2.29\times10^{-5}℃^{-1}$	NA	NA
导热系数(ASTM E 1255)		0.23 BTU/(ft·h·℉)	0.36W/(m·℃)	0.23 BTU/(ft·h·℉)	0.36W/(m·℃)
相对密度(ASTM D 792)		2.03	2.03	2.03	2.03
水力特性—斯达标准(哈森0威廉斯系数)		150	150	150	150

① 力学特性是用壁厚 2.3mm 管试验得出的。
② 考虑弯曲、压力引起的复合应力的影响,梁弯曲设计应力取极限应力的1/8。
③ 至少有一个数据点超过 10000h。
④ NA 表示尚无数据。

表 A-6-130 芳胺固化环氧管一般技术数据

特性		特性值			
		75℉	24℃	200℉	93℃
轴向拉伸(ASTM D 2105)	极限应力	10300psi	71MPa	7680psi	53MPa
	设计应力	2575psi	17.8MPa	1920psi	13.2MPa
	弹性模量	1.8×10^6psi	12411MPa	1.16×10^6psi	7997MPa
	泊松比	0.38	0.38	0.38	0.38
轴向压缩(ASTM D 695)	极限应力	33000psi	131MPa	20380psi	140.6MPa
	设计应力	8300psi	32.8MPa	5090psi	35.1MPa
	弹性模量	1.26×10^6psi	8687MPa	0.66×10^6psi	4550MPa
梁弯曲(ASTM D 2925)	极限应力	23000psi	159MPa	17160psi	118MPa
	设计应力	2900psi	20MPa	2145psi	14.8MPa
	弹性模量(ASTM D 695)	2.81×10^6psi	15031MPa	47990psi	331.1MPa

续表

特性		特性值			
		75°F	24℃	200°F	93℃
静压爆破试验（ASTM D 1599）	极限环向拉伸应力	46300psi	319MPa	47990psi	331.1MPa
静压设计基准 ASTM D 2992：91,方法 B	93℃（200°F）20 年置信下限（LCL）	NA	NA	19970	116.8
	93℃（200°F）20 年静水压设计基准（HDB）	NA	NA	17840	101.0
线膨胀系数（ASTM 696）		$1.27\times10^{-5}°F^{-1}$	$2.27\times10^{-5}℃^{-1}$	$1.27\times10^{-5}℃^{-1}$	$2.27\times10^{-5}℃^{-1}$
导热系数（ASTM E 1255）		0.23 BTU/(ft·h·°F)	0.4W/(m·℃)	0.23 BTU/(ft·h·°F)	0.4W/(m·℃)
相对密度（ASTM D 792）		2.0	2.0	2.0	2.0

注：NA 表示尚无数据。

2）管材和管件的卫生性能

给水塑料管材和管件的卫生性能应符合 GB/T 17219《生活饮用水输配水设备及防护材料卫生安全评价标准》的规定。

3. 管材标准

给水塑料管材应符合以下产品标准和工程技术标准的有关要求。

1）通用标准

（1）产品标准：GB/T 4217《流体输送用热塑性塑料管材 公称外径和公称压力》、GB/T 10798《热塑性塑料管材通用壁厚表》、GB/T 18475《热塑性塑料压力管材和管件用材料分级和命名总体使用（设计）系数》、GB/T 18991《冷热水系统用热塑性塑料管材和管件》。

（2）工程技术标准：CJJ/T 98《建筑给水塑料管道工程技术规范》。

2）聚乙烯类：PE(PE80、PE100)、PE-X、PE-RT

（1）产品标准：GB/T 13663《给水用聚乙烯（PE）管材》、GB/T 18992.1《冷热水用交联聚乙烯(PE-X)管道系统 第 1 部分：总则》、GB/T 18992.2《冷热水用交联聚乙烯(PE-X)管道系统 第 2 部分：管材》、GB/T 18992.3《冷热水用交联聚乙烯(PE-X)管道系统 第 3 部分：管件》、GB/T 28799.1《冷热水用耐热聚乙烯(PE-RT)管道系统 第 1 部分：总则》、GB/T 28799.2《冷热水用耐热聚乙烯(PE-RT)管道系统 第 2 部分：管材》、GB/T 28799.3《冷热水用耐热聚乙烯(PE-RT)管道系统 第 3 部分：管件》。

（2）工程技术标准：CJJ/T 98《建筑给水塑料管道工程技术规范》。

3）聚丙烯类：PP-B、PP-R

（1）产品标准：GB/T 18742.1《冷热水用聚丙烯管道系统 第1部分：总则》、GB/T 18742.2《冷热水用聚丙烯管道系统 第2部分：管材》、GB/T 18742.3《冷热水用聚丙烯管道系统 第3部分：管件》。

（2）工程技术标准：CJJ/T 98《建筑给水塑料管道工程技术规范》。

4）聚丁烯：PB

（1）产品标准：GB/T 19473.1《冷热水用聚丁烯（PB）管道系统第1部分：总则》、GB/T 19473.2《冷热水用聚丁烯（PB）管道系统 第2部分：管材》、GB/T 19473.3《冷热水用聚丁烯（PB）管道系统 第3部分：管件》。

（2）工程技术标准：T/CECS 528《建筑给水聚丁烯（PB）管道工程技术标准》。

5）聚乙烯及硬质管类：PVC-U、PVC-C、PVC-HI（AGR）、ABS

（1）产品标准：GB/T 10002.1《给水用硬聚氯乙烯（PVC-U）管材》、CJ/T 218《给水用丙烯酸共聚聚氯乙烯管材及管件》、GB/T 18993《冷热水用氯化聚氯乙烯（PVC-C）管道系统》、GB/T 20207.1《丙烯腈—丁二烯—苯乙烯（ABS）压力管道系统 第1部分：管材》、GB/T 20207.2《丙烯腈—丁二烯—苯乙烯（ABS）压力管道系统 第2部分：管件》。

（2）工程技术标准：中国工程建设标准化协会标准 CECS 41《建筑给水硬聚氯乙烯管道工程技术规程》、CECS 136《建筑给水氯化聚氯乙烯（PVC-C）管道工程技术规程》。

6）金属塑料复合管类：PAP、SNP

（1）产品标准：GB/T 18997《铝塑复合压力管》、CJ/T 108《铝塑复合压力管（搭接焊）》、CJ/T 159《铝塑复合压力管（对接焊）》、CJ/T 190《铝塑复合管用卡压式管件》、CJ/T 184《不锈钢塑料复合管材》。

（2）工程技术标准：CECS 105《建筑给水铝塑复合管管道技术规程》。

7）玻璃钢管

（1）产品标准：GB/T 29165.1《石油天然气工业 玻璃纤维增强塑料管 第1部分 词汇、符号、应用及材料》、GB/T 29165.2《石油天然气工业 玻璃纤维增强塑料管 第2部分 评定与制造》、SY/T 6267《高压玻璃纤维管线管规范》。

（2）工程技术标准：SY/T 6769.1《非金属管道设计、施工及验收规范 第1部分：高压玻璃纤维管线管》。

4. 管材的工作压力

（1）给水塑料管道应根据材料50年使用寿命的应用级别、工作压力等因素合理应用。不同应用级别材料的最小要求强度、总体使用系数、最大允许工作压力、公称压力，以及管材的管系列 S（或标准尺寸比 SDR）与公称壁厚、公称外径之间的关系，可通过以下公式计算得出：

① 管材的设计应力 σ_s 与材料最小要求强度 MRS、总体使用系数 C 的关系如下：

$$\sigma_s = \frac{\mathrm{MRS}}{C} \tag{A-6-1}$$

式中 σ_s——管材设计应力(在规定应用条件下的允许压力),MPa;
MRS——材料最小要求强度(MRS 是单位为 MPa 的环应力值),MPa;
C——总体使用(设计)系数,一个大于 1 的数值。

② 标准尺寸比 SDR 可由公式(A-6-2)或(A-6-3)计算得出:

$$\text{SDR} = \frac{2 \times \text{MRS}}{C \times p_{\text{PMS}}} + 1 \quad (A-6-2)$$

$$\text{SDR} = \frac{2 \times \sigma_s}{p_{\text{PMS}}} + 1 \quad (A-6-3)$$

式中 SDR——标准尺寸比,管材公称外径与公称壁厚之比;
p_{PMS}——最大允许工作压力,是考虑总体使用(设计)系数 C 后确定的管材允许压力,MPa。

③ 根据 SDR 值,用产品标准中规定的 MRS 和 C,可按式(A-6-4)或式(A-6-5)算出最大允许工作压力 p_{PMS}:

$$p_{\text{PMS}} = \frac{2 \times \text{MRS}}{C \times (\text{SDR} - 1)} \quad (A-6-4)$$

$$p_{\text{PMS}} = \frac{2 \times \sigma_s}{\text{SDR} - 1} \quad (A-6-5)$$

④ 管材的公称压力 PN 与设计应力 σ_s、标准尺寸比 SDR 之间关系如下:

$$\text{PN} = \frac{2 \times \sigma_s}{\text{SDR} - 1} \quad (A-6-6)$$

式中 PN——管材工程压力,MPa。

⑤ 静液压应力 σ 与压力、壁厚和外径的关系如下:

$$\sigma = \frac{p(d - e)}{2e} \quad (A-6-7)$$

式中 σ——静液压应力,管材充满有压液体时,管壁所受到的应力,MPa;
p——静液压压力,MPa;
d——管材的外径,mm;
e——管材的壁厚,mm。

⑥ 标准尺寸比 SDR 与管系列 S 的关系如下:

$$S = \frac{\text{SDR} - 1}{2} \quad (A-6-8)$$

式中 S——管系列,是与管材的公称外径和公称壁厚有关的无因次值。

⑦ 压力管材的壁厚可通过式(A-6-9)计算出：

$$e_n = \frac{1}{2S+1} \times d_n \qquad (A-6-9)$$

式中　e_n——管材的公称壁厚，mm；
　　　d_n——管材的公称外径，mm。

(2) 全塑给水管。

① 不同材质的全塑冷水管，在20℃以上温度连续使用时，其工作压力应为管材公称压力乘以温度对压力的折减系数 f。全塑冷水管材在50年寿命要求，40℃以下温度对压力的折减系数见表A-6-131；全塑冷水管材不同 S 或 SDR 系列按50年寿命要求，不同工作温度对应的最大工作压力，应符合表A-6-132 的规定。

表 A-6-131　全塑冷水管工作温度对压力的折减系数 f

管材品种 \ 工作温度 t	$t \leq 20℃$	$20℃ < t \leq 30℃$	$30℃ < t \leq 40℃$
硬聚氯乙烯(PVC-U)管	1.0	0.87	0.74
丙烯腈—丁二烯—苯乙烯(ABS)管	1.0	0.8	0.63
高抗冲聚氯乙烯[PVC-HI(AGR)]管	1.0	0.87	0.74
聚乙烯(PE80、PE100)管	1.0	0.87	0.74

表 A-6-132　全塑冷水管不同温度下的最大工作压力　　　　单位：MPa

工作温度及管材种类		S/SDR: S12.5 / SDR26	S10 / SDR21	S8 / SDR17	S6.3 / SDR13.6	S5 / SDR11	S4 / SDR9	S3.2 / SDR7.4
$t \leq 20℃$	PVC-U	0.8	1	1.25	1.6	2	—	—
	PVC-HI(AGR)	—	1	1.25	1.6	2	—	—
	ABS	—	1	1.25	1.6	2	—	—
	PE80	—	—	—	1	1.25	1.6	—
	PE100	—	—	—	1.25	1.6	—	—
$20℃ < t \leq 30℃$	PVC-U	0.7	0.87	1.08	1.4	1.74	—	—
	PVC-HI(AGR)	0.7	0.87	1.08	1.4	1.74	—	—
	PVC-C	—	—	—	1.4	1.74	—	—
	ABS	—	0.8	1	1.28	1.6	—	—
	PE80	—	—	—	0.87	1.08	1.36	—
	PE100	—	—	—	1.08	1.39	—	—
	PE-X	—	—	—	1.07	1.34	1.69	2.13
	PE-RT	—	—	—	1.02	1.29	1.61	2.01
	PB	—	1	1.25	1.6	2	—	—

续表

工作温度及管材种类	S/SDR	S12.5	S10	S8	S6.3	S5	S4	S3.2
		SDR26	SDR21	SDR17	SDR13.6	SDR11	SDR9	SDR7.4
30℃<t≤40℃	PVC-U	—	0.74	0.93	1.18	1.48	1.6	—
	PVC-HI(AGR)	—	0.74	0.93	1.18	1.48	1.6	—
	ABS	—	0.64	0.79	1	1.26	1.54	—
	PE80	—	—	—	0.74	0.92	1.18	—
	PE100	—	—	—	0.92	1.18	—	—
	PE-X	—	—	—	0.95	1.19	1.36	1.89
	PE-RT	—	—	—	0.89	1.12	1.4	1.75
	PP-B	—	—	—	—	0.6	0.8	1
	PP-R	—	—	—	—	—	0.8	1

② 全塑热水管材不同 S 或 SDR 系列按 50 年寿命要求，不同级别时的最大工作压力，应符合表 A-6-133 的规定。

表 A-6-133 全塑热水管不同级别时的最大工作压力　　　　单位：MPa

管材种类	S/SDR	S8	S6.3	S5	S4	S3.2	S2.5	S2
		SDR17	SDR13.6	SDR11	SDR9	SDR7.4	SDR6	SDR5
级别1 (60℃)	PB	0.6	0.8	1.25	1.6	2	—	—
	PE-X	—	0.65	0.8	1	1.25	—	—
	PE-RT	—	—	0.6	0.72	0.9	1.16	1.45
	PVC-C	—	0.6	1.86	1.08	—	—	—
级别2 (70℃)	PP-R	—	—	—	—	0.6	0.8	1
	PB	0.6	0.8	1	1.25	1.6	—	—
	PE-X	—	0.6	0.76	0.89	1.11	—	—
	PVC-C	—	0.6	0.8	1	—	—	—

(3) 金属塑料复合管。

① 铝塑复合（铝层对接焊形式）管的最大允许工作压力应符合表 A-6-134 的规定，铝塑复合（铝层搭接焊形式）管的最大允许工作压力应符合表 A-6-135 的规定。

② 不锈钢塑料复合冷热水管的公称压力为 1.61MPa。

(4) 玻璃钢管。

玻璃钢管的压力等级应符合表 A-6-136 的规定。

表 A-6-134　铝塑复合(铝层对接焊形式)管的最大允许工作压力

管材种类	使用条件 工作温度,℃	铝塑管代号	允许工作压力 MPa
冷水	≤40	三型 PAP3(PE-AL-PE)	≤1.40
		一型 XPAP1(PE-AL-PEX)	≤2.00
		二型 XPAP2(PEX-AL-PEX)	
		五型 RPAP5(PERT-AL-PERT)	
热水	≤75	一型 XPAP1(PE-AL-PEX)	≤1.50
		二型 XPAP2(PEX-AL-PEX)	
		五型 RPAP5(PERT-AL-PERT)	
	≤95	一型 XPAP1(PE-AL-PEX)	≤1.25
		二型 XPAP2(PEX-AL-PEX)	
		五型 RPAP5(PERT-AL-PERT)	

表 A-6-135　铝塑复合(铝层搭接焊形式)管的最大允许工作压力

管材种类	使用条件 工作温度,℃	铝塑管代号	允许工作压力 MPa
冷水	≤40	PAP(PE-AL-PE)	≤1.25
热水	≤75	PAP(PE-AL-PE)	≤0.82
	≤82	PAP(PE-AL-PE)	≤0.69
	≤75	XPAP(PEX-AL-PEX)	≤1.00
	≤82	XPAP(PEX-AL-PEX)	≤0.86

表 A-6-136　玻璃钢管压力等级

序号	压力等级,MPa	序号	压力等级,MPa
1	4.0(3.5)	6	16.0
2	5.0(5.5)	7	20.0(18.0)
3	6.3(7.0)	8	22.0
4	10.0	9	25.0
5	15.0(14.0)		

注:若有特殊压力要求(如括弧内容等),可向制造商提出。

八、分子筛

分子筛是一种新型的高效能、高选择性的晶体吸附剂,主要成分是三氧化二铝和二氧化硅。这种吸附剂像一个"筛子",晶体内部有许多大小相同的"空穴",空穴之间又有许多直径相同的孔(或称窗口)相连,比孔径小的物质分子通过孔被吸附到空穴内部,而比孔径大的物质分子却被排斥在外面,因为它能把分子大小不同的混合物分开所以称为分子筛。由于分子筛和某些天然泡沸石具有相同的性质,所以又称之为人工合成泡沸石。

分子筛的类型很多,目前应用最广的是 A 型、X 型、Y 型三种。分子筛类型的不同,主要是组成中 SiO_2 含量不同。每一类分子筛根据孔径的大小又分为许多种,例如 3A、4A、5A 等。3A 分子筛的孔径约为 3Å,5A 分子筛的孔径约为 5Å($1Å = 1\times10^{-8}$ cm)。

分子筛有很高的热稳定性和水蒸气稳定性,在 700℃ 其晶格仍保持不变,在 600℃ 高温水蒸气通过时仍保持良好的吸附性、催化活性。分子筛较其他吸附剂有以下优点:

(1) 按分子大小选择吸附。

(2) 按分子极性不同选择吸附。分子筛对极性分子有很高的亲和能力,对大小相近的分子,极性越大越易被分子筛吸附。

(3) 吸附质浓度较低时仍有较高的吸附能力。

(4) 在较高的温度,仍能保持较强的吸附能力。

(5) 不饱和有机化合物能优先选择吸附。

(6) 具有离子交换剂的性能。分子筛中的金属阳离子可被其他金属阳离子交换,因此可用作金属离子的离子交换剂,使用分子筛作催化剂载体时,催化剂活性中心的金属通过离子交换便均匀地分布在晶体结构内。

由于以上特点,分子筛广泛应用于气体和液体的高效脱水、分离和纯制,催化剂和催化剂载体,色谱分析的吸附剂、离子交换剂等方面。

1. 脱蜡用 5A 分子筛

5A 分子筛的孔径为 5~5.5Å,能吸附临界直径为 4.9Å 的正构烷烃分子,因此可用于石油轻质馏分脱蜡,目前炼油工业多用于从煤油馏分中提取正构烷烃含量在 96% 以上的液体石蜡,同时生产低冰点航空煤油的调和组分。

液体石蜡由正构十碳烷至正构十五碳烷所组成,主要是正构十二碳烷及正构十三碳烷。常温下为液体,主要作为合成洗涤剂的原料,此外,还用于合成农药乳剂、稀土元素矿浮选剂等工业中。

根据外形,将 5A 分子筛分为条形和球形二类,每类按直径分为二个规格。条形 5A 分子筛应符合表 A-6-137 要求;球形 5A 分子筛应符合表表 A-6-138 要求;5A 分子筛原粉技术要求见表表 A-6-139。

表 A-6-137 条形 5A 分子筛技术条件

项 目		$d(1.5\sim1.7\text{mm})$		$d(3.0\sim3.3\text{mm})$	
		优等品	合格品	优等品	合格品
外观		条形颗粒,无机械杂质			
静态水吸附[(35 ± 1)℃,饱和食盐水,24h],%	≥	20.5	19.5	20.5	19.5
磨耗率,%	≤	0.20	0.50	0.30	0.60
静态正己烷吸附[吸附温度(0 ± 1)℃],%	≥	12.0	10.5	12.0	10.5

续表

项 目			d(1.5~1.7mm)		d(3.0~3.3mm)	
			优等品	合格品	优等品	合格品
抗压碎力	径向抗压碎力均值,N	≥	30.0	25.0	50.0	40.0
	抗压碎力相对标准偏差	≤	0.3	0.4	0.3	0.4
松装堆积密度,g/mL		≥	0.64	0.60	0.64	0.60
粒度	额定长度占总量的质量分数,%	≥	98	94	94	90
	条径变异系数	≤	0.3			
包装品含水量[(550±10)℃,1h][1],%		≤	1.5			

注：(1) d(1.5~1.7mm)规格的分子筛粒度为条长1~6mm试料占总量的质量分数；

(2) d(3.0~3.3mm)规格的分子筛粒度为条长3~9mm试料占总量的质量分数。

[1] 包装品含水量以出厂检验为准。

表 A-6-138 球形5A分子筛技术条件

项 目			d(1.6~2.5mm)		d(2.8~5.0mm)	
			优等品	合格品	优等品	合格品
外观			球形颗粒,无机械杂质			
静态水吸附[(35±1)℃,饱和食盐水,24h],%		≥	21.0	20.0	21.0	20.0
磨耗率,%		≤	0.10	0.20	0.10	0.20
静态正己烷吸附[吸附温度(0±1)℃],%		≥	12.5	11.0	12.5	11.0
粒度,%		≥	96	95	96	95
松装堆积密度,g/mL		≥	0.66	0.62	0.66	0.62
抗压碎力	点接触抗压碎力均值,N	≥	30.0	25.0	70.0	60.0
	抗压碎力相对标准偏差	≤	0.3	0.4	0.3	0.4
包装品含水量[(550±10)℃,1h][1],%		≤	1.5			

[1] 包装品含水量以出厂检验为准。

表 A-6-139 5A分子筛原粉技术要求

项 目		合格品
外观		白色粉状,无机械杂质
静态水吸附[(35±1)℃,饱和食盐水,24h],%	≥	26.5
包装品含水量[(550±10)℃,1h][1],%	≤	22.0
钙交换率,%	≥	75.0
pH值	≤	11.0
筛余量(0.045mm),%	≤	0.5
振实堆积密度,g/mL	≥	0.70

[1] 包装品含水量以出厂检验为准。

2. A 型分子筛

A 型分子筛的化学组成为 $MeO \cdot Al_2O_3 \cdot 2SiO_2 \cdot xH_2O$(其中 Me 代表金属离子,$x$ 为物质的量),根据孔径不同又分 3A(钾 A 型,孔径为 3.2~3.3Å)、4A(钠 A 型,孔径为 4.2~4.7Å)及 5A 型(钙 A 型,孔径为 4.9~5.6Å),下面是它们的单品化学式。

3A 型 $0.75K_2O : 0.25Na_2O : Al_2O_3 : 2SiO_2 : 4.5H_2O$

4A 型 $Na_2O : Al_2O_3 : 2SiO_2 : 4.5H_2O$

5A 型 $0.75CaO : 0.25Na_2O : Al_2O_3 : 2SiO_2 : 4.5H_2O$

3A、4A 及 5A 分子筛技术要求分别参考 GB/T 10504—2017《3A 分子筛》、HG/T 2524—2010《4A 分子筛》及 GB/T 13550—2015《5A 分子筛及其测定方法》中相关规定(表 A-6-140 至表 A-6-145)。

表 A-6-140 条形 3A 分子筛技术要求

项目			d(1.5~1.7mm)		d(3.0~3.3mm)	
			优等品	合格品	优等品	合格品
外观			米白色、米黄色或土红色球形颗粒,无机械杂质			
磨损率,%		≤	0.20	0.40	0.20	0.40
松装堆积密度,g/mL		≥	0.60			
静态水吸附量[75%RH,(35±1)℃]		≥	21.0	19.5	21.0	19.5
粒度①,%		≥	98	92	98	92
抗压碎力	径向抗压碎力均值,N	≥	40.0	30.0	90.0	70.0
	抗压碎力相对标准偏差	≥	0.3			
静态乙烯吸附量,mg/g		≤	3.0			
动态水吸附量,%		≥	15.0			
包装品含水量②,%		≤	1.5			

注:d 指产品粒径。

① 对于 d(1.5~1.7mm)的产品,粒度指条长 1~10mm 试样占总质量的百分数;对于 d(3.0~3.3mm)的产品,粒度指条长 3~12mm 试样占总质量的百分数。

② 包装品含水量以出厂检验数据为准。

表 A-6-141 球形 3A 分子筛技术要求

项目		d(1.6~2.5mm)		d(3.0~5.0mm)	
		优等品	合格品	优等品	合格品
外观		米白色、米黄色或土红色球形颗粒,无机械杂质			
磨损率,%	≤	0.20	0.40	0.20	0.40
松装堆积密度,g/mL	≥	0.65			
静态水吸附量[75%RH,(35±1)℃]	≥	21.0	19.5	21.0	19.5
粒度,%	≥	98	96	98	96

续表

项目			$d(1.6\sim2.5\text{mm})$		$d(3.0\sim5.0\text{mm})$	
			优等品	合格品	优等品	合格品
抗压碎力	抗压碎力均值,N	≥	35.0	30.0	100.0	80.0
	抗压碎力相对标准偏差	≥	0.3			
静态乙烯吸附量,mg/g		≤	3.0			
动态水吸附量,%		≥	10.0			
包装品含水量[1],%		≤	1.5			

[1] 包装品含水量以出厂检验数据为准。

表 A-6-142　3A 分子筛原粉技术要求

项　目		合格品
外观		白色粉状,无机械杂质
钾交换率,%	≥	40.0
振实堆积密度,g/mL	≥	0.60
静态水吸附量[75%RH,(35±1)℃],%	≥	24.5
筛余量,%	≤	1.0
包装品含水量[1],%	≤	20.0

注:特殊的规格由供需双方协商。

[1] 包装品含水量以出厂检验为准。

表 A-6-143　条形 4A 分子筛技术要求

项目		$d(1.5\sim1.7\text{mm})$			$d(3.0\sim3.3\text{mm})$		
		优等品	一等品	合格品	优等品	一等品	合格品
外观		米白色、米黄色或土红色的条形颗粒,无机械杂质					
静态水吸附,%	≥	22.0	21.0	20.0	22.0	21.0	20.0
磨耗率,%	≤	0.20	0.30	0.50	0.30	0.40	0.50
粒度[1],%	≥	98.0	95.0	90.0	98.0	95.0	90.0
松装堆积密度,g/mL	≥	0.66		0.60	0.66		0.60
静态甲醇吸附,%	≥	15.0		14.0	15.0		14.0
抗压碎力	抗压碎力,N/颗　≥	40.0		30.0	80.0		50.0
	抗压碎力相对标准偏差　≤	0.3					
包装品含水量[2],%	≤	1.5					

[1] $d(1.5\sim1.7\text{mm})$ 规格的分子筛粒度为条长 1~6mm 试料占总量的质量分数;$d(3.0\sim3.3\text{mm})$ 规格的分子筛粒度为条长 3~9mm 试料占总量的质量分数。

[2] 包装品含水量以出厂检验为准。

表 A-6-144　球形 4A 分子筛技术要求

项目		d(1.6~2.5mm)			d(2.5~5.0mm)		
		优等品	一等品	合格品	优等品	一等品	合格品
外观		米白色、米黄色或土红色的球形颗粒,无机械杂质					
静态水吸附,%	≥	22.0	21.0	20.0	22.0	21.0	20.0
磨耗率,%	≤	0.20	0.40	0.60	0.20	0.40	0.60
粒度,%	≥	98.0	95.0	90.0	98.0	95.0	90.0
松装堆积密度,g/mL	≥	0.68		0.65	0.68		0.65
静态甲醇吸附,%	≥	15.0		14.0	15.0		14.0
抗压碎力	抗压碎力,N/颗 ≥	35.0		30.0	80.0		60.0
	抗压碎力相对标准偏差 ≤	0.3					
包装品含水量①,%	≤	1.5					

① 包装品含水量以出厂检验为准。

表 A-6-145　4A 分子筛原粉技术要求

项 目		一等品	合格品
外观		白色粉状,无机械杂质	
静态水吸附,%	≥	26.0	25.5
包装品含水量①,%	≤	20.0	21.0
pH 值	≤	11.0	
筛余量(0.045mm),%	≤	0.5	
振实堆积密度,g/mL	≥	0.62	

① 包装品含水量以出厂检验为准。

A 型分子筛为高效能选择性吸附剂,可用于高效地干燥气体和液体、纯化气体及分离液体、碳氢化合物的分离、离子交换剂、色谱用的担体、催化剂载体等等。

粉状分子筛加入黏合剂可塑合成条型或颗粒形分子筛。由于分子筛不溶于水或有机溶剂,但溶于强酸及强碱,因此应在 pH 值为 4~12 范围内使用。

九、导热油

1. 导热油简介

导热油,是 GB/T 4016—2019《石油产品术语》中"热载体油"的曾用名,英文名称为 Heat transfer oil,是指用于间接传递热量的一类热稳定性较好的专用油品。由于其具有加热均匀、调温控制准确,能在低压下产生高温,传热效果好,节能,输送和操作简单方便等特点,被广泛用于各种工业加热场合,而且其用途和用量越来越多。

2. 导热油分类

根据导热油的成分及制造工艺,可将导热油分为合成型导热油和矿物型导热油两大种类。

1)合成型导热油

合成型导热油是以化学合成工艺生产的,具有一定化学结构和确定的化学名称,主要分子特征是分子结构中含有芳烃或环烷烃结构,而且大都是两环或三环的芳烃化合物。合成型导热油热稳定性好,使用温度范围宽泛,低、高温都可用,高达350℃,使用寿命长,可再生重复利用。

2)矿物型导热油

矿物油型导热油是石油进行高温裂解或催化裂化过程中,形成的馏分油作为原料经添加抗氧化剂后精制而成,主要组分为烃类混合物。矿物油使用温度在200~300℃范围内,使用寿命短,且不可再生,废油仅能作为燃料油使用。

按照使用状态、适用系统类型和最高使用温度划分,GB 23791—2009《企业质量信用等级划分通则》中将导热油具体分类见表A-6-146。

表A-6-146 导热油产品分类

产品种类	L-QB		L-QC		L-QD
产品类型	精制矿物油	普通合成油	精制矿物油	普通合成油	高热稳定性合成油
使用状态	液相	液相或气相	液相	液相或气相	液相或气相
适用传热系统类型	闭式或开式系统		闭式系统		闭式系统
产品代号	L-QB280 M-L-QB300		L-QC310 L-QC320		L-QD330、L-QD340、 L-QD350、L-QDXX

注:L-QDXX是指经热稳定性试验确定的最高允许使用温度高于350℃的某一产品,如L-QD360、L-QD370、L-QD380、L-QD400等。

3. 常用导热油物性参数

以常用某型号导热油为例,其质量指标及热力学物性参数见表A-6-147和表A-6-148。

表A-6-147 常用导热油物性参数指标

序号	项目		指标				
			X6D-280	X6D-300	X6D-310	X6D-320	X6D-330
1	外观		淡黄棕色透明油状液体				
2	密度,g/cm³(20℃)		0.84~0.87	0.84~0.88	0.84~0.88	0.84~0.89	0.84~0.89
3	初馏点,℃	≥	290	310	320	330	340
4	5%馏程,℃		310	330	340	350	360
5	闪点(开口),℃	≥	175	185	190	195	200
6	运动黏度(50℃),$10^{-6} m^2/s$		7~15	10~22	12~22	14~26	14~28
7	水分,%		痕迹				
8	酸值,mg KOH/g	<	0.05				

续表

序号	项目		指标				
			X6D-280	X6D-300	X6D-310	X6D-320	X6D-330
9	残碳,%	<	0.03				
10	腐蚀(铜片100℃,3h)		合格				
11	凝固点,℃	≤	−12				
12	体膨胀系数,K^{-1}	<	$7.76×10^{-4}$	$7.77×10^{-4}$	$7.79×10^{-4}$	$8.2×10^{-4}$	$8.2×10^{-4}$
13	油膜温度,℃		310	330	340	350	360
14	最高使用温度,℃		280	300	310	320	330

表 A-6-148 常用导热油热力学参数

温度 ℃	X6D-280		X6D-300		X6D-310		X6D-320		X6D-330	
	比热容 J/(kg·K)	导热系数 W/(m·K)	比热容 J/(kg·K)	导热系数 W/(m·K)	比热容 J/(kg·K)	导热系数 W/(m·K)	比热容 J/(kg·K)	导热系数 W/(m·K)	比热容 J/(kg·K)	导热系数 W/(m·K)
50	1.88	0.1196	1.80	0.1180	1.88	0.1176	1.76	0.1204	1.76	0.1126
100	2.09	0.1136	2.09	0.1109	2.09	0.1116	2.05	0.1143	2.05	0.1065
150	2.34	0.1076	2.36	0.1057	2.39	0.1056	2.34	0.1082	2.39	0.1005
200	2.55	0.1016	2.69	0.0998	2.68	0.0996	2.64	0.1011	2.68	0.0956
250	2.80	0.0956	2.75	0.0936	2.97	0.0936	2.93	0.096	3.01	0.0884
280	2.97	0.092	2.96	0.0916	3.31	0.0860	3.08	0.092	3.16	0.0840
300			3.30	0.0870	3.27	0.0810	3.22	0.090	3.31	0.0823
330									3.47	0.078

4. 应用范围

由于利用导热油与利用蒸汽相比具有加热均匀、操作简单、安全环保、节约能源控温精度高、操作压力低等优点,在现代工业生产中已被作为传热介质得到广泛应用。广泛应用于石油化工、天然气处理、油脂、食品、纺织印染、医药、合成纤维、造纸、塑料、橡胶、木材、建材、冶金、机械加工和铸造、空调及电器设备、脂肪和油漆、撂胶、汽车制造、碳素等工业中。除上述行业外,还应用于温水发声器、热水发生器、蒸汽发生器、散热器以及肥皂洗涤剂工业、焦油加工业、洗衣业的用热。

十、三甘醇

甘醇类化合物具有良好的吸水性,此类包括乙二醇(EG)、二甘醇(DEG)、三甘醇(TEG)及四甘醇(TREG)等。最早用于天然气脱水的甘醇DEG,但它逐渐为TEG所取代,因为用TEG脱水有更大的露点降,而且投资及操作费用较低。三甘醇的一般性质列于表A-6-149。

表 A-6-149　三甘醇一般性质

甘醇	三甘醇	甘醇	三甘醇
分子式	$C_6H_{14}O_4$	燃点,℃	166
相对分子质量	150.2	蒸气压(25℃),Pa	<1.33
沸点(101.3kPa),℃	285.5	黏度(25℃),mPa·s	37.3
密度(25℃),kg/m³	1119	比热容(25℃),kJ/(kg·K)	2.22
折射率(25℃)	1.454	表面张力(25℃),mN/m	45
凝固点,℃	-7	分解温度,℃	207
闪点,℃	177		

目前天然气田主要使用 TEG 为脱水剂,所以下面主要介绍 TEG 的物化性质及其对水、烃类等的溶解性能。

1. 三甘醇的物化性质

图 A-6-25 至图 A-6-28 分别给出了不同温度下 TEG 溶液的密度、黏度、比热容及热导率;图 A-6-29 和图 A-6-30 则是不同浓度的甘醇溶液的凝固点与表面张力。

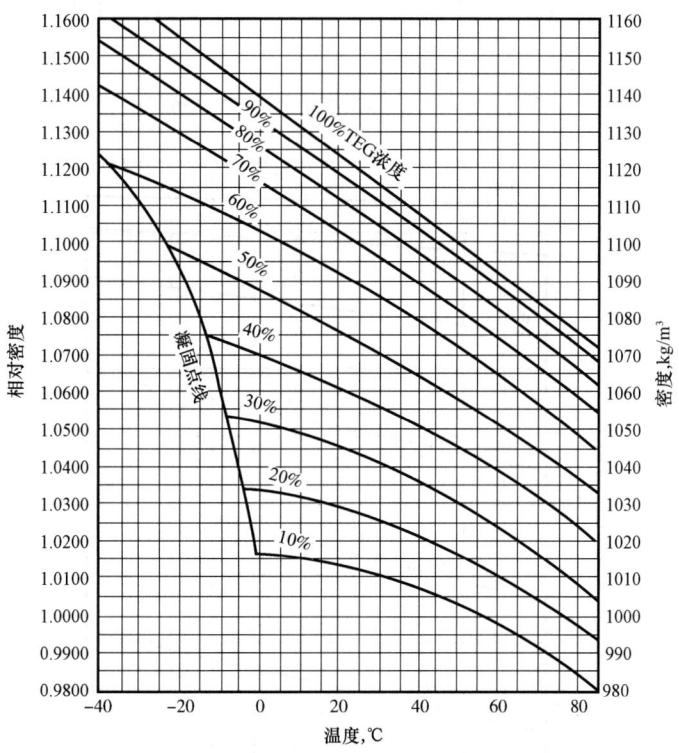

图 A-6-25　不同温度下 TEG 溶解密度

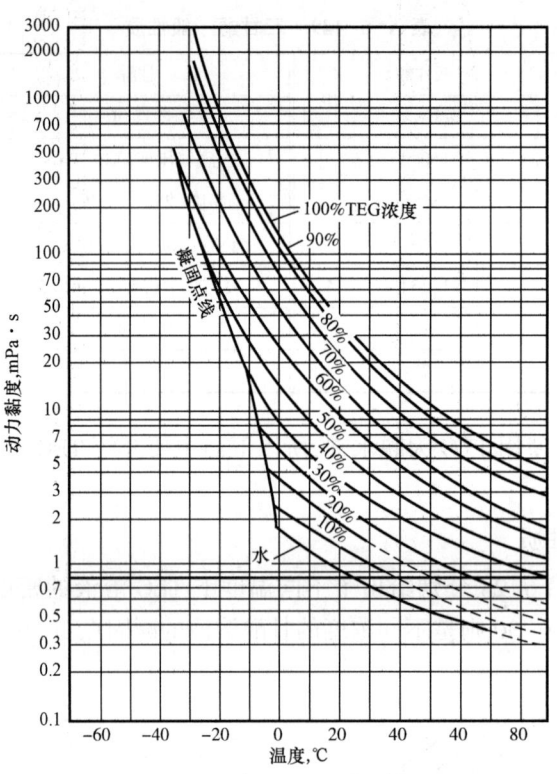

图 A-6-26　不同温度下 TEG 动力黏度

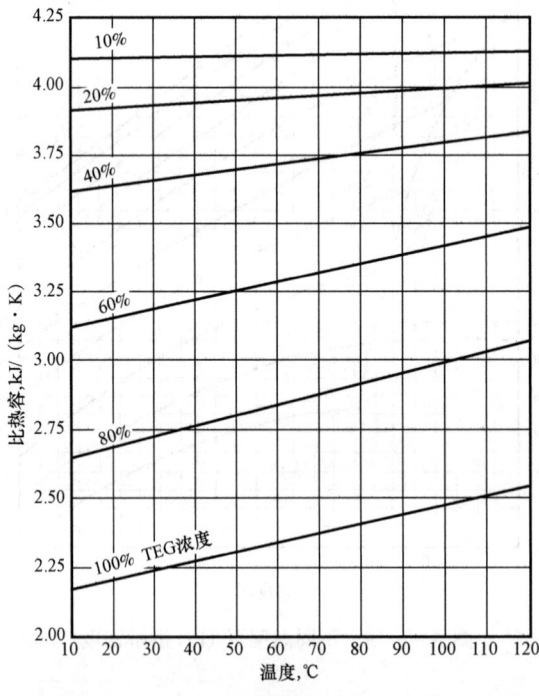

图 A-6-27　不同温度下 TEG 比热容

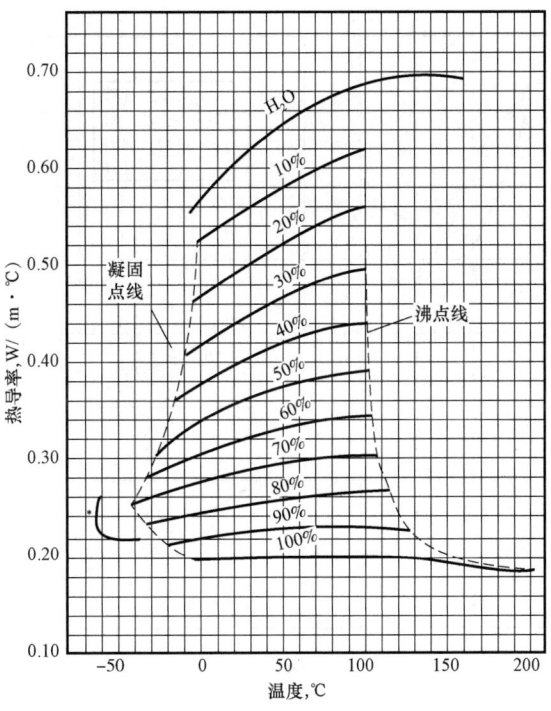

图 A-6-28 不同温度下 TEG 热导率

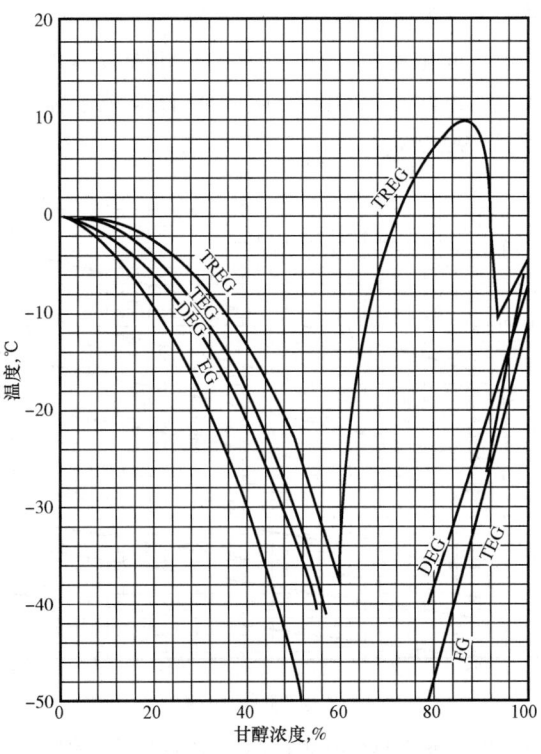

图 A-6-29 不同浓度甘醇溶液的凝固点

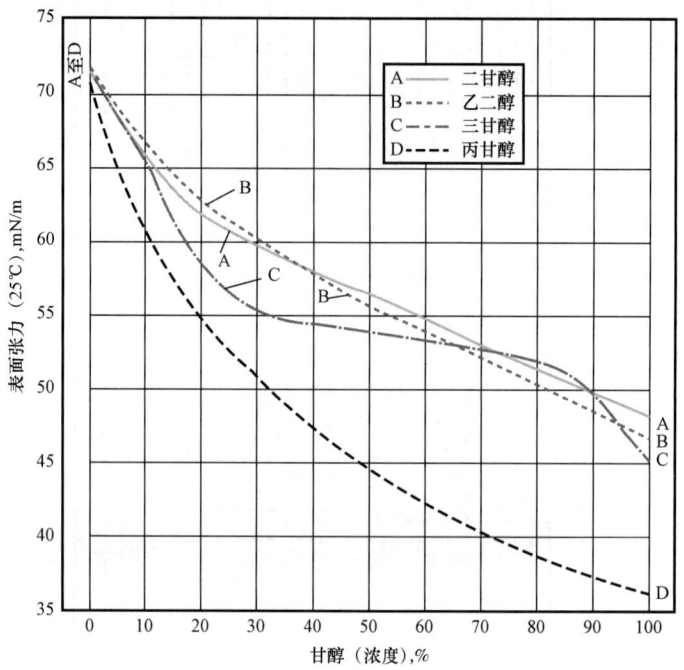

图 A-6-30　不同浓度甘醇溶液的表面张力

2. 三甘醇的溶解性能

图 A-6-31 给出了对于不同浓度的 TEG 溶液在不同吸收温度下可以获得的平衡水露点温度。可见,欲达到 -10℃ 的水露点,在 40℃ 下吸收时 TEG 浓度需达到 99.0%;要达到 -50℃ 的水露点,TEG 浓度必须高于 99.7%。

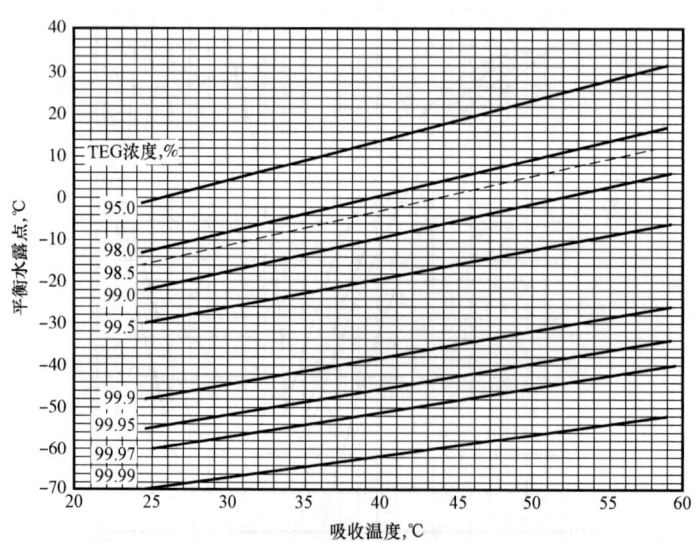

图 A-6-31　各种 TEG 浓度下平衡水露点与吸收温度的关系

TEG 对甲烷等烷烃的溶解量是有限的,大体上仅有 $3\sim4m^3/m^3$,如图 A-6-32 所示。

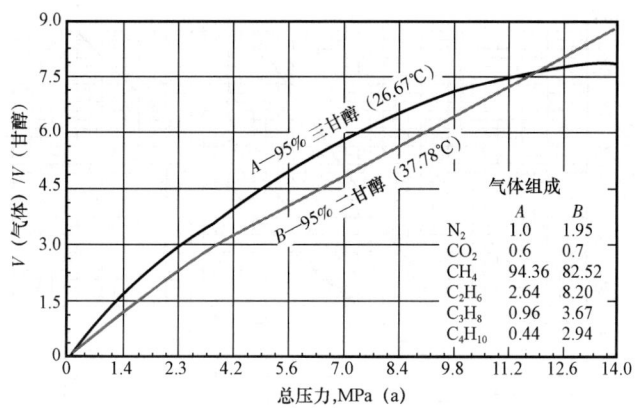

图 A-6-32　天然气在甘醇溶液中的溶解量

TEG 对烷烃的溶解量虽然不多,但它对芳烃却有良好的亲和力,表 A-6-150 给出了 25℃ 下苯与甲苯在 TEG 中的溶解度。如果天然气中含有芳烃,TEG 在脱水过程中吸收的芳烃在再生时将会排出,这就产生了排放污染问题。

表 A-6-150　25℃下芳烃在甘醇中的溶解度

芳　烃	三甘醇
苯,%(质量分数)	完全溶解
甲苯,%(质量分数)	24.8

图 A-6-33 和图 A-6-34 分别给出了 H_2S 及 CO_2 不同温度下在 TEG 中的溶解度,当用 TEG 法处理井口含 H_2S 及 CO_2 的天然气时,这是需要关注的问题。

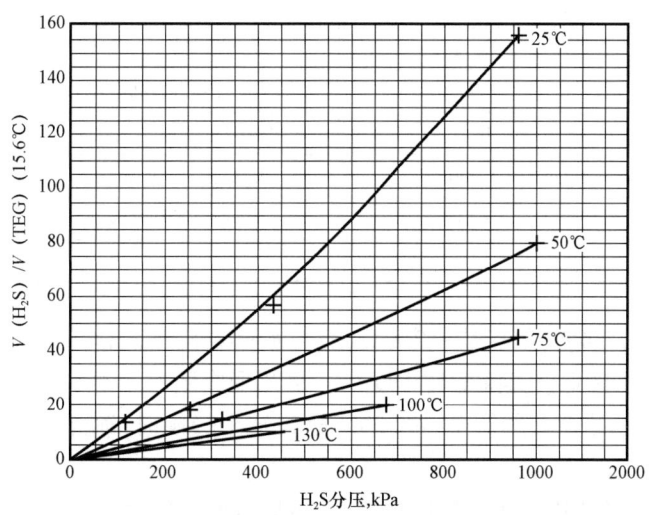

图 A-6-33　不同温度下 H_2S 在纯 TEG 中的溶解度

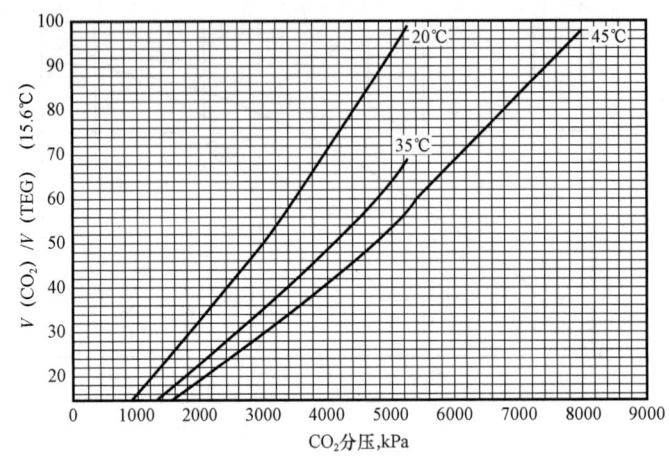

图 A-6-34　不同温度下 CO_2 在 96.5%TEG 中的溶解度

十一、乙二醇

乙二醇(ethylene glycol)又名"甘醇"、"1,2-亚乙基二醇",简称 EG,是最简单的二元醇。乙二醇是无色无臭、有甜味液体,可与水混溶,属低毒类,对动物有毒性,人类致死剂量约为 1.6g/kg。乙二醇能与水、丙酮互溶,但在醚类中溶解度较小。用作溶剂、防冻剂以及合成涤纶的原料。乙二醇的一般性质见表 A-6-151。

表 A-6-151　乙二醇一般性质

理化性质	乙二醇	理化性质	乙二醇
分子式	$C_2H_6O_2$	燃点,℃	118
相对分子质量	62.1	蒸气压(25℃),Pa	16
沸点(101.3kPa),℃	197.3	黏度(25℃),mPa·s	16.5
密度(25℃),kg/m³	1110	比热容(25℃),kJ/(kg·K)	2.43
折射率(25℃)	1.430	表面张力(25℃),mN/m	47
凝固点,℃	-13	分解温度,℃	165
闪点,℃	116		

乙二醇沸点是 197.4℃,冰点是-12.6℃,能与水任意比例混合。混合后由于改变了冷却水的蒸气压,冰点显著降低。其降低的程度在一定范围内随乙二醇的含量增加而下降。当乙二醇的含量为 60%时,冰点可降低至-48.3℃,超过这个极限时,冰点反而要上升。乙二醇水溶液表见表 A-6-152。

乙二醇防冻液在使用中易生成酸性物质,对金属有腐蚀作用。乙二醇有毒,但由于其沸点高,不会产生蒸气被人吸入体内而引起中毒。这种防冻液用后能回收(防止混入石油产品),

经过沉淀、过滤,加水调整浓度,补加防腐剂,还可继续使用,一般可用 3~5 年。因此,乙二醇可用于注入天然气中以防水合物的生成。

表 A-6-152 乙二醇的水溶液数据表

体积分数,%	冰点,℃	体积分数,%	冰点,℃	体积分数,%	冰点,℃
1.8	-0.6	26	-13.0	51.9	-41.0
3.6	-1.3	28	-15.0	53.9	-44.0
5.4	-2.0	29.9	-17.0	56.0	-48.0
7.2	-2.7	31.9	-18.0	78.9	-47.0
9.1	-3.5	33.8	-20.0	81.0	-43.0
10.9	-4.4	35.8	-22.0	83.1	-40.0
12.8	-5.3	37.8	-24.0	85.2	-63.0
14.6	-6.3	39.8	-26.0	87.3	-33.0
16.5	-7.3	41.8	-28.0	89.4	-29.0
18.4	-8.0	43.8	-31.0	91.5	-26.0
20.3	-9.0	45.8	-33.0	93.6	-23.0
22.2	-11.0	47.8	-36.0	95.8	-19.0
24.1	-12.0	49.8	-38.0	100	-13.0

附录 A-7 常用气象资料

一、关于严寒、炎热等气温概念的划分标准

1. 以气候平均气温的级别命名的划分标准

极寒:≤-40℃;
奇寒:-39.9~-35℃;
酷寒:-34.9~-30℃;
严寒:-29.9~-20℃;
深寒:-19.9~-15℃;
大寒:-14.9~-10℃;
小寒:-5~-9.9℃;
轻寒:-4.9~0℃;
微冷:>0~4.9℃;
凉:5~9.9℃;
温凉:10~11.9℃;

微温凉:12~13.9℃;

温和:14~15.9℃;

微温和:16~17.9℃;

温暖:18~19.9℃;

暖:20~21.9℃;

热:22~24.9℃;

炎热:25~27.9℃;

暑热:28~29.9℃;

酷热:30~34.9℃;

奇热:35~39.9℃;

极热:>40℃。

2. 各地区根据地区特点的划分标准

(1) 华东安徽气象局以候平均气温为划分标准规定:酷热期>30℃;严寒期<0℃。

(2) 西北甘肃气象局以候平均气温为划分标准规定:酷热期>30℃;严寒期<-5℃。

(3) 东北地区气象局以日最高和最低气温作为划分标准规定:

寒冷:日最低气温<0℃;

严寒:日最低气温<-30℃;

极寒:日最低气温<-40℃;

炎热:日最高气温>30℃;

酷热:日最高气温>35℃。

二、关于干燥、湿润的划分标准

1. 采用干燥度为衡量指标

$$K = \frac{E}{r} \qquad (A-7-1)$$

式中　K——空气干燥度;

　　　E——最大可能蒸发量;

　　　r——最大降水量。

中国气象局经过质量控制、数据比较完整的1961—2014年2207个地面观测气象站资料对我国干湿气候空间特征进行分析,划分为6级。

极湿润地区:K<0.5;

湿润地区:K=0.5~1.00;

亚湿润地区:K=1~1.5;

亚干旱地区:K=1~3.5;

干旱地区:K=3.5~20.0;

极干旱地区:K>20.0。

2. 采用空气相对湿度为衡量指标

干燥地区：相对湿度<40%；

湿润地区：相对湿度>70%。

三、关于季节性冰冻地区和采暖地区的划分标准

1. 季节性冰冻地区

我国一般以冬季1月平均气温为0℃的地区划线，这条线以北为季节性冰冻地区。这条线大致为东起淮河下游，经秦岭沿四川盆地的西缘向南至北纬27°左右，再折向西藏东南角，其特征是冬季河流出现封冻。这条线以南则为不冻结地区。

2. 采暖地区

我国规定凡日平均气温等于低于5℃的天数，历年平均在90天以上的地区，为集中采暖地区。凡符合下列条件之一的地区为过渡采暖地区：(1)日平均气温等于低于5℃的天数，历年平均为60~90天的地区；(2)日平均气温等于低于5℃的天数，历年平均为45~60天，且历年一月份的平均相对湿度不小于75%和冬季平均日照率等于低于25%的地区。上述情况以外的地区为不采暖地区。

四、关于主导风向和最小频率风向

1. 我国的风向特征

我国位于低中纬度的欧亚大陆东岸，特别是行星系的西风带被西部高原和山地所阻隔，因而季风环流十分典型，成为我国东部及东南地区的主要风系。我国气象工作者认为东亚季风主要由海陆热力差异形成，行星风带的季节位移也对其有所影响。总之，我国是属于季风气候型，其特征是一般存在偏南和偏北的两个盛行风向，这两个风向往往是频率相近方向相反，一个在暖季起控制作用，一个在冷季起控制作用，但均不可能在全年各季节起控制作用。多数情况是，冬季盛行风的上风侧往往正是夏季盛行风的下风侧。

2. 主导风向

主导风向是指频率最多的风向，也是通常所说的盛行风向。对风频有两种计算法：

$$某风向年（月）频率 = \frac{该风向一年（月）中出现的次数}{全年（月）各风向（含静风）记录总次数} \times 100\%$$

$$累年平均年（月）某风向频率 = \frac{历年（月）该风向次数之和}{记录总年数（包括该风向未出现年份）} \times 100\%$$

新中国成立后我国一度沿用苏联"主导风向"的概念处理工业企业总平面设计中的布置问题，即将工业生产中产生污染、易燃有害气体的生产设施布置在居住区、明火区主导风向的下风侧，实践证明这样做的结果是不符合我国季风气候特征的。据说苏联和欧洲大部分国家，只有单一优势的盛行风向，并且这一盛行风向在全年各季节均起主导作用，所以主导风向的概

念在苏联是适合的。而我国是季风气候,一般有两个主导风向。

3. 污染系数

污染系数是风频与该风向平均风速之比。它是反映空气稳定程度的一个参数。对空气的污染不仅与风频有关,而且与该风向的平均风速有关。风速小时,有害气体容易下沉集聚,当可燃气体的集聚浓度达到一定程度遇火种就会爆炸或燃烧;风速大时,有利于有害气体的扩散。对散发可燃、恶臭气味、有毒等有害气体的生产设施的位置,一般均应布置在污染系数最小风向的上风侧;而有明火产生或散发火花的场所,则应布置在油气场所污染系数最小风向的下风侧。

通常情况下,最小频率风向的污染系数也最小,但最小污染系数风向的风频不一定最小,且反方向的风频可能更大,所以按最小频率风向布置工矿企业的建构筑物,被认为更能符合环境保护和安全防火的要求。目前我国有关的防火规范、总图规范均采用最小频率风向。

五、风力等级与风速

风力等级与风速见表 A-7-1。

表 A-7-1　风力等级与风速对照

风级	风名	相当风速,m/s	地面物体的特征
0	无风	0~0.2	炊烟直上,树叶不动
1	软风	0.3~1.5	炊烟能显示风向,风标不能转动
2	轻风	1.6~3.3	脸感有风,树枝微动,风标转动
3	微风	3.4~5.4	树枝摇动不息,旌旗能展开
4	和风	5.5~7.9	地面尘土及碎纸片飞扬,小树枝摇动
5	清风	8.0~10.7	小树摇动,水面起波
6	强风	10.8~13.8	大树枝摇动,电线呼呼作响,举伞困难
7	疾风	13.9~17.1	大树摇动,迎风步行感到阻力
8	大风	17.2~20.7	可折断树枝、迎风步行感到阻力很大
9	烈风	20.8~24.4	屋顶瓦片吹落,稍有破坏力
10	狂风	24.5~28.4	树木连根拔起或摧毁建筑物,陆上少见
11	暴风	28.5~32.6	有严重破坏力,陆上很少见
12	飓风	32.7 以上	摧毁力极大,陆上极少见

注:摘自《供暖通风设计手册》。

六、全国主要城市气象资料

全国主要城市气象资料见表 A-7-2(摘自 GB 50736—2012《民用建筑供暖通风与空调调节设计规范》)。

附录A 常用基础资料

表 A-7-2 全国主要城市气象资料

全国主要城市室外气象参数

省份		城市名称	站点名称	台站位置 东经	台站位置 北纬	海拔 m	统计年份	年平均温度 ℃	室外计算温度 冬季 供暖 ℃	室外计算温度 冬季 通风 ℃	室外计算温度 冬季 空调 ℃	室外计算温湿度 夏季 空调相对湿度 %	室外计算温湿度 夏季 空调室外计算干球温度 ℃	室外计算温湿度 夏季 空调室外计算湿球温度 ℃	室外计算温湿度 夏季 通风计算温度 ℃	室外计算温湿度 夏季 通风计算相对湿度 %	室外计算温湿度 夏季 空调室外计算日平均温度 ℃	室外风向、风速及频率 夏季 最多风向	室外风向、风速及频率 夏季 最多风向的频率 %	室外风向、风速及频率 夏季 平均风速 m/s	室外风向、风速及频率 冬季 最多风向	室外风向、风速及频率 冬季 最多风向的频率 %	室外风向、风速及频率 冬季 平均风速 m/s	室外风向、风速及频率 年最多风向	室外风向、风速及频率 年最多风向的频率 %	冬季日照百分率 %	最大冻土深度 cm	大气压力 hPa 冬季	大气压力 hPa 夏季	设计计算用供暖期天数及其平均温度 日平均温度≤5℃的天数	设计计算用供暖期天数及其平均温度 日平均温度≤5℃期间的起止日期	设计计算用供暖期天数及其平均温度 日平均温度≤5℃期间内的平均温度 ℃	设计计算用供暖期天数及其平均温度 日平均温度≤8℃的天数	设计计算用供暖期天数及其平均温度 日平均温度≤8℃的起止日期	设计计算用供暖期天数及其平均温度 日平均温度≤8℃期间内的平均温度 ℃	极端最高温度 ℃	极端最低温度 ℃
北京	1	北京	北京 54511	116°28′	39°48′	31.3	1971—2000	12.3	−7.6	−3.6	−9.9	44	33.5	26.4	29.7	61	29.6	C SW	18 10	2.1	C N	19 12	2.6	C SW	17 10	64	66	1021.7	1000.2	123	11.12—03.14	−0.7	144	11.04—03.27	0.3	41.9	−18.3
天津	1	天津	天津 54527	117°04′	39°05′	2.5	1971—2000	12.7	−7	−3.5	−9.6	56	33.9	26.8	29.8	63	29.4	C S	15 10	2.2	C N	20 11	2.4	C SW	16 9	58	58	1027.1	1005.2	121	11.13—03.13	−0.6	142	11.06—03.27	0.4	40.5	−17.8
	2	塘沽	塘沽 54623	117°43′	39°00′	2.7	1971—2000	12.6	−6.8	−3.3	−9.2	59	32.5	26.9	30.8	68	29.6	SSE	12	4.3	NNW	13	3.9	NN W	8	63	59	1026.3	1004.6	122	11.15—03.16	−0.4	143	11.07—03.29	0.6	40.9	−15.4
河北省	1	石家庄	石家庄 53698	114°25′	38°02′	81	1971—2000	13.4	−6.2	−2.3	−8.8	55	35.1	26.3	30.8	60	30	C S	26 13	1.7	C NNE	25 12	1.8	C S	25 12	56	56	1017.2	995.8	111	11.15 −03.05	0.1	140	11.07—03.26	1.5	41.5	−19.3
	2	唐山	唐山 54534	118°09′	39°40′	27.8	1971—2000	11.5	−9.2	−5.1	−11.6	57	32.9	26.9	29.2	63	28.5	C ESE	14 11	2.3	C WNW	22 11	2.2	C ESE	17 18	60	72	1023.6	1002.4	130	11.10—03.19	−1.6	146	11.04—03.29	−0.7	39.6	−22.7
	3	邢台	邢台 54806	114°30′	37°04′	76.8	1971—2000	13.9	−5.5	−1.6	−8	57	35.1	26.6	31	61	30.2	C SSW	23 13	1.7	C NNE	27 10	1.4	C SSW	24 13	56	46	1017.7	996.2	105	11.19—03.03	0.5	129	11.08—03.16	1.8	41.1	−20.2
	4	保定	保定 54602	115°31′	38°51′	17.2	1971—2000	12.9	−7	−3.2	−9.5	55	34.8	22.6	27.8	50	29.8	C SW	18 14	2	C SW	23 10	1.8	C SW	19 14	56	58	1025.1	1002.9	119	11.13—03.11	−0.5	142	11.05—03.27	0.7	41.6	−19.6
	5	张家口	张家口 54401	114°53′	40°47′	724.2	1971—2000	8.8	−13.6	−8.3	−16.2	41	32.1	24.1	27.8	55	27	C SW	19 15	2.1	C NW	35	2.8	N	26	65	136	939.5	925	146	11.03—03.28	−3.9	168	10.20—04.05	−2.6	39.2	−24.6
	6	承德	承德 54423	117°56′	40°58′	377.2	1971—2000	9.1	−13.3	−9.1	−15.7	51	32.7	24.1	27.5	55	27.4	C SSW	19 6	0.9	C NW	66 10	1	C NW	61 6	65	126	980.5	963.3	145	11.03—03.27	−4.1	166	10.21—04.04	−2.9	43.3	−24.2
	7	秦皇岛	秦皇岛 54449	119°36′	39°56′	2.6	1971—2000	11	−9.6	−4.8	−12	51	30.6	25.9	27.5	55	27.7	C WSW	19 10	2.3	C WNW	19 13	2.5	C WNW	18 10	64	85	1026.4	1005.6	135	11.12—03.26	−1.2	153	11.04—04.05	−0.3	39.2	−20.8
	8	沧州	沧州 54616	116°50′	38°20′	9.6	1971—1995	12.9	−7.1	−3	−9.6	57	34.3	26.7	30.1	63	29.7	SW	12	2.9	SW	12	2.6	SW	14	64	43	1027	1004	118	11.15—03.12	−0.5	141	11.07—03.27	0.7	40.5	−19.5

续表

省份	城市名称	站名称	台站位置 东经	台站位置 北纬	海拔 m	统计年份	年平均温度 ℃	室外计算温,湿度 冬季 供暖 ℃	冬季 通风 ℃	冬季 空调 ℃	夏季 空调相对湿度 %	夏季 空调干球温度 ℃	夏季 空调湿球温度 ℃	夏季 通风计算温度 ℃	夏季 通风计算相对湿度 %	夏季 空调室外计算日平均温度 ℃	室外风向,风速及频率 夏季 最多风向	夏季 最多风向的频率 %	夏季 平均风速 m/s	夏季 最多风向的平均风速 m/s	冬季 最多风向	冬季 最多风向的频率 %	冬季 平均风速 m/s	冬季 最多风向的平均风速 m/s	年最多风向	年最多风向的频率 %	冬季日照百分率 %	最大冻土深度 cm	大气压力 hPa 冬季	大气压力 hPa 夏季	设计计算供暖 日平均温度≤5℃的天数	起止日期	期间内的平均温度 ℃	日平均温度≤8℃的天数	起止日期	期间内的平均温度 ℃	极端最高温度 ℃	极端最低温度 ℃
河北省	9 廊坊	54518	116°23′	39°07′	9	1971–2000	12.2	-8.3	-4.4	-11	54	34.4	26.6	30.1	61	29.6	SW	C 12	2.2	2.5	NE	C 19	2.1	3.3	SW	C 14	57	67	1026.6	1004	124	11.11–03.14	-1.3	143	11.05–03.27	-0.3	41.3	-21.5
	10 衡水 54606		115°44′	38°14′	18.9	1971–2000	12.5	-7.9	-3.9	-10.4	59	34.8	26.9	30.5	61	29.6	SW	C 15	2.2	3	NE	C 19		2.6	SW	C 10	63	77	1024.9	1002.8	122	11.12–03.13	-0.9	143	11.05–03.27	0.2	41.2	-22.6
山西省	1 太原 53772		112°33′	37°47′	778.3	1971–2000	10	-10.1	-5.5	-12.6	50	31.5	23.8	27.8	58	26.1	C SW	30 10	1.8	2.4	C NE	30 13	2	2.6	C SW	29 11	57	72	933.5	919.8	141	10.06–03.26	-1.7	160	10.23–03.31	-0.7	37.4	-22.7
	2 大同 53487		113°20′	40°06′	1067.2	1971–2000	7	-16.3	-10.6	-18.9	50	30.9	21.2	26.4	49	25.3	C N	17 12	2.5	3.1	C N	30 19	2.8	3.7	C N	16 15	61	186	899.9	889.1	163	10.24–04.04	-4.8	183	10.14–04.14	-3.5	37.2	-27.2
	3 阳泉 53782		113°33′	37°51′	741.9	1971–2000	11.3	-8.3	-3.4	-10.4	43	32.8	23.6	28.2	55	27.4	C NNE	33 9	2.5	2.3	C NNW	30 19	2.4	2.8	C NNW	31 13	62	62	937.1	923.8	126	11.12–03.17	-0.5	146	11.04–03.29	0.3	40.2	-16.2
	4 运城 53959		111°01′	35°02′	376	1971–2000	9.14	-4.5	-0.9	-7.4	57	35.8	26	31.3	55	31.5	C ENE	35 16	1.6	5	C W	42 12	1.9	4.9	C SSE	18 11	49	39	982	962.7	101	11.22–03.02	0.9	127	11.08–03.14	2	41.2	-18.9
	5 晋城 53975		112°51′	35°29′	659.5	1971–2000	11.8	-6.6	-2.6	-9.1	53	32.7	24.6	28.8	59	27.3	C SSE	35 11	1.7	2.9	C NW	41 11	2.3		C SSE	37 9	58	169	947.4	932.4	120	11.14–03.13	0	143	11.06–03.28	1	38.5	-17.2
	6 右玉 53478		112°27′	40°00′	1348.8	1971–2000	3.9	-20.8	-14.4	-25.4	61	29	19.8	24.5	50	22.5	C ESE	30 9	2.1	2.8	C NW	41 11	2.3	5	C NW	32 9	71	169	868.6	860.7	182	10.–04.13	-6.9	208	10.01–04.26	-5.2	34.4	-40.4
	7 晋中 53673		112°43′	37°04′	1041.4	1971–2000	8.8	-11.1	-6.6	-13.6	49	30.8	22.3	26.8	55	24.8	C SSW	399	1.5	2.8	C NW	4214	1.3	1.9	C WNW	389 8	62	76	902.6	892	144	11.05–03.28	-2.6	168	10.20–04.05	-1.3	36.7	-25.1
	8 原平 53673		112°43′	38°44′	828.2	1971–2000	9	-12.3	-7.7	-14.7	47	31.8	22.9	27.6	53	26.2	C NNE	20 11	1.9	2.4	C NNE	26 14	2.3	3.8	CE NNE	CE 22 12	60	121	926.9	913.8	145	11.03–03.27	-3.2	168	10.20–04.05	-1.9	38.1	-25.8
	9 忻州 53673		111°30′	36°04′	449.5	1971–2000	12.6	-6.6	-2.7	-10	58	34.6	25.7	30.6	56	29.3	C NNE	24 9	1.6	3	C SW	35 7	1.6	2.6	C SW	31 9	47	57	972.5	954.2	114	11.13–03.06	-0.2	142	11.06–03.27	1.1	40.5	-23.1
	10 离石 53764		111°06′	37°30′	950.8	1971–2000	9.1	-12.6	-7.6	-16	55	32.4	22.9	28.1	52	26.3	C NE	22 17	2.6	2.5	C SW	26	2.1		C NE	20 8	58	104	914.5	901.3	143	11.05–03.27	-3	166	10.20–04.03	-1.7	38.4	-26

附录A 常用基础资料

续表

全国主要城市室外气象参数

(E—东风,S—南风,W—西风,N—北风,C—静风)

省份	城市名称	站台名称	台站位置			统计年份	年平均温度 ℃	室外计算温、湿度									室外风向、风速及频率										大气压力 hPa		最大冻土深度 cm	设计计算用供暖期天数及其平均温度					极端最高温度 ℃	极端最低温度 ℃
			北纬	东经	海拔 m			冬季				夏季					夏季			冬季			年最多风向的频率 %	冬季日照百分率 %				日平均温度≤5℃的天数	日平均温度≤5℃的起止日期	平均温度≤5℃期间内的平均温度 ℃	日平均温度≤8℃的天数	日平均温度≤8℃的起止日期	平均温度≤8℃期间内的平均温度 ℃		
								供暖 ℃	通风 ℃	空调 ℃	空调相对湿度 %	空调室外计算干球温度 ℃	空调室外计算湿球温度 ℃	通风计算温度 ℃	通风计算相对湿度 %	空调室外计算日平均温度 ℃	最多风向	最多风向的平均风速 m/s	最多风向的频率 %	最多风向	最多风向的平均风速 m/s	最多风向的频率 %	年最多风向		冬季	夏季									
内蒙古	1 呼和浩特	呼和浩特 53463	40°49′	111°41′	1063	1971—2000	6.7	−17	−11.6	−20.3	58	30.6	21	26.5	48	25.9	C SW	1.8	36 8	C NNW	1.5	50	C NNW	40 7	63	156	901.2	889.6	167	10.20—04.04	−5.3	184	10.12—04.13	−4.1	38.5	−30.5
	2 包头	包头 53446	40°40′	109°51′	1067.2	1971—2000	7.2	−16.6	−11.1	−19.7	55	31.7	20.9	27.4	43	26.5	C SE	2.6	14 11	N	2.4	21	N	16	68	157	901.2	889.1	164	10.21—04.02	−5.1	182	10.13—04.12	−3.9	39.2	−31.4
	3 赤峰	赤峰 54218	42°16′	118°56′	568	1971—2000	7.5	−16.2	−10.7	−18.8	43	32.7	22.6	28	50	27.4	C WSW	2.2	20 13	C W	2.3	26	C W	21 13	70	201	955.1	941.1	161	10.26—04.04	−5	179	10.16—04.12	−3.8	40.4	−28.8
	4 通辽	通辽 54135	43°36′	122°16′	178.5	1971—2000	6.6	−19	−13.5	−21.8	54	32.3	24.5	28.2	57	27.3	S SSW	3.5	17	NW	3.7	16	SSW	11	76	179	1002.6	984.4	166	10.21—04.04	−6.7	184	10.13—04.14	−5.4	38.9	−31.6
	5 鄂尔多斯	东胜 53543	39°50′	109°59′	1460.4	1971—2000	6.2	−16.8	−10.5	−19.6	52	29.1	19	24.5	43	24.6	S SW	3.1	19	S SW	2.9	14	SSW	17	73	150	856.7	849.5	168	10.20—04.05	−4.9	189	10.11—04.17	−3.6	35.3	−28.4
	6 海拉尔	满洲里 50514	49°34′	117°26′	661.7	1971—2000	−0.7	−28.6	−23.3	−31.6	75	29	19.9	24.1	52	23.6	CE	3.8	13 10	W SW	3.7	23	WSW	13	70	389	941.9	930.3	210	09.30—04.27	−12.4	229	09.21—05.07	−10.8	37.9	−40.5
	7 海拉尔 50527		49°13′	119°45′	610.2	1971—2000	−1.0	−31.6	−25.1	−34.5	79	29	20.5	24.3	54	23.5	C SSW	3	20 10	C SSW	2.3	22 19	C WSW	15 12	62	242	947.9	935.7	208	10.01—04.26	−12.7	227	09.22—05.06	−11	36.6	−42.3
	8 巴彦淖尔	临河 53513	40°45′	107°25′	1039.3	1971—2000	8.1	−15.3	−9.9	−19.1	51	32.7	20.9	28.4	39	27.5	C E	2.5	13 10	C SW	2	30 13	C W	24 10	72	138	903.9	891.1	157	10.24—03.29	−4.4	175	10.16—04.08	−3.3	39.4	−35.3
	9 乌兰察布	集宁 53480	41°02′	113°04′	1419.3	1971—2000	4.3	−18.9	−13	−21.9	55	28.2	18.9	23.8	49	22.9	C WNW	2.4	29 9	C WNW	3	33 13	C WNW	29 12	72	184	860.2	853.7	181	10.16—04.14	−6.4	206	10.03—04.26	−4.7	33.6	−32.4

· 707 ·

续表

全国主要城市室外气象参数

省份	城市名称		站台名称	台站位置			统计年份	年平均温度 ℃	室外计算温、湿度							室外风向、风速及频率 (E—东风；S—南风；W—西风；N—北风；C—静风)								冬季日照百分率 %	最大冻土深度 cm	大气压力 hPa		设计计算用供暖期天数及其平均温度			平均温度 ≤8℃ 期间内的平均温度 ℃	日平均温度 ≤8℃ 的起止日期	平均温度 ≤8℃ 期间内的平均温度 ℃	极端最高温度 ℃	极端最低温度 ℃
				北纬	东经	海拔 m			冬季				夏季			夏季				冬季				年最多风向的频率 %				冬季	夏季	日平均温度 ≤5℃ 的天数	日平均温度 ≤5℃ 的起止日期	平均温度 ≤5℃ 期间内的平均温度 ℃	日平均温度 ≤8℃ 的天数				
									供暖 ℃	通风 ℃	空调 ℃	空调相对湿度 %	空调干球温度 ℃	空调室外计算湿球温度 ℃	通风计算相对湿度 %	通风计算温度 ℃	空气调节室外计算日平均温度 ℃	平均风速 m/s	最多风向	最多风向的频率 %	平均风速 m/s	最多风向	最多风向的频率 %												
内蒙古	10	兴安盟	乌兰浩特 50838	46°05′	122°03′	274.7	1971—2000	5	−20.5	−15	−23.5	54	31.8	23	55	27.1	26.6	2.6	C NE	23	3.9	C NW	27	22	69	249	989.1	973.3	176	10.17—04.10	−7.8	193	10.09—04.19	−6.5	40.3	−33.7
	11	锡林郭勒盟	二连浩特 53068	43°39′	111°58′	964.7	1971—2000	4	−24.3	−18.1	−27.8	69	33.2	19.3	33	27.9	27.5	4	NE	7	5.2	NW	17	11	76	310	910.5	898.3	181	10.14—04.12	−9.3	196	10.07—04.20	−8.1	41.1	−37.1
	12	锡林郭勒盟	锡林浩特 54102	43°57′	116°04′	989.5	1971—2000	2.6	−25.2	−18.8	−27.8	72	31.1	19.9	44	26	25.4	3.3	NW	8	3.4	NW	16	13	71	265	906.4	895.9	189	10.11—04.17	−9.7	209	10.01—04.27	−8.1	39.2	−38
辽宁省	1	沈阳	沈阳 54343	41°44′	123°27′	44.7	1971—2000	8.4	−16.9	−11	−20.7	60	31.5	25.3	65	28.2	27.5	2.6	C SW	13	3.5	C WSW	19	15	56	148	1020.8	1000.9	152	10.30—03.30	−5.1	172	10.20—04.09	−3.6	36.1	−29.4
	2	大连	大连 54662	43°57′	121°38′	91.5	1971—2000	10.9	−9.8	−3.9	−13	56	29	24.9	71	26.3	26.5	4.1	SW	16	4.6	SW	19	13	65	90	1013.9	997.8	132	11.16—03.27	−0.7	152	11.06—04.06	0.3	35.3	−18.8
	3	鞍山	鞍山 54339	42°02′	123°00′	77.3	1971—2000	9.6	−15.1	−8.6	−18	54	31.6	25.1	63	28.2	28.1	2.7	SSW	19	4.6	SSW	24	14	60	118	1018.5	998.8	143	11.06—03.28	−3.8	163	10.26—04.06	−2.5	36.5	−26.9
	4	抚顺	抚顺 54351	41°54′	124°05′	118.5	1971—2000	6.8	−20	−13.5	−23.8	68	31	24.8	65	27.4	26.6	2.2	SW	13	2.9	NE	14	16	61	143	1011	992.4	161	10.26—04.04	−6.3	182	10.14—04.13	−4.8	37.7	−35.9
	5	本溪	本溪 54346	41°19′	123°47′	185.2	1971—2000	7.8	−18.1	−11.5	−21.5	55	29.6	24.3	63	26.8	25.9	2.2	C NE	15	2.4	ENE	20	18	57	149	1003.3	985.7	157	10.28—04.03	−5.1	175	10.18—04.10	−3.8	37.5	−33.6
	6	丹东	丹东 54497	40°03′	124°20′	13.8	1971—2000	8.9	−12.9	−7.4	−15.9	52	31.4	25.3	71	27.9	27.1	2.3	ESE	19	3.3	ESE	25	14	64	88	1023.7	1005.5	145	11.07—03.31	−2.8	167	10.27—04.11	−1.7	35.3	−25.8
	7	锦州	锦州 54337	41°08′	121°07′	65.9	1971—2000	9.5	−15.5	−7.9	−17.1	62	30.4	25.2	67	26.8	27.1	3.3	C SSW	17	4.3	N	21	17	67	108	1017.5	997.8	144	11.05—03.28	−3.4	164	10.26—04.06	−2.2	41.8	−22.8
	8	营口	营口 54471	40°40′	122°16′	3.3	1971—2000	9.5	−14.1	−8.5	−17.1	49	32.5	25.5	68	28.4	27.3	3.7	SW	13	4.8	NNE	16	15	67	101	1026.5	1005.5	144	11.06—03.29	−3.6	164	10.26—04.07	−2.4	34.7	−28.4
	9	阜新	阜新 54237	42°05′	121°43′	166.8	1971—2000	8.1	−15.7	−10.6	−18.5	60	32.5	24.7	60	28.4	27.3	2.1	C SW	17	3.4	NE	31	14	68	139	1007	988.1	159	10.27—04.03	−4.8	176	10.18—04.11	3.7	40.9	−27.1

附录A 常用基础资料

续表

全国主要城市室外气象参数

（E—东风，S—南风，W—西风，N—北风，C—静风）

省份	城市名称	站台名称	台站位置 北纬	台站位置 东经	海拔 m	统计年份	年平均温度 ℃	室外计算温、湿度 冬季 供暖 ℃	冬季 通风 ℃	冬季 空调 ℃	空调相对湿度 %	夏季 空调干球温度 ℃	夏季 空调计算湿球温度 ℃	夏季 通风计算温度 ℃	夏季 通风计算相对湿度 %	空气调节室外计算日平均温度 ℃	夏季 最多风向的频率 %	夏季 最多风向	夏季 平均风速 m/s	冬季 最多风向的频率 %	冬季 最多风向	冬季 平均风速 m/s	年最多风向的频率 %	年最多风向	年最多风向的平均风速 m/s	冬季日照百分率 %	最大冻土深度 cm	大气压力 hPa 冬季	大气压力 hPa 夏季	设计计算用供暖期天数及其平均温度 日平均温度≤5℃的天数	日平均温度≤5℃的起止日期	平均温度≤5℃期间内的平均温度 ℃	日平均温度≤8℃的天数	日平均温度≤8℃的起止日期	平均温度≤8℃期间内的平均温度 ℃	极端最高温度 ℃	极端最低温度 ℃
辽宁省	11 铁岭	开原 54254	42°32'	124°03'	98.2	1971—2000	7	−20	−13.4	−23.5	49	31.1	25	27.5	60	26.8	17	SSW	2.7	16	C SW	2.7	3.8	SW	16	62	137	1013.4	994.6	160	10.27—04.04	−6.4	180	10.16—04.13	−4.9	36.6	−36.3
	12 朝阳	朝阳 54324	41°33'	120°27'	169.9	1971—2000	9	−15.3	−9.7	−18.3	43	33.5	25	28.9	58	28.3	32 22	C SSW	2.5	14 12	C SSW	2.4	3.5	SSW	33 16	69	135	1004.4	985.5	145	11.04—03.28	−4.7	157	10.21—04.05	−3.2	43.3	−34.4
	13 葫芦岛	兴城 54455	40°35'	120°42'	8.5	1971—2000	9.2	−12.6	7.7	−15	52	29.5	25.5	26.8	76	26.4	26 16	C SSW	2.4	34 13	C SW	2.2	3.4	C SW	28 10	72	99	1025.5	1004.7	145	11.06—03.30	−3.2	167	10.26—04.10	−1.9	40.8	−27.5
吉林省	1 长春	长春 54161	43°54'	125°13'	236.8	1971—2000	5.7	−24	−19.7	−24.3	66	30.5	24.1	26.6	65	26.3	15 11	W SW	3.2	20	WSW	3.7	4.7	WSW	17	64	169	994.4	978.4	169	10.20—04.06	−7.6	188	10.12—04.17	−6.1	35.7	−33
	2 吉林	吉林 54172	43°57'	126°11'	183.4	1971—2000	4.8	−21.5	−15.1	−22.5	72	30.4	24.5	27.2	65	26.1	20 11	C SSE	2.3	31 18	C WSW	2.6	4	C	4	52	182	1001.8	984.8	172	10.18—04.07	−8.5	191	10.13—04.14	−7.1	35.7	−40.3
	3 四平	四平 54157	43°11'	124°20'	164.2	1971—2000	6.7	−21.6	−13.5	−22.8	68	30.7	24.5	26.3	65	26.7	17	W SW	3.8	15 15	WSW	2.6	3.9	SW	16	69	148	1004.3	986.7	163	10.25—04.05	−6.6	184	10.12—04.18	−5	37.3	−32.3
	4 通化	通化 54363	41°41'	125°54'	402.9	1971—2000	5.6	−21	−14.2	−22.4	71	29.9	23.2	27.3	61	25.3	41 12	C SW	2.5	53 7	C SW	1.3	3.5	C SW	43 11	50	139	974.7	961	170	10.20—04.07	−6.6	191	10.11—04.19	−5.3	37.9	−33.1
	5 临江	临江 54374	41°48'	126°55'	332.7	1971—2000	5.3	−21.5	−16.1	−22.5	64	30.8	23.6	27.6	59	25.4	42 14	C SSE	1.6	61 11	C NNE	0.8	1.6	C NNE	46 14	55	136	983.9	969.1	170	10.20—04.07	−7.2	190	10.11—04.18	−5.7	35.6	−34.8
	6 松原	乾安 50948	45°00'	124°01'	146.3	1971—2000	5.4	−21.6	−16.1	−24.4	68	31.8	24.2	27.5	58	27.3	14	C SW	3	11	SW	2.9	3.8	SW	11	67	220	1005.5	987.9	170	10.19—04.06	−8.4	191	10.11—04.19	−6.9	37.9	−38.1
	7 白城	白城 50936	45°38'	122°50'	155.2	1971—2000	5	−21.7	−16.4	−25.3	57	31.8	23.9	26.9	58	25.6	13 10	C NNE	2.9	11 10	C NNE	2.6	3.4	NNE	10 9	73	750	1004.6	986.9	172	10.18—04.07	−8.6	191	10.10—04.18	−7.1	38.6	−38.1
	8 延边	延吉 54292	42°53'	129°28'	176.8	1971—2000	5.4	−18.4	−13.6	−21.2	59	31.3	23.7	26.7	63	25.6	31 19	C E	2.1	42 19	C WNW	2.6	3.7	WNW	37 13	57	198	1000.7	986.8	171	10.20—04.08	−6.6	192	10.11—04.20	−5.1	37.7	−32.7

续表

全国主要城市室外气象参数

省份	城市名称	站台名称	台站位置 北纬	台站位置 东经	海拔 m	统计年份	年平均温度 ℃	室外计算温湿度 冬季 供暖 ℃	冬季 通风 ℃	冬季 空调 ℃	冬季 空调相对湿度 %	夏季 空调干球温度 ℃	夏季 空调湿球温度 ℃	夏季 通风计算温度 ℃	夏季 通风计算相对湿度 %	夏季 空调室外计算日平均温度 ℃	室外风向、风速及频率 夏季 最多风向	夏季 平均风速 m/s	夏季 最多风向的频率 %	冬季 最多风向	冬季 平均风速 m/s	冬季 最多风向的频率 %	年最多风向	年最多风向的频率 %	冬季日照百分率 %	最大冻土深度 cm	大气压力 hPa 冬季	大气压力 hPa 夏季	设计计算供暖用日数及其平均温度 日平均温度≤5℃的天数	≤5℃的起止日期	≤5℃期间内的平均温度 ℃	日平均温度≤8℃的天数	≤8℃的起止日期	≤8℃期间内的平均温度 ℃	极端最高温度 ℃	极端最低温度 ℃
黑龙江	1 哈尔滨	哈尔滨 50953	45°45′	126°46′	142.3	1971-2000	4.2	-24.2	-18.4	-27.1	73	30.7	23.9	26.8	62	26.3	SSW	3.2	12	SW	3.2	14	SSW	3.7	12	56	205	1004.2	987.7	176	10.17-04.10	-9.2	195	10.08-04.20	-7.8	36.7	-37.7
	2 齐齐哈尔	齐齐哈尔 50745	47°23′	123°55′	145.9	1971-2000	3.9	-23.8	-18.6	-27.2	67	31.1	23.5	26.7	58	26.7	SSW	3	10	N	2.6	13	N	3.1		56		1005	987.9	181	10.15-04.13	-9.5	198	10.06-04.21	-8.1	40.1	-36.4
	3 鸡西	鸡西 50978	45°17′	130°57′	238.3	1971-2000	4.2	-23.8	-16.4	-24.4	64	30.5	23.2	26.3	61	25.7	C WNW	2.3	22	WNW	3.5	31	NW	4.7	10	68	209	991.9	987.0	179	10.17-04.13	-8.3	195	10.06-04.21	-7	37.6	-32.5
	4 鹤岗 50978	鹤岗 50775	47°22′	130°20′	227.9	1971-2000	3.5	-21.5	-17.2	-25.3	63	29.9	22.7	25.5	62	25.6	C ESE	2.9	1111	NW	3.1	21	NW	4.3		63	238	991.3	979.5	184	10.14-04.15	-9	206	10.04-04.27	-7.3	37.7	-34.5
	5 伊春 80774	伊春 80774	47°44′	128°55′	240.9	1971-2000	1.2	-28.3	-22.5	-31.3	73	29.8	22.5	25.7	60	24	C ENE	2	20	WNW	1.8	30	C WNW	3.2	20	58	221	991.8	979.3	190	10.10-04.17	-11.8	212	09.30-04.29	-9.9	36.3	-41.2
	6 佳木斯 50873	佳木斯 50873	46°49′	130°17′	81.2	1971-2000	3.6	-24	-18.5	-27.8	70	30.8	23.6	26.6	61	25.9	C WSW	2.8	20	W	3.1	16	C	3.1	13	57	278	1011.3	996.4	180	10.16-04.13	-9.6	198	10.06-04.21	-8.1	38.1	-39.5
	7 牡丹江 54094	牡丹江 54094	44°34′	129°36′	241.4	1971-2000	4.3	-22.4	-17.3	-25.8	69	31	23.5	26.9	61	26.1	C WSW	2.1	18	WSW	3.1	27	C WSW	2.3	18	56	220	992.2	978.9	177	10.17-04.11	-8.6	194	10.09-04.20	-7.3	38.4	-35.1
	8 宝清 50888	宝清 50888	46°19′	132°11′	83	1971-2000	4.1	-23.2	-17.5	-26.4	65	30.8	23.4	26.4	62	24.2	SSW	3.1	14	WSW	3.7	13	C WSW	6.4	14	61	191	1010.5	978.8	179	10.17-04.13	-8.9	194	10.09-04.20	-7.7	37.2	-37
	9 黑河 50468	黑河 50468	50°15′	127°27′	166.4	1971-2000	0.4	-29.5	-23.2	-33.2	70	29.4	22.3	25.1	62	25.6	C NNW	2.6	18	NNW	2.8	18	SSW	3.4	27	69	260	1000.6	996.2	197	10.06-04.20	-12.5	219	09.29-05.05	-10.6	37.2	-44.5
	10 绥化 50853	绥化 50853	46°37′	126°58′	179.6	1971-2000	2.8	-26.7	-20.9	-30.3	76	30.1	23.4	26.2	63	25.6	SSE	3.5	11	NNW	3.2	9	SSW	3.3	10	66	715	1000.4	984.9	184	10.13-04.14	-10.8	206	10.03-04.26	-8.9	38.3	-41.8

附录A 常用基础资料

续表

全国主要城市室外气象参数

（E—东风；S—南风；W—西风；N—北风；C—静风）

省份	城市名称	站台名称	台站位置 北纬	台站位置 东经	海拔 m	统计年份	年平均温度 ℃	室外计算温湿度 冬季 供暖 ℃	室外计算温湿度 冬季 空调 ℃	室外计算温湿度 冬季 空调相对湿度 %	室外计算温湿度 夏季 空调干球温度 ℃	室外计算温湿度 夏季 空调湿球温度 ℃	室外计算温湿度 夏季 通风计算温度 ℃	室外计算温湿度 夏季 通风计算相对湿度 %	室外计算温湿度 夏季 空气调节室外计算日平均温度 ℃	夏季 最多风向	夏季 最多风向的频率 %	夏季 平均风速 m/s	冬季 最多风向	冬季 最多风向的频率 %	冬季 平均风速 m/s	年最多风向	年最多风向的频率 %	冬季日照百分率 %	最大冻土深度 cm	大气压力 hPa 冬季	大气压力 hPa 夏季	设计计算用供暖期天数及其平均温度 日平均温度≤5℃的天数	日平均温度≤5℃的起止日期	日平均温度≤5℃期间内的平均温度 ℃	日平均温度≤8℃的天数	日平均温度≤8℃的起止日期	日平均温度≤8℃期间内的平均温度 ℃	极端最高温度 ℃	极端最低温度 ℃
黑龙江	11 大兴安岭地区 漠河 50136		52°58′	122°31′	433	1971-2000	-4.3	-37.5	-29.6	73	29.1	20.8	24.4	57	21.6	C	24	1.9	C	55	1.3	C	34	60	—	984.1	969.4	224	09.23-05.04	-16.1	244	09.13-05.14	-14.2	38	-49.6
	12 加格达奇 50442		50°24′	124°07′	371.7	1971-2000	-0.8	-29.7	-23.3	72	28.9	21.2	24.2	61	22.2	C NW	23 8	2.6	C N	47 10	1.6	C NW	9	65	288	974.9	962.7	208	10.02-04.27	-12.4	227	09.22-05.06	-10.8	37.2	-45.4
上海	1 上海 徐家汇 58367		31°10′	121°26′	2.6	1971-1998	16.1	-0.3	-32.9	75	34.4	27.9	31.1	69	30.8	SE	14	3.1	NW	19	2.6	SE	10	40	8	1025.4	1005.4	42	01.01-02.11	4.1	93	12.05-03.07	5.2	39.4	-10.1
江苏省	1 南京 58238		32°00′	118°48′	8.9	1971-2000	25.5	-1.8	-4.2	76	34.8	28.1	31.3	69	31.2	C SSE	1811	2.6	C ENE	2810	2.4	CE	239	43	9	1025.5	1004.3	77	12.05-02.13	3.2	109	11.24-03.12	4.2	39.7	-13.1
	2 徐州 58027		34°17′	117°09′	41.0	1971-2000	14.5	-3.6	2.4	66	34.3	27.6	30.5	67	30.5	C ESE	15 11	3.5	C ENE	23 10	3	C E	20 12	48	21	1022.1	1000.8	97	11.27-03.03	2	124	11.14-03.17	3	40.6	-15.8
	3 南通 58259		31°59′	120°53′	6.1	1971-2000	15.3	-1	3.1	75	33.5	28	30.5	72	30.3	SE	13	2.9	N	12	2.6	SE	10	45	12	1025.9	1000.5	57	12.04-02.13	3.6	110	11.27-03.16	4.7	38.5	-9.6
	4 连云港 赣榆 58040		34°50′	119°07′	3.3	1971-2000	13.6	-4.2	-0.3	67	32.7	27.8	29.1	75	29.5	E	12	3.8	NNE	11	2.6	E	9	57	20	1026.3	1005.1	102	11.26-03.07	1.4	134	11.14-03.27	2.6	38.7	-13.8
	5 常州 58343		31°46′	119°56′	4.9	1971-2000	15.8	-1.2	3.1	75	34.6	28.1	31.3	68	31.5	SE	17	3.1	C NE	9	2.4	SE	13	42	12	1026.1	1005.3	56	12.19-02.12	3.6	102	11.27-03.08	4.7	39.4	-12.8
	6 淮安 淮阴 58144		33°36′	119°02′	17.5	1971-2000	14.4	-3.3	1	72	33.4	28	30.2	72	30.2	ESE	12	2.6	C ENE	14 9	2.5	C ESE	11 9	48	20	1026	1003.9	93	12.02-03.04	2.3	130	11.17-03.26	3.7	38.2	-14.2
	7 盐城 射阳 58150		33°46′	120°15′	2	1971-2000	14	-3.1	1.1	74	33.2	28	29.9	73	29.7	ESE	17	3.2	N	11	3.2	SSE	11	50	21	1026.3	1005.6	94	12.02-03.05	2.2	130	11.19-03.28	3.4	37.7	-12.3
	8 扬州 高邮 58040		32°48′	119°27′	5.4	1971-2000	14.8	-2.3	1.8	75	34	28.3	30.5	72	30.6	SSE	14	2.8	NE	9	2.6	SE	10	47	14	1026.2	1005.2	87	12.07-03.03	2.8	119	11.23-03.21	4	38.2	-11.5
	9 苏州 吴县 东山 58358		31°04′	120°26′	17.5	1971-2000	16.1	-0.4	3.7	77	34.4	28.3	31.3	70	31.3	SE	15	3.5	N	16	3.5	SE	10	41	8	1024.1	1003.7	50	12.24-02.11	3.8	96	12.02-03.07	5	38.8	-8.3

·711·

续表

全国主要城市室外气象参数

（E—东风；S—南风；W—西风；N—北风；C—静风）

省份	城市名称	站台名称	台站位置 北纬	台站位置 东经	海拔 m	统计年份	年平均温度 ℃	室外计算温湿度 冬季 供暖 ℃	冬季 通风 ℃	冬季 空调 ℃	冬季 空调相对湿度 %	夏季 空调室外计算干球温度 ℃	夏季 空调室外计算湿球温度 ℃	夏季 通风计算温度 ℃	夏季 通风计算相对湿度 %	夏季 空调室外计算日平均温度 ℃	夏季 最多风向	夏季 最多风向的平均风速 m/s	夏季 最多风向的频率 %	冬季 最多风向	冬季 最多风向的平均风速 m/s	冬季 最多风向的频率 %	年最多风向	年最多风向的频率 %	冬季日照百分率 %	最大冻土深度 cm	大气压力 hPa 冬季	大气压力 hPa 夏季	设计计算用供暖期 日平均温度≤5℃的天数	日平均温度≤5℃的起止日期	平均温度≤5℃期间的温度 ℃	日平均温度≤8℃的天数	日平均温度≤8℃的起止日期	平均温度≤8℃期间的平均温度 ℃	极端最高温度 ℃	极端最低温度 ℃
浙江省	1 杭州	58457	30°14′	120°10′	41.7	1971—2000	16.5	-2.4	4.3	-2.4	76	35.6	27.9	32.3	64	31.6	SW	2.4	17	C	2.3	20	C	18	36	—	1021.1	1000.9	40	01.02—02.10	4.2	90	12.06—03.05	5.4	39.9	-8.6
	2 温州 58457		28°02′	120°39′	28.3	1971—2000	18.1	1.4	8	1.4	76	33.8	28.3	31.5	72	29.9		2		C	2.3	15	N	3.3	3113	36	—	1023.7	1007	0	—	—	33	01.10—02.11	7.5	39.6	-3.9
	3 金华 58659		29°07′	119°39′	62.6	1971—2000	17.3	3.4	5.2	-1.7	78	36.2	27.6	33.1	60	32.1	ESE	2.4	2918	C	1.8	3016	SE	2.9	25	37	—	1017.9	998.6	27	01.11—02.06	4.8	68	12.09—02.14	6	40.5	-9.6
	4 衢州 58633		28°58′	118°52′	66.9	1971—2000	17.3	0.4	5.4	-1.1	80	35.8	27.7	32.9	62	31.5	ESE	2.3	20	ESE	2.7	28	ESE	3.4	25	35	—	1017.1	997.7	9	01.12—01.20	4.8	68	12.09—02.14	6.2	40	-10
	5 宁波 58477		29°52′	121°34′	4.8	1971—2000	16.5	0.8	4.9	-1.5	79	35.1	28	31.9	68	30.6	S	2.6	17	E	2.5	27	S	3.9	15	37	—	1025.7	1005.9	32	01.09—02.09	4.6	88	11.29—03.05	5.8	39.5	-8.5
	6 嘉兴 58556		30°37′	120°49′	5.4	1971—2000	15.8	-0.7	3.9	-2.6	81	33.5	28.3	30.7	74	30.7	SSE	3.6	18	N	3.1	18	C	4.1	10	42	—	1025.1	1005.3	44	12.31—02.12	3.9	99	11.29—03.07	5.2	38.4	-10.6
	7 绍兴 58646		29°36′	120°23′	27.9	1971—2000	16.5	0.5	4.5	-2.6	76	35.8	27.7	32.5	63	31.1	C E	2.1	18	NW	2.7	14	ESE	4.3	28	37	—	1012.9	994	40	01.02—02.10	4.4	91	12.05—03.05	5.6	40.3	-9.6
	8 舟山 58477		30°02′	122°06′	35.7	1971—2000	16.4	1.4	5.8	-0.5	74	30.7	27.5	30	74	28.9	C NE	3.1	29	NW	4.1	28	NE	4.1	16	41	—	1021.2	1005.3	8	01.29—02.05	4.8	77	12.19—03.05	6.3	38.6	-5.5
	9 台州 58665		28°37′	121°25′	1.3	1971—2000	17.1	2.1	7.2	0.1	72	36.8	27.7	34	80	28.4	C	3.4	16	NNE	2.3	19	NNE	5.8	18	39	—	1012.9	997.3	0	—	—	43	01.02—02.13	6.9	34.7	-4.6
	10 丽水 58667		28°27′	119°55′	95.9	1971—2000	15.8	1.5	6.6	-0.7	77	35	28.1	31.4	57	31.7	WSW	1.3	41	NNE	3.1	45	NNE	3.1	43	33	—	1017.9	999.2	0	—	—	57	12.18—02.12	6.8	41.3	-7.5
安徽省	1 合肥 58321		31°52′	117°14′	60.8	1971—2000	15.8	-1.7	2.6	-4.2	76	36.8	28.1	31.7	69	31.9	ESE	2.9	11	E	3.4	17	E	3.1	14	40	—	1022.3	1001.3	64	12.11—02.14	3.4	103	11.24—03.06	4.3	39.1	-13.5
	2 芜湖 58334		31°20′	118°23′	14.8	1971—1985	16	-1.3	3	-3.5	77	35.3	28	31.7	68	31.9	SSW	2.3	10	E	2.7	10	E	2.8	9	40	9	1024.3	1003.1	62	12.15—02.14	3.4	104	12.02—03.15	4.5	39.5	-10.1
	3 蚌埠 58221		32°57′	117°23′	18.7	1971—2000	15.4	-2.6	1.8	-5	71	35.4	28	31.3	66	31.6	C E	2.5	10	CE	2.2	18	C ESE	2.8	1814	38	11	1024	1002.6	83	12.07—02.27	2.9	111	11.23—03.13	3.8	40.3	-13

·712·

附录A 常用基础资料

续表

全国主要城市室外气象参数

省份	城市名称	站台名称	台站位置 北纬	东经	海拔 m	统计年份	年平均温度 ℃	室外计算温、湿度 冬季 供暖 ℃	通风 ℃	空调 ℃	空调相对湿度 %	夏季 空气调节室外计算干球温度 ℃	空气调节室外计算湿球温度 ℃	通风计算温度 ℃	通风计算相对湿度 %	空气调节室外计算日平均温度 ℃	室外风向、风速及频率（E—东风,S—南风,W—西风,N—北风,C—静风） 夏季 最多风向的频率 %	最多风向	平均风速 m/s	最多风向的平均风速 m/s	冬季 最多风向的频率 %	最多风向	平均风速 m/s	最多风向的平均风速 m/s	年最多风向的频率 %	年最多风向	冬季日照百分率 %	最大冻土深度 cm	大气压力 hPa 冬季	夏季	设计计算用供暖期天数及平均温度 日平均温度≤5℃的天数	日平均温度≤5℃的起止日期	平均温度≤5℃期间内的平均温度 ℃	日平均温度≤8℃的天数	日平均温度≤8℃的起止日期	平均温度≤8℃期间内的平均温度 ℃	极端最高温度 ℃	极端最低温度 ℃
安徽省	4 安庆	安庆 58424	30°32'	117°03'	19.8	1971-2000	16.8	-0.2	4	2.9	75	35.3	28.1	31.8	66	32.1	24	ENE	2.9	3.4	33	ENE	3.2	4.1	30	ENE	36	13	1023.3	1002.3	48	12.25-02.10	4.1	92	12.03-03.04	5.3	39.5	-9
	5 六安	六安 58311	31°45'	116°30'	60.5	1971-2000	15.7	-1.8	2.6	-4.6	76	35.5	28	31.4	68	31.4	16 C 12	SSE	2.1	2.7	21 C 9	SE	2	2.8	19	C SSE	45	10	1019.3	998.2	64	12.11-02.12	3.3	103	11.24-03.06	4.3	40.6	-13.6
	6 亳州	亳州 58102	33°52'	115°46'	37.7	1971-2000	14.7	-3.5	0.6	-5.7	68	35	27.8	31.1	66	30.7	13 C 10	SSE	2.3	2.9	11 C 9	NNE	2.5	3.3	12	C NNW	45	18	1021.9	100.4	93	11.30-03.02	2.1	121	11.15-03.15	3.2	41.3	-17.5
	黄山	黄山 58437	30°08'	118°09'	1840.4	1971-2000	8	-9.9	-2.4	-13	63	22	19.2	19	90	19.9	12 WSW	WSW	6.1	7.7	17	NNW	6.3	7	8	N NW	48	—	817.4	814.3	148	11.09-04.15	0.3	177	10.24-04.18	1.4	27.6	-22.7
	7 滁州	滁州 58236	32°18'	118°18'	27.5	1971-2000	15.4	-1.8	2.3	-4.2	73	34.5	28.2	31	70	31.2	17 C 10	C	2.4	2.5	22 C 9	C N	2.2	2.8	10	C	42	11	1022.9	1001.8	67	12.10-02.14	3.2	110	11.24-03.13	4.2	40.8	-14.9
	8 阜阳	阜阳 58203	32°55'	115°49'	30.6	1971-2000	15.3	-2.5	1.8	-5.2	71	35.2	28.1	31.3	67	31.4	11 C 10	SSE	2.3	2.4	10	ESE	2.5	2.8	10	ESE	43	13	1022.5	1000.8	71	12.06-02.14	2.8	111	11.22-03.12	3.8	40.9	-18.7
	10 宿州	宿州 58122	33°38'	116°59'	25.9	1971-2000	14.7	-3.5	0.8	-5.6	68	35	27.8	31	66	30.7	C 10	ESE	2.4	2.4	14	ENE	2.2	2.9	9	ESE	50	14	1023.9	1002.3	93	12.01-03.03	2.2	121	11.16-03.16	3.3	40.9	-13.2
	11 巢湖	巢湖 58326	31°37'	117°52'	22.4	1971-2000	16	-1.2	2.9	-3.8	75	35.3	28.4	31.1	68	30.8	21 C 13	ESE	2.4	2.5	22 C 16	ENE	1.7	3	12	C E	41	9	1023.9	1002.5	59	12.16-02.12	3.5	101	11.26-03.06	4.5	39.3	-15.9
	12 宣城	宣城 58436	30°37'	118°59'	89.4	1971-2000	15.5	-1.5	2.9	-4.1	79	36.1	27.4	32	63	30.8	28 C 10	SSW	1.9	2.2	35 C 13	C N	1.7	3.5	21	C	38	11	1015.7	995.8	65	12.10-02.12	3.4	104	11.24-03.07	4.5	41.1	-15.9
福建省	1 福州	福州 58847	26°05'	119°17'	84	1971-2000	19.8	6.3	10.9	4.4	74	35.9	28	33.1	61	29.7	24	SSE	3	4.2	17	C NNW	3.3	3.1	18	C	32	—	1012.9	996.6	0	—	—	0	—	—	39.9	-1.7
	厦门	厦门 59134	24°29'	118°04'	139.4	1971-2000	20.6	8.3	12.5	6.6	79	33.5	27.5	31.3	71	30.8	10	SSE	3.1	4	23	ESE	3.4	4	14	SSE	33	—	1006.5	994.5	0	—	—	0	—	—	38.5	1.5
	3 漳州	漳州 59126	24°30'	117°39'	28.9	1971-2000	21.3	8.9	13.2	7.1	76	35.2	27.6	32.6	63	30.8	31 C SE 10	SE	1.7	2.8	34 C SE 18	SE	1.6	2.8	32 C SE 15	SE	40	—	1018.1	1003	0	—	—	0	—	—	38.6	-0.1

·713·

续表

省份	城市名称	站台名称	台站位置 北纬	台站位置 东经	海拔 m	统计年份	年平均温度 ℃	室外计算温度、湿度 冬季 供暖 ℃	冬季 通风 ℃	空调 相对湿度 %	空气调节室外计算干球温度 ℃	空气调节室外计算湿球温度 ℃	通风计算温度 ℃	通风计算相对湿度 %	空气调节室外计算日平均温度 ℃	夏季 最多风向 平均风速 m/s	夏季 最多风向 %	夏季 最多风向	冬季 平均风速 m/s	冬季 最多风向的频率 %	冬季 最多风向	年 最多风向的平均风速 m/s	年 最多风向	年 最多风向的频率 %	冬季日照百分率 %	最大冻土深度 cm	大气压力 冬季 hPa	大气压力 夏季 hPa	日平均温度≤5℃的天数	日平均温度≤5℃的起止日期	期间内的平均温度 ℃	日平均温度≤8℃的天数	日平均温度≤8℃的起止日期	期间内的平均温度 ℃	极端最高温度 ℃	极端最低温度 ℃
福建省	4 三明	58820	26°54′	117°10′	342.9	1971—2000	17.1	1.3	6.4	86	34.6	26.5	31.9	60	28.6	1	59	C WSW	0.9	59	C WSW	2.5	59	C WSW	30	7	982.4	967.3	0	—	—	66	12.09—02.12	6.8	38.9	−10.6
福建省	5 南平	58834	26°39′	118°10′	125.6	1971—2000	19.5	4.5	9.7	78	36.1	27.1	33.7	55	30.7	1.1	39	C SSE	1	42	C ENE	2.1	41	C ENE	31	—	1008	991.5	0	—	—	0	—	—	39.4	−5.1
福建省	6 龙岩	58927	25°06′	117°02′	342.3	1971—1992	20.0	6.2	11.6	73	34.6	25.5	32.1	55	29.4	1.6	32	C SSW	1.5	41	C NE	2.2	38	C NE	41	—	981.1	968.1	0	—	—	0	—	—	39	−3
福建省	7 宁德	58933	26°55′	118°59′	869.5	1972—2000	15.1	0.7	5.8	82	30.9	23.8	28.1	63	25.9	1.9	36	C WSW	1.4	42	C NE	2.5	39	C ENE	36	—	921.7	911.6	26	01.11—02.05	4.7	87	12.08—03.04	6.5	35	−9.7
江西省	1 南昌	58606	28°36′	115°55′	46.7	1971—2000	17.6	0.7	5.3	77	35.5	28.2	32.7	63	32.1	2.6	21	WSW	1.9	26	NE	3.6	20	NE	33	—	1019.5	999.5	25	01.11—02.04	4.8	66	12.10—02.13	6.2	40.1	−9.7
江西省	2 景德镇	58527	29°18′	117°12′	61.5	1971—2000	17.4	1	5.3	78	36	27.7	33	62	31.5	2.1	18	C NE	1.9	20	C NE	2.8	18	C NE	365	—	1017.9	998.5	46	12.24—02.10	4.6	68	12.08—02.13	6.1	40.4	−9.6
江西省	3 九江	58502	29°44′	115°59′	36.1	1971—2000	17.0	0.4	4.5	78	35.8	27.4	32.7	64	32.5	2.3	17	C ENE	2.7	20	NE	4.1	17	ENE	30	—	1021.7	1000.7	8	01.12—01.19	4.9	89	12.07—03.05	5.5	40.3	−9.5
江西省	4 上饶	58634	28°41′	118°15′	116.3	1971—2000	17.5	1.1	5.5	80	36.1	27	33.1	60	31.6	2.5	22	ENE	2.4	29	ENE	3.2	28	ENE	33	—	1011.4	992.9	0	—	—	67	12.10—02.14	6.3	40.7	−3.8
江西省	5 玉山	57993	25°51′	114°57′	123.8	1971—2000	19.4	2.7	8.2	77	35.4	27	33.2	57	31.7	1.8	23	C SW	1.6	29	C NNE	2.4	27	C NNE	31	—	1008.7	991.2	0	—	—	12	01.11—01.22	7.7	40	−9.5
江西省	6 吉安	57799	27°07′	114°58′	76.4	1971—2000	18.4	1.7	6.5	81	35.9	27.6	33.4	58	32	2.4	21	SSW	2	28	NNE	2.5	21	NNE	28	—	1015.4	996.3	0	—	—	53	12.21—02.11	6.7	40.3	−8
江西省	7 宜春	57793	27°48′	114°23′	131.3	1971—2000	17.2	1	5.4	81	35.4	27.4	32.3	63	30.8	1.8	19	C WNW	1.9	18	C WNW	3	18	C WNW	27	—	1009.4	990.4	9	01.12—01.20	4.8	66	12.10—02.13	6.2	39.6	−8.5

续表

全国主要城市室外气象参数

省份	城市名称	站台名称	台站位置 北纬	台站位置 东经	海拔 m	统计年份	年平均温度 ℃	室外计算温湿度 冬季 供暖 ℃	冬季 通风 ℃	冬季 空调 ℃	夏季 空调相对湿度 %	夏季 空调干球温度 ℃	夏季 空调湿球温度 ℃	夏季 通风计算温度 ℃	夏季 空调室外计算日平均温度 ℃	夏季 最多风向的平均风速 m/s	夏季 最多风向	夏季 最多风向的频率 %	冬季 平均风速 m/s	冬季 最多风向	冬季 最多风向的频率 %	年最多风向	年最多风向的频率 %	冬季日照百分率 %	最大冻土深度 cm	大气压力 冬季 hPa	大气压力 夏季 hPa	设计计算用供暖期 日平均温度 ≤5℃ 的天数	日平均温度 ≤5℃ 的起止日期	期间内的平均温度 ℃	供暖期 日平均温度 ≤8℃ 的天数	日平均温度 ≤8℃ 的起止日期	期间内的平均温度 ℃	极端最高温度 ℃	极端最低温度 ℃
江西省	8 抚州	58813	26°51′	116°20′	143.8	1971—2000	18.2	1.6	6.6	-0.6	81	35.7	27.1	33.2	30.9	1.6	C	27	2.1	C	29	C	29	30	—	1006.7	989.2	0	—	—	54	12.20-02.11	6.8	40	-9.3
	9 鹰潭	58626	28°18′	117°13′	51.2	1971—2000	18.3	1.8	6.2	-0.6	78	36.4	27.6	33.6	32.7	1.9	SW	17	2.4	NE	25	NE	18	32	—	1018.7	999.3	0	—	—	56	12.19-02.12	6.6	40.4	-9.3
山东省	1 济南	54823	36°41′	116°59′	51.6	1971—2000	14.7	-5.3	-0.4	-7.7	53	34.7	26.8	30.9	31.3	2.8	ESE	21	3.6	ESE	25	ESE	22	56	35	1019.1	997.9	99	11.22-03.03	1.4	122	11.13-03.14	2.1	40.5	-14.9
	2 青岛	54857	36°04′	120°20′	76.0	1971—2000	12.7	-5	-0.5	-7.2	63	29.4	26	27.3	27.3	4.6	SW	14	3.6	E	16	SW	18	59	—	1023.7	1000.4	108	11.28-03.15	1.3	141	11.15-04.04	2.6	37.4	-14.3
	3 淄博	54830	36°50′	118°00′	34.0	1971—2000	13.2	-7.4	-2.3	-10.3	61	34.6	26.7	30.9	30	2.4	S	17	2.7	N	23	S	14	51	46	1017.4	1000.4	113	11.18-03.10	0	140	11.08-03.27	1.3	40.7	-23
	4 烟台	54765	37°32′	121°24′	46.7	1971—1991	12.7	-5.8	1.1	-8.1	59	31.1	25.4	26.9	28	3.1	SW	17	4.4	SW	15	SW	18	49	46	1021.1	1001.2	112	11.26-03.17	0.7	140	11.15-04.03	1.9	38	-12.8
	5 潍坊	54843	36°45′	119°11′	22.2	1971—2000	12.5	-7	-2.9	-9.3	63	34.2	26.9	30.2	29	3.4	S	19	4.1	N	20	N	13	58	50	1022.1	1000.9	118	11.16-03.13	-0.3	141	11.08-03.28	0.8	40.7	-17.9
	6 临沂	54938	35°03′	118°21′	87.9	1971—2000	13.5	-4.7	-0.7	-6.8	62	33.3	27.2	29.7	29.2	2.7	ESE	12	2.8	SSW	13	NE	12	55	40	1017	996.4	103	11.24-03.06	1	135	11.13-03.27	2.3	38.4	-14.3
	7 德州	54714	37°26′	116°19′	21.2	1971—1997	13.2	-6.5	-2.4	-9.1	60	34.4	26.9	30.6	29.7	2.1	C	19	2.9	NE	14	C	19	49	46	1025.5	1002.8	114	11.17-03.10	0	141	11.07-03.27	1.3	39.4	-20.1
	8 菏泽	54906	35°15′	115°26′	49.7	1971—1994	13.8	-4.9	-0.9	-7.2	68	34.4	27.7	30.6	29.9	1.8	C	26	2.2	ENE	10	SSW	12	46	21	1021.5	999.4	105	11.20-03.06	0.9	130	11.09-03.18	2.2	40.5	-16.5
	9 日照	54945	35°23′	119°32′	16.1	1971—1994	13	-4.4	-0.3	-6.5	61	30	26.8	27.7	28.1	3.1	S	9	3.4	NNE	14	NNE	9	59	25	1024.8	1006.6	108	11.27-03.14	1.4	136	11.15-03.30	2.4	38.3	-13.8
	10 威海	54774	37°28′	122°08′	65.4	1971—1994	12.5	-5.4	-0.9	-7.7	61	30.2	25.7	26.6	27.5	4.2	SSW	15	5.4	N	21	N	11	54	47	1020.9	1001.8	116	11.26-03.21	1.2	141	11.14-04.03	2.1	38.4	-13.2
	11 济宁	54916	35°34′	116°51′	51.7	1971—2000	13.6	-5.5	-1.3	-7.6	66	34.1	27.1	30.6	29.7	2.4	SSW	13	3	S	10	S	11	54	48	1020.8	999.2	104	11.22-03.05	0.6	137	11.10-03.26	2.1	39.9	-19.3

续表

省份	城市名称	#	站台名称	站号	台站位置 北纬	台站位置 东经	海拔 m	统计年份	年平均温度 ℃	室外计算温湿度 冬季 供暖 ℃	冬季 通风 ℃	冬季 空调 ℃	空调相对湿度 %	夏季 空调干球温度 ℃	夏季 空调室外计算湿球温度 ℃	夏季 通风计算相对湿度 %	夏季 空气调节室外计算日平均温度 ℃	全国主要城市室外风向、风速及频率 夏季 最多风向	夏季 最多风向的频率 %	夏季 平均风速 m/s	冬季 最多风向	冬季 最多风向的频率 %	冬季 平均风速 m/s	年最多风向的平均风速 m/s	年最多风向	年最多风向的频率 %	冬季日照百分率 %	最大冻土深度 cm	大气压力 hPa 冬季	大气压力 hPa 夏季	设计计算用供暖期日平均温度≤5℃的天数	日平均温度≤5℃期间内的平均温度 ℃	日平均温度≤5℃的起止日期	设计计算用供暖期日平均温度≤8℃的天数	日平均温度≤8℃期间内的平均温度 ℃	日平均温度≤8℃的起止日期	极端最高温度 ℃	极端最低温度 ℃
山东省	泰安	12	泰安	54827	36°10′	117°09′	128.8	1971-1991	12.8	-6.7	-2.1	-9.4	60	33.1	26.5	66	28.6	2	25	1.9	C	21	2.7	3.8	C	25	52	31	1011.2	990.5	113	0	11.19-03.11	140	1.3	11.08-03.27	38.1	-20.7
山东省	滨州	13	滨民	54725	37°30′	117°31′	11.7	1971-2000	12.6	-7.6	-3.3	-10.2	62	34	27.2	64	29.4	2.7	12	2.8	E	18	3	3.4	E	13	58	50	1026	1003.9	120	-0.5	11.14-03.13	142	0.6	11.06-03.27	39.8	-21.4
山东省	东营	14	东营	54736	37°26′	118°40′	6.0	1971-2000	13.1	-6.6	-2.6	-9.2	62	34.2	26.8	64	29.3	2.7	10	4.4	WSW	10	3	3.7	WSW	11	61	47	1026.6	1004.9	115	0	11.19-03.13	140	1.1	11.09-03.28	40.7	-20.2
河南省	郑州	1	郑州	57083	34°43′	113°39′	110.4	1971-2000	14.3	-3.8	0.1	-6	61	34.9	27.4	64	30.2	2.2	18	2.2	S	21	3.4	4.9	S	13	47	27	1013.3	992.3	97	1.7	11.26-03.02	125	3	11.12-03.16	42.3	-17.9
河南省	开封	2	开封	57091	34°46′	114°23′	72.5	1971-2000	14.2	-3.9	0	-6	63	34.4	27.6	66	30.9	2.6	11	3.1	NW	22	2.9	3.9	NW	10	46	26	1018.2	996.8	99	1.7	11.25-03.03	125	2.8	11.12-03.16	42.5	-16
河南省	洛阳	3	洛阳	57073	34°38′	112°28′	137.1	1971-2000	14.7	-3	0.8	-5.1	59	35.4	27.6	63	30.7	2.6	31	3.2	C	16	2.4	3.9	NE	13	49	20	1009	988.2	92	2.1	12.01-03.02	118	3	11.17-03.14	41.7	-15
河南省	新乡	4	新乡	53986	35°19′	113°53′	72.7	1971-2000	14.1	-3.9	-0.2	-5.8	65	34.4	26.9	65	30.5	1.6	25	3.1	C	29	2.1	2.4	WNW	30	49	21	1017.9	996.6	99	1.5	11.24-03.02	124	2.6	11.10-03.15	42	-19.2
河南省	安阳	5	安阳	53898	36°07′	114°22′	75.5	1971-2000	13.9	-4.7	-0.9	-7	60	34.7	27.3	59	30.2	1.9	28	3.3	C	17	1.9	3.6	C	14	47	35	1017.9	996.6	101	1.4	11.23-03.03	126	2.6	11.09-03.15	41.5	-17.3
河南省	三门峡	6	三门峡	57051	34°48′	111°12′	409.9	1971-2000	14.9	-3.8	-0.2	-6.2	55	34.8	25.7	69	30.1	2	23	3.4	ESE	14	2.4	3.7	C	28	48	32	977.6	959.3	99	1.4	11.24-03.02	128	2.6	11.19-03.16	40.2	-12.8
河南省	南阳	7	南阳	57178	33°02′	112°35′	129.2	1971-2000	14.9	-2.1	1.4	-4.5	70	34.3	27.9	69	30.1	2.5	21	2.7	ENE	18	2.4	3.4	ENE	25	39	10	1011.2	990.4	86	2.6	12.04-02.27	116	3.8	11.19-03.14	41.4	-17.5
河南省	商丘	8	商丘	58005	34°27′	115°40′	50.1	1971-2000	14.1	-4	-0.1	-6.3	69	34.3	27.9	67	30.2	2.4	14	3.1	S	13	2.4	3.1	ENE	16	46	18	1020.8	999.9	99	1.6	11.25-03.03	125	2.8	11.13-03.17	41.3	-15.4
河南省	信阳	9	信阳	57297	32°08′	114°03′	114.5	1971-2000	15.3	-2.1	2.2	-4.6	72	34.5	27.6	68	30.7	2.4	19	3	SSW	10	2.4	3.8	C	22	42	—	1014.3	993.4	64	3.1	12.11-02.12	105	4.2	11.23-03.07	40	-16.6
河南省	许昌	10	许昌	57089	34°01′	113°51′	66.8	1971-2000	14.5	-3.2	0.7	-5.5	64	35.1	27.9	66	30.3	2.2	21	3.1	NE	9	2.4	3.9	NNE	11	43	15	1028.6	997.2	95	2.2	11.28-03.02	122	3.3	11.14-03.15	41.9	-19.6

附录A 常用基础资料

续表

全国主要城市室外气象参数

（E—东风，S—南风，W—西风，N—北风，C—静风）

省份	城市名称	站台名称	台站位置 北纬	台站位置 东经	海拔 m	统计年份	年平均温度 ℃	冬季 供暖 ℃	冬季 通风 ℃	冬季 空调 ℃	空调相对湿度 %	夏季 空调干球温度 ℃	夏季 空调室外计算湿球温度 ℃	夏季 通风计算温度 ℃	夏季 通风计算相对湿度 %	夏季 空气调节室外计算日平均温度 ℃	夏季 最多风向频率 %	夏季 最多风向	夏季 最多风向的平均风速 m/s	冬季 最多风向频率 %	冬季 最多风向	冬季 最多风向的平均风速 m/s	年 最多风向	年 最多风向 频率 %	冬季日照百分率 %	最大冻土深度 cm	大气压力冬季 hPa	大气压力夏季 hPa	日平均温度≤5℃的天数	日平均温度≤5℃的起止日期	平均温度≤5℃期间内的平均温度 ℃	日平均温度≤8℃的天数	日平均温度≤8℃的起止日期	平均温度≤8℃期间内的平均温度 ℃	极端最高温度 ℃	极端最低温度 ℃
河南省	11 驻马店	驻马店 57290	33°00′	114°01′	82.7	1971—2000	14.9	−2.9	1.3	−5.5	69	35	27.8	30.9	67	30.7	2.2	C SSW	2.8	15 10	C N	3.2	C N	16 9	42	14	1016.7	995.4	87	12.04—02.28	2.5	115	11.21—03.15	3.5	40.6	−18.1
12 周口	西华 57193	33°47′	114°31′	52.6	1971—2000	14.4	−3.2	0.6	−5.7	68	35	28.1	30.9	67	30.2	2	C SSW	2.6	17 11	C N	3.3	C NE	19 8	45	12	1020.6	999	91	11.27—03.02	2.1	123	11.13—03.15	3.3	41.9	−17.4
湖北省	1 武汉	武汉 57494	30°37′	114°08′	23.1	1971—2000	16.6	−0.3	3.7	−2.6	77	35.2	28.4	32	67	32	1.8	C ENE	2.3	28 13	C NNE	3	C ENE	26 10	37	9	1023.5	1002.1	50	12.22—02.09	3.9	98	11.27—03.04	5.2	39.3	−18.1
2 黄石	黄石 58407	30°15′	115°03′	19.6	1971—2000	17.1	0.7	4.5	−1.4	79	35.8	28.3	32.5	65	32.5	2	C ESE	2.8	28 11	C NE	3.1	C SE	24 12	34	7	1023.4	1002.5	38	01.01—02.07	4.5	88	12.06—03.03	5.7	40.2	−10.5
3 宜昌	宜昌 57461	30°42′	111°18′	133.1	1971—2000	16.8	0.9	4.9	−1.1	74	35.6	27.8	31.8	66	31.1	1.3	C SSE	2.6	36 14	C NW	2.2	C SE	33 12	27	—	1010.4	990	28	01.09—02.05	4.7	85	12.08—03.02	5.9	40.4	−9.8
4 恩施	恩施 57447	30°17′	109°28′	457.1	1971—2000	16.2	2	5	0.4	84	34.3	26	31	57	29.6	0.5	C SSW	1.9	72 3	C SSW	1.5	C SSE	67 4	14	—	970.3	954.6	13	01.11—01.23	4.8	90	12.04—03.03	6	40.3	−12.3
5 荆州	荆州 57476	30°20′	112°11′	32.6	1971—2000	16.5	0.3	4.1	−1.9	77	34.7	28.5	31.4	70	31	2.3	C SSE	2.6	22 17	C NE	3.2	C SSE	19 14	31	5	1022.4	1000.9	44	12.27—02.08	4.2	91	12.04—03.04	5.4	38.6	−14.9
6 襄樊	襄阳 57279	30°09′	112°45′	125.5	1971—2000	15.6	−1.6	2.4	−3.7	71	34.5	27.6	31.6	66	31	2.4	C SSE	3.6	17 17	C NE	2.6	C SSE	16 13	40	—	1011.1	990.8	64	12.11—02.12	3.1	102	11.25—03.06	4.2	40.7	−15.1
7 十堰	房县 57378	30°10′	110°34′	65.8	1971—2000	16.1	−0.5	3.5	−2.4	74	34.4	28.2	30.3	63	28.8	3	SSE	3.6	26 18	N	4.4	N	23	37	6	1018.7	997.5	54	12.18—02.09	3.8	95	12.01—03.05	4.9	38.6	−15.3
8 钟祥	钟祥 57259	30°02′	112°46′	426.9	1971—2000	14.3	−1.5	1.9	−3.4	71	35.5	26.3	32.1	65	31.6	1	C N	2.5	55 15	C ESE	3	C ESE	57 17	35	—	974.1	956.8	72	12.05—02.14	2.9	121	11.15—03.15	4.1	41.4	−17.6
9 黄冈	麻城 57399	31°11′	115°01′	59.3	1971—2000	16.3	−0.4	3.5	−2.5	74	35.7	28	32	65	31.6	2	C NNE	2.6	2515	C NNE	2.6	2928		42	5	1019.5	998.8	54	12.19—02.10	3.7	100	11.26—03.05	5	39.8	−15.3
10 咸宁	嘉鱼 57583	29°59′	113°55′	36	1971—2000	17.1	0.3	4.4	−2	79	35.7	28.5	32.3	67	32.4	2.1	C NNE	2.6	14 9	C NE	2.9	C NE	16 11	34	—	1022.1	1000.9	37	01.02—02.07	4.4	87	12.07—03.03	5.6	39.4	−12
11 随州	广水 57385	30°17′	113°49′	93.3	1971—2000	15.8	−1.1	2.7	−3.5	71	34.9	28	31.4	67	31.1	2.2	C SSE	3.6	26 15	C NNE	3.6	C NNE	24 12	41	—	1015	994.1	63	12.11—02.11	3.3	102	11.25—03.06	4.3	39.8	−16

续表

全国主要城市室外气象参数

省份	城市名称		站台名称	台站位置			统计年份	年平均温度 ℃	室外计算温湿度							室外风向、风速及频率 (E—东风,S—南风,W—西风,N—北风,C—静风)									冬季日照百分率 %	最大冻土深度 cm	大气压力 hPa		设计计算供暖期天数及其平均温度						极端最高温度 ℃	极端最低温度 ℃
				北纬	东经	海拔 m			冬季				夏季				夏季			冬季			年最多风向	年最多风向的频率 %					日平温度≤5℃的天数	日平均温度≤5℃的起止日期	平均温度≤5℃期间内的平均温度 ℃	日平温度≤8℃的天数	日平均温度≤8℃的起止日期	平均温度≤8℃期间内的平均温度 ℃		
									供暖℃	通风℃	空调℃	空调相对湿度 %	空调干球温度 ℃	空调湿球温度 ℃	通风计算温度 ℃	空调室外计算日平均温度 ℃	平均风速 m/s	最多风向的平均风速 m/s	最多风向的频率 %	平均风速 m/s	最多风向	最多风向的频率 %			冬季	夏季									
湖南省	1	长沙	马坡岭 57679	28°12′	113°05′	44.7	1972—1986	17	0.3	4.6	-1.9	83	35.8	27.7	32.9	31.6	2.6	1.7	16 13	2.3	NNW	32	NNW	22	26	—	1019.6	999.2	48	12.26—02.11	4.3	88	12.06—03.03	505	39.7	-11.3
	2	常德	常德 57662	29°03′	111°41′	35.0	1971—2000	16.9	0.6	4.7	-1.6	80	35.4	28.6	31.9	32	1.9	3	23 8	1.6	NE	33 15	C NE	28 12	27	—	1022.3	1000.8	30	01.08—02.06	4.5	86	12.08—03.03	5.8	40.1	-13.2
	3	衡阳	衡阳 57872	26°54′	112°36′	104.7	1971—2000	18	1.2	5.9	-0.9	81	36	27.7	31.8	32.4	2.1	2.5	16 13	1.6	ENE	28 20	C NE	23 16	23	5	1012.6	993	0	—	—	56	12.19—02.12	6.4	40	-7.9
	4	邵阳	邵阳 57766	27°14′	111°28′	248.6	1971—2000	17.1	0.8	5.2	-1.2	80	34.8	26.8	33.2	30.9	1.7	3.2	27 8	1.5	S	32 13	C ESE	30 10	23	2	995.1	976.9	11	01.12—01.22	4.7	67	12.10—02.14	6.1	39.5	-10.5
	5	岳阳	岳阳 57584	29°23′	113°05′	53	1971—2000	17.2	0.4	4.8	-2	78	34.1	28.3	31	32.2	2.8	3.2	11	2.6	ENE	20	ENE	30 16	29	—	1019.5	998.7	27	01.10—02.05	4.5	68	12.19—02.14	5.9	39.3	-11.4
	6	郴州	郴州 57972	25°48′	113°02′	184.9	1971—2000	18	1	6.2	-1.1	84	35.6	26.7	32.9	31.7	1.6	2.7	39 14	1.2	SSE	45 19	C NNE	44 13	21	—	1002.2	984.3	0	—	—	55	12.09—02.11	6.5	40.5	-6.8
	7	张家界	桑植 57554	29°24′	110°10′	322.2	1971—2000	17	1	4.7	0.9	78	34.7	26.9	31.5	30	1.2	2.7	47 12	1.2	SSE	52 15	C NNE	50 14	17	—	987.3	969.2	30	01.08—02.06	4.5	88	12.07—03.04	5.8	40.7	-10.2
	8	益阳	沅江 57671	28°51′	112°22′	36	1971—2000	16.7	0.6	6	-1.6	81	35	28.4	32.1	32	2.7	3.2	14	2.4	S	26	NE	18	27	—	1021.5	1000.4	29	01.09—02.06	4.5	85	12.09—03.03	6.6	38.9	-11.2
	9	永州	零陵 57866	26°14′	111°37′	172.6	1971—2000	17.8	0.8	4.9	-1	81	34.9	26.9	31.2	31.3	3.1	2.6	19	3.1	SSW	40 24	C ENE	42 18	23	—	1012.6	993	0	—	—	56	12.19—02.12	5.8	39.7	-7
	10	怀化	芷江 57745	27°27′	109°41′	272.2	1971—2000	16.5	0.8	4.9	-1.1	80	34	26.8	31.2	29.7	1.6	2.6	44 10	1.6	NE	39 21	C ENE	37 16	19	—	991.9	974	29	01.08—02.05	4.7	69	12.08—02.14	5.9	39.1	-11.5
	11	娄底	双峰 57774	27°27′	112°10′	100	1971—2000	17	0.6	4.8	-1.6	82	35.6	27.5	32.7	31.5	1.7	2.7	31 11	1.2	C NE	49 10	C NE	46 10	24	—	1013.2	993.4	30	01.08—02.05	4.6	87	12.07—03.03	5.9	39.7	-11.7
湘西	12	吉首	西 57649	28°19′	109°44′	208.4	1971—2000	16.6	1.3	5.1	-0.6	79	34.8	27	31.7	30	0.9	1.6	44 10	2	NE	49 10	C NE	46 10	18	—	1000.5	981.3	11	01.10—01.20	4.8	68	12.09—02.14	6.1	40.2	-7.5

续表

全国主要城市室外气象参数

（E—东风；S—南风；W—西风；N—北风；C—静风）

省份	城市名称	站台名称	台站位置 北纬	台站位置 东经	海拔 m	统计年份	年平均温度 ℃	室外计算温湿度 冬季 供暖 ℃	室外计算温湿度 冬季 通风 ℃	室外计算温湿度 冬季 空调 ℃	室外计算温湿度 冬季 空调相对湿度 %	室外计算温湿度 夏季 空调干球温度 ℃	室外计算温湿度 夏季 空调计算湿球温度 ℃	室外计算温湿度 夏季 通风计算温度 ℃	室外计算温湿度 夏季 通风计算相对湿度 %	室外计算温湿度 夏季 空气调节室外计算日平均温度 ℃	室外风向、风速及频率 夏季 最多风向的平均风速 m/s	室外风向、风速及频率 夏季 最多风向	室外风向、风速及频率 夏季 最多风向的频率 %	室外风向、风速及频率 冬季 平均风速 m/s	室外风向、风速及频率 冬季 最多风向	室外风向、风速及频率 冬季 最多风向的频率 %	室外风向、风速及频率 冬季 最多风向的平均风速 m/s	室外风向、风速及频率 年最多风向	室外风向、风速及频率 年最多风向的频率 %	冬季日照百分率 %	最大冻土深度 cm	大气压力 hPa 冬季	大气压力 hPa 夏季	设计计算用供暖期天数及其平均温度 日平均温度≤5℃的天数	设计计算用供暖期天数及其平均温度 日平均温度≤5℃的起止日期	设计计算用供暖期天数及其平均温度 日平均温度≤5℃期间内的平均温度 ℃	日平均温度≤8℃的天数	日平均温度≤8℃的起止日期	平均温度≤8℃期间内的平均温度 ℃	极端最高温度 ℃	极端最低温度 ℃
广东省	1 广州	广州 59287	23°10′	113°20′	41.7	1971—2000	22	8	13.6	5.2	72	34.2	27.8	31.8	68	30.7	1.7	C SSE	28	1.7	C NNE	34	2.7	C NNE	31	36	—	1019	1004	0	—	—	0	—	—	38.1	0
	2 湛江	湛江 59658	21°13′	110°24′	25.3	1971—2000	23.3	10	15.9	7.5	81	33.9	28.1	31.5	70	30.8	2.3	SSE	12	2.6	NNE	19	3.1	NNE	11	34	—	1015.5	1001.3	0	—	—	0	—	—	38.1	2.8
	3 汕头	汕头 59316	23°24′	116°41′	1.1	1971—2000	21.5	9.4	13.8	7.1	78	33.2	27.7	30.9	72	30	3.1	SSE	15	2.6	ESE	17	3.7	SE	13	42	—	1020.2	1005.7	0	—	—	0	—	—	38.6	0.3
	4 韶关	韶关 59082	24°41′	113°36′	60.7	1971—2000	20.4	5	10.2	2.6	75	35.4	27.3	33	60	31.2	3.3	C WSW	18	2.7	E	24	3.1	E	18	30	—	1014.5	997.6	0	—	—	0	—	—	40.3	-4.3
	5 阳江	阳江 59663	21°52′	111°58′	23.3	1971—2000	22.5	9.4	15.1	6.8	74	33	27.8	30.7	74	29.9	1.6	C	10	1.5	C	46	2.9	C	44	37	—	1016.9	1002.6	0	—	—	0	—	—	37.5	2.2
	6 深圳	深圳 59493	22°33′	114°06′	18.2	1971—2000	22.6	9.2	14.9	6	72	33.7	27.5	30.7	70	30.5	2.6	SSW	41	2.9	NNW	31	3.7	C	8	43	—	1016.6	1002.4	0	—	—	0	—	—	38.7	1.7
	7 台山	台山 59478	22°15′	112°47′	32.7	1971—2000	22	8	13.9	5.2	71	33.6	27.6	31	71	29.9	2.2	SSW	13	2.8	ENE	20	2.9	ENE	20	38	—	1016.3	1001.8	0	—	—	0	—	—	37.3	1.6
	8 信宜	信宜 59456	22°21′	110°56′	84.6	1971—2000	22.5	8.5	14.7	6	66	34.3	27.6	32	66	30.1	2	ESE	21111	2.5	ENE	30	4.1	NE	31	36	—	1016.3	1001.8	0	—	—	0	—	—	37.8	1
	9 茂名	茂名 —	22°56′	110°56′	41	1971—2000	22.3	8.4	13.9	4.8	68	34.6	27.8	32.1	74	31.1	1.5	C SW	23	2	NE	26	2.6	C NE	16	35	—	1009.9	995.2	0	—	—	0	—	—	38.7	1
	10 肇庆	肇庆 59278	23°02′	112°27′	22.4	1971—2000	21.9	8	13.7	4.3	71	34.1	27.2	31.5	69	30.4	1.6	C SE	27	1.6	NE	28	2	C ENE	28	42	—	1019	1003.7	0	—	—	0	—	—	38.2	0.5
	11 惠州	惠州 59298	23°05′	114°25′	87.8	1971—2000	21.3	6.7	12.4	4.3	77	34	27.2	32	60	30.6	1.2	C SSE	26	1	NE	29	4.6	NE	23	18	—	1017.9	1003.2	0	—	—	0	—	—	39.5	-3.3
	12 梅州	梅州 59117	24°16′	116°06′	17.3	1971—2000	22.2	10.3	14.8	7.3	73	35.1	27.2	32.7	77	29.6	2.1	SW	36	3	NE	46	4.6	NE	41	39	—	1011	996.3	0	—	—	0	—	—	38.5	2.1
	13 汕尾	汕尾 59501	22°48′	115°22′	40.6	1971—2000	21.5	6.9	12.7	3.9	70	32.2	27.5	30.2	65	30.4	4.1	WSW	19	3.2	NNE	32	2.4	ENE	15	42	—	1019.3	1005.3	0	—	—	0	—	—	39	-0.7
	14 河源	河源 59293	23°44′	114°41′	—	1971—2000	—	—	—	—	—	34.5	—	32.1	—	—	1.3	SSW	17	1.5	NNE	24	—	NNE	35	41	—	1016.3	1000.9	0	—	—	0	—	—	—	—

续表

省份	城市名称	站台名称	台站位置		海拔 m	统计年份	年平均温度 ℃	室外计算温、湿度							室外风向、风速及频率 (E—东风;S—南风;W—西风;N—北风;C—静风)									冬季日照百分率 %	最大冻土深度 cm	大气压力 hPa		设计计算用供暖期天数及其平均温度						极端最高温度 ℃	极端最低温度 ℃
			北纬	东经				冬季		夏季				空气调节室外计算日平均温度 ℃	夏季			冬季			年最多风向的频率 %					冬季	夏季	日平均温度≤5℃的天数	日平均温度≤5℃的起止日期	日平均温度≤5℃期间内的平均温度 ℃	日平均温度≤8℃的天数	日平均温度≤8℃的起止日期	日平均温度≤8℃期间内的平均温度 ℃		
							供暖通风 ℃	空调通风 ℃	空调相对湿度 %	空调干球温度 ℃	空调室外计算湿球温度 ℃	通风计算温度 ℃	通风计算相对湿度 %		最多风向	最多风向的平均风速 m/s	最多风向的频率 %	平均风速 m/s	最多风向	最多风向的平均风速 m/s	最多风向的频率 %	平均风速 m/s	年最多风向											
广东省	14 连州	连州 59072	24°47′	11°23′	98.3	1971—2000	19.6	4	9.1	1.8	77	35.1	27.4	32.7	61	30.6	1.2	C SSW	2.5	46 8	1.3	C NNE	2.3	47 16	C NNE	46 13	25	—	1011.1	993.8	0	—	—	0	—	—	39.6	-3.4
	15 揭阳	惠来 59317	23°02′	116°18′	12.9	1971—2000	21.9	10.3	14.5	8	74	32.8	27.6	30.7	74	29.6	2.3	C SSW	3.4	22 10	2.9	C NNE	3.4	43 28	C NNE	43 20	43	—	1018.7	1004.6	0	—	—	0	—	—	38.4	1.5
广西	1 南宁	南宁 59431	22°49′	108°21′	73.1	1971—2000	21.8	7.6	12.9	5.7	78	34.5	27.9	31.8	68	30.7	1.5	C SSW	2.6	31 10	1.2	C E	3.4	43 12	C ENE	38 10	25	—	1011	995.5	0	—	—	0	—	—	39	1.9
	2 柳州	柳州 59046	24°21′	109°24′	96.8	1971—2000	20.7	5.1	10.4	3	75	34.8	27.5	32.4	65	31.4	1.6	C S	2.8	34 15	1.5	C E	1.9	37 19	C E	36 12	24	—	1009.9	993.2	0	—	—	0	—	—	39.1	-1.3
	3 桂林	桂林 57957	25°19′	110°18′	464.4	1971—2000	18.9	3	7.9	1.1	74	34.2	27.3	31.7	65	30.4	1.6	C SSW	2.6	32 16	3.2	C N	2.7	37 19	C N	35 12	24	—	1003	986.1	0	—	—	28	—	—	38.5	-3.6
	4 梧州	梧州 59265	23°29′	111°18′	114.8	1971—2000	21.1	6	11.9	3.6	76	34.8	27.9	32.5	65	30.5	1.5	C ESE	1.5	32 10	1.4	C NE	4.4	48 24	C NE	27 13	31	—	1006.9	991.6	0	—	—	0	—	—	39.7	-1.5
	5 北海	北海 59644	21°27′	109°08′	12.8	1971—2000	22.8	8.2	14.5	6.2	79	33.1	28.2	30.9	74	30.6	3	C SSW	3.1	14 9	3.8	C NE	2.1	24 16	NE	21	34	—	1017.3	1002.5	0	—	—	0	—	—	37.1	2
	6 百色	百色 59211	23°54′	106°36′	173.5	1971—2000	22	8.8	13.4	7.1	76	36.1	27.9	32.7	65	31.3	1.3	C SSE	2.5	36 8	1.2	C NNE	5	37 9	NNE	39 8	29	—	998.8	983.6	0	—	—	0	—	—	42.2	0.1
	7 钦州	钦州 59632	21°57′	108°37′	4.5	1971—2000	22.2	7.9	13.6	5.8	77	33.6	28.3	31.1	75	30.3	2.4	C SSE	3.1	20 8	2.7	C S	2.2	43 9	C SSE	39 8	27	—	1019	995	0	—	7.5	0	01.10—02.06	—	37.5	2
	8 玉林	玉林 59453	22°39′	110°10′	81.8	1971—2000	21.8	7.1	13.1	5.1	79	34	27.8	31.7	68	30.3	1.4	C SSE	1.7	30 11	1.7	C NNE	3.5	33 21	NNE	20	29	—	1009.9	1003.5	0	—	—	0	—	—	38.4	0.8
	9 东兴	东兴 58626	21°32′	107°58′	22.1	1971—2000	22.6	10.5	15.1	8.6	81	33.5	28.5	30.9	77	29.9	2.1	C SSE	3.3	24 11	1.7	C N	3.2	30 21	C N	31 12	24	—	1016.2	1001.4	0	—	—	0	—	—	38.1	3.3
	10 河池	河池 59023	24°42′	108°03′	211	1971—2000	20.5	6.3	10.9	4.3	75	34.6	27.1	31.7	66	30.7	1.2	C ESE	2	39 26	1.1	C ENE	1.9	24 15	C ENE	24 10	21	—	995.9	980.1	0	—	—	0	—	—	39.4	0
	11 来宾	来宾 59242	23°45′	109°14′	84.9	1971—2000	20.8	5.5	10.8	3.6	75	34.6	27.7	32.2	66	30.8	1.8	C SSW	2.8	30 13	2.4	C NE	3.3	43 16	C NE	25 17	25	—	1010.8	994.4	0	—	—	0	—	—	39.6	-1.6

续表

附录A 常用基础资料

省份	城市名称	站台名称	站台区号	台站位置 北纬	台站位置 东经	海拔 m	统计年份	年平均温度 ℃	室外计算温、湿度 冬季 供暖 ℃	室外计算温、湿度 冬季 通风 ℃	室外计算温、湿度 冬季 空调 ℃	室外计算温、湿度 冬季 空调相对湿度 %	室外计算温、湿度 夏季 空调干球温度 ℃	室外计算温、湿度 夏季 空调湿球温度 ℃	室外计算温、湿度 夏季 通风计算温度 ℃	室外计算温、湿度 夏季 通风计算相对湿度 %	室外计算温、湿度 夏季 空调室外计算日平均温度 ℃	夏季 最多风向的平均风速 m/s	夏季 最多风向	夏季 最多风向的频率 %	冬季 平均风速 m/s	冬季 最多风向的平均风速 m/s	冬季 最多风向	冬季 最多风向的频率 %	年最多风向的平均风速 m/s	年最多风向	年最多风向的频率 %	冬季日照百分率 %	最大冻土深度 cm	大气压力 hPa 冬季	大气压力 hPa 夏季	设计计算用供暖期 日平均温度≤5℃的天数	设计计算用供暖期 日平均温度≤5℃的起止日期	设计计算用供暖期 期间内的平均温度 ℃	日平均温度≤8℃的天数	日平均温度≤8℃的起止日期	平均温度≤8℃期间内的平均温度 ℃	极端最高温度 ℃	极端最低温度 ℃
广西	12 贺州	贺州	59065	24°25′	111°32′	108.8	1971—2000	19.9	4	9.3	1.9	78	35	27.5	32.6	62	30.8	1.7	ESE	22	1.5	C	31	C	NW	28 12	26	—	1009	992.4	0	—	—	—	—	39.5	-3.5
	13 崇左	龙州	59417	22°20′	106°51′	128.8	1971—2000	22.2	9	14	7.3	79	35	28.1	32.1	68	30.9	1	ESE	48 6	1.2	C NW	41 21	2.2	C NW	46 10	24	—	1004	989	0	—	—	—	—	39.9	-0.2
海南省	海口	海口	59758	20°02′	110°21′	13.9	1971—2000	24.1	12.6	17.7	10.3	86	35.1	28.1	32.2	68	30.5	2.3	S	19	2.5	ENE	16	2.2	ESE	14 10	34	—	1016.4	1002.8	0	—	—	—	—	38.7	4.9
	三亚	三亚	59948	18°14′	109°31′	5.9	1971—2000	25.8	17.9	21.6	15.8	73	35	28.1	31.3	73	30.2	2.7	SSE	15 9	2.7	ENE	24	3	ENE	14 13	54	—	1016.2	1005.6	0	—	—	—	—	35.9	5.1
重庆	1 重庆	重庆	57515	29°31′	106°29′	351.1	1971—1986	17.7	4.1	7.2	2.2	83	32.8	26.5	31.7	59	31.4	1.5	ENE	33 9	1.1	ENE	19	1.6	C ESE	44 13	7.5	—	980.6	963.8	0	—	—	53	12.22—02.12	7.2	40.2	-1.8
	2 万州	万州	57432	30°46′	108°24′	186.7	1971—2000	18	4.3	7	2.9	85	36.5	27.9	33	56	30.9	0.5	ENE	74 5	0.4	NNE	46 13	1.9	NNE	96 5	12	—	1001.1	982.3	0	—	—	54	12.20—02.11	7.2	42.1	-3.7
	3 奉节	奉节	57348	31°03′	109°30′	607.3	1971—2000	16.3	1.8	5.2	0	71	34.3	25.4	30.6	57	30.9	3	C	22 17	3.1	C NNE	29 13	2.6	C NNE	14 16	22	—	1018.7	997.5	12	01.12—01.23	4.8	85	12.07—03.01	6	39.6	-9.2
四川省	1 成都	成都	56294	30°40′	104°01′	506.1	1971—2000	16.1	2.7	5.6	1	83	31.8	26.4	28.5	73	27.9	1.2	C NNE	41 9	0.9	C NE	50 13	1.9	C NE.	43 11	17	—	963.7	948	0	—	—	69	12.08—02.14	6.2	36.7	-5.9
	2 广元	广元	57206	32°26′	105°51′	492.4	1971—2000	16.1	2.2	5.2	0.5	64	33.3	25.8	29.5	64	28.8	1.2	C SE	42 8	1.3	C N	44 10	2.8	C N	41 8	24	—	965.4	949.4	7	01.13—01.19	4.9	75	12.03—02.15	6.1	37.9	-8.2
	3 甘孜 康定	康定	56374	30°03′	101°58′	2615.7	1971—2000	7.1	-6.5	-2.2	-8.3	65	22.8	16.3	19.5	64	18.1	2.9	C SE	30 21	3.1	C ESE	31 26	5.5	C NNE	96 5	45	—	741.6	742.4	145	11.06—03.30	0.3	187	10.14—04.18	1.7	29.4	-14.1
	4 宜宾	宜宾	56492	28°48′	104°36′	3408	1971—2000	17.8	4.5	7.8	2.8	85	33.8	27.3	30.2	67	30	0.9	NW	556	0.6	CE NE	686	1.6	CNW	595	11	—	982.4	965.4	0	—	—	32	12.26—01.26	7.7	39.5	-1.7
	5 南充	南坪区	57411	30°47′	106°06′	309.3	1971—2000	17.3	3.6	6.4	1.9	85	35.3	27.1	31.3	61	31.4	1.1	C NNE	43 9	0.8	C NNE	56 10	1.7	C NNE	48 10	11	—	986.7	969.1	0	—	—	62	12.12—02.11	6.8	41.2	-3.4

续表

省份	城市名称	站台名称	台站位置			统计年份	年平均温度 ℃	室外计算温度、湿度									室外风向、风速及频率 (E—东风;S—南风;W—西风;N—北风;C—静风)									冬季日照百分率 %	最大冻土深度 cm	大气压力 hPa		设计计算用供暖期天数及其平均温度						极端最高温度 ℃	极端最低温度 ℃
			北纬	东经	海拔 m			冬季			夏季						夏季				冬季			年					冬季	夏季	日平均温度≤5℃的天数	日平均温度≤5℃的起止日期	期间内的平均温度℃	日平均温度≤8℃的天数	日平均温度≤8℃的起止日期	期间内的平均温度℃		
								供暖 ℃	空调通风 ℃	空调 ℃	空调相对湿度 %	空气调节室外计算干球温度 ℃	空气调节室外计算湿球温度 ℃	通风计算温度 ℃	通风计算相对湿度 %	空气调节室外计算日平均温度 ℃	最多风向的频率 %	平均风速 m/s	最多风向	最多风向的频率 %	最多风向的平均风速 m/s	最多风向	最多风向的频率 %	最多风向的平均风速 m/s	最多风向	年最多风向的频率 %													
	6 凉山州	西昌 56571	27°54′	102°16′	1500.9	1971—2000	16.9	4.7	9.6	2	52	30.7	21.8	26.3	63	26.6	41 9	1.2	C NNE	35 10	1.7	C NNE	37 10	2.5	C NNE	69	—	838.5	834.9	0	—	—	0	—	—	36.6	-3.8
	7 遂宁	遂宁 57405	30°30′	105°35′	278.2	1971—2000	17.4	3.9	6.5	2	86	34.7	27.5	31.1	63	30.7	58 7	0.8	C NNE	75 5	0.4	C NNE	65 7	1.9	C NNE	13	—	990	972	0	—	—	62	12.12—02.11	6.9	39.5	-3.8
	8 内江	内江 57504	29°35′	105°03′	347.1	1971—2000	17.6	4.1	7.2	2.1	83	34.3	27.1	30.4	66	30.8	25 11	1.8	C NNE	30 13	1.4	C NNE	25 12	2.1	C N	13	—	980.9	963.9	0	—	—	50	12.22—02.09	7.3	40.1	-2.7
	9 乐山	乐山 56386	29°34′	103°45′	424.3	1971—2000	17.2	3.9	7.1	2.2	82	32.8	26.6	29.2	71	29	34 9	1.4	C NNE	45 11	1	C NNE	38 10	1.9	C NNE	13	—	956.4	972.7	0	—	—	53	12.20—02.10	7.2	36.8	-2.9
四川省	10 泸州	泸州 57602	28°53′	105°26′	334.8	1971—2000	17.7	4.5	7.7	2.6	67	34.6	27.1	30.5	86	31	20 10	1.7	C NNE	30 13	1.2	C NNE	24 9	2	C N	11	—	965.8	983	0	—	—	33	12.25—01.26	7.7	39.8	-1.9
	11 绵阳	绵阳	31°28′	104°41′	470.8	1971—2000	16.2	2.4	5.3	0.7	79	32.6	26.4	29.2	59	28.5	46 5	1.1	C WSW	57 7	0.9	C NNW	49 6	2.7	C NNW	19	—	951.2	967.3	0	—	—	73	12.05—02.15	6.1	37.2	-7.3
	12 达州	达州	31°12′	107°30′	344.9	1971—2000	17.1	3.5	6.2	2.1	82	35.4	27.1	31.8	70	31	31 27	1.4	C ENE	45 25	1	C E	37 27	1.9	C E	13	—	967.5	985	0	—	—	65	12.10—02.12	6.6	41.2	-4.5
	13 雅安	雅安	29°59′	103°00′	627.6	1971—2000	16.2	2.9	5.8	1.1	80	32.1	25.8	28.6	59	27.9	29 15	1.8	C ENE	50 13	1.1	C ENE	40 11	1.7	C E	16	—	935.4	949.9	0	—	—	64	12.11—02.12	6.6	35.4	-3.9
	14 巴中	巴中	31°52′	106°46′	417.7	1971—2000	16.9	3.2	6.3	1.5	82	34.5	26.9	31.2	70	30.3	684 525	0.9	C WSW	684 525	0.6	C E	604	1.7	C SW	17	—	962.7	979.9	0	—	—	67	12.09—02.13	6.2	40.3	-5.3
	15 资阳	资阳	30°07′	104°39′	357	1971—2000	17.2	3.6	6.6	1.3	84	33.7	26.7	30.2	65	29.5	41 7	1.3	C S	58 7	0.8	C E	50 6	2.1	C ENE	16	—	962.9	980.3	0	—	—	62	12.14—02.13	6.9	39.2	-4
	16 阿坝州	马尔康 56172	31°54′	102°14′	2664.4	1971—2000	8.6	-4.1	-0.6	-6.1	48	27.3	17.3	22.4	83	19.3	61 9	1.1	C NW	62 10	1	C NW	60 10	3.3	C NW	62	25	733.3	734.7	122	11.06—03.07	1.2	162	10.20—03.30	2.5	34.5	-16

附录A 常用基础资料

续表

全国主要城市室外气象参数（E—东风；S—南风；W—西风；N—北风；C—静风）

省份	城市名称	站台名称	台站位置 北纬	台站位置 东经	海拔 m	统计年份	年平均温度 ℃	室外计算温湿度 冬季 供暖 ℃	冬季 空调 ℃	冬季 通风 ℃	冬季 空调相对湿度 %	夏季 空调干球温度 ℃	夏季 空调湿球温度 ℃	夏季 通风计算温度 ℃	夏季 通风计算相对湿度 %	夏季 空调室外计算日平均温度 ℃	夏季 最多风向的平均风速 m/s	夏季 最多风向	夏季 最多风向的频率 %	冬季 最多风向的平均风速 m/s	冬季 最多风向	冬季 最多风向的频率 %	年平均风速 m/s	年最多风向	年最多风向的频率 %	冬季日照百分率 %	最大冻土深度 cm	大气压力 hPa 冬季	大气压力 hPa 夏季	设计计算用供暖期天数及其平均温度 日平均温度≤5℃的天数	日平均温度≤5℃的起止日期	平均温度≤5℃期间内的平均温度 ℃	日平均温度≤8℃的天数	日平均温度≤8℃的起止日期	平均温度≤8℃期间内的平均温度 ℃	极端最高温度 ℃	极端最低温度 ℃
贵州省	1 贵阳	57816	26°35′	106°43′	1074.4	1971—2000	15.3	-0.3	-2.5	5	80	30.1	23	27.1	64	26.5	2.1	C SSW	24 17	2.1	C ENE	23	2.5	C ENE	23 15	15	—	897.4	887.8	27	01.11—02.06	4.6	69	12.08—02.14	6	35.1	-7.3
	2 遵义 57713		27°42′	106°53′	843.9	1971—2000	15.3	0.3	-1.7	4.5	83	31.8	24.3	28.8	63	27.9	1.1	C SSW	48 7	1	C ESE	50 7	1.9	C ENE	49 6	11	—	924	911.8	35	01.05—02.08	4.4	91	12.04—03.04	5.6	37.4	-7.1
	3 毕节 57707		27°18′	105°17′	1510.6	1971—2000	12.8	-1.7	-3.5	2.7	87	29.2	21.8	25.7	64	24.5	0.9	C SSE	60 12	0.6	C SSE	69 7	1.9	C SSE	62 9	17	—	850.9	844.2	67	12.10—02.14	3.4	112	11.19—03.10	4.4	39.7	-11.3
	4 安顺 57806		26°15′	105°55′	1392.9	1971—2000	14.1	-1.1	-3	4.3	84	27.7	21.8	24.8	70	24.5	2.3	C SSW	25	2.4	C ENE	31	2.8	C ENE	22	18	—	963.1	856	41	01.01—02.10	4.2	99	11.27—03.05	5.7	33.4	-7.6
	5 铜仁 57741		27°43′	109°11′	279.7	1971—2000	17	1.4	-0.5	5.5	76	35.3	26.7	32.2	60	30.7	0.8	C SSE	62 7	0.9	C ENE	58 15	2.2	C ENE	61 11	15	—	991.3	973.1	5	01.29—02.02	4.9	64	12.12—02.13	6.3	40.1	-9.2
	6 黔西南州 兴仁 57902		25°26′	105°11′	1378.6	1971—2000	15.3	0.6	-1.3	6.3	84	28.7	22.2	25.3	69	24.8	1.8	C ESE	29 13	2.2	C ESE	19	2.3	C ESE	24 15	29	—	864.4	857.5	0		—	65	12.10—02.12	6.7	35.5	-6.2
	7 黔南州 罗甸 57916		25°26′	106°46′	440.3	1971—2000	19.6	5.5	3.7	10.2	73	34.5	*参考 27.8	31.2	66	29.3	0.6	C ESE	694	0.7	C ESE	628	1.8	C ESE	646	21	—	968.6	954.7	0		—	0		—	39.2	-2.7
	8 黔东南州 凯里 57825		26°36′	107°59′	720.3	1971—2000	15.7	-0.4	-2.3	4.7	80	32.1	24.5	29	64	28.3	1.6	C SSW	33 9	1.6	C NNE	26 22	2.3	C NNE	29 15	16	—	938.3	925.2	30	01.09—02.07	4.4	87	12.08—03.04	5.8	37.5	-9.7
	9 六盘水 56793		25°47′	104°37′	1515.4	1971—2000	15.2	0.6	-1.4	6.5	79	29.3	21.6	25.5	65	24.7	1.3	C WSW	48 9	2	C ENE	31 19	2.5	C ENE	39 14	33	—	849.6	843.8	0		—	66	12.09—02.12	6.9	35.1	-7.9

·723·

续表

全国主要城市室外气象参数
(E—东风,S—南风;W—西风;N—北风,C—静风)

省份	城市名称	站台名称	台站位置 北纬	台站位置 东经	台站位置 海拔 m	统计年份	年平均温度 ℃	冬季 供暖 ℃	冬季 通风 ℃	冬季 空调 ℃	空调相对湿度 %	夏季 空调干球温度 ℃	夏季 空调湿球温度 ℃	夏季 通风计算温度 ℃	空调室外计算相对湿度 %	空调室外计算日平均温度 ℃	夏季 最多风向的频率 %	夏季 最多风向	夏季 最多风向的平均风速 m/s	冬季 最多风向的频率 %	冬季 最多风向	冬季 最多风向的平均风速 m/s	年最多风向的平均风速 m/s	年最多风向	年最多风向的频率 %	冬季日照百分率 %	最大冻土深度 cm	大气压力 hPa 冬季	大气压力 hPa 夏季	日平均温度≤5℃的天数	日平均温度≤5℃的起止日期	平均温度≤5℃期间内的平均温度 ℃	日平均温度≤8℃的天数	日平均温度≤8℃的起止日期	平均温度≤8℃期间内的平均温度 ℃	极端最高温度 ℃	极端最低温度 ℃
云南省	1 昆明	昆明 56778	25°01′	102°41′	1892.4	1971—2000	14.9	3.6	8.1	0.9	68	26.2	20	23	68	22.4	31 13	C WSW	1.8	35 19	C WSW	2.6	3.7	C WSW	31 16	66	—	811.9	808.2	0	—	—	27	12.17—01.12	7.7	30.4	−7.8
	2 保山	保山 56748	25°07′	99°10′	1653.5	1971—2000	15.9	6.6	8.5	5.6	69	27.1	20.9	24.2	67	23.1	50 10	C SSW	1.3	54 10	C WSW	2.5	3.4	C WSW	52 8	74	—	835.7	830.3	0	—	—	6	01.01—01.06	7.9	32.3	−3.8
	3 昭通	昭通 56586	27°21′	103°43′	1949.5	1971—2000	11.6	−3.1	2.2	−5.2	74	27.3	19.5	23.5	63	22.5	43 10	C NE	1.6	32 10	C NE	1.5	3.6	C NE	36 17	43	—	805.3	802	73	12.04—02.14	3.1	122	11.10—03.11	4.1	33.4	−10.6
	4 丽江	丽江 56651	26°52′	100°13′	2392.4	1971—2000	12.7	3.1	6	1.3	46	25.6	18.1	22.3	59	21.3	18 11	C ESE	2.5	21	W NW	2.4	5.5	W NW	15	77	—	762.6	761	0	—	—	82	11.27—02.16	6.3	32.3	−10.3
	5 普洱	思茅 56964	22°47′	100°58′	1302.1	1971—2000	18.4	9.7	12.5	7	78	29.7	22.1	25.8	69	24	51 10	C SW	1	59 7	C WSW	1.9	2.7	C WSW	55 7	64	—	871.8	865.3	0	—	—	0	—	—	35.7	−2.5
	6 红河州	蒙自 56985	23°23′	103°23′	1300.7	1971—2000	18.7	6.8	12.3	4.5	72	30.7	22	26.7	62	25.9	26	S	3.2	24	SSW	3.8	3.9	S	23	62	—	865	871.4	0	—	—	0	—	—	35.9	−3.9
	7 西双版纳	景洪 56959	22°00′	100°47′	582	1971—2000	22.4	13.3	16.5	10.5	85	34.7	25.7	30.4	67	28.5	58 8	C ESE	0.8	72 3	C ESE	0.4	1.4	C ESE	68 5	57	—	851.3	942.7	0	—	—	0	—	—	41.1	1.9
	8 文山州	文山 56994	23°23′	104°15′	1271.6	1971—2000	18	5.6	11.1	3.4	77	30.4	22.1	26.7	63	25.5	25	SSE	2.2	26	S	2.9	3.4	SSE	25	50	—	875.4	868.2	0	—	—	0	—	—	35.9	−3
	9 曲靖	沾益 56786	25°35′	103°50′	1898.1	1971—2000	14.4	1.1	7.4	−1.6	67	27	19.8	23.3	68	22.4	19 19	C SSW	2.3	19	SW	3.1	3.8	SSW	18 16	56	—	810.9	807.6	0	—	—	60	12.08—02.05	7.4	33.2	−9.2
	10 玉溪	玉溪 56875	24°21′	102°33′	1636.1	1971—2000	15.9	5.5	8.9	3.4	73	28.2	20.8	24.5	66	23.2	46 10	C WSW	1.4	61 6	C WSW	1.7	1.8	C WSW	45 16	61	—	837.2	832.1	0	—	—	0	—	—	32.6	−5.5
	11 临沧	临沧 56951	23°53′	100°05′	1502.4	1971—2000	17.5	9.2	11.2	7.7	65	28.6	21.3	25.2	69	23.6	54 8	C NE	1	60 4	C W	2.9	2.4	C NNE	55 4	71	—	851.2	845.4	0	—	—	0	—	—	34.1	−1.3

附录A 常用基础资料

续表

全国主要城市室外气象参数

省份	城市名称		台站位置			统计年份	年平均温度 ℃	室外计算温、湿度								室外风向、风速及频率 (E—东风;S—南风;W—西风,N—北风,C—静风)										冬季日照百分率 %	最大冻土深度 cm	大气压力 hPa		设计计算用供暖期天数及其平均温度			平均温度≤8℃供暖期天数及其平均温度			极端最高温度 ℃	极端最低温度 ℃
		站台名称	海拔 m	东经	北纬			供暖 ℃	通风 ℃	空调 ℃	空调相对湿度 %	空调室外计算干球温度 ℃	空调室外计算湿球温度 ℃	通风计算相对湿度 %	空气调节室外计算日平均温度 ℃	夏季			冬季			年最多风向的频率 %						冬季	夏季	日平均温度≤5℃的天数	日平均温度≤5℃的起止日期	期间平均温度 ℃	日平均温度≤8℃的天数	日平均温度≤8℃的起止日期	期间平均温度 ℃		
															最多风向	最多风向的平均风速 m/s	平均风速 m/s	最多风向	最多风向的平均风速 m/s	平均风速 m/s	最多风向															
云南省	12 楚雄州	楚雄 56768	1772	101°32′	25°01′	1971—2000	16	5.6	8.7	3.2	75	28	20.1	61	23.9	C WSW	1.5	2.6	C WSW	1.5	2.8	C WSW	40 13	66	—	823.3	818.8	0	—	—	8	01.01—01.08	7.9	33	−4.8
	13 大理州	大理 56751	1990.5	100°11′	25°42′	1971—2000	14.9	5.2	8.2	3.5	66	26.2	20.2	64	22.3	C WSW	1.9	2.4	C ESE	3.4	3.9	C ESE	20 8	68	—	802	798.7	0	—	—	29	12.15—01.12	7.5	31.6	−4.2
	14 德宏州	瑞丽 56838	776.6	97°51′	24°01′	1971—2000	20.3	10.9	13	9.9	78	31.4	24.5	72	26.4	C WSW	1.1	2.5	C WSW	0.7	1.8	C	51 8	66	—	927.6	918.6	0	—	—	0	—	—	36.4	1.4
	15 怒江州	泸水 56741	1804.9	98°49′	25°59′	1971—2000	15.2	6.7	9.2	5.6	78	26.7	20	78	22.4	WSW	2.1	2.3	WSW	2.1	2.4	WSW	18 8	68	—	820.9	816.2	0	—	—	0	—	—	32.5	−0.5
	16 迪庆州	香格里拉 56543	3276.1	99°42′	27°50′	1971—2000	5.9	−6.1	−3.2	−8.6	56	20.8	13.8	63	15.6	C SSW	1.8	3.6	C NNE	2.4	3.9	C SSW	38 10	72	25	684.5	685.8	176	10.23—04.16	0.1	208	10.10—05.05	1.1	25.6	−27.4
西藏	1 拉萨 55591		3648.1	91°08′	29°40′	1971—2000	8	−5.2	−1.6	−7.6	60	24.1	13.5	38	19.2	C SE	1.2	2.7	C ESE	2	2.3	CSE	2812	77	19	650.6	652.9	132	11.01—03.12	0.61	179	10.19—04.15	2.17	29.9	−16.5
	2 昌都 56137		3306.0	97°10′	31°09′	1971—2000	7.6	−5.9	−2.3	−7.6	37	26.2	15.1	46	19.6	C NW	2.1	3.5	C NW	0.9	2	C NW	48 6	63	81	679.9	681.7	148	10.28—03.24	3	185	10.17—04.19	1.6	33.4	−20.7
	3 那曲 55299		4507.0	92°04′	31°29′	1971—2000	−1.2	−17.8	−12.6	−21.9	40	17.2	9.1	52	11.5	C SE	2.5	3.5	C SSW	3	7.5	C WNW	34 8	71	281	583.9	589.1	254	09.17—05.28	−5.3	300	08.23—06.18	−3.4	24.2	−37.6
	4 日喀则 55578		3936.5	88°53′	29°15′	1971—2000	6.5	−7.3	−3.2	−9.1	28	22.6	13.4	40	17.1	C SSE	1.3	2.5	C W	1.8	4.5	C W	48 7	81	58	636.1	638.5	159	10.22—03.29	−0.3	194	10.11—04.22	1	28.5	−21.3

· 725 ·

续表

全国主要城市室外气象参数
(E—东风,S—南风;W—西风,N—北风;C—静风)

省份	城市名称	站台名称	台站位置 北纬	台站位置 东经	海拔 m	统计年份	年平均温度 ℃	室外计算温度、湿度 冬季 供暖 ℃	冬季 通风 ℃	冬季 空调 ℃	冬季 空调相对湿度 %	夏季 空调干球温度 ℃	夏季 空调湿球温度 ℃	夏季 通风计算温度 ℃	夏季 空调相对湿度 %	夏季 空调室外计算日平均温度 ℃	夏季 最多风向平均风速 m/s	夏季 最多风向	夏季 最多风向频率 %	冬季 平均风速 m/s	冬季 最多风向	冬季 最多风向频率 %	年最多风向平均风速 m/s	年最多风向	年最多风向频率 %	冬季日照百分率 %	最大冻土深度 cm	大气压力 冬季 hPa	大气压力 夏季 hPa	设计计算用供暖期天数及其平均温度 日平均温度≤5℃的天数	日平均温度≤5℃的起止日期	日平均温度≤5℃期间的平均温度 ℃	日平均温度≤8℃的天数	日平均温度≤8℃的起止日期	日平均温度≤8℃期间的平均温度 ℃	极端最高温度 ℃	极端最低温度 ℃
西藏	5 林芝	林芝 56312	29°40′	94°20′	2991.8	1971–2000	8.7	−2	0.5	−3.7	49	22.9	15.6	19.9	61	17.9	1.6	C E	38 11	2	C E	27 17	2.3	C E	32 14	57	13	706.5	706.2	116	11.13–03.08	2	172	10.24–04.13	3.4	30.3	−13.7
西藏	6 阿里	狮泉河 55228	32°30′	80°05′	4278.0	1971–2000	0.4	−19.8	−12.4	−24.5	37	22	9.5	17	31	16.4	3.2	C W	24 14	2.6	C W	41 17	5.7	C W	33 16	80	—	602	604.8	238	09.28–05.23	−5.5	263	09.19–06.08	−4.3	27.6	−36.6
西藏	山南	错那 55690	27°59′	91°57′	9280.0	1971–2000	−0.3	−14.4	9.9	−18.2	64	13.2	8.7	11.2	68	9	4.1	WSW 31	3.6	WSW 32 17	5.6	WSW 25	77	86	598.3	602.7	251	09.23–05.31	−3.7	365	01.01–12.31	−0.1	18.4	−37
陕西省	1 西安	西安 57036	34°18′	108°56′	397.5	1971–2000	13.7	−3.4	−0.1	−5.7	66	35	25.8	30.6	58	30.7	1.9	C ENE	28 13	1.4	C ENE	41 10	2.5	C ENE	35 11	32	37	979.1	959.6	100	11.23–03.02	1.5	127	11.09–03.15	2.6	41.8	−12.8
陕西省	延安	延安 53845	36°36′	109°30′	958.5	1971–2000	9.9	−10.3	−5.5	−13.3	53	32.4	22.8	28.1	52	26.1	1.6	C WSW	28 16	1.8	C WSW	25 20	2.4	C WSW	26 17	61	77	913.8	900.7	133	11.06–03.18	−1.9	159	10.23–03.30	−0.5	38.3	−23
陕西省	2 宝鸡	宝鸡 57016	34°21′	107°08′	612.4	1971–2000	13.2	−3.4	0.1	−5.8	62	34.1	24.6	29.5	58	29.2	1.5	C ENE	37 12	1.1	C ENE	54 13	2.8	C ENE	47 13	40	29	953.7	936.9	101	11.23–03.03	1.6	135	11.08–03.22	3	41.6	−16.1
陕西省	3 汉中	汉中 57127	33°04′	107°02′	509.5	1971–2000	14.4	−0.1	2.4	−1.8	80	32.3	26	28	69	28.5	1.1	C ESE	43 9	0.9	C ESE	55 8	2.4	C ESE	49 8	27	8	964.3	947.8	72	12.04–02.13	3	115	11.15–03.09	4.3	38.3	−10
陕西省	4 榆林	榆林 53646	38°14′	109°42′	1057.5	1971–2000	8.3	−15.1	−9.4	−19.3	55	32.2	21.5	30.5	45	26.5	2.3	C S	27 17	1.7	C N	43 14	2.9	C S	35 11	64	148	902.2	889.9	153	10.27–03.28	−3.9	171	10.17–04.05	−2.8	38.6	−30
陕西省	5 安康	安康 57245	32°43′	109°02′	290.8	1971–2000	15.6	0.9	3.5	−0.9	71	35	26.8	30.5	64	30.7	1.3	C E	41 7	1.2	C E	49 13	2.9	C E	45 10	30	8	990.6	971.7	60	12.12–02.09	3.8	100	11.26–03.05	4.9	41.3	−9.7
陕西省	6 铜川	铜川 53947	35°05′	109°04′	978.9	1971–2000	10.6	−7.2	−3	−9.8	55	31.5	23	27.4	60	26.5	2.2	ENE 20	2.2	ENE 31	2.3	ENE 24	58	53	911.1	898.4	128	11.10–03.17	−0.2	148	11.03–03.30	0.6	37.7	−21.8

续表

附录A 常用基础资料

全国主要城市室外气象参数

省份	城市名称	站台名称	台站位置 东经	台站位置 北纬	海拔 m	统计年份	年平均温度 ℃	室外计算温度、湿度 冬季 供暖 ℃	冬季 通风 ℃	冬季 空调 ℃	空调相对湿度 %	空气调节室外计算干球温度 ℃	夏季 空气调节室外计算湿球温度 ℃	夏季 通风计算温度 ℃	夏季 通风计算相对湿度 %	空气调节室外计算日平均温度 ℃	室外风向、风速及频率 夏季 平均风速 m/s	夏季 最多风向	夏季 最多风向的频率 %	夏季 最多风向的平均风速 m/s	冬季 平均风速 m/s	冬季 最多风向	冬季 最多风向的频率 %	冬季 最多风向的平均风速 m/s	年最多风向	年最多风向的频率 %	冬季日照百分率 %	最大冻土深度 cm	大气压力 hPa 冬季	大气压力 hPa 夏季	设计计算用供暖期天数 日平均温度≤5℃的天数	日平均温度≤5℃的起止日期	平均温度≤5℃期间内的平均温度 ℃	日平均温度≤8℃的天数	日平均温度≤8℃的起止日期	平均温度≤8℃期间内的平均温度 ℃	极端最高温度 ℃	极端最低温度 ℃
陕西省	8 咸阳	武功 57034	108°13′	34°15′	447.8	1971-2000	13.2	-3.6	-0.4	-5.9	67	34.3	27.0 *参考	29.9	61	29.8	1.7	C WNW	28	2.9	1.4	C NW	34 7	2.3	C	31 9	42	24	971.7	953.1	101	11.23-03.03	1.2	133	11.08-03.20	2.7	40.4	-19.4
	9 商洛	商州 57143	109°58′	33°52′	742.2	1971-2000	12.8	-3.3	0.5	-5	59	32.9	24.3	28.6	56	27.6	2.2	C SE	27 18	3.9	2.6	C NW	22 16	4.1	C SE	26 15	47	18	937.7	923.3	100	11.25-03.04	1.9	139	11.09-03.27	3.3	39.9	-13.9
甘肃省	1 兰州	兰州 52889	103°53′	36°03′	1517.2	1971-2000	9.8	-9	-5.3	-11.5	54	31.2	20.1	26.5	45	26	1.2	C ESE	48 9	2.1	0.5	C E	74 5	1.7	C ESE	59 7	53	98	851.5	843.2	130	11.05-03.14	-1.9	160	10.20-03.28	-0.3	39.8	-19.7
	2 酒泉	酒泉 52533	98°29′	39°46′	1477.2	1971-2000	7.5	-14.5	-9	-18.5	53	30.5	19.6	26.3	39	24.8	2.2	C ESE	24 8	2.8	2	C W	21 12	2.4	C ESE	21 10	72	117	856.3	847.2	157	10.23-03.28	-4	183	10.12-04.12	-2.4	36.6	-29.8
	3 平凉	平凉 53915	106°40′	35°33′	1346.6	1971-2000	8.8	-8.8	-4.6	-12.3	55	29.8	21.3	26.3	56	24	1.9	C ESE	8	2	2.1	C NW	22 20	2.2	C NW	24 16	60	48	870	860.8	143	11.05-03.27	-1.3	170	10.18-04.05	0	36	-24.3
	4 天水	天水 57006	105°45′	34°35′	1141.7	1971-2000	11	-5.7	-2	-8.4	62	30.8	21.8	26.9	55	25.9	1.2	C SSE	43 15	2	1	C NW	51 15	2.2	C ESE	47 15	46	90	892.4	881.2	119	11.11-03.09	0.3	145	11.04-03.28	1.4	38.2	-17.4
	5 陇南	武都 56096	104°55′	33°24′	1079.1	1971-2000	14.6	0	3.3	-2.3	51	32.6	22.3	28.3	52	28.5	1.7	C SSE	39 10	3.1	1.2	C ENE	47 6	2.3	C ENE	43 8	47	13	898	887.3	64	12.09-02.10	3.7	102	11.23-03.04	4.8	38.6	-8.6
	6 张掖	张掖 52652	100°26′	38°56′	1482.7	1971-2000	7.3	-13.7	-9.3	-17.1	52	31.7	19.5	26.9	37	25.1	2	C S	25 12	3.3	1.8	C W	27 6	2.1	C SSE	25 12	74	113	855.5	846.5	159	10.21-03.28	-4	178	10.12-04.07	-2.9	38.6	-28.2
	7 白银	靖远 52895	104°41′	36°34′	1398.2	1971-2000	9	-10.7	-6.9	-13.9	58	30.9	21	26.7	48	25.9	1.3	C S	49 10	3.3	0.7	C ENE	69 6	2.1	C S	56 6	66	86	864.5	855	138	11.03-03.20	-2.7	167	11.04-04.03	-1.1	39.5	-24.3
	8 金昌	永昌 52674	101°58′	38°14′	1976.1	1971-2000	5	-14.8	-9.6	-18.2	45	27.3	17.2	23	45	20.6	3.1	C WNW	21	3.6	2.6	C WNW	27 16	3.5	C S	19 18	78	159	802.8	798.9	175	10.15-04.04	-4.3	199	10.05-04.21	-3	35.1	-28.3
	9 庆阳	西峰镇 53923	107°38′	35°44′	1421	1971-2000	8.7	-9.6	-4.8	-12.9	53	28.7	20.6	24.6	57	24.3	2.4	C SSW	16	2.9	2.2	C NNW	13 10	2.8	SSW	45 13	61	79	861.8	853.5	144	11.05-03.28	-1.5	171	10.18-04.06	-0.2	36.4	-22.6
	10 定西	临洮 52986	103°52′	35°22′	1886.6	1971-2000	7.2	-11.3	-7	-15.2	62	27.7	19.2	23.3	55	22.1	1.2	C SSW	43 7	1.7	1	C NE	52 6	1.9	C ESE	45 6	64	114	812.6	808.1	155	10.25-03.28	-2.2	183	10.14-04.14	-0.8	36.1	-27.9

· 727 ·

续表

省份	城市名称	站台名称	台站位置 北纬	台站位置 东经	海拔 m	统计年份	年平均温度 ℃	室外计算温湿度 冬季 供暖 ℃	冬季 通风 ℃	冬季 空调 ℃	冬季 空调相对湿度 %	夏季 空调干球温度 ℃	夏季 空调湿球温度 ℃	夏季 通风计算温度 ℃	夏季 通风计算相对湿度 %	夏季 空调通风计算室外日平均温度 ℃	夏季最多风向平均风速 m/s	夏季最多风向	夏季最多风向的频率 %	冬季最多风向平均风速 m/s	冬季最多风向	冬季最多风向的频率 %	年平均风速 m/s	年最多风向	年最多风向的频率 %	冬季日照百分率 %	最大冻土深度 cm	大气压力 冬季 hPa	大气压力 夏季 hPa	设计计算用供暖期日平均温度≤5℃的天数	日平均温度≤5℃的起止日期	供暖期间的平均温度 ℃	日平均温度≤8℃的天数	日平均温度≤8℃的起止日期	≤8℃期间的平均温度 ℃	极端最高温度 ℃	极端最低温度 ℃
甘肃省	11 武威	武威 52679	37°55′	102°40′	1530.9	1971—2000	7.9	-12.7	-7.8	-16.3	49	30.9	19.6	26.4	41	24.8	1.8	C NNW	35 9	1.6	C SW	35 11	2.4	C SW	34 9	75	141	850.3	841.8	155	10.24—03.27	-3.1	174	10.14—04.05	-2	35.1	-28.3
	12 临夏	临夏 52984	35°35′	103°11′	1917	1971—2000	7	-10.6	-6.7	-13.4	59	26.9	19.4	22.8	57	21.2	1	C WSW	54 9	1.2	C	47 10	1.9	C NNE	49 9	63	85	809.4	805.1	156	10.24—03.28	-2.2	185	10.13—04.15	-0.8	36.4	-24.7
	13 甘南州	合作 56080	35°00′	102°54′	2910	1971—2000	2.4	-13.8	-9.9	-16.6	49	22.3	14.5	17.9	54	15.9	1.5	C N	46 13	1.2	C N	63 8	3	C N	50 11	66	142	713.2	716	202	10.08—04.27	-3.9	250	09.15—05.22	-1.8	30.4	-27.9
青海省	1 西宁	西宁 52866	36°43′	101°45′	2295.2	1971—2000	6.1	-11.4	-7.4	-13.6	45	26.5	16.6	21.9	48	20.8	1.5	C SSE	37 17	1.3	C SSE	49 18	3.2	C SSE	41 20	68	123	774.4	772.9	165	10.20—04.02	-2.6	190	10.10—04.17	-1.4	36.5	-24.9
	2 玉树州	玉树 56029	33°01′	97°01′	3681.2	1971—2000	3.2	-11.9	-7.6	-15.8	44	21.8	13.1	17.3	50	15.5	0.8	C SSE	63 7	1.1	C SSE	62 7	2.3	C N	60 6	60	104	647.5	651.5	199	10.09—04.25	-2.7	248	09.17—05.22	-0.8	28.5	-27.6
	3 海西州	格尔木 52818	36°25′	94°54′	2807.4	1971—2000	5.3	-12.9	-9.1	-15.7	39	26.9	13.3	21.6	30	21.4	3.3	C WNW	20	2.2	C WSW	23 12	4.4	C WNW	15	72	84	723.5	668.4	176	10.15—04.08	-3.8	203	10.02—04.22	-2.4	35.5	-26.9
	4 黄南州	河南 56065	34°44′	101°36′	8500	1972—2000	0	-18	-12.3	-22	55	19	12.4	14.9	58	13.2	2.4	C SE	29 13	2.2	C NW	47 6	1.6	C	35 9	69	177	663.1	720.1	243	09.17—05.17	-4.5	285	09.01—06.12	-2.8	26.2	-37.2
	5 海南州	共和 52856	36°16′	100°37′	2835	1971—2000	4	-14	-9.8	-16.6	43	24.6	14.8	19.8	48	19.3	2	C SSE	30 8	1.4	C NNE	45 12	4.9	C ESE	36 10	75	150	720.1	721.8	183	10.14—04.14	-4.1	210	09.30—04.27	-2.7	33.7	-27.7
	6 果洛州	达日 56046	33°45′	99°39′	3967.5	1972—2000	-0.9	-18	-12.6	-21.1	53	17.3	10.9	13.4	57	12.1	2.2	C ENE	32 12	2	C NNE	48 7	3.4	C ENE	38 7	62	238	624	630.1	255	09.14—05.26	-4.9	302	08.23—06.20	-2.9	23.3	-34
	7 海北州	祁连 52657	38°11′	100°15′	2787.4	1971—2000	1	-17.2	-13.2	-19.7	44	23	13.8	18.3	48	15.9	1.5	C SSE	23 19	2.3	C SSE	36 13	2.9	C SSE	27 17	73	250	725.3	727.3	213	09.29—04.29	-5.8	252	09.12—05.21	-3.8	33.3	-32
	8 海东	民和 52876	36°19′	102°51′	1813.9	1971—2000	7.9	-10.5	-6.2	-13.4	51	28.8	19.4	24.5	50	23.3	1.4	C SE	38 8	1.4	C SE	40 10	2.6	C SE	38 11	61	108	820.3	815	146	11.02—03.27	-2.1	173	10.15—04.05	-0.8	37.2	-24.9

全国主要城市室外气象参数
(E—东风, S—南风, W—西风, N—北风, C—静风)

附录A 常用基础资料

续表

全国主要城市室外气象参数

(E—东风,S—南风,W—西风,N—北风,C—静风)

省份	城市名称	站台名称	台站位置 北纬	台站位置 东经	海拔 m	统计年份	年平均温度 ℃	室外计算温、湿度 冬季 供暖 ℃	冬季 通风 ℃	冬季 空调 ℃	空调相对湿度 %	夏季 空调干球温度 ℃	夏季 空调湿球温度 ℃	夏季 通风计算温度 ℃	夏季 通风计算相对湿度 %	空气调节室外计算日平均温度 ℃	室外风向、风速及频率 夏季 平均风速 m/s	夏季 最多风向	夏季 最多风向的频率 %	冬季 平均风速 m/s	冬季 最多风向	冬季 最多风向的平均风速 m/s	冬季 最多风向的频率 %	年最多风向	年最多风向的频率 %	冬季日照百分率 %	最大冻土深度 cm	大气压力 hPa 冬季	大气压力 hPa 夏季	设计计算用供暖期天数及其平均温度 日平均温度≤5℃的天数	日平均温度≤5℃的起止日期	日平均温度≤5℃期间内的平均温度 ℃	平均温度≤8℃的天数	日平均温度≤8℃的起止日期	平均温度≤8℃期间内的平均温度 ℃	极端最高温度 ℃	极端最低温度 ℃
宁夏	1 银川	53614	38°29′	106°13′	1111.4	1971—2000	9	-13.1	-7.9	-17.3	55	31.2	22.1	27.6	48	26.2	2.1	SSW	21	1.8	NNE	2.2	26	C 23 9	68	88	896.1	883.9	145	11.03—03.27	-3.2	169	10.19—04.05	-1.8	38.7	-27.7
宁夏	2 石嘴山 惠农	53519	39°13′	106°46′	1091.0	1971—2000	8.8	-13.6	-8.4	-17.4	50	31.8	21.5	28	42	26.8	3.1	SSW 1512		2.7	NNE 2611	4.7		C 198	73	91	898.2	885.7	146	11.02—03.27	-3.7	169	10.19—04.05	-2.3	38	-28.4
宁夏	3 同心	53810	36°59′	105°54′	1343.9	1971—2000	9.1	-12	-7.1	-16	50	32.4	20.7	27.7	40	26.6	3.2	SSE 23		2.3	NNE 22	2.8		C 21	72	130	870.6	860.6	143	11.04—03.26	-2.8	168	10.19—04.04	-1.4	39	-27.1
宁夏	4 固原	53817	36°00′	106°16′	1753	1971—2000	6.4	-13.2	-8.1	-17.3	56	27.7	19	23.2	54	22.2	2.7	C SSE 19 14		2.7	C SSE 18 19	3.8		SSE 21	67	121	826.8	821.1	166	10.21—04.04	-3.1	189	10.10—04.16	-1.9	34.6	-30.9
宁夏	5 中卫	53704	37°32′	105°11′	1225.7	1971—2000	8.7	-12.6	-7.5	-16.4	51	31	21.1	27.2	47	25.7	1.9	C SSE 37 20		1.8	C NNW 46 11	2.6		SE 18 11	72	66	883	871.7	145	11.02—03.26	-3.1	170	10.18—04.05	-1.6	37.6	-29.2
新疆	1 乌鲁木齐	51463	43°47′	87°37′	917.9	1971—2000	7	-19.7	-12.7	-23.7	78	33.5	18.2	30.6	34	28.3	3	NNW 15		1.6	C SSW 29 10	2		C ESE 40 13	39	139	924.6	911.2	158	10.31—04.06	-7.1	180	10.14—04.11	-5.4	42.1	-32.8
新疆	2 克拉玛依	51243	45°37′	84°51′	449.5	1971—2000	8.6	-22.2	-15.4	-26.5	78	36.4	19.8	32.3	26	32.3	4.4	NNW 29		1.1	E 49 7	2.1		ESE 15 12	47	192	979	957.6	147	10.31—03.26	-8.6	165	10.19—04.01	-7	42.7	-34.3
新疆	3 吐鲁番	51573	42°56′	89°12′	34.5	1971—2000	14.4	-12.6	-7.6	-17.1	60	40.3	24.2	36.2	26	35.3	1.5	C ESE 34 13		1.3	C SSE 67 4	2.4		C NNW 48 19	56	83	1027.9	997.6	118	11.07—03.04	-3.4	136	10.30—03.14	-2	47.7	-25.2
新疆	4 哈密	52203	42°49′	93°31′	737.2	1971—2000	10	-15.6	-10.4	-18.9	60	35.8	22.3	31.5	28	30	1.8	C ENE 36 13		1.5	C ENE 37 16	2.8		C ESE 35 7	72	127	939.6	921	141	10.31—03.20	-4.7	162	10.18—03.28	-3.2	43.2	-28.6
新疆	5 和田	51828	37°08′	79°56′	1374.5	1971—2000	12.5	-8.7	-4.4	-12.8	54	34.5	21.6	28.8	36	28.9	2	WSW 19		1.4	WSW 31	1.8		ENE SW 23 10	56	64	866.9	856.5	114	11.12—03.05	-1.4	132	11.03—03.14	-0.3	41.1	-20.1

·729·

续表

省份	城市名称	站台名称	台站位置			统计年份	年平均温度 ℃	室外计算温、湿度								室外风向、风速及频率 (E—东风;S—南风;W—西风;N—北风;C—静风)									冬季日照百分率 %	最大冻土深度 cm	大气压力 hPa		设计计算用供暖期天数及其平均温度						极端最高温度 ℃	极端最低温度 ℃
			海拔 m	东经	北纬			冬季		夏季						夏季				冬季				年最多风向	年最多风向的频率 %			冬季	夏季	日平均温度≤5℃的天数	日平均温度≤5℃期间内的起止日期	平均温度≤5℃期间内的平均温度 ℃	日平均温度≤8℃的天数	日平均温度≤8℃期间内的起止日期	平均温度≤8℃期间内的平均温度 ℃		
								空调 ℃	供暖通风 ℃	空调相对湿度 %	空调干球温度 ℃	空调室外计算湿球温度 ℃	通风计算温度 ℃	通风计算相对湿度 %	空调室外计算日平均温度 ℃	平均风速 m/s	最多风向的频率 %	最多风向	平均风速 m/s	最多风向的频率 %	最多风向	平均风速 m/s	最多风向的频率 %													
新疆	6 阿勒泰	阿勒泰 51076	835.3	88°05′	47°44′	1971—2000	4.5	−29.5	−24.5	−15.5	74	30.8	19.9	25.5	43	26.3	2.6	WNW	23	4.2	C	52	1.2	C	2.4	C NE	31 9	58	139	941.1	925	176	10.17—04.10	−8.6	190	10.08—04.15	−7.5	37.5	−41.6
	7 喀什	喀什 51709	1288.7	75°59′	39°28′	1971—2000	11.8	−10.9	−5.3	−14.6	67	33.8	21.2	28.8	34	28.7	2.1	NNW	22	3	ENE	44	1.1	C	1.7	C NNW	33 9	53	66	876.9	866	121	11.09—03.09	−1.9	139	10.30—03.17	−0.7	39.9	−23.6
	8 伊犁哈萨克自治州	伊宁 51431	662.5	81°20′	43°57′	1971—2000	9	−21.5	−16.9	−8.8	78	32.9	21.3	27.2	45	26.3	2	ESE	20	2.3	E	38	1.3	C	2	C ESE	28 14	56	60	947.4	934	141	11.03—03.23	−3.9	161	10.20—03.29	−2.6	39.2	−36
	9 巴音郭楞蒙古自治州	库尔勒 51656	931.5	86°08′	41°45′	1971—2000	11.7	−11.1	−7	−15.3	63	34.5	22.1	30	33	30.6	2.6	C ENE	28 19	4.6	E	38	1.8	C	3.2	C E	32 16	62	58	917.6	902.3	127	11.06—03.12	−2.9	150	10.24—03.22	−1.4	40	−25.3
	10 昌吉回族自治州	奇台 51379	793.5	89°34′	44°01′	1971—2000	5.2	−28.2	−24	−17	79	33.5	19.5	27.9	34	28.2	3.5	SSW	18	3.5	SSW	19	2.5	SSW	2.9	SSW	17	60	136	934.1	919.4	164	10.19—03.31	−9.5	187	10.09—04.13	−7.4	40.5	−40.1

续表

全国主要城市室外气象参数

(E—东风;S—南风;W—西风;N—北风;C—静风)

省份	城市名称	站台名称	台站位置 北纬	台站位置 东经	海拔 m	统计年份	年平均温度 ℃	室外计算温度 冬季 供暖 ℃	室外计算温度 冬季 通风 ℃	室外计算温湿度 冬季 空调 ℃	室外计算温湿度 冬季 空调相对湿度 %	室外计算温湿度 夏季 空调干球温度 ℃	室外计算温湿度 夏季 空调湿球温度 ℃	室外计算温湿度 夏季 通风计算温度 ℃	室外计算温湿度 夏季 通风计算相对湿度 %	室外计算温湿度 夏季 空调室外计算日平均温度 ℃	夏季 最多风向	夏季 最多风向的频率 %	夏季 最多风向的平均风速 m/s	冬季 最多风向	冬季 最多风向的频率 %	冬季 最多风向的平均风速 m/s	年最多风向	年最多风向的频率 %	冬季日照百分率 %	最大冻土深度 cm	大气压力 hPa 冬季	大气压力 hPa 夏季	设计计算用供暖期天数及其平均温度 日平均温度≤5℃的天数	设计计算用供暖期天数及其平均温度 日平均温度≤5℃期间的平均温度 ℃	设计计算用供暖期天数及其平均温度 日平均温度≤5℃的起止日期	平均温度≤8℃的天数	平均温度≤8℃期间的平均温度 ℃	平均温度≤8℃的起止日期	极端最高温度 ℃	极端最低温度 ℃
新疆	11 博尔塔拉蒙古自治州	精河 51334	44°37′	82°54′	320.1	1971—2000	7.8	-22.2	-15.8	-25.8	81	34.8	*参考 26.2	30	39	28.7	C SSW	28 14	1.7	C SSW	49 12	1	C SSW	37 13	43	141	994.1	971.2	152	-7.7	10.27—03.27	170	-6.2	10.16—04.03	41.6	-33.8
新疆	12 阿克苏	阿克苏 51628	41°10′	80°14′	1103.8	1971—2000	10.3	-12.5	-7.8	-16.2	69	32.7	*参考 25.7	28.4	39	27.1	C NNW	28 8	1.7	C NNE	32 15	1.2	C NNE	31 10	61	80	897.3	884.3	124	-3.5	11.04—03.07	137	-1.8	10.22—03.07	39.6	-25.2
新疆	13 塔城	塔城 51133	46°44′	83°00′	534.9	1971—2000	7.1	-19.2	-10.5	-24.7	72	33.6	*参考 22.9	27.5	39	26.9	N	16	2.2	C NNE	22 22	2	NNE	17	57	160	963.2	947.5	162	-5.4	10.23—04.02	182	-4.1	10.13—04.12	41.3	-37.1
新疆	14 克孜勒苏柯尔克孜自治州	乌恰 51705	39°43′	75°15′	2175.7	1971—2000	7.3	-14.1	-8.2	-17.9	59	28.8	*参考 19.4	23.6	27	24.3	C WNW	21 5	3.1	C WNW	59 7	1.4	C WNW	36 12	62	650	786.2	784.3	153	-3.6	10.27—03.28	182	-1.9	10.13—04.12	35.7	-29.9

台湾、香港地区参考"采暖通风与空气调节室外气象参数(GBJ 19—87 2001年版)"

续表

全国主要城市室外气象参数

省份	城市名称	站台名称	台站位置 北纬	台站位置 东经	海拔 m	统计年份	年平均温度 ℃	室外计算温湿度 冬季 供暖 ℃	冬季 通风 ℃	冬季 空调 ℃	夏季 空调相对湿度 %	夏季 空调干球温度 ℃	夏季 空调室外计算湿球温度 ℃	夏季 通风计算温度 ℃	夏季 空调通风计算相对湿度 %	夏季 空调室外计算日平均温度 ℃	室外风向、风速及频率 (E—东风;S—南风;W—西风;N—北风;C—静风) 夏季 最多风向的平均风速 m/s	夏季 最多风向	夏季 最多风向的频率 %	夏季 最多风向的平均风速 m/s	冬季 平均风速 m/s	冬季 最多风向	冬季 最多风向的频率 %	冬季 最多风向的平均风速 m/s	年最多风向	年最多风向的频率 %	冬季日照百分率 %	最大冻土深度 cm	大气压力 hPa 冬季	大气压力 hPa 夏季	设计计算用供暖期天数及其平均温度 日平均温度≤5℃的天数	日平均温度≤5℃的起止日期	日平均温度≤5℃期间内的平均温度 ℃	设计计算用供暖期天数及其平均温度 日平均温度≤8℃的天数	日平均温度≤8℃的起止日期	日平均温度≤8℃期间内的平均温度 ℃	极端最高温度 ℃	极端最低温度 ℃
台湾地区	台北	1	25°02′	121°31′	9.0	1961-1980	22.1	11	15	9	82	33.6	27.3	31	—	30.5	2.8	C E	15 13	—	3.7	E	29	—	E	24	—	—	1019.7	1005.3	0	0	—	—	—	—	33	-2
台湾地区	花莲	2	24°01′	121°37′	14.0	1961-1980	22.9	13	17	11	82	32	26.8	30	—	29.5	2	C SW	32 11	—	2.9	C NE	25 20	—	C NE	28 15	—	—	1017.8	1004.6	0	0	—	—	—	—	35	5
台湾地区	恒春	3	22°00′	120°45′	24.0	1961-1980	24.9	16	20	14	74	34	28.1	31	—	29.4	3.2	C E	1411	—	5.1	NE	37	—	NE	27	—	—	1014.4	1003.7	0	0	—	—	—	—	39	8
香港地区	香港	1	22°18′	114°10′	32.0	1951-1980	22.8	10	16	8	71	32.4	27.3	31	—	30	5.3	E	25	—	6.5	E	42	—	E	39	44	—	1019.5	1005.6	0	0	—	—	—	—	36.1	0

七、各油田在用气象资料

各油田在用气象资料见表 A-7-3。

表 A-7-3 各油田在用气象资料

油田名称	海拔高度 m	大气压力 hPa	冬季日照率 %	最小频率风向 冬季 风频,%	最小频率风向 冬季 风向	最小频率风向 夏季 风频,%	最小频率风向 夏季 风向	月平均最高温度 ℃	月平均最低温度 ℃	极端最高温度 ℃	极端最低温度 ℃	最大冻土深度 cm
大庆莎拉杏	140.0~153.0	995.9	64.0	2.6	ESE	3.2	NE NNE	27.0	-19.9	38.3	-39.3	230.0
胜利东营	6.4	1016.9	61	4	N[①]			26.5	-3.6	39.9	-21.2	64
胜利广饶	14.9	1015.1	58	3	S[①]			26.4	-4.0	61.9	-23.3	59
胜利孤岛	5.9	1016.4	61	3	NEN[①]			25.8	-4.2	39.1	-19.1	57
胜利滨州	11.4	1016.1	62	4	N[①]			26.5	-3.8	40.9	-22.8	57
辽河兴曙欢	3.8	1044.5		2	W	1	E	28.1	-15.7	35.2	-28.2	113.0
辽河牛青茨	16.5			2	W	1	E	28.9	-16.9	35.0	-31.5	145.0
辽河沈阳	28			2	W	4	E	20.5	-17.3	38.3	-30.6	148.0
华北苏桥	4.1	1015.9	20.4	3	WNW	2	WNW	18.2	6.6	42.0	-25.1	66.0
华北别古庄	16.5	1015.2	21.1	2	SE	2	W	17.8	5.9	40.2	-25.5	60.0
华北任丘	16.5	1015.6	20.5	4	NW	2	W	18.3	6.7	42.8	-23.8	67.0
大港	2.2	1004.8	62	3	ES	3	N	26	-2.7	34.2	-15.4	69.0
中原	51	1010.5	53.0	1.7	W	1.4	W	27.8	-3.2	42.2	-20.7	41.0
河南	100.1~130.5	1002.0	11.5					32.5	-3.0	41.4	-12.8	12.0
江汉	30	1011.3	36.3	1	WW	1	WNW	28.2	3.5	39.2	-16.5	20.0
克拉玛依	275~427	958.9	50	1	WSW	1	WSW	27.4	-16.7	42.9	-35.9	197.0
玉门	3212.2	770.2	72	0.87	SSE	1.5	SSE	18.1	9.1	31.1	-26.7	190.0
吉林油田	146.3	987.90	67	14	SSW	12	WNW			37.90	-34.8	220
冀东油田	7.8	1002.30	60	22	WNW	14	ESE			39.60	-22.7	72
长庆油田		913.80	61	20	WSW	17	WSW			35.20	-24.3	77~130
吐哈油田	34.5~737.2	997.60	72	16	ENE	13	ENE			43.20	-28.6	127
塔里木油田	943.9~1098.1	902.30	62	19	E	19	NEN			40.00	-25.1	80
南方勘探	13.9	1002.80	34	24	EEN	19	S			38.7	4.9	—
西南油气	309.3~1590.9	969.10	11	10	EEN	9	EEN			41.20	-3.4	—

① 累年平均值全年的风向资料。

附录 A-8　油田工程常见参数

一、油田地质开发参数

1. 原始地层压力

新开发油田第一次采油时测得的油层压力,单位以 MPa 计。

2. 饱和压力

地层中的原油在压力降低到开始脱气点的压力,单位以 MPa 计。

3. 流动压力

开井生产时的油井井底压力,单位以 MPa 计。

4. 静压力

关井时的油井井底压力,单位以 MPa 计。

5. 总压差

原始地层压力与目前地层压力之差,单位以 MPa 计。

6. 地饱压差

地层压力与饱和压力之差,单位以 MPa 计。

7. 流饱压差

流动压力与饱和压力之差,单位以 MPa 计。

8. 采油压差

通常又叫生产压差,数值等于油井地层压力与流动压力之差,单位以 MPa 计。

9. 采油速度

年采油量与地质(或可采)储量的百分比,单位以%计。

10. 采出程度

累积采油量与地质(或可采)储量的百分比,单位以%计。

11. 采收率

通常是指油田的最终采收率,油田停止开采时的采出程度就是油田的最终采收率。

油田开发初期为了合理制订开发方案,经过对油层研究后确定出一个可能达到的采收率来指导开发设计。

影响采收率的因素是多方面的,一般有:油层的岩性、物性特点;地层原油性质和地层水性质;油藏驱动类型和驱动条件;不同井网死油区储量损失;不同开采阶段层间残油损失;注入水的性质、注水强度、采油速度等,必须从油田的具体情况出发,确定出可靠的采收率指标,才能为油田合理开发打好基础。

12. 注采比

注入目的地层的介质所占地下体积与井产物所占地下体积的之比。

13. 油井采油指数

油井日产油量与生产压差之比。

14. 原始油气比

在地层原始状况下,单位重量原油所溶解的天然气量,单位 m^3/h 计。

15. 原油溶解系数

在一定压力下,每增加一个工程大气压,在单位体积原油内能溶解的天然气量,单位以 $m^3/(m^3 \cdot atm)$ 计。

16. 原油体积系数

在地层一定压力下,原油体积与地面脱气后原油体积之比。

17. 气油比

通常指的是生产气油比,即生产井每日标况条件下天然气产量(m^3)与原油产量(t)的比值。

18. 油井含水率

油样中水的重量含量与油样总重量的百分比,单位以%计。

19. 油田综合含水率

油田日总产水量与油田日总产液量的重量百分比,单位以%计。

20. 油管压力

自喷油井生产时,井口装置油嘴前的压力。其数值等于流动压力与井筒液柱和井筒水力摩阻之差,单位以 MPa 计。

21. 井口压力

生产井或注入井井口的油压、套压的统称。

22. 套管压力

在井口装置上测得的油管与套管环形空间的压力,单位以 MPa 计。随意泄放套管气,将影响深井泵效和油井产量。

23. 井口温度

在井口装置上测得的井产物(油、气、水)的采出温度,它与油层温度和单井产量成正比关系,单位以℃计。

24. 井口加热温度

为满足油气集输系统的热力要求,在采油井场给原油加热,其温升不应高于初馏点,单位以℃计。

25. 开井率

开井生产的油井数与油井总数的百分比,单位以%计。

二、原油和天然气物性参数

1. 原油饱和蒸气压

在规定的条件下,原油在试验仪器中气液两相达到平衡时,蒸气的最大压力,单位以 kPa 计。经稳定处理后原油的饱和蒸气压一般为 70kPa。

2. 原油凝点

原油试样在规定条件下,冷却至停止移动时的最高温度,单位以℃计。油气分离温度应高于原油凝点以上 5℃,一般不低于 40℃。

3. 原油倾点

原油试样在规定条件下,冷却至还能流动时的最低温度,单位以℃计。

4. 动力黏度

当面积各为 $1m^2$ 并相距 1m 的两层流体,以 1m/s 的速度相对运动所产生的内摩擦力,单位 $N·s/m^2$,即 $Pa·s$,又称绝对黏度。

5. 运动黏度

表示液体在重力作用下流动时内摩擦力的量度,其值为相同温度下液体的动力黏度与其密度之比,单位以 m^2/s 计,习惯使用 mm^2/s(厘斯)。

6. 表观黏度

非牛顿流体受外力作用而产生的剪应力与剪切速率(即速度梯度)之比。这个比值是一随剪切速率而变的变量,其中与时间有关的非牛顿流体还随时间而变。单位与动力黏度相同,常用 $mPa·s$ 表示。

7. 黏温系数

评价原油在规定温度范围内黏度与温度关系的一个参数,一般用黏温曲线的斜率表示。黏温系数小,表示原油黏度随温度变化的幅度较小。

8. 黏度指数

表示原油黏度随温度变化这个特性的一个约定量值。黏度指数高,表示原油黏度随温度变化较小。

9. 馏程

原油在规定条件下蒸馏所得到的,以初馏点和终馏点表示其蒸发特征的温度范围。

10. 原油初馏点

按标准方法进行石油产品馏程测定的试验,第一滴馏出液从冷凝管滴入量筒时的温度。初馏点表示该油品所含烃类中最轻烃的沸点。

11. 终馏点

原油在规定条件下进行馏程测定中,其最后阶段所记录的最高温度,单位以℃计。

12. 干点

原油在规定条件下进行馏程测定中,烧瓶底部最后一滴液体气化一瞬间所记录的温度,单位以℃计。

13. API 度

也称相对密度指数,是美国石油学会用来表示油品相对密度的一种尺度。其关系式为:

$$°API = \frac{141.5}{d_{60°F}^{60°F}} - 131.5 = \frac{141.5}{d_{15.6°C}^{15.6°C}} - 131.5 \qquad (A-8-1)$$

14. 闪点

在特定的容器内,液态挥发出足够浓度的蒸气,与液体表面上的空气形成可燃性混合物时的最低温度。

15. 甜气

不需净化的、硫化氢和二氧化碳含量符合产品标准的天然气。

16. 酸性天然气

含有水、硫化氢或二氧化碳的天然气,当气体总压大于或等于 0.45MPa(绝),硫化氢分压大于或等于 0.00035 MPa(绝)或系统中二氧化碳含量大于或等于 600mg/L 时,称为酸性天然气从酸性天然气中脱出的酸性气体混合物。其主要成分为硫化氢和二氧化碳,并含有少量的烃类混合气体。

17. 干气

水蒸气摩尔分数不超过 0.005%(50×10^{-6} mol)的天然气。

18. 湿气

没有经过脱水处理和凝液回收的天然气。

19. 贫气

天然气处理厂回收天然气凝液之后的剩余天然气,也指含有很少或不含可回收液态烃产品的未处理天然气。

20. 富气

进入天然气处理厂以回收天然气凝液的天然气。

21. 天然气凝液(NGL)

从天然气中回收的且未经稳定处理的液态烃类混合物的总称。一般包括乙烷、液化石油气和稳定轻烃成分,也称为混合轻烃。

22. 水露点

天然气在一定压力下析出第一滴水时的温度,单位以℃计。在管道输送过程中的气体温度应高于水露点。

23. 烃露点
天然气在一定压力下析出第一滴液态烃时的温度,单位以℃计。

24. 平衡露点
天然气与一定浓度的吸收剂在恒温下接触,使水分达到平衡时的露点。

25. 露点降
气体脱水前后的露点差,以℃计。

三、工程设计参数

1. 设计压力
在相应设计温度下,用以确定容器或管道计算壁厚及其他元件尺寸的压力值。该压力为容器或管道的内部压力时,称设计内压力;为外部压力时,称设计外压力。

2. 操作压力
也叫工作压力。在稳定操作条件下,一个系统内介质的压力。如油气分离器、原油电脱水器的控制压力等。

3. 最大操作压力
在正常操作条件下,管道系统中最大实际操作压力。

4. 安全泄放压力
容器及设备上装有安全泄放装置(安全阀)时,能使阀瓣开始升起,介质连续排出时的瞬间压力。对安全泄放压力的规定随容器设备而异:

(1) TS G0001—2012《蒸汽锅炉安全技术监察规程》规定为操作压力的1.02倍。

(2) TS G0001—2012《热水锅炉安全技术监察规程》规定为:

① 1.12倍操作压力,但不应小于操作压力再加0.07MPa。

② 1.14倍操作压力,但不应小于操作压力再加0.1MPa。

③ GB 50251—2015《输气管道工程设计规范》规定为:

a. 当 $p \leqslant 1.8\text{MPa}$, $p_0 = p + 0.18\text{MPa}$;

b. 当 $1.8\text{MPa} \leqslant p \leqslant 7.5\text{MPa}$, $p_0 = 1.1p$;

c. 当 $p > 7.5\text{MPa}$, $p_0 = 1.05p$。

式中 p——操作压力,MPa;

p_0——安全泄放压力,MPa。

5. 水击压力
在管道中由于液体流速突然改变而引起管道内的压力变化现象称为水击。该压力的幅值称为水击压力。

当阀门瞬时完全关闭时,管内流体的流速从 v_0 突然降至零,此时在阀门处产生的最大水

击压强值为 $\Delta p = \rho c v$。

水击波在密闭管路液流中的传播速度 c 可按下式计算：

$$c = \sqrt{\dfrac{1}{\rho\left(\dfrac{1}{E_L} + \dfrac{D}{\delta E_S}\right)}} \qquad (A-8-2)$$

式中　ρ——液体的密度，kg/m^3；

　　　c——水击波传播速度，m/s；

　　　v_0——产生水击前的流速，m/s；

　　　E_L、E_S——分别为液体及钢管的弹性模量，Pa；

　　　D、δ——分别为钢管的内径及壁厚，m。

钢管输水时，水击传播速度约为 1200~1400m/s，钢管输送原油时的传播速度约为 900~1100m/s。当 v_0 为 1m/s 时，水管路上产生的水击压强约为 1.2MPa。

6. 静水压力

管道停输时，作用在管道内壁某一点的净液柱重力。例如，管道最高点的高程为 Z_1，则在高程为 Z_2 的低点的静水压力为 $\rho(Z_1-Z_2)$。

7. 动水压力

液体在管道内流动时，作用在管道内壁某一点的流动剩余压力。例如，管道起点的压力为 p_1，液体流经一段路程后至某点的压力降至为 p_2，则 p_2 为该点的动水压力。

8. 压缩系数

表示流体压缩性强弱的物性参数。假设，流体在压缩前的体积为 V，压强增加 Δp 后，体积减小 ΔV，则压缩系数 $K = -\dfrac{\Delta V}{\Delta p} \cdot \dfrac{1}{V}$。

压缩系数 K 的倒数称为弹性模量 $E = \dfrac{1}{K}$。E 随温度、压力变化而不同，如 20℃ 时水的 E 值为 2.39×10^3 MPa；大庆原油在 40℃ 时的 E 值约为 1.72×10^3 MPa。

9. 雷诺数

是判别流态的无因次准数。1883 年英国物理学家雷诺（Reynolds）通过试验确定 $Re = vD/\nu$，其中 v 为平均流速；D 为管内径；ν 为流体的运动黏度。Re 数表示流体流动的惯性力与黏性力的比值，Re 数越大，表示流动过程中惯性力的影响也越大。按 Re 对流态的划分为：

（1）$Re<2000$ 时，为层流；

（2）$2000<Re<3000$，为过渡区；

（3）$Re>3000$，为紊流。

10. 管壁粗糙度

为研究管道内壁的粗糙程度，尼古拉兹将经过筛选的均匀砂粒紧密地粘贴在黄铜管的内表面，做成所谓的人工粗糙管，用糙粒的凸起高度 Δ（砂粒直径）表示管壁的粗糙程度，Δ 称为绝对粗糙度，Δ 与管径之比称为相对粗糙度。对实际工业管道按实测摩阻算出在紊流粗糙区的摩阻系数 λ 值，再找出直径相同、条件相同、λ 值相等的人工粗糙管的 Δ 值，取一系列 Δ 值的统计平均值就是该种材料工业管道的当量绝对粗糙度。一般输送油气用的新钢管的当量绝对粗糙度为 0.02~0.05mm。运行多年且有清管措施的旧钢管为 0.10~0.15mm。当量绝对粗糙度与管径之比称为当量相对粗糙度。

管壁粗糙度包括绝对粗糙度和相对粗糙度。管道壁面凸出部分的水平高度，称为绝对粗糙度；绝对粗糙度与管径的比值称为相对粗糙度。

11. 设计温度

容器或管道在正常工作过程中，在相应设计压力下，壳（管）壁或元件金属可能达到的最高或最低温度。

12. 操作温度

也叫工作温度。在稳定的操作条件下，一个系统内介质的温度。

13. 土壤总传热系数

埋地管道中的热流量向土壤的稳定散热量与散热面积、环境温差的比值，即管内油温与管外周围土壤温差 1℃ 时通过每平方米管表面散失的热流量，用 K 表示，单位以 $W/(m^2 \cdot ℃)$ 计。

对于没有保温层的埋地管道，其土壤总传热系数与土壤性质、土壤含水量、管径大小、管道埋设深度、热载体的性质及在管内的流速等有着密切的关系，是个受多变因素影响的可变系数。一般地区管道埋设在 0.5m（可耕线）以下和地下最高水位以上时，油气集输管线的经验 K 值为：

(1) DN≤150mm 时，K 值可取 $3.5W/(m^2 \cdot ℃)$；
(2) DN 为 200~350mm 时，K 值可取 $3.0W/(m^2 \cdot ℃)$；
(3) DN≥400mm 时，K 值可取 $2.2W/(m^2 \cdot ℃)$。

14. 土壤电阻率

土壤是含有液、气、固三相疏松物质的混合体，其导电性能参数是土壤电阻率，一般以 $\Omega \cdot m$ 表示。它是反映土壤腐蚀性强弱的重要指标之一。《钢质管道及储罐防腐蚀工程设计规范》规定一般地区土壤腐蚀性的分级标准为：

(1) 土壤电阻率<20$\Omega \cdot m$ 时，为强腐蚀性；
(2) 土壤电阻率为 20~50$\Omega \cdot m$ 时，为中腐蚀性；
(3) 土壤电阻率>50$\Omega \cdot m$ 时，为弱腐蚀性。

15. 油罐容积利用系数

指立式储油罐允许的安全装油容积与公称容积之比。一般情况下安全储油高度应低于泡沫发生器的安装高度。设计中通常采用的油罐容积利用系数为：固定顶油罐取 0.85，浮顶油罐取 0.90。

16. 储备天数

指油罐总容量大于日生产量的倍数。在油田内所称的油田储备天数，是指油田内除生产作业罐外的所有储备油罐的总有效容积与油田日产原油量的体积之比。

（1）GB 50350—2015《油田油气集输设计规范》规定为：

① 生产作业罐宜为 1 天；

② 管道运输的外销产品储罐宜为 3 天；

③ 公路运输的外销产品储罐（包括瓶装液化石油气），当运输距离小于或等于 100km 时，储存天数宜为 3~5 天，当运输距离大于 100km 时，储存天数宜为 5~7 天。

（2）GB 50253—2014《输油管道工程设计规范》规定为：

首站、注入站：

① 油源来自油田、管道时，宜为 3~5 天；

② 油源来自铁路卸油时，宜为 4~5 天；

③ 油源来自内河运输时，宜为 3~4 天；

④ 油源来自近海运输时，宜为 5~7 天。

分输站、末站：

① 通过铁路发送油品给用户时，宜为 4~5 天；

② 通过内河发送油品给用户时，宜为 3~4 天；

③ 通过近海发送油品给用户时，宜为 5~7 天；

④ 通过远洋油轮发送油品给用户时，按委托设计合同确定；

⑤ 末站为向用户供油的管道转输站时，宜为 3 天。

17. 周转系数

指储油罐的容量在一年之内被周转使用的次数。可用下式表示：

$$周转系数 = \frac{油品的年度周转量}{储油罐容量}$$

周转系数愈大，说明储油设备的利用率愈高，经营费用也愈低。周转系数的大小取决于收发作业的不均匀程度、储运设备的自动化水平和经营管理的水平。我国的商业油库的库容量是按周转系数确定的。周转系数是经调查、分析，用概率统计的方法确定的，当然也可采用当地的经验数据。

18. 缓冲时间

缓冲罐允许的最高液位和最低液位之间的罐内容积为缓冲容积，缓冲容积除以通过液体的流量为缓冲时间。缓冲时间是确定中间作业罐大小的重要参数。

19. 车皮系数

也称自重系数。指油罐车自重与载重的比值。它是表示罐车经济效益的指标，车皮系数愈小，说明油罐车运油的效率越高。一般情况是罐车容积越大，车皮系数就越小。

20. 标准轨距

铁路轨道上两根钢轨头部内侧之间的距离叫作轨距。我国铁路规定以 1435mm 的距离为标准轨距，大于标准轨距的称宽轨距，小于标准轨距的称窄轨距。

21. 污染系数

反映风向频率、风速与空气污染程度关系的数值,其关系式为:

$$污染系数 = \frac{风向频率}{平均风速}$$

22. 绿化系数

场区内被树木、草坪、花坛所覆盖的面积之和与场区占地总面积之比。一般大型油气站、库、厂、场的绿化系数不应小于10%。

23. 土地利用系数

场区内建筑物、构筑物、油罐区、管线带、道路、露天堆场、预留作业场地等有效占地面积之和与场区占地总面积之比。SY/T 0048—2016《石油天然气工程总图设计规范》规定:三、四、五级站场的土地利用系数不宜小于45%;一、二级站场的土地利用系数不宜小于60%。

24. 地震烈度

它是建筑设计时必须考虑的重要参数。地震烈度有两种含义:一是指地震对地表和地面建筑物破坏的强烈程度;二是指为了比较不同地区所受地震影响大小而制定的一种标度。

地震烈度与地震震级并不成比例关系。地震震级是对地震震源释放出的能量大小的一种量度,国际通常分为10级。地震烈度国际间通用的分为12度。通常的划分如表A-8-1所示。

表 A-8-1 地震烈度划分

烈度	震速,mm/h	烈度	震速,mm/h
1度	0~2.5	7度	100~250
2度	2.5~5	8度	250~500
3度	5~10	9度	500~1000
4度	10~25	10度	1000~2500
5度	25~50	11度	2500~5000
6度	50~100	12度	大于5000

25. 标准煤

将各种不同热值的燃料,如煤、油、可燃气等都折合成为7000kcal/kg的标准燃料,将这种按发热量折合成的标准燃料称为标准煤。我国各种煤的平均发热量为5000kcal/kg,每千克煤折合0.714kg标准煤;原油的平均发热量按10000kcal/kg计,每千克原油折合标准煤1.43kg;天然气每立方米按9310kcal/kg计,折合标准煤为1.33kg。

参 考 文 献

[1]油田油气集输设计技术手册编写组. 油田油气集输设计技术手册[M]. 北京:石油工业出版社,1995.

附录 B 油田地面工程常用规范

附录 B-1 油气集输与处理常用规范

油气集输与处理常用规范见表 B-1-1。

表 B-1-1 油气集输与处理常用规范

序号	标准名称	标准号
1	锅炉和压力容器用钢板	GB 713
2	色漆、清漆和色漆与清漆用原材料 取样	GB/T 3186
3	焊缝无损检测 射线检测	GB/T 3323
4	石油液体手工取样法	GB/T 4756
5	高压锅炉用无缝钢管	GB 5310
6	非合金钢及细晶粒钢焊条	GB/T 5117
7	高压化肥设备用无缝钢管	GB 6479
8	输送流体用无缝钢管	GB/T 8163
9	稳定轻烃	GB 9053
10	石油和液体石油产品动态计量 第1部分:一般原则	GB/T 9109.1
11	石油和液体石油产品动态计量 第2部分:流量计安装技术	GB/T 9109.2
12	石油天然气工业 管线输送系统用钢管	GB/T 9711
13	液化石油气	GB 11174
14	钢制对焊管件 类型与参数	GB/T 12459
15	离心泵 效率	GB/T 13007
16	钢制对焊管件 技术规范	GB/T 13401
17	液态烃体积测量 容积式流量计计量系统	GB/T 17288
18	天然气	GB 17820
19	天然气计量系统技术要求	GB/T 18603
20	用气体超声流量计测量天然气流量	GB/T 18604
21	低温管道用无缝钢管	GB/T 18984
22	压力管道规范 工业管道	GB/T 20801
23	用气体涡轮流量计测量天然气流量	GB/T 21391
24	用标准孔板流量计测量天然气流量	GB/T 21446

续表

序号	标准名称	标准号
25	钢质管道外腐蚀控制规范	GB 21447
26	石油液体管线自动取样法	GB/T 27867
27	原油流变性测定方法	GB/T 28910
28	石油天然气工业用耐腐蚀合金复合管件	GB 35072
29	原油	GB 36170
30	工业金属管道工程施工规范	GB 50235
31	现场设备、工业管道焊接工程施工规范	GB 50236
32	输气管道工程设计规范	GB 50251
33	输油管道工程设计规范	GB 50253
34	工业金属管道设计规范	GB 50316
35	油田油气集输设计规范	GB 50350
36	油气长输管道工程施工及验收规范	GB 50369
37	油气输送管道穿越工程设计规范	GB 50423
38	油气输送管道跨越工程设计规范	GB 50459
39	油气输送管道线路工程抗震技术规范	GB 50470
40	钢制储罐地基基础设计规范	GB 50473
41	石油天然气站内工艺管道工程施工规范	GB 50540
42	油气田集输管道施工规范	GB 50819
43	天然气净化厂设计规范	GB/T 51248
44	天然气净化厂设计规范	GB/T 51248
45	原油电脱水设计规范	SY/T 0045
46	石油天然气工程总图设计规范	SY/T 0048
47	原油稳定设计规范	SY/T 0069
48	油气集输管道组成件选用标准	SY/T 0071
49	天然气脱水设计规范	SY/T 0076
50	天然气凝液回收设计规范	SY/T 0077
51	原油热化学沉降脱水设计规范	SY/T 0081
52	除油罐设计规范	SY/T 0083
53	输油泵组安装技术规范	SY/T 0403
54	石油储罐附件 第1部分:呼吸阀	SY/T 0511.1
55	石油储罐附件 第2部分:液压安全阀	SY/T 0511.2
56	油气分离器规范	SY/T 0515
57	绝缘接头与绝缘法兰技术规范	SY/T 0516
58	凝析气田地面工程设计规范	SY/T 0605

续表

序号	标准名称	标准号
59	滩海油田油气集输设计规范	SY/T 4085
60	油气田集输双金属复合钢管施工技术规范	SY/T 4132
61	普通流体输送管道用埋弧焊钢管	SY/T 5037
62	原油破乳剂通用技术条件	SY/T 5280
63	石油天然气交接计量站计量器具配备规范	SY/T 5398
64	原油管道添加降凝剂输送技术规范	SY/T 5767
65	清蜡设备	SY/T 5961
66	直缝电阻焊套管	SY/T 5989
67	油田油气集输数据项名称规范	SY/T 6330
68	耐腐蚀合金管线管	SY/T 6601
69	聚乙烯管线管规范	SY/T 6656
70	石油天然气工业用非金属复合管 第1部分:钢骨架增强聚乙烯复合管	SY/T 6662.1
71	石油天然气工业用非金属复合管 第2部分:柔性复合高压输送管	SY/T 6662.2
72	石油天然气工业用非金属复合管 第3部分:增强MC尼龙管和尼龙—钢复合管	SY/T 6662.3
73	石油天然气工业用非金属复合管 第4部分:钢骨架增强热塑性塑料复合连续管及接头	SY/T 6662.4
74	石油天然气工业用非金属复合管 第5部分:增强超高分子量聚乙烯复合连续管及接头	SY/T 6662.5
75	连续管线管	SY/T 6700
76	非金属管道设计、施工及验收规范 第4部分:钢骨架增强塑料复合连续管	SY/T 6769.4
77	非金属管道设计、施工及验收规范 第5部分:纤维增强热塑性塑料复合连续管	SY/T 6769.5
78	非金属管材质量验收规范 第1部分:高压玻璃纤维管线管	SY/T 6770.1
79	非金属管材质量验收规范 第2部分:钢骨架增强聚乙烯复合管	SY/T 6770.2
80	非金属管材质量验收规范 第3部分:热塑性塑料内衬玻璃钢复合管	SY/T 6770.3
81	非金属管材质量验收规范 第4部分:钢骨架增强塑料复合连续管	SY/T 6770.4
82	非金属管材质量验收规范 第5部分:纤维增强热塑性塑料复合连续管	SY/T 6770.5
83	原油管道热处理输送工艺规范	SY/T 6893
84	石油天然气工业 不锈钢内衬玻璃钢复合管	SY/T 6946
85	黄土地区油气输送管道线路设计规范	SY/T 7363
86	多年冻土地区油气输送管道工程设计规范	SY/T 7364
87	油气输送管道并行敷设技术规范	SY/T 7365
88	油气输送管道工程水域开挖穿越设计规范	SY/T 7366
89	油气集输管道缓蚀剂涂膜及连续加注技术规范	SY/T 7408
90	油气集输管道内衬用聚烯烃管	SY/T 7415

续表

序号	标准名称	标准号
91	原油中正辛烷及以前烃组分分析 气相色谱法	SY/T 7504
92	出矿原油技术条件	SY 7513
93	黏土凝胶吸附色谱法测定橡胶填充剂和加工油及其他石油衍生油的特性组的标准试验方法	ASTM D2007

附录 B-2 注入系统常用规范

注入系统常用规范见表 B-1-2。

表 B-1-2 注入系统常用规范

序号	标准名称	标准号
1	油田注水工程设计规范	GB 50391
2	稠油注汽系统设计规范	SY/T 0027
3	油田注汽锅炉制造安装技术规范	SY/T 0441
4	油田注入水细菌分析方法 绝迹稀释法	SY/T 0532
5	油田注水工程施工技术规范	SY/T 4122
6	碎屑岩油藏注水水质指标及分析方法	SY/T 5329
7	油田注入水杀菌剂通用技术条件	SY/T 5757
8	驱油用聚合物技术要求	SY/T 5862
9	蒸汽吞吐注采工艺方案设计	SY/T 6257
10	高压玻璃纤维管线管	SY/T 6267
11	油田注水管理数据项名称规范	SY/T 6392
12	油田用注聚合物泵	SY/T 6462
13	液态二氧化碳吞吐推荐作法	SY/T 6487
14	稠油油田注蒸汽开发方案设计技术要求	SY/T 6510
15	原油脱水试验方法 压力釜法	SY/T 6520
16	石油天然气开发注二氧化碳安全规范	SY/T 6565
17	高含硫气田水处理及回注工程设计规范	SY/T 6881
18	驱油用石油磺酸盐	SY/T 7328
19	硫化氢环境原油采集与处理安全规范	SY/T 7358

续表

序号	标准名称	标准号
20	石油天然气开发注水安全规范	SY/T 7429
21	油田专用直流注汽锅炉运行质量控制技术规范	DB41/T 717
22	油田注水用黏土稳定剂通用技术条件	DB65/T 3483
23	油田用往复式油泵、注水泵	JB/T 9087

附录 B-3 采出水处理系统常用规范

采出水处理系统常用规范见表 B-1-3。

表 B-1-3 采出水处理系统常用规范

序号	标准名称	标准号
1	工业锅炉水质	GB/T 1576
2	污水处理设备安全技术规范	GB/T 28742
3	建筑给水排水设计规范	GB 50015
4	工业循环冷却水处理设计规范	GB/T 50050
5	工业循环水冷却设计规范	GB/T 50102
6	城镇污水再生利用工程设计规范	GB 50335
7	建筑中水设计标准	GB 50336
8	油田采出水处理设计规范	GB 50428
9	城镇给水排水技术规范	GB 50788
10	城市污水处理厂运行、维护及安全技术规程	CJJ 60
11	油田采出水用于注汽锅炉给水处理设计规范	SY/T 0097
12	油田水处理过滤器	SY/T 0523
13	油田采出水中含油量测定方法 分光光度法	SY/T 0530
14	油田水结垢趋势预测方法	SY/T 0600
15	油田采出水处理用缓蚀剂性能指标及评价方法	SY/T 5273
16	油田水分析方法	SY/T 5523
17	油田采出水生物处理工程设计规范	SY/T 6852
18	油田含聚及强腐蚀性采出水处理设计规范	SY/T 6886
19	油田采出水注入低渗与特低渗油藏精细处理设计规范	SY/T 7020
20	采油废水治理工程技术规范	HJ 2041

附录 B-4 辅助及配套系统常用规范

辅助及配套系统常用规范见表 B-1-4。

表 B-1-4 辅助及配套系统常用规范

序号	标准名称	标准号
1	铝—锌—铟系合金牺牲阳极	GB/T 4948
2	继电保护和安全自动装置技术规程	GB/T 14285
3	同步数字体系(SDH)光缆线路系统进网要求	GB/T 15941
4	埋地钢质管道阴极保护参数测量方法	GB/T 21246
5	钢质管道外腐蚀控制规范	GB/T 21447
6	埋地钢质管道阴极保护技术规范	GB/T 21448
7	埋地钢质管道聚乙烯防腐层	GB/T 23257
8	钢质管道内腐蚀控制规范	GB/T 23258
9	控制钢制管道和设备焊缝硬度防止硫化物应力开裂技术规范	GB/T 27866
10	油气输送管道完整性管理规范	GB 32167
11	砌体结构设计规范	GB 50003
12	建筑地基基础设计规范	GB 50007
13	建筑结构荷载规范	GB 50009
14	混凝土结构设计规范	GB 50010
15	建筑抗震设计规范	GB 50011
16	钢结构设计标准	GB 50017
17	工业建筑供暖通风与空气调节设计规范	GB 50019
18	湿陷性黄土地区建筑规范	GB 50025
19	压缩空气站设计规范	GB 50029
20	建筑照明设计标准	GB 50034
21	建筑地面设计规范	GB 50037
22	动力机器基础设计规范	GB 50040
23	锅炉房设计规范	GB 50041
24	供配电系统设计规范	GB 50052
25	20kV 及以下变电所设计规范	GB 50053
26	低压配电设计规范	GB 50054
27	通用用电设备配电设计规范	GB 50055
28	电热设备电力装置设计规范	GB 50056
29	爆炸危险环境电力装置设计规范	GB 50058

续表

序号	标准名称	标准号
30	35~110kV变电站设计规范	GB 50059
31	3~110kV高压配电装置设计规范	GB 50060
32	66kV及以下架空线路设计规范	GB 50061
33	电力装置的继电保护和自动装置设计规范	GB/T 50062
34	电力装置电测量仪表装置设计规范	GB/T 50063
35	自动喷水灭火系统设计规范	GB 50084
36	工业电视系统工程设计标准	GB 50115
37	建筑灭火器配置设计规范	GB 50140
38	泡沫灭火系统技术标准	GB 50151
39	数据中心设计规范	GB 50174
40	民用建筑热工设计规范	GB 50176
41	工业企业总平面设计规范	GB 50187
42	构筑物抗震设计规范	GB 50191
43	有线电视网络工程设计标准	GB 50200
44	电力工程电缆设计标准	GB 50217
45	建筑内部装修设计防火规范	GB 50222
46	并联电容器装置设计规范	GB 50227
47	火力发电厂与变电所设计防火标准	GB 50229
48	电力设施抗震设计规范	GB 50260
49	综合布线系统工程设计规范	GB 50311
50	消防通信指挥系统设计规范	GB 50313
51	建筑物电子信息系统防雷技术规范	GB 50343
52	屋面工程技术规范	GB 50345
53	储罐区防火堤设计规范	GB 50351
54	民用建筑设计统一标准	GB 50352
55	入侵报警系统工程设计规范	GB 50394
56	视频安防监控系统工程设计规范	GB 50395
57	埋地钢质管道防腐保温层技术标准	GB/T 50538
58	用户电话交换系统工程设计规范	GB/T 50622
59	埋地钢质管道交流干扰防护技术标准	GB/T 50698
60	油气田及管道工程计算机控制系统设计规范	GB/T 50823
61	油气田及管道工程仪表控制系统设计规范	GB/T 50892
62	通信线路工程设计规范	GB 51158
63	在役油气管道工程检测技术规范	GB/T 51172

续表

序号	标准名称	标准号
64	通信电源设备安装工程设计规范	GB 51194
65	管道外防腐补口技术规范	GB/T 51241
66	钢骨架聚乙烯塑料复合管管道工程技术规程	CECS 315
67	工业电视系统工程设计标准	GB/T 50115
68	交流采样远动终端技术条件	DL/T 630
69	电力自动化通信网络和系统	DL/T 860
70	地区电网调度自动化设计技术规程	DL/T 5002
71	35~110kV 无人值班变电所设计规程	DL/T 5103
72	无人值班变电站远方监控中心设计技术规程	DL/T 5430
73	石油天然气工程制图标准	SY/T 0003
74	石油天然气工程建筑设计规范	SY/T 0021
75	油气田变配电设计规范	SY/T 0033
76	石油天然气工程管道和设备涂色规范	SY/T 0043
77	钢质储罐、容器内壁阴极保护技术规范	SY/T 6536
78	石油天然气工程总图设计规范	SY/T 0048
79	油田地面工程建设规划设计规范	SY/T 0049
80	阴极保护管道的电绝缘标准	SY/T 0086
81	油气田及管道工程仪表控制系统设计规范	GB/T 50892
82	油气田及管道工程计算机控制系统设计规范	GB/T 50823
83	强制电流深阳极地床技术规范	SY/T 0096
84	滩海石油工程通信技术规范	SY/T 0311
85	钢质储罐液体涂料内防腐层技术标准	SY/T 0319
86	直埋高温钢质管道保温技术规范	SY/T 0324
87	埋地钢质管道环氧煤沥青防腐层技术标准	SY/T 0447
88	绝缘接头与绝缘法兰技术规范	SY/T 0516
89	腐蚀产物的采集与鉴定技术规范	SY/T 0546
90	快速开关盲板技术规范	SY/T 0556
91	天然气地面设施抗硫化物应力开裂和应力腐蚀开裂金属材料技术要求	SY/T 0599
92	玻璃纤维增强塑料储罐技术规范	SY/T 0603
93	钢质管道及储罐无溶剂聚氨酯涂料防腐层技术规范	SY/T 4106
94	油气输送管道同沟敷设光缆(硅芯管)设计及施工规范	SY/T 4108
95	油气输送管道线路工程水工保护施工规范	SY/T 4126
96	输油输气管道自动化仪表工程施工技术规范	SY/T 4129
97	石油工业应用软件工程规范	SY/T 5232

续表

序号	标准名称	标准号
98	石油和液体石油产品 铁路罐车交接计量规程	SY/T 5670
99	石油和液体石油产品 流量计交接计量规程	SY/T 5671
100	油气田集输工艺安装工程劳动定额	SY/T 5749
101	埋地钢质管道外防腐层保温层修复技术规范	SY/T 5918
102	油气管道线路标识设置技术规范	SY/T 6064
103	埋地输油管道总传热系数的测定	SY/T 6234
104	低压玻璃纤维管线管和管件	SY/T 6266
105	石油天然气工程可燃气体检测报警系统安全规范	SY 6503
106	含缺陷油气管道剩余强度评价方法	SY/T 6477
107	非腐蚀性气体输送用管线管内涂层	SY/T 6530
108	钢质储罐、容器内壁阴极保护技术规范	SY/T 6536
109	油气管道内检测技术规范	SY/T 6597
110	输气管道系统完整性管理规范	SY/T 6621
111	内覆或衬里耐腐蚀合金复合钢管	SY/T 6623
112	输油管道完整性管理规范	SY/T 6648
113	钢质储罐腐蚀控制标准	SY/T 6784
114	油气输送管道线路工程水工保护设计规范	SY/T 6793
115	可盘绕式增强塑料管线管	SY/T 6794
116	埋地钢质管道液体环氧外防腐层技术标准	SY/T 6854
117	油气管道穿越工程竖井设计规范	SY/T 6884
118	油气田用车装往复式压缩机	SY/T 6961
119	石油天然气站场阴极保护技术规范	SY/T 6964
120	输油气管道工程安全仪表系统设计规范	SY/T 6966
121	油气管道工程数字化系统设计规范	SY/T 6967
122	石油天然气地面建设工程供暖通风与空气调节设计规范	SY/T 7021
123	油气输送管道工程水域顶管法隧道穿越设计规范	SY/T 7022
124	油气田及管道专用道路设计规范	SY/T 7038
125	钢质管道聚丙烯防腐层技术规范	SY/T 7041
126	油气输送管道监控与数据采集（SCADA）系统安全防护规范	SY/T 7037
127	恒电位仪通用技术条件	SY/T 7326
128	油气管道工程无人机航空摄影测量规范	SY/T 7344
129	油气输送管道悬索跨越工程设计规范	SY/T 7345
130	油气架空管道防腐保温技术标准	SY/T 7347
131	低温储罐绝热防腐技术规范	SY/T 7349

续表

序号	标准名称	标准号
132	低温管道与设备防腐保冷技术规范	SY/T 7350
133	油气田工程安全仪表系统设计规范	SY/T 7351
134	油气田地面工程数据采集与监控系统设计规范	SY/T 7352
135	穿越管道防腐层技术规范	SY/T 7368
136	输气管道高后果区完整性管理规范	SY/T 7380
137	油气输送管道应变设计规范	SY/T 7403
138	腐蚀管道评估推荐作法	SY/T 10048
139	IP 电话网关设备技术要求	YD/T 1071
140	以太网交换机技术要求	YD/T 1099
141	具有路由功能的以太网交换机技术要求	YD/T 1255
142	基于软交换的综合接入设备技术要求	YD/T 1385
143	软交换设备总体技术要求	YD/T 1434
144	IP 智能终端设备技术要求 IP 电话终端	YD/T 1516
145	以太网交换机设备安全技术要求	YD/T 1627
146	具有路由功能的以太网交换机设备安全技术要求	YD/T 1629
147	同步数字体系(SDH)光纤传输系统工程设计规范	YD/T 5095
148	会议电视系统工程设计规范	YD/T 5032

附录 B-5　安全环保、职业卫生、节能常用规范

安全环保、职业卫生、节能常用规范见表 B-1-5。

表 B-1-5　安全环保、职业卫生、节能常用规范

序号	标准名称	标准号
1	工业企业设计卫生标准	GBZ 1
2	工作场所有害因素职业接触限值 第 1 部分:化学有害因素	GBZ 2.1
3	工作场所有害因素职业接触限值 第 2 部分:物理因素	GBZ 2.2
4	工作场所职业病危害警示标识	GBZ 158
5	职业健康监护技术规范	GBZ 188
6	工作场所防止职业中毒卫生工程防护措施规范	GBZ/T 194
7	密闭空间作业职业危害防护规范	GBZ/T 205
8	职业性接触毒物危害程度分级	GBZ 230
9	职业病危害评价通则	GBZ/T 277

续表

序号	标准名称	标准号
10	综合能耗计算通则	GB/T 2589
11	安全色	GB 2893
12	安全标志及其使用导则	GB 2894
13	环境空气质量标准	GB 3095
14	声环境质量标准	GB 3096
15	评价企业合理用电技术导则	GB/T 3485
16	地表水环境质量标准	GB 3838
17	设备及管道绝热技术通则	GB/T 4272
18	生产设备安全卫生设计总则	GB 5083
19	生活饮用水卫生标准	GB 5749
20	污水综合排放标准	GB 8978
21	个体防护装备选用规范	GB/T 11651
22	防止静电事故通用导则	GB 12158
23	工业企业厂界环境噪声排放标准	GB 12348
24	建筑施工场界环境噪声排放标准	GB 12523
25	生产过程安全卫生要求总则	GB/T12801
26	锅炉大气污染物排放标准	GB 13271
27	电力变压器经济运行	GB/T 13462
28	化学品分类和危险性公示 通则	GB 13690
29	生产过程危险和有害因素分类与代码	GB/T 13861
30	用电安全导则	GB/T 13869
31	恶臭污染物排放标准	GB 14554
32	地下水质量标准	GB/T 14848
33	常用化学危险品贮存通则	GB 15603
34	土壤环境质量 农用地土壤污染风险管控标准(试行)	GB 15618
35	大气污染物综合排放标准	GB 16297
36	消防安全标志设置要求	GB 15630
37	室内空气中可吸入颗粒物卫生标准	GB/T 17095
38	有机热载体炉	GB/T 17410
39	消防应急照明和疏散指示系统	GB 17945
40	以噪声污染为主的工业企业卫生防护距离标准	GB/T 18083
41	危险化学品重大危险源辨识	GB 18218
42	储油库大气污染物排放标准	GB 20950
43	电气设备安全设计导则	GB/T 25295

续表

序号	标准名称	标准号
44	生产经营单位安全生产事故应急预案编制导则	GB/T 29639
45	油田生产系统节能监测规范	GB/T 31453
46	油气田生产系统水平衡测试和计算方法	GB/T 31457
47	油田生产系统能耗测试和计算方法	GB/T 33653
48	油田企业节能量计算方法	GB/T 35578
49	室外给水设计规范	GB 50013
50	室外排水设计规范	GB 50014
51	建筑给水排水设计规范	GB 50015
52	建筑设计防火规范	GB 50016
53	建筑物防雷设计规范	GB 50057
54	爆炸危险环境电力装置设计规范	GB 50058
55	工业企业噪声控制设计规范	GB 50087
56	火灾自动报警系统设计规范	GB 50116
57	工业设备及管道绝热工程施工规范	GB 50126
58	建筑灭火器配置设计规范	GB 50140
59	石油化工企业设计防火标准	GB 50160
60	石油天然气工程设计防火规范	GB 50183
61	公共建筑节能设计标准	GB 50189
62	建筑工程抗震设防分类标准	GB 50223
63	工业设备及管道绝热工程设计规范	GB 50264
64	安全防范工程技术规范	GB 50348
65	石油化工可燃气体和有毒气体检测报警设计标准	GB/T 50493
66	导（防）静电地面设计规范	GB 50515
67	消防给水及消火栓系统技术规范	GB 50974
68	陆上油气田安全生产标准化评审报告编写规则	AQ/T 2066
69	国家级陆上油气田应急救援队伍装备配备要求	AQ/T 2067
70	危险化学品储罐区作业安全通则	AQ 3018
71	油田含油污泥综合利用污染控制标准	DB23/T 1413
72	油田含油污泥流化床焚烧处置 工程技术规范	DB37/T 2670
73	油气集输站（库）雷电防护技术规范	DB37/T 3051
74	油气田含油污泥综合利用污染控制要求	DB65/T 3998
75	油气田含油污泥及钻井固体废物处理处置技术规范	DB65/T 3999
76	油气田防静电接地设计规范	SY/T 0060
77	油气厂、站、库给水排水设计规范	SY/T 0089

续表

序号	标准名称	标准号
78	导热油加热炉系统规范	SY/T 0524
79	管式加热炉规范	SY/T 0538
80	石油工业用加热炉型式与基本参数	SY/T 0540
81	高含硫化氢气田集输管道工程施工技术规范	SY/T 4119
82	石油工业计算机信息系统安全管理规范	SY/T 5231
83	火筒式加热炉规范	SY/T 5262
84	油田生产系统能耗测试和计算方法	GB/T 33653
85	油田原油损耗的测定	SY/T 5267
86	油气田电网线损率测试和计算方法	SY/T 5268
87	天然气凝液安全规范	SY/T 5719
88	油田专用湿蒸汽发生器安全规范	SY/T 5854
89	油气田电业带电作业安全规程	SY/T 5856
90	液化石油气充装厂(站)安全规程	SY 5985
91	原油输送管道系统能耗测试和计算方法	SY/T 6066
92	硫化氢环境天然气采集与处理安全规范	SY/T 6137
93	油田生产系统节能监测规范	GB/T 31453
94	石油天然气工业健康、安全与环境管理体系	SY/T 6276
95	硫化氢环境人身防护规范	SY/T 6277
96	石油企业职业病危害因素监测技术	SY/T 6284
97	陆上油气田油气集输安全规程	SY/T 6320
98	油气田电网经济运行规范	SY/T 6373
99	油气田与油气输送管道企业能源综合利用技术导则	SY/T 6375
100	易燃和可燃液体防火规范	SY/T 6344
101	油气田变电站(所)安全管理规程	SY/T 6353
102	稠油注汽热力开采安全技术规程	SY/T 6354
103	油田注聚合物、碱液、表面活性剂开采安全规程	SY/T 6360
104	油田开发主要生产技术指标及计算方法	SY/T 6366
105	输油管道加热设备技术管理规范	SY/T 6382
106	输油管道工程设计节能技术规范	SY/T 6393
107	油田地面工程设计节能技术规范	SY/T 6420
108	油田生产主要能耗定额编制方法	SY/T 6472
109	石油天然气作业场所劳动防护用品配备规范	SY/T 6524
110	石油天然气开发注天然气安全规范	SY/T 6561
111	轻烃回收安全规程	SY/T 6562

续表

序号	标准名称	标准号
112	天然气输送管道系统经济运行规范	SY/T 6567
113	油气田生产系统经济运行规范 注水系统	SY/T 6569
114	陆上石油天然气生产环境保护推荐作法	SY/T 6628
115	油气田消防站建设规范	SY/T 6670
116	石油企业耗能用水统计指标与计算方法	SY/T 6722
117	输油管道系统经济运行规范	SY/T 6723
118	石油企业余热资源量测试与计算规范	SY/T 6767
119	石油工业计算机病毒防范管理规范	SY/T 6783
120	水溶性油田化学剂环境保护技术要求	SY/T 6787
121	水溶性油田化学剂环境保护技术评价方法	SY/T 6788
122	油气管道安全预警系统技术规范	SY/T 6827
123	油气管道地质灾害风险管理技术规范	SY/T 6828
124	油田热采注汽系统节能监测规范	SY/T 6835
125	油气田企业节能量与节水量计算方法	SY/T 6838
126	油田含油污泥处理设计规范	SY/T 6851
127	油气输送管道工程 矿山法隧道设计规范	SY/T 6853
128	油气输送管道风险评价导则	SY/T 6859
129	油气田及管道工程雷电防护设计规范	SY/T 6885
130	油气输送管道工程地质灾害防治设计规范	SY/T 7040
131	环境敏感区天然气管道建设和运行环境保护要求	SY/T 7293
132	石油天然气开采企业二氧化碳排放计算方法	SY/T 7297
133	陆上石油天然气开采含油污泥处理处置及污染控制技术规范	SY/T 7300
134	本安型人体静电消除器安全规范	SY/T 7354
135	硫化氢防护安全培训规范	SY/T 7356
136	硫化氢环境应急救援规范	SY/T 7357
137	导热油供热站设计规范	SY/T 7405
138	油气长输管道突发事件应急预案编制规范	SY/T 7412
139	报废油气长输管道处置技术规范	SY/T 7413
140	低温管道绝热工程设计、施工和验收规范	SY/T 7419